粉煤灰提铝

智能优化制造关键技术与装备

杜善周　编著

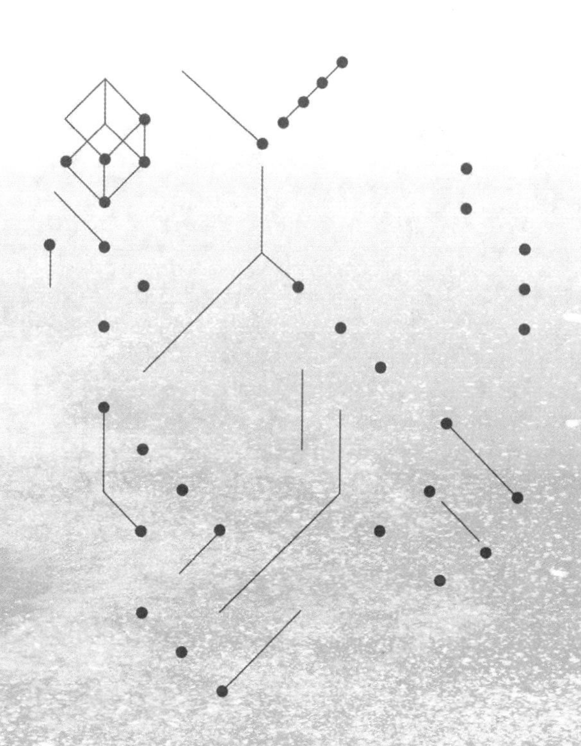

中南大学出版社 www.csupress.com.cn ·长沙

序 言

我国铝工业历经60多年发展，已连续十几年成为世界第一大原铝生产与消费国，产业规模居世界第一。铝行业属于能耗及碳排放重点行业，电解铝是铝行业碳排放的关键环节，电解铝生产等效碳排放总量巨大，在“双碳”背景下，铝行业节能降碳减排迫在眉睫。从当前节能降碳的形式来看，如完全照搬现有铝电解工业的节能降碳技术，难以达成国家的“双碳”战略。

内蒙古鄂尔多斯准格尔煤田拥有丰富的“高铝、富镓”煤炭资源，同时，内蒙古自治区鄂尔多斯市的太阳能资源属于B类“很丰富”，具有很好的开发利用价值。国能准能集团有限责任公司根据企业自身特点，自2004年开始粉煤灰综合利用技术研发，取得了重要研究进展；同时，依托太阳能资源，结合粉煤灰提铝系列原创技术，着力打造“光伏新能源—三源装置—氧化铝—电解铝”源网荷储一体化模式，构建智能微电网，三源装置和光伏发电作为电源侧、电解铝作为负荷侧，将传统“源随荷动”模式优化为“源荷互动”，实现光伏新能源消纳和电解铝电力需求的高度契合，为电解铝消纳新能源、降低碳排放提供关键技术及成熟的模式。

本书系统阐述了粉煤灰提铝智能优化制造顶层设计与总体架构、基于智能制造与粉煤灰提铝的“源网荷储”一体化架构、粉煤灰提铝工艺技术与影响因素、智能制造关键装备与控制技术、面向新能源消纳的柔性铝电解技术、智能微电网控制技术、能量协同管理技术等。同时，对粉煤灰提铝智能制造技术发展进行展望。本书的出版发行，对促进我国粉煤灰综合利用、铝行业智能制造及绿色清洁生产领域的学术交流与技术进步具有十分积极的意义与重要价值。

中国工程院院士

前　言

铝是第一大有色金属，我国氧化铝、电解铝的产量及消费量均超过全球的一半。然而，我国用以支撑铝行业可持续发展的铝土矿资源匮乏，自给保障能力严重不足，对外依存度极高；同时，由于吨铝的高能耗，铝行业成为国家“双碳”目标下的关注焦点之一。因此，寻找铝土矿替代资源、降低铝冶炼的能耗及加大铝冶炼“绿电”的占比，成为支撑铝产业链绿色转型可持续的关键。

国能准能集团有限责任公司作为以煤为基础的大型综合能源企业，把握“双碳”目标要求，遵循“减量化、再利用、资源化”原则，深挖准格尔矿区煤炭资源“高铝、富镓”禀赋，有机整合太阳能资源、土地资源优势，持续推进煤炭伴生资源综合利用及粉煤灰提铝智能制造技术开发与实践，构建“光伏新能源—三源装置—氧化铝—电解铝”源网荷储一体化模式，打造绿色电解铝产业链“链长”，为缓解我国铝土矿资源不足、保障资源战略安全、促进我国铝工业绿色转型可持续发展提供“准能方案”。

本书以国能准能集团有限责任公司多年来的粉煤灰提铝技术研究工作为基础，系统地阐述了粉煤灰提铝工艺与控制技术、智能制造关键设备、基于粉煤灰提铝的“源网荷储一体化”关键技术等内容。全书共十六章，第1章介绍了我国铝行业面临的挑战与发展趋势；第2章介绍了粉煤灰制备新型氧化铝的原理和基本流程；第3章~第7章重点论述了粉煤灰提铝原料调配及溶出工艺、固液分离洗涤工艺、净化工艺、蒸发结晶工艺、水热提铝工艺及相关控制技术；第8章介绍了新型氧化铝电解智能制造技术；第9章展望了粉煤灰提铝智能制造技术发展；第10章介绍了基于粉煤灰提铝的“源网荷储一体化”架构；第11章介绍了面向新能源消纳的孤立电网发电智能协同控制技术；第12章介绍了基于“虚拟电池”的孤立电网安全稳定控制技术；第13章介绍了面向新能源消纳的柔性铝电解技术；

第 14 章介绍了多能耦合系统多时间尺度协同的综合能量管理；第 15 章介绍了孤立电网的实时数字仿真；第 16 章介绍了“源网荷储一体化”工程示范。希望本书能起到抛砖引玉的作用，为粉煤灰提铝智能制造及电解铝绿色发展提供参考。

本书的出版，凝聚着所有参与者的付出与智慧，在此一并表示衷心感谢。同时，本书引用了国内外学者的研究成果，也可能因为疏漏未能录入参考文献，在此深表感谢并致歉意。

目 录

第二篇 基于粉煤灰提铝的“源网荷储一体化”关键技术

第1章
绪　论

1.1　铝行业发展面临的挑战

铝及铝合金不仅是国民经济发展的重要基础原材料，更是国防工业的战略材料，广泛应用于航天航空、交通运输、民用建筑、电力、电子等部门，产业关联度高达91%。铝电解工业是国民经济的基础支柱产业，我国已经连续十几年成为世界第一大原铝生产与消费国，产业规模居世界第一。2022年我国原铝产量高达4021.4万t。伴随着铝电解产业的扩张，我国铝电解槽的设计与工艺技术也取得了跨越式发展。目前，我国电解槽大型化技术(世界领先的500 kA及以上槽型占12%以上)与铝电解低温低电压节能技术都处于国际领先地位。尽管铝行业发展迅猛，我国铝行业却也暴露出了深层次矛盾，即庞大的产业规模与全行业微利(乃至亏损)的矛盾，这是我国铝电解工业所面临的最大挑战之一。同时，我国铝行业的可持续发展还必须应对资源、能源和环保等方面的重大难题。

第一，铝土矿资源紧缺且来源复杂。从铝土矿资源储量来看，中国铝土矿储量仅占全球铝土矿储量总量的3.3%。从铝土矿储存年限来看，中国的铝土矿储存年限远低于全球平均水平，中国铝土矿储存年限为8年，而全球平均年限为102年。从铝土矿资源特点来看，我国铝土矿的冶炼难度较大且采选条件不佳，不利于氧化铝的生产。近年来，随着优质铝土矿资源的枯竭，我国不得不越来越多地开采或利用品质较差的铝土矿。尽管如此，这也依然不能满足我国铝行业的巨大需求，我国已成为最大的铝土矿进口国，对国外资源的依赖度越来越大，矿产资源进口率呈不断上升趋势(从2014年的32%提升至2019年的66%)。

第二，铝电解能源消耗总量巨大且能源价格高、地区差异大。目前，我国铝电解总能耗约占全国总发电量的6%。同时，由于能源地域分配不平衡等原因，我国铝电解企业的用电价格差异很大，这成为影响企业竞争力的一个重大因素。更严重的是，整体而言，我国铝电解用电价格远高于国外平均水平，目前我国平均电价约为7.6×10^{-2}美元/(kW·h)，即使是电价最低的西北地区，其实际结算电

网电价也达到 4.5×10^{-2} 美元/(kW·h)，而国外铝电解工业电价仅为 2.5×10^{-2} ~ 3.0×10^{-2} 美元/(kW·h)。因此中国用全球最贵的电价生产了最多的电解铝，这直接导致了我国电解铝的能源费用占生产成本的比例为 40%~50%，使得我国铝电解的整体生产成本远远高于国际平均水平，严重影响我国铝电解企业的国际竞争力。

第三，环保要求越来越严格。铝电解生产过程会排放大量的具有温室效应的气体(如 CO_2、过氟化物等)及其他废弃物，吨铝所产生的 CO_2 量是吨钢的 7~9 倍。随着铝厂污染物排放标准日趋严格，对现代铝工业在环保方面提出更为严格的要求。由于铝电解生产系列的产能规模和企业规模越来越大，加之低品质原料的应用，过去不太严重或不太受关注的污染物排放问题如今成为影响大型企业进行技术、生产与营销方案选择的重大问题之一。

1.2 我国铝行业发展趋势

随着我国铝电解行业近 30 年跨越式的发展，特别是在近几年国内外经济形势不断变化及环保要求日益严格的情形下，我国铝电解行业发展呈现非常鲜明的特色与发展趋势。首先，我国铝工业起步晚但发展迅猛，目前整体装备世界领先。其次，受高能源价格影响和高环保要求下节能减排和降本需求驱动，我国铝电解技术经济指标一直在不断优化，目前能耗指标世界领先，同时产业布局不断优化。最后，铝电解企业都朝着大规模、集团化方向发展，产业集中度在快速提高。《铝行业规范条件》(2020 年)的信息显示，我国现有电解铝企业(或集团) 31 家，其中，生产能力最大的魏桥集团达到 402 万 t，全国单厂平均生产能力为 32 万 t。而中国电解铝企业数量最多时为 147 家，但单厂产能仅为 6 万 t。

在资源、能源和环境约束不断增强的新形势下，铝土矿替代资源及其利用技术、智能制造技术、绿色能源利用技术的开发与应用成为铝行业迎接挑战、应对资源、能源、环保等难题的重要方向。

1.2.1 铝土矿替代资源及其利用

在我国铝工业体量大、铝土矿资源匮乏的形势下，为解决铝土矿资源保障能力不足、对外依存度高，供需矛盾、资源安全等问题，寻找铝土矿替代资源并开发经济可行的替代资源利用技术刻不容缓。非铝土矿含铝资源主要有明矾石、高铝黏土、霞石正长岩、片钠铝石、含铝磷盐矿、腐泥土、含铝变质岩、含铝页岩、粉煤灰等。根据含铝矿物的不同特点，从含铝矿物中提取氧化铝的方法有盐酸法、硫酸法、石灰石烧结法、碱石灰烧结法、铵法等。

我国高铝煤炭资源丰富，主要分布在内蒙古中西部和山西北部。其中，内蒙古鄂尔多斯境内准格尔煤田探明的高铝煤资源储量为267亿t，高铝煤中氧化铝质量分数为10%~13%，燃烧后的粉煤灰中氧化铝质量分数为40%~51%，潜在氧化铝含量约35亿t，是我国重要的铝土矿替代资源。近年来，国家发展和改革委员会、工业和信息化部、生态环境部等相继发布了有关煤矸石、粉煤灰等大宗固体废弃物综合利用相关政策，为高铝粉煤灰综合利用技术开发提供政策支持。

国能准能集团有限责任公司(以下简称“准能集团”)依托准格尔矿区得天独厚的煤炭资源，遵循循环经济“减量化、再利用、资源化”原则，自2004年起开始粉煤灰综合利用技术研发，攻克了有价元素提取、酸性体系除杂、防腐耐磨装备开发、环保安全、新型氧化铝电解等一系列科学与技术难题，取得了一系列原创性成果，开创了粉煤灰中有价元素协同提取高值化利用先河，为粉煤灰经济性、规模化开发与利用奠定了坚实的技术基础。目前，该系列原创技术将应用于“神华准格尔矿区30万t/a高铝粉煤灰综合利用工业化示范项目”，示范项目的落地、实施与推广对粉煤灰的高附加值利用，缓解我国铝土矿资源不足、保障铝土矿资源战略安全、促进我国铝工业健康可持续发展意义重大。

1.2.2 智能优化制造

近10年来，通过产学研用协同创新、行业企业示范应用、央地联合统筹推进，我国智能制造发展取得长足进步，具体表现为：①供给能力不断提升，智能制造装备市场满足率超过50%，主营业务收入超10亿元的系统解决方案供应商40余家；②支撑体系逐步完善，构建了国际先行的标准体系，发布国家标准285项，牵头制定国际标准28项；③培育具有行业和区域影响力的工业互联网平台近80个；④推广应用成效明显，试点示范项目生产效率平均提高45%、产品研制周期平均缩短35%、产品不良品率平均降低35%，涌现出离散型智能制造、流程型智能制造、网络协同制造、大规模个性化定制、远程运维服务等新模式新业态。但与高质量发展的要求相比，智能制造发展仍存在供给适配性不高、创新能力不强、应用深度广度不够、专业人才缺乏等问题。

随着全球新一轮科技革命和产业变革突飞猛进，新一代信息通信、生物、新材料、新能源等技术不断突破，并与先进制造技术加速融合，为制造业高端化、智能化、绿色化发展提供了历史机遇。同时，世界处于百年未有之大变局，国际环境日趋复杂，全球科技和产业竞争更趋激烈，大国战略博弈进一步聚焦制造业，美国“先进制造业领导力战略”、德国“国家工业战略2030”、日本“社会5.0”等以重振制造业为核心的发展战略，均以智能制造为主要抓手，力图抢占全球制造业新一轮竞争制高点。当前，我国已转向高质量发展阶段，正处于转变发展方式、优化经济结构、转换增长动力的攻关期，但制造业供给与市场需求适配性不高，产业链供应链稳定面临挑战，资源环境要素约束趋紧等问题凸显。

有色金属行业是制造业的重要基础产业之一，是实现制造强国的重要支撑。“十三五”以来，我国有色金属工业发展取得显著成效，主要生产技术装备达到世界先进水平。自动化水平大幅提升，行业大型骨干企业全面实现生产过程自动化，生产过程控制系统与管理软件在企业得到较广泛应用。但由于多年来行业技术创新投入不足，企业装备、管控和信息技术等创新与应用步伐较慢，多数企业还处于自动化阶段，信息化和数字化没有全面完善，生产过程的智能化水平不高，数据利用率低，核心工序主要依赖人工进行分析、判断、操作和决策，存在生产调度与决策水平低，机器人和智能装备应用少，系统安全性差等问题。行业总体的智能制造水平与汽车、电子及航空航天等先进制造行业相比，仍存在显著差距，即使与同为流程型行业的化工、电力、钢铁冶金等行业比较，也存在明显的差距。

《中国制造 2025》《有色金属行业智能工厂(矿山)建设指南(试行)》等系列规划及指导性文件，为有色金属行业向数字化转型提供了政策保障。部分企业在无人行车、设备智能诊断等局部领域的智能化应用取得突破，但总体仍存在智能制造基础薄弱、技术积累不足、跨界融合人才匮乏、资金投入动力不足、智能制造标准缺失等问题。就智能制造而言，有 40%左右的企业尚处于起步阶段，在新一轮科技革命蓬勃发展，资源和环境约束不断增强的新形势下，当前的智能制造水平难以满足高质量发展的需要。有色金属行业正处于由数量和规模扩张向质量和效益提升转变的关键期，亟须推动智能制造发展进程，与 5G、工业互联网、人工智能等新一代信息技术在更广范围、更深程度、更高水平上深度融合，构建全流程自动化生产线、综合集成信息管控平台、实时协同优化的智能生产体系，实现生产、设备、能源、物流等资源要素的数字化汇聚、网络化共享、平台化协同和优化配置，推动有色金属行业绿色化、高效化和智能化发展。

近年来，铝行业普遍认识到智能制造的重要性。在数据及信息规模方面，随着生产与检测装备的自动化与信息化水平不断提升，全流程中每天产生海量数据，传统的人工决策方式已经难以适应现代铝生产要求。首先，我国铝电解生产控制系统对大型铝电解槽的参数检测正在从传统的集总参数检测向分布式参数检测方向发展。其次，铝企业的信息化程度、许多辅助生产车间及其装备的自动化水平也在显著提高，因此一个大型铝生产企业每天产生着海量的数据。然而，存在于分厂、车间、工序中的信息孤岛问题与信息“碎片化”问题没有得到实质性解决，企业的高层次决策与综合决策依然以人工决策方式为主，不能适应现代铝工业的发展要求。

在决策方法方面。首先，现代铝生产企业需要高效、准确及全面的系统智能决策方法，而当前所采用的传统人工决策方法完全无法适应这一需求。其次，在数据处理规模上，由于自动化装备和检测技术的发展以及铝电解产业集中度的大幅提高，企业内部数据量快速增长；加之先进的决策需要从外部网络获取与原料供给、产品市场、能源供应等方面因素相关联的外部数据，铝企业决策所面临的决策信息呈现爆发式增长，决策问题复杂性和规模迅速增加。再次，生产过程中决策者实际已经积累了丰富的经验知识，但这些知识还是静态、孤立、片面地存在于人脑中，缺乏人机协同机制，与动态数据环境脱节。最后，在体系架构上，随着铝企业的大规模与集团化，集团总部与各分厂跨区域分布，而当前企业内相对封闭的体系架构已不能满足分布式、分层次决策的要求。可见，当前依赖人工决策的方式已无法满足多层面的智能决策需求，严重影响了企业的决策效率和生产效益的进一步提升。因此，开展基于大数据、云计算理论等新技术的生产知识自动化决策系统的结构设计、生产知识自动获取方法、知识自动化决策模型及铝电解知识自动化分级决策方法的研究，切实提高企业智能优化制造水平对铝行业可持续发展、提升竞争力至关重要。

1.2.3 绿色能源利用

发展新能源是推动能源结构转型、实现双碳目标的关键。我国光伏、风电等新能源的装机容量虽然已历经多年猛烈地增长，但仍存在能源利用率低、能源浪费大等问题。从负荷侧响应的角度出发，针对新能源供电特性，有效调节用户的用电量，消纳新能源，是推进新能源健康发展的重要途径。我国是全球最大的原铝生产与消费国。2020 年我国全行业年度用电量超过 5000 亿 kW·h(约占全社会用电总量的 6.8%，耗电量巨大)，年碳排放总量约 4.2 亿 t(能源消耗排放占比最大，约 77.5%)。而我国电解铝单位产能 CO_2 排放量比欧美电解铝企业高 3.0~6.8 t，主要原因在于我国电解铝的能源结构中，火电占比高。国家相关部门已多次发文指出，电解铝行业需以绿色清洁生产为目标，努力实现节能减排，鼓励电解铝企业提高风电、光伏发电等清洁能源利用水平。基于我国电解铝行业现状及碳排放特点，亟须进行能源结构调整，将电解铝的“高碳”火电转化成为“低碳”的新能源电，大幅度降低能源消耗带来的碳排放，促进我国铝行业可持续发展，实现双碳目标。

针对太阳能、风能等新能源不稳定供电的特性，推动面向新能源消纳的柔性铝电解技术开发，使铝电解过程适应新能源供电的波动性、季节性、随机性，摆脱对稳定电源的高度依赖，实现电解铝行业的降碳减排，推动电解铝成为新能源的“蓄能池”，进一步发挥金属铝绿色节能优势，使金属铝“出生绿色、终身节能”。

1.3 粉煤灰提铝智能制造与“源网荷储一体化”

粉煤灰酸法提铝工艺流程主要包括原料调配及溶出、溶出料浆分离洗涤及净化、氯化铝溶液蒸发结晶、结晶氯化铝低温热解-水热除杂、高温焙烧、氧化铝电解等工序。与传统的铝冶炼、锌冶炼等流程工业一样，粉煤灰提铝也属于流程工业，具有流程长、生产过程工序多、物理化学反应机理复杂、物质流和能量流高度耦合的特点，其依赖于人工决策调整，故生产效率、物料消耗、产品品质把控、能耗控制等方面都存在很大的优化改进空间。同时，作为世界首创的工艺技术，粉煤灰提铝工艺采用了湿法冶金、化工等行业的多种工艺技术及设备，且形成了高氯离子、高酸度的工况条件，面临着在线数据采集难、数据通信不统一，溶出、分离等设备自动化程度低，以及险、重、难岗位无人上岗，流程优化再造等问题。

推进粉煤灰提铝全流程智能制造系统的设计与关键技术研究，获得粉煤灰提铝的智能制造的架构并获悉全流程的物质流和能量流信息，开发粉煤灰提铝工艺技术模型，通过大数据的优化修订，实现工艺流程的优化再造，可确保粉煤灰提铝关键工艺的低耗、稳定运行，不断优化生产工艺技术；实现设备装置智能化，减少劳动用工，改善工作环境，提升职工生活质量；实现全流程生产协同运行，提升生产效率、降低能耗物耗指标；为企业的安全、高效、高品质发展提供保障。同时，为粉煤灰提铝工艺体系的稳定生产和持续优化提供基础支撑和重要保证，是提高粉煤灰酸法提铝技术的竞争力，推动循环经济产业高质量发展的重要措施，对保障国家铝土矿战略资源安全、消纳粉煤灰大宗固体废弃物具有十分重要的价值。

准能集团根据企业自身特点，依托煤炭、土地、日照等资源，结合粉煤灰提铝系列原创技术，提出构建“一个主体、两翼一网、七个准能”发展战略，积极探索“源网荷储一体化”实施路径，通过开展多能互补、智能协同控制等技术研究，构建局域电网，将企业已有的纳米碳氢燃料机组和光伏作为电源侧，将矿区和电解铝用电作为负荷侧，打造源网荷储一体化示范工程，为电解铝消纳新能源、降低碳排放提供可行路径与技术支撑。

第一篇

粉煤灰提铝智能优化制造工艺、控制与装备

第 2 章
粉煤灰制备新型氧化铝工艺和基本流程

2.1　高铝粉煤灰资源特点

2.1.1　中国铝土矿资源现状

我国铝土矿资源禀赋欠佳，铝土矿资源严重短缺，探明可采储量仅 7.11 亿 t，且品位低，加工困难。如表 2-1 所示，根据伦敦商品研究所（以下简称 CRU）统计数据，中国铝土矿年采矿量从 2010 年的 4510 万 t 提高到 2017 年的 9887 万 t，并逐年回落到 2020 年的 8056 万 t，中国是全球铝土矿产量增长最快的国家，也是储采比下降最快的国家。

表 2-1　中国铝土矿产量表　　单位：万 t

年度	2010	2011	2012	2013	2014	2015	2016	2017	2018	2019	2020
产量	4510	5197	6106	7364	8049	9200	9456	9887	9426	8387	8056

同时，我国又是全球最大的铝工业产品生产国和消费国。随着国内铝工业的发展，国内铝土矿资源已无法满足生产需求，每年需从国外进口大量的铝土矿，对海外铝土矿资源的依存形成了居高不下的态势。如表 2-2 所示，根据海关数据，2019 年中国铝土矿进口量 10066 万 t，2020 年达到 11158 万 t，2021 年 10741 万 t，主要来自 8 个国家进口，其中几内亚、澳大利亚和印度尼西亚进口数量位列前三。

表 2-2　近年中国主要进口铝土矿情况　　单位：万 t

序号	国别	2010	2011	2012	2013	2014	2015	2016	2017	2018	2019	2020	2021
1	澳大利亚	658	840	947	1429	1565	1958	2131	2586	2977	3604	3701	3408

续表2-2

序号	国别	2010	2011	2012	2013	2014	2015	2016	2017	2018	2019	2020	2021
2	印尼	2293	3572	2791	4869	879	—	—	87	754	1444	1864	1784
3	印度	51	63	131	539	515	784	454	230	65	33	0	—
4	马来西亚	—	—	—	15	322	2419	766	594	55	75	26	—
5	几内亚	—	—	—	83	18	33	1194	2812	3825	4440	5267	5483
6	巴西	—	—	—	77	63	162	440	371	158	187	0	—
7	其他	34	49	138	149	291	254	220	369	438	283	300	66
合计		3036	4524	4007	7161	3653	5610	5205	7049	8272	10066	11158	10741

大量的开采和生产加工致使我国铝土矿资源日趋匮乏，资源保有储量快速下降，高铝富矿供给矛盾更是严重突出。按照目前产能计算，我国铝土矿的现有储量静态保障程度不足 8 年，而铝土矿对外依存度超过 60%，存在严重能源安全隐患。因此，寻找铝土矿潜在的替代矿石资源并开发经济利用技术刻不容缓。

2.1.2 高铝粉煤灰资源

我国高铝煤炭资源丰富，主要分布在内蒙古中西部和山西北部。煤炭中铝的赋存形态主要是一水软铝石和高岭石等，煤炭经发电燃烧后，铝、硅、铁、钙、镁等元素在粉煤灰中得到进一步富集。据有关资料，全国高铝煤炭 813.3 亿 t，煤炭中氧化铝质量分数为 9%~13%，煤炭中氧化铝资源量为 89.8 亿 t。高铝煤炭燃烧后粉煤灰中氧化铝质量分数为 35%~51%，氧化硅质量分数为 30%~45%，具体分布情况见表 2-3。

表 2-3 煤铝共生矿产的分布及开采情况

煤田名称	煤中氧化铝质量分数/%	粉煤灰中氧化铝质量分数/%	煤炭储量/亿 t	氧化铝资源量/亿 t
准格尔煤田	10~13	40~51	267.6	32
桌子山煤田	9.26~11.6	37~42	48	3
大青山煤田	9.12~11.9	35~41	7.7	0.8
朔州煤田	9.4~12	37~45	490	54
合计	9~13	35~51	813.3	89.8

内蒙古现已探明高铝煤炭资源储量约 320 亿 t。其中，鄂尔多斯境内准格尔煤田探明高铝煤资源储量 267 亿 t，高铝煤中氧化铝质量分数为 10%~13%，燃烧后的粉煤灰中氧化铝质量分数为 40%~51%，潜在氧化铝含量为 35 亿 t 左右，是我国目前铝土矿可采储量的近 12 倍，是目前国内外发现的最大的非常规铝土矿资源。同时，准格尔煤田高铝煤炭资源中还伴生镓、锂等有价元素，燃烧后粉煤灰中镓平均含量达 85 g/t、锂平均含量达 375 g/t。经测算，伴生镓储量 86 万 t，相当于世界总储量的 80%，伴生锂储量 260 万 t，相当于我国总储量的 51%。这一得天独厚的资源优势成为提取氧化铝和金属镓、锂的潜在替代资源，对其进行资源化综合利用，可为缓解我国铝土矿资源短缺困境提供新路径。

目前，准格尔煤田在产高铝煤矿 26 座，保有资源储量 76 亿 t，2021 年产量为 1.2 亿 t。准格尔及周边地区有 6 座燃烧高铝煤炭的火电厂，总装机容量约 1000 万 kW，年消耗高铝煤炭约 6000 万 t，其余高铝煤运往其他地区分散掺烧，大部分粉煤灰被填埋处理，给地方造成很大的环境治理压力，同时也造成了铝、镓、锂等资源的浪费。

2.1.3　高铝粉煤灰作为氧化铝矿产资源的可能性

近年来，国家相关部委密集发布了有关煤矸石、粉煤灰等大宗固体废弃物综合利用相关政策，为高铝粉煤灰提取氧化铝工艺技术的开发提供政策支持。

高铝粉煤灰资源化综合利用被列入国家《战略性新兴产业重点产品和服务指导目录》(2016 版)，在节能减排、循环经济、可持续发展等方面具有重要战略意义，可解决我国铝土矿资源紧缺和对外依存度高的战略安全问题，同时可缓解粉煤灰环境污染问题，推进煤炭由“燃料”向“燃料+原料”的升级转型，实现煤炭高值化综合利用。

2021 年 3 月，国家发展和改革委员会、科技部、工业和信息化部、财政部、自然资源部、生态环境部、住房和城乡建设部、农业农村部、市场监管总局、国管局十部门联合印发的《关于“十四五”大宗固体废弃物综合利用的指导意见》(发改环资〔2021〕381 号)明确指出：到 2025 年，煤矸石、粉煤灰等大宗固废的综合利用能力显著提升，利用规模不断扩大，新增大宗固废综合利用率达到 60%，存量大宗固废有序减少。

2021 年 7 月，国家发展和改革委员会发布的《“十四五”循环经济发展规划》(发改环资〔2021〕969 号)指出：大宗固废综合利用示范工程，要聚焦粉煤灰、煤矸石等重点品种，推广大宗固废综合利用先进技术、装备，实施具有示范作用的重点项目，大力推广使用资源综合利用产品，建设 50 个大宗固废综合利用基地和 50 个工业资源综合利用基地，实施示范引领行动，形成较强的创新引领、产业带动和降碳示范效应。

在我国优质铝土矿储量逐渐枯竭、国内氧化铝需求量与日俱增的今日，高铝粉煤灰作为一种潜在的氧化铝矿产资源，已成为国内各家铝业公司及能源企业积极开发的固体废物利用项目。结合这类高铝粉煤灰的物理化学特点，国内外很多研究人员已经获得实验室阶段的成功，提出了各种提取氧化铝的工艺路线，同时也获得了很多相应的副产品，包括镓、硅系列产品等。粉煤灰的综合利用不仅带来了经济和环境效益，也带来了良好的社会效益，形成一条可持续发展的产业化道路。

2.2 国内外粉煤灰提取氧化铝技术概况

国内外开展粉煤灰提取氧化铝的技术研究已有数十年，且开发出多种工艺方案。从早期的研究中可以清楚地知道，粉煤灰中的 Al_2O_3 含量和铝硅比达不到用拜耳法提取的要求。与铝土矿相比，粉煤灰中的 SiO_2 含量高，若直接应用拜耳法工艺，脱硅过程中会形成不溶性的钠铝硅酸盐，导致碱损失大。为此，科研工作者们在拜耳法生产工艺的基础上，根据粉煤灰的成分特点以及浸出介质的不同，分别开发了高铝粉煤灰中提取氧化铝酸法、碱法及铵法等工艺技术路线。

2.2.1 酸法

酸法作为一种主要的从粉煤灰中提取氧化铝的技术，主要是利用酸性介质的强氧化性，破坏粉煤灰中的硅铝结构，从而获得氧化铝的溶出。国内外酸法生产氧化铝的主要研究机构有美国矿务局，英国伯明翰大学，加拿大 Obite 公司，澳大利亚 Altech 公司，澳大利亚墨尔本的联邦科学与工业研究组织、法国彼施涅铝公司、俄铝联合公司、中国准能集团及国内外各大院校等。美国 Oak Ridge 国家实验室提出的 DAL 法(direct acid leaching，直接酸浸出法)，很好地强调了整个工艺综合效益的回报，尽可能使整个粉煤灰资源变成各种产品，是对后来酸浸法发展研究影响较大的一种方法。酸法粉煤灰提铝的基本反应为：

$$3H_2SO_4+Al_2O_3 = Al_2(SO_4)_3+3H_2O \tag{2-1}$$

或

$$6HCl+Al_2O_3 = 2AlCl_3+3H_2O \tag{2-2}$$

2.2.1.1 盐酸法

盐酸法利用盐酸在一定温度条件下与铝土矿、高岭土或粉煤灰等固体中的活性 Al_2O_3 发生反应的原理。该工艺的特点是利用盐酸易溶于水且加热时不易分解的性质，将工艺流程中焙烧产生的99%以上氯化氢气体实现回收利用。氯化铝溶液可通过蒸发结晶生成结晶氯化铝，进而焙烧得到氧化铝；也可利用氯化铝在酸溶液中的溶解度随着盐酸浓度的升高而急剧降低的特点，生成氯化铝晶体，从而焙烧得到氧化铝。

1. 美国矿务局高岭土盐酸浸取制备氧化铝工艺

美国矿务局从 1922 年开始调研国内非铝土矿提取氧化铝的可行性，并于 1973 年对高岭土盐酸法提取氧化铝进行了大量的理论和实验研究。高岭土盐酸法提取氧化铝工艺流程的主要步骤为：将高岭土在 725～750 ℃条件下煅烧生成含水硅酸铝产物；再利用盐酸在一定温度和压力下对煅烧产物进行溶出反应，制备含有铁、镁和其他杂质离子的氯化铝溶液；采用溶剂萃取法去除溶液中的铁杂质；对氯化铝溶液进行蒸发浓缩，形成饱和氯化铝溶液；采用 HCl 盐析结晶技术将氯化铝以晶体形式析出，实现与其他杂质离子的分离，生成合格的 $AlCl_3 \cdot 6H_2O$；结晶氯化铝在 250～1000 ℃进行煅烧分解，生成氧化铝产品，其中氯化氢可回收循环使用。高岭土盐酸法提取氧化铝工艺流程如图 2-1 所示。

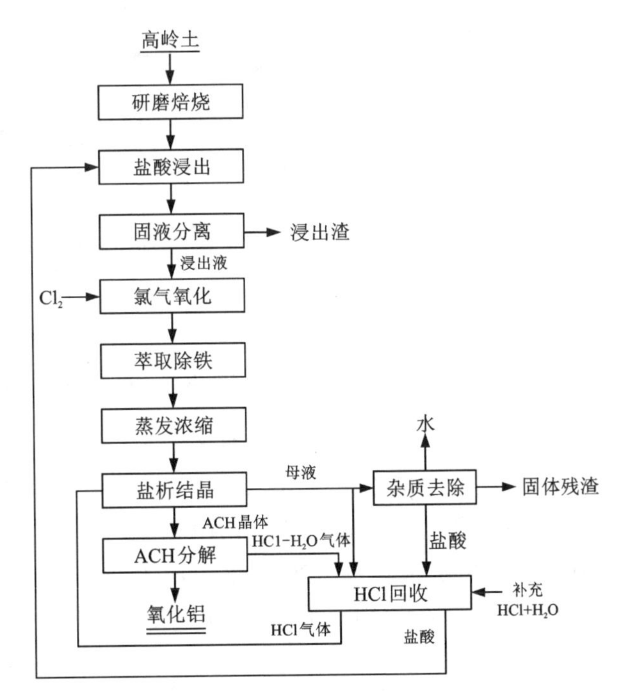

图 2-1　高岭土盐酸法提取氧化铝工艺流程示意图

2. 加拿大 Orbite 公司利用高岭土生产氧化铝工艺

加拿大 Orbite 公司于 2012 年开发了一种利用盐酸法从高岭土中生产氧化铝和 SiO_2、TiO_2、Fe_2O_3、MgO、稀土元素、稀有金属氧化物等增值产品的工艺。

其主要工艺流程：高岭土、黏土等矿物经破碎加工为合格粒径的物料，送至酸浸工序；采用半连续盐酸浸出工艺，在不同温度（150～195 ℃）和压力下，实现铝、铁等金属的浸出，形成浸出料浆；浸出料浆送至固液分离工序，使未反应和不溶的二氧化硅和氧化钛得到洗涤，以便回收溶液中游离的 HCl 和金属氯化物。氯化铝溶液送至结晶工序，利用 HCl 盐析结晶技术制备结晶氯化铝；结晶氯化铝经两段循环流化床焙烧后生成氧化铝产品，晶体分解产生的烟气经干燥净化处理，返回至氯化铝结晶工序。从结晶工序产出的母液中提取铁系列产品和稀土，回收的酸返回至浸出工序。Orbite 公司生产氧化铝工艺流程如图 2-2 所示。

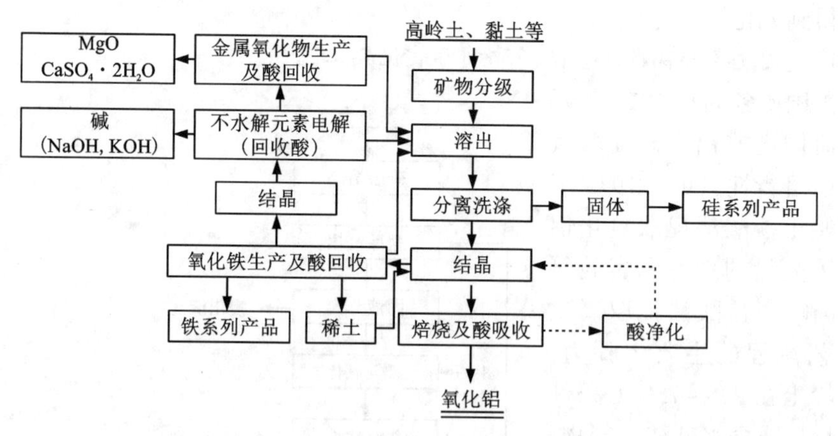

图 2-2　Orbite 公司生产氧化铝工艺流程示意图

3. Altech 公司(澳大利亚)利用高岭土制备高纯氧化铝工艺

Altech 化学品有限公司(澳大利亚)采用盐酸浸取高岭土，且结合氯化氢盐析结晶技术，制备了高纯氧化铝(HPA)。该工艺于 2012 年开始实验室小试研究，2014 年开展扩大试验，2015 年完成了在马来西亚柔佛丹戎 Langsat 工业园区 4000 t/a 高纯氧化铝厂的可行性研究分析。其流程示意图如图 2-3 所示。

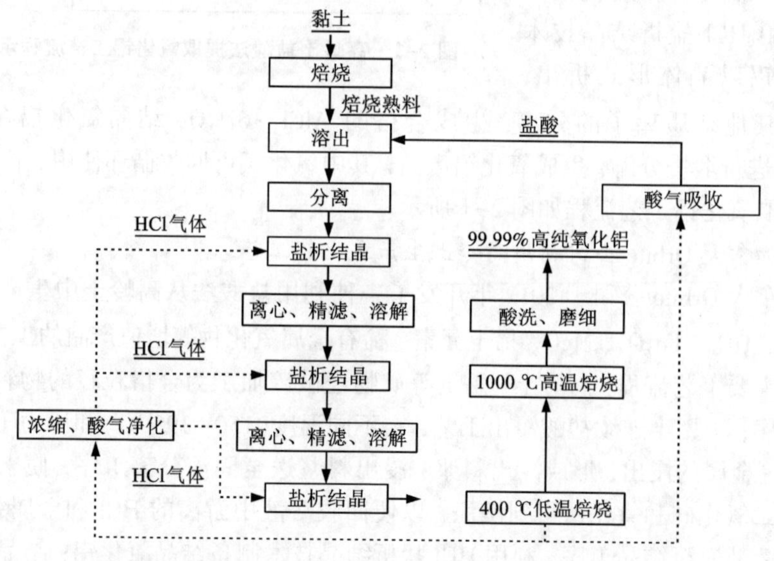

图 2-3　Altech 公司高岭土盐酸制备高纯氧化铝流程示意图

2.2.1.2　硫酸法

硫酸浸取法主要是采用硫酸作为溶剂，对粉煤灰、高岭土、一水铝石等中的氧化铝进行溶出，提取溶液经过滤分离、浓缩结晶得到结晶硫酸铝，焙烧后得到氧化铝。也有研究机构利用铝盐在酸溶液中溶解度随着盐酸浓度升高而急剧降低的特点，在硫酸铝提取液中通入氯化氢气体，生成氯化铝晶体，进而焙烧生成氧化铝。

20 世纪 60 年代中期，法国彼施涅铝公司发明了酸法生产氧化铝的 H 法，主要用来处理黏土和煤页岩。该法的主要流程：采用浓硫酸与含铝原料反应得到硫酸铝溶液；待硫酸铝溶液冷却结晶后，得到含杂质较多的硫酸铝晶体；采用盐酸溶解硫酸铝晶体，形成氯化铝溶液；通入氯化氢气体，使氯化铝以晶体的形式析出；结晶氯化铝经洗涤后，焙烧产生冶金级氧化铝；氯化氢烟气回收利用；硫酸溶液再次返回进行溶出。该法的氧化铝回收率可达 90%以上。具体工艺流程如图 2-4 所示。

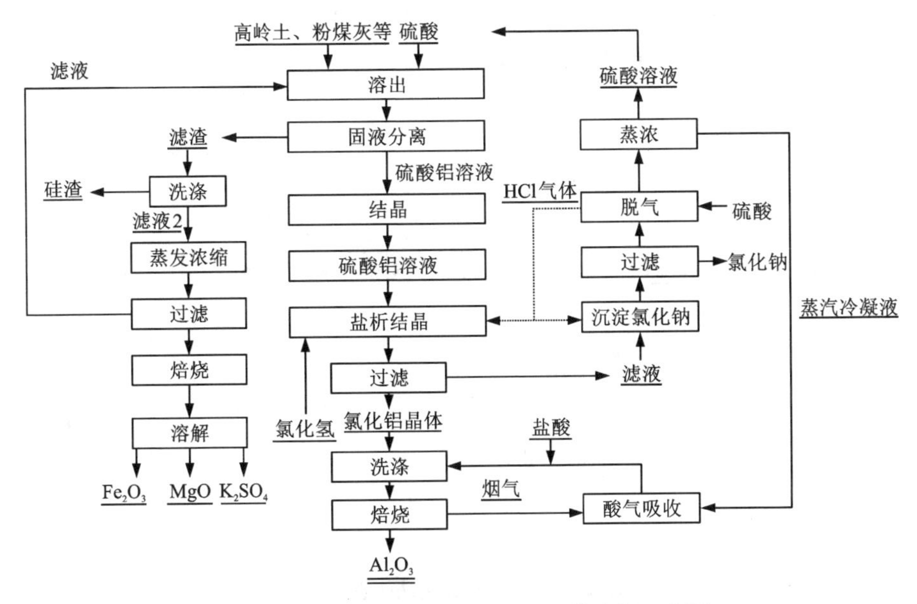

图 2-4　硫酸浸取法提取氧化铝工艺流程示意图

硫酸法工艺流程复杂，系统庞大，且同时使用硫酸与盐酸两种酸，对设备和材料的防腐性能要求较高。

2.2.2　碱法

2.2.2.1　石灰石烧结法

在 20 世纪 50 年代，波兰克拉科夫矿冶学院格日麦克（J. Grzymek）教授以高铝煤矸石或高铝粉煤灰（$w_{Al_2O_3}$>30%）为主要原材料提取氧化铝，并利用其残渣生产水泥，取得了一定的研究成果。该项成果曾于 1960 年在波兰获得两项专利，后又在美国等 10 个国家先后取得了专利权。20 世纪 70 年代，匈牙利的塔塔邦在引进该波兰专利后，经消化、吸收，研究出格日麦克-塔塔邦法的干法烧结法，亦取得了专利。美国采用 Ames 法(石灰烧结法)，年耗用粉煤灰($w_{Al_2O_3}=20\%$) 30 万 t，提取率为 80%时，达到年产 5 万 t 氧化铝和 45 万 t 水泥的规模，采用回转窑煅烧，进行过扩大生产试验。我国曾多次组团前去技术考察。内蒙古蒙西高新技术集团采用石灰石烧结法提取氧化铝，并与内蒙古工业大学合作完成了 5000 t 级的中试试验。2006 年，4.0×10^5 t/a 氧化铝项目开工建设，由于资金、生产成本和氧化铝售价等原因，项目现处于停产阶段。

石灰石烧结法反应机理为：将粉煤灰中的氧化铝、二氧化硅与石灰石粉磨，在 1300~1400 ℃的高温下烧结成为不易溶的硅酸二钙，以及易溶出的七铝酸十二钙或铝酸钙，使粉煤灰中的惰性氧化铝得到活化。同时利用硅酸二钙相转变过程中产生的体积膨胀——由介稳态的 $\beta-2CaO\cdot SiO_2$ 向稳定态的 $\gamma-2CaO\cdot SiO_2$ 转变，使得块状的烧结产物自粉化，达到粉磨效果，节约了能源消耗。其工艺流程如图 2-5 所示。

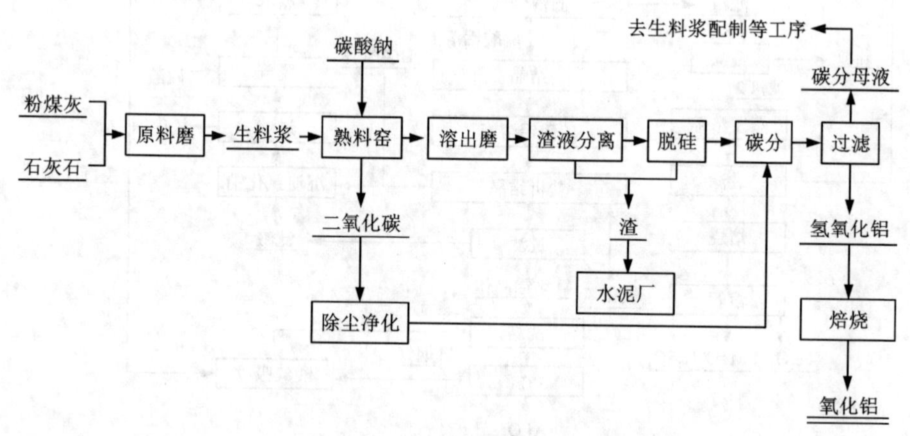

图 2-5　石灰石烧结法工艺路线

主要活化反应为：

$$7Al_2O_3+12CaCO_3 \longrightarrow 12CaO\cdot7Al_2O_3+12CO_2\uparrow \tag{2-3}$$

$$SiO_2+2CaCO_3 \longrightarrow 2CaO\cdot SiO_2+2CO_2\uparrow \tag{2-4}$$

该工艺技术能够产出合格氧化铝产品，可用渣生产水泥，但存在以下缺陷。①渣量大。粉煤灰与石灰石粉质量比达 3∶7，属于二次渣增量的流程，二次渣量大，生产 1 t 氧化铝，产出 8~10 t 硅钙渣，硅钙渣脱碱后可用于生产水泥，但受水泥销售半径的限制，如果不能全部被消纳，会造成新的、堆放量更大的废弃物排放，由于硅钙渣含有大量附着碱，其大量堆存对环境的影响可能比粉煤灰更严重。②能耗高、原材料消耗高、成本高。熟料溶出过程中渣量过大，洗水量随之增大，溶出液浓度低，碱回收率低，循环效率低，造成能耗及原材料消耗高，生产成本高，经济效益差。

2.2.2.2　碱–石灰石烧结法

碱–石灰石烧结法是将粉煤灰、石灰石、碳酸钠在 1100～1200 ℃的条件下进行煅烧，煅烧过程中 Na_2CO_3 与灰中 Al_2O_3、Fe_2O_3 反应生成易溶于水的 $NaAlO_2$、$NaFeO_2$，而灰中的 TiO_2、SiO_2 与 CaO 反应生成难溶钛酸钙、原硅酸钙；用稀碱或水溶出时，氯酸钠溶解进入溶液，$NaFeO_2$ 水解生成 NaOH 和 $Fe_2O_3 \cdot H_2O$ 沉淀，而原硅酸钙及钛酸钙不溶，则成为残渣，待分离去残渣后，可得到氯酸钠溶液；之后再通入 CO_2，进行碳酸化分解，析出 $Al(OH)_3$，碳分母液经蒸发浓缩返回配料烧结，循环使用。$Al(OH)_3$ 经煅烧成为氧化铝产品。其工艺流程图见图 2–6。

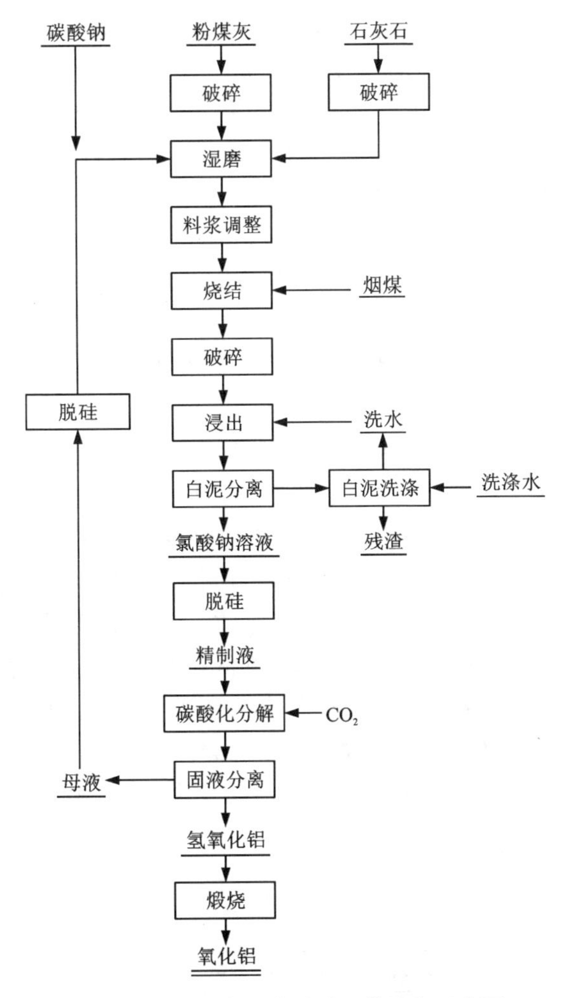

图 2–6　碱–石灰石烧结法工艺流程示意图

马双忱采用碱石灰烧结法对焦作电厂的粉煤灰进行了氧化铝提取的实验研究。他将粉煤灰和石灰、碳酸钠等物料，按照 $n_{Na_2O}/n_{Al_2O_3}$ = 1.25，$n_{CaO}/n_{SiO_2}=2$ 的物料比相混合，在马弗炉中于 1200 ℃下进行 2 h 的烧结实验，使得灰中的氧化铝与碳酸钠烧结形成可溶性的铝酸钠，氧化硅与石灰烧结成不溶性的硅酸二钙；煅烧出的熟料产物，采用 3%的 Na_2CO_3 溶液为浸出液，液固比为 10，在 60～70 ℃下浸出 1 h；固液分离得到铝酸钠溶液，经脱硅处理、碳酸分解得到 $Al(OH)_3$ 晶体。经高温煅烧，即可得到氧化铝产品。

与石灰石煅烧法类似，在熟料煅烧过程中加入 Na_2CO_3，可使该工艺在石灰石煅烧法的基础上增加了以下优点：①可以将煅烧温度从 1300～1400 ℃降低至

1100~1200 ℃，极大地降低煅烧过程中的能量消耗。②降低煅烧过程中配入的石灰石量。在同等条件下，加入 Na_2CO_3，可降低石灰石添加量(1.98 t/t-AO)，其降幅为 20%~66%。③产渣量可降低 13%~43%。

碱-石灰石烧结法面临的难点：①添加 Na_2CO_3 后，其可以与灰中的 SiO_2 发生反应产生 Na_2SiO_3，Na_2SiO_3 进一步与 $NaAlO_2$ 反应生成难溶的钠硅渣，这不仅会增加 Na_2CO_3 用量，还会使氧化铝溶出率降低；②现有的氧化铝生产工艺表明，碱-石灰石煅烧法适用于低 A/S(3~6)矿石，而高铝粉煤灰中 A/S 一般为 1，因此该方法经济性较差。

2.2.2.3　预脱硅-碱石灰烧结法

大唐国际再生资源开发有限公司与清华同方合作采用预脱硅-碱石灰烧结法工艺提取氧化铝。2008 年，该公司建设了年产 3000 t 氧化铝的中试生产线。2010 年，由东北大学设计研究院有限公司设计的“大唐国际内蒙古托克托 2.4×10^5 t/a 氧化铝项目”建成，经一段时间技术改造，其指标有所改善，产能可达 2.0×10^5 t/a 氧化铝，该项目于 2013 年 10 月实现达产。受自身工艺限制，该项目的氧化铝生产成本高、硅钙渣量大且处理成本较高等，故现已停产。

预脱硅-碱石灰烧结法工艺路线与碱-石灰石烧结法相比，在技术上有了很大进步。前者利用了粉煤灰中非晶态及部分玻璃相中 SiO_2 能溶于液体碱的特点，使高浓度 NaOH 溶液与粉煤灰在一定的温度下发生反应。灰中的非晶态氧化硅生成硅酸钠进入溶液，大幅度降低粉煤灰中 SiO_2 含量，进而提高粉煤灰的铝硅比，改善了烧结法的工艺技术经济指标，减少排渣量，提高氧化铝及碱浓度，从而提高系统母液的循环效率。预脱硅液可用于生产白炭黑、活性硅酸钙、建材等产品，使资源利用更加合理。其工艺路线如图 2-7 所示。

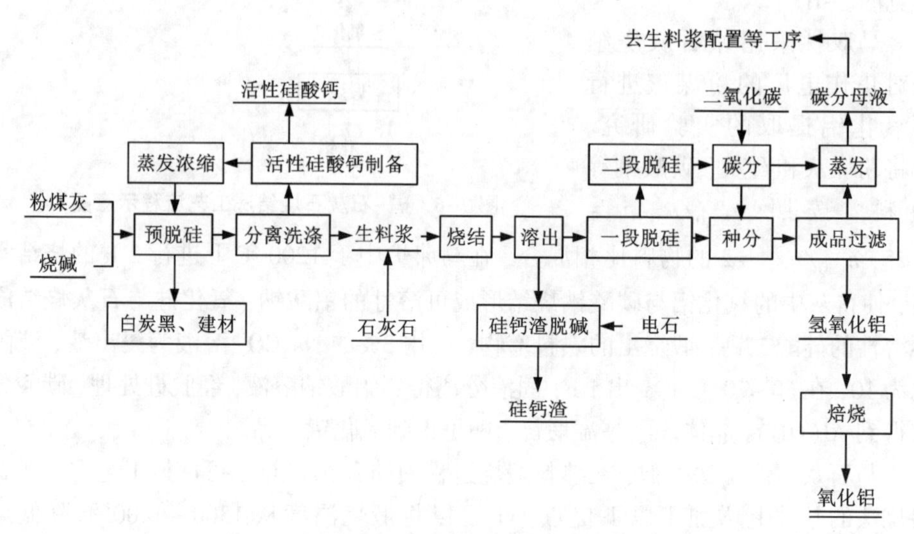

图 2-7　预脱硅-碱石灰烧结法工艺流程示意图

粉煤灰虽然经预脱硅处理后，铝硅比大幅度提高(A/S 最高为 1.8~2.0)，但仍低于铝土矿正常烧结法的要求(铝硅比不超过 4)，其技术指标、生产成本仍然较高。其生产 1 t 氧化铝产出 4 t 左右渣，且渣含碱高。虽然预脱硅得到的硅酸钠溶液可以生产白炭黑、活性硅酸钙等副产品，但由于硅副产品量巨大，副产品的市场销售与竞争压力非常大。

2.2.3　铵法

以粉煤灰为原料，硫酸铵为助剂，反应生成高纯氧化铝的前驱体——铝铵盐，铝铵盐进一步重结晶提纯后，可以得到纯度大于 99.9%的氧化铝产品。

硫酸铵烧结法主要适用于循环流化床粉煤灰提取氧化铝，由于循环流化床锅炉的燃烧温度在 900 ℃左右，煤中的高岭石在煤的燃烧过程中变成偏高岭石，而偏高岭石的活性较高，氧化铝和氧化硅的结合键能较低，容易被提取。

其主要原理是硫酸铵在 350~400 ℃ 的熔融状态下与高铝粉煤灰中的 Al_2O_3 和 Fe_2O_3 发生烧结反应，生成易溶于水的 $NH_4Al(SO_4)_2$ 和 $NH_4Fe(SO_4)_2$，而粉煤灰中的 SiO_2 不参与反应，将烧结熟料用热水或者浓度较低的硫酸铵溶液进行溶出，与粉煤灰中未参加反应的硅渣分离。烧结过程中主要的反应有：

$$4(NH_4)_2SO_4+Al_2O_3 \longrightarrow 2NH_4Al(SO_4)_2+3H_2O\uparrow+6NH_3\uparrow \qquad (2-5)$$

$$4(NH_4)_2SO_4+Fe_2O_3 \longrightarrow 2NH_4Fe(SO_4)_2+3H_2O\uparrow+6NH_3\uparrow \qquad (2-6)$$

利用 $NH_4Al(SO_4)_2$ 和 $NH_4Fe(SO_4)_2$ 在水中的溶解度差异，用重结晶法将 $NH_4Al(SO_4)_2$ 与 $NH_4Fe(SO_4)_2$ 进行分离提纯，将提纯后的 $NH_4Al(SO_4)_2$ 重溶于热水中，通入氨气进行分解，生成 $Al(OH)_3$，主要的反应有：

$$NH_4Al(SO_4)_2+3NH_3+3H_2O \longrightarrow 2(NH_4)_2SO_4+Al(OH)_3\downarrow \qquad (2-7)$$

所得到的氢氧化铝与溶液进行过滤分离并洗涤，分离出的氢氧化铝粒度较小，经过焙烧得到纳米级的氧化铝。硫酸铵溶液经过蒸发得到硫酸铵固体返回烧结工序进行配料。其工艺路线如图 2-8 所示。

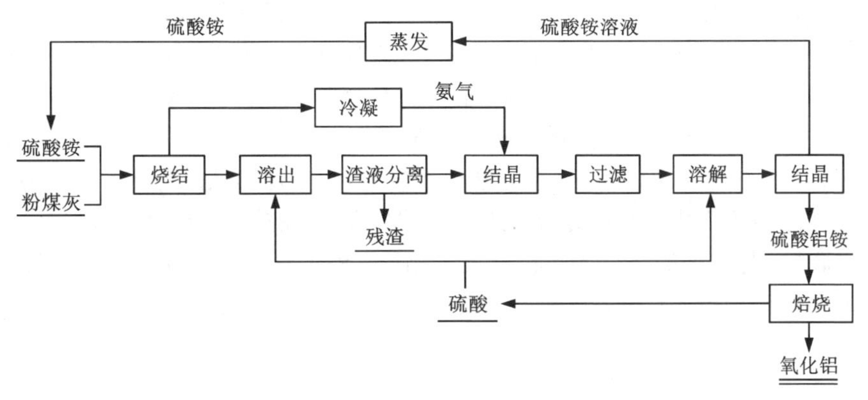

图 2-8　硫酸铵烧结法工艺流程示意图

该工艺原料可循环利用、产品氧化铝纯度高、附加值高，但硫酸铵焙烧副反应多，要求温度范围窄，操作控制困难，焙烧过程中铁等杂质也转变为水溶性的硫酸盐，导致浸出液成分复杂，需要进一步提纯。主要工序都处于氨性体系，存在氨泄漏导致作业环境污染，以及氨氮废水、废渣难处理的问题。采用硫酸铵重结晶法存在提纯耗时较长、循环量大、能耗高、成本过高等问题。

2.2.4 其他探索性技术方法

其他探索性技术方法如下：

(1)清华大学和哈尔滨工业大学采用的硫酸铵焙烧法。该法主要包括焙烧过程、酸浸过程、除杂过程。此方法的工艺流程为：使煤灰中的铝元素与硫酸铵在中温气氛中反应实现 Al^{3+} 富集；通过酸浸方式使 Al^{3+} 充分溶解在溶液中，实现与提铝渣分离；调节溶液 pH，以除去杂质 Fe^{3+}、Ca^{2+} 等；向含 Al^{3+} 滤液中通入过量 CO_2，使 Al^{3+} 以 $Al(OH)_3$ 沉淀析出；对 $Al(OH)_3$ 高温煅烧，可得到 Al_2O_3。

(2)清华大学和昆明理工大学采用氯化钙活化焙烧粉煤灰方法。此种方法能够有效激发粉煤灰活性。另外，将焙烧产物进行硫酸浸出提取氧化铝，可获得较高的氧化铝浸出率。实验最优条件为：焙烧温度 900 ℃、焙烧时间 30 min、氯化钙与粉煤灰质量比 1∶1，在此条件下氧化铝的浸出率为 93.48%。

(3)中国地质大学和中国科学院大学研究的两步碱溶法。其基本工艺为：从高铝粉煤灰中浸出氧化铝，得到高苛性比的 $NaAlO_2$ 溶液，再经一系列工序处理后得到 $Al(OH)_3$。预脱硅后，非晶态氧化硅得到有效脱除，铝硅比从 1.2 提高到 1.8。第一步碱水热过程优化工艺条件为：反应温度为 220 ℃，液固比 8，反应时间为 1 h，苛性比 14；第二步碱水热过程优化工艺条件为：反应温度为 260 ℃，液固比 8，钙硅比 1.0，反应时间为 0.75 h。基于两步碱水热法的优化工艺条件，将两步反应耦合，氧化铝的总提取率达 94.9%。

(4)中国地质大学采用的低钙烧结法。该方法对从高铝粉煤灰脱硅滤饼中提取氧化铝过程进行了研究。其基本工艺为：首先用 NaOH 溶液在 95 ℃条件下对高铝粉煤灰进行预脱硅，然后将 Na_2CO_3、$CaCO_3$ 按比例加入脱硅滤饼中，再在 1050 ℃下煅烧 120 min，之后所得熟料的 Al_2O_3 溶出率达 93.4%。

(5)重庆大学开展了碳热还原法回收粉煤灰中的铝和硅的探索研究。在碳热还原过程中，在氧化铝(由莫来石分解得到)附近形成球形铁硅合金。通过磁分离对还原样品中的氧化铝和铁硅合金进行有效分离，非磁性部分氧化铝质量分数达到 91.33%。与传统的烧结法和酸浸工艺相比，添加三氧化二铁的碳热还原法提取铝的残留量较少，为粉煤灰的大规模应用提供了新的思路。

2.3　新型氧化铝工艺技术

立足于准格尔矿区煤炭资源，准能集团遵循“减量化、资源化、再利用”原则，自 2004 年开始进行粉煤灰盐酸法提取氧化铝工艺技术研究，历经实验小试、实验室中试，建设了循环流化床粉煤灰生产 4000 t/a 冶金级氧化铝工业化中试装置并开展了多次全流程试验运行，氧化铝产品纯度达到国标冶金级氧化铝一级品标准，攻克了高温浸出、净化除杂、设备防腐、环保技术等关键技术，形成了盐酸法粉煤灰提取氧化铝工艺技术体系。

其工艺流程如图 2-9 所示，主要包括原矿浆制备、溶出、溶出料浆分离洗涤、净化、蒸发结晶、水溶提铝、焙烧、盐酸回收、白泥综合利用及废水资源化利用等。

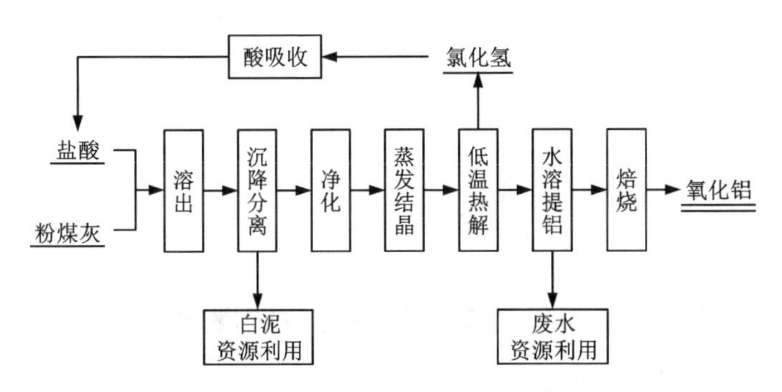

图 2-9　盐酸法粉煤灰提取氧化铝工艺流程示意图

具体工艺流程描述如下：将来自电厂的粉煤灰与盐酸按照一定比例混合，形成成品料浆；成品料浆经输送泵送至溶出反应工序，在一定温度(140~160 ℃)和压力(0.5~0.6 MPa)条件下，粉煤灰中的铝、铁、钙、镁等离子与盐酸发生反应，生成含有铁、钙等杂质的氯化铝料浆，即溶出料浆；溶出料浆与来自沉降系统的一次洗液进行混合稀释，形成稀释料浆，经泵送至沉降分离系统；稀释料浆进入分离沉降槽进行初步固液分离，溢流进入粗液槽，采用隔膜压滤机两级精滤后的粗精液送入氧化罐进行亚铁氧化，氧化后的粗精液送至净化单元；粗精液在净化单元完成除铁、除硅等杂质的去除，形成精制液；精制液送至蒸发结晶单元，结晶得到的结晶氯化铝送至低温热解单元，氯化铝结晶分离得到的蒸垢液送至蒸垢液干燥单元，干燥后的固体与结晶氯化铝一起送至低温热解单元。在低温热解单元，结晶氯化铝经热解后产生的烟气送至酸吸收单元；烟气主要成分为酸气、粉尘和水，利用 HCl 易溶于水的特性，烟气经洗涤除尘、多级吸收后，制成符合生产要求的盐酸溶液，送至盐酸储罐缓存，并再次用于配料使用；低温热解得到的粗氧化铝送至水溶提铝单元进一步除杂，在一定温度和压力下，粗氧化铝与水发生反应，经晶型转变形成软铝石，最后将除杂后的软铝石送至氧化铝焙烧单元以制备成品氧化铝。

在溶出过程中，粉煤灰中的氧化硅不与盐酸发生反应，在沉降系统经多次反向洗涤、压滤分离，最终形成固体物白泥；白泥用于生产白泥基硅肥、铵油炸药钝化剂、蒸汽加压混凝土砌块等产品；在水热除杂过程中产生的含钙废水，可用于制备抑尘剂、防冻液、融雪剂等产品，实现了资源的综合利用。

酸法提取氧化铝工艺技术突破了常规技术渣量大、伴生有价元素难以协同提取等难题；首创"纳米碳氢燃料技术"和"水热除杂技术"，解决了原料高效燃烧、原灰品质、氧化铝纯度问题；关键工艺装备解决了酸法体系装备腐蚀性强、难以产业化的问题；"三废"资源化利用技术使废物变为宝物，实现了低碳循环经济与绿色生态经济的深度融合；该技术优势突出，是实现我国铝土矿战略资源安全和煤炭高质量发展的重要途径，是现行粉煤灰提取氧化铝最具竞争力的工艺技术之一。

2.4 粉煤灰提铝智能制造架构

2.4.1 粉煤灰提铝全流程智能优化制造蓝图规划

粉煤灰提铝智能制造平台的总体规划为"五个层次，三大应用"体系，如图2-10所示，总体规划设计说明如下。

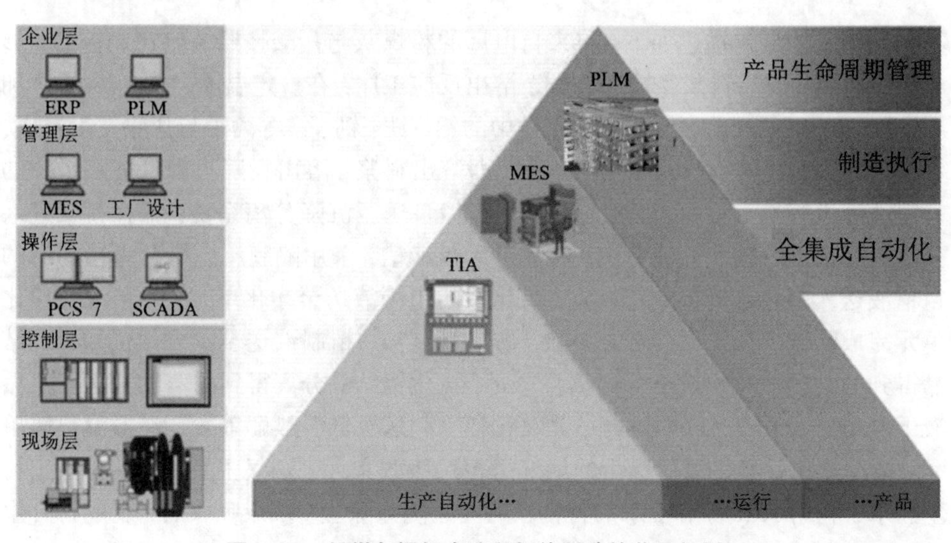

图2-10 粉煤灰提铝全流程智能制造的蓝图规划

第一层(顶层)为企业层，根据企业内、外信息，对企业经营、产品研发、生产加工、产品生产策略、中长期目标和发展规划提出决策支持，决定企业经营发展方向，确定产品研发结构，以企业为对象，寻求整体最优化，以取得最大经营及经济效益。

第二层为管理层，该层根据企业经营决策层指令按产品研发进行生产管理，包括制订产品生产计划、资源及物资供应计划、资金运用计划等，主要涉及计划、财务、供应、销售等管理部门。

第三层为操作层，该层以企业各生产车间和资源保障部门为对象，根据产品生产计划和系统资源优化模型，进行生产和资源调度与协调，确保整个企业各个环节均衡、稳定、高效生产。

第四层为控制层，该层处于企业车间级，对产品生产全过程各个主要环节进行监督和控制，根据生产调度层指令直接指挥生产控制层，并应用先进过程控制模型优化过程操作，进行产品质量控制及过程参数控制及优化。

第五层为现场层，该层是生产过程的底层自动化系统，包括用于主要生产装置的工业流程控制系统，对生产过程进行单元控制、现场控制、现场作业和实时数据采集。

基于以上五个层次建立“三层应用”架构。

ERP/PLM 层(经营决策层)：应用 ERP 理念及技术，建立以规范业务流程为基础、以财务为核心的一体化经营管理平台。主要包括财务、供应、销售、工厂设备维护、生产计划管理和产品研发等模块，实现为经营管理服务的功能，形成以财务为核心、以营销带动新品研发为龙头、以科学的生产计划为依据、以物资采购为基础、以设备检维修为保障的系统框架。

MES 层(生产管理层)：采用先进的制造运营管理系统平台，实现设备实时数据库和管理系统数据库的有效集成，建立业务及数据集成的一体化管控平台，建设数据整合、计划及执行优化、生产过程仿真、质量及设备管理等信息系统，更好地提升产能及质量，减少损耗，更好地为公司 ERP 提供实时、可靠、准确的经营和成本数据。

TIA 层(生产自动化控制层)：突出先进控制技术的开发。采用先进实时网络、数据库集成技术，建立实时数据采集系统、质量管理系统，通过设备的智能化辅助改造，减少人工，实现连线生产，全面提升生产工艺管理和操作水平。

2.4.2　粉煤灰提铝全流程智能制造系统总体结构

粉煤灰提铝全流程智能制造系统以实现透明化工厂为目标，总体架构围绕物理层、边缘层、Iaas 层、Paas 层、Saas 层进行建设。具体架构如图 2-11 所示。

物理层：是指铝电板块中氧化铝、电解铝、热电厂中类型的设备及其对应的

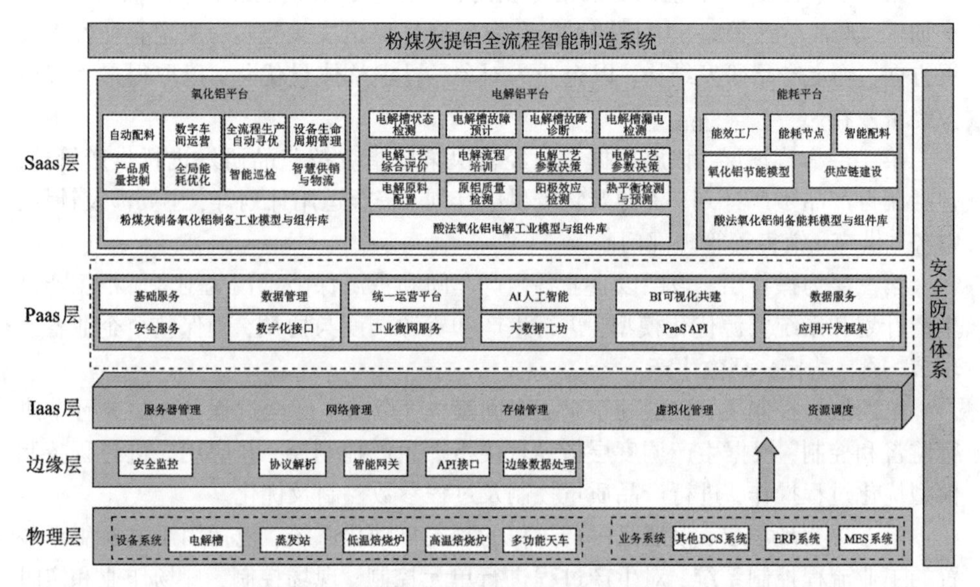

图 2-11　粉煤灰提铝全流程智能制造系统总体架构

PLC 和 DCS 中所产生和管理的各类设备物联数据，以及支撑铝电板块业务开展的 ERP、MES、物资管理系统、计量管理系统等内容，整个物理层实际上是数据产生部分，也是整个数据中台的基础。

边缘层：是指支撑粉煤灰提铝全流程智能制造系统进行物理层设备数据采集的各类解析协议、智能网关、边缘数据处理程序，以及系统数据采集的 API 接口和整体边缘层的安全监控程序。

Iaas 层：作为粉煤灰提铝全流程智能制造系统的底座，Iaas 层主要为数据管理、数据服务以及数据应用提供支撑，包括服务器管理、网络管理、存储管理、虚拟化管理、资源调度等内容。

Paas 层：作为粉煤灰提铝全流程智能制造系统与数据关系最密切的部分，该层的作用主要是实现数据管理、数据应用开发，以及支撑两者的基础服务、安全服务、数字化接口、工业微服务、开发者中心等模块功能。

Saas 层：是粉煤灰提铝全流程智能制造系统的重要组成部分，按照业务类型划分为智慧电解铝和智慧氧化铝等方面的应用。主要应用方向为：设备管理、设备健康管理、能源监控管理、能源优化、工艺提升等。

最终，通过数据的可视化，实现粉煤灰提铝全流程的监控运营及数据应用，打造数据透明化、管理精益化、制造智能化的透明工厂。

在粉煤灰提铝全流程智能制造总体架构框架下，通过对新型氧化铝制备智能制造的需求分析，构建粉煤灰提取氧化铝智能制造体系架构，分析粉煤灰提取氧化铝的关键应用场景，如图 2-12 所示。

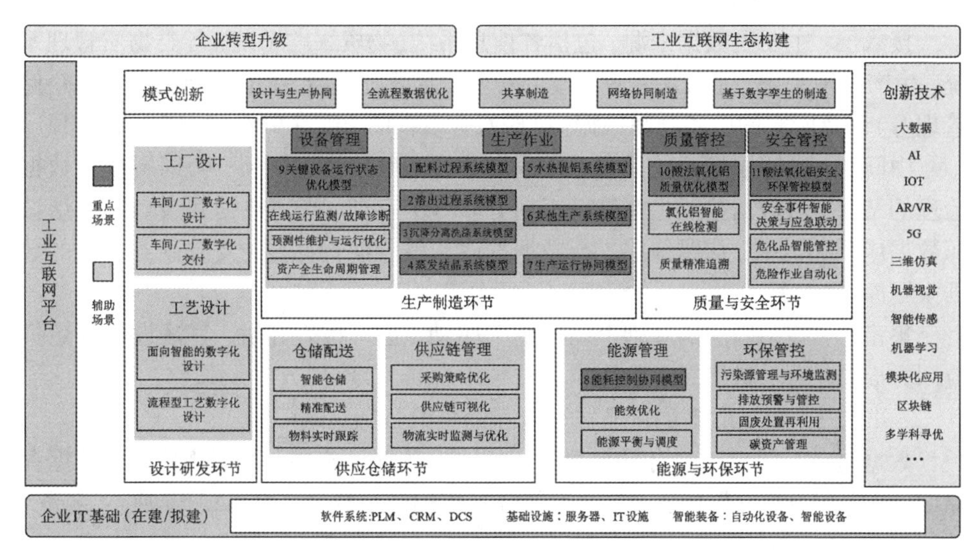

图 2-12　粉煤灰制备氧化铝工业互联网体系典型场景建设图

2.4.3　粉煤灰提铝全流程智能制造系统数据及数据应用架构

2.4.3.1　粉煤灰提铝全流程智能制造系统数据架构

粉煤灰提铝全流程智能制造系统的数据架构是基于底座平台之上的数据底座，也是粉煤灰提铝全流程智能制造系统的主体部分，具体内容如图 2-13 所示。

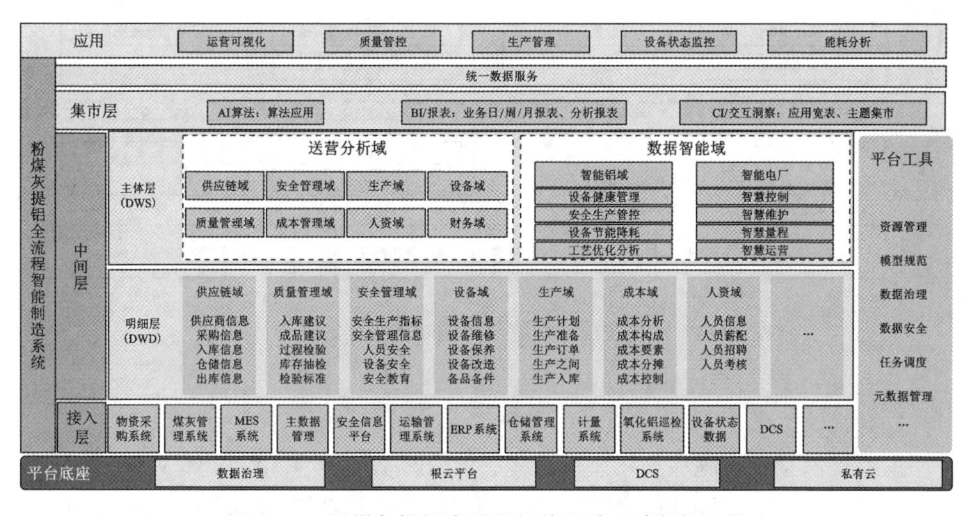

图 2-13　粉煤灰提铝全流程智能制造系统数据架构

粉煤灰提铝全流程智能制造系统的数据架构采用分层设计，自下向上分别是接入层(ODS)、中间层(DW)以及集市层(DM)，其中中间层又分为明细层(DVD)和主题层(DWS)。

接入层：主要是数据来源，包括各信息系统(物资采购系统、各类物质管理系统、生产管理系统、主数据管理系统、安全信息管理平台、ERP、运输管理、仓储管理等)以及所有的设备物联数据(包括所有设备的PLC和DCS程序中的数据)。

中间层：中间层按照数据仓库的逻辑分为明细层和主题层，明细层按照数据治理的结果，对数据按照主题域进行划分和分类存储，形成数据冗余。主题层按照数据应用的需求，从明细层进行数据抽取和融合架构，形成具有业务意义的数据主题库。

集市层：在中间层的基础上以应用为驱动，进行报表开发、算法设计等数据应用方面的工作，最终展示数据应用结果。

2.4.3.2　粉煤灰提铝全流程智能制造系统数据应用架构

数据中台技术架构共有五个部分，分别为数据设施层、数据集成层、数据存储层、数据服务层、数据展示层，每部分采用相应的技术，如图2-14所示。

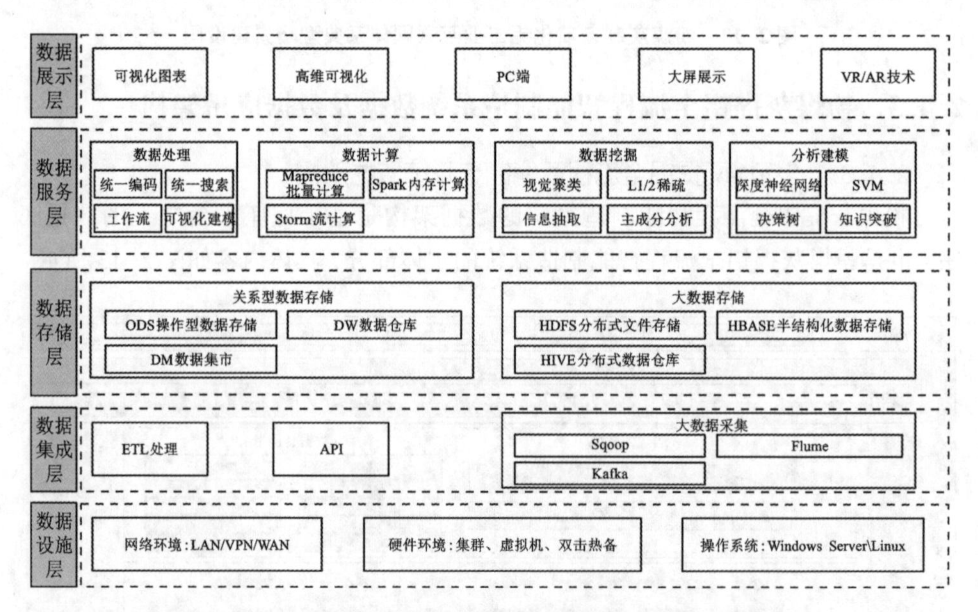

图2-14　粉煤灰提铝全流程智能制造系统数据应用架构

1. 数据设施层

主要提供基础设施层使用到的技术，包括网络环境(LAN/VPN/WAN等)、硬件环境(集群技术、虚拟机、双机热备技术等)、操作系统(Windows Server、Linux

等)中使用到的技术。

2. 数据集成层

该层主要为各业务场景提供数据采集技术，为了保证源业务系统中的各类数据能够快速、稳定地接入到 ODS 缓冲区，针对不同类型的数据，分别制定了不同的数据接入方式。Service API 接口针对 SAP ERP 等系统的数据抽取接口，提供从 SAP ERP 抽取增量数据能力；对于大批量数据，使用 Kettle 作为定时数据抽取工具不仅支持传统 ETL，还支持全量和增量的数据抽取。对于部分业务系统，根据业务分析需求可采用 ESB、DB Link 的方式进行动态数据接入。对于非结构化数据平台以及外部系统等非结构化数据，可直接采用 Flume 进行数据接入存储，结构化数据存储与分布式数据库数据迁移时可采用 Sqoop 进行实时数据同步抽取。

3. 数据存储层

结合当前企业数据现状，为了支持快速的数据导入、导出能力，并支持快速数据检索及质量检测，数据存储中的 ODS 数据缓冲区、DW、DM 仍然选择关系型数据库存储抽取方式。另外，基于 Hadoop 构建分布式数据存储，以用于存储的扩展和基于大数据的决策分析。ODS 数据缓冲区、数据仓库及数据集市之间的数据同步，采用 ETL 进行同步，与 Hadoop 存储环境进行基于 Sqoop 的数据交换。

4. 数据服务层

该层为铝电数据中台在数据管理、数据计算、数据挖掘、分析建模等方面提供不同的技术。数据管理主要提供自定义建模、全文检索等技术，数据计算采用 Spark 处理框架，内含批量计算、内存计算、流计算，为铝电数据中台提供大数据处理能力。数据挖掘及分析建模提供对应的大数据算法及模型，为决策层的数据分析及态势预测提供支撑。

5. 数据展示层

分析结果最终通过可视化分析工具及各种可视化展示技术快速地发布到计算机客户端及大屏等设备。

2.4.4　粉煤灰提铝智能优化制造系统边缘层架构设计

粉煤灰提铝全流程智能制造系统的边缘层总体架构包括边缘数据采集、边缘管理、边缘存储、边缘计算、边缘应用、边缘协同六个部分，边缘层向下接入集团和各样本厂系统、设备(端)及各类数据源，向上与数据中台进行数据和资源的交互，如图 2-15 所示。

边缘采集：基于工业以太网、现场总线等通信技术，通过工业协议或标准通信接口等，将集团和各样本厂的系统、设备及不同数据源所提供的多源异构数据接入到边缘层设备，边缘层的数据采集为边缘层的管理、存储、计算、应用等功

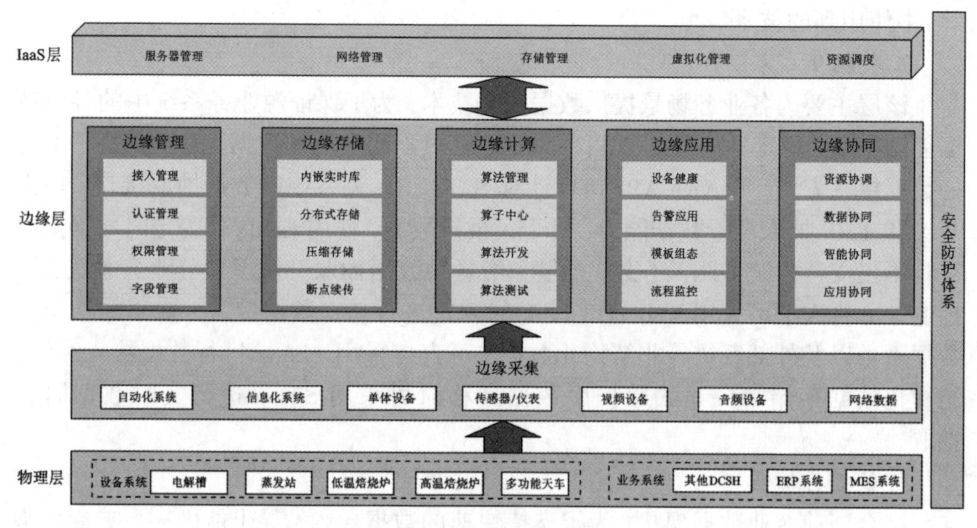

图 2-15 边缘层总体架构

能模块提供基础数据支撑。

边缘管理：对边缘层设备的配置、接入、认证、权限等功能进行统一管理，实现边缘层数据的灵活、高效的管理。

边缘存储：基于边缘的实时数据库，为海量实时数据提供边缘存储能力，保证边缘侧数据的安全、稳定、不丢失。

边缘计算：基于边缘层丰富的数据和算法库，对边缘数据进行分析和计算，提供边缘层的算法开发、测试和部署等功能。

边缘应用：为边缘层提供灵活、丰富的应用，满足边缘层的查询、可视化等需求，实现边缘层应用的按需制定。

边缘层各功能模块的数据和功能均通过网络实现与数据中台的同步，并支持数据中台统一的版本管理，实现了“云边端一体化”。

2.4.4.1 边缘层数据采集

边缘层的数据采集主要通过安装在各工厂侧的数采网关和数采服务器等设备实现。数据采集除了提供现场设备的实时数据接入能力，还提供信息化系统的关系型数据、视频和音频等数据云端接入能力。边缘层设备的数据采集能力具体如下。

连接网络：支持 4G/5G、WiFi、以太网、zigBee、NB-Iot、LoRa 等网络。

采集协议：支持 ModbusTCP/RTU、OPC-UA/DA 等采集协议；支持协议定制。

转发协议：支持 MQTT、COAP、HTTP 等转发协议。

通道内容：支持 Link- JSON、Link-Binary、二进制等格式。

通道传输：支持数据压缩传输；支持断点续传功能。

通道安全：设备、网关一对一认证；通道 TLS 加密；数据权限控制。

多目标转发：支持企业私有云或公有云同时获取采集数据。

数据反控：双向实时通信+非实时通信。

边缘运维：OTA 升级、日志、监控。

主要通过现场总线、工业以太网、工业光纤网络等工业通信网络实现对工厂内设备的接入和数据采集，可分为三类：①对传感器、变送器、采集器等专用采集设备的数据采集；②对 PLC、RTU、嵌入式系统、IPC 等通用控制设备的数据采集；③对机器人、数控机床、AGV 等专用智能设备/装备的数据采集。

主要基于智能装备本身或加装传感器两种方式采集生产现场数据，包括设备数据（如多功能天车、电解槽执行机构）、产品数据（如原材料、添加剂、铝液、铝锭）、过程数据（如工艺技术参数、质量、分子比等）、环境数据（如槽温、过热度、初晶温度等）、作业数据（现场工人操作数据，如单次操作时间）等。主要用于工业现场生产过程的可视化和持续优化，实现智能化的决策与控制。

1. 工厂外智能产品/装备的数据采集

主要通过工业物联网（3G/4G/5G、NB-IoT 等）实现对工厂外智能产品/装备的远程接入（通过 DTU、数采网关等）和数据采集。主要采集智能产品/装备运行时的关键指标数据，包括但不限于如工作电流、电压、功耗、电池电量、内部资源消耗、通信状态、通信流量等数据。主要用于实现智能产品/装备的远程监控、健康状态监测和远程维护等应用。

2. ERP、MES 等应用系统的数据采集

主要由工业互联网平台通过接口和系统集成方式实现对 SCADA、DCS、MES、ERP 等应用系统的数据采集。

1）与 DCS 系统通信链路

DCS 系统包括氧化铝厂主控和煤气 DCS 系统、热电厂的机组和辅网 DCS 系统。DCS 系统统一采用和利时的软硬件产品，各 DCS 系统的实时数据通信链路基本保持一致，首先由分布在现场的 DCS 控制器将现场实时数据按照和利时 HSIE 协议格式传输到 I/O 服务器；I/O 服务器的实时数据一方面供 DCS 系统解析使用，另一方面传输到 OPC 服务器中；OPC 服务器中的实时数据通过 OPC-DA 协议传输到通信接口机，接口机对协议转换后经隔离网闸传输到生产管理系统中。

与现有通信链路的方式相似，由 OPCserver 直接采集实时数据，通过标准 OPC-DA 协议接入到数据采集服务器，数据采集服务器再将数据转换为标准格式传输到数据中台。该方案需要增加的设备包括数据采集服务器和隔离网闸。由于

OPC-DA 协议支持周期上传和变化上传两种方式。数据按照重要级别和变化周期等分类设定采集频率，保证数据传输的实时性和高效性，例如重要的数据采用每秒定时上传或者变化上传方式，不重要的数据按照长时间定时上传方式。

该技术优势包括：①数据链路的集成性更高，无须开发和调试工作，即插即用；②总体实时数据更全面，单数据信息更完整；③在保证数据的实时性前提下，网络和计算资源消耗更少，数据通信更有弹性；④数据的可定义化程度更高，数据标准建设更统一规范。

2）与 PLC 系统通信链路

目前的 PLC 系统应用广泛，设计的品牌型号众多，已知应用最为广泛的品牌包括 AB、西门子等，以下对这两种系统分别进行说明。

与 AB PLC 系统通信链路。应用 AB PLC 的系统主要包括电解铝厂净化车间的烟气净化、空压站循环水、脱硫系统和铝加工厂熔铸车间的控制系统。采用的产品系列主要包括 PLC1756 和 1988 系列控制器，PLC 均接入到相应的组态软件中进行实时监控，其中铝加工厂组态软件中的少部分数据接入到上层的生产管理系统中。针对目前的 PLC 通信链路，由 PLC 直接采集实时数据，通过 AB-CIP 协议接入到数据采集网关，数据采集网关再将数据转换为 NQTT 标准格式并传输到数据中台。需要增加的设备为数据采集网关，网关对 AB 各系列产品的接入提供良好的支持，支持 CIP、DF1、OPC 等多种协议，支持 AB PLC 的全局变量、程序变量、数组、结构体等不同类型数据。技术优势包括：数据链路的集成性更高，无须对 PLC 进行配置工作，即插即用；总体实时数据更全面，单数据信息更完整；数据传输的实时性更强，特别是针对高速计数类变量；数据的可定义化程度更高，数据标准建设更统一规范。

与西门子 PLC 系统通信链路。应用西门子 PLC 的系统主要包括电解铝厂动力车间整流控制系统，铝加工厂的热轧车间锯床、铣床、磨床，精整车间、涂装车间的各控制系统等。采用的产品系列较为多样，PLC 均接入到相应的组态软件中进行实时监控，其中铝加工厂组态软件中的少部分数据接入到上层的生产管理系统中。针对目前的 PLC 通信链路，由 PLC 直接采集实时数据，通过西门子 S7 协议接入到数据采集网关，数据采集网关再将数据转换为 MQTT 标准格式传输到数据中台。需要增加的设备为数据采集网关，网关对西门子 S7-200/SMART、S7-300、S7-400、S7-1200、S7-1500 等各系列产品的接入提供良好的支持，支持 S7、Profinet、Profibus 等多种协议，支持西门子 PLC 的不同类型寄存器和 DB 块数据，网关针对不同系列控制器的 S7 协议的报文结构差异有较好的支持。

与电气设备的数采链路。单体电气设备主要包括行车机组和电解铝厂中频炉。行车机组由不同厂家提供，自动化程度差异较大，例如通过电气回路控制或 PLC 控制等方式。针对该类电气设备的数据采集，带有 PLC 的行车实现方式较为简单，可通过现有通信接口实现数据采集(无通信接口需加装以太网模块)。电气回路控制的行车实现方式较复杂，需通过电气改造将电气信号转换为可采集的模拟量信号或数字量信号，改造工作对行车控制方式会造成很大影响，需结合生产情况统一规划。中频炉位于电解铝厂综合车间，采用感温传感器检测中频炉柜体内元器件温度，并将传感器数据汇总到机柜间的配电箱，再通过网络传输到计算站的调度室监控面板中，监控面板中的数据尚未接入到计算站的各信息化系统中。针对该类传感器的数据采集，如果传感器信号为 4~20 mA 模拟量信号，可直接接入到带有模拟量 I/O 端子的数采网关中，通过以太网或无线网络传输到数据中台；如果监控面板支持通信协议开放，可能通过工业总线协议等方式将传感器数据统一接入到数采网关中，再通过以太网传输到数据中台。

与质检化验设备的数采链路。质检化验设备在氧化铝厂、电解铝厂、铝加工厂均有广泛应用，主要设备包括光谱仪、X 荧光光谱仪、元素分析仪、ICAP 仪、万能试验机等。质检化验设备品牌和种类众多，数据通过自动上传、定期生成报表、手工填报等方式实现统计。质检化验设备的数据采集，大体分为以下几类：文件自动上传的设备无须单独采集；自带关系型数据库的设备，可直接通过 API 接口的方式接入到数据中台；定期生成报表或手动填报的数据，可通过报表数据抽取的方式将数据提取到数据中台的指定数据库中。

2.4.4.2　边缘层管理

边缘层的管理功能主要包括边缘层设备的认证、配置、模拟及统一管理等功能，支持边缘层设备的批量管理，支持对数据采集对象的统一监控。边缘层的管理能力具体如下。

接入管理：支持对转发协议的认证管理、接入管理、数据点管理功能。

测点配置：提供测点的创建、维护、编辑、分组与模板管理。

测点模拟：模拟设备测点数据，以便于数据中台功能的测试与调试。

模板库：提供资产、设备、网关、计算指标、标签等模板的维护功能。

字段管理：提供测点、设备、资产扩展字段的省理。

资产管理：提供基于树形结构的资产管理方式，提供设备库管理功能。

权限管理：提供数据中台统一的管理权限，例如用户、组织机构的管理权限。

2.4.4.3　边缘存储

边缘层提供存储能力极强的实时库，支持数据缓存或永久存储等灵活的存储功能。针对目前数据和边缘层的特点与需求，边缘存储的核心能力如下：

内联实时库：实现边缘层与中心端存储结合，存储功能灵活高效，支持历史数据召回功能，保证生产数据随时调取。

超长存储周期：提供边缘海量数据分布式存储能力，采用先存后传的数据结构，保证运行数据永不丢失，存储周期长。

高压缩比存储：支持超高压缩比，实现边缘层存储空间的高效利用。

数据断点续传：提供数据断点续传，保证数据连续完整，永不丢失。

2.4.4.4 边缘计算

边缘层能够支持灵活的算法部署并提供类型丰富的算法库。根据目前边缘层的特点和需求，边缘计算的核心能力如下：

脚本建模：提供通过公式创建复杂实时计算模型的能力；通过类 javaseript 语法编辑公式，建立数据计算模型。

算子中心：提供多种类型的基础算子，包括逻辑算子、数学算子、三角函数算子、实时统计算子、工业算子及第三方数据算子，支持算子自定义功能。

第三方算法管理：提供 java 及 python 编写的算法的接入能力。

算法测试：提供手动输入数据，对模型进行测试的能力。

综法开发：支持可视化脚本，提供编写 java 第三方算法的工具包等。

2.4.4.5 边缘应用

边缘层能够支持灵活的应用部署并提供功能丰富的应用库，边缘应用的核心能力如下：

设备监控：对指定设备的实时数据、告警数据、组态界面进行监控；提供折线图、表格的实时数据监控方式，支持指定时间段的历史数据查询，并支持设备告警数据的灵活展现；

告警应用：可以分别针对模板、设备、数据进行告警规则的设置，告警规则支持设置级别、告警条件、触发规则、通知对象、通知内容等；可实时查看当前和历史告警的设备的数量，以及告警的级别分布图、时长分布图、趋势图、告警明细列表。

模板组态：通过设备、资产模板设计 2D/3D 组态，在模板组态上绑定不同的设备实例，展现不同设备的静态属性和动态属性，并支持其他应用引用。

工艺流程：用于将模板组态、数据点组合起来，将一个完整的物理或逻辑上的业务流程图展现出来，并支持在流程图上监测实时数据。

实时分析：将多个数据点或者设备属性放入折线图或表格中，实现对实时数据的对比分析。

2.4.4.6 边缘层的安全设计

基于用户角色的权限控制实现应用层安全。

严格控制不经授权的用户访问系统。每个合法访问用户都具备一定的权限，以限制其操作范围。在业务操作时，具备相应业务系统操作权限的人员，才可以办理相应的业务。结合统一用户与权限管理实现权限控制，以及应用层的安全。

权限管理方案。通过管理员，可分别先对分部门设置不同的角色，再分配菜单和功能权限，以及设置不同的数据权限。

加密策略。加密主要包括数据的加密传输和数据的加密存储。普通数据加密传输可以通过在 SSL 加密的 Internet 上传输，保证数据不被窃取。保密程度高的信息进行加密存储，提供加密模块，采用 RSA 加密算法进行加密，通过加密模块，用户可以选择需要的加密数据表并存储下来。所有需要加密的数据在存储之前都需要通过加密模块检测，如果数据需要加密存储，则调用加密算法进行加密，加密后的文件存放到数据库中；如果不需要加密，则直接存储明文。

信息保密。由于网络的互联性与开放性，信息在网络中的传输不可避免地存在被监听的可能。要实现信息传输的保密性，则只有对信息进行加密，以密文方式传输。平台对采集或传输的数据按照标准的加密组件进行了数据的加密，当数据达到后，由对应的解密组件进行解密，提供信息的加解密机制。信息也可能在传输过程中被截获篡改后转发，造成信息完整性受损，安全管理平台对接收后的数据采用完整性校验算法进行完整性校验，被改动的信息即被认为是无效信息并对无效信息进行过滤。

2.4.5 粉煤灰提铝智能优化制造系统私有云设计

2.4.5.1 粉煤灰提取氧化铝智能优化制造系统私有云设计

目前 IT 基础架构的发展处在虚拟化整合和云架构阶段。采用虚拟化技术可以无缝地部署在信息中心的 IT 系统中，且满足平滑迁移、提高应用系统的可用性等业务要求。另外，它还能通过云平台技术实现自动化特性。从技术上来看，虚拟化技术已经经过 5~6 年的快速发展，被电力、金融等领域大量使用和验证，有很高的成熟度、可靠性。

如果说虚拟化层解决的是资源整合管理的技术问题，那么云层解决的就是资源按需申请和分配的管理问题。系统管理员能够通过云层资源编排的功能把后台的资源通过模板的方式或行程服务发布出来，而使用者能够通过云层自主 Portal 的方式按需申请资源，真正实现使用者—资源—管理者间的流程自动化。

本书中以粉煤灰提取氧化铝过程为核心，基于其工艺流程特点，设计粉煤灰提取氧化铝智能优化制造系统的私有云结构。粉煤灰提取氧化铝智能优化制造系统私有云结构图如图 2-16 所示。

本部分主要从基础架构整合、应用整合和数据备份等方面对云网进行系统规划，从业务逻辑方面分析，可以分为云计算运维中心、虚拟网络资源池、计算资源池、存储资源池等几大部分，其逻辑关系如图 2-17 表示。

整体规划如下。

1. 基础平台整合

基础平台的整合通常包括服务器资源整合和存储系统整合两大方面。

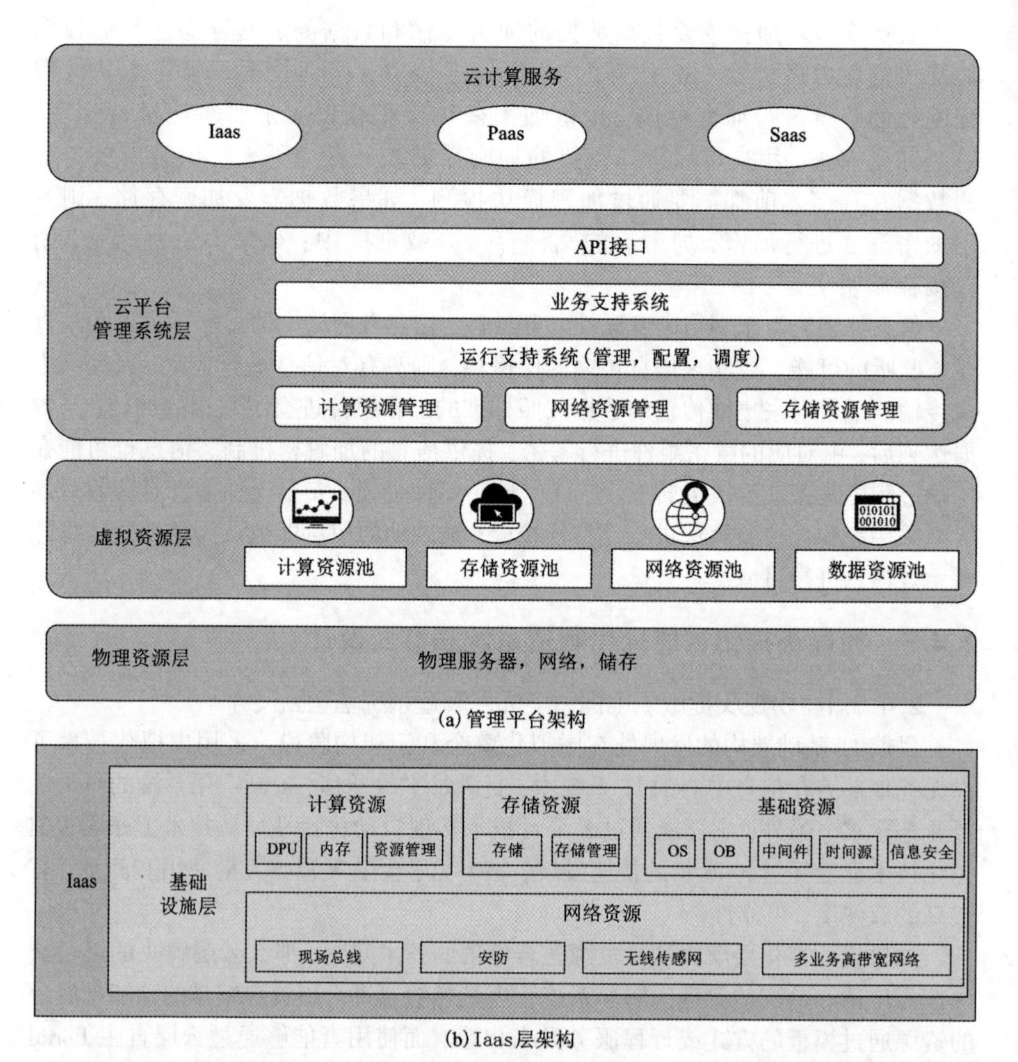

(a) 管理平台架构

(b) Iaas层架构

图 2-16　粉煤灰提取氧化铝智能优化制造系统云管理平台架构及 Iaas 层架构图

服务器整合就是采用虚拟化技术，将一套性能较强的系统，逻辑地分割为多个相对独立的系统，这样可以将较多的应用整合到较少的物理服务器里面。

存储系统整合表现为集中存储，将光纤 SAN、IP SAN 或 NAS 等连接技术和多个业务系统对存储的需求集中到少数几套，甚至一套存储系统中，实现存储系统的集中管理和调度。

此外，通过基础平台的整合，也可以降低对网络连接等基础架构(包括 SAN 连接和以太网连接端口)的使用需求。

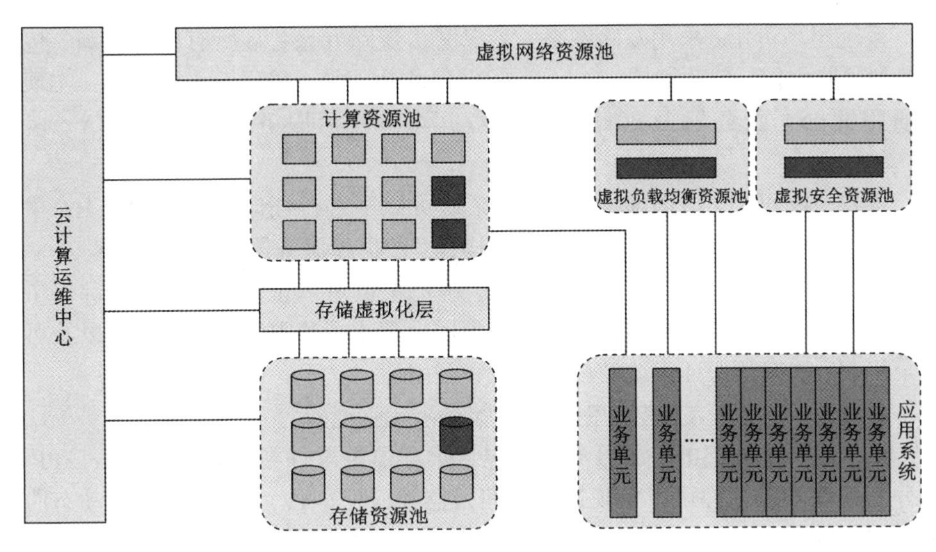

图 2-17　虚拟资源池的逻辑关系

2. 应用系统整合

应用系统的整合主要包括应用系统部署进行统一规划和数据库整合两个方面。应用系统部署统一规划，主要是结合服务器虚拟化技术，将多个业务系统进行集中，同时根据业务系统类型，进行合理的资源分配。

Iaas 层里的拓扑架构规划设计如图 2-18 所示。

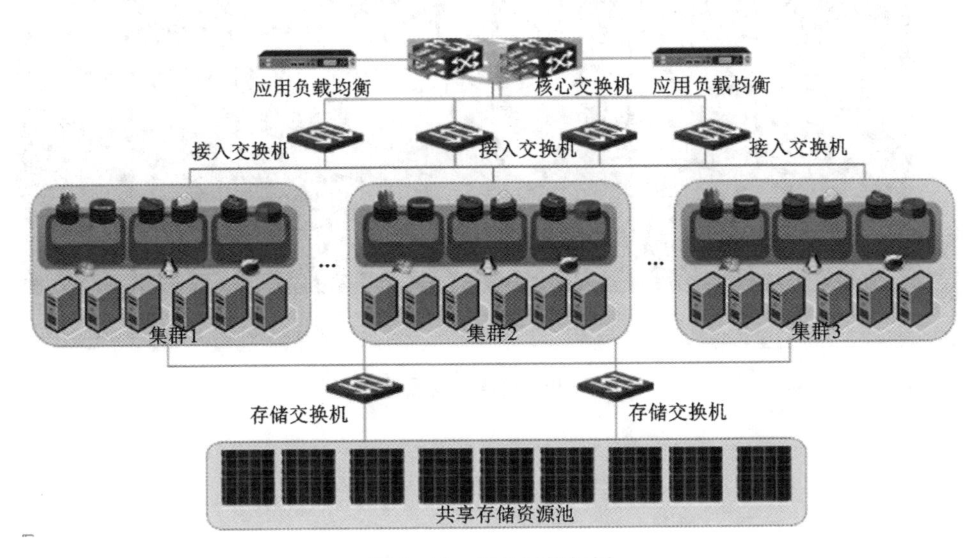

图 2-18　拓扑架构规划

在多个层面考虑系统冗余，保证系统可用。具体如下。

系统层高可用：采用双路网络，实现网络链路冗余；且所有网络设备，包括交换机、路由器、负载均衡、防火墙、IPS 等均为双路；采用双光纤通路，实现光纤通路冗余；服务器及存储接口设备冗余，包括服务器网卡、HBA、存储 HBA 卡。

虚拟机高可用：借助虚拟化，应用系统可以不进行任何改变即实现 HA 中间件层高可用；应用服务器采用集群方式构建；数据库服务器建立双机 HA。

应用高可用：针对高可用进行设计，确保集群可以正常运作；方案部署了相关管理软件，在应用服务器和数据库服务器上都支持集群和负载均衡，以及可靠冗余机制，能有效保证系统的可扩展性和可用性。

2.4.5.2 基于大数据的铝电解云服务平台的搭建

基于大数据的铝电解云服务平台包含远程监控软件和铝电解云服务 APP 两部分。远程监控软件可以实现远程车间云监控(图 2-19)、远程电解槽动态曲线云监控(图 2-20)、远程历史曲线云监控(图 2-21)、远程工艺曲线云监控(图 2-22)等功能。

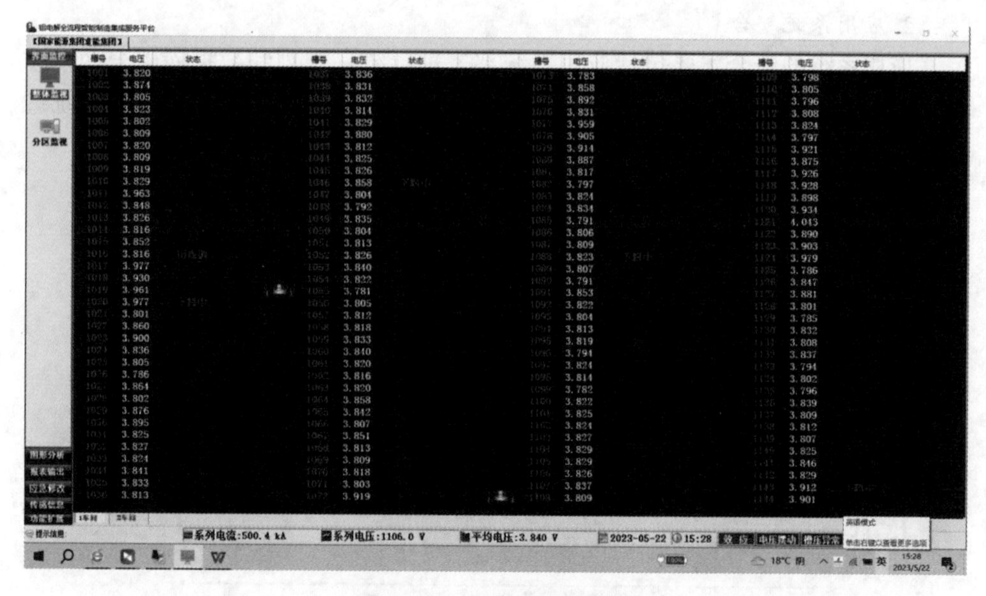

图 2-19 远程车间云监控

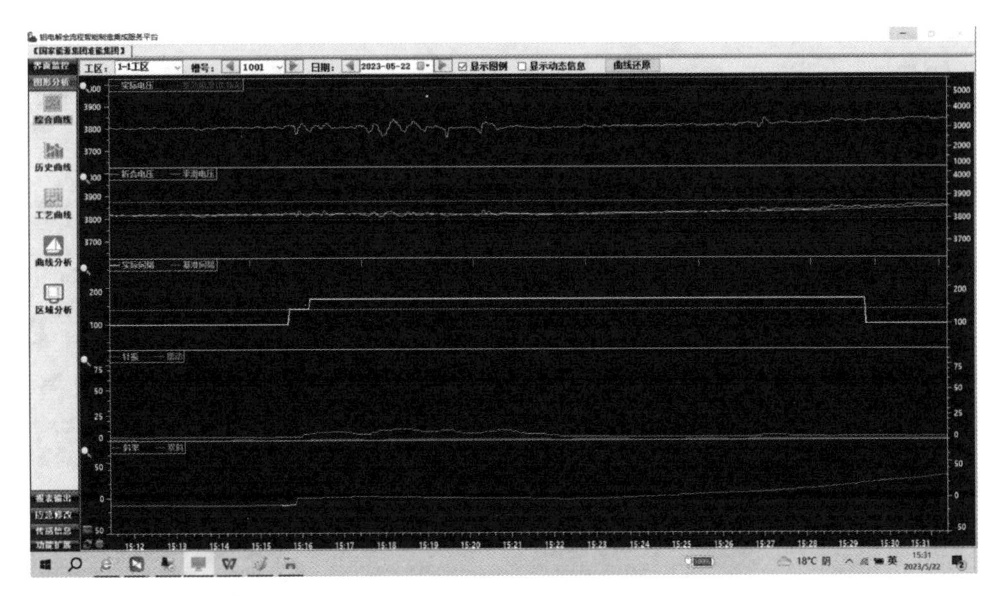

图 2-20　远程电解槽动态曲线云监控

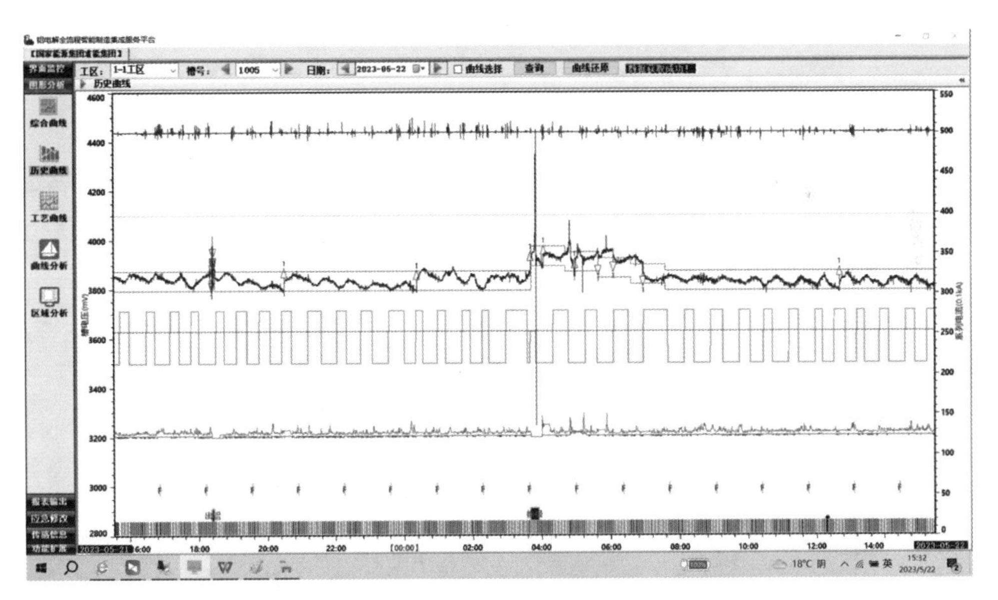

图 2-21　远程历史曲线云监控

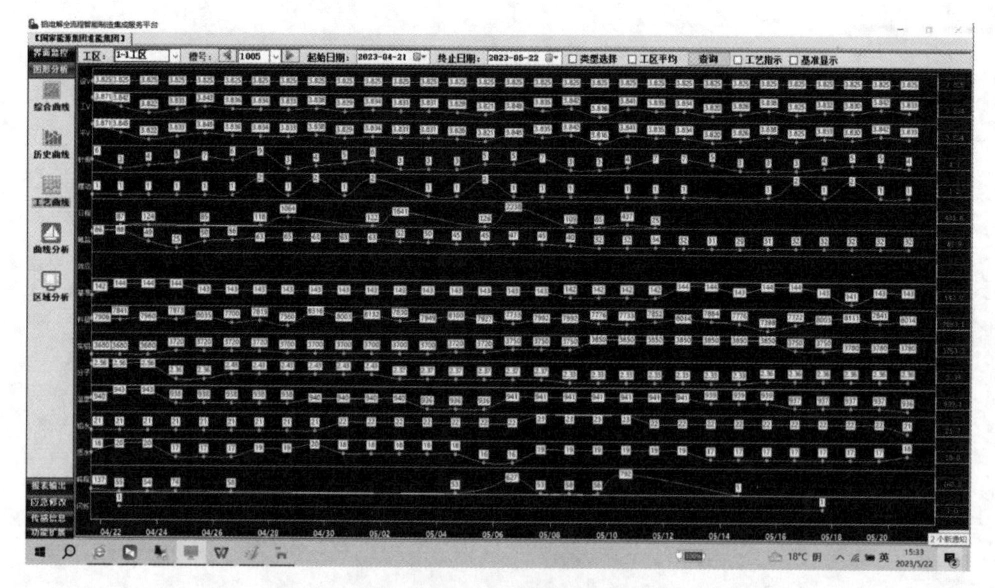

图 2-22 远程工艺曲线云监控

第 3 章
原料调配及溶出工艺与控制技术

3.1　概述

原料调配是粉煤灰酸法生产冶金级氧化铝的第一道工序，主要是将盐酸、水与粉煤灰在配料槽中混合，为进行溶出氯化铝溶液而制备合格料浆。能否制备出满足氧化铝生产要求的原矿浆，将直接影响粉煤灰中氧化铝的溶出率和氧化铝产品的品质，甚至影响氧化铝生产过程的技术经济指标。因此原料调配在氧化铝生产中具有重要作用。为使后续工序生产指标达到要求，原矿浆应满足以下要求：

(1) 参与化学反应的物料要有一定的细度；

(2) 参与化学反应的物料之间要有一定的配比；

(3) 参与化学反应的物料之间要混合均匀；

(4) 粉煤灰中 Al_2O_3 质量分数大于 45%。

粉煤灰酸法溶出采用盐酸作为溶剂，溶出条件为高温、高酸，其溶出后的白泥成分主要为二氧化硅，具有较强的磨蚀性。为使粉煤灰溶出达到合格的氧化铝溶出率，需要对影响粉煤灰中氧化铝溶出过程的因素进行控制，主要考虑盐酸酸度、酸灰比、反应温度、反应时间对氧化铝溶出率的影响，为调整工艺参数提供依据。

3.1.1　术语和定义

3.1.1.1　酸灰比

酸灰比理论值是指粉煤灰中所有能与盐酸反应的金属氧化物与盐酸完全反应所消耗盐酸量的总和。

在循环流化床粉煤灰中，除氧化铝外，氧化铁、氧化钛、氧化镁、氧化钙、氧化钾、氧化钠都能与盐酸发生反应，反应式为：

$$Al_2O_3+6HCl \longrightarrow 2AlCl_3+3H_2O$$

$$Fe_2O_3+6HCl \longrightarrow 2FeCl_3+3H_2O$$

$$TiO_2+4HCl \longrightarrow TiCl_4+2H_2O$$
$$MgO+2HCl \longrightarrow MgCl_2+H_2O$$
$$CaO+2HCl \longrightarrow CaCl_2+H_2O$$
$$K_2O+2HCl \longrightarrow 2KCl+H_2O$$
$$Na_2O+2HCl \longrightarrow 2NaCl+H_2O$$

根据粉煤灰分析结果，酸灰比的理论值计算方法见表 3-1。

表 3-1　酸溶反应中 HCl 理论值的计算结果

项目	Al_2O_3	Fe_2O_3	TiO_2	MgO	CaO	K_2O	Na_2O
质量分数/%	48.57	1.98	2.36	0.42	4.74	0.42	0.10
相对分子质量	101.96	159.69	79.9	40.312	56.08	94.2	61.98
与 HCl 的反应当量/($mol \cdot mol^{-1}$)	6	6	4	2	2	2	2
100 g 灰消耗 HCl/mol	2.86	0.07	0.12	0.02	0.17	0.01	0.01

根据酸溶反应中盐酸理论值计算需加入的不同浓度的盐酸用量(表 3-2)。

表 3-2　酸溶反应中不同盐酸浓度理论值的计算结果

$w_{盐酸}$/%	19	22	25	28	31
$\rho_{盐酸}$/($g \cdot mL^{-1}$, 20 ℃)	1.095	1.110	1.125	1.140	1.155
100 g 灰消耗盐酸/g	621.05	536.37	472.00	421.43	380.64
100 g 灰消耗盐酸/mL	567.17	483.32	419.56	369.68	329.56

当与盐酸反应的氧化物 100%参与反应时，以酸灰比为 1∶1 计。当酸灰比为 0.7∶1 时，表示盐酸使用量为理论值的 70%，盐酸欠量。

按酸灰比的理论值，每 100 g 粉煤灰需加入 483.32 mL 22%的盐酸或加入 329.56 mL 31%的盐酸。

3.1.1.2　溶出率指标

在生产中，衡量粉煤灰中氧化铝的溶出效果的指标有理论溶出率、实际溶出率和相对溶出率。

1)理论溶出率

理论溶出率是指理论上粉煤灰中可以溶出的氧化铝(扣除不可避免的化学损失)与粉煤灰中所含氧化铝的质量的比值，用 $\eta_{理}$ 表示。

在新型氧化铝溶出工艺条件下，粉煤灰中 α 相态存在的氧化铝不与盐酸发生反应，而其余相态存在的氧化铝是可以与盐酸发生反应的，因此在进行理论溶出率的计算时要扣除掉这部分以 α 相存在的氧化铝。

计算公式如下：

$$\eta_{理}=1-A_{\alpha}$$

式中：$\eta_{理}$为粉煤灰中氧化铝的理论溶出率，%；A_{α} 为粉煤灰中 α 相氧化铝质量分数，%。

2）实际溶出率

实际溶出率是指在酸法溶出条件下粉煤灰中实际溶出的氧化铝与粉煤灰中所含氧化铝的质量的比值，用 $\eta_{实}$表示。

实际生产中生成的白泥量是无法直接确定的，但是氧化硅在溶出过程中不与盐酸发生反应而全部进入白泥，因此可以通过氧化硅分别在粉煤灰和白泥中的质量分数来确定白泥的产出量，从而得出实际溶出率。

$$\eta_{实}=\left(1-\frac{A_{泥}\cdot S_{灰}}{A_{灰}\cdot S_{泥}}\right)\times100\%$$

式中：$\eta_{实}$为粉煤灰中氧化铝的实际溶出率，%；$A_{泥}$、$S_{泥}$为白泥中氧化铝、氧化硅的质量分数，%；$A_{灰}$、$S_{灰}$为粉煤灰中氧化铝、氧化硅的质量分数，%。

3）相对溶出率

相对溶出率是指实际溶出率与理论溶出率的比值，用 $\eta_{相}$表示。

由于不同粉煤灰中 α 相氧化铝含量不同，即理论溶出率不同，因此为了衡量不同原料的溶出效果，提出相对溶出率指标。其表达式为：

$$\eta_{相}=\frac{\eta_{实}}{\eta_{理}}\times100\%$$

3.1.1.3　原矿浆液固比

在生产中，粉煤灰、盐酸和水的配入量计算好后，粉煤灰渣通过饲料机加入磨机，粉煤灰通过原矿给料计量螺旋输送机加入原矿浆槽，配酸量由酸吸收系统来的盐酸按照要求的密度指标进行调配操作。粉煤灰的下料量由计量螺旋输送机测定，盐酸量和水量通过流量计测量。

液固比（L/S）是指原矿浆中溶液质量与固体质量的比值。其计算公式为：

$$L/S=\frac{m_{总}-m_{固}}{m_{固}}$$

式中：L/S 为原矿浆液固比；$m_{总}$为原矿浆总质量，kg；$m_{固}$为原矿浆中固体质量，kg。

在实际生产过程中，液固比通常使用固含量来表示，即矿浆单位体积内固体的质量。其计算公式为：

$$\rho=\frac{m_{固}}{V_{总}}=\frac{m_{固}}{V_{固}+V_{液}}=\frac{m_{固}}{\frac{m_{HCl}}{\rho_{HCl}}+\frac{m_{固}}{\rho_{固}}}$$

式中：ρ 为矿浆固含量，g/L；$m_{固}$为矿浆中固体质量，g；$V_{总}$为矿浆总体积，L；$V_{固}$为矿浆中固体体积，L；$V_{液}$为矿浆中液体体积，L；m_{HCl} 为盐酸的质量，g；ρ_{HCl} 为盐酸的密度，g/L；$\rho_{固}$ 为固体的密度，g/cm^3，一般使用粉煤灰的真密度 2.5 g/cm^3。

液固比太高时，单位容积内所含的固相量较少，料浆的流动性较好；但存在产能下降，后续蒸发结晶能耗高等问题。

液固比太低时，单位容积内所含的固相量较多，可以在一定程度上提高产能；但是容易出现滤饼脱落、压料或沉淀、搅拌槽冒槽、后续沉降分离困难等问题。

因此，固含量过大或过小均不利，应有适宜的范围，其值要根据生产实践来确定。

3.1.2 工艺流程

3.1.2.1 工艺流程图

将粉煤灰及 28%的盐酸加入配料槽中，在常温常压条件下进行搅拌，实现盐酸对粉煤灰的初步溶解和混合。

经过混料罐混合后的物料通过隔膜泵输送进入高压反应釜，在 0.6~0.8 MPa 及 150~160 ℃的反应条件下，使粉煤灰中的各成分充分与盐酸进行反应，以实现溶出。反应温度采用蒸汽进行调节，同时蒸汽也可实现对物料的搅拌。

经过充分反应，溶出后的物料采用压力自排的方式通过闪蒸阀进入闪蒸罐，闪蒸后的尾气经过气液分离器后接入酸气处理装置，使最终尾气达到现行国家排放标准。

闪蒸后的物料进入稀释罐，在稀释罐中与一次洗液充分混合稀释后，经过稀释物料泵输送至后续工艺单元。

原料调配及溶出工艺流程示意图见图 3-1 和图 3-2。

3.1.2.2 工艺技术条件

粉煤灰料浆固含：约 21%。

盐酸质量分数：约 28.5%。

盐酸配料：按溶出反应理论量配酸。

溶出温度：150~160 ℃。

溶出加热与反应时间：5~6 h。

稀释料浆出料温度：≤85 ℃。

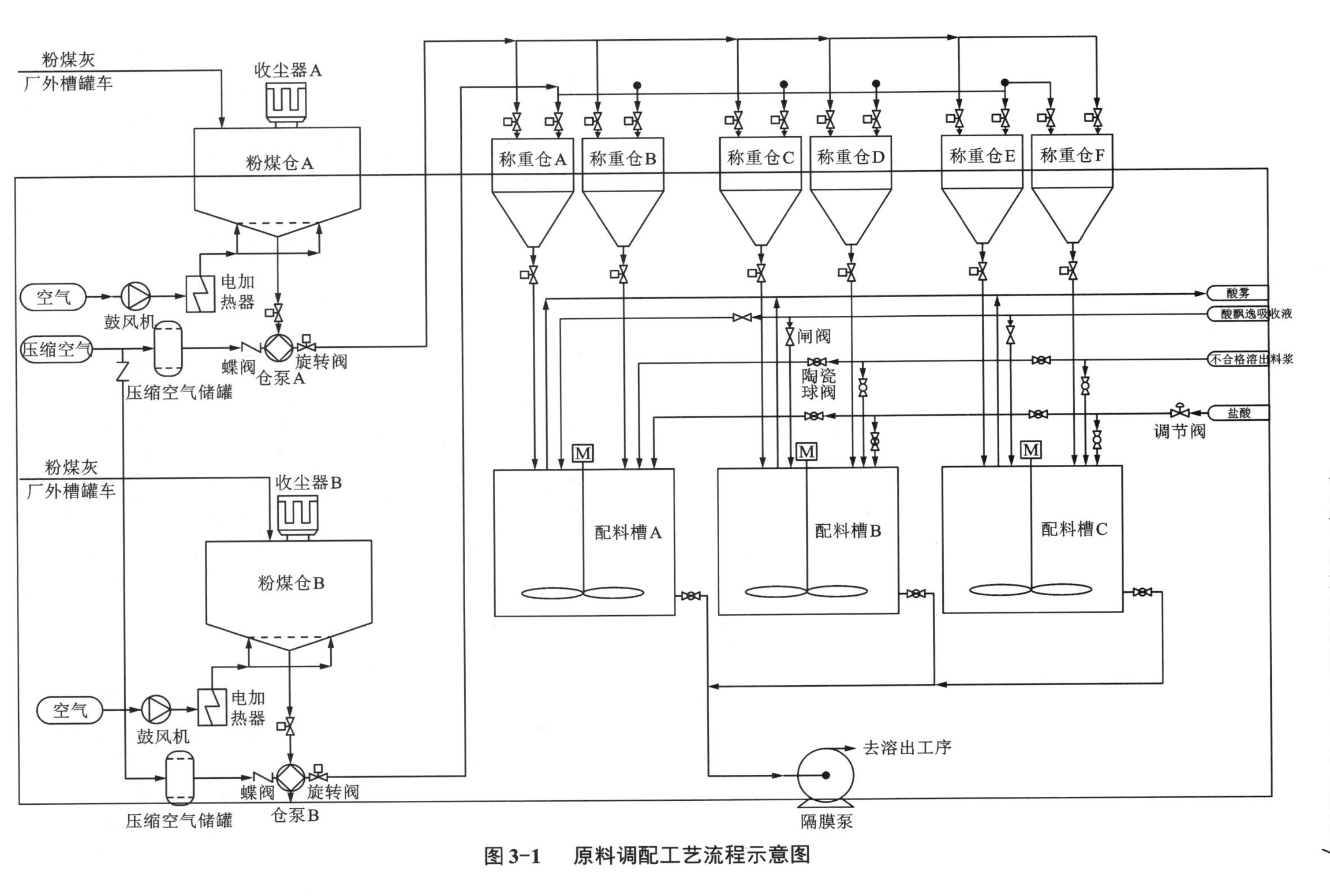

图3-1　原料调配工艺流程示意图

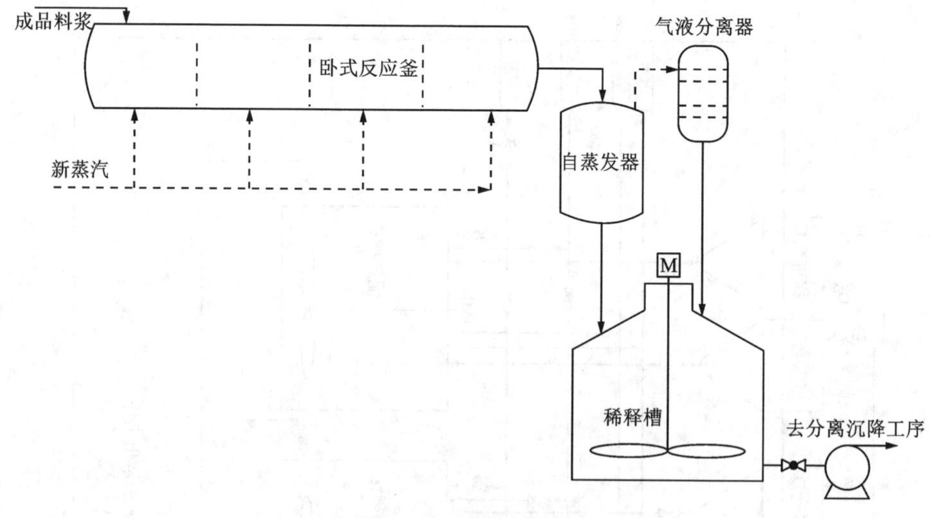

图 3-2 溶出工艺流程示意图

溶出料浆 $AlCl_3$ 浓度(闪蒸后)：约 352 g/L。

溶出料浆固含：约 11%。

稀释料浆固含：6%~8%。

粉煤灰中氧化物溶出率如表 3-3 所示。

表 3-3 粉煤灰中氧化物溶出率

单位：%

氧化物	Al_2O_3	Ga_2O_3	FeO	Fe_2O_3	K_2O	Na_2O	CaO	Li_2O	P_2O_5	MgO	SO_3	SiO_2	TiO_2
溶出率	86.00	79.99	99.00	93.16	76.25	79.41	98.66	91.28	91.00	98.97	100	0	3.50

3.1.2.3 酸气回收

1. 酸气产生

在原矿浆的制备过程中，盐酸、粉煤灰和水混合、搅拌时，初始盐酸质量分数为27%~31%，经过与水、粉煤灰混合后酸度为17%左右，很容易挥发，若有部分盐酸酸气泄漏在空气中，将严重污染空气。经过研究，在原矿浆制备过程中加入两级酸吸收装置，可以有效对原矿浆制备过程中可能逸出的酸气进行预控。

2. 酸吸收流程

在酸气吸收过程中，氯化氢气体用水吸收，氯化氢溶于水放出的大量热被洗涤水带走。原矿浆配料槽中的氯化氢气体被吸入一级酸气吸收塔，首先在一级吸收塔内与大量水接触，绝大多数氯化氢气体溶于水中，一级酸吸收塔中少量氯化氢气体在负压的作用下进入二级酸吸收塔被再次吸收，余下残余气体放空；酸气吸收塔内洗涤水可返回原矿浆槽重新使用。图 3-3 为氯化氢气体吸收流程示意图。

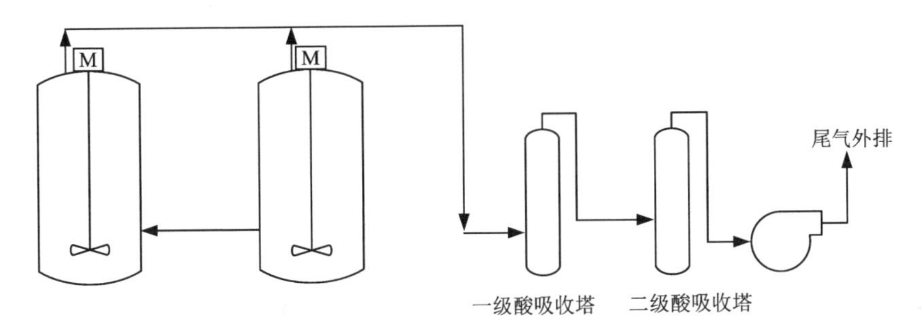

图 3-3　氯化氢气体吸收流程示意图

3. 酸吸收效果

为了说明两级酸吸收装置在原矿浆制备过程中的预控作用，粉煤灰酸法生产氧化铝中试装置在运行期间会对酸吸收前后酸度数据进行采集分析，结果如表 3-4 所示。

表 3-4　原矿浆制备过程中酸吸收前后酸度对比　　单位：%

酸度		
吸收前	吸收后	降低率
21. 23	5. 59	73. 66
20. 13	8. 20	59. 26
21. 80	9. 20	58. 80
21. 05	11. 72	44. 32
20. 89	11. 24	46. 19
21. 70	10. 07	53. 59
21. 13	1. 62	92. 33
18. 34	3. 56	80. 59

注：表中吸收前酸度为每日原矿浆槽平均配料后的酸度，吸收后的酸度为二级酸吸收塔之后的酸度值。

从表 3-4 可看出，经过酸吸收装置吸收后，氯化氢的酸度降低率在 44%以上，有效解决了高酸度氯化氢气体造成的环境污染问题，同时吸收过程中产生的洗涤水可重复使用。

综上所述，在酸法生产氧化铝工艺过程中，原矿浆的制备将直接影响粉煤灰中氧化铝的溶出率和氧化铝产品的品质。矿浆制备过程中产生的酸气飘逸，会污染环境，故采用两级酸吸收装置对配料工序飘逸的酸气进行预控。

3.2 溶出

3.2.1 溶出基本原理

溶出的基础理论包括溶出过程化学热力学和过程动力学内容。

溶出是使矿石中有价成分与化学试剂反应进入溶液，并以离子形式稳定存在于溶液中。因此，在矿石的溶出过程中，组分的优先溶解、各组分的稳定范围、反应的平衡条件以及条件变化时平衡移动的方向和限度，是溶出过程首先需要研究和解决的重要问题，这些问题属于化学原理及化学热力学的范畴。

溶出过程热力学研究溶出反应的热力学关系，即反应发生的热力学条件，或一定条件下，反应能否发生及反应进行的程度。溶出过程热力学研究的最重要方法是计算给定条件下反应自由能的变化 ΔG，由于水溶液中 ΔG 的计算需要活度或活度系数的数据，而这些数据又与溶液组成、浓度、温度、压力等有关，不易查出，因此 ΔG 的计算常由反应的标准自由能变化即 $\Delta G^{\ominus}$ 的计算代之。溶出过程中如有氧化还原反应发生，E_h-pH 图则成为常用工具。

由于溶出在溶液中进行，温度不可能很高，反应速度成为决定溶出效率的重要因素，这是溶出过程动力学所关注的问题。溶出过程动力学研究溶出速率的影响因素、速率控制步骤、速率过程模型和强化溶出。

3.2.1.1 化学原理

溶出的目的是选择性地溶出目标组分，将非目标组分尽可能地保留在浸渣中，从而完成目标矿物与非目标矿物的初步分离。

溶出反应可简单地分为三类：

(1)简单的溶出反应，包括简单金属氧化物的酸溶或碱溶。如低品位铜矿中铜以氧化铜为主，可用稀硫酸溶液溶出；铝土矿中铝以水合氧化铝为主要矿物存在形态，采用 NaOH 溶液溶出；锌精矿焙砂中锌以氧化物形式存在，选用稀硫酸溶液溶出。这些溶出反应皆为简单的溶解或溶出反应，溶出剂是酸溶液或碱溶液。

(2)氧化还原反应，在这些溶出反应中，有价金属元素，或与有价金属元素密切相关元素发生价态变化，即伴随着电子传递或电子转移。因此溶出溶液中应包含氧化剂或还原剂，即电子受体或电子给体。硫化矿的细菌溶出属于氧化溶出过程。

(3)络合反应，指金属离子与络合剂结合，形成稳定的新的离子的过程。典型络合溶出过程有氧化铜矿的氨浸等。

实际溶出过程的化学原理往往较为复杂，包含的反应并不是单一反应。典型实例是矿石中金的溶出。金在矿石中主要为自然元素形态，其溶出需要合适的络合剂和一定的氧化剂。经氧化反应和络合反应后，金离子进入溶液，此时需要调节溶液的 pH 以保持浸出溶液的稳定。

除了使主金属元素的矿物与溶出剂反应进入溶液外，溶出反应产物还需要稳定地存在于溶液中，即要求溶出溶液具有一定的稳定性。有时，处于介稳态或亚稳态的溶液也可用于溶出，此时需要采取适当措施，尽量减少溶出剂的降解损失。酸性硫脲浸金就属于这种情况，溶出剂硫脲在酸性溶液中处于亚稳态，控制合适的溶出条件(主要为氧化还原电位)，并尽量缩短溶出时间，才能减少硫脲的降解损失。

溶出过程中非目标矿物与溶出剂发生的副反应及其对目标矿物溶出过程的影响，同样是溶出研究的重要内容。首先需要关注的是脉石矿物与溶出溶液介质(酸或碱)间的反应，碱性脉石原则上应选择碱性介质，酸性脉石应选择酸性介质，如以碳酸盐为主要脉石成分的矿石，显然不能选择酸性介质的溶出剂。然而，选择介质的关键因素还是目标矿物溶出反应的需要。

在溶出化学的研究中，需要关注哪些非目标矿物与溶出剂的反应对主矿物溶出反应或溶出速率发生不利影响，并关注如何防止，或避免，或抑制这些不利副反应的发生。矿物中的铁矿物是最常见的非目标矿物之一，溶出中一般要关注铁矿物与溶出剂的反应及其产物对溶出过程的可能影响。非目标矿物的副反应有时可能是溶出剂选择的决定因素，因为有些非目标矿物的副反应可能对有价元素矿物的溶出过程产生致命影响。如氰化溶出中，当矿石中存在铜矿物时，由于其与氰化物的反应，往往造成氰化浸金过程的经济效益差；苛性钠溶液溶出铝土矿时，矿石中氧化钛矿物将严重降低一水硬铝石的溶出率和溶出速度。在这种情况下，需要调整溶出体系，加入某种添加剂，以改变原来的非目标矿物与溶出溶液的有害化学反应。

有时为了强化主反应，或抑制副反应，在溶出溶液中往往加入某些助浸剂，使溶出的化学过程变得更为复杂。如在金的氰化溶出过程中加入过氧化物作为助浸剂，以强化主反应；铝土矿溶出中加入石灰消除杂质矿物氧化钛对主矿物溶出的不利影响。为维持溶出溶液 pH 而加入的酸或碱，也属于助浸剂的范畴。为了溶出溶液稳定性的需要，在金的硫脲浸出中加入 SO_2 等助浸剂。是否加入助浸剂及加入哪种助浸剂，需要在研究溶出的化学过程后决定。

溶出是使矿石中有价成分与化学试剂反应进入溶液，并以离子形式稳定存在于溶液中。因此，在矿石的溶出过程中，什么组分优先溶解、各组分的稳定范围、反应的平衡条件以及条件变化时平衡移动的方向和限度，是溶出过程需要研究的重要问题，而解决这些问题的方法属于化学热力学的范畴，其中最基本的方法是估算溶出反应的标准自由能变化 $\Delta G^{\ominus}$、平衡常数 K 及自由能变化 ΔG(计算方法在一般物理化学教科书中都有详细论述)。

溶出过程中常有氧化还原反应发生。各种金属离子在水溶液中的稳定性，主要取决于溶液中金属离子的电位、pH、离子活度、温度和压力等操作参数及其热力学性质。使用 E_h-pH 图分析溶出过程的热力学条件，可以将水溶液中基本反应的电位与 pH、离子活度的函数关系，即指定温度和压力下电位和 pH 的变化关系，显示在 E_h-pH 图上。从 E_h-pH 图上不仅可以看出各种反应的平衡条件和各组分的稳定范围，还可判断条件变化时平衡移动的方向和限度。只要在实践中控制溶液中的 E_h 和 pH，从热力学观点看就可以初步确定溶出溶液与矿石各矿物间发生的化学反应、反应的生成产物及溶出溶液的稳定性等，得到所期望的反应产物。因此，E_h-pH 图和其他形式的优势区图是讨论溶出过程的重要工具之一。现在已有多个综合热化学数据库系统(ITD)对公众开放，提供详细的热力学数据和强有力的计算软件。利用这些热化学数据库可以进行有关多组分多物相的平衡计算，绘制有关的优势区图，解决与溶出有关的复杂无机化学问题。然而，由于原料和湿法冶金产物在矿物组成和元素组成上的复杂性、热力学数据的有限性、对实际化学反应估计或预测的局限性和误差以及动力学因素的影响等，热力学计算结果与实际情况往往存在一定差距，甚至产生严重偏差。因此，化学过程和操作条件优化还需要通过溶出试验确定。

溶出过程中另一种应用较普遍的热力学方法是应用化合物-水系溶解度图，此图直接反映系统中各化合物的溶解度与温度、成分的变化关系。

3.2.1.2 溶出过程动力学

由于溶出的温度较低(与火法的高温比较)，溶出过程速率较慢，溶出速率直接关系到溶出设备的利用率、生产处理能力和投资成本，因此必须关注溶出反应动力学和过程速率。

矿石的溶出是一个多相(固-液或气-固-液)反应过程，宏观上由反应剂的扩散、界面反应和生成物的扩散等多个单元过程构成，其反应速度取决于相界面的面积、反应界面上反应剂的浓度或反应剂在相界面上的传质速度。除了矿石颗粒表面或孔内发生的化学反应的本征特性外，相内或相间传质也可能决定过程速率。因此，溶出过程速率可由化学反应控制、扩散控制和混合控制三种基本速率控制步骤确定。确定一个溶出过程的速率控制步骤后，便可采取相应的溶出强化措施，以提高溶出速率。

当用常规动力学方程(溶出率与时间的关系)表征不同速率控制步骤时，各参数(溶出剂浓度和搅拌或流动特性等)对溶出速率的影响不同，反映出动力学表达式的不同及反应活化能的不同。因而，通过实验测定某特定溶出体系的动力学关系，确定反应活化能值等特征，才有可能确定该溶出过程的速率控制步骤，并针对性地采取强化溶出措施。

矿石溶出的速率过程，常用速率模型进行描述。在矿石颗粒溶出中，已发展出几个简单的反应速率过程模型及其速率表达式，如化学反应控制的反应核收缩模型和未反应核收缩模型，固/液界面液层中扩散控制的外扩散模型及固体产物层内扩散控制模型等，这些典型的动力学模型的表达式如下。

(1)反应核收缩模型。适用于固体颗粒随溶出进程而缩小，即溶出反应无固体生成物，化学反应控制速率过程时的溶出。当反应为一级反应时，其速率方程表达式可简单地表示为：

$$1-(1-\alpha)^{\frac{1}{3}}=kt$$

式中：α 为溶出分数(溶出率)；k 为速率常数。

(2)未反应核收缩模型。适用于未反应核的界面因溶出而收缩，溶出反应生成松散状固体产物层，或未被溶出矿物质本身组成松散层，溶出剂和生成物扩散通过松散固体层到达未反应核的溶出过程。当速率过程受表面化学反应控制时，速率表达式与反应核收缩模型相同，可简单地表示为：

$$1-(1-\alpha)^{\frac{1}{3}}=kt$$

当速度过程受松散层扩散控制时，速度表达式可简单表示为：

$$1-3(1-\alpha)^{\frac{2}{3}}+2(1-\alpha)=kt$$

(3)内扩散控制模型。适用于溶出速率由溶出剂或生成物通过固体松散层的扩散控制，且矿物原始颗粒均匀、溶出剂浓度基本不变条件下的溶出过程，速率方程式可简单表示为：

$$1-\frac{2}{3}\alpha-(1-\alpha)^{\frac{2}{3}}=kt$$

式中：速度常数 k 与溶出剂的扩散系数和浓度成正比，与矿物的颗粒半径成反比。

(4)外扩散控制模型。该模型溶出速率由固/液界面溶液层中反应剂或生成物的扩散控制，且矿物颗粒均匀。当溶出剂浓度在过程中基本保持不变的条件下，其速率方程式可简单地表示为：

$$\alpha=kct$$

式中：c 为溶出剂浓度。表明在这种情况下，溶出速率随溶出剂浓度上升呈线性增加，表观反应级数 $n=1$。

最主要的动力学特征是溶出速率明显随搅拌强度变化。溶出速率过程受化学反应控制的其他特征包括：反应活化能 $\Delta E\geqslant 45$ kJ/mol；溶出剂浓度增加时，反应呈 n 次增加($n\geqslant 1$)；提高搅拌强度对溶出速率的影响不明显。

扩散控制的其他特征包括反应活化能 ΔE 较低，为 5~15 kJ/mol；内扩散控制时，溶出速率基本上与搅拌强度无关，外扩散控制时，溶出速度明显受搅拌强度影响。

溶出反应的表观活化能可以简单地由两个不同温度下溶出率的测定值进行估算，其计算式为：

$$\lg t_1-\lg t_2=\frac{\Delta E}{R}\left(\frac{1}{T_1}-\frac{1}{T_2}\right)$$

式中：R 为气体常数；T_1 和 T_2 是两个不同的温度；t_1 和 t_2 分别为两个不同温度下达到同一溶出率时所需要的溶出时间。

当溶出速率过程受到扩散和化学反应混合控制时，情况较为复杂，难以推导出一个普遍适用的动力学公式。但其表观反应活化能为 15~45 kJ/mol，是一个较好的判断依据。

实际溶出过程速率通常由扩散速率控制，在这种情况下，速率常数是体系中反应剂浓度、扩散系数、溶出温度及扩散层厚度的函数。固体物料的颗粒大小、颗粒形态、粒度分布、矿物的暴露程度等也对溶出速率产生影响。溶出过程有时也可由化学反应控制。强化溶出或提高溶出速率的常用方法是提高溶出温度，在气体参与的溶出过程中提高压力、机械活化也是常用的强化溶出措施。

3.2.2 金属离子溶出机理

煤中主要矿物的热演化行为见图 3-4(a)。准格尔煤矿中铝主要以高岭石和勃姆石矿物存在。高岭石加热到 400 ℃时，结构中的部分羟基以水的形式脱失，温度达到 550~850 ℃时转化为偏高岭石。当温度升高至 1000 ℃后，偏高岭石转变为莫来石。在高温相变过程中还伴随着玻璃体的形成。勃姆石 300 ℃失水后生成 Al_2O_3，其晶相随温度升高而变化，依次以 γ(300 ℃) →δ(500 ℃)→θ(850 ℃)→α(≥1050 ℃)的顺序发生相变，如图 3-4(b)所示。循环流化床粉煤灰的产生温度低于 850 ℃，铝元素主要存在于偏高岭石和 θ-氧化铝(>99%)中，所以循环流化床锅炉排出的粉煤灰中的铝元素更易于提取。

粉煤灰酸法生产氧化铝的溶出是利用粉煤灰中氧化铝与盐酸反应生成氯化铝溶液，在这一溶出过程中，粉煤灰中除了氧化铝外，还有大量可以与盐酸反应的金属氧化物(如氧化铁、氧化钙、氧化镁、氧化钾、氧化钠、氧化钛)或碳酸盐，其中一些微量物质(如镓元素、锂元素等)也会协同溶出。

粉煤灰溶出过程的反应原理主要为氧化铝等金属氧化物与盐酸发生反应生成氯化物进入溶液，主要杂质氧化硅不与盐酸发生反应而进入渣中。因此，可以通过酸溶反应分离粉煤灰中氧化铝和主要杂质氧化硅，进入溶液中的杂质离子通过后续工艺进行脱除。

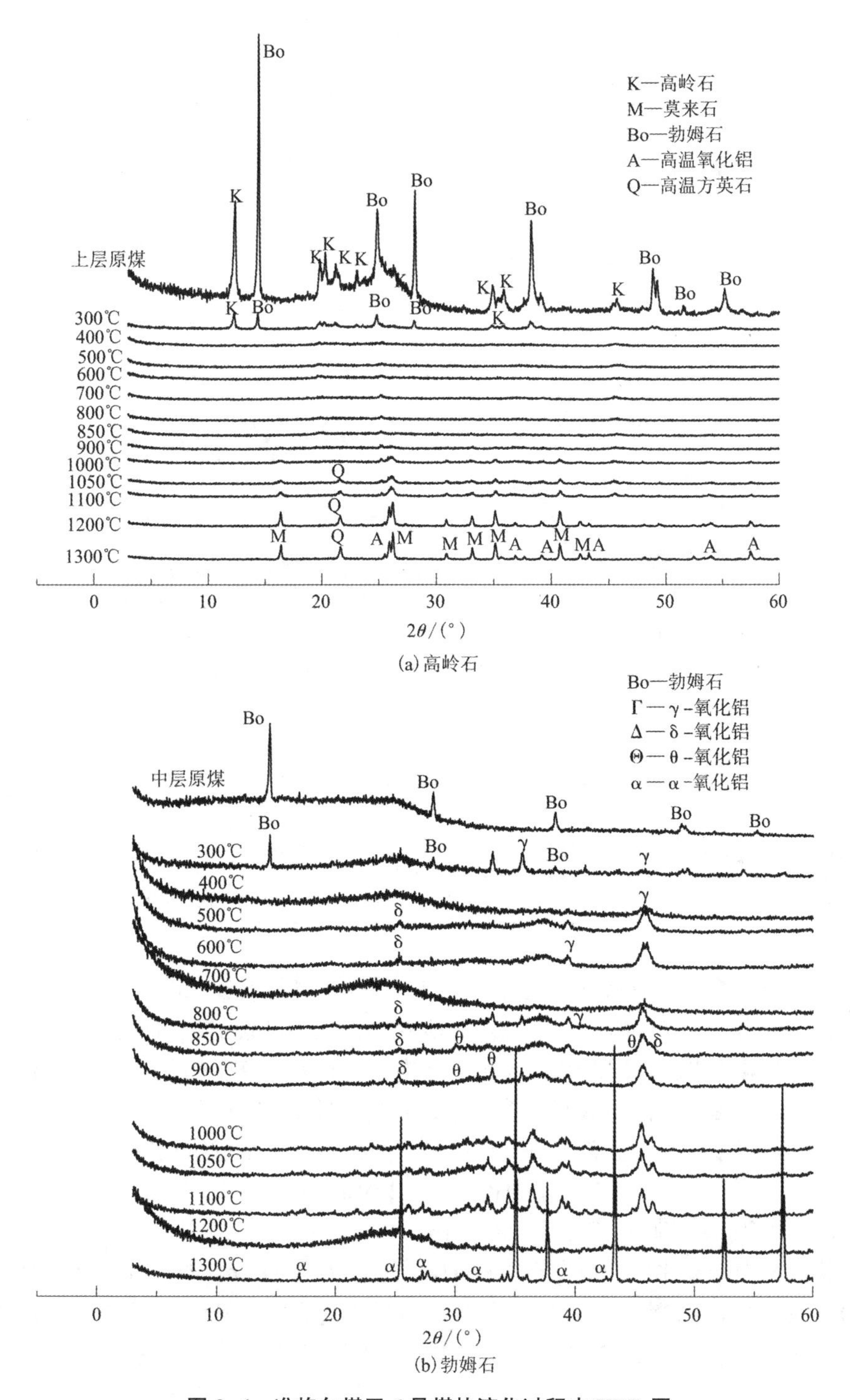

图 3-4　准格尔煤田 6 号煤热演化过程中 XRD 图

3.2.2.1 氧化铝在溶出过程的行为

根据晶体学和矿物学相关知识，煤系高岭石在层状硅酸盐的分类中，属于1∶1型层状硅酸盐矿物，即由一层四面体和一层八面体组成。四面体层为[SiO_4]，四面体层中共角顶点连接成六方网环，顶点氧朝向一边[图3-5(a)]；八面体层中，配位离子一边为顶点氧及分布于六方环中心与顶点氧等高度的羟基，另一边为3个羟基，组成1∶1型层状硅酸盐的基本构型[图3-5(b)]。按照八面体阳离子的不同，可进一步分类，具体如表3-5所示。

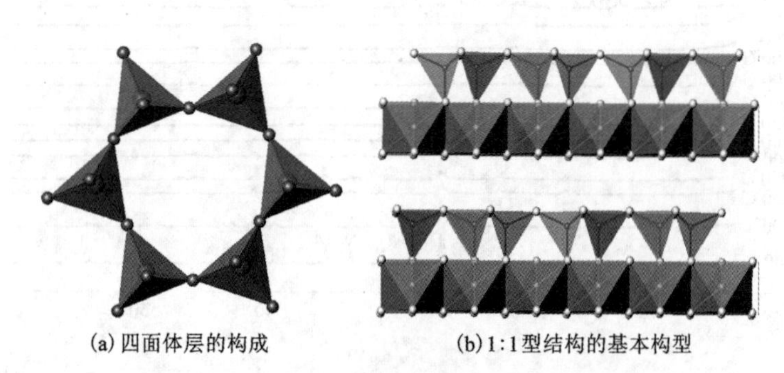

(a)四面体层的构成　　(b)1:1型结构的基本构型

图3-5　1∶1型层状硅酸盐的晶体结构示意图

表3-5　1∶1型层状硅酸盐的分类

八面体类型	八面体阳离子	亚族	矿物种类
三八面体型(tri.)	Mg, Fe蛇纹石	蛇纹石亚族	叶蛇纹石，利蛇纹石，纤维蛇纹石
二八面体型(di.)	Al	高岭石亚族	高岭石，迪开石，珍珠陶土

粉煤灰酸溶法提取氧化铝机理模型见图3-6。高岭石经850 ℃煅烧得到高活性的偏高岭石，煅烧后高岭石铝氧八面体主要转化为共棱的铝氧四面体，结构不稳定，可以被溶出；剩余的铝氧八面体结构稳定，需要克服的化学键能量高，不容易被溶出。提铝后的白泥具有多孔结构和高活性。

在一定温度和压力条件下，氧化铝与盐酸发生反应生成氯化铝。

$$Al_2O_3+6HCl \longrightarrow 2AlCl_3+3H_2O$$

3.2.2.2 氧化硅在溶出过程中的行为

粉煤灰中的氧化硅一般以石英(SiO_2)、蛋白石($SiO_2 \cdot nH_2O$)、高岭石($Al_2O_3 \cdot 2SiO_2 \cdot nH_2O$)等形式存在。在粉煤灰与盐酸反应过程中，氧化硅不与盐酸发生反应，会形成残渣，实现与溶液的分离。粉煤灰中绝大多数金属氧化物与盐酸反应进入溶液，剩余固体残渣主要成分为SiO_2，在粉煤灰酸法提取氧化铝工艺中命名为白泥(相对碱法工艺“赤泥”的命名)。

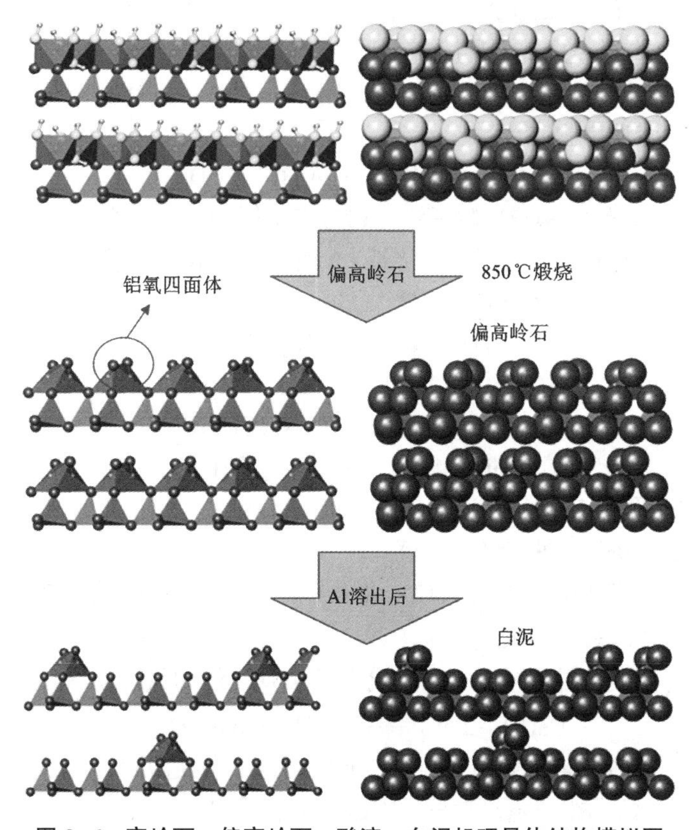

图 3-6　高岭石→偏高岭石→酸溶→白泥机理晶体结构模拟图

3.2.2.3　铁的氧化物在溶出过程中的行为

1. 铁在粉煤灰中的存在形式

粉煤灰中的铁主要以氧化亚铁（FeO）和三氧化二铁（Fe_2O_3）的形态存在。

2. 铁的氧化物在溶出时的反应

在粉煤灰溶出条件下，铁的氧化物作为碱性氧化物与盐酸发生反应，FeO 全部溶于盐酸生成氯化亚铁，99%的 Fe_2O_3 及其水合物与盐酸发生反应生成氯化铁进入溶液。

$$FeO+2HCl \longrightarrow FeCl_2+H_2O$$

$$Fe_2O_3+6HCl \longrightarrow 2FeCl_3+3H_2O$$

3. 铁的氧化物对生产的危害

铁的氧化物与盐酸反应生成氯化铁和氯化亚铁进入溶液，是溶液中的主要杂质，需要通过除杂工艺将其从溶液中去除。传统去除溶液中铁离子的方法有溶剂萃取法和离子交换法。粉煤灰酸法提取氧化铝工艺采用离子交换法去除溶液中的铁离子，该方法可以满足生产要求，同时能够保证产品质量。

3.2.2.4 氧化钙在溶出过程中的行为

氧化钙与盐酸反应生成氯化钙进入溶液，是溶液中的次要杂质，需要通过除杂工艺将其从溶液中去除。

$$CaO+2HCl \longrightarrow CaCl_2+H_2O$$

3.2.2.5 其他金属氧化物在溶出过程中的行为

其他金属氧化物如氧化镁、氧化钾、氧化钠、氧化钛分别按不同比例与盐酸发生反应，生成金属氯化物进入溶液。

$$MgO+2HCl \longrightarrow MgCl_2+H_2O$$

$$K_2O+2HCl \longrightarrow 2KCl+H_2O$$

$$Na_2O+2HCl \longrightarrow 2NaCl+H_2O$$

$$TiO_2+4HCl \longrightarrow TiCl_4+2H_2O$$

3.2.2.6 碳酸盐在溶出过程中的行为

1. 碳酸盐在粉煤灰中的存在形式

碳酸盐在粉煤灰中通常以 $CaCO_3$ 和 $FeCO_3$ 等形式存在，含量较少。

2. 碳酸盐在溶出时的反应

碳酸盐与盐酸极易发生反应，生成少量 CO_2 气体和氯化物。

$$CaCO_3+2HCl \longrightarrow CaCl_2+H_2O+CO_2\uparrow$$

碳酸盐生成的金属离子同样经过树脂吸附进行杂质脱除。

3.2.2.7 有机物微量元素在溶出过程中的行为

(1)粉煤灰中有机物通常以固定碳的形式存在，固定碳不与盐酸反应而直接进入白泥中。固定碳含量过高时会影响分离沉降效果，而且在白泥加工利用时需要增加预处理工序。

(2)粉煤灰中与氧化铝伴生的镓元素含量相对较高，在现有溶出条件下，氧化镓会与盐酸反应生成氯化镓进入溶液。

$$Ga_2O_3+6HCl \longrightarrow 2GaCl_3+3H_2O$$

氯化镓与氯化铁性质相近，因此氯化镓会随着树脂吸附氯化铁的同时被吸附，经反洗液的洗涤得到富含氯化镓的溶液，再经处理分离镓铁后通过电解即可得到金属镓。

3.2.3 粉煤灰酸溶热力学研究

粉煤灰在酸溶反应中，以金属氯化物形式进入溶液，实现粉煤灰的盐酸分解。该过程属于放热反应，不同金属氧化物与盐酸反应的热效应不同，但放热的结果会导致整个系统温度升高，进一步影响酸溶反应的进行。粉煤灰与盐酸进行的酸溶反应为放热反应，采用热力学参数可以定量计算该过程的热效应。但由于粉煤灰中的氧化铝是以偏高岭石形式存在，偏高岭石热力学参数无法查到，为进行热平衡计算，可采用其他方式间接获取偏高岭石的数据。

3.2.3.1　偏高岭石标准生成热计算

高岭石经 450~650 ℃加热，会发生结构脱羟基反应而生成活性较高的偏高岭石，其反应式为：

$$Al_2Si_2O_5(OH)_4(\text{高岭石}) \xrightarrow{450\sim650\ ℃} Al_2Si_2O_7(\text{偏高岭石}) + 2H_2O$$

计算过程为：

$$\Delta H_R^\ominus(723\ K) = \Delta H_f^\ominus(\text{偏高岭石 }723\ K) + 2\Delta H_f^\ominus(\text{水汽 }723\ K) - \Delta H_f^\ominus(\text{高岭石 }723\ K)$$

$$\Delta H_f^\ominus(\text{偏高岭石 }723\ K) = \Delta H_R^\ominus(723\ K) - 2\Delta H_f^\ominus(\text{水汽 }723\ K) + \Delta H_f^\ominus(\text{高岭石 }723\ K)$$

$$\Delta H_f^\ominus(\text{偏高岭石 }723\ K) = 199.43(723\ K) + 2\times\Delta H_f^\ominus(\text{水汽 }723\ K) + \Delta H_f^\ominus(\text{高岭石 }723\ K)$$

高峰等报道了该过程的热效应为吸热 773 kJ/kg。高岭石摩尔质量为 258 g/mol，计算得到该过程在 450 ℃的热效应为 199.43 kJ/mol，按偏高岭石热容等同于高岭石热容[308.779 J/(K·mol)]的近似处理，并通过反应热与生成热关系进行计算，求得偏高岭石 298 K 的标准生成热为−3553.96 kJ/mol。

李庆繁报道了该过程的热效应为吸热 1118 kJ/kg，计算得到该过程在 450 ℃的热效应为 288.44 kJ/mol，按偏高岭石热容等同于高岭石热容[308.779 J/(K·mol)]的近似处理，并通过反应热与生成热关系进行计算，求得偏高岭石 298 K 的标准生成热为−3464.95 kJ/mol。

$$\Delta H_f^\ominus(\text{偏高岭石 }723\ K) = 288.44(723\ K) + 2\times\Delta H_f^\ominus(\text{水汽 }723\ K) + \Delta H_f^\ominus(\text{高岭石 }723\ K)$$

上述两个反应热效应值为所发现的文献值的最大值和最小值，因此，−3553.96 kJ/mol 和−3464.95 kJ/mol 可以认为是偏高岭石的标准生成热的上、下限。

$$Al_2Si_2O_7(s) + 6HCl(aq) = 2AlCl_3(aq) + 3H_2O(l) + 2SiO_2(s) \tag{3-1}$$

$$CaO(s) + 2HCl(aq) = CaCl_2(aq) + H_2O(l) \tag{3-2}$$

$$MgO(s) + 2HCl(aq) = MgCl_2(aq) + H_2O(l) \tag{3-3}$$

$$K_2O(s) + 2HCl(aq) = 2KCl(aq) + H_2O(l) \tag{3-4}$$

$$Na_2O(s) + 2HCl(aq) = 2NaCl(aq) + H_2O(l) \tag{3-5}$$

$$Fe_2O_3(s) + 6HCl(aq) = 2FeCl_3(aq) + 3H_2O(l) \tag{3-6}$$

3.2.3.2　酸浸反应热计算

依据粉煤灰中的主要成分，酸浸反应相关热力学参数如表 3-6 所示。

由于稀散或稀有金属的含量相对于主量元素都是微量的，所以计算反应热的时候可以忽略。

表 3-6 相关物质的热力学参数

物质	状态	标准生成热 $\Delta H_f^{\ominus}$(298 K) /(kJ·mol^{-1})	摩尔热容 C_p /(J·mol·K^{-1})
$Al_2Si_2O_5(OH)_4$	高岭石	-4113.793*	308.779*
$Al_2Si_2O_7$[反应式(3-1), 1]	偏高岭石 1	-3553.96	308.779*
$Al_2Si_2O_7$[反应式(3-1), 2]	偏高岭石 2	-3464.95	308.779*
SiO_2	玻璃	-903.20*	74.639*
$AlCl_3$	aq	-1033.45	91.13(S)
CaO[反应式(3-2)]	s	-635.13	42.13
$CaCl_2$	aq	-877.97	72.84
MgO[反应式(3-3)]	s	-601.66	37.15
$MgCl_2$	aq	-801.15	71.38
K_2O[反应式(3-4)]	s	-363.17	83.68
KCl	aq	-419.53	-114.64
Na_2O[反应式(3-5)]	s	-414.22	72.13
NaCl	aq	-407.27	-89.96
Fe_2O_3[反应式(3-6)]	s	-824.25	103.85
$FeCl_3$	aq	-550.20	96.65
H_2O	g	-241.84	33.60
H_2O	l	-285.85	75.27
HCl	aq	-167.15	-136.40
Al_2O_3	s	-1675.70	79.15

注：* $AlCl_3$ 热容数据采用固态近似代替。

反应热效应计算关系式为：

$$\Delta H_R^{\ominus} = \sum \Delta H_f^{\ominus}(\text{产物}) - \sum \Delta H_f^{\ominus}(\text{反应物})$$

在溶出反应温度分别为 25 ℃、50 ℃、60 ℃、100 ℃和 150 ℃时，计算反应热效应数据如表 3-8 所示。该表所示数据根据吉尔赫夫方程计算。

$$\Delta H_R^{\ominus}(T) = \Delta H_R^{\ominus} + \int_{T_1}^{T_2} \Delta C_p \mathrm{d}T$$

$$\Delta H_R^{\ominus}(T_2) = \Delta H_R^{\ominus}(298\ \mathrm{K}) + \Delta C_{pR}(T_2 - 298\ \mathrm{K})$$

计算得到酸溶粉煤灰的反应热容如表 3-7 所示。

表 3-7　酸溶粉煤灰各反应热容 ΔC　　单位：J/(K·mol)

反应式	反应式(3-1)，1	反应式(3-1)，2	反应式(3-2)	反应式(3-3)	反应式(3-4)	反应式(3-5)	反应式(3-6)
热容	1066.97	1066.97	379.03	382.55	35.13	96.09	1030.45

表 3-7 中所述反应的热效应分别如表 3-8 和图 3-7 所示。

表 3-8　反应热效应 $\Delta H_R^{\ominus}$　　单位：kJ/mol

反应温度/℃	$1-1Al_2O_3$	$1-2Al_2O_3$	2CaO	3MgO	$4K_2O$	$5Na_2O$	$6Fe_2O_3$
25	-173.03	-263.00	-194.39	-151.04	-427.44	-351.87	-130.79
50	-146.36	-236.33	-187.91	-141.47	-426.56	-347.07	-105.03
60	-135.69	-225.66	-181.12	-137.65	-426.21	-346.11	-94.72
100	-93.01	-182.98	-165.96	-122.38	-424.80	-344.59	-53.56
150	-39.66	-129.63	-147.03	-103.36	-423.04	-339.87	-2.067

注：$1-1Al_2O_3$ 为反应式(3-1)，1；$1-2Al_2O_3$ 为反应式(3-1)，2；2CaO 为反应式(3-2)；3MgO 为反应式(3-3)；$4K_2O$ 为反应式(3-4)；$5Na_2O$ 为反应式(3-5)；$6Fe_2O_3$ 为反应式(3-6)。

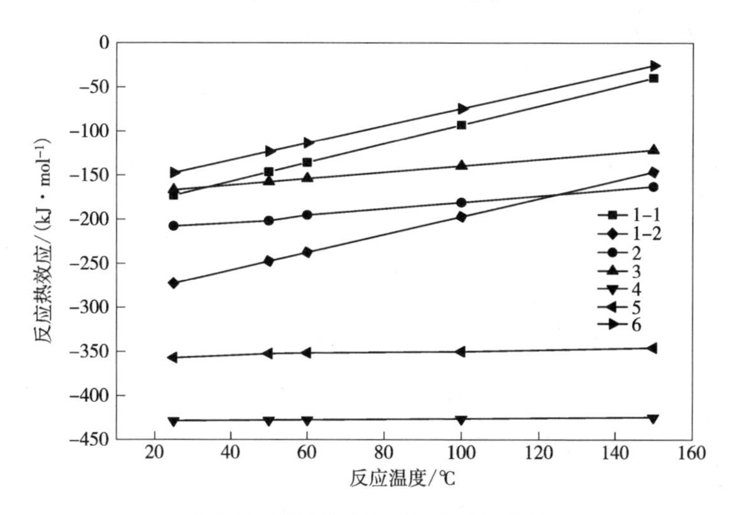

图 3-7　不同温度下酸溶反应热效应

图 3-7 纵轴为反应热效应，越向上，放热量越小。由计算结果可以看出，酸溶粉煤灰中主要组分的热效应随温度升高均有不同程度的减小，不同组分反应热

与温度呈直线关系，不同反应的斜率有差别。其中氧化钾和氧化钠的热效应较大，但随温度升高，其变化不大。物料主体成分(氧化铝组分)的溶出为放热反应，随温度升高，其热效应明显减小。上述两个文献值计算出的结果相差较大，故按照文献获得数据计算的反应热大于按照文献计算结果。氧化铁的酸溶反应热效应明显小于其他组分。通过计算反应热，可以近似计算酸溶反应体系料浆温度升高的范围。

3.2.3.3 酸溶料浆热容估算

料浆中主要成分大体可分为三部分：酸渣、水及溶质，其中酸渣的主要成分是 SiO_2，溶质的主要成分是 $AlCl_3$，酸溶料浆比热可近似按各部分所占比例求平均值计算得到。

按照 1 t 灰，加入 25%盐酸 3.0 t(按照金属离子实际溶出率等摩尔酸量计算)，生成的渣为 0.57 t(SiO_2 占比约为 80%，Al_2O_3 占比约为 20%)，氯化铝为 0.83 t(按氧化铝溶出率 80%计算)，水约为 2.4 t，其他组分忽略。查得各组分比热数据如表 3-9 所示。

表 3-9 料浆中各组分比热数据

组分	比热/($J·K^{-1}·g^{-1}$)	数据来源
$Al_2O_3(s)$	0.776	《兰氏化学手册》
$SiO_2(g)$	1.244	Robie, R. A 1979
$AlCl_3(s)$	0.682	《兰氏化学手册》
$H_2O(l)$	4.167	《兰氏化学手册》

依据各物料的比例，计算得到料浆的热容如表 3-10 所示，料浆的热容近似为 2.92 kJ/(kg·K)。

表 3-10 料浆比热

项目	酸渣	水	溶质	合计值
比热/($kJ·kg^{-1}·K^{-1}$)	0.87	4.167	0.682	
质量/kg	570	2400	836	3806
质量分数/%	15	63	22	
比热分量/($kJ·kg^{-1}·K^{-1}$)	0.13	2.64	0.15	2.92

3.2.3.4　料浆酸溶反应热估算

根据上述 6 个反应[式(3-1)~式(3-6)]不同温度的反应热和热容参数，可以近似计算出不同初始混料温度下酸溶放热导致的体系自升温。按照 1 t 灰为基准，依据灰中各氧化物含量和溶出率进行估算，结果如表 3-11 所示。

表 3-11　1 t 灰不同反应温度的反应热

项目	Al_2O_3-1	Al_2O_3-2	Fe_2O_3	K_2O	Na_2O	CaO	MgO
入碎矿量/kg	413.0	413.0	20.0	2.2	1.6	25.1	4.7
相对分子质量	102	102	160	94	62	56	40
物质的量/mol	4.05	4.05	0.125	0.023	0.026	0.45	0.12
溶出率/%	80	80	90	90	90	90	90
溶出物的物质的量/mol	3.34	3.34	0.11	0.02	0.023	0.405	0.108
焓变/($MJ \cdot t^{-1}$)(25 ℃)	-560.62	-852.12	-14.39	-8.54	-8.09	-78.73	-16.31
焓变/($MJ \cdot t^{-1}$)(100 ℃)	-301.35	-592.85	-5.89	-8.50	-7.93	-67.22	-13.32
焓变/($MJ \cdot t^{-1}$)(150 ℃)	-128.50	-420.00	-0.23	-8.46	-7.82	-59.55	-11.15

酸溶矿浆的自升温度(以 1 t 粉煤灰的矿量计)计算。

按照文献数据计算 Al_2O_3-1：

25 ℃酸溶时，总的化学反应热为：

$Q=-(560.62+14.39+8.54+8.09+78.73+16.31)=-686.68$ MJ/t-粉煤灰

酸溶矿浆的自升温度：

$$T=686.68\times0.99\times1000/(3806\times2.92)\approx61.17\ ℃$$

100 ℃酸溶时，总的化学反应热为：

$Q=-(301.35+5.89+8.50+7.93+67.22+13.32)=-404.21$ MJ/t-粉煤灰

酸溶矿浆的自升温度：

$$T=404.21\times0.99\times1000/(3806\times2.92)\approx36.00\ ℃$$

式中：0.99 为热效率。

150 ℃酸溶时，总的化学反应热为：

$Q=-(128.50+0.23+8.46+7.82+59.55+11.15)=-215.71$ MJ/t-粉煤灰

酸溶矿浆的自升温度：

$$T=215.71\times0.99\times1000/(3806\times2.92)\approx19.22\ ℃$$

按照文献数据计算 Al_2O_3-2：

25 ℃酸溶，总的化学反应热为：

$Q=-(852.12+14.39+8.54+8.09+78.73+16.31)=-978.18$ MJ/t-粉煤灰

酸溶矿浆的自升温度：

$$T=978.18\times0.99\times1000/(3806\times2.92)\approx87.14\ ℃$$

100 ℃酸溶，总的化学反应热为：

$Q=-(592.85+5.89+8.50+7.93+67.22+13.32)=-695.71$ MJ/t-粉煤灰

酸溶矿浆的自升温度：

$$T=695.71\times0.99\times1000/(3806\times2.92)\approx61.97\ ℃$$

式中：0.99 为热效率。

150 ℃酸溶，总的化学反应热为：

$Q=-(420.00+0.23+8.46+7.82+59.55+11.15)=-507.21$ MJ/t-粉煤灰

酸溶矿浆的自升温度：

$$T=507.21\times0.99\times1000/(3806\times2.92)\approx45.18\ ℃$$

粉煤灰自升温度计算结果如表 3-12 所示。

表 3-12　粉煤灰自升温度计算结果　　单位：℃

初始反应温度		25	100	150
粉煤灰自升温度	文献 1	61.17	36.0	19.22
	文献 2	87.13	61.97	45.18

注：文献 1：高峰，赵增立，崔洪，等. 煤系高岭土热化学反应动力学[J]. 燃料化学学报，1998，26(2)：135-139.

文献 2：李庆繁. 粉煤灰烧结砖节能效应的机理研究与实践(一)[J]. 新型墙材，2007(3)：27-29.

计算结果说明，浓盐酸与粉煤灰反应放热会导致体系温度升高，如果不考虑其他热容，自升温度十分明显。但随着反应温度的提高，反应放热减小，自升温现象减弱。文献 1 与文献 2 数据差距较大，导致计算结果相差较大($\Delta T=26$)。

该计算过程没有考虑时间因素和反应速率的影响，实际过程中体系的放热不是瞬间完成的，因此实际放热产生的自升温效果也需要一定时间才能实现。

3.2.4　溶出因素正交设计

通过对影响氧化铝溶出过程的单因素进行研究，盐酸酸度对溶出率的影响并不明显，但综合全流程工艺技术考虑，盐酸质量分数选定为 27%~28%最为合适，同时可以确定酸灰比的最佳范围为(0.86∶1)~(0.87∶1)。在粉煤灰溶出之前的配料过程中，固定酸灰比与盐酸质量分数就固定了盐酸的添加总量，这两个因素就不再成为影响粉煤灰溶出反应的变量，而溶出温度、溶出时间、搅拌速率就成为影响粉煤灰溶出反应的重要因素。

JMP 是 SAS 公司为了与 SPSS 竞争市场份额于 20 世纪 80 年代推出的统计发现软件群。JMP 实现了完全菜单操作，具有卓越的数据可视化能力、突出的交互性、全面而强大的分析功能、易学易用、扩展性强等特点。本章采用了 JMP 统计软件，通过响应曲面设计(以循环流化床粉煤灰为原料，固定酸灰比为 0.87：1，盐酸质量分数为 28%)对影响溶出反应的因素进行分析。用 JMP 软件中心复合设计的溶出实验如表 3-13 所示，温度范围为 130~160 ℃，时间范围为 1.5~3.5 h，搅拌速率(线速度)为 1~2 m/s。

表 3-13　溶出实验操作条件

序号	温度/ ℃	时间/h	搅拌速度/($m \cdot s^{-1}$)
1	130	1.5	1
2	130	1.5	2
3	130	3.5	1
4	130	3.5	2
5	160	1.5	1
6	160	1.5	2
7	160	3.5	1
8	160	3.5	2
9	136	2.5	1.5
10	154	2.5	1.5
11	145	2.0	1.5
12	145	3.0	1.5
13	145	2.5	1.2
14	145	2.5	1.8
15	145	2.5	1.5
16	145	2.5	1.5

按照表 3-13 所示操作条件进行实验。实验结束后留存溶出料液，取部分溶出料液热水洗涤抽滤，在 110 ℃下烘干 2 h 得到白泥，采用 X 射线荧光分析仪测定白泥成分，根据溶出率计算公式得到溶出率如表 3-14 所示。

表 3-14 氧化铝溶出实验结果

序号	温度/ ℃	时间/h	搅拌速度/(m·s^{-1})	溶出率/%
1	130	1.5	1	62.83
2	130	1.5	2	62.93
3	130	3.5	1	78.19
4	130	3.5	2	79.21
5	160	1.5	1	81.76
6	160	1.5	2	82.74
7	160	3.5	1	86.33
8	160	3.5	2	90.27
9	136	2.5	1.5	79.88
10	154	2.5	1.5	88.49
11	145	2.0	1.5	82.48
12	145	3.0	1.5	86.19
13	145	2.5	1.2	84.69
14	145	2.5	1.8	85.54
15	145	2.5	1.5	84.42
16	145	2.5	1.5	84.34

采用最小二乘法得到的拟合结果如图 3-8 所示。拟合相关系数 $R^2=0.99$。各参数估计值及排序后的参数估计值如表 3-15 所示。

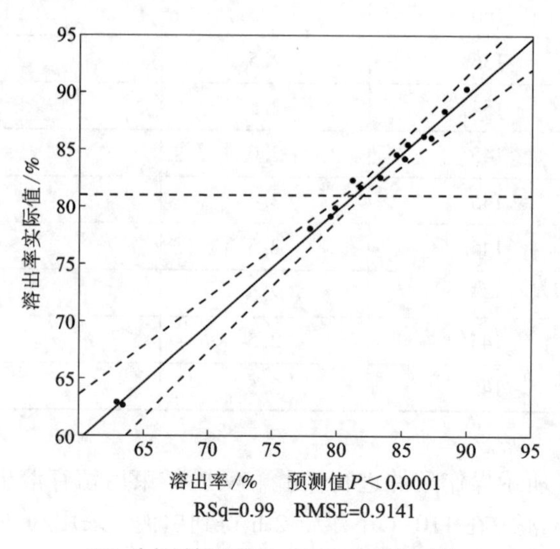

RSq 为相对标准偏差；RMSE 为标准误差。

图 3-8 氧化铝溶出率预测值-实际值拟合图

表 3-15　氧化铝溶出率各参数估计值

项目	估计值	标准误差	t	概率>|t|
截距	85.065973	0.353189	240.85	<0.0001
温度(130, 160)/℃	7.2592893	0.310527	23.38	<0.0001
时间(1.5, 3.5)/h	5.2944175	0.310527	17.05	<0.0001
搅拌速率(1, 2)/($m\cdot s^{-1}$)	0.7535838	0.310527	2.43	0.0514
温度×时间	-2.4425	0.323192	-7.56	0.003
温度×搅拌速率	0.475	0.323192	1.47	0.1920
时间×搅拌速率	0.485	0.323192	1.50	0.1841
温度×温度	-3.418667	1.593871	-2.14	0.0756
时间×时间	-2.96812	1.593871	-1.86	0.1119
搅拌速率×搅拌速率	-0.625278	1.593871	-0.39	0.7084

注：t 指样本的实际均值与某个假设值之间的差异。

氧化铝溶出率拟合公式为：

$$
\begin{aligned}
Y_{溶出率} = {} & 85.07+7.26\times\frac{T-145}{15}+5.29\times(t-2.5)+0.75\times\frac{r-1.5}{0.5} \\
& -2.44\times\frac{T-145}{15}\times(t-2.5)-3.42\times\left(\frac{T-145}{15}\right)^2-2.97\times(t-2.5)^2 \\
& +0.49\times(t-2.5)\times\frac{r-1.5}{0.5}+0.48\times\frac{T-145}{15}\times\frac{r-1.5}{0.5}-0.63\times\left(\frac{r-1.5}{0.5}\right)^2
\end{aligned}
$$

不同实验条件下，氧化铝的溶出率如表 3-16 所示。

表 3-16　氧化铝的溶出实验操作条件及其溶出率、预测值

序号	温度/ ℃	时间/h	搅拌速度/($m\cdot s^{-1}$)	溶出率/%	预测值/%
1	130	1.5	1	62.83	63.36
2	130	1.5	2	62.93	62.85
3	130	3.5	1	78.19	77.77
4	130	3.5	2	79.21	79.30
5	160	1.5	1	81.76	81.72
6	160	1.5	2	82.74	83.30
7	160	3.5	1	86.33	86.45

续表3-16

序号	温度/℃	时间/h	搅拌速度/(m·s⁻¹)	溶出率/%	预测值/%
8	160	3.5	2	90.27	89.88
9	136	2.5	1.5	79.88	79.74
10	154	2.5	1.5	88.49	88.12
11	145	2.0	1.5	82.48	81.02
12	145	3.0	1.5	86.19	87.13
13	145	2.5	1.2	84.69	84.42
14	145	2.5	1.8	85.54	85.29
15	145	2.5	1.5	84.42	85.07
16	145	2.5	1.5	84.34	85.07

各参数对溶出率的影响如图 3-9 所示。

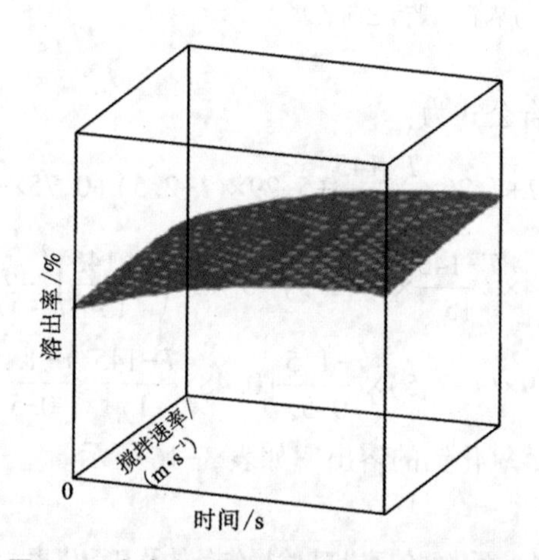

图 3-9　各参数对氧化铝溶出率的相互影响

3.2.4.1　锂的溶出规律

根据上述实验方案，得到锂的溶出率及预测值，如表 3-17 所示。

表 3-17　锂的溶出实验操作条件及其溶出率、预测值

序号	溶出温度/℃	溶出时间/h	搅拌速度/(m·s⁻¹)	溶出率/%	预测值/%
1	130	1.5	1	35.38	36.50
2	130	1.5	2	40.65	40.65

续表3-17

序号	溶出温度/℃	溶出时间/h	搅拌速度/$(m\cdot s^{-1})$	溶出率/%	预测值/%
3	130	3.5	1	59.30	59.05
4	130	3.5	2	63.76	65.09
5	160	1.5	1	75.82	74.99
6	160	1.5	2	73.36	74.10
7	160	3.5	1	86.04	84.74
8	160	3.5	2	86.36	85.74
9	136	2.5	1.5	70.58	65.52
10	154	2.5	1.5	83.46	82.58
11	145	2.0	1.5	73.60	70.57
12	145	3.0	1.5	83.34	80.44
13	145	2.5	1.2	72.81	70.63
14	145	2.5	1.8	75.86	72.11
15	145	2.5	1.5	65.55	74.71
16	145	2.5	1.5	68.04	74.71

采用最小二乘法得出的拟合结果如图3-10所示，拟合相关线性系数 R^2 = 0.94。

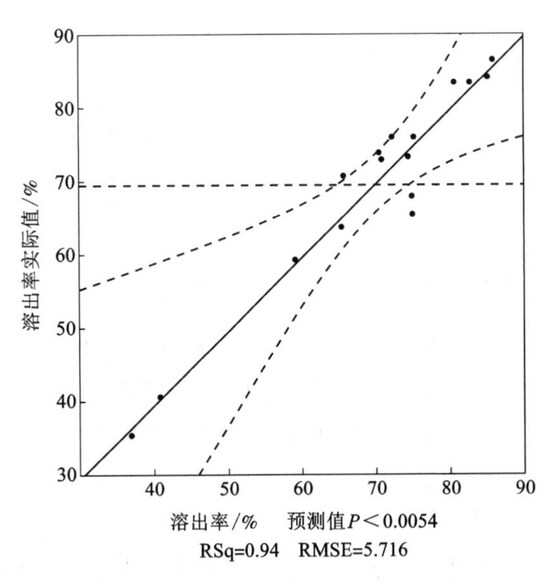

图3-10　锂溶出率预测值-实际值拟合图

由表 3-18 可以看出，溶出温度和时间是锂溶出率的主要影响因素。

由图 3-11 可以看出，溶出温度为 160 ℃，溶出时间 2 h，搅拌线速度为 1.5 m/s 时，锂的溶出率为 85.45%。

表 3-18 锂溶出率参数估计值

项目	估计值	标准误差	t	概率>|t|
截距	74.70724	2.208493	33.83	<0.0001
溶出温度(130, 160)/℃	14.78466	1.941727	7.61	0.0003
溶出时间(1.5, 3.5)/h	8.5473337	1.941727	4.40	0.0046
搅拌速率(1, 2)/(m·s^{-1})	1.2866412	1.941727	0.66	0.5322
溶出温度×溶出时间	−3.20125	2.020919	−1.58	0.1643
溶出温度×搅拌速率	−1.25875	2.020919	−0.62	0.5563
溶出时间×搅拌速率	0.47125	2.020919	0.23	0.8234
溶出温度×溶出温度	−1.964023	9.966489	−0.20	0.8503
溶出时间×溶出时间	2.3912595	9.966489	0.24	0.8184
搅拌速率×搅拌速率	−10.02881	9.966489	−1.01	0.3531

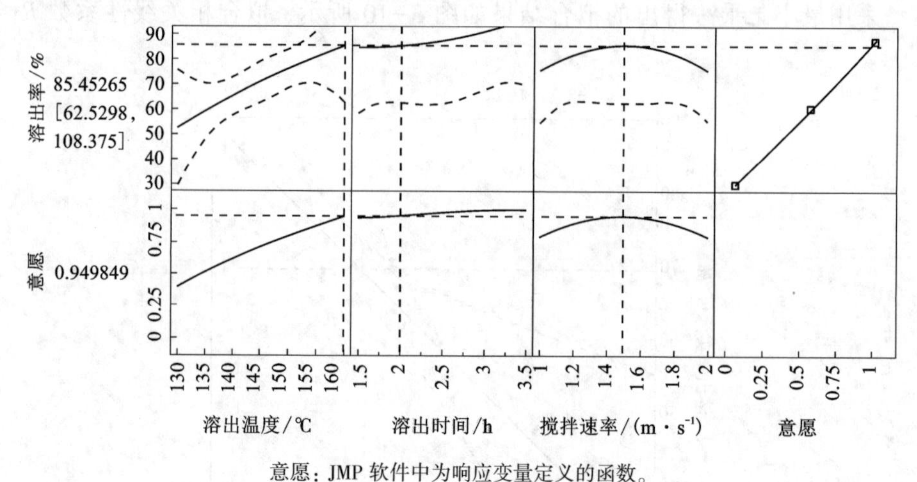

意愿：JMP 软件中为响应变量定义的函数。

图 3-11 锂溶出率预测刻画器

3.2.4.2 镓的溶出规律

根据上述实验方案，得到镓的溶出率及预测值，如表 3-19 所示。

表 3-19　镓的溶出实验操作条件及其溶出率、预测值

序号	溶出温度/ ℃	溶出时间/h	搅拌速度/(m·s^{-1})	溶出率/%	预测值/%
1	130	1.5	1	73.09	72.90
2	130	1.5	2	75.26	74.79
3	130	3.5	1	82.13	82.14
4	130	3.5	2	83.39	83.70
5	160	1.5	1	81.28	81.00
6	160	1.5	2	82.80	82.82
7	160	3.5	1	89.65	88.42
8	160	3.5	2	89.70	89.91
9	136	2.5	1.5	83.74	83.15
10	154	2.5	1.5	87.00	87.28
11	145	2.0	1.5	83.61	84.02
12	145	3.0	1.5	89.46	88.73
13	145	2.5	1.2	82.49	83.47
14	145	2.5	1.8	85.74	84.44
15	145	2.5	1.5	86.68	85.58
16	145	2.5	1.5	83.65	85.58

采用最小二乘法得到的拟合结果如图 3-12 所示，拟合相关线性系数为 $R^2=0.97$。

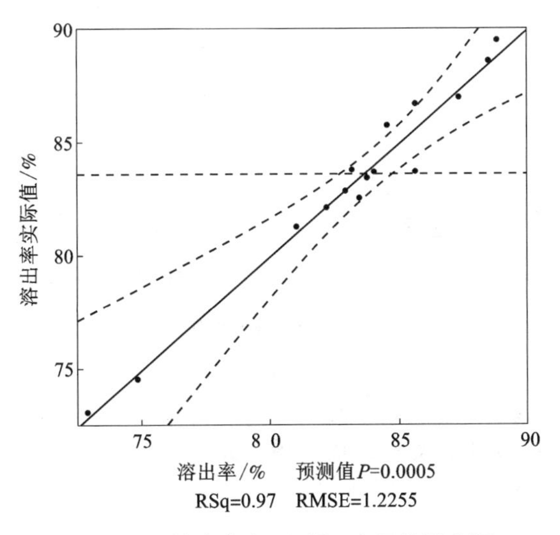

图 3-12　镓溶出率预测值-实际值拟合图

由表 3-20 可以看出，溶出温度和时间是镓溶出率的主要影响因素。

由图 3-13 可以看出，溶出温度为 160 ℃，溶出时间 2 h，搅拌线速度为 1.5 m/s 时，镓的溶出率为 86.82%。

表 3-20　镓溶出率参数估计值

项目	估计值	标准误差	t	概率>|t|
截距	85.584799	0.473499	180.75	<0.0001
溶出温度(130, 160)/℃	3.5773746	0.416305	8.59	0.0001
溶出时间(1.5, 3.5)/h	4.0821636	0.416305	9.81	<0.0001
搅拌速率(1, 2)/($m \cdot s^{-1}$)	0.8441461	0.416305	2.03	0.0889
溶出温度×溶出时间	−0.4525	0.433284	−1.04	0.3366
溶出温度×搅拌速率	−0.0175	0.433284	−0.04	0.9691
溶出时间×搅拌速率	−0.0825	0.433284	−0.19	0.8553
溶出温度×溶出温度	−1.117957	2.136808	−0.52	0.6196
溶出时间×溶出时间	2.3812877	2.136808	1.11	0.3077
搅拌速率×搅拌速率	−4.887529	2.136808	−2.29	0.0622

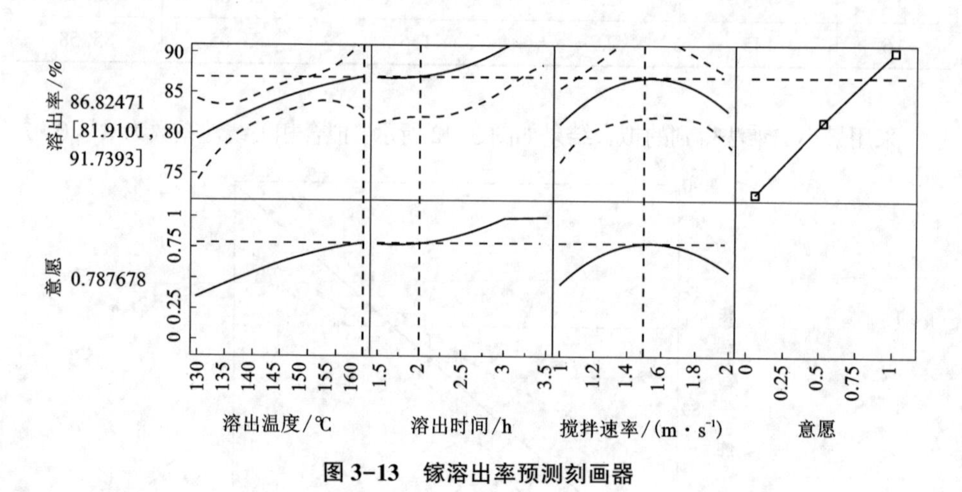

图 3-13　镓溶出率预测刻画器

3.2.4.3　稀土元素的溶出规律

经数据分析，在设计的实验方案下稀土元素并未发现有明显的溶出规律，因此以平均溶出率来表示，如表 3-21 所示。

表 3-21　不同稀土元素溶出率

元素	La	Ce	Pr	Eu	Tb	Ho	Er	Tm
溶出率/%	93.79	93.69	93.82	86.48	88.14	86.80	86.17	85.76
元素	Lu	Y	Sc	Yb	Dy	Nd	Gd	Sm
溶出率/%	85.72	83.45	2.11	85.08	87.21	93.54	90.13	91.70

3.2.4.4　氧化铁的溶出规律

根据上述实验方案，得到氧化铁的溶出率及预测值，如表 3-22 所示。

表 3-22　氧化铁的溶出实验操作条件及其溶出率、预测值

序号	溶出温度/ ℃	溶出时间/h	搅拌速度/($m \cdot s^{-1}$)	溶出率/%	预测值/%
1	130	1.5	1	87.45	87.48
2	130	1.5	2	88.06	88.03
3	130	3.5	1	91.43	91.69
4	130	3.5	2	92.25	91.92
5	160	1.5	1	91.36	91.74
6	160	1.5	2	91.98	91.77
7	160	3.5	1	93.73	93.81
8	160	3.5	2	93.49	93.51
9	136	2.5	1.5	91.95	91.96
10	154	2.5	1.5	94.25	93.65
11	145	2.0	1.5	92.33	91.92
12	145	3.0	1.5	93.81	93.64
13	145	2.5	1.2	93.30	91.88
14	145	2.5	1.8	91.12	91.95
15	145	2.5	1.5	93.15	92.66
16	145	2.5	1.5	90.60	92.66

采用最小二乘法得出的拟合结果如图 3-14 所示，拟合相关线性系数 R^2 = 0.86。

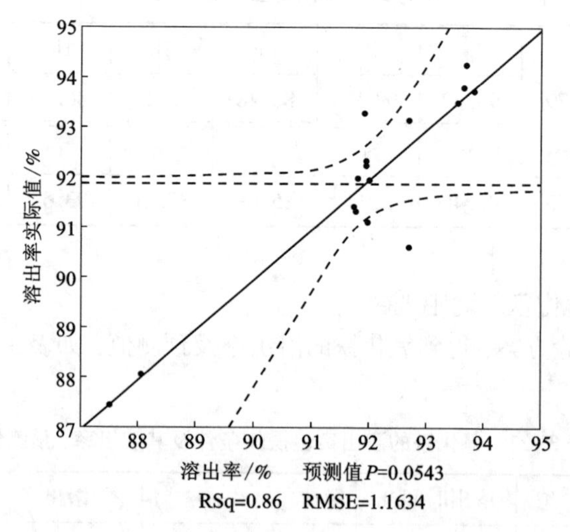

图 3-14 氧化铁溶出率预测值-实际值拟合值

由表 3-23 可以看出，溶出温度和时间是氧化铁溶出率的主要影响因素。

由图 3-15 可以看出，溶出温度为 160 ℃，溶出时间为 2 h，搅拌线速度为 1.5 m/s 时，氧化铁的溶出率为 94.19%。

表 3-23 氧化铁溶出率参数估计值

项目	估计值	标准误差	t	概率>|t|
截距	92.657025	0.449485	206.14	<0.0001
溶出温度(130, 160)/℃	1.4651867	0.395191	3.71	0.0100
溶出时间(1.5, 3.5)/h	1.4890574	0.395191	3.77	0.0093
搅拌速率(1, 2)/($m \cdot s^{-1}$)	0.0637144	0.395191	0.16	0.8772
溶出温度×溶出时间	−0.53625	0.411309	−1.30	0.2401
溶出温度×搅拌速率	−0.13125	0.411309	−0.32	0.7605
溶出时间×搅拌速率	−0.08125	0.411309	−0.20	0.8499
溶出温度×溶出温度	0.4498274	2.028436	0.22	0.8319
溶出时间×溶出时间	0.3597181	2.028436	0.18	0.8651
搅拌速率×搅拌速率	−2.223415	2.028436	−1.10	0.3151

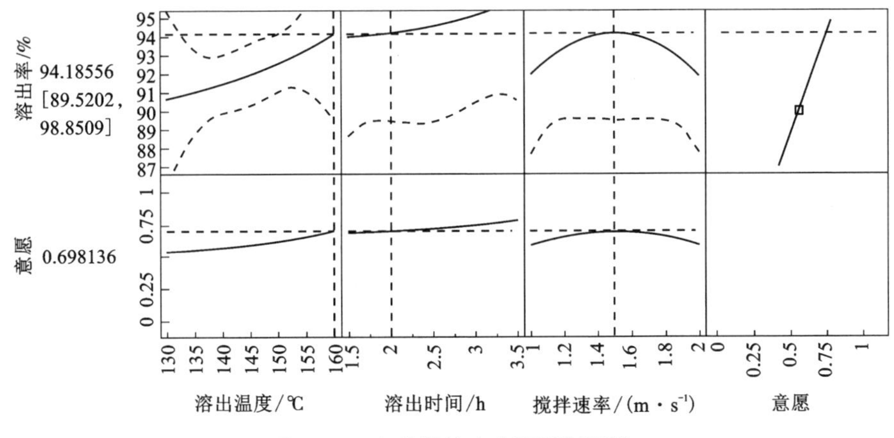

图 3-15　氧化铁溶出率预测刻画器

3.2.4.5　氧化钙的溶出规律

根据上述实验方案，得到氧化钙的溶出率及预测值，如表 3-24 所示。

表 3-24　氧化钙的溶出实验操作条件及其溶出率、预测值

序号	溶出温度/℃	溶出时间/h	搅拌速度/($m\cdot s^{-1}$)	溶出率/%	预测值/%
1	130	1.5	1	94.96	94.80
2	130	1.5	2	95.16	95.19
3	130	3.5	1	96.67	96.73
4	130	3.5	2	96.87	96.75
5	160	1.5	1	95.62	95.79
6	160	1.5	2	96.20	96.19
7	160	3.5	1	97.57	97.58
8	160	3.5	2	97.39	97.60
9	136	2.5	1.5	96.38	96.59
10	154	2.5	1.5	97.90	97.12
11	145	2.0	1.5	96.33	96.15
12	145	3.0	1.5	97.52	97.12
13	145	2.5	1.2	97.14	96.86
14	145	2.5	1.8	97.28	96.98
15	145	2.5	1.5	96.95	96.86
16	145	2.5	1.5	95.24	96.86

采用最小二乘法得到的拟合结果如图 3-16 所示，拟合相关线性系数 $R^2 = 0.71$。

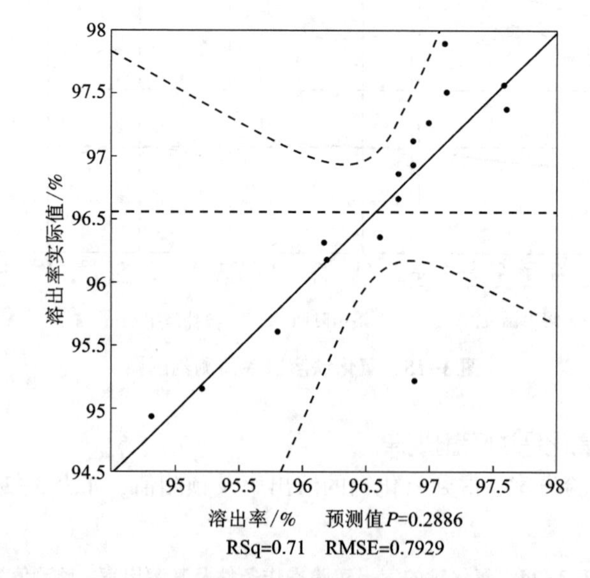

图 3-16　氧化钙溶出率预测值-实际值拟合图

由表 3-25 可以看出，各因素对氧化钙溶出率的影响均不显著，因此氧化钙溶出率采用平均值 96.57%。

表 3-25　氧化钙溶出率参数估计值

项目	估计值	标准误差	t	概率>|t|
截距	96.862981	0.306347	316.19	<0.0001
溶出温度(130, 160)/℃	0.46124	0.269343	1.71	0.1377
溶出时间(1.5, 3.5)/h	0.8362276	0.269343	3.10	0.0210
搅拌速率(1, 2)/($m \cdot s^{-1}$)	0.1016379	0.269343	0.38	0.7189
溶出温度×溶出时间	−0.035	0.280328	−0.12	0.9047
溶出温度×搅拌速率	0	0.280328	0.00	1.0000
溶出时间×搅拌速率	−0.095	0.280328	−0.34	0.7462
溶出温度×溶出温度	−0.032829	1.382483	−0.02	0.9818
溶出时间×溶出时间	−0.678612	1.382483	−0.49	0.6410
搅拌速率×搅拌速率	0.1774265	1.382483	0.13	0.9021

3.2.4.6　氧化镁的溶出规律

根据上述实验方案，得到氧化镁的溶出率及预测值，如表 3-26 所示。

表 3-26　氧化镁的溶出实验操作条件及其溶出率、预测值

序号	溶出温度/ ℃	溶出时间/h	搅拌速度/($m \cdot s^{-1}$)	溶出率/%	预测值/%
1	130	1.5	1	80.83	80.11
2	130	1.5	2	79.46	80.73
3	130	3.5	1	88.02	89.65
4	130	3.5	2	87.40	86.13
5	160	1.5	1	85.20	86.60
6	160	1.5	2	91.92	90.42
7	160	3.5	1	90.75	89.61
8	160	3.5	2	88.43	89.28
9	136	2.5	1.5	92.40	90.47
10	154	2.5	1.5	92.94	93.36
11	145	2.0	1.5	89.36	88.22
12	145	3.0	1.5	91.12	90.65
13	145	2.5	1.2	90.07	87.69
14	145	2.5	1.8	87.00	87.77
15	145	2.5	1.5	90.38	90.06
16	145	2.5	1.5	85.45	90.06

采用最小二乘法得到的拟合结果如图 3-17 所示，拟合相关线性系数 $R^2=0.80$。

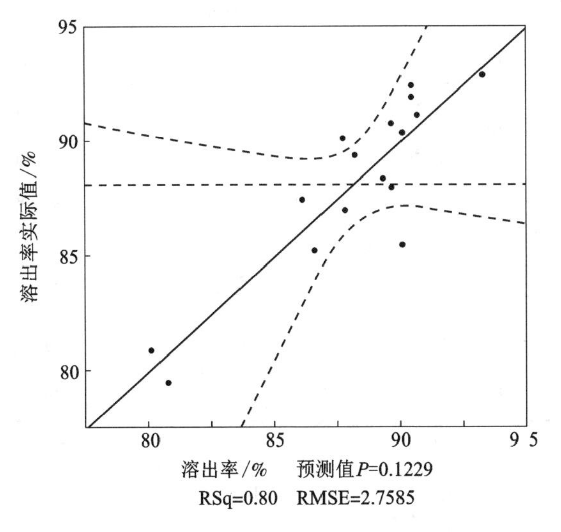

图 3-17　氧化镁溶出率预测值-实际值拟合图

由表 3-27 可以看出，各因素对氧化镁溶出率的影响均不显著，因此氧化镁溶出率采用平均值 88.17%。

表 3-27　氧化镁溶出率参数估计值

项目	估计值	标准误差	t	概率>|t|
截距	90.063883	1.065795	84.50	<0.0001
溶出温度(130，160)/℃	2.4119458	0.937057	2.57	0.0421
溶出时间(1.5，3.5)/h	2.1008329	0.937057	2.24	0.0662
搅拌速率(1，2)/($m\cdot s^{-1}$)	0.0736926	0.937057	0.08	0.9399
溶出温度×溶出时间	-1.63375	0.975274	-1.68	0.1449
溶出温度×搅拌速率	0.79875	0.975274	0.82	0.4441
溶出时间×搅拌速率	-1.03625	0.975274	-1.06	0.3289
溶出温度×溶出温度	5.4077822	4.809721	1.12	0.3038
溶出时间×溶出时间	-1.891071	4.809721	-0.39	0.7078
搅拌速率×搅拌速率	-7.012283	4.809721	-1.46	0.1951

3.2.4.7　氧化钾的溶出规律

根据上述实验方案，得到氧化钾的溶出率及预测值，如表 3-28 所示。

表 3-28　氧化钾的溶出实验操作条件及其溶出率、预测值

序号	溶出温度/℃	溶出时间/h	搅拌速度/($m\cdot s^{-1}$)	溶出率/%	预测值/%
1	130	1.5	1	41.77	42.71
2	130	1.5	2	46.30	44.79
3	130	3.5	1	60.60	61.51
4	130	3.5	2	64.02	62.74
5	160	1.5	1	67.94	69.46
6	160	1.5	2	70.00	69.33
7	160	3.5	1	77.12	78.87
8	160	3.5	2	78.59	77.89
9	136	2.5	1.5	64.07	65.08
10	154	2.5	1.5	81.06	77.17

续表3-28

序号	溶出温度/ ℃	溶出时间/h	搅拌速度/(m·s⁻¹)	溶出率/%	预测值/%
11	145	2.0	1.5	67.55	66.44
12	145	3.0	1.5	76.10	74.33
13	145	2.5	1.2	73.87	64.39
14	145	2.5	1.8	58.10	64.71
15	145	2.5	1.5	72.84	69.35
16	145	2.5	1.5	58.19	69.35

采用最小二乘法得到的拟合结果如图 3-18 所示，拟合相关线性系数 R^2 = 0.84。

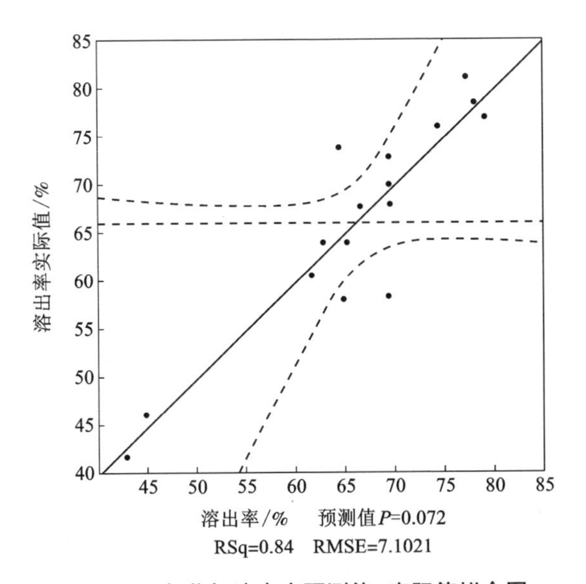

图 3-18　氧化钾溶出率预测值-实际值拟合图

由表 3-29 可以看出，溶出温度和时间是氧化钾溶出率的主要影响因素。

图 3-29　氧化钾溶出率参数估计值

项目	估计值	标准误差	t	概率>|t|
截距	69.346884	2.744015	25.27	<0.0001
溶出温度(130, 160)/℃	10.473658	2.412562	4.34	0.0049
溶出时间(1.5, 3.5)/h	6.8375563	2.412562	2.83	0.0298
搅拌速率(1, 2)/($m \cdot s^{-1}$)	0.2747229	2.412562	0.11	0.9131
溶出温度×溶出时间	-2.3475	2.510957	-0.93	0.3859
溶出温度×搅拌速率	-0.5525	2.510957	-0.22	0.8331
溶出时间×搅拌速率	-0.2125	2.510957	-0.08	0.9353
溶出温度×溶出温度	5.350623	12.38319	0.43	0.6808
溶出时间×溶出时间	3.1279269	12.38319	0.25	0.8090
搅拌速率×搅拌速率	-14.41335	12.38319	-1.16	0.2886

由图 3-19 可以看出，溶出温度 160 ℃，溶出时间 2 h，搅拌线速度 1.5 m/s 时，氧化钾的溶出率为 83.71%。

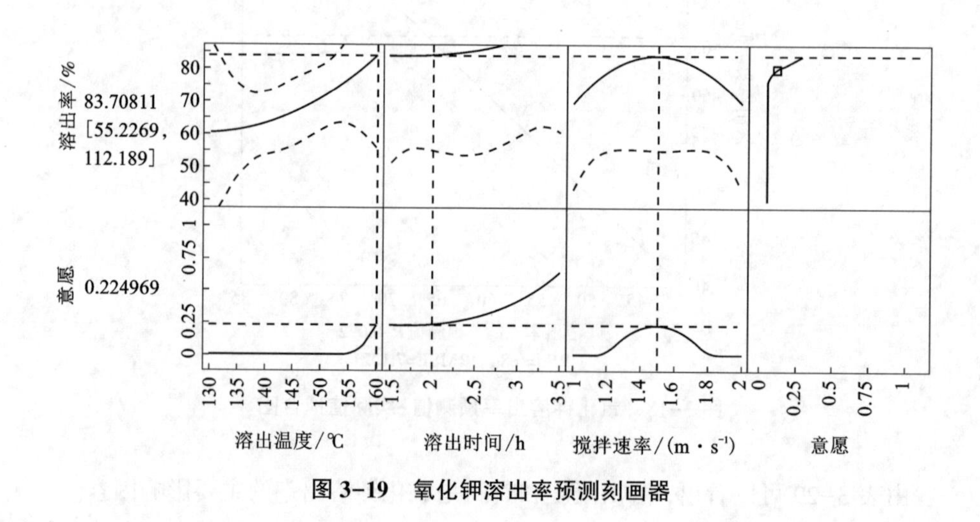

图 3-19　氧化钾溶出率预测刻画器

上述结果证实，酸溶条件会显著影响灰中各组分的溶出效果。因此，选择合理的溶出条件至关重要。

3.3　原料调配及溶出影响因素分析

3.3.1　原料调配影响因素

配料料浆作为酸溶的原料，其性质会直接对酸溶工序产生影响。酸灰比不同时，得到的配料料浆中氯化铝浓度、配料料浆的固含和酸度均不相同，直接影响酸溶时铝的溶出率。

以某循环流化床粉煤灰为例，表 3-30～表 3-33 为在不同酸灰比时，溶出时间为 2 h，溶出温度为 130 ℃时，酸溶后料浆内氯化铝的平均浓度。在加大配料酸用量后，在高温高压下，酸溶反应粉煤灰中参与反应的氧化铝比例增大，氧化铝溶出率提高。

表 3-30　酸灰比 0.65：1 时酸溶后料浆性质

序号	$AlCl_3$ 浓度/$(g \cdot L^{-1})$	固含/$(g \cdot L^{-1})$	酸度
1	274.61	182.57	pH=2.11
2	274.61	283.13	pH=2.20
3	283.02	191.21	pH=2.43
4	298.15	164.34	pH=1.87
5	243.79	161.76	pH=1.74
6	209.60	158.93	pH=1.756
7	242.11	178.20	pH=1.769
8	274.61	249.79	pH=2.01
9	260.04	266.39	pH=1.95
10	242.39	266.11	pH=2.01
平均值	260.29	224.98	

表 3-31　酸灰比 0.70：1 时酸溶后料浆性质

序号	$AlCl_3$ 浓度/$(g \cdot L^{-1})$	固含/$(g \cdot L^{-1})$	酸度
1	257.80	234.04	pH=1.59
2	297.03	216.17	pH=1.61
3	299.27	195.69	pH=1.54
4	292.21	208.21	pH=1.59

续表3-31

序号	$AlCl_3$ 浓度/($g \cdot L^{-1}$)	固含/($g \cdot L^{-1}$)	酸度
5	235.55	241.20	pH=1.42
6	235.38	241.08	pH=1.61
7	269.01	359.86	pH=1.57
8	255.56	256.52	pH=1.34
9	266.21	284.01	pH=1.57
10	292.55	273.66	pH=1.69
平均值	270.06	258.86	

表 3-32　酸灰比 0.75∶1 时酸溶后料浆性质

序号	$AlCl_3$ 浓度/($g \cdot L^{-1}$)	固含/($g \cdot L^{-1}$)	酸度
1	303.67	215.11	pH=1.13
2	309.07	265.12	pH=1.08
3	272.81	251.89	pH=1.10
4	282.25	192.34	pH=1.21
5	283.43	228.25	pH=1.12
6	293.38	230.87	pH=1.15
7	299.56	213.13	pH=1.04
8	298.69	224.76	pH=1.26
9	186.08	225.3	pH=1.06
10	272.14	203.85	pH=1.10
平均值	280.11	219.97	

表 3-33　酸灰比 0.80∶1 时酸溶后料浆性质

序号	$AlCl_3$ 浓度/($g \cdot L^{-1}$)	固含/($g \cdot L^{-1}$)	酸度
1	301.15	215.11	pH=0.89
2	287.67	265.12	pH=0.91
3	293.32	251.89	pH=0.88
4	298.17	192.34	pH=0.94
5	310.66	228.25	pH=1.01

续表3-33

序号	$AlCl_3$ 浓度/($g\cdot L^{-1}$)	固含/($g\cdot L^{-1}$)	酸度
6	289.26	230.87	pH=0.98
7	301.14	213.13	pH=0.91
8	298.17	224.76	pH=0.87
9	301.15	225.3	pH=0.82
10	272.14	203.85	pH=2.5
平均值	285.27	219.97	

随着酸灰比的逐步增大，酸溶料浆中氯化铝的浓度也逐步增大。

配料酸的加入量与粉煤灰中氧化铝的溶出率并不是绝对的正比例关系。当酸灰比较小时，氧化铝的溶出率随着酸加入量的增大而增大；但当酸灰比增大到一定量后，氧化铝溶出率增大的速度明显下降；即便当酸灰比远大于理论值时，仍会存在一小部分的氧化铝损失率。在实际生产过程中，需结合整个工艺系统残留的游离酸对生产设备的腐蚀情况，选择合适的酸灰比，一般认为最优酸灰比为 0.86∶1。

3.3.2　溶出工艺影响因素

3.3.2.1　盐酸质量分数

以循环流化床粉煤灰为原料，固定酸灰比为 1∶1，反应温度为 120～150 ℃，反应时间为 2 h，调整盐酸质量分数(分别为 19%，22%，25%，28%，31%)，进行酸浸反应实验。反应在密闭的反应釜中进行，无搅拌。根据实际溶出率公式计算氧化铝的溶出率，结果见图 3-20。

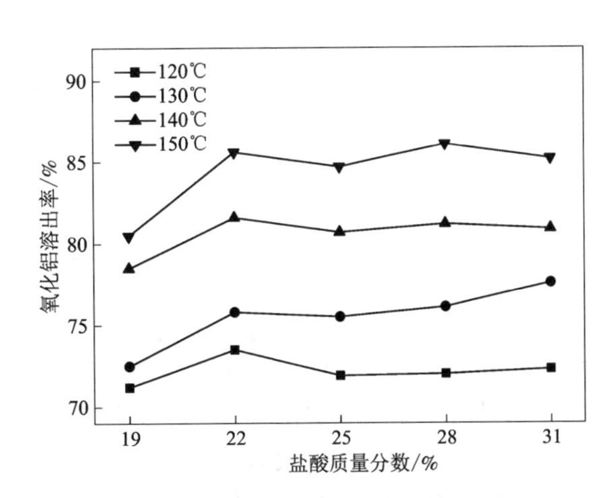

图 3-20　盐酸质量分数与氧化铝溶出率的关系

从盐酸质量分数与氧化铝溶出率的关系曲线可以看出，在不同温度下，随着盐酸质量分数的增加，氧化铝溶出率没有表现出一定的规律。总体来看，盐酸质量分数在 19%～31%时，盐酸质量分数对氧化铝溶出率的影响不大。由此还可以看出，温度对氧化铝溶出率的影响非常明显，而且均呈一定的规律性，温度为 150 ℃时，盐酸质量分数为22%或28%时均可以满足溶出率的要求。

由溶出料液进一步得到氯化铝晶体需要通过蒸发结晶的过程，蒸发结晶的目的是蒸发除去溶出料液中的大量水分，使氯化铝浓缩到一定浓度而有氯化铝晶体析出。从这个角度考虑，在溶出过程中应尽量少加水，以简化蒸发结晶操作。通过计算，当盐酸质量分数为27%~28%时，在溶出过程中不需要再补加多余的水。

从另一角度考虑，使用高浓度的盐酸与粉煤灰反应生成的料液中的氯化铝浓度会比较高。当溶液中氯化铝浓度过高(或达到饱和)时，会发生结晶而析出晶体，在后续工序分离沉降的过程中可能造成氯化铝的损失。为排除这一影响因素，下面对不同浓度盐酸得到的酸浸液中的氯化铝浓度进行了计算，并转换成100 g水中所溶解的氯化铝质量，与结晶氯化铝的溶解度进行对比。其计算方法如下。

以循环流化床粉煤灰为例，100 g灰中产生氯化铝的质量(按氧化铝全溶解计算，即溶出率为100%)：

$$100\times\text{氧化铝质量分数}(40.38\%)\div\text{氧化铝相对分子质量}(102)\times 2\times\text{结晶氯化铝分子量}(241)\approx 190.82\ \text{g}$$

当酸灰比为1∶1时，100 g灰消耗HCl的质量(g)为97.09 g(计算方法见表3-34)。

表3-34　酸浸液中氯化铝的质量分数

盐酸质量分数/%	19	22	25	28	31
100 g灰消耗盐酸的质量/g	511.00	441.32	388.36	346.75	313.19
盐酸中含有HCl的质量/g	97.09	97.09	97.09	97.09	97.09
盐酸中含有水的质量/g	413.91	344.23	291.27	249.66	216.10
氯化铝质量/g	190.82	190.82	190.82	190.82	190.82
100 g水中溶解的结晶氯化铝/g	46.10	55.43	65.51	76.43	88.30

若反应在密闭体系中进行，反应过程中没有水的损失，则不同质量分数盐酸得到的酸浸液中每100 g水溶解的氯化铝的计算如下。

由计算结果可以看出，随着盐酸质量分数的增大，酸浸液中氯化铝的质量分数也相应增大。当初始盐酸质量分数为31%时，每100 g水中溶解的氯化铝质量为88.3 g。此数值与结晶氯化铝的溶解度基本一致(20 ℃时结晶氯化铝溶解度为88 g)。若不考虑溶液中其他元素的影响，溶出液在高于20 ℃的环境内不会发生结晶，因此，盐酸质量分数选定为27%~28%最为合适。

3.3.2.2　酸灰比

以循环流化床粉煤灰为原料，固定盐酸质量分数为28%，反应温度为150 ℃，反应时间为 2 h。调整酸灰比(分别为 0.5：1、0.75：1、1：1、1.25：1、1.5：1、2：1、2.5：1)，进行酸浸反应实验。反应在密闭的反应釜中进行，无搅拌。根据实际溶出率公式计算氧化铝的溶出率。实验结果见表 3-35。

表 3-35　不同酸灰比下氧化铝的溶出率

酸灰比	0.5：1	0.75：1	1：1	1.25：1	1.5：1	2：1	2.5：1
溶出率/%	56.39	70.40	78.04	80.45	79.47	79.79	86.74

由图 3-21 可以看出，随着酸灰比的增大，氧化铝的溶出率基本呈增大趋势。当酸灰比达到 1.25：1 时，氧化铝的实际溶出率达到第一个拐点，此时实际溶出率为 80.45%，当进一步增大酸灰比时，氧化铝的溶出率没有明显大幅度变化。直到酸灰比增大到 2.5：1 时，酸灰比有所增大，达到 86.74%。

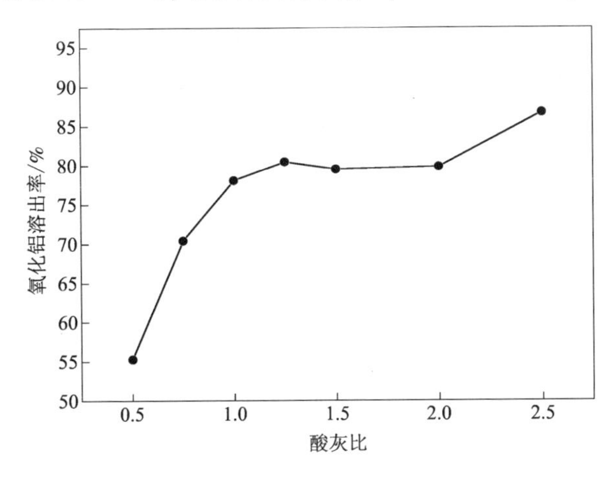

图 3-21　酸灰比与氧化铝溶出率的关系曲线

当酸灰比为 1.25：1 时，氧化铝的实际溶出率为 80.45%，但实际生产中，加入过量的酸会增加成本并且对后续工艺造成影响，因此，通过对不同元素的理论计算，最终确定实际生产中酸灰比的最佳范围为 0.86：1~0.87：1。

3.3.2.3　溶出温度

实践表明，随着反应温度的上升，反应速度往往是迅速上升的，经过数据归纳和热学分析，得出阿伦尼乌斯公式。

$$k=k_0\exp\left(-\frac{E}{R\theta}\right) \tag{3-7}$$

式中：k 为反应速度常数，1/s；R 为气体常数，8.314 J/(mol·K)；E 为活化能，表示使反应物分子成为能进行反应的活化分子所需的平均能量，其值为 10000~

50000 kcal/kmol；θ 为绝对温度，K；k_0 为频率因子，单位同 k。

由式(3-7)可看出，随着温度的升高，k 值也升高，所以对于不可逆反应，提高温度总能使反应速度加快。

以循环流化床粉煤灰为原料，固定酸灰比为 0.87∶1，盐酸质量分数为 28%，反应时间为 2 h，调整反应温度(分别为 120 ℃、130 ℃、140 ℃、150 ℃、160 ℃)进行酸浸反应实验。反应在密闭的反应釜中进行，无搅拌。根据实际溶出率公式计算氧化铝的溶出率，结果见表 3-36。

表 3-36 不同酸溶温度下氧化铝的溶出率

温度/ ℃	120	140	150	160
溶出率/%	72.23	82.34	85.50	88.93

由图 3-22 可以看出，无论盐酸的浓度为多少，随着温度的升高，氧化铝的溶出率整体呈上升趋势，160 ℃下得到最高的溶出率为 88.93%。实际生产中，随着设备不断升级改进，溶出温度可以稳定在 150～160 ℃，相应的实际溶出率均高于 85%。

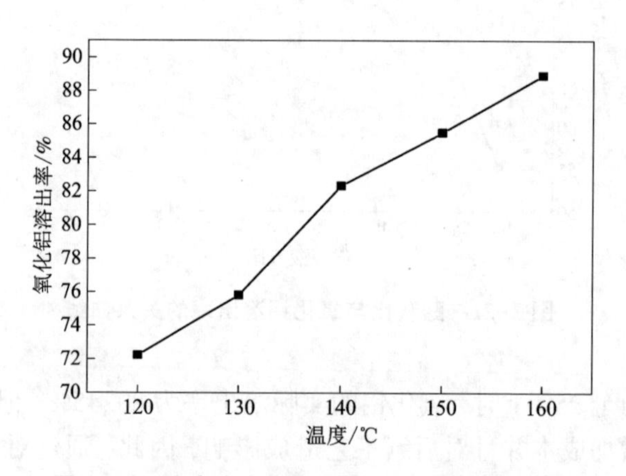

图 3-22 酸溶温度与氧化铝溶出率关系曲线图

3.3.2.4 溶出时间

以循环流化床粉煤灰为原料，固定酸灰比为 0.87∶1，盐酸质量分数为 28%，反应温度为 150 ℃，调整反应时间为 21～210 min，进行酸浸反应实验。反应在密闭的反应釜中进行，无搅拌。根据酸浸液计算氧化铝的溶出率，结果见表 3-37。

表 3-37　不同酸溶时间下氧化铝的溶出率

反应时间/min	21	40	60	80	100	120	140	160	180	210
溶出率/%	15.24	55.98	66.93	69.57	73.47	78.10	83.61	88.57	89.70	88.30

由图 3-23 可以看出，当反应未达到 1 h 之前，氧化铝的溶出率随反应时间的延长而快速增大。当反应超过 1 h 后，氧化铝的溶出率随反应时间增大，但是增大趋势变缓。反应时间为 3 h 时获得最大的溶出率为 89.70%。

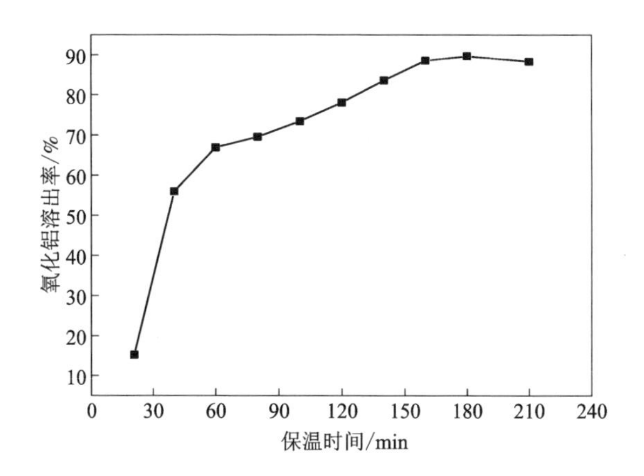

图 3-23　反应时间与氧化铝的溶出率关系曲线

3.3.2.5　搅拌速率

反应釜内装有搅拌装置，其主要作用是促进釜内物料流动，使反应器内物料均匀分布，加速传热和增大传热系数。在反应过程中，随着转化率的增加，物料的黏度往往也增加。如果不能适时地搅拌均匀，就会导致传热系数下降或局部过热，物料和催化剂分散不均匀，影响产品的质量。此外，当釜内温度和夹套温度相差较大时，釜内靠近罐壁处的物料温度要比釜中间处的物料高很多，若不及时将物料搅匀，则容易导致反应物粘壁，使反应不能正常进行下去。对于本设计针对反应釜所采用的涡轮式叶轮搅拌器，液体对罐壁的表面传热系数与罐内液体单位质量搅拌功率的关系为：

$$\frac{h_j D}{K}=0.512\left(\frac{\varepsilon D^4}{v^3}\right)^{0.227} P_r^{1/3}\left(\frac{d}{D}\right)^{0.52}\left(\frac{b}{D}\right) \tag{3-8}$$

式中：h_j 为被搅液对夹套的表面传热系数，W/(m^2·K)；D、d、b 分别为罐径、桨径、叶宽；K 为流体的热导率；ε 为单位质量被搅液消耗的搅拌功率；P_r 为普朗特数；v 为被搅液的运动速度。

对于搅拌功率 P，又有

$$P=N_{\mathrm{p}}\rho N^{3}d^{5} \tag{3-9}$$

式中：N_{p} 为功率准数；ρ 为液体密度；N 为搅拌转速。

若被搅液体的总质量为 m，则

$$\varepsilon=\frac{P}{m} \tag{3-10}$$

结合式(3-8)、式(3-9)和式(3-10)可以看出，被搅液体对夹套的表面传热系数 h_{j} 随着搅拌速度 N 的增大而增大，即增大搅拌速度有利于传热。

以循环流化床粉煤灰为原料，固定酸灰比为 0.87 : 1，盐酸质量分数为 28%，反应温度为 150 ℃，反应时间为 2 h，进行酸浸反应实验。搅拌与氧化铝的溶出率关系见表 3-38、图 3-24。

表 3-38　不同搅拌速度下氧化铝的溶出率

搅拌线速度/($m \cdot s^{-1}$)	0	0.5	1.0	1.5	2.0	2.5	3.0
溶出率/%	82.70	83.52	86.26	88.74	90.06	89.97	90.38

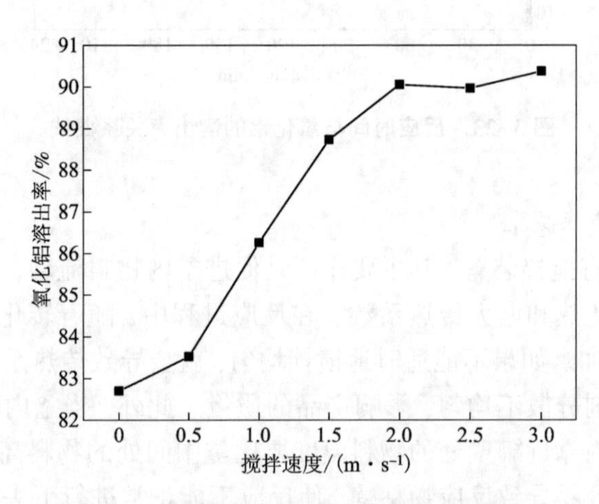

图 3-24　搅拌速率与氧化铝的溶出率关系曲线

3.4　智能制造关键设备

3.4.1　转子定量给料机

酸法粉煤灰提铝生产工艺中，粉煤灰下料计量的准确性对于控制酸灰比和溶出率至关重要。酸灰比低将造成粉煤灰溶出率低，浪费粉煤灰原料；酸灰比高将导致溶出物料酸度超标，造成后续工艺设备腐蚀。粉煤灰提取氧化铝中试装置在工业化试运行时，曾采用螺旋给料机和皮带秤用于粉煤灰下料计量，存在一些问题。螺旋给料机经常由于下料不畅或来不及排料造成粉煤灰计量不准；皮带秤的皮带输送机跑偏造成称重不准，给生产带来波动。

近年来，粉煤灰在建材行业得到快速和广泛的应用。但是干粉煤灰容重小、细度较高、倾泻自流性极好，同时又极易吸湿潮结，所以，给料输送过程既易产生冲料、跑料和扬尘现象，又易产生黏滞、起拱、堵料问题，造成料仓出料不正常。而且其流动性随所处的状态、仓压、水分和充气状况变化而变化，给粉煤灰的计量控制带来较大难度。另外，粉煤灰主要由晶体、玻璃体等微粒组成，对设备有一定的磨蚀性。故在选择输送、给料计量设备方案时必须充分考虑这些问题。

转子定量给料机是粉煤灰配料工艺中一种应用较为普遍的设备，由预给料装置和转子秤两部分组成，二者都采用变频调速。

3.4.1.1　计量原理

转子秤采用科里奥利原理来获取流量。科里奥利原理是指质量微粒 m 在以角速度 ω 转动的系统中，除受到离心力 F_Z 和摩擦力 F_R 外，还受到垂直于其运动方向的惯性力 F_C 的作用，通过测量这个力，可测得质量 m。这就是科里奥利原理，如图3-25所示。

在流量计内，测量轮以恒速转动，进入流量计的物料在叶片的作用下加速达到测量轮的角速度。加速运动的物料作用于测量轮的扭矩与物料的流量相对应。扭矩经测量转换为电信号。此测量与物料的物理性能，如粒度、流动特性、湿度和温度等无关。物料和测量轮之间的摩擦、物料流速的变化与测量信号无关。

3.4.1.2　控制原理

计量控制系统由西门子S7-300PLC作为软件基础。安装在环形天平上的拉力传感器产生的重量信号被转换为4~20 mA的信号后送入称重模块，安装在转子上的光电旋转编码器测取的转速信号被转换为4~20 mA的信号后送入模拟量输入通道。控制系统对转子定量给料机的驱动通过与开关量通道相连的中间继电器实现，对流量的控制则是通过模拟量输出通道对2个变频器的频率控制实现

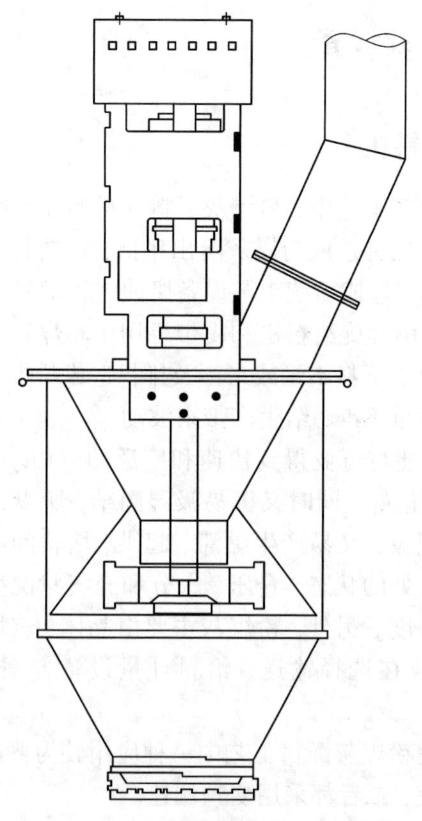

图 3-25　转子秤结构示意图

的，即将转速信号及重量信号分别送入 PLC 的模块后经过运算得到实际流量，该流量再与给定流量进行比较，通过调节变频器的频率来实现流量的定量控制。操作人员可以通过 DCS 系统的操作界面实现转子定量给料机的流量及启停控制。

3.4.1.3　自动控制方案

系统采用西门子 S7-300 系列 PLC 为中心控制单元，实现数据采集、数据计算、标定校验和逻辑控制；采用交流变频器调节电机转速，具有本地和远程(DCS)操作，实现对粉煤灰下料计量的实时控制。

1. 硬件组成

用一块称重仪表现场显示转子秤内物料的重量，并把称重传感器产生的 mV 信号转化为 4~20 mA 信号后送入现场控制站的模拟量输入通道；用一块频率显示仪表显示转子秤转子的转速，并将光电旋转编码器产生的频率信号转换为 4~20 mA 信号后送入模拟量输入通道。编制在 CPU 中的软件调节器，通过相应的运算得出粉体喂料机、转子秤电动机的变频器的频率给定信号，并分别通过现场控制站的两个模拟量输出通道送入变频器中。2 台变频器的启停信号分别通过现场控制站的 2 个开关量输出通道实现，故障信号则通过开关量输入通道实现，通道及接线与原系统基本相同。图 3-26 是计量控制系统的硬件信号流向示意图(其中喂料机与转子秤之间没有直接的信号流)。

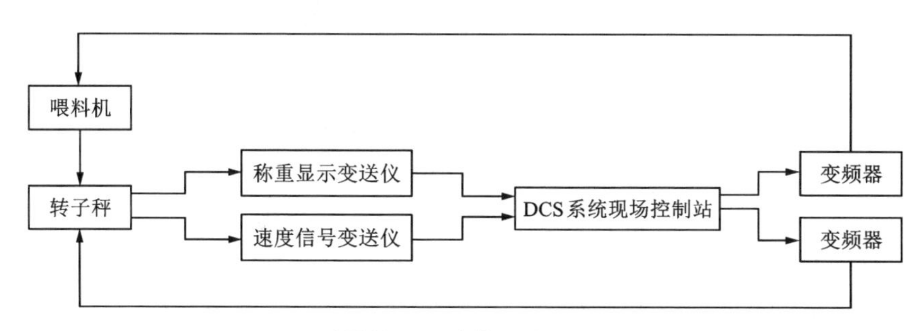

图 3-26　计量控制系统的硬件信号流向示意图

2. 软件调节

以转子秤内物料的实际重量 G_f 作为反馈值与经过计算获得的转子秤的重量给定值 G_g($G_g=mQ_g+n$，该等式是一个经验公式，其中 m、n 是常数；根据经验，在我们设计的系统中取 $m=1.6$，$n=12$)进行比较，通过调节粉体喂料机转速来确保进入转子秤内物料的重量 G_f 的稳定；另外，以转子秤内物料的实际流量 Q_f 作为流量反馈值与流量给定值 Q_g 进行比较，通过调节转子的转速来确保从转子秤内送出的物料流量 Q_f 的稳定。系统框图见图 3-27。

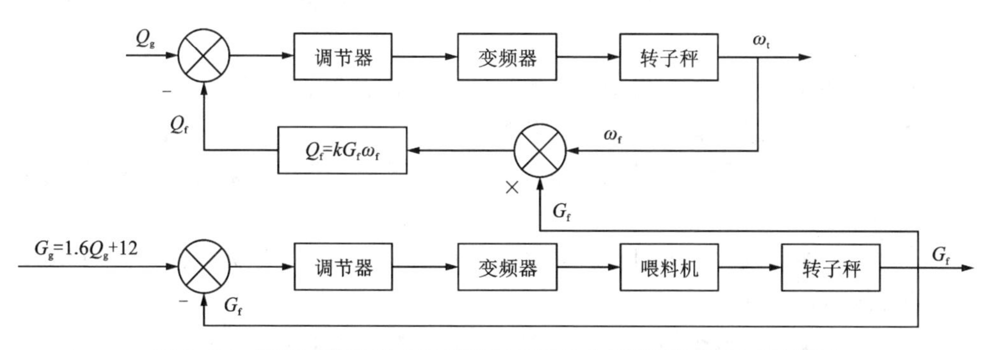

图 3-27　转子定量给料机计量控制系统的负反馈闭环控制系统框图

3.4.1.4 自动控制范围

1. 转子喂料秤流量控制

为了保证喂料秤流量反馈值与设定目标值一致，流量的精确计算和快速达到目标值是本系统正常工作的基础。系统选用三相交流电机作为驱动部件，并配以光电编码器组成局部反馈系统，通过交流变频器控制三相交流电机的转速，实现喂料秤流量反馈值与设定目标值一致。

2. 转子秤排空

为了保证转子秤停机时，转子秤内无物料，系统设计了转子秤自动排空控制系统。当DCS发出排空指令时，仓上闸阀关闭，间隔一段时间后秤上闸阀关闭，用以确保物料仓无法下料和下料管下完，直至清空转子内的物料。

3. 转子秤校验

为了保证转子秤计量的准确性，系统设计了转子秤校验程序。运行数据表明，转子秤自动控制方案对数据的检测、运算、调节以及计量精度良好。

3.4.1.5 系统主要功能

在实现粉煤灰下料量稳定控制的基础上，结合原料调配系统，基于经验数据和生料浆配制过程的特点和长期配料的经验知识，综合大数据分析以及人工智能等方法，实现优化配料和整个生产过程生产数据的综合管理，从而达到原料调配一次成功的合格率，减轻工人的劳动强度，保证配料过程的稳定生产和优化运行。

(1)优化配比。给出成品料浆的质量要求后，根据粉煤灰的成分及盐酸的质量情况和以前配料过程的历史数据和总结的相关经验，优化物料配比。

(2)预测成品料浆的质量。根据粉煤灰和盐酸的质量配比，预测成品料浆的情况。

(3)发送粉煤灰的下料量指令。将计算出的粉煤灰的下料量给定值，发送到集散控制系统，以实现配料比的稳定控制。

(4)监控实时流量。通过控制系统，读取转子秤粉煤灰下料流量，实现系统的监控功能。

(5)采集实际配比。通过对瞬时流量的定时累加记录，以方便对历史时刻的配比进行查询。

(6)智能倒槽。根据给定的几个槽的倒槽指标及各指标权值，自动选出满足要求的各种最优组合槽号并给出建议，以实现快速、准确的选槽。

(7)数据导入。可以将成分检测系统中各个槽的成分导入优化配料系统数据库中，并计算出各指标值。

(8)历史操作记录查看。对每条数据的修改、删除操作及异常警告都通过数据库保存在系统中，可以随时查看。

(9)综合信息管理。提供每天的配料生产统计数据的输入、修改和显示、计算以及打印操作，提供生料浆质量和熟料质量的统计数据和曲线。

3.4.2　隔膜泵

固液两相流管道输送系统的心脏是高压、大流量、高运转率的输送泵组。原矿浆的复杂性，对输送泵组性能有严格的要求，即具有高压力、大流量、耐腐蚀、耐磨损、易损件更换便捷和噪声低、高连续运转率等性能。动力泵采用往复式活塞隔膜泵，它既综合了活塞泵的输出压力高、坚固耐用和隔膜室结构简单、耐腐蚀等优点，又克服了活塞泵密封件易磨损和隔膜室本身无动力源的不足，可获得很高的排压，且流量与压力无关，适应输送介质十分广泛，吸入性能好，效率高，是其他泵的换代产品，在尾矿、水煤浆、氧化铝等诸多工业领域起着至关重要的作用。

隔膜泵根据不同液体介质分别采用丁腈橡胶、氯丁橡胶、氟橡胶、聚四氟乙烯、聚四氯乙烯等材料。隔膜泵可应用于多个领域，例如化工、石化、制药和工艺工程，电力和浆料管道输送。在关键应用中，德国菲鲁瓦双软管隔膜泵由于采用的是双软管隔膜，无论哪个隔膜破裂，都能继续正常运行。对比传统的平隔膜泵，双软管隔膜泵在技术和经济上具有绝对优势。传输介质只通过软管和输送阀门，不与泵腔的其他部件接触，这能避免泵腔使用特殊材质而造成的高成本。真正意义上的易损件只有软管和输送阀，其余均由耐磨蚀、耐腐蚀的特殊材料制成，使用寿命可达 1 年以上。

如图 3-28 所示，粉煤灰提铝中试装置采用隔膜泵送料，保证了料浆输送的连续稳定性。

图 3-28　隔膜泵

3.4.2.1　工作原理

隔膜泵工作原理见图 3-29，电机①通过减速机驱动曲轴②、连杆③、十字头④，使旋转运动转化为直线运动，带动活塞⑥进行往复运动。当活塞⑥向左运动时，活塞⑥带动液压油使隔膜室⑩中橡胶隔膜⑨向左移动，使隔膜室⑩工作腔体积增大，同时出料阀⑪关闭，待输送的料浆借助喂料压力打开进料阀⑫，进入并充满隔膜室⑩。当活塞⑥向右运动时，关闭进料阀⑫，活塞⑥推动液压油使隔膜室⑩中橡胶隔膜⑨向右移动，并借助压力开启出料阀⑪，将料浆输送到管道。

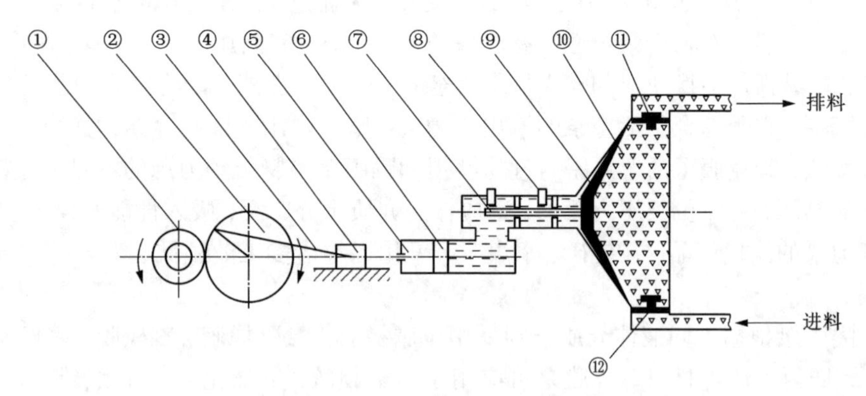

①—电机；②—曲轴；③—连杆；④—十字头；⑤—油缸；⑥—活塞；⑦—导杆；
⑧—探头；⑨—橡胶隔膜；⑩—隔膜室；⑪—出料阀；⑫—进料阀。

图 3-29　隔膜泵工作原理示意图

矿浆不会接触活塞等运动部件，这将有效避免相关部件的磨蚀，减少维修次数和运行成本。同时，设置灵敏、可靠的自动化检测系统，能延长橡胶隔膜的使用寿命。以上优点使往复式活塞隔膜泵成为矿浆管道化输送的理想设备。DGMB450/10A 隔膜泵有三个隔膜室，每个隔膜室的起始排料相位相隔 120°，可使矿浆输送量均匀。

3.4.2.2　结构型制

一台完整的往复式活塞隔膜泵系统由传动系统、动力端、液力端、液压辅助系统、进出口压力流量稳定系统、集控系统和消振装置组成，一般以双缸双作用卧式、三缸单作用卧式、多缸单作用立式等较普遍。输送介质性质包括输送介质的密度、粒度、黏度、酸碱度、磨蚀性、温度和重量浓度等指标。隔膜泵的核心技术由隔膜技术、活塞密封技术、自动化控制技术组成。

隔膜泵通常由两部分组成。一部分为直接输送液体，把机械能转换为液体压力能的液力端，另一部分为将原动机的能量传给液力端的传动端。液力端主要有液体、活塞柱塞、吸入阀和排出阀等部件。传动端主要有曲轴、连杆、十字头等部件。隔膜泵系统结构工作原理图如图 3-30 所示。

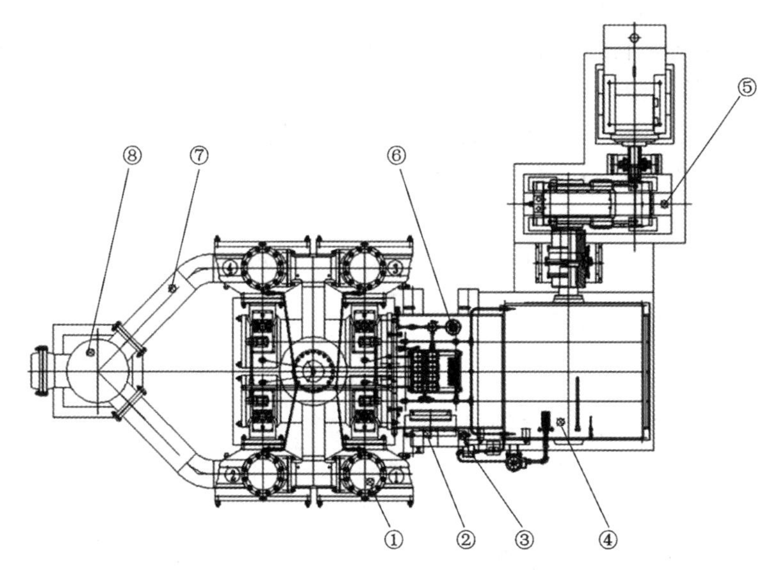

①—液力端；②—电气控制系统；③—接线盒支架；④—动力端；⑤—电机减速机部装；⑥—液压控制系统；⑦—进料弯管；⑧—进料流量补偿罐。

图 3-30 隔膜泵系统结构工作原理图

3.4.2.3 自动控制要求

(1)液动隔膜泵通过液压缸往复运动实现吸排浆，要求运动平稳可靠，换向冲击小。

(2)保证隔膜在正确区间运动，要求辅助液压系统补/排油灵活可靠。

(3)启动与停止在人工按下按钮后，自动实现。

(4)根据生产需要自动调整排浆量。

(5)具备安全保护功能，必要时应自动停机调整。

(6)方便的操作界面。

(7)能全面、快捷、准确地显示界面，操作人员能准确及时地了解设备运行情况。

3.4.2.4 控制系统组成

隔膜泵控制系统主要由 PLC、显示单元、操作单元、液压系统控制单元和隔膜控制单元组成。其中液压系统控制单元主要包括：驱动电机控制单元、辅助电机控制单元、电磁阀驱动板和各个传感器。PLC 是整个控制系统的核心处理部件，它采用点对点方式与系统各个传感器进行连接，完成数据的采集、传输和运算。其功能主要是控制设备各个组成部分有序、协调地工作，实现液动隔膜泵的自动运行。

3.4.2.5 系统功能实现

(1)隔膜泵具有隔膜位置检测、隔膜破裂检测、液压缸活塞运动检测、驱动油箱油温检测等自检功能，能确保在隔膜出现损坏及破裂时及时报警，关闭隔膜泵和使用备用泵。同时，还能对隔膜可能存在的质量问题进行预防。

(2)控制系统通过检测料仓矿浆液位来实现液动隔膜泵排浆流量与生产要求的一致性。

(3)实现隔膜泵主从泵同步同速、从泵流量自动跟进、流量自动调节。

3.4.3 卧式溶出反应釜

3.4.3.1 反应釜控制技术概述

早期的反应釜自动控制系统较为简单，大多是由一些单元组合仪表组成的位式控制装置，由于化学过程中存在较严重的非线性和时滞性，这种简单的控制方式难以达到预期的控制精度，且往往出现超调而导致失误。后来有人使用PLC作为控制器，较大地提高了控制精度，但这种控制方式难以适用于较复杂的过程控制，在通信和管理方面也存在很多缺点。近年来，以微控制器或工业微机为核心的各种智能控制系统成为反应釜过程控制的主流。

在控制理论的运用上，早期的反应釜控制系统多为两位式调节的单回路调节系统；对于重要的环节，还设计有串级调节系统。后来人们越来越多地使用PID控制，它的算法简单，易于用各种廉价的微控制器实现，控制效果较以前也有很大提高。但是，由于PID控制主要适用于具有确切模型的线性过程，而反应釜对象具有非线性和时滞性等特点，难以建立精确的数学模型，因而PID控制难以满足复杂的过程控制要求。随着智能控制理论研究的深入，人们开始研究智能化的反应釜过程控制装置。各种智能控制方法，如专家系统、模糊控制、神经网络、遗传算法等，都已在反应釜控制中有所运用。

3.4.3.2 过程控制技术

所谓过程系统是指研究一类以物质和能量转变为基础的生产过程，研究这类过程的描述、模拟、仿真、设计、控制和管理，旨在进一步改善工艺操作，提高自动化水平，优化生产过程，加强生产管理，最终显著地提高经济效益。

参照美国仪器学会的分类方法，从控制的角度出发，把工业分为以下三类：连续型、混合型和离散型。连续型工业在习惯上称为过程工业，有时为突出其流动的性质而称之为流程工业。从操作性质来看，它们包括了连续、不连续和间歇三种操作方式。其生产特征为：呈流体状的各种原材料在连续流动过程中，经过传热、传质、生化物理反应等加工，发生了相变或分子结构等的变化，失去了原有性质而形成一种新的产品。

在连续型工业中，主要对系统的温度、压力、流量、液位、成分和物性这六大参数进行控制，它的生产特征决定了它在控制方面的特点。

第一，连续型工业加工过程包括了信息流、物质流和能量流，同时还伴随着物理化学反应、生化反应，还有物质和能量的转换和传递，因此，生产过程的复杂性决定了对它进行控制的艰难程度。例如，过程工业的建模就是一个十分棘手的问题。

第二，过程工业往往处于十分苛刻的生产环境，例如高温、高压、真空，有时甚至是易燃易爆或处于有毒气体严重污染的环境。因而生产中的人员安全和设备安全被放在最重要的位置，相应的故障预报和安全监控系统受到特别重视。

第三，过程工业的生产过程是连续的，因而强调生产控制和管理的整体性，应把各种装置和生产车间连接在一起作为一个整体来考虑，个别设备或装置的优化不一定就是最优的，应求取全厂的最优化。

早期多采用比例积分微分(PID)定值控制系统，一般采用商品化的传感器、调节器、记录仪和气动或电动调节阀来加以实施。近年来，随着计算机技术和电子技术的发展，数字调节器和分布式系统(又称集散系统)已经越来越多地用来代替模拟调节器。过程控制的任务是在了解、掌握工艺流程和生产过程的静态和动态特性的基础上，根据生产对控制提出的要求，应用控制理论，设计出包括被控对象、调节器、检测装置和执行器在内的过程控制系统，并对它进行分析和综合，最后采用合适的技术手段加以实现。也就是说，过程控制的任务是由控制系统的设计和实现来完成的。

3.4.3.3　卧式反应釜结构

传统工业使用的盐酸温度一般控制在 100 ℃以下，粉煤灰酸法提取氧化铝工艺要求溶出温度控制在 150~160 ℃。因此，相对来说，这一工艺仍为高温溶出，溶出流程为连续溶出工艺。按照溶出设备的不同分为立式串联溶出和卧式溶出。立式釜串联溶出方式效率较高，但这种方式所需设备、阀门、管道数量多且造价高，经济性上不够合理，因此该方式很少被采用。取而代之的方法是多隔室卧式溶出反应釜。

卧式加压釜根据工艺条件和各种要求的不同，可以选择采用钛钢复合板制造或钢衬复合衬里结构。卧式釜一般由卧式釜体、工艺内插管及管口(包括进出料、安全泄放、压力温度监控、加热、冷却等)、搅拌装置、机械密封盒密封润滑系统等组成。釜体内采用隔墙分隔成多个隔室，每个隔室带有独立的搅拌装置，搅拌装置垂直安装在釜体上方。粉煤灰提铝项目采用钢衬胶衬耐酸砖结构。

矿浆由釜的一端进入，从第一隔室进入后连续溢流至后面各隔室内，搅拌桨旋转时釜内矿浆被搅动，最后从釜的另一端排除，实现了加压溶出作业的连续操作。

(1) 由于多隔室卧式溶出反应釜内有机械搅拌，所以混合效率高，利于粉煤灰中氧化铝等金属元素与盐酸的接触反应。

(2)多隔室卧式溶出反应釜依旧采用蒸汽直接加热，新蒸汽可以通入反应釜的气相或者液相对物料进行加热。通入气相可以简化反应釜蒸汽进口的设计，而直接通入液相，则加热效率高。

(3)在湿法冶金中，多隔室卧式溶出反应釜目前工业化使用体积最大为700 m^3，可以满足粉煤灰酸法生产氧化铝工业化生产要求。

反应釜结构示意图如图3-31所示。

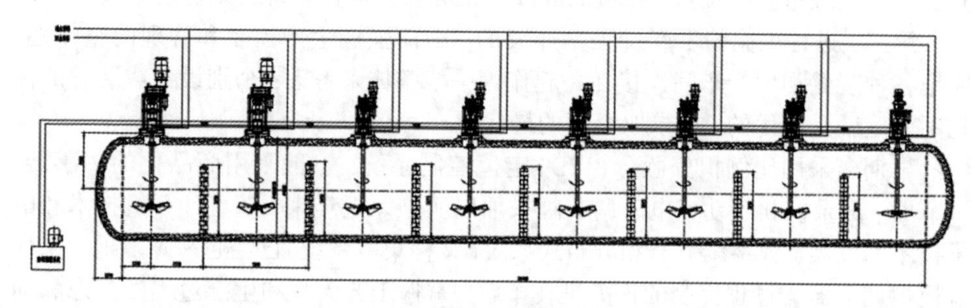

图3-31　反应釜结构示意图

3.4.3.4　流体动力学模拟

Aspen模型可以基于化学反应特性，模拟在效率和工艺参数方面的要求。

1. 生产和消耗数据评估

粉煤灰在浓HCl溶液中的溶出是相对复杂的过程，主要发生以下反应：

$$Al_2O_3+6HCl \longrightarrow 2AlCl_3+3H_2O \tag{3-11}$$

$$Fe_2O_3+6HCl \longrightarrow 2FeCl_3+3H_2O \tag{3-12}$$

$$CaO+2HCl \longrightarrow CaCl_2+H_2O \tag{3-13}$$

$$MgO+2HCl \longrightarrow MgCl_2+H_2O \tag{3-14}$$

$$TiO_2+2HCl \longrightarrow TiOCl_2+H_2O \tag{3-15}$$

反应式(3-11)和式(3-12)在低温下发生。在较高的HCl浓度下，式(3-12)中铁溶解速率比反应式(3-11)中铝的溶解速率明显快很多，在温度低于100 ℃时铁几乎完全溶解，而氧化铝在常压下105 ℃时溶解速率达到最佳，按照给定的溶出曲线在压力容器中160 ℃下溶出速率会提高。

假定在105 ℃时，不同温度下各氧化物的溶出率已经计算出，并假定在160 ℃时按照表3-39提供的溶出率完成85%的溶出。溶出釜1~3隔室中的温度升高与每个隔室注入的蒸汽以及在该温度下可能的溶出率有关。在2 h的总停留时间后，从隔室4~8，料液在160 ℃下的溶出率缓慢增加，并在釜的端部达到85%。溶出率与时间的关系如表3-39所示、溶出曲线如图3-32所示。

表 3-39　溶出率与时间关系

时间/min	10	30	50	70	90	110	130	150
溶出率/%	66.09	71.00	75.91	79.83	83.09	85.69	87.63	88.91

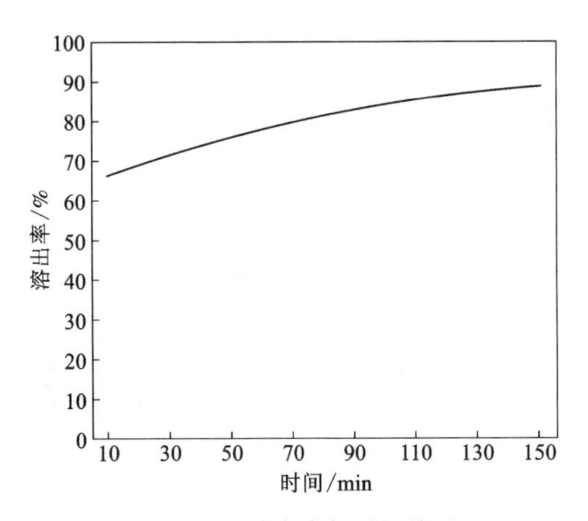

图 3-32　溶出率与时间关系

总之，根据提供的参数和工艺条件进行模型模拟，在热动力学下可以达到溶出率，建议的流程应符合要求的工艺条件，同时应考虑到气候条件。

2. 搅拌器设计

对粉煤灰样品进行 Aspen 和 CFD 软件模拟，其目的是达到反应釜搅拌器的设计标准。搅拌器设计如图 3-33 所示。

料浆具有触变性，这意味着随着时间的推移，通过搅拌，能使浆液黏度降低。或者，如果停止搅拌，则流动的浆料变成黏性凝胶。料浆保持悬浮状态很容易，需要的混合能量低，但在室温下料浆停滞后重新悬浮起来，就需要高剪切力。因此，浆液应一直保持搅拌。为了在停车后确保料浆完全重新悬浮，在开始连续运行之前，浆料应在搅拌下加热到操作温度。

基于这些混合试验，选择了直径为 1600 mm 的溶出釜搅拌器用于料浆的混合。由于浆料的非牛顿性质，因此浆料应该在搅拌下保持不变。为了在停车后确保浆料完全重新悬浮，在开始连续运行之前应将浆料在搅拌下加热至操作温度。

3.4.3.5　卧式反应釜自动控制

反应釜自动化控制系统主要就是为了解决反应釜配套的控制仪存在的问题。其目的是实现全过程自动控制，实现数据的自动记录、分析和导出，降低人为因素的干扰，从而提高精度和效率，且保证安全。

卧式反应釜内部结构由入口至出口分为 8 个反应区(图 3-31)，反应釜主体

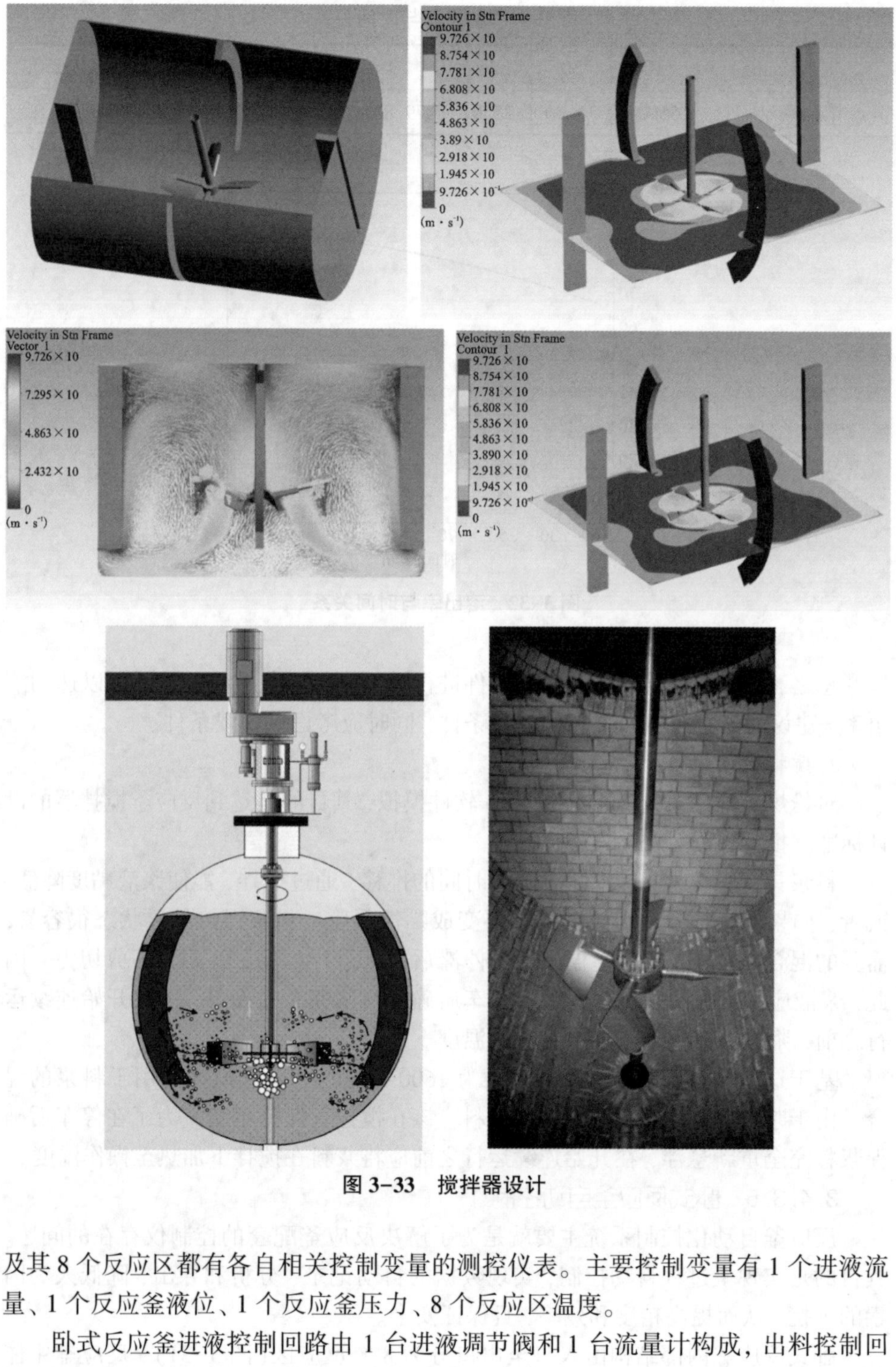

图 3-33　搅拌器设计

及其 8 个反应区都有各自相关控制变量的测控仪表。主要控制变量有 1 个进液流量、1 个反应釜液位、1 个反应釜压力、8 个反应区温度。

卧式反应釜进液控制回路由 1 台进液调节阀和 1 台流量计构成，出料控制回路由 1 台出液调节阀和 2 台液位计构成，反应釜压力控制回路由 1 台压力调节阀、1 台压力放空阀和 1 台压力变送器组成；8 个反应区都设有由升温控制阀、降温控制阀、热电阻组成的温度控制回路，卧式反应釜主要控制回路如表 3-40 所示。

表 3-40　卧式反应釜主要控制回路

控制回路名称	控制变量	数量/个
进液控制回路	进液流量	1
出料控制回路	反应釜液位	1
压力控制回路	反应釜压力	1
温度控制回路	反应区温度	8

卧式反应釜的各控制变量中除了 8 个反应区温度外，反应釜压力与进液流量、反应釜液位都存在很强的耦合关系。

1. 反应釜压力与进、出液量的关系

反应釜压力增大后，与进液泵输出压力的压差减小，在进液调节阀开度不变的情况下，流量随之减小；反之，反应釜压力减小时，其与进液泵输出压力的压差增大，在进液调节阀开度不变的情况下，流量随之增大(图 3-34)。

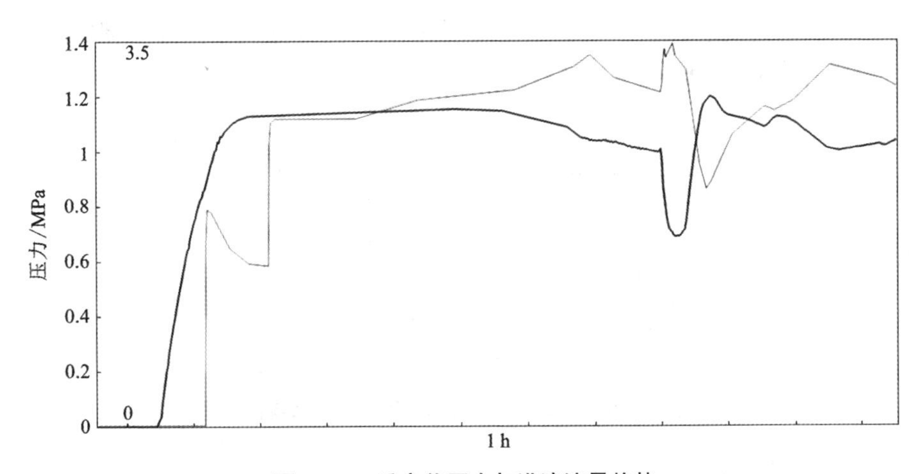

图 3-34　反应釜压力与进液流量趋势

卧式反应釜出液亦是如此，反应釜压力增大后，其与反应釜出口压力的压差增大，在出液调节阀开度不变的情况下，液位快速下降；反应釜压力减小时，其与反应釜出口压力的压差减小，在出液调节阀开度不变的情况下，液位快速上升

(图 3-35)。

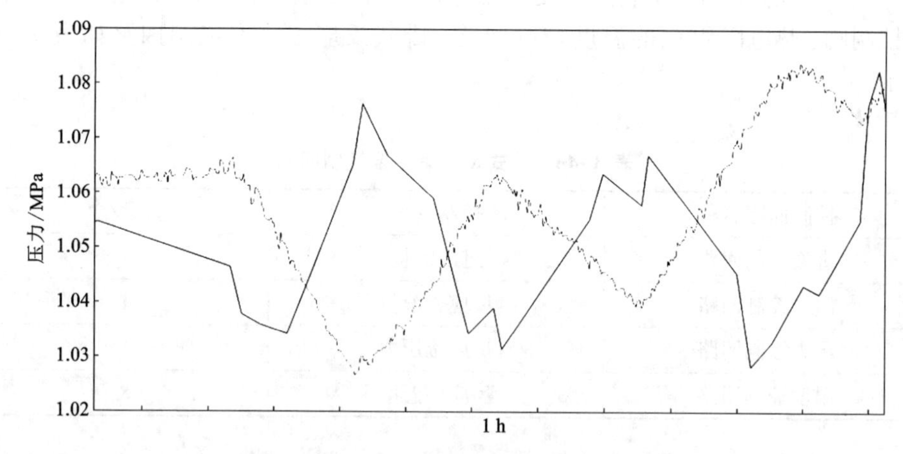

图 3-35 反应釜压力与反应釜液位趋势

综上所述，反应釜压力增大，进液量减小而出液量增大，反应釜压力减小，进液量增大而出液量减小。分析可知，反应釜压力变化会影响进出液平衡。

2. PID 控制

PID 控制一直是通用、有效的控制方法，但是必须等测量值和设定值产生偏差后，才开始纠正偏差。面对以多变量、强耦合、非线性为特点的复杂工业过程，PID 控制效果会变差甚至不可控。PID 控制的另一个问题就是闭环反馈回路的稳定性问题，其控制精度与稳定性相互矛盾。控制系统见图 3-36。

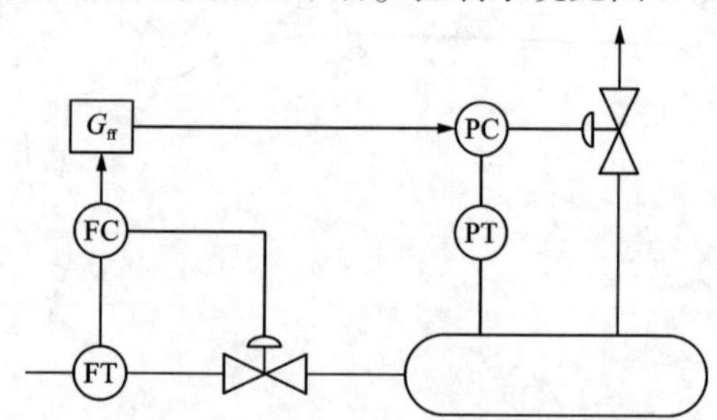

图 3-36 卧式反应釜前馈-反馈控制系统图

3.4.3.6 系统功能实现

(1)实时数据监测：在监控画面上实时显示反应釜本体、进出料泵、搅拌的运行状态，以及压力值、反应温度、搅拌速度等实时数据并自动记录。

(2)自动控制：根据工艺要求进行参数设置，通过画面按钮手动、自动控制反应釜，包括搅拌器的恒速控制、设备的手动控制、整个反应过程的自动控制。

(3)历史数据查询：通过数据及趋势曲线观察反应过程，用户不仅可选择需要查看的曲线的内容、查看的时间段，还能动态选择需要查看的数据。

(4)异常记录保存：动态显示反应釜运行的所有报警情况，包括报警的时间，报警确认的时间、报警消失的时间、报警的优先级别等。

(5)系统密码保护：实行系统的多级密码保护，确保系统和数据的安全。对监控系统操作员权限进行管理设置，根据不同的权限赋予不同的监控功能。

(6)数据管理功能：包括运行数据的保存、修改、查询、删除、导入等功能。

第4章 溶出料浆固液分离洗涤工艺与控制技术

4.1 概述

溶出稀释料浆里除了含有大量的氯化铝溶液外，还含有大量的不溶于盐酸的 SiO_2 等固体杂质，为了分离出这部分杂质，还设计了分离沉降槽。该沉降槽的工作原理是依据固体颗粒的密度比液体大，且固体颗粒在重力作用下会从悬浮液中沉降下来的性质。通过重力沉降，将 SiO_2 等固体杂质降落到沉降槽底部，由底部出料口排出。而氯化铝溶液从上部溢流口流出，成为粗液，进入控制过滤工序。

分离沉降槽的主要任务是分离溶出工序送来的稀释料浆中的 SiO_2 等固体杂质。分离后的白泥要经过5次反向洗涤，洗涤槽也是通过重力沉降，实现液固分离，减少以附液形式损失的氯化铝及盐酸。洗涤沉降槽的主要任务是回收分离沉降槽的底流排出的氯化铝及盐酸，以便溶出后的废渣能满足环保要求。控制过滤工序的主要任务是对从分离沉降槽来的粗液进一步进行精滤，获取符合要求的粗精液。

4.1.1 术语和定义

粉煤灰酸法提铝实质上是将粉煤灰中的氧化铝溶入酸溶液中，待其与杂质相分离后，再从溶液中析出的变化过程。溶出料浆固液分离的目的就是将稀释矿浆中的氯化铝、氯化铁等氯化物溶液与白泥分离，并获得符合除杂要求的氯化铝粗精液。分离后的白泥经过洗涤，利用重力沉降通过沉降槽设备，实现液固分离，回收白泥附液中的氯化铝及盐酸。末次底流经板框过滤机进行渣液分离，进一步回收白泥中的氯化铝及盐酸。粉煤灰提铝的固液分离的方法主要是重力沉降法。重力沉降是根据固体颗粒的密度较液体大，固体颗粒受重力作用而从液体中沉降下来的原理，而达到固液分离的目的。

4.1.1.1 重力沉降

根据固体颗粒在溶液中的沉降类型，重力沉降可分为自由沉降、干涉沉降和压缩沉降。

(1)自由沉降：指单个颗粒在广阔空间中独立沉降。此时颗粒除受重力、介质浮力和阻力作用外，不受其他因素影响。

(2)干涉沉降：指个别颗粒在粒群中的沉降。在成群的颗粒与介质组成分散的悬浮体中，由于颗粒间的碰撞及悬浮体平均密度的增大，使个别颗粒的沉降速度降低。

(3)压缩沉降：在固体浓度更大时，颗粒下沉并堆积，由于自重使堆积层压缩并使其中液体上升。

在实际沉降操作时，固体颗粒的浓度比较大，颗粒之间相距很近，沉降时相互干扰，颗粒的沉降过程基本上都是干涉沉降。

4.1.1.2　过滤

过滤通常指采用某种介质以阻挡或截留悬浮液中的固体，以达到固液分离的目的。固体颗粒被截留在介质的上游，液体则被收集在介质的下游。过滤是粉煤灰提铝中的重要作业过程，也是保证氧化铝产品质量的关键，因此过滤的效果非常重要。

4.1.2　工艺流程

溶出料浆首先进入分离沉降槽进行初步固液分离。溢流液经分离溢流泵被送至溢流槽，溢流槽浮游物浓度不超过 200 mg/L 时，由溢流泵送至高效氧化工序进行氧化；浮游物浓度大于 200 mg/L 时，返回分离沉降槽循环。氧化后的料液进入粗液槽，经两级板框压滤机过滤后得到浮游物浓度不超过 10 mg/L 的料液。分离沉降槽底流则进入洗涤槽进行反向洗涤。即分离白泥入一洗槽，一洗白泥入二洗槽，以此类推。热水则从末洗沉降槽进入，溢流依次向前一级沉降槽进料，最终从一洗沉降槽溢流送往溶出工序稀释槽。

白泥洗涤的主要作用是回收从分离槽出来的白泥中所含的氯化铝。末洗底流采用隔膜压滤机进行压滤，滤液返回白泥洗涤系统，滤饼加入石灰及水进行中和反应，pH 调至 6~9，经压滤后送至堆场堆存。工艺流程如图 4-1 所示。

4.2　溶出料浆固液分离、洗涤原理

4.2.1　沉降原理

4.2.1.1　沉降槽内悬浮液的沉聚过程

沉降槽内悬浮液的沉聚过程，可以通过间歇沉降试验说明。将新配制的稀悬浮液倒进玻璃圆筒内[图 4-2(a)]，若其中颗粒大小比较均匀，颗粒开始沉降，筒

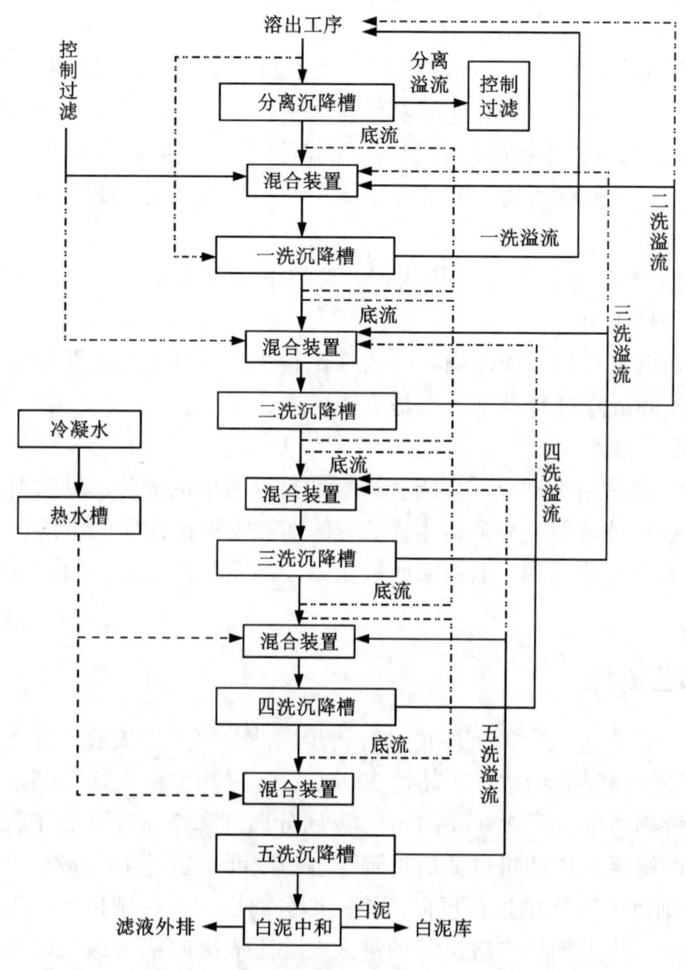

图 4-1　固液分离洗涤工艺流程示意图

内便出现4个区域[图4-2(b)]：*A* 区里已没有颗粒，称为清液区；*B* 区里的悬浮液浓度均匀而且与原来悬浮液浓度大致相同，称为等浓度区；清液区和等浓度区的界面(*A*、*B* 间界面)下降速度是恒定的，此界面的下降速度等于等浓度区里颗粒的沉降速度；*C* 区里的颗粒愈往下愈大，浓度也愈高，称为变浓度区；*D* 区由沉降最快的大颗粒以及

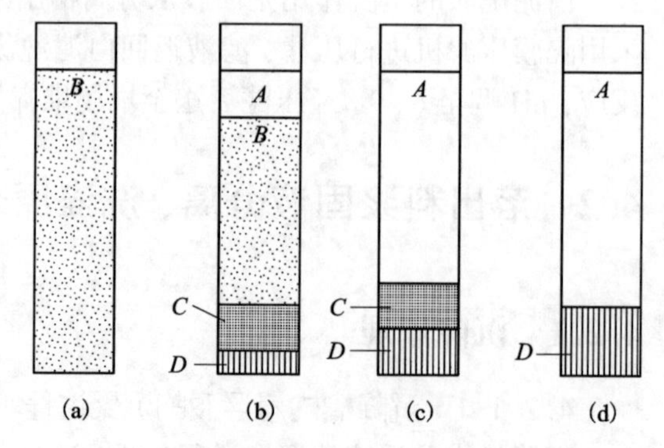

图 4-2　间歇式沉降过程中不同区域的变化

其后陆续沉降的颗粒组成，浓度也最大，称为沉聚区。

沉聚过程继续进行，*A* 区和 *D* 区逐渐扩大，*B* 区则逐渐缩小以至消失[图 4-2(c)]。*A*、*C* 间界面下降的速度逐渐变慢，到后来 *A*、*C* 间界面也消失，全部颗粒集中于 *D* 区[图 4-2(d)]，达到了临界沉降点。

连续沉降时，*A*、*B*、*C*、*D* 4 个区都是存在的，而且由于连续进料和连续排清液和泥渣，这四个区域的高度在进出料无变化时是基本上不变的。

4.2.1.2　沉降性能的表示方法

沉降性能主要是以固体颗粒在悬浮液中的沉降速度和固体颗粒的压缩性能来表示。在生产中通常以 10 min 或 5 min 清液层的沉降高度来表示沉降速度(沉速)，即用 100 mL 量筒取满悬浮液，沉降 10 min 或 5 min 后观察清液层高度，记为 mm/10 min 或 mm/5 min。

压缩性能通常以压缩液固比表示，即浆液不能再浓缩时的液固比。生产上一般是指沉降 30 min 后浓缩浆液的液固比。

沉降速度越快，沉降性能就越好；压缩液固比越小，压缩性能就越好。

4.2.2　过滤原理

4.2.2.1　过滤的原理及类型

过滤是悬浮液进行液固分离的一种有效方式，其基本原理为：在压力差的作用下，借助一种能将固体颗粒截留而让液体通过的多孔介质，将固体颗粒从悬浮液中分离出来。通常将多孔介质称为过滤介质。

根据目前使用的过滤介质及过滤方法，过滤机理基本上有 4 种类型：

(1)表面拦截：比过滤介质孔径大的颗粒，被截留在介质表面。

(2)深层拦截：这是第一种机理的后续过程，那些较小的颗粒，在介质孔内穿行时遇到微孔的咽喉而受到拦截。

(3)深层过滤：颗粒在穿过介质的孔隙时，即使孔道尺寸较大，也会沉积在孔道的内壁上。

(4)滤饼过滤：作为第一种过滤机理的后续步骤，即一旦形成一层滤饼后，即转入滤饼过滤。其阻力主要取决于滤饼的厚度，而受阻颗粒的大小绝大部分均大于介质的孔径。

过滤介质的孔径经常稍大于被分离固体颗粒的平均直径。如果不这样，每一个孔将被单个颗粒所堵塞，使过滤介质的流体阻力迅速增加。因为介质孔径较大，所以过滤机在操作初期所得的滤液是浑浊的。在过滤介质上截留一层固体颗粒，而形成最初的沉积物层后，过滤机就能有效地开展工作。过滤介质的作用，通常是作为滤饼的支撑物，而滤饼层才起真正的过滤作用。过滤介质应当有足够的机械强度，能耐流体的腐蚀作用，并对滤液的流动具有尽可能小的阻力。由于常用的材料均较粗糙，在最初的滤饼层形成以前不会得到澄清的滤液，因此，这种滤液应当返回处理。

过滤介质大多数采用织物，如尼龙、麻布、玻璃丝布、铁丝网布等。目前氧化铝生产普遍采用纺织品作为过滤介质，其中以合成纤维的应用最为广泛。这类滤布的耐酸及耐碱性能好，并具有足够的机械强度，使用寿命长，而且吸湿性又小，过滤速率高，并易洗涤再生。滤布因编织结构(斜纹、平纹、缎纹)、纱支、纤维长短不同，而具有不同的过滤特性，即不同的过滤能力、滤液澄清度、卸渣难易程度等。

助滤剂是一种特殊的过滤介质，大多是分散的颗粒状物质。助滤剂能悬浮在液体中，并且能在多孔的隔板或过滤网上形成稳定的滤饼层(预敷层)，滤饼层孔隙相对大、渗透性好、不可压缩，因而能扩大被分离固体的形式、粒度和浓度范围，防止介质堵塞，缓和压力上升，达到提高滤饼过滤操作的经济性。在氧化铝生产中，主要在粗液精制的滤液中加入石灰乳作为助滤剂，加入量一般为粗液量的0.3%。

4.2.2.2 板框过滤

板框加压过滤机是一种高效、节能、全自动操作的新型脱水设备，是粉煤灰酸法生产氧化铝稀释料浆的最佳分离设备。板框压滤机广泛应用于环保、化工、煤炭、石油、食品等行业。在现有的悬浮液混合物分离设备中，从运作方便、成本造价、脱液效果等综合经济价值因素角度考虑，板框压滤机是最佳的分离设备之一。板框压滤机属于间歇式加压过滤机，具有单位过滤面积占地少、结构简单、操作保养方便、机器使用寿命长、对物料的适应性强、过滤压力高、滤饼含水率低、固相回收率高、过滤操作稳定等特点，是目前加压过滤机中结构最简单、应用最广泛的机型之一。

板框压滤机主要由滤板、滤框、止推板、压紧板、预紧装置等组成。滤板和滤框交替排列形成一组滤室，其间夹着滤布，可以起密封垫片的作用；滤板表面有沟槽，其凸出部位用来支撑滤布；滤框和滤板的边角上有通孔，组装后形成完整的通道，能通入悬浮液、洗涤水和引出滤液。板框两侧各有把手支托在横梁上，由压紧装置压紧滤板、滤框，由进料泵将悬浮液从进料孔道压入各个滤室，固体颗粒被截留在滤布上形成滤饼，滤液则穿过滤布，流向滤板过滤面，在滤板的沟槽集中后从板框边角通道排出机外。

板框压滤机的工作流程为：①压紧：检查完滤布和电源后，启动油泵工作，再按下“压紧”按钮，使液压油缸活塞推动压紧板压紧，当压紧力达到设定高点压力后，液压系统跳停，封闭的室形成。②压滤：进料泵将物料输送到滤室内，借助压力泵或压缩空气的压力，进行固液分离，过滤一段时间后，出液量逐渐减少，说明滤饼正在逐渐充满，当不出液或出液量很少时，过滤终止。③松板：关闭进料阀和进料泵后，按下操作面板上的“松开”按钮，活塞杆会带动压紧板退回。

④卸饼：拉开装置逐块拉动滤板卸下滤饼，滤饼会借助自重脱落，由运输装置运走。完成上述 4 个步骤，就完成了板框压滤机的一个操作周期。

4.3　絮凝剂

4.3.1　絮凝剂概述

絮凝剂对白泥的絮凝效果，取决于絮凝剂本身的组成和性质，也取决于被沉降料浆的性质。因此，选择或制备适合稀释料浆分离的絮凝剂至关重要。工业常用的絮凝剂主要分为无机絮凝剂和有机絮凝剂及微生物絮凝剂。无机絮凝剂主要由铝盐、铁盐制备而成，其使用的 pH 范围通常在中性或碱性条件。有机絮凝剂分为天然高分子絮凝剂和合成高分子絮凝剂，天然高分子絮凝剂指淀粉、蛋白质、纤维素等含有羟基基团的天然物质，其在高温条件下会发生性质及结构的改变。微生物絮凝剂会在酸性体系下失活。而白泥料浆属于高浓度强酸性高温体系，常用的絮凝在该体系中容易被分解，影响絮凝效果。采用明胶、聚乙二醇和羧甲基纤维素钠为絮凝剂沉降白泥时，会出现固液分界面不明显、上层液浑浊等问题。采用聚丙烯酰胺和聚乙烯醇为絮凝剂时，白泥料浆分层明显，但是底流固含压缩比低，效果明显低于其在赤泥沉降过程中的使用效果。非离子型聚丙烯酰胺高分子链通常卷曲成无规线团，其本身不带电荷，使用过程中其絮凝性能主要通过架桥作用来实现，而在“一步酸溶法”稀释料浆体系中，各种阴阳离子含量较高，非离子型聚丙烯酰胺由于不具备电性中和作用而不能满足高电荷体系的固液分离，其絮凝性能无法令人满意。为此需对聚丙烯酰胺进行改性，引入带电基团，以提高其电性中和作用，使其适用于“一步酸溶法”高温、高酸的溶液体系。

4.3.2　絮凝剂的分类

絮凝法是重要的水处理方法，其水处理效果的好坏很大程度上取决于絮凝剂的性能，絮凝剂是絮凝法水处理技术的核心。目前，在国内外给水、废水和脱水处理中广泛使用的絮凝剂有无机、有机和微生物絮凝剂三类。

4.3.2.1　无机絮凝剂

无机絮凝剂也称凝聚剂，其应用历史悠久，且广泛应用于饮用水、工业水的净化处理以及地下水、废水淤泥的脱水处理等。无机絮凝剂按其金属离子成分主要分为铝盐和铁盐两大类。按相对分子质量大小可分为低分子体系和高分子体系两大类。无机低分子絮凝剂即普通无机盐，包括硫酸铝、氯化铝、氯化铁等。硫酸铝是世界上水和废水处理中使用最早、最多的絮凝剂，自首次使用于水质澄清净化处理后，絮凝过程一直是地表水厂进行水质净化澄清处理工艺过程中不可缺少的技术环节，絮凝技术更广泛地应用于水处理中。随着科技的发展，低相对分子质量的无机物因其具有投药量大、产泥量高、腐蚀性高、残留在水中的铝离子会导致二次污染等缺点而逐渐被性能优越的高相对分子质量的无机絮凝剂所取代。

无机高分子絮凝剂是1960年以后发展起来的新型絮凝剂，目前它在全世界都取得了广泛的应用。由于这类化合物与历来的水处理药剂相比在很多方面都有自身的特色，因而被称为第二代无机絮凝剂。它比传统絮凝剂如硫酸铝、氯化铁等效能更优异，而比有机高分子絮凝剂价格低廉。现在它已成功地应用在给水、中间处理和深度处理中，逐渐成为主流絮凝剂。无机高分子絮凝剂主要有聚合氯化铝、聚合硫酸铝、聚合硫酸铁、聚合氯化铁、聚合硫酸氯化铝、聚合硫酸氯化铝铁、聚合硅酸铝、聚合硅酸铁、聚合硅酸铁铝、聚合硫酸硅酸铁和聚合磷酸氯化铝等。无机高分子絮凝剂虽具有良好的絮凝效果及脱色能力、操作简便、价格低廉等优点，但与有机絮凝剂相比，普遍存在投药量大、污泥产量多、滤饼含水率高等缺点，因而无机絮凝剂已转入低速发展阶段。

4.3.2.2 有机高分子絮凝剂

自1954年美国首先开发出商品聚丙烯酰胺絮凝剂以来，有机高分子絮凝剂的生产和应用得到快速发展。与无机絮凝剂相比，有机高分子絮凝剂具有用量少、絮凝速度快、受共存盐类、pH及温度影响小、生成污泥量少且易处理等特点，对节约用水、强化废水处理和回用具有重要作用。近年来有机絮凝剂的使用发展迅速，被广泛地应用在石油、印染、食品、化工、造纸工业等的废水处理中。目前使用的有机高分子絮凝剂主要有人工合成的高分子絮凝剂和天然高分子絮凝剂两大类。人工合成的有机高分子絮凝剂，主要为聚丙烯酰胺、磺化聚乙烯苯、聚乙烯醚等。这类絮凝剂最大的特点是可根据使用需要、采用合成的方法对碳氢链的长度进行调节。同时，在碳氢链上可以引入不同性质的官能团。有机高分子絮凝剂根据官能团的性质，可以分为阳离子、阴离子、非离子和两性絮凝剂等类型。目前，国内外在合成有机高分子絮凝剂方面的研究已经由过去的非离子型、阴离子型逐步向阳离子型高分子絮凝剂转化，其改性产品也日渐增多。合成有机高分子絮凝剂对废水处理有显著的效果，广泛应用于工业废水的处理，是一种重要的和使用较多的高分子絮凝剂。但由于这类絮凝剂存在一定量的残余单体，不可避免地带来毒性，且存在生物降解难、价格偏高等缺点，因而其应用受到了限制。尤其是在全球环保意识日益增强的今天，合成有机高分子絮凝剂的不足之处日益为人们所重视。因此，越来越多的研究者把目光转向具有无毒、易生物降解、原料来源广、价格低等优点的天然高分子絮凝剂上。

天然高分子絮凝剂的使用率远小于合成的有机高分子絮凝剂，原因是其电荷密度较小，相对分子质量较低，且易发生生物降解而失去絮凝活性。20世纪70年代以来，一些国家结合其天然高分子资源，加强了化学改性有机高分子絮凝剂的研制。这类天然高分子化合物含有多种活性基团，如羟基、酚羟基等，表现出了较活泼的化学性质。通过羟基的酯化、醚化、氧化、交联、接枝共聚等化学改性，其活性基团大大增加。经改性后的天然有机高分子絮凝剂与合成的有机高分子絮凝剂相比，具有选择性大、无毒、价格低廉等优点。

因为淀粉来源广泛、价格低廉，且产物可以完全降解，在众多的天然改性高分子絮凝剂中，淀粉改性絮凝剂的研究、开发尤为引人注目。天然高分子絮凝剂包括淀粉、纤维素、含胶植物、多糖类和蛋白质等类别的衍生物。它们的研究开发为天然资源的利用和生产无毒絮凝剂开辟了新途径，其中最有发展潜力的是水溶性淀粉衍生物和多聚糖改性絮凝剂。

4.3.2.3　微生物絮凝剂

微生物絮凝剂是 20 世纪 80 年代后期研究开发的第三类絮凝剂，是利用生物技术，从微生物体或其分泌物中提取、纯化而获得的一种安全、高效，且能自然降解的新型水处理絮凝剂。微生物絮凝剂可以克服无机高分子和合成有机高分子絮凝剂本身固有的絮凝效率低、存在二次污染及对人类的毒性效应等缺陷，能最终实现无污染和安全排放。

根据近些年对微生物絮凝剂的研究与报道，可把微生物絮凝剂分为四大类。第一类是从微生物细胞壁提取的絮凝剂，如酵母细胞壁葡聚糖、蛋白质和一乙酰葡萄糖胺等成分均可作絮凝剂使用。第二类是微生物细胞代谢产生的絮凝剂，这类絮凝剂主要是细菌的荚膜和黏液质，其主要成分为多糖及少量的多肽、蛋白质、脂类及其复合物等。第三类是直接利用微生物细菌作为絮凝剂，如某些细菌、霉菌、放线菌和酵母等，它们大量存在于土壤、活性污泥和沉积物中。第四类是利用克隆技术所获得的絮凝剂，这类絮凝剂是用基因工程技术和现代分子生物学原理，把高效絮凝基因转移到便于发酵的菌中，构造高效遗传菌株，克隆絮凝基因能在多种降解中产出有效的微生物絮凝剂。虽然对微生物絮凝剂进行了大量的研究，但是到目前为止，还没有一种微生物絮凝剂用于商业化或实际应用中。

4.3.3　絮凝剂的作用机理

4.3.3.1　无机絮凝剂的作用机理

随着胶体化学的发展和高分子聚合物絮凝剂的应用，研究者在凝聚作用的理论上有了较趋向一致的看法，即双电层压缩机理。水中的胶体微粒一般带有负电荷，这可能是它们表面的一些成分溶于水后被水中的一些带正电的离子所置换，使胶体表面产生多余的负电荷胶体微粒有选择地吸附了一些负电荷，因而造成带负电有效胶体表面的化学结构的基团离解，离解后显示电性。胶体微粒由于其表面带有电荷，它在水中必然要吸引带异电荷的离子。如胶体带有负电荷，则吸引了水溶液中许多正电离子，它们被吸附在微粒的表面上，因而形成了一个固定层(或称吸附层)。这种静电吸引作用使其在水溶液中产生浓度梯度，在热运动及分散介质水的极性作用下，胶体微粒所吸引的这些正电离子又有朝向相反方向，即力图离开向着浓度低的水溶液中扩散的趋势。当吸引和扩散达到平衡时在其外侧就形成了一个所谓的扩散层(或称流动层)。吸附层的厚度较小，不随温度而变化，但扩散层厚度则较大，且随温度和其他因素而变化。这种固定层和扩散层总称为“双电层”。当这种颗粒在水中移动、两相之间产生剪切力形成滑动时，滑动面的电位称为界面电位。一般认为扩散层愈厚，则界面电位愈高，胶体微粒的电荷和胶体微粒间的斥力也愈大，因而这种胶体溶液的稳定性就大。

4.3.3.2 有机高分子絮凝剂的作用机理

高分子絮凝剂的絮凝机理不仅与电荷有关，还与其本身的长链结构特性有着密切的关系。高分子吸附在分散颗粒表面后，有时候会使分散体系稳定，起到分散剂的作用，而有时会造成失稳，起到絮凝剂的作用。絮凝是指分散的细小颗粒因某种原因聚集成大的絮体的过程。絮凝剂之所以能够起到絮凝的作用，主要有两方面的解释。一方面是颗粒之间的架桥作用，另一方面是颗粒表面的电荷中和。非离子型高分子以及带有与颗粒同种电荷的聚电解质可通过架桥作用引起絮凝，而加入与颗粒带相反电荷的聚电解质也可因电中和作用而引起絮凝。

1. 架桥作用

通过架桥作用引起的絮凝可分为两种形式：一种是两个或者两个以上颗粒被一个高分子链架桥连接引起的絮凝；另一种是吸附在不同颗粒表面上的高分子之间的相互作用产生架桥而引起的絮凝。第一种架桥作用主要是在下列情况下发生：高分子链上具有两个以上的吸附链段；分子链的长度足以吸附两个以上的颗粒；颗粒表面覆盖率较低，易使吸附的高分子链从其上伸展到另一个颗粒上。第二种架桥作用主要发生在下列情况下：吸附高分子的颗粒表面覆盖率较高；分子链之间的亲和力大。当长链高分子上同时吸附有多个胶体颗粒时便形成了胶体颗粒的架桥连接，从而容易发生絮凝。一般情况下，这种絮凝要求高分子絮凝剂的浓度维持在一个较小的范围内才会发生，如果浓度过高，胶体颗粒表面便会因吸附大量高分子物质而形成空间保护层，阻止架桥作用的发生，致使难以产生絮凝效果。因此，絮凝剂的加入量达到一个最佳值时絮凝效果才会好，过多的絮凝剂反而会使絮凝效果下降。

2. 电中和作用

当向因静电排斥而稳定的分散体系中加入带有相反电荷的高分子时，高分子便会因静电吸引力吸附到颗粒表面并且中和颗粒表面所带电荷，从而使颗粒之间的静电排斥力降低，最终使分散体系失稳引起絮凝。低分子量的聚电解质主要是通过电中和作用起到絮凝效果。

高分子絮凝剂也可同时具有架桥作用和电中和作用，其特性黏数对其絮凝性能有着决定性的影响。一般情况下，特性黏数越大，其架桥能力越大，絮凝效果也就越好。高分子所带电荷及其结构分布同样也会影响着架桥作用，其中，主要影响因素是带电单元在线性分子中的位置和电荷的大小。由于同种电荷相互排斥，带电的重复单元便会离得越远，因而更有利于大分子聚电解质的线性展开，架桥作用也就更加容易发生。

4.3.3.3　微生物絮凝剂的作用机理

关于微生物的絮凝机理，目前较为普遍接受的是“架桥作用”机理，微生物絮凝剂是一种具有线性结构的高分子化合物，其具有能与胶粒表面某些部分起作用的化学基团。当微生物絮凝剂与胶粒接触时，基团能与胶粒表面产生特殊的反应而互相吸附，进而微生物絮凝剂的其余部分则伸展在溶液中，可以与另一表面有空位的胶粒吸附，这样微生物就起了“中间桥梁”的作用。

4.3.4　离子型聚丙烯酰胺的制备

聚丙烯酰胺，polyacrylamide(PAM)结构式为：

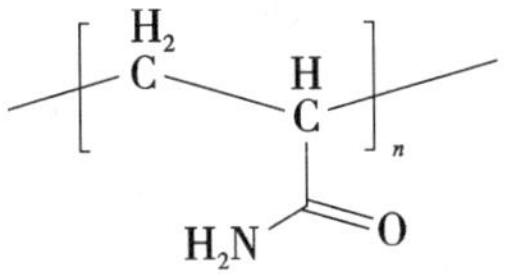

$$\left[-\overset{H_2}{C}-\overset{H}{C}- \right]_n \quad (\text{侧基：} -C(=O)NH_2)$$

按照聚丙烯酰胺在水溶液中的电离性，可以将其分为非离子型、阴离子型、阳离子型和两性型。非离子型聚丙烯酰胺的分子链上没有可电离的基团，在水中不会电离；阴离子聚丙烯酰胺的分子链上带有可电离的负电荷基团，在水中可电离出聚阴离子和阳离子；阳离子聚丙烯酰胺的分子链上带有可电离的正电荷基团，在水中可电离出聚阳离子和阴离子；两性聚丙烯酰胺的分子链上同时带有可电离的正电荷和负电荷基团，在水中可电离成聚阳离子和聚阴离子，而两性聚丙烯酰胺的电性是根据溶液的 pH 和电荷基团的多少而定的。聚丙烯酰胺的电性是与所带电荷基团解离后的电性一致的。聚丙烯酰胺一般都是离子型的，即使是非离子型聚丙烯酰胺也会因为酰胺基极易水解，而具有阴离子的电性，因此常把聚丙烯酰胺也归为聚电解质。离子型聚丙烯酰胺中离子结构单元数占总结构单元数的摩尔分数或者质量分数称为相应的离子度，按摩尔离子浓度的大小可以将离子型聚丙烯酰胺分为低离子度(摩尔离子度小于 10%)、中离子度(摩尔离子度为 10%~25%)和高离子度(摩尔离子度大于 25%)三种。离子度是离子型聚丙烯酰胺的重要特征，决定着其性能和应用。在聚丙烯酰胺中引入离子基团，较显著的作用有：①在水溶液中，可以使分子链扩张，提高溶液的黏度；②提高高分子聚合物的亲水性，使其在水中更易溶解；③能与溶液中颗粒所带电荷产生静电吸附作用，根据不同条件，聚合物能起到稳定或者絮凝作用。

非离子型聚丙烯酰胺高分子链通常卷曲成无规线团，其本身不带电荷，使用过程中其絮凝性能主要通过架桥作用来实现，而在粉煤灰酸法提铝的稀释料浆体系中，各种阴阳离子含量较高，非离子型聚丙烯酰胺由于不具备电性中和作用而不能满足高电荷体系的固液分离，其絮凝性能不能令人满意。

为此需对聚丙烯酰胺进行改性，引入带电基团，以提高其电性中和作用。改性方法有两种，方法一是水解改性法，在聚合的非离子型胶体中混入碱，并在高温条件下使高分子链中酰胺基团部分水解，生成强亲水性羧酸根基团，从而提高产品溶解性能。同时由于阴离子基团之间存在较大的静电斥力，使高分子链进一步伸展，一方面提高了架桥能力，另一方面增加了电性中和作用，使聚合物絮凝性能得到较大的提高，适用范围变宽，适用于酸法生产氧化铝的高温、高酸的体系。方法二是共聚改性法，即在高分子链中引入正电荷基团，以更好地适用于“一步酸溶法”稀释料浆的高电荷体系下的固液分离过程。

4.3.4.1 水解改性制备阴离子聚丙烯酰胺（HPAM）

1. 水解改性原理

碱性条件下，部分 PAM 发生水解转变成 HPAM。水解过程为氢氧根离子对酰胺羰基进行亲核加成，并消去胺离子，使丙烯酰胺的结构单元生成丙烯酸根结构单元，其表达式如下：

$$-\!\!\left[CH_2-CH(C(=O)NH_2)\right]_n\!\!- \ (\text{PAM}) \ \underset{}{\overset{OH^-}{\rightleftharpoons}} \ -\!\!\left[CH_2-CH(C(O^-)(OH)NH_2)\right]_n\!\!- \ \rightleftharpoons$$

$$-\!\!\left[CH_2-CH(C(=O)OH)\right]_n\!\!- + NH_2^- \longrightarrow -\!\!\left[CH_2-CH(C(=O)O^-)\right]_n\!\!- \ (\text{HPAM})$$

2. 水解改性方式

将均聚合成 PAM 的胶体造粒后，在胶体粒中加入一定量一定浓度的 Na_2CO_3 水溶液，使其在 70~95 ℃下水解，水解的 HPAM 经造粒、干燥、粉碎后再次形成产品，用乙醇对水解产品进行洗涤脱水及除杂，得到纯度较高的 HPAM。

3. HPAM 产品结构

HPAM 产品的实际水解度为 8.81，水解后相对分子质量为 1.064×10^7。改性 HPAM 产品的红外光谱图见图 4-3。

在波数为 3487.23 cm^{-1} 处有一明显的吸收峰，为 N—H 键伸缩振动特征峰；

在 2872.56 cm^{-1} 处的小吸收峰为—CH_3，—CH_2—中的 C—H 不对称伸缩振动造成的；在 1655.45 cm^{-1} 处的吸收峰为—$CONH_2$ 的伸缩振动特征峰；在波数为 1560 cm^{-1} 处左右的峰是水解产生的—COO—的特征峰。

改性 HPAM 产品用非稀释型乌式黏度计在(30±0.1) ℃下测定共聚物的特性黏度，黏度测定结果为 38 mPa·s。

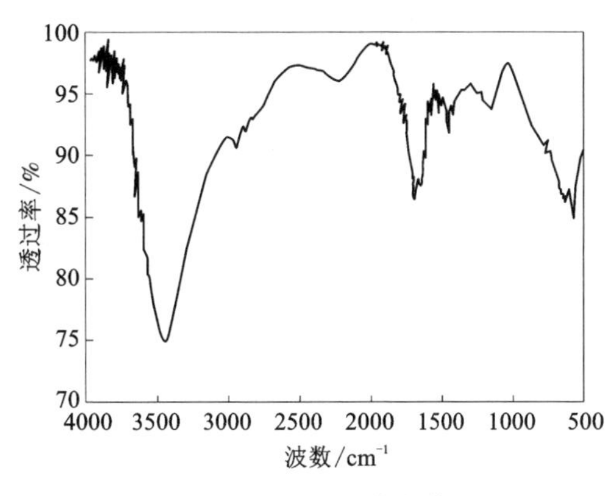

图 4-3　HPAM 红外光谱图

4. HPAM 产品絮凝原理

PAM 经过水解改性，将原本带有的酰胺羰基转变为丙烯酸根。由于酰胺羰基的链较长，其电荷密度较低，极性较小，而丙烯酸根由于其具有酸根结构，带电荷，因此其与待处理料液中的带电粒子易结合，从而达到较好的电荷间吸引去除的效果。由于料液本身具有酸性，因此不会对酸根产生影响，所以该絮凝剂在酸性体系中具有较好的絮凝效果。

4.3.4.2　共聚改性制备阳离子聚丙烯酰胺(CPAM)

1. 共聚改性原理

高分子链上带有正电荷活性基团的阳离子型聚丙烯酰胺简写为 CPAM，CPAM 的制备可以通过 PAM 的 Mannich 改性、接枝改性、AM 共聚法来合成。二甲基二烯丙基氯化铵(DMDAAC)，水溶性好，电荷密度高，耐高温、高酸，结构稳定。以二甲基二烯丙基氯化铵(DMDAAC)为阳离子单体，以自由基聚合理论为基础，制备 CPAM。AM 与 DMDAAC 的共聚反应仍属于自由基链式加成反应，反应式为：

m (NH_2, O) + n (N^+) Cl^- ⟶ [ ]$_m$ [ ]$_n$ ($CONH_2$, ^+N)

AM/DMDAAC 共聚时，参考 AM 均聚反应所用的引发体系，仍可采用 $K_2S_2O_8$-$NaHSO_3$-V50 复合引发。

2. 反应温度对 CPAM 产品分子质量的影响

根据酸法生产氧化铝稀释料浆的特性，合成了低阳离子度的 CPAM。共聚单体的摩尔质量之比 n_{DMDAAC}：n_{AM} = 5.95(即 5%阳离子度)，其他反应条件为：单体质量分数 30%，$w_{K_2S_2O_8} = w_{NaHSO_3}$ = 0.1‰，w_{V50} = 0.5‰，$w_{EDTA-2Na}$ = 0.5‰，不同反应

温度下产品相对分子质量的变化趋势如图 4-4 所示。

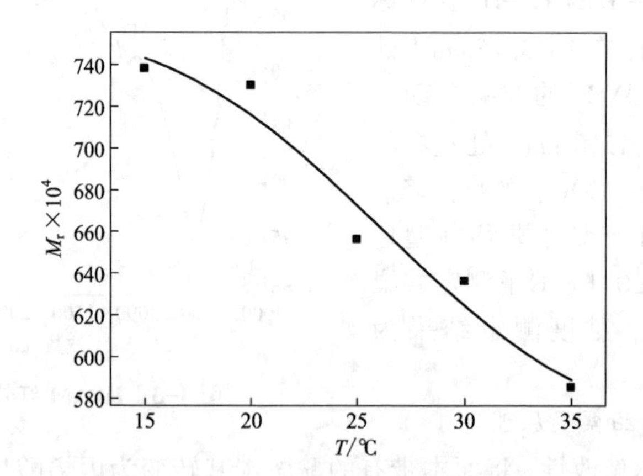

图 4-4　温度对产品相对分子质量的影响

随着反应温度的降低，产品相对分子质量整体呈上升趋势，符合自由基聚合机理，即产物相对分子质量与反应温度的平方成反比。反应温度高时，聚合速度较快，单体转化率高，但产品偏软，即 M_r 较小。当温度低于 30 ℃时，产品相对分子质量随之增加，但未聚合单体残留量偏大。考虑到相对分子质量、实验可行性及单体转化率，最佳的反应温度为 30 ℃。

3. 氧化还原体系配比对产品相对分子质量的影响

在阳离子度为 5%，反应温度为 30 ℃，$w_{V50}=0.025‰$，$w_{EDTA-2Na}=0.5‰$条件下，固定 $w_{K_2S_2O_8+NaHSO_3}=0.1‰$，$K_2S_2O_8$ 与 $NaHSO_3$ 质量比对单体转化率与产品相对分子质量影响如图 4-5、图 4-6 所示。

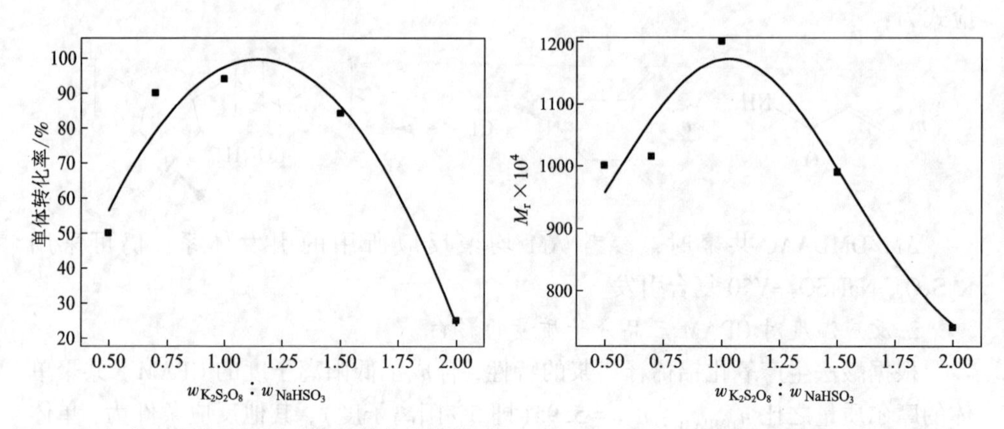

图 4-5　氧化还原体系配比对单体转化率的影响　　图 4-6　氧化还原体系配比对 M_r 的影响

$w_{K_2S_2O_8}$ ∶ w_{NaHSO_3} =1∶1 时，单体转化率及产品相对分子质量最高。

氧化还原体系分解反应式：

$$S_2O_8^{2-}+HSO_3^-+H_2O \longrightarrow 3HSO_4^-$$

由此可以看出：当 $K_2S_2O_8$ 与 $NaHSO_3$ 物质的量之比为 270∶(2×127)≈1∶1 时，两者恰好反应，有利于自由基 HSO_3^- 平稳生成并降低由剩余 HSO_3^- 导致的链转移问题。故最佳的氧化还原体系配比为 $w_{K_2S_2O_8}$ ∶ w_{NaHSO_3} =1∶1。

4. 阳离子度对产品相对分子质量的影响

在 30 ℃，单体质量分数为 30%，$w_{K_2S_2O_8}$ ∶ w_{NaHSO_3} = 0. 05‰，w_{V50} = 0. 025‰，$w_{EDTA-2Na}$ =0. 5‰条件下，不同阳离子度对产品相对分子质量的变化趋势如图 4-7 所示。

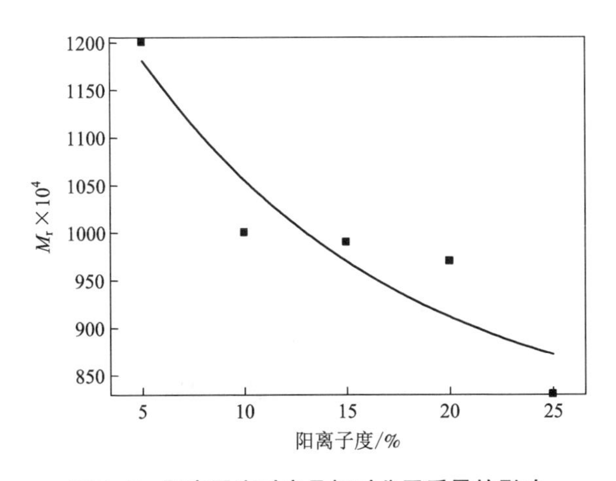

图 4-7　阳离子度对产品相对分子质量的影响

M_r 随阳离子度的提高呈下降趋势，这是因为 DMDAAC 属烯丙基类单体，其结构中含有较大位阻作用的烯丙基基团，使得其聚合活性较 AM 低很多，造成共聚产品相对分子质量有所下降。同时，烯丙基 C—H 键很弱，而链自由基活泼，结果向单体转移而终止。所形成的烯丙基自由基很稳定，不能再引发单体聚合，而只能与自身或其他自由基进行双基终止，起到一定的阻聚终止作用。考虑产品相对分子质量及经济性，最佳的阳离子度为 5%。

5. CPAM 产品结构表征

CPAM 的最佳合成条件为阳离子度为 5%，反应温度为 30 ℃，单体质量分数为 30%，$w_{K_2S_2O_8}$ = w_{NaHSO_3} = 0. 05‰，w_{V50} = 0. 025‰，$w_{EDTA-2Na}$ = 0. 5‰。在上述条件下反应 6 h 得到相对分子质量达 1. 2×10^7、溶解性能较佳的阳离子型聚丙烯酰胺（CPAM）。

CPAM 产品红外光谱图如图 4-8 所示。在 3500 cm^{-1} 处出现样品残留水分—OH 的伸缩振动宽峰，表明产品具有强烈的吸水性。3448.33 cm^{-1} 处为伯氨基（$—NH_2$）伸缩振动吸收峰；2929.61 cm^{-1} 处为甲基（$—CH_3$）的吸收峰；1654.92 cm^{-1} 处为酰胺基团中羰基(—C ═ O)的伸缩振动吸收峰；与 N^+键合的双甲基的弯曲振动特征峰为 1350.95 cm^{-1} 和 1420.09 cm^{-1}，其与$—CH_2—$的弯曲振动发生谐振耦合，出现峰的裂分；1079.37 cm^{-1} 是季铵[$—CH_2N+(CH_3)_2CH_2—$]基团的特征吸收峰。

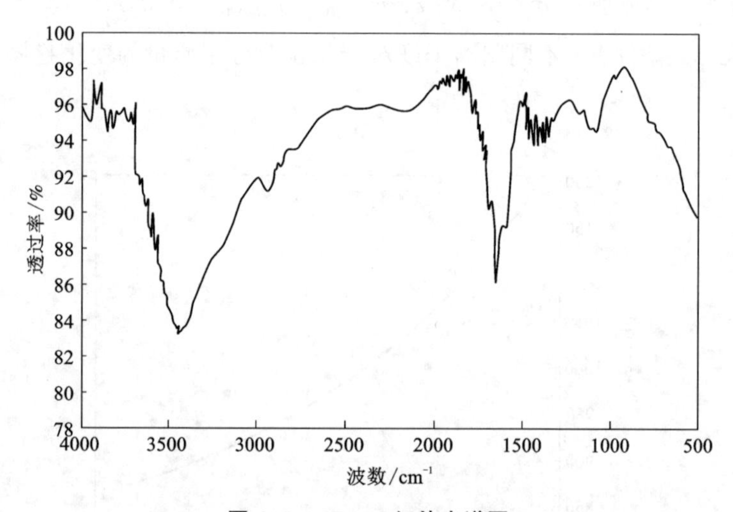

图 4-8　CPAM 红外光谱图

CPAM 产品用非稀释型乌式黏度计在(30±0.1) ℃下测定共聚物的特性黏度，黏度测定结果为 42 mPa·s。

6. CPAM 产品絮凝原理

由于阳离子单体 DMDAAC 的溶解性好、电荷密度高、结构稳定且耐酸，因此在对 PAM 进行改性时引入 DMDAAC，可以在絮凝过程中通过电荷的吸附作用，将料液中的带电粒子吸附到絮凝剂中，最终絮凝沉降；而且 DMDAAC 具有链长、卷曲度大等优势，尤其适用于颗粒大小不均的料浆，能够将其架桥连接，从而能够高效地将白泥从料浆中脱除。

4.3.5　离子型聚丙烯酰胺絮凝效果对比

4.3.5.1　三种絮凝剂沉降比

稀释料浆沉降实验进行 10 min 时，PAM、HPAM、CPAM 沉降效果如图 4-9 所示。

图 4-9　PAM、HPAM、CPAM 沉降效果对比

PAM 对稀释料浆的分离效果不明显，固液相之间没有清晰的分层出现，料液浑浊，底泥与精制液未达到良好的分离效果。水解改性聚丙烯酰胺絮凝剂 HPAM 和阳离子聚丙烯酰胺絮凝剂 CPAM 对稀释料浆有分离效果，固液相之间有明显的分层效果，上清液清澈透明。三种絮凝剂沉降比如表 4-1 所示。随着沉降时间的延长，CPAM 絮凝剂表现出了较优的沉降效果，其 30 min 沉降比明显优于 PAM 及 HPAM 絮凝剂。

表 4-1　三种絮凝剂沉降比

絮凝剂	沉降比			
	10 min	20 min	30 min	60 min
PAM	0. 168	0. 304	0. 392	0. 548
HPAM	0. 248	0. 404	0. 524	0. 564
CPAM	0. 272	0. 472	0. 548	0. 608

4. 3. 5. 2　三种絮凝剂分离后精制液中离子对比

三种絮凝剂对稀释液中主要金属离子的吸附情况见表 4-2。

表 4-2　精制液主要成分表　单位：g/L

样品	$AlCl_3$	Fe_2O_3	CaO	SiO_2
稀释料浆	263. 51	3. 83	8. 21	89. 15
PAM	252. 62	3. 38	8. 15	87. 10
HPAM	249. 7	3. 60	8. 03	84. 05
CPAM	254. 8	3. 14	7. 97	81. 20

三种絮凝剂对铝离子都有吸附，阳离子聚丙烯酰胺对料液中铝离子吸附较少，对于铁、钙离子也有一定量的吸附。

4.3.5.3 三种絮凝剂分离后精制液浮游物浓度对比

精制液浮游物浓度是考察固液分离效果的一项重要指标，上清液浮游物浓度低，证明絮凝剂对小颗粒杂质的捕集效果较好，固液分离效率较高。表 4-3 是三种絮凝剂分离后精制液浮游物浓度的对比。使用 PAM 絮凝剂分离出的精制液浮游物浓度较高；使用 HPAM 及 CPAM 絮凝剂分离出的精制液浮游物浓度远小于使用 PAM 絮凝剂后分离出的精制液浮游物浓度，故改性絮凝剂对小分子的捕集效果较好。使用 CPAM 絮凝剂后浮游物浓度更低，其效果更好。

表 4-3 精制液浮游物浓度

所用絮凝剂	PAM	HPAM	CPAM
浮游物浓度/($g\cdot L^{-1}$)	2.1	0.24	0.11

4.3.6 CPAM 絮凝剂应用效果

4.3.6.1 稀释料浆液体性能的变化

CPAM 加入前后稀释料浆液体性能对比见表 4-4。投加絮凝剂前后，料液的温度、酸度基本无变化；化学需氧量及液体黏度由于增加了高分子絮凝剂而显著增加；料浆固含由于进行了固液分离，投加药剂后，上清液固含为 0，浑浊程度由浊变清。

表 4-4 CPAM 加入前后稀释料浆液体性能

液体性能	温度/℃	酸度	化学需氧量/($mg\cdot L^{-1}$)	固含/($g\cdot L^{-1}$)	液体黏度/($mPa\cdot s$)	浑浊程度
投加药剂前	85	1.07	22.1	95~123	3.45	浊
投加药剂后	84.7	9.98	42.8	0	4.51	清

4.3.6.2 稀释料浆颗粒特性的变化

投加絮凝剂前后稀释料浆中颗粒性能对比见表 4-5。加入絮凝剂后，稀释料浆颗粒物理性能变化较为明显的是相对密度，成倍增长，可能是由于絮凝剂的架桥作用使其大小颗粒之间实现了黏合，堆密度增加，比重增加。而其真密度、比表面积、中值粒径并未发生明显的变化。

表 4-5　投加絮凝剂前后稀释料浆颗粒性能的变化

颗粒性能	相对密度/($g·cm^{-3}$)	真密度/($g·cm^{-3}$)	比表面积/($m^2·g^{-1}$)	粒度(D50)/μm
投加药剂前	2.34	2.56	18.43	5.07
投加药剂后	9.15	2.60	18.25	5.19

4.3.6.3　CPAM 沉降时间对底泥固含的影响

取 500 mL 固含为 105 g/L，温度为 85 ℃的稀释料浆 14 份，7 份为 1 组，分别编号为 1 号组、2 号组。向 1 号组投加 CPAM 絮凝剂的量为 0.19 kg/t 干白泥，向 2 号组投加 CPAM 絮凝剂的量为 0.23 kg/t 干白泥。每组的 7 份稀释料浆沉降时间分别为 1 h、2 h、3 h、4 h、5 h、6 h、7 h，取每份的底泥测其固含量，考察停留时间对沉降底泥固含的影响。

不同沉降时间下底泥的固含量数据见表 4-6。当沉降时间为 1 h 时，底泥的固含量变化较大；当沉降时间大于 1 h 时，底泥固含量差异很小。

表 4-6　不同沉降时间下底泥固含量

组别	絮凝剂/($kg·t^{-1}$干白泥)	固含量/($g·L^{-1}$)							
		0	1 h	2 h	3 h	4 h	5 h	6 h	7 h
1	0.19	105	283	294.12	300	303	306.1	306.1	309.3
2	0.23	105	287.5	287.55	298.82	302	304.8	304.8	304.8

固含量随沉降时间变化见图 4-10。絮凝剂投加量的改变在沉降时间较短时会有差异，随着沉降时间的延长，其固含量差异甚微。因此，在选择絮凝剂投加量时，需要考虑工业化装置中沉降过程的时间，以确定适宜的投加量来降低成本。

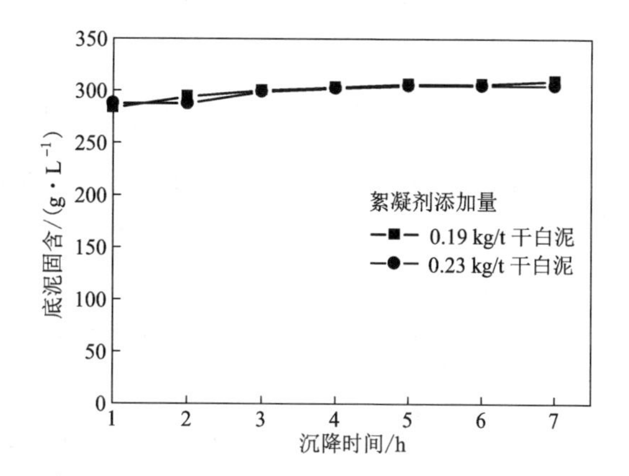

图 4-10　不同沉降时间下底泥固含量变化

4.3.6.4　CPAM 絮凝剂对底泥流动性能的影响

未添加絮凝剂的稀释料浆流动过程非常不均匀，由于底部白泥沉积，最初流动较缓慢，并且流动泥浆部分呈块状；添加絮凝剂的料浆流动速度均匀，流动性较好，不存在结块或停滞现象。

泥浆流动性参数如表 4-7 所示。底泥流动性研究表明，絮凝剂的添加有利于改善底泥的流动性，使从酸法生产氧化铝的固液分离工序所分离出来的白泥实现流态化。较板框过滤分离白泥的后续洗涤过程而言，该方法大大提高了白泥洗涤的连续可操作性。

表 4-7 泥浆流动性参数 单位：s

稀释料浆流动性	静置 30 min 底泥流动性	静置 1 h 底泥流动性	静置 2 h 底泥流动性
18.7	10.2	10.4	10.8

4.3.7 絮凝剂的种类对洗涤槽白泥固含的影响

不同的絮凝剂对洗涤槽白泥沉降效果不同。添加不同絮凝剂时洗涤槽的固含见表 4-8。PAM 絮凝剂在 4 次洗涤过程中底泥固含较小，可以证明其沉降压缩性能不如 HPAM 及 CPAM 絮凝剂。HPAM 絮凝剂在 4 次洗涤过程中底泥固含呈稳定增加的趋势，且均大于 CPAM 絮凝剂，说明 HPAM 絮凝剂在洗涤过程中较 CPAM 更为稳定，且絮凝效果较好。这可能是由于洗水的液体特性较料液有较多的不同，HPAM 絮凝剂更适用于黏度较小、离子含量较为简单的洗水体系。因此，从洗涤槽固含角度考虑应选择 HPAM 絮凝剂为洗涤用絮凝剂。

表 4-8 不同絮凝剂在 4 次洗涤过程中的固含 单位：g/L

样品	第 1 次	第 2 次	第 3 次	第 4 次
PAM	207.7	218.6	230.1	227.1
HPAM	270.5	281.9	304.4	306.8
CPAM	219.6	251.6	243.1	281.5

4.3.8 絮凝剂种类对洗水中浮游物浓度的影响

不同的絮凝剂对洗水中浮游物浓度的影响不同。添加不同絮凝剂时洗水中浮游物的含量见表 4-9。4 次洗涤中 PAM 及 CPAM 絮凝剂的浮游物浓度呈现不稳定变化的状态，上下波动较大，说明在洗涤过程中 PAM 絮凝剂及 CPAM 絮凝剂对于去除洗水中的小分子浮游物的能力不如 HPAM 絮凝剂。因此，从洗水浮游物浓度角度考虑，应该选择 HPAM 絮凝剂作为白泥洗涤过程的絮凝剂。

表 4-9 不同絮凝剂在 4 次洗涤中洗水的浮游物浓度对比 单位：mg/L

样品	第 1 次	第 2 次	第 3 次	第 4 次
PAM	0.41	0.35	0.73	0.42
HPAM	0.11	0.23	0.18	0.26
CPAM	0.12	0.41	0.73	0.42

4.4　溶出料浆固液分离洗涤影响因素分析

4.4.1　自由沉降速度公式

固体球形颗粒在溶液中的自由沉降速度公式：

$$W_{自由}=\frac{d^2(\rho-\rho_{介质})}{18\mu_{介质}}g \tag{4-1}$$

式中：$W_{自由}$为颗粒的自由沉降速度，m/s；d 为沉降颗粒的直径，m；ρ 为沉降颗粒的密度，kg/m^3；$\rho_{介质}$为沉降介质的密度，kg/m^3；$\mu_{介质}$为沉降介质的黏度，kg/s。

由此可知，沉降颗粒的直径和密度及沉降介质的密度和黏度是影响颗粒沉降速度的主要因素。颗粒的直径和密度越大、沉降介质的密度和黏度越小，则沉降速度越快。

(1)温度的影响：温度越高，则悬浮液的黏度和比重下降，沉降速度就越快。

(2)悬浮液浓度的影响：浓度越高，则黏度越大，悬浮液的比重也增大，沉降速度就越慢。

(3)添加絮凝剂的影响：在絮凝剂的作用下，悬浮液中处于分散状态的细小颗粒互相联合成团，粒度增大，因而使沉降速度大大增加。

一般认为，高分子絮凝剂的作用机理可划分为吸附(即絮凝剂吸附于悬浮液中固体粒子表面)和絮凝(单个粒子互相联合形成絮团)两个阶段。絮凝剂吸附于固体粒子表面是絮凝作用的必要条件和关键，但吸附不一定都能导致有效的絮凝作用，只有在固体粒子表面吸附某种适宜数量的絮凝剂时，才能进行有效的絮凝。

4.4.2　物料性质对沉降性能的影响

影响溶出料浆沉降分离的因素很多，主要有白泥料浆的固含、料浆温度、絮凝剂种类、沉降槽的型制等。

4.4.2.1　稀释料浆的固含对沉降性能的影响

对于同一种白泥，其固含不同，表示单位体积内白泥粒子的数量不同，悬浮液的黏度也不同。其他条件相同时，白泥料浆固含小，则单位体积内白泥粒子的数量少，白泥粒子间的干扰阻力小，白泥有较快的沉降速度。稀释料浆的固含量会在一定范围内变动(60~150 g/L)，而稀释料浆固含量不同时，絮凝剂的投加量也会有所不同。对固含量为 150 g/L、120 g/L、105 g/L、90 g/L、60 g/L 的稀释料浆，其絮凝剂添加量详见表 4-10~表 4-14。在不同的絮凝剂投加量下，记录不同沉降时间内清液的百分比，考察沉降效果。

1. 固含为 150 g/L 料浆的分离效果

固含为 150 g/L 时，根据表 4-10 数据绘制了不同絮凝剂投加量下其清液层百分比随反应时间变化的曲线，如图 4-11 所示。当絮凝剂投加量为 0.37 kg/t 干白泥时，清液浮游物较少，较为清澈透明。

表 4-10　固含为 150 g/L 的料浆的沉降结果

序号	絮凝剂添加量/(kg·t^{-1}干白泥)	清液层百分比/%								1 h 底泥固含/(g·L^{-1})
		2 min	5 min	11 min	15 min	21 min	30 min	40 min	60 min	
1	0.17	6.3	10.2	21.2	26.6	35.2	46.9	50.8	54.0	317.80
2	0.20	4.9	8.0	15.3	22.3	31.7	42.5	47.2	51.1	297.62
3	0.23	7.2	12.7	31.6	38.2	43.6	48.2	50.5	52.9	307.38
4	0.27	7.7	17.3	38.5	43.1	47.3	50.8	51.9	53.1	307.38
5	0.37	15.9	32.6	45.5	47.7	49.6	50.8	50.8	51.5	292.97
6	0.43	33.1	44.4	48.1	49.6	50.4	51.1	51.5	51.9	292.97
7	0.48	35.8	45.5	49.3	50.7	51.5	52.2	52.2	52.2	292.97

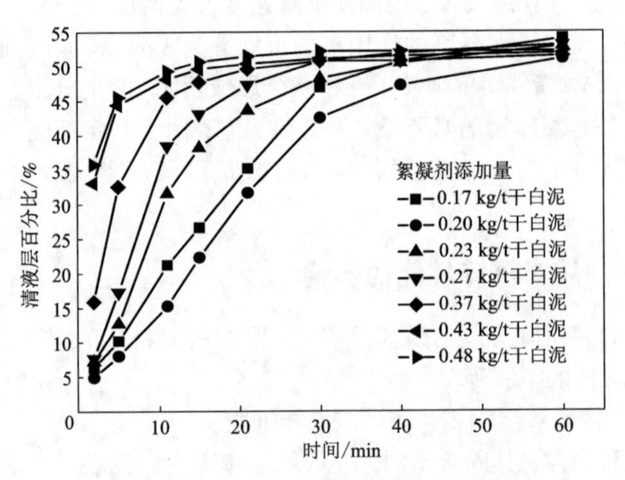

图 4-11　固含为 150 g/L 时料浆的沉降效果

由图 4-12 可知，料浆固含为 150 g/L 时，絮凝剂最佳添加量为 0.37 kg/t 干白泥，清液层浮游物浓度为 0.03 g/L，底泥固含为 292.97 g/L。

2. 固含为 120 g/L 料浆的分离效果

表 4-11 为固含在 120 g/L 时料浆的沉降数据，根据表 4-11 数据绘制不同絮

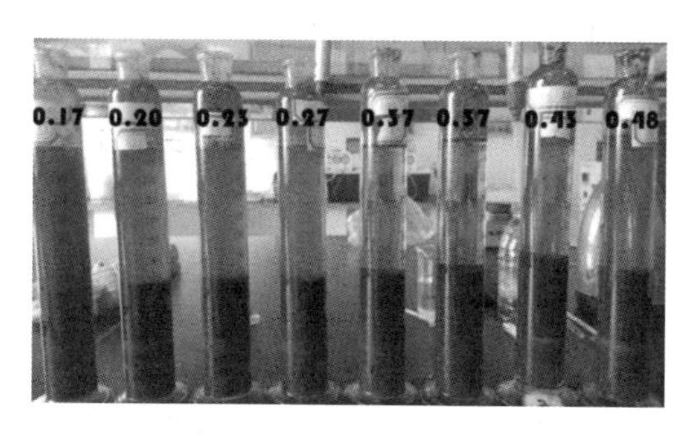

图 4-12　沉降实验效果图

凝剂投加量下其清液层百分比随反应时间变化图，如图 4-13 所示。稀释料浆固含为 120 g/L 时，絮凝剂最佳添加量为 0.3 kg/t 干白泥，清液层浮游物浓度为 0.08 g/L，底泥固含为 267.86 g/L。

表 4-11　固含为 120 g/L 时料浆的沉降结果

序号	絮凝剂添加量/($kg\cdot t^{-1}$干白泥)	清液层百分比/%								1 h 底泥固含/($g\cdot L^{-1}$)
		2 min	5 min	11 min	15 min	21 min	30 min	40 min	60 min	
1	0.17	0	0	0	0	0	0	0	0	
2	0.23	3.5	6.6	11.7	15.2	25.3	31.5	37.0		193.55
3	0.30	6.6	13.5	29.0	38.6	45.9	51.0	53.7	56.8	267.86
4	0.40	8.8	17.6	38.5	43.5	47.3	50.0	51.1	53.4	245.90

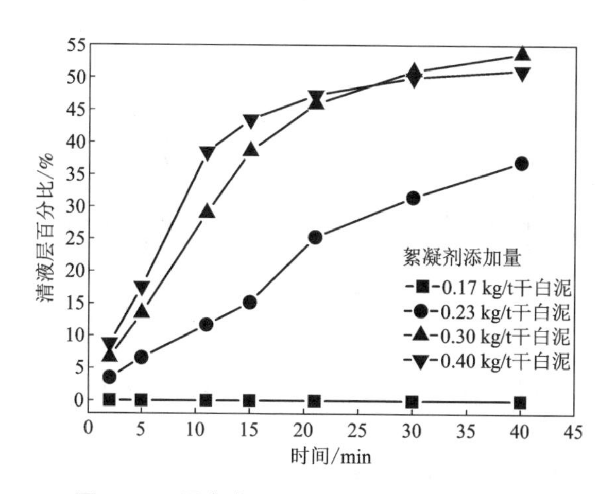

图 4-13　固含为 120 g/L 时料浆的沉降效果

3. 固含为 105 g/L 料浆的分离效果

表 4-12 为固含在 105 g/L 时料浆的沉降数据，根据表 4-12 数据绘制不同絮凝剂投加量下其清液层百分比随反应时间变化图，如图 4-14 所示。料浆固含为 105 g/L 时，絮凝剂最佳添加量为 0.23 kg/t 干白泥，清液层浮游物浓度为 0.027 g/L，底泥固含为 267.86 g/L。

表 4-12　固含为 105 g/L 时料浆的沉降结果

序号	絮凝剂添加量/($kg \cdot t^{-1}$ 干白泥)	清液层百分比/%								1 h 底泥固含/($g \cdot L^{-1}$)
		2 min	5 min	11 min	15 min	21 min	30 min	40 min	60 min	
1	0.08	5.2	8.7	16.7	20.6	26.6	34.1	40.1		208.33
2	0.10	3.8	7.3	14.1	18.0	24.0	30.3	35.8		194.81
3	0.11	5.5	10.3	20.9	26.5	33.6	42.3	48.2	53.0	252.10
4	0.15	7.1	15.4	31.5	39.0	45.3	50.0	52.8	55.1	263.16
5	0.19	11.0	23.1	41.2	46.3	50.2	52.5	54.5	56.1	267.86
6	0.23	15.6	32.0	46.5	50.0	52.3	54.3	55.5	56.3	267.86
7	0.27	19.8	35.4	46.3	48.6	50.2	51.8	52.5	53.3	250.00

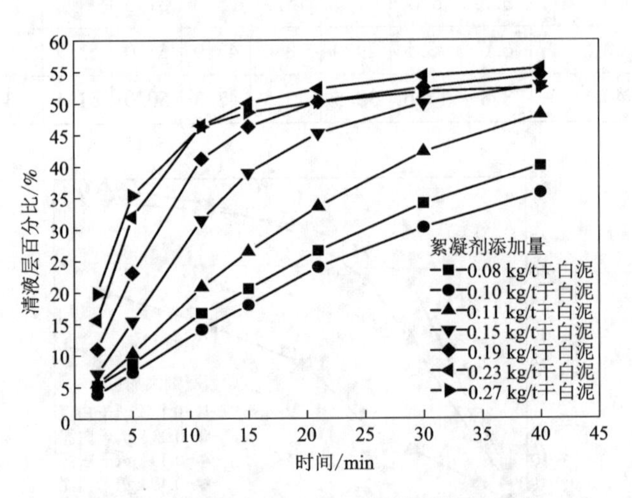

图 4-14　固含为 105 g/L 时料浆的沉降效果

4. 固含为 90 g/L 料浆的分离效果

表 4-13 为固含在 90 g/L 时的沉降数据，根据表 4-13 数据绘制不同絮凝剂投加量下其清液层百分比随反应时间变化图，如图 4-15 所示。料浆固含为

90 g/L 时，絮凝剂最佳添加量为 0.18 kg/t 干白泥，清液层浮游物浓度为 0.039 g/L，底泥固含为 281.25 g/L。

表 4-13　固含为 90 g/L 时料浆的沉降结果

序号	絮凝剂添加量/(kg·t^{-1}干白泥)	清液层百分比/%								1 h 底泥固含/(g·L^{-1})
		2 min	5 min	11 min	15 min	21 min	30 min	40 min	60 min	
1	0.04	15.54	28.29	44.22	52.99	62.55	67.33	70.52	72.11	321.43
2	0.09	12.7	30.95	51.59	57.14	61.11	64.29	65.48	66.27	264.71
3	0.13	27.27	53.36	63.64	65.22	67.59	68.38	68.38	69.17	288.46
4	0.18	45.67	60.63	65.35	66.14	66.93	67.72	68.11	68.5	281.25
5	0.22	56.86	65.49	69.02	69.8	70.2	71.37	71.37	71.37	308.22

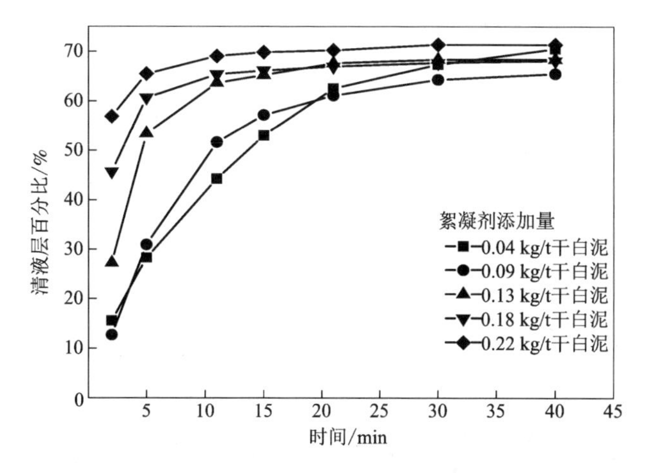

图 4-15　固含为 90 g/L 时料浆的沉降效果

5. 固含为 60 g/L 料浆的分离效果

表 4-14 为固含在 60 g/L 时的沉降数据，根据表 4-14 数据绘制不同絮凝剂投加量下其清液层百分比随反应时间变化图，如图 4-16 所示。沉降效果图见图 4-17。料浆固含为 60 g/L 时，当絮凝剂投加量为 0.1 kg/t 干白泥，清液浮游物较少，清液层浮游物浓度为 0.061 g/L，底泥固含为 288.46 g/L。

表 4-14　固含为 60 g/L 时料浆的沉降结果

序号	絮凝剂添加量/(kg·t^{-1}干白泥)	清液层百分比/%								1 h 底泥固含/(g·L^{-1})
		2 min	5 min	11 min	15 min	21 min	30 min	40 min	60 min	
1	0.03	36.13	56.89	69.66	73.65	76.45	78.44	79.24	80.04	300.00
2	0.07	52.19	66.14	74.1	76.1	77.29	77.69	78.49	78.49	277.78
3	0.10	63.42	71.77	75.75	76.94	77.73	78.93	78.93	79.32	288.46
4	0.13	65.48	72.22	76.19	76.98	78.17	78.97	79.37	79.37	288.46

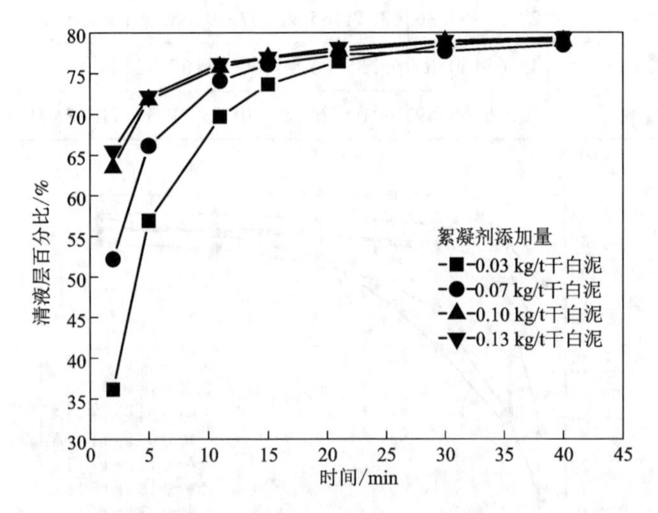

图 4-16　固含为 60 g/L 时料浆的沉降效果

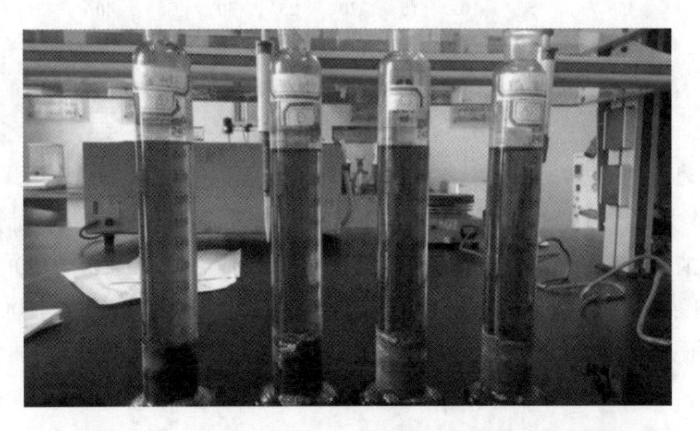

图 4-17　固含为 60 g/L 时料浆的沉降实验效果图

6. 不同固含料浆的沉降实验最佳絮凝剂添加量

随着料浆固含逐步增大，为达到一定的分离效果，絮凝剂的最佳添加量也迅速增大，其对应关系见图 4-18。固含由 60 g/L 增大至 150 g/L 时，絮凝剂最佳添加量由 0.1 kg/t 干白泥增大到了 0.37 kg/t 干白泥。底泥固含为 267.86~292.97 g/L，上清液浮游物浓度基本稳定在 0.027~0.08 g/L。

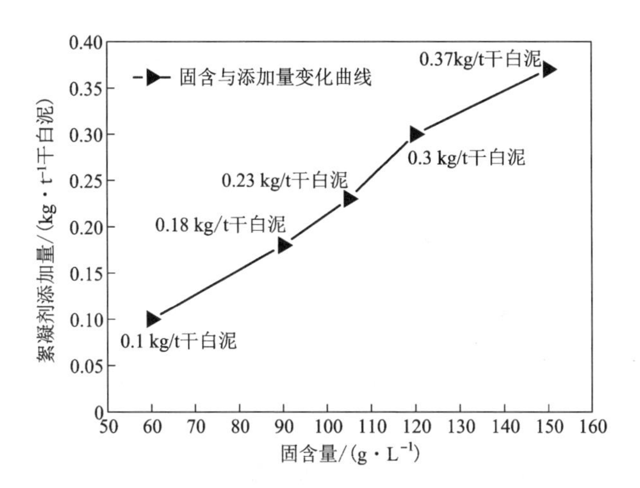

图 4-18　不同固含下絮凝剂最佳添加量变化图

4.4.2.2　稀释料浆温度对沉降性能的影响

稀释料浆的温度升高，溶液的黏度和密度有所下降，可以加速沉降过程；温度升高能减少胶体质点所带的电荷，有利于白泥絮凝，提高沉降速度。稀释料浆的温度会在一定范围内变动(40~85 ℃)，而稀释料浆温度不同时，絮凝剂的添加量也不同，沉降效果也不同。不同温度下料浆的沉降数据见表 4-15。

表 4-15　不同温度下料浆的沉降数据表

序号	温度/℃	絮凝剂添加量/($kg \cdot t^{-1}$干白泥)	清液层百分比/%							1 h 底泥固含/($g \cdot L^{-1}$)
			2 min	5 min	11 min	15 min	21 min	30 min	40 min	
1	40	0.6	0	0	0	0	0	0	0	
2	65	0.37	6.13	12.26	22.99	29.89	37.93	45.21	49.43	227.27
3	75	0.37	5.75	11.11	21.84	32.95	43.68	49.43		229.00
4	85	0.30	6.56	13.51	28.96	38.61	45.95	50.97	53.67	267.86

不同温度下清液层百分比随时间变化图，如图4-19所示。随着料浆温度的降低，料浆的沉降效果变差，沉降速率变慢。通过增加絮凝剂添加量可以改善絮凝沉降效果，其中75 ℃、65 ℃下的絮凝剂添加量增大至0.37 kg/t干白泥时，沉降效果较好。虽然40 ℃下絮凝剂添加量已增至0.6 kg/t干白泥，但其沉降效果依然较差。因此，使用絮凝剂时，应保持稀释料浆温度为85 ℃。

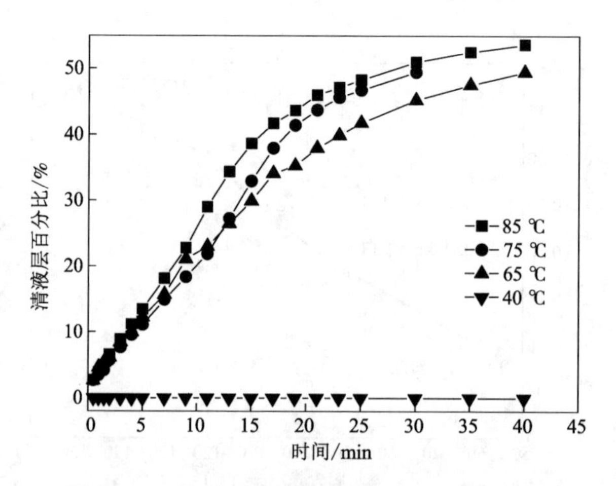

图4-19　不同温度下清液层百分比随时间变化

4.4.2.3　稀释矿浆中氯化铝浓度对沉降性能的影响

稀释料浆中氯化铝浓度会在一定范围内波动，料浆黏度也会随之变化，影响沉降效果。当氯化铝浓度为220 g/L时，黏度为4 mPa·s，当氯化铝浓度为300 g/L时，黏度为5 mPa·s。稀释矿浆中氯化铝浓度对沉降初期影响较大，10 min之后影响较小，如表4-16所示。

表4-16　稀释矿浆中氯化铝浓度不同时的沉降比

氯化铝浓度/($g\cdot L^{-1}$)	沉降时间/min							
	1	5	10	15	20	30	40	60
220	0.24	0.60	0.68	0.72	0.73	0.75	0.75	0.75
300	0.08	0.44	0.60	0.66	0.69	0.71	0.72	0.73

4.4.3　沉降方式对沉降性能的影响

4.4.3.1　沉降槽形式简介

一般来讲，固液分离常用的沉降槽根据其水流方向，主要分为三种形式：平流式、竖流式、辐流式。

平流式沉降槽呈长方形，水是按水平方向流过沉降区并完成沉降过程的。排泥部分为了不设置刮泥设备，采用静压排泥，底部设多斗式沉淀池，在每个贮泥斗单独设置排泥管单独排泥，互不干扰。废水在平流式沉降槽中的停留时间一般为 1~2 h，表面负荷为 1~3 m/h，水平流速一般不大于 5 mm/s，池长与池宽比以 4~5 为宜。

实验室用平流式沉降槽：总长 500 mm，宽度为 300 mm，槽顶距集泥斗 150 mm；集泥斗坡度为 45°，高度为 42 mm，长度为 100 mm；槽底坡度为 5°。其他设计参数如图 4-20 所示。水由左侧进水口进入，右侧流出，水平流动，在流动过程中完成固液分离过程。

图 4-20　平流式沉降槽结构简图

竖流式沉降槽一般呈圆形或正方形，沉淀区呈圆柱体，泥斗为截头倒锥体，水从中心管自上而下流入，经反射板折向上升，清液由溢流堰流入出水槽，底泥在沉降槽底部靠静压排泥。为保证水自下而上做垂直流动，径深比 $D:h \leqslant 4:1$。

实验室用竖流式沉降槽：该沉降槽由沉降槽主体和中心筒、溢流堰、锥底构成，沉降槽主体高度为 500 mm，内径为 200 mm；中心筒长 450 mm，内径 30 mm；溢流堰宽度 20 mm，高于水面 15 mm；锥底高度 150 mm，角度 60°。其他设计参数如图 4-21 所示。水由中心筒顶部进入，在中心筒内完成固液分离过程，分离出的泥由锥斗底部排出，分离出的清液由上部溢流槽流出。

辐流式沉降槽呈圆形或正方形，中心进水，周边出水，中心传动排泥。刮泥机由桁架及传动装置组成。进水部分为了使布水均匀，进水管设置穿孔挡板，穿孔率为 10%~20%。

实验室用辐流式沉降槽：由进水管、沉降槽主体、出水堰、排泥口构成。沉降槽直径为 500 mm，高 150 mm；溢流堰宽度 20 mm，高度 30 mm；进水管在底部中心延长至沉降槽顶部，直径 20 mm，布水管在上部长 50 mm，直径 30 mm；底部锥斗角度 10°，直径 60 mm。具体结构如图 4-22 所示。水由底部进水口进入，由

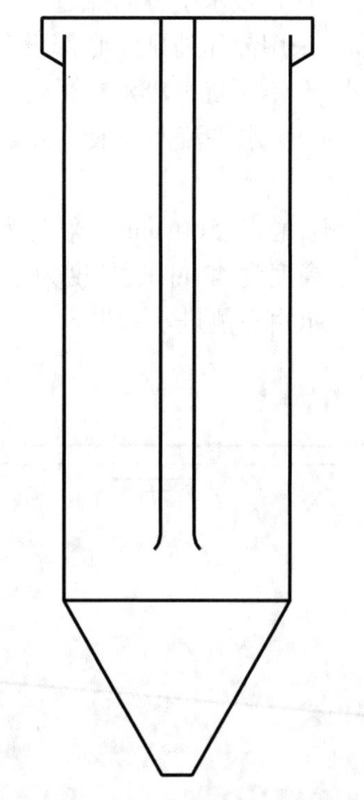

图 4-21　竖流式沉降槽结构示意图

上部布水器均布而出，水流由中心向沉降槽周边辐流而出，在流动过程中完成固液分离沉降过程。

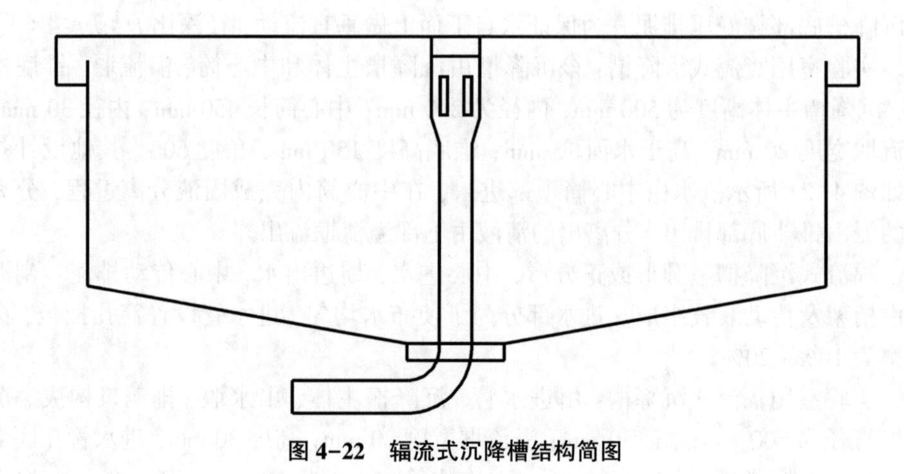

图 4-22　辐流式沉降槽结构简图

不同形式沉降槽的优缺点如表4-17所示。

表4-17 不同形式沉降槽优缺点

沉降槽形式	优点	缺点
平流式	有效沉降区大，沉淀效果好	占地面积大，排泥困难
竖流式	排泥容易，不需设置机械刮泥设备，占地面积小	单池容量小、池深大
辐流式	建筑容量大，机械排泥运行较好，管理简单	池中水流流速不稳定，机械排泥设备复杂，造价高

4.4.3.2 不同形式沉降槽对分离效率的影响

1)批量进料时不同形式沉降槽对分离效率的影响

采取批量进料法向三种形式的沉降槽中加入固含为105 g/L、温度为85 ℃的稀释料浆，絮凝剂投加量为8 μg/g，沉降时间在1 h内。不同形式沉降槽的分离数据见表4-18，稀释料浆分离效率用沉降比表示。

表4-18 批量进料时不同沉降槽形式对沉降比的影响

沉降槽形式	沉降比			
	10 min	20 min	30 min	60 min
平流式	0. 261	0. 313	0. 385	0. 428
竖流式	0. 237	0. 391	0. 479	0. 594
辐流式	0. 282	0. 325	0. 373	0. 448

表4-18中数据表明，沉降时间在10 min以内，三种形式沉降槽沉降效果相差较小，竖流式沉降槽沉降效果不如平流式及辐流式；当沉降时间增加至20 min，平流式及辐流式沉降槽沉降效果相差很小，而竖流式沉降槽沉降效果明显好于其他两种；当沉降时间延长至30~60 min时，沉降效果差异显著，竖流式沉降槽沉降比远大于其他两种。这说明，沉降时间较短时，沉降槽的形式对沉降效果的影响较小，沉降时间越长，竖流式沉降槽的沉降效果较好，固液分离效率较高。根据对现场情况的调研，一般沉降过程停留时间不小于30 min，故从分离效果角度考虑，竖流式沉降槽较为适合。

2)连续进料时不同形式沉降槽对分离效率的影响

采用连续进料法向三种形式的沉降槽中连续进料6 h。料浆性质为：固含105 g/L，温度为85 ℃，絮凝剂投加量为8 μg/g。沉降时间分别为10 min、20 min、

30 min、1 h、2 h、3 h、4 h、6 h 时，不同形式沉降槽的分离效果见表 4-19。

表 4-19 连续进料时不同形式沉降槽对沉降比的影响

沉降槽形式	沉降比							
	10 min	20 min	30 min	1 h	2 h	3 h	4 h	6 h
平流式	0. 254	0. 298	0. 376	0. 428	0. 3781	0. 327	0. 419	0. 432
竖流式	0. 221	0. 361	0. 442	0. 594	0. 588	0. 579	0. 591	0. 583
辐流式	0. 268	0. 341	0. 323	0. 418	0. 397	0. 373	0. 437	0. 391

表 4-19 中数据表明，沉降时间在 10 min 时，三种形式沉降槽沉降效果相差较小，竖流式沉降槽沉降效果不如平流式和辐流式；当沉降时间增加至 20 min 时，平流式和辐流式沉降槽沉降效果相差很小，而竖流式沉降槽沉降效果明显好于其他两种；当沉降时间延长至 30~60 min 时，沉降效果差异显著，竖流式沉降比远大于其他两种。随着运行时间延长，60 min 以后，平流式沉降槽及辐流式沉降槽的沉降效果不稳定，呈现较大幅度的波动；而竖流式沉降槽，处于较小波动范围。这说明连续运行状态下，竖流式沉降槽的沉降效果较好，固液分离效率较高。因此，选用竖流式沉降槽较为适宜。

4.4.3.3 不同形式沉降槽对底泥特性的影响研究

1) 批量进料时不同形式沉降槽对底泥特性的影响

采取批量进料法向三种形式的沉降槽中加入固含为 105 g/L、温度为 85 ℃的稀释料浆，絮凝剂投加量为 8 μg/g，沉降时间在 60 min 内，三种形式沉降槽的底泥流动性及底泥固含见表 4-20。

表 4-20 不同沉降槽形式对底泥特性的影响

沉降槽形式	底泥流动性/s	底泥固含/($g \cdot L^{-1}$)
平流式	10. 6	227. 9
竖流式	11. 9	301. 8
辐流式	10. 8	248. 1

在相同沉降时间下，平流式沉降槽及辐流式沉降槽的底泥流动性几乎相同，竖流式沉降槽由于其高径比较大，泥层厚度较高，其流动性较平流式及辐流式有些许差距，但流动性实验过程中观察到，竖流式沉淀池底泥的流动完全可以满足对底泥的连续性转移。三种沉降槽底泥的固含与其流动性关系相似，平流式及辐

流式沉降槽底泥固含相差较小，而竖流式沉降槽较其他两种固含较大，这可能是由于液层和泥层高度较高，底泥的压缩性较好的缘故。从底泥特性角度考虑，应当选取底泥固含 300 g/L 左右，既满足可流动的特性，又可以减少后续白泥洗水的用量的沉降槽形式。因此，竖流式沉降槽较为适合。

2）连续进料时不同形式沉降槽对底泥特性的影响

采用连续进料法向三种形式的沉降槽连续进料 6 h。料浆性质为：固含 105 g/L，温度为 85 ℃，絮凝剂投加量为 8 μg/g。沉降时间分别为 10 min、20 min、30 min、1 h、2 h、3 h、4 h、6 h 时，不同形式沉降槽对底泥特性的影响见表 4-21 和表 4-22。

表 4-21　不同沉降槽形式对底泥流动性的影响

沉降槽形式	底泥流动性/s					
	0.5 h	1 h	2 h	3 h	4 h	6 h
平流式	10.4	10.6	10.5	10.5	10.6	10.7
竖流式	11.4	11.9	11.8	11.7	11.9	11.9
辐流式	10.6	10.8	10.7	10.7	10.9	10.7

当连续进料 1 h 以后，各沉降槽的底泥基本可以趋于稳定状态。表 4-22 中数据表明，沉降时间 1 h 以后，平流式沉降槽及辐流式沉降槽的底泥流动性相近，竖流式沉降槽由于其高径比较大，泥层厚度较高，其流动性较平流式及辐流式较差，但流动性实验过程中观察到，竖流式沉淀池底泥的流动完全可以满足对底泥的连续性转移。

表 4-22　不同沉降槽形式对底泥固含的影响

沉降槽形式	底泥固含/($g \cdot L^{-1}$)					
	0.5 h	1 h	2 h	3 h	4 h	6 h
平流式	201.9	217.6	202.8	196.9	215.5	220.4
竖流式	261.5	300.6	292.6	287.9	305.2	304.1
辐流式	210.1	231.8	224.3	228.7	246.3	221.6

三种沉降槽底泥的固含与其流动性关系相似，运行 1 h 之后，平流式及辐流式沉降槽底泥固含相差较小，且底泥固含变化范围较宽；而竖流式沉降槽中底泥

固含较其他两种固含较大，变化范围较窄，趋于稳定。这可能是由于竖流式沉降槽液层和泥层高度较高，底泥的压缩性较好的缘故。从底泥特性角度考虑，底泥固含应选取 300 g/L 左右，既满足可流动的特性，又可以减少后续白泥洗水的用量的沉降槽形式。因此，竖流式沉降槽较为适合。

4.4.3.4 白泥多级逆流洗涤

白泥沉降分离后，底流固含为 350～450 g/L，其中含有一定的氯化铝溶液，因此需要对沉降底流加水浆化，再进行沉降分离，回收白泥附液带走的有用成分——氯化铝溶液和游离酸。为了提高洗涤效率，需采用多级逆流洗涤。

白泥多级逆流洗涤就是将洗涤用新水加入最后一级沉降槽，最后一级沉降槽的溢流为前一级沉降槽的洗涤用液，以此类推，白泥洗液从最前一级沉降槽溢流出来。洗涤白泥后的洗液可用来稀释溶出矿浆。反向洗涤的优点是可以降低新水用量，并能得到浓度较高的白泥洗液。

白泥洗涤效率是指经过洗涤后，回收的氯化铝占进入洗涤系统总的氯化铝的百分数。当白泥分离槽底流固含和氯化铝浓度一定时，白泥的洗涤效率与洗涤次数、洗水用量、排出的白泥附液量及絮凝剂的种类有关。

白泥洗涤用水越大，则蒸发工序需要蒸发的水分越多，单位产品所消耗的蒸汽也越多，因此，白泥洗水用量要控制得当。在同样洗水用量的情况下，白泥的洗涤次数越多，洗涤效率越高，但所需沉降槽越多，基建投资增加。因此，为了获得较理想的总体效果，需确定适宜的洗涤级数。

为便于计算，用图 4-23 和图 4-24 简化描述多级逆流洗涤流程及工艺条件。

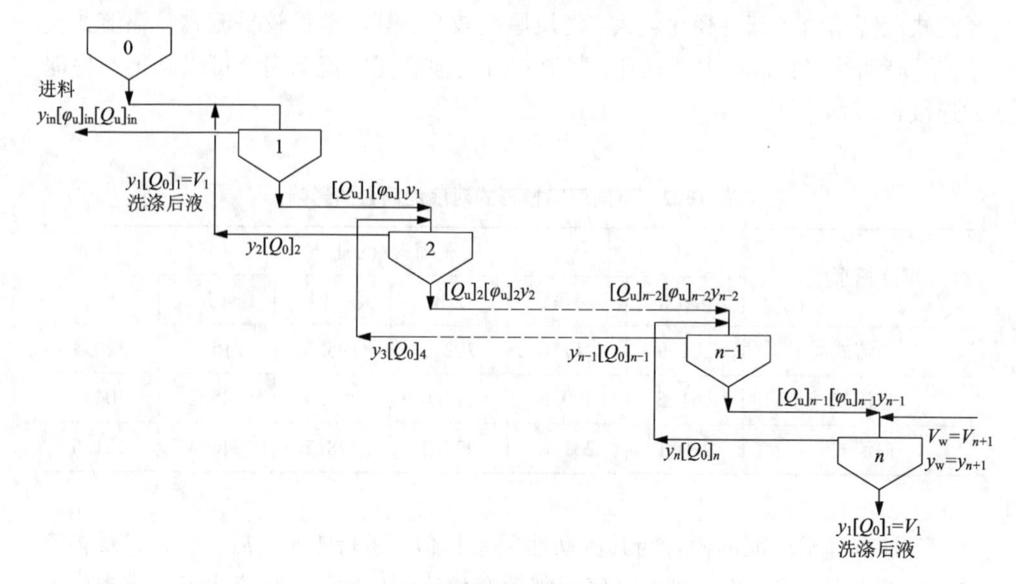

图 4-23 多级逆流洗涤流程示意图

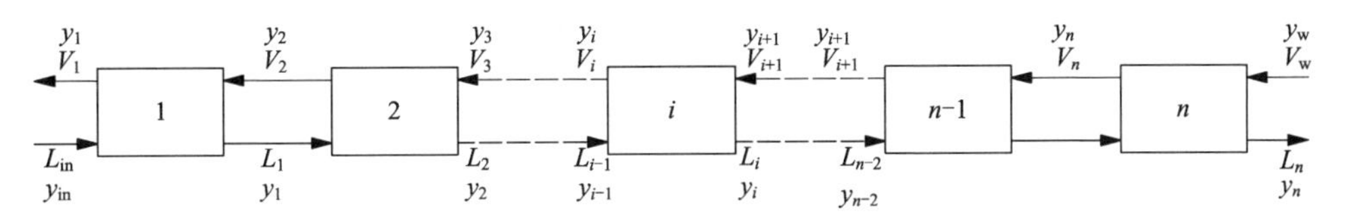

图 4-24　多级逆流洗涤工艺条件图

沉降槽固液分离的底流进入后续的洗涤系统，其物料平衡做如下假设：①浸出后的反应已停止；②洗涤沉降槽的溢流不含固体，分离总效率 $E=1$；③每一级沉降槽的进料、底流及溢流液体中的溶质浓度相等；④各级的进料及底流液固比相等，相应的流量相等。

则总物料平衡：

$$[Q]_{\text{in}}+V_{\text{w}}=[Q_{\text{u}}]_n+[Q_0]_1 \tag{4-2}$$

溶液平衡：

$$[Q_{\text{u}}(1-\varphi_{\text{u}})]_{\text{in}}+V_{\text{w}}=[Q_{\text{u}}(1-\varphi_{\text{u}})]_n+[Q_0]_1 \tag{4-3}$$

或

$$L_{\text{in}}+V_{\text{w}}=V_1+L_n \tag{4-4}$$

溶质平衡：

$$[Q_{\text{u}}(1-\varphi_{\text{u}})]_{\text{in}}y_{\text{in}}+V_{\text{w}}y_{\text{w}}=[Q_{\text{u}}(1-\varphi_{\text{u}})]_n y_n+[Q_0]_1 y_1 \tag{4-5}$$

或

$$L_{\text{in}}y_{\text{in}}+V_{\text{w}}y_{\text{w}}=V_1y_1+L_ny_n \tag{4-6}$$

n 级溶质平衡：

$$L_{n-1}y_{n-1}+V_{\text{w}}y_{\text{w}}=V_ny_n+L_ny_n \tag{4-7}$$

令洗涤比：

$$\alpha=\frac{V_i}{L_i}=\frac{V}{L}$$

$$V_i=V,\ L_i=L,\ i=1,\ 2,\ 3,\ \cdots,\ (n+1) \tag{4-8}$$

则：

$$y_{n-1}=(1+\alpha)y_n-\alpha y_{\text{w}} \tag{4-9}$$

$n\sim n-1$ 级溶质平衡：

$$\begin{aligned}&L_{n-2}y_{n-2}+V_{\text{w}}y_{\text{w}}=L_ny_n+V_{n-1}y_{n-1}\\&y_{n-2}=y_n+y_{n-1}-\alpha y_{\text{w}}\end{aligned} \tag{4-10}$$

将式(4-10)代入式(4-9)，得：

$$y_{n-2}=(1+\alpha+\alpha^2)y_n-\alpha(1+\alpha)y_{\text{w}} \tag{4-11}$$

$n \sim n-2$ 级溶质平衡：

$$\begin{aligned} &L_{n-3}y_{n-3}+V_{w}y_{w}=L_{n}y_{n}+V_{n-2}y_{n-2} \\ &y_{n-3}=y_{n}+\alpha y_{n-2}-\alpha y_{w} \end{aligned} \tag{4-12}$$

将式(4-12)代入式(4-11)得：

$$y_{n-3}=(1+\alpha+\alpha^2+\alpha^3)y_n-\alpha(1+\alpha+\alpha^2)y_w \tag{4-13}$$

以数学归纳法可证：

$$y_{n-i}=\sum_{i=1}^{n}\alpha^{n-i}y_n-\alpha\sum_{i=1}^{n}\alpha^{n-i+1}y_w \tag{4-14}$$

进料底流溶质浓度为：

$$y_{in}=y_0=(1+\alpha+\alpha^2+\cdots+\alpha^n)y_n-\alpha(1+\alpha+\alpha^2+\cdots+\alpha^{n-1})y_w$$

则：

$$y_n=\frac{1}{(1+\alpha+\alpha^2+\cdots+\alpha^n)}y_{in}+\frac{\alpha(1+\alpha+\alpha^2+\cdots+\alpha^{n-1})}{(1+\alpha+\alpha^2+\cdots+\alpha^n)}y_w \tag{4-15}$$

定义洗涤效率：

$$\eta=1-\frac{n\text{ 级底流中带走的溶质量}}{\text{进料底流中带入的溶质量}}$$

$$\eta=1-\frac{y_nL_n}{y_{in}L_{in}}=1-\frac{y_n}{y_{in}}=\frac{1}{(1+\alpha+\alpha^2+\cdots+\alpha^n)}+\frac{\alpha(1+\alpha+\alpha^2+\cdots+\alpha^{n-1})y_w}{(1+\alpha+\alpha^2+\cdots+\alpha^n)y_{in}}$$

洗水不含溶质，则 $y_w=0$

$$\eta=1-\frac{1}{1+\alpha+\alpha^2+\cdots+\alpha^n} \tag{4-16}$$

当 $\alpha\neq1$ 时，式(4-16)为

$$\eta=1-\frac{\alpha-1}{\alpha^{n+1}-1} \tag{4-17}$$

当 $\alpha=1$ 时，式(4-16)为

$$\eta=1-\frac{1}{(n+1)} \tag{4-18}$$

由式(4-16)～式(4-18)可知，当 $\alpha\geqslant1$ 时，

$$\lim_{n\to\infty}\eta=\lim_{n\to\infty}\left(1-\frac{1}{1+\alpha+\alpha^2+\cdots+\alpha^n}\right)$$

即，

$$\lim_{n\to\infty}\eta=\lim_{n\to\infty}\left(1-\frac{\alpha-1}{\alpha^{n+1}-1}\right)$$

按照表 4-23 工艺参数，计算粉煤灰酸法提铝中试装置白泥沉降洗涤级数。

表 4-23　白泥洗涤参数

项目	进料	出料
密度/($t \cdot m^{-3}$)	1. 2776	1. 203
固含/%	30	30
流量/($m^3 \cdot h^{-1}$)	59. 69	63. 39
浓度/($g \cdot L^{-1}$)	242. 75	2. 5

洗水：3 m^3/t 干白泥

$$\eta = 1 - \frac{y_n L_n}{y_{in} L_{in}} = 1 - \frac{63.39 \times (1-0.3) \times 2.5}{59.69 \times (1-0.3) \times 242.75} = 98.91\%$$

$$\alpha = \frac{V}{L} = \frac{3 \times 59.69 \times 1.2776 \times 0.3}{63.39 \times (1-0.3)} = \frac{68.63}{44.37} = 1.55$$

$$\eta = 1 - \frac{\alpha - 1}{\alpha^{n+1} - 1}$$

$$\alpha^{n+1} = \frac{\alpha - \eta}{1 - \eta}$$

$$n+1 = \log_{\alpha} \frac{\alpha - \eta}{1 - \eta}$$

$$n = \log_{\alpha} \frac{\alpha - \eta}{1 - \eta} - 1 = \log_{1.55} \frac{\alpha - 0.9891}{1 - 0.9891} \approx 8$$

粉煤灰酸法提铝中试装置白泥沉降洗涤系统按照洗涤效率为 100%计算，需要 8 级洗涤。因此需按照白泥外排指标，确定洗涤次数。

4.4.4　控制过滤工序影响因素分析

4.4.4.1　过滤介质的选择

影响板框过滤机分离效果的因素主要有过滤介质，过滤介质的质量、种类和性能直接影响过滤效果。本节主要介绍适合粉煤灰酸法生产氧化铝过程中稀释料浆分离的过滤介质。

凡能使固液中的液体通过而将固相颗粒截留，达到固-液分离目的的多孔物质即为过滤介质。过滤介质性能的优劣直接影响过滤分离处理能力的大小与分离精度的高低，所以过滤介质在过滤分离中有举足轻重的作用。滤布是板框过滤机常用的过滤介质。

过滤介质对固体的拦截机理可以分为表层过滤和深层过滤，前者广泛地用于化工生产中，后者应用较少。

表层过滤是利用过滤介质表面或过滤过程中所生成的滤饼表面，来拦截固体颗粒，达到固体与液体分离的目的。滤布对稀释矿浆的拦截机理为表层过滤。这种过滤只能除去粒径大于滤饼孔道直径的颗粒，但并不要求过滤介质的孔道直径一定要小于被截留颗粒的直径。一般情况下，过滤开始阶段会有少量小于介质通道直径的颗粒穿过介质混入滤液中，但颗粒很快在介质通道入口发生架桥现象，使小颗粒受到阻拦且在介质表面沉积形成滤饼，称为滤饼过滤。此时，真正对颗粒起到拦截作用的是滤饼，而过滤介质仅起着支撑滤饼的作用。不过当悬浮液的颗粒含量极少而不能形成滤饼时，固体颗粒只能依靠滤布的拦截而与液体分离。

深层过滤是当颗粒尺寸小于介质孔道直径时，不能在过滤介质表面形成滤饼，这些颗粒进入介质内部，借着惯性和扩散作用趋近孔道壁面，并在静电和表面力的作用下沉积，与流体分离。深层过滤会使过滤介质内部的孔道逐渐缩小，所以过滤介质必须定期更换或再生。

4.4.4.2 滤布比选

板框压滤机在使用过程中，滤布损坏的形式主要有滤布伸长变形严重、滤布连接头损坏、滤布磨穿、滤布堵塞、滤布跑偏乱边等，要根据物料的物理化学性质选择滤布。影响滤布性能的因素有滤布的材料、纱线的形态、织物组织结构和深加工方式等。以下分别论述。

1. 材质的选择

滤布按纤维材质可分为两大类，一类是天然纤维，如棉、毛、丝、麻等；另一类为化学合成纤维，如涤纶、尼龙、聚丙烯腈类、维纶、腈纶、聚酯纤维及一些不断推出的新合成纤维。天然纤维的安全使用温度一般低于合成纤维。在化学稳定方面，天然纤维耐酸碱性差，而合成纤维的化学稳定性好。

目前使用的滤布中最常见的是合成纤维纺织而成的滤布，根据材质可以分为丙纶、涤纶和锦纶等几种。表 4-24 描述了常用工业滤布材料的一些物理和化学性能。

表 4-24 常用滤布材料的物理和化学性能

项目	丙纶(polypropylene)	涤纶(polyester)	锦纶(Nylon)
密度/(g·cm^{-3})	0.91	1.38	1.14
断裂强度/MPa	291.2~637.0	364.0~819.0	409.5~709.8
断裂伸长率/%	20~45	15~35	20~35
耐酸性	优良	强	耐弱酸
耐碱性	优良	耐弱碱	较好
耐溶剂性	不溶于一般溶剂	不溶于一般溶剂	不溶于一般溶剂

续表4-24

项目	丙纶(polypropylene)	涤纶(polyester)	锦纶(Nylon)
耐热性	软化点：140~165 ℃ 熔点：160~177 ℃	软化点：238~240 ℃ 熔点：255~260 ℃	N6：软化点：180 ℃ 熔点：255~260 ℃ N66：软化点：230 ℃ 熔点：250~260 ℃
耐日光性	差	优良	不良
耐磨性	良好	优	最优

1)丙纶(聚丙烯)

丙纶在各种合成纤维滤布中密度最低，其表面光滑，质地柔软，易于卸渣，并能延缓阻塞的发生。丙纶的耐热性、耐磨性、抗拉性、耐酸碱腐蚀性都较好，是过滤高温酸碱性物料最合适的滤布。由于其难溶解于有机溶剂，所以还普遍应用于溶剂、油漆、染料、矿物油等的过滤中；使用温度可达到 90 ℃。此外，丙纶滤布也不受微生物的影响。

2)涤纶(聚酯)

涤纶长纤滤布表面光滑、耐磨性好、强度高、尺寸稳定性好；拼捻后，其强度及耐磨性可进一步改善。即使在有严重磨损的情况下使用，其寿命也较长。另外，织物透气性能好，漏水性快，清洗方便。由于聚酯纤维有高度的初缩性，滤布的质地极为细密，因此，涤纶具有优越的颗粒截留性。涤纶的化学稳定性不好，但耐氧化剂和还原剂的腐蚀；耐酸性很好，但不耐浓硫酸和磷酸；聚酯遇高温、高浓度的碱时会发生化学反应而溶解；遇苯酚类溶剂时，随着浓度和温度的提高呈膨润状；在高温下的湿空气中会水解，所以其使用温度较其他合成纤维低，约 80 ℃。此外，涤纶滤布不受微生物的影响。

3)锦纶(脂肪族聚酰胺，尼龙)

锦纶在干、湿状态下均有很高的强度，使用寿命较长。锦纶的耐磨损性、抗拉强度、伸长率和弹性都很好；使用温度可达 100 ℃；耐碱性好，仅次于四氟化碳纤维，但不耐酸，遇浓硫酸、浓盐酸会发生化学反应而溶解；易被氧化剂氧化，在遇到高温或高浓度氧化剂时会迅速被氧化，溶解于苯酚或浓甲酸等有机溶剂。目前，锦纶已成功应用于压滤机领域。

纺材的选择要依据温度，酸碱值。一般遵循高温强碱用锦纶，高温酸性选涤纶，常温并耐酸碱选丙纶的原则。丙纶材质的滤布耐酸性强，已在脱硫和多家电镀厂强酸污水处理系统中使用，寿命为 30~60 天。而粉煤灰酸法生产氧化铝的稀释矿浆温度为 60~80 ℃，呈酸性。综合考虑，选用丙纶，因丙纶比重轻，既符合使用条件，又减轻操作强度。

2. 纱线类型及其特性

1)纱线类型

纱线分为长丝纱线和短纤维纱线两类。长丝纱又有单丝、复丝之分。长丝纱线与短纤维纱线相比，表面较光滑，纱线的抗拉强度高，截留性能好，在相同条件下，其使用寿命长。另外，纱线的形态决定过滤产量、粒子的捕集性能和再生能力。现常使用短纤纱、长丝、单丝和花式捻线等多种形态。纱线类型对滤布过滤性能的影响如表 4-25 所示。

表 4-25　纱线类型对滤布过滤性能的影响

递增顺序	流动阻力	截留性	滤饼水分	卸饼率	滤布寿命	空隙堵塞	再生性能
小	单丝纱	单丝纱	单丝纱	短纤维纱	单丝纱	单丝纱	短纤维纱
↓	复丝纱	复丝纱	复丝纱	复丝纱	复丝纱	复丝纱	复丝纱
大	短纤维纱	短纤维纱	短纤维纱	单丝纱	短纤维纱	短纤维纱	单丝纱

(1)单丝纱。单丝纱是由合成纤维制成的单根的连续长丝。用这种纱线织出的滤布表面光滑平整，孔隙分布均一，不易被堵塞。实验表明，将单丝滤布的孔隙尺寸控制在很小的范围内，其截留性能不比其他两种纱线的滤布差，且卸饼容易，再生能力强，使用寿命长。

(2)复丝纱。复丝纱由两根或两根以上的单丝纱捻制而成。由这种纱织成的滤布，具有高抗拉强度以及较好的卸饼性能和再生性能等特点。短纤维纱线是将天然的或合成的短纤维捻成的一股连续的纱线。其表面有细小的毛羽，因而对固体颗粒具有良好的截留性能。但是，对于滤饼过滤，细小的纤维容易嵌入所形成的滤饼内，故滤饼的卸除率较低；固体颗粒易进入纱线内纤维间的孔隙中，滤布的透过度因而大大降低，使用寿命较短。

因材质选择了丙纶，故针对丙纶的各种纱线类型的性能做如下测试，见表 4-26。

表 4-26　各种形态的丙纶纱线性能比较

形态	线密度/dtex	强度/MPa	伸长率/%	热收缩率/%
长丝	300~500	273.0~364.0	20~40	1.0~2.0
短纤纱	300~500	182.0~273.0	15~25	2.0~3.0
单丝	300~500	364.0~455.0	18~30	3.0~4.0

注：①dtex 是表示纤维细度的国标单位；②表中所列收缩率是指在 110 ℃条件下，将蒸汽加热 15 min 后所测得。

2)线密度

织物密度包括经向密度和纬向密度。总体来看，随着织物密度的增大，其强度呈上升的趋势。过滤时，密度高的织物截留能力高，对流体的阻力较大，滤液比较清澈。线密度对过滤性能的影响如表 4-27 所示。

表 4-27　线密度对过滤性能的影响

递增顺序	滤液浊度	流动阻力	滤饼水分	卸饼率	滤布寿命	空隙堵塞
小	高密度	低密度	低密度	低密度	低密度	低密度
↓	中密度	中密度	中密度	中密度	中密度	中密度
大	低密度	高密度	高密度	高密度	高密度	高密度

3)纤维支数

短纤纱线和长丝纱线的支数对织物过滤性能的影响主要表现于对颗粒截留性能的高低。纤维支数越高，纤维越细，捻成相同粗细的纱线所需的纤维数就越多，织物的孔隙度较大，孔型复杂。对固体颗粒的截留能力高，抗堵塞能力低，使用寿命短。相反，纤维支数越低，同样粗细的纱线内纤维数目少，纤维间的孔隙度相对低。纤维粗不易进行捻线，短纤维纱线更是如此。纤维支数对滤布过滤性能的影响见表 4-28。

表 4-28　纤维支数对滤布过滤性能的影响

递增顺序	滤液浊度	流动阻力	滤饼水分	卸饼率	滤布寿命	空隙堵塞
小	低支	高支	高支	低支	高支	高支
↓	中支	中支	中支	中支	中支	中支
大	高支	低支	低支	高支	低支	低支

实验中板框压滤机分三级过滤，一级为过滤固体含量高的沉降底流，二级为过滤固体含量适中的粗液生产粗精液一，三级为过滤粗精液一生产固体含量很小的粗精液二。具体过滤要求见表 4-29。

表 4-29　板框三级过滤要求

过滤级别	过滤前物料固含量/($g \cdot L^{-1}$)	过滤后物料固含量/($g \cdot L^{-1}$)	过滤精度/目
一级	200~300	10	300~500
二级	100	0. 1	500
三级	0. 1	0. 03	700

在选择纱线类型时可参考的条件为：精度要求高可用短纤纱，产能要求高则选用长丝或单丝。综合多项性能要求可混合搭配应用。

考虑溶出料浆的过滤颗粒小(5~10 μm)而多，因此选用经纱为长丝，纬纱为长丝和短纤混合搭配，确保其高强、高效的情况下，既能截留更细小的微粒，又能使过滤精度更高。

3. 织物组织结构

编织滤布常用的编织方法有平纹、斜纹和缎纹。平纹布最致密，因而过滤效果最好，刚性最好。斜纹布在单位长度上能填塞更多的纬经线，因而其体积更大。与平纹相比，斜纹布更柔韧，更易装在过滤机上。缎纹布表面光滑，而且没有对角线的斜纹线，所以与斜纹布相比更柔软。这种布除了容易卸除滤饼外，还降低了粒子在布内部被捕捉的可能性。但缎纹不耐摩擦。滤布的编织方式对过滤的影响如表 4-30 所示。

表 4-30 滤布编织方式对过滤性能的影响

递增顺序	滤液浊度	流动阻力	滤饼水分	卸饼率	滤布寿命	空隙堵塞	再生性能
小	平纹	平纹	缎纹	平纹	缎纹	缎纹	缎纹
↓	斜纹	斜纹	斜纹	斜纹	斜纹	斜纹	斜纹
大	缎纹	缎纹	平纹	缎纹	平纹	平纹	平纹

不同滤布的编织方式对过滤性能的影响很大程度上决定了它的用途，表 4-31 为滤布的不同编织方式的主要特点与应用。

表 4-31 常用滤布组织结构对比

组织结构	平纹(A)	斜纹(B)	人字斜(BR)
特点与应用	平纹织物紧度较大，过滤清度清，但产能偏低，被物料堵塞后，较难清洗，再生能力相对较差	斜纹织物滤速快，过滤清度在同等条件下较平纹差，但在进料瞬间物料能迅速形成滤膜也能达到高清效果。被物料堵塞后，较易清洗，再生能力较平纹好	人字斜织物具备斜纹的特性，使用时受力分布均匀，不变形

根据物料特性及过滤要求，优先选用人字斜织物作为试验用滤布。

4. 滤布加工

热定型处理能使纱线的分子链重新排列，提高分子之间的结晶度，保证滤布在使用过程中尺寸稳定，受热、受压不变形。轧光处理是指对滤布表面进行压光，可使滤布表面更光滑，卸渣更容易。经过表面压光后，可确保初始过滤的清度。滤布用电脑激光机裁剪，可确保尺寸的准确性。车缝驳筒时多加一层防渗透薄膜，既能保护驳筒在进料时耐磨损，又能防止进料过猛受压跑料。由于滤布比较高密和厚重，为了防止加压使用时物料从车缝针孔跑料，车缝后涂一层防水胶，既保护了缝线又堵塞了针孔。

5. 过滤布的技术性能

氧化铝行业常用板框压滤机过滤布的技术性能，见表 4-32。

表 4-32　滤布技术性能测试数据

型号	伸长率/%		厚度/mm	耐磨/$(r \cdot min^{-1})$	克重/$(g \cdot m^{-2})$	原料
	经向	纬向				
PG712B	37.8	46.2	0.55	1300	388.5	丙纶单复丝
PG515B	38.6	55.6	0.74	2650	474.2	丙纶单复丝
P750AB	50.6	36.6	1.22	1323	533.0	丙纶长丝
P2808BRL	70.8	45.0	1.15	3231	734.3	丙纶长丝加短纤纱
P900A	59.0	41.8	0.90	1059	458.2	丙纶长丝

板框压滤机常用滤布的技术性能数据列于表 4-32，滤布 P2808BRL 经向、纬向强力均高、透气量最少、耐磨性最好。

6. 板框压滤机常用滤布适应性

以稀释料浆为原料开展浊度试验，其数据如表 4-33 所示。试验结果表明：P900A 浊度最小(滤液清度最清)，但滤液体积也最小，即过滤产能最低。P2808BRL 浊度较 P900A 浊度略大，但 P2808BRL 滤液体积比 P900A 高约一倍。

表 4-33　浊度试验结果数据

品种型号	滤液体积/mL	浊度/NTU
PG712B	60	348
PG515B	80	601
P750AB	30	286
P2808BRL	96	251
P900A	45	163

7. P2808BRL 滤布理论使用寿命估算

根据过滤布理论与使用经验，过滤布的断裂强度、厚度、耐磨等物理指标与滤布的使用寿命成正比关系，伸长率、透气量与滤布的使用寿命呈反比关系。在白泥过滤中，其物料较细，粒径只有 5~10 μm，耐磨性对滤布的使用寿命的影响较小。P2808BRL 滤布的理论使用寿命计算公式如下：

$$V_1=\sum\left(\frac{\sigma_{sj}}{\sigma'_{sj}}+\frac{\sigma_{sw}}{\sigma'_{sw}}+\frac{A'_j}{A_j}+\frac{A'_w}{A_w}+0.2\times\frac{Q'_t}{Q_t}+\frac{\delta}{\delta'}+0.5\times\frac{F_{fc}}{F'_{fc}}+\frac{G}{G'}\right)\times V'$$

式中：V_1、V' 为 P2808BRL 型滤布和被比较滤布的经验使用寿命；σ_{sj}、σ'_{sj} 为 P2808BRL 型和被比较滤布的经向断裂强力；σ_{sw}、σ'_{sw} 为 P2808BRL 型和被比较滤布的纬向断裂强力；A_j、A'_j 为 P2808BRL 型和被比较滤布的经向伸长率；A_w、A'_w 为 P2808BRL 型和被比较滤布的纬向伸长率；Q_t、Q'_t 为 P2808BRL 型和被比较滤布的透气量；δ、δ' 为 P2808BRL 型和被比较滤布的厚度；F_{fc}、F'_{fc} 为 P2808BRL 型和被比较滤布的厚度；G、G' 为 P2808BRL 型和被比较滤布的克重。

通过物理指标估算出的理论使用寿命为 38.86 天，滤布的实际使用寿命与现场使用的物料细度、固含、酸度、黏度、浓度和温度以及过滤压力、过滤机结构、卸泥和滤布再生等因素有关。P2808BRL 型滤布在 70 平方板框压滤机(有隔膜板)上使用 43 天后滤布出现失效，在 80 平方板框压滤机(无隔膜板)上使用 32 天后滤布出现失效，与理论计算值相符。

总之，通过理论计算、现场实践和与相似企业使用情况综合比较，型号为 P2808BRL 过滤布耐酸性好、使用寿命长、滤液浊度较小、产量较高，是一种适合一步酸溶法生产氧化铝白泥分离洗涤工序的过滤布。

4.4.4.3 助滤剂的选择

稀释料浆中白泥颗粒细小，盐含量高，在过滤过程中会出现过滤速度低、循环周期短、板框压力大和澄清度不够高等问题。为了提高设备效率、增加过滤速度、降低滤饼水分、改善滤饼机械性质、减少过滤介质堵塞和延长滤布使用寿命，在过滤过程中需要加入助滤剂。

具体地说，助滤剂分为介质助滤剂和化学助滤剂。介质助滤剂的作用在于防止胶状微粒对过滤孔的堵塞，这种介质形成的滤饼具有格子型结构，不可压缩，过滤孔不至于全部阻塞，可保持良好的渗透性，既能使滤液中细小颗粒式胶状物质被截留在格子骨架上，又能使清液有流畅的通道。

可作为介质型助滤剂的物质种类很多，如硅藻土、珍珠岩、纤维素、石棉、纸粕及炉渣等。表 4-34、表 4-35 列出了几种常用助滤剂的主要优缺点及助滤剂的主要参数。

表 4-34　各种常用介质型助滤剂的主要优缺点

助滤剂	化学成分	优点	缺点
硅藻土	硅	使用范围广；可通过焙烧减少细微颗粒；可用于精细过滤	稍溶于稀释的各种酸和碱
膨胀珍珠岩	硅和硅酸铝	适用范围广；不能挡住极微的硅藻土	酸碱总的可溶性超过硅藻土；能产生高的可压缩滤饼
石棉	硅酸铝	一般与硅藻土联合使用；在粗过滤机上保持性良好	化学性能与珍珠岩相似
纤维素	纤维素	主要用作预敷层，纯度高；耐化学性极好；稍溶于浓碱，不溶于稀释酸液	价格昂贵
炭粉	碳	可用于过滤很浓的碱溶液	仅适用于较粗粒级

表 4-35　各种常用介质型助滤剂的主要参数

性质	助滤剂		
	硅藻土	珍珠岩	纤维素
渗透率/D(达西)	1.05~30	0.4~6	0.4~12
平均孔径/μm	1.1~30	7~16	—
湿密度/$(g\cdot cm^{-3})$	260~320	150~270	60~320
可压缩性	低	中	高

由此可以看出，只有纤维素适用于酸性体系。纤维素为直径 15~20 μm，长 50~100 μm 的短纤维，可由木材纤维经特殊处理制得，常作为纸浆过滤的介质。纤维素添加量为白泥 1%~5%时，过滤效果较好，说明纤维素适用于粉煤灰酸法生产氧化铝稀释料浆板框过滤。

4.5　智能制造关键设备

4.5.1　高效沉降槽

高效沉降槽能够很好地处理细颗粒及极细颗粒的尾砂，而且具有生产能力大、造浆能力强，能获得较高、稳定的底流浓度等优点。目前很多企业研发的主要用于氧化铝行业的沉降分离、洗涤系统的深锥型高效沉降槽，其物料处理量是一般普通高效沉降槽的15倍以上，底流压缩性能是普通型高效沉降槽的近10倍，配合使用优质的高分子絮凝剂可形成最佳的絮凝黏结效果；合理的结构设计，使物料在加料稀释、絮凝剂添加、絮凝物形成过程中形成的絮凝物受到的破坏最小，从而使出渣效率达到最大化。

4.5.1.1　沉降系统物料平衡模型的建立

为了提高高效沉降槽的智能化控制水平及设备运转效率，在建立动态物料平衡模型的基础上，根据底流浓度、上清液浊度及泥层高度等运行工况实时调整高效沉降槽进料、底流出料和絮凝剂添加控制回路的流量设定值，并使得各控制参数向着使全系统、全流程整体优化的方向智能调节。

1. 工艺变量

连续运行的高效沉降槽主要实现"两多两少"。一是提供尽可能多的澄清溢流，减少其中的浮游物含量；二是获得更多高浓度的底流，减少其中的附液含量。为实现这个目的，则需要根据进料情况及时调节底流出料流量，防止高效沉降槽过载"断轴"停机或溢流"跑浑"等生产事故发生。为加快稀释料浆颗粒的沉降速度，需向物料中添加相应的絮凝剂促使颗粒物迅速形成絮团，达到"一加双降"的目的，即通过添加絮凝剂达到泥层高度、高效沉降槽设计高度双降的目的。

考虑生产过程中高效沉降槽的进料流量和浓度主要由上游溶出工序决定，沉降工序在实际控制过程中，主要是通过调整底流流量和絮凝剂添加量及比例来调节高效沉降槽内泥层高度来获得预期的溢流量和底流浓度。因此，对耙架扭矩、溢流浮游物、泥层高度、底流浓度等高效沉降槽状态变量的在线监测与自动控制是提高高效沉降槽生产效率的重要手段。在此基础上，结合对进料及外排物料的流量和浓度等参数的在线监测，可以积累历次试验数据，用于高效沉降槽生产过程物料平衡模型的建立及浓密过程的优化控制。浓缩过程在线检测流程如图4-25所示，相关工艺变量详见表4-36。

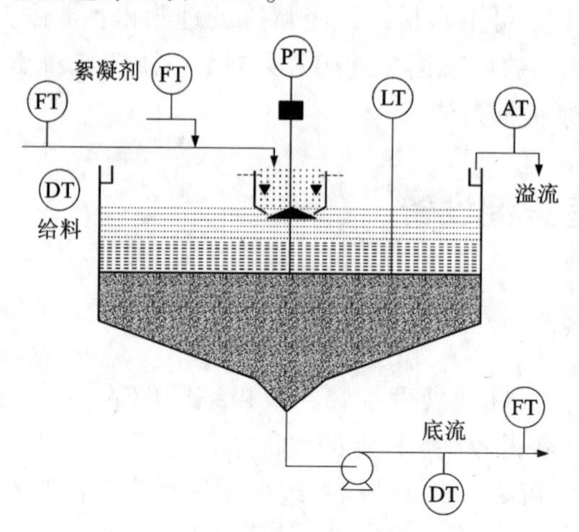

图4-25　沉降过程在线检测流程

表4-36　在线检测变量信息

图标	FT(进料)	DT(给料)	FT(絮凝剂)	PT	LT	AT	DT(底流)	FT(底流)
检测变量	进料流量	进料质量分数	絮凝剂流量	耙机扭矩	泥层高度	溢流浮游物	底流质量分数	底流流量
单位	m^3/h	%	m^3/h	N·m	m	mg/L	%	m^3/h

2. 模型公式

依据质量平衡原理，高效沉降槽内湿白泥质量的变化主要由进料和底流排料的干白泥变化所引起。假设溢流的浓度为0，沉降过程的宏观物料平衡模型及白泥质量函数 $m(t)$ 满足的关系式为：

$$V_{Bed}(t)=f_1[L_{Bed}(t)] \tag{4-19}$$

$$m(t)=f_1[L_{Bed}(t)]\times f_2[L_{Bed}(t),\ \varphi_u(t)]\times C_{Bed}(t) \tag{4-20}$$

其中，定义

$$V_{Bed}(t)=f_1[L_{Bed}(t)] \tag{4-21}$$

$$\varphi_{Bed}(t)=f_2[L_{Bed}(t),\ \varphi_u(t)] \tag{4-22}$$

式中：$V_{Bed}(t)$ 为泥层体积函数，m^3/h；$\Phi_{Bed}(t)$ 为泥层平均浓度函数，%；$C_{Bed}(t)$ 为泥层平均密度函数，kg/m^3。

此时，$C_{Bed}(t)$ 满足式(4-23)。

$$C_{Bed}(t)=\frac{\rho_{solid}\times\rho_{water}}{\rho_{water}\times\varphi_{Bed}(t)+\rho_{solid}\times[1-\varphi_{Bed}(t)]} \tag{4-23}$$

式中：ρ_{solid} 和 ρ_{water} 分别为固体、水的密度，kg/m^3。

式(4-22)中的泥层平均浓度预测模型可通过偏最小二次(PLS)回归算法计算得到。在这里，将式(4-22)变换成：

$$y=\varphi_{Bed}(t)=f_2[L_{Bed}(t),\ \varphi_U(t)]=f_2(\boldsymbol{X}) \tag{4-24}$$

式中：$\boldsymbol{X}$ 为物料泥层高度和底流浓度组成的二维输入矩阵；y 为相应的泥层平均浓度预测输出值，%。

考虑浓密过程的非线性，将 $\boldsymbol{X}$ 进行非线性变换，转化为激活矩阵 $\boldsymbol{X}_A$ 后，对 $\boldsymbol{X}$ 和 $\boldsymbol{y}$ 进行分解：

$$\begin{cases}\boldsymbol{X}_A=\boldsymbol{TP}^{T}+\boldsymbol{E}_h\\ \boldsymbol{y}=\boldsymbol{X}_A\boldsymbol{b}+\boldsymbol{F}_h\end{cases} \tag{4-25}$$

式中：$\boldsymbol{b}$ 为通过PLS算法拟合得到的回归向量；$\boldsymbol{P}$ 为负荷向量；$\boldsymbol{T}$ 为得分向量；$\boldsymbol{E}_h$ 和 $\boldsymbol{F}_h$ 为残差矩阵。

3. 模型仿真分析

为验证所建立模型的预测效果，需要对其中的泥层平均浓度预测模型参数进行辨识。参数辨识过程如下：调整高效沉降槽底流流量，每隔1 h记录一次泥层高度和底流浓度，并对相应时刻的泥层进行取样，再离线化验获得对应时刻的泥层平均浓度。将上述获得的数据代入式(4-25)中进行PLS参数拟合，即可得到模型回归向量。

4.5.1.2 基于模型的智能控制策略

1. 控制目标

为了保证高效沉降槽高效稳定运行，有以下几项控制目标：①减少高效沉降槽短路或过载发生的概率；②稳定底流浓度，保证后续流程的生产效率；③增加上清液量，减少溢流浮游物含量；④在保证沉降速度的前提下，尽可能减少絮凝剂的添加量。

2. 控制策略

1)絮凝剂添加前馈控制

根据絮凝剂及其添加量筛选实验，可以比选出最佳絮凝剂及其添加比例，进而调整固体颗粒的沉降速度。通过设计的絮凝剂添加前馈控制器，依据高效沉降槽进料的干泥量，按照预设的投加比例，自动调节絮凝剂添加流量的设定值 $Q_{\mathrm{FlocSP}}(t)$，单位为 $\mathrm{m^3/h}$。

$$Q_{\mathrm{FlocSP}}(t)=\frac{Q_{\mathrm{F}}(t)\times\varphi_{\mathrm{F}}(t)\times C_{\mathrm{F}}(t)\times D_{\mathrm{RFlocSP}}(t)}{F_{\mathrm{C}}\times 1000} \tag{4-26}$$

式中：$D_{\mathrm{RFlocSP}}(t)$为絮凝剂的投加比例，g/t；F_{C} 为絮凝剂溶液的浓度，g/L。

2)底流流量前馈控制

高效沉降槽的沉降和浓缩是一个持续的物料平衡过程，为了稳定底流浓度，维持进出白泥量的动态平衡是十分必要的。基于式(4-19)，当底流干白泥量和进料干白泥量相等时，底流流量的设定值 $Q^*_{\mathrm{USP}}(t)$应满足：

$$Q^*_{\mathrm{USP}}(t)=\frac{Q_{\mathrm{F}}(t)C_{\mathrm{F}}(t)\varphi_{\mathrm{F}}(t)}{C_{\mathrm{U}}(t)\varphi_{\mathrm{U}}(t)} \tag{4-27}$$

控制系统通过反馈信号自动调节底流变频泵转速，可以使底流流量稳定保持在设定值附近。

3)沉降过程优化控制

高效沉降槽的沉降过程受进料流量、浓度、温度、酸度及粒度等因素的影响较大，如果底流排泥调整得不及时，则极易破坏生产的稳定性。如果底流流量过大，将导致底泥附液含量高，高效沉降槽被“短路”，影响后续洗涤效果；如果底流流量过小，会使得泥层过高，造成压耙或设备过载。

如图4-26所示，浓密沉降过程的优化控制包括状态识别和专家系统两部分。首先，识别装置会对高效沉降槽耙机扭矩、溢流浊度、泥层高度和底流浓度这4个体现高效沉降槽状态的变量所处于的区间范围及变化趋势进行逐一判别分析、反馈；其次，依据识别装置所识别出的当前高效沉降槽所处状态，优化控制器在专家规则数据库中进行搜索匹配；最后，对高效沉降槽底流流量和絮凝剂添加比例设定值进行动态优化。

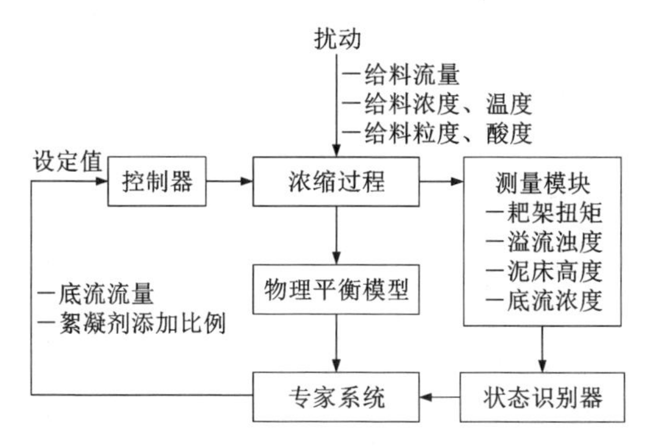

图 4-26　浓密沉降过程优化控制系统结构示意图

当耙机扭矩或溢流浊度检测值超出了设定范围，底流流量设定值将达到工艺所允许的最大值。底流流量的设定值 $Q_{USP}(t)$ 由式(4-19)和式(4-27)计算得出：

$$Q_{USP}(t)=Q_{USP}^{*}(t)+\frac{m(t)-m_0}{\Delta t}\times\frac{1}{C_U(t)\varphi_U(t)} \tag{4-28}$$

$$m_0=\frac{\rho_{solid}\times\rho_{water}\times f_1(L_{BedSP})\times f_2(L_{BedSP},\ \varphi_{USP})}{\rho_{water}\times f_2(L_{BedSP},\ \varphi_{USP})+\rho_{solid}\times[1-f_2(L_{BedSP},\ \varphi_{USP})]} \tag{4-29}$$

式中：m_0 为当泥层高度为设定值 L_{BedSP} 及底流浓度为 Φ_{USP} 时的白泥质量，kg；Δt 是与物料沉速相关的时间间隔，h。Δt 取 0.5 h。

$$K=\frac{1}{\Delta t}$$

$$\Delta V_u=\frac{m(t)-m_0}{C_U(t)\Phi_U(t)}$$

式中：K 为控制系数。

将式(4-28)重新写成

$$Q_{USP}(t)=Q_{USP}^{*}(t)+K\times\Delta V_U$$

4.5.2　立式板框压滤机

立式全自动板框压滤机是依据加压过滤原理，在压差的作用下，物料经滤布过滤实现固液分离。该设备采用水平过滤膜立式叠加结构、自动纠偏装置、滤布洗涤装置、液压承载装置、人机界面控制系统，对整个过滤过程进行自动控制和实时监控，实现全自动化操作。设备过滤面积最大 144 m^2，处理能力可达到 260 t/d，最大压榨力可达 1.6 MPa，滤饼残余水分根据物料不同可降至 8%～

25%，可取消或简化后续干燥工序，从而达到简化工艺流程、降低投资、节省能源、改善操作环境和降低运行与维护费用等目的。设备主机结构如图 4-27 所示。

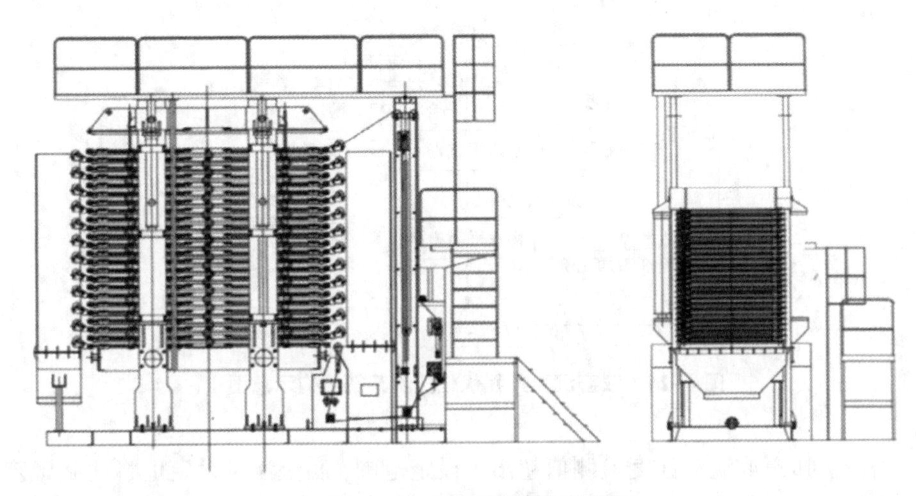

图 4-27　主机设备图示意图

4.5.2.1　工艺原理

LZB 型立式压滤机由 PLC 程序控制器进行控制，过滤方式采用单面过滤、单面挤压、双侧卸料的方式，主要工作过程如图 4-28 所示。

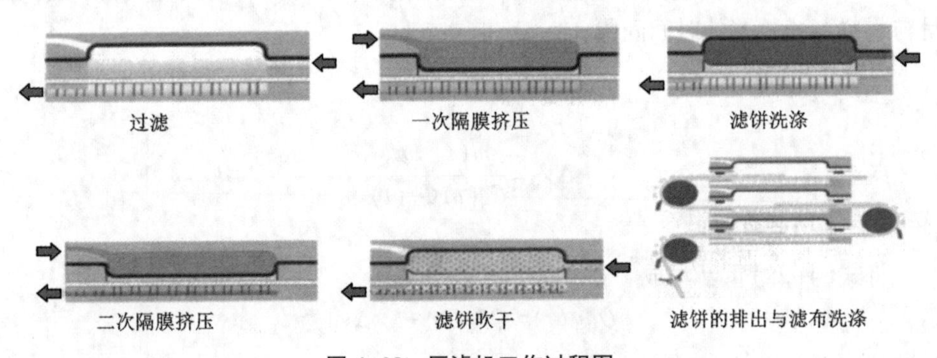

图 4-28　压滤机工作过程图

4.5.2.2　主要结构技术特点

LZB 型立式压滤机的板框在两个压力板框中水平放置，过滤时板框组件挤压在一起，滤饼排放时打开。板框组件主要由液压缸打开和关闭。滤布在板框间穿行，形成滤饼。每个循环结束时，滤布向前驱动带出滤饼，同时用高压水从两边清洗。被过滤的料液则进入密封的滤腔，经分配管到滤液收集槽。

1. 压滤板框组

板框组是立式压滤机的核心部件，由多层平板叠加联动，过滤板框叠加后形成三个室，可分别完成过滤、压榨和滤液的排出工序。滤室容积大小决定着处理量和滤饼成形厚度，隔膜挤压压力直接影响物料分离效果。加工时，为保证板框组在加压情况下密封可靠，各板框的平面度要求很高。华威公司制造的板框为焊后加工组件，可保证变形误差小于 2 mm。由于核心部件的加工得到了保证，整机的运行过程比较稳定。

2. 滤布自行走装置

滤布自行走装置可实现滤布的驱动、张紧及纠偏三个动作。液压马达驱动主动轴旋转，通过调节压紧辊和主动轴的间隙来增强滤布与主动辊的摩擦力，防止滤布打滑；张紧机构中液压马达旋转带动链条上的张紧辊往复移动，从而完成滤布下拉紧与上放松的动作；纠偏机构可有效控制滤布运行过程中的跑偏。

3. 控制系统

立式压滤机为全自动运行设备，由 PLC 控制操作，可实现无人操作。板框组的启闭，滤布的运行、纠偏、张紧及各工艺参数都设计了监控；工作模式各阶段可以进行手动和自动控制；采用触摸屏与 PLC 实现数字通信，显示整个工艺流程，并具有跟踪工作参数的能力；采用可编程控制器，程序设计灵活，保证了系统稳定、可靠、高效、连续运行。

4. 液压系统

液压系统的设计采用单泵多回路开式系统，电液比例控制及电液开关控制，不但能准确地完成各功能部件的动作，还能较精确地控制各部件的运动参数。液压缸采用缸杆固定，缸筒移动的结构，解决了多缸负载不均和速度不均的问题。

4.5.2.3　压滤机自动控制系统智能化建设

为提高生产效率，减少操作人员数量和设备操作时间，降低设备故障率，实现压滤机的高度自动化控制，推动压滤机集中控制系统的智能化和信息化建设极有必要。

如图 4-29 所示，全自动压滤机工作模式一般分为 7 个循环工作过程，即闭合、过滤、一次隔膜压榨、洗涤、二次隔膜压榨、吹干、卸泥。闭合，在启用压滤机之前确保压滤机处于压紧闭合状态；过滤，由泵将悬浮物料打入压滤机；一次隔膜压榨，将过滤物料挤压成滤饼；洗涤，用清水进行洗滤；二次隔膜压榨，对洗涤后的物料重新挤压形成滤饼；吹干，使用压缩空气吹干，带走少量水分；卸泥，滤饼掉落排出。

压滤系统智能制造建设一般分为网络建设、远程监控设计、信息化建设三部分。

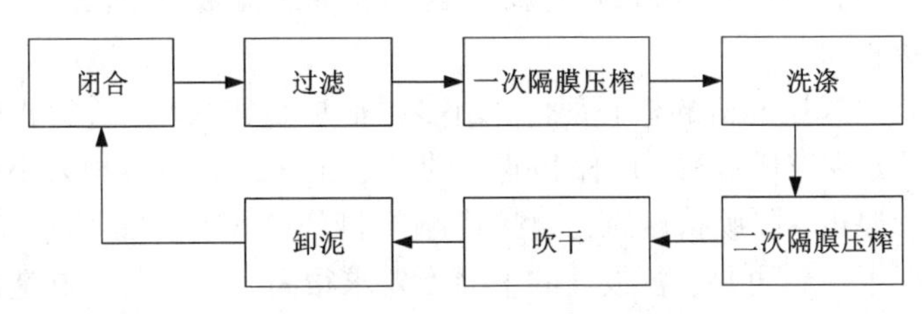

图 4-29　全自动压滤机循环工作过程

1. 网络建设

随着目前 5G 技术的发展，人类已经进入“互联网+”新时代。抓住“5G+工业互联网”等新一轮工业革命核心技术发展的机遇，推动工业制造业迈向万物互联、万物智联、万物智控的智能制造新时代已是大势所趋。全自动压滤机控制系统以微型可编程序控制器 PLC 为核心，通过将压滤机 PLC 控制系统接入到压滤工序的主控网络，即将压滤机的 CPU 连接到压滤工序主控网络的交换机上，进而再连接到全厂的工业控制网络中，实现远程调度和信息采集。网络结构如图 4-30 所示。

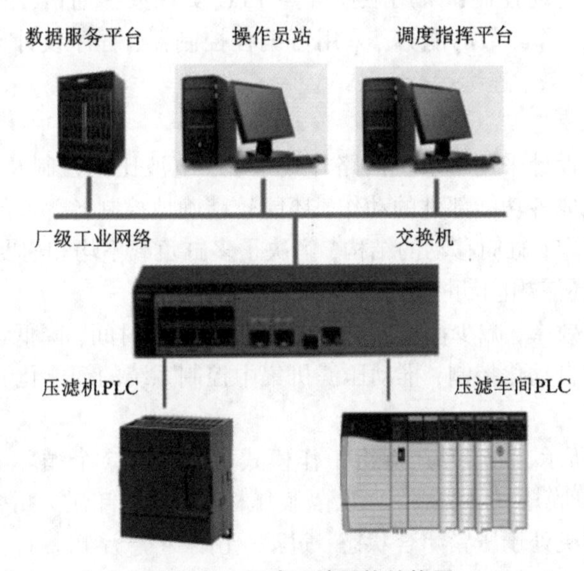

图 4-30　压滤系统网络结构图

2. 远程监控设计

网络建设完成后，压滤机 PLC 与压滤工序主站 PLC 通过网络连接成功后便可以实现互相访问及数据传输，使压滤机与上下游设备形成完整的闭锁关系。调度室可直接远程操控压滤机，实现远程监控，减少了现场的工作岗位。

要实现远程监控功能，需要在压滤机和压滤工序主站两个 PLC 上分别编写相应的程序来创建中间寄存器。在压滤机 PLC 上创建的中间寄存器，主要用于存储压滤机启停信号、准备就绪信号、远程监控信号、故障信号和运行状态信号等。压滤机 PLC 将根据接收的远程指令，执行相应的动作。在压滤工序的主站 PLC 上创建的中间寄存器，用来存储所要接发的信号。这样便形成完整的闭锁关系，大大降低设备故障率和工人的劳动强度，整个厂区生产过程实现“有人巡视、无人值守”的智能化。

3. 信息化建设

信息化建设是提高数据采集和分析效率的重要手段。压滤机 PLC 控制系统接入厂级工业网络后，数据平台自动对所采集的数据进行存储和分析。数据平台会将设备故障率、设备运行时间、工作效率、能耗效率等，以图表和曲线图的形式直观地进行反馈，以利于更好地指导生产，提高效率。压滤机系统智能化、信息化的建设，使数据能稳定传输、设备稳定运行，形成压滤工序完整的全自动运行体系，做到压滤工序无人化，提高了信息的利用率和安全管理水平。

第5章 氯化铝溶液净化工艺与控制技术

5.1 概述

粉煤灰在盐酸溶出过程中，除氧化铝会溶出外，粉煤灰中含有的氧化亚铁、氧化铁及磷、硅等杂质也会以各种离子形式进入到溶出液中。如果不采取措施，则会影响氧化铝产品的品质。粉煤灰酸法提铝项目采用高效氧化工艺、树脂除铁工艺和除磷除硅工艺以对氯化铝溶液进行净化处理。

5.1.1 高效氧化工艺

在酸法提取氧化铝工艺过程中，溶出液中总铁离子浓度为3.2~4.0 g/L，其中Fe^{3+}浓度为1.7~2.8 g/L，Fe^{2+}浓度为0.6~1.5 g/L。目前，采用树脂对料浆中的铁离子进行深度去除，除铁后料浆中Fe^{3+}浓度小于10 mg/L，满足深度除铁要求，除铁树脂吸附效率高、系统运行成本低。但除铁树脂只能选择吸附Fe^{3+}，不能有效吸附Fe^{2+}。故在生产过程中需先将Fe^{2+}氧化为Fe^{3+}，才能将铁离子深度去除。因此需要选择合适的氧化剂在树脂系统除铁前把Fe^{2+}氧化为Fe^{3+}。

5.1.1.1 高效氧化技术

1. 高效氧化技术的发展

1840年，德国科学家Schonbein在向慕尼黑科学院提交的一份备忘录中记录了臭氧的发现，他在电解和火花放电试验中闻到了一种特殊气味，并将此异味物质命名为ozone(臭氧，O_3)，取自希腊字“Ozein”一词，意为“难闻”。1856年，O_3被开始用于手术室的消毒。1860年，人们发现O_3具有强氧化性，因此被用于自来水的净化。1886年，O_3开始应用于污水消毒。1903年，欧洲的一些自来水厂开始用O_3代替氯处理自来水。第二次世界大战后，O_3发生器的研制取得了很大的进展，O_3的生产规模和效率也有了很大的提高，这使得O_3的应用领域有了新的开拓。20世纪60年代，O_3开始用于废水的预处理，主要是处理一些有机农药、酚类化合物等。20世纪70年代，由于发现氯气消毒自来水会产生三卤甲烷等致癌副产物，O_3 在水处理中的研究与应用再次引起人们的关注。迄今为止，O_3 已被广泛应用于水的消毒、除臭除味、空气的消毒、污水处理等领域。随着 O_3 氧化技术的进一步发展，工艺的日趋成熟，其发展前景会更加广阔。

2. 臭氧氧化性质

臭氧具有极强的氧化能力，其氧化还原电位仅次于氟，既可以和无机物如亚铁、氰化物等反应，也可以和有机物发生反应，具有很强的氧化、杀菌、消毒、除臭等效果。但臭氧水溶液的稳定性受水中所含杂质的影响较大，特别是有金属离子存在时，臭氧可迅速分解为氧，在纯水中分解较慢。另外，臭氧分子结构是不稳定的，它在水中比在空气中更容易自行分解。在常温常态常压的空气中分解半衰期为1 min左右。随着温度的升高，其分解速度加快，温度为100 ℃时，分解非常剧烈，达到270 ℃高温时，可立即转化为氧气。与此同时，pH对臭氧的氧化能力影响较大。在中性和碱性条件下，臭氧能以较快的速度分解产生氧化能力更强的羟基自由基，从而提高臭氧的氧化能力；但是在酸性条件下，臭氧分解产生羟基自由基的能力显著降低，大大减弱了臭氧的氧化能力，降低了臭氧利用效率。由于以上原因，臭氧几乎不应用在高温高酸体系中。

3. 臭氧浓度

臭氧为混合气体，其浓度通常按质量比和体积比来表示。质量比是指单位体积内混合气体中含有多少质量的臭氧，常用单位mg/L、mg/m^3 或 g/m^3 等表示。体积比是指单位体积内臭氧所占的体积分数或百分比，使用百分比表示如2%、5%、12%等。卫生行业常用μL/L表示臭氧浓度，即每立方臭氧混合气体中臭氧占该体积的百万分之一为1 μL/L。臭氧浓度是衡量臭氧发生器技术含量和性能的重要指标。同等的工况条件下，臭氧输出浓度越高，其品质度就越高。

影响臭氧浓度的主要因素有：①臭氧发生器的结构和加工精度；②冷却方式和条件；③驱动电压和驱动频率；④介电体材料；⑤原料气体中氧的含量、洁净度和干燥度；⑥发生器电源系统的效率(效率高，热量转化少)。

臭氧是一种氧化性极强的不稳定气体，臭氧输出浓度受多种因素的影响，其中腔体温度是极重要的因素之一；在30 ℃左右时，臭氧会在1 min内衰减一半。在40~50 ℃ 时，其衰减达到80%。超过60 ℃，臭氧会马上分解。

臭氧产量是指臭氧发生器单位时间内臭氧的产出量；臭氧浓度数值与进入臭氧发生器总气量数值的乘积即为臭氧产量；通常使用mg/h、g/h、kg/h等单位表示。臭氧发生器标准中规定，臭氧发生器规格和型号应用臭氧产量表示和区分。小型臭氧发生器使用g/h为单位，大型臭氧发生器使用kg/h为单位，以此区分规格的大小。

5.1.1.2　氯化铝溶液成分分析

对待氧化的物料组成进行分析，其分析结果如表5-1所示。

表 5-1　氯化铝溶液成分分析结果

元素	Al	Si	Fe	Ti	Ca	Mg	P	Mn
含量	$53.3\ g\cdot L^{-1}$	$24.8\ mg\cdot L^{-1}$	$3.45\ g\cdot L^{-1}$	$2.4\ mg\cdot L^{-1}$	$3.88\ g\cdot L^{-1}$	$138\ mg\cdot L^{-1}$	$180\ mg\cdot L^{-1}$	$8.75\ mg\cdot L^{-1}$
质量分数	92.7%	0.04%	6%	0.004%	0.67%	0.24%	0.3%	0.015%

由表 5-1 可以看出，粗精液中的主要成分为铝、铁和钙，单位以 g/L 计，占总质量的 98.7%；硅、镁、钛、磷、锰为少量元素，单位以 mg/L 计，占总质量的 1.3%。铝含量以氯化铝计，亚铁含量以 FeO 计，料液氯化铝浓度为 263.5 g/L，总铁浓度为 4.4 g/L，亚铁离子浓度以 FeO 计，为 2.17 g/L，占总铁的比例为 49%。

5.1.1.3　高效氧化工艺流程

1. 氧化系统在流程中的接入点

经过对氧化系统的研究及氧化剂对料液中中间价态金属离子和有机物转化与去除的研究，选择将氧化系统置于整个流程的沉降分离系统之后。由于在沉降分离过程中向料液中加入了聚丙烯酰胺絮凝剂，增加了料液中有机物的含量，有机物可能造成除铁树脂的堵塞，而臭氧作为一种强氧化剂，对料液中残余的聚丙烯酰胺絮凝剂具有分解作用，故氧化系统应接入在整个流程中沉降分离工序之后；催化氧化工段最初的设置是为了将料液中的二价铁转化成三价铁，因此，氧化系统在整个流程中应置于除铁树脂之前。故高效氧化系统在流程中的接入点如图 5-1 所示。

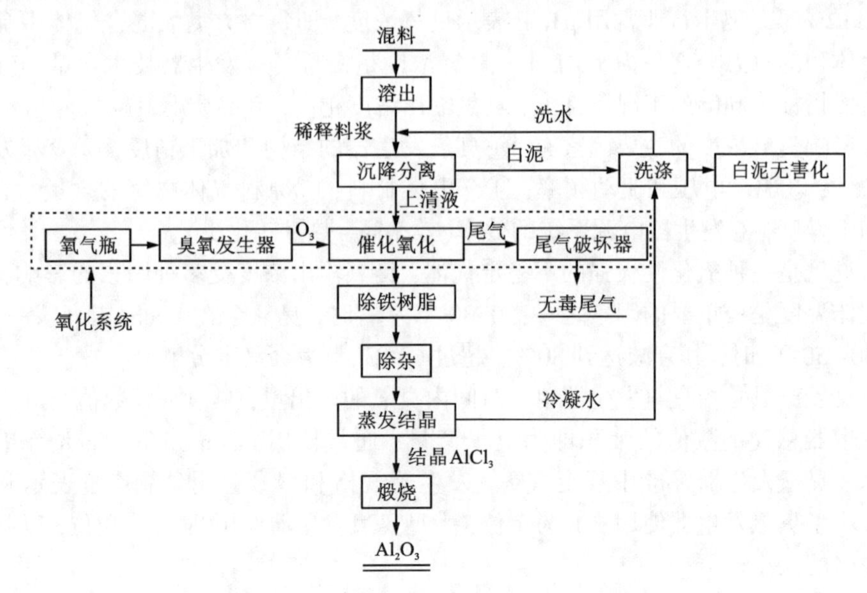

图 5-1　氧化系统在流程中的接入点示意图

2. 高效氧化工艺流程

高效氧化工艺流程如图 5-2 所示。氧化罐中的粗精液采用臭氧进行氧化，将溶液中的亚铁离子转化成三价铁离子。臭氧发生装置产生的臭氧进入氧化罐底部，与物料进行充分混合反应，未反应的臭氧经酸雾吸收和尾气破坏器分解后外排至大气。氧化后料液经射流曝气后进入脱氧罐，完成脱氧后进入缓冲罐，用泵送往净化单元。

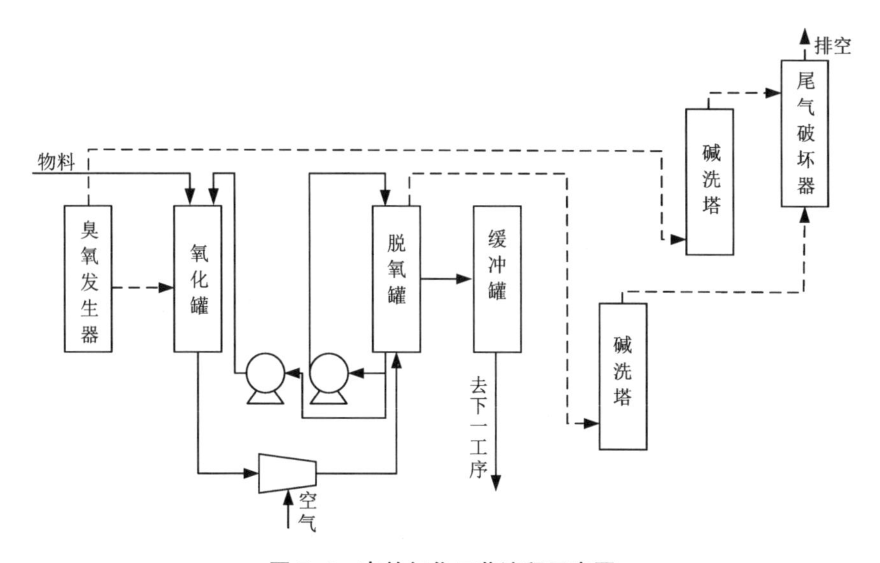

图 5-2　高效氧化工艺流程示意图

3. 氧化系统尾气无害化

经检测，氧化尾气成分中主要包含 O_2、O_3、HCl 等。其中，高浓度的 O_3 直接排入空气中，这可能会对周围设备产生氧化腐蚀；HCl 气体由于酸度较大、含有 Cl^-，在空气中大量存在会形成酸性环境，从而腐蚀装置、污染环境。因此，需要对尾气中的有害物质作无害化处理。

根据对化工行业含酸废气处理的调研得知，此类废气处理，需要经过脱酸等工序，最终使其无害化排放。而 O_3 的无害化处理通常是使其通过臭氧破坏器，被破坏后再排出。

因此，设计尾气处理系统时，应当考虑除酸、除 O_3。根据气体流量选择适宜的引气装置，整个尾气处理系统要保持密闭性，防止泄漏。

此外，排出的废气应当符合《环境空气质量标准》(GB 3095—2012)的要求。《环境空气质量标准》规定，臭氧排放 1 h 平均浓度一级限值为 0.16 mg/m³，二级限值为 0.2 mg/m³。

4. 尾气破坏器原理及参数

不同温度下的尾气破坏器主要有两种，一种是加热尾气破坏器 ODH，一种是催化尾气破坏器 ODC，本研究所选尾气破坏器为 ODH。

加热尾气破坏器 ODH 利用了臭氧不稳定，随温度升高而加快分解成氧气的特性。采用加热式尾气分解器，可使臭氧迅速分解成氧气，臭氧在不同温度下的分解比率曲线如图 5-3 所示。

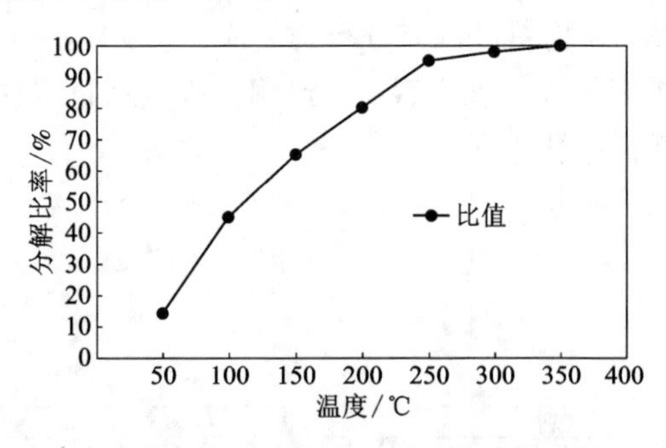

图 5-3　臭氧在不同温度下的分解比率曲线图

尾气破坏器在 30 ℃已开始分解臭氧，在 50~80 ℃时显著。200 ℃下 1 min 内臭氧分解大约是 80%，250 ℃时为 92%~95%，在 300 ℃或以上时，1~2 s 反应时间内达到 100%分解。

臭氧气体和潮湿的空气经除雾器除湿后进入反应室，通过温控器调节温度，臭氧气体先进行预热，再进入电加热室进行加热分解，随后尾气被离心风机从反应室排出。

小型加热式尾气分解器如图 5-4 所示。

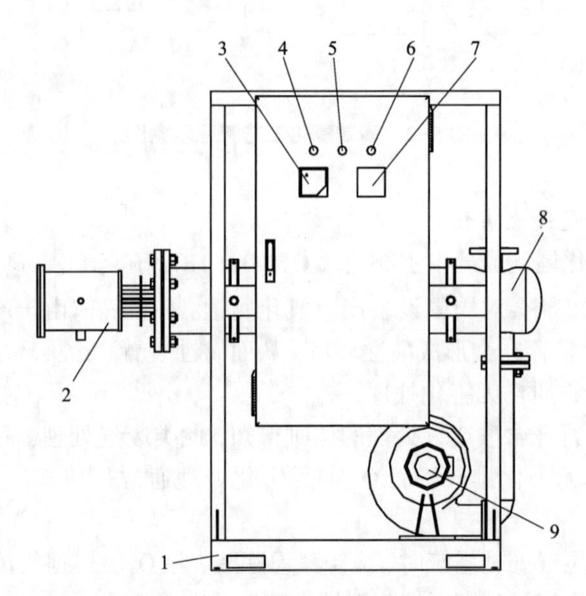

1—底座；2—加热芯；3—电流表；4—报警；5—电源指示灯；
6—运行指示灯；7—智能控制仪；8—加热筒体；9—风机。

图 5-4　小型加热式尾气分解器

臭氧尾气破坏器性能参数如表 5-2 所示。

表 5-2　臭氧尾气破坏器性能参数表

技术参数名称	参数值
介质	含有臭氧氧气或空气气体
进口臭氧浓度	≤1.5%(质量分数)
出口臭氧浓度	≤0.1 μL/L
额定处理流量	5~800 N·m³/h
操作压力	≤-0.02 MPa
进/出口气体温度	5~35 ℃/100~200 ℃
电压/频率	3×380 VAC±10%, 50 Hz
控制方式	总 PLC 控制或分站控制
通信	数据通信控制或 IO 开关量
操作温度	100~300 ℃
功率	2~50 kW(型号不同, 功率不同)
尺寸	mm(型号不同, 尺寸不同)

5. 尾气处理系统

根据尾气破坏器的进气要求，综合考虑其尾气的成分特点，设计流程如图 5-5 所示。氧化系统排出的尾气首先经过碱洗槽进行脱酸处理，再经过水洗槽进行二次脱酸处理，出来的尾气再经过臭氧破坏器进行高温破坏，使其有效成分分解，臭氧浓度低于 0.15 mg/m^3，氯化氢浓度低于 150 mg/m^3，最终排出的气体主要成分为 O_2 及水蒸气。

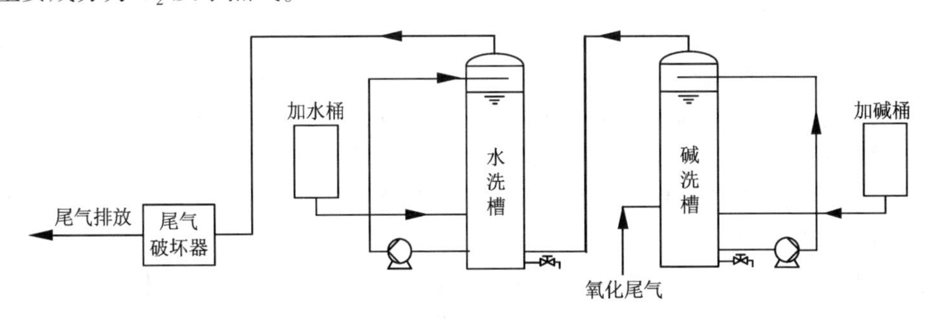

图 5-5　尾气处理系统流程示意图

本系统所选尾气破坏器是用于破坏空气-臭氧气体混合物或氧气-臭氧气体混合物中的臭氧，要求进入尾气破坏器的臭氧不含颗粒等杂质。破坏器排放噪声小于 85 dB。经尾气破坏后出口臭氧温度低于 200 ℃，浓度小于 0.15 mg/m^3。

5.1.2 树脂除铁工艺

粉煤灰酸法提取氧化铝工艺过程中产生的粗精液，是粉煤灰经过盐酸溶出，固液分离，溶液经过臭氧氧化后得到的含氯化铝的粗精液，粗精液具有温度高、黏度大等特点，且受产品质量限制，系统对铁离子的去除精度要求高。在酸法提取氧化铝工艺过程中，溶出液中总铁离子浓度为 3.2~4.0 g/L，要求除铁后料浆中 Fe^{3+} 的浓度小于 10 mg/L，才能满足深度除铁要求。

5.1.2.1 料液分析

氯化铝粗精液的性状及成分：溶液呈黄色，pH 1.4，各物质含量如表 5-3 所示。

表 5-3 氧化铝中试系统氯化铝溶液成分表

成分	$AlCl_3$	全铁离子
浓度/($g\cdot L^{-1}$)	220	3.3

氯化铝溶液作为粉煤灰酸法生产冶金级氧化铝工艺系统的主要物料，具有温度高、黏度大等特点，且受产品质量限制，系统对铁离子的去除精度要求高，树脂除铁系统运行条件相对苛刻。为保证除铁系统的稳定运行，除铁树脂需同时具备高选择性、耐高温、强度好、吸附量大等性能。

5.1.2.2 离子交换树脂

离子交换树脂，作为功能型高分子材料，是进行离子交换分离操作的物质基础。离子交换树脂性能的好坏，对于分离效果，起着关键性的作用。离子交换树脂具有很多优点，如吸附速度快、抗污染能力强、机械强度大、稳定性好以及可循环使用等。目前，离子交换树脂已在化工、电力、水处理、冶金、食品、医药和核工业等领域得到广泛的应用。

离子交换树脂是一种具有网状立体结构的高分子化合物，并且它不溶于酸、碱及有机溶剂。其结构由不溶性三维空间网状骨架、连接在骨架上的功能基团和功能基团所带的相反电荷的可交换离子三部分组成。功能基团以化学键结合在大分子链(惰性骨架)上，功能基团所带的反电荷离子以离子键与功能基团结合。离子交换树脂依靠功能基团解离出来的反离子和溶液中的离子之间的浓度差来进行交换。另外，离子交换树脂上功能基对自由离子亲和力的不同也是推动它们交换的动力之一。离子交换反应是可逆的，负载的树脂可以通过解吸附剂再生，从而使树脂能够被反复利用。

1. 离子交换树脂分类

1) 按基体类别分类

根据基体类别不同，离子交换树脂分为苯乙烯系(ST)、丙烯酸系(AC)、酚醛系(FP)、环氧系(EPA)、乙烯吡啶系(VP)、脲醛系(UA)等。它们分别与交联剂二乙烯基苯(DVB)产生聚合反应，形成具有长分子主链及交联横链的网状骨架结构的聚合物。其中应用最广泛的是苯乙烯-二乙烯基苯骨架(St-DVB)，它比酚醛系树脂有更好的化学和物理稳定性。

Merrifield 在苯乙烯-二乙烯基苯骨架(St-DVB)上发生氯甲基化，得到了氯甲基化的 St-DVB 共聚物，该共聚物也称为 Merrifield 树脂。将这一树脂做成 200～400 目的小球，可获得一种多孔的凝胶结构。该结构允许试剂穿过，特别是在溶胀溶剂中，扩散和空间位阻是比较重要的参数，反应速率比在相应的液相中要慢，但不足以严重阻碍反应从进行到完成的过程。树脂的交联度，即树脂基体聚合时所用二乙烯基苯的百分数，对树脂的性质有很大影响。交联度决定了其在溶剂中的溶胀程度、有效孔径以及小球的机械稳定性。交联度过低，则溶胀性过大，不易过滤，而且机械性能不好，易于破碎；交联度过高，则小球太硬，不能简单地浸渍试剂，使反应变慢和不完全。

对于苯乙烯-二乙烯基苯的氯甲基化反应，传统的方法是用氯甲基乙醚进行甲基化，但该方法具有强烈的致癌作用。所以，Neagu 等在 2010 年提出用等摩尔比的多聚甲醛$(CH_2O)_n$和三甲基氯硅烷(TMCS)混合物在$SnCl_4$催化剂作用下对苯乙烯-二乙烯基苯进行氯甲基化。

2)按树脂的物理结构分类

按树脂孔结构，可将离子交换树脂分为凝胶型和大孔型两种树脂。

凝胶型离子交换树脂的高分子骨架，在干燥的情况下，其内部没有毛细孔，外观透明，具有均相高分子凝胶结构；表面光滑，在溶剂中会溶胀呈凝胶状。它在大分子链节间形成的很微细的孔隙，通常称为显微孔(micro-pore)。湿润树脂的平均孔径为 2～4 nm，这类树脂较适用于吸附无机离子，因为它们的直径较小，一般为 0.3～0.6 nm，而不适宜吸附大分子有机物质，因为大分子物质的尺寸较大(如蛋白质的分子直径为 5～20 nm)，它不能进入这类树脂的显微孔隙中。

大孔型离子交换树脂球粒内部具有毛细孔结构，比一般凝胶型离子交换树脂具有更多、更大的孔道。因为毛细孔道的存在，树脂球粒是非均相凝胶结构，这类树脂的毛细孔体积一般约为 0.5 mL(孔)/g(树脂)，毛细孔径从几十埃到上万埃，这使其用于交换吸附分子尺寸较大的物质。大孔树脂离子交换速度快、耐溶胀、不易碎裂，因为大孔型离子交换树脂的交联度较高。

凝胶型离子交换树脂是由单体和交联剂聚合而成，其形成过程为：先合成网状结构大分子，然后使之溶胀，通过化学反应将交换基团连接到大分子上，也可先将交换基团连接到大分子上，再聚合成网状结构的大分子。大孔型离子交换树脂与凝胶型离子交换树脂的制备方法基本相同，最大的不同之处是二乙烯基苯的含量大大增加。另外，在聚合过程中，聚合相除了单体和引发剂外，还存在不参与聚合、与单体互溶的所谓致孔剂。它们各有优缺点。凝胶型离子交换树脂的优点是体积交换容量大，生产工艺简单，成本比较低；缺点是耐渗透强度差，抗有机污染能力差。大孔型离子交换树脂的优点是耐渗透强度高，抗有机污染能力强，能交换分子量较大的离子；缺点是体积交换容量较小，生产工艺复杂，成本比较高，再生费用也比较高。

3）按功能基团类别分类

按功能基团的性质不同，离子交换树脂分为阳离子交换树脂、阴离子交换树脂、螯合树脂、两性离子交换树脂等。

（1）阳离子交换树脂

阳离子交换树脂是指它所带的 H^+ 或金属阳离子与溶液中的阳离子发生交换反应的树脂。根据反离子的解离程度，又分为强酸性阳离子交换树脂和弱酸性阳离子交换树脂。强酸性阳离子树脂中含有大量的强酸性基团[如磺酸根（$—SO_3H$）]，在溶液中很容易解离出 H^+，使溶液呈强酸性。树脂所含的负电基团能吸附溶液中其他的阳离子，这样树脂中的 H^+ 和溶液中的阳离子发生的交换反应就是强酸性阳离子交换。这类树脂的离解能力很强，不论是在酸性还是在碱性溶液中，都能离解并产生离子交换作用。弱酸性阳离子交换树脂中含有的弱酸性基团[如羧基（—COOH）]，在水中离解度很小，使溶液呈弱酸性。这类树脂的酸性及离解性较弱，在低的 pH 下很难离解和进行离子交换。它只能在微酸性、中性或碱性条件下发生作用。表 5-4 给出了一些国内部分苯乙烯系阳离子交换树脂的理化性能。

表 5-4　国内部分苯乙烯系阳离子交换树脂的理化性能

项目	阳离子交换树脂			
	001×7	002S	003	001T
外观	金黄色至棕褐色球状颗粒	棕黄色至棕褐色透明球状颗粒	—	—
pH	1~14	1~14	1~14	1~14
官能团	$—SO_3Na$	$—SO_3Na$	$—SO_3Na$	$—SO_3Na$
粒径/mm	0.315~1.25	0.315~1.25	0.80~2.00	0.71~0.90
含水量/%	45~53	40~45	45~53	42~52
交换容量/（$mmol·g^{-1}$）	4.30	3.90	4.18	4.50
湿视密度/（$g·mL^{-1}$）	0.77~0.87	0.85~0.90	0.77~0.87	0.77~0.87
湿真密度/（$g·mL^{-1}$）	1.24~1.28	1.27~1.30	1.24~1.29	1.24~1.28

(2)阴离子交换树脂。

阴离子交换树脂，指所带的反离子是 OH^- 或其他酸根离子等能与溶液中的阴离子进行交换反应的树脂。根据离解程度不同，分为强碱性阴离子交换树脂和弱碱性阴离子交换树脂。

强碱性阴离子交换树脂是指含功能基团为季铵基($—N^+R_3$)的、带不同反电荷离子的一类树脂。在铵化时，功能基团为三甲胺[$—N+(CH_3)_3$]，得到的树脂是强碱Ⅰ型阴离子交换树脂，如国产的 201×7、D201 等；用二甲基乙醇胺[$—N+(CH_3)_2C_2H_4OH$]铵化时，得到的树脂是强碱Ⅱ型阴离子交换树脂，如 D202 等。这种树脂的正电基团能与溶液中的阴离子进行吸附结合，发生阴离子交换。这类强碱性树脂的离解能力很强，在整个 pH 下都能发生交换，即在酸性、中性，甚至碱性介质中都可以产生离子交换作用。强碱Ⅰ型阴离子树脂比Ⅱ型树脂的碱性、热稳定性、氧化性能要好。$—N+(CH_3)_3$ 在长时间内稳定，但是Ⅱ型的季铵基团在使用的过程中会转化为叔胺弱碱基团，从而降低强碱的交换能力。弱碱阴离子交换树脂是指含有伯胺($—NH_2$)、仲胺(—NHR)、叔胺($—NR_2$)等弱碱基团，在水中离解度很小而呈弱碱性，其碱性顺序是$—NR_2$>—NHR>$—NH_2$。一些胺类萃取剂随着碱性的降低，其萃取能力也降低，其萃取顺序为：季铵>叔胺>仲胺>伯胺。这种树脂解离度很小，它只在中性及酸性介质中(如 pH 为 1~9)表现出离子交换的功能。表 5-5 给出了一些阴离子交换树脂的理化性能。

表 5-5 国内部分苯乙烯系阴离子交换树脂的理化性能

参数	强碱Ⅰ型树脂	强碱Ⅱ型树脂	弱碱树脂
	201×7	D202	D301
外观	无色至淡黄色 透明球状颗粒	乳白色至淡黄色 不透明球状颗粒	乳白色或淡黄色 不透明球状颗粒
pH	1~14	1~14	0~9
含水量/%	40~50	54~61	50~60
交换容量/($mmol \cdot g^{-1}$)	3.6	≥3.4	≥4.8
最高使用 温度 T/ ℃	OH^-：T≤40 Cl^-：T≤60	OH^-：T≤40 Cl^-：T≤60	OH^-：T≤40 Cl^-：T≤100
粒径/mm	0.40~1.00	0.30~1.20	0.315~1.25
功能团	$—N^+(CH_3)_3$	$—N^+(CH_3)_2C_2H_4OH$	$—N(CH_3)_2$

(3)螯合树脂。

螯合树脂是指在高聚物(如苯乙烯-二乙烯苯树脂)或载体高分子结构骨架上

接有各种特效官能团的一类树脂化合物，如含胺羧 $-CH_2-N\begin{smallmatrix} / CH_2COOH \\ \backslash CH_2COOH \end{smallmatrix}$ 基。离子交换树脂的吸附分为两部分：一是树脂功能基团所带的反电荷离子与溶液中的离子进行离子交换吸附；二是功能基团中含有的 O、N、S、P 等原子与被吸附物质形成配位键进行吸附。螯合树脂是将这两种过程结合在一起，一方面功能基团可解离，部分与金属离子形成离子键；另一方面，功能基团中含有的原子与金属离子形成稳定的配位键。所以，与普通的离子交换树脂相比，螯合树脂具有对金属离子键合强度大、选择性强等优点。近年来，螯合树脂在各个领域已得到了广泛的应用。以氯甲基化聚苯乙烯树脂为结构骨架，利用其上含有的活泼的卞基氯与各种螯合剂进行高分子反应引入各种特效官能团，从而合成了一类高选择性的螯合树脂。以丙烯酸聚合物为单体制备的螯合树脂也得到了广泛的应用。Chen 等合成了具有羟基和亚氨基基团的磁性螯合树脂。该树脂以甲基丙烯酸为聚合物骨架，其对 Cd^{2+}、Cu^{2+}、Pb^{2+} 的吸附容量分别为 87.67 mg/g、55.92 mg/g、167.83 mg/g，在 pH 为 2～5 时树脂对 Cu^{2+} 的吸附容量没有明显的变化，但是当 pH<3 时，其对 Pb^{2+}、Cd^{2+} 的吸附容量会明显下降。

(4)两性离子交换树脂

两性离子交换树脂是指在高分子骨架上同时含有碱性基团($-NR_2$)和酸性基团(—COOH)的树脂。尽管树脂具有有效的分离能力，但是它应用很少。Samczynski 等对 Retardion 11A8 两性离子交换树脂分离 Cd(Ⅱ)和 Zn(Ⅱ)进行了报道。

2. 离子交换树脂研究现状

为了进一步改善离子交换树脂对目标物质的吸附性能和吸附选择性，扩大离子交换树脂的应用领域，很多新型的离子交换树脂已经被制备并应用。近年来，离子交换树脂的发展主要集中在以下几方面。

1)负载型离子交换树脂的制备与应用

由于纳米材料对很多金属离子具有比较强的吸附能力，且吸附在短时间内就可以达到平衡，所以将纳米材料、金属离子等负载在离子交换树脂上制备出新的树脂，这样可以提高树脂的吸附能力，并且这一系列的树脂也得到了广泛的应用，也是离子交换树脂发展的一个方向。

Yoshida 等将 Fe 负载到螯合树脂 Uniselec UR-10 上，并将其用于对 As(Ⅲ)和 As(Ⅴ)的吸附。研究表明，在 pH 为 9.2 时，该树脂对 As(Ⅲ)的吸附容量最大，为 0.47 mmol/g；在 pH 为 5.5 时，As(Ⅴ)吸附容量达到了最大，为 0.53 mmol/g，用 2 mol/L 的 HCl 溶液就可以完全把 As(Ⅲ)和 As(Ⅴ)从负载树脂上解吸下来。

Samatya 等制备了 Zr(Ⅳ)负载的树脂，并用其对氟化物吸附进行了研究。该树脂对氟化物有较高的吸附容量，并且随着聚苯乙烯浓度的增加，其吸附容量逐渐增大。该吸附过程很好地符合 Langmuir 等温吸附方程，用 0.1 mol/L 的 NaOH 溶液就可以使氟化物从树脂上解吸下来。Zhu 等将纳米 MnO_2 负载到 D301 大孔弱碱阴离子交换树脂上，并对 Cd(Ⅱ)进行了吸附。研究表明，在 pH 为 3 ~ 8 时，MnO_2-D301 树脂能有效地吸附 Cd(Ⅱ)，饱和吸附容量达到了 77.88 mg/g。

2)官能化离子交换树脂的制备及应用

离子交换树脂的制备分为两个部分：一是高分子聚合物骨架的制备；二是在高分子聚合物骨架上接入功能基团的反应。聚合物基质、功能基团和基团上所带的相反电荷的离子对离子交换树脂的性能有很大的影响。利用合适的功能团对树脂表面进行修饰，这样可以改善树脂的性能，有利于提高树脂的吸附性能和吸附选择性。因此，通过对树脂的表面修饰，可以制备出新型功能团离子交换树脂。

Wang 等将 1-甲基咪唑与氯甲基化交联聚苯乙烯树脂反应(80 ℃反应 24 h)，随后将反应液与 20%的 $NaBF_4$、NH_4PF_6 的水溶液反应 24 h，发生阴离子交换，由此制备了离子液体功能性阴离子交换树脂。该树脂可作为 Biginelli 反应的催化剂。张锁江等将含有酸碱性质的功能型离子液体共价键合于交联聚苯乙烯树脂上，用作环加成反应的催化剂，即先将咪唑与氯甲基化树脂在乙腈中在 80 ℃条件下反应 24 h，然后与卤化物取代的乙醇在乙腈中加热反应 24 h，得到目标产物，如图 5-6 所示。

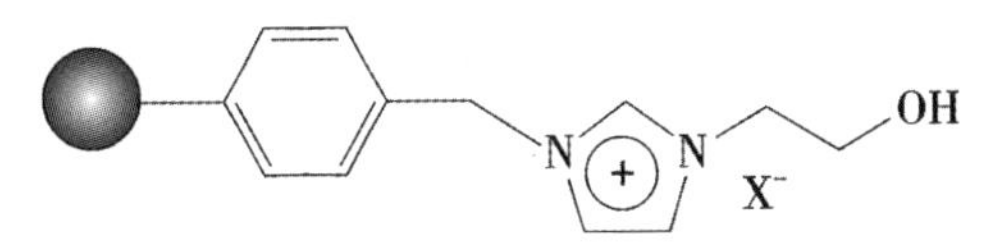

图 5-6　离子液体负载的聚合物树脂

5.1.2.3　树脂除铁工艺

粉煤灰酸法提取氧化铝工艺要求最终料液中铁离子的含量小于 10 μg/g。若超过 10 μg/g，对于固定床系统即意味着产品已经不合格，需要再生产。但是对传统的固定床装置，其中填装的树脂并没有完全地发挥作用，还有大部分树脂可以发挥作用。

因此，可利用连续离子交换原理对除铁装置进行优化，在实际运行过程中将已经饱和的部分树脂切换出系统，未饱和的树脂继续使用直至饱和，从而提高树脂利用率。同时，为确保最终产品的合格，在饱和的部分树脂切换出系统后，需补入等量的新生树脂(新制或再生后树脂)，这样就提高了树脂的利用率，减少了树脂的总体积。

1. 连续离子交换吸附工艺

1) 穿透点，突变点，饱和点

穿透点：以铁离子为研究对象，当流出液中能检测到微量的铁离子(含量大于 10 μg/g)为判断终点。

突变点：以铁离子含量有一个明显的上升幅度作为判断终点。

饱和点：树脂进口与出口的铁离子含量基本一致，此时认为树脂已经基本失去除铁能力，接近于饱和状态。

根据流速影响曲线，可得到穿透点、突变点和饱和点的相关数据，如表 5-6 所示。

表 5-6　穿透点、突变点、饱和点数据

项目	1 bv/h	2.5 bv/h	5 bv/h
穿透点	17 bv	18 bv	10 bv
突变点	19 bv	19 bv	11 bv
饱和点	24 bv	24 bv	24 bv

注：bv 为装入树脂柱内树脂体积的相对值，称为床容积(bed volume)，简写为 bv。

吸附曲线分析：当树脂穿透后，铁离子会大量泄漏，且流速过快将导致树脂处理量急剧下降，综合考虑选择最终连续离子交换设计的流速，为 1~2.5 bv/h。

2) 吸附级数

在 1 bv/h 的处理速度下，穿透点为 17 bv，饱和点为 24 bv，意味着在确保产品质量合格的情况下，树脂利用率为 71%，还有 29%的树脂未完全发挥作用。处理速度为 5 bv/h 时，穿透点为 10 bv，饱和点为 24 bv，意味着在确保产品质量合格的情况下，树脂利用率为 42%，还有 58%的树脂未完全发挥作用。连续离子交换的目的是通过工艺的优化，使以上所述的未完全发挥作用的树脂能够继续地处理料液，从而达到减少树脂的用量和化学品消耗的目的。

处理速度为 1 bv/h 时，穿透点为 17 bv，饱和点为 24 bv，即一级树脂处理合格料液利用率 71%；按照此数据，建立如下理想数学模型：

一级树脂利用率：71%。

二级树脂利用率：71%+(100−71)×71%=91.59%。

三级树脂利用率：91.59%+(100−91.59)×71%≈97.56%。

四级树脂利用率：97.56%+(100−97.56)×71%≈99.29%。

五级树脂利用率；99.29%+(100−99.29)×71%≈99.79%。

由以上数据可以看出，在料液流速为 1 bv/h 的条件下，树脂柱五级串联可使树脂利用率接近 100%。但是四级与五级的树脂利用率差距较小，需在树脂利用率及总投资方面进行平衡，并借助相关的连续离子交换实验来论证并确认最优化的串联级数。

3) 不同吸附级数的验证

本节考察了四柱串联和五柱串联树脂吸附处理量及吸附效果。

四柱串联是将已装填新生树脂(新制或再生树脂)的树脂柱 1#、2#、3#、4#以串联模式进行连接，流速设定为 1400 mL/h，进料方式为上端进料，进料 2 h 后(因树脂饱和吸附量为 20 bv，在 10 bv/h 进料流速下，树脂柱 1.5 h 或 2 h 切换一次可保证树脂接近饱和)，1#树脂柱退出系统，补入已装填新生树脂的树脂柱 5#，此时 2#、3#、4#、5#树脂柱串联运行，再经过 2 h 后，2#树脂柱退出系统，补入已装填新生树脂的树脂柱 6#，依此类推，直至系统处于 5#、6#、7#、8#状态后，观察处理效果(此时系统进入稳定运行状态，树脂柱经过了 4 级运行模式)，每次换柱时测 1#柱、2#柱、4#柱出口铁含量。(五柱串联运行模式和四柱串联一样，树脂柱 2 h 切换一次。)

(1) 四柱串联运行装置示意图(图 5-7)。

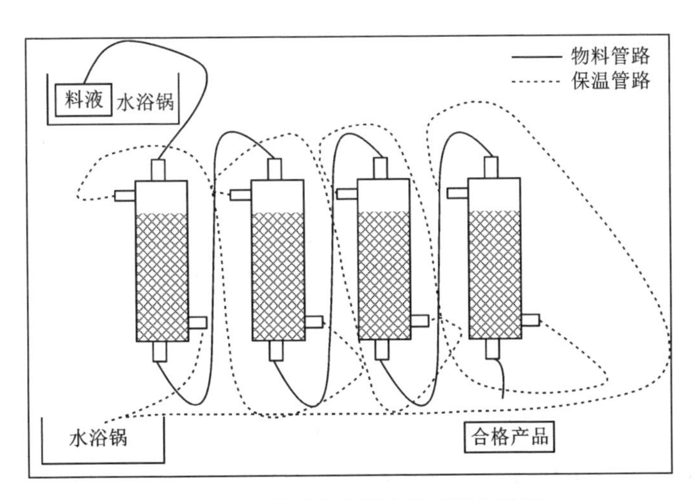

图 5-7　四柱连续离子交换系统示意图

五柱串联运行装置模式参考四柱串联。

(2) 四柱串联吸附铁。

①四柱串联，2 h 切换一次数据见表 5-7。

表 5-7　1#、2#、4#柱出口铁含量(2 h 切换)

切换次数	1#柱出口(铁含量)	2#柱出口(铁含量)	4#柱出口(铁含量)
第 1 次	3.3 g/L	1.4 g/L	<10 μg/g
第 2 次	3.4 g/L	1.9 g/L	>10 μg/g

2 h 切换一次对应结果如表 5-7 所示。采用相对于单柱 10 bv 的流速时，$1^{\#}$柱树脂不能将络合铁离子完全吸附，有较多的铁离子泄漏。2 h 切换时间较长，增大了后面树脂的负荷，导致第 3 根树脂需吸附较多的络合铁离子，最终导致第一次切换 1 h 后 $4^{\#}$柱出口料液不合格，故将切换时间缩短至 1.5 h。

②四柱串联，1.5 h 切换一次数据见表 5-8。

表 5-8　$1^{\#}$、$2^{\#}$、$3^{\#}$、$4^{\#}$柱出口铁含量(1.5 h 切换)

切换次数	$1^{\#}$柱铁含量	$2^{\#}$柱铁含量	$3^{\#}$柱铁含量	$4^{\#}$柱铁含量
第 1 次	1.86 g/L	0.3 g/L	少量泄漏	合格
第 2 次	1.8 g/L	0.86 g/L	少量泄漏	合格
第 3 次	2.32 g/L	1.04 g/L	少量泄漏	合格
第 4 次	1.8 g/L	1.08 g/L	少量泄漏	合格
第 5 次	2.24 g/L	1.5 g/L	少量泄漏	合格
第 6 次	2.45 g/L	1.6 g/L	少量泄漏	合格
第 7 次	2.27 g/L	1.45 g/L	少量泄漏	合格
切换延长 35 min				穿透
切换延长 65 min				大量泄漏

备注：第六次换柱正常运行 1.5 h 后延长时间运行，35~60 min 时出口的铁含量较稳定，65 min 后，Fe 大量泄漏。

从表 5-8 分析，1.5 h 切换出口料液中铁含量都合格(<10 μg/g)，运行较为稳定，可以实现连续运行。但切换 4 次即将最初的 4 根新树脂全部切换完毕后，1.5 h 切换 $1^{\#}$柱出口全铁含量最高为 2.24 g/L(初始料液中全铁含量为 3.3 g/L)，表明树脂未完全利用，尚需开展五柱串联研究。

③五级串联吸附铁(表 5-9)。

表 5-9　五柱串联运行数据

切换次数	$1^{\#}$柱铁含量	$2^{\#}$柱铁含量	$3^{\#}$柱铁含量	$4^{\#}$柱铁含量	$5^{\#}$柱铁含量
第 1 次	2.77 g/L	1.5 g/L	未检测	<10 μg/g	<10 μg/g
第 2 次	3.2 g/L	2.21 g/L	未检测	<10 μg/g	<10 μg/g
第 3 次	3.3 g/L	2.16 g/L	未检测	10~20 μg/g	<10 μg/g
第 4 次	3.3 g/L	2.7 g/L	未检测	10~20 μg/g	<10 μg/g

续表5-9

切换次数	1#柱铁含量	2#柱铁含量	3#柱铁含量	4#柱铁含量	5#柱铁含量
第 5 次	未检测	2.87 g/L	1.3 g/L	10~20 μg/g	<10 μg/g
第 6 次	未检测	2.82 g/L	1.12 g/L	10~20 μg/g	<10 μg/g
第 7 次	未检测	2.85 g/L	2.1 g/L	10~20 μg/g	<10 μg/g
第 8 次	未检测	2.7 g/L	2.2 g/L	10~20 μg/g	<10 μg/g
运行 2 h	3.34 g/L	2.96 g/L	2.15 g/L	10~20 μg/g	<10 μg/g
延长 3 h					>10 μg/g

从表 5-9 看出，四柱、五柱系统均可将料液中铁离子浓度稳定控制在 10 μg/g 以下。其中五柱系统切换出系统的树脂完全饱和，利用率较高，由此判断五柱系统连续离子交换工艺较四柱系统更具有优势。

2. 连续离子交换再生工艺

研究采用 0.1 mol/L 盐酸，室温正向再生方式。

图 5-8 为单柱 1 bv/h 的再生曲线。由此可以看出，再生剂用量为 1.1 bv 时，铁离子浓度达到最高值，当再生剂用量达到 2.1 bv 时，铁离子浓度趋近于 0。

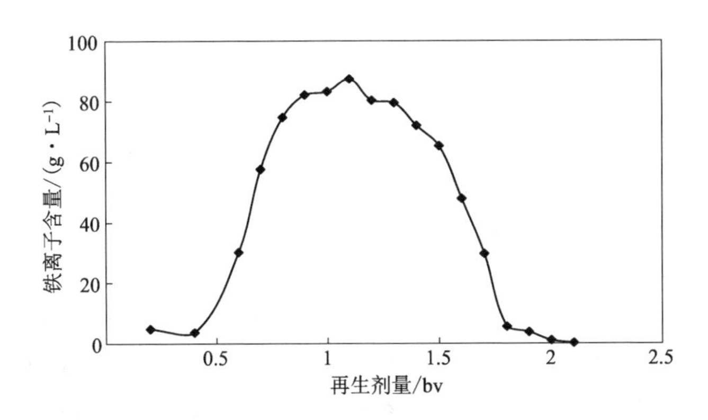

图 5-8　1 bv/h 再生曲线

为了提高再生的效率和再生液浓度，选用 5 柱串联进行解析。准备经 5 级串联吸附后切换出的饱和树脂柱 1#、2#、3#、4#、5#以串联模式进行连接，再生剂以 0.75 bv/h 的流速由上而下进入树脂柱，进再生剂 2 h 后(1#树脂柱进再生剂体积 0.75 bv/h×2 h = 1.5 bv)，1#树脂柱退出系统，补入已装填吸附饱和的树脂柱 6#，此时 2#、3#、4#、5#、6#树脂柱串联运行，再经过 2 h 后，2#树脂柱退出系统，补入已吸附饱和的树脂 7#。依此类推，直至系统处于 6#、7#、8#、9#、10#状态后，观察处理效果(此时为系统进入稳定运行状态，树脂柱经过了5级运行模式)。换柱时测1#柱、2#柱、5#柱出口铁含量，如表5-10所示。

表5-10　五柱串联再生测试结果

第1次切换		第2次切换		第3次切换	
树脂柱编号	铁含量/($g \cdot L^{-1}$)	树脂柱编号	铁含量/($g \cdot L^{-1}$)	树脂柱编号	铁含量/($g \cdot L^{-1}$)
6#	0.004	7#	0.003	8#	0.003
7#	13.21	8#	15.11	9#	14.76
10#	45.03	11#	49.73	12#	44.39

经过连续3次再生切换运行，可以看出当树脂再生即将结束时，第一级再生柱铁离子浓度都在10 μg/g以下，树脂上的铁离子基本上已经被彻底再生，树脂再生剂用量、浓度和再生体积等均能够达到高效再生树脂的目的，因此确认五级再生工艺能满足要求。

3.反冲工艺

在研究过程中，发现料液中经常会有少量的悬浮物固体累积在树脂表层，并且树脂在长期运行过程中被压实。针对这种情况，采取反冲处理措施可去除树脂表面的杂质，并且疏松树脂，提高树脂的再生效率。

结合本工艺的特殊情况，鉴于用水作为反冲剂会增加物料的消耗，因此本工艺选用进料液作为反冲水，既可以节省物料消耗，又可以起到反冲作用。经试验验证，反冲体积为1 bv，反冲时间为15 min，反冲流量为4 bv/h，可以达到冲洗出杂质，并松动树脂层及使树脂再生的目的。

4.料顶水工艺

经过再生后的树脂柱运行料液时，首先需用合格料液将树脂中残存的水顶出，这样对合格液进行了稀释。为保证连续出料均为未稀释的合格料，本流程设计了料顶水工艺路线，即用经过交换区处理后得到的料液反向置换残存在树脂中的水，一可以提高产品的浓度，二可以防止氯离子浓度太低导致的四氯合铁络合离子的水解作用，避免料头铁离子浓度偏高的情况发生。经试验验证，确定的工艺参数如下：料顶水体积0.8 bv，时间2 h，流速0.4 bv/h。

5.连续离子交换工艺稳定性

经过以上参数优化及确认，可确定连续离子交换基本工艺及参数，并通过连续运行来验证工艺的可靠性和稳定性。

1)工艺流程

连续离子交换工艺流程示意图如图5-9所示。

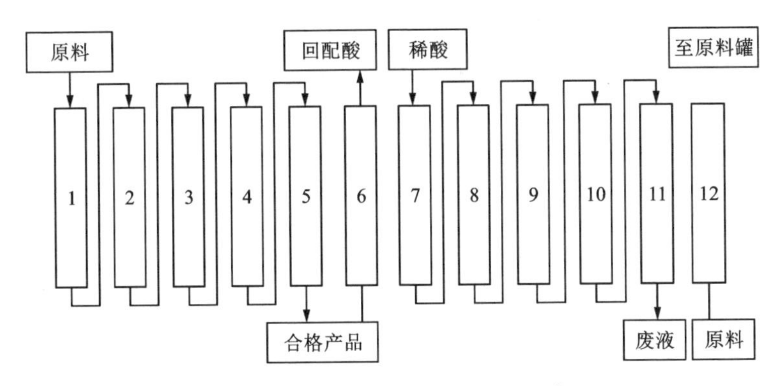

图 5-9　连续离子交换工艺流程示意图

工艺分为 4 段：

(1)交换区：五柱串联正向运行模式。料液经过 5 级处理达到合格。树脂经过 5 级的处理，达到饱和后，离开系统进入再生区。

(2)料反冲区：单柱逆流运行模式。短时间内大流量反向清洗，有利于疏松树脂层，并且去除残留在树脂层表面的杂质。

(3)再生区：五柱串联正向运行模式。0.1 mol/L 的酸液处理后能够将交换在树脂上的铁离子去除，恢复树脂的性能。

(4)料液反顶区：单柱逆流运行模式。用经过交换区处理后得到的料液反向置换残存在树脂中的稀酸，一可以提高产品的浓度，二可以防止因氯离子浓度太低导致的四氯合铁络合离子的水解作用，从而避免料头铁离子浓度偏高的情况发生。另外，顶出的稀酸可以回配稀酸继续使用。

2)连续离子交换装置

连续离子交换装置如图 5-10 所示。

图 5-10　小试连续离子交换装置

该设备主要部件吸附部分由16根直径为25 mm、高为500 mm有机玻璃柱组成，上下封头以螺纹连接，可拆卸，封头内集成过滤孔板，使用过程中起隔离树脂的作用。

3)基本工艺参数

连续离子交换基本工艺参数如表5-11所示。

表5-11　连续离子交换基本工艺参数

区域	树脂柱个数/个	连接模式	总处理倍数/bv	单柱处理量/($bv\cdot h^{-1}$)
吸附区	5	正向	20	10
成品顶水区	1	反向	0.8	0.4
再生区	5	正向	1.5	0.75
反冲区	1	反向	1	0.5

4)运行效果

连续离子交换运行数据如表5-12所示。

表5-12　连续离子交换运行数据

周期	产品铁离子含量/($mg\cdot L^{-1}$)	切换前第一柱铁离子量/($g\cdot L^{-1}$)	切换前第五柱铁离子含量(KSCN检测)/($\mu g\cdot g^{-1}$)
1	1.34	3.3	<10
2	2.25	3.1	<10
3	1.74	3	<10
4	1.92	2.8	<10
5	2.15	3.1	<10
6	1.69	3.2	<10
7	1.45	3	<10
8	2.54	3.1	<10
9	1.84	3.2	<10
10	1.49	3.2	<10

连续离子交换进料温度选择80 ℃，料液pH选择经过预处理后的pH，再生时常温用0.1 mol/L盐酸正向再生；连续离子交换系统共设计12根树脂柱(其中交换区5根、料反冲区1根、再生区5根、料反顶区1根)，分为4个工艺区段。经过连续离子交换运行，氯化铝粗精液除铁之后铁的浓度都小于10 μg/g，满足产品质量要求。

5.1.3 除磷除硅工艺

在“一步酸溶法”工艺技术中，粉煤灰酸浸提取氧化铝的同时，其他杂质元素和有价元素也协同提取，在酸浸液多次循环后会引起杂质磷、硅的富集，当富集到一定浓度时，会影响氧化铝产品的质量。因此，需解决粉煤灰“一步酸溶法”生产氧化铝酸浸液中磷、硅杂质离子深度去除的难题。

目前，已有许多方法被开发用于磷的去除，如化学沉淀法、离子交换法、生物法和吸附法等。其中，吸附法以其稳定性好、成本较低、占地面积小和可以进行磷回收等特点引起越来越多的关注。近年来，氧化锆以及锆的吸附材料作为一种成本较低、无毒和环境友好的除磷材料也颇受重视。王星星等人研究了不同沉淀 pH 条件下制备的水合氧化锆对水中磷酸盐的吸附；朱格仙将氧化锆负载在活性炭上，对磷进行了吸附；穆凯艳以钠化膨润土为载体，用浸渍法将锆负载到膨润土上，对磷进行吸附。该技术首次尝试将二氯氧化锆加入粉煤灰酸浸液中，对磷和硅杂质离子进行去除；结果表明，该物质有较大的吸附量，在吸附除磷的同时吸附了硅，纯化了酸浸液，为高品质氧化铝生产提供了保障。

通过实验研究并结合氧化铝生产实际，最终选择在除铁精制液中加入二氯氧化锆对磷硅进行去除净化。工业化具体工艺参数为：二氯氧化锆加入量为 1.1 g/L、反应时间为 30 min、温度为 60~90 ℃、搅拌速度为 200 r/min，絮凝剂加入量为 2%。结果表明，磷的去除率达到 90%以上，硅的去除率为 50%左右，满足高品质氧化铝产品对磷和硅含量的要求。

5.2 氯化铝溶液净化原理

5.2.1 高效氧化原理

5.2.1.1 臭氧氧化机理

目前，大多数学者认为，O_3 氧化水中有机物质的机理有两种：O_3 的直接氧化和通过·OH 的间接氧化。

1. 臭氧的直接氧化

臭氧的分子结构使其具有共振现象，从其共振结构式可以看到，O_3 分子具有偶极性、亲电性及亲核性，它的这三种特性使其在与有机物反应过程中分别体现为环加成反应、亲电反应和亲核反应。

1) 环加成反应

由于 O_3 具有偶极性，会使分子易于加成到不饱和键上，使键发生断裂，生成带碳基和羧基的化合物，如羧酸、酮、醛等。

2）亲电反应

在一些含给电子基团（—OH，—NH_2）的芳香化合物的邻位和对位碳原子上，电子云密度很高，O_3 很容易与它们发生亲电反应，攻击邻位和对位，生成邻位和对位羟基化合物，这些化合物再进一步氧化生成醌型化合物，同时生成带羰基和羧基的脂肪族化合物；对于含得电子基团（如—COOH，—NO_2）等的芳香化合物，O_3 与其反应速度较慢，此时，O_3 主要攻击这些芳香化合物的间位。

3）亲核反应

在缺电子电位上，O_3 分子中含负电荷的氧原子会攻击那些含有得电子基团的碳原子，进而发生亲核反应。

2. 臭氧的间接氧化

在水中某些溶解物质的诱发下，O_3 会分解产生无选择性的氧化能力极强的·OH，·OH 可通过电子转移反应、脱氢反应和亲电加成反应氧化分解溶解态无机物和有机物。

1）·OH 的产生机理

·OH 产生机理有两种不同的假说：Hoigne、Staehelin 和 Bader 机理和 Gorkon、Tomiyasn、Futomi 机理。

（1）Hoigne、Staehelin 和 Bader 机理。

该机理认为，在链引发过程中，当 O_3 中的一个氧原子传递到氢氧根离子时，有一个电子从氢氧根离子传递到氧，具体反应步骤如下：

$$O_3+OH^- \longrightarrow \cdot HO_2+\cdot O_2$$

$$\cdot HO_2 \longrightarrow \cdot O_2^-+H^+$$

$$O_3+\cdot O_2 \longrightarrow \cdot O_3^-+O_2$$

$$\cdot O_3^-+H^+ \longrightarrow \cdot HO_3$$

$$\cdot HO_3 \longrightarrow \cdot OH+O_2$$

$$\cdot OH+O_3 \longrightarrow \cdot HO_4$$

$$\cdot HO_4 \longrightarrow \cdot HO_2+\cdot O_2$$

$$\cdot HO_4+\cdot HO_4 \longrightarrow H_2O_2+2O_3$$

$$\cdot HO_4+\cdot HO_3 \longrightarrow H_2O_2+O_3+O_2$$

$$\cdot 2HO_4+\cdot 2HO_2 \longrightarrow 2H_2O_2+2O_3+O_2$$

（2）Gorkon、Tomiyasn 和 Futomi 机理。

该机理认为，在链引发过程中，是 2 个电子同时传递到 O_3，具体反应步骤如下：

$$O_3+OH^- \longrightarrow HO_2^-+\cdot O_2$$

$$HO_2^-+O_3 \longrightarrow \cdot O_3+HO_2$$

$$\cdot HO_2 \longrightarrow \cdot O_2^- + H^+$$

$$O_3 + \cdot O_2^- \longrightarrow \cdot O_3^- + O_2$$

$$\cdot O_3^- + H_2O \longrightarrow \cdot OH + O_2 + OH^-$$

$$\cdot O_3^- + \cdot OH \longrightarrow O_2^- + \cdot HO_2$$

$$\cdot O_3 + \cdot OH \longrightarrow O_3 + OH^-$$

$$\cdot OH + O_3 \longrightarrow \cdot HO_2 + O_2$$

$$\cdot OH + CO_3^{2-} \longrightarrow OH^- + \cdot CO_3^-$$

$$\cdot CO_3^- + O_3 \longrightarrow CO_2 + \cdot O_2^- + O_2$$

$$\cdot HO_2 + H_2O \longrightarrow H_2O_2 + \cdot OH$$

这两种机理最大的区别在于链反应中是否有$\cdot HO_3$和$\cdot HO_4$这两种自由基。从以上反应步骤可以看出，OH^-在引发O_3分解过程中扮演着基本的角色。由于废水中一些大分子有机物既可能是自由基的引发剂、促进剂，也可能是自由基的抑制剂，因此，O_3在污染水体中的分解要比在纯水中复杂很多。

2）$\cdot OH$的氧化反应

（1）电子转移反应。

$\cdot OH$从有机物上获得电子，自身被还原为OH^-，该有机物被氧化为有机物自由基，参与进一步的反应。

$$\cdot OH + RX \longrightarrow \cdot RX^+ + OH^-$$

（2）脱氢反应。

$\cdot OH$从有机物的不同取代基上夺取H，自身转变为H_2O，该有机物变为有机物自由基，参与进一步的反应。

$$RH + \cdot OH \longrightarrow H_2O + \cdot R$$

（3）亲电加成反应。

$\cdot OH$加成到不饱和烯烃或芳环的双键上，形成—OH在α位碳原子上的碳中心自由基，参与进一步反应。

$$\cdot OH + PHX \longrightarrow \cdot HOPHX$$

有研究表明，酸性条件下（$pH \leqslant 4$），以O_3的直接反应为主；碱性条件下（$pH > 10$），以$\cdot OH$的间接反应为主；中性条件下，两种反应都很重要。

5.2.1.2 臭氧氧化反应动力学研究

臭氧具有很强的氧化性，是因为臭氧分子中的氧原子具有强烈的亲电子性或亲质子性。臭氧分解产生的新生态氧原子有很高的氧化活性，臭氧在水中还能形成具有强氧化作用的羟基自由基$\cdot OH$，$\cdot OH$可以氧化水中的还原性物质。

臭氧在体系中诱发的反应如下：

$$H_2O_2 \longrightarrow HO_2^- + H^+$$

$$O_3+HO_2^- \longrightarrow O_3^- + \cdot HO_2$$

$$O_3+OH^- \longrightarrow O_2^- + \cdot HO_2$$

$$\cdot HO_2 \longrightarrow H^+ + O_2^-$$

总自由基生成反应为：

$$3O_3+OH^- \longrightarrow 2\cdot OH+4O_2$$

$$2O_3+H_2O_2 \longrightarrow 2\cdot OH+3O_2$$

臭氧与亚铁反应的总方程如下：

$$3Fe^{2+}+2O_3 \longrightarrow 3Fe^{3+}+3O_2$$

臭氧氧化剂氧化亚铁离子的情况见表 5-13。

表 5-13　臭氧氧化剂氧化亚铁离子的情况

反应时间 /s	溶液 FeO 残余量 /(mg·L^{-1})	FeO 累计去除量 /(mg·L^{-1})	去除率 /%	C_A/C_0	臭氧投加量 /(mg·L^{-1})
0	2170	0	0	1	0
435	1350	820	37.8	0.62	193
690	1050	1120	51.6	0.48	307
900	725	1445	66.6	0.33	400
1125	375	1795	82.7	0.17	500
1800	0	2170	100	0	800

由表 5-13 可以看出，当反应时间达到 1800 s 时，溶液中的亚铁离子全部被转化成三价铁离子，此时臭氧投加量为 800 mg/L。根据反应动力学公式，假设 $n=1$(即反应为一级反应时)，根据表 5-13 中所列数据绘制$-\ln(C_A/C_0)-t$ 的拟合曲线，得到如图 5-11 所示曲线。

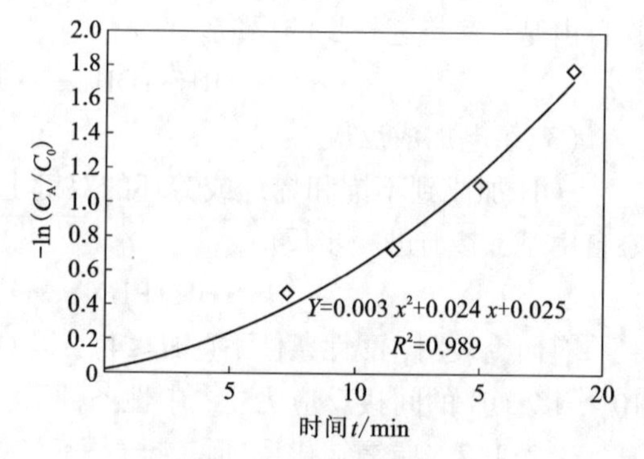

图 5-11　臭氧氧化剂反应时 $-\ln(C_A/C_0)$ 和 t 的拟合结果

图 5-11 显示，$-\ln\left(\frac{C_A}{C_0}\right)$ 与时间 t 的关系式为多项式，不呈线性关系，所以该反应不是一级反应。当 $n\neq1$ 时，$\left(\frac{C_A}{C_0}\right)^{1-n}=1+(n-1)C_0^{n-1}kt$，根据表 5-13 中所列数据绘制$(C_A/C_0)-t$ 的拟合曲线，如图 5-12 所示。

由图5-12中拟合曲线可以看出 C_A/C_0 与 t 呈线性关系，拟合后 R^2 可达到0.994，线性拟合效果好。C_A/C_0 与 t 呈线性关系说明该反应属于零级反应，零级反应通用反应动力学方程为：$C_A=C_0-kt$，由 C_A 与 t 的线性关系图得出反应速率常数及反应动力学方程。C_A 与 t 的线性关系图如图5-13所示。

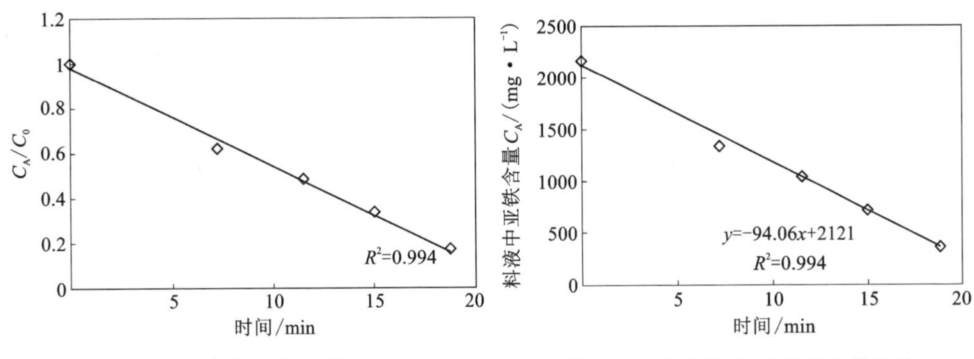

图5-12　臭氧氧化剂反应时 C_A/C_0 和 t 的拟合结果

图5-13　臭氧氧化反应动力学曲线

图5-13中将 C_A 与 t 进行线性拟合，拟合后 R^2 可达到0.994，线性拟合效果好。拟合方程式为 $y=-94.06x+2121.7$，线斜率 k 代表臭氧氧化料液中亚铁离子的化学反应速率常数，其值为94.06 mg/(L·min)，速率常数为负代表了随着反应时间的增加，溶液中亚铁离子含量在减少，故臭氧氧化料液中亚铁离子的反应动力学方程为 $C_A=2170-94.06t$，C_A 为某时刻溶液中以FeO计的亚铁离子含量，单位为mg/L；t 为反应时间，单位为min。

5.2.1.3　高效氧化剂对氯化铝溶液内中间价态金属离子和有机物的转化与去除

粉煤灰提铝中试装置采用酸法提取氧化铝工艺，该工艺用盐酸浸泡粉煤灰，粉煤灰中含有的杂质种类复杂多样，除了亚铁离子外，可能会存在其他中间价态金属离子。臭氧氧化剂对其他中间价态金属离子同样具有氧化性，能将其氧化成高价态金属离子。因此，中间价态金属离子会消耗一部分氧化剂，增加氧化剂成本。本节对中间价态金属离子消耗氧化剂的量进行研究，以考虑其对氧化工段的影响。

臭氧除氧化中间价态重金属离子外，还兼具去除来料中有机物的作用。料液中的有机物来自沉降分离工序，工序中加入的有机物会对后续除铁树脂造成一定的影响，所以在进入除铁树脂前需要降低有机物的含量。

1. 高效氧化剂对中间价态金属离子转化

料浆化学组成分析结果表明，料液中铝离子含量最高，铝离子以三价形态存在，不存在中间价态。料液中除了铝与铁以外，其他金属离子含量较少，而具有中间价态的金属离子有Ti、Mn，非金属只有P。磷在溶液中以磷酸根的形式存在，已经是稳定态。Ti具有二价和四价两个价态，一般来讲，Ti^{2+} 很不稳定，溶液中基本不存在；Mn 有二价、三价、四价、六价、七价，锰的浓度为 8.75 mg/L，占料液中金属离子质量的 0.015%（表 5-14）。

表 5-14 氧化铝溶液成分

元素	Al	Si	Fe	Ti	Ca	Mg	P	Mn
含量	53.3 g/L	24.8 g/L	3.45 g/L	2.4 g/L	388 g/L	138 g/L	180 g/L	8.75 g/L
质量分数	92.7%	0.04%	6%	0.004%	0.67%	0.24%	0.3%	0.015%

因此，研究的中间价态金属离子为亚铁离子和锰离子。根据不同价态锰离子特性可知，在酸性条件下，三价锰和六价锰易发生歧化反应，稳定性差，所以料液中不存在三价锰和六价锰。三价锰二价锰溶液呈浅粉色、四价锰为黑色、七价锰为紫红色，由于料液颜色为黄色，四价锰和七价锰的颜色较深，因此料液中锰较多以二价锰的形式存在（表 5-15）。

表 5-15 中间价态金属离子氧化数据

反应时间 /min	FeO 残余量 /($mg \cdot L^{-1}$)	FeO 去除率 /%	臭氧投加量 /($mg \cdot L^{-1}$)	七价锰含量 /($mg \cdot L^{-1}$)	七价锰生成率 /%
0	2170	0	0	0.1	1.15
5	1650	23.96	133	0.23	2.64
10	1220	43.78	267	0.62	7.13
15	725	66.59	400	1.15	13.22
20	345	84.10	534	1.58	18.16
25	0	100.00	667	1.95	22.41
30	—	—	800	3.19	36.67
35	—	—	934	3.97	45.63
40	—	—	1067	4.9	56.32

根据上述数据作 Fe^{2+} 和 Mn^{7+} 的反应动力学曲线，以及 Fe^{2+} 去除率和 Mn^{7+} 生成率的变化曲线。

由表 5-15、图 5-14 和图 5-15 可看出，随着反应时间增加，亚铁离子含量逐渐减少，亚铁离子在 25 min 时已全部被去除。根据亚铁离子去除率拟合曲线得出，当去除率为 100%时，所需时间为 24.2 min，臭氧投加量为 645 mg/L。溶液中的 Mn^{7+} 含量随着反应时间的增加而增多，增加幅度分为两个阶段：①先缓慢增

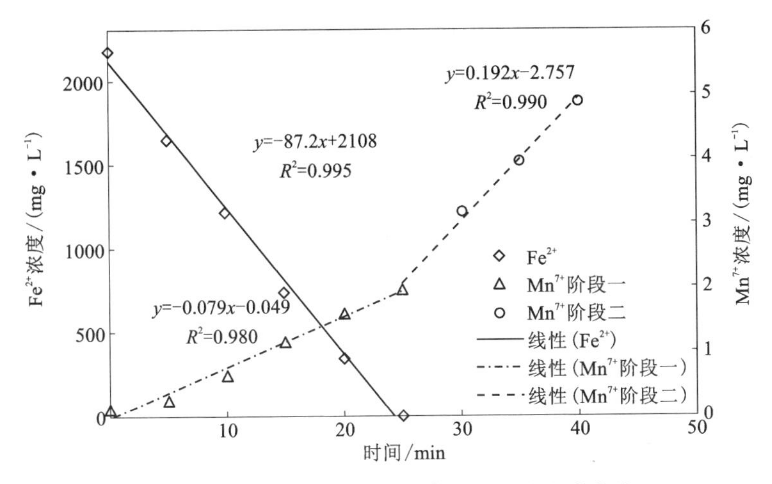

图 5-14　料液中 Fe^{2+} 和 Mn^{7+} 的反应动力学曲线

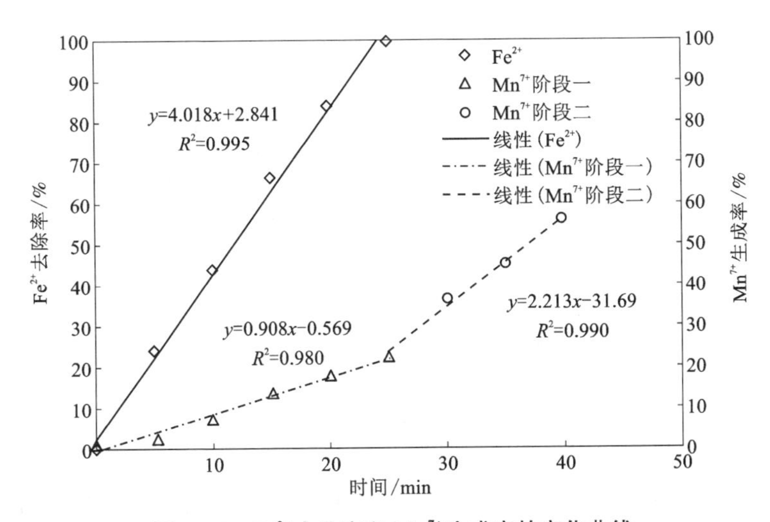

图 5-15　Fe^{2+} 去除率和 Mn^{7+} 生成率的变化曲线

加；②当时间为 25 min 时，增加速度加快。当反应时间为 40 min 时，Mn^{7+} 的生成率为 56%。从动力学曲线中可看出亚铁离子反应速率常数为 87.2 mg/(L·min)。高价锰离子反应分为两个阶段，第一阶段为 0～25 min，第二阶段为 25～40 min。第一阶段的反应速率常数为 0.079 mg/(L·min)，第二阶段反应速率常数提高至 0.192 mg/(L·min)。两个阶段的转折点为 25 min 时，也就是当亚铁离子反应完全后，高价锰的生成速率开始加快。其原因是亚铁离子的还原性高于锰离子，当通入臭氧时，臭氧先与亚铁离子发生反应，当亚铁离子反应完全后，锰离子才会被臭氧氧化。从图 5-15 中看出，亚铁离子与臭氧反应的速率高于锰离子与臭氧反应的速率，从去除率和生成率上比较，亚铁离子的反应速率约为锰离子反应速率的 1.8 倍。

2. 高效氧化剂对有机物的去除

向料浆中投加不同量的絮凝剂，使料浆中絮凝剂含量分别为 12 μg/g、16 μg/g、20 μg/g，其 COD 含量分别为 40.5 mg/L、54 mg/L、76.5 mg/L。控制反应温度在 80 ℃，料液中亚铁初始浓度为 2170 mg/L，经过高效氧化剂的氧化反应，在亚铁离子全部转化为三价铁离子后，检测料液中剩余 COD 来表征高效氧化剂对料液中有机物的去除。

从表 5-16 可以看出，高效氧化剂对有机物的去除有一定的效果，去除率在 75%以上。在不同絮凝剂投加量的情况下，随着絮凝剂用量的增加，COD 的去除率随之增加，说明料液中有机物的含量越多，臭氧对有机物的去除效果越明显。经过臭氧氧化后，有机物被分解成小分子，逐渐被氧化成 CO_2 和 H_2O，由此达到去除有机物的目的。经臭氧氧化后，有机物含量在 15 mg/L 以下，对后续的除铁树脂影响较小。

表 5-16　絮凝剂投加量不同时 COD 的去除率比较

絮凝剂含量/(μg·g^{-1})	初始 COD 浓度/(mg·L^{-1})	剩余 COD 浓度/(mg·L^{-1})	去除率/%
12	40.5	9	77.78
16	54	11.6	78.52
20	76.5	13.1	82.9

5.2.1.4　不同温度对氧化剂溶解度的影响

臭氧在水中的溶解度大小可间接影响臭氧与反应物的反应速度，臭氧溶解度高可提高臭氧在料液中的浓度，由此提高氧化效率，减少臭氧的消耗量。本实验分别设反应温度为 25 ℃、45 ℃、65 ℃、85 ℃，将臭氧通入水中，用碘量法测定水中的臭氧浓度，考察不同温度下臭氧在水中的溶解度。实验结果如图 5-16 所示。

由图 5-16 实验结果可看出：臭氧在水中的溶解度随着温度的增加迅速减少，在 85 ℃(料液温度)时，臭氧的溶解度降至 25 ℃时(常温条件)的 25%。对臭氧在水中的溶解度 C 求对数，再绘制 $\lg C$ 和温度 T 的拟合曲线，结果如图 5-17 所示。$\lg C$ 和温度 T 呈良好的线性关系，拟合系数 R^2 可达到 0.9926，由此得出臭氧在水中的溶解度随温度变化的热力学方程为：

$$C=10-0.0107T+2.7793$$

式中：C 为臭氧在水中溶解度，mg/L；T 为温度，℃。

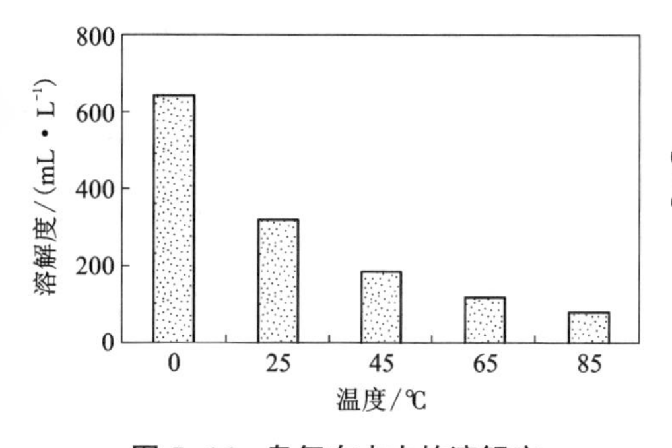

图 5-16　臭氧在水中的溶解度随温度的变化情况

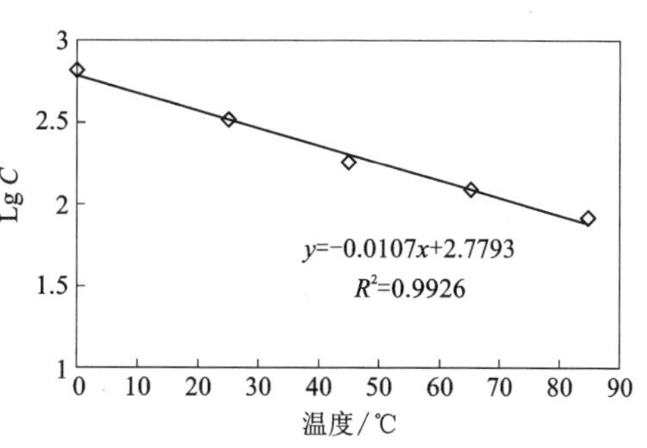

图 5-17　lg *C* 与温度 *T* 的拟合曲线

与常规条件(25 ℃)相比，当温度高于 50 ℃时臭氧在水中的溶解度就会减少 50%，在高温条件下臭氧在水中的溶解度降低，不利于氧化效率的保障。因此，需要采取有效措施来提高臭氧在料液中的溶解度。

臭氧在料液中的溶解度与臭氧的传质效率和压力有关。①提高传质效率，可增加臭氧和反应物的接触面积，使臭氧与 Fe^{2+} 充分反应，有利于促进反应物向产物转化，从而促使臭氧不断溶于料液中，以补充反应物浓度。传质效率与氧化效率之间相辅相成，互相促进，因此，提高传质效率即可提高氧化效率。②对于一定体积的气体，提高气体的压力即能提高臭氧分压，臭氧分压的增加可提高臭氧在料液中的溶解度，从而可以提高氧化效率。

5.2.1.5　不同压力对氧化剂溶解度的影响

根据上述实验结果，臭氧在水中的溶解度随温度升高而降低，为提高臭氧在水中溶解度，本实验通过设定不同压力条件，提高臭氧分压，考察压力对臭氧溶解度的影响。分别设反应压力为 0.1 MPa、0.15 MPa、0.2 MPa、0.25 MPa、0.3 MPa，温度设为 85 ℃，将臭氧通入水中，用碘量法测定水中的臭氧浓度，以考察不同压力下臭氧在水中的溶解度。实验结果如图 5-18 所示。

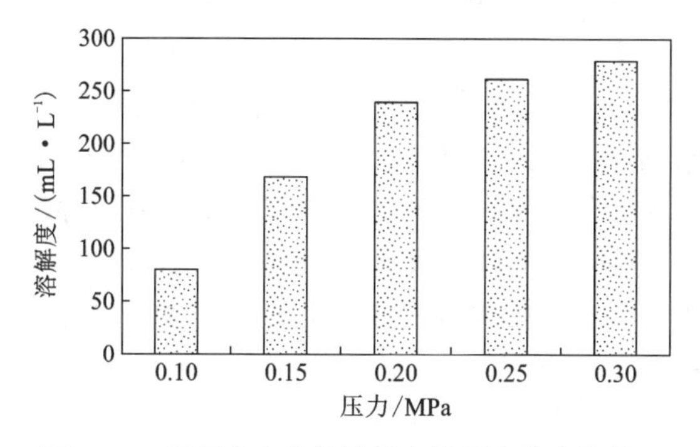

图 5-18　臭氧在水中的溶解度随压力的变化情况

由上述实验结果可看出：随压力的增加，臭氧在水中的溶解度显著增加，当压力增至 0.2 MPa 时，若继续增加压力，臭氧溶解度增加缓慢。结合经济等其他影响因素，本实验确定 0.2 MPa 为最佳反应压力，此时臭氧溶解度比 0.1 MPa 时增加了约 2 倍，效果显著。因此，增加压力是提高臭氧溶解度的有效方法。

5.2.2 树脂除铁原理

5.2.2.1 树脂除铁机理

氯化铝属强酸弱碱盐，溶液呈酸性，且存在大量的氯离子，在粉煤灰提铝系统内料液温度最高可达 80 ℃。在不改变料液环境的前提下，将少量的铁离子从氯化铝溶液中去除，其难度相对较大，所以要研制出适合粉煤灰提铝系统环境下的除铁树脂。

氯化铁属于路易斯酸类型的化合物，与氯离子结合形成阴络合离子，具体如下：

$$FeCl_3+Cl^- \longrightarrow FeCl_4^-$$

可选用阴离子树脂开展除铁研究(如弱碱类离子交换树脂或强碱类离子交换树脂)。称量 2 g 弱碱性阴离子交换树脂做静态研究，并将其放入已知铁离子浓度的 100 mL 氯化铝粗液中，在 80 ℃下，在摇床上振荡 2 h，滤去溶液中树脂，检测氯化铝溶液中的铁离子含量。

结果表明，该类树脂能够有效地吸附四氯合铁，树脂对四氯合铁的选择性相对较高。但树脂对铁的吸附量低于理论值，处理料液的体积较小且吸附速率较低，树脂耗量高，因此，需要对强碱性阴离子交换树脂进行改进。主要包括：①树脂对铁吸附量的提高；②树脂选择性的提高；③树脂吸附速率的提高；④树脂的耐温性及在高温下使用寿命的延长等。

1. 树脂吸附量的提高

树脂吸附性能主要由其附带的官能团决定，树脂吸附量的提高需从提高树脂中官能团对四氯合铁的选择吸附性和有效官能团负载量两方面进行。

2. 树脂选择性的提高

目前，对铁的络合阴离子具有较强吸附性能的官能团主要有强碱性基团，如季铵类、磷酸酯类(如磷酸三丁酯等)、氨基磷酸、氨基吡啶等。因此，树脂选择性的提高主要通过不同官能团对树脂进行修饰，提高树脂对四氯合铁的选择性，优选出对四氯合铁吸附性能最高的官能团，并对树脂性能进行改进与筛选。

例如：LSD-396-Fe 除铁树脂为季铵型的阴离子交换树脂，带有正电荷，其结构式如图 5-19 所示。

在酸性(含有盐酸)的氯化铝溶液中，部分三氯化铁($FeCl_3$)以配合物的形式存在，其反应为：

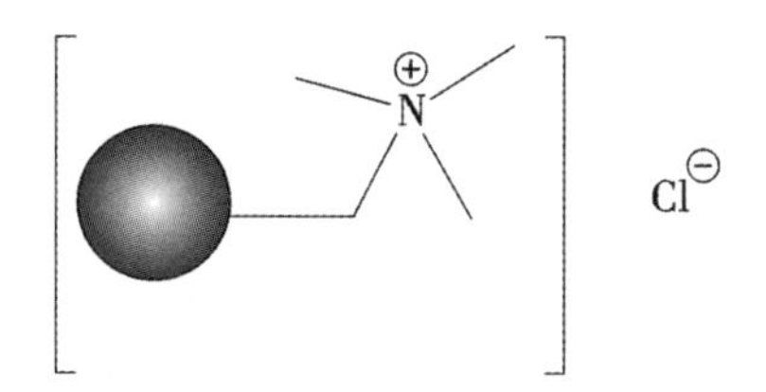

图 5-19　LSD-396 树脂结构

$$FeCl_3+Cl^- \longrightarrow [FeCl_4]^-$$

溶液中氯离子(Cl^-)浓度越高，越有利于$[FeCl_4]^-$形成。根据阴离子交换树脂一般的交换原理可知，离子半径越大，电荷数越高，越容易与离子交换树脂发生交换。根据这一原理，在酸性的氯化铝溶液中，除铁树脂与$[FeCl_4]^-$、Cl^-发生离子交换的顺序依次为：$[FeCl_4]^->Cl^-$。

除铁树脂吸附铁离子机理如图 5-20 所示。

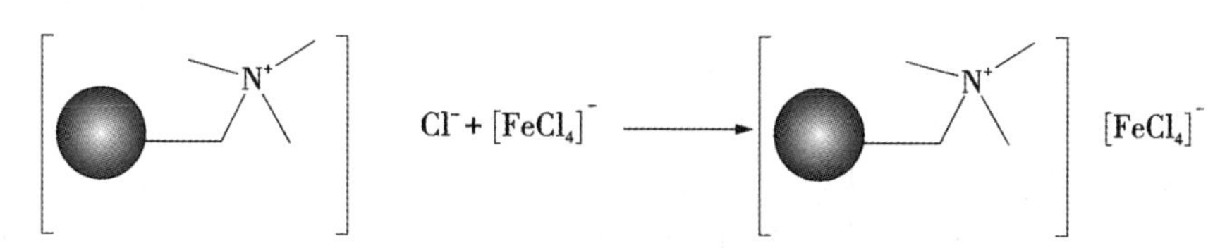

图 5-20　除铁树脂吸附机理

首先，酸浸液中 $FeCl_3$ 和 Cl^- 形成$[FeCl_4]^-$配合物，然后带有负电荷的$[FeCl_4]^-$配合物与带有正电荷的树脂形成新的配合物，完成树脂的吸附过程。待树脂饱和后，采用稀酸对树脂进行再生。稀酸中氯离子浓度较低，$[FeCl_4]^-$配合物分解成 $FeCl_3$和 Cl^-从树脂上脱附下来，完成了树脂的再生过程。

溶液中氯离子越高，越有利于铁离子的吸附。实际生产过程中应该控制酸浸液中氯化铝浓度。

5.2.2.2　树脂选择与制备

1. 氯甲基化树脂的制备

1)原料

油相，苯乙烯 92 g，二乙烯苯 8 g，甲苯 60 g，BPO 0.8 g；水相，羟乙基纤维素 0.2 g，羧甲基纤维素 0.2 g，明胶 0.5 g，相对密度为 1.13 g/cm^3 的盐水 300 mL，0.1%的次甲基蓝溶液 3 mL。

2)投料过程

将配制完成的水相升温至 45 ℃，保温 3 h，使药品充分溶解后，将配制好的油相倒入水相中，静置 15 min 后，将搅拌速率调至适宜范围促进成球，升温至 55 ℃，保温 3 h，再升温至 75 ℃保温 8 h 结束反应。将反应后球珠过滤，用石油醚、丙酮洗涤，最后水洗即得树脂白球-1。

3）白球氯甲基化反应

将树脂白球-1 烘干至含水 3%以下，称取 100 g 干白球投入反应釜中，加入 700 mL 氯甲醚及 100 g 无水氯化锌，回流冷凝 42 ℃保温反应 15 h，之后将母液抽滤，用水洗涤 3 次，滤干后即得氯甲基化树脂-2。

2. 官能团化树脂制备

季铵化：称取 100 g 氯甲基化树脂-2，投入反应釜中，加入 200 mL 二氯乙烷溶液，再加入 200 mL 三甲胺溶液，搅拌，回流保温反应 8 h，之后滤干母液，加入水并煮出二氯乙烷后过滤出树脂，经酸洗涤、碱洗涤后即得季铵树脂-3。

叔胺化：称取 100 g 氯甲基化树脂-2，投入反应釜中，加入 200 mL 二氯乙烷溶液，再加入 200 mL 二甲胺溶液，搅拌，回流保温反应 16 h，之后滤干母液，加入水并煮出二氯乙烷后过滤出树脂，经酸洗涤、碱洗涤后即得叔胺树脂-4。

氨基吡啶化：称取 100 g 氯甲基化树脂-2，投入反应釜中，加入 200 mL 甲苯，再加入 100 g 2-氨基吡啶，搅拌，回流保温反应 20 h，之后滤干母液，加入水并煮出甲苯后过滤出树脂，经酸洗涤、碱洗涤后即得氨基吡啶树脂-5。

氨基膦酸化：称取 100 g 氯甲基化树脂-2，投入反应釜中，加入 200 mL 乙酸乙酯，再加入 180 g α-氨基膦酸，搅拌，回流保温反应 20 h，之后滤干母液，加入水并煮出甲苯后过滤出树脂，经酸洗涤、碱洗涤后即得氨基膦酸树脂-6。

3. 磷酸三丁酯萃淋树脂的制备

1）原料：

油相：苯乙烯 92 g，二乙烯苯 8 g，磷酸三丁酯 100 g，BPO 0.8 g；水相：羟乙基纤维素 0.2 g，羧甲基纤维素 0.2 g，明胶 0.5 g，相对密度为 1.13 g/cm^3 的盐水 300 mL，0.1%的次甲基蓝溶液 3 mL。

2）投料过程：

将水相配制完成后，升温至 45 ℃保温 3 h，使其充分溶解后，停止搅拌，将配制好的油相倒入水相中，静置 15 min 后开启搅拌。调节搅拌速度，保证球珠合适粒度后，升温至 55 ℃，保温 3 h。之后升温至 75 ℃保温 8 h 结束反应。将反应后球珠过滤，水洗即得磷酸三丁酯萃淋树脂-7。

4. 官能团性能评价

料液配制：根据粉煤灰酸法提铝项目料液中氯化铝及氯化铁的含量，配制模拟料液，氯化铝浓度为 220 g/L，铁离子浓度为 3.3 g/L，pH 调整为 1.4。

应用研究：取上述制备的各种树脂 100 mL，分别装入交换柱中，将配制好的料液以 1 bv/h 的流速流经树脂柱，料液温度为 80 ℃。每 1 h 取一次树脂柱流出液，测试料液中铁离子含量，其结果如表 5-17 所示。

表 5-17　不同官能团树脂对料液中铁离子的处理速率

bv	料液中铁离子残留量/($g \cdot L^{-1}$)				
	季铵树脂-3	叔胺树脂-4	氨基吡啶树脂-5	氨基膦酸树脂-6	萃淋树脂-7
5	0	0	0	2.3	0
10	0	0	0.35	3.19	0
15	0	0	1.43	3.23	1.02
20	0.56	0.79	2.97	3.29	2.4
25	2.19	2.32	3.25	3.29	3.3
30	3.29	3.28	3.29	3.29	3.3

由表 5-17 数据可看出，季铵树脂-3 对铁具有较好的处理能力；而氨基磷酸树脂对铁尽管有吸附能力，但因大量铝离子的存在，故对铁的处理能力有限；叔胺树脂-4、氨基吡啶树脂-5 及萃淋树脂-7 均对溶液中的铁具有去除能力，但与季铵树脂-3 相比，其处理能力较弱，故氯化铝溶液中除铁的树脂选择季铵树脂-3。

5.2.3　除磷除硅原理

药剂对 P 的吸附量随反应时间的变化见图 5-21。

由图 5-21 可知，在前 5 min，药剂吸附速度很快，随着反应时间的增加，吸附在 10 min 时基本上达到了平衡。但为了使吸附更完全，工业化生产过程中吸附时间设计为 30 min。多种拟合模型都可以描述连续吸附过程的瞬时行为，本节采用了准一级和准二级动力学模式对实验数据进行拟合来研究二氯氧化锆药剂对 P 吸附的动力学机理。

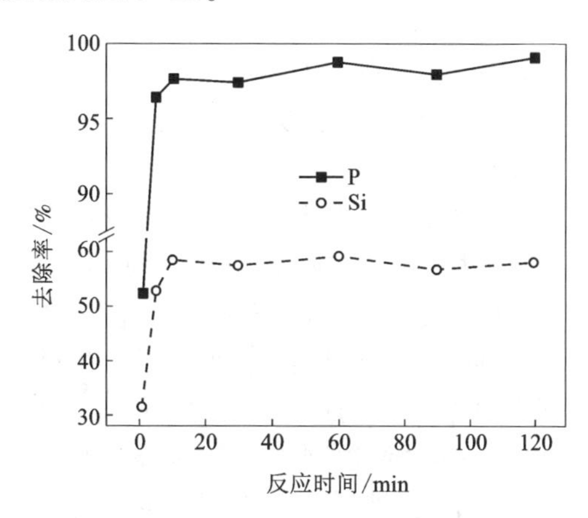

图 5-21　反应时间对 P 去除率的影响

准一级动力学方程可以表示为：

$$q_t = q_e(1 - e^{-k_1 t})$$

式中：q_e 和 q_t 分别为平衡时间、时间 t 时的吸附容量，mg/g；k_1 为准一级动力学反应速率常数，min^{-1}。

准二级动力学方程表示为：

$$q_t=\frac{q_e^2 k_2 t}{1+q_e k_2 t}$$

式中：k_2 为准二级动力学反应速率常数，g/(mg·min)。

除钙精制液的 pH 为 2~3，在这种条件下，磷酸盐主要以 $H_2PO_4^-$ 形式存在。二氯氧化锆溶于水，表面含有丰富的羟基官能团，对水中阴离子的吸附主要为羟基与阴离子之间发生的配位交换和静电的相互作用。在低的 pH 条件下，由于吸附剂表面的羟基官能团质子化带有正电荷，磷酸根阴离子能够通过静电力的作用与吸附剂形成一种外层的配合物，从而固定在吸附剂表面，即发生反应：

$$\equiv M—OH_2^+ + H_2PO_4^- \longrightarrow \equiv(M—OH_2^+)(H_2PO_4)^-$$

图 5-22 和表 5-17 给出了准一级和准二级动力学拟合的结果。准一级拟合的相关系数为 0.998，要高于准二级拟合系数 0.911，并且准一级拟合的理论平衡时吸附量(106.28 mg/g)与实验计算结果(106.73 mg/g)几乎一致。因此准一级动力学方程更适合于描述二氯氧化锆对磷的吸附行为，说明二氯氧化锆对磷的吸附以物理吸附作用为主，不涉及吸附剂与吸附质之间的电子共用或电子转移，这也与上述解释相符合。

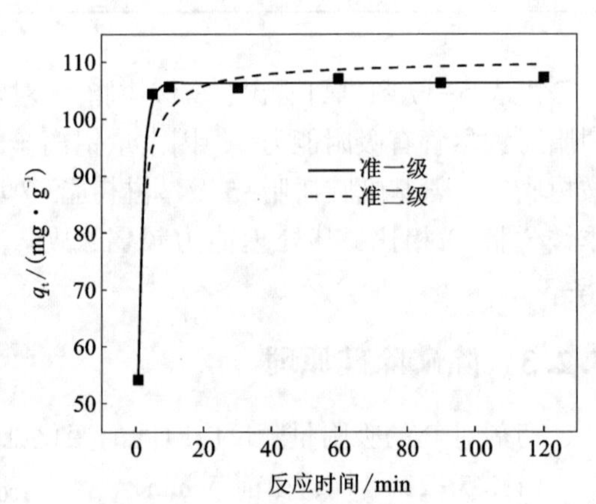

图 5-22　二氯氧化锆吸附 P 的准一级和准二级动力学模式

由实验数据可以得出，二氯氧化锆在酸浸液中对磷的吸附容量远远大于已报道的吸附材料，Chubar 用溶胶-凝胶法合成的水合氧化锆对磷酸盐的最大吸附量约为 40 mg/g；Chitrakar 合成出无定形的氢氧化锆，考察其对海水和模拟废水中磷的处理效果，结果表明其对磷酸盐的最大吸附量分别为 10 mg/g、17 mg/g；Liu 等利用固相反应合成中孔结构氧化锆，对磷酸盐的吸附量为 29.71 mg/g。由此看来，在“一步酸溶法”粉煤灰提取氧化铝工艺体系中，二氯氧化锆对磷有较大的吸附容量，并且在吸附磷的基础上对硅也有一定的吸附作用。

通过对准一级和准二级动力学模型拟合(拟合参数如表 5-18 所示)可知，二氯氧化锆对磷的吸附行为符合准一级动力学模式，说明二氯氧化锆对磷的吸附以物理吸附作用(静电吸附)为主，并且该吸附剂对磷有较高的吸附容量，平衡吸附容量达到 106.73 mg/g，优于已报道吸附材料对磷的吸附容量。

表 5-18　二氯氧化锆吸附 P 的准一级和准二级动力学拟合参数

准一级			准二级		
$q_e/(mg\cdot g^{-1})$	K_1/min^{-1}	R^2	$q_e/(mg\cdot g^{-1})$	$K_2/(g\cdot mg^{-1}\cdot min^{-1})$	R^2
106.28	0.715	0.998	110.16	0.01	0.911

5.3　氯化铝溶液净化影响因素分析

5.3.1　高效氧化影响因素分析

5.3.1.1　料液浓度对高效氧化剂氧化能力的影响

在料液温度一定的情况下，应选取不同初始浓度料液进行高级氧化反应，进气流量均设为 1 L/min，臭氧浓度为 39 mg/L，进料流量为 3.9 L/h。根据实验原理计算料液铁离子含量最多条件下的臭氧投加量。臭氧投加量=进气流量×臭氧浓度/进料流量，即臭氧投加量为 600 mg/L，气体浓度控制温度均为 80 ℃。经过前期调研，料液中的亚铁离子浓度为 1.5～3 g/L，故选取初始浓度为 1.56 g/L、1.94 g/L、2.17 g/L、2.63 g/L、2.98 g/L 5 个浓度点进行考察，在相同的操作条件及臭氧投加量下，考察不同初始浓度氧化反应速率常数。通过反应速率常数表征高效氧化剂的氧化能力。不同初始料液浓度下高效氧化剂的浓度如表 5-19 所示。

表 5-19　不同初始料液浓度下高效氧化剂的浓度　单位：mg/L

反应时间	1560	1940	2170	2630	2980
5 min	1120	1532	1699	2159	2491
10 min	711	1073	1229	1773	1982
15 min	333	591	759	1222	1424
20 min	0	214	288	723	864
25 min		0	0	234	344
30 min				0	0

根据反应记录表做各不同初始浓度下的动力学拟合曲线，其反应动力学符合标准零级反应，故动力学方程斜率为反应速率常数。根据各浓度下的动力学拟合

曲线，可得出反应速率常数。当料液中亚铁离子浓度为 0 时，所得结果如表 5-20 所示。

表 5-20　不同初始浓度下反应时间及速率常数

亚铁离子初始浓度/($mg \cdot L^{-1}$)	1560	1940	2170	2630	2980
反应终点时间/min	18.88	22.18	23.06	27.64	28.30
反应速率常数/($mg \cdot L^{-1} \cdot min^{-1}$)	81.8	87.86	94.08	96.23	106.39

由表 5-20 数据可知，反应速率常数随浓度的增加逐渐增加，可见料液初始浓度较高的情况下，反应速率较大，这是由于浓度大，分子间碰撞加剧，促进了氧化反应的进行。

5.3.1.2　料液温度对高效氧化剂氧化能力的影响

在料液温度一定的情况下，选取相同的亚铁初始浓度 2170 mg/L，对不同温度的料液进行高级氧化反应，进气流量均设为 1 L/min，臭氧浓度为 12.1 mg/L，进料流量 3.9 L/h，臭氧投加量为 600 mg/L。选取 80 ℃、85 ℃、90 ℃、95 ℃ 4 个温度值下的料液进行氧化反应。在相同的操作条件及臭氧投加量下，考察不同温度料液的氧化反应速率常数。通过反应速率常数表征高效氧化剂的氧化能力。

根据表 5-21 的数据绘制不同初始浓度下的动力学拟合曲线，其反应动力学符合标准零级反应，故动力学方程斜率为反应速率常数。根据拟合曲线可得出不同反应温度下的反应速率常数。当料液中亚铁离子浓度为 0 时，计算出反应终点时间，所得数据如表 5-22 所示。

表 5-21　不同温度下高效氧化剂的浓度　　单位：mg/L

反应时间	80 ℃	85 ℃	90 ℃	95 ℃
0 min	2170	2170	2170	2170
5 min	1699	1542	1463	1312
10 min	1229	1129	931	862
15 min	759	682	432	321
20 min	288	210	0	0
25 min	0	0		

表 5-22　不同温度下反应时间及速率常数

反应温度/ ℃	80	85	90	95
反应终点时间/min	23.06	21.99	18.37	17.22
反应速率常数/($mg\cdot L^{-1}\cdot min^{-1}$)	94.08	95.6	114.92	119.94

由表 5-22 中的数据可知反应速率常数随温度的增加逐渐增加，可见温度较高的情况下，反应速率较大。理论上讲，当温度升高时，气体在液体中溶解度会下降，会降低其反应速率；但对于放热反应来说，温度升高，会增加其反应速率，两效应产生对抗，最终表观结果是，温度升高，反应速率增加，有利于氧化反应。

5.3.1.3　臭氧氧化剂适应性

研究的氧化剂应用在粉煤灰酸法提铝工艺中产品除杂工段，处理对象为高酸(pH<1)、高温(80~100 ℃)、高盐(氯化铝浓度为 200~300 g/L)的溶出料液。针对实际生产工况条件和臭氧特性，虽然臭氧氧化剂具有较强的氧化能力，但是臭氧氧化剂在高温、高酸、高盐体系下与常规状态下的氧化能力存在着差距，因此，需要对臭氧氧化剂在实际工况即高酸、高温、高盐条件下的适应性进行研究。

1. 高温、高酸、高盐条件下高效氧化剂的氧化能力

模拟料液由氯化亚铁、盐酸配制，所配溶液 pH<1，总盐浓度为 220 g/L，温度为 85 ℃，以 FeO 计亚铁含量为 2170 mg/L，根据原液样本成分比例往模拟料液中等比例投加氯化钙、氯化镁，达到高盐度条件。所取料液为 2.5 L，臭氧进气量为 4 g/h，流量为 1 L/min。

反应时间与去除率拟合曲线如表 5-23 所示。

表 5-23　高温、高酸、高盐条件下高效氧化剂氧化能力

反应时间 /min	溶液 FeO 残余量 /($mg\cdot L^{-1}$)	FeO 累计去除量 /($mg\cdot L^{-1}$)	去除率 /%	臭氧投加量 /($mg\cdot L^{-1}$)
0	2170	0	0	0
7.25	1350	820	37.8	193
11.5	1050	1120	51.6	306.
15	725	1445	66.6	400
18.75	375	1795	82.7	500
30	0	2170	100	800

从表 5-23 可看出：反应进行到 30 min 时，检测不到亚铁离子，Fe^{2+}去除率与反应时间拟合后呈良好的线性关系，R^2 为 0.994(图 5-23)。通过数据的拟合结

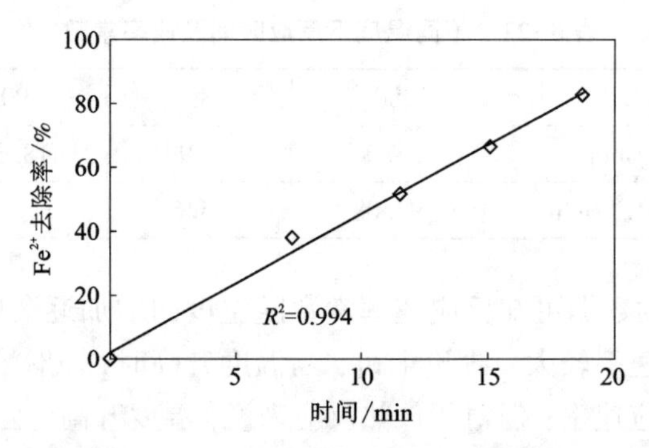

图 5-23　高温、高酸、高盐条件下 Fe^{2+} 去除率随时间的变化曲线

果，计算出去除率为100%时，完全反应的时间是22.50 min。亚铁离子全部去除需要的臭氧投加量约为600 mg/L。经过反应动力学计算，得出反应速率常数为94.069 mg/(L·min)。

2. 常温、高酸、高盐条件下高效氧化剂的氧化能力

模拟料液由氯化亚铁、盐酸配制，所配溶液 pH<1，总盐浓度220 g/L，温度为常温，以FeO计亚铁含量2170 mg/L，根据原液样本成分比例往模拟料液中等比例投加氯化钙、氯化镁，达到高盐度条件。所取料液为2.5 L，臭氧进气量为4 g/h，流量为1 L/min。

从表5-24可看出：反应进行到25 min时，检测不到亚铁离子，Fe^{2+}去除率与反应时间拟合后呈良好的线性关系，R^2 为0.999。如图5-24所示，通过数据的拟合结果，计算出去除率为100%时，完全反应的时间为19.97 min，亚铁离子全部去除需要的臭氧投加量约为520 mg/L。通过反应动力学计算，得出反应速率常数为107.68 mg/(L·min)，较高温、高酸、高盐下的反应速率常数94.069 mg/(L·min)有所增加，增加比例约为14.5%。

表 5-24　常温、高酸、高盐条件下高效氧化剂氧化能力

反应时间 /min	溶液 FeO 残余量 /(mg·L^{-1})	FeO 累计去除量 /(mg·L^{-1})	去除率 /%	臭氧投加量 /(mg·L^{-1})
0	2170	0	0	0
5	1597	573	26.4	133
10	1061	1109	51.1	266
15	527	1643	75.7	400
20	13	2157	99.4	533
25	0	2170	100	667

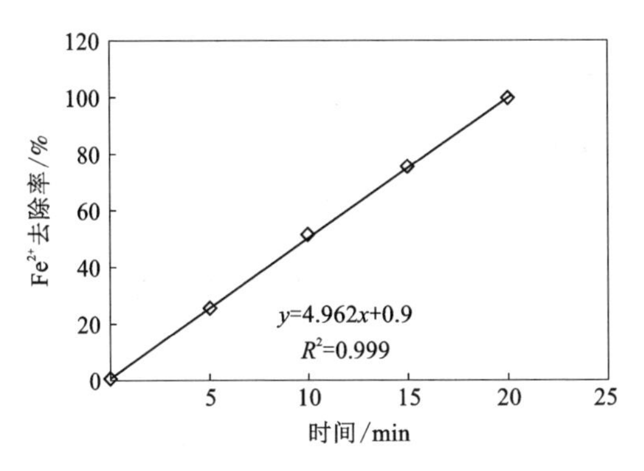

图 5-24　常温、高酸、高盐条件下 Fe^{2+} 去除率随时间的变化曲线

这表明，在常温条件下，表观的反应速率会增加。温度对此反应的影响包括两个方面：一方面，温度升高，反应会加快进行；另一方面，温度升高，臭氧会加速分解，其溶解度也会下降。综合来讲，针对本体系高温对臭氧的溶解度造成的影响大于高温对反应速率造成的影响。因此，温度升高，臭氧氧化速率下降。

3. 高温、低酸、高盐条件下高效氧化剂的氧化能力

模拟料液由氯化亚铁、盐酸配制，所配溶液 pH<3，总盐浓度 220 g/L，温度为 85 ℃，以 FeO 计亚铁含量 2170 mg/L，根据原液样本成分比例往模拟料液中等比例投加氯化钙、氯化镁，达到高盐度条件。所取料液为 2.5 L，臭氧进气量为 4 g/h，流量为 1 L/min。

由表 5-25 可看出：反应进行到 25 min 时，检测不到亚铁离子，Fe^{2+} 去除率与反应时间拟合后呈良好的线性关系，如图 5-25 所示，R^2 为 0.995。通过数据的拟合结果，计算出去除率为 100%时，完全反应的时间为 21.54 min，亚铁离子全部去除需要臭氧投加量约为 570 mg/L。反应速率常数为 102.68 mg/(L·min)，较高温、高酸、高盐下的反应速率常数 94.069 mg/(L·min) 有所增加，增加比例约为 9.2%。这表明，在低酸条件下，表观的反应速率会增加，说明酸度的增加不利于反应的进行，会降低反应速率。

表 5-25　高温、低酸、高盐条件下高效氧化剂氧化能力

反应时间 /min	溶液 FeO 残余量 /(mg·L^{-1})	FeO 累计去除量 /(mg·L^{-1})	去除率 /%	臭氧投加量 /(mg·L^{-1})
0	2170	0	0	0
5	1672	498	22.9	133
10	1198	972	44.8	266
15	728	1442	66.4	400

续表5-25

反应时间/min	溶液 FeO 残余量/(mg·L^{-1})	FeO 累计去除量/(mg·L^{-1})	去除率/%	臭氧投加量/(mg·L^{-1})
20	75	2095	96.5	533
25	0	2170	100	667

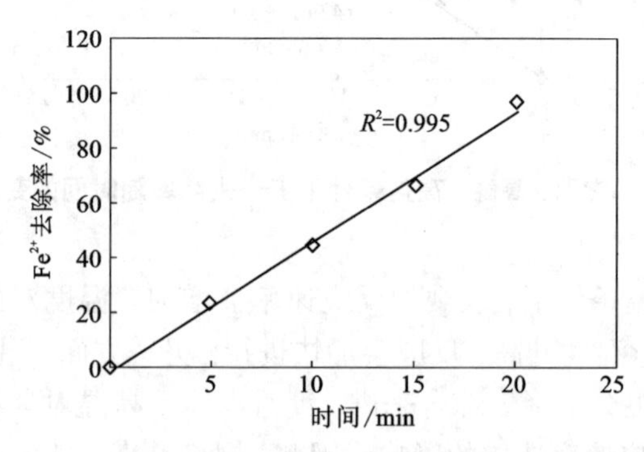

图 5-25　高温、低酸、高盐条件下 Fe^{2+} 去除率随时间的变化曲线

4. 高温、高酸、低盐条件下高效氧化剂的氧化能力

模拟料液由氯化亚铁、盐酸配制，所配溶液 pH<1，总盐浓度 0.5 g/L，温度为 85 ℃，以 FeO 计亚铁含量 2170 mg/L，低盐条件下则不再往模拟料液中添加任何盐分。所取料液为 2.5 L，臭氧进气量为 4 g/h，流量为 1 L/min。

从表 5-26 可看出：反应进行到 25 min，检测不到亚铁离子，Fe^{2+} 去除率与反应时间拟合后呈良好的线性关系，如图 5-26 所示，拟合 R^2 为 0.996。通过数据的拟合结果，计算出去除率为 100%时，完全反应的时间为 21.36 min，反应速率常数为 102.9 mg/(L·min)，较高温、高酸、高盐下的反应速率常数 94.069 mg/(L·min)有所增加，增加比例为 9.4%。这表明，在低盐条件下，表观的反应速率会增加，说明盐度的增加不利于反应的进行，会降低反应速率。

表 5-26　高温、高酸、低盐条件下高效氧化剂氧化能力

反应时间/min	溶液 FeO 残余量/(mg·L^{-1})	FeO 累计去除量/(mg·L^{-1})	去除率/%	臭氧投加量/(mg·L^{-1})
0	2170	0	0	0
5	1662	508	23.4	133
10	1187	983	45.3	266
15	713	1457	67.1	400
20	72	2098	96.7	533
25	0	2170	100	667

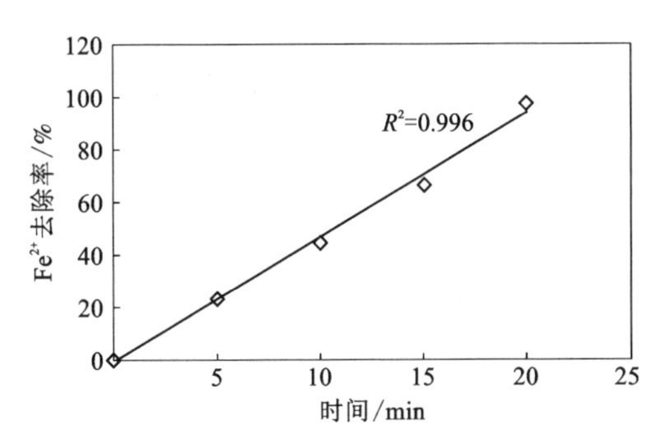

图 5-26　高温、高酸、低盐条件下 Fe^{2+} 去除率随时间的变化关系

将温度、酸度和盐度三种影响因素对臭氧氧化亚铁离子的氧化能力进行对比，如图 5-27 所示，以反应速率常数来表征，其值分别降低了 14.5%、9.2%、9.4%。臭氧的氧化能力有所下降，但是影响在可接受的范围内，由此可说明高效氧化剂在高温高酸高盐体系下具有一定的适应性，对亚铁离子具有良好的氧化能力。

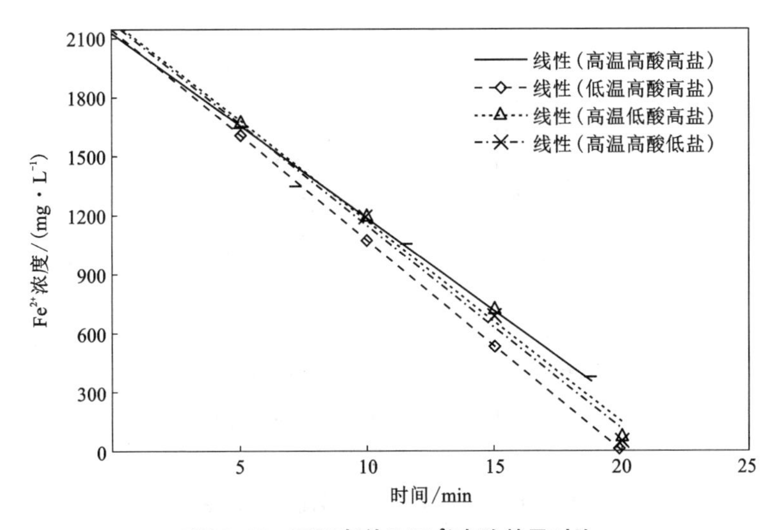

图 5-27　不同条件下 Fe^{2+} 去除效果对比

5.3.1.4　反应装置基本结构、形式

反应器的几何结构会对流体流动和传递特性参数产生影响。图 5-28 为多种气液相反应器的结构，表 5-27 列出了不同反应器结构的优缺点。

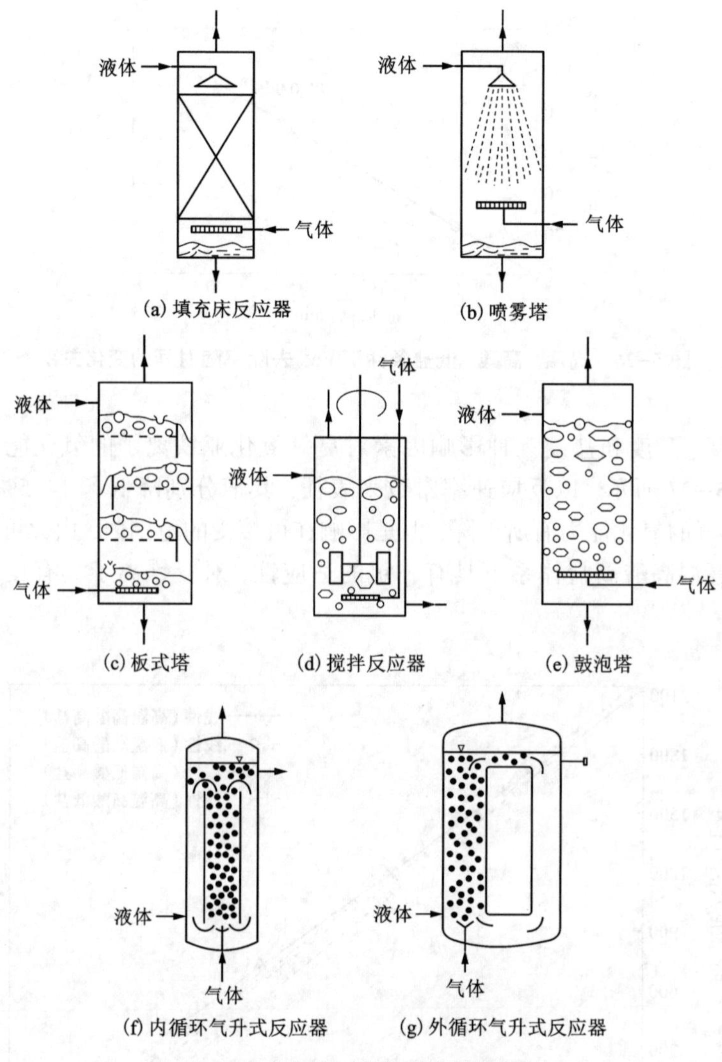

(a) 填充床反应器 (b) 喷雾塔
(c) 板式塔 (d) 搅拌反应器 (e) 鼓泡塔
(f) 内循环气升式反应器 (g) 外循环气升式反应器

图 5-28　几种气液相反应器的结构

表 5-27　不同类型反应器优缺点比较

反应器类型	适用体系	流动方式	优点	缺点
填充床反应器	适用于处理高气量、低液量过程	液体自上向下，气体可并流、可逆流	并流优于逆流，塔内持液量少，液体返混程度低，结构简单	液体负荷变化敏感，压差范围小

续表5-27

反应器类型	适用体系	流动方式	优点	缺点
喷雾塔	适用于受气膜控制的瞬间快速反应	气体为连续相，液体为分散相	持液量小，结构简单	应用范围有限
板式塔		气体为分散相，液体为连续相	气液传质系数大，液相轴向返混程度小，温度易控	持液量大，压降大，气液传质表面积小
搅拌反应器	适应于多相反应	混合流	气液接触面积大	多采用多釜串联，成本较高
鼓泡塔	应用广泛	逆向流，液体从上至下，气体从下至上	结构简单，造价低，易控制，易维修，可适用于高压体系	液体返混，气泡聚并，但通过加入填料可以克服
内循环气升式反应器	适用于大型设备	液体循环流动，气体由下而上	具有液体循环流动特性，抑制气泡并聚，液相传质系数大于外循环式；结构简单，造价低，能耗低	液体循环速度小于外循环式
外循环气升式反应器	适用于大型设备	液体循环流动，气体由下而上	液体循环速度较内循环式大	液相传质系数小于内循环式

在以上气液反应器中，鼓泡塔、气升式反应器和搅拌釜的应用最为广泛，表 5-28 对这 3 种反应器进一步做了简单明了的比较。具体选择时，应结合气液反应的特点，对速率控制步骤和化学反应的特性等进行综合考察。通常情况下，相界面积的大小和液含率的高低是选择气液反应器类型的主要技术指标，此外还要考虑设备的投资、系统的返混状况和耐腐蚀情况等。要权衡各方面的情况，根据具体要求选择最优的反应器类型。

表 5-28　鼓泡塔、气升式反应器和搅拌釜对比分析

对比项目	鼓泡塔	气升式反应器	搅拌釜
结构	简单	较简单	较复杂
有无活动部件	无	无	有
占地面积	小	小	较大

续表5-28

对比项目	鼓泡塔	气升式反应器	搅拌釜
传热	较好	优	较差
传质	好	好	优
灵活性	中	好	优
催化剂悬浮	较好	好	优
返混	气液相都比较大	液相大，气相小	液相大，气相较小

从上述对比可看出，搅拌釜结构较复杂、有活动部件并且占地面积较大，本反应装置所处理的对象为高温、高酸危险料液，活动部件存在漏液的危险，反应装置结构越复杂，就越容易出现问题。从经济上讲，占地面积越大，基建投资越大。因此，新型氧化装置采用鼓泡塔反应器。

5.3.1.5 Fluent 软件模拟氧化反应器内部流态

1. 氧化反应装置模型尺寸

为提高氧化反应装置的整体性，满足防渗、防漏等要求，采用有机玻璃等制作氧化反应装置。氧化反应器模型的示意图如图 5-29 所示。

模型的有效高度为 1.8 m，直径为 0.42 m。反应器为圆柱体，底部法兰盘上装有微孔曝气头，曝气头直径为 2 cm，曝气孔孔径尺寸为 0.05 mm。底部开有进气孔，该进气孔与曝气头相连，模型设计其料液处理能力为 0.5 m^3/h。

2. 氧化反应器流体力学模拟

流体力学模拟主要是为了考察气态氧化剂在反应器内的分布情况，其底部为进气口，反应器的整个顶部水面以上设为出气的出口。进口设为速度入口，出口设为压力出口。

氧化反应器 Fluent 软件模拟初始条件如下：主相为氧化铝料液液相，静态不进出。第二相为气相，曝气头位于曝气流化床的底部正中间，气体从底部进入，然后上升到流化床顶部分离区溢出。

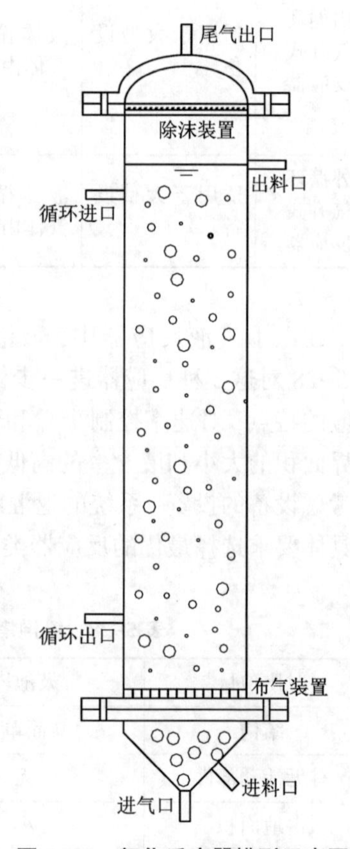

图 5-29 氧化反应器模型示意图

模型模拟的主要目的是考察进气时，是否减少了水力死区。模拟采用 mixture 模型非稳态求解，其曳力系数、相间升力等采用 Fluent 软件自带的默认值。网格数量为 157699 个，经检查网格大小合适，没有尖锐度过高的网格存在。模拟运行时间 $t=100$ s，模拟得到速度分布图、压力分布图，气相分布图等(图 5-30～图 5-32)。

1)氧化反应器模型的速度分布

从图 5-30(a)～(d)可以看出，在设定的进气流量条件下，氧化反应器中的混合强度明显比较强。

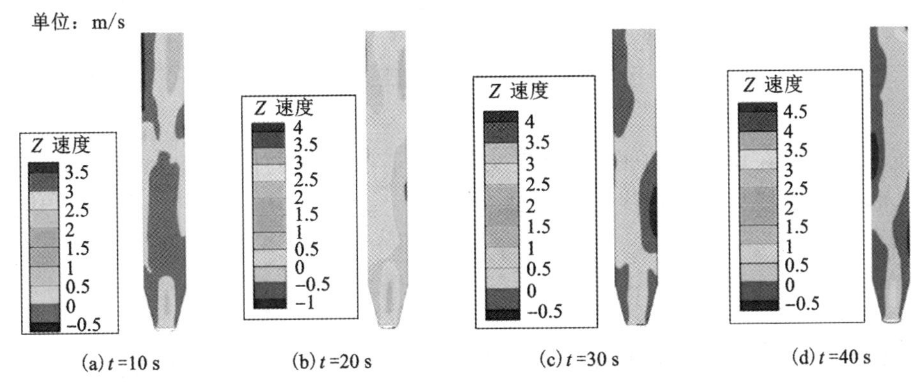

图 5-30　氧化反应器内速度分布图

从图 5-30 可以看出，随着时间的变化，反应器内部死区逐渐减少。40 s 后，反应器内部的状态趋于稳定，死区面积处于最小的状态。但是在边壁区域仍然存在一些流速为零的区域，需要在下一步的反应器设计中进行优化。

2)氧化反应器模型的压力分布

从图 5-31(a)～(d)可以看出，氧化反应器内部压力分区数量较少，底部的压力值最大，顶部的压力最小，与正常状况下的静压分布基本相同。但是在反应器的中部仍然存在低压团，这可能是由氧化铝精液的黏度大造成的，致使部分气泡聚合滞留。

3)氧化反应器模型的气相含率

气体充入氧化反应器中，其分布的均匀性是影响反应效率的重要指标。根据氧化剂氧化的基本原理，气态氧化剂进入反应器后能够均匀地快速反应，但是由于通入气体中氧化剂的含量比较低，只有 10%～20%，因此在反应器内仍然存在大量的气相。随着时间的变化，气相的分布趋于稳定。从图 5-32(a)～(d)可以看出，在曝气头附近，气液分布不均，气体还没有完全分散到液体中。随着流程增加，气体逐渐分散到液体中，整个反应器的气相含率沿区域连续变化。由于氧化反应器内曝气气泡是弹状流流型，气相分散程度较差，反应器中存在气相含率

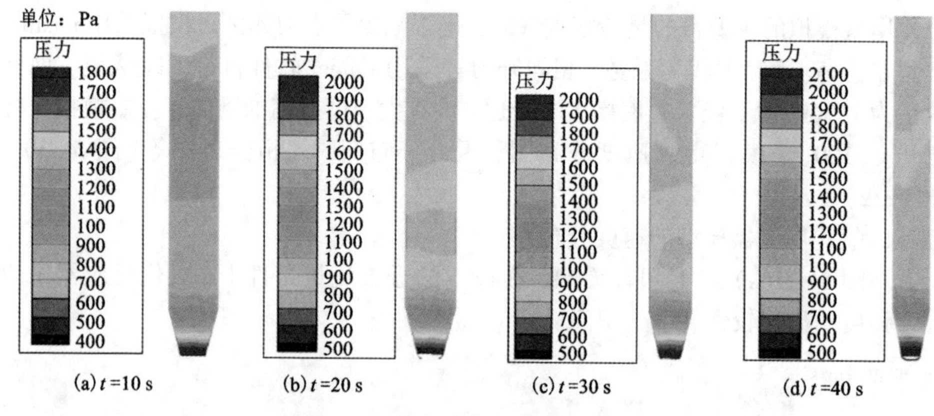

图 5-31　氧化反应器内压力分布图

很低的区域。在反应器的底部、曝气头附近，存在较大的低气相含率区，这是下一步设计中需要尽量进行优化的区域。

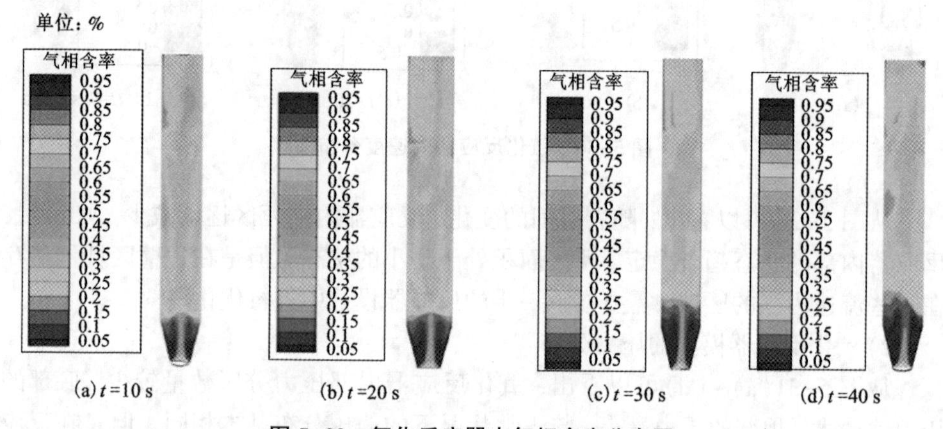

图 5-32　氧化反应器内气相含率分布图

5.3.2　树脂除铁影响因素分析

5.3.2.1　树脂结构对吸附能力的研究

树脂官能团以季铵型强碱树脂为主，通过对树脂结构的调整，探讨树脂结构对树脂除铁能力的影响。

1. 孔径大小对树脂除铁性能的影响

在白球制备过程中，选择不同的致孔剂(如液蜡、白油、汽油、甲苯等)，在交联度为8%、聚合条件相同的情况下，制得不同孔径的树脂若干种。其具体配方为：二乙烯苯 8 g，苯乙烯 92 g，致孔剂 60 g，BPO 0.8 g。致孔剂配方如表

5-29 所示，其官能团化工艺与季铵化方法相同。

表 5-29　致孔剂配方表　　单位：g

项目	树脂 1	树脂 2	树脂 3	树脂 4	树脂 5	树脂 6	树脂 7	树脂 8
甲苯	60				30	30	30	
汽油		60			30			30
白油			60			30		
液蜡				60			30	30

不同致孔剂对数值孔径的影响如表 5-30 所示。

表 5-30　树脂致孔剂对数值孔径影响表　　单位：nm

项目	树脂 1	树脂 2	树脂 3	树脂 4	树脂 5	树脂 6	树脂 7	树脂 8
孔径	93	185	296	367	110	265	321	346

用 80 ℃料液以 1 bv/h 的流速流经树脂，测试树脂流出口铁含量，得到树脂吸附性能数据如表 5-31 所示。

表 5-31　树脂孔径对数值性能影响　　单位：g/L

bv	料液中铁离子残留量							
	树脂 1	树脂 2	树脂 3	树脂 4	树脂 5	树脂 6	树脂 7	树脂 8
5	0	0	0	0	0	0	0	0
10	0	0	0	0	0	0	0	0
15	0	0	0	0	0	0	0	0
20	0. 56	0. 46	0. 36	0. 42	0. 46	0. 32	0. 46	0. 49
25	2. 19	2. 54	2. 29	2. 48	2. 36	2. 33	2. 57	2. 68
30	3. 29	3. 28	3. 26	3. 27	3. 29	3. 29	3. 29	3. 28

由表 5-31 可看出，树脂 6(孔径 265 nm 左右)的处理能力较好。

2. 交联度对树脂除铁性能的影响

交联度的增加会使树脂强度有所增加，同时会降低树脂的吸附性能。选择合适的交联度对树脂的使用有一定的影响。为获得不同交联度，在聚合时，通过改变二乙烯苯及苯乙烯的含量来调节交联度，其他配方不变(即白油 60 g，BPO 0. 8 g)，可制得不同交联度的树脂，如表 5-32 所示。

表 5-32　树脂交联度配方表

单位：g

项目	树脂 1	树脂 2	树脂 3	树脂 4	树脂 5
二乙烯苯	3	5	7	9	11
苯乙烯	97	95	93	91	89

官能团化采用季铵化的方法进行，树脂用球磨机测试，得到的圆球率如表 5-33 所示。

表 5-33　不同树脂的圆球率

单位：%

项目	树脂 1	树脂 2	树脂 3	树脂 4	树脂 5
圆球率	92. 1	94. 5	97. 8	98. 2	98. 7

对不同交联度的树脂进行吸附性能评价，其结果如表 5-34 所示。

表 5-34　交联度对树脂吸附性能的影响

单位：mg/L

bv	树脂 1	树脂 2	树脂 3	树脂 4	树脂 5
5	0	0	0	0	0
10	0	0	0	0	0
15	0. 16	0. 08	0	0	0
20	2. 19	1. 67	0. 34	0. 59	0. 76
25	3. 29	3. 15	2. 39	2. 88	2. 92
30	3. 29	3. 28	3. 27	3. 29	3. 27

从这些数据可看出，交联度在 7%以上时，其强度变化不大，而强度较大时对树脂吸附性能有一定影响，故交联度选择 7%~9%较为合适。

3. 官能团类别对树脂除铁性能的影响

季铵型官能团的制备可以选择较多的叔胺进行制备，各种叔胺具有的支链不同，其对树脂的除铁性能也会有一定的影响。白球配方为：二乙烯苯 8 g，乙烯苯 92 g，白油 60 g，BPO 0. 8 g。白球制备好后，季铵化采用原料为三甲胺、三乙胺、三正丁胺、三乙醇胺、三辛胺等叔胺进行，其制得的树脂分别称为树脂 1、树脂 2、树脂 3、树脂 4、树脂 5。用料液对树脂进行吸附性能评价，其结果如表 5-35 所示。

表 5-35　不同官能团类别的树脂对除铁性能的影响　　单位：mg/L

bv	树脂 1	树脂 2	树脂 3	树脂 4	树脂 5
5	0	0	0	0	0
10	0	0	0	0	0.07
15	0	0	0.17	0	1.02
20	0.36	0.40	1.25	0.59	3.26
25	2.29	2.37	3.14	2.89	3.29
30	3.27	3.28	3.3	3.29	3.3

从数据可看出，当叔胺上支链越长时，其处理能力越差，故季铵化官能团选择三甲胺较优。

5.3.2.2　工艺对吸附效果的影响

1. 吸附工艺

1) 进料方式

由于氯化铝溶液密度大于树脂的湿真密度，树脂在氯化铝溶液中会产生漂浮现象，影响树脂对铁的吸附。因此，在常温环境、1 bv/h 流速下对正向进料和反向进料进行对比研究，其结果如图 5-33 所示。

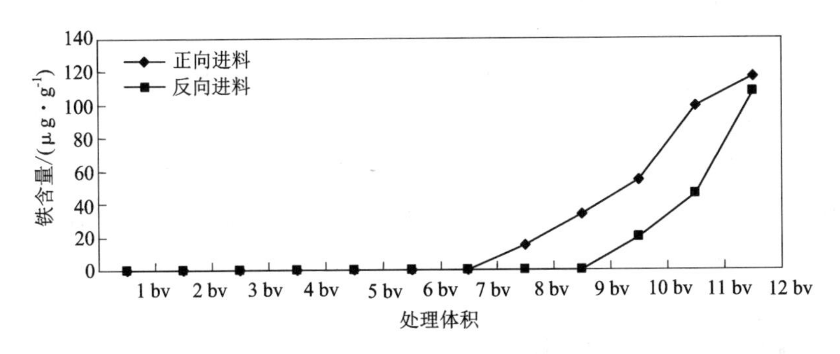

图 5-33　不同进料方式处理效果对比

从图 5-33 中可以看出，反向进料的处理量明显好于正向进料。分析认为，这主要是单柱吸附正向进料时密度相对较大，氯化铝溶液对树脂产生压实作用，降低树脂间隙，导致树脂无法与料液充分接触，引起树脂利用率及铁的处理量降低，因此单柱吸附选用反向进料的方式。

2)温度

单柱吸附采用 1 bv/h 流速反向进料，在不同温度(25 ℃、60 ℃、80 ℃)下的吸附效果如图 5-34 所示。

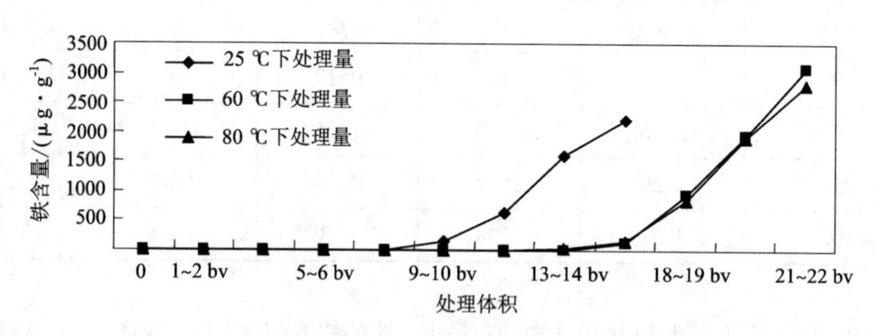

图 5-34　不同温度下的处理量

从图 5-34 可以看出，在 25 ℃下树脂的处理量相对较低，随着料液温度的升高，树脂对铁的处理量随之升高。这主要是由于树脂吸附铁的过程属于吸热过程，因此料液温度升高有利于树脂对铁的吸附，但温度过高会影响树脂的使用寿命。

综合考虑料液本身的性质和除铁后浓缩能耗等因素及树脂研发的实际需求，将树脂除铁料液温度定为 80 ℃。

3)流速

在料液温度为 80 ℃反向进料方式下，讨论料液流速(1 bv/h、2.5 bv/h、5 bv/h)对氯化铝溶液铁离子去除效果的影响。从图 5-35 中不同流速下的吸附曲线可以看出，随着料液流速的升高，树脂处理量随之下降，当料液流速为 5 bv/h 时，树脂有效处理量仅为 9~10 bv；当料液流速降为 1~2.5 bv 时，树脂有效处理量可达 15~16 bv。

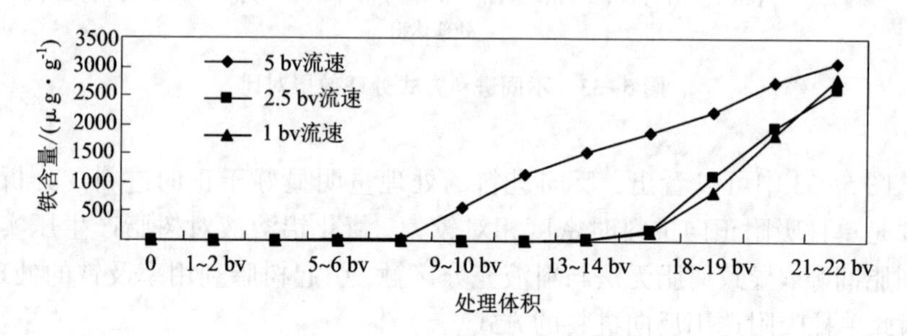

图 5-35　不同流速下处理量对比

4) 树脂柱径高比

相同量的树脂分别按径高比 1∶5 和 1∶1 装填，均在 80 ℃、1 bv/h 流速下采用反向进料的方式进行，结果如图 5-36 所示。径高比在 1∶1～1∶5 时，其对树脂的处理量和处理效果没有明显影响。

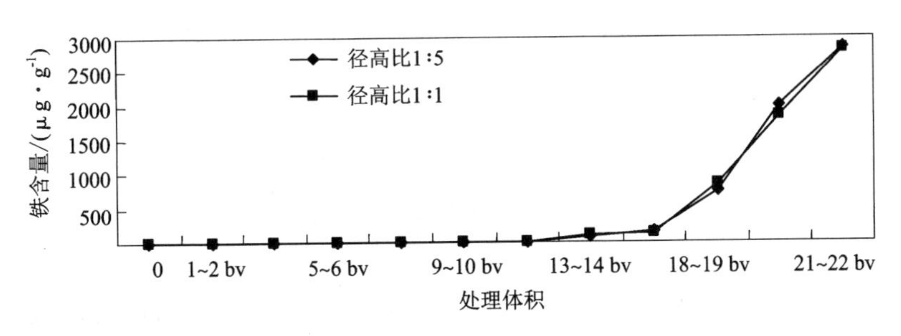

图 5-36　不同径高比处理量对比

5) 树脂装填率

选用相同树脂柱，在料液温度为 80 ℃、流速为 1 bv/h 条件下采用反向进料的方式，比较不同装填率(50%和 90%)对树脂处理量和处理效果的影响，结果见图 5-37。

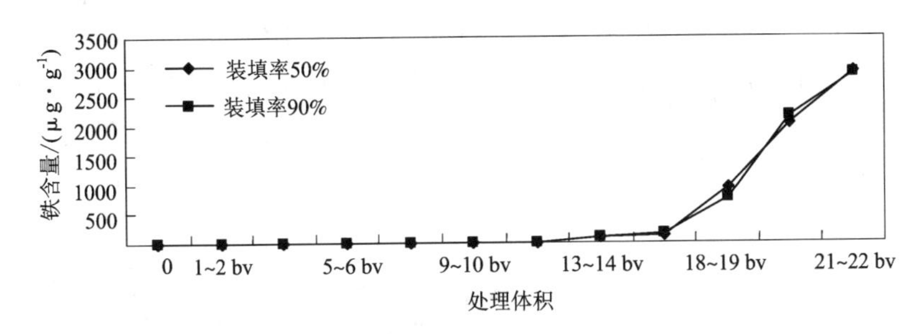

图 5-37　不同装填率处理量对比

树脂装填率在 50%～90%时，其对处理量和处理效果没有明显影响。但树脂装填率越低，树脂柱内积存的料液越多，树脂再生时再生剂用量越大。由此可以判定，应选择装填率高的满室床进行树脂除铁。

6) 单柱树脂吸附工艺

在粉煤灰酸法提铝中试装置工艺处理过程中，将粗精液在 80 ℃下保温，以 2.5 bv/h 的流速反向进料处理料液，处理效果如图 5-38 所示。

从树脂处理结果可以看出，树脂吸附铁的工艺比较稳定，单柱运行时能够处

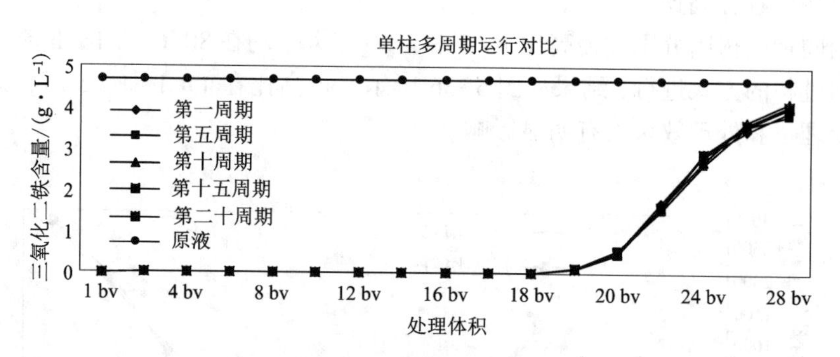

图 5-38　多周期单柱吸附实验

理 18 bv 的合格料液，根据吸附曲线中检测的数据计算，树脂的饱和吸附量达到了 66 g/L(以铁计)，根据树脂饱和吸附量及料液中铁含量计算可知，每体积的树脂能将 20 bv 料液中的三价铁离子完全去除。

2. 树脂再生工艺

1)再生剂

根据树脂吸附氯化铝溶液中铁离子的原理，饱和树脂可在水环境中解吸铁离子，恢复除铁性能。但是，氯化铁属于强酸弱碱盐，溶液显酸性，当溶液中 H^+ 含量降低时，氯化铁将发生水解反应，生成氢氧化铁胶体，导致树脂柱堵塞。

$$FeCl_3+3H_2O \longrightarrow Fe(OH)_3+3HCl$$

因此，选用稀盐酸作为再生剂，即可抑制氯化铁水解反应的发生，实现树脂的快速再生，且不会向氯化铝溶液中引入杂质。但是，再生酸浓度过高会引起盐酸消耗量升高，采用不同浓度盐酸正向再生树脂效果如图 5-39 所示。

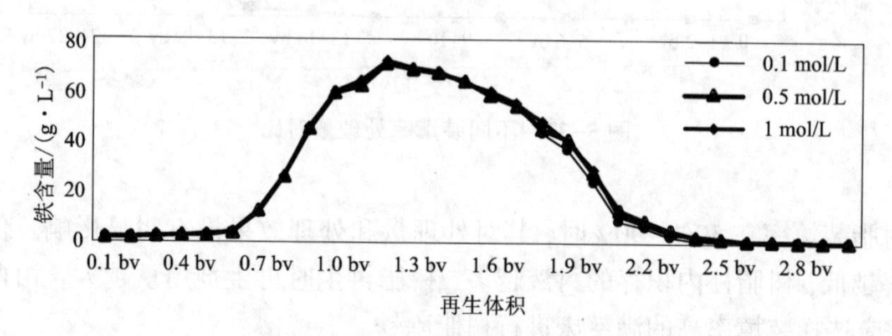

图 5-39　不同盐酸浓度再生剂对比

从图 5-39 可知，不同浓度(0.1~1.0 mol/L)盐酸的再生曲线基本一致，考虑到再生消耗盐酸的成本问题，采用低浓度(0.1 mol/L)的盐酸再生树脂，这样有效地降低了运行成本。

2）再生溶液进料方式

正向、反向再生对比结果如图 5-40 所示。采用正向再生需要用盐酸量少，用约 2.4 bv 体积的盐酸就可以完全使树脂再生，考虑到成本，我们采用正向方式对树脂进行再生。

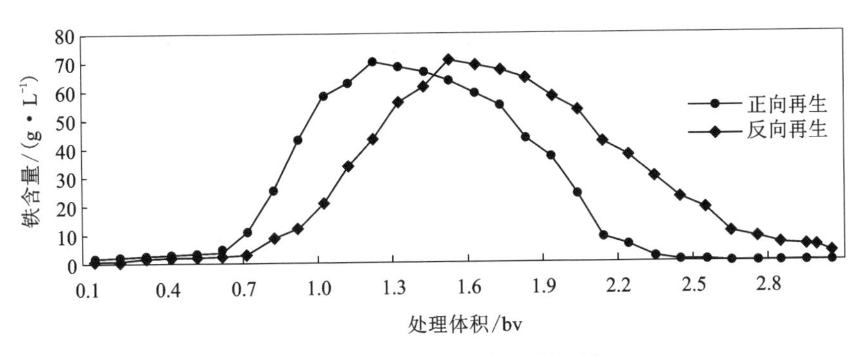

图 5-40　正向、反向树脂再生对比

3）再生流速

再生时，再生剂的流速越快，再生剂的利用率越低，再生剂消耗量越大，但流速小于 1 bv/h 时，对再生剂的利用率和再生剂的消耗均没有帮助。不同流速下再生情况对比效果如图 5-41 所示，流速越慢，消耗再生剂量越大，流速过大，导致高浓度铁离子段浓度较低，且再生拖尾严重。对比图 5-41 中 4 种不同流速可知，流速为 1 bv/h 时，再生效果最好，且节省了再生剂。

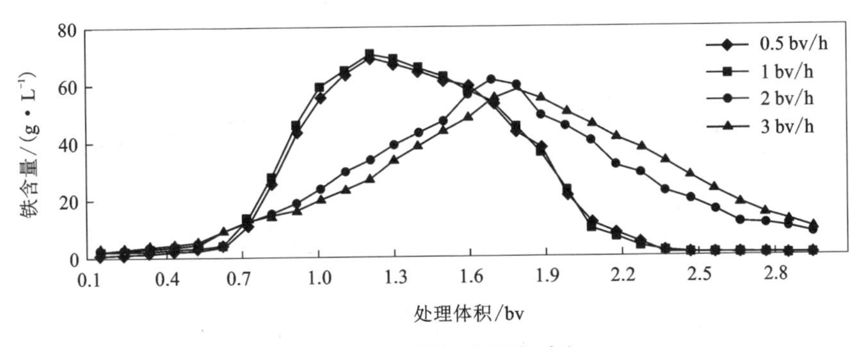

图 5-41　不同流速再生对比

4）再生温度

分别在 25 ℃和 50 ℃下将吸附铁离子饱和的树脂采用 0.1 mol/L 的盐酸来再生，正向进再生剂，流速为 1 bv/L，根据再生液中铁离子浓度绘制再生曲线。

从图 5-42 看出，在 25 ℃下再生液中铁离子浓度较高，且铁离子的高浓度段

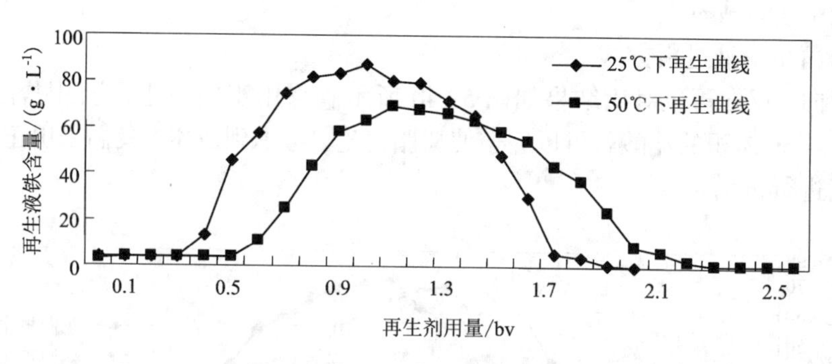

图 5-42　不同温度下再生曲线

相对集中；而 50 ℃下的再生曲线出现了较长的拖尾，且再生剂用量相对较大。由此判断温度升高不利于树脂再生，这主要是因为树脂再生过程属放热反应，低温有利于这一过程的顺利进行。

5)单柱再生工艺

将单柱吸附后的树脂以 0.1 mol/L 的盐酸、1 bv/h 的流速正向再生，结果如图 5-43 所示。

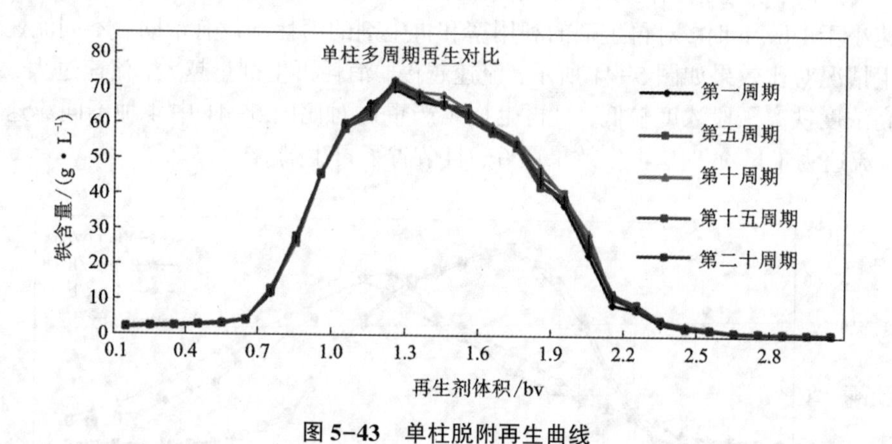

图 5-43　单柱脱附再生曲线

从多周期再生结果可以看出，树脂的处理效果是非常稳定的，采用 0.1 mol/L 的盐酸以 1 bv/h 的流速正向再生树脂的工艺是比较稳定的。

3. 树脂预处理工艺

分别取体积相同的 LSD-396-S 树脂 6 份，装入 6 根树脂柱，装柱后的树脂分别用纯水、0.1 mol/L 盐酸、4%盐酸、10%盐酸、15%盐酸进行预处理。处理合格后，在常温、1 bv/h 流速的条件下，反向通入氯化铝粗精液，并收集 6 根树脂第

1 bv 处理料液，定性测试其铁离子含量(以下都以氧化铁计)。

从表 5-36 中可以看出，在使用新制树脂和再生树脂进行除铁时，第 1 bv 处理液均为淡黄色，经检测其中含铁离子量在 20 μg/g 左右(>10 μg/g)，随着柱内氯离子浓度的提高，第 1 bv 处理液中铁离子含量低于 10 μg/g。这表明氯离子浓度和树脂吸附铁的效果有关。结合树脂吸附铁的原理分析，这主要是因为树脂除铁需要在氯离子含量较高的环境下进行。在除铁过程开始前，树脂柱内氯离子浓度较低，影响树脂除铁效果，随着树脂接触料液量的增大，树脂柱内氯离子含量升高，除铁树脂开始正常工作，出料铁的浓度小于 10 μg/g，满足国标冶金氧化铝一级品标准。

表 5-36　对比处理结果

处理方法	第 1 bv 中铁离子含量/($μg \cdot g^{-1}$)
过纯水	>10
过 0.1 mol/L 盐酸	>10
过 4%盐酸	>10
过 10%盐酸	<10
过 15%盐酸	<10
合格料液	<10

4. 树脂疲劳试验

在 80 ℃环境下，将除铁树脂置于待处理料液中浸泡(3~4 bv)，每放置 24 h 更换一次料液。每 5 天为一周期，检测树脂理化性能变化，共持续 12 个周期。结果如表 5-37 所示。

表 5-37　树脂疲劳实验结果

天数	交换容量/($mmol \cdot g^{-1}$)	含水量/%	渗磨圆球率/%
0	3.95	53.86	93.3
5	3.94	53.66	94.4
10	3.93	53.55	91.7
15	3.94	53.82	91.4
20	3.93	53.99	92.1
25	3.93	53.78	92.1

续表5-37

天数	交换容量/($mmol\cdot g^{-1}$)	含水量/%	渗磨圆球率/%
30	3.94	53.69	92.3
35	3.92	53.79	92.5
40	3.92	53.79	92.2
45	3.92	53.80	92.0
50	3.91	53.81	91.7
55	3.91	53.81	92.5
60	3.90	53.82	92.2

注：含水量表示水的质量分数。

树脂疲劳结果表明，经过60天的疲劳实验，新型树脂各项理化性能指标稳定，说明该树脂可以适应在氯化铝溶液环境中稳定工作并保持稳定的性能。

对树脂交换容量(铁吸附量主要参考数据)的下降量和时间进行拟合，得到的方程式为：

$$交换容量=0.0008\times 天数+3.949$$

根据方程式进行计算，树脂使用时间和交换容量的对应数据见表5-38，按树脂衰减30%为更换标准，树脂可使用4年以上时间。

表5-38　树脂交换容量的衰减计算

使用时间/a	交换容量/($mmol\cdot g^{-1}$)	衰减比例/%
1	3.69	6.7
2	3.42	13.4
3	3.16	20.1
4	2.89	26.8
5	2.63	33.4

5.3.3　除磷除硅影响因素分析

实验室研究了物料、反应温度、反应时间、药剂用量、搅拌速度、过滤方式等因素对磷和硅去除效果的影响。

5.3.3.1　药剂在不同过程料浆中的磷硅去除效果

从表5-39可以看出，药剂在除铁精制液中综合去除磷硅的效果较好，对P

和 Si 的去除率分别为 78.84%和 60.37%，在粗精液中除 P 效果低于除铁精制液，可能原因是粗精液中铁含量较高，对 P 去除有抑制作用，而对 Si 的去除是有益的；在母液中，加入药剂对 P 和 Si 几乎没有去除效果，原因是母液黏度较大，不利于药剂与杂质结合并形成沉淀。综上，在粉煤灰酸法提取氧化铝工艺过程中，浸出液中的杂质 P 和 Si 去除选择在除铁精制液中进行。除铁精制液化学组成见表 5-40。

表 5-39　过程料浆中药剂对磷硅去除效果

元素	粗精液		除铁精制液		母液	
	原液/($mg \cdot L^{-1}$)	去除率/%	原液/($mg \cdot L^{-1}$)	去除率/%	原液/($mg \cdot L^{-1}$)	去除率/%
P	197	76.83	189.3	78.84	1794	0.20
Si	18.3	71.86	24.1	60.37	237.3	-0.53
Ca	6185	-3.28	4843	0.51	348.2	0.19
Fe	4041	-2.14	1.3	-2.5	79.9	5.63

表 5-40　除铁精制液化学成分　　单位：mg/L

元素	Al	P	Si	Ca	Fe
含量	53630.0	172.9	15.1	11.3	<7

注：pH 为 2~3。

5.3.3.2　反应温度对磷硅去除效果的影响

反应温度对药剂在除铁精制液中除磷硅效果的影响见图 5-44。由图 5-44 可以看出，温度为 35~80 ℃，药剂对 P 和 Si 的去除率均分别在 96%和 50%以上；当温度逐渐升高后，P 和 Si 的去除率明显下降。造成药剂去除磷硅杂质效果明显降低的原因可能是高温使药剂分解导致部分药剂失效，抑或可能是高温增加了已形成沉淀的溶解度，具体原因还需进一步通过实验验证。实际生产过程中除铁精制液的料液温度在 50~75 ℃，因此结合工况实际及反应温度对药剂除杂效果的影响研究，选择在温度为 50 ℃条件下对除铁精制液中的 P 和 Si 进行去除。

5.3.3.3　反应时间对磷硅去除效果的影响

不同反应时间，药剂对除铁精制液中杂质(P 和 Si)的去除效果见图 5-45。由图 5-45 可以看出，加入固体药剂搅拌并反应 1 min 后，对 P 和 Si 的去除率分别为 52.03%和 32.3% 。当反应时间延长至 5 min 时，P 和 Si 的去除率分别为 96.43%和 52.85%。随着时间延长，除铁精制液中的 P 几乎被全部去除(去除率为 99.12%)；随着时间的延长，Si 的去除率均在 50%以上，最大可达 58.44%，比较稳定。考虑到工业化生产实际情况，除铁精制液中杂质 P 和 Si 的去除反应时间选定为 30 min。

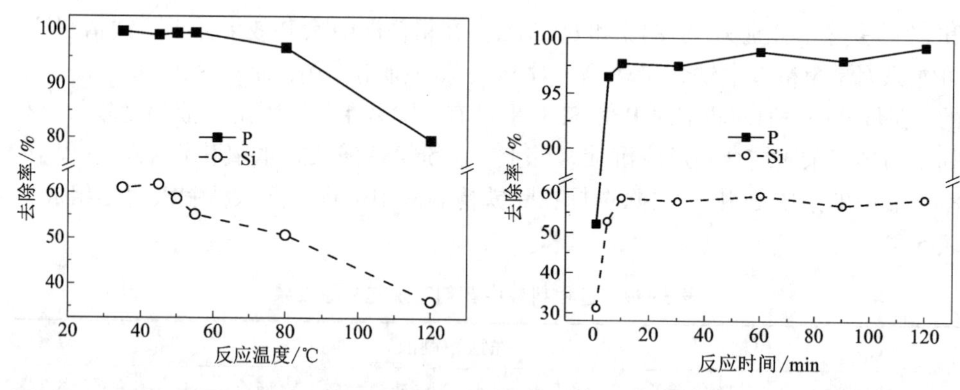

图 5-44　反应温度对 P 和 Si 去除效果的影响　**图 5-45　反应时间对 P 和 Si 去除效果的影响**

5.3.3.4　搅拌速度对磷硅去除效果的影响

不同搅拌速度(50~500 r/min)下，药剂对除铁精制液中磷硅的去除效果见图 5-46，从图中可以看出，搅拌速度对 P、Si 的去除率影响较小。在搅拌速度为 50 r/min 时，药剂对 P 和 Si 的去除率分别为 98.37%和 59.77%；当搅拌速度增大到 300 r/min 时，P 和 Si 的去除率分别为 99.78%和 59.74%。因此，搅拌速度对除铁精制液中 P 和 Si 去除几乎无影响。

5.3.3.5　药剂用量对磷硅去除效果的影响

理论上，药剂投加量越大，杂质去除效果越好。但一味地增大投加量势必会造成药剂的浪费，提高杂质去除成本，因此，在一定的初始浓度条件下，药剂投加量存在一个适宜值。如图 5-47 所示，药剂投加量较小时，除铁精制液中 P 和 Si 的去除率随用量的增加而增加；当药剂加入量达到 1.1 g/L 时，P 的去除率可达到 87.91%，Si 去除率为 57.95%，继续增加药剂加入量(为 1.6 g/L)时，溶液中的 P 几乎全部被去除(去除率为 99.44%)，Si 去除率增加不明显。综合除磷硅成本和实际工况对磷硅含量的需求考虑，选择药剂投加量为 1.1 g/L。

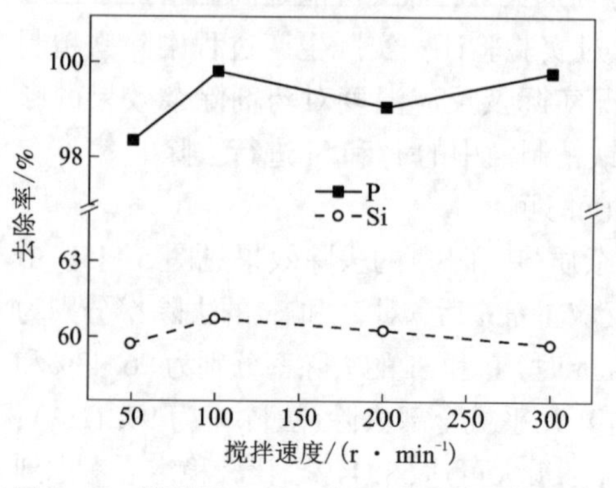

图 5-46　搅拌速度对 P 和 Si 去除效果的影响

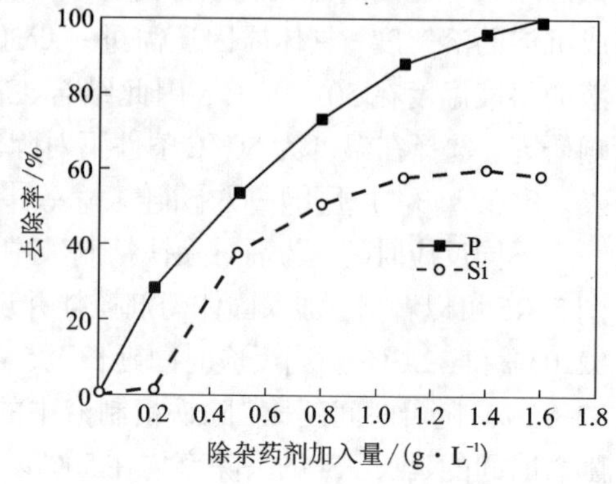

图 5-47　药剂投加量对除杂效果的影响

5.3.3.6　过滤方式对磷硅去除效果的影响

在由上述实验得到的最优条件下(温度50 ℃、搅拌速度200 r/min、反应时间30 min、药剂加入量为1.1 g/L)，往除铁精制液中加入药剂，待除磷硅反应后，采用不同的过滤方式(静置沉淀、真空滤纸抽滤、真空滤布压滤、离心分离)过滤沉淀，其磷硅去除结果见表5-41。

表5-41　过滤方式对磷硅去除效果的影响　　单位：mg/L

元素	元素浓度			
	静置沉淀	真空滤纸抽滤	离心分离	真空滤布压滤
P	82.42	72.14	85.87	88.64
Si	65.85	56.68	69.32	66.22

从表5-41的测试数据可知，4种过滤方式都可以不同程度地实现沉淀与溶液的分离，从而达到药剂除磷硅杂质的效果。考虑除杂沉淀过滤效果及工业化操作和实施难易程度，选择用滤布压滤沉淀的过滤方式，对加入药剂进行除杂反应后，再实现固液分离。

综上，通过对除杂影响因素进行分析得到，粉煤灰酸法提铝工艺采取在除铁精制液过程物料中加入1.1 g/L二氯氧化锆药剂、反应时间为30 min、温度为料液正常温度、搅拌速度为200 r/min，絮凝剂加入量为2%等工艺条件，可实现除铁精制液中磷的去除率为90%以上、硅去除率为50%左右的除杂效果，满足高品质氧化铝产品对磷和硅含量的要求。

5.4　智能制造关键设备

5.4.1　高效氧化工艺智能制造

5.4.1.1　亚铁离子在线检测设备

对溶液中铁离子浓度的检测方法比较多，如化学滴定法、分光光度法、原子吸收光谱法和目前较为先进的单色冷光源技术、原子(离子)吸收和原子发射光谱等技术。该类方法检测精度高，但是前处理烦琐，成本高，只能够取样测定浓度，不能实现在线检测，并且目前关于铁离子在线检测的相关报道甚少。在线检测的目的是使助镀剂中亚铁离子浓度控制在某一个最佳值(即使助镀剂的触媒作用达到最佳)，为臭氧连续清除溶出料中亚铁离子提供依据。

1. 分光光度法分析原理

分光光度法是以朗伯-比尔定律(亦称光的吸收定律)为基础，即溶液的吸光度与溶液中有色物质的浓度及液层厚度的乘积成正比例关系，其表达式为

$$A=KbC$$

当 b 和 K 一定时，可写为

$$A=mC$$

式中：m 为常数。根据吸收定律，用标准曲线法建立线性关系。在相同的吸收池和同一波长的单色光条件下，以去离子水为参比，配制一系列标准溶液，分别测定各种标准溶液的吸光度。以吸光度为纵坐标，以组成浓度为横坐标作图，即得一条通过原点的直线，称为标准曲线简图，如图 5-48 所示。

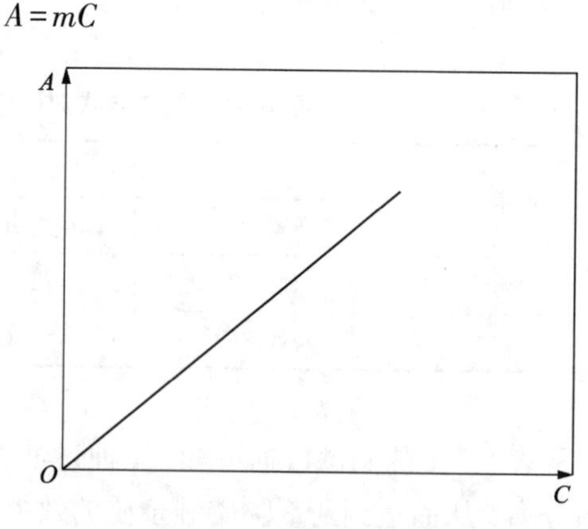

图 5-48　标准曲线简图

溶出料浆中通常含有 H^+、K^+、Cl^-、Ca^{2+}、Mg^{2+}、Al^{3+}、Fe^{2+} 和 Fe^{3+}，为了分析各种离子的吸光光谱，对以下溶液进行光谱研究(波长 200~1000 nm)。①pH<2，$\rho[Fe^{2+}]=4$ g/L 的 $FeCl_2$ 溶液；②pH<2，$\rho[Fe^{3+}]=1$ g/L 的 $FeCl_3$ 溶液，如图 5-49、图 5-50 所示，扫描步长为 1 nm。

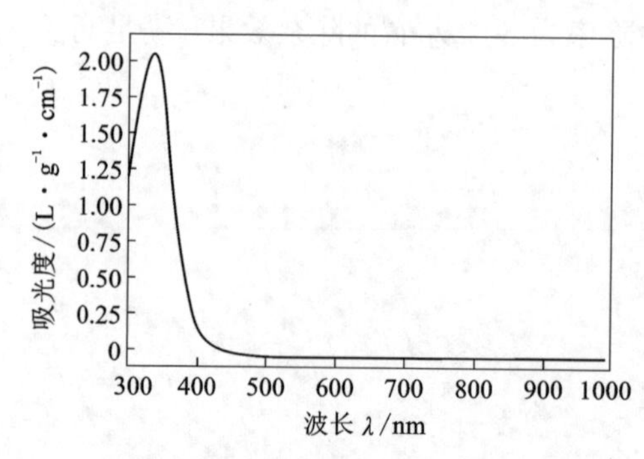

图 5-49　pH<2，$\rho[Fe^{2+}]=4$ g/L 的 $FeCl_2$ 溶液光谱图

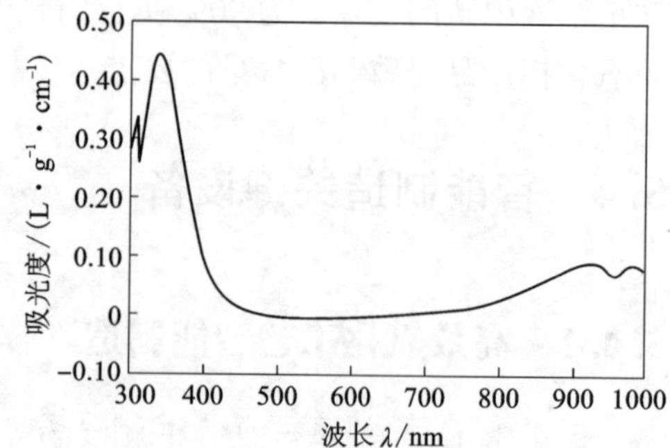

图 5-50　pH<2，$\rho[Fe^{3+}]=1$ g/L 的 $FeCl_3$ 溶液光谱图

2. 在线检测系统设计

根据氧化铝生产工艺酸性物料的实际性质和对物料中 Fe^{2+} 在线影响因素分析，设计了在线检测循环系统。在线检测系统结构如图 5-51 所示。本系统采用

单色冷光为光源，红外光电传感器为光敏接收器。氧化物料经过机械过滤后，对滤液进行分光光度分析。通过光电检测信号处理、单片机处理及显示，计算可知氧化物料中的亚铁离子含量。

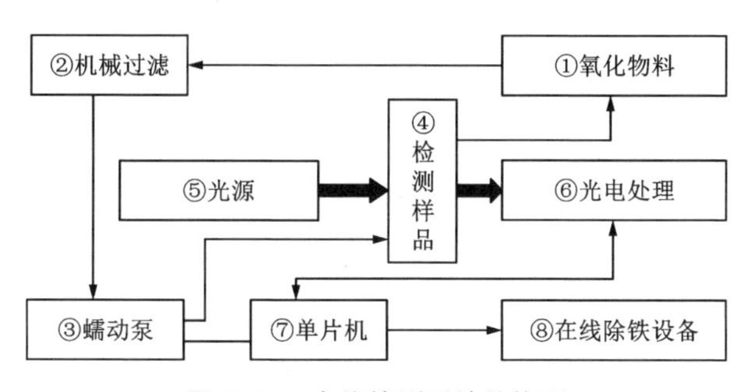

图 5-51　在线检测系统结构图

在线检测结构由一个循环回路、一个数据采集通道和信息反馈系统构成。由①②③④①构成氧化物料循环回路；由⑤④⑥⑦构成数据采集通道；由⑦⑧构成信息反馈系统。其中机械过滤除去杂质；微型蠕动泵给整个检测系统氧化物料流动提供动力；单片机完成数据采集与亚铁离子浓度计算，并通过数码管显示其浓度。

3. 主要硬件设计原理

本系统在分光光度法的基础上，通过光电效应先将透过被检测氧化物料的光强度变化转化为光电流信号变化，再将光电流信号经过 I/V 转换电路转化为能够被 A/D 转换器采集到的模拟电压信号，A/D 转换器将采集的模拟电压信号转换成单片机能够识别的数字电压信号，最后由单片机完成数据处理、浓度计算及显示等任务。

整体设计在低成本、小体积及可靠性高的原则下选择以下主要硬件。

(1) 选用单色性好，价格低，功耗低，发光效率高的冷光源发光二极管为光源。

(2) 选用光敏范围为 400～1300 nm，暗电流小、线性度好的红外光电传感器为光敏接收器。

(3) 由于整个 I/V 转换电路的失调电压及漂移与第一级有密切关系，因此选用具有超低失调电压和超低漂移的仪器放大器 ICL7650 集成运放，而且第一级承担仪器放大器的全部放大作用，必须保证 I/V 转换的线性放大。因为第二级的漂移和失调电压对整个电路的作用大大降低，但其共模抑制比 CMRR 对整个电路的 CMRR 影响更大，因此第二级选用价格更为低廉、性能也较优越的低漂移集成运放 OP07。本电路因第一级增益较大，易引起自激振荡，因此在 2 个 R_f 电阻两端

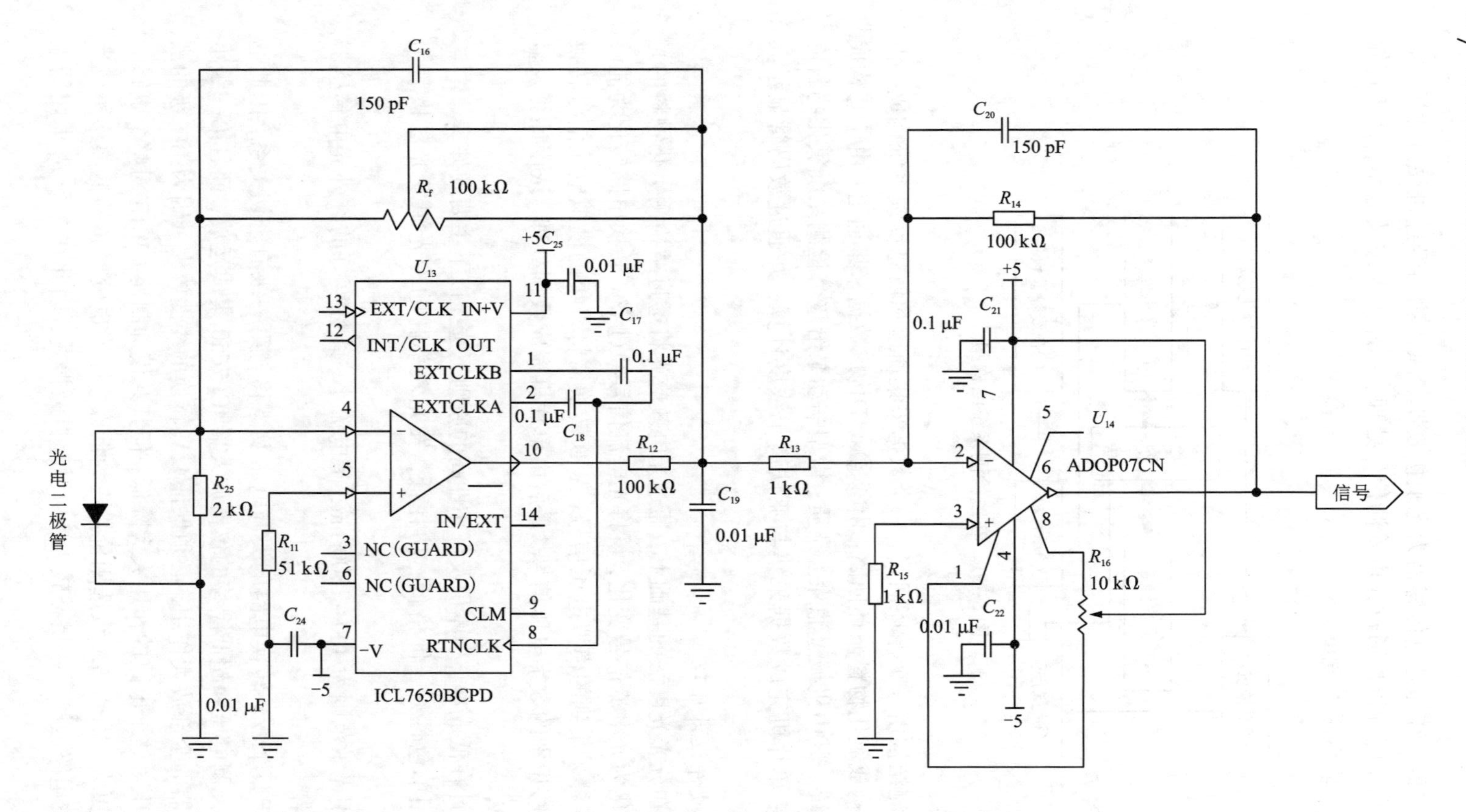

图5-52 微电流放大器原理

加上 150 pF 的电容。微电流放大器原理如图 5-52 所示，由 ICL7650 前置放大器和 OP07 电压放大器两部分组成 I/V 转换电路。R_{12} 与 C_{19} 用来滤去 ICL7650 的斩波尖峰噪声；$C16$ 与 R_f 组成反馈补偿网络，降低带宽，防止 R_f、C_{19} 相移产生自激振；电阻 R_r 的加入是为了保证 IV 转换的线性度，以提高增益的稳定性和精度，减小噪声，此时第一级输出电压 $U_0=-I_sR_f$，第二级放大电压 $U_1=-(R_{14}/R_{13})$，$U_0=(R_{14}\times R_f/R_{13})I_s=8\times10^6\ I_s$，保证了放大满足 $y=K_0x$ 的线性度；当光电流 I_s 最小为 10^{-9} A 时，最小放大电压 $U_1=8$ mV。采用单片机控制，实现自动校零以及过流保护。

(4) A/D 转换器选用满足检测要求的 ADCO804，它是常用的 8 位 COMS 逐次逼近寄存器、三态锁定输出、20 脚双列直插、典型转换时间为 100 μs 的 A/D 转换器。

(5) 控制中心单片机选用 ATMEL 公司的低价格、高性能、内置看门狗的 AT89S52 单片机。

4. 控制系统原理

控制系统原理如图 5-53 所示，系统的控制部分主要有工控微型动力泵和数据采集卡的控制端。通过多通道电源、接线端子卡、继电器和恒流源驱动器（V/I 驱动器）构成中间环节驱动器。A/D 转换器采集传感器的数据送至 AT89S52 单片机和设置值比较运算，再通过数码管显示浓度，控制报警器同时给在线除铁设备提供反馈信息，并通过驱动器和继电器实现对数据的采集和工控微型泵的控制。

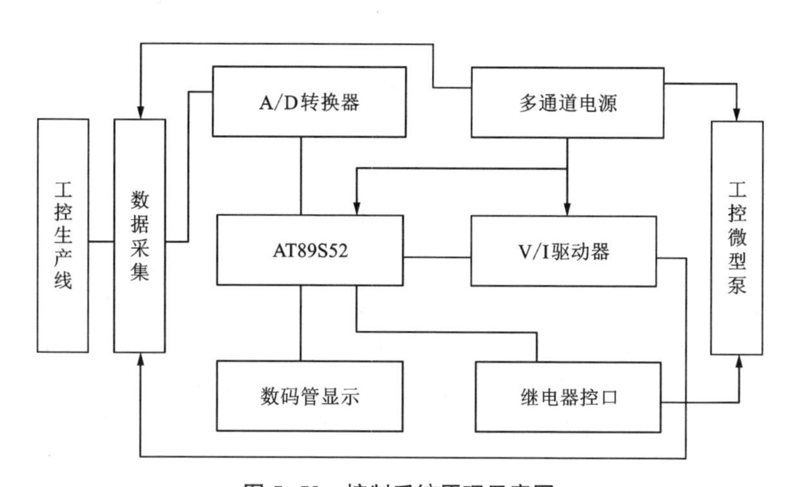

图 5-53　控制系统原理示意图

5. 软件编程设计

主程序是亚铁离子浓度检测仪的重要程序，是一个顺序执行的无限循环的程序。它负责调度系统的各应用程序模块，并与系统的外部设备及时交换信息，实现系统软、硬件资源的整体管理。系统的主程序第一次运行时，首先初始化各个子程序和各种电平触发开关，本系统采用高电平触发开关。启动 V/I 驱动器，启动数据存储器件调用参比值，同时启动 A/D 转换器采集入射光强 l_0 和透射光强 I，并计算吸光度 A。使用最小二乘法计算求得溶液的浓度 ρ，然后保存并显示测量结果。当检测浓度大于检测要求的上限时，单片机发出报警和反馈信息，启动除铁设备，系统的主程序流程如图 5-54 所示。

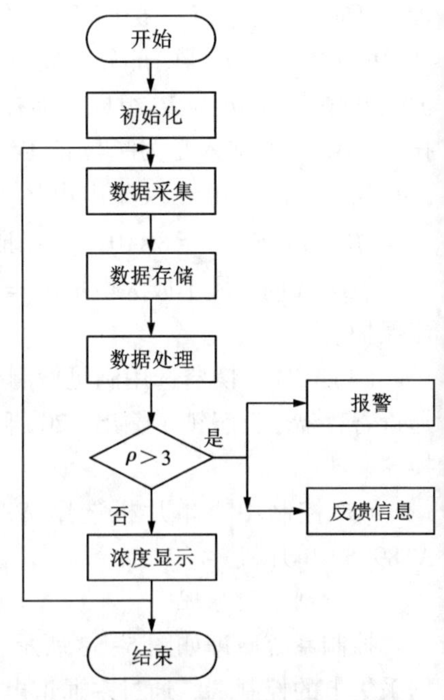

图 5-54　软件控制流程程序示意图

5.4.1.2　臭氧发生器智能控制

1. 臭氧生成系统智能模型辅助变量选择

由于放电等离子体化学反应过程十分复杂，涉及基态、激发态的电子、原子和分子微观粒子的形成以及碰撞等相互作用，氧气源合成臭氧的化学反应目前已知就有 70 多个，对于臭氧发生技术的研发而言，搞清楚每个反应不现实也不必要。因此，从宏观实际的观点出发，将放电产生臭氧的化学反应过程，简化为合成($O_2 \rightarrow O_3$)与分解($O_3 \rightarrow O_2$)两个宏观的反应过程，而且认为两个反应均为一级反应，每个过程的反应速率常数分别为 K_1 和 K_2，则生成臭氧的反应速率方程表示为：

$$dC/dt = K_1C - K_2C \tag{5-1}$$

因此，生成臭氧的浓度为：

$$C = (K_1/K_2)(1 - e - k_2) \tag{5-2}$$

如果放电空间的体积为 V，流量为 Q 的气体在反应器中的停留时间为 t，有：

$$C = (K_1/K_2)(1 - e - K_2V/Q)$$

因此，可以近似地简单认为 DBD 放电生成臭氧的反应是由合成和分解反应所构成的两个一级反应过程，而且反应速率常数 K_1、K_2 都和放电功率与反应器空间体积的比值 W/V，即与单位时间内向反应器中单位体积气体所注入的能量 W/Q 有关($V=Qt$)。

通过以上讨论可知，放电功率 W 和换算到大气压的原料气体流量是影响臭氧产生浓度的重要参数，下面通过系统试验来进一步分析与验证。

1)各参数对臭氧发生性能的影响曲线

利用单根放电管组成的试验用放电反应器进行在不同流量、不同气压、不同电气参数(电压、频率、波形)下臭氧发生性能的试验。

试验中气源分别采用空气源和工业瓶装氧气。利用升压变压器得到正弦50 Hz的工频供电，并利用为IGBT开关的频率可调(200~2000 Hz)、占空比可调的变频电源，通过工频变压器可形成前沿平缓的“准正弦”波形，通过脉冲变压器形成电压变化速率比较快的“准方波”脉冲。试验情况如下。

2)不同种类原料气体在不同流量下对臭氧产率/能耗的影响

放电等离子体合成臭氧是以含氧气体为原料的，通常有空气源、氧气源和利用变压吸附(PSA)的富氧气源，原料气体组分、干燥程度等会影响放电状态、等离子体氛围下臭氧合成的化学反应，对于臭氧发生器的工作性能会有很大影响。为此，将自制的硅胶干燥柱，放置在气泵和反应器之间对空气进行干燥处理，获得相对湿度为2%左右的干燥空气。对未干燥处理、干燥处理后的空气，工业瓶装氧气三种原料气体在不同流量、不同的工作电压下进行臭氧合成的试验，考查不同种类的原料气体对臭氧发生的产额、浓度、效率等指标的影响。试验采用工频(50 Hz)变压器。试验结果显示，富氧气源在流量为20 L/min时，其臭氧产量为180~190 g/(kW·h)；干燥气源在流量20 L/min时，其臭氧产量为50~70 g/(kW·h)；未干燥气源在流量20 L/min时，其臭氧产量为10~20 g/(kW·h)。

3)运行压力的影响

臭氧发生器的工作压力是一个重要的工作参数，气体的工作压力对于放电反应器的工作状态有很大影响，因而放电反应器中压力的改变对于臭氧发生性能将产生较大影响。在试验中，改变氧气的进气压力，相同的流量在不同电压下(工频供电)的臭氧合成情况显示，在相同进气量7 L/min时，0.01 mPa气源臭氧最高产量为190 g/(kW·h)，0.02 mPa气源臭氧最高产量为200 g/(kW·h)，0.03 mPa气源臭氧最高产量为170 g/(kW·h)，小于0.005 mPa气源臭氧最高产量为150 g/(kW·h)。

4)供电频率、波形对臭氧发生性能的影响

利用IGBT开关的AC-AC变频电源，配加不同的升压变压器，获得不同的波形：用普通的工频变压器升压获得的波形为前沿比较平缓的准正弦波形，频率变化范围为200~400 Hz；利用脉冲变压器在反应器上施加电压变化速率比较快的准方波电压，频率变化范围为200~2000 Hz。

在臭氧技术领域，通常称200~1000 Hz为中频供电，1000 Hz以上为高频供电，下面将介绍臭氧发生性能随频率、波形变化的试验情况。

准正弦波形中频供电时氧气进气为1.2 m^3/h，压力0.01 mPa臭氧峰值产量为30~40 g/(kW·h)。

中高频准方波供电时氧气进气为1.2 m^3/h，压力0.01 mPa臭氧峰值产量为180~200 g/(kW·h)。

综上所述，在试验所用的放电反应器上，进行了原料气体种类、工作压力和供电的电压、频率、波形等参量对臭氧发生性能影响的试验研究，根据试验结果、臭氧发生过程的机理分析和前人的实践，下面这些工作条件、运行参数，对于臭氧的产生性能都是非常重要的。

(1)原料气的温度、湿度、含氧量、杂质成分及含量等。

(2)工作气体的压力、流量等。

(3)供电的电压、频率、波形等。

(4)反应器中放电单元的气隙间距大小及均匀程度、介质层的材料、表面光滑度和厚度、电极的安装精度及电极的形状等。

(5)冷却系统中的冷却形式(单冷或双冷)、冷却工质(水、油或风冷)及冷却剂的温度等。

这些因素会影响臭氧发生的产额/量(g/h)、浓度(g/m^3)、产率[g/(kW·h)]以及发生器及其部件的寿命。

高效氧化系统智能化控制目标：为了减轻工人的劳动强度，保证臭氧发生系统及料浆氧化系统的稳定生产和优化运行，本项目基于经验数据和料浆氧化过程的特点和生成过程中的经验知识，综合冶炼机理分析、大数据分析及人工智能等方法，采用专家系统实现高效氧化系统的整个生产过程生产数据的综合管理，从而达到稳定生产、提高料浆氧化合格率及自动化程度的目的。

2. 氧化系统运行参数

1)进料流速

氧化反应器处理料液的能力 $Q=0.5\ \text{m}^3/\text{h}$，反应器尺寸 $D=420$ mm，$h=1800$ mm，进料口直径 $d=16$ mm。进料流速的计算式为：

$$v=\frac{4Q}{36000\pi d^2}\ (\text{m/s})$$

经计算，进料流速为0.69 m/s。

中试装置实际处理能力高于设计处理能力，最高可至1 m^3/h，因此最高进料流速为1.38 m/s。根据连续流动液体的能量平衡方程可知，为减少料液中液体动能损失，其流速最好不要低于0.5 m/s，即其料液处理量不低于0.36 m^3/h。结合反应器模型的流体力学模拟得知，反应器运行10 s、20 s、30 s、40 s时，反应器中液体流速主要分布在0.5 m/s和1.5 m/s之间，可以得知，随着运行时间的延长，系统的水力死区会减少，进料流速为0.5~1.38 m/s较为适宜。

2)臭氧投加量

连续进料臭氧投加量的计算公式：

$$\text{臭氧投加量}=\frac{Q\times C_{\text{g}}}{L}$$

式中：Q 为气体流量，L/h；C_g 为气体浓度，mg/L；L 为进料流量，L/h；臭氧投加量单位为 mg/L。

模拟料液研究所用臭氧投加量为 600 mg/L，由于料液流量为 0.5 m^3/h，其 Fe^{2+}浓度为 1.5~2.5 g/L。本次选取氧化铝中试厂粗精液为原料，连续进料，通过控制气体流速，扩大臭氧投加量范围为 400~700 mg/L，研究实际料液氧化的臭氧最小投加量。结果见表 5-42。

表 5-42 不同臭氧投加量下料液中 Fe^{2+}浓度

臭氧投加量/($mg\cdot L^{-1}$)	Fe^{2+}浓度/($mg\cdot L^{-1}$)					
	30 min	1 h	3 h	6 h	9 h	12 h
400	0.64	0.52	0.23	0.45	0.24	0.37
500	0.42	0	0.08	0	0	0.15
600	0	0	0	0	0	0
700	0	0	0	0	0	0

在料液中 Fe^{2+}浓度不确定的情况下，连续进料 12 h，抽取其中 6 个时间点的料液进行 Fe^{2+}浓度分析。由表 5-42 可知，当臭氧投加量小于 600 mg/L 时，会出现氧化不完全的情况；当投加量增加至 600 mg/L 时，在连续 12 h 运行过程中，所有取样时间点的 Fe^{2+}浓度均为 0，说明在此范围内 Fe^{2+}全部氧化。此次研究可以确定，当臭氧投加量为 600 mg/L 时，能够满足料液氧化工段的需求。这一结果与上述模拟料液结果一致，说明在此臭氧浓度范围内，氧化铝中试厂粗精液完全可行。

针对粉煤灰提取氧化铝过程中氯化铝粗精液特性，研究了臭氧在高温、高酸、高盐条件下的适应性，氧化机理及其反应动力学等。臭氧氧化剂对 Fe^{2+}的氧化能力较强，能够将 Fe^{2+}转化为 Fe^{3+}，氧化过程 Fe^{2+}去除率为 100%。臭氧氧化剂在反应时间为 22.5 min 时，可将溶液中亚铁离子全部转化成三价铁离子；在氧化的过程中，料浆温度、亚铁离子的初始浓度、酸度和盐度对臭氧氧化剂的氧化能力具有一定的影响，其中温度对臭氧氧化能力影响最大。当温度升高时，气体在液体中溶解度会下降，会降低其反应速率，但对于放热反应来说，温度升高会增加其反应速率，两效应产生对抗，最终表观结果是，温度升高，反应速率增加，有利于氧化反应。亚铁离子的初始浓度、盐度的影响次之，它们会随着料浆中亚铁离子的初始浓度增加而增加。这是由于浓度大，分子间碰撞加剧，促进了氧化反应的进行。酸度影响最小。

高效氧化剂对有机物的去除具有一定效果，COD 去除率为 75%以上。随着絮凝剂投加量的增加，臭氧氧化去除有机物的效果越明显，臭氧氧化后的有机物含量在 15 mg/L 以下，对后续的除铁树脂几乎无影响。

综合中试装置的物料特性，从反应器复杂程度、经济角度等方面考虑，选定鼓泡塔作为氧化反应器的型式。尾气处理设计时需要考虑除酸、除 O_3，因此设计其氧化工段的尾气依次进行除酸、除臭氧后、最终排出体系。

3. 臭氧发生器

臭氧发生器是用于制取臭氧气体（O_3）的装置。臭氧易于分解无法储存，需现场制取现场使用（特殊情况下可进行短时间储存），所以凡是能用到臭氧的场所均需使用臭氧发生器。臭氧发生器产生的臭氧气体可以直接利用，也可以通过混合装置和液体混合参与反应。

4. 臭氧形成原理

1）发生器与放电管

臭氧系统的核心技术和设备是发生器中的放电管，直接影响设备的运行效率和可靠性。臭氧发生器采用微间隙介质阻挡放电设计，不仅大大提高了运行的效率，而且增加了系统连续运行的安全可靠性。设备的技术参数已经达到国际先进水平。

采用的微间隙放电技术，使系统运行电压降低为6~8 kV，远低于玻璃管绝缘介质的耐压水平，有效地避免了介质击穿短路故障的发生，提高了运行可靠性。

臭氧发生器放电单元所采用模块化设计方法，使设备的安装、检修和维护工作更加容易。在保证进气气源质量的条件下，臭氧发生器放电单元连续运行的免维护时间可以长达 5 年。

2）高频高压电源

与传统的臭氧中频（<1 kHz）电源不同，高频高压臭氧系统采用 3~6 kHz 的高频电源技术，结合微放电间隙设计可以有效提高臭氧生成的效率，减小发生器的体积和占地空间，从而减少土建设计及投资费用。逆变电源系统采用了成熟的高频电源技术。现场长期运行情况证明，该技术可以保证系统长期运行的稳定性。高频输出经升压系统后产生正弦波高电压，经电缆与发生器相连，在高频高压的作用下，放电间隙产生冷态等离子体放电，生成臭氧。

3）冷却系统

虽然现代臭氧发生器的效率与传统产品相比已经明显提高，但有 90%左右的电能不是用来生成臭氧的，是用来转变成热量的，如果这部分热量得不到有效的散失，臭氧发生器放电间隙的温度会持续升高甚至超过设计的运行温度。高温不利于臭氧的产生，但利于臭氧的分解，导致臭氧产量和浓度下降。因此设计单循环冷却水单元，当冷却水温度超过系统设计温度或水量不足时，系统会自动发出报警信号。

5. 臭氧混合方式

文丘里射流混合法是一种安全、高效的混合方法。

其运行方式为汽水强制混合。优点：投资少，混合好，接触时间短。经射流混合器后，臭氧在水中的浓度可为曝气法的数倍。臭氧混合方式如图5-55所示。

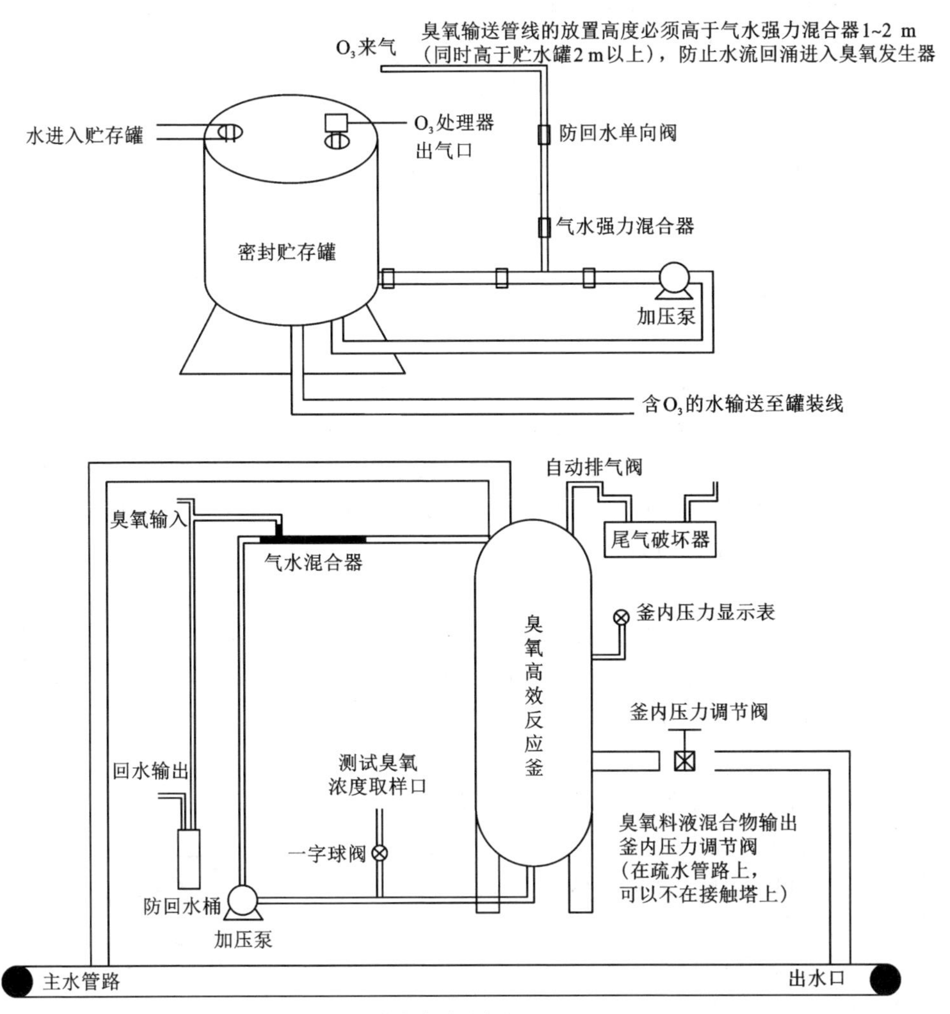

图5-55 臭氧混合方式示意图

6. 臭氧发生器类型选用

高压放电式发生器是指使用一定频率的高压电流制造高压电晕电场，使电场内或电场周围的氧分子发生电化学反应，从而制造臭氧的装置。这种臭氧发生器具有技术成熟、工作稳定、使用寿命长、臭氧产量大(单机可达1 kg/h)等优点，是国内外相关行业使用最广泛的臭氧发生器之一。中、高频发生器具有体积小、功耗低、臭氧产量大等优点，是常用的产品之一。按使用的气体原料划分，有氧气型和空气型两种。氧气型通常是由氧气瓶或制氧机供应氧气。空气型通常是使用洁净干燥的压缩空气作为原料。由于臭氧是靠氧气来产生的，而空气中氧气的含量只有 21%，所以空气型发生器产生的臭氧浓度相对较低，而瓶装或制氧机的氧气纯度都在 90%以上，所以氧气型发生器制备的臭氧浓度较高。

无声放电(即介质阻挡放电)的电介质是无声放电臭氧发生器的重要组成部分，其作用为强化气隙的电场强度以利于产生放电；防止气隙被击穿，同时减小功率消耗；使气隙的电场均匀，扩大放电区域，利于臭氧的产生。一般而言，电介质的介电系数越高，导热性能越好，越利于产生臭氧。臭氧发生器所用的电介质主要有石英玻璃、陶瓷、搪瓷、有机材料等多种类型。

近年来，随着玻璃材料和烧结技术不断进步，国内很多臭氧发生器采用玻璃作为电介质。

Takeichi，Hirotoshi 等的专利所用的电介质是苏打玻璃，其 Bi、Zn、Pb 氧化物的质量分数分别为 10%~90%、10%~90%、0%~40%。该玻璃中还有一种线性膨胀系数与之相当的材料，其 Bi、Zn、B、Si 氧化物的质量分数分别为 20%~30%、30%~40%、15%~25%、0%~10%。Murata，Takaty 等又把这一薄层电介质用树脂浸透，其处理效果也较好。

7. 臭氧发生器智能控制原理

溶出料浆中的亚铁离子浓度是非固定的，且随着煤灰的质量有些许的波动，因此在料浆氧化过程中需要的臭氧含量也不是固定的。通过在线检测方式可检测氧化料浆中亚铁离子的含量，并反馈给臭氧发生器以控制臭氧产量，从而保证臭氧发生器产生的臭氧满足料浆氧化的生成需要。这一方面不会因为臭氧产量不足造成亚铁离子氧化不完全，从而产生不合格物料，另一方面不会因为臭氧生产过量造成资源的浪费。

控制系统程序如图 5-56 所示。该控制系统通过在线检测装置检测氧化料浆中亚铁离子的含量，并反馈给臭氧发生器；通过 PLC 单元计算多余亚铁离子含量，使臭氧发生器产生臭氧以对料浆氧化系统进行补偿。

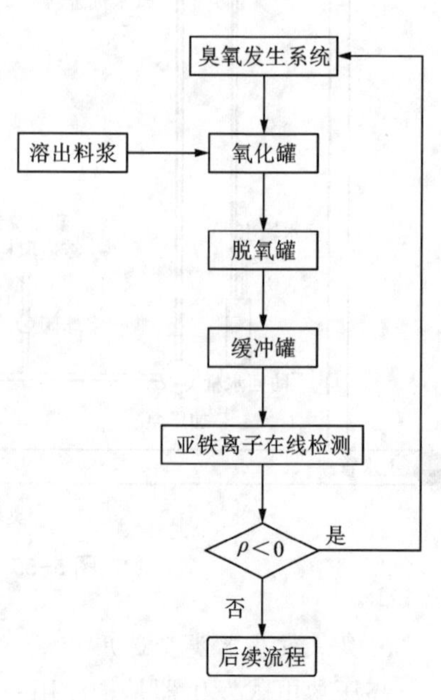

图 5-56　控制系统流程示意图

5.4.1.3 高效氧化设备温度智能控制

高效氧化系统在生产运行过程中会产生大量的热，致使系统温度不断升高，不利于高效氧化系统运行。另外，若臭氧发生泄漏，则会对运行人员造成伤害。如图 5-57 所示，为温度控制系统联锁厂房实时温度控制及臭氧报警系统，如厂房实时温度过高，温度调节系统会使厂房温度强制降低至适宜高效氧化系统运行的温度。

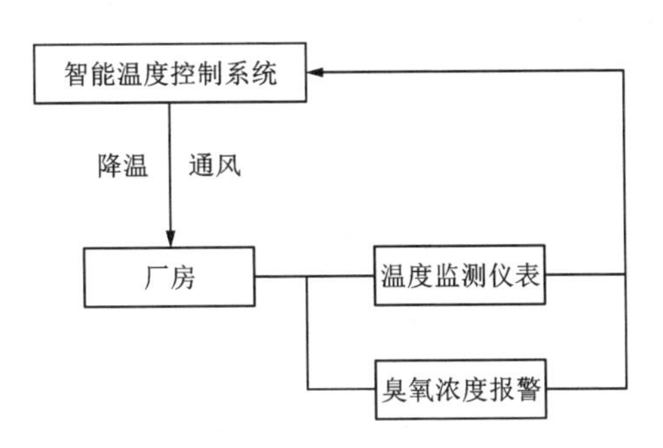

图 5-57 温度智能控制系统示意图

5.4.1.4 氧化反应釜压力智能控制系统程序

压力对臭氧在氧化物料中的溶解度有很大的影响，在高效氧化系统运行过程中，可以在物料氧化反应釜上加装压缩空气管路、压缩空气进气阀及自动排气阀，使反应釜压力保持目标压力，以保证臭氧在物料中充分溶解，对物料中的亚铁离子进行充分氧化。

如图 5-58 所示，压力智能控制系统能检测物料氧化反应釜压力，并将其反馈给 PLC 控制系统，PLC 系统向自动排气阀及压缩空气进气阀发送指令，通过阀门的开关使物料氧化反应釜压力升高或降低，动态保持在 0.2 mPa 左右。

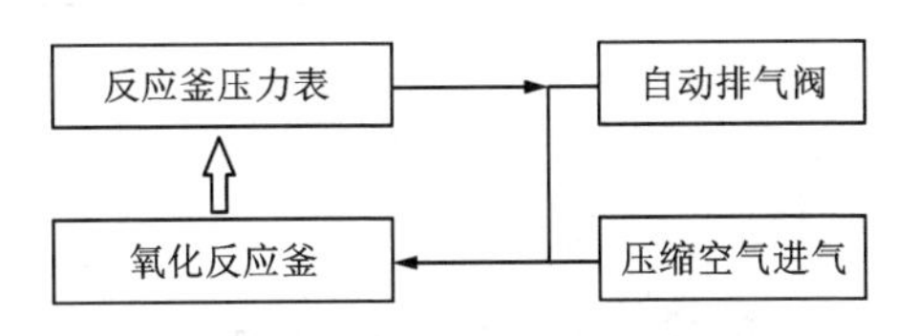

图 5-58 压力智能控制系统示意图

5.4.2 除铁工艺智能制造

5.4.2.1 树脂除铁控制系统构成

树脂除铁控制系统分为三大模块，分别为数据采集、控制、执行模块，其中核心为欧姆龙可编程控制器(PLC),初期要对系统的工艺流程、控制、执行等进行设计,并将设计文件上传至欧姆龙可编程控制器中,对现场气动执行模块进行通信匹配。

(1)数据采集。可编程控制器对数据采集模块进行通信匹配,包括温度采集、流量采集、压力采集、pH 计数据采集,如图 5-59 所示。

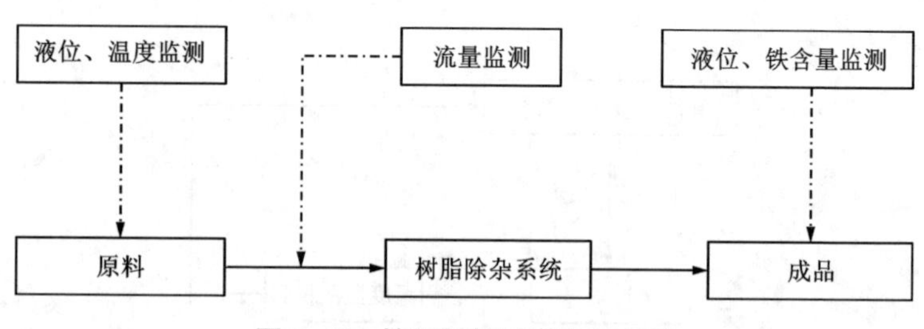

图 5-59 控制器数据采集示意图

(2)控制。欧姆龙可编程控制器(内部结构如图 5-60 所示)对气动控制模块进行通信匹配,控制模块将对模块内各个气动单元进行通信。

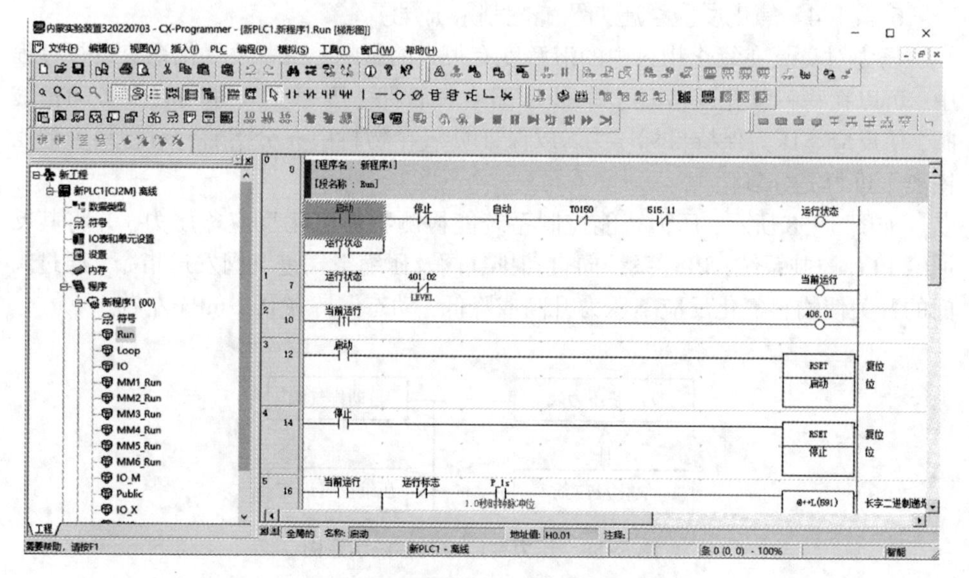

图 5-60 控制器(PLC)内部程序逻辑图

(3)执行。包括气动阀执行、变频器执行。

气动阀执行:可编程控制器下发的指令,通过气动控制模块输出通断指令来对流程中各个气动阀进行分别控制。

变频器执行：可编程控制器下发指令后，变频器收到指令后启动，并根据指令实时调节变频泵的转速，以达到系统中所需的物料流量。

5.4.2.2　流程监视及控制

(1)控制系统自动运行时，来自控制过滤处理后的料液进入原料罐，原料罐上设置的差压变送器将相应的液位值反馈给控制器，当原液罐内液位达到总罐体高度的 80%时，控制器发出关闭原液罐进料阀指令给气动阀执行器，执行器动作关闭阀门，此时控制器采集到原液罐液位符合开车条件，控制器依次发出打开 1#树脂柱进料阀、与 2#树脂柱串联阀、与 3#树脂柱串联阀，去成品罐阀指令，控制器在接收到所有气动阀开到位的反馈信号后，对原料罐变频器发送启动指令，变频器转速由原料罐出口流量计来匹配，变频器转速由低到高逐步增加，直至流量达到系统设定目标流量值，变频泵转速不再增加，且稳定运行。成品罐内设有实时 Fe_2O_3 检测探头，在铁含量接近预设值时，控制器根据探头反馈数值发送树脂柱切柱指令，将 4#树脂柱串入系统出料端进行料顶水。此时打开 4#树脂柱顶水阀，废水进入收集罐，关闭 3#树脂柱去成品阀，顶水时间按控制器内预设时间执行，打开 2#树脂柱进料阀、关闭 1#、2#树脂柱串联阀，切出去的 1#树脂柱进行水顶料和酸洗及再生。

(2)如图 5-61 所示，自动控制系统是一个具有适应能力的系统，它可根据控制器内设定的参数变化自行调整控制变量，从而使得系统达到最优的控制效果，控制器内部控制逻辑更多的是采用或的逻辑关系。

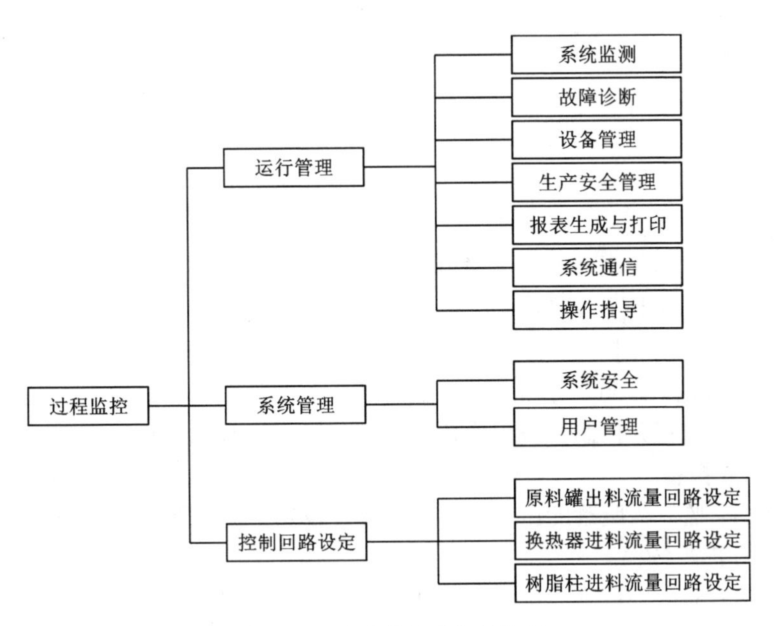

图 5-61　生产监控系统结构图

(3)当控制系统处于自动模式时，生产控制系统按照 PLC 设定的程序和参数运行。手动模式下完成检修和参数设定等工作后，必须转换到自动模式才能实现自动控制。在自动模式下，现场不能操作设备。但两种模式下的设备运行状态及仪表的示数在控制室的上位机均能监控。计算机控制系统中的过程控制系统是由设备把逻辑控制、顺序控制(如主要设备的启动、停止、联锁，调速控制，设备状态报警等功能)和回路控制(如浓度、液位、流量、温度等工艺参数的采集，工艺参数的调节，报警等功能)三大控制系统集成在一起组成的。树脂除铁控制系统包括设备逻辑顺序控制、过程回路控制和多媒体机监控系统三部分。逻辑顺序控制包括设备顺序启停控制和设备逻辑联锁控制。过程回路控制由进料过程控制，原料进料流量控制和给料温度控制组成。多媒体监控系统包括原料输送过程监控系统、送料换热过程监控系统和树脂反应过程监控系统组成。

(4)过程监控系统由运行管理、系统管理和回路设定系统三部分组成。运行管理包括系统监测、故障诊断、设备管理、生产安全管理、报表生成与打印、系统通信和操作指导。系统管理包括系统安全、用户管理。回路设定系统包括原料罐出料流量回路设定，树脂罐入料流量回路设定。自动控制图如图 5-62 所示。

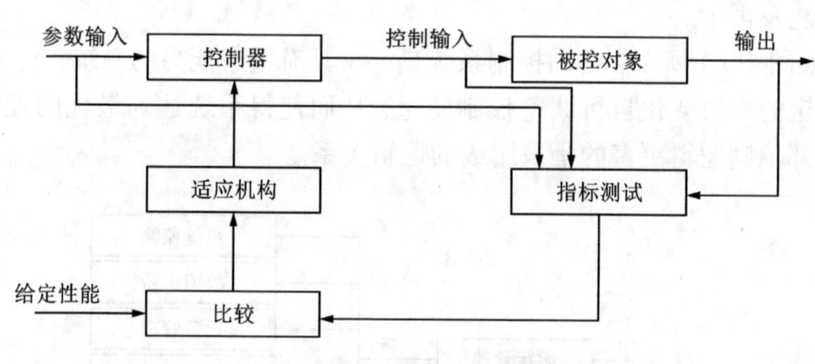

图 5-62　自动控制示意图

对于以上需要安装的设备在连接 PLC 时需要进行参数设置，其检测参数有流量、温度、压力、液位、浓度。

①流量：控制原料泵频率，以控制流量大小，调节原料进入树脂罐流量大小，在保障树脂塔正常运行的情况下，完成生产任务。

②温度：监视并控制原料温度范围为 45~80 ℃，要适应树脂存活温度。温度高于 70 ℃要报警。

③压力：监测树脂罐的压力，当压力超过设定值时，则报警通知上位机监控人员，避免事故发生。

④液位：监测各槽罐液位，液位过高可能造成冒槽事故；液位过低，会影响树脂进料稳定性。

⑤浓度：实时更新化验数据，与工艺设定值对比，保障出料合格率。

5.4.2.3　组态建设

(1) MCGS 功能强大，具有各种操作类型和设备模型，易上手，操作简便，画面简单清晰，并且可支持远程等模式的维护。可以快速、方便地与其他相关的硬件设备结合，开发各种用于现场采集、数据处理和控制的设备。只需要设计需要的模块化组态就可构造自己的控制系统，如可以灵活组态各种智能仪表、管道设备、数据监测模块，无纸记录仪、人机界面等专用设备。

(2) 图 5-63、图 5-64 主要显示的是树脂系统控制工艺流程，其中包括各设备运行状态、运行模式，可以操控开关闭合，料泵的启停，料泵电机的转速；监控相对应的流量大小，液位报警等。在接到启动命令后，选择手动模式，使各设备、开关断开联锁控制，处于可以点动控制的模式。生产开始后，操作员可以对画面上各槽罐液位进行监测。原料罐液位报警主要是控制上级工艺来料流量和原料泵出料流量大小，当液位过高时，监控人员则联系控制上一工艺以减少进料，或在树脂系统可承受范围内增加原料泵电机转速，加大出料流量；当液位过低时，则反向操作。成品罐液位报警主要是监控树脂罐成品出料和向下一工艺出料流量情况，当液位过高时，则减少树脂出料流量或者加大向下一工艺环节送料流量；当液位过低时，则反向操作。

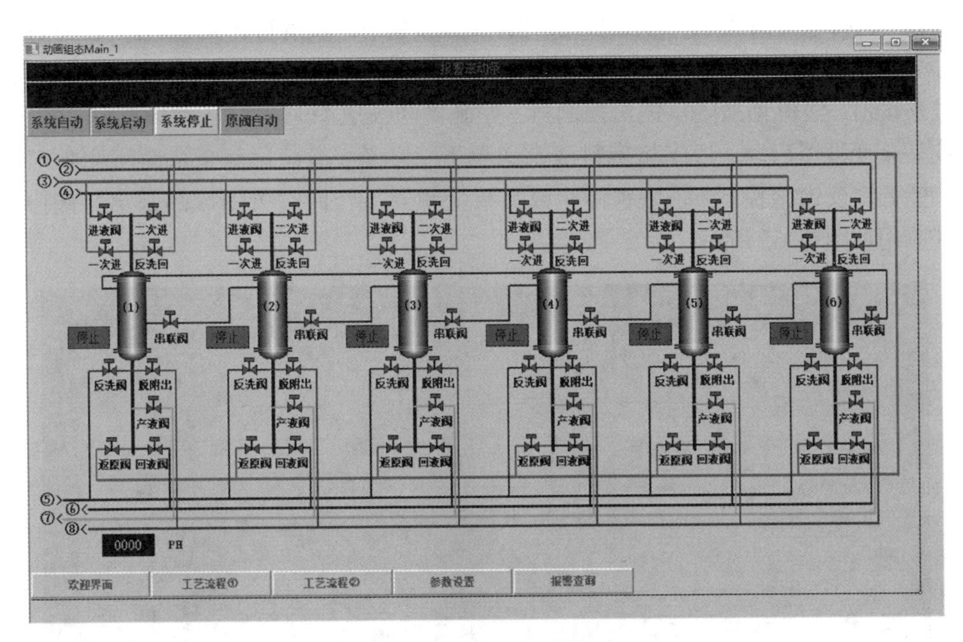

图 5-63　组态流程图

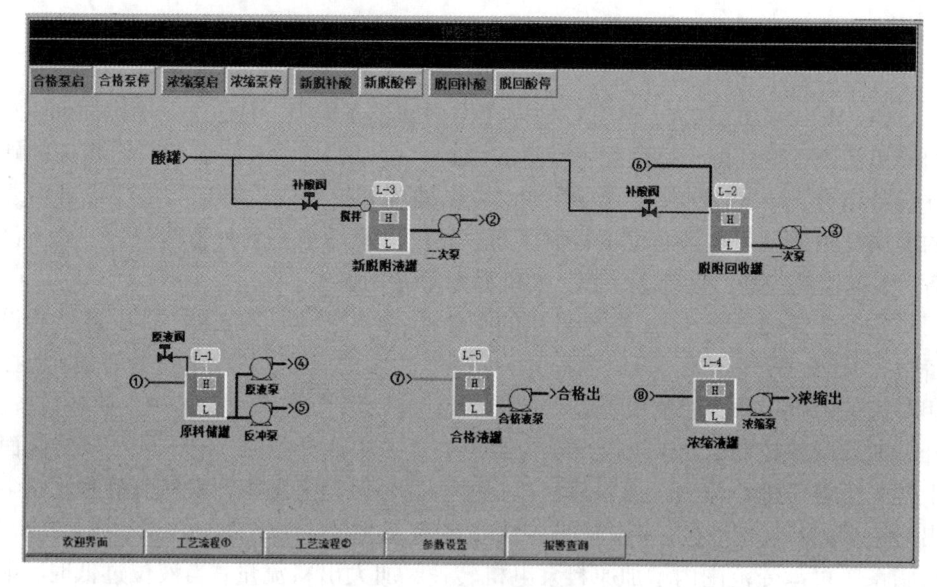

图 5-64　组态泵系统

5.4.2.4　故障报警在线反馈

在流程中的每一个槽罐均装有液位高低限报警，变频器故障报警(包括电机堵转、运行电流过大)，气动阀未开到位反馈报警，串联运行树脂柱超压反馈报警等装置。高低限液位数据在其他工况下也有应用，以成品罐为例，成品罐液位超过预设值，液位预高限反馈给控制器，控制器联锁成品泵出口气动阀打开，联锁成品泵变频器启动，将成品罐料液泵送至下一环节，液位降到成品罐下限值时，液位低限反馈给控制器，联锁停止成品泵变频器工作同时关闭成品泵出口阀门。其应用如图 5-65 所示。

日期	时间	对象名	报警描述	响应时间	结束时间
2022/07/02	15:35:53	新脱附液罐低位	新脱附液罐低位		
2022/07/02	15:32:36	浓缩液罐低位	浓缩液罐低位		
2022/07/02	15:28:56	脱附回收罐低位	脱附回收罐低位		
2022/07/02	15:18:54	进液阀1号故障	进液阀1号故障		2022/07/02 15:19:
2022/07/02	15:18:22	浓缩液罐高位	浓缩液罐高位		2022/07/02 15:29:
2022/07/02	15:18:19	浓缩液罐低位	浓缩液罐低位		2022/07/02 15:18:
2022/07/02	15:18:19	合格液罐低位	合格液罐低位		
2022/07/02	15:18:19	脱附回收罐低位	脱附回收罐低位		2022/07/02 15:18:
2022/07/02	15:18:19	新脱附液罐低位	新脱附液罐低位		2022/07/02 15:18:
2022/07/02	15:18:19	原液罐低位	原液罐低位		2022/07/02 15:18:
2022/07/02	15:16:47	浓缩液罐高位	浓缩液罐高位		2022/07/02 15:18:
2022/07/02	15:14:43	进液阀1号故障	进液阀1号故障		2022/07/02 15:18:
2022/07/02	15:14:48	合格液罐低位	合格液罐低位		2022/07/02 15:18:

图 5-65　故障反馈报警

5.4.2.5　生产过程中指标数据

粉煤灰提铝的生产工艺是先用酸从原料中溶解出各种离子，再对铝离子进行提纯、分离。而在原料去除杂质离子的工艺环节，就大量地运用了树脂除铁系统对杂质离子(或吸附提纯所需离子)进行分离去除。生产原料在经过初期的固液分离后，原料中只剩可溶性的离子。由表 5-43 可以看出，上一级的来料进入原料罐前只有 FeO、浮游物和 Fe_2O_3 3 个指标的数据。由于此处的除铁树脂只是针对 Fe_2O_3 的吸附过程，而对 FeO 并没有吸附作用，因此首先要保证上一环节将 FeO 全部转化成 Fe_2O_3。而对于 Fe_2O_3 的含量控制，主要看树脂系统的设计处理能力，即树脂除铁系统的单个除铁树脂柱的最大处理能力。树脂的饱和吸附量达到了 66 g/L(以铁计)，根据树脂饱和吸附量及料液中铁含量计算可知，每体积的树脂能将 20 bv 料液中的三价铁离子完全去除。

表 5-43　树脂系统进出料物质浓度对比表　　单位：g/L

时间	原料			除铁树脂出料	
	FeO 浓度	浮游物浓度	Fe_2O_3 浓度	$AlCl_3$ 浓度	Fe_2O_3 浓度
8：00	未检出	0.009	2.4	215.41	0.001
10：00	未检出	0.002	2.48	201.9	0.001
12：00	未检出	0.006	2.55	205	0.001
14：00	未检出	0.014	2.75	213.3	0.007
16：00	未检出	0.008	2.71	220.42	0.007
18：00	未检出	0.015	2.88	222.46	0.004
20：00	未检出	0.12	3.03	218.8	0.001
22：00	未检出	0.002	2.94	211.75	0.003
0：00	未检出	0.03	2.98	210.55	0.005
2：00	未检出	0.04	2.89	200.85	0.001

5.4.2.6　进料温度控制

控制进料温度是确保树脂发挥良好作用的前提条件。首先，原料温度过低，会使树脂失去活性，无法吸附相应离子或吸附效果差；而进料温度过高，则会破坏树脂结构。其次，由于原料中含有大量铝离子、氯离子和少量的铁离子、钙离子等，所以当原料温度过低时，会在原料中发生络合反应，使得原料性状发生改变，从而影响树脂的吸附能力。原树脂除铁系统如图 5-66 所示。

解决方法为：

(1)在控制过滤工序处理后的料液进树脂除铁系统原液罐前，加装一套板式

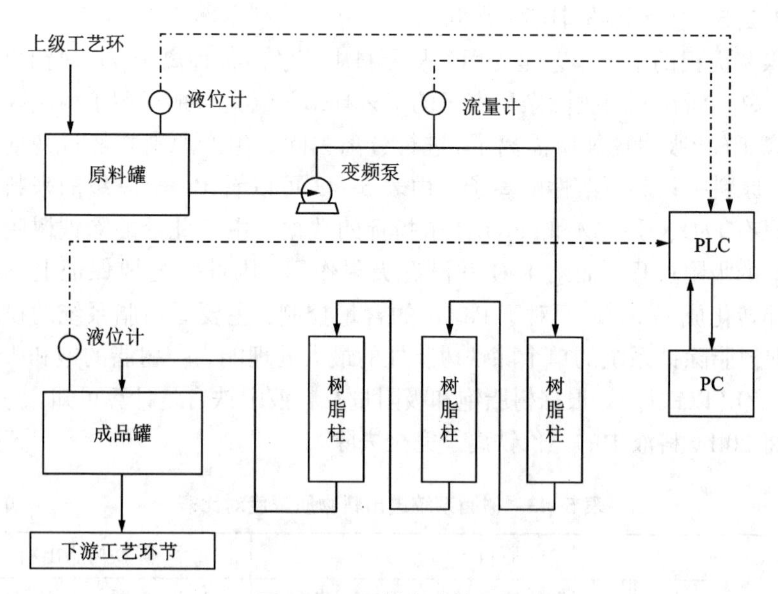

图 5-66　原树脂除铁系统

换热器，以增加进入树脂系统内料液的温度，让温度保持在一定区间。板式换热器进出口阀门采用电动调节阀，温度采集后反馈接入控制器，控制方式由控制器集中管理，换热器料液出口温度送入控制器后，由控制器决定电动调节阀开度（0%~100%区间调整）。控制换热器料液出口温度达到预设值时，电动阀保持不动，恒定温度，如图 5-67 所示。

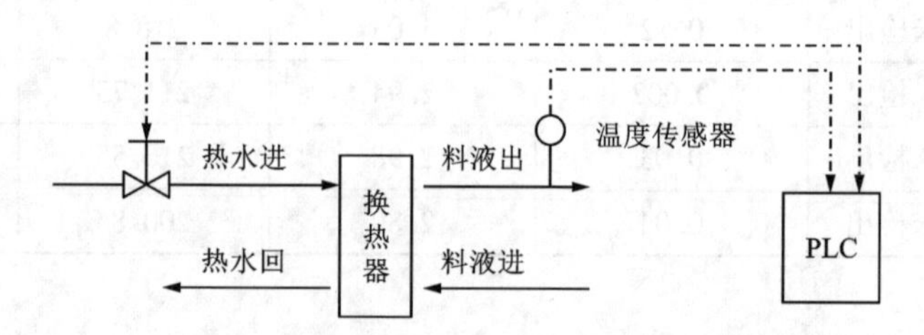

图 5-67　树脂除铁系统增设加热系统控制装置

（2）在整个温度控制过程中，控制系统分为两种控制过程模式：手动模式和自动模式。两种控制模式相互闭锁，由 PLC 控制器中设定的转换开关完成。当控制室操作员在上位机操作系统中将控制状态转换为手动模式时，自动模式停止且所有设备运行状态不发生变化。手动模式下只能操作单台设备或单个阀门开关，系统设备不能联锁运行，当新的工艺要求调节各种参数时，必须在手动模式下设置。

5.4.3　除磷除硅工艺智能制造

5.4.3.1　工艺流程及选型计算

1. 工艺流程

经过树脂除铁工序处理的氯化铝溶液进入反应槽，溶液中磷与加入的添加剂在反应槽中反应生成絮状沉淀，反应后浆液自流进入澄清槽进行澄清，上清液进入滤液槽，底流浆液用泵送入隔膜压滤机进行过滤，滤液进入滤液槽与上清液混合后送往溶出工序换热，再送至蒸发结晶工序，滤饼用汽车送厂外资质单位或药剂再生工序再生处理。工艺流程见图 5-68。

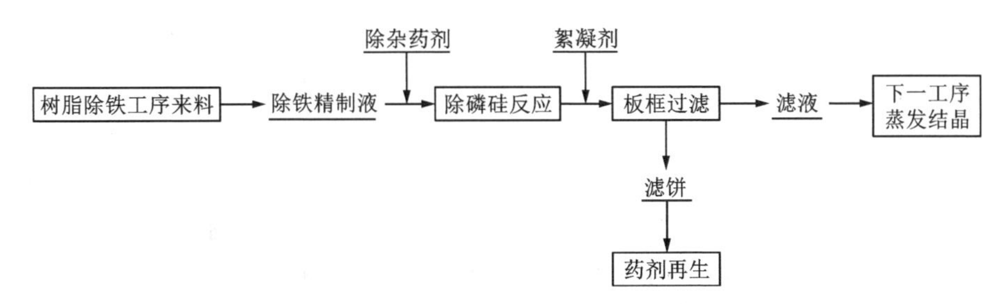

图 5-68　除磷硅工艺流程示意图

2. 设备选型计算

对除磷硅反应后的料液，加入一定量的絮凝剂后，选用快开式隔膜压滤机进行固液分离。设备单位面积产能为 0.25 t/(m^2·h)(溶液)，过滤面积为 400 m^2/台，外排白泥流量为 19.03 t/h，需压滤机台数：

$$\frac{200.34\times1.1}{400\times0.25}\approx2.2$$

式中：200.34 为除铁精液流量，单位为 t/h；1.10 为波动系数；400 为压滤机单台面积；0.25 为压滤机单位面积产能，单位为 t/(m^2·h)。

5.4.3.2　工艺流程控制技术

由除磷硅原理的论述可知，在该工序中，磷硅去除效果与药剂添加量直接相关，且与磷含量直接相关。当药剂添加量为磷含量(物质的量之比)的 8~10 倍时，磷和硅的去除率分别为 90%和 50%以上，所以该工艺的关键控制技术之一就是磷含量的准确检测及除磷硅药剂量的准确加入。另外，由于在整个除磷硅过程中形成絮状沉淀，沉淀的粒径为 20~30 μm，所以在板框固液分离过程中，絮凝剂的加入量及滤布的选择也是至关重要的，一般选择滤布在 700 目以上，絮凝剂的加入量根据固含量及料液流量确定。

1. 药剂添加量因素分析

结合现场生产工艺流程，在除磷硅过程中向除铁精制液入料管道中加入除磷硅药剂，在板框压滤环节前向混料桶内加入絮凝剂，如图 5-68 所示。根据对除磷硅药剂和絮凝剂的反应机制与添加药剂的位置分析，为实现磷硅的高效去除，在生产过程中，监测的主要影响因素有除铁精制液中磷和硅的浓度(g/L)、除铁精制液流量、滤液中磷和硅的浓度、压滤时间与除磷硅滤饼含水率。这些变量因素与除磷硅药剂、絮凝剂的添加量存在着直接或间接的关系。

1)除铁精制液流量及其中磷和硅的浓度

除铁精制液的流量及其中磷和硅浓度的变化，直接影响着除磷硅工况的变化。除铁精制液中磷和硅浓度越低，表示需要添加的除磷硅药剂将越低，同时影响后续絮凝剂的加入量、板框压滤时间及效率等。除铁精制液的流量变化也对除磷硅药剂的添加量和絮凝剂的加入量，以及板框压滤效率均有影响。

2)滤液中磷和硅的浓度

板框压滤滤液中磷和硅的浓度，是药剂除磷和硅反应是否彻底及板框压滤效果的直接反映，也是决定滤液能否进入下一工序的主要参考指标。而这一指标与除磷硅药剂的加入量、絮凝剂的加入量及板框的压滤效果又直接相关。

BP 神经网络采用的监督式学习算法，首先正向对误差进行计算，当发现输出值与期望值不一致时，立即进行误差的反向传播，对权值进行修正调节。保证误差平方和在合理的阈值范围内，再进行下一层次的学习训练。其算法运行方式如图 5-69 所示。

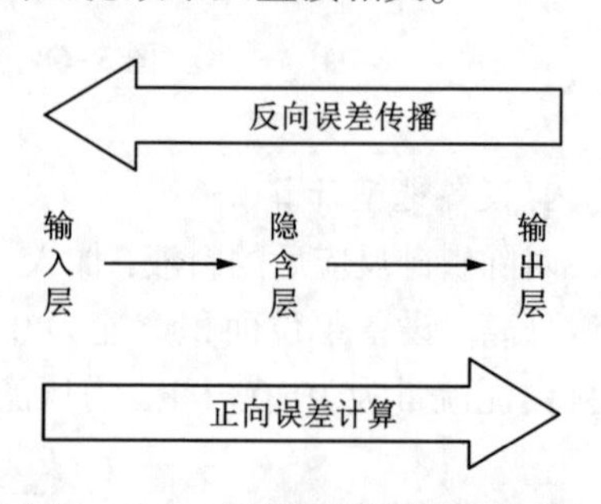

图 5-69 BP 神经网络算法运行图

BP 神经网络算法主要过程为：

(1)确定 BP 神经网络的结构参数：输入层的节点数量 n，隐含层的节点数量 p，输出层的节点数量 q。

(2)定义网络中数据变量及数学公式，如表 5-44 所示。

表 5-44 BP 神经网络内变量及公式

名称	公式	名称	公式
输入矢量	$\boldsymbol{x}=(x_1, x_2, x_3, \cdots, x_n)$	隐含层输入矢量	$\boldsymbol{hi}=(hi_1, hi_2, \cdots, hi_p)$
隐含层输出矢量	$\boldsymbol{ho}=(ho_1, ho_2, \cdots, ho_p)$	输出层输入矢量	$\boldsymbol{yi}=(yi_1, yi_2, \cdots, yi_p)$
输出层输出矢量	$\boldsymbol{yo}=(yo_1, yo_2, \cdots, yo_p)$	输出期望矢量	$\boldsymbol{do}=(d_1, d_2, \cdots, d_q)$

续表5-44

名称	公式	名称	公式
输入→隐含权值	W_{ih}	隐含→输出权值	W_{ho}
隐含层神经元阈值	b_h	输出层神经元阈值	b_o
激活函数	$f(x)$	误差函数	$e=\frac{1}{2}\sum_{o=1}^{q}[d_o(k)-yo_o(k)]^2$

(3)对网络的初始化设定。在[-1, 1]范围内随机地对各层权重值进行分配，并设置最大学习迭代数 M 与精度。

(4)根据输入矢量计算各节点处的输出值，并将该输出值传递到下一层作为输入值进行计算。按表 5-45 所示公式计算。

表 5-45　节点输入输出计算公式

名称	公式
隐含层各节点输入值	$hi_h(k)=\sum_{i=1}^{n} w_{ih}x_i(k)-bn \quad h=1, 2, \cdots, p$
隐含层各节点输出值	$ho(k)=f[hi_h(k)] \quad h=1, 2, \cdots, p$
输出层各节点输入值	$yi_o(k)=\sum_{h=1}^{p} w_{ho}ho_h(k)-bo \quad o=1, 2, \cdots, p$
输出层各节点输出值	$Yo(k)=f[yi_o(k)] \quad o=1, 2, \cdots, p$

(5)根据输出期望矢量与复合函数的链式求导原则，计算输出层节点误差函数的偏导数 $\delta_0(k)$。

$$\frac{\partial e}{\partial w_{ho}}=\frac{\partial e}{\partial yi_e}\times\frac{\partial yi_e}{\partial w_{ho}}$$

$$\begin{aligned}\frac{\partial e}{\partial yi_o}&=\frac{\partial\left\{\frac{1}{2}\sum_{o=1}^{O}[d_o(k)-yO_o(k)]\right\}^2}{\partial yi_o}\\&=-[d_o(k)-yO_o(k)]y_o'\\&=-[d_o(k)-yO_o(k)]f'[yi_o(k)]-\delta_o(k)\end{aligned}$$

$$\frac{\partial yi_o(k)}{\partial w_{ho}}=\frac{\partial\left[\sum_{h}^{P} w_{ho}hO_k(k)-b_o\right]}{\partial w_{ho}}=hO_h(k)$$

(6)由第(5)步计算出的输出误差偏导数 $\delta_0(k)$ 与隐含层到输出层的权重，进而推导计算出隐含层误差函数的偏导数 $\delta_h(k)$。

$$\frac{\partial e}{\partial w_{ho}}=\frac{\partial e}{\partial yi_e}\times\frac{\partial yi_e}{\partial w_{ho}}=-\delta_o(k)ho_h(k)$$

$$\frac{\partial e}{\partial w_{ih}}=\frac{\partial e}{\partial hi_h(k)}\frac{\partial hi_o(k)}{\partial w_{ih}}$$

$$\frac{\partial hi_h(k)}{\partial w_{ih}}=\frac{\partial\left[\sum_{i=1}^{n}w_{ih}x_i(k)-b_h\right]^2}{\partial w_{ih}}=X_i(k)$$

$$\frac{\partial e}{\partial hi_h(k)}=\frac{\partial\left\{\frac{1}{2}\sum_{o=1}^{q}\left[d_o(k)-yO_o(k)\right]^2\right\}}{\partial ho_h(k)}\frac{\partial hO_h(k)}{\partial hi_h(k)}$$

$$=\frac{\partial\left\{\frac{1}{2}\sum_{o=1}^{q}\{d_o(k)-f[yi_o(k)]\}\right\}^2}{\partial ho_h(k)}\frac{\partial hO_h(k)}{\partial hi_h(k)}$$

$$=\frac{\partial\left\{\frac{1}{2}\sum_{o=1}^{q}\left[d_o(k)-f(\sum_{h=1}^{P}w_{ho}hO_h(k)-b_o)^2\right]\right\}}{\partial ho_h(k)}\frac{\partial hO_h(k)}{\partial hi_h(k)}$$

$$=-\sum_{o=1}^{q}\delta_o(k)W_{ho}f'[hi_h(k)]-\delta_h(k)$$

(7)修正权值。先对输出层各节点之间的输入权重值进行修正，再修正隐含层各节点的输入权值重。

$$\Delta w_{ho}(k)=-\mu\frac{\partial e}{\partial w_{ho}}=\mu\delta_o(k)hO_h(k)$$

$$\Delta w_{ho}^{N+1}=w_{ho}^{N}+\eta\delta_o(k)hO_h(k)$$

$$\Delta w_{ih}(k)=-\mu\frac{\partial e}{\partial w_{ih}}=-\mu\frac{\partial e}{\partial hi_h}\frac{\partial hi_h(k)}{\partial w_{ih}}=\delta_h(k)Ox_i(k)$$

$$w_{ih}^{N+1}=w_{ih}^{N}+\eta\delta_h(k)x_i(k)$$

(8)计算网络的全局误差 E，并判断误差 E 是否达到设定的误差阈值要求，或者是否达到最大学习次数 M。若满足要求或已达最大学习次数，则结束网络的训练学习。

$$E=\frac{1}{2m}\sum_{k=1}^{m}\sum_{o=1}^{q}\left[d_o(k)-y_o(k)\right]^2$$

人工神经网络模型的建立正是通过对网络结构的一次次地训练学习，在迭代中不断地修正节点间的权值与阈值，使网络的输出值与期望值进一步逼近。

3)压滤时间与除磷硅滤饼含水率

压滤时间与除磷硅滤饼水分含量是评判压滤效率的重要技术指标。添加絮凝剂就是通过自身与除磷硅沉淀微粒形成絮凝体，增大颗粒尺寸，进而提高固液分离效果。因此，絮凝剂的添加量直接影响压滤时间、滤饼含水率及磷硅的脱除效果。在相同的来料浓度下，随着絮凝剂添加量的增加，压滤时间与滤饼含水率都呈现逐渐变小的趋势，而磷硅的脱除效果明显增加。但当絮凝剂添加到一定浓度后，由于溶液黏度增加，会严重影响板框压滤时间及滤饼的含水率。

2. 加药量预测模型

目前，常用的模型预测方法有基于数值关系推理的数学模型法、基于历史数据的回归分析法、人工智能法等方法，这些方法各有优势。由上述可知，除铁精制液中除磷硅处理过程中加药量的确定是一种多因素相互耦合、非线性的复杂过程。利用人工智能法对这类问题进行设计与求解，将收获到意想不到的效果。

BP 神经网络的原理及算法如下：

神经网络(artificial neural network，简称 ANN)是一种通过数学运算模拟人脑的结构与响应机制，以网络拓扑为基础的结构模型。并行处理、非线性、容错、自适应是其典型特征。该模型在复杂的逻辑问题及非线性问题的处理上具有很强的适用性与实用性。从 1943 年 Mc Culloch 等提出神经元模型这一概念开始，便展开了对人工神经网络的研究。1986 年，在多层神经网络发展的基础上，Rumelhart 和 Mc Clelland 提出了基于误差反向学习算法(即 BP 算法)的神经网络训练算法，这是一种前馈型的神经网络，给网络的训练学习提出了一种新的解决方案。

(1)BP 神经网络的原理

BP 神经网络在训练过程中就是利用误差反向传递学习，在不断的迭代过程中，通过对网络间的权重值进行调整，最终使网络输出值尽可能地接近期望值，不断减小预测的误差。在网络结构上，BP 神经网络分为输入层(Input Layer)、隐含层(Hidden Layer)、输出层(Output Layer)。其基本拓扑结构如图 5-70 所示。V、W 分别表示输入层→隐含层、隐含层→输出层之间的权重值。网络内相邻网络层各个节点(即神经元)直接对应的权重值，在网络训练的过程中，正是通过不断修正节点间的权重值来保证预测模型的可靠性。各节点之间一般是利用 sigmoid 功能函数进行传递，保证模型的学习能力，使输出值逼近期望值。其中 sigmoid 功能函数是非线性的连续可微的函数，其输出值范围为[0, 1]。算法流程如图 5-71 所示。

(2)建立 BP 神经网络模型

BP 神经网络是利用对数据的训练学习来校正网络的精确度的。因此，对于现场数据的采集就显得十分重要，模型使用的训练数据的优劣将会与建立的预测

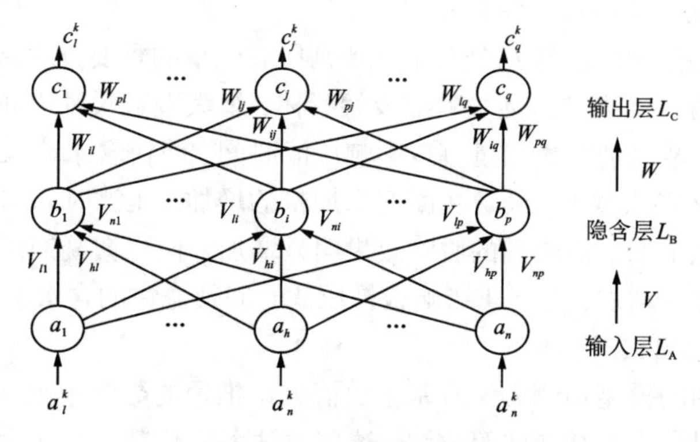

图 5-70　BP 网络拓扑图

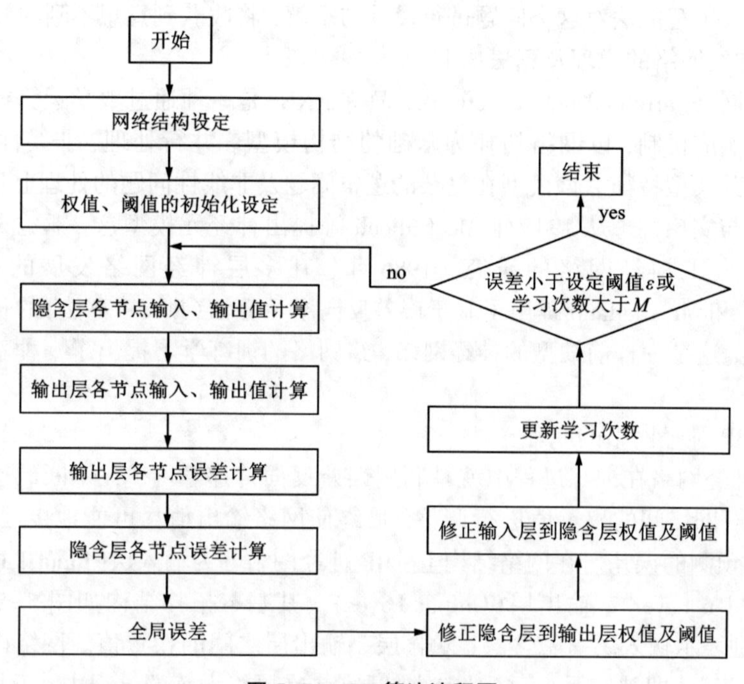

图 5-71　BP 算法流程图

模型的精确度直接相关。为确保数据的真实可靠，我们通过现场试验，并对数据进行真实记录分析，对不同阶段、不同工况下的数据分别进行记录。利用现场记录的大量实验数据，对 BP 神经网络的加药量模型进行训练学习，从而最终确定各个神经元节点之间的阈值和权值等相关的参数值，最终获得加药量预测模型。

在建立 BP 神经网络的加药量预测模型时，为了保证每个输入神经元在纲量上的统一，首先需要对数据进行归一化处理。对输出神经元的数据进行反归一化处理，将数据还原至原始数据的纲量上。我们采用离差标准化的方法进行归一与反归一处理，其表达式为：

$$y=(y_{max}-y_{min})\times\frac{(x-x_{min})}{(x_{max}-x_{min})}+y_{min}$$

在网络的训练学习过程中，为了反映模型预测的精确度，采用均方差(MSE)进行衡量，MSE 数值越小，说明预测模型的精准度越高。其公式为：

$$MSE=\frac{1}{2}\sum_{i=1}^{n}\omega_i(y_i-\hat{y}x_i)^2$$

在网络的仿真测试过程中，采用平均相对误差(MRE)反映建立模型的准确度，MRE 数值越小，说明模型的精准度越高。其公式为：

$$MRE=\frac{1}{n}\sum_{i=1}^{n}\left|\frac{y_i-\hat{y}_i}{y_i}\right|$$

在进行模型建立及学习的过程中，需要用到人工神经网络中的一些常用函数，如表 5-46 所示。

表 5-46　人工神经网络中的常用函数及功能

名称	功能
mapminmax( )	对数据进行归一化与反归一化
Newff(***P***, ***T***, [S1, S2], {TF1, TF2}, BTF)	建立 BP 网络(***P*** 为输入矢量；***T*** 为输出矢量；S1 为隐含层传递函数；S2 为输出层传递函数；BTF 为训练函数)
net. trainParam. lr	网络学习速率
net. trainParam. goal	训练学习精度
net. trainParam. epochs	最大训练次数
train( )	训练函数：用于网络的训练
sim( )	仿真函数：用于网络的仿真测试

由此可知，对于除磷硅药剂与絮凝剂添加量模型，在网络结构上，其输入与输出神经元的数量已经由变量间的影响关系确定，而隐含层的神经元节点的数量尚未确定。在神经网络中，隐含层神经元节点的数目越多，网络预测的精度就会越高，但是会造成网络的拟合程度过高，推算复杂，影响网络的响应时间。为了寻找最合适的隐含层神经元的节点数目，在预测精度设置为 0.0001 的情况下分别对除磷硅网络模型与絮凝剂模型进行隐含层在不同神经元数量下的测试分析。经过数据的分析比较，并结合均方误差(MSE)与训练次数值，最终确定除磷硅药

剂和絮凝剂添加量的网络结构。

3. 利用 ASPO 算法求解最优药剂添加量

在除磷硅药剂和絮凝剂添加量网络结构预测模型的基础上，确定目标函数，建立最优化问题的模型，确定约束条件。之后利用自适应粒子群(APSO)智能优化算法对该问题进行求解计算，通过一次次的迭代计算求解寻找在约束空间范围内的最优解。

1)药剂最优化问题模型的确立

最优化问题需要解决的是在规定的约束条件的范围内，去寻求系统要求的性能指标的最大值或最小值，保证系统性能达到最佳。这类优化问题在实际的生产与应用过程中广泛存在，尤其在工业生产、经济管理等领域，其重要性更为突出。最优化问题模型主要涉及目标函数与约束条件函数的确立，而不同的系统与行业，其函数的性质及变量的取值等也不相同，对于不同的优化问题，其解决策略也不相同。对于最优化问题，考虑到其一般性，其数学模型为：

$$\min/\max: y=f(x)$$

$$\text{s.t. } x\in S=\{x/g_i(x)\leqslant 0,\ 1,\ 2,\ \cdots,\ m\}$$

式中：$y=f(x)$为目标优化函数；$g_i(x)$为约束条件函数；x 为优化变量；S 为约束空间；m 为约束数目。

对于除磷硅药剂、絮凝剂加药量模型是由 BP 神经网络得到的，属于典型的非线性函数模型。因此，除铁精制液除磷硅过程的药剂添加量的最优化求解过程属于非线性规划问题，又加上约束条件的存在，这就涉及有约束的非线性优化问题的求解范畴。对于这类问题，由于目标函数的非线性，在约束空间内必定存在多个极值点，采用一般的优化求解方法很难有效地得到满意的结果。为了准确、可靠地寻找到最优值，解决这类复杂的非线性问题，采用了智能优化算法的解决方案。仿生型的智能优化算法具有搜索能力强、随机性等特点，可以快速地寻找到全局最优解，能有效地规避算法陷入局部最优值中。这类现代智能算法在工程领域越来越被广泛地使用。

2)优化算法的选定

药剂添加量的最优化问题属于非线性的有约束的规划类问题。该类问题的求解相当复杂，一般的优化求解方法，如微分法、变分法、线性规划等，很难解决这类问题。随着计算机科学的飞速发展，一些现代智能优化算法也随之产生，依靠计算智能与数据分析，对自然界中的一些现象机理进行模拟推理，为解决工程中涉及的复杂非线性问题提供了新的方案与思路。目前，常用的现代化智能算法有遗传算法(genetic algorithm，简称 GA)、模拟退火算法(simulated annealing，简称 SA)和粒子群算法(particle swarm optimization，简称 PSO)等。

遗传算法(GA)，其基本原理就是根据基因遗传原理，对染色体进行二进制编码，然后通过选择、交叉和变异过程的迭代进行，对解值进行搜索和优化，最终使其收敛于最优解。其优点是具有随机性与可扩展性，但是迭代冗余大，精确度较低。

模拟退火算法(简称SA)，其基本原理是基于物理退火过程，从较高初始温度，随着温度的降低，在解空间内随机地对目标函数的全局最优化解进行寻找，跨出局部的最优值，逼近全局最后值。该计算法的优点是优化质量好，鲁棒性强，但是优化时间长，初始值敏感，参数设置难度大。该方法主要用于图着色问题、调度问题、最大解问题、函数优化等。

粒子群算法(简称PSO)，源于鸟群觅食的过程。其基本原理是，先随机初始化一群离子，再通过迭代对粒子的速度与位置进行修改，使粒子间进行信息传递，最终寻觅到全局最优解。该方法具有参数少，实现简单，随机性强，实数编码，兼容性好等优点，但是易于早熟。主要应用于函数优化，模糊系统控制，系统设计，目标值优化等领域。

对于以上这些智能优化算法，没有一种算法明显地优于其他算法。不同的算法对问题的适用性是不同的，对于不同的问题，其求解方法也不尽相同，也应根据问题的性质与特点选用不同的优化算法进行计算。粒子群算法具有参数设置少，实现简单，求解速度快，直接进行实数编码(不用进行二次转换)，对初始值的设置没有模拟退火算法要求严格(可以随机设置)等优势。因此，我们采用粒子群算法对药剂的添加量最优化问题进行求解计算。另外，为了克服粒子群算法在求解中易于早熟收敛的缺点，我们还对算法进行了改进，采用自适应方式。

3)利用Simunlink实现算法的在线优化

为了实现系统对药剂添加量的在线优化与跟踪更新，需要实现APSO算法针对实际数据的在线迭代，计算此时的最佳药剂添加量。为此，本书利用Simulink实现这一目标。Simulink是Matlab的一个重要扩展功能组件，为系统的测试仿真、动态建模、在线优化等提供环境平台。

入料磷硅的浓度与入料流量通过OPC协议经PLC控制器从浓度与流量传感器取回数据，然后赋值到APSO算法的变量中，上限与下限设定值是经Simulink经OPC端口读取上位机写入的数据，赋值为算法约束搜索空间的上下限变量内，便于系统根据实际情况对搜索范围进行适当的修正。

4. 药剂自动添加控制系统的实现与运行效果

我们通过BP神经网络对除磷硅药剂与絮凝剂添加量进行建模，在此基础上，利用APSO算法对添加量最优值进行求解。在原有除磷硅药剂与絮凝剂添加系统的基础上，可以通过设计一套合理可靠的药剂自动添加系统，以合适的通信方式与原系统融合。药剂自动添加控制系统设计主要分为设备层、控制层与优化层三部分。各层之间通过以太网进行数据的交互，为防止信号传输失真以及克服外界干扰，系统采用光纤来实现以太网通信。

1)设备层

主要包括除磷硅药剂添加系统、絮凝剂药剂添加系统、入料流量传感器、入料磷和硅浓度检测器。在整个系统中，除磷硅与絮凝剂药剂添加系统主要负责药剂溶液的制备以及药剂的自动添加，属于执行机构。入料磷硅浓度与流量传感器负责对入料管道除铁精制液中磷和硅的浓度检测与入料流量的检测。

2)控制层

主要包括 PLC 控制器与交换机。PLC 控制器主要用于原有系统之间的数据通信，以及传感器信号的采集。交换机实现各个系统，以及上位与下位数据的交汇。

3)优化层

主要用于人机界面的可视化操作、APSO 优化算法对协同药剂添加量的在线求解，同时还具有通过 SQL 数据库的数据记录储存功能、WEB 端浏览器功能和 EXCEL 进行历史数据查询功能。

系统运行模式是通过检测传感器对入料管道的除铁精制液中的磷硅浓度与流量信号进行检测，PLC 控制器经模拟量模块对该信号进行采集。由于除铁精制液除磷硅处理反应过程的滞后特征以及 APSO 算法对最优量求解过程需要 80 s 左右运算时间的综合考虑，表征除铁精制液工况的入料磷硅浓度与流量信号不应实时地向数据管理层进行传输。根据除磷硅处理系统的特征及除磷硅药剂反应时间，并综合经验，系统设计每 30 min 将工况数据信号向数据传输一次。为了准确地表征除铁精制液在 30 min 内数据的变化，PLC 控制器引入统计量的概念对数据进行处理。利用样本平均值来估计总体数据的大小，进行程序的设计，控制器每 30 s 对浓度与流量信号采集一次作为一个样本，求出 30 min 内浓度与流量的变化均值。将此均值 30 min 向数据管理层经以太网传输一次数据。为了实现 PLC 与 Matlab/Simulink 之间的数据交互，借助 OPC 通用接口技术完成数据的通信、交换。来自控制层的数据在 RSLink OPC Server 内作地址的映射，之后分别与 FT VIEW 上位机组态软件及 Matlab/Simulink 建立数据的链接通道。FT VIEW 通过人机交互界面来直观显示数据量的变化，以及设备的运行状态、报警信号等。Matlab/Simulink 根据建立的 APSO 优化算法模型，对当前条件下的最优药剂添加量进行求解计算，然后将除磷硅药剂与絮凝剂药剂添加量输出，反馈到 RSLink OPC Server 相应的变量中。之后数据传达到 PLC 控制器，PLC 控制器经光纤将数据分别传递到除磷硅药剂自动添加系统与絮凝剂自动加药系统，完成指令的下达。

5. 系统功能分析

本系统运行模式可以分为手动模式与自动模式。在自动模式下，药剂添加量通过系统自动运行优化算法求解得到。在手动模式下，药剂添加量手动输入，这是为了应对一些异常情况或者系统优化求解功能出现问题的情况。系统除了具备手动与自动模式、对设备运行监控等基本功能外，还具有 Web 端浏览器发布设计、Excel 对数据库进行访问、对历史数据进行查询的功能。

絮凝剂消耗量 300 g，当自动加药系统运行后的三个月中除磷硅处理中吨氧化铝的除磷硅药剂消耗量降为 17.14 kg，絮凝剂消耗量降为 280 g，有效降低除磷硅药剂和絮凝剂消耗量约 10%和 6.7%，在保证产品质量的同时降低了氧化铝的生产成本。

第6章 蒸发结晶工艺与控制技术

6.1 概述

结晶是固体物质以晶体状态从蒸汽、溶液或熔融物系中析出的过程。为数众多的化工产品及其中间产品都是利用结晶方法分离、提纯而形成的晶态物质。作为一种精制提纯的方法，其所用结晶设备结构简单，操作不复杂。因其具有高效、能耗低、污染少、产品纯度高等优点，此方法的应用领域正迅速扩大，不仅在传统工业领域中得到充分应用，而且已成功扩展到信息产业、生命科学和功能材料等领域，是现代高新技术的重要支撑技术之一。尤其是近代液固分离与固体输送技术的发展，更有利于结晶法在更大范围内被采用。作为一种分离技术，与精馏法相比，结晶法又有独到之处。在很多情况下，如沸点相近的物质、共沸物以及对热敏感的物质，都不适于采用精馏法分离，利用它们的凝固点一般差别较大的性质，可采用结晶法。从节能角度分析，对于一定物质，其熔融潜热较蒸发潜热小得多，能耗也较合理。相对于其他的化工分离操作，结晶技术具有如下特点：

(1)能从杂质含量相当高的溶液或熔融混合物中，得到高纯甚至是超纯的目标产品。

(2)对于某些难于分离的混合物系，比如同分异构体混合物、共沸物系、热敏性物系等，其他分离技术常常不能达到目的，而结晶技术的采用往往能够产生意想不到的结果。

(3)与其他分离技术相比，结晶技术具有低能耗、操作安全、环境友好等特点。

(4)结晶技术同时也是一个复杂的单元操作，涉及多元、多相的传热、传质和表面反应过程。

对于用粉煤灰酸法提取氧化铝过程料浆净化之后的氯化铝溶液，可通过蒸发结晶技术制备出六水氯化铝晶体。

6.1.1　六水氯化铝的简介

6.1.1.1　基本物化性质

CAS号：7784-13-6。

性状：无色结晶或白色、浅黄色结晶性粉末或颗粒。

熔点：190 ℃。

密度：2.4 g/mL(25 ℃)。

溶性：1 g该产品溶于0.9 mL水、4 mL乙醇，溶于乙醚、甘油、1，2-丙二醇，水溶液呈酸性。

6.1.1.2　六水氯化铝产品规格

六水氯化铝产品规格如表6-1所示。

表6-1　六水氯化铝产品规格

项目	工业级		分析纯
	一等品	合格品	
外观	橙黄色或淡黄色晶体		浅黄色结晶性粉末
结晶氯化铝($AlCl_3\cdot6H_2O$)质量分数/%	≥95.0	≥88.5	97.0
铁(Fe)质量分数/%	≤0.25	≤1.0	0.001
不溶物质量分数/%	≤0.10	≤0.10	0.025
砷(As)质量分数/%	≤0.0005	≤0.0005	
重金属质量分数(以Pb计)/%	≤0.002	≤0.002	0.0005
pH(1%水溶液)	≥2.5	≥2.5	

6.1.1.3　六水氯化铝的用途

六水氯化铝作为一种重要的化工产品，具有广泛的用途，主要包括：

①作为中间产物，用于焙烧生产氧化铝。

②用于饮用水、含高氟水、工业水的处理，以及含油污水的净化。

③用作精密铸造的硬化剂、造纸施胶沉淀剂、净化水混凝剂、木材防腐剂等。

④是石油工业加氢裂化催化剂单体的原料。用于羊毛精制(用碳化法清除植物纤维)，氢氧化铝凝胶的生产、染色和医药工业。

⑤用作有机合成的催化剂(以无水氯化铝为主)，广泛用于石油裂解，合成染料，合成橡胶，合成树脂，合成洗涤剂、医药、香料、农药等。

6.1.2 蒸发结晶工艺

6.1.2.1 工艺简介

蒸发结晶采用三效顺流工艺，即一效降膜，二、三效强制蒸发技术。长期试验表明：蒸发机组运行稳定，状态良好。因此，本单元蒸发结晶工序设计采用三效顺流蒸发工艺。经过除磷除硅工序处理的精制液首先经溶出换热后进入蒸发原液槽，用泵送往蒸发系统进行蒸发结晶，由于二效开始有晶体产生，因此选择一、二、三效强制循环蒸发结晶工艺。

经过除磷除硅工序处理的精制液经过溶出换热后进入蒸发原液槽，用泵送往蒸发系统进行蒸发结晶。蒸发结晶均采用三效顺流蒸发工艺，蒸发热源为158 ℃饱和蒸汽，二、三效蒸发结晶采用强制循环蒸发。

蒸发原液在结晶工段一效蒸发器进行浓缩，浓缩液进入二效蒸发器进一步浓缩，在二效蒸发器中形成部分结晶。二效物料出料后进入三效结晶器蒸发结晶，在三效结晶器出料后的晶浆送往低温热解单元。

6.1.2.2 工艺流程

蒸发结晶工艺流程如图6-1所示，第三效蒸发结晶工艺流程及装置原理见图6-2、图6-3。

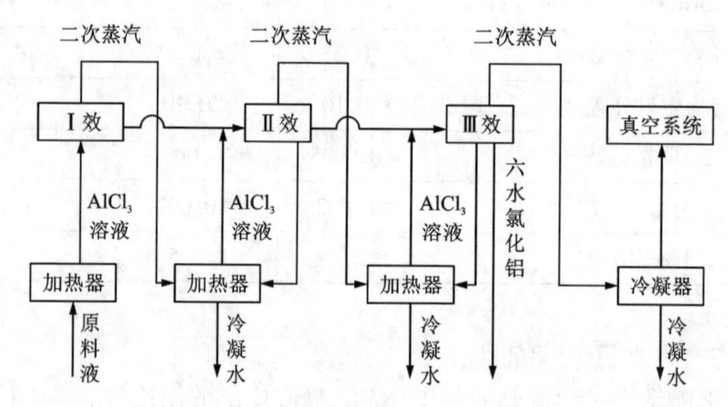

图6-1 六水氯化铝生产工艺原理图

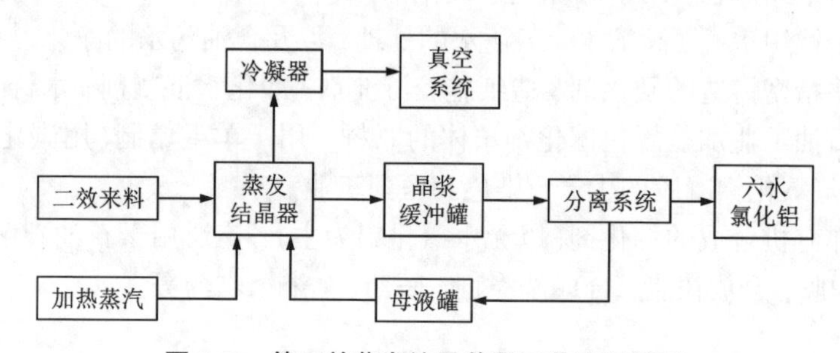

图6-2 第三效蒸发结晶装置工艺流程简图

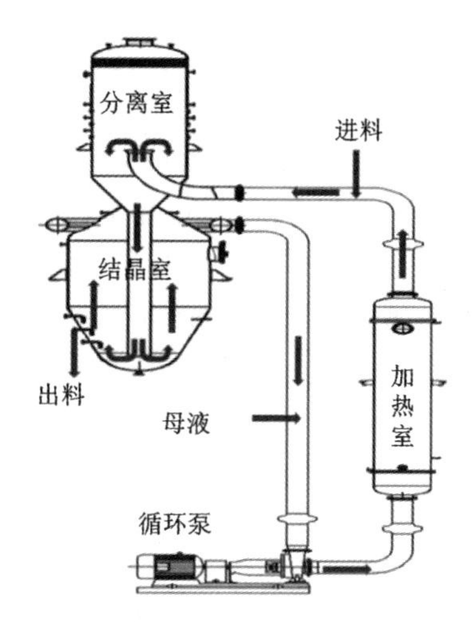

图 6-3　第三效蒸发结晶装置示意图

在该蒸发结晶装置中，加热后的物料在分离室中闪蒸，形成过饱和溶液；再通过降液管进入结晶室，产生的晶体不断成长、分级、分离，从而使晶体颗粒悬浮于液流形成粒度分级的流化床，实现晶体有效控制和粒度分级。

6.1.2.3　蒸发结晶工艺参数

蒸发原液温度：约 75 ℃。

蒸发原液氯化铝浓度：243 g/L。

蒸发器组出料温度：65~75 ℃。

结晶氯化铝粒度：0.7~1 mm。

分离滤饼含水率：≤8%。

滤液浮游物浓度：≤2 g/L。

6.1.3　蒸发结晶及工业化装置设计

根据物料平衡核算理论蒸水量为 113.3 t/h，氯化铝溶液蒸发结晶工序采用三效顺流蒸发器。因为蒸水量较大，设计采用多组蒸发，选用蒸水能力为 65 t/h 的蒸发器 2 组，所需蒸发器组数为：

$$\frac{113.3\times1.1}{65}\approx1.9\ 组$$

式中：113.3 为蒸发结晶蒸水量，t/h；1.1 为波动系数；65 为单组蒸发蒸水量，t/h。

设计采用蒸水量为 65 t/h 的蒸发器 2 组，主要设备组成如下：

1 效加热室：$F=1500\ m^2$/台，共 2 台，材质为石墨。

1 效分离室：$\phi3.0\ m\times7.5\ m$，共 2 台。

2 效加热室：$F=1500\ m^2$/台，共 4 台，材质为石墨。

2 效分离室：$\phi 4.0\ m\times 7.5\ m$，共 2 台。

3 效加热室：$F=1500\ m^2$/台，共 4 台，材质为石墨。

3 效结晶器：分离室 $\phi 3.5\ m\times 9.0\ m$，结晶室 $\phi 4.2\ m\times 8.9\ m$，共 2 台。

间接冷凝器：$F=800\ m^2$/台，共 6 台，材质为石墨。

结晶分离，设计采用真空带式过滤机进行结晶分离，其产能为 0.25 t/($m^2\cdot h$)，蒸发结晶产结晶氯化铝流量为 69.6 t/h。真空带式过滤机面积的计算式为：

$$\frac{69.6\times 1.1}{0.25}\approx 306.2\ m^2$$

式中：69.6 为结晶氯化铝滤饼量，t/h；1.10 为波动系数；0.25 为真空带式过滤机产能，t/($m^2\cdot h$)；

根据市场调研，目前已经稳定运行的真空带式过滤机最大有效过滤面积约 200 m^2，设计选用 2 台有效过滤面积为 160 m^2 的真空带式过滤机。

6.2 蒸发结晶原理

蒸发结晶包括三个阶段：溶液达到过饱和状态、晶核形成和晶体生长。溶液达到过饱和是结晶的先决条件，由该蒸发系统中输入的热量决定，并受传热规律的制约。一旦溶液达到过饱和状态，溶液中就会自发或者受引导而成核，Gibbs-Thomson 根据经典热力学方程导出的成核速率公式中，成核速率是过饱和度的函数，说明过饱和度在晶体成核中的决定作用，而过饱和度直接由溶液中的传质传热状况决定。

当晶核粒度大于临界粒度时，晶核能够稳定地存在，并在外界推动力下进一步生长。晶体生长受到包括温度、过饱和度、搅拌、杂质、溶液 pH 以及晶体粒度等多种因素的影响。由于影响因素太多，且部分影响机理还在继续研究之中，因此没有一个涵盖各个因素的确切的晶体生长速率函数表达式。总体来说，晶体的生长可以分为两个步骤：溶质扩散步骤和表面反应步骤。溶质扩散即待结晶的溶质借助扩散穿过靠近晶体表面的一个静止液层，从溶液中转移至晶体表面。表面反应过程，即到达晶体表面的溶质嵌入晶面，使晶体长大，同时放出结晶热的过程。由于晶体生长的两个步骤都受传热传质规律的制约，故确定两个步骤的影响规律，并最终确定操作参数对结晶产品的影响规律就显得至关重要。

6.2.1 氯化铝的结晶热力学

6.2.1.1 氯化铝在纯水中的溶解度及介稳区

根据六水氯化铝的物化性质，可知六水氯化铝在水中有一定的溶解度。本节测定了 0~100 ℃时六水氯化铝在水中的溶解度(图 6-4)。六水氯化铝在水中的溶解度随温度的升高而增加，而且在温度较低时，温度对溶解度的影响较为显著。此外，随着温度升高，六水氯化铝在水中溶解度增加幅度较小。根据工业结晶过程对结晶方式的选择，六水氯化铝适合选用蒸发结晶方式进行结晶，与现实生产中选用的结晶方式相吻合。

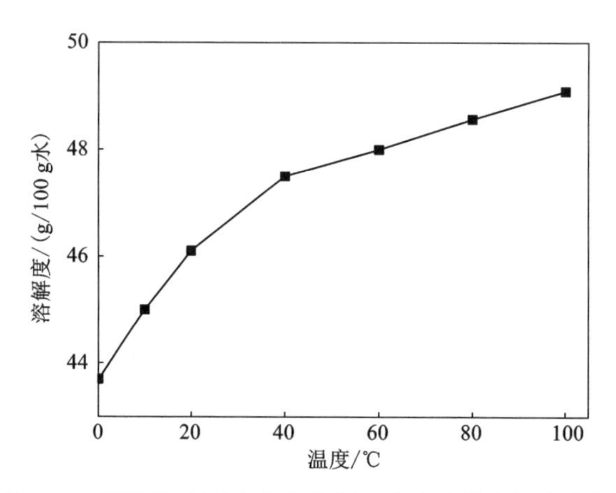

图 6-4　不同温度下六水氯化铝在纯水中的溶解度曲线

选择 Apelblat 简化经验方程对六水氯化铝在水中的溶解度进行数据关联，得到拟合方程为：

$$\ln 1\ x = 4.176 - \frac{428.16}{T} - 0.980 \ln T$$

$$R^2 = 0.998$$

式中：x 为六水氯化铝的摩尔分数；T 为温度，K。

由图 6-5 可以看出，测定的六水氯化铝在水中溶解度的数值与《兰氏化学手册》中给出的数值比较接近，说明所选用的测定方法比较适合于六水氯化铝溶解度的测定。

根据介稳区的特性及影响因素，在测量六水氯化铝在水中的超溶解度时，应保持一定的搅拌速度及降温速率。由图 6-6 可知，低温下六水氯化铝在水中的介稳区稍高于高温下的介稳区，这主要是因为温度升高，溶质分子热运动加剧，成核速率增大。而在较低的饱和温度下，溶液浓度较小，不易成核。六水氯化铝在 0 ℃时的介稳区为 1.5 g 六水氯化铝/100 g 水，在 100 ℃时介稳区为 1.2 g 六水氯化铝/100 g 水，介稳区宽度比较小，选择加入晶种时，需要严格控制晶种加入时间。在工业化生产中，需要严格控制溶液的浓度，避免产生初级成核导致产品聚结。

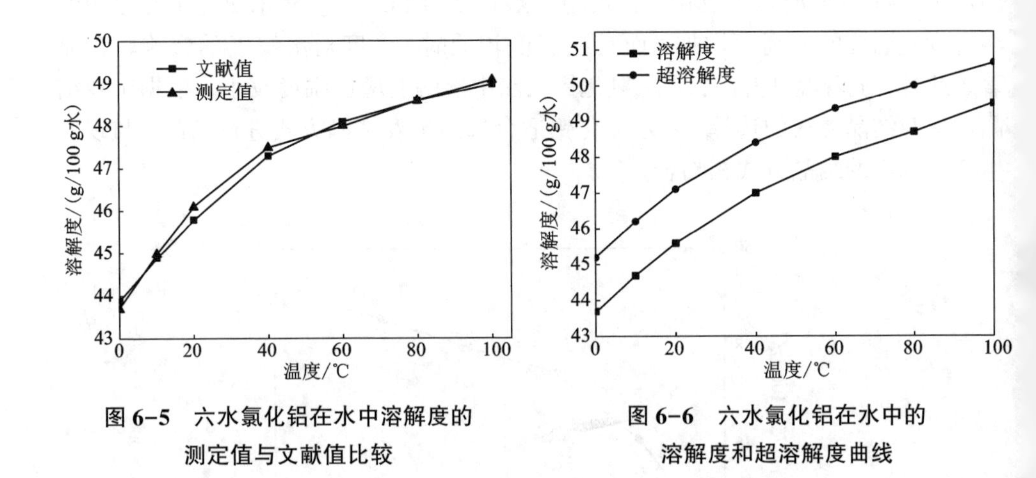

图 6-5　六水氯化铝在水中溶解度的测定值与文献值比较

图 6-6　六水氯化铝在水中的溶解度和超溶解度曲线

6.2.1.2　氯化铝在不同浓度盐酸中的溶解度及介稳区

研究了六水氯化铝在酸性溶液中的溶解度和介稳区。测定了在 pH = 1 和 pH = 2 时，六水氯化铝在酸性溶液中的溶解度，结果如图 6-7 所示。

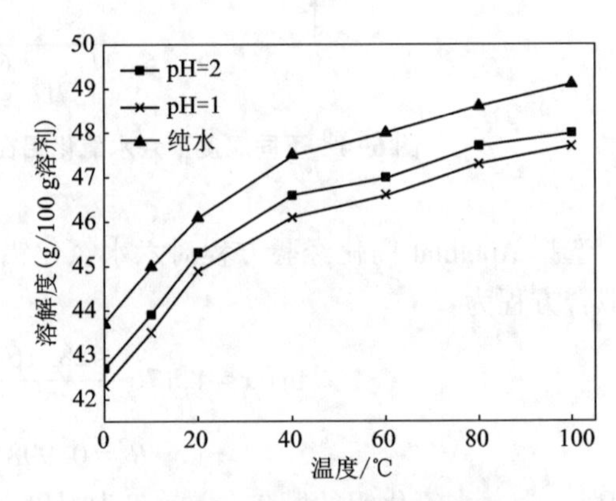

图 6-7　六水氯化铝在酸性溶液中的溶解度曲线

同一温度下，六水氯化铝在纯水中的溶解度要高于在酸性溶液中的溶解度，而且溶液酸性越大，六水氯化铝的溶解度越小。这主要是因为在六水氯化铝溶液中，氯化铝是以氯离子和铝离子形式存在的。在此盐酸溶液中，有一定量的氯离子，这就使得氯化铝溶液的溶解平衡逆向进行，从而导致六水氯化铝在盐酸溶液中的溶解度比在水中的溶解度要小。

采用 Apelblat 简化经验方程对六水氯化铝在 pH = 2 的酸性溶液中的溶解度进行数据关联，得到拟合方程为：

$$\ln x = 12.280 - \frac{800.84}{T} - 2.185 \ln T$$

$$R^2 = 0.980$$

式中：x 为六水氯化铝的摩尔分数；T 为温度，K。

本节还测定了六水氯化铝在 pH = 2 的酸性溶液中的超溶解度，测定结果如图 6-8 所示。

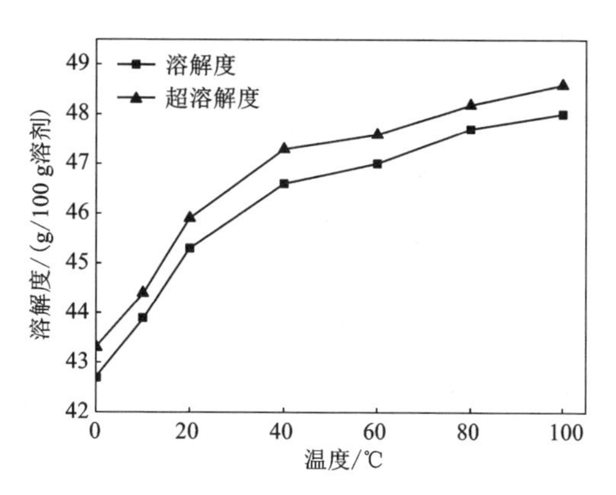

图 6-8　pH = 2 时六水氯化铝的超溶解度和介稳区

在 pH = 2 时，六水氯化铝在 0 ℃ 溶液中的介稳区宽度为 0.6 g/100 g 溶剂，比在水中的介稳区要小。这是由于溶液酸性增加，黏度下降，减小了分子间运动阻力，因此晶体容易成核。

6.2.1.3　氯化铝在不同铁离子含量中的溶解度及介稳区

依据六水氯化铝生产工艺和三效进料参数，可知六水氯化铝溶液中含有少量的铁离子。通过测定六水氯化铝在不同铁离子浓度下的溶解度和超溶解度，研究铁离子对六水氯化铝结晶的影响。测定了氯化铁浓度为 0.5 g/mL 和 1 g/mL 时六水氯化铝的溶解度，测量结果如图 6-9 所示。

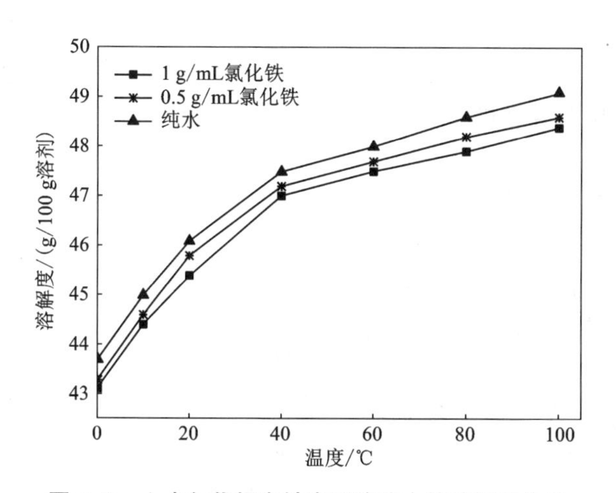

图 6-9　六水氯化铝在铁离子溶液中的溶解度曲线

由图 6-9 可知，六水氯化铝溶液中有铁离子存在时，其溶解度下降。在同一温度下，六水氯化铝在水中的溶解度要高于在含有铁离子溶液中的溶解度，杂质含量越高，六水氯化铝的溶解度越小。这主要还是氯离子影响了六水氯化铝的溶解平衡，同时，杂质氯化铁在溶液中与六水氯化铝存在结晶竞争关系，也会导致六水氯化铝的溶解度降低。

采用 Apelblat 简化经验方程对六水氯化铝在铁离子浓度为 1 g/mL 的溶液中

的溶解度进行数据关联，得到拟合方程为：

$$\ln x = 12.151 - \frac{791.90}{T} - 2.165\ln T$$

$$R^2 = 0.983$$

式中：x 为六水氯化铝的摩尔分数；T 为温度，K。

如图 6-10 所示，在氯化铁含量为 1 g/mL 时，六水氯化铝在 0 ℃溶液中的介稳区宽度为 0.9 g/100 g 溶剂，比在水中的介稳区稍小。这是由于铁离子和氯离子的存在，六水氯化铝在溶液中的浓度减小，溶液黏度降低，分子运动阻力减小，易于晶体成核及生长。

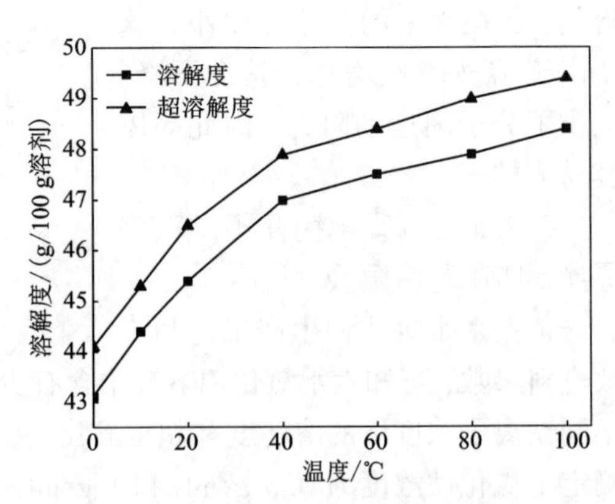

图 6-10　六水氯化铝在铁离子溶液中的超溶解度曲线

工业生产中，生产六水氯化铝时主要是盐酸过量，同时也存在少量的铁离子杂质，因此在结晶过程中应考虑两者同时对结晶过程的影响。从以上数据看出，两者虽然都对介稳区存在影响，但是介稳区的变化都很小，因此，两者同时存在的影响应该在动力学以及对产品质量的影响上考察更为准确。

6.2.1.4　氯化铝的沸点升

对于六水氯化铝蒸发结晶，氯化铝溶液的沸点升是必不可少的数据。沸点升直接影响氯化铝溶液的温度，从而影响蒸发结晶所需的真空度，同时还会对设备材质选择产生一定影响，因此，准确测定溶液中的沸点升具有重要意义。

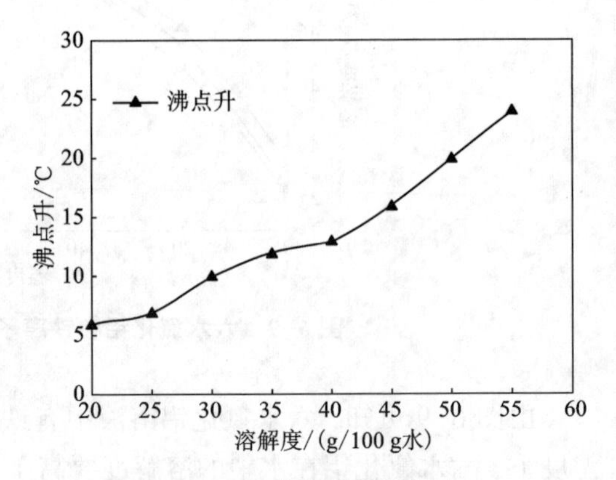

图 6-11　六水氯化铝溶液在不同浓度下的沸点升

从图 6-11 可知，随着溶液浓度升高，六水氯化铝溶液沸点升越来越大。这主要是由于溶液浓度升高，溶质含量增大，溶质所占的分压增大，溶剂的分压减小。若要达到该压力下的溶液平衡状态，则所需的热量会更多，如此导致溶液的沸点升越来越高。

本节主要对六水氯化铝结晶热力学进行分析，研究了六水氯化铝在纯水、盐酸溶液和含铁离子的溶液中的溶解度和介稳区。结果表明六水氯化铝在这些溶剂中的溶解度随温度的升高而升高，在盐酸溶液和含铁离子溶液中的溶解度比在纯水中溶解度略低，介稳区宽度也比纯水中的略小。

采用 Apelblat 简化经验方程对六水氯化铝在纯水、盐酸溶液和含铁离子溶液中的溶解度进行了关联，得到经验方程分别为：

纯水中：$\ln x = 4.176 - \dfrac{428.16}{T} - 0.980\ln T$，$R^2 = 0.998$

盐酸溶液中：$\ln x = 12.280 - \dfrac{800.84}{T} - 2.185\ln T$，$R^2 = 0.980$

含铁离子溶液中：$\ln x = 12.151 - \dfrac{791.90}{T} - 2.165\ln T$，$R^2 = 0.983$

对氯化铝溶液的沸点升进行了测定，表明六水氯化铝溶液沸点升随浓度的升高而升高。

6.2.2　六水氯化铝结晶动力学研究

通过比较如上所述的各种动力学测定方法，并结合六水氯化铝的结晶工艺，本节采用间歇动态法中的矩量变换法测定六水氯化铝的结晶成核与生长速率，按照多元线性回归求出相应的动力学参数。

6.2.2.1　粒数密度分布曲线

图 6-12 为粒数密度函数 $\ln n_i$ 与 L 的关系曲线。如果是粒度无关生长，粒数密度函数 $\ln n_i$ 与 L 应该是线性关系。而从图 6-12 中可以看出，$\ln n_i$ 与 L 呈下凹的曲线，所以六水氯化铝的结晶过程属于粒度相关生长。

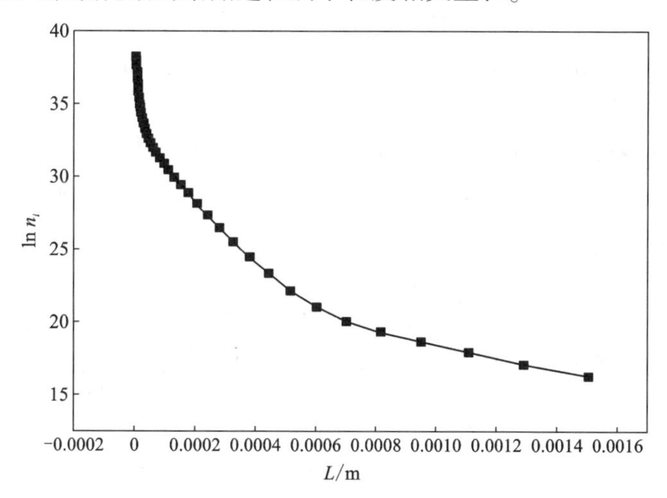

图 6-12　粒数密度分布图

分析粒数密度分布曲线 $\ln n_i-L$ 弯曲的原因可能有如下几种：其一是晶体的粒度相关生长；其二是结晶过程晶体发生破碎；三是在结晶过程中晶体发生聚结。由六水氯化铝成品的显微镜图(图 6-13)可知，六水氯化铝的破碎和聚结不严重，可以忽略它们的影响，而只考虑粒度相关生长的影响。

图 6-13　六水氯化铝晶体显微镜照片

6.2.2.2　动力学模型

动力学数据是否正确可靠与粒数密度函数与实验值的吻合程度密切相关。只有吻合良好，得到的动力学数据才是可靠的。

首先分别按对数正态分布和 Gamma 分布函数拟合实测粒度分布，效果较差。导致这种现象的可能原因在于分布函数的选取是纯经验的，没有理论基础，分布函数难以较好地表达整个粒度范围内的分布情况。由此可见，纯经验回归方法得到的动力学数据不能满足要求。

进一步选取 ASL 模型、Bransom 模型及 MJ2 模型来关联数据。在处理数据时，将粒数衡算方程进行矩量变换转化，应用非线性优化方法进行数据回归，然后根据优化回归效果的好坏来选取合适的粒度相关生长模型。结果显示在各种情况下，模型值与实验值的趋势是一致的，但相关度不同。在所考察的粒度相关生长速率模型中，各模型的粒数密度的计算值与实验值吻合良好。

粒度相关生长模型 Bransom 模型拟合效果最好，模型的相关度为 0.88；ASL ($b=1$)模型次之，相关度为 0.80；而 MJ2 模型最差，相关度在 0.76 左右。

结合实验数据处理情况综合评价后，本书选择 Bransom 模型来描述六水氯化铝晶体的生长过程。

根据动力学实验得到不同时刻的晶体粒度分布和悬浮密度，采用矩量法按粒度相关生长模型求解晶体生长速率，采用线性最小二乘法回归得到六水氯化铝结晶生长动力学方程：

$$G=1.38\times10^{-6}\delta^{1.04}$$

$$B^0=1.42\times10^{9}G^{1.34}M_{\mathrm{T}}^{1.12}$$

根据六水氯化铝溶液的过饱和度 σ，计算得到六水氯化铝的生长速率为 1.53×10^{-8} m/s。

6.3　蒸发结晶影响因素分析

6.3.1　晶种

在结晶操作中，应提高晶体产品的主粒度，使粒度分布趋于集中。这种作用在沉淀结晶中尤为突出。对于某些物系，由于结晶介稳区宽度较大，若不投加晶种，则很容易爆发成核，产生大量的细晶，这样晶核数远大于加晶种操作时的晶核数，导致最终产品主粒度较小。本节对加入晶种和未加入晶种两种情况所得到的产品进行了粒度分析，其中加入晶种的结晶氯化铝粒度为 80 μm(图 6-14)，所得六水氯化铝晶体的平均粒度(medium size，M. S.)和变异系数(coefficient of variation，C. V.)值如表 6-2 所示。平均粒度定义为相当于筛下累积重量比为定值(常取 50%)处的筛孔尺寸值；变异系数值为统计量。

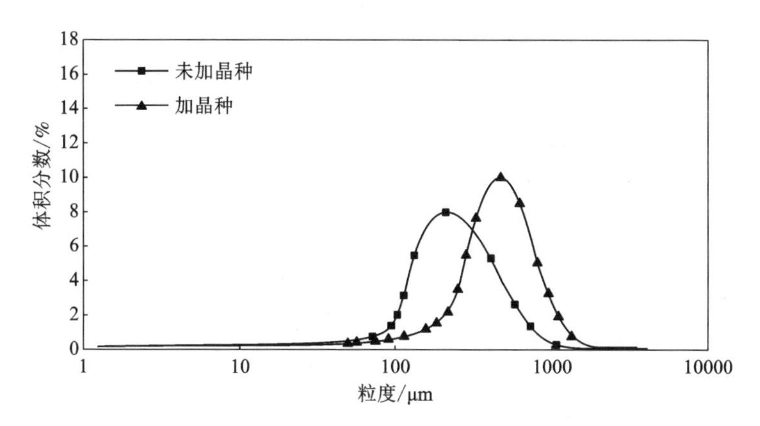

图 6-14　加晶种和未加晶种六水氯化铝晶体的粒度分布曲线图

表 6-2　加晶种和未加晶种所得六水氯化铝晶体的 M. S. 和 C. V. 值

参数	加晶种	未加晶种
M. S. 值/μm	789. 40	330. 45
C. V. 值	42. 56	79. 03

从图 6-14 和表 6-2 可以看出，加入晶种后所得到的六水氯化铝晶体，粒度变大，同时晶体粒度分布非常均匀，晶形也较完整。这说明加入晶种，可使晶体的 M. S. 值增大，得到粒度较为均匀的产品。

6.3.2 搅拌速率

搅拌速率作为影响结晶器流体力学的一个重要参数，对于产品的质量有很大影响。它决定流体的流动状态以及成核速率的大小。同时，搅拌速率也对介稳区宽度有所影响。在晶核的成长阶段，二次成核为晶核的主要来源，接触成核机理占主导作用，此时晶核生成量与搅拌强度有直接关系。随着搅拌速率的增大，晶体与桨、晶体与晶体、晶体与器壁之间的碰撞概率和碰撞强度增大，使成核速率增大。工业结晶中，通常为了避免过量的晶核的产生，搅拌速率总是控制在适宜的低转速下。

本节对不同搅拌速度下所得到的产品粒度进行了比对。从图 6-15、表 6-3 中可以看出，当转速为400 r/min 时，C. V. 值较大，而粒度偏小，这就表明转速较大时所得的产品粒度较小，同时分布也不均匀。而就粒度而言，低速搅拌对粒度的增大更有利一些。搅拌速度为 300 r/min 时的 C. V. 值比 200 r/min 时的值要小一些，这就说明 300 r/min 时，虽然粒度相对小一些，但粒度分布更均匀一些。

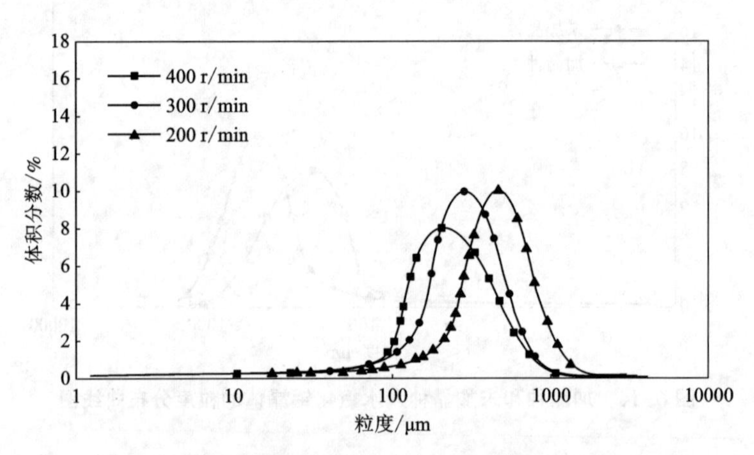

图 6-15 不同搅拌速率下六水氯化铝晶体粒度曲线

表 6-3 不同搅拌速率下六水氯化铝晶体的 M. S. 和 C. V. 值

搅拌速率/($r \cdot min^{-1}$)	200	300	400
M. S. 值/μm	763. 15	474. 63	249. 38
C. V. 值	53. 11	47. 62	75. 70

搅拌速率过大时，将晶核打散，会出现很多细小的粒子。而搅拌速率较小时，混合不充分，粒度大小分布不均匀。在工业结晶过程中，可以考虑采用变速

结晶的方法，即在蒸发过程初期控制搅拌速率在 500 r/min 左右，当晶体析出后，转速改为 200～300 r/min。

6.3.3　蒸发温度

在蒸发结晶过程中，蒸发速率决定着过饱和度的产生速率。而过饱和度的大小又是决定晶体成核、成长的关键因素。所以控制好蒸发速率对于整个蒸发结晶过程具有决定意义。作为真空蒸发系统，蒸发速率往往是由系统的真空度来决定的，而真空度也就决定了系统在蒸发时的温度。因此，在工业生产中，蒸发温度相比速率更加容易控制，同时也便于比较，故本节对不同蒸发温度下进行的结晶过程进行了研究。

表 6-4 表明，蒸发温度过高或过低，产品的 M. S. 值都会有所减小，但是当温度为 60 ℃时，粒度相对更小。不同蒸发温度下六水氯化铝晶体的粒度分布曲线如图 6-16 所示。由于蒸发温度过低，表明系统内真空度过高，这使得母液中的过饱和度增加，成核速率增加，晶体产品的主粒度较小，并且粒度分布也不太均匀。而当蒸发温度过高时，晶体在溶液中与搅拌桨和结晶器壁之间的碰撞增加，形成的细小晶体数量增多，也使得粒度分布不均匀。

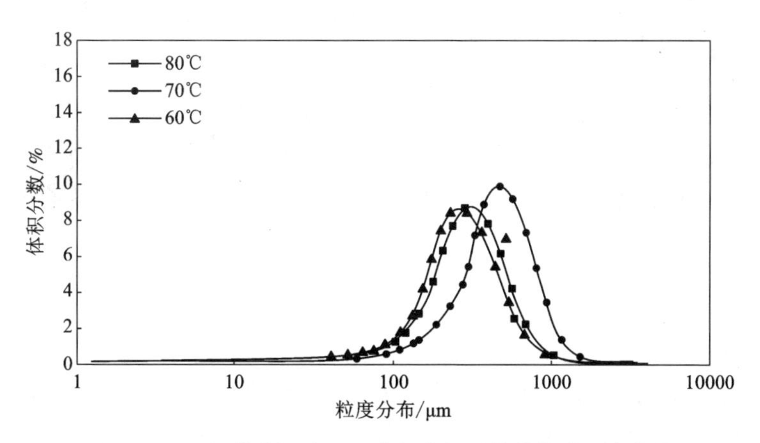

图 6-16　不同蒸发温度下六水氯化铝晶体的粒度分布曲线

表 6-4　不同蒸发温度六水氯化铝晶体的 M. S. 和 C. V. 值

蒸发温度/ ℃	60	70	80
M. S. 值/μm	544. 88	770. 32	587. 26
C. V. 值	62. 97	48. 54	60. 34

由此可以看出，根据所提供的热源控制适宜的蒸发温度对制备所需粒度的晶体颗粒很重要。所以，在设计蒸发结晶设备时，一定要注意加热室与蒸发室之间的匹配关系，若控制不好，则会使产出的晶体比预定的产品颗粒要细小。但并不是蒸发温度越高越好，蒸发温度越高，则所消耗的热量也越多，因此要综合考虑经济效益，且保证产品粒度符合要求。

6.3.4 pH

粉煤灰酸法生产氧化铝得到的六水氯化铝结晶母液——氯化铝溶液为酸性溶液，含有一定的盐酸。考虑溶液的 pH 对结晶介稳区的宽度有一定的影响。随着母液酸度的提高，结晶的平均粒度下降，晶体形状也会有所改变。

配制分析纯的氯化铝溶液的 pH 分别为 0.5 和 2.0，在其他操作条件相同的条件下，再进行结晶操作。对于得到的产品，可通过显微镜观察晶形。两种产品的显微镜照片见图 6-17。

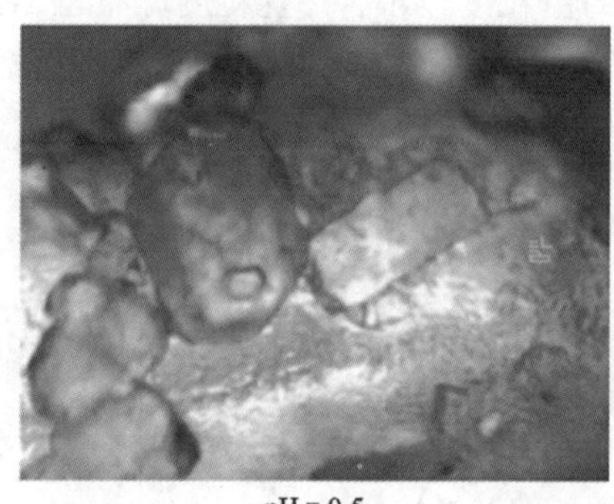

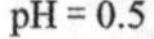

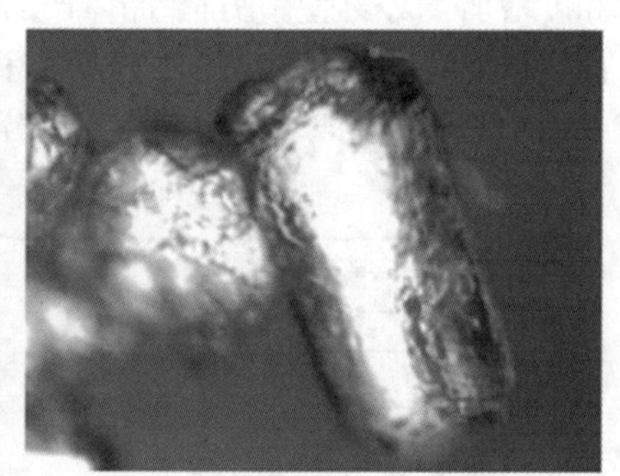

图 6-17　不同 pH 下的六水氯化铝晶体

由此可以看出，当 pH 过低时，所得到晶体产品有胶结趋势，甚至较多的聚集。这是由于其他条件不变时，结晶料液的介稳区随着酸度的增加而减小，晶体成核很难控制在介稳区内进行，晶体容易爆发成核，而爆发成核得到的晶体颗粒细小，数量巨大，容易聚结。通过研究可以得出 pH 为 0.5~2.0 较为合适。酸法生产氧化铝中试厂氯化铝溶液 pH 为 1.5 左右，酸性适中，同时通过实际结晶操作得到的晶形也较为完整，因此 pH 在合适的酸性范围内。

6.3.5 循环量

设备循环料液的量即结晶器内部浆料的搅拌程度，也是影响晶体颗粒生长的重要因素。结晶器中颗粒尺寸大小对颗粒体积分数分布有很大的影响，较小的晶体的体积分数分布比较均匀，晶体悬浮状态较好。随着颗粒尺寸的增加，结晶器底部的颗粒体积分数逐渐增加，固体悬浮状态变差。循环量一定时，结晶器内固体悬浮会呈现较好的混合状态，不同的出料位置对结晶器的颗粒体积分数分布影响不大。但是并不是循环量越大，搅拌程度越剧烈，混合程度越好，晶体之间和晶体与结晶器之间的碰撞也越剧烈，在实际工业应用中，会增加能耗和晶体破损的概率，不利于晶体的生长。

从图 6-18 可以看出，保持适当的循环量利于六水氯化铝晶体产品的生长。研究表明，将循环量调至 800 L/h 时，是比较合适的。

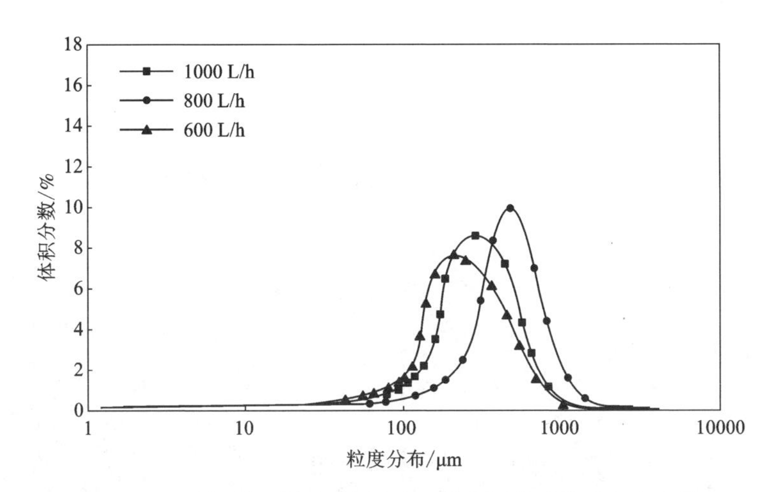

图 6-18　不同循环量下所得六水氯化铝晶体的粒度分布曲线

6.3.6　溶液杂质含量

选用了分析纯试剂六水氯化铝配制的氯化铝溶液和氧化铝中试厂提供的工业级氯化铝溶液进行杂质含量的单因素实验。两种溶液相比较，工业级的氯化铝溶液杂质含量高。由于杂质的存在，生成的晶体颗粒尺寸较小。从图 6-19 可以明显看出，工业级的氯化铝溶液结晶出的产品尺寸均较分析纯氯化铝溶液的小；又由于在工业级氯化铝溶液中，铁离子含量要高，因此溶液颜色发黄，生产的晶体粒子易带颜色，而且容易团聚在一起。杂质的存在不仅影响晶体的粒度分布，而且会使晶体的形貌发生变化。从图 6-20 可以看出，分析纯氯化铝溶液结晶出的晶体晶形比较完美，是很规则的立方体结构；而工业级氯化铝溶液中多种杂质的存在，特别是铁离子致使溶液颜色发黄，生长的晶体显黄色，其晶形也不规则，且许多细小的晶体黏结在一起。

通过以上研究，得出较优的蒸发结晶条件：在合适的条件下加入晶种利于晶体的长大和粒度的均匀；在蒸发过程中，初期搅拌速度为 400 r/min，晶体大量出现后，搅拌速度应控制在 200~300 r/min；蒸发温度控制在 70 ℃左右；溶液 pH

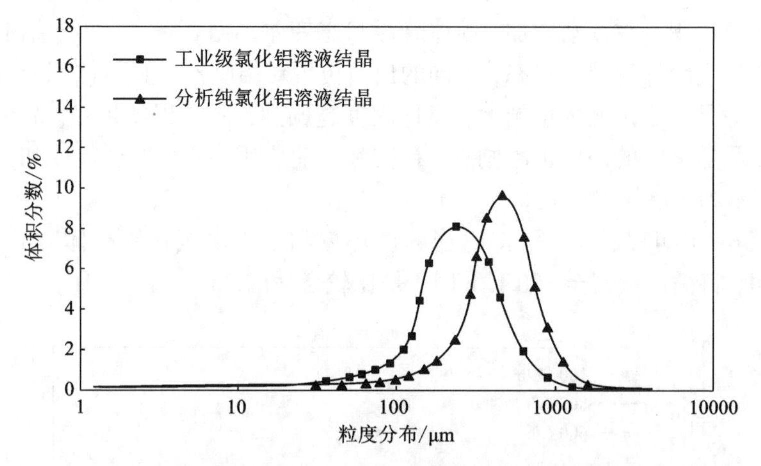

图 6-19　工业级和分析纯氯化铝晶体粒度分布曲线

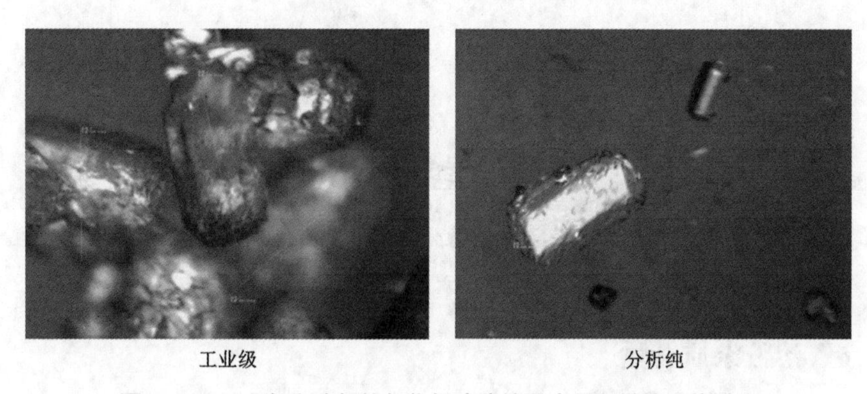

工业级　　分析纯

图 6-20　工业级和分析纯氯化铝溶液结晶产品显微镜照片对比

为 0.5~2.0；循环料液的量为 800 L/h。在该条件下蒸发结晶得到的氯化铝晶体在粒度和色度上都得到了很好的改善，所得晶体产品粒度分布均匀，纯度高。

6.4　智能制造关键设备

6.4.1　蒸发设备

6.4.1.1　氯化铝溶液蒸发设备材质的选择

1. 加热器

本项目加热器使用的物料为 $AlCl_3$ 溶液，呈酸性，具有较强的腐蚀性，工作介质 pH 较低，使用温度高。按腐蚀手册要求，不锈钢、镍基材料、哈氏合金等材料亦不适合应用于本类设备，同时非金属材料中的聚四氟、橡胶等材料满足不了换热要求。

采用TA10和石墨来对蒸发车间加热器进行设备材料比选试验。试验过程中，二、三效蒸发加热室采用TA10材料列管式换热器运行一段时间后，换热管上部发生穿孔漏料情况，其壳程焊缝也同样发生腐蚀漏料情况，证明钛材加热室不适于本工况。而采用的石墨换热器一直运行良好，耐腐蚀性能也较优良。石墨换热器由南通星球石墨公司提供，试验运行稳定、效果良好。最终材料确定为块孔石墨换热器，如图6-21所示。国外知名的美尔森、西格里公司是石墨换热器的专业生产厂家，均在上海设有设备制造厂，产品质量好、设备品种及规格齐全。

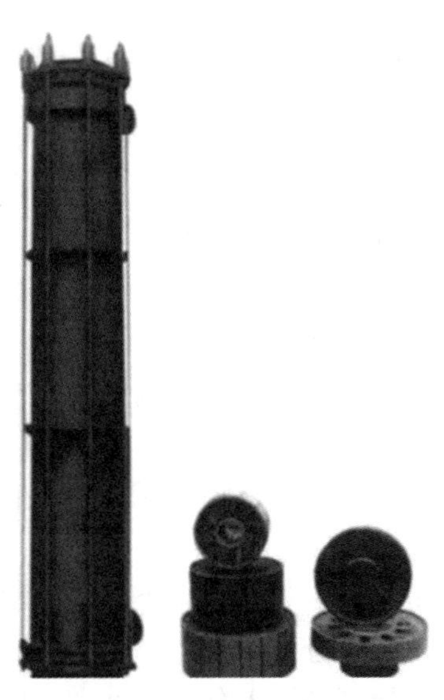

图6-21　块孔石墨换热器

经与以上国内外企业进行技术交流及实地考察，上述厂家均可为本项目的工业化提供大型石墨换热器，完全能够满足本项目要求。

石墨换热器是传热组件用石墨制成的换热器。制造换热器的石墨应具有不透性，常用浸渍类不透性石墨和压型不透性石墨。

石墨换热器按其结构可分为块孔式、管壳式和板式3种类型。块孔式：由若干个带孔的块状石墨组件组装而成。管壳式：管壳式换热器在石墨换热器中占有重要地位，按结构又分为固定式和浮头式两种。板式：板式换热器用石墨板黏结制成。此外，还有沉浸式、喷淋式和套管式等。石墨换热器耐腐蚀性能好，传热面不易结垢，传热性能良好。但石墨易脆裂，抗弯和抗拉强度低，因而只能用于低压，即使承压能力最好的块孔状结构，其工作压力一般也仅为0.3~0.5 mPa。石墨换热器的成本高，体积大，使用不多。它主要用于盐酸、硫酸、醋酸和磷酸等腐蚀性介质的换热，如用作醋酸和醋酸酐的冷凝器等。

2. 其他酸性物料压力容器

根据本工艺流程特点，生产中需要用到一定量的非标压力容器，如冷凝水罐、汽液分离器等。

总体原则：带酸介质，在温度超过80 ℃(含80 ℃)时，优先考虑采用钢衬胶+耐酸砖，其次考虑采用钢衬聚四氟乙烯；温度在80 ℃以下时，优先考虑采用钢衬橡胶，对于有耐磨要求的设备，选用特种耐磨橡胶或是采用钢衬胶+耐酸砖。

容器本体部位按《压力容器》(GB 150.1～150.4—2011)和《固定式压力容器安全技术监察规程》(TSG 21—2016)的规定，衬胶及耐酸砖等结构按相应标准规定。

3.酸性物料常压储存槽罐

根据本工艺流程特点，生产中需要用到大量的常压储存槽罐存放酸性物料，其中部分储存槽罐还需配备机械搅拌设备。

总体原则：带酸介质，在温度超过80 ℃(含80 ℃)时，优先考虑采用钢衬胶+耐酸砖，其次考虑采用钢衬聚四氟乙烯；温度在80 ℃以下时，优先考虑采用钢衬橡胶，对于有耐磨要求的设备，选用特种耐磨橡胶或是采用钢衬胶+耐酸砖，部分小型非标槽罐采用全玻璃钢制结构。

4.配套的机械搅拌设备

直径较小时考虑采用碳钢外包玻璃钢，直径较大时考虑碳钢外包耐磨橡胶+陶瓷。

6.4.1.2 氯化铝溶液蒸发器效数的确定

蒸发器分为单效、双效及多效降膜式蒸发器。采用多效进行蒸发更为合理，确定的原则是，从物料的特性、生产能力的大小、节能效果、浓缩后料液浓度的高低等几个方面进行综合考虑。

采用多效蒸发的最大优点之一就是节省能源。多效蒸发二次蒸汽得到了充分利用，如采用的是三效降膜式蒸发器，一效二次蒸汽作为二效的加热热源，二效二次蒸汽作为三效的加热热源，三效二次蒸汽对物料预热后剩余二次蒸汽才进入冷凝器中被冷凝成凝结水由泵排出。如果是四效、五效等，则以此类推。

多效降膜式蒸发器最大的优点之一就是连续进料连续出料，出料的浓度一次即可达到设计要求的值，而单效蒸发器提高浓度有限，一次则不能够实现大浓度的提高，需要循环进料，待浓度达到了才可出料。理论上，等量生产能力的单效与多效换热面积也是不同的。

采用Aspen plus软件对氯化铝溶液蒸发过程进行流程模拟，模拟图见图6-22。基础模型选用分离器flash和换热器heater模型，物性方法选用ELECNRTL。有效温度差在各效的分配是根据操作情况而自动进行调节的，且其随着加热蒸汽压强及冷凝器压强两个参数的变化而变化。实际上，对于各效温度，当某一效的情况有了变化而影响温度差时，其他各效也随之受到影响。在设计计算时，一般是按等压强降来分布各效的加热蒸汽压强的，在实际应用中由于参数的变化，各效蒸汽压强不一定与设计完全吻合，在一定范围内波动也是正常的。多效蒸发过程中，其温度差是有损失的，不仅如此，还有热损失造成蒸发温度的降低。蒸发必须保持一定的温度差，这样才会推动蒸发快速进行。随着效数的增加，温度梯度就会变小，二次蒸汽作为次效加热温度会越来越低，后效的蒸发越来越困难。总温度差为第一效最大允许加热温度与最末一效最低沸点温度之差，这个温度差在其中各效分配，所以每效的温度差随着效数增加而减小。由此，为了达到要求的蒸发量，各效的加热表面积必须扩大，但温度差 Δt 较低。随着蒸发装置效数的增加，全部各效的总加热表面积也呈线性比例增加，因此投资费用也大幅度上涨，而节约的能量却越来越少。综合考虑上述因素，确定本项目采用三效顺流蒸发模式。

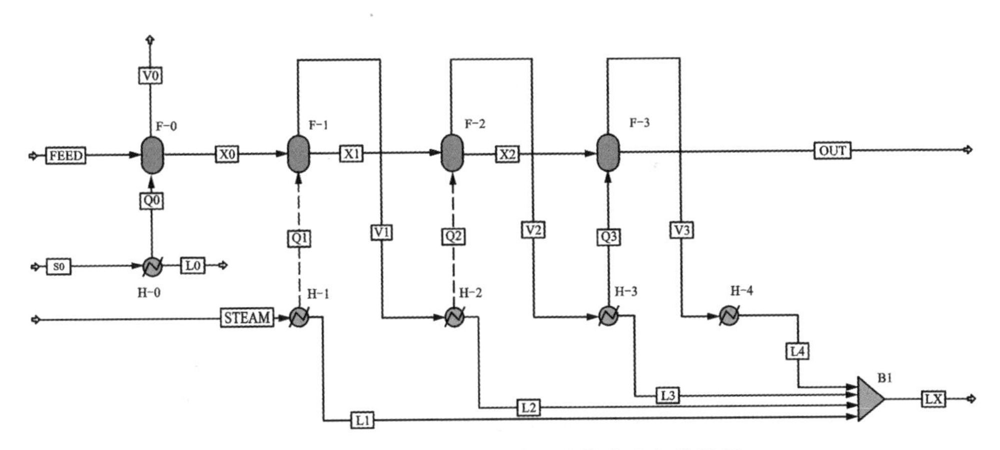

图 6-22 Aspen plus 三效顺流蒸发流程模拟图

6.4.1.3 蒸发器温度的控制

在氯化铝溶液蒸发过程控制中，一般选取氯化铝溶液浓度指标作为被控对象，但蒸发器中氯化铝浓度是无法在线测量和分析的，因此只能选取一个与蒸发器浓度具有一一对应关系的量作为被控变量。而蒸发器温度是影响浓缩液组分的最关键因素，并且在蒸发器液位、浓缩液流量及过热蒸汽温度一定的情况下，蒸发器温度与浓缩液浓度具有单值对应关系，因此可选取蒸发器温度作为间接质量指标进行控制。

蒸发器温度是由过热蒸汽流量来控制的，流量滞后一般较小，且副回路为流量变送器；流量变送器的输出与流量成正比，K_0 为常数，根据阀门流量特性选择原则，阀门应选择 K_v 为常数的线性阀。

蒸发器温度控制系统具有滞后、非线性的特点，温度直接影响最终产品氯化铝溶液的浓度及系统安全性和经济性，对控制的稳定性要求更高，因此，采用串级控制系统，蒸发器温度为主控制量，过热蒸汽流量为副控制量。图 6-23 为蒸发器温度串级控制系统图。

6.4.1.4 蒸发器二次蒸汽流量的控制

流量控制属于比较简单的控制，因此我们采用单闭环定比值控制系统对二次

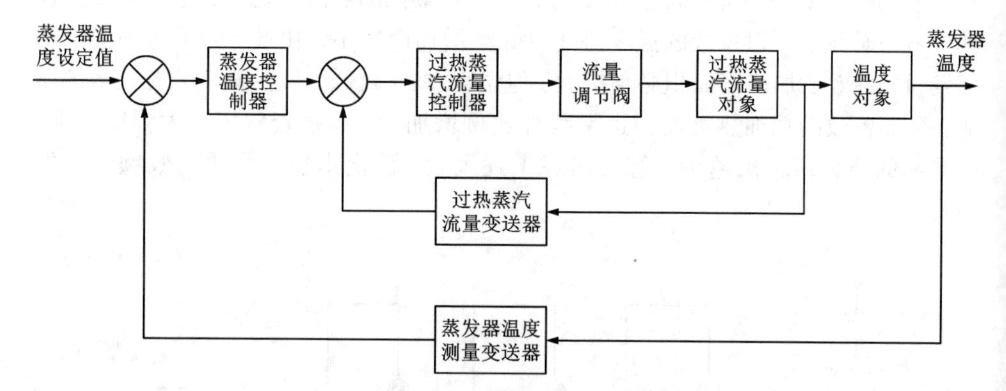

图 6-23　蒸发器温度串级控制系统图

蒸汽流量进行控制。蒸发器出口流量指标应严格控制，因此出口流量为主动量，二次蒸汽流量为副动量。控制系统如图 6-24 所示。

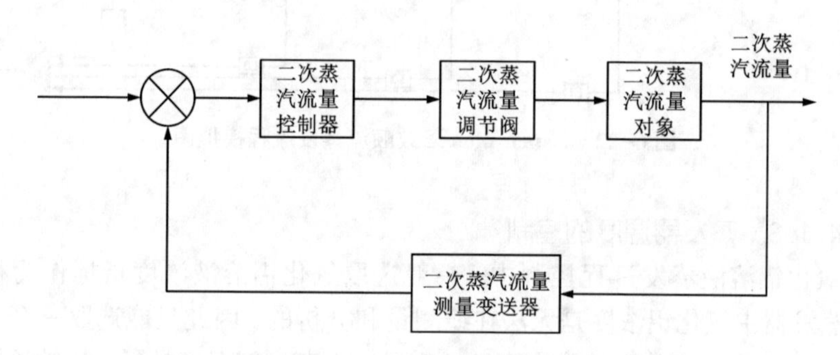

图 6-24　二次蒸汽流量控制系统

6.4.1.5　蒸发器液位的控制

氯化铝溶液蒸发器出口流量一定时，溶液在蒸发器内的停留时间取决于蒸发器液位，因此液位直接影响溶液浓缩效果，应该严格控制，使其稳定在要求范围内。

氯化铝溶液进料量是影响蒸发器液位的最主要因素，当进料流量发生波动时，蒸发器液位会受到很大影响。若采用串级控制系统，可以将进料波动带来的干扰放入副环内，通过副回路的及时调节，干扰对液位的影响就会大大地削弱或完全消除，从而提高了蒸发器液位的控制质量。通过上面的叙述，可知此串级控制系统选取蒸发器液位控制为主回路，定值控制；稀液流量控制为副回路，属于随动控制。蒸发器液位-稀液流量串级控制系统方块图如图 6-25 所示。

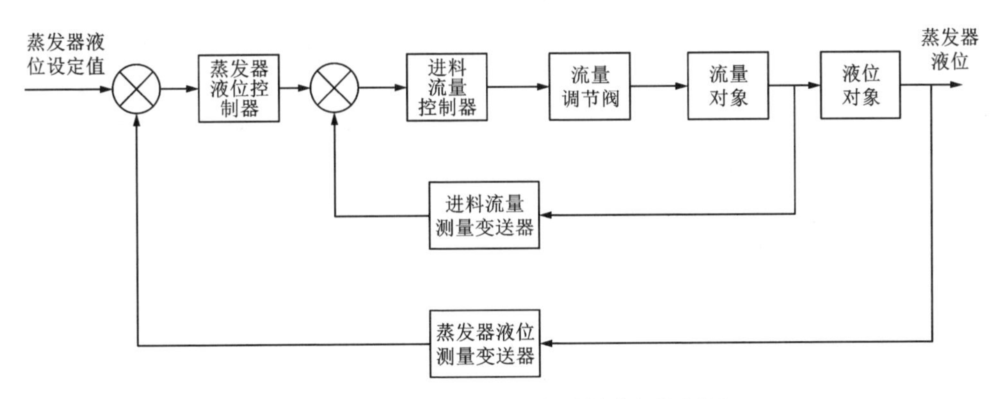

图 6-25　蒸发器液位-进料流量串级控制图

6.4.2　结晶设备

结晶器的结构不同，其对晶体有很大影响，常联合流体软件 CFD 对结晶器内部流场进行模拟来研究结晶条件，这方面的报道比较多。实验室所用结晶器结构比较简单，而工业常用结晶器一般备有挡板和导流筒。挡板能有效清除打旋现象，提高流体的对流循环强度，导流筒能提高搅拌程度，加强混合效果。除了这些特点外，不同结晶器还有各自的特点。

6.4.2.1　奥斯路(OSLO)型结晶器

OSLO 结晶器又叫粒度分级型结晶器，曾广泛应用于工业结晶。OSLO 结晶器的主要特点是过饱和度生成的区域与晶体生长的区域分别布置在结晶器的两处，晶体在生长区循环母液的作用下流化，能够生产出粒度较大且均匀的晶体颗粒。

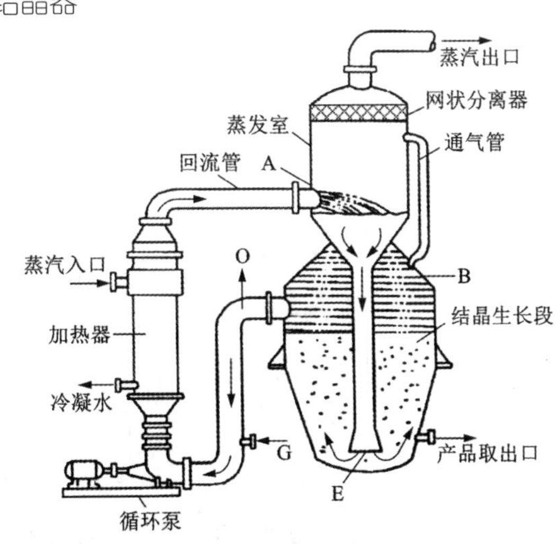

图 6-26　OSLO 结晶器结构示意图

OSLO 结晶器有真空冷却型、蒸发结晶型等多种类型。图 6-26 为 OSLO 型蒸发结晶器，主要由结晶室和蒸发室组成，上为蒸发室，下为结晶室，两者之间连有一根中央降液管。结晶室具有一定锥度，上部截面较大，下部截面较小。循环母液与新料液一起进入循环泵吸入口，然后被送至加热器，加热后的溶液经循环管进入蒸发室，溶液部分汽化后成为过饱和溶液，过饱和溶液经中央降液管流至结晶器底部，然后向上流动，晶体悬浮于此溶液中，因结晶器器身为上大下小的锥形，所以溶液流速为下大上小，从而形成晶体粒度分级的流化床；粒度较大的晶体富集在结晶器的底部，与降液管中流出的过饱和度最大的溶液接触，使晶体长得更大。在结晶室内，随着液体向上流动，流速减小，悬浮的晶体颗粒也减少，溶液的过饱和度也随之逐渐变小；当溶液到达结晶室顶部时，已基本不含晶粒，过饱和度消失，澄清的母液从结晶室顶部流入循环管，循环液中已基本不含晶体颗粒，可以避免泵的叶轮与晶粒之间的碰撞造成过多的二次成核。

OSLO 结晶器的操作属于典型的母液循环式，其蒸发和结晶过程按照各自最佳工艺条件，分别在两个设备内完成。结晶槽内不同的结晶颗粒在重力作用下分级生长，获得较大的结晶颗粒，蒸发室内负压蒸发可以减少母液对设备的腐蚀。但受溶液自流形式的影响，中心管容易震动和断裂，此外结晶器底部晶体流动性差，易堵塞中心管。整个系统采用真空蒸发和大流量外循环加热，所需装置运行成本和能耗也相对比较高。

6.4.2.2 双套筒导流管挡板(DTB)型结晶器

DTB(draft tube baffle)型蒸发结晶器(图 6-27)属于典型的内循环式结晶器，循环效能较高，广泛应用于连续结晶，可用于真空冷却或直接接触冷却、蒸发结晶与反应结晶等多种结晶操作。

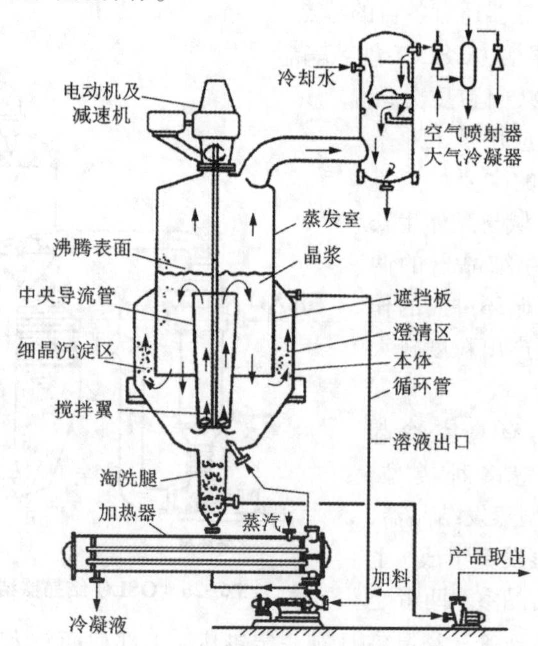

图 6-27　DTB 蒸发结晶装置示意图

导流筒内设有推进式搅拌器，可以看作内循环轴流泵。悬浮料液在搅拌器的推动下，经导流筒上升至液体表面，然后沿导流筒与圆筒形挡板之间的环形通道至容器底部，然后又被吸入导流筒的下端，完成一次循环。导流筒能够同时输送晶浆与过饱和溶液，使之充分混合，并分布到结晶器各处，晶体颗粒在此过程中消耗产生过饱和度并不断增大，同时也使结晶器内过饱和度处于较低的水平，避免大量新的晶核产生，创造了比较良好的晶体生长环境。沉降区内大颗粒沉降输出，小颗粒同母液进入循环系统中受热溶解，循环浓缩结晶，实现完整的连续结晶。新型高效的 DTB 结晶设备的生产比较复杂且造价高，投资较大，使得新型高效结晶器的工业发展较为缓慢。

6.4.2.3　六水氯化铝蒸发结晶器设备选型

根据以上介绍，DTB 和 OSLO 式蒸发结晶装置在工业应用过程中，都存在一定的优势，下面对两种设备类型进行结晶研究，对所生产的晶体的粒度分布和晶形质量进行比较，进而最终确定工艺设备类型。

图 6-28 和图 6-29 分别为采用 DTB 和 OSLO 式蒸发结晶器所得的晶体产品的粒度分布图及显微镜照片。

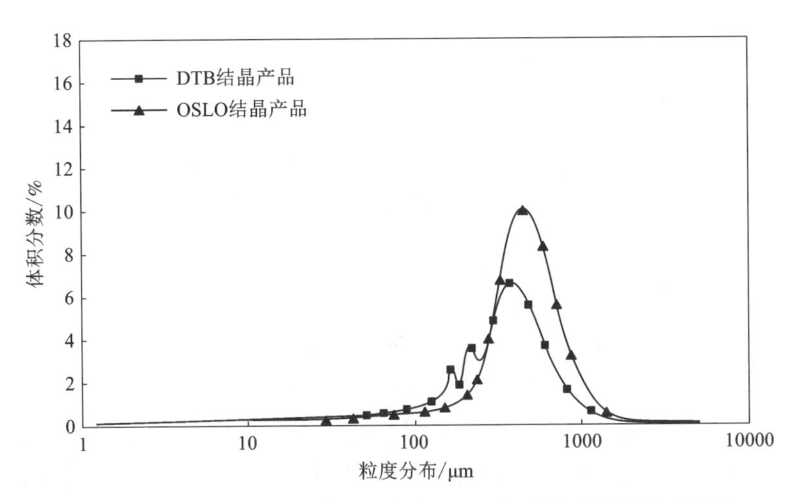

图 6-28　DTB 和粒度分级式蒸发结晶器所得晶体产品的粒度分布

从图 6-28 和图 6-29 中可以看出，在六水氯化铝蒸发结晶器的使用中，OSLO 也就是粒度分级式蒸发结晶器所得结晶产品粒度分布较 DTB 蒸发结晶器的结晶产品均匀，而且粒度大，晶形好，故粒度分级式蒸发结晶器可以作为六水氯化铝蒸发结晶操作的最优设备。

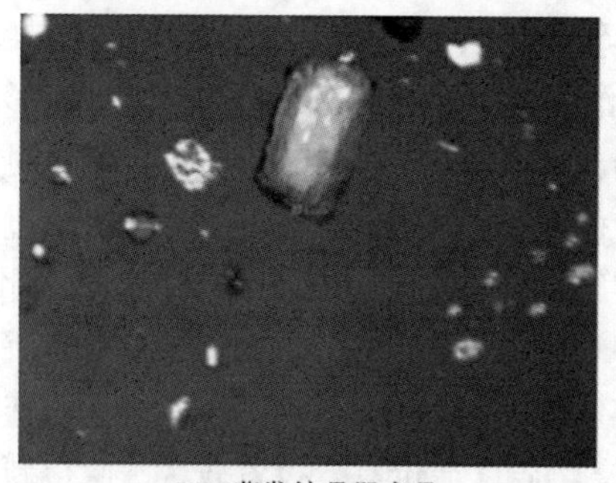

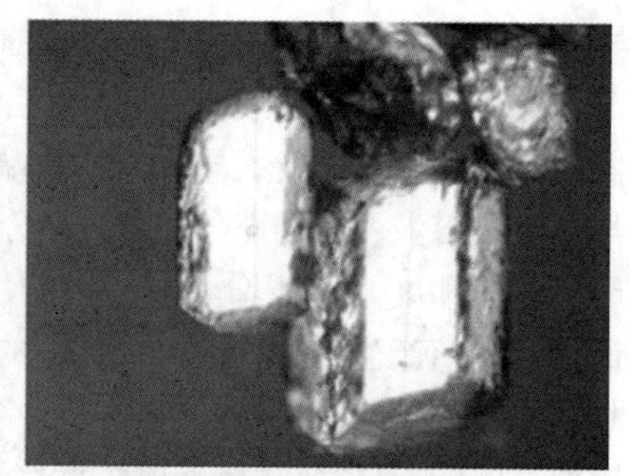

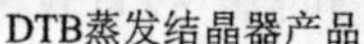

DTB蒸发结晶器产品　　　　粒度分级式蒸发结晶器产品

图 6-29　DTB 和粒度分级式蒸发结晶器所得晶体产品的显微镜照片

6.4.2.4　结晶设备的自动控制

结晶的整个控制系统包括 3 个部分：监控层、控制层、现场。控制系统整体结构框图如图 6-30 所示。

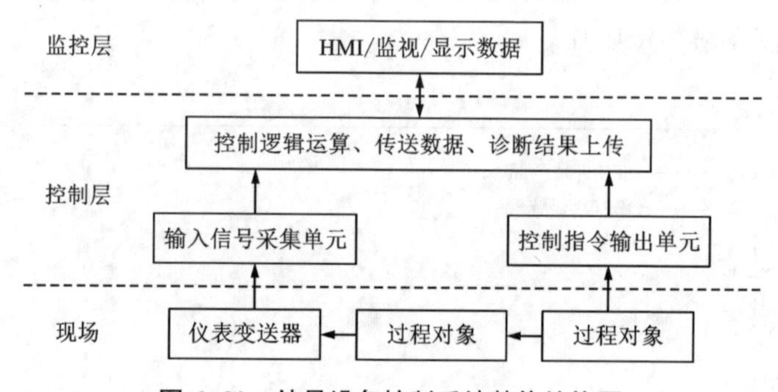

图 6-30　结晶设备控制系统整体结构图

监控层利用上位机人机界面监控现场的实时数据，并根据显示的数据做出远程控制。控制层包括 PLC 主控制器、I/O 模块、模数转换器等，主要是对现场的温度、流量、压力、液位等工艺参数信号进行采集并反馈给 PLC 进行处理。控制层还负责通信及进行自我故障诊断，还可以实现算法计算。现场通过仪表变送器对过程对象的一些信号进行转换，使系统可以识别。

本项目控制系统中硬件主要包括控制器、变频器、热电阻模拟量模块、模拟量输入输出模块、数字量输入输出模块、中间继电器及断路器、指示灯和电源等。通过 PLC 加变频器的控制方式来调节控制各个电动机的运转。PLC 作为控制器来调控整个结晶系统中的各个被控对象，包括蒸汽的温度、料液的密度、管道的压力等。这些测量值会经过各个仪表变送与模数转换，再反馈给 PLC，由 PLC 进行调节。对于温度控制，根据项目提出的温度控制要求进行 PLC 梯形图编程，然后通过控制变频器来调控二次蒸汽的温度。

6.4.3　水平带式过滤机

6.4.3.1　水平带式过滤机简介

水平带式真空过滤机是一种应用广泛的固液分离设备，在矿山、冶金、化工、环保、食品药品等领域有着长期稳定的应用。按照推动力的不同，过滤机可以分为重力过滤机、真空过滤机及加压过滤机，目前也有利用离心力产生过滤所需推动力的设备。本项目研究对象为真空过滤机，这种设备利用真空泵产生真空负压作为过滤所需推动力。在20世纪90年代以前，我国的水平带式真空过滤机主要依靠进口。如今，经过许多科技工作者及企业界人士的共同努力，我国逐步建立起高质量的国产过滤机生产线。目前，我国已经拥有世界上规模最大的水平带式真空过滤机的生产能力。

6.4.3.2　水平带式过滤机工作原理

过滤机工作时，在从动辊一端，待处理的料浆通过给料器均匀分布在滤布上。同时，滤布随着橡胶带移动。滤布上的料浆在真空负压和重力的作用下运动，滤液穿过过滤介质，通过真空盒、集液管收集于排液罐中。无法通过过滤介质的固相颗粒，则形成滤饼，并随着滤布移动。在移动的过程中，真空负压依然存在，可以对滤饼进行一定程度的脱水处理。在驱动辊一端，滤布与橡胶带分开，滤饼在刮刀卸料装置的作用下与滤饼分离，滤布进入水枪淋洗装置中。有些设备还会根据需要在滤饼移动到驱动辊一端前清洗滤饼并完成脱水工作。通过水枪淋洗等处理，滤布被清洗干净，经过自动纠偏装置重新调整位置后，滤布回到喂料段，继续开始新的过滤工作。其间，重力张紧装置等零部件组合可以保证滤布及橡胶带的挠曲程度不至于过大。整个工艺流程如图6-31所示。

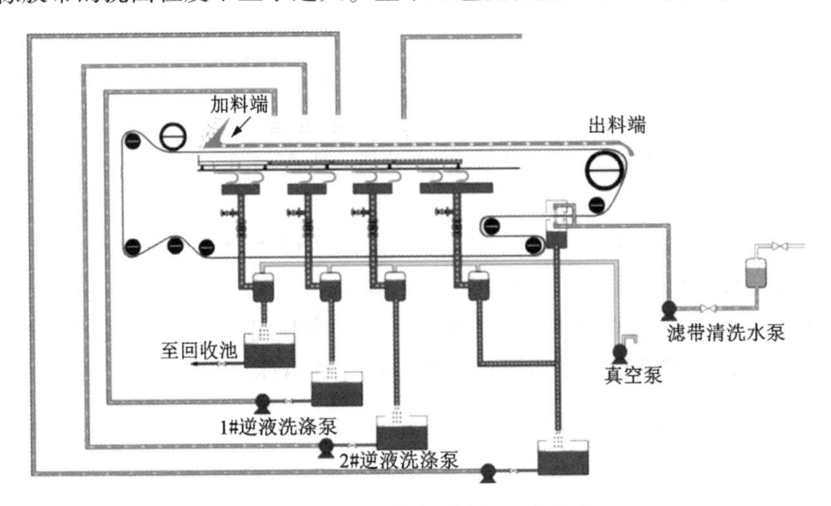

图6-31　水平带式过滤机工艺流程

6.4.3.3 结晶氯化铝的分离试验

本节通过试验，研究了水平胶带过滤机对蒸发结晶后的料浆的分离效果，并获得了水平胶带过滤机的相关运行参数。根据滤饼厚度、水分、运行情况等来适时调节滤带的运转速度，以保证胶带过滤机运转状况良好。

表 6-5 为水平胶带过滤机在不同流量下的各种运行参数。

表 6-5 水平胶带过滤机运行参数

进料量 /m^3	洗液量 /m^3	转速 /($s\cdot r^{-1}$)	真空度 /Mp	滤布浸泡时间 /s	滤布洗涤效果	过滤状况
1	1.5	110/15.6 Hz	-0.038	154	良好	良好，无稀料
1	2	111/15.1 Hz	-0.034	155	良好	良好，无稀料

1.5 倍洗液量洗涤得到的结晶氯化铝含水率分析见图 6-32。

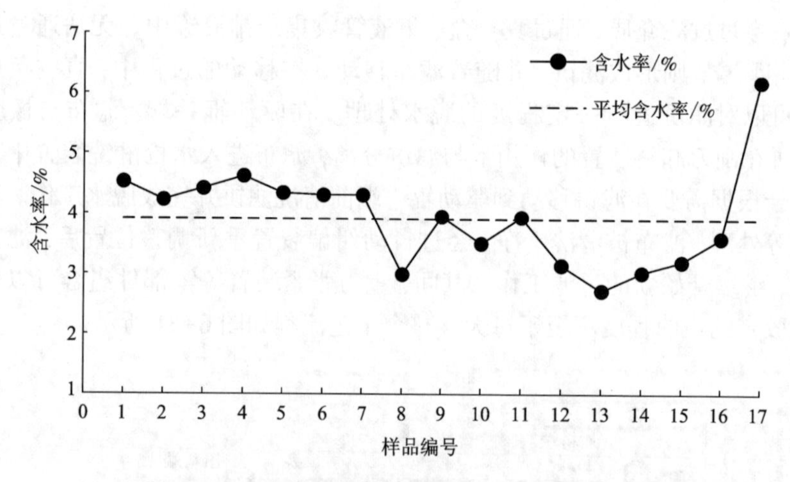

图 6-32 1.5 倍洗液量洗涤得到的结晶氯化铝含水率

通过图 6-32 可以看出，1.5 倍洗液量洗涤条件下所得结晶氯化铝含水率范围为 2.72%~6.21%，平均含水率为 3.94%。

2.0 倍洗液量洗涤得到的结晶氯化铝含水率分析见图 6-33。通过图 6-33 可以看出，2.0 倍洗液量洗涤条件下所得结晶氯化铝含水率范围为 2.74%~5.86%，平均含水率为 3.66%。

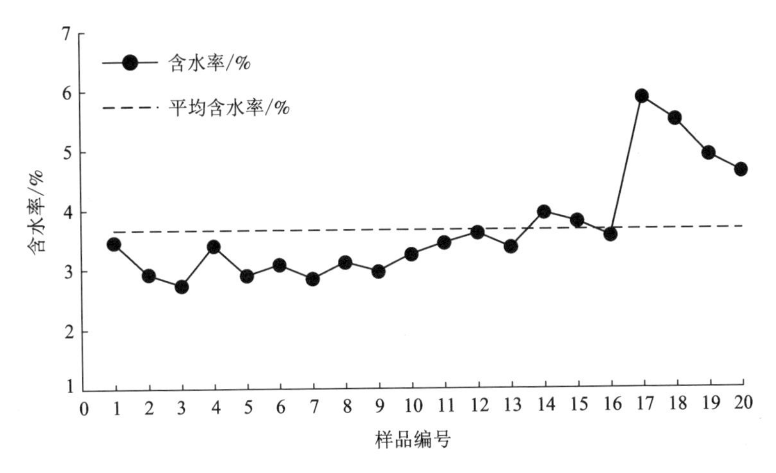

图 6-33　2.0 倍洗液量洗涤得到的结晶氯化铝含水率

6.4.3.4　水平胶带过滤机的自动控制

目前，离心机特别是进口设备已经实现自身联锁和调节控制，但是水平胶带过滤机在工艺过程中进行自动控制仍处于半自动化状态，完全实现自动化控制和应用较为复杂。

作为关键设备，在工艺过程中进行自动控制不仅基于自身的 PLC 成熟稳定的控制逻辑系统，而且整个工艺过程控制自动化还需要基于胶带过滤机 PLC 控制基础上，集成到上位机系统或 DCS 系统，实现前后工艺设备联锁自动控制，如图 6-34 所示。该工艺链控制系统主要将进料输送泵频率和浓度、多台带机的分配罐液位、下道工序需要的处理量联锁起来，以带机处理量(下道工序参数值)为变量输入值发出命令，去调节带机进料流量或调整浓度，以液位计液位条件进行带机群体的料位最佳调节和报警，实现水平胶带机设备高效运行，使工艺链能在最佳设备开机率和能耗下运行。

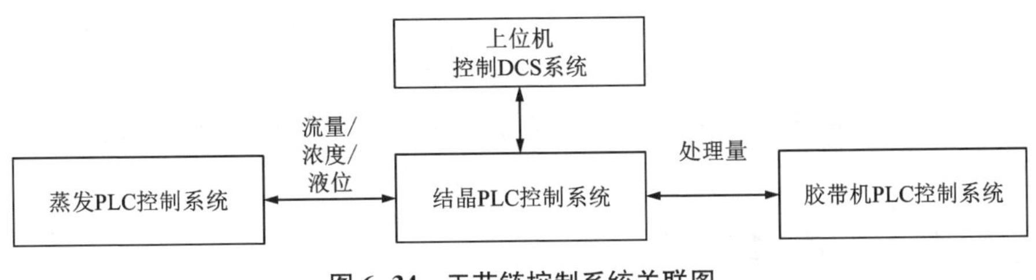

图 6-34　工艺链控制系统关联图

第 7 章 水热提铝工艺与控制技术

7.1 概述

在粉煤灰酸法提铝的过程中，粉煤灰中的铝、碱金属元素(Li, Na, K 等)和碱土金属元素(Ca, Mg、Fe 等)都会反应进入到系统中，其中铁杂质元素经树脂除铁工艺去除，但新型氧化铝中仍会有少量的 K、Na、Ca、Mg 等杂质的存在，影响氧化铝的品质，并会在铝电解的电解质中富集，影响电流效率及生产成本。虽然新型氧化铝中的 Na 含量低于国家碱法氧化铝标准，但是钠在电解过程中不断富集，使铝电解质分子比升高。在目前的铝电解工艺中，需要添加 AlF_3 来消除 Na 的影响，生产每吨铝需要添加 10~30 kg 氟化铝，氧化铝中的钠杂质越多，添加的氟化铝越多，生产成本就越高。

“水热提铝”技术是准能集团研发的新型除杂技术，该技术经实验室小试、中试和工业化中试验证技术可行，可以用于氧化铝中钾、钠、钙、镁等多种杂质的合并去除。水热提铝本质是除杂，但与原传统除杂技术相比，该技术是把铝从众多杂质中分离出来，而把杂质留在溶液中。该工艺中除了水之外，未引入其他元素，同时将多步工艺合并为一步，简化了粉煤灰提铝工艺流程。

水热提铝分为低温热解、水热除杂和酸回收工艺。蒸发结晶单元的结晶氯化铝送至低温热解单元，结晶氯化铝在低温下热解生成粗氧化铝和酸气，粗氧化铝送至水热提铝单元，在一定温度和压力下，粗氧化铝与水发生反应，经晶型转变形成水铝石，水铝石经高温焙烧后制成冶金级氧化铝。结晶氯化铝低温热解产生的酸气送至酸吸收单元，酸气制成符合生产要求浓度的盐酸溶液，并再次用于配料使用。

7.1.1 低温热解工艺

7.1.1.1 氧化铝焙烧系统发展现状

目前，世界氧化铝焙烧工艺主要有两大类，传统的回转窑焙烧方式和先进的流态化焙烧工艺，较之回转窑焙烧炉，流态化焙烧炉有耗热少、破损指数小、投资少、占地面积小、污染小等优点，所以流态化焙烧炉逐渐取代了回转窑炉的位置。流态化形式的焙烧可以使加热的物料在气流中悬浮，热气流与颗粒接触的表面积大大增加，颗粒的所有表面可以同时得到加热，热交换过程进行得相当剧烈，悬浮的物料在很短的时间内就可以得到加热。同时，由于物料及气流的扰动强烈，物料的温度分布也极为均匀。

当今世界成功地应用于工业生产的流态化焙烧炉有4种，即美国铝业公司的流态闪速焙烧炉(F. F. C)，德国鲁奇公司的循环流态焙烧炉(C. F. C)，丹麦史密斯公司的气体悬浮焙烧炉(G. S. C)及法国弗夫卡乐巴柯克公司的气体悬浮焙烧炉(F. C. B)。前3种流态化焙烧炉已在世界上得到广泛应用。

1. 美国铝业公司的流态闪速焙烧炉(F. F. C)

美国流态闪速焙烧炉(F. F. C)属正压作业，采用稀相换热和浓相保温相结合的技术，相对另两种炉型特点如下。其一，由于采用了调节焙烧温度和停留保温材料位(控制反应时间)这一双重控制方式，产品质量能得到可靠的保障；其二，由于整套装置设计了预热炉、流化干燥器、停留保温槽、流化冷却器这4个缓冲容器，若焙烧炉的干燥段、焙烧段和冷却段中任何一段出现短时故障(或因进出料外部系统影响)，另外两段仍能维持运行，整个系统不会产生热工制度的大波动，对焙烧炉的使用寿命及生产的恢复极为有利；因此，整个焙烧炉运行稳定可靠，并且承受各种事故的能力强。其三，焙烧炉全系统设计成熟，主要体现在工艺检测控制及联锁保护系统设计合理，炉内衬及养护(烘炉)过程设计合理。因此，焙烧炉年内运转率可达95%左右。流化闪速焙烧系统见图7-1。

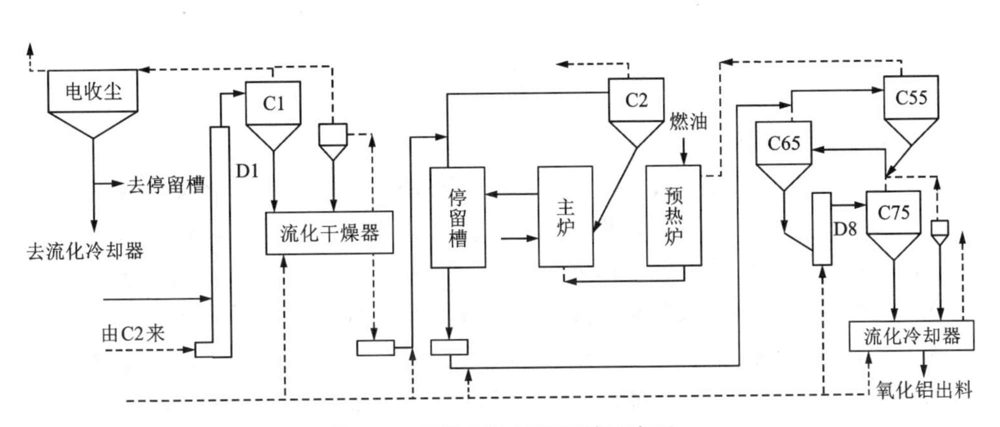

图7-1　流化闪速焙烧系统示意图

2. 德国鲁奇公司的循环流态化焙烧炉

鲁奇循环流态焙烧炉(C. F. C)是一种设计和生产经验比较成熟的装置，系统示意图如图 7-2 所示，采用正压作业浓相流态化技术，其炉型有其独特之处。其独特之处在于：

(1)流态化循环炉依靠大量的物料循环，焙烧停留时间为 6 min 左右，这样可降低焙烧温度，有利于降低焙烧氧化铝的热耗，同时确保焙烧氧化铝产品质量。此外，大量循环物料的热含量可以削弱系统的热冲击，维持系统的热稳定性，对提高炉内衬的使用寿命极为有利，炉运转率可达 90%~94%。

(2)整个装置无高压大型设备，设备简单，投资少，生产控制灵活，事故率低。

(3)控制回路简单，流态循环焙烧炉自动控制回路仅有 6 条。

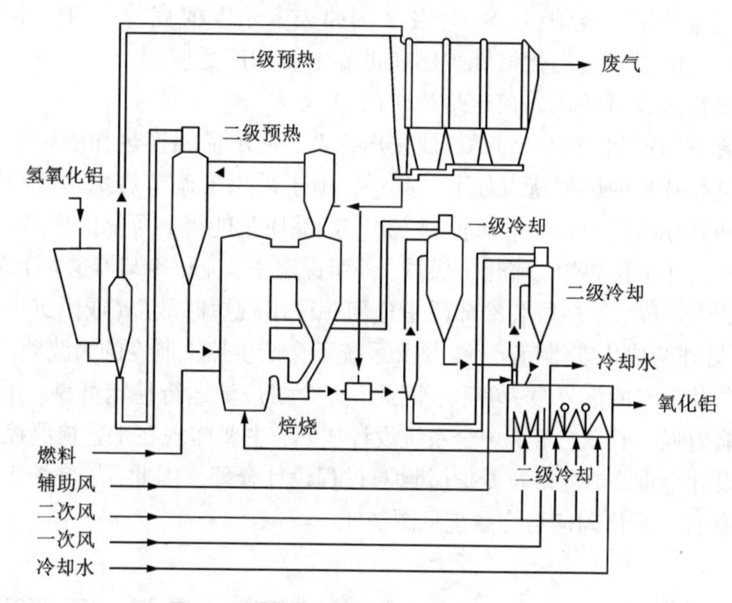

图 7-2　循环流态化焙烧炉系统示意图

3. 丹麦史密斯公司的气体悬浮焙烧炉(G. S. C)

丹麦气体悬浮焙烧炉(G. S. C)是流态化焙烧的后起之秀，整个装置采用负压作业、稀相流态化技术。系统图如图 7-3 所示。(G. S. C)气态悬浮焙烧炉是从水泥窑的气体悬浮窑外分解装置移植而来的，该公司从 1975—1987 年，已经制造带有气体悬浮窑外分解的水泥回转窑装置 56 套，最大日产能已达到 5500 t，该公司在水泥回转窑气体悬浮窑外分解技术方面具有丰富的经验。在此基础上于 1976 年立项，对氢氧化铝气体悬浮焙烧炉的研究课题，进行了一系列的研究。炉型有其明显的优势：

(1)此炉型采用了在干燥段设计热发生器这一新颖措施，当供料氢氧化铝附着水含量增大时，不需要像其他炉型那样采取增加过剩空气的方式来增加干燥能力，仅需启动干燥热发生器来增加干燥段热量，避免了产生大量废气而损失大量热量。因此，与前两种炉型相比，气体悬浮焙烧炉的热耗和电耗要低一些。

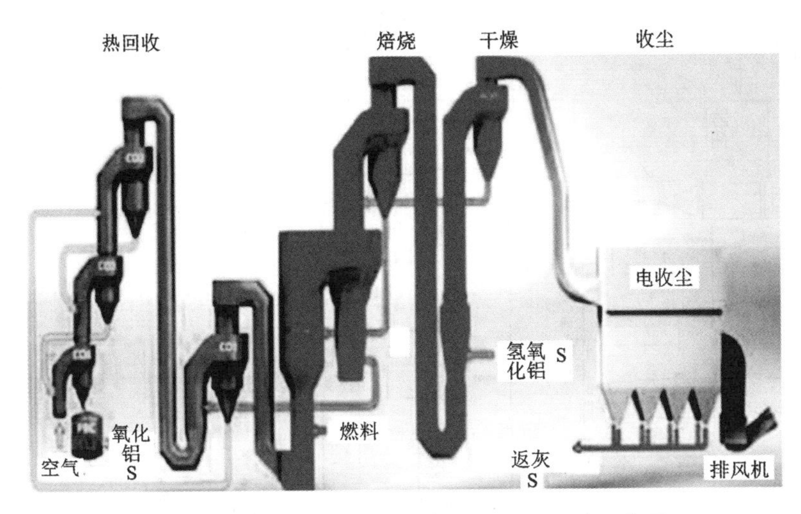

图 7-3　丹麦气体悬浮焙烧炉(G. S. C)系统示意图

(2)整套装置设计简单，控制回路少；该焙烧炉设计简单，主要体现在：一是工艺流畅，物料自上而下流动，可避免事故停炉时的炉内积料和计划停炉时的排料；二是设备简单，除了流化冷却器外，无任何流化床板，没有物料控制阀，方便设备维检修；三是负压作业对焙烧炉的问题诊断和事故处理有利。控制回路简单，气体悬浮焙烧炉虽有 12 条自动控制回路，但在生产中起主要作用的仅有 2 条。

7.1.1.2　工艺流程

低温热解是水热提铝工艺的第一道工序，本单元的主要流程是通过电站锅炉的高温烟气以及高温蒸汽作为热源引入到低温热解流程中，将热量传递给六水氯化铝，受热分解后生成水、氯化氢和粗氧化铝。此时，由于热解温度较低，生成的粗氧化铝为非晶态，称为无定型氧化铝。其中，流化床的进料装置采用管道化预热方式，设备形式为通过振动管道将结晶氯化铝物料输送至流化床中，在输送管道的外层加装夹套管，向套管内通入电站锅炉省煤器之前的 500 ℃左右的高温烟气，以这种方式对结晶氯化铝物料进行预热处理，实现间接换热。结晶氯化铝物料在输送的同时完成预热脱表面水，进一步降低后端流化床的整体负荷，同时对电站锅炉高温烟气起到余热利用的效果。

预热后的物料进入到流化床低温焙烧装置进行热分解。流化床是低温热解工序的最主要设备，流化床低温热解炉的热源也是采用了电站锅炉的高温蒸汽，通过高温蒸汽换热器实现电站锅炉的高温蒸汽余热利用。换热后的热空气通过燃料二次升温后形成的高温热空气与六水氯化铝直接发生换热反应，最终在流化床低温焙烧炉内生成无定型氧化铝产品。工艺流程如图 7-4 所示。

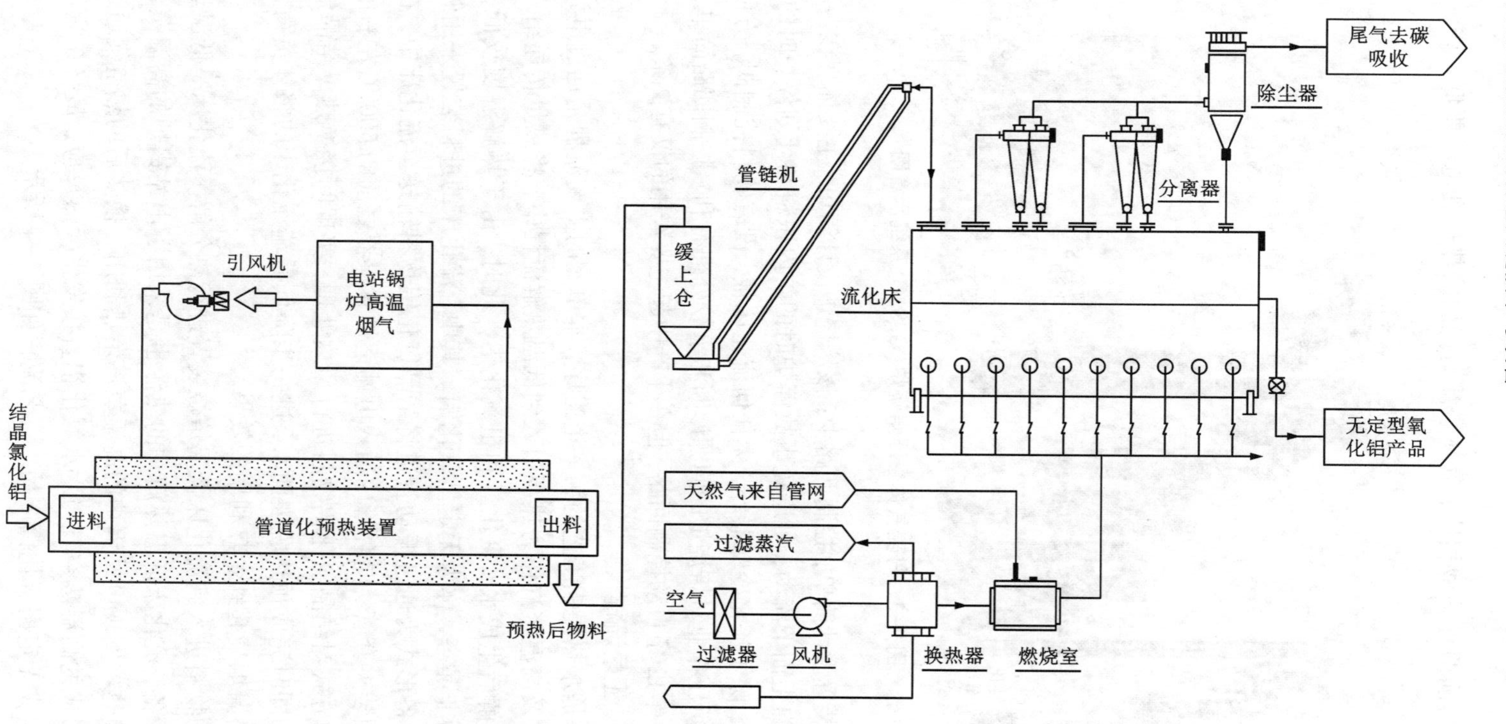

图7-4 低温热解工艺流程示意图

7.1.1.3　工艺技术条件

流化床焙烧炉进料温度：200 ℃；

流化床焙烧炉排料温度：270 ℃；

热解转化率：97%。

7.1.2　水热除杂工艺

无定型氧化铝与弱酸性的水在一定压力和温度下反应，氧化铝与水反应发生晶型转变生成水铝石。K、Na、Ca、Mg 等离子和氯离子进入液相中，再经过过滤洗涤后，实现氧化铝与杂质离子的分离。净化后的水铝石经高温焙烧后得到冶金级氧化铝。

7.1.2.1　工艺流程

水热除杂工艺分为水溶单元、成品过滤单元、焙烧单元。

1. 水溶单元工艺流程

水溶工艺流程如图 7-5 所示。低温热解来的无定型氧化铝与成品过滤单元来的母液及部分强滤液在低温水溶槽混合，低温水溶 1 h 后用平盘过滤机进行分离，分离滤液一部分送往水平衡及分级利用单元，另一部分返回低温水溶槽用于配料循环。分离的滤饼与成品过滤来的部分强滤液混合后进入水热反应釜进行高温水溶反应，溶出温度为 120~140 ℃。水热后的料浆经水溶沉降槽分离后，溢流返回低温水溶槽用于配料，底流即为水铝石料浆，送入成品过滤单元。

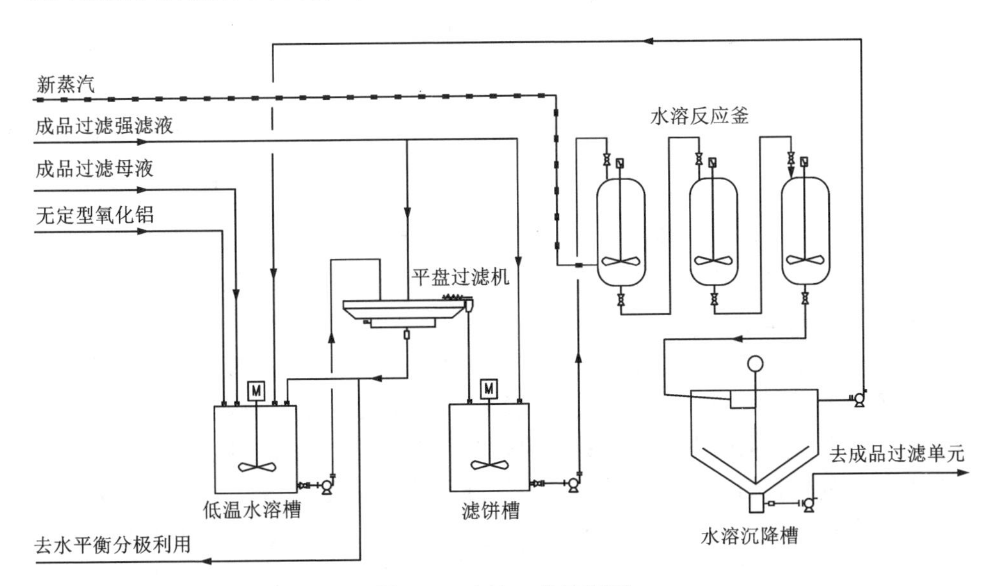

图 7-5　水溶工艺流程图

2. 成品过滤单元工艺流程

成品过滤工艺如图 7-6 所示。由水溶单元来的软铝石浆液进入成品过滤单元的平盘过滤机，进行软铝石浆液的分离过滤及洗涤，蒸发结晶单元的蒸发二次汽冷凝水可作为平盘洗水。分离出的母液和洗涤产生的洗液送往水溶单元的高、低温调配槽，软铝石滤饼经三次逆流洗涤后，用胶带输送机送入焙烧单元。

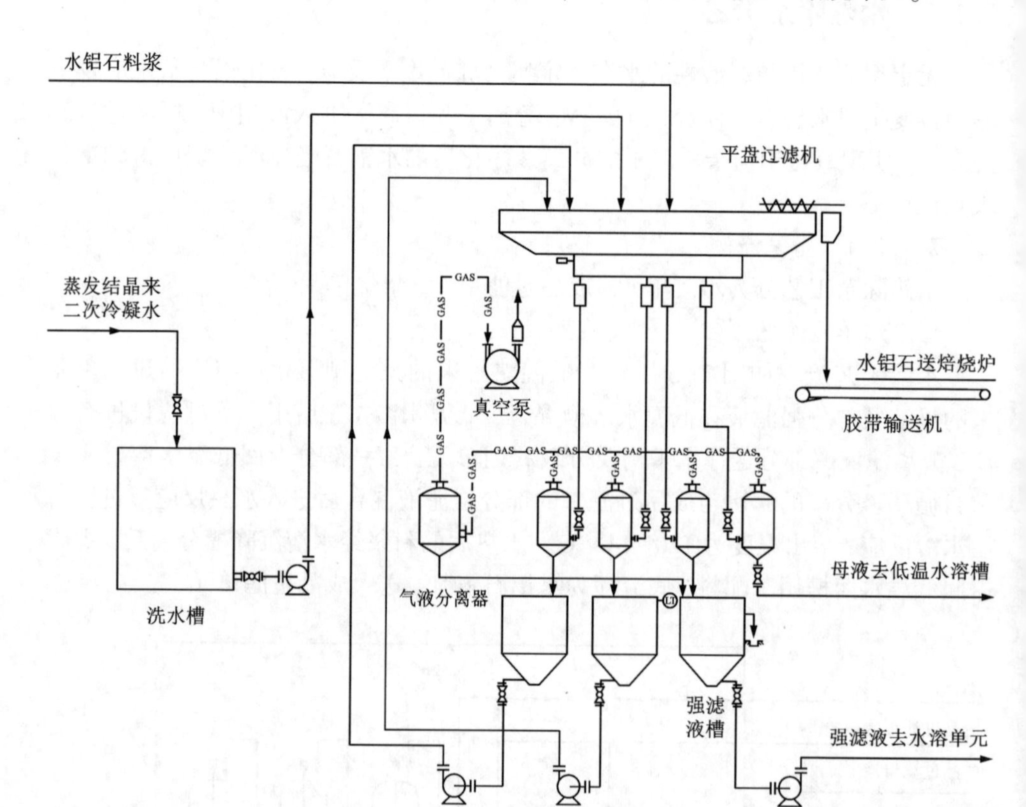

图 7-6　成品过滤工艺流程示意图

3. 焙烧单元工艺流程

焙烧单元采用气态悬浮焙烧工艺，从成品过滤单元来的软铝石滤饼进入焙烧单元的喂料箱内，后经定量给料机、螺旋喂料机送入文丘里干燥器。在文丘里干燥器内，软铝石附水被烘干，干燥后的软铝石被气流带入第一级旋风预热器中，烟气和干燥的软铝石在此进行分离。一级旋风出来的软铝石进入第二级旋风预热器，并与热分离器来的温度约 1100 ℃的烟气混合进行热交换，此时物料的温度达 320~360 ℃，结晶水基本脱除。预焙烧过的物料在二级旋风预热器内与烟气分离卸入主焙烧炉的锥体内，燃烧空气预热到 600~800 ℃从焙烧炉底部进入，燃料、预焙烧后的氧化铝及热空气在炉底充分混合并燃烧，氧化铝的焙烧在炉内经 1~2 s 即可完成。

焙烧好的氧化铝和热烟气在热分离器中分离。热烟气经上述两级旋风预热器、文丘里干燥器与氧化铝进行热交换后，温度降为 145 ℃进入电除尘器，净化后的烟气用排风机送烟囱排入大气。

由热分离器出来的氧化铝经两段冷却后，其温度降至 80 ℃，其中第一段冷却采用四级旋风冷却器。在四级旋风冷却的过程中，氧化铝温度从 1050 ℃降为 260 ℃，第二段冷却采用沸腾床冷却机，用水间接冷却，使氧化铝温度从 260 ℃降为 80 ℃。

7.1.2.2　工艺技术条件

低温水溶浆液液固比：5∶1。

低温段分离、洗滤饼附液率：40%。

低温段洗涤后杂质残留率：约 20%。

低温水溶温度：90 ℃。

高温水溶浆液液固比：3.5∶1。

高温段分离、洗滤饼附液率：55%。

高温水溶温度：120~140 ℃。

氧化铝松装密度：0.69 g/cm^3。

焙烧温度：约 1100 ℃。

产品氧化铝化学指标如表 7-1 所示。

表 7-1　成品氧化铝化学指标表

成分	Al_2O_3	Fe_2O_3	SiO_2	K_2O	Na_2O	CaO	MgO	P_2O_5
含量	≥98.6%	≤200 μg/g	≤200 μg/g	≤200 μg/g	≤200 μg/g	≤200 μg/g	≤200 μg/g	≤200 μg/g

天然气(热值：8400 kcal/N·m^3)：173.5 Nm^3/t-AO。

焙烧尾气出口温度：145 ℃。

7.1.3　酸回收

常温常压下，氯化氢在水中的溶解度很大，因此可用水直接吸收氯化氢尾气，这样不仅可以消除氯化氢气体造成的环境污染，而且可以获得一定浓度的盐酸。吸收过程通常在吸收塔中进行，塔体材质一般为陶瓷、搪瓷、玻璃钢或塑料等。酸气净化工艺主要有陶瓷缸串联吸收、列管式交换器吸收、填料塔吸收、石墨降膜吸收器吸收、干式吸附剂净化塔吸收、穿流板净化塔吸收等。其工艺优缺点比较见表7-2。

表7-2 酸气净化工艺比较

吸收方式	水汽走向	占地	吸收方式	操作	净化效果	投资	运行费用
陶瓷缸串联吸收	水静气动	大	一次性	危险	差	小	高
列管式交换器	逆向	小	循环	易	不稳	较小	较高
填料塔	逆向	中	循环	易	好	中	较低
石墨降膜吸收器	径向	中	循环	不稳	较好	大	较低
干式吸收剂净化塔	—	中	一次性	易	较好	中	高
穿流板净化塔	逆向	中	循环	易	较好	中	较低

随着化工工业规模的不断扩大，废气排放量的增加，人们环保意识的增强，国家对废气排放标准日益严格，上述净化设备吸收氯化氢废气工艺往往不能达到理想的净化效果。经过工艺上的不断探索，多塔串联吸收工艺在废气净化中被广泛应用，这样既可以回收氯化氢制成高浓度的盐酸，又可以使尾气浓度达到排放标准。

六水氯化铝晶体低温热解过程中产生的烟气较普通行业氯化氢废气的温度高、粉尘量大，因此，现有氯化氢吸收工艺及装置不能完全满足要求。在实际应用过程中，对工艺及配套装置进行了改进，氯化氢吸收率达到99.99%。

7.1.3.1 工艺流程

酸回收单元设计采用“除尘降温+2级喷淋冷却+2级逆流吸收+一级洗涤+一级碱吸收”工艺。

由低温热解来的烟气经急冷器急冷降温后进入洗涤塔塔底，循环液由酸循环泵打至洗涤塔塔顶，与来自塔底的烟气逆流接触传质换热；烟气中的大部分烟尘被循环液捕捉吸收，除尘后的烟气进入一级吸收塔进行氯化氢吸收，一级吸收塔的循环液由盐酸泵打至一级吸收塔顶部，与来自洗涤塔的烟气逆流接触传质换热，吸收烟气中的氯化氢；经吸收后，塔底产生的盐酸经盐酸泵打至盐酸中间罐。经一级吸收塔吸收后的烟气进二级吸收塔继续进行吸收，二级吸收塔吸收后的烟气进尾气吸收塔进行吸收；含氯化氢烟气经尾气吸收塔吸收后，大部分的氯化氢都被吸收下来，烟气中剩余微量氯化氢需进一步吸收处理。经尾气吸收塔吸收后的烟气进碱液吸收塔进行吸收，烟气中的微量氯化氢与碱液吸收塔中的碱液逆流接触，将烟气中的氯化氢中和，最终使烟气达到排放标准后排放。

尾气吸收塔中加入0.6%稀盐酸溶液，在尾气吸收塔喷淋吸收氯化氢后，溢流至二级吸收塔；来自尾气吸收塔的盐酸溶液经二级吸收塔喷淋吸收增浓后，由盐酸泵打至一级吸收塔；盐酸溶液在一级吸收塔中喷淋吸收后，经酸循环泵打至盐酸中间罐。

7.1.3.2　工艺技术条件

HCl 气体总吸收率：≥99.99%。

调配后成品盐酸质量分数：28.5%。

成品盐酸温度：≤45 ℃。

外排烟气氯化氢含量：≤30 mg/Nm^3。

外排烟气粉尘含量：≤10 mg/Nm^3。

1. 再生酸指标

再生酸主要技术指标如表 7-3 所示。

表 7-3　再生酸主要技术指标

项目	指标值	备注
质量分数	27%～28%	
温度	65～70 ℃	
流量	110 m^3/h	密度 1.15～1.20 g/cm^3
金属离子浓度	≤5 g/L	

2. 气体废气指标

气体废气指标如表 7-4 所示。

表 7-4　气体废气指标

项目		值
粉尘浓度		≤20 mg/Nm^3（干态）
HCl 浓度		≤10 mg/Nm^3（干态）
流量		98000 Nm^3/h
温度		≤55 ℃
体积分数	H_2O	≤15%
	CO_2	15%
	N_2	68%
	HCl	≤0.5%
	O_2	2%

3. 液体废水指标

液体废水指标如表 7-5 所示。

表 7-5　液体废水指标

项目	值	备注
pH	1~2	
电导率	≤30000 μs/m	
流量	≤3 m^3/h	连续排放，不含地坪冲洗水量等其他杂用水量
温度	≤75 ℃	

4. 固体废物指标

固体废物指标如表 7-6 所示。

表 7-6　固定废物指标

项目	值	备注
pH	1~2	
泥饼质量流量	10~12 kg/h	固体主要为 Al_2O_3 及其他少量不溶解的固体
含水率	50%~65%	
温度	≤50 ℃	

7.2　水热除杂原理

7.2.1　低温热解原理

7.2.1.1　结晶氯化铝物相和微观形貌

结晶氯化铝样品的 X 射线衍射(XRD)谱图如图 7-7 所示。XRD 谱图显示样品为单一的六水氯化铝相，即 $AlCl_3·6H_2O$。

对结晶氯化铝进行扫描电镜(SEM)分析，结果如图 7-8 所示。可以看出，结晶氯化铝颗粒稀散地分布在导电胶上，颗粒呈现不规则形状，表面较为光滑，颗粒尺寸大多为 50~400 μm。

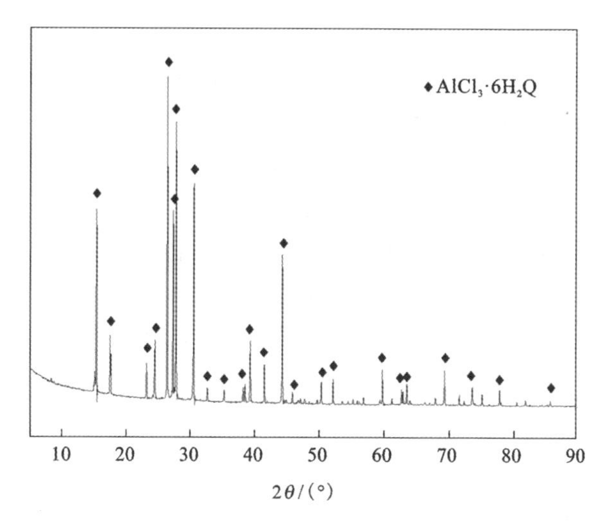

图 7-7　结晶氯化铝样品的 XRD 图

图 7-8　水洗结晶氯化铝样品的 SEM 图

7.2.1.2 结晶氯化铝分解热力学分析

结晶氯化铝热分解反应式为：

$$2AlCl_3 \cdot 6H_2O(s) \xlongequal{} Al_2O_3(s)+6HCl(g)+9H_2O(g) \qquad (7-1)$$

反应标准吉布斯自由能和反应平衡常数的关系式为：

$$\Delta G_T^{\ominus}=-RT\ln K \qquad (7-2)$$

式中：K 为反应平衡常数；$R=8.314$ J/(mol·K)。

利用 FactSage 热力学软件 Reaction 模块，可以计算出不同温度下反应式(7-1)的标准焓变 $\Delta H^{\ominus}$ 和标准 Gibbs 自由能变 $\Delta G^{\ominus}$。同时根据式(7-2)可计算出不同温度下，上述反应的平衡常数 K。由结果可作图 7-9 和图 7-10。

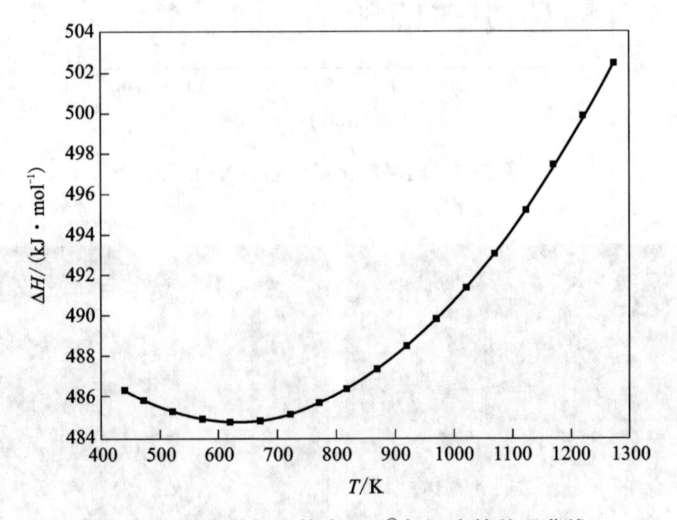

图 7-9 反应的标准焓变 $\Delta H^{\ominus}$ 与温度的关系曲线

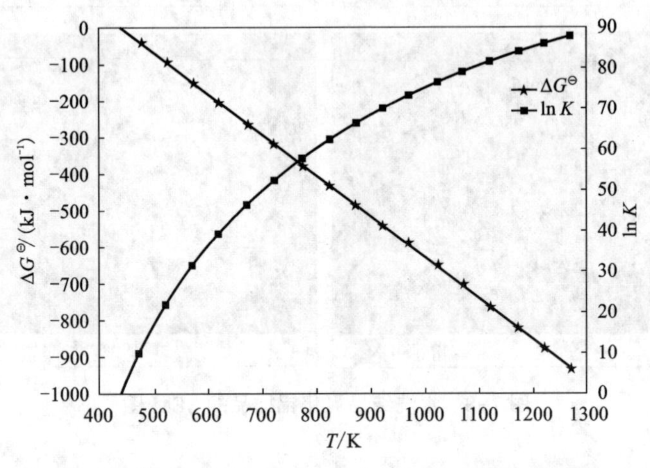

图 7-10 反应的标准 Gibbs 自由能及平衡常数随温度变化的关系曲线

由图 7-9 可知，在 165～1000 ℃时，反应的 $\Delta H_T^{\ominus}>0$，说明反应式(7-1)是吸热反应。由图 7-10 可知，在 165～1000 ℃时，反应式(7-1)的 $\Delta G_T^{\ominus}<0$，说明此反应可以发生，并且随着温度的升高，相应的 $\Delta G_T^{\ominus}$ 负值更大，说明提高温度更有利于结晶氯化铝热分解反应的发生。同时，反应的平衡常数在此温度区间大于 0，进一步从理论上证明此反应可以发生。

对结晶氯化铝热分解反应的影响需要考虑多方面的因素，包括温度、杂质含量、晶粒大小、气氛、压力等的变化。首先利用 FactSage 热力学软件的 Predom 模块计算温度、H_2O 分压和 HCl 分压这 3 种影响因素对结晶氯化铝分解的影响，给出 Al-O-Cl-H 区域优势图。结果如图 7-11 所示。

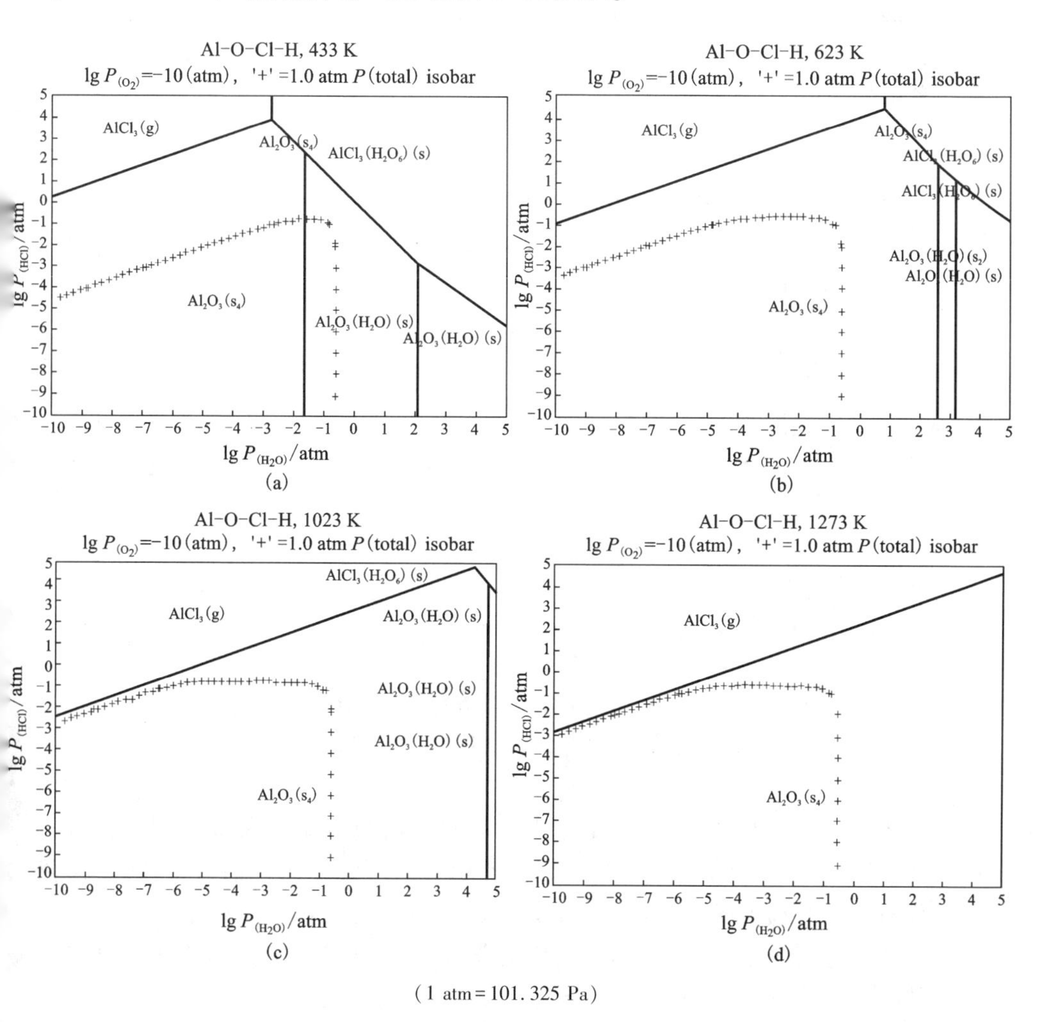

图 7-11　Al-O-Cl-H 区域优势图

由图 7-11 可见，在低温度区间 160~350 ℃，增大水蒸气分压，有利于 $Al_2O_3 \cdot H_2O$ 和 $Al_2O_3 \cdot 3H_2O$ 的形成。同时增大水蒸气和氯化氢分压，主要以 $AlCl_3 \cdot 6H_2O$ 相存在。随着温度的升高，Al_2O_3 区域逐渐增大，在温度为 1000 ℃时，$Al_2O_3 \cdot H_2O$、$Al_2O_3 \cdot 3H_2O$ 和 $AlCl_3 \cdot 6H_2O$ 相不稳定，这说明随着温度的升高，有利于氧化铝的生成。此外，根据热力学分析手册，$AlCl_3$ 的沸点为 180 ℃，即 $AlCl_3$ 在 180 ℃即可升华，所以，在温度为 160 ℃时，$AlCl_3$ 以固相形式存在，在图 7-11(b)~(d)中以气相形式稳定存在。

对结晶氯化铝样品进行差示扫描量热-热重分析(DSC-TGA)，样品测试在高纯氩气气氛(纯度 99. 999%)中进行，氩气流速为 30 mL/min，样品使用量为 9.940 mg，温度从 30 ℃升至 1000 ℃，升温速率为 5 ℃/min。使用刚玉坩埚盛放样品，同时使用另外一只尺寸相同的空刚玉坩埚作为参比。图 7-12 为结晶氯化铝热分解的 DSC-TGA 曲线。

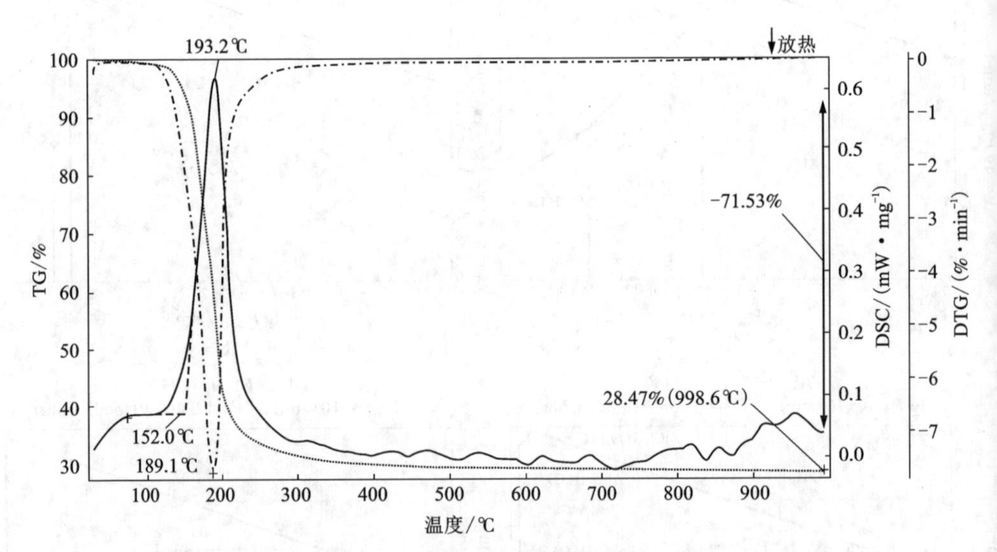

图 7-12 在 5 ℃/min 升温速率下结晶氯化铝样品热分解的非等温 DSC-TGA 曲线及 DTG 曲线

从图 7-12 可以看出，结晶氯化铝样品热分解过程中主要失重温度区间为 90~350 ℃，失重约 70%(质量分数)。失重过程表明结晶氯化铝发生分解，分解过程中有气体产物生成。此后，在 350~1000 ℃温度范围内一直都存在质量变化，只不过随着温度的逐渐升高，质量变化越来越小。温度为 107~298 ℃时，出现一个吸热峰，同时 TG 曲线的一阶微分曲线表明在这个质量下降的过程中仅有一个拐点。所以，可以确定结晶氯化铝的分解过程只经历一个失重阶段，表明其主要的分解反应一步完成。相应地，在对应失重温度范围内的 DSC 曲线出现一个吸热峰，表明结晶氯化铝的分解反应为显著的吸热反应。

7.2.1.3　氩气气氛下结晶氯化铝低温分解产物结构及性能分析

1. 氩气气氛下结晶氯化铝低温分解产物物相分析

氩气气氛下，所制样品条件分别为：250 ℃、300 ℃、350 ℃、400 ℃、450 ℃ 5 种温度下管式炉煅烧时间为 240 min，350 ℃、450 ℃时煅烧时间为 360 min，290 ℃温度下煅烧时间为 120 min，350 ℃温度下煅烧时间为 240 min。对以上几种条件下获得的样品进行 X 射线衍射(XRD)分析，获得的 XRD 图谱汇总于图 7-13 中。从图 7-13 中可见，250 ℃煅烧 240 min 和 300 ℃煅烧 240 min 后获得的样品的 XRD 图谱仍显示存在大量结晶氯化铝物相，而 350 ℃及以上温度的煅烧实验中获得的产品均为无定型氧化铝。

对中间产物无定型氧化铝进行水热处理，有助于将嵌于结晶氯化铝晶格内部的杂质元素溶出除杂。而易溶于水的结晶氯化铝在煅烧过程中逐渐转变为不溶于水的中间产物无定型氧化铝，能够大幅度减少水溶除杂过程中的铝损失率。

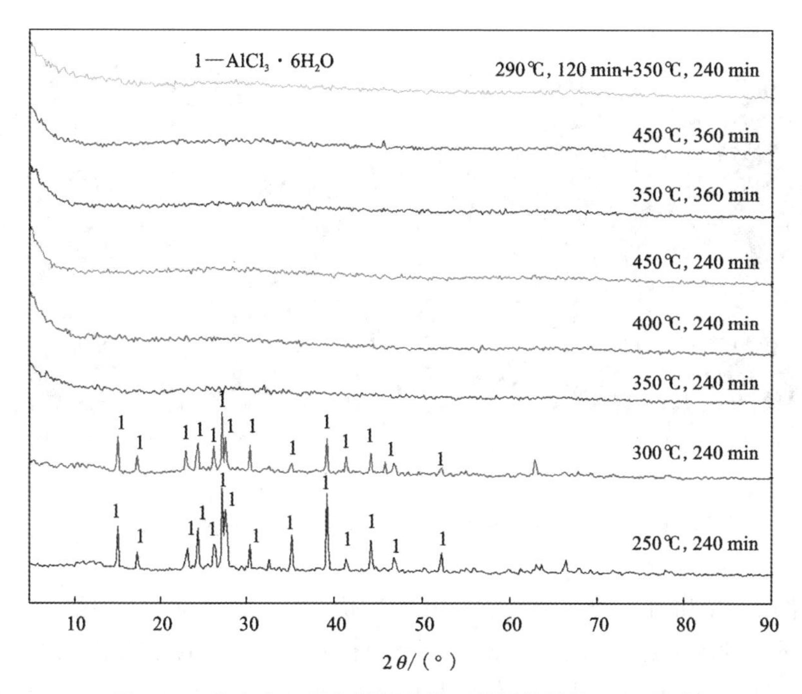

图 7-13　氩气气氛下各煅烧条件下获得的样品 XRD 图谱

2. 氩气气氛下结晶氯化铝低温分解产物微观形貌分析

氩气气氛下对结晶氯化铝在 350 ℃煅烧 360 min、在 400 ℃下煅烧 240 min，由此得到分解产物无定型氧化铝，之后对分解产物进行扫描电镜(SEM)显微观测。350 ℃煅烧 360 min 得到的无定型氧化铝 SEM 显微照片如图 7-14 所示，400 ℃煅烧 240 min 得到的无定型氧化铝 SEM 显微照片如图 7-15 所示。为了对颗粒的内部结构进行观测，对部分样品进行了简单研磨。

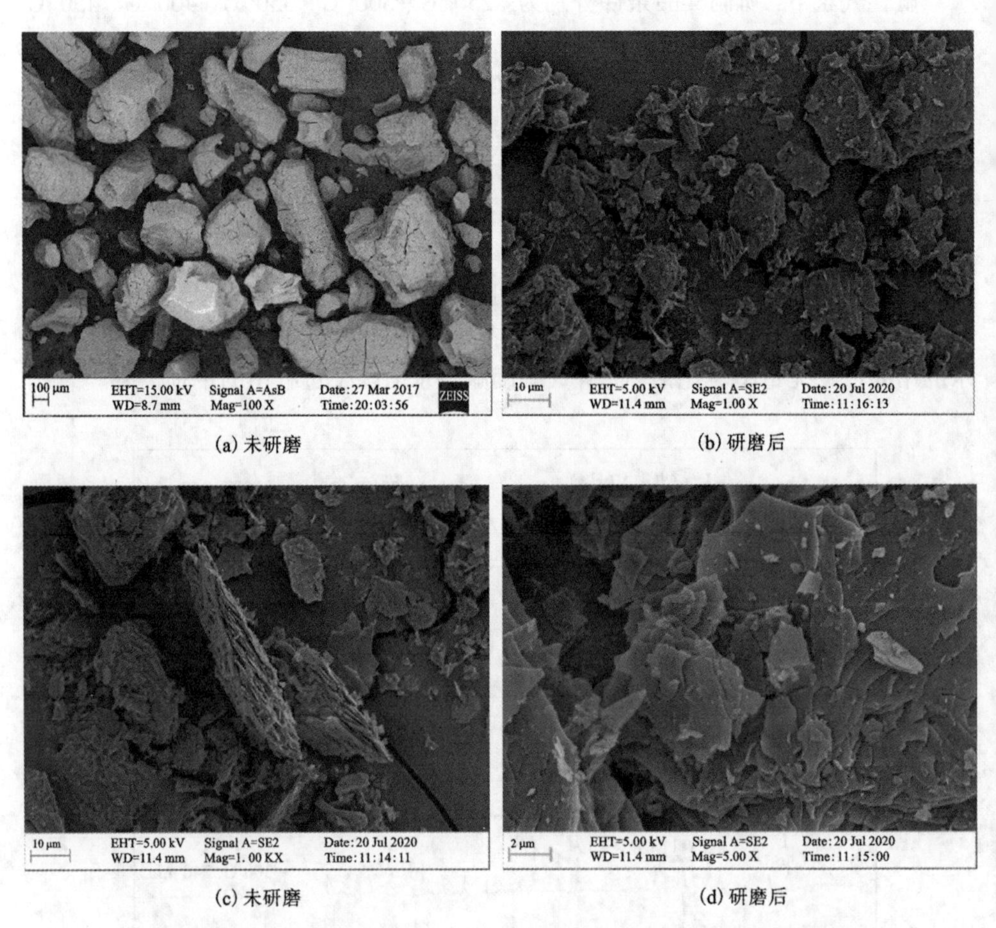

(a) 未研磨　(b) 研磨后

(c) 未研磨　(d) 研磨后

图 7-14　350 ℃煅烧 360 min 得到的无定型氧化铝 SEM 显微照片

从图 7-14 和图 7-15 可见，在 350 ℃煅烧 360 min 和 400 ℃煅烧 240 min 处理条件下得到的无定型氧化铝微观形貌极为相似。未研磨的无定型氧化铝多呈现棒状，经过研磨后的无定型氧化铝颗粒内部呈现规则的片状。这与结晶氯化铝的颗粒微观形貌差异明显，说明结晶氯化铝在低温分解时发生了重结晶过程。

3. 氩气气氛下结晶氯化铝低温分解产物粒径分布

氩气气氛下对结晶氯化铝低温分解后的无定型氧化铝采用激光粒度分析仪进

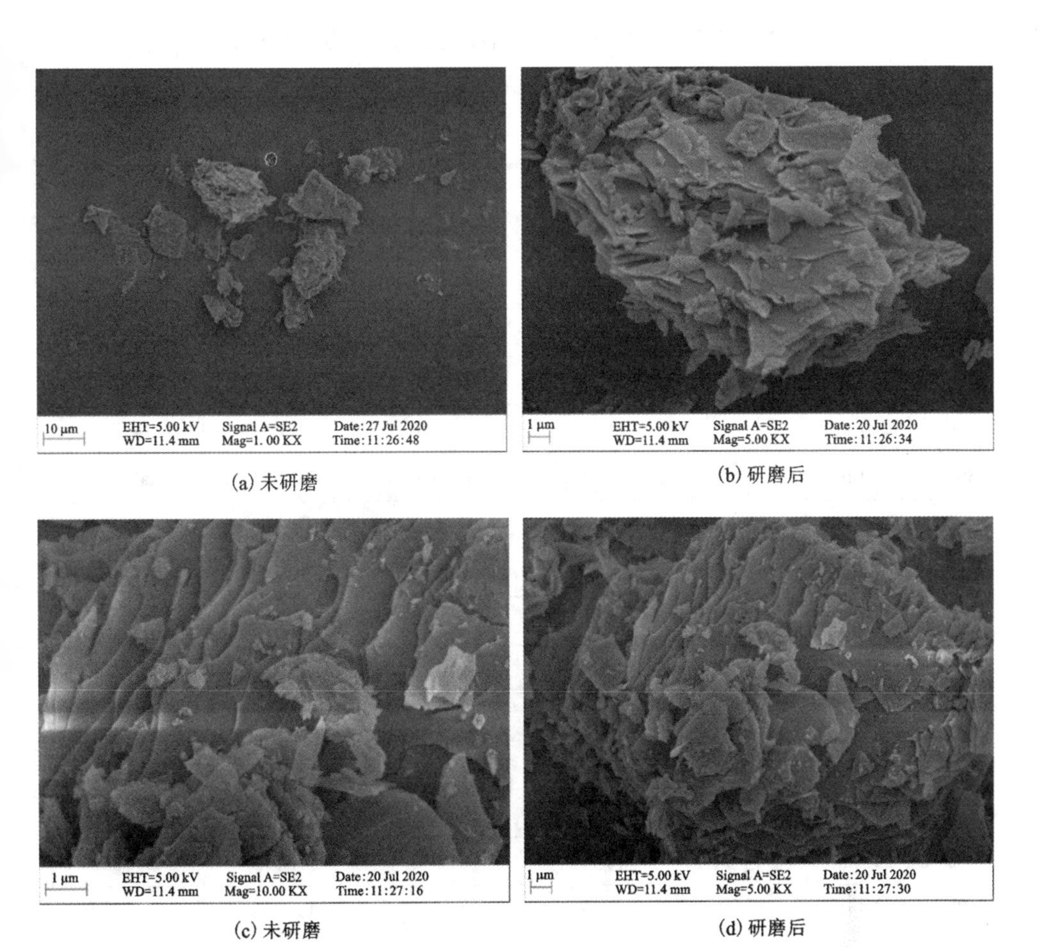

(a) 未研磨　(b) 研磨后

(c) 未研磨　(d) 研磨后

图 7-15　400 ℃煅烧 240 min 得到的无定型氧化铝 SEM 显微照片

行粒径分布测试，多条件下的测试结果如表 7-7 所示。管式炉煅烧后获得的无定型氧化铝的粒径分布稳定性较差，即使同一批结晶氯化铝物料经过相同的煅烧条件处理后，获得的无定型氧化铝的粒径分布也有较大差异。这说明结晶氯化铝低温分解过程中的重结晶过程较为脆弱，生成的无定型氧化铝颗粒的机械稳定性差，在煅烧条件下或后期输送中易于发生颗粒破损，造成粒径的变化。

根据表 7-7 中多次测量结果的平均值可知，在 350 ℃下煅烧 360 min 条件下处理的样品平均粒径为 48. 875 μm，400 ℃，240 min 处理的样品的平均粒径为 35. 541 μm。在煅烧时间相同的条件下(240 min)，随着煅烧温度从 250 ℃逐渐升高至 450 ℃，获得的无定型氧化铝样品的粒径呈现略微上升的趋势，平均粒径由 29. 386 μm 逐渐上升至 37. 720 μm。

表 7-7 不同管式炉煅烧条件下的无定型氧化铝粒径分布情况

管式炉煅烧条件	煅烧气氛	样品编号	中位粒径/μm	众数粒径/μm	平均粒径/μm
350 ℃, 360 min	Ar	15#	37.99	51.192	26.794
350 ℃, 360 min		24#	71.574	79.493	60.429
350 ℃, 360 min		49#	41.692	51.192	31.904
350 ℃, 360 min		67#	39.505	51.192	29.025
350 ℃, 360 min		84#	53.614	63.792	42.114
350 ℃, 360 min		平均值	48.875	59.372	38.053
250 ℃, 240 min		103#	29.386	41.081	24.207
300 ℃, 240 min		97#	32.610	41.081	24.404
400 ℃, 240 min		92#	42.514	51.192	32.386
400 ℃, 240 min		119#	38.27	29.748	51.192
400 ℃, 240 min		130#	41.329	51.192	32.098
400 ℃, 240 min		143#	33.123	41.081	25.398
400 ℃, 240 min		154#	31.305	41.081	25.544
400 ℃, 240 min		165#	32.401	51.192	26.166
400 ℃, 240 min		174#	34.237	51.192	28.11
400 ℃, 240 min		195#	31.148	51.192	25.838
400 ℃, 240 min		平均值	35.541	45.984	30.842
450 ℃, 240 min		101#	41.886	51.192	33.827
450 ℃, 240 min		110#	33.553	51.192	26.089
450 ℃, 240 min		平均值	37.720	51.192	29.958

7.2.1.4 水蒸气气氛下结晶氯化铝低温分解产物结构及性能分析

1. 结晶氯化铝低温分解产物物相分析

水蒸气气氛下，对在 287 ℃、340 ℃、427 ℃、510 ℃ 4 种温度管式炉煅烧时间为 240 min 条件下获得的样品进行 X 射线衍射(XRD)分析，对应的样品 XRD 图谱见图 7-16。从图 7-16 可见，287 ℃煅烧 240 min 后获得的样品 XRD 图谱仍显示存在部分结晶氯化铝物相，而 340 ℃及以上温度的煅烧实验中获得的产品均为无定型氧化铝。

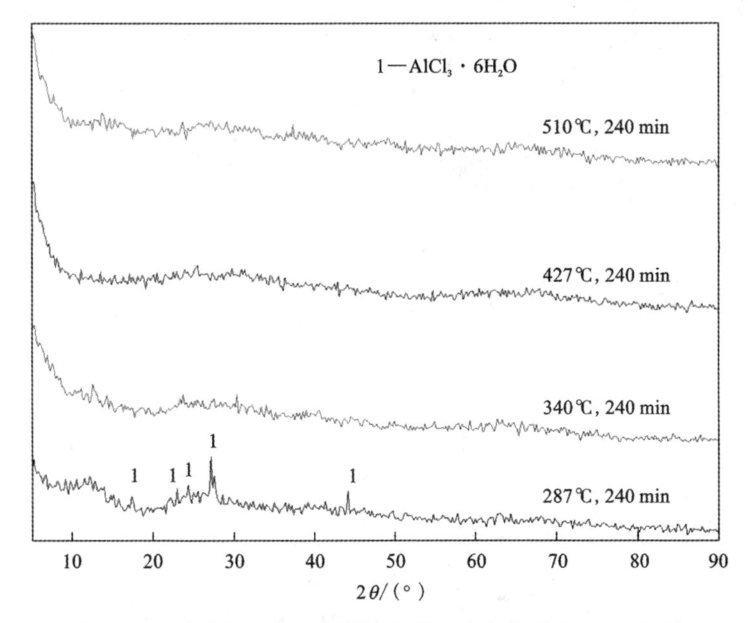

图 7-16　水蒸气气氛下各煅烧条件下获得的样品 XRD 图谱

2. 结晶氯化铝低温分解产物微观形貌分析

对水蒸气气氛下结晶氯化铝在 427 ℃煅烧 240 min，得到的分解产物为无定型氧化铝，之后再对无定型氧化铝进行扫描电镜(SEM)显微观测，如图 7-17 所示。为了对颗粒的内部结构进行观测，对部分样品进行了简单研磨。

由图 7-17 可知，427 ℃煅烧 240 min 得到的无定型氧化铝颗粒多呈现棒状，经过研磨后的无定型氧化铝颗粒内部呈现规则的片状。这与结晶氯化铝的颗粒微观形貌差异明显，与氩气气氛下煅烧得到的无定型氧化铝显微形貌十分类似，说明结晶氯化铝在氩气或水蒸气气氛下低温分解时不影响其重结晶过程和颗粒发育。

3. 结晶氯化铝低温分解产物粒径分布

对水蒸气气氛下结晶氯化铝低温分解后的无定型氧化铝采用激光粒度分析仪进行粒径分布测试，多条件下的测试结果如表 7-8 所示。由表 7-8 可见，水蒸气气氛下管式炉煅烧后获得的无定型氧化铝的粒径分布稳定性同样较差，结晶氯化铝低温分解过程生成的无定型氧化铝颗粒机械稳定性差，在煅烧条件下或后期输送中易于发生颗粒破损，造成粒径的变化。

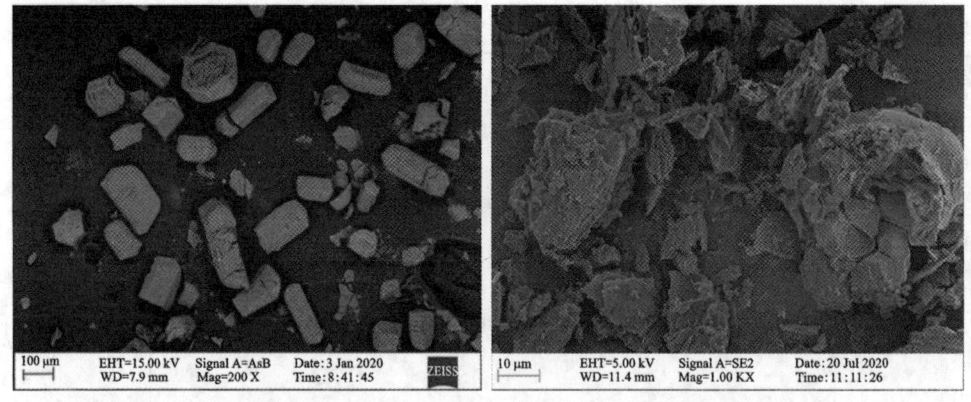

(a) 未研磨　　(b) 研磨后

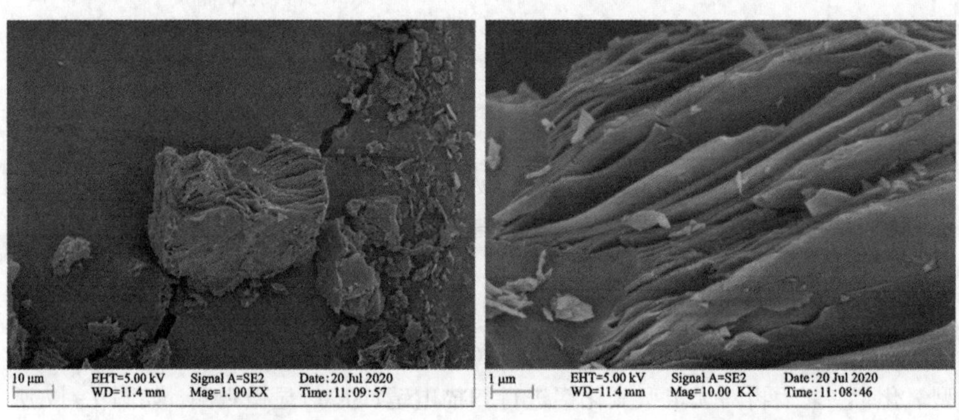

(c) 未研磨　　(d) 研磨后

图 7-17　427 ℃煅烧 240 min 得到的无定型氧化铝 SEM 照片

表 7-8　不同管式炉煅烧条件下的无定型氧化铝粒径分布情况

管式炉煅烧条件	煅烧气氛	样品编号	中位粒径/μm	众数粒径/μm	平均粒径/μm
287 ℃, 240 min	H_2O	235#	31.553	41.081	24.133
340 ℃, 240 min		231#	37.350	51.192	28.932
427 ℃, 240 min		215#	32.316	51.192	24.764
427 ℃, 240 min		260#	48.142	51.192	37.672
427 ℃, 240 min		267#	36.788	51.192	29.239
427 ℃, 240 min		281#	32.58	51.192	25.777
427 ℃, 240 min		平均值	37.457	51.192	29.363
510 ℃, 240 min		229#	38.562	51.192	29.636

根据表7-8中多次测量结果的平均值可知，287 ℃、240 min煅烧条件下处理的样品平均粒径为31.553 μm；340 ℃，240 min处理的样品平均粒径为37.350 μm；427 ℃，240 min处理的样品平均粒径为37.457 μm；510 ℃，240 min处理的样品平均粒径为38.562 μm。随着分解温度的逐渐升高，获得的无定型氧化铝样品的粒径呈现略微上升的趋势。

7.2.1.5　低温热解结晶氯化铝料平衡、热平衡计算

六水合结晶氯化铝（$AlCl_3 \cdot 6H_2O$固相物）由25 ℃（298 K）升温至350 ℃（623 K）所需的能量为：

$$AlCl_3 \cdot 6H_2O(298\ K,\ s) \longrightarrow AlCl_3 \cdot 6H_2O(623\ K,\ s) \tag{7-3}$$

$$\Delta H = 99.6823\ kJ/mol\ AlCl_3 \cdot 6H_2O$$

六水合结晶氯化铝（$AlCl_3 \cdot 6H_2O$固相物，623 K）在温度为623 K时恒温分解时的反应热为：

$$AlCl_3 \cdot 6H_2O(623\ K,\ s) \longrightarrow 0.5Al_2O_3(623\ K,\ s) + 3HCl(623\ K,\ g) + 4.5H_2O(623\ K,\ g) \tag{7-4}$$

计算时反应产物Al_2O_3为γ相时，式(7-4)的反应热焓$\Delta H = 495.0356\ kJ/mol\ AlCl_3 \cdot 6H_2O$；当计算时反应产物$Al_2O_3$为α相时，式(7-4)的反应热焓$\Delta H = 484.8143\ kJ/mol\ AlCl_3 \cdot 6H_2O$；式(7-4)的反应热焓数值存在差异是因为反应产物氧化铝由γ相转变至α相为一个放热过程。实际上，在温度为623 K条件下的反应产物为无定型氧化铝，因此式(7-4)实际的ΔH应该大于495 kJ/mol $AlCl_3 \cdot 6H_2O$。顺序反应过程的热焓可以进行加和，六水合结晶氯化铝（$AlCl_3 \cdot 6H_2O$固相物，298 K）先加热至623 K，再在623 K进行分解反应，则整个过程的反应热焓ΔH为584.4966 kJ/mol $AlCl_3 \cdot 6H_2O$。

因此，可以近似认为结晶氯化铝低温热解所需的反应热为：584.4966 kJ/mol $AlCl_3 \cdot 6H_2O$。

为了便于计算，物料平衡及热平衡计算以每小时生产1 t无定型氧化铝为基准，所需要的结晶氯化铝物料：

$$m(Al_2O_3):1\ t \div (241.5 \times 2) \times 108 \approx 0.22\ t$$

所需要消耗的反应热：

$$Q(AlCl_3 \cdot 6H_2O):1 \times 1000000\ g/h \div 241.5\ g/mol \times 584.4966\ kJ/mol \div 3600\ s \approx 672.3\ kW$$

能量单位以大卡来表示：

$$Q(AlCl_3 \cdot 6H_2O):672.3\ kW = 672.3\ kJ/s = 242\ 万\ kJ/h = 58\ 万\ kcal/h$$

7.2.2　水热除杂原理

水热反应过程是指在一定的温度和压力下，在水、水溶液或蒸汽等流体中所

进行有关化学反应的总称。按水热反应的温度进行分类，可以分为亚临界反应和超临界反应，前者反应温度为 100~240 ℃，适于工业或实验室操作。后者实验温度已高达 1000 ℃，压强高达 0.3 GPa，是利用作为反应介质的水在超临界状态下的性质和反应物质在高温高压水热条件下的特殊性质进行合成反应。在水热条件下，水可以作为一种化学组分起作用并参加反应，既是溶剂又是反应物。

水热法在钼冶金、钨冶金行业有着广泛应用。例如美国 AMAX 公司以含杂质的工业氧化钼为原料生产七钼酸铵，将含杂质的工业氧化钼用热水浸出，浆料质量分数为 20%~50%，在温度为 80 ℃左右的热水中浸出 1 h，去除氧化钼中钾、钠、钙等水溶性杂质；徐双等发明了以四钼酸铵为原料，将其加入弱酸性热水体系中保温，使四钼酸铵晶型转变，生产出 β 型四钼酸铵的方法。在钨冶金行业，李洲等人以仲钨酸铵和硝酸锆为原料，采用分步水热法结合煅烧和二次氢还原工艺制得 ZrO_2 掺杂钨合金粉末；黎先财等以仲钨酸铵（APT）为原料通过水热法处理制备了 WO_3 粉体，最佳实验条件是 APT 于 180 ℃水热晶化 8 h，45 ℃真空干燥后在 500 ℃条件下煅烧 2 h，水热晶化处理有利于介稳态六方 WO_3 的形成，晶型发育更完整，结晶程度更高。

准能集团借鉴相似的原理，研发了水热除杂技术，将结晶氯化铝在低温下热解成粗氧化铝，用水浸出氧化铝中的钾、钠、钙、镁等水溶性杂质。

7.2.2.1　氯化物分解热力学分析

通过 Factsage 软件热力学计算，得出 $AlCl_3$、$MgCl_2$ 和 $CaCl_2$ 的水盐体系的热分解相图，如图 7-18、图 7-19、图 7-21 所示。

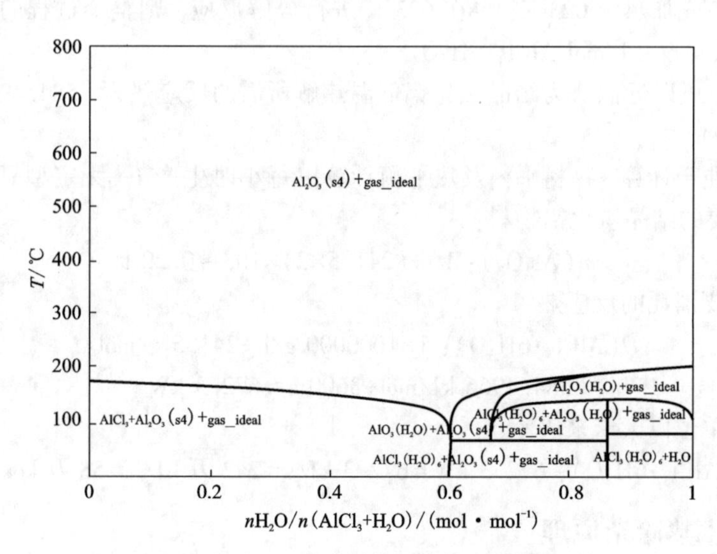

图 7-18　$AlCl_3$ 水盐体系的热分解相图

由图7-18可见，在 $AlCl_3$ 水盐体系中，当 $nH_2O/n(AlCl_3+H_2O)=0.6$ 时，为结晶氯化铝（$AlCl_3 \cdot 6H_2O$）。当体系内水量减少，结晶氯化铝将逐渐分解成 $AlCl_3$ 和 Al_2O_3；体系内水量增加时，结晶氯化铝将分解成 $Al_2O_3 \cdot H_2O$。无论体系内水量增加或减少，结晶氯化铝在180 ℃以上都将分解为氧化铝相。在整个分解过程中，结晶氯化铝同时失去水和氯化氢气体，生成氧化铝。

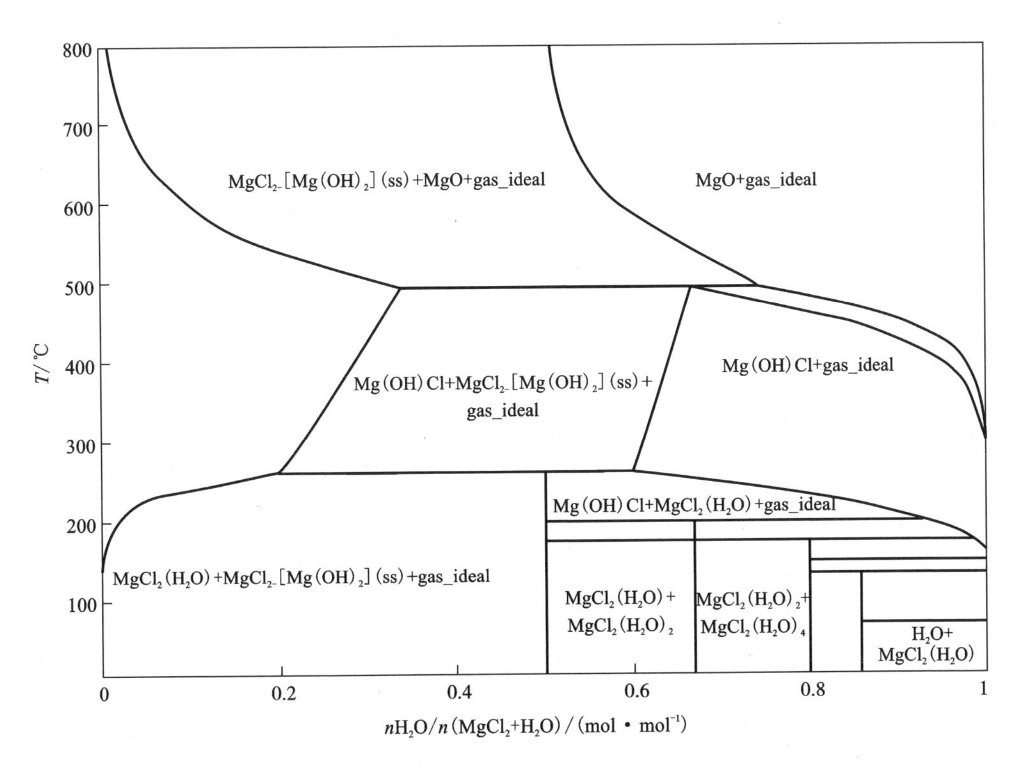

图7-19 $MgCl_2$ 水盐体系的热分解相图

由图7-19可见，$MgCl_2 \cdot 6H_2O$ 的热分解过程为逐渐失去结晶水依次分解为 $MgCl_2 \cdot 4H_2O$、$MgCl_2 \cdot 2H_2O$、$MgCl_2 \cdot H_2O$，在270 ℃以上逐渐分解为碱式氯化镁 Mg(OH)Cl，500 ℃以上才开始形成氧化镁。由图7-20 $MgCl_2 \cdot 6H_2O$ 的TG-DTA曲线可知，吸热曲线有4个峰，温度分别为130 ℃、200 ℃、240 ℃、270 ℃，分别对应 $MgCl_2 \cdot 6H_2O$ 分解为 $MgCl_2 \cdot 4H_2O$、$MgCl_2 \cdot 2H_2O$、$MgCl_2 \cdot H_2O$ 和 Mg(OH)Cl 的分解温度。

由图7-21可知，六水氯化钙（$CaCl_2 \cdot 6H_2O$）低温热解温度约为126 ℃，$CaCl_2 \cdot 6H_2O$ 逐渐分解为 $CaCl_2$，少量分解为 Ca(OH)Cl；在470 ℃时，才会继续分解出氧化钙。

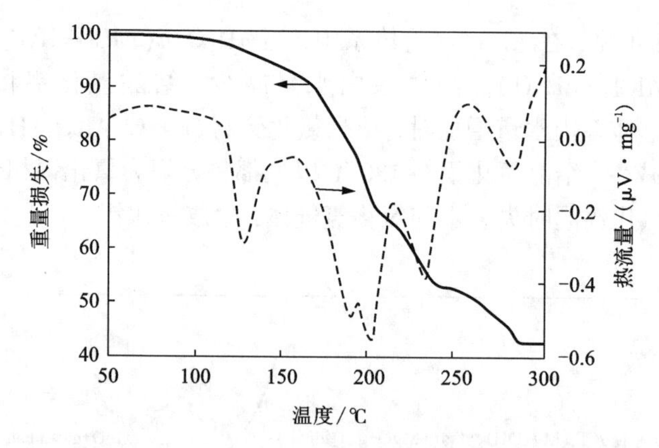

图 7-20　氯化镁晶体($MgCl_2 \cdot 6H_2O$)热重差热分析曲线

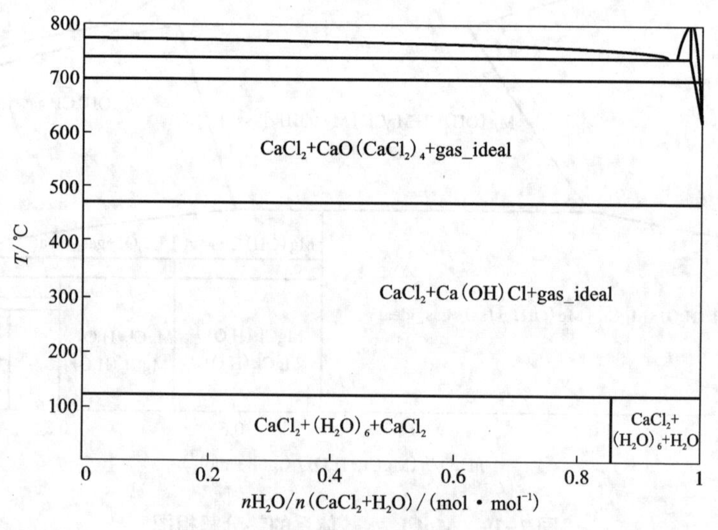

图 7-21　$CaCl_2$ 水盐体系的热分解相图

图 7-22 为 KCl 和 NaCl 的 TG-DTA 分析曲线，可见 KCl 和 NaCl 会在其熔点处(770 ℃、801 ℃)转变为熔盐，在低温热解环境中会保持为盐的形式。

7.2.2.2　水热除杂原理

结晶氯化铝极易分解，在低温(180~400 ℃)下就可以实现 90%以上的分解，分解产生氧化铝、氯化氢和水蒸气，结晶氯化铝失重率达到 78.9%。由于热解温度较低，生成的氧化铝为非晶态，称为无定型氧化铝。在结晶氯化铝低温热解的过程中，K、Na、Ca、Mg 元素富集在无定型氧化铝中。由 7.2.2.1 分析可知，K、Na 元素以 KCl 和 NaCl 的形式存在，Mg 元素以一水氯化镁 $MgCl_2 \cdot H_2O$ 和碱式氯化镁 Mg(OH)Cl 的形式存在，Ca 元素以 $CaCl_2$ 和少量的碱式氯化钙 Ca(OH)Cl 形

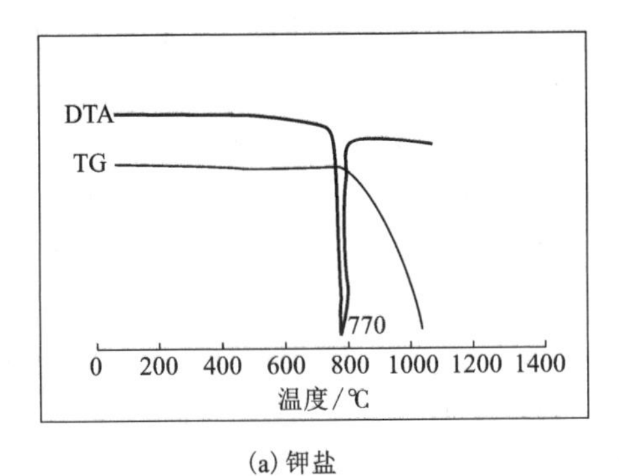

(a) 钾盐

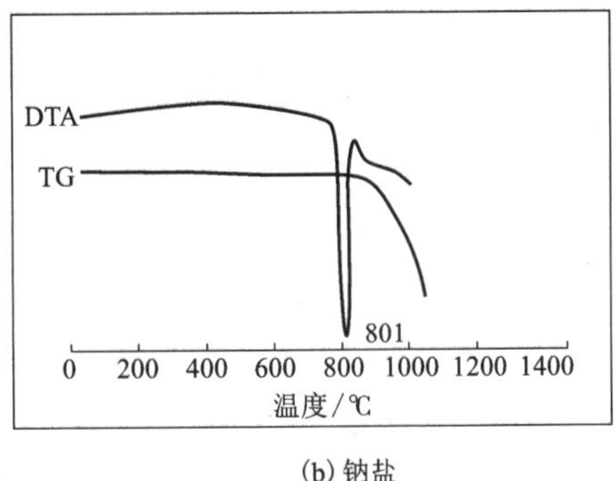

(b) 钠盐

图 7-22　钾盐(a)和钠盐(b)的热重差热分析曲线

式存在。氯化物易溶于水，通过水浸的方式，可使 KCl、NaCl、MgCl 和 $CaCl_2$ 进入液相，碱式氯化物直接溶于水较慢，因此需要使用近沸水或压力溶出。

无定型氧化铝与弱酸性的水在一定压力和温度下发生水热反应生成水铝石，K、Na、Ca、Mg 等元素和氯离子进入溶液(水)中，加压水热过程有助于无定型氧化铝中杂质元素的脱除，同时加压水热过程将促使无定型氧化铝向一水铝石(AlOOH)晶型转变。图 7-23 为结晶氯化铝经 400 ℃，240 min 低温分解后获得的无定型氧化铝分别在 25 ℃、60 ℃、90 ℃、120 ℃、160 ℃、200 ℃水热处理后获得的干滤饼 XRD 图谱。

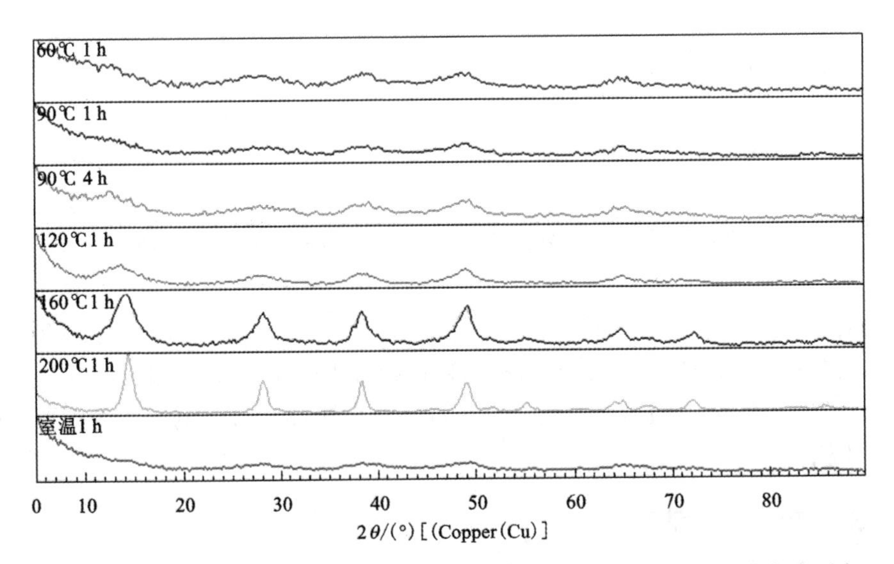

图 7-23　结晶氯化铝经 400 ℃，240 min 低温分解后获得的无定型氧化铝分别在 25 ℃、60 ℃、90 ℃、120 ℃、160 ℃、200 ℃水热处理后获得的干滤饼 XRD 图谱

由图 7-23 中的 XRD 图谱可见，经过 25 ℃、60 ℃水热处理的无定型氧化铝晶型基本维持不变；在 90 ℃水热处理条件下，经过 1 h 的水热处理，固相物晶型基本不变，经过 4 h 的水热处理，部分固相物开始转变为有组织的 AlOOH 物相；120 ℃水热处理 5 h 后，部分固相物转变为 AlOOH 物相；当水热温度上升为 160 ℃及以上时，经 1 h 水热处理，固相物的物相基本转变为 AlOOH 晶型。

7.2.2.3 水热处理后高温焙烧氧化铝产品的晶型分析

将水热处理后获得的干滤饼置于马弗炉中，经 350 ℃煅烧 1 h，再分别在 950 ℃、1000 ℃、1050 ℃高温下煅烧 1 h 后，获得氧化铝产品。对经 950 ℃、1000 ℃、1050 ℃高温煅烧后获得氧化铝产品进行 XRD 物相测试，XRD 图谱如图 7-24 所示。

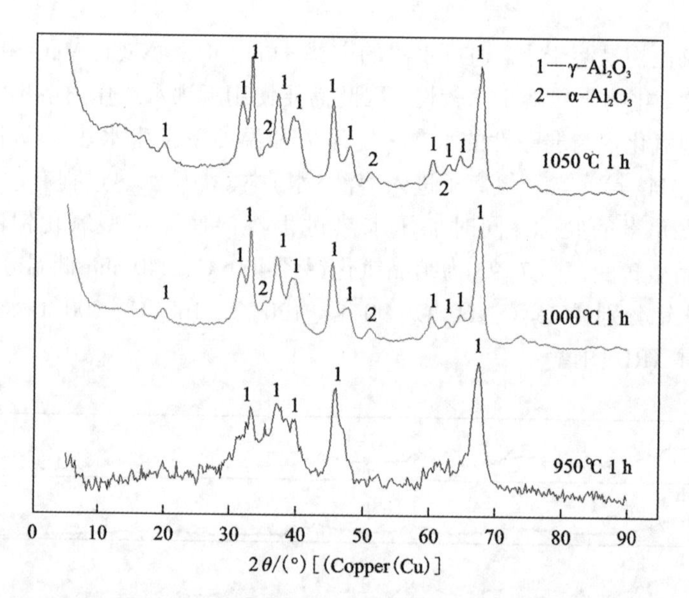

图 7-24 水热处理后滤饼煅烧获得的氧化铝产品的 XRD 图谱

由图 7-24 可见，随着静态高温段煅烧温度从 950 ℃逐渐提高至 1050 ℃，氧化铝产品逐渐由 γ 相氧化铝转变为 γ 相和 α 相氧化铝混合物。因此，在煅烧温度为 950~1000 ℃，保温 1 h 的煅烧条件下即可制备出晶型符合电解铝生产要求的氧化铝产品。

7.2.3 酸回收原理

酸回收系统的功能是利用结晶氯化铝焙烧时所产生的含有 HCl 和 H_2O 的烟气，经过洗涤、三级吸收、尾气处理等几个主要工艺处理过程，最后制成工业用盐酸。结晶氯化铝热分解生成氧化铝，同时产生氯化氢气体。氯化氢气体在水中的溶解度极大，同时会放出大量热量。氯化氢溶于水的过程可看成气态 HCl(气)转变成液态 HCl(液)的过程。酸回收系统的使用既可以防止 HCl 气体对大气的污染，又可以合理地回收利用 HCl 尾气，为整个粉煤灰提取氧化铝工艺提供所需的重要的生产原料。

7.3　水热提铝工艺

7.3.1　流化床冷态工艺

本节主要对在低温热解流化床上的冷态工艺进行研究，研究包括布风板阻力研究、氧化铝流化特性研究、氧化铝颗粒中掺混不同比例的结晶氯化铝混合后的颗粒流化特性研究。通过冷态研究，了解氧化铝及结晶氯化铝的流化特性，冷态研究结果对热态研究也具有指导意义。

7.3.1.1　流化床试验平台介绍

结晶氯化铝焙烧流化床试验系统由多个子系统构成，能够通过调节燃烧器的负荷及配风量，为焙烧炉提供多种焙烧工况。结晶氯化铝试验台工艺流程见图 7-25，下面对多个子系统组成和配置进行介绍。

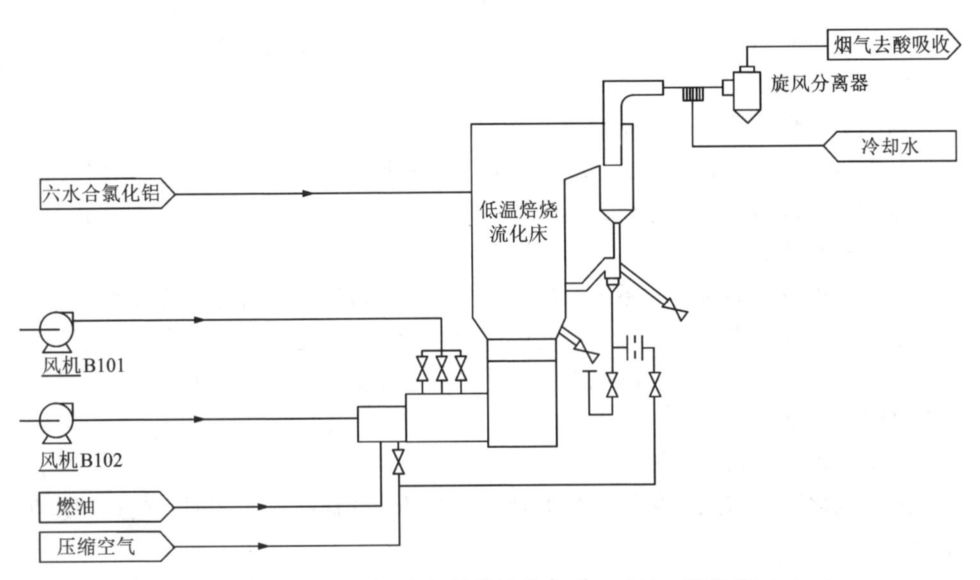

图 7-25　结晶氯化铝焙烧流化床试验系统工艺流程

1. 燃油系统

装置设置一路燃油系统，燃料为柴油，烧嘴采用压缩空气雾化和机械雾化两种形式。燃油系统由过滤器、增压泵、转子流量计、压差调节阀组、供油切断阀、回油切断阀、流量调节手阀等组成。供油管线和回油管线上分别设置进油切断阀(故障关)和回油切断阀(故障开)。燃料油经过增压泵和调节阀及压差调节阀组达到燃烧器所需压力和流量，被压缩空气雾化后进入热风炉与助燃风混合燃烧。

2. 一次助燃风系统

助燃风系统为燃烧器提供燃料燃烧所用的空气，助燃风系统设置有风机、进出口空气消音器、止逆阀、风量计和手阀。

3. 二次冷却风系统

二次冷却风系统的作用是调节烟气温度。低温空气通过罗茨风机后与热风炉内的高温烟气混合，控制烟气温度为400~1200 ℃。二次冷却风系统设置有风机、进出口空气消音器、止逆阀、风量计和手阀。

4. 压缩空气系统

压缩空气系统设置有手阀、压力表、限流孔板等。压缩空气在本系统中的作用十分广泛，主要有：燃油系统雾化；上料系统反吹扫；火检冷却使用；观火孔冷却及反吹；压力变送器反吹；旋风分离器料腿松动风；切断阀气动。

5. 上料系统

上料输送系统的作用是保证六水氯化铝能定量、连续、稳定地输送至焙烧炉内。为适应试验对输送量的调整要求，螺旋输送机采用变频电机。

6. 排烟系统

焙烧炉排烟系统是连接焙烧炉与酸回收系统的重要组成部分，由于六水氯化铝在分解时产生大量含有氯化氢气体的烟气，因此焙烧后的烟气需经酸吸收系统回收盐酸后达标再排放。排烟系统设置有压力变送器、温度变送器、视镜等。

7. 冷却水系统

为了保护后续的酸回收系统，焙烧炉排烟系统设置有冷却水，冷却水系统包括流量调节手阀和水雾化喷嘴。雾化喷嘴可以使冷却水迅速雾化并与高温烟气混合降温。当排烟温度超过400 ℃时，打开冷却水手阀，调节冷却水流量，直至烟气温度降至400 ℃以内。

7.3.1.2 过程及步骤

采用氧化铝和结晶氯化铝物料混合开展循环流化床冷态工艺研究的过程及步骤如下：

(1)采用取压管和热电偶将循环流化床低温焙烧炉上9个压力测点和9个温度测点连接到压力变送器和温度变送器上，测量信号经转换后通过PLC进行采集和记录。PLC与笔记本上位机进行通信，该过程中笔记本上位机也可以对焙烧系统压力和温度进行记录。

(2)在一次风管路上和二次风管路上安装有流量计，并将流量计的信号接入PLC，工艺流程中能够自动采集和记录流化风风量值。

(3)工艺系统通电后，开启控制柜电源为各测量设备提供电力供应，打开PLC 操作画面。

(4)开启进料螺旋输送机，加料量为 50 kg 氧化铝，加料高度为 700 mm。加入六水氯化铝 2.5 kg。

(5)启动二次流化罗茨风机，打开松动风和返料风管路阀门，向返料器中通入松动风和返料风，其作用是将返料器中的氧化铝物料返至循环流化床内。

(6)调节二次流化风风机频率及流化风管路控制阀门，使流化风风量达到研究工况所要求的值时，稳定采集各压力测点的压力值(采集时间 1~2 min)。然后再调节流化风风量，进入下一工况。重复本步骤，直至完成所有工况研究。

(7)减少二次流化风风机频率，使流化风风量减少到 50 m^3/h，通过冷态下的管道化预热输送装置再次加入六水氯化铝 2.5 kg。当流化风风量达到研究工况所要求的值时，稳定采集各压力测点的压力值(采集时间 1~2 min)。然后再调节流化风风量，进入下一工况。重复本步骤，直至完成所有工况研究。

(8)减少二次流化风风机频率，使流化风风量减少到 50 m^3/h，通过冷态下的管道化预热输送装置再次加入六水氯化铝 6.5 kg。当流化风风量达到研究工况所要求的值时，稳定采集各压力测点的压力值(采集时间 1~2 min)。然后再调节流化风风量，进入下一工况。重复本步骤，直至完成所有工况研究。

(9)所有工况完成后，打开循环流化床侧面排料口和回料阀的排料口，将循环流化床内的氧化铝物料排尽，之后关闭流化风机和松动风。

7.3.1.3　冷态工艺原理

1. 物料流化过程及关键参数变化

研究表明，物料在循环流化床内的流化过程呈现出一定的规律。图 7-26 为循环流化床内物料流化过程及关键参数变化曲线图，图 7-26(a)为循环流化床内料层高度随流化风速变化的形态结构示意图，图 7-26(b)为与之对应的床层高度、阻力随流化风速变化的曲线图。

由图 7-26 可知，循环流化床内床料初始高度为 h_1，其变化过程及规律如下：

当流化风速从 $u_1=0$ 开始缓慢增大时，料层高度维持在 Δp_1 不变，床层阻力 $u_{临}$ 不断变大。

当流化风速增大至 $u_{临}$ 时，此时若再继续增大流化风速，料层高度 h_2 开始不断变大，床层阻力维持在 Δp_2 不变。

当流化风速增大至 u_3 时，此时若再继续增大流化风速，料层高度 h_3 继续不断变大，床层阻力 Δp_3 则开始不断下降。

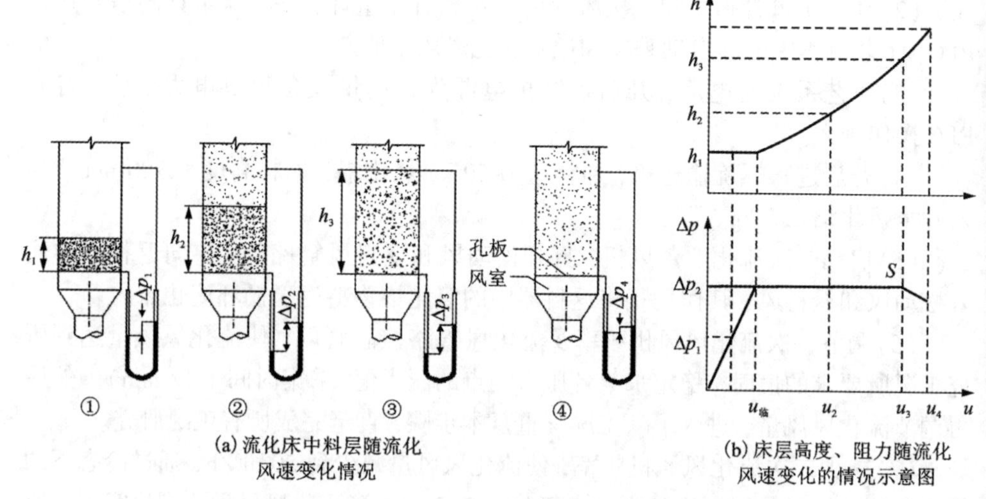

(a) 流化床中料层随流化风速变化情况　　(b) 床层高度、阻力随流化风速变化的情况示意图

图 7-26　循环流化床内物料流化过程及关键参数变化曲线图

当流化风速增大至 u_4 时，此时已无明显料层高度，若再继续增大流化风速，床层阻力维持在 Δp_4 不变，流化床内完全变成气力输送状态。

根据上述变化规律可以得到临界流化风速与夹带速度。将床层阻力从上升趋势变为水平趋势的拐点对应的流化风速 $u_{临}$ 称为临界流化风速，床层阻力从水平趋势变为下降趋势的拐点对应的流化风速 u_3 称为夹带速度。

2. 临界流化速度、夹带速度及床层压降测量原理

临界流化风量(速)是指使床料从固定状态变为完全流化状态所需要的最小风量(速)。研究临界流化风速的目的是要找出使床料完全流化的最小风速，其原理基于床料在完全流化后，阻力曲线将趋于平稳甚至略有下降，从床层阻力与流化风速的对应曲线上找到该拐点，即可得出相应床层厚度的最小流化风速。如图 7-27 所示，流化风量 Q_1 对应的速度即为临界流化风速。

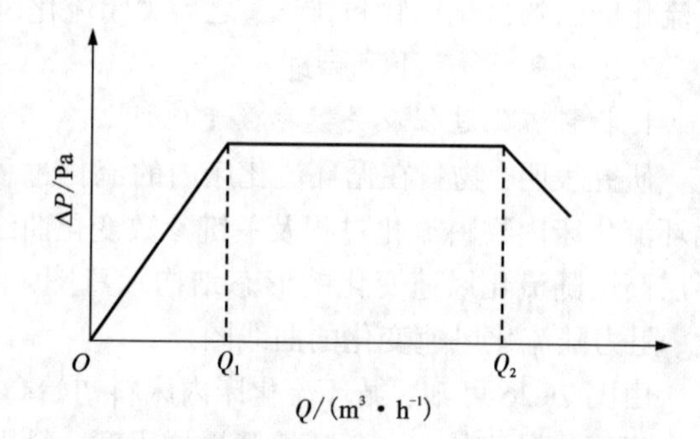

图 7-27　临界流化速度与夹带速度测量原理图

夹带速度是指流态化操作时流化风速的上限，其值近似于颗粒的终端速度或自由沉降速度，当流化风速稍大于此速度时，颗粒就会被流化风夹带而走。研究

夹带速度的目的是要找出使床料完全被流化风带走时的最小风速，其原理基于床料在被流化风夹带走后，阻力曲线由平缓趋势变为下降趋势，从床层阻力与流化风速的对应曲线上找到该拐点，即可得出相应床层厚度的最小夹带速度。如图 7-27 所示，流化风量 Q_2 对应的速度即为夹带速度。

床层压降研究是在不同流化风速下测量循环流化床各测点处的压力值，并由此计算出循环流化床各测点之间的压力降，从而获得循环流化床内物料床层压降随流化风速变化的关系曲线。

7.3.1.4　冷态工况及结果分析

1. 无定型氧化铝物性测量

以无定型氧化铝为流化床低温热焙烧炉的床料，研究氧化铝物料的粒径及密度等对其流化特性的重要影响。试验物料的粒径越粗、密度越大，其达到完全流化时所需要的最小临界流化风速就越大。为初步判断氧化铝物料在循环流化床内的最小临界流化风速范围，本节对氧化铝物料的堆积密度、振实密度，对氧化铝物料原样的粒径分布进行了测量，结果见表 7-9。

表 7-9　原样氧化铝物理特性

堆密度	振实密度	安息角	<45 μm	>125 μm	α-Al_2O_3
0.487 g/cm³	0.6 g/cm³	36.17°	1.89%	58.65%	17.71%

2. 六水氯化铝物性测量

结晶氯化铝物料的粒径、密度及含水率对流化特性均有影响，其中含水率影响较大。含水率会增加颗粒之间的黏性，造成颗粒之间结团、结块，形成大颗粒，而流化困难。对两组结晶氯化铝的含水率、堆积密度、物料组成及粒径进行了分析，结果见表 7-10 和图 7-28。

表 7-10　六水氯化铝物理特性

堆密度	含水率	>650 μm	250~650 μm	<250 μm
0.6218 g/cm³	4.655%	65.85%	30.87%	3.28%

注：含水率指水的质量百分比。

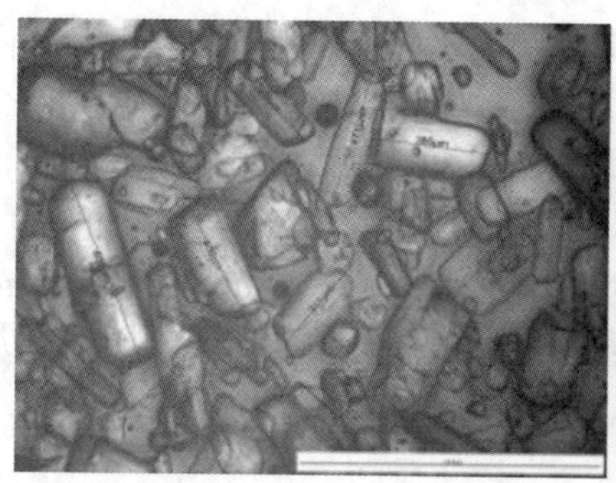

图 7-28　六水氯化铝显微结构

3. 布风板阻力特性研究结果

布风板是循环流化床焙烧研究装置的基本部件之一，它的主要作用是使进入炉膛的流体沿床截面均匀分布，防止床层出现死床区。同时它还能在停止操作时，支撑炉膛中物料，使物料不落入风室中。本装置中布风装置采用风帽的结构，所以布风特性受风帽特性影响，一定的布风板阻力才可以保证循环流化床焙烧装置正常运行。布风板阻力特性研究是在不铺设床料的情况下进行的，实际运行时通过改变流化风机频率来实现布风板阻力的改变。同时测量和记录流化风量、流化风室压力、床压等研究数据，绘制冷态流化风量与布风板阻力关系曲线，从而得到循环流化床空床布风板阻力特性。不同流化风量下的床层压降如表 7-11 所示。

表 7-11　不同流化风量下的床层压降

序号	流化风量 /($m^3 \cdot h^{-1}$)	流化风室压力 P_1 /Pa	炉膛压力 P_2 /Pa	空床布风板阻力 /Pa
1	202	76	14	62
2	396	250	46	204
3	584	521	97	424
4	763	896	171	725
5	973	1368	257	1111
6	1160	1889	352	1537
7	1333	2479	461	2018
8	1437	3049	560	2489
9	1522	3417	630	2787
10	1668	4069	745	3324
11	1780	4618	845	3773

如表 7-11 和图 7-29 所示，空床布风板压降随流化风量的增大而增大，近似呈现出平方关系，与计算压降相符合，计算结果能够指导后续设计。根据布风板阻力特性研究数据，并结合循环流化床焙烧结果研究布风板风帽结构设计参数，可以为流化床焙烧炉布风板风帽结构的设计提供参考依据。

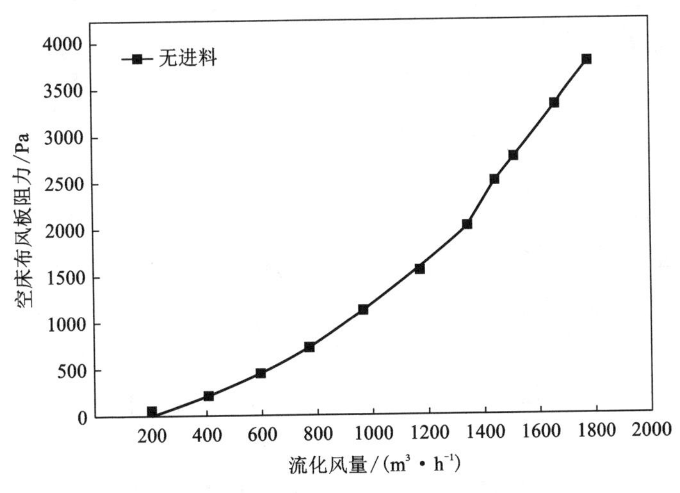

图 7-29 不同流化风量下的床层压降

4. 冷态氧化铝颗粒流态化研究结果

通过对堆积高度为 700 mm 的氧化铝颗粒进行不同风速的流化研究，得到冷态不同风速下流化床装置上各压力测点的变换情况。P_2 和 P_3 为床层底部的两个测压点，测量的是床层底部的两个点压力，两个压力测点间距为 500 mm。研究过程中操作画面的截图如图 7-30 所示。

对不同风量下的 P_2 和 P_3 压力点进行了记录，并绘制了压差曲线，见表 7-12 和图 7-31。由图 7-31 可以看出，风量为 0~490 m^3/h 时，P_2 和 P_3 两点间的压力随着风量的增加，两点之间的压差变化不大，表明床层已经充分膨胀，床层颗粒处于鼓泡状态，床层颗粒浓度较大。随着风量继续增加，风量由 490 m^3/h 增加到 1000 m^3/h 时，床层压降逐渐减少，颗粒的流动状态发生变化(由鼓泡流化向快速流化过渡)，随着风量的增加，颗粒的浓度逐渐减少。继续增加风量，P_2 和 P_3 两点间的压力近似相同，由快速流态化变为稀相输送。这是由于风量增加后，操作气速提高，颗粒在床内停留时间变短，大部分颗粒被空气夹带到炉膛后的旋风分离器中，旋风分离器虽然有较高的分离效率，但随着颗粒循环次数的增加，大部分颗粒从旋风中逃逸到后系统中，造成床内颗粒数量变少。

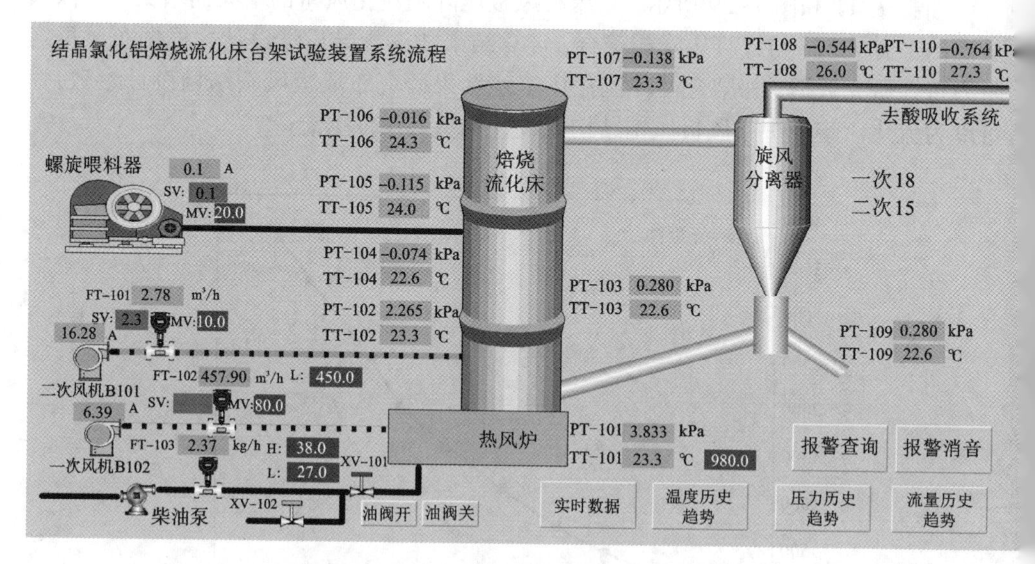

图 7-30　冷态流化研究过程操作画面截图

表 7-12　冷态下不同流化风量的床层压降

序号	流化风量/($m^3 \cdot h^{-1}$)	炉膛压力 P_2/Pa	炉膛压力 P_3/Pa	料层阻力/Pa
1	200	1926	35	1891
2	301	2053	236	1817
3	458	2265	280	1985
4	726	1537	926	611
5	736	1111	679	432
6	854	1447	1147	300
7	941	1792	1540	252
8	1029	1984	1773	211
9	1036	1600	1435	165
10	1205	−128	−145	17
11	1211	−218	−229	11
12	1209	−151	−155	4
13	1209	−244	−247	3
14	1208	−3	−16	13

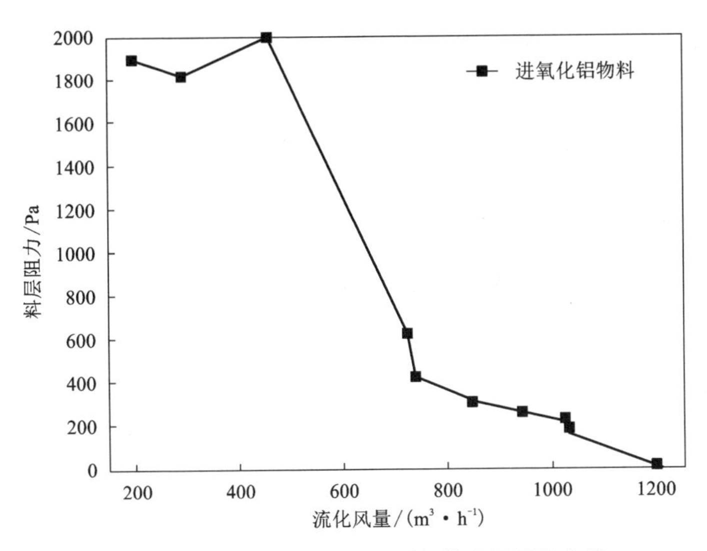

图7-31 冷态下不同流化风量下的床层压降曲线

5. 冷态氧化铝颗粒和六水氯化铝混合流态化研究结果

本节对冷态下氧化铝颗粒和六水氯化铝混合后的流态化特性进行研究。床内氧化铝颗粒堆积高度为700 mm，掺混的六水氯化铝质量分别是2.5 kg、5 kg和11.5 kg。在不同风量下测量床层压降，可以得到床层压降与速度的关系，如表7-13和图7-32所示。通过对研究数据的回归，得到固定床的压降曲线和流化后的压降线。两曲线的交点为临界流化速度。测量得到，掺混不同六水氯化铝后临界流化的风量基本相同，为165 m^3/h，计算得到临界流化速度为0.29 m/s。

表7-13 掺混不同六水氯化铝后不同流化风量下的床层压降

六水氯化铝进料量/kg	序号	流化风量/($m^3 \cdot h^{-1}$)	炉膛压力 P_2/Pa	炉膛压力 P_3/Pa	料层阻力/Pa
2.5	1	42	699	-107	806
	2	110	829	-97	926
	3	177	1025	-66	1091
	4	239	1102	-15	1117
	5	309	1080	-8	1088

续表7-13

六水氯化铝进料量/kg	序号	流化风量/($m^3 \cdot h^{-1}$)	炉膛压力 P_2/Pa	炉膛压力 P_3/Pa	料层阻力/Pa
5	1	44	990	-99	1089
	2	110	1183	-76	1259
	3	178	1301	-50	1351
	4	239	1369	1	1368
	5	309	1360	21	1339
11.5	1	46	1213	-95	1308
	2	111	1314	-76	1390
	3	177	1463	-54	1517
	4	237	1476	-10	1486
	5	308	1510	7	1503

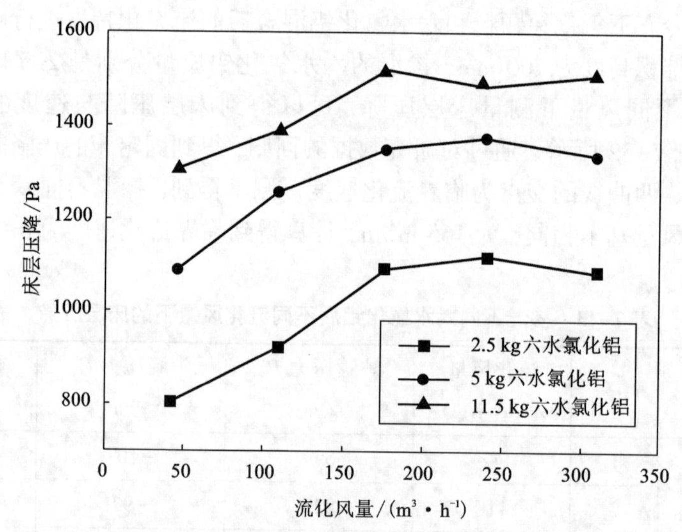

图 7-32 掺混不同六水氯化铝后不同流化风量下的床层压降曲线

从表 7-13 和图 7-32 可以看出，随着六水氯化铝量的增加，床层压降增加。

7.3.1.5 流化床冷态工艺结论

(1)随着六水氯化铝在床内的含量的增加，床层压降增加，六水氯化铝在总质量分数小于 18.7%时，不会发生流化失败现象。

(2)在氧化铝颗粒中含有一定量的六水氯化铝情况下，颗粒的临界流化速度基本不变，临界流化速度为0.29 m/s。

(3)当流化风风量Q_{mf}=165~490 m^3/h(u_{mf}=0.29~0.85 m/s)时，床层压降随流化风风量/风速的增大而下降的趋势较为缓慢。当流化风风量Q_{mf}=490~1000 m^3/h(u_{mf}=0.85~1.82 m/s)时，床层压降随流化风风量/风速的增大而下降的趋势变得较为迅速。当流化风风量Q_{mf}>1200 m^3/h(u_{mf}>2 m/s)时，床层压降变为0。

7.3.2　流化床低温焙烧工艺

六水氯化铝低温流态化焙烧过程的研究是整个流程中的重要部分，研究过程中获得的参数及结果对管道化预热、焙烧系统及低温热解炉有着重要的意义。主要研究内容包括：六水氯化铝流化床低温分解时温度、时间对分解率的影响；通过向不同操作床温(操作床温300~550 ℃)的流化床内加入物料，确定加料量对床温及床压的影响；不同热风温度对床层温度的影响；通过不同的热风温度及额定给料量确定床层操作温度；确定床层高度、循环倍率、停留时间、临界流化风速。不同操作气速、温度等对颗粒破损率的影响；不同操作气速、温度等对物料的粒径分布的影响。通过以上内容的研究，获取低温流态化过程的数据。

7.3.2.1　过程及步骤

以无定型氧化铝为底料，对结晶氯化铝进行低温热解研究，低温热解的过程及步骤如下：

(1)检查所有温度、压力、流量仪表，管线阀门、火检、点火器，确保工作正常；确保PLC的数据采集和记录正常；确保水、电、气等公用工程条件能够满足研究要求，具备点火条件。

(2)开启一次风机和引风机，将风量和风压调节到满足点火风量条件，点火成功后将风量调大，然后调节到燃烧器最大燃油量，使风燃比约为15。

(3)进行两天的升温，注意控制升温速度，每小时升温速度不超过30 ℃，升温过程中注意检查焙烧炉的运行情况。

(4)当炉膛升温至700 ℃时，认为具备研究条件，关闭燃烧器，启动进料器到最大进料量，首先添加无定型氧化铝作为底料，进料高度为700 mm。

(5)进料完成后，将进料调整为结晶氯化铝，启动燃烧器，将燃烧器负荷调整到试验工况，开启回流阀松动风，同时减少进料量。

(6)将流化床燃烧器负荷和进料器的负荷调节到研究工况，待床温较为稳定后，进行取样。

(7)此工况完成后，调节流化床风量和燃烧器燃油量，进行下一个工况。

(8)所有工况结束后，先关闭进料器，再关闭燃烧器，将循环流化床内的氧化铝物料排尽，之后关闭所有风机，切断电源。

7.3.2.2 低温颗粒临界流化速度和颗粒带出速度

1. 颗粒临界流化速度理论计算

在流体向上通过散料层粒间隙的速度降到某一临界值，即流体对颗粒层的曳力恰好不能使颗粒悬浮时，流-固操作就不再是流化床过程了，这一临界值称之为临界流化速度，即 u_{mf}。

在冷态工况下已经对无定型氧化铝临界流化速度进行了研究，一般认为，在热态工况下，随着温度升高，流体黏度增大，临界流化风速降低。由于该研究台热态下的最小热风流量远大于冷态下临界流化速度所需风量，所以热态下临界流化速度以理论计算确定。计算公式为：

$$u_{mf}=\frac{d_p^2(\rho_s-\rho_g)g}{1650\mu},\ Re_p=d_p u_{mf}\rho_g/\mu<20 \tag{7-5}$$

$$u_{mf}^2=\frac{d_p(\rho_s-\rho_g)g}{24.5\rho_g},\ Re_p=d_p u_{mf}\rho_g/\mu>1000 \tag{7-6}$$

式中：d_p 为颗粒平均直径，m；ρ_s 为固体颗粒密度，kg/m^3；ρ_g 为空气密度，kg/m^3；g 为重力加速度，m/s^2；μ 为空气黏度，Pa·s；Re_p 为流体雷诺数。

2. 颗粒带出速度理论计算

颗粒带出速度即为颗粒的终端沉降速度，当气流速度大于沉降速度时，颗粒会被气体带出，计算公式为：

$$u_t=\frac{d_p^2(\rho_s-\rho_g)g}{18\mu},\ Re_t=d_p u_t\rho_g/\mu\leqslant 0.4 \tag{7-7}$$

$$u_t=\left[\frac{4}{225}\ \frac{(\rho_s-\rho_g)^2g^2}{\rho_g\mu}\right]^{1/3}d_p,\ 0.4<Re_t\leqslant 500 \tag{7-8}$$

$$u_t=\left[\frac{3.1d_p(\rho_s-\rho_g)g}{\rho_g}\right]^{1/2},\ 500<Re_t<2\times10^5 \tag{7-9}$$

3. 不同操作气速下的流化研究

对热态焙烧炉中结晶氯化铝的低温热解进行研究，燃油燃烧产生高温烟气，对焙烧炉内的无定型氧化铝颗粒和结晶氯化铝颗粒进行加热，结晶氯化铝分解产生氧化铝、水蒸气和氯化氢。燃油量为 5～19 kg/h，对各种工况下的数据进行了记录并计算了各种工况下的操作气速，如表 7-14 所示。本节对焙烧炉上 P_2、P_3 点压力进行了测量，并绘制了操作气速与 P_2、P_3 点压差的关系图(图 7-33)。同时对燃油量为 5.0 kg/h、9.2 kg/h、14.8 kg/h、18.8 kg/h 工况下的数据操作画面进行了截图，如图 7-34～图 7-37 所示。

表 7-14　不同燃油量工况下的床层的操作数据

序号	燃油消耗量 /(kg·h^{-1})	P_2 /Pa	P_3 /Pa	炉膛温度 / ℃	配风量 /(m^3·h^{-1})	操作气速 /(m·s^{-1})
1	5	384	-198	269	99.3	0.51
2	7.3	356	-156	298	105.3	0.78
3	9.2	141	-109	313	179.7	1.12
4	11.4	78	-106	355	171.8	1.21
5	12.7	-25	-89	372	193.7	1.33
6	14.8	-41	-38	438	262.0	1.65
7	16.4	-143	-140	507	299.3	1.93
8	18.8	-192	-190	623	323.2	2.3

通过表 7-14 和图 7-33 可以看出，随着燃油量的增加，也就是操作气速的增加，P_2、P_3 点压力差逐渐变小，床层底部颗粒浓度逐渐变小。当燃油量超过 12.7 kg/h 后，也就是操作气速超过 1.33 m/s 后，P_2、P_3 点压力差变为 64 Pa，密相区浓度变得很低，炉内颗粒已经变为气力输送的状态。当继续增加燃油量，也就是继续增加床层的操作气速，P_2、P_3 点压力基本相同，炉膛内颗粒浓度变得非常低。同时，增加燃油量会增加床层温度。一方面，燃油量增加后，进入床内的热量增加，会提高床层温度。另一方面，燃油量增加后，床层的操作气速增加，造成颗粒不能够完全反应，也会一定程度地增加床层的温度。

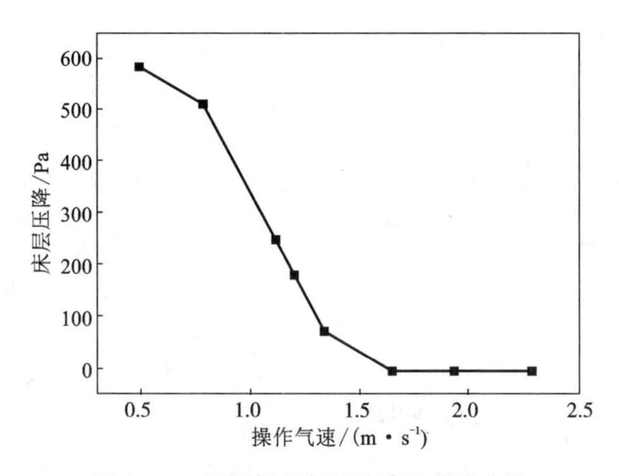

图 7-33　不同操作气速下床层压降曲线

基于前期的研究工作，结晶氯化铝分解反应过程需要达到一定温度，反应过程需要较长的时间。如果采用较高气速，结晶氯化铝在床内的反应时间得不到保证。要想结晶氯化铝在流化床内分解得较为彻底，要在床层底部为结晶氯化铝反应提供足够的区域和时间，所以不能够采用大操作气速，操作气速小于 1.2 m/s 的工况最为合适。

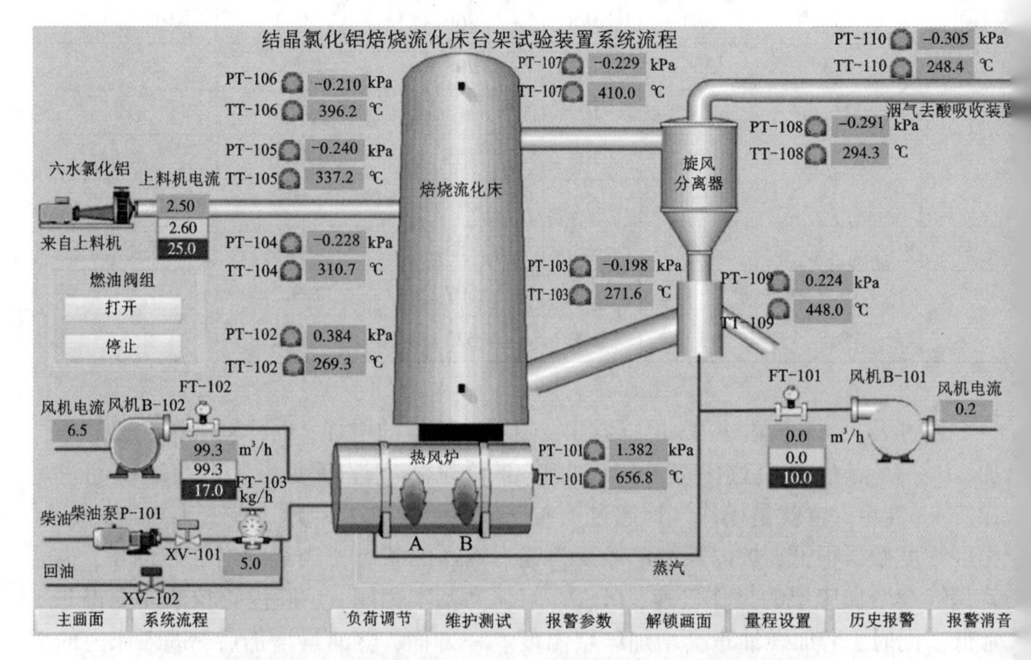

图 7-34　燃油量为 5 kg/h 工况下低温热解过程操作画面

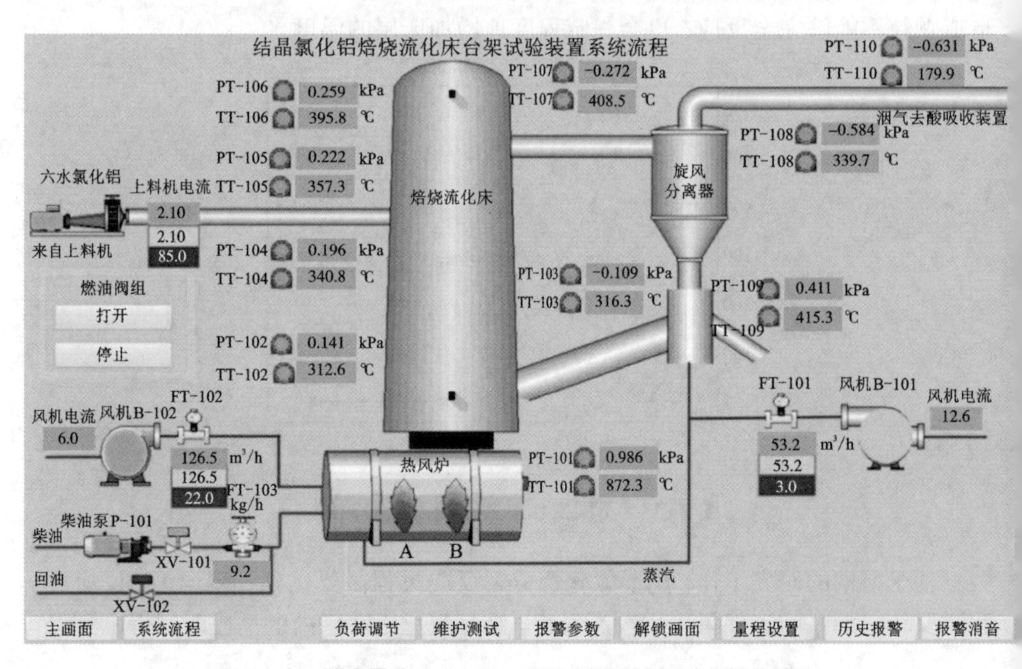

图 7-35　燃油量为 9.2 kg/h 工况下低温热解过程操作画面

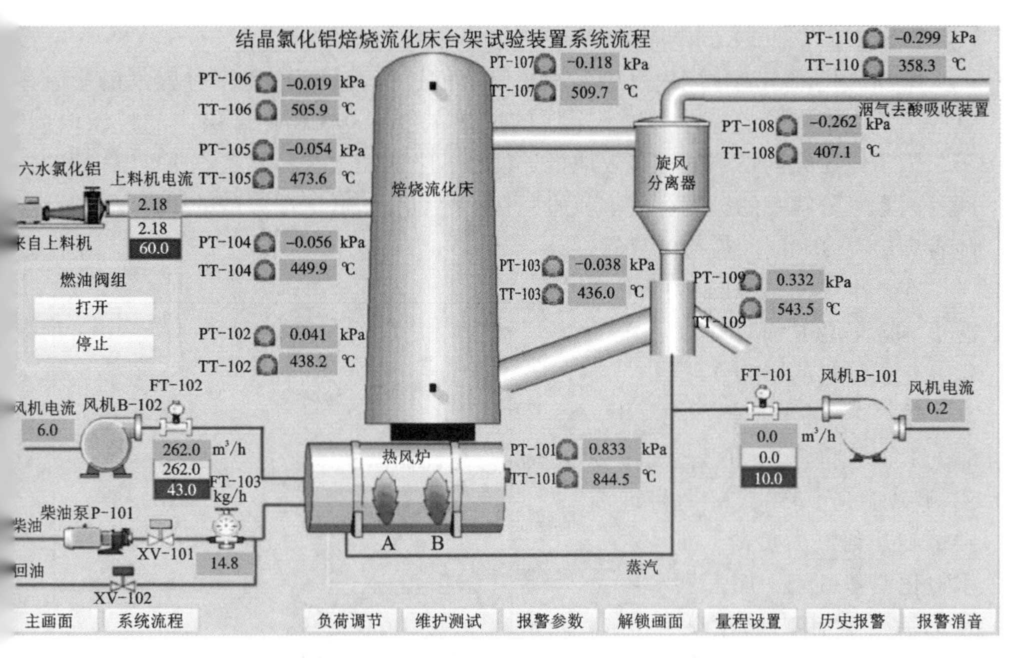

图 7-36　燃油量为 14.8 kg/h 工况下低温热解过程操作画面

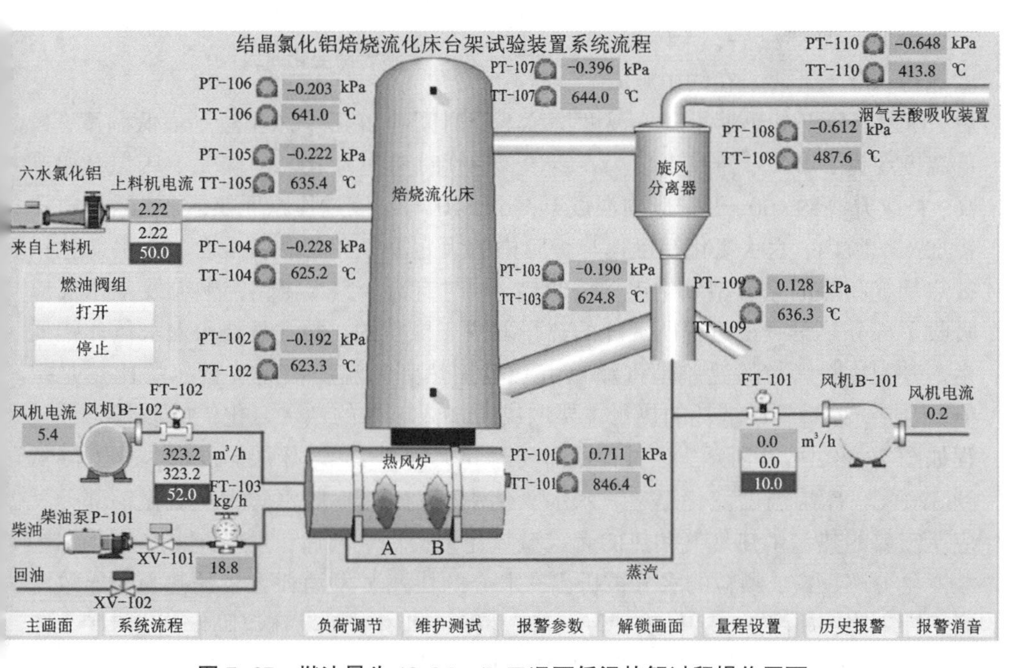

图 7-37　燃油量为 18.8 kg/h 工况下低温热解过程操作画面

7.3.2.3 温度、时间对分解率的影响

结晶氯化铝在流化床内反应是一个复杂的过程，分解率受多种因素的影响，这些因素包括床层的操作温度、床层的进热风温度、颗粒在床层内的停留时间等。为了使研究的结果能够有效地指导设计，应该知道在极限状态下，温度和时间等因素对分解率的影响。故本节研究在小燃油量、低床层温度的工况下，颗粒随着床层温度和时间变化的分解率。

在最小燃油量 5 kg/h 的工况下，验证温度和时间对于六水氯化铝分解的影响。

第一种工况：燃油量为 5 kg/h 时，将床内 50 kg 氧化铝颗粒加热至 350 ℃，后将进料螺旋开到最大负荷，加入六水氯化铝 4.5 kg，加入六水氯化铝后观察床内温度变化情况。记录床内温度随时间变化情况，如图 7-38 所示。

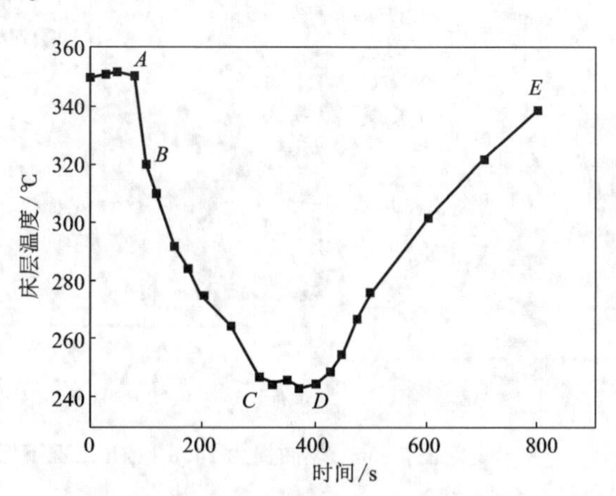

图 7-38　第一种工况下低温热解炉床温随时间变化曲线

当加入湿颗粒后，床内温度保持 350 ℃不变，在约 100 s 后，床层温度开始迅速下降。温度持续下降时间约 200 s，床温达到最低温度，最低温度约为 248 ℃，维持温度为一定值，持续时间约为 100 s。随后，床温开始升高，持续升高约 400 s 后，床内温度升高到 340 ℃。该过程原理如下：当六水氯化铝加入炉膛内，六水氯化铝迅速与炉膛内的无定型氧化铝颗粒混合，六水氯化铝被热烟气和热的无定型氧化铝颗粒加热，同时有部分六水氯化铝颗粒发生了反应吸收了部分热量。该过程所消耗的热量取决于颗粒的比热、温差和六水氯化铝质量。其中物料颗粒的温差是将颗粒由常温加热到床温所决定。颗粒的比热是定值，因此，该过程中消耗的热量主要取决于加入床内的六水氯化铝的质量。该过程如图 7-38 中 *AB* 所示，该过程所需要时间大约为 25 s，床层温度由 350 ℃降低到 320 ℃，床层温度变化迅速。六水氯化铝发生升温、脱水和六水氯化铝部分反应所需要的热量由热烟气和热的无定型氧化铝提供。随后，大部分六水氯化铝颗粒发生分解反应，颗粒的水分被析出，水分的快速蒸发消耗大量的热量，导致床温迅速下降，如图 7-38 中 *BC* 所示。该过程时间约 175 s，床温降低到 248 ℃，床温下降 72 ℃，床层降温速率为-0.411 ℃/s。随后床层温度保持不变，如图 7-38 中 *CD* 所示，该过程所需时间约为 100 s。之后，随着时间的增加，床层温度不断提高，如图 7-38 中 *DE* 所示，可以认为只有剩余的小部分结晶氯化铝在图

7-38 中 DE 阶段反应。由此可见，加入湿物料后，床层温度的变化大致分为 4 区：1 区(AB)为六水氯化铝干燥区、2 区(BC)为六水氯化铝水分主蒸发区、3 区(CD)为六水氯化铝剩余水分蒸发区、4 区(DE)为床温恢复区。六水氯化铝的干燥过程主要在 AB 和 BC 两区，所需时间约为 200 s，床层温降为 102 ℃。六水氯化铝剩余水分蒸发区(CD)，干燥所需时间约为 100 s。研究表明，大部分六水氯化铝颗粒在此种工况下完全分解需要大约 300 s。

第二种工况：燃油量为 5 kg/h 时，将床内 50 kg 氧化铝颗粒加热至 400 ℃，后将进料螺旋开到最大负荷，加入六水氯化铝 4.6 kg，加入六水氯化铝后观察床内温度变化情况。对床内温度随时间变化进行记录，如图 7-39 所示。

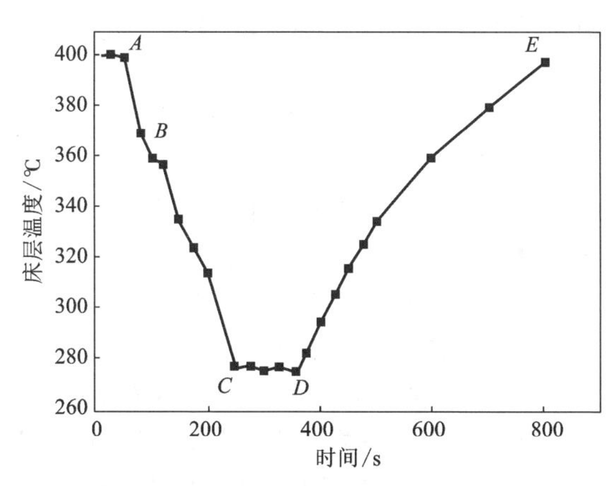

图 7-39　第二种工况下低温热解炉床温随时间变化曲线

当加入湿颗粒后，床内温度保持 400 ℃不变，在约 70 s 后，床层温度迅速下降。温度持续下降时间约 185 s，床温达到最低温度，最低温度约为 275 ℃，维持温度为一定值，持续时间约为 95 s。随后，床温开始升高，持续升高约 440 s 后，床内温度升高到 400 ℃。该过程产生的原因如下：当六水氯化铝加入炉膛内，六水氯化铝迅速与炉膛内的氧化铝颗粒混合，六水氯化铝被热烟气和热的氧化铝颗粒加热，同时有部分六水氯化铝颗粒发生了反应吸收了部分热量。该过程所消耗的热量取决于颗粒的比热、温差和六水氯化铝质量。其中物料颗粒的温差是将颗粒由常温加热到床温所决定。颗粒的比热是定值，因此，该过程中消耗的热量主要取决于加入床内的六水氯化铝的重量。该过程如图 7-39 中 AB 所示，该过程所需时间大约为 25 s，床层温度由 400 ℃降低到 370 ℃，床层温度变化迅速。六水氯化铝发生升温、脱水和六水氯化铝部分反应所需要的热量可以由热烟气和热的氧化铝提供。随后，大部分六水氯化铝颗粒发生分解反应，颗粒的水分被析出，水分的快速蒸发消耗大量的热量，导致床温迅速下降，如图 7-39 中 BC 所示。该过程时间约为 160 s，床温降低到 275 ℃，床温下降 95 ℃，床层降温速率为-0.594 ℃/s。随后床层温度保持不变，如图 7-39 中 CD 所示，该过程所需时间为 105 s。之后，随着时间的增加，床层温度不断提高，如图 7-39 中 DE 所示，可以认为只有剩余的小部分结晶氯化铝在 DE 阶段反应。由此可见，加入湿物料后床层温度的变化大致分为 4 区：1 区(AB)为六水氯化铝干燥区、2 区（*BC*）为六水氯化铝水分主蒸发区、3 区（*CD*）为六水氯化铝剩余水分蒸发区、4 区（*DE*）为床温恢复区。由此可见，六水氯化铝的干燥过程主要在 *AB* 和 *BC* 两区，所需时间约为 185 s，床层温降为 125 ℃。六水氯化铝剩余水分蒸发区（*CD*），所需时间约为 105 s。研究表明，大部分六水氯化铝颗粒在此种工况下完全分解需要大约 290 s。

在两种工况下的床温恢复阶段进行了取样分析，取样温度为 258 ℃和 328 ℃。经分析两个样品灼减分别为 2.44%和 3.81%。灼减的数据证明，在床温恢复阶段，绝大部分结晶氯化铝已经完成分解。

对比两种工况和样品数据分析表明，初始床层温度为 350~400 ℃时，在床层内加入大量六水氯化铝后，床层温度会明显下降，床层温度升高会提高六水氯化铝的分解速度；六水氯化铝分解速率并不是恒定不变的，在分解末期分解速度会减小，增加反应时间会提高六水氯化铝的分解率。在六水氯化铝流态化低温分解过程中，床内绝大部分六水氯化铝颗粒的分解时间为 290~300 s。因此，六水氯化铝物料的停留时间为 290~300 s 时，对无定型氧化铝生产最为适合。

7.3.2.4 循环流化床的循环倍率研究

循环流化床焙烧炉循环倍率是反映颗粒循环量的物理量，是焙烧炉设计和运行过程中非常重要的参数。循环倍率是出炉膛颗粒的质量流量与进料量质量流量的比值，数值越大表征进入旋风分离器的颗粒质量越大。

由于流化床低温焙烧装置无法对进入旋风的颗粒质量流量进行直接测量，所以对测量循环流化床内出炉膛的质量进行了部分假设，即假设进入炉膛的颗粒为氧化铝颗粒，全部被旋风分离器捕集。同时，认为在短时间内循环流化床内颗粒浓度保持不变。

通过 4 组热态研究，也就是分别在 5 kg/h、9 kg/h、15 kg/h、19 kg/h 的燃油量 4 种燃烧负荷工况下，对循环流化床出炉膛进入旋风的颗粒质量流量进行了研究。具体测试方法及步骤如下：

（1）每种低温工况运行时，当焙烧系统稳定运行时，保持回料阀上方的立柱上的观察口清洁，两观察口的间距为 1200 mm，关闭压缩空气，停止为回料阀供给松动风及返料风。

（2）此时，从旋风分离器分离出的氧化铝物料将在回料阀上方的立料管内迅速堆积，记录立料管内氧化铝物料增长 1200 mm 所需要的时间，即可计算出该流化风风量/风速下无定型氧化铝物料的质量流率。记录完毕后开启压缩空气，继续为回料阀供给松动风及返料风，继续开展下一组研究。

氧化铝物料质量流率测试数据记录如表 7-15 所示，计算即可得到氧化铝物料质量流率。

表 7-15　热态工况下氧化铝物料质量流率测试结果

序号	燃油量 /(kg·h⁻¹)	流化风风速 /(m·s⁻¹)	计量时间 /s	增长高度 /mm	立料管内径 /mm	氧化铝密度 /(kg·m⁻³)	质量流率 /(kg·s⁻¹)
1	5	0.51	53	1200	100	487	0.0874
2	9.2	1.12	36	1200	100	487	0.1259
3	14.8	1.65	6	1200	100	487	0.7645
4	18.8	2.3	5	1200	100	487	0.9174

由表 7-15 可知：

(1)当流化风风速为 0.51 m/s 时，无定型氧化铝物料的质量流率 m = 0.0874 kg/s；当流化风风速为 1.12 m/s 时，无定型氧化铝物料的质量流率 m = 0.1259 kg/s；当流化风风速为 1.65 m/s 时，无定型氧化铝物料的质量流率 m = 0.7645 kg/s；当流化风风速为 2.3 m/s 时，无定型氧化铝物料的质量流率 m = 0.9174 kg/s。

(2)流化风风速为 1.65 m/s 时的质量流率约为流化风风速为 0.51 m/s 和 1.12 m/s 时的质量流率的 8.7 和 6 倍。由此可知，当氧化铝物料处于从完全流化状态至完全气力输送状态的过渡阶段时，其质量流率随着流化风风量的增加而迅速增大，流化风对无定型氧化铝物料的夹带作用明显增强。

7.3.2.5　循环流化床床层温度的研究

低温热解炉床层操作温度是焙烧设计和运行的重要参数，床层温度过高，焙烧炉效率降低，能耗升高；床层温度过低，六水氯化铝反应速度下降，反应时间增长。所以选择合理的床层操作温度对焙烧炉的设计至关重要。本节对影响床层温度的因素(进料量、燃油量)进行研究。

1. 进料量对床层温度的影响

研究燃油量在约 9 kg/h 的工况下，床层温度随进料量变化的关系。进料机初始开度为 15%，床温稳定无变化后，增加螺旋输送机开度，最终将进料机开度增加到 50%，截取了进料开度为 35%的情况下的操作画面，如图 7-40 所示。对研究过程的数据进行记录，绘制了床层温度随进料开度变化的曲线，如图 7-41 所示。由图 7-41 可以看出，随着进料机开度的增加，也就是进料速率的增加，床层温度由 392.7 ℃降低到 302.8 ℃。这是由于进料量增加后分解过程吸热量变大，造成床层温度降低。

2. 燃油量对床层温度的影响

对比燃油量在 5 kg/h 和 9 kg/h 工况下，床层温度的变化。通过研究发现，燃油量为 5 kg/h 工况下，床层能够达到的最低温度为 267.1 ℃。燃油量为 9 kg/h

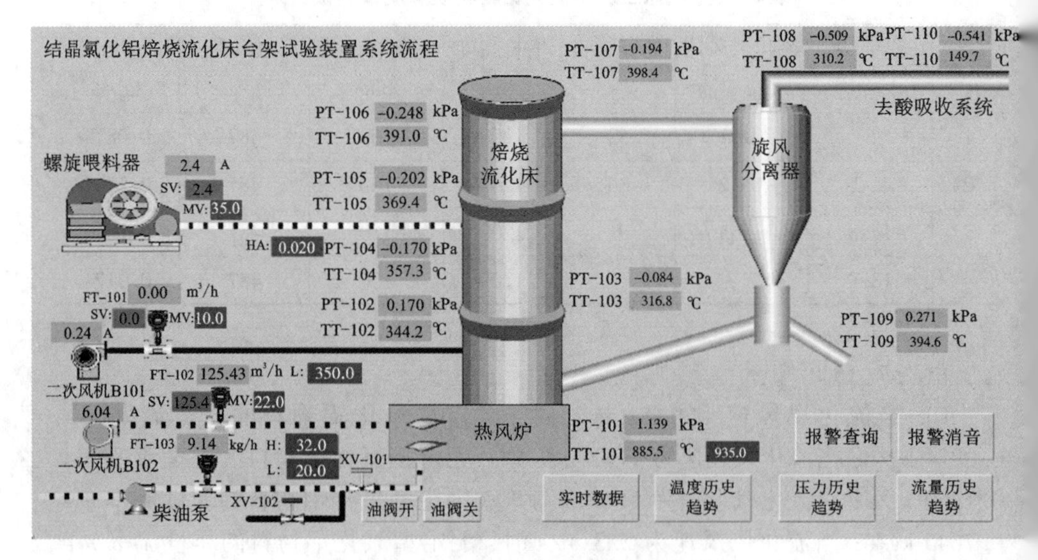

图 7-40　35%进料开度下操作画面

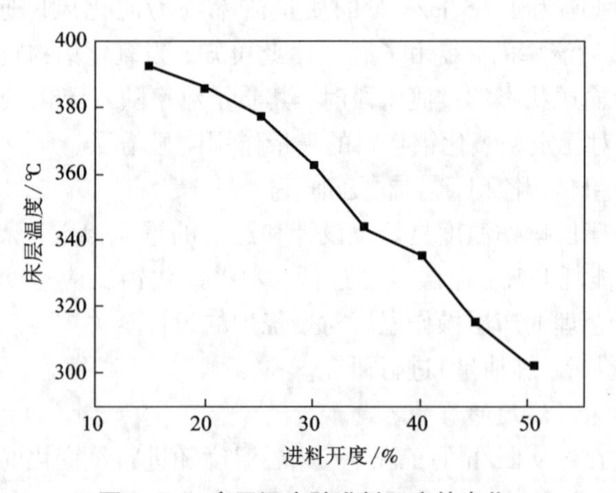

图 7-41　床层温度随进料开度的变化

工况下，床层能够达到的最低温度为 302.8 ℃，如图 7-42 和图 7-43 所示。燃油量的增加，会提高热风炉的热风温度；热风温度增加后，通过床层与颗粒发生传热、传质。烟气温度越高，热烟气通过床层的温降越大，但会造成床层温度在一定程度上的升高。

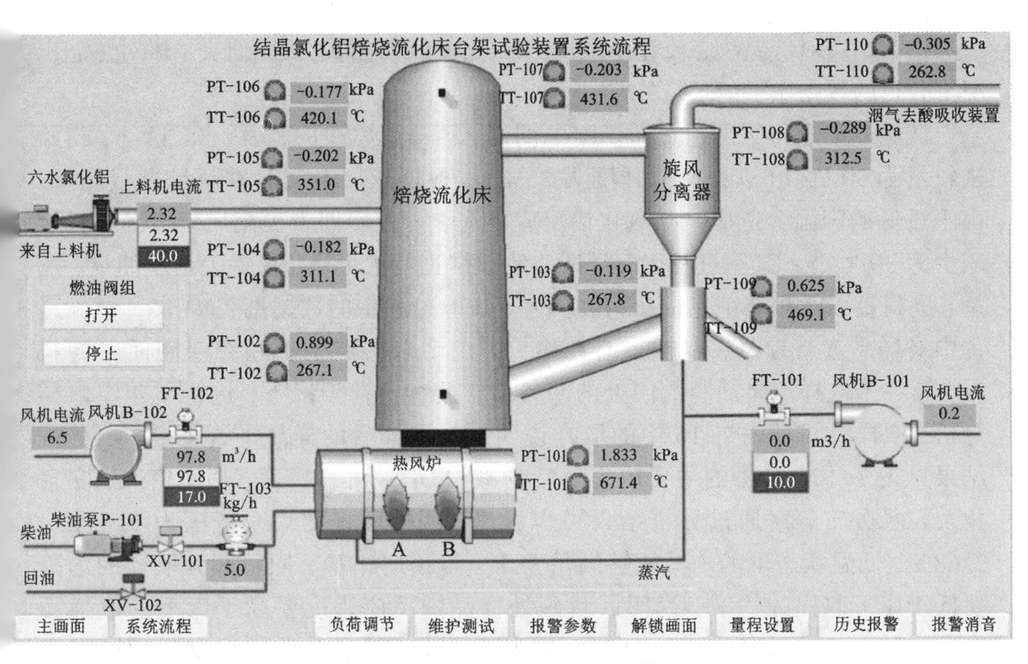

图 7-42　燃油量为 5 kg/h 工况下操作画面

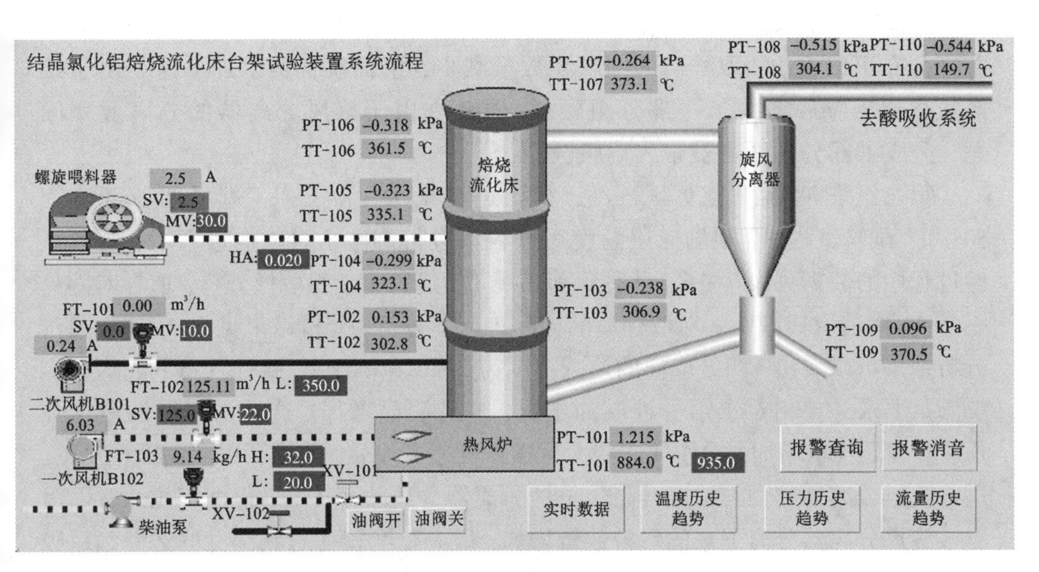

图 7-43　燃油量为 9 kg/h 工况下操作画面

7.3.2.6 低温热解研究结果分析

本节不仅对低温热态流化床焙烧炉的热态工况进行了试验研究，还对热态工况下获得的数据做了记录与分析。

试验过程进行了两组负荷工况下测试，第一组燃油负荷为5.08 kg/h，初始进料量为50 kg/h(进料调节开度为25%)。根据床层温度对进料量进行调整，由于过低的床温会造成结晶氯化铝反应不完全，在后期为提高床温，将进料量减少为30 kg/h。试验过程中，对试验的数据进行了记录，主要包括燃油量、风量、进料量以及炉体个点的压力和温度，试验过程中的数据见表7-16。试验过程中对样品进行取样，取样点有两个，第一个取样点是炉膛底部侧面的卸料口，第二个取样点是回料阀门处的卸料口。此种负荷工况下，进行了4组取样分析，取样时间见表7-16中的取样说明。对取样后的样品进行了分析，分析结果见表7-17，分析的主要内容包括灼减(LOI)、堆积密度、振实密度、安息角及粒径分布等。通过分析结果可以看出，四处取样的灼减范围为1.64%~2.68%，低温状态下的灼减能够满足要求，与预期相符。回料阀处取样的灼减要低于床下取样的灼减，说明回料阀处样品的反应程度要高于床下的取样颗粒。这是由于结晶氯化铝的分解反应主要发生在床内，反应程度高的颗粒变小，会随着气流被夹带到旋风分离器中。而床内不断有新鲜的结晶氯化铝进来，这也造成了床内结晶氯化铝的含量的升高，一定程度地增加了灼减。通过粒径分布可以看出，取样后的细颗粒数量减少，粗颗粒含量增加。这是由于结晶氯化铝反应后增加了一部分粗颗粒，同时，由于旋风分离器的分离效率问题，造成了部分细颗粒被带入后吸收系统。

第二组燃油负荷为9.4 kg/h，初始进料量为100 kg/h(进料调节开度为50%)。试验过程中，根据床层温度对进料量进行调整。对数据进行了记录，试验过程中的数据见表7-16。此种负荷工况下，进行了7组取样分析，取样时间见表7-16中的取样说明。对取样后的样品进行了分析，分析结果见表7-17。通过分析结果可以看出，四处取样的灼减范围为2.2%~5.41%，此种状态下的灼减能够满足要求。单相对于第一种燃油工况，灼减明显增加，这是由于燃油量增加后，造成烟气量增加，操作气速变大。操作气速变大后，造成了更大的颗粒夹带，进入旋风分离器的颗粒浓度升高。虽然分离器分离效率提高，但浓度增大后，没有被旋风分离器分离下来的颗粒数量增加，反应程度较高的颗粒也被夹带到后吸收系统。较低的流速可以获得较好的颗粒反应程度，但过低的操作气速会造成床体操作面积过大，不利于产能的扩大。

表 7-16　低温焙烧试验取样点焙烧炉运行参数记录

工况	进料量 /(kg·h^{-1})	燃油量 /(kg·h^{-1})	风量 (m^3·h^{-1})	焙烧炉温度压力测点参数值														取样说明
				P_1/Pa	T_1/℃	P_2/Pa	T_2/℃	P_3/Pa	T_3/℃	P_4/Pa	T_4/℃	P_5/Pa	T_5/℃	P_6/Pa	T_6/℃	P_7/Pa	T_7/℃	
1	50	5.08	97.22	1100	751.2	650	286.6	-170	288.5	-210	356.2	-220	406.6	-190	477	-240	493	11:20 落料口
2	50	5.08	97.95	740	740.7	0	286.3	-270	321.6	-290	393	-290	423.9	-250	499	-270	513.8	11:30 床下
3	30	5.06	97.22	1050	737.3	0	433	-170	442	-200	459	-230	458	-210	511	-160	523.6	11:34 床下
4	30	5.06	98.38	840	735	0	502.2	-200	502.6	-230	502.2	-260	492	-230	523	-240	532.3	11:37 床下
5	100	9.43	144.24	1460	697.4	430	389.3	-110	388.9	-240	401	-290	419	-340	431	-450	442.7	14:55 落料口
6	100	9.43	143.81	1400	694.4	280	335.5	-90	339.3	-190	355.8	-200	378.1	-220	402	-270	414	15:11 床下
7	100	9.42	144.53	1470	689	440	313	-40	315.6	-110	327.3	-170	343.4	-190	368	-250	376.6	15:37 床下
8	100	9.4	143.8	1507	686.9	461	319.4	23	317.5	-84	333.3	-139	356.2	-172	374	-237	385.9	15:50 床下
9	100	9.4	143.4	1535	684.6	553	290	-44	291.9	-129	305.1	-178	326.7	-194	349	-199	360	16:00 落料口
10	100	9.5	144	1438	680.5	572	285.5	-91	284.4	-182	295.7	-226	315.6	-234	339	-220	348.5	16:25 床下
11	70	9.5	145.4	1229	679	132	373.9	-30	375	-117	371.3	-159	359.4	-182	368	-170	365.2	16:33 床下

表 7-17 试验结果分析

序号	样品编号	样品名称	LOI /%	堆密度 /(g·cm^{-3})	振实密度 /(g·cm^{-3})	安息角 /(°)	-45 μm /%	+125 μm /%
1	1-20190318	床下料	1.70	0.49	0.6	37.67	1.92	46.58
2	AO-1	氧化铝原样	0.84	0.49	0.6	36.17	1.89	58.65
3	DWAO-1	样品 1 号 11：20 落料口	1.64	0.47	0.57	37.67	0.14	50.14
4	DWAO-2	样品 2 号 11：30 床下料	2.68	0.48	0.57	35.83	0.42	87.2
5	DWAO-3	样品 3 号 11：34 床下料	2.47	0.48	0.55	35.33	0.39	91.3
6	DWAO-4	样品 4 号 11：37 床下料	2.39	0.47	0.57	35.5	0.34	91.33
7	DWAO-5	样品 5 号 14：55 落料口	2.20	0.48	0.56	35	0.38	48.65
8	DWAO-6	样品 6 号 15：11 床下料	2.77	0.48	0.55	35.5	0.26	88.47
9	DWAO-7	样品 7 号 15：37 床下料	3.74	0.47	0.54	34.67	0.27	86.33
10	DWAO-8	样品 8 号 15：50 床下料	3.91	0.46	0.54	35.17	0.14	81.39
11	DWAO-9	样品 9 号 16：00 落料口	3.45	0.45	0.56	37.83	0.35	43.36
12	DWAO-10	样品 10 号 16：25 床下料	5.22	0.45	0.54	35.5	0.16	78.2
13	DWAO-11	样品 11 号 16：33 床下料	5.41	0.45	0.53	35	0.18	79.55

7.3.2.7 流化床低温焙烧结论

(1)结晶氯化铝在低速(鼓泡)流态化低温分解过程中，颗粒的分解时间为 290~300 s。

(2)低温热解过程中，当操作气速大于 1.65 m/s 后，产生大的颗粒夹带，造成床层颗粒浓度升高，反应速度下降，炉膛温度升高。因此焙烧炉操作气速在 0.6~1.2 m/s 为最佳。

(3)通过对床层温度的研究，考虑反应程度、焙烧炉能耗等综合因素，焙烧炉床层操作温度在 300 ℃左右生产的无定型氧化铝品质最优。

7.3.3　水热除杂过程中杂质去除效果影响因素

受原料、工况等因素波动的影响，粉煤灰酸法提铝工艺中，蒸发结晶工序制备的结晶氯化铝杂质含量有所不同。为探究不同杂质含量原料的最佳水热条件，以不同批次的结晶氯化铝为原料，开展水热除杂过程中杂质去除效果影响因素研究，讨论水热温度、水热时间、焙烧温度、水热水量、洗涤水量等因素对水热除杂过程的影响。

将不同批次结晶氯化铝在 950 ℃下焙烧 2 h 制成氧化铝，采用 ICP-OES 方法对主要杂质进行分析，分析结果列于表 7-18 中。

表 7-18　结晶氯化铝直接焙烧成氧化铝化学成分质量分数分析

样品编号	$w_{K_2O}/\%$	$w_{Na_2O}/\%$	$w_{CaO}/\%$	$w_{MgO}/\%$
1#	0.5991	1.2734	1.9979	0.6238
2#	0.4042	0.4002	0.7268	0.4646
3#			0.8637	0.4216
4#			6.0465	0.5623
5#			4.9236	0.3875

7.3.3.1　水热温度和水热时间

1. 以氧化镁质量分数为 0.62%的结晶氯化铝(1#)为原料，分析水热温度和水热时间对氧化铝产品中 K、Na、Ca、Mg 杂质去除效果的影响

将结晶氯化铝原料在温度 400 ℃下低温分解 120 min，制备得到中间产物无定型氧化铝，对无定型氧化铝进行水热实验处理，研究水热温度和水热时间对氧化铝产品中 K、Na、Ca、Mg 杂质去除效果的影响，实验在 100 mL 均相反应器中开展。

在水热温度为 80 ℃、120 ℃、160 ℃、200 ℃，水热时间为 1~6 h 条件下开展实验，讨论其中 K、Na、Ca、Mg 杂质的最佳去除控制条件。试验条件：氧化铝 5 g，水热水量 50 g，洗涤水量 30 g，反应时间 1~6 h。实验结果见表 7-19、图 7-44~图 7-47。

表 7-19　水热温度和时间对氧化铝中镁的去除效果影响

水热温度/ ℃	水热时间/h	w_{K_2O}/%	w_{Na_2O}/%	w_{CaO}/%	w_{MgO}/%
80	1	0. 0035	0. 0018	0. 3276	0. 2513
	2	0. 0022	0. 0016	0. 2253	0. 2152
	3	0. 0025	0. 0023	0. 1396	0. 1710
	4	0. 0017	0. 0041	0. 0967	0. 1506
	5	0. 0018	0. 0022	0. 0819	0. 1605
	6	0. 0049	0. 0037	0. 0420	0. 1598
120	1	0. 0023	0. 0024	0. 0783	0. 1728
	2	0. 0022	0. 0035	0. 0365	0. 1541
	3	0. 0020	0. 0016	0. 0317	0. 1356
	4	0. 0026	0. 0024	0. 0288	0. 1222
	5	0. 0031	0. 0015	0. 0163	0. 1260
	6	0. 0067	0. 0055	0. 0063	0. 1112
160	1	0. 0026	0. 0017	0. 0353	0. 1392
	2	0. 0014	0. 0016	0. 0249	0. 0906
	3	0. 0029	0. 0039	0. 0176	0. 0891
	4	0. 0015	0. 0069	0. 0059	0. 0622
	5	0. 0032	0. 0015	0. 0071	0. 0534
	6	0. 0087	0. 0088	0. 0098	0. 0610
200	1	0. 0038	0. 0000	0. 0083	0. 0816
	2	0. 0052	0. 0016	0. 0127	0. 0621
	3	0. 0055	0. 0000	0. 0089	0. 0369
	4	0. 0067	0. 0069	0. 0118	0. 0200
	5	0. 0056	0. 0015	0. 0091	0. 0152
	6	0. 0253	0. 0128	0. 1277	0. 0376

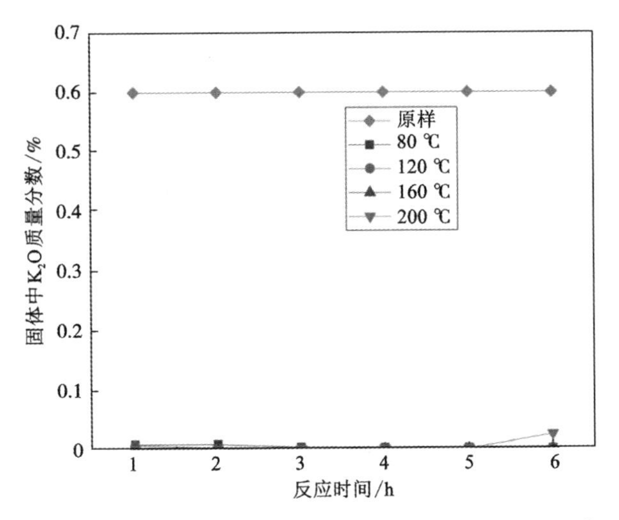

图 7-44　水热温度和时间对氧化铝中钾的去除效果影响

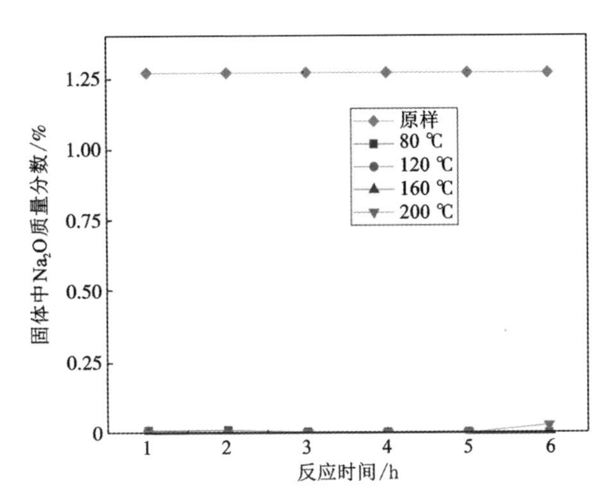

图 7-45　水热温度和时间对氧化铝中钠的去除效果影响

从图 7-44、图 7-45 可以看出，水热实验对 K、Na 杂质的去除效果较好，且基本不受反应温度和时间的影响；从图 7-46 可以看出，随着反应温度的升高，水热实验对 Ca 杂质的去除效果逐渐增强，并在 160 ℃时达到最大，继续延长反应时间，去除率降低；从图 7-47 可以看出，随着反应温度的升高，水热实验对 Mg 杂质的去除效果逐渐增强，当反应时间为 4 h、反应温度为 200 ℃时，可将氧化铝产品中的 Mg 杂质含量降至 200 μg/g 以下。反应时间超过 5 h 后，继续延长反应时间，去除率降低。这是由于反应时间过长，物料有形成胶体倾向，对杂质吸附导致镁的去除率降低。当反应时间为 3 h、反应温度为 210 ℃时，可将氧化铝产品

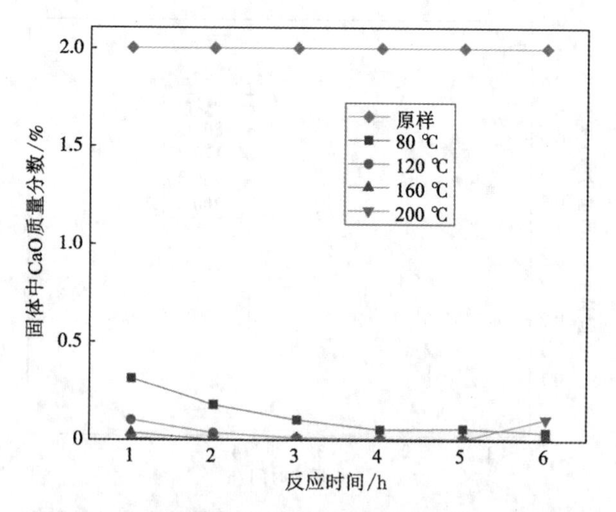

图 7-46　温度和时间对氧化铝中钙的去除效果影响

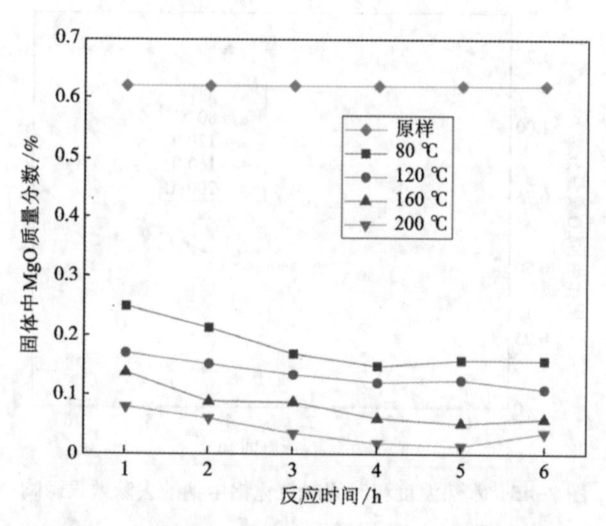

图 7-47　温度和时间对氧化铝中镁的去除效果影响

中的 Mg 杂质含量降至 200 μg/g 以下。

综合 K、Na、Ca、Mg 杂质元素的去除效果，可以看出 Mg 杂质元素最难去除，因此，后续部分实验将重点以 Mg 杂质为目标研究水热反应条件对杂质去除效果的影响。

2. 以氧化镁质量分数为 0.46%的结晶氯化铝(2#)为原料，分析水热温度和水热时间对氧化铝产品中 Mg 杂质去除效果的影响

将结晶氯化铝原料在温度 400 ℃下低温分解 120 min，制备得到中间产物无

定型氧化铝，对无定型氧化铝进行水热实验处理，研究水热温度和水热时间对氧化铝产品中Mg杂质去除效果的影响，实验在100 mL均相反应器中开展。

分别在水热温度为160 ℃、180 ℃、200 ℃、210 ℃，水热时间1~4 h条件下开展水热实验，讨论其中Mg杂质的去除效果，实验结果如表7-20所示。

表7-20 水热温度和时间对氧化铝中镁的去除效果影响

水热温度/ ℃	氧化铝量/g	水热水量/g	洗涤水量/g	水热时间/h	w_{MgO}/%
160	5	17.5	100	1	0.0762
				2	0.0512
				3	0.0333
				4	0.0295
180	5	17.5	100	1	0.0528
				2	0.0348
				3	0.0267
				4	0.0210
200	5	50	50	1	0.0178
				2	0.0087
				3	0.0053
				4	0.0052
	5	17.5	50	2	0.0307
				3	0.0230
210	5	17.5	100	1	0.0178
				2	0.0153
				3	0.0050
				4	0.0034

从表7-20可以看出，提高水热温度、增加水热时间均有益于Mg杂质元素的去除，这与以1#结晶氯化铝为原料的实验规律一致。相比于原料中氧化镁含量为0.62%的实验，当原料中镁杂质含量降低后，将氧化镁含量降至200 μg/g所需的水热温度和时间都降低。实验条件：氧化铝5 g，水热水量50 g，洗涤水量50 g时需要的水热条件为水热温度200 ℃及210 ℃，水热时间1 h；氧化铝5 g，水热水量17.5 g，洗涤水量50 g/100 g时需要的水热条件为水热温度210 ℃，水热时间1 h即可。

7.3.3.2 焙烧温度

1. 以氧化镁质量分数为 0.62%的结晶氯化铝(1#)为原料，分析焙烧温度对 Mg 杂质去除效果的影响

将结晶氯化铝(1#)分别在焙烧温度为 350 ℃、400 ℃、450 ℃、500 ℃、550 ℃的条件下焙烧，得到氧化铝，然后在不同水热条件下开展实验，讨论其中 Mg 杂质的去除条件，实验结果如表 7-21 所示。

表 7-21 焙烧温度对氧化铝中镁的去除效果影响

焙烧温度/ ℃	水热温度/ ℃	氧化铝量/g	水热水量/g	水热时间/h	w_{MgO}/%
350	200	5	50	4	0.0231
400					0.0444
450					0.0809
500					0.1409
550					0.2504
350	210	5	17.5	2	0.0287
400					0.0407
450					0.1281
500					0.1601
550					0.2836

从表 7-21 可以看出，随着焙烧温度的升高，产品氧化铝中杂质含量成倍增加，因此结晶氯化铝焙烧温度不宜超过 400 ℃。

2. 以氧化镁质量分数为 0.46%的结晶氯化铝(2#)为原料，分析焙烧温度对 Mg 杂质去除效果的影响

将结晶氯化铝(2#)分别在 350 ℃、400 ℃、450 ℃、500 ℃下焙烧为无定型氧化铝，然后在相同的水热条件下开展实验，讨论其中 Mg 杂质的去除条件，实验结果如表 7-22 所示。

表 7-22 焙烧温度对氧化铝中镁的去除效果影响

焙烧温度/ ℃	水热温度/ ℃	氧化铝量/g	水热水量/g	洗涤水量/g	水热时间/h	w_{MgO}/%
350	210	5	17.5	100	2	0.0161
400						0.0187
450						0.0500
500						0.1183

从表 7-22 可以看出，随焙烧温度的升高，产品氧化铝中 Mg 杂质逐渐增加，当焙烧温度小于 400 ℃时，氧化铝中 MgO 含量小于 200 μg/g。因此，结晶氯化铝的最佳焙烧温度为 350~400 ℃。

7.3.3.3　液固比

液固比，即水热用水量与无定型氧化铝质量的比值。为保证无定型氧化铝与水混合成料浆的流动性，液固比应不小于 3。

1. 以氧化镁质量分数为 0.62%的结晶氯化铝(1#)为原料，分析液固比对 Mg 杂质去除效果的影响

将结晶氯化铝原料(1#)在温度 400 ℃下低温分解 120 min，制备得到无定型氧化铝，分别在液固比为 2.5、3、3.5、4、4.5、5 水热条件下开展实验，研究液固比对 Mg 杂质的去除效果的影响，实验结果如表 7-23 所示。

表 7-23　液固比对氧化铝中镁的去除效果影响

焙烧温度/ ℃	水热温度/ ℃	水热时间/h	液固比	w_{MgO}/%
400	200	4	2.5	0.0284
			3	0.0343
			3.5	0.0038
			4	0.0095
			4.5	0.0048
			5	0.0074

从表 7-23 可以看出，当液固比越大，即水热用水量越大时，Mg 杂质去除效果越好。当液固比大于 3.5 时，产品氧化铝中 MgO 含量均小于 200 μg/g。

2. 以氧化镁质量分数为 0.46%的结晶氯化铝(1#)为原料，分析液固比对 Mg 杂质去除效果的影响

将结晶氯化铝原料(2#)在温度 400 ℃下低温分解 120 min，制备得到无定型氧化铝，分别在液固比为 3、3.5、4、5、10 水热条件下开展实验，讨论其中 Mg 杂质的去除条件，实验结果如表 7-24 所示。

表 7-24　液固比对氧化铝中镁的去除效果影响

水热温度/ ℃	氧化铝量/g	液固比	水热时间/h	w_{MgO}/%
200	5	3	4	0.0134
		3.5		0.0136
		4		0.0133
		5		0.0108
		10		0.0055

从表 7-24 可以看出，水热后氧化铝中 MgO 含量均低于 200 μg/g。液固比越大，即水热水量越大时，杂质去除效果越好。虽然液固比越大时，杂质的去除效果越好，但耗水量及产生的废水量也越大，因此水热除杂最佳液固比为 3.5~5。

7.3.3.4　水热尾液循环复用

水热除杂工艺需使用大量的水，如不能对水热尾液进行循环利用，将会产生大量的除杂废水。因此，本节实验研究水热尾液的循环利用对 Mg 杂质元素去除效果的影响。

将结晶氯化铝(1#)在 400 ℃低温下焙烧 2 h，制备得到无定型氧化铝；取 6 份无定型氧化铝为原料(标记为 A6)，开展水热除杂实验，实验后过滤固体，一半直接测试成分(A6 未洗)，一半洗涤后测试成分(A6 洗后)；同时收集 6 份原料的滤液跟新料混合做新的一组实验(B4)；实验后过滤固体，一半直接测试成分(B4 未洗)，一半洗涤后测试成分(B4 洗后)，同时收集 4 份原料的滤液跟新料混合做新的一组实验(C2)；实验后过滤固体，一半直接测试成分(C2 未洗)，一半洗涤后测试成分(C2 洗后)，同时收集 2 份滤液测试滤液成分。水热实验后固体氧化铝测试结果见表 7-25，液相测试结果见表 7-26。

表 7-25　滤液重复洗涤对氧化铝中镁的去除效果影响

样品	水热温度/ ℃	氧化铝/g	水热水量/g	水热时间/h	w_{MgO}/%
A6 未洗	200	5	50	4	0.0758
A6 洗后					0.0122
B4 未洗					0.1220
B4 洗后					0.0131
C2 未洗					0.2119
C2 洗后					0.0125

由表7-25可以看出，各轮实验洗后的样品均达到标准，因此，用滤液作为水热溶液并不影响水热除杂效果。研究表明，含杂质的滤液可保证水热除杂过程不生成勃姆石相，有利于水热除杂效果。

表7-26　滤液重复洗涤后液相成分质量分数

样品	w_{MgO}/%	w_{CaO}/%	w_{K_2O}/%	w_{Na_2O}/%	$w_{Al_2O_3}$/%
A6 滤液	0.6753	2.8476	0.4978	0.5908	0.8145
A6 淋洗液	0.0876	0.4096	0.0831	0.0440	0.1728
B4 滤液	1.3340	5.8688	1.0938	1.0141	1.5655
B4 淋洗液	0.1602	0.7230	0.1502	0.1272	0.2503
C2 滤液	1.9281	8.3562	1.4989	1.5547	2.3652
C2 淋洗液	0.1713	0.8128	0.0378	0.0275	0.2874

表7-26为滤液重复洗涤后液相成分。由此可以看出，随着水热滤液不断重复使用，滤液中的各种杂质含量均有所提高，水热滤液中铝的损失率约为1%。

综上，结合原料中镁含量，低温热解温度400 ℃，Ca、Mg离子的去除效果和实验过程中氧化铝的损失率，水热实验的条件确定为：液固比3.5~5、洗涤液固比5~10、时间3~4 h、温度200~210 ℃，水热滤液至少可循环2次。

7.3.3.5 Mg杂质元素去除规律

通过对水热除杂过程中杂质去除效果影响因素分析，结合结晶氯化铝焙烧过程氧化铝物相组成的变化，结晶氯化铝焙烧温度确定为350~400 ℃，焙烧时间由焙烧设备选型确定。同时，水热过程水的添加量以配制料浆流动性和设备选型确定，水热后物料洗涤用水量由洗涤工艺条件确定。因此，水热过程原料杂质含量、水热温度、水热时间就成为影响无定型氧化铝水热反应的重要因素。

响应面法是在科学研究中经常用到的一种工艺优化、实验条件优化的方法，响应面法适用于解决非线性数据处理的相关问题。相对于正交实验方法，响应面法可以连续地对实验的各个水平进行分析，所得结果更加合理、可靠。本章通过响应曲面设计对影响水热除杂反应的因素进行分析。以氧化镁质量分数分别为0.39%、0.46%、0.62%的结晶氯化铝（5#、2#、1#）在350 ℃下焙烧2 h生成的无定型氧化铝为原料，水热除杂过程液固比为3.5，洗涤水量为无定型氧化铝质量的5倍，通过响应面分析法所设计的实验条件如表7-27所示，温度范围为80~200 ℃，时间范围为1~5 h。

按照表7-27操作条件进行实验。实验结束后留存无定型氧化铝，取部分无定型氧化铝在 950 ℃下煅烧 2 h 得到氧化铝，测试氧化铝成分，如表 7-28 所示。

表 7-27　水热除杂实验条件

序号	原料中 MgO 含量/(μg·g^{-1})	水热温度/ ℃	水热时间/h
1	3875	80	3
2	3875	140	1
3	3875	140	5
4	3875	200	3
5	4646	80	1
6	4646	80	5
7	4646	140	3
8	4646	140	3
9	4646	140	3
10	4646	200	1
11	4646	200	5
12	6238	80	3
13	6238	140	1
14	6238	140	5
15	6238	200	3

表 7-28　水热除杂实验氧化铝中氧化镁含量

序号	原料中 MgO 含量/(μg·g^{-1})	水热温度/ ℃	水热时间/h	氧化镁含量/(μg·g^{-1})
1	3875	80	3	676
2	3875	140	1	297
3	3875	140	5	232
4	3875	200	3	54
5	4646	80	1	1225
6	4646	80	5	637
7	4646	140	3	333
8	4646	140	3	306
9	4646	140	3	315
10	4646	200	1	178
11	4646	200	5	52

续表7-28

序号	原料中 MgO 含量/($\mu g \cdot g^{-1}$)	水热温度/℃	水热时间/h	氧化镁含量/($\mu g \cdot g^{-1}$)
12	6238	80	3	171
13	6238	140	1	1792
14	6238	140	5	534
15	6238	200	3	369

采用最小二乘法拟合，其结果如图 7-48 所示。各参数估计值及排序后的参数估计值如表 7-29 所示。

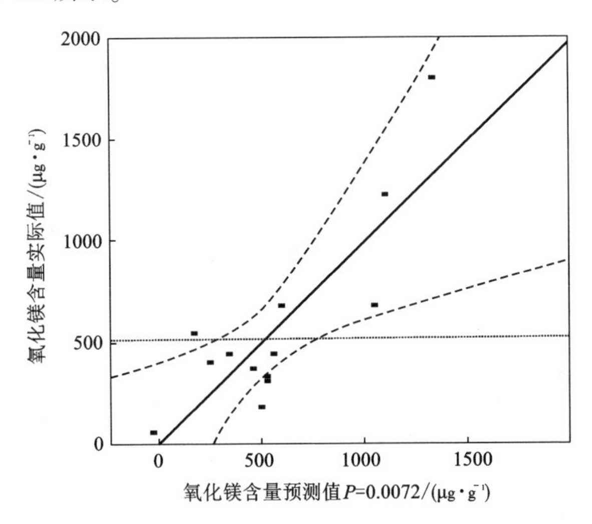

图 7-48　氧化镁含量预测值-实际值拟合图

表 7-29　氧化镁含量各参数估计值

项目	估计值	标准误差	t 比	概率>|t|
截距	318	118.9726	2.67	0.0442
水热温度(80, 200)/℃	-297	72.85555	-4.08	0.0096
水热时间(1,5)/h	-267.125	72.85555	-3.67	0.0145
原料成分×水热温度	85	103.0333	0.82	0.4469
原料成分×水热时间	-323.25	103.0333	-3.14	0.257
水热温度×水热时间	165.5	103.0333	1.61	0.1691
原料成分×原料成分	217.625	107.2405	2.03	0.0982
水热温度×水热温度	-98.125	107.2405	-0.91	0.4022
水热时间×水热时间	253.125	107.2405	2.36	0.0647

由参数估计值可以看出，原料成分、水热温度、水热时间、原料成分和水热时间共同作用项的概率值小于0.05，说明这几个影响因素较为显著。

氧化镁含量拟合公式为：

$$Y_{\mathrm{MgO}}=516.73+228.38\times\left(\frac{W-5000}{1200}\right)-297\times\left(\frac{T-140}{60}\right)-267\times\left(\frac{t-3}{2}\right)+\left(\frac{W-5000}{1200}\right)\times\left(\frac{t-3}{2}\right) \tag{7-10}$$

式中：W 为原料中 MgO 含量，μg/g；T 为水热温度，℃；t 为水热时间，h。

由式(7-10)推算出表7-27水热实验条件下氧化镁含量的预测值，结果如表7-30所示。

表7-30　水热除杂实验氧化镁含量预测值

序号	原料中 MgO 含量 /(μg·g⁻¹)	水热温度 /℃	水热时间 /h	氧化镁含量 /(μg·g⁻¹)	预测值 /(μg·g⁻¹)
1	3875	80	3	676	591
2	3875	140	1	297	504
3	3875	140	5	232	216
4	3875	200	3	54	72
5	4646	80	1	1225	1202
6	4646	80	5	637	337
7	4646	140	3	333	318
8	4646	140	3	306	318
9	4646	140	3	315	318
10	4646	200	1	178	277
11	4646	200	5	52	74
12	6238	80	3	171	177
13	6238	140	1	1792	1607
14	6238	140	5	534	426
15	6238	200	3	369	453

各参数对氧化镁溶出率的影响如图7-49所示。

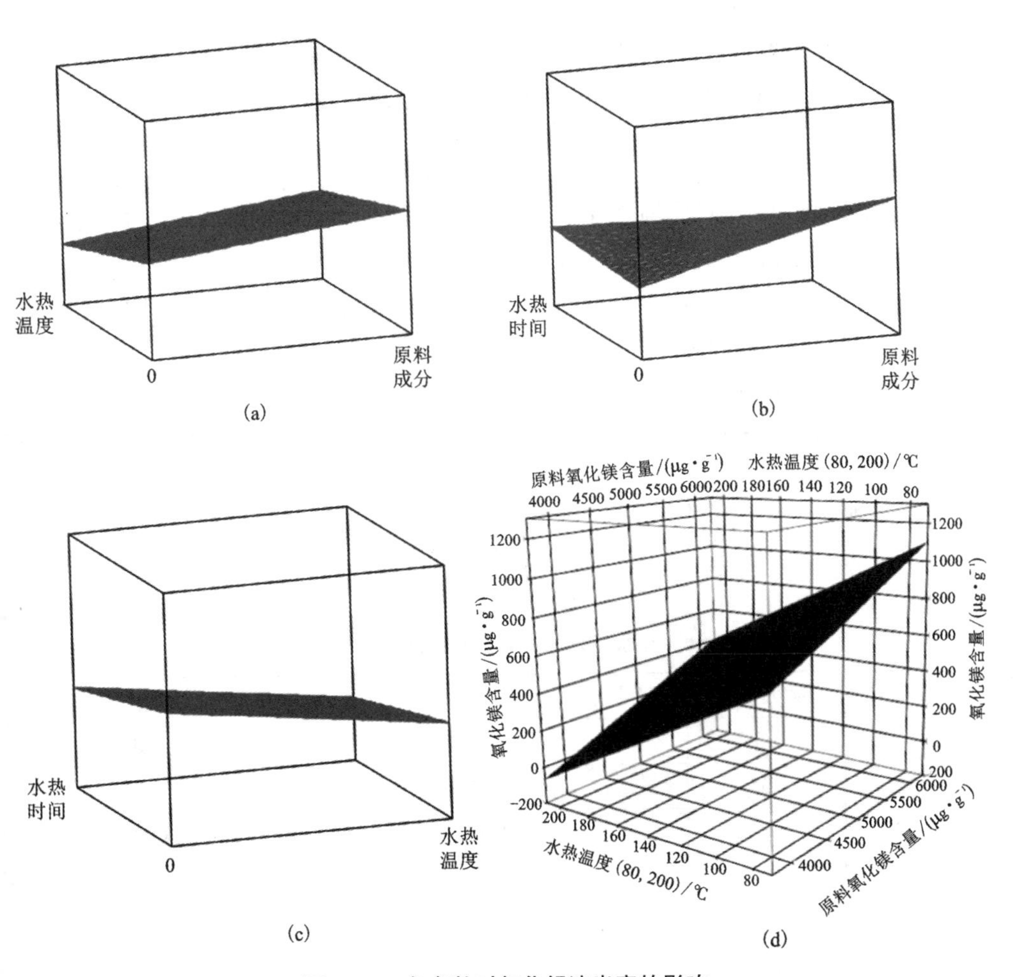

图 7-49　各参数对氧化铝溶出率的影响

7.3.4　水热除杂工艺条件优化

影响水热除杂工业化应用的主要因素为水热温度、水热时间和液固比。由于结晶氯化铝分解制备得到的无定型氧化铝水热过程呈现酸性，pH 为 3~5，且氯离子浓度较高，因此水热设备材质应适当考虑耐酸腐蚀问题。通常情况下，水热温度越高，设备材质要求越高；水热时间越长，要求设备体积越大。因此，水热温度和水热时间将直接影响水热设备投资成本，应尽可能降低水热温度，缩短水热时间。液固比将直接影响水热除杂工艺的耗水量和产生的废水量，应尽可能降低水热用水量，避免产生过量的废水。拟采用降低低温热解温度、水热工艺为一步加压水热或常压+加压串联水热工艺等方法实现上述目的。本节实验分别采用

3#、4#、5#结晶氯化铝为原料，其成分见表7-18。

7.3.4.1 氧化镁质量分数为0.42%的结晶氯化铝原料水热除杂效果分析

将结晶氯化铝原料(3#)依次经低温热解(350 ℃)、常压水热(95 ℃)、加压水热(140~170 ℃)以及滤饼洗涤步骤进行处理。

常压水热：采用装置为均相反应器(反应釜容积0.1 L，内衬特氟龙保护套)。取5 g低温分解获得的无定型氧化铝，加入25 g水(pH=4)，置于均相反应器中，调整转速30 r/min，在95 ℃温度下保温45 min。

加压水热：常压水热步骤结束后，将水热的产物进行过滤。将过滤得到的湿滤饼重新放入反应釜中，加入25 g水(pH=4)，置于均相反应器中，转速30 r/min，分别在140 ℃、150 ℃、160 ℃、170 ℃温度下保温45~135 min。

滤饼洗涤：将经过加压水热除杂步骤后获得的湿滤饼用水(pH=4)进行淋洗。

1. 一步加压水热实验

一步加压水热实验结果见表7-31，水热滤液中铝的损失率见表7-32。

表7-31 一步加压水热实验氧化铝成品MgO质量分数

温度/℃	时间/min	液固比	pH	洗涤液固比	w_{MgO}/%
140	90	5	4.18	4	0.0387
140	135	5	4.18	4	0.0273
150	90	5	4.18	4	0.0349
150	135	5	4.18	4	0.0284
160	90	5	4.18	4	0.0319
160	135	5	4.18	4	0.0236
150	90	5	4.18	8	0.0383
150	90	5	4.18	12	0.0348
150	90	5	0.96	4	0.0188
150	90	5	1.92	4	0.0350
150	90	5	2.90	4	0.0296
140	135	10	4.18	4	0.0131
150	45	10	4.18	4	0.0330
150	90	10	4.18	4	0.0215
150	135	10	4.18	4	0.0111
160	45	10	4.18	4	0.0324

续表7-31

温度/ ℃	时间/min	液固比	pH	洗涤液固比	w_{MgO}/%
160	90	10	4.18	4	0.0142
160	135	10	4.18	4	0.0088
170	90	10	4.18	4	0.0134
95	420	10	4.18	4	0.0195
120	420	10	4.18	4	0.0161

从表 7-31 一步加压水热实验结果看出，水热液固比为 10(pH=4.18、洗涤液固比为 1 : 4 条件下)的除杂效果优于液固比为 5 的除杂效果。

从表 7-31 及图 7-50 一步加压实验结果看出，提高水热温度、增加水热时间可以降低氧化铝中 MgO 含量。水热温度为 160 ℃，水热时间为 90 min 时，氧化铝中 MgO 含量小于 200 μg/g；水热温度为 140 ℃，水热时间为 135 min 时，氧化铝中 MgO 含量小于 200 μg/g。同时实验中观察到，当水热时间增加到 135 min 时，料浆过滤速度变慢，虽然增加水热时间有益于 Mg 杂质元素的溶出，但会使料浆变得黏稠，有呈现胶体趋势，因此水热时间不宜大于 120 min。

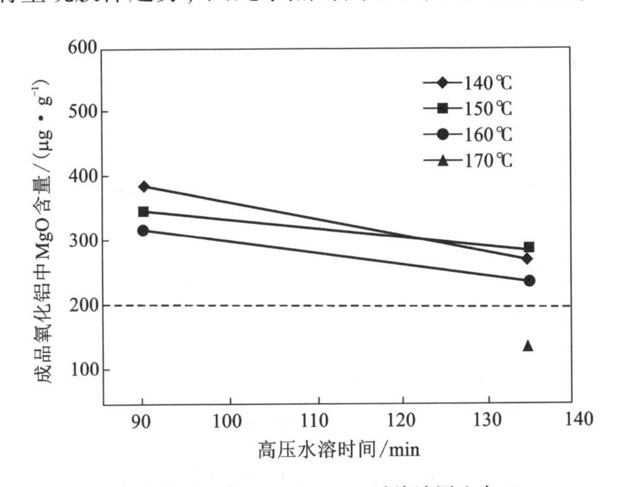

(水热液固比为 5，pH=4.18，洗涤液固比为 5)

图 7-50　一步加压水热时间与产品 MgO 含量关系

从图 7-51 一步加压水热实验结果看出，在水热温度为 150 ℃、液固比为 5、pH=4.18 条件下，洗涤液固比分别为 4、8、12，对应氧化铝中 MgO 含量为 348~380 μg/g，变化不大。这说明如果水热反应时间短或者水热温度略低，通过增加洗水量是不能得到合格产品的。

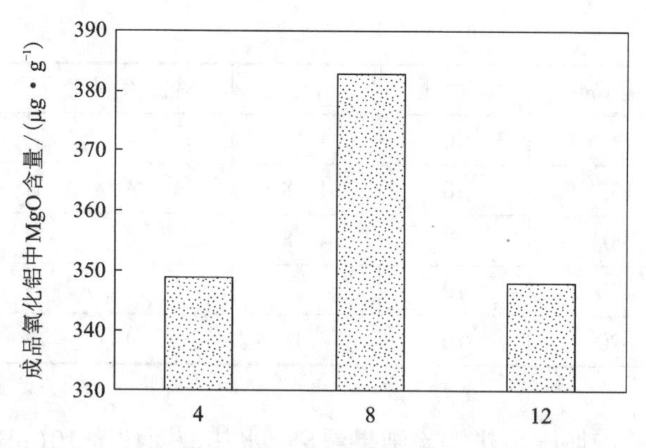

（水热温度 150 ℃，水热液固比 5，时间 90 min，pH=4.18）

图 7-51　水热滤饼洗涤液固比与产品 MgO 含量关系

从图 7-52 一步加压实验结果看出，在水热温度为 150 ℃、液固比为 5、洗涤液固比为 4 条件下，洗涤水 pH 分别为 0.96、1.92、2.90、4.18，随着洗涤水酸度增加（pH 降低），氧化铝中 MgO 含量呈降低趋势。当 pH 为 0.96 时，氧化铝中 MgO 含量小于 200 μg/g。

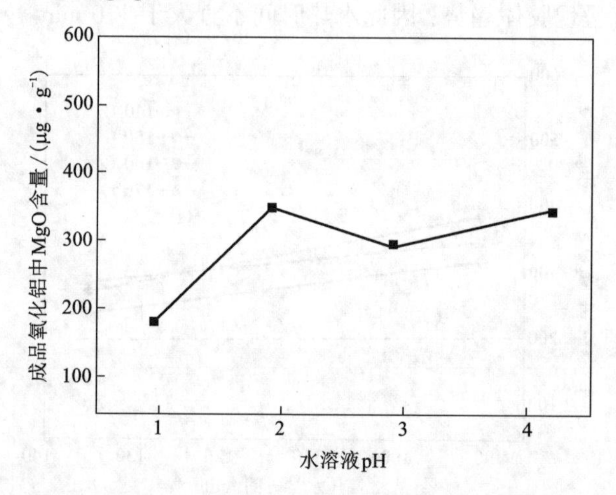

（水热温度为 150 ℃，水热液固比为 5，时间 90 min，洗涤液固比 4）

图 7-52　一步加压水热 pH 与产品 MgO 含量关系

表 7-32 为一步加压水热氧化铝的滤液/洗液成分表。由水热氧化铝的滤液及洗涤后液中 Al 离子浓度可以计算铝损失率。铝损失率计算结果见表 7-32，随水热酸度增加，铝损失率基本呈增大趋势；随着水热温度的升高，铝损失率呈增大趋势。在水热 pH 为 4.18、液固比为 10、洗涤液固比为 4 条件下，水热温度分别为 150 ℃、160 ℃、170 ℃时的铝损失率平均值为 0.95%。

表 7-32　一步加压水热氧化铝的滤液/洗液成分表

<table>
<tr><th rowspan="2">温度/ ℃</th><th rowspan="2">时间/min</th><th rowspan="2">液固比</th><th rowspan="2">pH</th><th rowspan="2">滤液/洗液</th><th colspan="3">滤液/洗液成分/(g·L⁻¹)</th><th rowspan="2">铝损失率/%</th></tr>
<tr><th>Al</th><th>Ca</th><th>Mg</th></tr>
<tr><td rowspan="6">150</td><td rowspan="6">90</td><td rowspan="6">10</td><td>0.96</td><td>滤液+洗液</td><td>1.45</td><td>1.03</td><td>0.34</td><td>1.71</td></tr>
<tr><td>1.92</td><td>滤液+洗液</td><td>0.88</td><td>1.09</td><td>0.35</td><td>1.05</td></tr>
<tr><td rowspan="2">2.90</td><td>滤液</td><td>0.81</td><td>1.45</td><td>0.46</td><td rowspan="2">0.76</td></tr>
<tr><td>洗液</td><td>0.18</td><td>0.32</td><td>0.10</td></tr>
<tr><td rowspan="2">4.18</td><td>滤液</td><td>0.80</td><td>0.98</td><td>0.27</td><td rowspan="2">0.62</td></tr>
<tr><td>洗液</td><td>0.20</td><td>0.33</td><td>0.06</td></tr>
<tr><td rowspan="2">160</td><td rowspan="2">90</td><td rowspan="2">10</td><td rowspan="2">4.18</td><td>滤液</td><td>0.80</td><td>0.98</td><td>0.27</td><td rowspan="2">1.21</td></tr>
<tr><td>洗液</td><td>0.20</td><td>0.33</td><td>0.06</td></tr>
<tr><td rowspan="2">170</td><td rowspan="2">90</td><td rowspan="2">10</td><td rowspan="2">4.18</td><td>滤液</td><td>0.71</td><td>0.96</td><td>0.28</td><td rowspan="2">1.03</td></tr>
<tr><td>洗液</td><td>0.20</td><td>0.34</td><td>0.07</td></tr>
</table>

2. 常压+加压串联水热实验

常压+加压串联水热实验结果见表 7-33。

表 7-33　常压+加压串联水热实验结果

加压段实验条件					w_{MgO}/%
温度/ ℃	时间/min	液固比	pH	洗涤液固比	
140	45	5	4.18	4	0.0530
140	90	5	4.18	4	0.0156
140	135	5	4.18	4	0.0104
150	45	5	4.18	4	0.0186
150	90	5	4.18	4	0.0132
150	135	5	4.18	4	0.0067
160	45	5	4.18	4	0.0214
160	90	5	4.18	4	0.0079
160	135	5	4.18	4	0.0067
170	45	5	4.18	4	0.0198
170	90	5	4.18	4	0.0065

从表 7-33 及图 7-53 常压+加压串联水热实验结果看出，随着水热温度及水热时间的增加，氧化铝中 MgO 含量均呈降低趋势，镁杂质的去除率逐渐增大。水热温度为 140 ℃、150 ℃、160 ℃、170 ℃，水热时间为 90 min、135 min 时，氧化铝中 MgO 含量可以降低至 200 μg/g 以下。当水热时间为 45 min，水热温度升至 150~170 ℃时，氧化铝中 MgO 含量可以降低至 200 μg/g。

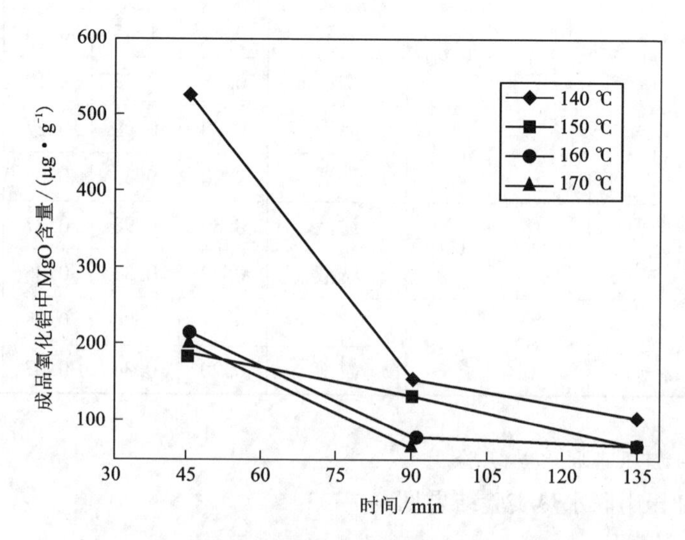

(常压 95 ℃，加压水热液固比为 5，pH=4.18，洗涤液固比为 4)

图 7-53　常压+加压串联水热温度和水热时间与产品 MgO 含量关系

结晶氯化铝原料(3#)依次经低温分解、常压+加压串联水热和洗涤后，获得高温煅烧氧化铝产品。在加压水热条件为温度 140~170 ℃，时间 90~135 min，液固比 10 时，高温煅烧氧化铝产品中的 MgO 含量才能降低至 200 μg/g 以下。另外，在加压水热反应步骤中，降低水热溶液 pH(例如调整为 1)和延长水热时间(例如将水热时间增加为 420 min)均有利于降低氧化铝产品中的 MgO 含量。

7.3.4.2　氧化镁质量分数为 0.39%的结晶氯化铝原料水热除杂效果分析

在前期试验基础上，开展一步加压水热除杂实验，实验结果如表 7-34 所示。

加压水热温度为 150 ℃，时间为 60 min，水热溶液 pH=7，加压水热液固比为 4，洗涤液固比为 4~9 时，氧化铝产品中 MgO 和 CaO 含量均小于 200 μg/g；在同样条件下，当加压水热溶液 pH=4，洗涤液固比为 2 时，即可获得 MgO 和 CaO 含量均合格的氧化铝产品。

表 7-34　5#原料水热除杂试验条件及结果

水热条件				洗涤液固比	高温煅烧氧化铝产品	
温度/ ℃	时间/min	液固比	pH		w_{CaO}/%	w_{MgO}/%
150	60	5	7	1.7	0.5892	0.0629
				3.3	0.2159	0.0279
				4	0.0803	0.0194
				9	0.0155	0.0143
150	60	5	4	2	0.0091	0.0184
				3	0.0158	0.0173
				4	0.0088	0.0162
				5	0.0082	0.0149

7.3.4.3　氧化镁质量分数为 0.56%的结晶氯化铝原料水热除杂效果分析

以氧化镁含量为 0.56%的结晶氯化铝(4#)为原料开展水热除杂实验。结晶氯化铝原料按低温分解(350 ℃)、一步加压水热工艺或常压+加压串联水热工艺开展水热除杂试验。

1. 一步加压水热实验

4#原料一步加压实验结果见表 7-35。由此可以看出，水热温度为 150 ℃时，通过调节水热时间、水热液固比等因素，产品中氧化钙和氧化镁的质量分数都能小于 0.02%。

表 7-35　4#原料一步加压水热除杂试验条件及结果

水热条件				洗涤液固比	滤渣中杂质含量	
温度/ ℃	时间/min	液固比	pH		w_{CaO}/%	w_{MgO}/%
150	90	10	4	5	0.0130	0.0082
		8			0.1169	0.0121
150	120	6	4	4	0.1003	0.0263
				8	0.0047	0.0158
150	120	8	4	4	0.0850	0.0253
				8	0.0043	0.0141

2. 常压+加压串联水热试验

常压+加压串联试验结果见表 7-36。

表 7-36　4#原料常压+加压串联水热除杂试验条件及结果

水热条件			洗涤液固比	滤渣中杂质含量	
温度/ ℃	时间/min	液固比		w_{CaO}/%	w_{MgO}/%
150	45	5	20	0.0110	0.0290
			4	0.1986	0.0464
160	90	3.5	3	0.2080	0.0285
			6	0.0317	0.0101
			9	0.0000	0.0086

如表 7-35 和表 7-36 所示，4#原料在加压水热实验中，当水热温度为 150 ℃，保温时间为 90～120 min 时，液固比为 10，洗涤液固比为 5 时，可获得 MgO 和 CaO 含量都合格的氧化铝产品。在常压+加压串联水热工艺中，加压水热温度为 160 ℃，保温时间 90 min，液固比 3.5，洗涤液固比为 6 时，可获得 MgO 含量合格的氧化铝产品。其中，在加压水热实验中发现，提高水热温度，对杂质 Mg 的去除效果影响较大；而在加压水热实验后，增加洗涤步骤中的洗涤液固比，对杂质 Ca 的去除效果影响较大。

综上，根据对氧化镁质量分数分别为 0.42%、0.39%和 0.56 的结晶氯化铝原料进行的水热除杂实验，得到如下规律：

(1)影响水热除杂实验中 Mg 脱除效果的关键因素由主到次依次为：水热温度、水热时间、水热液固比和洗涤液固比。

(2)原料中氧化镁质量分数为 0.42%时适宜的水热除杂条件为：

①1 次常压水热和 1 次加压水热工艺，其中常压水热条件为：水热温度为 95 ℃，水热时间为 45 min，液固比为 5；加压水热条件为：水热温度为 140 ℃，水热时间为 90 min，液固比为 5，洗涤液固比为 4。可获得 Mg、Ca 含量合格的氧化铝产品。

②1 次加压水热工艺，加压水热温度 140 ℃，水热时间 135 min，液固比 10，洗涤液固比 4；或加压水热温度 150 ℃，水热时间 90 min，液固比 10，洗涤液固比 4。

(3)当原料中氧化镁质量分数为 0.39%时，仅进行一次加压水热反应，可获得 Mg、Ca 含量合格的氧化铝产品。加压水热温度为 150 ℃，水热时间 60 min，液固比 5，洗涤液固比 2。

(4)原料中氧化镁质量分数为 0.56%时适宜的水热除杂条件为：

①1 次常压水热和 1 次加压水热工艺，常压水热温度 95 ℃，水热时间 30 min，液固比 3.5；加压水热温度 160 ℃，水热时间 90 min，液固比 3.5，洗涤液

固比 6。可获得 Mg 含量合格的氧化铝产品。

②1 次加压水热工艺，加压水热温度 150 ℃，水热时间 120 min，液固比 6，洗涤液固比 8。

7.3.4.4　水热除杂工艺技术方案

水热法可实现对结晶氯化铝物料中的 Na、K、Mg、Ca 杂质的有效脱除，脱除效果为氧化铝产品中 Na_2O、K_2O、MgO、CaO 质量分数都小于 0.02%。视结晶氯化铝中杂质含量水平高低，可采用一步加压水热或常压+加压水热工艺，当原料结晶氯化铝(折氧化铝)中 MgO 质量分数低于 0.4%时，采用一步加压水热除杂工艺；MgO 质量分数高于 0.4%时，采用常压+加压串联水热除杂工艺。

1. 常压+加压串联水热除杂工艺流程

将含有杂质的结晶氯化铝在(350±25) ℃下保温 2~6 h，再经低温分解得到无定型氧化铝。无定型氧化铝与弱酸性(pH 4)的水以液固比 3.5~5 配制成固液混合物后，在反应器中进行水热反应，保温 0.5~1 h。对反应后的固液混合物进行过滤分离，可获得湿滤饼和一级分离液。湿滤饼重新以液固比 3.5~5 配制固液混合物后，置于反应釜中，在 100~160 ℃条件下保温 0.5~2 h 后进行固液分离，获得湿滤饼和二级分离液。湿滤饼经洗涤后，烘干获得干滤饼，干滤饼再经高温煅烧(350 ℃保温 1 h，950 ℃保温 1 h)得到氧化铝产品。洗涤液用于加压水热浸出，分离液用于常压水热，水的循环利用是降低水热耗水量的重要举措。

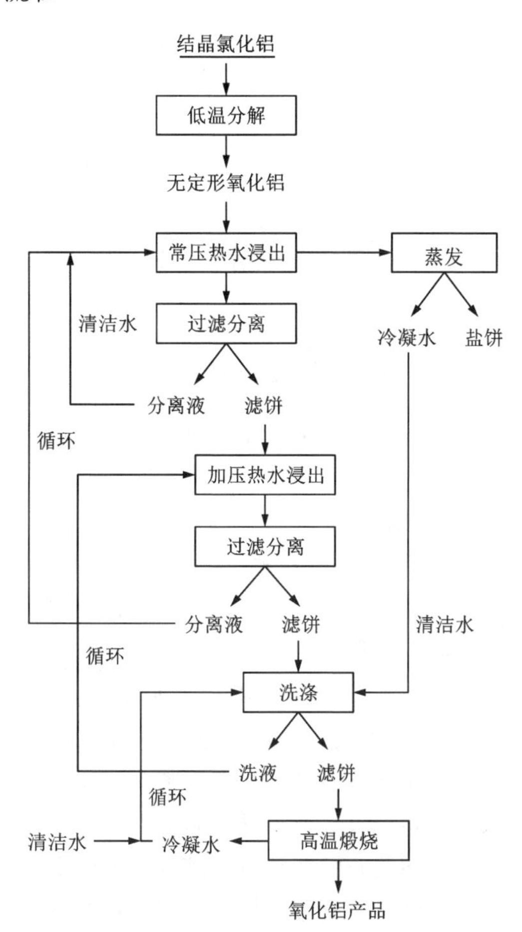

图 7-54　结晶氯化铝常压+加压水热法除杂制备氧化铝的流程示意图

2. 主要工艺技术条件及控制方案

按图 7-54 所示的水热法除杂单元工艺流程，将开展的两步水热除杂的具体实验条件列于表 7-37 中。

表 7-37　水热除杂单元工艺参数

项目	低温分解条件	第一步水热条件	第二步水热条件	滤饼洗涤条件
温度/℃	(350±25)	60~100	100~160	20~100
反应时间/h	2~6	0.5~1	0.5~2	
液固比		3.5~5	3.5~5	2~6
水洗				去离子水/循环洗涤液
pH 调节剂(盐酸)	1~7	1~7	1~7	1~7

在如图 7-54 所示的水热除杂单元工艺流程图和表 7-36 所示的工艺参数中，指出单元全流程水洗和水热用水可进行逆流重复利用。水洗和水热过程中所采用的循环水洗液或循环溶出液，以及蒸发回用的清洁水，可接受的 pH 为 1~7。应当注意，当发现单元全流程铝回收率降低时，应适当提高 100~160 ℃水热步骤的溶出液 pH。

7.4　智能制造关键设备

7.4.1　流化床低温焙烧炉

7.4.1.1　流化床低温焙烧炉进料装置

1. 进料装置结构及原理

流化床低温焙烧炉进料装置采用管道化预热输送机实现进料，类属气力输送和机械输送的组合形式。振动输送机作为双质体机构时，其结构由管道(上质体)、机架(下质体)、主振弹簧、隔振弹簧、支撑弹簧、支撑摆杆(亦称导向连杆)、驱动连杆、偏心轴，以及电动机、皮带轮和三角胶带等组成。管道和支架之间分别由刚性支撑摆杆和支撑弹簧支撑，并由主振弹簧、偏心轴、驱动连杆连接构成激振力源总成，机架由隔振弹簧支撑同地基隔开形成双质结构。

管道形式主要采用内外套管的夹层间接换热模式，采用电站锅炉高温烟气引入夹层内进行热传导。主体设备与水平面形成一定坡角，当电动机通过三角胶带传动，带动偏心轴转动时，利用驱动连杆和主振弹簧来激振双层管道沿一定激振方向作直线往复运动，从而带动物料作定向抛掷运动以实现振动输送；同时，在输送的过程中，内部物料完成热交换，达到脱除物料表面水及部分结晶水的目的。设备主体均采用经酸洗的 316 L 不锈钢材质，既耐高温又耐 HCl 气体，而且热传导效果优于其他非金属材料。

2. 进料装置自动化

由蒸发结晶单元来的结晶氯化铝物料通过皮带输送到管道预热装置的入口处，皮带尾端有刮板装置，通过刮板将结晶氯化铝物料刮入至管道化预热装置的入口中。管道化预热装置整体管道与水平面形成一定的坡角，结合自身物料重力靠振动电机将物料振动向前推进。在输送的整个流程中，无须人员进行操作，远程 DCS 系统将电机振动频率与皮带的转速关联反馈，二者物料输入输出流量相匹配。同时，装置上装有流量在线检测系统，便于观察检测物料的流动情况，避免出现堵管现象。套管夹层出入口及行程各部位装有温度传感器，能够及时准确地将物料预热消耗的热量所显示的温度反馈在远程 DCS 系统上。设置合理的温度区间，若温降超出设定范围，便会出现温度异常报警。管道化预热装置单体设备已实现单体设备自动化运行，无须人员进行手动进出料装卸。对系统启停操作，需要工作人员远程 DCS 系统控制开关操作。其中，日常维护工作，指需要定期清理皮带及管道化预热装置的管道出入口粘连的物料及杂质。

管道化预热装置出料系统中，预热后的物料直接流入到缓冲仓内，仓顶装有料位计、温度传感计。在料仓下端，由星型卸料阀出料，物料经卸料阀流入到计量螺旋输送机中，经螺旋输送器将物料输送至流化床内。

7.4.1.2　流化床低温焙烧炉

1. 结构及原理

低温焙烧炉是焙烧工艺的核心设备，低温焙烧炉主要完成结晶氯化铝游离水的脱除和分解，产生无定型的氧化铝。

低温焙烧炉采用低温焙烧+低循环倍率的循环流化床形式，来自上料器的结晶氯化铝通过进料装置直接进入低温焙烧炉，燃料器燃烧产生的高温烟气作为一次风(流化风)进入低温焙烧炉，与结晶氯化铝直接接触发生化学反应生成无定型态氧化铝。反应后产生的高温烟气夹带着氧化铝进入低温焙烧炉自带旋风分离器，其中固相通过分离器进入回料装置，回料阀中一部分物料回送炉膛进行物料循环，一部分通过回料装置上的调节阀生成成品无定型氧化铝进入下一道工序。经高温蒸汽换热后的烟气二次升温至 500 ℃左右，与结晶氯化铝充分混合、换热并发生化学反应，进而实现电站锅炉高温蒸汽的余热利用。

低温焙烧炉采用立式方箱炉体结构，方形结构可增强颗粒在炉内的返混。低温焙烧炉主要包括炉底燃烧器、布风板及风帽、密相区、稀相区、自带旋风分离器、回料装置、进料口、卸料口、耐火耐磨衬里材料等。整个低温焙烧炉采用框架结构，主要材质包含碳钢、不锈钢、耐热钢、耐火材料，其中要选用耐酸和耐磨材料作为耐火保温材料。炉体上布置了测温、测压点等。其结构如图 7-55 所示。

2. 流化床低温热解炉自动化

流化床单体设备技术成熟、全自动化操控，对结晶氯化铝物料进行低温热

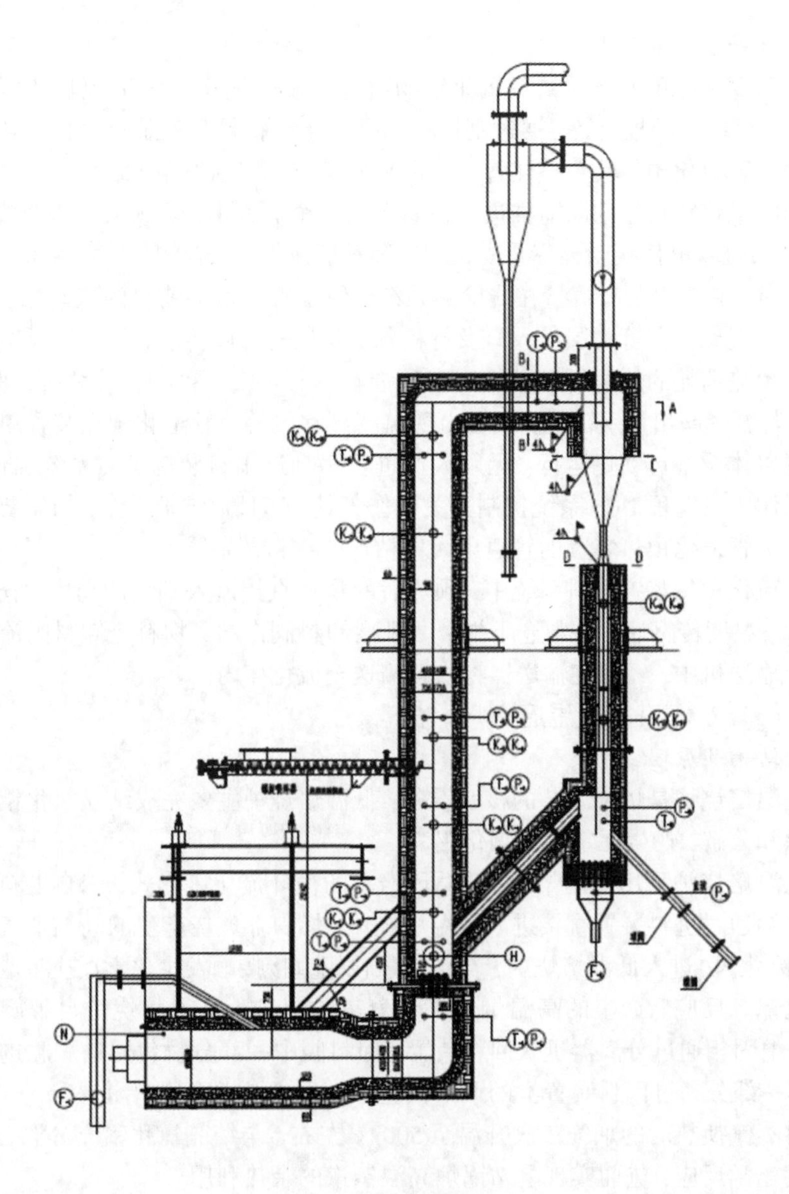

图 7-55　焙烧炉结构图

解，其热源采用线性燃烧器，自动点火，燃烧过程燃料、风量自动配比实现自动化调节，无须手动。根据无定型氧化铝的真密度，匹配合适的流化风速，使得物料在布风板上方始终处于悬浮沸腾的流动状态，与流化风、床料进行充分的换热。布风板出风口角度与横向流化风的设计，推动物料在上下沸腾的同时缓慢向尾端流动，保证了物料在流化床内合理的停留时间，契合物料低温热解所需要的反应时间。流化床设备主体配有温度计、压力表、助燃风流量计、冷却风流量计，DCS系统装有远程启停开关。启停车只需工作人员通过控制面板选择合适的温度设定。设备会根据所设定的温度自动匹配燃料与风量比，控制反应温区的温度误差为±2 ℃。出料方式：通过流化风的作用以实现在流化床旋风口持续稳定出料。连续性出料：只需在设备启停车时候开关出料阀即可。其中，需要人员进行操作的有日常巡检、维护保养、启停车操作，以及出料口高比重杂质的清理工作。整体设备运行期间，只需工作人员进行远程DCS系统在线监测、记录及参数调节。

3. 自动控制系统的设计要点

物料的焙烧分解过程一般经历等速干燥与降速干燥两个阶段。在等速干燥阶段，除去的水分是非结合水分，此时，物料表面的蒸汽压几乎与纯水的蒸汽压相等，而且在这部分水分未完全蒸发掉以前，此蒸汽压必须保持不变，此时，水分的蒸发主要靠温差来推动；而在降速干燥阶段，除去的水分主要是结合水分，物料表面的蒸汽压会逐渐下降，温度随之上升。此时，水分的蒸发主要靠湿差来推动。因此，在实际生产过程中，为了达到一个理想的能效比，必须要在整个低温焙烧过程中对空气的温度、含湿量、空气量做出相应的调整。况且在喂料及卸料时，对空气流量、温度、含湿量及流化床干燥器内空气压力参数的要求亦不同。所以，自动控制系统则由工艺过程控制与工艺数据控制两部分来决定其控制功能与要素。工艺过程控制一般包括喂料时间、主干燥时间与卸料时间的控制；工艺参数控制包括空气的温度、湿度、空气流量与沸腾床干燥器内空气压力的控制。而空气流量的控制，一方面通过风管上阀门的开启度来控制空气流量；另一方面通过变频器来调节风机的转速以控制风机的输出风量；同时，使用双风机供风，能对空气参数的调节更具灵活性，而且节能效果更佳。

7.4.1.3　电气仪表智能控制

流化床低温焙烧炉仪表控制系统主要由一次测量仪表(如流量、温度、压力、火焰等传感器)、执行元件(如调节阀、切断阀等)、设备上电气仪表控制柜等共同组成，能完成整套流化床低温焙烧炉装置的所有逻辑控制、过程控制功能和电机控制功能，实现手动点停炉、安保联锁和负荷调节功能。

电气仪表控制柜以西门子S7-300 PLC为控制核心，上位机为触摸屏和组态王，仪表控制柜的柜面设置触摸屏，PLC与触摸屏采用TCP/IP通信协议，控制系统采用触摸屏实现手动点炉、负荷调节、报警联锁的设置与显示、操作权限的分级控制以及风机的变频调节等功能。在电气控制柜的柜面上可以完成风机和燃料泵的启停。低温焙烧操作画面如图7-56所示，系统主要功能如下。

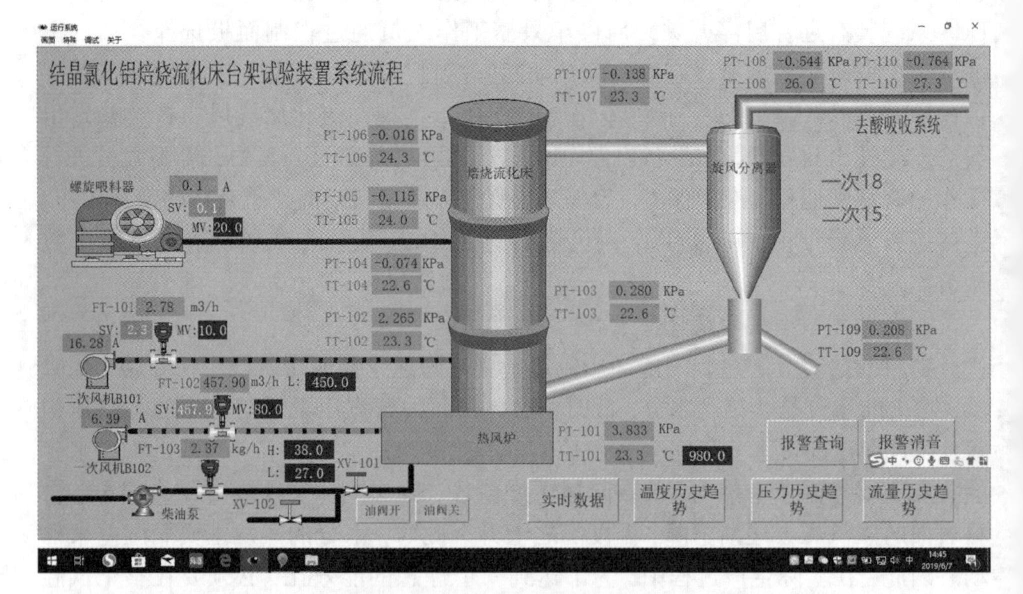

图 7-56 低温焙烧操作画面

1. 动态流程指示及过程参数的显示和控制

将系统 PID 图组态到触摸屏画面中，现场仪表的测量值可以实时显示，操作人员可直观地了解现场情况，并做出相应控制。

2. 自动调节风量

现场风系统中配有风量计和变频风机，构成了风量调节回路。调节回路具有手动和自动调节功能，可实现风量的精确控制。

3. 超限报警及安保联锁

系统内设有完备的报警及安保联锁功能。当报警和联锁出现时，在触摸屏画面上会马上显示带有报警时间和报警事件等内容的表格，在此表格中记录所有出现过的报警点，最新联锁报警记录位于表格最上方；表格中红底白字并带有“自锁”字样的记录为导致停炉的首出联锁记录。其他联锁和报警记录为白底黑字。由仪表控制柜柜面上的报警蜂鸣器和上位机音响进行报警，报警和联锁音响声音不同以便操作人员区分。系统报警后，操作人员先按屏幕上消音键消音，然后查找原因排除故障。报警窗口会记录一定时间内的报警记录，便于事后查看和分析。

4. 历史趋势及记录查询

操作人员通过查看组态王控制画面的历史趋势图，可以查询试验炉前一段运行时间所有重要的工艺参数，便于查找工艺数据和故障分析。

5. 用户权限管理

控制系统采用两级权限的分级管理模式，两级权限包含系统管理员和普通操作人员；系统管理员登录有效时间为 5 min，操作员登陆无时间限制。只有在系统管理员的权限级别登录后方可进行解锁、点火参数的修改、仪表量程和报警联锁值的设置，系统解锁后会在画面的页眉中有相应的中文提示。

6. 风机控制

风机为变频，通过控制系统实现变频风机的启停控制及变频调节功能。

7.4.2　反应釜

反应釜是水热除杂工艺中水溶单元的关键设备，无定型氧化铝与弱酸性水按一定比例配制成料浆，采用动力输送设备送入反应釜中，在一定温度和压力下，无定型氧化铝与水发生水热反应，同时将氧化铝中的杂质元素离子浸出。工业生产中反应器有许多种类，按反应器的操作方式可以分为连续操作、间歇操作和半间歇操作；按传热情形可以分为非绝热式和绝热式反应器；按结构形式可以分为釜式、塔式、管式、流化床、固定床反应器等。釜式反应器可以进行均相反应，也可以进行多相反应，如液-液、气-液、液-固及气-固-液等反应。通常釜式反应器内部都设有搅拌装置，可以使釜中反应区的反应物料的浓度达到均匀，采用连续操作方式的釜式反应器就是连续搅拌反应釜，适用于水热除杂中的加压水热工艺。

连续搅拌反应釜是一种复杂的非线性化学反应器，是生产聚合物的核心设备，在发酵、化工、石油生产、生物制药等工业生产过程中得到广泛应用，具有投资少、热交换能力强和产品质量稳定等特点。然而，由于连续搅拌反应釜的复杂非线性特点，其控制性能将会直接影响到生产效率和产品质量。

连续搅拌反应釜的主要控制难点如下：①反应过程复杂：釜内的反应过程，往往伴随着各种物理反应、化学反应、相变过程，同时还有物质的转化和能量的交替，因而十分复杂。②被控对象复杂：随着工业化大生产的发展，反应釜的容量越来越大、外壁越来越厚，材料更加特殊，从而导致被控对象的热容量越来越大、纯滞后时间越来越长。③热交换复杂：反应釜内各传热介质传热系数的变化是非线性的，而且对外界环境的影响十分敏感。随着反应的发生，反应釜内物相变化，传热系数也随之变化。④其他因素：反应釜外界条件的无规律变化，反应工艺和设备约束的变化等因素也使得反应釜精确控制的难度大大增加。

7.4.2.1　控制方法研究现状

对连续搅拌反应釜系统的控制主要有控制装置和控制方法两种方式。起初，连续搅拌反应釜的自动控制采用位置式控制装置，该装置由单元组合仪表构成。但是由于化学反应过程具有很强的时滞性和非线性，采用这种简单的控制方式难以取得理想的控制效果和控制精度。之后，PLC 控制器的出现也在一定程度上改善了控制的效果。但这种控制方式对于较复杂的控制过程，在管理和通信方面存在不足。后来 PID 的使用大大提高了控制效果，由于算法简单且易于实现，故被广泛采用。传统的 PID 对具有线性特性的过程有较好的控制效果，而连续搅拌反应釜具有强非线性特征，因此 PID 控制不能满足控制精度要求，控制效果不佳。随着控制理论的发展和研究的深入，更先进有效的控制方法可应用于连续搅拌反应的控制，实现控制性能的提升，如微分几何概念、输入/输出线性化、非线性滑模控制、自适应反步控制等，尤其是非线性滑模控制、非线性模型预测控制和自适应反步控制方法在高度非线性的条件下均取得了令人满意的控制效果。

7.4.2.2 反应釜结构

连续搅拌反应釜基本结构如图 7-57 所示。连续搅拌反应釜主要由两个部分组成，即搅拌容器和搅拌机。其中，搅拌容器包括筒体部分、换热元件、内构件等部分。而搅拌机则包括搅拌轴、搅拌器，以及搭配的传动装置和密封装置。

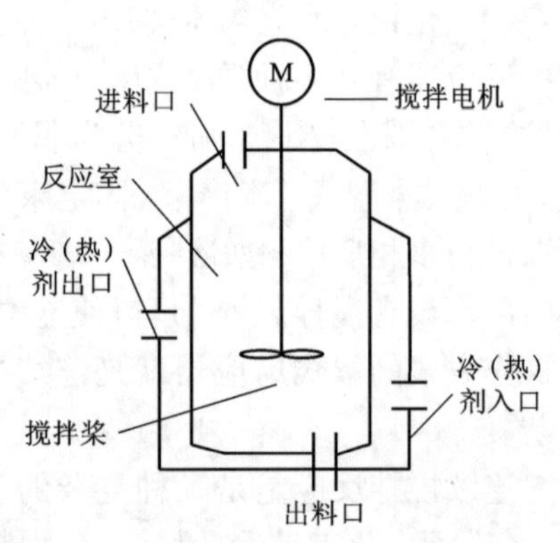

图 7-57 连续搅拌反应釜的基本结构图

筒体部分为一个罐状容器，是连续搅拌反应釜的主要部分，通常情况下材料为钢，内衬防腐材料；水热反应温度为 120～160 ℃、pH 1～7、氯离子浓度为 10～30 g/L，在这种工况下，常见的防腐材料有耐酸砖、PFA(可溶性聚四氟乙烯)、聚四氟乙烯、搪瓷等。在容器内加入反应物料，可以在其内部发生化学反应，从而发挥反应器的作用；反应釜的加热方式可分为直接加热和间接加热，直接加热是将加热蒸汽直接通入反应釜中。其优点是加热效率高，蒸汽对物料可起到搅拌作用，缺点是易引起反应釜压力波动，蒸汽冷凝水导致体系液固比改变，影响反应效果。间接加热采用换热元件对反应温度进行调节，从而影响反应的各类参数。一般由法兰连接或焊接的夹套构成，围绕在筒体的外部，在容器外壁形成不同形状的钢结构密闭空间。工作时，热剂(通常为蒸汽)通入此空间，借助内壁的传热作用，对反应器内的物料进行加热。此外，通常使用电磁阀对介质的流速进行控制，进而对釜内的反应温度进行更精确的调节；搅拌器在化学反应中起到至关重要的作用，通过搅拌，提供了釜内反应物料所适合的流动状态和反应过程所需的能量。搅拌器有很多种类型，最普遍的为桨式搅拌器；密封装置对于反应釜来说是必不可少的一部分，因为大部分情况下，化工反应过程会产生易燃、易爆、含有剧毒的各类产物，通常为气体等，如果发生泄漏，将引发各类安全问题。另外，很多反应需要一定纯度的物质作为反应物料，在反应过程中也要避免外来物质的渗入；传动装置由电动机、联轴器、减速机和机架构成，它的作用是为整个反应釜内的工作、物料的循环提供足够的动力。除了上述主要部分外，在罐顶和罐底还设有加料口和出料口，以便将反应釜需要和生成的反应物料加入或取出。反应室内也装有温度计套管，套管内放置温度传感器或者温度计，以对反应釜内的温度进行测量。

7.4.2.3　工作原理

反应物料按照一定的比例进行混合，投入到筒体内，同时将高压蒸汽通入作为传热元件的夹套中，通过传热作用，使得釜内的温度升高，再利用搅拌器的搅拌机理，提高导热速度，保证釜内的物料分布均匀，温度一致。当温度达到合适的区间时，需要保持一定时间的恒温，来保证化学反应的正常进行。在整个工艺中，最核心的部分就是恒温阶段，在这个阶段中，温度的升高和降低都会影响反应的转化率和反应深度，从而对反应产品的质量形成间接影响。化学反应通常都是放热反应，并伴随着很强的放热效应，反应温度和反应的放热速率之间，也存在着正反馈自激的关系。所以，当反应温度受到扰动升高时，往往会进一步加快反应的速率，提高放热的速率，使釜内温度进一步升高，严重时甚至还会引发“聚爆”现象，造成安全事故。综上所述，在反应过程中，需要及时控制加热介质的流量，保证釜内温度的稳定，最终使反应釜内的反应参数达到理想的工艺需求，这也是反应釜控制的基本手段之一。

为保证物料的反应时间和均一稳定，通常采用多台反应釜串联运行方式，图 7-58 所示为三台立式反应釜串联。按比例配制的料浆采用动力输送设备送入一级反应釜中，经过一定的停留时间，料浆从一级反应釜出料口流出，通过管道

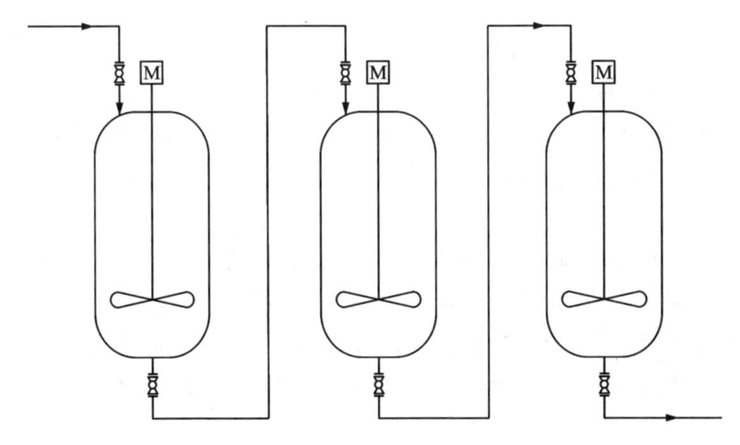

图 7-58　反应釜串联运行示意图

进入二级反应釜，反应釜连续向下游出料。通常一级反应釜为加热反应釜，料浆在釜内加热至反应温度，二、三级反应釜为保温釜。系统内料浆的动力来源为动力输送设备，通常为隔膜泵或离心泵，各级反应釜之间维持一定的压力差，确保料浆流动通畅。反应后的物料通过减压阀减压送入闪蒸罐，浆液通过闪蒸过程降温、降压后进入后续流程。

7.4.2.4 自动化控制

反应釜自动化控制的目的是实现运行全过程自动控制，降低人为因素的干扰，达到提高精度、效率、保证安全的目的。多台反应釜串联运行方式已在粉煤灰提铝中试装置溶出工序中试车验证，虽运行稳定，但存在温度、压力、液位控制不精准，自动化程度较低，且主要依赖于人工经验的调整等问题。中试试验积累了大量宝贵的设备运行参数数据，为反应釜自动化控制提供了数据支持。

反应釜主料流量要控制的变量有进、出料流量，蒸汽流量，反应釜温度，反应釜压力，反应釜液位，各参数之间存在很强的耦合关系。如当蒸汽流量增大后，反应釜温度升高，反应釜压力随之增大，与进料泵输出压力的压差减小，在进料调节阀开度不变的情况下，进料流量随之减小，在出料流量不变时，反应釜液位会下降，将难以保证料浆有足够的停留时间；反之，当反应釜温度过高时，需降低蒸汽流量，此时反应釜压力减小，与进液泵输出压力的压差增大，在进液调节阀开度不变的情况下，流量随之增大，在出料流量不变时，反应釜液位会上升。

反应釜自动化控制主要依靠各变量间联锁控制，反应釜进料控制由进料调节阀和流量计构成，出料控制由出料调节阀和液位计构成，反应釜压力控制由不凝性气体放空阀和压力变送器构成，反应釜温度控制由蒸汽调节阀和温度传感器构成。

反应釜压力控制联锁：设定反应釜压力范围，接近上限时，开启不凝性气体放空阀。反应釜压力接近下限时，调控蒸汽调节阀，增大蒸汽流量。

反应釜温度控制联锁：设定反应釜温度范围(与反应釜压力对应)，当温度呈上升趋势时，调控蒸汽调节阀，降低蒸汽流量；当温度呈下降趋势时，调控蒸汽调节阀，增大蒸汽流量。

反应釜液位控制联锁：进料流量与反应釜压力联锁，反应釜压力增大时，通过联锁调控进料调节阀和进料泵电机频率使进料流量稳定在设定范围，反之亦然。出料流量由反应釜液位与出料调节阀联锁调控，当反应釜液位上升时，开大出料调节阀，液位下降时，关小出料调节阀。进出料相对平衡，使反应釜液位控制在稳定范围。

7.4.3　平盘过滤机

平盘过滤机是一种连续运行的高效真空过滤设备。在水平放置的主转盘上环形安置若干扇形滤室，滤室上部配有滤板、滤网、滤布；滤室下部有出液管，与位于转盘中心的错气盘连接。需过滤的料浆由上部加料斗连续加入，经过滤后，滤液由下部的出液管流经错气盘至气液分离器；滤饼经多次洗涤并吸干后由卸料螺旋输送出料。过滤机水平回转一周，完成加料—(反吹)—过滤—洗涤—吸干—出料等基本工艺过程。主转台及卸料螺杆的转速均为变频调速，以满足不同工艺操作需要。

平盘过滤机具有结构简单、工艺适应性好、运转平稳、脱水快、洗涤效果好的特点。对于脱浆快的悬浮液，更有单位时间处理量大的优点，特别适用于洗涤要求高，含中粗颗粒料浆的过滤。

7.4.3.1　平盘过滤机结构及原理

在氧化铝生产领域，平盘过滤机主要用于碱法氧化铝中三水铝石的过滤和洗涤。区别于碱法三水铝石，酸法粉煤灰提取氧化铝工艺产品为一水铝石，其粒度较碱法三水铝石小，而且溶液中有少量胶质体，在过滤、洗涤时会有部分细小的颗粒附着在滤布表面，甚至在滤布表面形成胶质层，极大地影响过滤速度，进而影响拟一水铝石的过滤和洗涤效率。为提高过滤效率，需对传统平盘过滤机进行改进与优化。

优化后的平盘过滤机如图 7-59 所示，包括中心立柱，中心立柱上设有中心圆盘，中心圆盘周围设有环形滤盘，滤盘上方设有布料装置、卸料装置、洗涤水管和热风装置；滤盘下方有出液管，出液管另一端与分配阀的上错气盘连接；滤盘、出液管、上错气盘等机构在驱动装置的驱动下绕中心圆盘转动；滤盘分为卸料区、滤布再生区、布料区、母液过滤区、一洗过滤区、二洗过滤区、反吹区、三洗过滤区；分配阀通过管路外接抽真空装置和压缩空气装置。

料浆由布料装置均匀地分布在滤盘上，经滤盘的转动进入过滤区域，料浆在真空作用下进行固液分离，其中固相留在滤盘表面，经过滤、洗涤、烘干后由卸料螺旋经下料口排出；其中液相部分，即滤液和洗液由出液管到分配阀，经分配阀分配后进入不同的真空受液槽。外接压缩空气也经过分配阀和出液管对滤盘的滤饼进行反吹。

为提高平盘过滤机过滤效率，平盘过滤机的滤盘在二洗过滤区和三洗过滤区中间加入了反吹区，利用压缩空气反吹可有效地吹扫出滤布缝隙间的小颗粒，破坏滤布表面附着的胶质层，极大地提升物料的过滤强度。经实验验证，反吹后水铝石的过滤强度可提升 2~3 倍。虽然在过滤区间加入反吹区会使得平盘过滤机

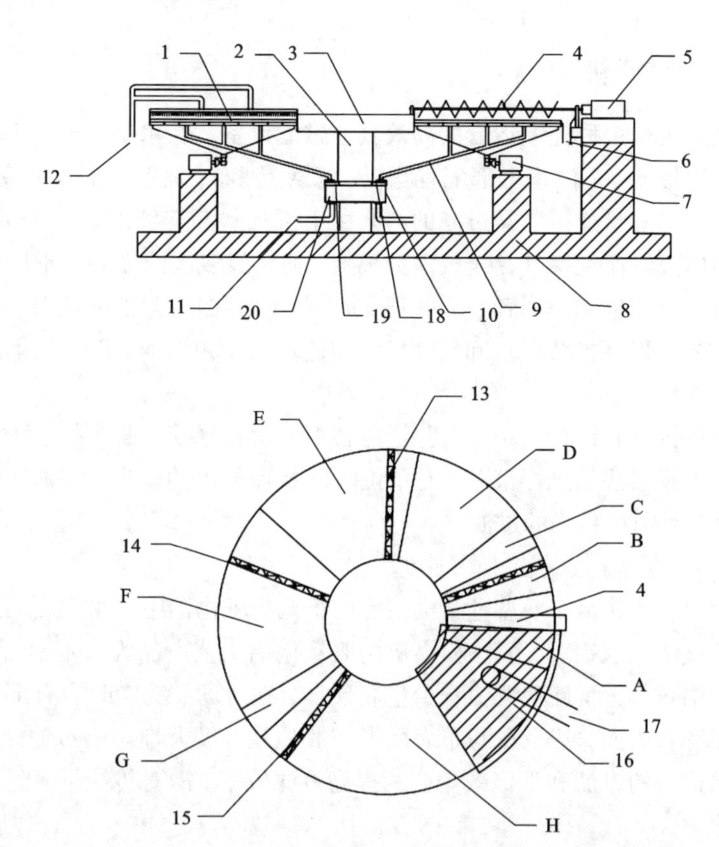

1—滤盘；2—中心立柱；3—中心圆盘；4—卸料螺旋；5—卸料电机；6—下料口；7—驱动装置；8—基础支撑；9—出液管；10—分配阀；11—外接真空装置或压缩空气；12—接洗涤水；13——洗水管；14—二洗水管；15—三洗水管；16—热风罩；17—外接热空气；18—上错气盘；19—下错气盘；20—阀腔；A—卸料区；B—滤布再生区；C—布料区；D—母液过滤区；E——洗过滤区；F—二洗过滤区；G—过滤反吹区；H—三洗过滤区。

图 7-59　平盘过滤机

的有效过滤面积减少，但是提升滤饼的过滤效率将大大提高产量，减小平盘面积，降低设备投资成本。

7.4.3.2　平盘过滤机过滤过程影响因素

平盘过滤机为滤饼过滤，又称表面过滤。过滤时，先由滤布等的表面截留悬浮颗粒，而后由逐渐增厚的滤饼继续截留颗粒。其目的主要是对悬浮液进行浓缩及固体回收。图 7-60 为滤饼过滤方式示意图。

滤饼由固体颗粒随机排列组成。其间有大量空隙存在，呈疏松状。固体颗粒在水流作用下逐渐向过滤介质表面移动。颗粒主要受重力、浮力、颗粒间作用

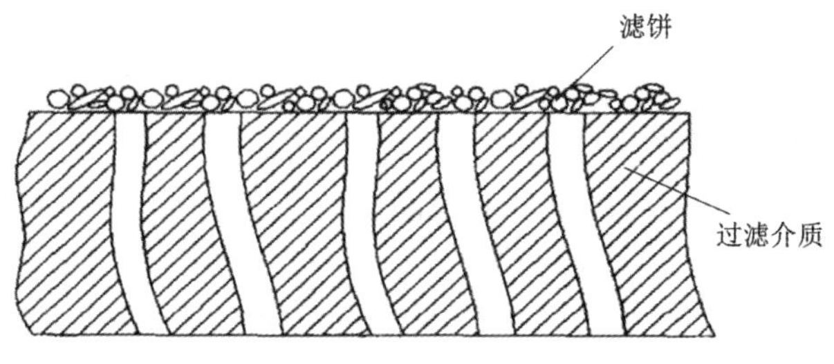

图 7-60　滤饼过滤方式示意图

力、水流动及介质阻力的作用。由于颗粒呈悬浮状态，因此过滤压差对单个粒子的作用是通过水流动力体现的。在滤饼过滤过程中，滤液在过滤压差作用下穿过滤饼和过滤介质，在滤饼空隙中对固体颗粒作绕流流动。

1856 年达尔西根据流体在毛细管中流动的机理，首先用数学方法确定过滤速度，提出过滤方程式，应用此式可以计算过滤及洗涤的速度。

$$\nu=\frac{K\cdot P}{\delta\mu g} \tag{7-11}$$

式中：ν 为过滤速度，$m^3/(m^2\cdot s)$；K 为滤饼的渗透系数，$m^3/(m^2\cdot s)$；P 为过滤压力差，kg/m^2；δ 为滤饼层厚度，m；μ 为滤液的黏度，$(kg\cdot s)/m^2$；g 为重力加速度。

卡曼-鲁思综合实验室过滤机操作结果将式(7-11)加以整理引出了过滤基本方程式。

$$(V+V_0)^2=\frac{2PF^2}{\mu\alpha\rho}(\tau+\tau_0) \tag{7-12}$$

式中：V 为过滤时间 t 内通过的滤液体积，m^3；V_0 为过滤系统在开始时的阻力(即通过滤隔板的阻力)，以形成相应的滤渣阻力所通过的滤液体积来表示，m^3；P 为过滤压力差，kg/m^2；F 为过滤面积，m^2；τ 为过滤时间，s；τ_0 为与通过滤液 V_0 相应的时间；μ 为滤液的黏度，$(kg\cdot s)/m^2$；α 为单位体积滤液所含的干滤饼量，kg/m^3；ρ 为单位重量滤饼的平均过滤比阻。

从式(7-12)可以看出，提高平盘过滤机的分离洗涤效率的因素如下。

1. 颗粒特性

在过滤技术中，固体颗粒的形状、尺寸及密度是体现颗粒特性的 3 个要素，决定着颗粒能否被过滤介质所截留，还决定着沉降速度及滤液的清洁度。滤浆中的颗粒形状是不规则的，其尺寸用等价球的直径来表示。等价球直径越大，滤液的通透性就越强，过滤效果及过滤效率就越高。等价球直径小的固体颗粒，在形成滤饼的过程中相互排列紧密，对滤液的阻力增大，滤液透过性差，压差要求较大，能量消耗就高。为确保一水铝石有较好的过滤特性，其粒度越大越好，在蒸发结晶、水热除杂等工艺技术上应重点对产品粒度进行相应优化。

2. 液体的黏度

液体的黏度对固液分离过程影响很大。黏度大的液体，由于液体分子间的引力较大，在过滤过程中，需要较大和较长时间的外力影响来改变液固相间的变化。通过改变温度，可降低液体的黏度，从而提高过滤速度，降低滤饼中的含液量。为了促进水铝石料浆的分离，缩短分离时间，通过提高料浆温度，降低或消除水膜应力，提高水铝石颗粒表面活性，平盘过滤机的洗涤水温度要求保持在 70~90 ℃。

3. 滤饼特性

平盘过滤机在过滤过程中，过滤操作常用于水铝石的分离洗涤中。过滤开始时，通过过滤介质的滤液必须克服过滤介质对流动产生的阻力。当过滤介质表面上形成水铝石滤饼后，还必须克服水铝石滤饼和过滤介质的联合阻力。过滤介质和水铝石滤饼的联合阻力要比单独的过滤介质(滤布)和滤饼阻力加起来要大，因为有部分固体颗粒嵌入滤布孔隙之中。滤饼沉积到一定厚度后，滤饼阻力起主导作用，这时，过滤介质阻力可略而不计。因此，水铝石的颗粒特性对滤饼的阻力形成有明显的影响，同时影响液固分离时间。

4. 过滤介质

过滤介质在使用中不仅要有良好的渗透性，而且应具有截留颗粒的能力，其对生产指标产生至关重要的影响。过滤介质的渗透性可表示为：

$$u = B\Delta P/\mu L \tag{7-13}$$

式中：u 为液体通过滤层的速度，m/s；B 为过滤介质的渗透性，m^2；ΔP 为压力差，Pa；μ 为液体黏度，Pa·s；L 为过滤介质的厚度或深度，m。

5. 滤饼的洗涤

平盘过滤机过滤产生的滤饼由于呈多孔结构，因此在内部滞留有一部分母液，通过对滤饼的洗涤，来获得合格的水铝石。常用的洗涤方式是置换洗涤，即用洗液直接洗涤滤饼表面，随后洗液渗入滤饼孔隙内进行置换与传质，将滤饼中残存溶质一并带出。

7.4.3.3 平盘过滤机自动化控制

1. 联锁控制

联锁控制的作用有两点：一是确保设备的顺序开、停，二是确保故障时相关设备的停车。这两点都是为了保证生产和设备的安全进行。图 7-61 所示为平盘过滤机部分设备开、停车顺序，必须严格按照一定的顺序开、停车。采用联锁控制可以保证这一顺序得以实现。图 7-61 中上箭头为开车顺序，下箭头为停车顺序。开车时，必须当皮带开启后才能开螺旋，同时润滑泵开启后才能开平盘过滤机，最后才能开喂料泵；停车时，则是按喂料泵、平盘过滤机、螺旋、皮带的顺序依次停车。如果皮带因故障停车，螺旋、平盘过滤机、喂料泵因为联锁会同时停下，保证了设备安全。

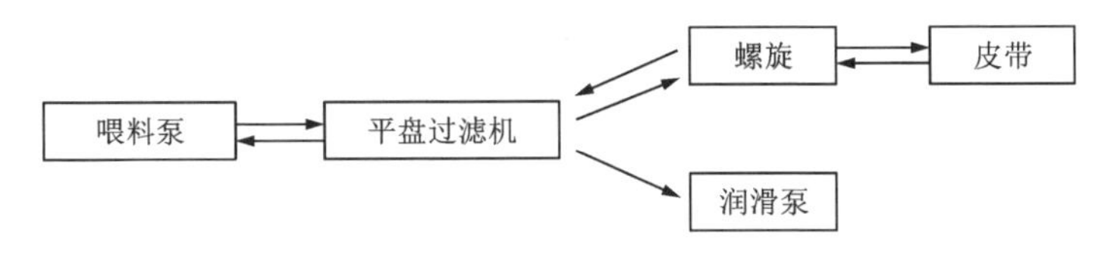

图 7-61　平盘过滤机部分设备开停车顺序

2. 调节控制

系统自动对一些需要连续调节的量进行闭环 PID 调节，使生产能平稳进行。以下以滤液槽液位自动控制为例来阐述。

图 7-62 所示为滤液槽液位自动控制原理图。当滤液槽液位变低时，检测到的数值比设定值低，系统输出增大，提高滤液泵转速，可使滤液流量增大，反之，则降低滤液泵转速，使滤液流量减小。通过自动调节控制，系统实现了平盘过滤工序的母液槽、强滤液槽、弱滤液槽、洗水槽的液位自动控制，料浆流量、洗水流量的自动控制以及洗水温度的自动控制，有效地提高了设备运转率和产品质量。

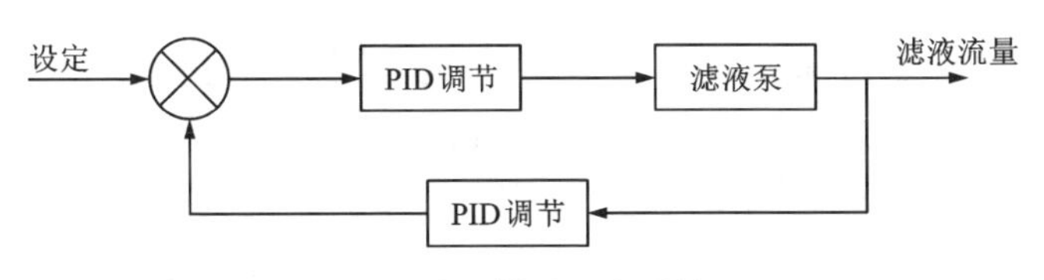

图 7-62　滤液槽液位自动控制图

7.4.4　酸回收装置

冶炼烟气制酸过程的传统控制方法是由现场操作人员根据经验手动调节风量控制阀门来调节风量的大小，吸收过程涉及了多个阀门，如何协调各个阀门，使各段的温度基本保持恒定并且保证转化器内的热平衡，需要操作人员具备很强的经验和责任感。但是由于结晶氯化铝焙烧烟气中 HCl 含量的不断变化，人工手动调节的难度很大，因此要获得更好的控制效果，必须建立烟气制酸过程的智能控制系统。

首先，研究了酸气吸收制酸过程智能控制系统的总体物理结构和逻辑结构，在整体设计的基础上总结温度控制阀门的专家调节经验，建立温度、风量控制阀门的专家模型。再针对异常生产条件建立阀门调节的规则模型，利用规则来实现特殊工况的处理。最后，根据操作人员调节变频器的经验建立烟气制酸过程的风量调节模糊控制器。该模糊控制器能根据不同的温度、浓度状况随时调节风机的转速以实现系统的温度恒定和热平衡。

第 8 章 新型氧化铝电解智能制造技术

8.1 新型氧化铝电解智能制造系统结构

基于新型氧化铝电解及其未来企业的特点，构建集团和企业(分厂)两级智能决策系统的体系结构，如图 8-1 所示。该系统的硬件体系主要包括铝电解生产智能感知系统、企业(分厂)级大数据中心、按需服务的集团级大数据云服务中心等，从而实现集团级/企业级生产计划业务的无缝集成和协同工作。系统中信息类型主要有物流信息、原始数据流、决策信息流和知识信息，其中蕴含了从原始数据集成为大数据，从大数据中获取知识，从知识实现决策的一系列关键环节。这些关键环节的实现都离不开基于大数据和云计算的知识决策支持环境。

8.2 铝电解物质流与能量流

采用工艺全流程数据建模与核心反应器机理建模相结合的方法，针对新型氧化铝电解过程，建立铝元素的物质能量分配模型。即基于物质传递、能量传递与组分传递及平衡原理，对铝电解过程铝元素的形态进行铝元素的物料平衡、能量平衡、化学反应、过程参数控制、设备设计等方面的计算与分析，获得全面的铝元素传递行为。

铝电解过程的物质流和能量流的分析对于粉煤灰提取氧化铝过程的物质流和能量流具有指导作用，特别是对于未来粉煤灰提取氧化铝工程与配套智能制造系统的落地具有重要意义。

工业过程中，酸法电解铝生产采用新型氧化铝—冰晶石熔盐电解法，主要生产工艺包括整流供电工序、氧化铝氟化铝贮运工序、电解工序、烟气净化工序、熔铸工序、阳极组装工序等，如图 8-2 所示。

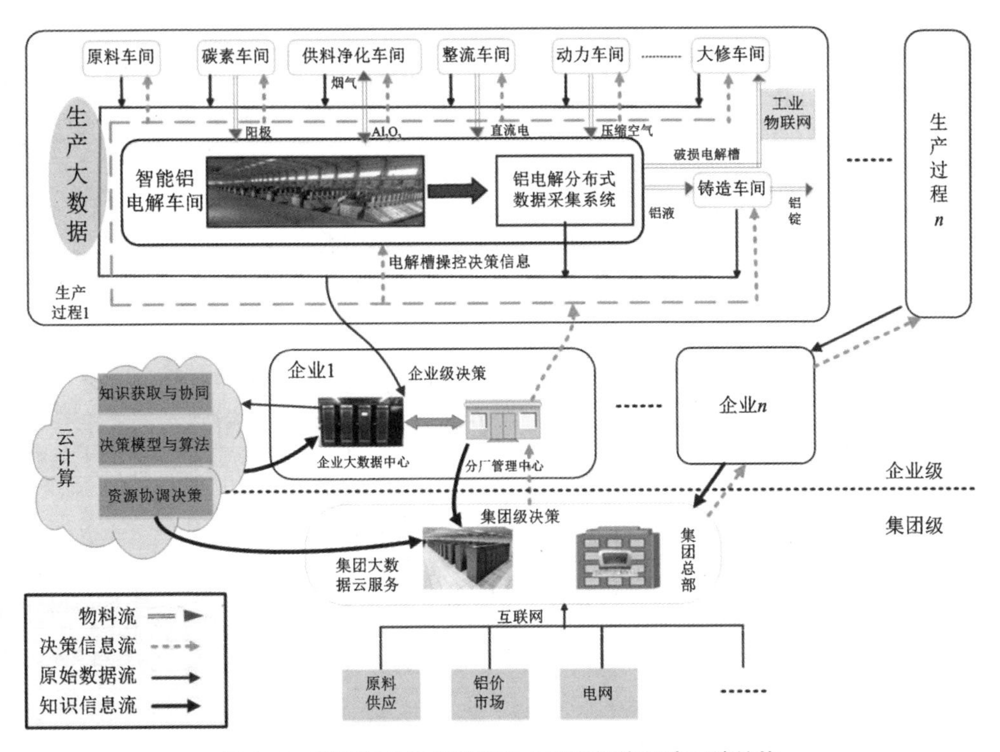

图 8-1　新型氧化铝铝电解的全流程智能制造系统结构

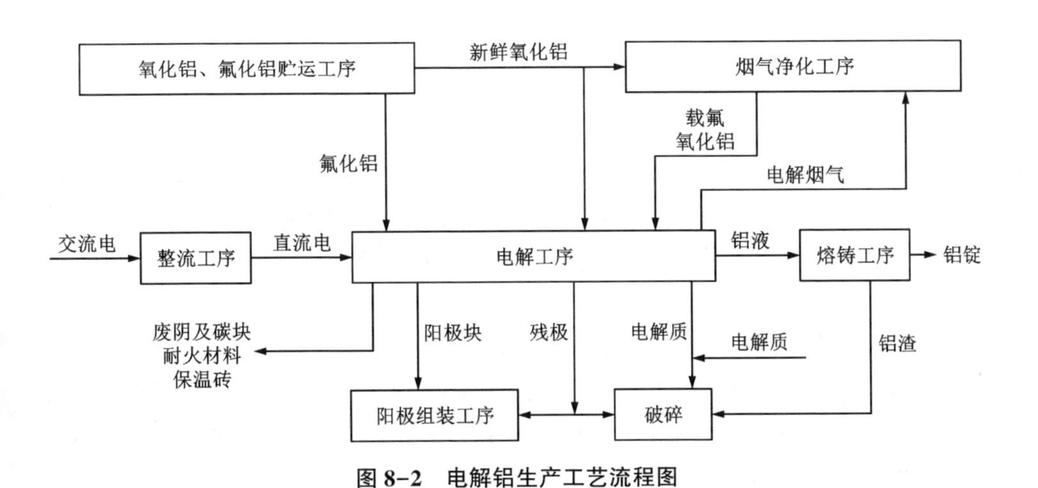

图 8-2　电解铝生产工艺流程图

8.2.1 新型氧化铝电解过程物质流

以某工业电解槽铝系列为参考，基于新型氧化铝的特性进行物质流计算。通过理论计算得到物质流图如图 8-3 所示，氟平衡物质流图如图 8-4 所示。

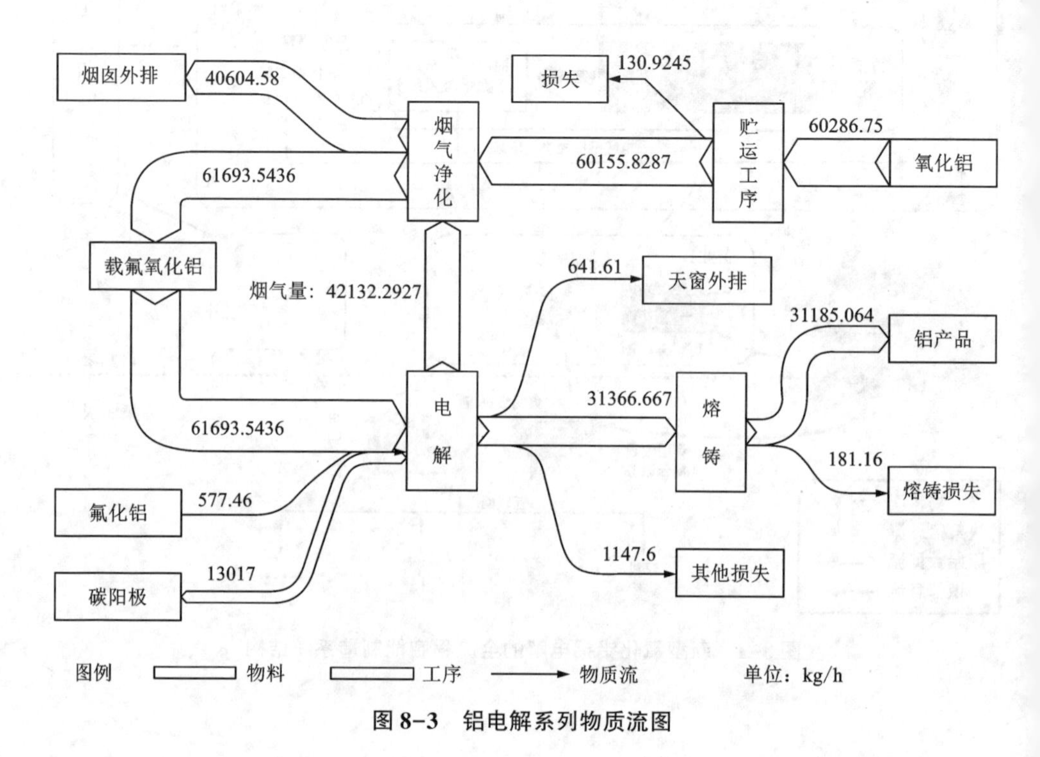

图 8-3 铝电解系列物质流图

可以看出，铝电解生产中资源利用的关键环节包括以下几方面：

(1)减少原料消耗及贮运损失。消耗氧化铝 60286.75 kg/h、氟化铝 577.46 kg/h、阳极约 13017 kg/h，换算成吨铝单耗为氧化铝 1922 kg、氟化铝 18.41 kg、阳极 415 kg。与电解铝国家资源消耗标准相比，氧化铝消耗略偏高，氟化铝消耗较低，阳极消耗较低。造成氧化铝消耗偏高的主要原因是贮运工序有 130.92 kg/h 的损失。

(2)粉尘的无组织排放和其他损失。烟气排放量为 40604.58 kg/h，无组织排放 641.61 kg/h，其他损失 1147.6 kg/h，熔铸损失 181.16 kg/h。电解槽内烟气的损失主要是由于电解槽不完全气密造成粉尘的无组织排放。降低烟气的无组织排放就是要提高电解槽的集气效率。假设电解槽的集气效率为 98.5%，即有 1.5% 的烟气通过无组织排放而消耗掉。

(3)氟平衡及损失。由图 8-4 数据可以看出，槽内衬吸收量为 164.93 kg/h、

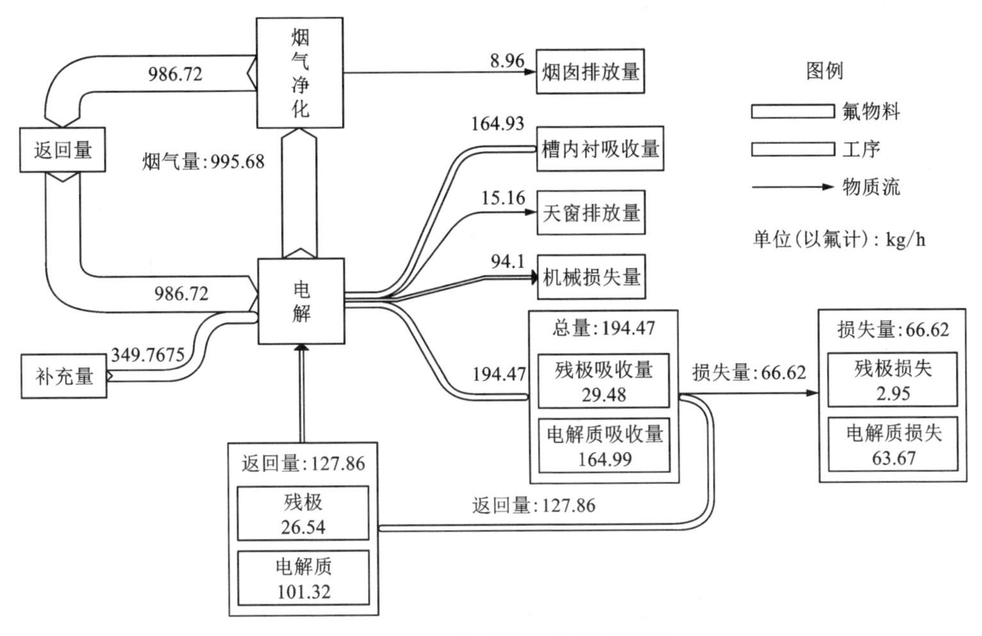

图 8-4　铝电解槽氟平衡物质流图

无组织排放损失为 15.16 kg/h、机械损失 94.1 kg/h、电解质吸收量为 164.99 kg/h，残极吸收为 29.48 kg/h。其余氟含量随烟气进入净化系统(995.68 kg/h)，通过干法净化技术用氧化铝吸收的氟有 986.72 kg/h 全部返回到电解槽，只有 8.96 kg/h 随烟气排放到大气中，氟净化回收效率达到 99.1%。电解质和残极吸收总量为 194.47 kg/h，其中 127.86 kg/h 返回电解槽循环利用，损失 66.62 kg/h。

从物质流数据分析结果可以看出，电解铝生产中减少贮运工序氧化铝损失，电解工序、净化工序氟损失及无组织排放，提高电解槽集气率、氟的净化率、粉尘回收等是提高资源利用率的关键所在。

8.2.2　新型氧化铝电解过程能量流

对 350 kA 和 400 kA 两个电解系列的总能量进行计算，并以年产 55 万 t 电解铝每小时耗能为计算基准，得到的电解生产过程能流图，如图 8-5 所示。

从图 8-5 可以看出电解铝生产过程的能源利用情况。整流工序的能耗为 721.67 kW·h，约占总能耗的 0.08%，主要是交流电整流为直流电时的电能损耗；电解工序的能耗为 873723.1 kW·h，约占总能耗的 97.99%，主要是电解槽、空压机、车间照明等其他电耗；净化工序的能耗为 15952.78 kW·h，约占总能耗的 1.79%，主要用于风机动力消耗；熔铸工序的能耗为 1118.06 kW·h，约占总能耗的0.13%，主要用于加热和保温铝液；其他辅助用电为115 kW·h，约占总能耗的0.01%。可见，电解工序能耗最大，电解槽是节能的关键点。减少整流过程能耗和风机等动力设备能耗也是提高能源利用率的有效途径。

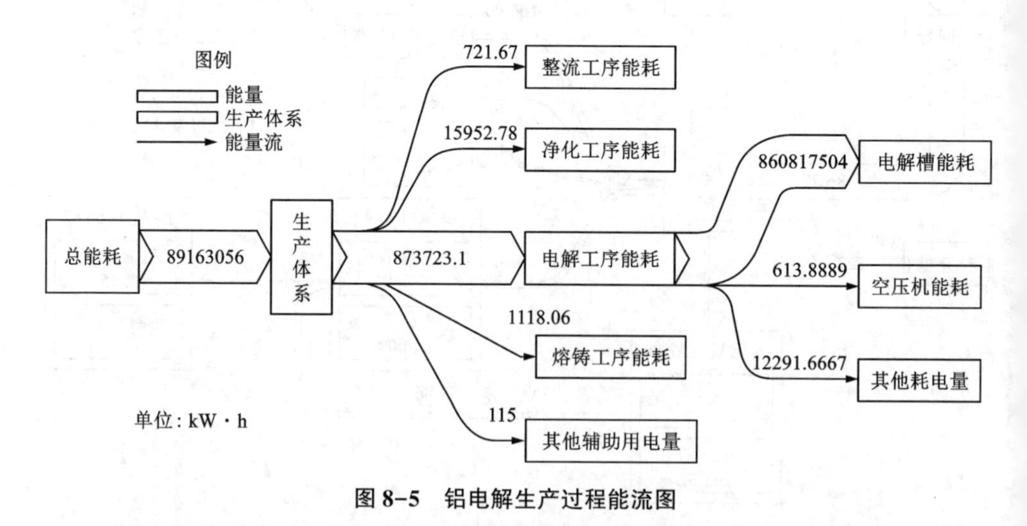

图 8-5　铝电解生产过程能流图

通过对 1 台 350 kA 电解槽每小时用电量计算，得到了其能量流图，如图8-6所示。从图8-6可以看出，电解槽输入电能为1515 kW，其中反应能耗占642.68 kW；烟气带走热量占365.45 kW；铝液带走热占42.83 kW；槽体散热占457.90 kW(槽壳侧部散热为345.59 kW)；残极带走热占1.63 kW；换热块散失热2.80 kW；钢爪带走热占1.71 kW。

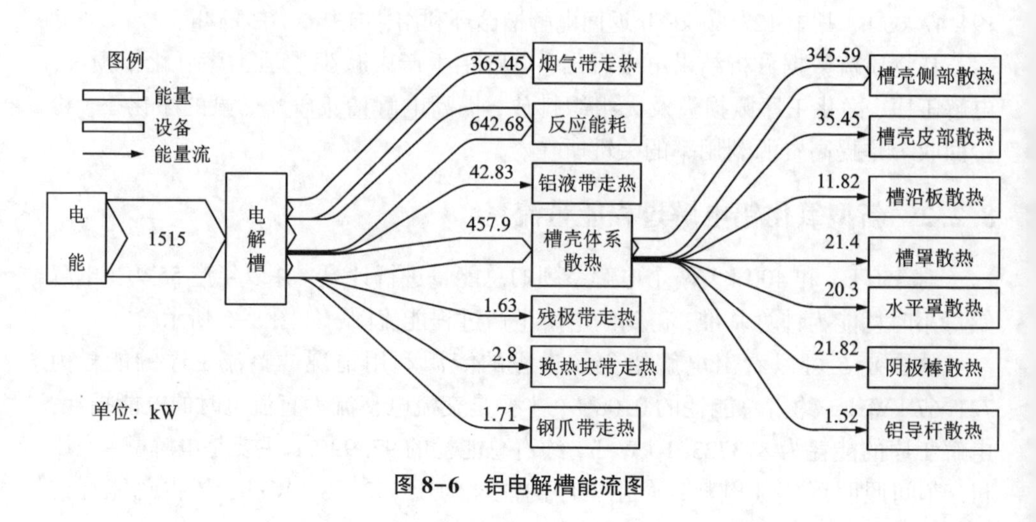

图 8-6　铝电解槽能流图

由此可知，电解槽的反应能耗较大，优化电解质成分、降低电解质压降和阴极压降可以减少能耗；槽体对流及辐射热损失大，采取保温措施、调整覆盖层厚度可减少散热量，其重点是加强槽壳侧部的保温措施；烟气带走热量较大，应回收利用；减少铝液运输热损失，充分利用铝液热量进行铸造，可大幅减少熔铸工序能耗。

8.2.3　关键参数检测与状态感知

8.2.3.1　多分布式状态参数的概念及价值分析

铝电解生产要向智能制造转型，需要解决构建铝电解槽数字孪生体并进而构建数字化工厂的技术难题，而铝电解槽数字孪生体的构建，首先要解决电解槽工况的空间分布信息获取难题，特别是实时获取的难题。从进一步提升现代大型、超大型铝电解槽运行技术经济指标的角度来看，也十分有必要解决槽内工况的空间分布信息实时获取难题。这是因为大型、超大型铝电解槽具有极强的空间分布特性，在槽内会出现各种各样的分布问题、不均匀问题，特别是氧化铝浓度不均匀分布和温度不均匀分布的问题。

长期以来，铝电解槽的在线采集参数只有集总参数型的槽电压和系列电流两个采集点。由于槽内熔体的强腐蚀性，至今尚无可利用的传感器探头能承受熔体长时间的腐蚀。因此，氧化铝浓度、电解质温度、铝液高度（俗称铝水平）、电解质高度（俗称电解质水平）等重要状态参数依然无法直接在线检测。工业生产中对这些参数采用定期（或认为必要时）人工检测，铝业界考虑和研究过的分布式信号在线采集主要集中在无须在槽内熔体中获取信号的分布式信息采集，包括阳极电流分布、槽壳侧壁与钢棒温度分布、阴极电流分布等，而已有检测方法与技术要么因为采样精度与可靠性不够，要么因为采集系统造价高且缺乏有效利用等原因而没有得到推广应用。

阳极电流分布信息包含十分丰富的槽内工况空间分布状态信息。因此，本部分首先重点攻克了阳极电流分布信号在线采集的难题，实现阳极电流分布状态信息高精度、高稳定性、低铝成本的在线感知。在此基础上，结合阳极母线位置、槽壁温度分布、阴极电流分布和烟道端烟气温度等信号的在线检测技术与装置的开发，将铝电解槽在线采集信号从常规集总式的槽电压与系列电流 2 个在线采集点，扩展到 4 类（标准配置）~7 类（扩展配置）共 33~297 个在线采集点，实现分布式槽状态信息的实时感知。

将上述在线检测系统的实时感知信息与各种其他来源的信息（包括人工检测数据、化验室检测数据等）相结合，形成的“多源异构数据”，构成了铝电解智能优化制造的最底层数据基础。

1. 分布式在线检测种类

将铝电解槽的在线采集信号扩展到4类(标配)~7类(标配+扩展)信号共33~297个在线采集点。

作为标准配置的在线采集信号包括：槽电压(1个采集点)、系列电流(1个采集点)、阳极电流分布(根据槽型不同有24~48个采集点)、阳极母线位置(1~2个采集点)。

作为拓展配置的分布式信号包括：(槽壳的)侧壁与钢棒温度分布(最大128个采集点)、(阴极钢棒的)阴极电流分布(最大采集点数为128个)、(槽烟道端的)烟气温度(1~4个采集点)。

2. 分布式在线信号的价值

槽电压和系列电流的在线检测，是延续常规控制系统的在线检测方案，根据这两个信号计算得到的(表观)槽电阻是用于分析和控制铝电解槽物料平衡(氧化铝浓度)及热平衡和极距的重要依据。

阳极电流分布因其具有变化频率快、与生产工艺管理密切、跟电解槽工作状态相关性大等特点，是多年来铝电解生产管理最为关注的信号，长期以来铝厂主要由电解操作工定期或不定期地进行人工检测。实现在线实时检测后，该信号与其他检测与解析信息联用，可用于获取如下槽况信息：各区域(即电解槽阳极块/组对应的电解槽工作区域)的氧化铝浓度变化信息、各区域阳极效应发生趋势的信息、各区域电解质过热度的变化信息、各区域阳极块/组工作稳定性(包括阳极病变)的信息、阳极更换的操作质量信息。

阳极母线位置的在线检测，是传统铝电解控制中阳极行程测量装置——回转计的高精度替代品。过去的回转计因为精度低，实际应用价值不高。实现阳极母线位置的高精度在线检测后，通过该信息可以获得阳极移动量的信息，再与其他检测与解析信息联用，可用于获取如下槽况信息：极距变化信息、槽膛变化信息(注：出铝前后精确的母线位移是炉膛大小变化的重要判据)、电解质电阻率变化信息、过热度变化信息、阳极移动是否正常的信息(阳极移动安全预警)。

侧壁与钢棒温度分布的在线检测信息与其他检测与解析信息联用，可用于获取如下槽况信息：槽膛变化信息、热平衡(槽温、过热度)变化信息、阴极与内衬工作状态信息(槽寿命监测)、漏槽预警信息。

阴极电流分布的在线检测信息与其他检测与解析信息联用，可用于获取如下槽况信息：槽内电场(电流)分布信息、槽内磁场分布信息、槽内磁流体稳定性及其分布信息、槽内阴极状态(阴极钢棒与炭块工作状态、阴极沉淀分布状态、槽寿命预测)信息、阴极破损及漏槽预警信息。

烟气温度的在线检测信息与其他检测与解析信息联用，可用于获取如下槽况信息：槽内热平衡变化信息、电解槽密封状态信息、槽面保温料的保温状态信息。

8.2.3.2　分布式在线检测的整体方案设计

铝电解槽的分布式在线检测系统整体方案如图 8-7 所示，其中铝电解控制采集信号(系列电流与槽电压)、在线阳极电流分布传感器、在线阳极母线位置传感器、可选的在线烟气温度传感器，均通过高温电缆连接到槽上部烟道端的信号采集箱，内置信号采集板，并将采集的信号通过 CAN 总线传输到槽控机。

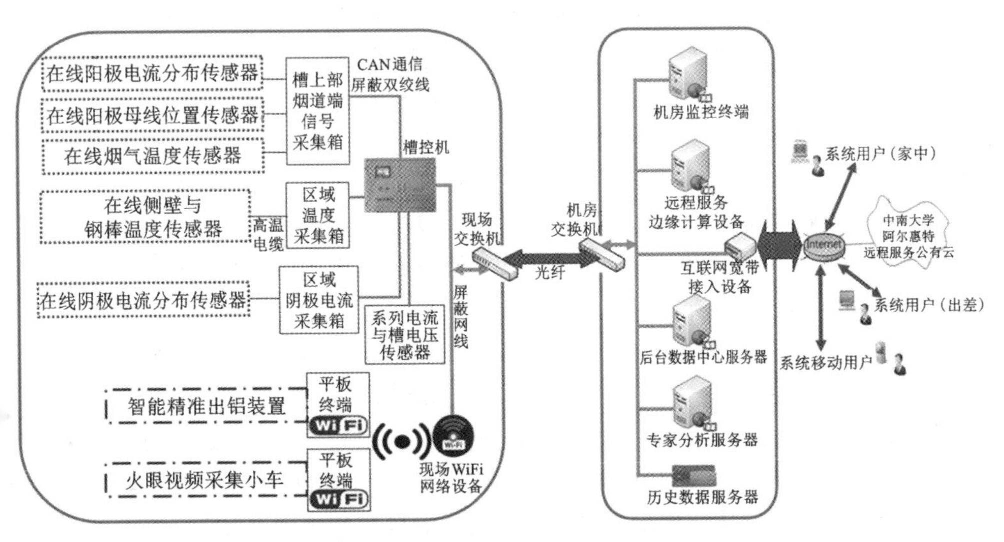

图 8-7　分布式在线检测的整体方案

在线侧壁与钢棒温度传感器(最大采集点数为 128 个)、在线阴极电流分布传感器(最大采集点数为 128 个)作为可选方案，也通过高温电缆将信号连接到区域信号采集箱，每个区域信号采集箱接入 8～16 路温度或阴极电流信号，各区域采集箱内置信号采集板，也将采集的信号通过 CAN 总线传输到槽控机。

槽控机将采集的在线传感器信息，通过工业以太网传送到机房的后台数据中心服务器，后台数据中心服务器对采集的原始数据进行统一存储与管理，同时将原始信息分发给专家分析服务器进行传感信号的数字信号处理和工艺特征提取。

分布式在线检测系统除了采集上述在线传感器的信号外。还集成了智能精准出铝装置和火眼视频采集小车(为以后预留)的自动采集信息。

现场智能精准出铝装置获取的天车信息(出铝量与天车控制信息，传输信息点数为 8～10 个)，通过现场架设的 WiFi 网络传送到现场交换机，并进一步传送到机房的后台数据中心服务器，进行原始数据的存储与管理，同时天车信息也会分发到专家分析服务器，用于铝电解状态分析与控制优化处理。

火眼视频采集小车投入应用，同样可以通过现场架设的 WiFi 网络，将火眼视频传送到现场交换机，并进一步传送到机房的远程服务边缘计算设备，经过边缘侧视频数据的处理与缓存，最终将视频数据发送到远程服务公有云平台，用于槽工作状态的软测量。

8.2.3.3　阳极电流分布信号的在线检测

作为铝电解槽“面”信息的阳极电流分布包含了丰富的槽状况信息。多年来国内外一直在开发在线检测方法与装置。先后开发的方法及其检测原理有：①直接测量法，或称接触式测量法或等距压降法，其基本原理是通过测量一段固定长度的阳极铝导杆上的等距压降来推算或直接判断流经被测阳极块(组)的阳极电流的大小，是手工检测的常用方法，但用于在线检测时由于阳极需要更换而只能用卡具在阳极导杆上安装测量探头，并在更换阳极时由人工将探头转移至新阳极的导杆，这导致探头接触容易松动、触点易被腐蚀失效、在线测量系统工作不稳定，因而没有得到推广应用；②非接触式测量法，或叫霍尔传感器测量法，其基本原理是利用霍尔效应测量出磁感应强度，从而推算出通过导杆的电流，但由于分布式检测需要大量霍尔传感器，且存在造价高、含有的电子元器件在铝电解槽高温环境下难以长时间稳定工作等问题而没有得到推广应用；③基于电场分布测量与解析的检测法，其基本原理是设计以特定槽结构的电场分布解析为指导的阳极横梁母线与立柱母线等距压降微伏信号分布式测点布置方法，通过分布式采集微伏级电压降信号，结合铝电解槽电场分布模型，将微伏级电压降信号转换为阳极电流分布信号，成功实现阳极电流分布信号的稳定与高精度在线测量，并避免了其他测量方法存在的测量可靠性低、受阳极更换作业干扰、成本高而使用不经济等难题。

基于电场分布测量与解析的阳极电流分布信号在线检测技术原理，以在某400 kA 铝电解槽上进行检测为例，通过铝电解槽的电流一般由连接上一台槽阴极母线的各个立柱母线引入，通过横梁母线与阳极导杆的接触连接进入到各个导杆中。如图 8-8 所示的一段横梁，其在立柱母线或过桥母线引入电流后，分别通过横梁流向各个阳极炭块。其各个阳极和总的电平衡可由式(8-1)~式(8-5)表示。

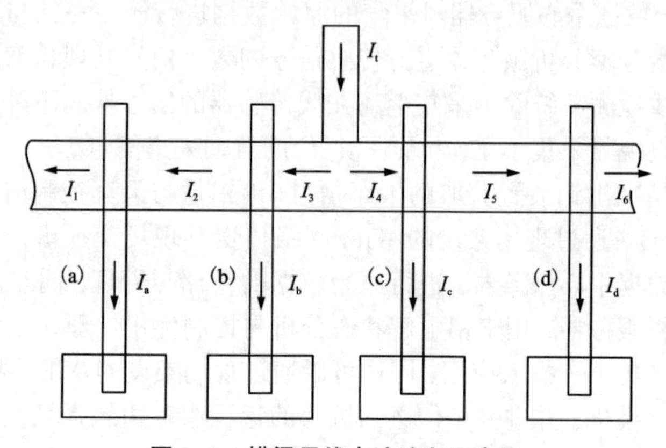

图 8-8　横梁母线电流流向示意图

$$I_t=I_3+I_4=I_a+I_b+I_c+I_d+I_1+I_6 \tag{8-1}$$

$$I_a=I_2-I_1 \tag{8-2}$$

$$I_b=I_3-I_2 \tag{8-3}$$

$$I_c=I_4-I_5 \tag{8-4}$$

$$I_d=I_5-I_6 \tag{8-5}$$

式中：I_t 为立柱或过桥母线进入该段横梁的总电流；I_1、I_2、I_3、I_4、I_5、I_6 分别为各段横梁的局部截面电流；I_a、I_b、I_c、I_d 分别为各个阳极导杆的流入电流。

对于流经导杆的电流而言，除了可以直接通过测量导杆的等距压降，利用欧姆定律计算外，还可以通过获得与导杆进行接触导电的两侧横梁的流经电流进行求和求解。因此，基于横梁上电流可以进行测量的前提，对于每一根阳极导杆来说，可以把问题化简为电流流入、流出节点的问题，导杆与横梁的接触即为节点，如图 8-9 所示。

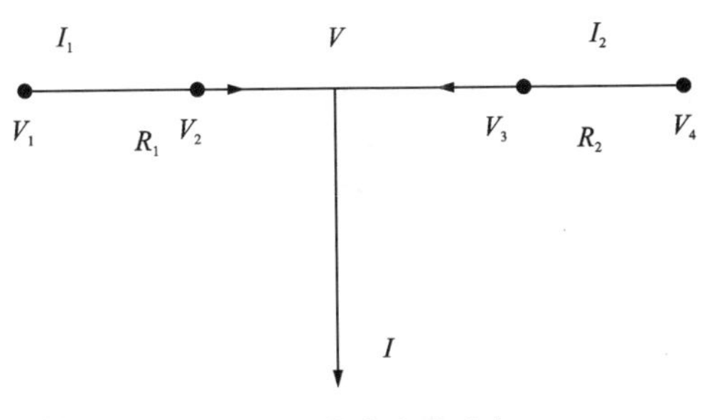

图 8-9　节点电流流向

假设可以把流经横梁和导杆的电流看成理想状态下的线电流，那么流经某段横梁的电流就可通过沿着横梁方向特定长度上的电势差进行计算。如图 8-9 所示，流经导杆的电流 I 的计算式为：

$$I=I_1+I_2=\frac{V_1-V_2}{R_1}+\frac{V_4-V_3}{R_2} \tag{8-6}$$

因此，若能够测量出导杆两侧横梁上的某段电势差 V_1-V_2 及 V_4-V_3，则可获得与等距压降同等意义的物理量。

针对槽上部母线结构，赋予实际情况下的电流载荷及其他边界条件，考虑不同温度条件下的材料属性差异，建立与实际情况接近的有限元模型，模型中还考虑铝导杆与横梁的接触。建立的模型的部分有限元网格如图 8-10 所示。

导杆与导杆之间的局部横梁电势分布如图 8-11 所示，可以看到导杆间的电势分布整体比较均匀，说明基于横梁母线压降的阳极电流分布测量途径在理论上是可行的。

图 8-10　横梁母线电场计算有限元网格

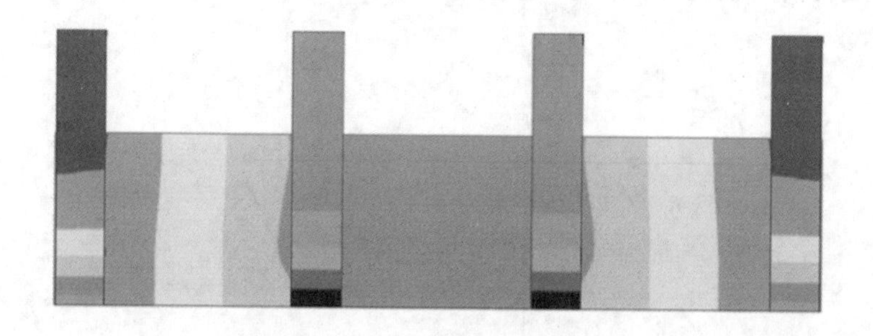

图 8-11　横梁与导杆间电势分布

根据横梁母线测量阳极电流分布的原理及以上分析，基于 400 kA 电解槽，其中进电面从出铝端到烟道端标注为 A1～A24，出电面的阳极标注为 B1～B24。

对于横梁上的电压测量来说，测量环境虽比导杆压降要好得多，但仍需在较高的温度和较强的腐蚀性环境中进行，对硬件的稳定性要求仍然要保证较小的故障率。因此，在硬件系统的设计和使用中也必须注意实际环境的问题。

图 8-12、图 8-13 为阳极电流分布在线检测系统的框架图及测量点的现场安装示意图。

如图 8-12 所示，导杆之间的测量点位于横梁的中部，每个测量位置分别由两根采样线引出电压差；采样线由专用夹具保护在横梁上，以防止在人工进行槽上部结构维护时被破坏以及与横梁间的磨损。采样所使用的导线可耐受 150 ℃的环境温度，低于横梁上的最高温度。此外，夹具还具有在横梁后部固定线束、维

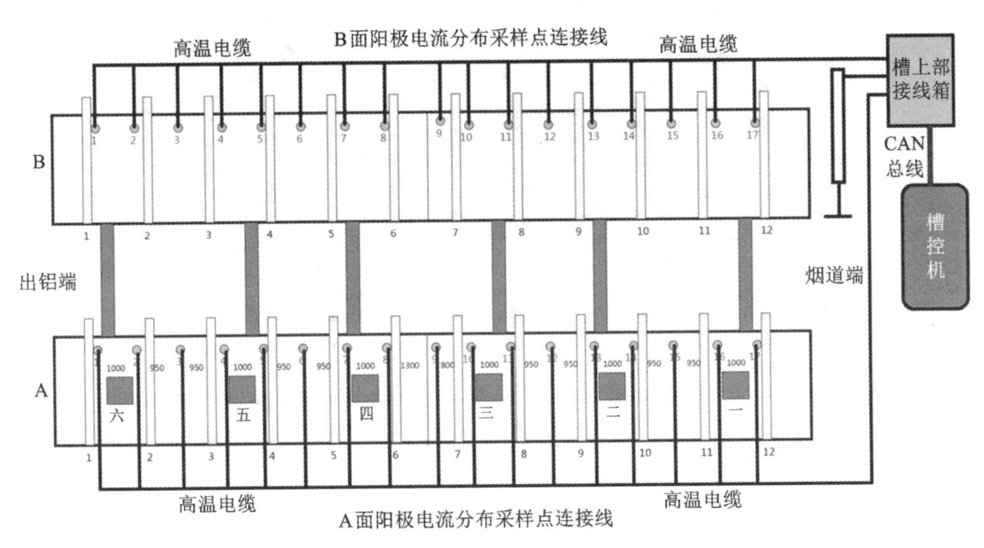

图 8-12 阳极电流分布在线检测系统框架图

图 8-13 阳极电流分布测量点的现场安装示意图

持导线束的位置稳定的作用。

测量导线束最后集中引至采样系统，通过模拟开关构造具有通道选择能力的采集电路；由控制器给出通道选择信号选通需要进行测量的横梁压降，通过采样电路数字化后传输到控制系统中。本系统最高采样频率可达 72 Hz，工业应用时的采样频率为 1 Hz。线束与阳极电流分布采样系统的现场连接、采样系统硬件箱内部布局如图 8-14 所示。

(a) 阳极电流分布采集箱

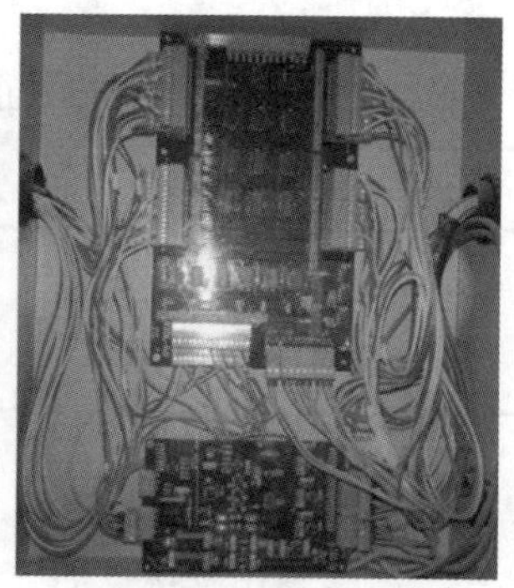

(b) 阳极电流采样板

图 8-14　阳极电流分布采集箱(实物图)及阳极电流采样板(实物图)

8.2.3.4　槽壳温度分布信号的在线检测

依据铝电解槽的布局特点，划分出 6~8 个温度采集区，每个温度采集区配备一个区域温度采集箱，该采集箱最大可接入 16 路测温信号，温度探测采用热电阻方式(温度测量区间为-50~500 ℃，精度为±1 ℃)；阴极钢棒测温点采用专用的机械式夹具来固定测温装置，侧壁采用焊接方式来固定测温装置，各测温点采用绝缘耐 200 ℃的高温电缆连接到区域温度采集箱；各区域温度采集箱通过 CAN 总线，将采集的测温信息传送到现场的槽控机，并通过槽控机进一步将测温信息，通过工业以太网传送到机房上位机系统。

侧壁与钢棒温度在线检测系统框架图如图 8-15 所示，相关实物照片及其软件界面如图 8-16 所示，硬件线路板如图 8-17 所示。

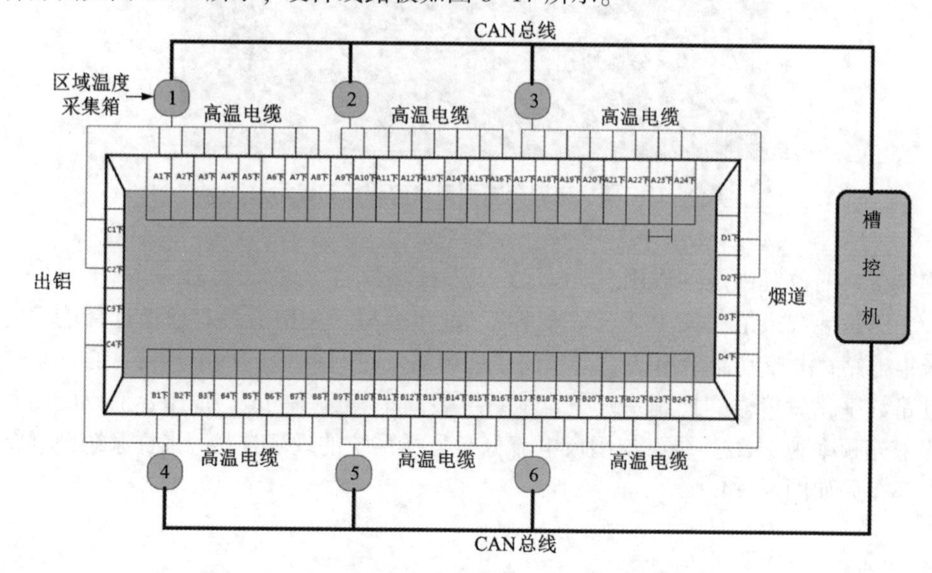

图 8-15　槽壳温度分布信号的在线检测系统框架图

图 8-16　槽壳温度分布信号的在线检测结果

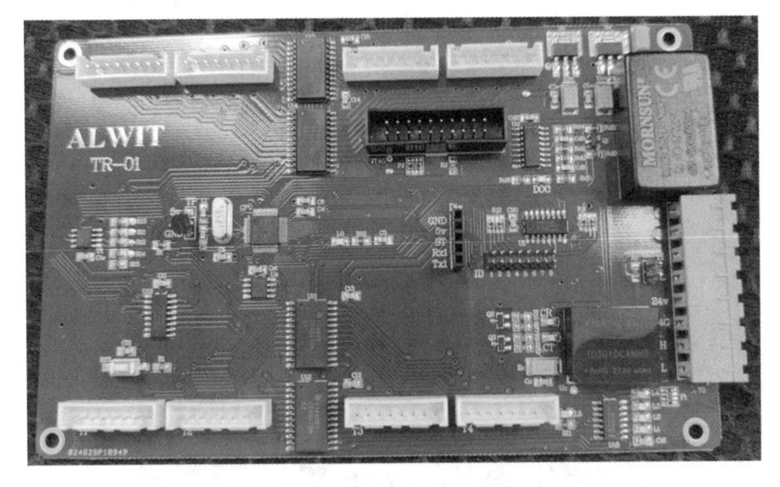

图 8-17　槽壳温度分布信号采样板

8.2.3.5　阴极电流分布信号的在线检测

依据铝电解槽的布局特点，划分出 6~8 个阴极电流采集区，每个阴极电流采集区配备一个区域阴极电流采集箱，该采集箱最大可接入 16 路电压信号，阴极电流采用等距压降方法测量；阴极电流测量点位于阴极母线小软带上，并采用专用的机械式夹具来固定，该夹具能快速拆卸，方便移动式部署阴极电流测量位置，该夹具测量的阴极母线压降长度为 15 cm，各阴极母线等距压降测量点，采用绝缘耐 200 ℃高温电缆连接到区域阴极电流采集箱；各区域阴极电流采集箱配备基于数传电台的无线通信发射装置，由耐高温电池供电，将采集的阴极母线等距压降信息，无线传送到现场槽控机上的数传电台无线接收装置；该接收装置通过网线与槽控机内部的 RJ45 网络接口相连，并将接收到的阴极母线等距压降信息，通过工业以太网传送到机房上位机系统。

鉴于阴极电流分布的变化非常缓慢，开发了基于无线传输的移动式在线阴极电流分布检测系统，其框架图如图 8-18 所示，相关检测线硬件线路板如图 8-19 所示，相关检测结果的实例如图 8-20 所示。

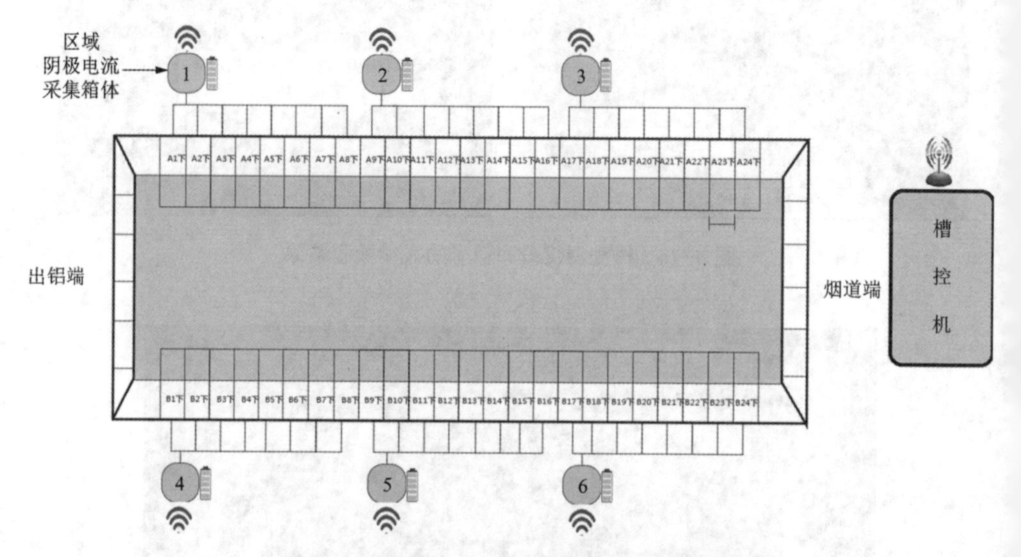

图 8-18　阴极电流分布信号在线检测系统框架图

图 8-19　阴极电流分布信号采样板(实物图)

8.2.3.6　阳极母线位置在线检测

本部分研发了一种高精度在线阳极母线位置检测传感器，该传感器基于高精度电子尺测量原理实现阳极母线位置的测量，测量精度能达到 0.1 mm。电子尺底座固定在槽上部框架，拉杆端固定在铝电解槽横梁母线上部。电子尺的测量信号通过绝缘耐 200 ℃的高温电缆连接到槽上部的接线箱，该接线箱与在线阳极电

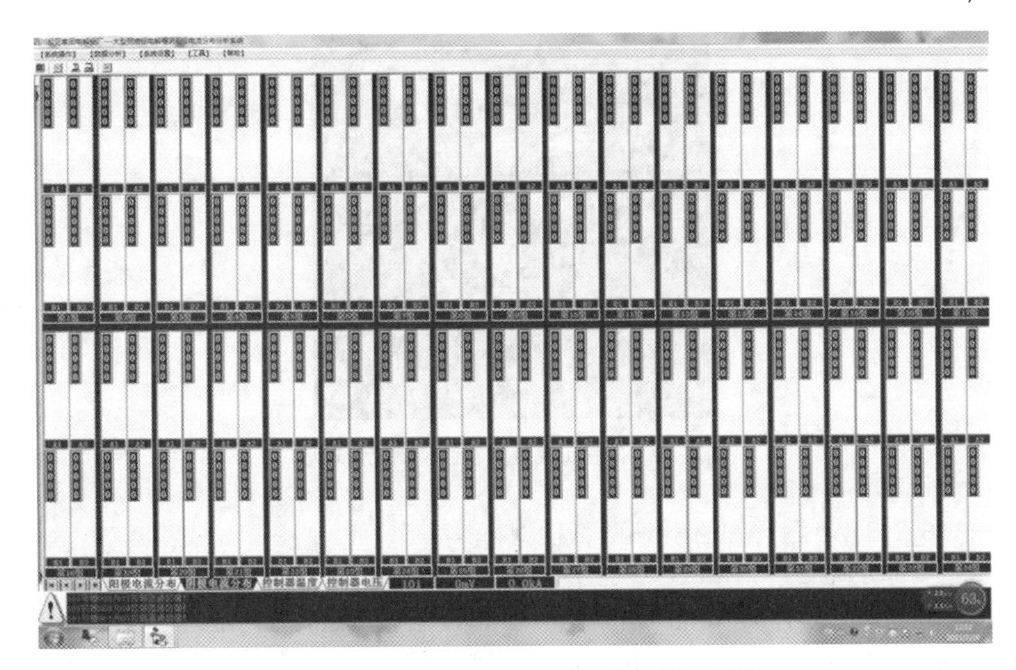

图 8-20　阴极电流分布信号在线检测结果(实例)

流分布检测信号共用。接线箱通过 CAN 总线，将电子尺测量信息传送到现场的槽控机，并通过槽控机进一步将电子尺测量信息，通过工业以太网传送到机房上位机系统。

系统的框架图如图 8-21 所示，相关应用现场及检测结果实例如图 8-22 所示。

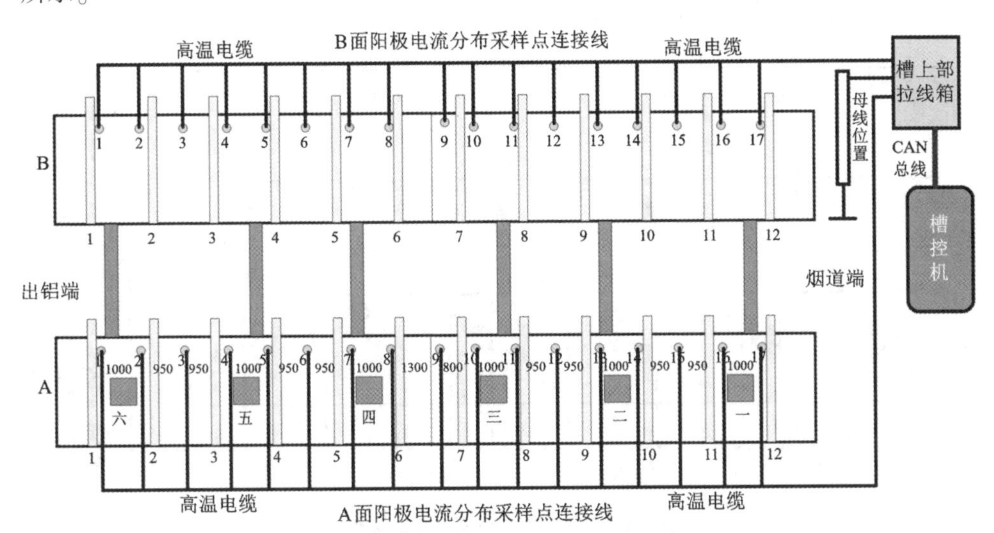

图 8-21　阳极母线位置在线检测系统框架图

图 8-22　阳极母线位置在线检测应用现场

8.2.3.7　烟气温度信号的在线检测

本部分研发了一种在线烟气温度检测传感器，烟气温度探测采用热电阻方式（温度测量区间为-50 ℃到 500 ℃，精度±1 ℃），将测温装置固定到铝电解槽烟道端烟管内部的机械装置上，位置靠近烟管蝶阀位置，并尽量使测温装置位于烟管的中心位置。烟气测温信号通过绝缘耐 200 ℃的高温电缆，连接到槽上部的接线箱，该接线箱与在线阳极电流分布检测信号共用一个。接线箱通过 CAN 总线，将烟气测温信息传送到现场的槽控机，并通过槽控机进一步将烟气测温信息，通过工业以太网传送到机房上位机系统。

系统框架如图 8-23 所示，检测结果实例如图 8-24 所示。

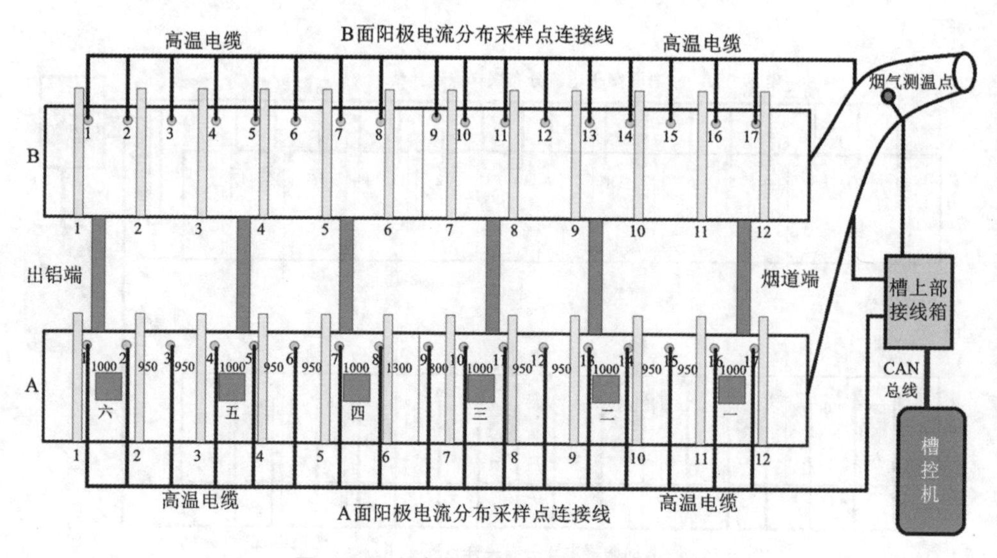

图 8-23　烟气温度在线检测系统框架图

图 8-24　烟气流量与温度信号传感器安装(实例)

8.3　基于机器视觉的反应器内运行状态的感知方法

近年来，图像特征知识与冶金机理知识相结合，使图像特征分析技术在冶金领域得到了较为广泛的应用。对于每一个电解槽的火眼图像而言，都具有能够区别于其他电解槽火眼图像的自身特征，有些自然特征，如亮度、边缘、纹理和色彩等可以被人直观地感受到，但是这些自然特征难以被计算机理解。因此，使计算机准确感知和利用图像特征来进行电解生产大有裨益。

8.3.1　图像特征分析方法原理及其应用

8.3.1.1　火眼图像采集

通过铝电解槽的火眼图像特征对槽况进行辨识，首先要采集动态火眼图像，获取火眼表面信息。计算机只能存储和识别数字图像，因此火眼图像获取也就是火眼图像进行数字化的过程，对槽况辨识方法具有非常重要的作用。动态火眼图像采集是指采用摄像机将环境中的光学信号转换为视频信号，然后通过数据线将视频信息传输给图像采集卡，最后图像采集卡将视频信号进行数字化，即形成数字火眼图像信号，以便计算机进行保存和深度处理的过程，如图 8-25 所示。图像的灰度等级和分辨率是图像采集过程中两个重要指标，它们决定着图像质量的好坏。图像采集通常可以分为静态图像采集和动态图像采集。静态图像采集是以获取某一个时刻的图像为目的，也就是图片获取；而动态图像采集是以获取某一个时间段的连续图像为目的，也就是视频获取。

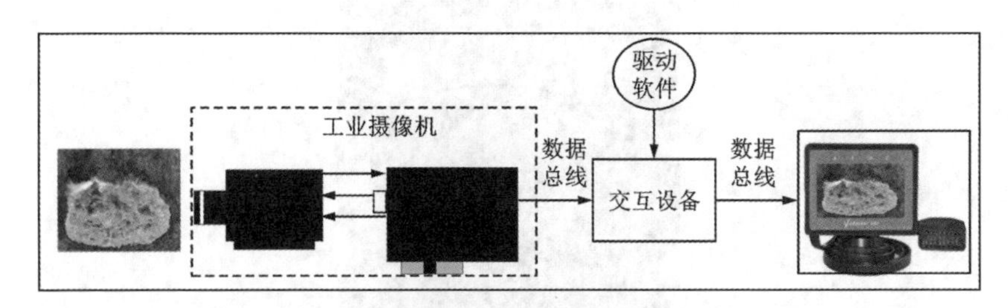

图 8-25　图像采集系统硬件结构示意图

铝电解车间内有很强的电磁场，可以将相机内的金属零部件磁化，从而导致普通的工业相机在铝电解车间无法正常工作。为获取清晰有效的图像数据，可在工业摄像机上添加相应的电磁场屏蔽装置，这些屏蔽装置可以让电磁场对工业相机的干扰变得很小，但仍无法完全屏蔽掉电磁场对工业相机的影响。

8.3.1.2　火眼图像颜色空间变换与除噪处理

工业相机在铝电解工业现场进行图像采集时会受到电磁干扰和粉尘、烟气、高温辐射等因素的影响，拍摄到的图像会出现分辨率低、亮度不一、光照不均现象，甚至会导致颜色失真。采用这样的图像数据进行槽况辨识，将大大降低辨识结果的准确性。为了减少这些不可避免的客观因素对图像质量的影响，恢复有效真实的图像信息，消除图像中无关的信息，增强特征信息的可检测性和最大限度地降低图像处理的复杂度，采用图像预处理技术来提高图像分割和特征提取的可靠性。图像的预处理将从以下几个方面进行：①对铝电解槽火眼图像进行颜色空间变换，以便于提高图像聚类和显著性检验的精度；②由于工业相机在铝电解车间进行火眼图像拍摄时，会受到粉尘、烟气等客观因素的影响，为了提取有效的特征信息，需要对工业相机获取的原始图像进行除噪声处理。

1. 颜色空间变换

铝电解质的颜色特征不仅取决于电解质的物质成分，而且还与观测者的观察习惯和视觉系统本身的特性密切相关。因此提取有效的颜色特征就应该找到一种符合人眼视觉特征的颜色模型，在合适的颜色空间内进行颜色特征的提取，准确地提取表征原始电解质图像的颜色信息。常用的颜色空间模型有很多种，例如 RGB 空间、CMY 空间、HCI 空间、YIQ 空间等。在实际应用中，应该根据实际需求选择合适的颜色空间模型。针对铝电解质的特点，选择在 RGB 颜色空间模型中提取铝电解质颜色特征。

2. 火眼图像除噪

在拍摄火眼图像过程中，电解车间内有粉尘和烟气，导致拍摄的火眼图像存在噪声；相机受到电解车间内的强电磁场的影响，易导致光学系统失真，在拍摄火眼图像时会出现噪声；图像在转换和传输过程中也有可能引入噪声。为了避免从火眼图像中提出槽况特征时生成无效的特征，突出其中有价值的特征信息，扩大不同物体特征间的差异，需要对原始图像去噪声。

下面从噪声的分类和除噪方法两个方面对火眼图像中的噪声进行阐述。

1）火眼图像噪声分析

根据概率密度函数进行分类，噪声可以分为高斯噪声、瑞利噪声、伽马噪声、指数分布噪声、均匀分布噪声和脉冲噪声（椒盐噪声）。在火眼图像中，主要存在高斯噪声和椒盐噪声。高斯噪声是由工业相机受到电解车间内的强电磁场的影响产生的噪声，以及图像在转换和传输过程中引入的噪声。椒盐噪声是由电解车间内粉尘和烟气引入火眼图像中产生的噪声。

高斯噪声指火眼图像噪声的统计特性服从高斯分布的一种噪声，这种噪声的概率密度函数可以表示为：

$$f(z)=\frac{1}{\sqrt{2\pi\sigma}}\exp\left[\frac{-(z-\mu)^2}{2\sigma^2}\right] \tag{8-7}$$

式中：z 为图像像素的灰度值；μ 和 σ^2 分别为 z 的期望值和方差值。

脉冲噪声（也称椒盐噪声）是由信号脉冲强度引起的噪声，包括盐噪声和胡椒噪声，这两种噪声一般同时出现，在图像上呈现出黑白杂点；其统计特性服从脉冲分布，这种噪声的概率密度函数可以表示为：

$$f(z)=\begin{cases} ph, & z=h \\ pk, & z=k \\ 0, & 其他 \end{cases} \tag{8-8}$$

如果 $h<k$，则灰度值 h 在图像中显示为一个暗点，反之，灰度值 k 在图像中显示为一个亮点。若 ph 或 pk 为零时，该脉冲噪声为单极脉冲噪声。

2）图像去噪方法

为了更好地消除火眼图像中的高斯噪声，采用高斯平滑滤波，这方法可以根据高斯函数的形状选择滤波器的权重，其对于高斯噪声有很好的滤波效果。这种滤波器的函数表达式为

$$f(x, y)=\frac{1}{2\pi\sigma^2}e^{\frac{-(x^2-y^2)}{2\sigma^2}} \tag{8-9}$$

式中：(x, y) 为图像中像素点的坐标值；σ^2 为 x 和 y 的协方差。二维零均值离散高斯函数分布图像如图 8-26 所示。

为了证明高斯平滑滤波除高斯噪声的可行性，采用火眼图像进行了相关的实验，如图 8-27 所示。由此可以看出，当在火眼图像中加入高斯噪声之后，然后采用高斯平滑滤波对含有高斯噪声的图像进行滤波，具有非常好的效果。

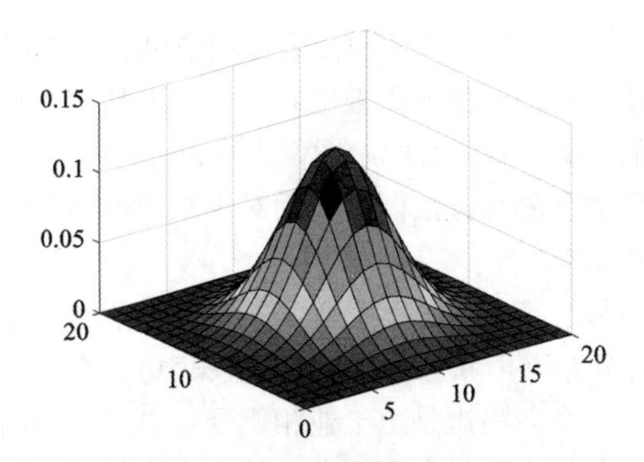

图 8-26　二维零均值离散高斯函数分布图

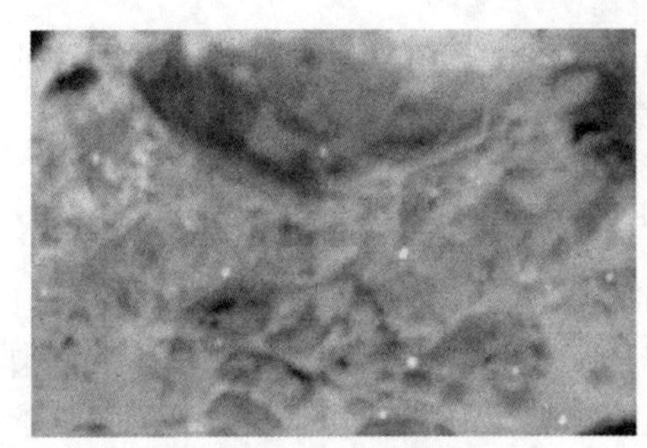

含有高斯噪声火眼图像

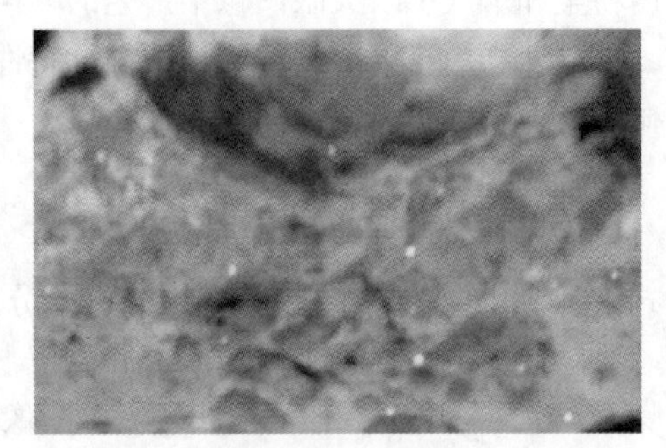

除高斯噪声后的火眼图像

图 8-27　火眼图像除高斯噪声仿真图

中值滤波器对椒盐噪声有较好的处理效果。中值滤波器的工作原理是，在平缓变化的图像信号中，可以用某一点的某个大小的邻域内的所有像素值的统计中值去取代该点的输出值。这个邻域被称为窗，窗开得越大，输出的结果越平滑。图 8-28 是中值滤波器消除椒盐噪声的仿真图。由此可以看出，中值滤波器对椒盐噪声有很好的除噪效果。

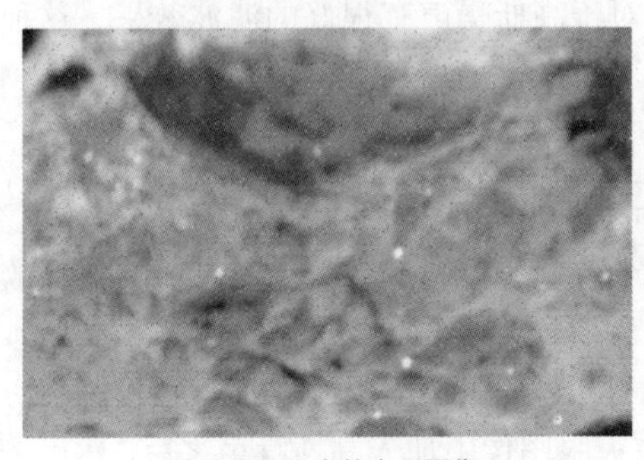

含有椒盐噪声的火眼图像

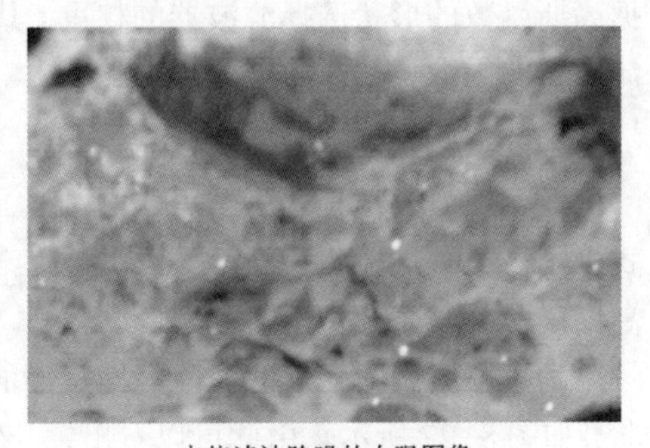

中值滤波除噪的火眼图像

图 8-28　中值滤波器消除椒盐噪声的仿真图

3. 火眼图像分割

图像分割的效果不仅对目标图像特征提取和描述有直接的影响，还进一步影响计算机对图像的分析和理解。不连续性和相似性是图像分割的两个基本依据。不连续性是指图像中的灰度、颜色、纹理和形状等特征突然发生剧烈变化。相似性是指图像中的灰度、颜色、纹理和形状等特征是相似的或者变化幅度比较小。目前常用的图像分割方法有分别基于阈值、边缘和能量泛函的分割方法。

(1)基于阈值的分割方法。阈值法是通过选择一个或者多个灰度阈值对图像进行分割。在这种方法中，灰度阈值选取的好坏决定了图像分割的效果。因此，最关键的步骤是获取一个最佳的灰度阈值。阈值法分割原理的计算公式为：

$$g(i, j)=\begin{cases}1, f(i, j) \geqslant T \\ 0, f(i, j)<T\end{cases} \tag{8-10}$$

式中：$f(i, j)$为原始图像；$g(i, j)$为结果图像；T为阈值。

(2)基于边缘的分割方法。基于边缘的分割方法是建立在图像边缘检测上的一种方法，其通过检测某个封闭区域的边缘来进行图像分析。因此，这个方法的关键是能够准确地检测图像边缘。边缘检测主要根据图像边缘的两个基本特征(方向和幅度)进行检测。

(3)基于能量泛函的分割方法。基于能量泛函的分割是通过求解一个自变量包括边缘曲线的泛函数，来获取目标轮廓的所在位置。

8.3.2　基于机器视觉的火眼特征选择机理分析

铝电解槽是一个高温电化学反应器，其内部状态难以监测，同时运行过程中受到各种因素的影响，容易导致一些异常槽况出现，且影响槽况的众多因素之间有较强的相关性和语义耦合性，因此难以建立准确的数学模型，槽况诊断成了铝电解控制过程中的难点。在铝电解工业现场，通常用过热度去度量铝电解槽况(过热度等于电解槽温度减去初晶温度，电解温度可以离线或者在线测量)。但是目前几乎没有可以在线测量初晶温度的传感器，通常是通过化学实验分析法去测量初晶温度。

采用化学实验分析法测量初晶温度存在耗时长、花费高、只能离线检测等问题，会导致槽况辨识困难。铝电解工厂主要依靠工人观测火眼的方式来估计槽况状态。但是人工观测火眼来辨识槽况存在许多不足：①槽况辨识严重依赖个别观察经验丰富的技术人员；②技术人员在观察过程中存在主观性、随意性和不一致性，容易判断失误；③难以对槽况细微的变化做出反应；④铝电解技术人员流动大，观测火眼的知识积累和传承困难；⑤观察中容易受到掉渣、粉尘、烟气等干扰因素影响。为了克服人工观察火眼辨识铝电解槽况状态存在的不足，本部分将火眼图像特征数据与电解质温度数据进行融合，提出了基于火眼视觉特征的智能槽况状态识别方法，该方法的基本流程如图 8-29 所示。

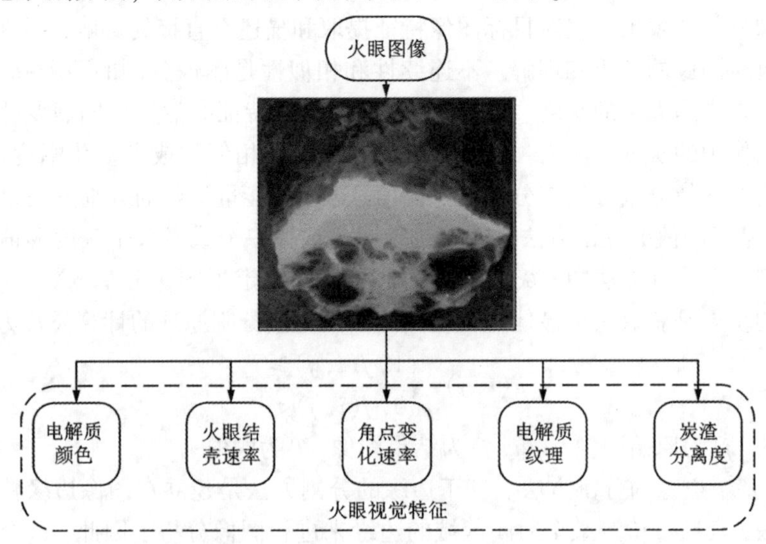

图 8-29　基于火眼视觉特征的智能槽况状态识别方法

为了实现基于火眼图像特征的智能槽况状态识别方法，首先要选择有效的图像特征参数，特征参数的选择对于能否准确地辨识槽况起到了至关重要的作用。结合机理知识与经验知识从火眼图像中选择了 5 个特征参数，分别是电解质颜色、结壳速率、角点变化速率、电解质纹理和炭渣分离度，这 5 个特征参数所表征的意义如图 8-30 所示。

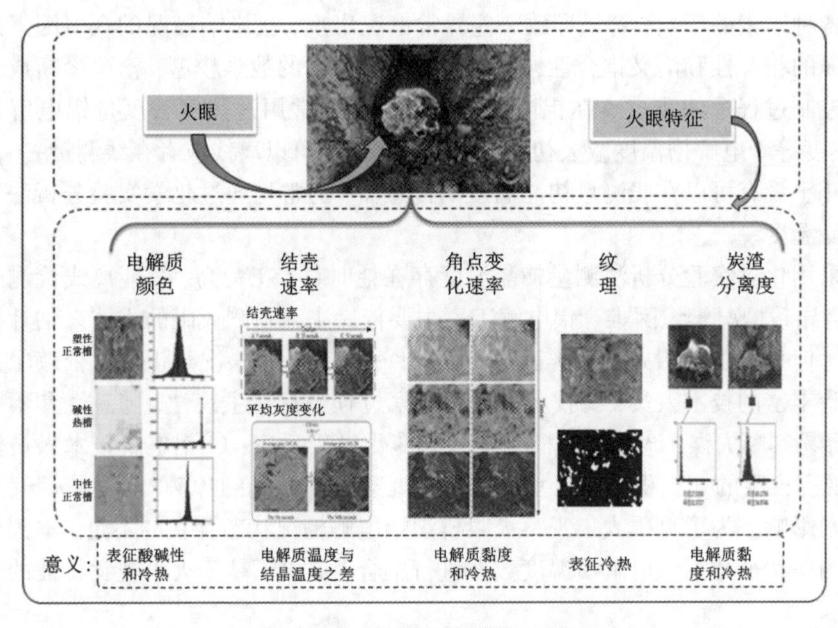

图 8-30　火眼特征及其表征的意义

为了保证火眼特征选择的合理性且能够有效地反应槽况状态，在选取每个特征参数时应有相应的机理分析做支撑，这样才能解释不同的槽况为什么引起火眼图像中不同的特征参数发生相应的变化。

8.3.2.1　颜色特征

光是物体色彩呈现的基础，如果没有光，人类就没有色彩感觉。从广义上讲，光是一种客观存在的物质，它属于电磁波的一部分。可见光谱(即光谱色)的波长为 380~780 nm。物体呈色主要有两种最基本的表现形式，一种是物体表面反射光所呈现的颜色，叫作表面色。另一种是透过物体的光所呈现的颜色，叫作透明色。由于铝电解槽内熔融的电解质是一种不透明的物体，因此熔融电解质所呈现的颜色是由它的反射光决定的。当白色太阳光照射到熔融电解质上时，其中一部分光被熔融电解质吸收，而另一部分光谱被电解质表面反射。所以电解质的颜色取决于它对不同波长色光的反射和吸收情况。不同物质所具有的不同电子能级决定了物质可吸收光的波长，而物质的电子能级是由物质成分决定的。因此，熔融电解质中所含物质成分及含量，将决定熔融电解质呈现的颜色。

在铝电解生产过程中，电解质的酸碱度不同，将导致电解槽发生不同的副反应。不同酸碱性条件下铝电解质的主要成分如表 8-1 所示。

表 8-1　不同酸碱性条件下铝电解质的主要成分

电解质的酸碱性	物相组成
酸性	Na_3AlF_6, Al_2O_3, $Na_5Al_3F_{14}$, $NaCaAlF_6$, Na_2MgAlF_7, Na_2LiAlF_6
碱性	Na_3AlF_6, Al_2O_3, CaF_2, $NaMgF_3$, Li_3AlF_6

当电解质的酸碱度不同时，液态电解质的外观颜色、分子比(NaF 与 AlF_3 之比)，以及电解质的初晶温度都不相同。在槽温不变的情况下，初晶温度发生变化后，铝电解质的过热度将发生变化。过热度是铝电解工业中用来度量铝电解槽冷热状态的一个主要参数。铝电解质的过热度发生了变化，也就是说电解槽的冷热状态发生了变化。液态电解质的外观颜色，分子比和电解质的初晶温度变化情况如表 8-2 和图 8-31 所示。

表 8-2　液态电解质的外观颜色与分子比和初晶温度变化情况

酸碱度	分子比	外观颜色	过热度
碱性	大于 3.0	亮黄色	过热度很低
中性	等于 3.0	橙红色	过热度低
酸性	2.4~3.0	樱红色	过热度适中
强酸性	小于 2.4	暗红色	过热度较高

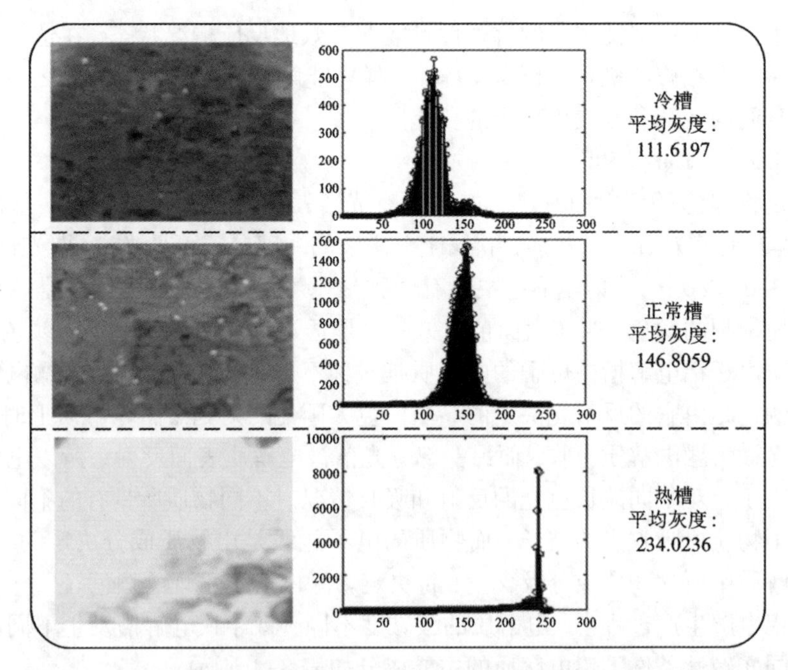

图 8-31　不同槽况状态和不同酸碱度的电解质表面图像的颜色分布图

综上所述，不同槽况状态和不同酸碱度的电解质表面将呈现不同的颜色。图 8-31 是不同槽况状态和不同酸碱度的电解质表面图像的颜色分布图。由此可看出，不同槽况状态和不同酸碱度的电解质表面图像的像素分布在不同的区域。冷槽分布在 80 至 130 之间。正常槽分布在 130 至 180 之间。热槽分布在 230 至 256 之间。

8.3.2.2　结壳速率

电解槽的冷热状况主要是通过“过热度”来表征，过热度是通过初晶温度和槽温确定的。电解质的结壳时间是指液态电解质表面全部结成固态电解质所需要的时间，单位时间结壳区域增加的面积被称为结壳速率。

过热度越大，槽况越热，电解质温度与电解质的初晶温度之间的差值越大，电解质在空气中散热至出晶温度所需要的时间越长，单位时间结壳层增加的面积越小，即结壳速率越小。因此，火眼中电解质表面全部结壳所需要的时间越长。由于熔融的电解质是红色的，固态的电解质是灰黑色的，在电解过程中有阳极炭渣脱落，易漂浮在火眼口电解质表面，因此结壳后的电解质是黑色的。结壳速率越慢，电解质由红色变成黑色所需要的时间越长。反之，结壳速率越快，电解质由红色变成黑色所需要的时间越短。

图 8-32 是一个电解槽火眼口电解质表面结壳的图例。可以从图 8-32 中看

出，在第 5 s 时，火眼口电解质表面基本上呈亮红色。只有少数区域漂浮有炭渣，呈黑色。第 20 s 时，火眼口电解质表面黑色的区域明显增多，即表面有很多区域已经结壳。当时间到达第 50 s 时，火眼口电解质表面有一半以上的区域呈黑色。这表明火眼口电解质表面结壳区域面积在持续增加。

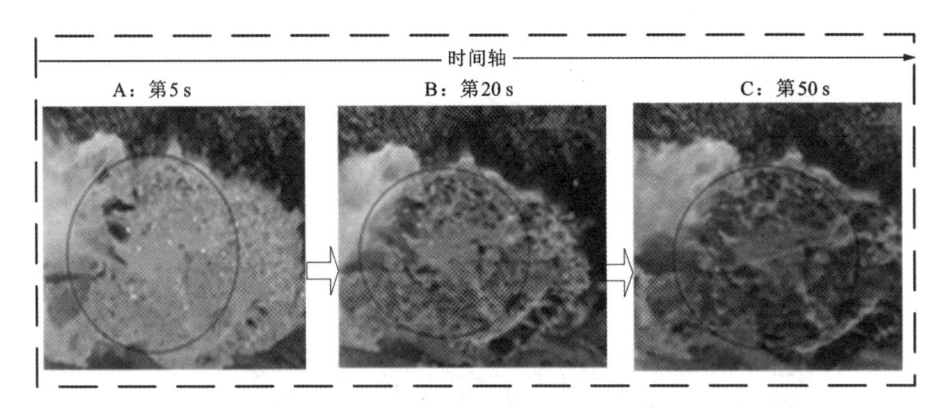

图 8-32　电解质结壳过程的图例

8.3.2.3　角点变化速率

角点被定义为两条边的交点或者像素发生突变的点，更严格来说，角点的局部领域具有两个不同区域的不同方向的边界。电解质的凝固结晶过程是一个形核与长大的过程。液态电解质冷却凝固时，首先形成微小的晶核。这些晶核随着时间变化逐渐长大，同时又有新的晶核形成，直到晶体所占区域连成一个整体。晶核在长大和形成新晶核的过程中，晶体和晶核所占区域与液态电解质区所占区域将会形成不同方向的边界。而这些边界将形成可检测的角点。由于初晶温度等于电解质温度减去过热度，过热度越高，从电解质温度降低到初晶温度所需要的时间越长，因此过热度越高，越难形成晶核且晶核越难长大。单位时间内单位区域面积角点数目变化越慢，火眼形成一个结晶整体所需要的时间越长。反之，单位时间内单位区域面积角点数目变化越快，则所需时间越少。图 8-33 为铝电解槽火眼口电解质表面上的角点数变化的图例。由此可以看出，在第 1 s 时刻时火眼口电解质表面上的角点数目很少，只有少数几个角点。当时间到达第 30 s 时，火眼口电解质表面上的角点数明显增多。当时间到达第 101 s 时，火眼口电解质表面上的角点数已经分布到大部分区域，这表明火眼口电解质表面上的角点数在持续增加。

8.3.2.4　纹理特征

铝电解槽火眼口电解质表面的纹理与电解质中析出的单质金属燃烧有关。单质金属在电解质表面的燃烧，会产生耀眼的亮斑，亮斑在图像中会形成纹理。铝

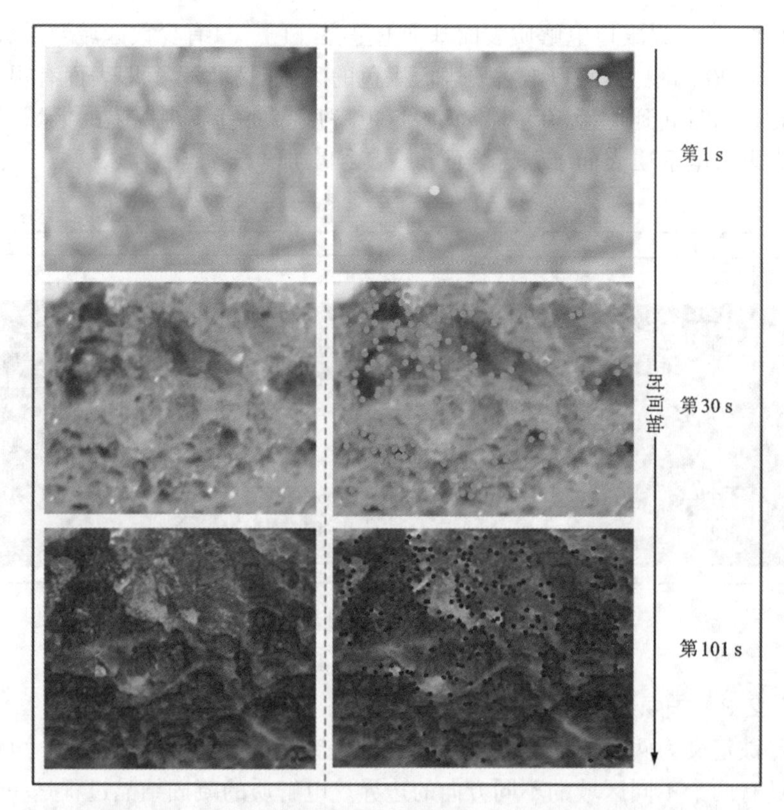

图 8-33　铝电解槽火眼口电解质表面上的角点数变化过程

电解反应过程中，主要会有单质金属钾、钠和锂产生。

(1)当电解质分子比增大时，电解质呈碱性，在碱性电解质中，铝与氟化钠发生置换反应：

$$Al+3NaF \xlongequal{} AlF_3+3Na$$

(2)随着过热度的升高，钾离子、钠离子与锂离子在阴极上一起放电，析出钠、钾和锂。

$$Na^{+}+e^{-} \xlongequal{} Na$$

$$K^{+}+e^{-} \xlongequal{} K$$

$$Li^{3+}+3e^{-} \xlongequal{} Li$$

析出的这些单质金属的密度比电解质的密度小，因此，它们将漂浮在铝电解槽火眼口的电解质表面上，与氧气在高温下进行剧烈的氧化还原反应，从而在电解质表面产生耀眼亮斑。电解质分子比越大，碱性越强，过热度越低，析出的单质金属越大，亮斑越多，亮斑越多导致电解质表面的纹理越多。

8.3.2.5　炭渣分离度

在电解槽热行程时期，电解槽的热输入量大于热输出量，导致电解槽炉帮融化。

由于偏析效应，炉帮中的氟化铝含量大于熔融电解质中氟化铝的含量，熔化的炉帮导致电解质中氟化铝含量增大。随着 AlF_3 含量的增加，Al^{3+}—F^-、F^-—F^-间的配位数增大，Al^{3+}—F^-、F^-—F^-之间的相互作用逐渐增强、Al^{3+}与 F^-离子间形成了铝氟络合离子基团，甚至通过氟桥连接形成较大的空间网络。这些复杂离子基团的形成使得体系中黏度变小(黏度是表示液态中质点之间相对运动的阻力，也就是内摩擦力，阻力越小，黏度越小)。电解质的黏度随温度升高而降低；电解质中氟化铝含量愈多，表面张力越小，从而降低了电解质对炭渣的湿润程度，促进了电解质与炭渣之间的分离。炭渣呈黑色，电解质呈乳白色。如果炭渣与电解质分离得好，漂浮在火眼口的炭渣颜色越黑。反之，随着电解质中氟化铝的含量减少，电解质的黏度变大。黏度增大，主要由于在熔体中形成了体积较大的铝氧氟离子，抑制了电解质与炭渣之间的分离。电解槽越冷，漂浮在火眼口的炭渣颜色将越来越白。

8.3.3　火眼特征的获取与表征方法

特征获取是通过映射(或者变换)的方法把火眼图像中的原始特征变换为有价值的新特征。它是图像特征的智能识别系统的基础。所得的结果将被用来标记、分类或者识别图像目标的语义内容。特征表示是指对分割后的图像进行形式化的表达和描述，其一般分为两种类型：一是根据图像目标区域的外部特征进行形式化表示；二是根据图像目标区域的内部特征进行形式化表示。表达方式的选择要以更有利于下一步计算为原则。因此，如果需要提取的是形状特征，那么应该选择外部表达方式。如果需要提取的是反射率特性，那么应该选择内部表达方式，如颜色、纹理、角点等。但是值得注意的是，所选择的特征表达方式应该对变换、尺寸、旋转等尽可能地不敏感。

8.3.3.1　颜色特征的获取与表征

颜色特征是对图像中某一特定颜色的像素点数目进行统计，从而形成各颜色的直方图，不同的直方图可以表征不同图片的特征。颜色直方图的函数表达式为：

$$H(k)=\frac{n_k}{N}\ (k=0,\ 1,\ \cdots,\ L-1) \tag{8-11}$$

式中：k 和 L 分别为颜色特征值和特征值的个数；n_k 为特征值取 k 的像素的个数；N 表示像素的总数。

为了更好地表征和量化颜色特征，选用了平均灰度、标准差和三阶矩等特征参数去描述颜色特征。平均灰度的计算公式为：

$$m=\sum_{j=0}^{L-1} r_j p(r_j);\ (j=0,\ 1,\ \cdots,\ L-1) \tag{8-12}$$

式中：r_j 是指第 j 个灰度级；$p(r_j)$ 表示第 j 个灰度级出现的概率。

标准差计算公式为：

$$\sigma=\sqrt{\sum_{j=0}^{L-1}(r_j-m)^2 p(r_j)} \tag{8-13}$$

三阶矩计算公式为：

$$Sk=\frac{1}{\sigma^3}\sum_{j=0}^{L-1}(r_j-m)^3 p(r_j) \tag{8-14}$$

图 8-34 是不同槽况状态下的火眼口电解质图像中的颜色特征获取与表示。由此可以看出，不同槽况状态下的火眼口电解质图像中的颜色直方图处在不同的坐标段，且颜色特征参数的取值也是各不相同的。

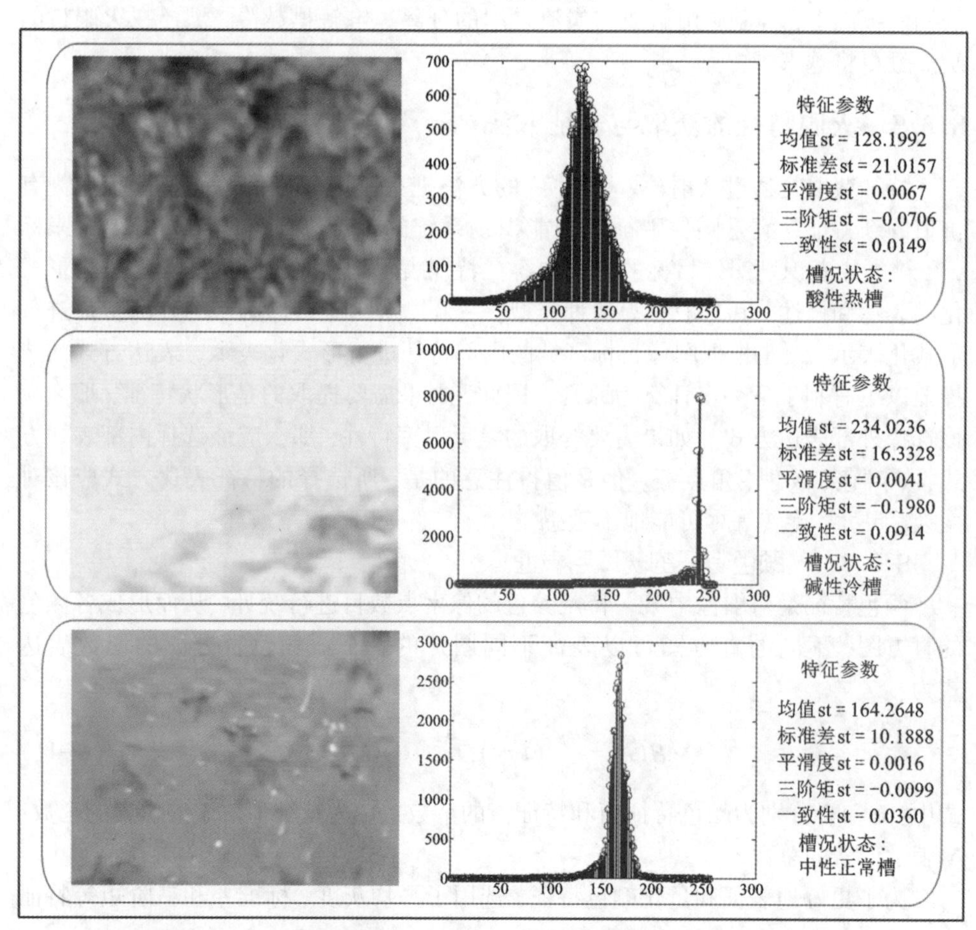

图 8-34　不同槽况状态下的火眼口电解质图像中的颜色特征表示法

8.3.3.2　结壳速率的获取与表征

结壳速率是指熔融电解质冷却结晶的速率，它是一个抽象的概念，难以对其进行量化。但是在槽况辨识过程中，需要获取一个具体的特征参数值才能辨识出槽况状态。因此，需要对该参数进行量化。通过研究发现，当熔融电解质从液态冷却结晶成固态时，电解质表面的颜色也随着变化。由于液态电解质呈鲜红色，固态电解质呈黑色，随着电解质冷却结晶的进行，电解质表面的颜色逐渐从红色变成黑色。电解质结晶得越快，电解质从鲜红色变成黑色所需要的时间越短；反之，电解质从鲜红色变成黑色所需要的时间就越长。由于火眼口电解质表面不同区域的散热速度并不是完全一致的，导致不同区域的电解质冷却结晶的速率不同。因此，单个区域电解质的冷却结晶速率并不能反映电解质冷却结晶速率的总体水平。为了寻找一个可以反映电解质总体冷却结晶速率的参数去度量电解质的结壳速率，本节提出使用平均灰度变化速率（change rate of average gray, CRAG）来表征结壳速率。平均灰度变化速率指不同时刻的火眼口电解质表面的平均灰度值之差与时间差的比值。计算该参数的数学表达式如式 8-15 所示。

$$V_s = \frac{S_i - S_j}{j - i} \tag{8-15}$$

式中：S_i 表示第 i 时刻电解质表面的平均灰度值；S_j 表示第 j 时刻电解质表面的平均灰度值。

图 8-35 是铝电解槽火眼口电解质结壳速率计算的一个实例。从图 8-35 中可以看出，该火眼口电解质表面在第 5 s 时的平均灰度值是 141.26；在第 50 s 时平均灰度值是 87.86。因此，可以计算出该火眼口的结壳速率为 1.86/s。

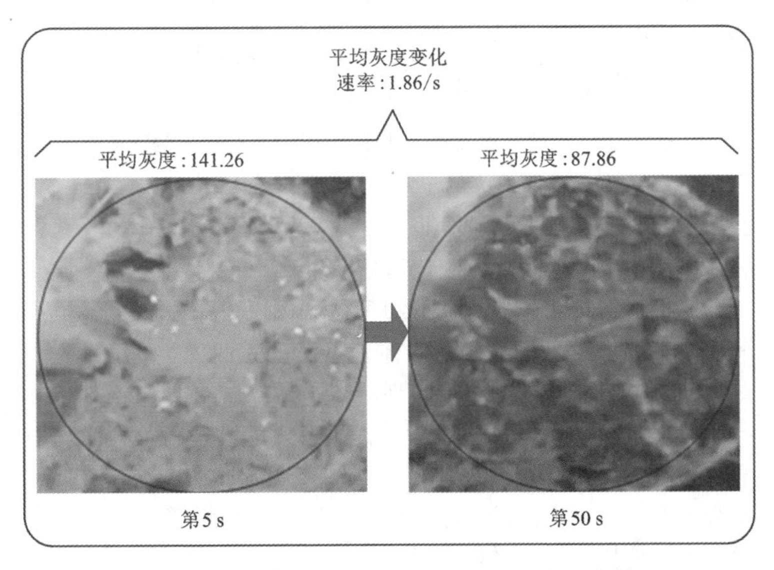

图 8-35　铝电解槽火眼口电解质的结壳速率的获取

8.3.3.3 角点变化速率的获取与表征

根据机理分析可以知道，角点变化速率能够描述槽况的冷热状态和电解质的黏度。角点是散热不均匀引起的，角点变化速率表征了电解质表面散热不均匀区域的个数。为了量化角点变化速率，提出一种角点变化速率的计算公式，具体为：

$$V_R = \frac{R_i - R_j}{i - j} \tag{8-16}$$

式中：R_i 表示第 i 时刻电解质表面的角点数；R_j 表示第 j 时刻电解质表面的角点数。图 8-36 是铝电解槽火眼口电解质的角点变化速率计算的一个实例。从图 8-36 中可以看出，该火眼口电解质表面在第 1 s 时的角点数是 67 个；在第 41 s 时的角点数是 92 个。因此，可以计算出该火眼口的角点变化速率为 0.625 个/s。

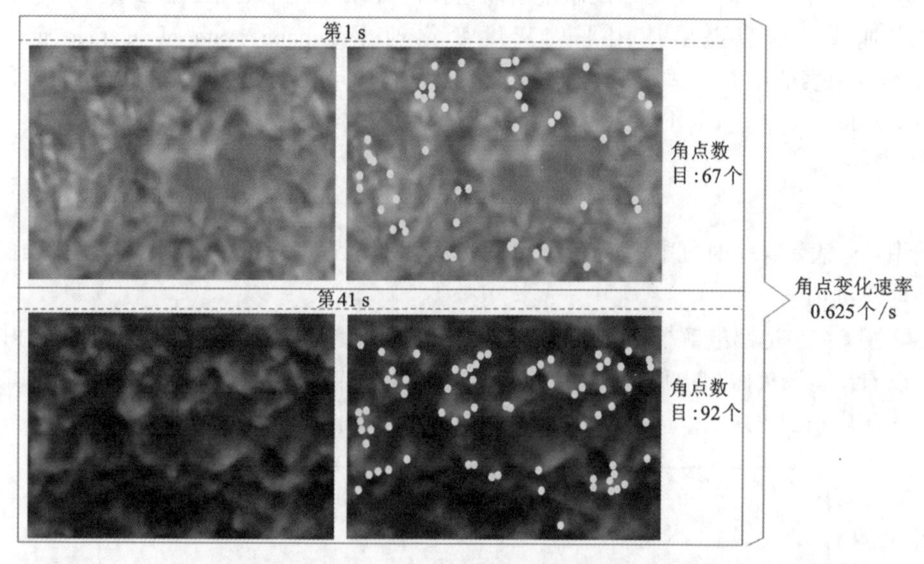

图 8-36 铝电解槽火眼口电解质的角点变化速率的获取

8.3.3.4 纹理特征的获取与表征

纹理的基本组成元素叫作纹理基元或者纹元，它是一种普遍存在的视觉现象。纹理有粗糙性、方向性、周期性、纹理强度、密度等描述参量，也可以采用色调和结构来描述。图像纹理描述方法大体上可以分为四大类：统计法、信号处理法、模型法和结构法。统计方法易于实现，且具有较强的适应能力和鲁棒性。本节在获取纹理特征时将采用统计法。为了提出有效的纹理特征，本节采用基于最大局部梯度熵的阈值法来提出纹理特征，具体实现流程如图 8-37 所示。它是从图形中灰度值为 k 的像素点出发，计算出与该像素点的距离为$(\mathrm{d}x, \mathrm{d}y)$的另一个像素点灰度值为 h 的概率。其数学表达式为：

$$P(k,\ h\mid d,\ \theta)=\{(x,\ y)=k,\ f(x+\mathrm{d}x,\ y+\mathrm{d}y)=h;\ x,\ y=0,\ 1,\ 2,\ \cdots,\ N-1\} \tag{8-17}$$

式中：d 为用像素数量计算的相对距离；θ 为与灰度值为 k 的像素点邻近的 4 个方向，在实际应用过程中一般只考虑 4 个方向，分别为 0°、45°、90°、135°；$(x,\ y)$ 表示图像中的像素点的坐标值。

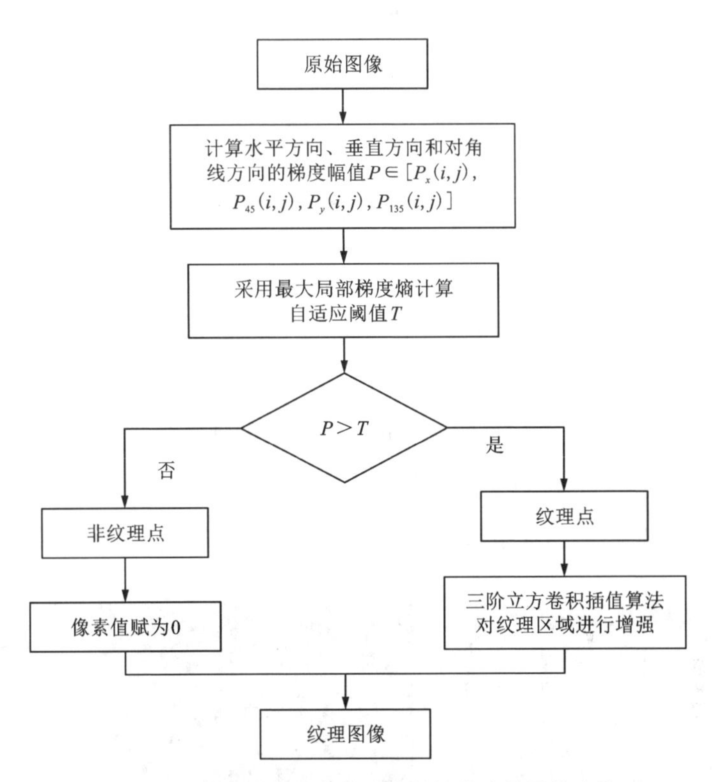

图 8-37　基于最大局部梯度熵的阈值法的具体步骤

在槽况辨识过程中，需要得到一些具体的参数值。因此，在进行槽况辨识之前需要对纹理特征进行量化。为此，通过分别计算出能量、对比度、相关、熵、同质(逆差距)等参数来量化纹理特征。在图像处理过程中，能量可以反映纹理粗细程度和图像灰度分布均匀程度。该参数的计算公式为：

$$\mathrm{ASM}=\sum_k\sum_h P(k,\ h\mid d,\ \theta)^2 \tag{8-18}$$

对比度能够度量灰度共生矩阵中值的分布情况和图像的局部变化，该参数的计算公式为：

$$\mathrm{CON}=\sum_k\sum_h (k-h)^2P(k,\ h\mid d,\ \theta) \tag{8-19}$$

相关值可以反映图像局部灰度的相关性，当灰度矩阵中的元素值均匀相等时，相关值就比较大；反之，相关值就比较小。该参数的计算公式为：

$$\mathrm{COR}=\sum_{k}\sum_{h}(k-\mu_x)(k-\mu_y)P(k,\ h\mid d,\ \theta)/\sigma_x\sigma_y \tag{8-20}$$

式中：

$$\mu_x=\sum_{k}k\sum_{h}P(k,\ h\mid d,\ \theta) \tag{8-21}$$

$$\mu_y=\sum_{h}h\sum_{k}P(k,\ h\mid d,\ \theta) \tag{8-22}$$

$$\sigma_y=\sum_{h}(h-\mu_y)^2\sum_{k}P(k,\ h\mid d,\ \theta) \tag{8-23}$$

$$\sigma_x=\sum_{k}(k-\mu_x)^2\sum_{h}P(k,\ h\mid d,\ \theta) \tag{8-24}$$

熵是对信息量的度量，如果灰度共生矩阵中的元素值不均匀时，熵取较小值。反之，熵取得最大值；该参数的计算公式为：

$$\mathrm{ENT}=-\sum_{k}\sum_{h}P(k,\ h\mid d,\ \theta)\lg^{P(k,\ h\mid d,\ \theta)} \tag{8-25}$$

同质（逆差距）是指灰度共生矩阵中大值元素到主对角线的集中程度。它可以用来度量图像纹理局部信息的变化量。该参数的计算公式为：

$$L(d,\ \theta)=\sum_{k}\sum_{h}1/[1+(k-h)^2]P(k,\ h\mid d,\ \theta) \tag{8-26}$$

图 8-38 是铝电解槽火眼口电解质表面纹理特征参数计算的一个实例。

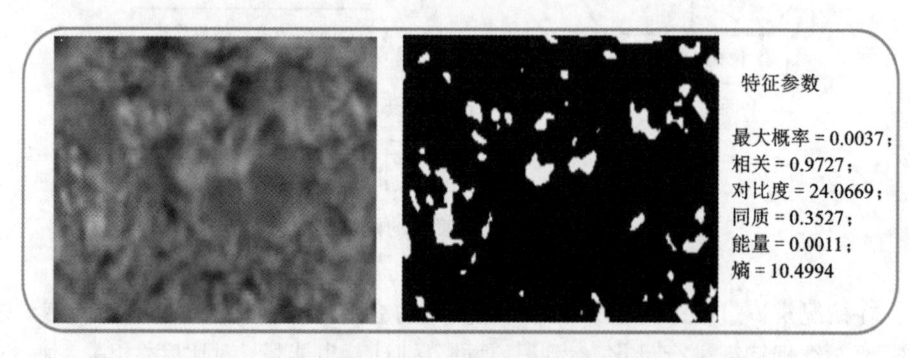

图 8-38　铝电解槽火眼口电解质表面纹理特征参数的获取

8.3.3.5　炭渣分离度的获取与表征

炭渣分离度是铝电解行业中一个特有的概念，它是指漂浮在电解质表面的炭渣含电解质成分的量。难以在线获取该参数的准确值，需要采用化学实验室分析方法才能获取。但是化学实验分析方法有耗时长、成本高等缺陷，难以满足在线辨识槽况的需求。通过研究发现，炭渣中电解质的含量与炭渣的颜色密切相关。当炭渣中电解质的含量较多时，炭渣的颜色呈灰白色。反之，当炭渣中电解质的含量较少时，炭渣的颜色呈黑色。因此，本节提出使用炭渣的颜色来间接地表征炭渣分离度。为了满足槽况辨识的需要，平均像素值被用于量化炭渣分离度。该参数的计算公式为：

$$TZ=\sum_{i=1}^{N}\sum_{j=1}^{M}f(i,j)/(N\times M) \tag{8-27}$$

式中：$f(i, j)$ 为炭渣图像中各像素点的灰度值；N 和 M 分别为炭渣图像中像素点的行数和列数。

图 8-39 是铝电解槽火眼口电解质炭渣分离度的一个计算实例。

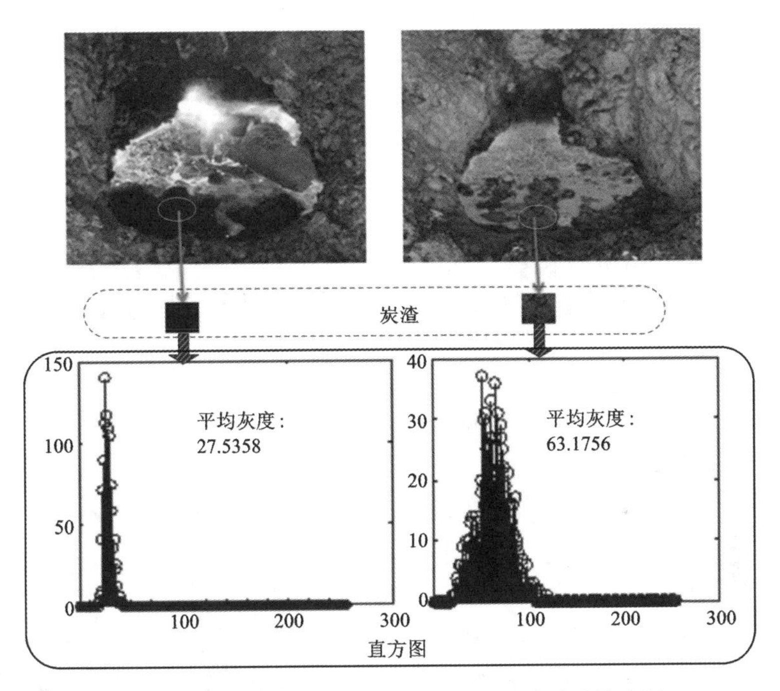

图 8-39　铝电解槽火眼口电解质炭渣分离度计算实例

由图 8-39 可知，左边这个火眼口的炭渣分离度是 27.5358；右边这个火眼口的炭渣分离度是 63.1756。

8.4　智能感知系统集成与大数据建立

本节基于氧化铝电解工艺流程已有的不同频率与不同来源的所有数据，包括化验数据、试验数据及操作数据等，结合新采样的实时获得的图像、视频等非结构化数据（可以为模拟数据），研究针对多源异构感知数据的预处理技术规则，获得氧化铝电解工厂内工业大数据的解码、转换和清洗等方法；同时，定义氧化铝电解工业数据的特征提取规范和流程以提取粉煤灰提铝工业数据，辅以基于学习的特征提取、基于领域知识的特征提取和基于数据机理的特征提取，构建完备的工业大数据。

8.4.1　数据采集系统设计

8.4.1.1　数据来源

(1)生产监控数据库，其数据主要来源于铝电解槽上所安装的各类传感器或人工检测，主要记录了铝电解槽生产的各项工艺指标。

(2)制造执行管理数据库，其数据主要来源于铝电解槽上所安装的各类自动化机械装置，当执行下料、换极等工艺操作时，会于后台进行完整记录。

(3)生产供应数据库，企业内部供应链部门会存有完整的物料价格及库存清单，用于经济及生产核算。

(4)市场信息数据库，其数据主要来源于网络平台，如“铝价”“氧化铝价格”等数据的确立主要由市场决定。

(5)仿真分析数据库，其数据主要由人工利用有限元仿真软件或其他模拟软件，基于所设定的工艺条件计算出来。

8.4.1.2　数据类型

铝电解常用多源异构数据来源如表 8-3 所示。

1)结构化数据

结构化数据一般是指关系模型数据，其外在一般是由二维表结构来进行整体关系的表征，严格地遵循数据格式与长度规范。作为分析对象的实体之间，都有严格的属性对应关系。目前，铝电解现行控制系统中的后台数据库所存储的数据类型均为结构化数据。结构化数据关系图如图 8-40 所示。

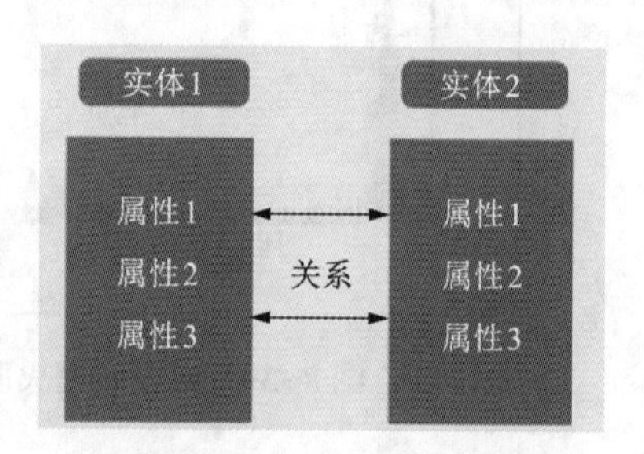

图 8-40　结构化数据关系图

2)半结构化数据

半结构化数据属于非关系模型，为适应多元化业务需求，其内部会存在一定的基本固定结构，例如企业存储的日志文件、Json 文档、Email 等。本章所涉及的半结构化数据为通过网络爬虫所爬取的铝电解市场数据，作为网络上异步存储的数据，其爬取存放格式为 json 格式，常见对象格式为{"key1"：obj，"key2"：obj，"key3"：obj...}。

表 8-3　铝电解常用多源异构数据来源

名称	获取方式	数据来源	数据格式	数据类型
槽温	人工测量	生产监控数据库	数字量	结构化
电解质水平	人工测量	生产监控数据库	数字量	结构化
铝水平	人工测量	生产监控数据库	数字量	结构化
分子比	人工化验	生产监控数据库	数字量	结构化
槽电阻	人工测量	生产监控数据库	数字量	结构化
吨铝行程	人工测量	生产监控数据库	数字量	结构化
下料量	人工设置	生产监控数据库	数字量	结构化
铝液质量	人工化验	生产监控数据库	数字量	结构化
生产计划	人工标记	制造执行管理数据库	日志文件	结构化
生产操作	人工标记	制造执行管理数据库	日志文件	结构化
物料数据	人工标记	生产供应数据库	数字量	结构化
仿真数据	人工计算	仿真分析数据库	数字量	结构化
实时铝价	爬虫脚本	网络公开	Json 文件	半结构化
分布式阳极电流	传感器	生产监控数据库	模拟量	结构化
槽电压	传感器	生产监控数据库	模拟量	结构化
槽电流	传感器	生产监控数据库	模拟量	结构化
火眼状态	摄影机	生产监控数据库	多媒体数据	非结构化

3）非结构化数据

非结构化数据为没有固定模式的数据，常见的数据存储类文件有 Word、PDF、PPT，以及各种格式的图片、视频等。铝电解生产车间内部各类工业监控或火眼视频就属于典型的非结构化数据。

8.4.1.3　系统框架及功能设计

针对各数据库系统的不同以及兼顾多种类型数据结构的特点，提出并设计了一种铝电解异构数据采集系统框架，如图 8-41 所示。

该系统包括原始数据采集模块、数据抽取与格式转换模块以及数据存储管理模块。

1）原始数据采集模块

原始数据采集模块主要完成铝电解多源原始数据的采集，并通过设定访问频次以适应生产实际要求，对接各类数据来源，构建有效的数据访问通道。同时，通过控制系统自动获取和人工离线检测两种方式实现铝电解生产的现场数据的全

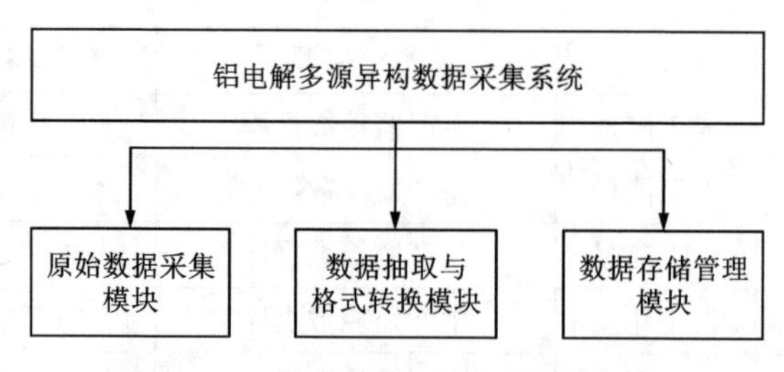

图 8-41　多源异构采集系统框架图

面监控，利用爬虫技术实现对在线市场数据的爬取。

2)数据抽取与格式转换模块

数据抽取与格式转换模块主要是对监测到的数据进行格式处理，根据铝电解工业各多源异构工业数据特点所设计的不同抽取规则，对获取的实时数据进行依规有序的抽取，并结合对应所分配的数据库的格式要求进行格式转换，形成统一规范的数据格式。

3)数据存储管理模块

数据存储管理模块主要是完成对采集数据的保存和数据的实时被利用，在采集数据进行格式以及内容审查解析时，确定数据合格后，直接将其上传到数据库进行数据存储。另外，这也方便以后历史数据的查询和统计分析等。

8.4.2　数据抽取与格式转换

8.4.2.1　结构化数据的提取及转换

通过采用SQL脚本语言，可以使用户在高层数据结构上工作。首先是创建(create)常用数据库，如铝电解生产供应数据库、铝电解生产监控数据库、铝电解制造执行数据库等；之后，找出所需对接的业务系统源，根据其数据类型特点进行读取分类，为了提高操作效率，一般可直接通过源接口进行读取；在构建完稳定可靠的数据传输通道后，再根据本地业务系统所指定的规则，将所获取的数据通过修改(alter)、删除(drop)等语句进行预处理，预处理后的数据即可写入本地采集数据库，为后期铝电解多维度分析环节使用。

8.4.2.2　人工录入数据的提取及转换

人工离线检测数据是槽况综合分析的重要数据来源。

针对变化较缓慢的参数，如电解质分子比、电解质温度、原铝品位、各种添加剂含量等，常选用人工取样进行离线分析的方式，并将结果记录于纸质表格上，后续再将结果一一输入至计算机对应数据库中。

针对火眼视频等多媒体文件，在按照标准规范进行视频拍摄后，可将视频文件存放于计算机存储管理器中对应电解槽槽号下的文件夹下，同时在数据库中对应填写图片和视频存储路径。

目前，该采集方式可以满足计算机控制电解质成分及其他慢时变参数的要求。

8.4.2.3　半结构化数据的提取及转换

针对铝电解相关企业后台所保存的日志文件，可以通过提取有关的元数据，将其转换为 XML 文档的方式，即将半结构化数据转化为结构化数据的形式进行储存。在铝电解市场数据采集过程中，比较常见的半结构化数据的文件类型主要为 json 格式。可以利用 System. IO 相应的 API 接口进行分析，从而转化为 XML 文档格式。

结合上述提取及转换方法，整体采集流程图如图 8-42 所示。

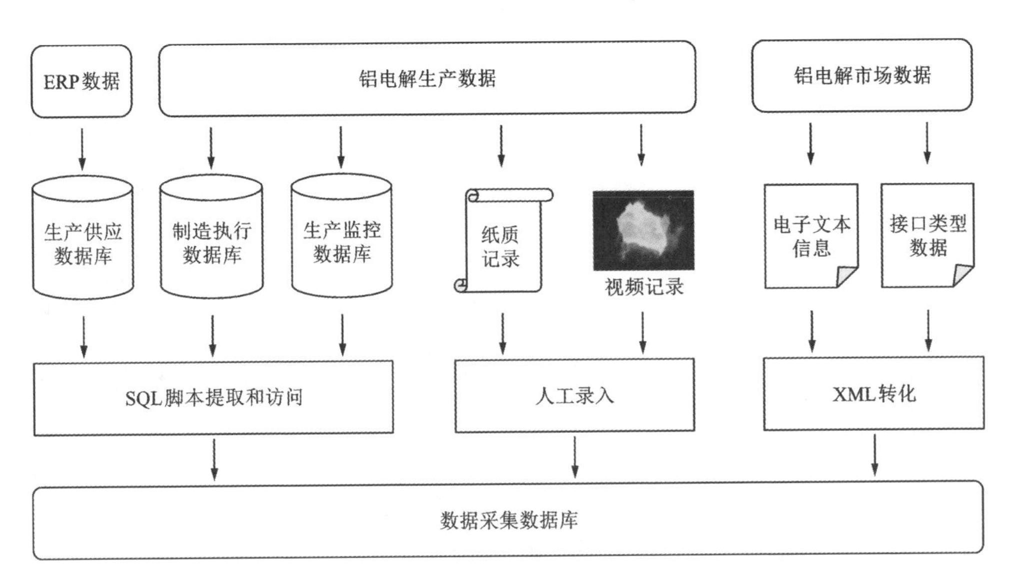

图 8-42　铝电解多源异构数据的采集流程图

8.4.3　数据存储管理

采集数据通过相关算法进行格式和内容的审查解析，待确定数据合格后，可将其直接上传到数据库，包括数据解析服务器、分布式内存网格服务器、分布式数据库集群、Hadoop 集群、文件服务器和应用服务器。

8.4.4　铝电解生产大数据中心

随着铝电解生产与检测装备的自动化与信息化水平的不断提升，全流程中每天产生海量数据，传统的数据处理与分析方式已经难以适应现代铝电解生产要求。首先，我国铝电解生产控制系统对大型铝电解槽的参数检测正在从传统的集总参数检测向分布式参数检测转变。其次，铝电解企业的信息化程度、辅助生产车间及其装备的自动化水平也在显著提高。因此，一个大型铝电解企业每天产生着海量的数据。然而，存在于分厂、车间、工序中的信息孤岛问题与信息"碎片化"问题没有得到实质性解决，企业的高层次决策与综合决策依然以传统个人计算机的数据处理方式为主进行，不能适应现代工业的发展要求。因此，建设铝电解工业大数据平台已迫在眉睫。

为了解决铝电解企业存在的信息孤岛与信息"碎片化"的问题，构建了铝电解工业大数据平台，其总体架构如图 8-43 所示。

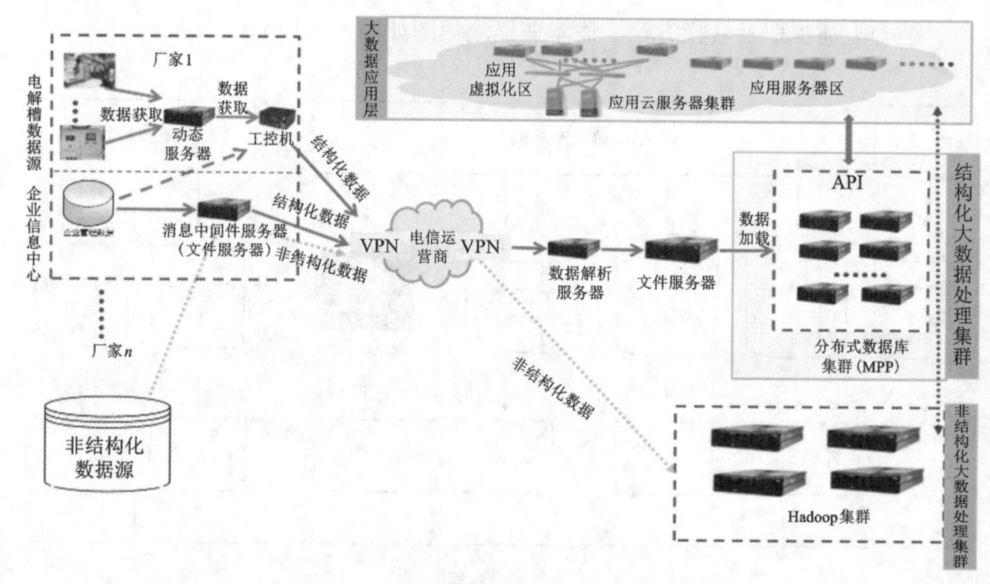

图 8-43　铝电解工业大数据平台总体框架

该系统的原始数据直接来源于铝电解生产，首先通过部署在企业端的消息中间件服务器和文件服务器来收集铝电解企业产生的结构化数据、半结构化数据和非结构化数据，然后通过 VPN 把这些数据发送到铝电解工业大数据平台。

在平台端，主要部署有数据解析服务器、分布式内存网格服务器、分布式数据库集群、Hadoop 集群、文件服务器和应用服务器等。数据解析服务器主要负责解析来自企业端的结构化数据，然后把解析完的数据存入分布式内存网格服务器中。分布式内存网格服务器主要负责存储实时数据并实时同步存入到分布式数据库集群。分布式数据库集群主要用于存储所有数据。分布式内存网格服务器和分布式数据库集群根据应用服务器的具体需求提供不同类型的数据。Hadoop 集群和文件服务器主要用于存储非结构化数据。相关数据库的应用界面如图 8-44 所示。

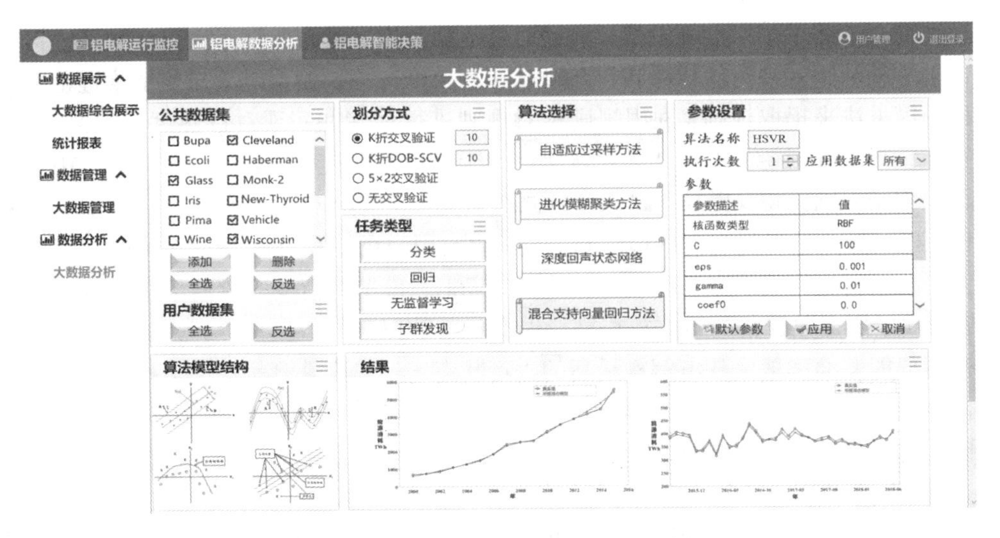

图 8-44　铝电解工业大数据平台实例

8.5　知识发现与智能分析

8.5.1　铝电解数据与知识联合的关键工艺参数在线预测

在粉煤灰提铝生产过程中，部分数据需要通过实验室化学分析获取，存在较大的滞后性，无法为生产过程提供及时的反馈信息。为此，以氧化铝电解过程为研究对象，在全流程智能感知系统集成与大数据研究的基础上，融合生产过程数据和操作人员的经验知识，开发了数据与知识的融合方法、数据与知识联合的部分参数软测量模型及在线预测方法，以及预测模型自适应更新方法。

工业铝电解现场是非稳态、强耦合的复杂环境，铝电解生产监测数据波动性强，噪声率高，时间序列性强，过热度规则难以提取，因此过热度的在线预测是一个难题。在铝电解生产过程中，电解槽过热度是关乎生产效率、生产质量的关键性指标。如果电解槽工作在适当的过热度状态下，那么可以提高电流效率、延长电解槽寿命。但是，过热度预测存在测量难度较大、测量过程复杂，且长期以来靠人工经验判断的缺点。为解决铝电解槽过热度状态预测长期依赖人工决策的问题，本部分结合人工智能领域测粒认知计算思想，构建了基于粗糙集的铝电解槽过热度状态的在线软预测方法和基于时间粒化的铝电解槽过热度预测模型。

8.5.1.1 基于粗糙集和增量式规则树的铝电解过热度在线软预测模型

利用粗糙集刻画铝电解生产数据的不确定性，并构造基于树的过热度规则，实现基于粗糙集和增量式规则树的铝电解过热度在线软预测模型。

针对过热度难以准确测量，测量结果不能动态、及时反馈等问题，本部分提出了一种基于规则树的增量式过热度软预测模型。该模型通过应用粗糙集理论中值约简方法来提取规则，利用规则树对规则进行存储并实现对过热度的软测量，进而设计了规则树的增量式学习方法。由于分类规则具有很好的可解释性，用户可以根据规则知识，提高对过热度预测的认知，从而有利于生产的优化控制。同时，模型融入了对规则树的增量式更新机制，用户可以根据新测量得到的标记数据对规则树进行更新。在对规则树进行更新时，模型将新增的数据集权重设定为最高值，历史数据集的数据权重则会根据新增数据集的数据量进行衰减，以保证规则树能够准确地反映电解槽最新的生产状态。过热度软测量模型会根据电解槽的生产数据及时地向用户反映电解槽的过热度状态。当过热度保持在 5~12 ℃时，表明电解槽目前处于较好的生产状态，此时用户无须对电解槽做出调整。当过热度处于较高水平时，表明电解槽的生产处于较差状态，用户需要对电解槽的部分生产参数进行干预控制。该模型主要包括数据预处理、规则提取、规则存储与增量式更新四个部分。模型框架如图 8-45 所示。

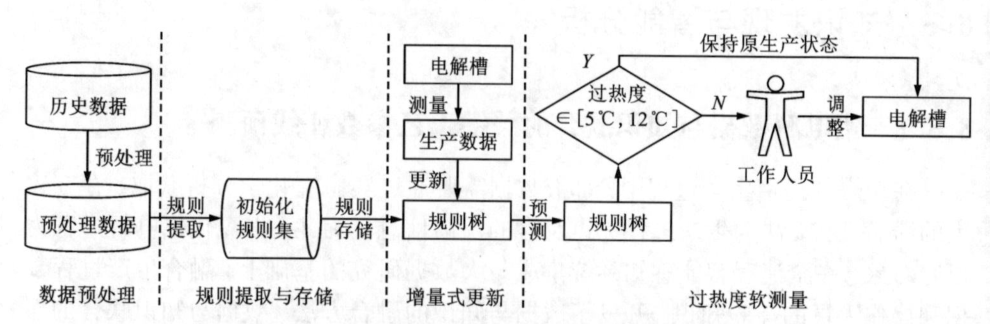

图 8-45 工业铝电解中的过热度软测量框架

在该模型中，过热度规则的增量式更新是实现过热度在线预测的核心内容。考虑生产状态是一个动态的过程，新增数据有着相较于历史数据更强的预测有效性，因此在模型中使用加权的方式对数据赋予权重。数据权重是衡量一个数据集质量的重要性指标。通过历史数据进行规则提取时，历史数据的权重为 1，在模型的运行过程中，随着新数据集的增加，历史数据集的权重会根据权重衰减函数不断衰减。

权重衰减公式定义为：

$$w = w_h - w_h \frac{d'}{\sum_{x=1}^{n} d_x} \tag{8-28}$$

式中：w 为数据集衰减后的权重；w_h 为当前数据集的权重；d' 为新增数据集的数据数量；d_x 为数据集 x 的数据数量。衰减公式采用了数据集的当前权重减去新增数据集的数据量与原数据集数据量的比值的算法，这样可以避免当新增数据集数量较小且新增数据集较为频繁时，原数据集权重衰减过快导致的准确率下降。增量学习方法往往会产生不可估计的累计误差，本节结合了数据权重与规则的综合可信度评价，在一定程度上能够使学习到的错误知识随着时间的延伸而被删除，这在一定程度上避免了产生严重累计误差问题。

考虑规则在不同权重的数据集中的覆盖度和置信度，以及该分类规则在近期新增数据集中的表现，我们将规则可信度概念引入模型的设计中，用于对分类规则的综合评价。由于铝电解生产中涉及参数较多，因此在对规则集进行匹配时，可能有多条规则会满足一条生产记录，此时输出可信度最高的决策属性。

规则可信度定义为：

$$A = \frac{\sum_{x=1}^{n} d_x w_x c_x s_x}{n} \tag{8-29}$$

式中：A 为规则可信度；n 为数据集的个数；w_x 为数据集 x 的权重；c_x 为规则在该数据集 x 中的覆盖程度；s 为规则在该数据集中的置信度。图 8-46 为基于树的规则增量式更新示意图。

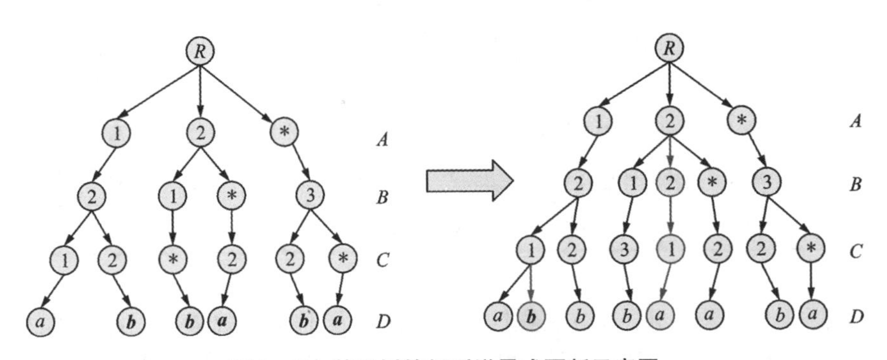

图 8-46　基于树的规则增量式更新示意图

实验使用的铝电解生产数据集为某铝厂部分车间从 2015 年 11 月份到次年 5 月份的生产数据。数据包含两类。第一类生产数据主要是目前能够在线测量的生产数据，属性数量为 47 个，测量频率约为 720 条/d；属性包括工作电压、工作电流、槽电阻、针振、摆动、基准下料间隔、实际下料间隔等。第二类生产数据的测量频率为 1 d/次，属性个数为 31 个，包括分子比、铁含量、硅含量、温度、铝水平、电解质水平、槽温度、析出铝量、原铝质量等属性。

表 8-4 列出了两类数据的基本信息。其中 2015 年 11 月到 12 月的数据为第一部分(U1-1891)，11 月到 2016 年 2 月的数据为第二部分(U2-3944)，11 月到 2016 年 4 月的数据为第三部分(U3-5634)。它们将分别用作后面实验的训练集。将 2020 年 5 月份的生产数据作为测试数据集，共 1150 条。

表 8-4　铝电解生产数据基本信息

数据	记录数	测量频率	测量日期	属性个数	槽台数
生产数据 1	3500 万个	720 次/(天·槽)	2015. 10—2016. 1	47 个	300 台
生产数据 2	65536 个	1 次/(天·槽)	2015. 10—2016. 5	31 个	300 台

表 8-5 记录了各种方法在铝电解数据集上的准确率。本方法在开展实验时利用 U1-1891 数据进行初始的规则提取，而对于 U2-3994 与 U3-5634 两部分数据集，则基于初始规则集分别进行增量式学习。其余传统分类方法由于其自身不具备增量学习功能，因此首先对 U1-1891 数据集进行训练，当新增 U2-3994 与 U3-5634 两部分数据集时，则需要进行重新训练。

表 8-5　铝电解生产数据集实验结果

数据集	增量式规则获取			传统规则获取			RF	RS	M5
	准确率/%	召回率/%	精确率/%	准确率/%	召回率/%	精确率/%	准确率/%	准确率/%	准确率/%
U1-1891	24. 3	46. 0	46. 8	24. 3	46. 0	46. 8	24. 1	31. 2	30. 2
U2-3944	40. 6	43. 8	54. 0	25. 2	36. 2	54. 7	28. 1	34. 4	38. 1
U3-5634	59. 3	47. 7	62. 6	45. 0	36. 8	62. 0	53. 4	49. 8	47. 8

由表 8-5 结果可见，本方法在针对铝电解生产时实际效果会更好。虽然，本方法在最初表现不是最佳，但随着数据的增加，本方法全面超越了对比的分类方法；随着数据的增加，本方法的准确率逐步提升。

表 8-6 记录了各种方法在 6 个 UCI 数据集上的预测准确率。本方法在大部分数据集中的效果优于传统的启发式值约简算法，在部分数据集上优于其余分类方法。由于 UCI 数据集中预测对象自身状态不会随时间变化而改变，因此本节的增量式规则获取方法与随机森林(RF)、随机子空间(RS)、M5 算法相比无明显优势。

表 8-6　UCI 数据集实验结果

数据集	准确率/%				
	值约简	本节方法	随机森林	随机子空间	M5
Abalone(3000/500)	15.6	29.8	33.7	33.02	33.7
Ecoli(267/78)	48.7	60.2	83.0	78.0	32.0
CarEvaluation(1610/120)	54.1	59.1	89.7	75.2	87.1
Statlog(500/190)	38.4	53.1	77.6	73.3	76.5
WineQuality(3500/500)	50.8	59.8	62.8	59.1	59.6
Seeds(160/50)	50.0	72.0	62.4	69.6	55.9

实验结果显示，本模型对于铝电解工业中的过热度在线预测问题具有一定的有效性和可行性。本部分就该预测模型开发了铝电解槽过热度在线软测量系统，如图 8-47 所示。

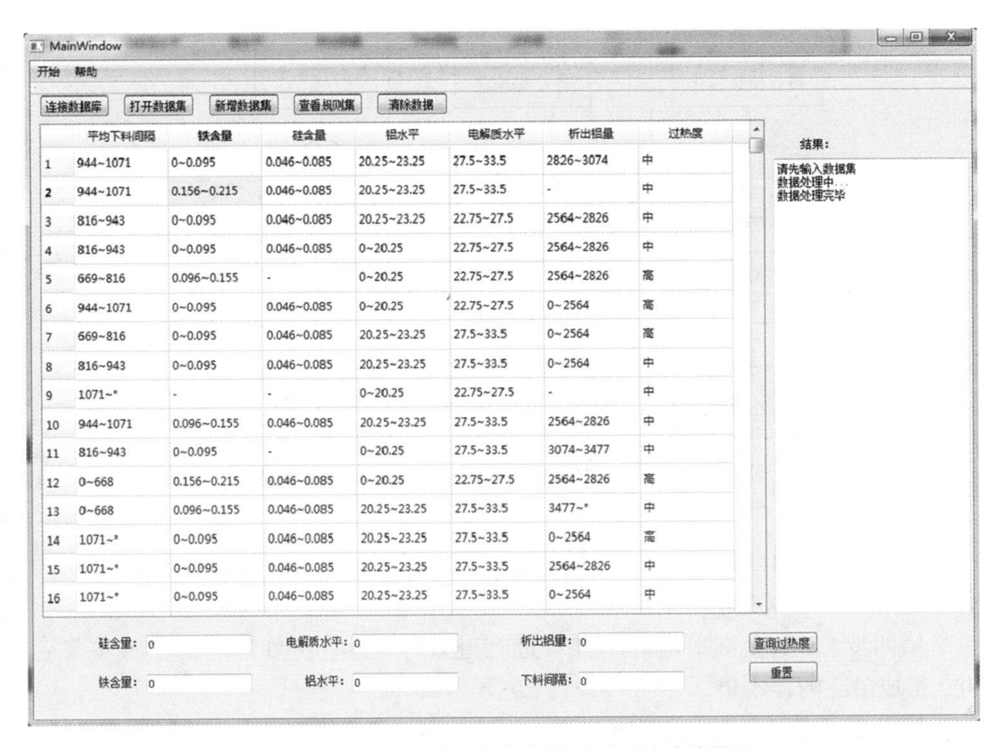

图 8-47　铝电解过热度在线软预测系统功能界面

8.5.1.2　基于时间粒化的铝电解槽过热度预测模型

将铝电解数据的时间序列特性纳入过热度预测当中，将原始数据进行时间序列粒化，进而构建基于时间粒化的铝电解槽过热度预测模型。

本部分提出了基于多粒度的铝电解过热度预测模型。该模型通过在原始数据时间序列上定义时间片，在时间片内划分时间粒，在每个时间粒内构建特征集与样本集。对于新的样本集，利用机器学习分类算法进行训练并得到预测模型。图 8-48 为本部分提出的基于时间粒化的铝电解过热度预测模型(prediction model based on time granularity，PMBTG)的框架流程。

该模型具体流程如下：

第一步，对数据进行预处理，然后选择用于构建特征集的属性。

第二步，将原始数据划分为若干时间片，再对每个时间片内的数据进行划分，以获取多个相同大小的时间粒。

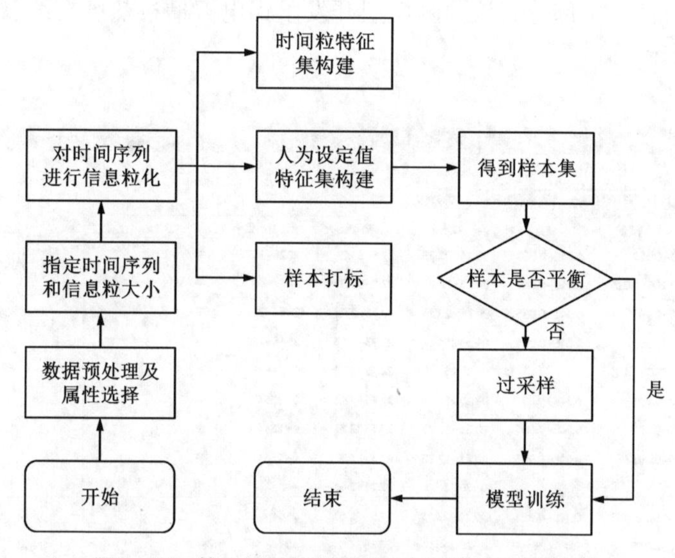

图 8-48　基于时间粒化的铝电解过热度预测模型

第三步，在时间粒内和相邻时间粒之间创建特征集，然后进行打标处理，为每个电解槽的数据构建一个小样本集。

第四步，对数据不平衡的小样本进行过采样处理，将处理后的小样本集合并，组成最终的样本集。

第五步，使用分类器对样本集进行训练，得到预测模型。

建立特征集和样本集的先决条件是指定合适的时间片和时间粒的大小。如果时间片和时间粒很小，则样本集的数量将非常大，并且算法时间开销将会很大；

如果时间片和时间粒很大，则创建样本集所需的原始数据量将非常大。在该模型的构建过程中，采用经验值划分的方法来确定时间片的大小。定义时间片天数大小为 $T_b=9$，时间粒天数 $T_s=3$，即每个时间片 T_W 包含3个长度为3的时间粒 W_n。具体如式(8-30)和式(8-31)所示。

$$T_W=\{W_1, W_2, W_3\} \tag{8-30}$$

$$W_n=\{T_{3n-2}, T_{3n-1}, T_{3n}\} \quad n\in\{1, 2, 3\} \tag{8-31}$$

1. 特征集的构建

每个样本的特征集由以下两部分组成：测量值特征集和人为设定值特征集，分别对应由测量值属性创建的特征集和由人工设定的属性构建的特征集。公式为：

$$A=N_c\cup N_m \tag{8-32}$$

式中：N_c 为测量值特征集；N_m 为人为设定值特征集。

对于时间粒内的每个测量值属性，求出时间粒内若干条样本对应属性的均值、方差和最大值，令得到的属性集分别为 N_1、N_2、N_3，则有：

$$N_1=\left\{\frac{\sum_{i=1}^{3}F(T_i)}{3}, \frac{\sum_{i=4}^{6}F(T_i)}{3}, \frac{\sum_{i=7}^{9}F(T_i)}{3}\right\} \tag{8-33a}$$

$$N_2=\left\{\frac{\sum_{i=1}^{3}F(T_i)-N_{11}}{3}, \frac{\sum_{i=4}^{6}F(T_i)-N_{12}}{3}, \frac{\sum_{i=7}^{9}F(T_i)-N_{13}}{3}\right\} \tag{8-33b}$$

$$N_3=\{\max[F(W_1)], \max[F(W_2)], \max[F(W_3)]\} \tag{8-34}$$

式中：N_{11}、N_{12} 和 N_{13} 分别为 N_1 中对应属性集合的第1、2、3个值；$F(T_i)$ 为 F 中每个属性在时间片内第 i 天的测量数据。

在相邻时间粒之间构建一组特征集，将式(8-32)~式(8-34)中求出的属性集中的每一项与前一时间粒中对应项进行比较，求出其差值的决策值，并作为新的特征集。将得到的特征集进行聚合，得到测量值特征集 N_c。其公式为：

$$N_4=\{|F(N_{12}-N_{11})|, |F(N_{13}-N_{12})|\} \tag{8-35}$$

$$N_5=\{|F(N_{22}-N_{21})|, |F(N_{23}-N_{22})|\} \tag{8-36}$$

$$N_6=\{|F(N_{32}-N_{31})|, |F(N_{33}-N_{32})|\} \tag{8-37}$$

$$N_c=N_1\cup N_2\cup N_3\cup N_4\cup N_5\cup N_6 \tag{8-38}$$

对于经验值属性 M，在时间片中计算出最后一天的设定值与之前每一天的对应设定值之差的绝对值，表示为 N_7。将最后一天的所有人为设定属性值，表示为 N_8。将 N_7 和 N_8 取并集，得到人为设定值特征集 N_m。其公式为：

$$N_7=\{|F(M-M_i)|\} \quad i\in\{1, 2, \cdots, 9\} \tag{8-39}$$

$$N_8=M \tag{8-40}$$

$$N_m=N_7\cup N_8 \tag{8-41}$$

2. 样本集的构建

采用上述得到的特征集 **A** 作为每一条样本的特征向量，定义过热度为每个样本的标签。通过冶金专家给出的过热度计算公式(8-42)和公式(8-43)来计算出对应的过热度并对样本进行打标。

$$SHD=T_p-(35MR+846) \tag{8-42}$$

式中：SHD 为过热度值；T_p 表示电解质温度；MR 为分子比；(35MR+846)为由分子比计算得到的电解质初晶温度。当 SHD≤25 ℃时，定义为低过热度；当 SHD>25 ℃时，定义为高过热度。由此，过热度分类的标签被定义为：

$$\text{label}=\begin{cases}0 & \text{SHD}\leqslant 25\ ℃\\1 & \text{SHD}>25\ ℃\end{cases} \tag{8-43}$$

该模型应用在某铝厂提供的铝电解槽检测数据集上。本节从原始数据中随机抽取若干个电解槽的数据进行试验。表 8-7 展示了实验数据的基本信息。数据集名称前数字 5、10、30、50 表示抽取原始数据集中随机 5、10、30、50 个电解槽的数据形成的数据集。经过提出的 PMBTG 模型处理后的训练集信息如表 8-8 所示。

表 8-7 原始生产数据集基本信息

数据集	样本数/个	特征数/个	测量日期
5-Data	890375	78	2015. 11. 6—2016. 7. 4
10-Data	1702318	78	2015. 11. 6—2016. 7. 4
30-Data	5520734	78	2015. 11. 6—2016. 7. 4
50-Data	8823607	78	2015. 11. 6—2016. 7. 4

表 8-8 PMBTG 算法处理后的数据集基本信息

数据集	样本数/个	特征数/个	测量日期	类分布
5-Data	1306	261	2015. 11. 6—2016. 7. 4	668：638
10-Data	2477	261	2015. 11. 6—2016. 7. 4	1305：1172
30-Data	7606	261	2015. 11. 6—2016. 7. 4	3948：3638
50-Data	12362	261	2015. 11. 6—2016. 7. 4	6307：6055

表 8-9 中展示了以随机森林和 XGBoost 为分类器，采用 PMBTG 算法得到的 PMBTG-RF 模型、PMBTG-XGB 模型与对比算法 RDNF-RF 模型和 SMM 模型分别在 4 个数据集上进行对比的实验结果。验证结果显示，PMBTG-RF 模型

PMBTG-XGB 模型在指标 Precision、Recall 和 F-score 指标上均具有显著的优势。

表 8-9　过热度预测结果对比

指标	数据集	PMBTG-RF	PMBTG-XGB	RDNF-RF	SMM
Precision	5-Data	0. 7904	0. 8002	0. 5507	0. 2353
	10-Data	0. 7806	0. 7975	0. 6030	0. 3095
	30-Data	0. 7943	0. 8204	0. 6604	0. 4063
	50-Data	0. 8086	0. 8101	0. 6803	0. 6050
Recall	5-Data	0. 7735	0. 8035	0. 5706	0. 4392
	10-Data	0. 7697	0. 7904	0. 6035	0. 4227
	30-Data	0. 7940	0. 8202	0. 6307	0. 4743
	50-Data	0. 8002	0. 8238	0. 6715	0. 4856
F-score	5-Data	0. 7819	0. 8018	0. 5605	0. 3064
	10-Data	0. 7751	0. 7939	0. 6032	0. 3573
	30-Data	0. 7941	0. 8103	0. 6452	0. 4377
	50-Data	0. 8044	0. 8269	0. 6759	0. 5388

图 8-49~图 8-51 展示了以 J48 和 IBK 为分类器，采用 PMBTG 算法得到的预测模型 PMBTG-J48 和 PMBTG-IBK 相较于对比算法 RDNF-RF 模型和 SMM 模型在 4 个数据集上的不同指标的对比结果。结果显示，预测模型 PMBTG-J48 和 PMBTG-IBK 对铝电解槽过热度预测效果远优于已有模型 RDNF-RF 和 SMM。

针对上述基于时间粒化的铝电解过热度预测模型，本部分同时设计了相应的氟化铝添加量决策软件系统。软件系统界面如图 8-52 所示。

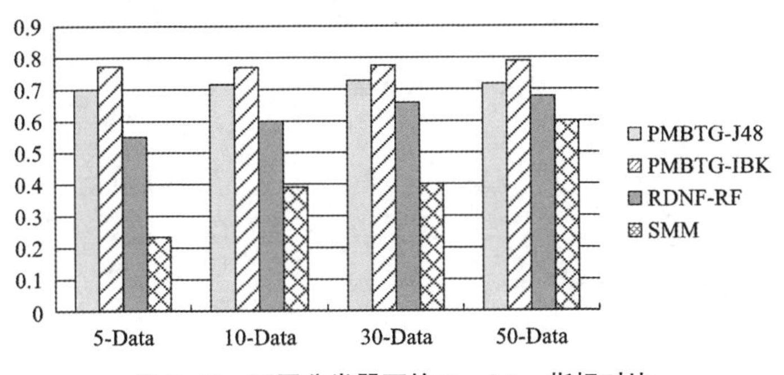

图 8-49　不同分类器下的 Precision 指标对比

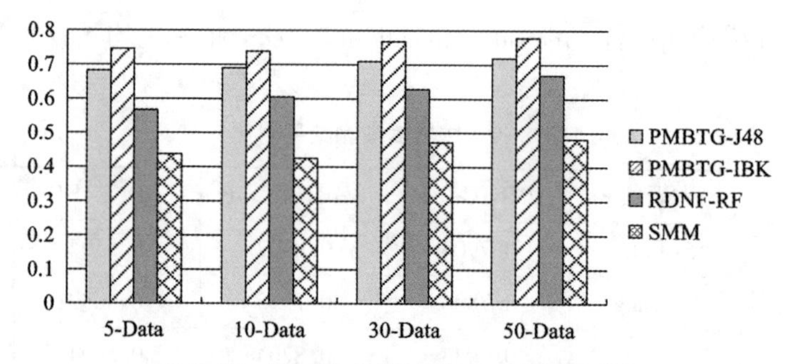

图 8-50 不同分类器下的 Recall 指标对比

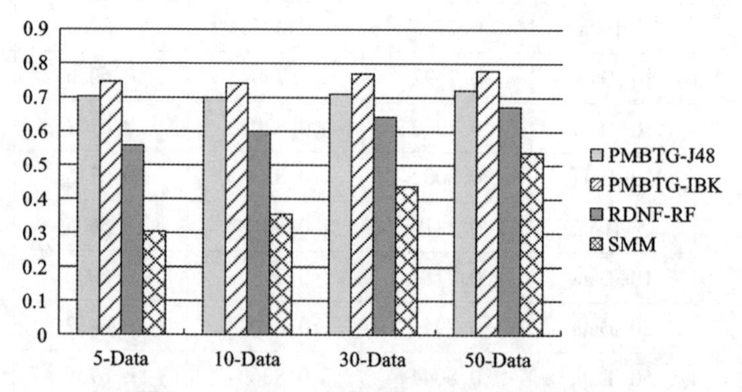

图 8-51 不同分类器下的 F-score 指标对比

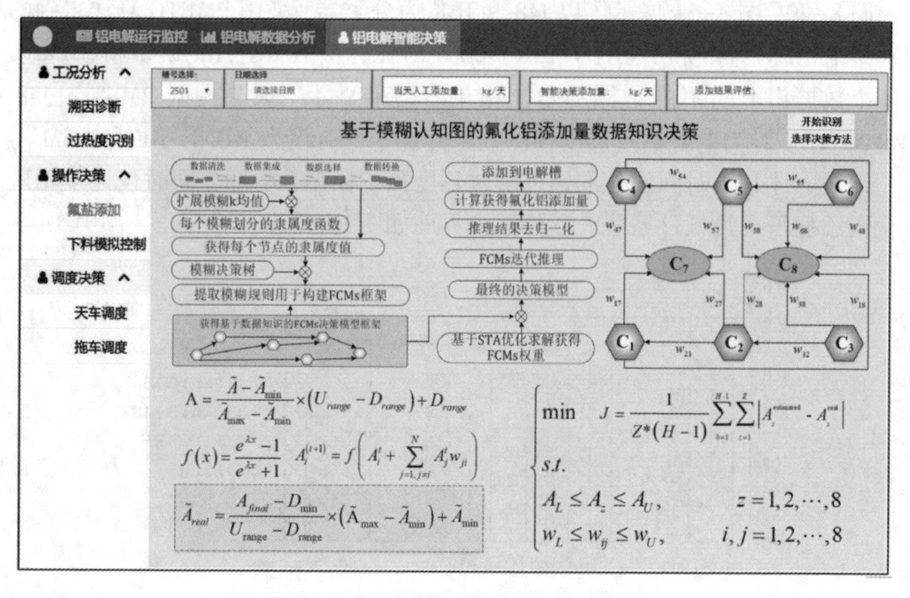

图 8-52 氟化铝添加量数据知识决策

8.5.2　基于工业大数据的电解过程知识深度学习与知识发现

在已建立的全流程智能感知系统集成与大数据后，如何提取生产系统中的多元知识，并构建有序、有价、有效的工业决策知识模型，是知识驱动智能决策的前提。由于铝冶炼的知识具有模糊性、不确定性和不完备性，难以建立全面准确的定量关联模型，因此本节根据半定量概率语义网络模型进行全要素知识的获取和结构化表示，实现全要素知识的可靠性、相关性和冗余度等价值评价。以下将研究基于半定量概率语义网络模型的全要素知识获取与表示、基于价值标注的知识多维综合评价及全要素多元知识融合的多层级关联知识库的构建。

8.5.2.1　基于层次概率语义模型的知识表示方法研究

电解槽的槽况决定了铝电解的生产效率和能耗，及时地获取槽况状态信息对于提高电解槽的电解生产效率至关重要。但是电解槽正常工作时处在高温状态，且其内部的电解质具有强腐蚀性，目前还不能在线监测电解槽的槽况。电解槽的许多工艺参数是非线性的，且具有高度的相关性和耦合性，难以建立准确的数学模型去判断槽况。为了解决上述问题，本研究针对铝电解槽况知识的随机性特征，提出了基于层次概率语义网的知识表示模型，如图 8-53 所示。其将人类的先验知识和后验概率进行结合，克服了语义网等模型仅能表达确定性知识的弱点，有效地解决了用传统语义网表示铝电解槽况知识时会出现组合爆炸、多义性、知识选择难和可理解性差的问题。

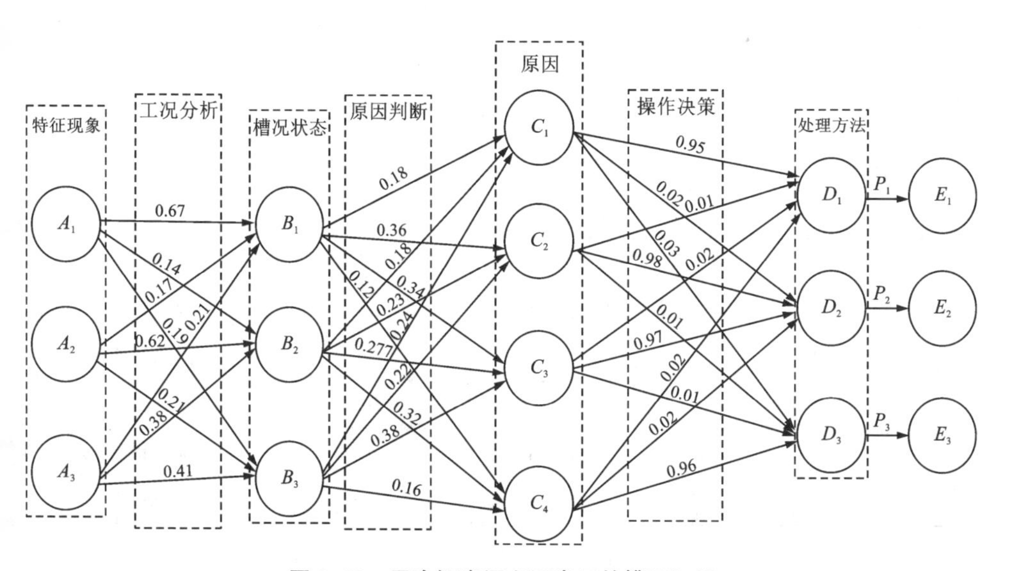

图 8-53　层次概率语义网表示的槽况知识

将上述提出的方法应用于铝电解槽况辨识的案例分析。而该测试结果，有效地证明了层次概率语义网模型的合理性、可行性和有效性，测试结果如表 8-10~表 8-11 所示。

表 8-10　槽况判断知识元之间的关联概率统计表

序号	特征现象	槽况状态	关联概率	序号	槽况状态	原因	关联概率
1	结壳速率为[3.5, 8)	冷槽	0.67	1	冷槽	系列电流低	0.18
2	结壳速率为[3.5, 8)	热槽	0.14	2	冷槽	极距过高	0.36
3	结壳速率为[3.5, 8)	正常槽	0.19	3	冷槽	极距过低	0.34
4	结壳速率为[0, 1.5)	冷槽	0.17	4	冷槽	铝水平低	0.12
5	结壳速率为[0, 1.5)	热槽	0.62	5	热槽	系列电流低	0.18
6	结壳速率为[0, 1.5)	正常槽	0.21	6	热槽	极距过高	0.23
7	结壳速率为[1.5, 3.5]	冷槽	0.21	7	热槽	极距过低	0.27
8	结壳速率为[1.5, 3.5]	热槽	0.38	8	热槽	铝水平低	0.32
9	结壳速率为[1.5, 3.5]	正常槽	0.41	9	正常槽	系列电流低	0.24
				10	正常槽	极距过高	0.22
				11	正常槽	极距过低	0.38
				12	正常槽	铝水平低	0.16

表 8-11　各知识元分别使用不同的一个字母进行标记

标记符号	知识元	标记符号	知识元
*A*1	结壳速率为[3.5, 8)	*C*1	系列电流低
*A*2	结壳速率为[0, 1.5)	*C*2	极距过高
*A*3	结壳速率为[1.5, 3.5]	*C*3	极距过低
*B*1	冷槽	*C*4	铝水平低
*B*2	热槽	*D*1	提高系列电流
*B*3	正常槽	*D*2	调整极距
		*D*3	扒沉淀

8.5.2.2　基于直觉模糊有向超图的语义网模型研究

为了提高电解槽槽况辨识的准确性和改善铝电解的生产效率，迫切需要实现基于知识驱动的方法去辨识铝电解的槽况状态。这种方法的核心思想是计算机模拟人的大脑，使用经验知识、机理知识和数据知识去辨识铝电解槽的槽况状态。知识表示和推理是智能系统理解和应用知识的基础。因此，选择一种合适的知识表示和推理方法对实现基于知识驱动的槽况辨识是非常重要的。基于此，本研究提出了一种基于直觉模糊超图语义模型的知识表示方法，用于表示与电解槽况相关的知识，如图 8-54 所示。其综合考虑了智能机器和人对知识的理解，可表示更复杂的语义关系。此外，它还可以表示具有模糊特性的知识。此外，为了解决与铝电解槽况状态相关知识的推理问题，本研究提出了一种基于熵权重的知识推理方法。这种方法有效地融合了直觉模糊计算和图论推理方法，因此具有非常好的灵活性、学习能力、群计算能力和大规模并行处理能力。具体如图 8-55所示。

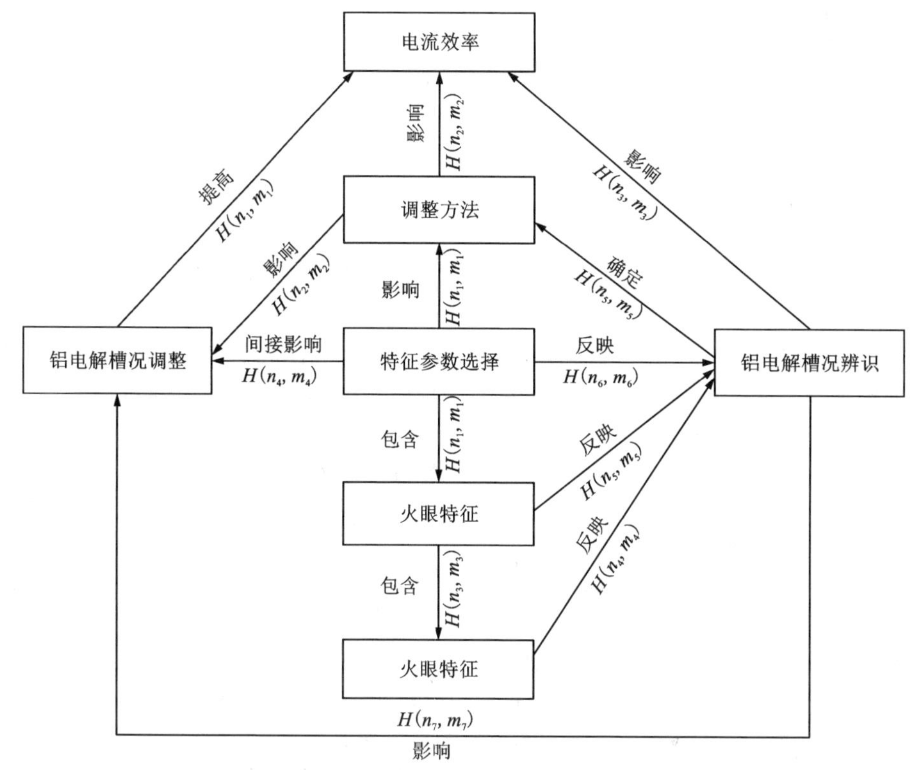

图 8-54　基于直觉模糊有向超图的语义网模型

将上述提出的方法应用于铝电解槽况辨识的案例分析，其测试结果有效地证明了基于直觉模糊有向超图的语义网模型的合理性、可行性和有效性。

其中，为了获得更可靠的比较结果、避免单一比较的随意性，从每一个实验电解槽的火眼口获取 50 段不同时间段的视频，用于抽取相应的图像特征。然后将这些特征知识应用于基于直觉模糊超图语义模型，以推断该电解槽的槽况。再

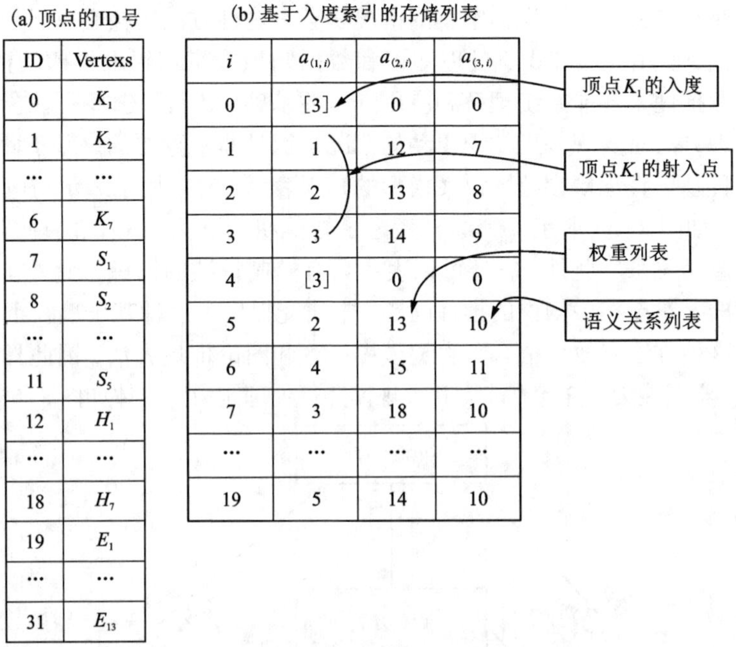

(a) 顶点的ID号

ID	Vertexs
0	K_1
1	K_2
…	…
6	K_7
7	S_1
8	S_2
…	…
11	S_5
12	H_1
…	…
18	H_7
19	E_1
…	…
31	E_{13}

(b) 基于入度索引的存储列表

i	$a_{(1,i)}$	$a_{(2,i)}$	$a_{(3,i)}$
0	[3]	0	0
1	1	12	7
2	2	13	8
3	3	14	9
4	[3]	0	0
5	2	13	10
6	4	15	11
7	3	18	10
…	…	…	…
19	5	14	10

顶点K_1的入度

顶点K_1的射入点

权重列表

语义关系列表

图 8-55　基于入度索引的图模型存储结构

将每个推理结果与热分析测试结果进行比较，并计算出推理结果的准确率。这些数据均是通过多次测量求平均值的结果，具体如表 8-12~表 8-13 所示。

表 8-12　热分析实验法的测试结果

项目	槽号				
	110#	112#	113#	114#	115#
槽温/℃	909.4	914.6	908.2	903.7	908.6
初晶温度/℃	901.3	902.8	896.1	894.6	890.5
过热度/℃	8.1	11.8	12.1	9.1	18.1
槽况状态	冷槽	正常	正常	冷槽	正常
项目	槽号				
	120#	121#	122#	123#	124#
槽温/℃	906.3	903.4	903.5	903.2	905.3
初晶温度/℃	894.1	890.6	886.4	896.4	893.6
过热度/℃	12.2	12.8	17.1	6.8	11.7
槽况状态	正常	正常	正常	冷槽	正常

表 8-13　基于直觉模糊超图语义模型、基于模糊 petri 网和基于超图的语义网的槽况辨识结果与热分析实验法的测试结果

算法	指标	槽号				
		110#	112#	113#	114#	115#
基于直觉模糊超图语义模型	推理总次数/次	50	50	50	50	50
	吻合次数/次	44	41	43	40	44
	准确率/%	88	82	86	80	88
模糊 petri 网	吻合次数/次	37	35	41	40	39
	准确率/%	74	70	82	80	78
基于超图的语义网	吻合次数/次	38	37	39	41	41
	准确率/%	76	74	78	82	82
算法	指标	槽号				
		120#	121#	122#	123#	124#
基于直觉模糊超图语义模型	推理总次数/次	50	50	50	50	50
	吻合次数/次	43	43	41	42	43
	准确率/%	86	86	82	84	86
模糊 petri 网	吻合次数/次	38	38	40	35	42
	准确率/%	76	76	80	70	84
基于超图的语义网	吻合次数/次	36	34	43	42	43
	准确率/%	72	68	86	84	86

8.5.2.3　基于区间直觉模糊语义模型的知识表示方法研究

由于铝电解槽况辨识的知识元之间存在语义耦合性，直接使用上述两种知识表示时，在实现多特征知识融合的知识推理过程中，将会对所有的特征变量赋予相等的权重。事实上，不同特征知识元所包含的槽况信息有重叠部分存在，且每一种特征对槽况辨识的贡献程度存在差异。这种差异导致了决策信息的冗余和特征知识元与槽况状态之间的关联权重发生变化，从而影响槽况辨识结果。为表示这类知识，并将这类知识应用于槽况辨识中，本研究提出了一种基于区间直觉模糊的语义模型，如图 8-56 所示。在该模型的知识推理过程中，为了实现将多种特征知识融合的槽况辨识方法，本节提出了一种基于协同信息熵的区间直觉模糊 TOPSIS 算法，以获取最优的决策结果。

基于区间直觉模糊信息协同熵的知识推理方法(或称 TOPSIS 算法)的基本流

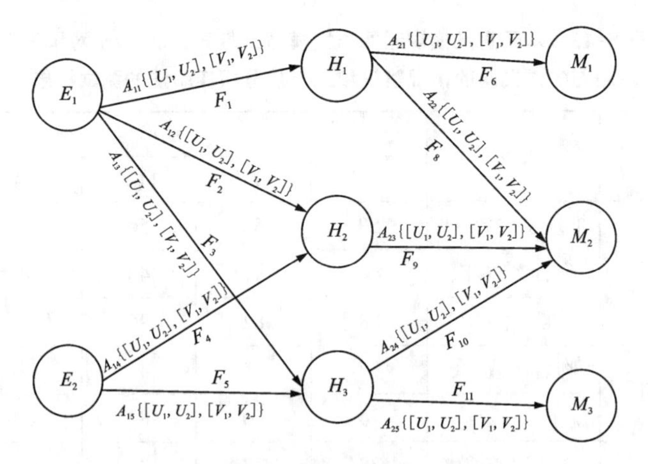

图 8-56　区间直觉模糊语义模型

程如图 8-57 所示。其中，由于 TOPSIS 算法具有简单和可编程的性质，其被广泛应用于基于多特征工况辨识问题中。一个基于多特征工况辨识问题可以采用决策矩阵进行表示，矩阵中的每个元素表示所有可选解服从于每一个特征的评价信息，可以在铝电解过程中用于解决特征权重信息不完全的多特征工况辨识问题。

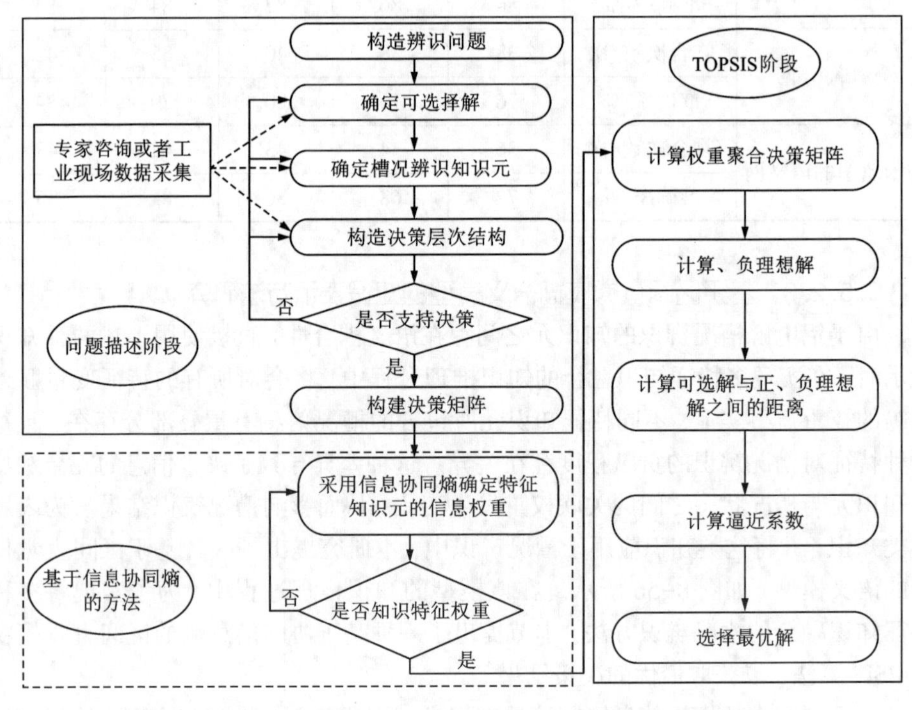

图 8-57　基于区间直觉模糊信息协同熵的知识推理方法的基本流程

基于协同信息熵的区间直觉模糊 TOPSIS 算法的具体步骤如下：

Step 1：采用图像处理技术分析铝电解槽火眼图像数据，获取每个特征参数值，并确定出每个特征参数值变化的区间。

Step 2：构造决策矩阵，假设有 h 个特征参数（W_j, $j=1, 2, 3, \cdots, h$）去评价 K 个可选方案，即（G_l, $l=1, 2, 3, \cdots, k$）。

那么，决策矩阵可以构造为 $\boldsymbol{D}=d_{lj}(l=1, 2, 3, \cdots, k; j=1, 2, 3, \cdots, h)$。

d_{lj} 表示可选方案 G_l 服从于特征参数 W_j 的权重。决策矩阵可以表示为：

$$\boldsymbol{D}=\begin{matrix} & W_1 & W_2 & \cdots & W_h \\ G_1 & d_{11} & d_{1j} & \cdots & d_{lk} \\ G_2 & d_{l1} & d_{lj} & \cdots & d_{lk} \\ \vdots & \vdots & \vdots & \ddots & \vdots \\ G_k & d_{k1} & d_{kj} & \cdots & d_{kh} \end{matrix} \tag{8-44}$$

式中：元素 d_{lj} 是一个区间直觉模糊数，它表示可选方案 G_l 服从于特征参数 W_j 的权重。

Step 3：采用信息协同熵确定可选方案 G_l 服从于特征参数 W_j 的权重 d_{lj}。在 TOPSIS 方法中，本研究将采用信息协同熵确定特征的权重值。特征参数值 W_j 的权重值 w_j 的计算式为：

$$w_j=\frac{\eta_j}{h-\sum_{j=1}^{n} E_j} \tag{8-45}$$

式中：$w_j \geqslant 0$，$\sum_{j=1}^{n} w_j=1$；$\eta_j=1-E_j$ 决定信息的多样性程度；E_j 为第 j 个特征信息协同熵。

Step 4：确定加权聚合区间值直觉模糊决策矩阵。加权聚合区间值直觉模糊决策矩阵 $\boldsymbol{R}=r_l$。

Step 5：计算正理想和负理想解，正理想解 A^+ 和负理想解 A^- 可以从 g_{lj} 中确定，即

$$A^+=\{g_1^+, g_2^+, \cdots, g_k^+\}=[(\max_j g_{lj} \in J_1), (\max_j g_{lj} \in J_2)] \tag{8-46}$$

$$A^-=\{g_1^-, g_2^-, \cdots, g_k^-\}=[(\min_j g_{lj} \in J_1), (\min_j g_{lj} \in J_2)] \tag{8-47}$$

式中：J_1 和 J_2 分别是收益特征和成本特征集。

Step 6：计算模糊信息协同距离。计算出各备选方案与正理想解和负理想解之间的欧氏距离。另外，再计算相对逼近系数，计算每个可选解与理想解之间的相对逼近系数 S_i。

Step 8：根据相对逼近系数对可选解集中的可选解进行排序。根据相对逼近

系数的递减顺序排列可选方案。S_l 越大，可选解 A_l 就越可取。最好的可选解是与理想解最贴近的解。

将上述提出的方法应用于铝电解槽况辨识的案例分析，对应的测试结果如图 8-58 和图 8-59、表 8-14 所示。该测试结果有效地证明了该方法的合理性、可行性和有效性。

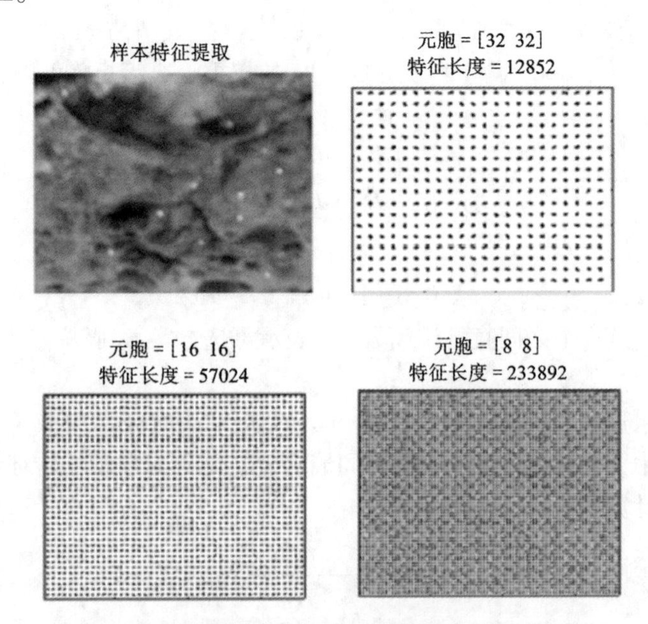

图 8-58　采用梯度方向直方图算法提取样本特征

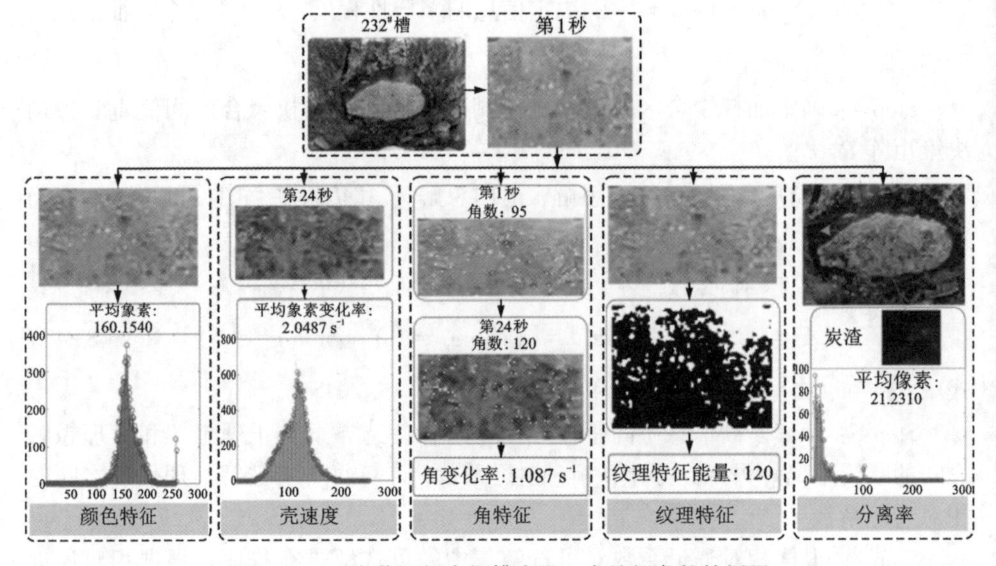

图 8-59　一个获取铝电解槽火眼 5 个特征参数的例子

表 8-14　四种槽况辨识方法的辨识结果比较

算法	指标	槽号				
		110#	112#	113#	114#	115#
区间直觉模糊语义模型	推理总次数/次	50	50	50	50	50
	吻合次数/次	45	44	46	43	43
	准确率/%	90	88	92	86	86
SN-IFDHG 算法	吻合次数/次	44	41	43	43	43
	准确率/%	88	82	86	86	86
模糊 petri 网	吻合次数/次	37	35	41	38	38
	准确率/%	74	70	82	76	76
基于超图的语义网	吻合次数/次	38	37	39	36	34
	准确率/%	76	74	78	72	68

8.5.3　基于智能推理的铝电解过程工况分析

由于氧化铝电解生产过程机理复杂，给生产过程的优化控制带来了巨大的挑战，现场工作人员的操作经验为生产过程控制提供了重要的参考信息，然而人工操作缺乏有效的理论指导，难以适应频繁变化的生产工况。为此需要提取优秀的人工操作案例，并对人工操作经验进行演化，以适应不同生产工况，使操作一步步更加精细化。本节主要研究内容包括：优秀人工操作案例库构建、操作模式匹配与控制方法等。通过对前述知识的整理与优化，获得智能提铝的控制关键方法，进而支撑开发相应的关键工序工况分析与控制方法。

随着铝电解生产过程的精细化发展和特种工业过程监测设备的引入，铝电解生产过程获取了大量的结构化和非结构化数据。如何挖掘大数据中的有用信息，帮助企业实现高效化、绿色化和智能化的发展目标，是铝电解行业发展和转型升级的关键。铝电解生产过程非常复杂，产生的大数据与其他领域的大数据有较大区别，其特点主要表现在以下几个方面：①由于工况的变化、生产操作的优化和原料的改变，铝电解大数据始终处于动态的变化中，特征间的关联也随之变化；②工业生产过程的各个环节关联度高且互相影响，其过程变量呈现非线性、强耦合的特点；③实际生产过程往往处于极端恶劣的生产环境中，例如高温、强腐蚀、真空等，造成数据往往存在着较大的不确定性；④由于过程变量之间的变化快慢各异，造成数据的采集频率不同，加之很多变量需要化验加工才能得到数据，导致数据在时间上不一致。

为了挖掘铝电解生产过程中的数据关联和隐含知识，本部分提出了基于时效关联的铝电解大数据智能分析方法。该方法通过实时分析铝电解阳极电流、槽电阻等关键数据，提取对应参数的关联信息，构造体现时效关联的关键参量，使铝电解过程的数据得以高效利用。具体的研究成果如下。

8.5.3.1 基于 shapelet 转换的阳极电流信号分类方法研究

在铝电解生产过程中，阳极电流信号能够反映电解槽的局部槽况，对阳极电流信号及时准确地进行分类，有助于实现铝电解槽的区域化和精细化控制。已有的阳极电流信号研究成果大多采用频域进行特征提取，但是提取的特征比较单一，缺乏可解释性。同时，阳极电流这一典型的多变量时间序列鉴别特征不固定在某一维度上，使得现有的时间序列分类方法难以有效地对它进行准确分类。针对上述问题，本研究提出了基于 shapelet 的铝电解阳极电流信号分类方法，其方法框架如图 8-60 和图 8-61 所示。首先，通过提取不受维度限制的核心特征，使得分类准确性不受信号和维度的影响；随后，采用距离矩阵的方式进行分类，显著提高了分类的速度；此外，还增加了相似数量特征，解决了原来的方法难以分别只有一个核心特征和多个核心特征的区别，可以提高阳极电流信号分类的准确性。通过此方法，能够解决阳极电流信号这种鉴别特征不受维度限制的多变量时间序列分类问题和需要及时分类的早期分类问题，设计并初步开发了阳极电流信号数据实时分类系统。实验结果表明，本方法的时间复杂度相较于传统方法缩短了一半，具有更高的特征提取准确率。

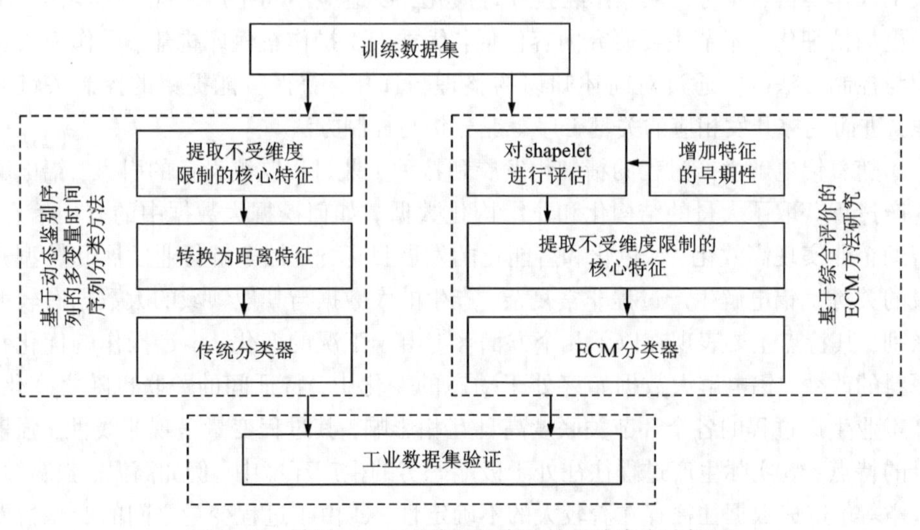

图 8-60　基于 shapelet 的阳极电流信号分类方法框架

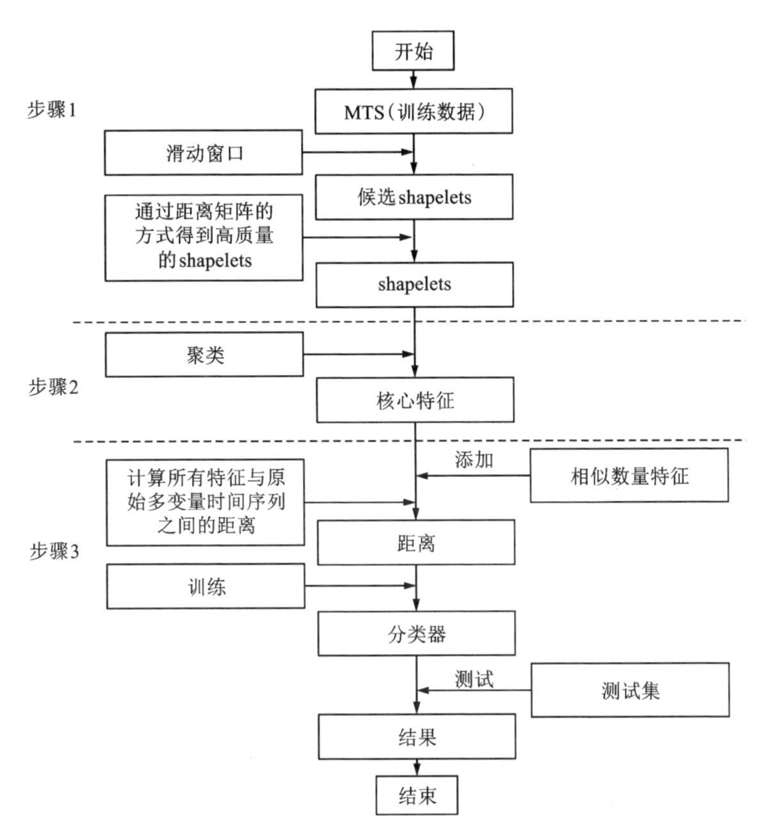

图 8-61　基于动态鉴别序列的多变量时间序列分类方法流程图

8.5.3.2　基于距离矩阵的 shapelets 计算

与 MSD 方法不同，本研究提取一个多变量时间序列所有维度上的所有候选 shapelets。首先，把所有的数据集 M^w 进行标准化之后，从 M^w 提取出长度 l 在区间[3，N]上变化的候选 shapelets。我们用滑动窗口的方式从多变量时间序列的每个维度上提取候选 shapelets。T_i 是多变量时间序列 M 中的其中一个维度的单变量时间序列。对于一个单变量时间序列 $T_i=(t_1, t_2, \cdots, t_N)$，$(N-l+1)$个候选 shapelets 可以被提取出来。对于一个多变量时间序列 $M_i=(_{T1}, T_2, \cdots, T_r)$，候选 shapelets 的数量是 $r\times[(N-l)+1]$。因此，一个数据集 M^w 包含 $w\times r\times[(N-l)+1]$个候选 shapelets。shapelets 特征提取算法如表 8-15 所示。

表 8-15 shapelets 特征提取算法

```
输入：多变量时间序列数据集 M^w，l_min，l_max
输出：Candidate shapelets
1：M^w←normalized(M^w)
2：shapelets←0
3：best←0
4：for all l_in l_min and l_max do
5：   shapeletsCandidate←0
6：   for all M_i in M^w do
7：S←0
8：      for all T_j in M_i do
9：S←GenerateCandidate(T_j; lmin; lmax)
10：ShapeletsCandidate←ShapeletsCandidate∪S
11：      end for
12：end for
13：DictMatrix←GenerateDictMatrix(ShapeletsCandidate)
14：   for all line in DictMatrix do：
15：      D_s←findDistances(line, length(M_i))
16：      quality, orderline←assessCandidate(line, Ds)
17：end for
18：RemoveSelfSimilar(ShapeletsCandidate)
19：if average(quality)>best then
20：      best←average(quality)
21：      shapelets←ShapeletsCandidate
22：   end if
23：end for
24：return shapelets
```

在候选 shapelets 基础上，用提取出来的候选 shapelets 搭建距离矩阵(表 8-15 第 13 行)。这个矩阵中的每个值都是对应的候选 shapelets 之间的距离值。在前面的步骤中，已经提取出来了 $w \times r \times [(N-l)+1]$ 个候选 shapelets，因此距离矩阵的边长是 $w \times r \times [(N-l)+1]$。距离矩阵的元素 $[i, j]$ 值是第 i 个候选 shapelet 与第 j 个候选 shapelet 之间的距离。由于距离矩阵的行元素和列元素是相同的，因此矩阵中元素的值关于对角线对称。因为矩阵中所有的值都是关于对角线对称的，所以一半的距离值是重复的，因此可以减少一半的计算量，如图 8-62 所示。

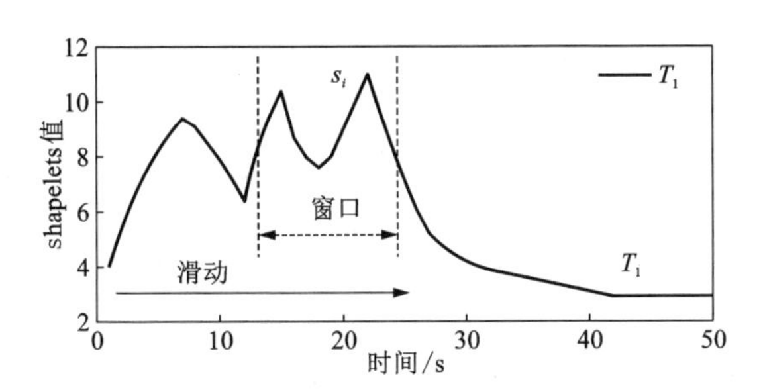

图 8-62　从 MTS 中提取候选 shapelets 的示意图

在目前已有的研究中，距离矩阵还只用于聚类 shapelets，在本研究提出的方法中，距离矩阵被用于计算候选 shapelets 与多变量时间序列之间的距离（表 8-15 第 15 行）。由于候选 shapelets 是通过滑动窗口的方式从单变量时间序列中提取出来的，因此，一个单变量时间序列是由许多候选 shapelets 组成的。与此同时，多变量时间序列也是由许多候选 shapelets 组成的。为了计算一个候选 shapelet 和多变量时间序列之间的距离，多变量时间序列的长度是提前计算好的。在我们找到多变量时间序列长度范围内的候选 shapelets 之后，一个候选 shapelet 与多变量时间序列之间的距离就是它与多变量时间序列中包含的候选 shapelets 之间的距离的最小值。比如在图 8-63 中，一个多变量时间序列 M_1 有 n 个候选 shapelets。候选 shapelet C_1 与 M_1 之间的距离就等于 C_1 行中在 M_1 范围内的最小值。

	C_1	C_2	C_3	C_4	$\cdots$	C_n
C_1	0	5	2	3	$\cdots$	5
C_2	5	0	4	6	$\cdots$	3
C_3	2	4	0	3	$\cdots$	2
C_4	3	6	3	0	$\cdots$	4
$\vdots$	$\vdots$	$\vdots$	$\vdots$	$\vdots$	$\ddots$	$\vdots$
C_n	5	3	2	4	$\cdots$	0

图 8-63　距离矩阵示意图

最后，通过信息增益的方法评估候选 shapelets（表 8-15 第 16 行）。本研究使用一个分割点 sp 来将距离集合划分成两个部分。分割点是分割点的集合中信息增益最高的那一个。例如：距离集合 $O_1=(d_1,\ d_2,\ \cdots,\ d_w)$ 的分割点集合是 $(sp_1,\ sp_2,\ \cdots,\ sp_n)$。通过信息增益来计算每个分割点 sp_i 的信息增益之后，假设最优点

sp_2 得到了最高的信息增益，sp_2 的值便叫作最佳分割阈值。信息增益的值也同时叫作质量。因此，得到了每个候选 shapelet 的质量。为了选择最具代表性的片段，删除了自相似的候选 shapelet（表 8-15 的第 18 行）。换句话说就是，一个单变量时间只会选取一个质量最高的 shapelet（表 8-15 的第 19 行~第 21 行）。因此一个单变量时间序列中只有一个候选 shapelet 最终被选择。最后，不同长度的 shapelets 集有着最高平均质量的会被留下来。对于数据集 M^w，$(r \times w)$ 个 shapelets 可以被提取出来。

8.5.3.3 不受维度限制的核心特征提取

为了实现对存在动态鉴别序列的多变量时间序列信号分类，本研究采用距离矩阵聚类的方法提取一个类别中多变量时间序列信号的关键特征。原因如下：首先，如果一些 shapelets 在一个类别中有着好的质量，它们往往比其他的 shapelets 更加相似。因此，通过聚类的方法可以把高质量的 shapelets 聚集起来，然后可以提取其作为具有鉴别性的关键特征。其次，通过计算关键特征和每个多变量时间序列数据 M^w 中样本 M_i 的距离，数据集可以很好地聚集起来，因此可以增加分类的准确性。在表 8-15 中，第一步就是删除自相似的候选 shapelets 来保留有效的 shapelets（表 8-15 的第 1 行）。假如有 k 个有效的 shapelets，由此可以生成一个 $k \times k$ 的矩阵。矩阵中每个坐标值代表了对应两个有效 shapelets 之间的距离。聚类过程就是不断地更新矩阵（表 8-15 的第 2 到第 9 行）。由于矩阵目前最小值 0 是两个相同候选 shapelets 之间的间距，因此不同候选 shapelets 之间的最小距离是距离矩阵中第二小的值。首先，距离值为第二小的 shapelets 对会被聚类起来。然后，聚类的 shapelets 会被移除，取而代之的是它们的聚集，一个 $\boldsymbol{k} \times \boldsymbol{k}$ 的矩阵就会成为一个 $(\boldsymbol{k}-1) \times (\boldsymbol{k}-1)$ 的矩阵。每个 shapelet 与聚类集合之间的距离就是 shapelet 与聚类集合中每个 shapelet 距离和的平均值。在更新了距离矩阵之后，重复上述过程直到所有的 shapelet 都被聚类，最终得到一些聚类集合。对于每个聚类集合中的 shapelets，本研究选取信息增益最高的 shapelets 作为最后的关键特征，如表 8-16 所示。

图 8-64 展示了一个基于距离矩阵的聚类 shapelets 的过程的例子。一个由 shapelets 组成的距离矩阵 $\boldsymbol{D}$ 展示在图 8-64（a）中，S_i 代表有效的 shapelets 变量。在接下来的步骤中，发现矩阵 $\boldsymbol{D}$ 中的第二小的值是 1。1 是 shapelet S_1 与 S_2 之间的距离。因此，shapelet S_1 和 S_2 是距离矩阵 $\boldsymbol{D}$ 中最相似的 shapelet 对。如图 8-64（c）所示，把 S_1 和 S_2 替换为 S_1 和 S_2 的聚集。shapelet S_3 和 S_2 与 S_1 之间的聚集之间的距离就是 S_3 和（S_1，S_2）之间的距离的平均值。上述的过程是一直重复的，直到所有的 shapelets 对被聚类。

表 8-16　不受维度限制关键特征提取算法

输入：距离矩阵 DictMatrix，shapelets 输出：关键特征

1：DictMatrix←DictMatrix ∩ shapelets

2：for all Dij in DictMatrix do

3：　　set(D_i, D_j)←D_{ij} 是距离矩阵中第二小的值

4：　　DictMatrix←update(DictMatrix)

5：end for6：clusters←DictMatrix 7：for Ci in clusters do

8：　　关键特征←max(sorted(C_i, quality))

9：end for10：return key feature

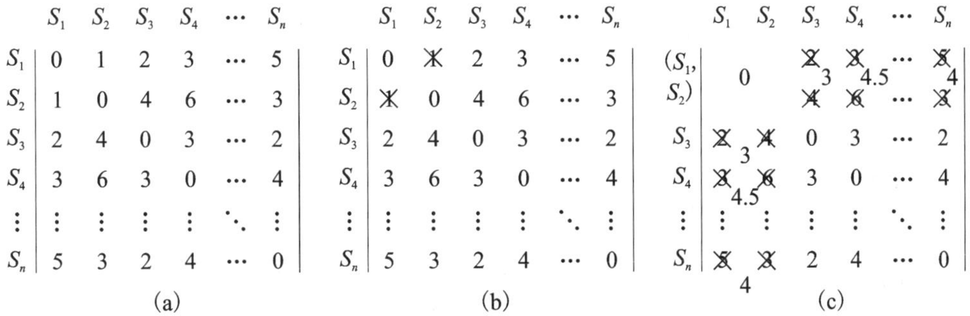

	S_1	S_2	S_3	S_4	…	S_n
S_1	0	1	2	3	…	5
S_2	1	0	4	6	…	3
S_3	2	4	0	3	…	2
S_4	3	6	3	0	…	4
⋮	⋮	⋮	⋮	⋮	⋱	⋮
S_n	5	3	2	4	…	0

(a)

	S_1	S_2	S_3	S_4	…	S_n
S_1	0	~~1~~	2	3	…	5
S_2	~~1~~	0	4	6	…	3
S_3	2	4	0	3	…	2
S_4	3	6	3	0	…	4
⋮	⋮	⋮	⋮	⋮	⋱	⋮
S_n	5	3	2	4	…	0

(b)

	S_1	S_2	S_3	S_4	…	S_n
(S_1, S_2)	0		~~2~~ ~~4~~ 3	~~3~~ ~~6~~ 4.5	…	~~5~~ ~~3~~ 4
S_3	~~2~~ 3	~~4~~	0	3	…	2
S_4	~~3~~ 4.5	~~6~~	3	0	…	4
⋮	⋮	⋮	⋮	⋮	⋱	⋮
S_n	~~5~~ 4	~~3~~	2	4	…	0

(c)

图 8-64　基于距离矩阵 *D* 的聚类过程

8.5.3.4　建立相似数量特征

本研究提出了一种用关键特征转换原始数据的方法。shapelet 转换方法的优点在于转换为距离的数据可以用于任意分类器。本研究计算了关键特征和原始数据集之间的距离，然而，这个距离并不能完美地代表原始数据。例如：两个 4 维的多变量时间序列 *A* 和 *B* 展示在图 8-65 中，它们有着相同的维度 *a*、*b*、*c* 和 *d*。类别为阳极效应的多变量时间序列 *A* 是由单变量时间序列 a_1、b_1、c_1 和 d_1 组成的。在被聚类之后，这种类别的关键特征会在图中标粗的地方被提取出来。在图 8-65(a2) ~(d2) 中，另外一个多变量时间序列信号 *B* 在维度 d_2 上有着与 *A* 相同的关键特征，但是 *B* 的类别是正常。最终放到分类器里面训练的特征是关键特征与多变量时间序列 *A* 和 *B* 之间距离，这个距离值就等于关键特征与 *A* 和 *B* 中的单变量时间序列的最小距离。如图 8-65 所示，*A* 和 *B* 有着相同的关键特征，因此关键特征到 *A* 和 *B* 之间的距离是相等的。总之，可以得到如下结论：当两个多变量时间序列属于不同的类别时，通过计算关键特征与多变量时间序列之间距离的方式是无法很好地区分两个多变量时间序列的。

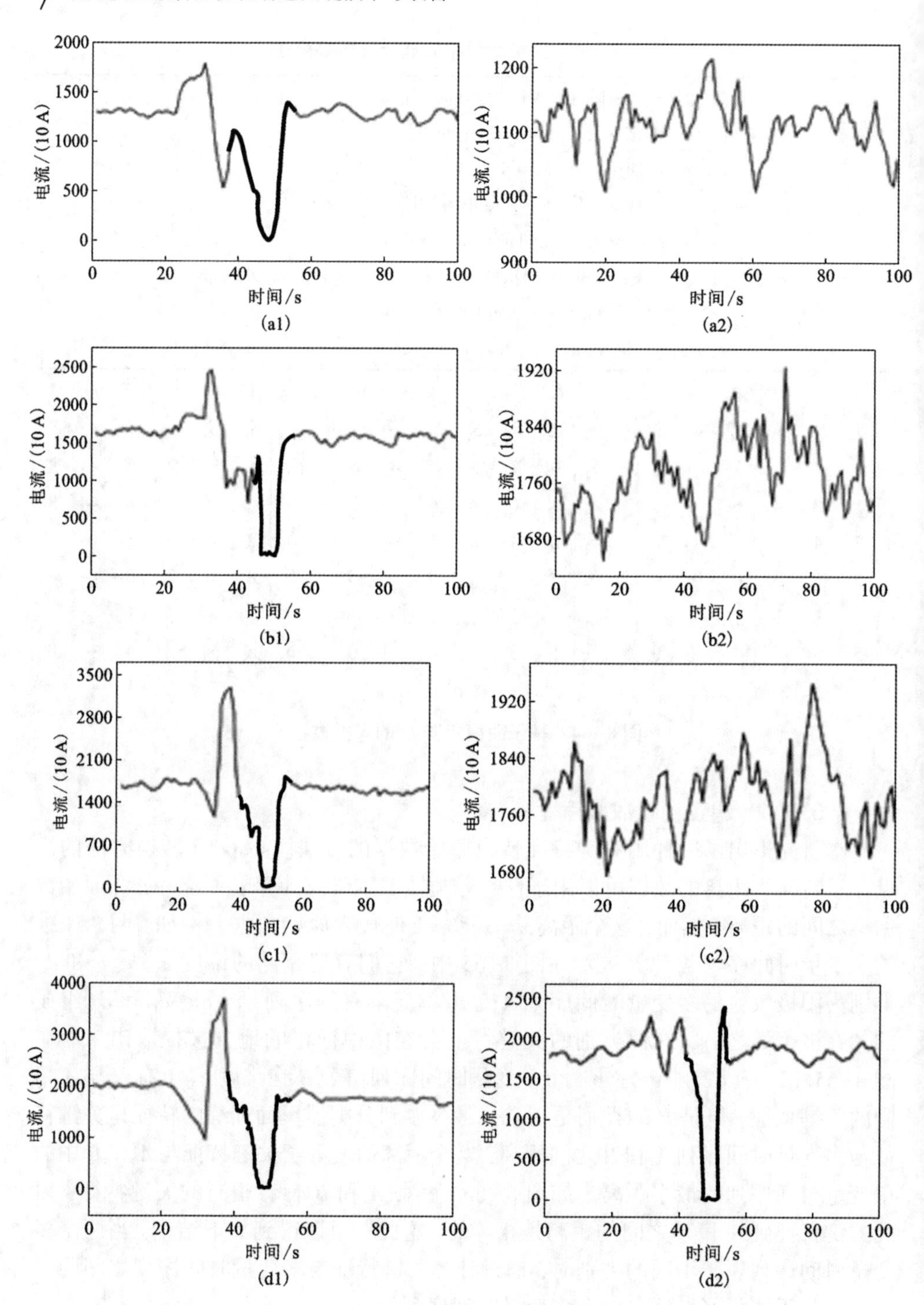

图(a1)(b1)(c1)(d1)代表的 MTS A 有着相同的关键特征;

图(a2)(b2)(c2)(d2)代表 MTS B, MTS B 中的 UTS (d2)有着跟 MTS A 一样关键特征

图 8-65 多变量时间序列图

为了解决上述问题，本研究提出了相似数量特征，它被加到完整的算法里面。首先，对于数据集 M^w 中的每个样本 M_i，计算每个样本 M_i 和关键特征之间的距离，如表 8-17 所示。

表 8-17　基于关键特征转换数据

```
输入：key? feature(u)，M^w
输出：X
1：X←0
2：forall M_i in M^w do
3：      X_0←0
4：      for all Si inkey feature(u) do
5：            dist←distance(S_i; M_i)
6：            num←calcnum(S_i; M_i)
7：            X_0.append(dist; num)
8：      end for
9：      X.append(X_0)
10：end for
11：return X
```

接着，对于每一个关键特征，它与单变量时间序列之间的距离小于阈值的单变量时间序列的个数会被计算出来。比如：对于多变量时间序列 $M_1=(T_1, T_2, \cdots, T_{10})$，$T_i$ 在 M_1 中是一个单变量时间序列信号。假设关键特征 C 和 M_1 中 T_1-T_{10} 的距离是(3.1，4.2，4.2，3.5，5.6，6.7，2.1，3.4，2.3，3.0)。从关键特征的分割点集中选取有着最高信息增益的最优分割点 sp 的值是 3。如果距离小于 3，时间序列信号与关键特征 C 就是相似的。因此，关键特征与 T_7 和 T_9 与关键特征 C 是相似的。换句话说，T_7 和 T_9 有着与关键特征 C 相似的片段。因为距离值 2.3 小于 3，所以在上述问题中，单变量时间序列中相似于关键特征的数量是 2，它被标记为相似数量特征，并将相似数量特征加到由关键特征与多变量时间序列之间的距离组成的以及转换后的数据中。如果关键特征的数量是 u，转换后的数据就是一个 u 列的矩阵。因为关键特征的数量等于相似数量特征的数量，增加了相似数量特征的转换后的数据是一个 $2\times u$ 的矩阵，这与原来 u 列的矩阵是不一样的。最后得到的 $2\times u$ 的矩阵数据用于训练分类器。

第 9 章
粉煤灰提铝智能制造技术发展

9.1 粉煤灰提取氧化铝典型应用场景与模型构建

基于粉煤灰提取氧化铝工艺流程、关键技术与智能制造装备，结合影响因素分析，进一步规划典型应用场景，并构建、优化控制模型。

1)新型氧化铝制备过程的关键设备运行状态检测方法

基于自主测量的液位图像、液位传感器、固含率、酸度等参数，分别针对不同的需求场景，建立预警模型，包括液位报警模型、管道漏液报警模型、参数异常报警模型等，形成一个通用的设备状态优化工具，实现设备的智能维护、在线运行检测、故障诊断及设备全生命周期管理。

2)基于在线实时测量和大数据的配料工序优化模型

基于在线实时测量参数，结合溶出、沉降等工序的大数据反馈，以及相关离线化验结果，建立基于大数据的配料模型，进行精准配料，对不同原料的粉煤灰的配料进行优化。

3)基于多目标优化的溶出工序优化模型

基于对溶出过程的关键反应器(如立式反应釜、闪蒸罐及吸收槽)等的关键参数的检测，结合配料与沉降等工序的指标反馈，综合考虑溶出效率、能源消耗及安全等多目标，建立溶出过程数学模型，对溶出过程进行优化。

4)基于物料守恒协同的沉降工序优化模型

基于固含率、酸度及氯化铝浓度的精准在线检测，对沉降工序构建物质守恒模型，分析絮凝剂用量与固含率的优化控制，融合树脂除铁子模块，实现树脂除铁与其他工序的耦合，对过程水平衡建立模型。

5)基于在线实时测量的蒸发工序设备运行状态优化

基于粉煤灰提取氧化铝过程关键设备运行状态检测方法，结合蒸发工序所面临的设备更换难度大及运行状态获取难等问题，结合新型氧化铝过程所配置的信息液位、浓度等检测装置，建立蒸发工序设备运行状态优化模型。

6)基于大数据的氧化铝质量优化模型

构建智能在线检测与产品质量优化模型，以氧化铝最终产品物理(粒度等)和化学指标(纯度等)为目标，分别建立各环节生产操作因素影响机制模型。通过主成分分析等方法，获得模型最优化解，得到对产品影响的关键因素，包括物料成本统计模型、产品成本因素模型、损耗评估模型等。

9.2　氧化铝电解过程模型构建

1)基于数字化反应器的铝电解决策控制一体化建模

以铝电解过程为核心对象，从氧化铝电解的具体应用出发，如铝电解状态分析、生产工艺与控制参数的调整等，研究基于多粒度的分级挖掘算法，基于铝电解工业大数据，建立各类型各种目的的数据仓库；结合铝电解实际生产与管理对数据精度的需要，研究面向可视化的高维数据降维理论与方法，获得铝电解过程的多维、多尺度信息表达模型；分析多相多场交互作用过程的图形映射，提出铝电解时变高维数据场的可视化方法。

2)基于能量消耗最低的多关键指标协调优化

铝电解的各过程关键指标设定主要由专家凭经验给定，缺乏对生产工况变化的适应能力。为此，基于生产过程的能效分析，建立以过程边界条件、物料能量平衡为约束的多反应器关键指标优化模型，针对生产工况变化，研究各关键指标协调方法，实现生产过程的优化运行。

3)原料/能源供应及性质波动下铝电解工艺与控制智能优化策略

针对电解过程的特性，基于机器学习理论，建立外界原料市场数据、电化学机理知识与检测数据知识融合的工艺技术指标、效益和成本的智能过程模型；以原料的杂质含量(如碳素阳极中硫含量；电解质中锂、钾含量等；氧化铝化学组分)、原料物性参数(如氧化铝的粒度及晶型等)等作为条件，以经济效益最大化为目标，研究铝电解槽的工艺条件和集成控制参数的优化。

4)大数据与人工智能驱动的铝电解全过程感知—操作—决策一体化关键技术集成

针对铝电解生产所面临的工况复杂化、能源价格差异和市场不确定带来的挑战，基于人工智能驱动的知识自动化的思想，通过构建工业大数据、人工智能模型建立及知识自动化方法创新，集成和融合前述已开发的氧化铝电解数据采集与全流程感知系统、氧化铝电解数据采集与全流程感知系统、氧化铝电解知识发现与智能分析、氧化铝电解全流程的运行过程智能集成控制等系列方法，构建大数据与人工智能驱动的氧化铝电解感知—操作—决策一体化关键技术集成。

9.3 面向新能源消纳的氧化铝电解智能控制

1)铝电解槽侧部散热控制

针对铝电解槽侧部增加可控散热设计所带来的新的热平衡控制变量，分析散热变量的调控对铝电解槽热平衡和槽膛内形等工况的影响规律，并在此基础上建立侧部可控散热的数学模型与控制模型，从而将此控制模型融入铝电解槽智能控制系统。

2)氧化铝电解过程智能控制

(1)铝电解工况的智能识别。基于铝电解槽多源异构信息特征，应用知识融合及知识自动化方法，建立个性化铝电解生产管理分析与决策模块，包括氟盐下料智能优化、整槽氧化铝浓度变化趋势评估、区域氧化铝浓度变化趋势分析、关键工艺参数的自修正、换极、出铝及面向停开槽决策的智能调度。

(2)铝电解槽热平衡与物料平衡分区控制技术。铝电解槽能量耗散的主体是烟气和侧部，被烟气带走的热能占40%，抽走的烟气温度能达到150 ℃。通过烟气流量和侧部散热水平的智能化控制，优化电解槽的热平衡状态，使过热度趋冷的铝电解槽烟气流量尽量减小；而过热度趋热的铝电解槽烟气流量尽量增加，为铝电解槽的热平衡状态优化提供一种新的有效手段，同时通过对试验槽烟气流量与侧部温度情况进行综合分析，确立最佳的烟气排放与侧部温度目标。结合每台铝电解槽最优的热平衡工作状态，确定当前烟管电磁阀门的最佳位置，进而驱动电磁阀门实现相应的控制目标，实现烟气流量的智能化控制。该系统不但能把烟气余热用于铝电解槽热平衡调控，而且借助烟气流量的均衡分析和智能控制，可实现稳定均匀的烟气排放，从整体上减小铝电解槽的无组织排放。

(3)铝电解槽出铝等人工作业工序监控技术。构建的铝电解智能精准出铝平台，由铝电解控制系统自动依据槽况下达出铝任务，出铝过程的速度控制由电子秤、风管风压控制和槽控机联动来完成，从而把出铝对电解槽波动的影响减少到最小，同时通过与槽控机的联动实现出铝操作减员和安全操作的目的。

第二篇

基于粉煤灰提铝的“源网荷储一体化”关键技术

第 10 章
“源网荷储一体化”架构

10.1 “源网荷储一体化”概念

“源网荷储一体化”是指电源、电网、负荷、储能整体解决方案的运营模式。执行一体化的模式，可精准控制社会可中断的用电负荷和储能资源，提高电网安全运行水平，提升可再生能源电量消费比重，促进能源领域与生态环境协调可持续发展。

为深入贯彻落实“四个革命、一个合作”能源安全新战略，实现国家“碳达峰、碳中和”战略目标，着力构建清洁低碳、安全高效的能源体系，提升能源清洁利用水平和电力系统运行效率，国家发展和改革委员会、国家能源局先后于 2020 年 8 月发布了《关于开展“风光水火储一体化”“源网荷储一体化”的指导意见》，于 2021 年 2 月发布了《关于推进电力源网荷储一体化和多能互补发展的指导意见》，明确将“源网荷储一体化”作为电力工业高质量发展的重要举措。各能源行业应积极探索构建源网荷储高度融合的电力系统发展路径，促进能源转型升级。

源网荷储一体化，强调通过多电源互补发电。合理配置储能，并以储能等先进技术和体制机制创新为支撑，深度融合低碳能源技术、先进信息通信技术与控制技术，实现源端高比例新能源广泛接入、网端资源安全高效灵活配置、荷端多元负荷需求充分满足，以及清洁低碳、安全可控、灵活高效、开放互动、智能友好的发展目标。源网荷储一体化运行是电力行业坚持系统观念的内在要求，是实现电力系统高质量发展的客观需要，是提升可再生能源开发消纳水平的必然选择，对于促进电力保供和推动新型电力系统建设具有重要意义。

10.2 “源网荷储一体化”发展与机遇

10.2.1 国外发展现状

国外新兴市场主体的发展有效助力源网荷储互动。国外新兴市场主体有效聚合用户侧需求，通过对用户侧需求响应资源的整合，代理电力用户统一参与电力市场交易，且从为电力系统运营商提供辅助服务中获得经济收益。新兴市场聚合体在电源侧也有着丰富的实践与创新经验。

欧洲电力市场规则体系和技术支持系统相对成熟和完善，新兴市场聚合体在欧洲电力市场中展现了分布式能源的成本优势和灵活性，获得了可观的经济效益，同时也降低了分布式能源波动性对市场的负面影响。国外源网荷储互动主要有以下三个方面的启示：

(1)注重市场培育，鼓励市场主体参与，激发市场主体的主观能动性。发挥政府的引导作用，通过鼓励用户参与需求响应以促进需求响应技术的发展和市场主体的培育，并适当配套政策激励和补偿机制以保障市场的平稳起步。

(2)加强技术研发，鼓励自主创新与引进利用相结合，完善技术体系。注重技术创新对新兴市场主体的促进作用，通过将自主创新与引进吸收外来技术相结合，打造具备自主知识产权的技术体系，为新兴市场主体提供技术支持。

(3)统筹优化交易品种和交易机制设计，促进新兴市场主体培育与发展。欧洲和美国普遍建立了包括中长期交易、现货交易和辅助服务市场的完整市场体系，为市场主体提供丰富的交易品种和交易机制，保障新兴市场主体获得合理的经济回报，促进产业健康可持续发展。

10.2.2 国内发展现状

“十四五”是碳达峰的关键期、窗口期，各省、自治区、直辖市作为国家重要能源和战略资源基地，可再生能源迎来加速发展的重要机遇。内蒙古自治区是我国风电、光伏资源禀赋最优质的地区之一，应积极推进以沙漠、戈壁、荒漠区域为主的大型风电、光伏基地的规模化、集约化建设。

源网荷储互动在我国也有着丰富的实践与创新经验。冀北、江苏和上海等地区都根据当地实际情况开展了新兴市场主体的探索建设。冀北全域源网荷储一体化运行综合示范工程，资源覆盖张家口、秦皇岛、承德等地市，参与华北调峰辅助服务市场。该试点拓展了电网企业盈利增长点，形成商业新业态，为综合能源服务商、辅助服务供应商、能源聚合商、售电公司等市场主体开辟了新业务。

上海电网作为国内最大的城市电网，具有典型的受端电网特征，经常出现区域性、季节性、时段性的电力供应缺口，长期处于“紧平衡”状态。目前，已在黄浦、世博、张江和上海经研院办公区建成 4 个源网荷储一体化运行示范项目，聚合需求、响应调节能力、参与调峰辅助服务。

2022 年，内蒙古自治区能源局网站公布了内蒙古自治区能源局关于印发《内蒙古自治区源网荷储一体化项目实施细则(2022 年版)》《内蒙古自治区燃煤自备电厂可再生能源替代工程实施细则(2022 年版)》《内蒙古自治区风光制氢一体化示范项目实施细则(2022 年版)》的通知(内能新能字〔2022〕831 号)文件，其目的是有序推动电力源网荷储一体化项目，加快新型电力系统建设，提升可再生能源开发水平和利用效率。

2022 年，内蒙古自治区能源局批复确定 5 个源网荷储一体化示范项目，配建新能源 350.5 万 kW，其中光伏 161 万 kW、风电 189.5 万 kW，储能 81.8 万 kW。5 个源网荷储一体化示范项目分别为：①内蒙古(奈曼)经安有色金属材料有限公司源网荷储一体化项目，新增负荷 37 万 kW，配建新能源规模 40 万 kW。其中风电 25 万 kW、光伏 15 万 kW，储能 6 万 kW；②内蒙古创源合金有限公司源网荷储一体化项目，新增负荷 61 万 kW，配建新能源规模 75 万 kW。其中风电 54 万 kW、光伏 21 万 kW，储能 11.3 万 kW；③内蒙古通辽开鲁生物医药开发区源网荷储一体化项目，新增负荷 40 万 kW，配建新能源规模 55 万 kW。其中风电 40 万 kW、光伏 15 万 kW，储能 20 万 kW；④包头市特变电工土默特右旗智慧低碳园区源网荷储一体化项目，新增负荷 94 万 kW，配建新能源规模 80 万 kW。其中光伏 80 万 kW，储能 17 万 kW；⑤包头市东方日升硅业有限公司源网荷储一体化项目，新增负荷 65 万 kW，配建新能源规模 100.5 万 kW，其中风电 70.5 万 kW、光伏 30 万 kW，储能 27.5 万 kW。

鄂尔多斯市位于内蒙古自治区西南部，西北东三面为黄河环绕，南临古长城，毗邻晋陕宁三省区。总面积 8.7 万 km^2，辖 2 区 7 旗，常住人口 215.4 万人，是国家规划的呼包鄂榆城市群和黄河“几”字弯都市圈的重要组成部分，是一座多能、多业、多景、多联、多福之城。鄂尔多斯有着优越的矿产资源条件，已探明矿藏 50 多种，是国家重要的能源基地。其中煤炭、天然气探明储量分别占全国的 1/6 和 1/3，已初步构建了集资源开发、就地转化、综合利用于一体的现代能源经济体系。多年来，鄂尔多斯市紧紧抓住国家一系列对新能源的支持和鼓励政策，大力推进电力扩能增容和新能源建设。

展望国内新兴市场主体发展趋势，在聚合形态上，新兴市场主体由传统的电源侧逐步向用户侧扩展，形成了包含源-网-荷-储各要素的聚合实体，新兴市场主体的聚合形态更加多样化；在控制方式上，新兴市场主体逐步由集中式控制向分布式控制转变，以区块链、分布式算法等先进技术提高优化效率，通过区域代理的局部优化形成相互运行解耦、信息高度共享的松散型控制关系；在业务模式上，新兴市场主体参与电力市场的意识与意愿逐步增强，参与市场的交易品种由单一的电能量市场向辅助服务市场、电力金融市场、碳市场拓展。

10.2.3 “源网荷储一体化”发展机遇

国家推动“碳达峰”“碳中和”系列政策部署，进一步明确了可调节负荷资源对系统安全、碳减排的重要作用。电力保供期间，中央部委及地方政府也发布了激励需求侧资源参与系统调节的支持政策，深入推进源网荷储一体化运行的政策环境的建立健全。

(1)新形势下国家出台多个利好政策为源网荷储一体化运行提供坚强发展保障。《2030年前碳达峰行动方案》要求，大力提升电力系统综合调节能力，加快灵活调节电源建设，引导自备电厂、传统高载能工业负荷、工商业可中断负荷、电动汽车充电网络、虚拟电厂等参与系统调节，积极发展源网荷储一体化。

(2)新兴市场主体在用户侧的快速渗透使得源网荷储一体化运行具备良好的物理基础。双碳目标下，我国能源结构调整和消费低碳化转型，分布式能源装机容量和需求响应比例的持续提升，需求侧资源正成为电网调峰调频与功率平衡的重要组成部分。新兴市场主体在聚合分布式电源、实现源网荷储互动中具备广阔的发展潜力。

(3)愈加成熟的电力市场给源网荷储一体化运行带来更广阔市场空间。电力市场改革快速推进，中长期交易体系初步建立，现货市场试点范围、频次、规模不断扩大，电力市场体系的逐步完善不断催生源网荷储互动的新业态和新模式。新兴市场主体较好的灵活性和兼容性使得其在竞争中具有发展潜力，进一步激发了其参与电力市场交易的主观能动性。

(4)“大云物移智链”等信息技术的快速发展为源网荷储一体化运行提供有效技术支撑。随着大数据、云计算、物联网、人工智能和区块链等信息技术的快速发展，能源互联网的信息监测、状态感知、多方通信等能力快速提升，源网荷储互动的技术支撑能力显著提高。

10.3 基于粉煤灰提铝的“源网荷储一体化”架构

1)整体架构

准能集团是集煤炭开采、坑口发电及煤炭循环经济产业为一体的大型综合能源企业，拥有煤炭资源储量30.85亿t(目前储量23.31亿t)，具有“两高、两低、一稳定”(即灰熔点高、灰白度高、水分低、硫分低、产品质量稳定)的品质特点，是优质动力、气化及化工用煤，以清洁低污染而闻名，被誉为“绿色煤炭”。准能集团拥有年生产能力6900万t的黑岱沟露天煤矿和哈尔乌素露天煤矿及配套选煤厂，装机容量为 2×150 MW+2×330 MW 的煤矸石发电厂，年产 4000 t 的粉煤灰提取氧化铝工业化中试装置，以及生产配套的供电、供水等生产辅助设施。

准能集团结合企业自身资源特点，提出构建“一个主体、两翼一网、七个准能”发展规划，围绕“一网”规划落地，积极探索“源网荷储一体化和多能互补”实施路径。一方面，准能集团在煤炭露天开采过程中，平均每年新增土地 3600 余亩，远期可达 18 万亩，既可打造现代农牧业基地，又可为光伏建设提供土地资源。另一方面，准能集团将已有的纳米碳氢燃料机组和计划建设的光伏电站作为电源侧，将矿区和电解铝用电作为负荷侧，通过开展多能互补、智能协同控制等技术研究，构建智能电网，打造源网荷储一体化示范工程，盘活矸电 2×150 MW 闲置机组，降低矿区用电成本，提高光伏利用率，实现传统电解铝向绿色电解铝转变，促进企业转型升级。

根据内蒙古自治区可再生能源替代、火电灵活性制造改造、源网荷储一体化等建设规划布局，准能集团依托自身有利条件积极探索源网荷储一体化用电模式实施路径。基于粉煤灰提铝的“源网荷储一体化”是通过开展多能互补、智能协同控制等技术研究，构建智能电网；将准能集团已有的纳米碳氢燃料机组和计划新建的光伏作为电源侧，将矿区和电解铝用电作为负荷侧，最终建成 100 MW 光伏发电—100 MW 纳米碳氢燃料机组发电—矿区用电—电解铝为主的源网荷储一体化示范工程，如图 10-1 所示。

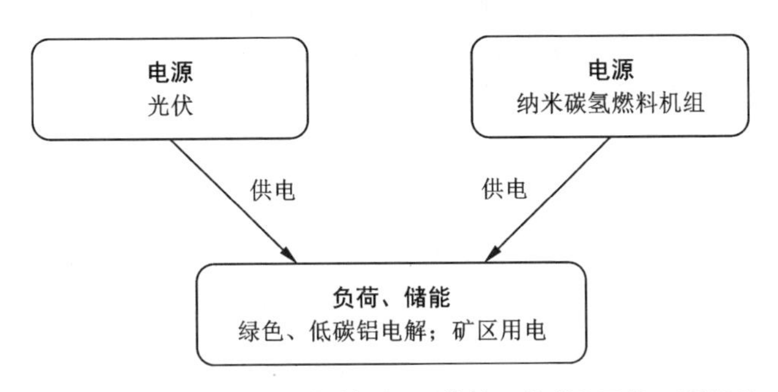

图 10-1 基于粉煤灰提铝的“源网荷储一体化”示范工程架构

主要建设内容如下：

（1）火电机组改造：利用纳米碳氢燃料和第四代循环流化床燃烧技术将闲置的 2×150 MW 火电机组改造成 2×100 MW 纳米碳氢燃料机组。

（2）新建光伏电站：利用露天煤矿排土场新建 100 MW 的光伏电站。

（3）新建电解铝负荷：建设额定容量 100 MW、年产电解铝 6.5 万 t 的电解铝负荷。

（4）最终建成 100 MW 光伏发电—100 MW 纳米碳氢燃料机组发电—电解铝

为主的源网荷储一体化示范工程。

2）建设意义

（1）基于粉煤灰提铝的源网荷储一体化示范工程建设是电力行业坚持系统观念的内在要求，是实现电力系统高质量发展的客观需要，是提升可再生能源开发消纳水平和非化石能源消费比重的必然选择，对于促进我国能源转型和经济社会发展具有重要意义。

（2）基于粉煤灰提铝的源网荷储一体化示范工程建设是准能集团结合企业自身资源特点，充分发挥本地新能源资源富集优势，面向源网荷储一体化用电模式的特色探索。符合新一代电力系统的建设方向，符合能源电力绿色低碳发展的相关要求，有助于促进非化石能源加快发展，提高区域在应对气候变化中的自主贡献度，提升能源清洁利用水平、电力系统运行效率和电力供应保障能力。

（3）基于粉煤灰提铝的源网荷储一体化示范工程建设是推进本地光伏发电与生态协同发展的重要举措。通过对源网荷储一体化用电模式的积极探索，充分利用纳米碳氢燃料机组的深度调峰能力，最大化发挥电解铝负荷的调节响应能力。就近配置光伏发电机组，加强源网荷储多向互动，能够不占用公共电网调峰和消纳空间，可显著提升本地电源支撑能力，能够推动局部新能源就近消纳，显著提升新能源开发利用水平。

（4）基于粉煤灰提铝的源网荷储一体化示范工程建设不仅可以使矿坑重构再造所形成的复垦土地得以充分利用，亦可盘活矸电 2×150 MW 闲置机组，降低矿区用电成本，提高光伏利用率，实现传统电解铝向绿色电解铝转变，推动循环经济产业发展，促进准能集团转型升级。

第 11 章
面向新能源消纳的孤立电网发电智能协同控制技术

11.1　源-荷功率互补特性分析

围绕新能源随机性、波动性问题，基于源网荷储一体化和多能互补技术，研究光伏出力特性和电解铝、矿区负荷用电特性，分析源-荷功率互补特性；考虑季节、天气、光照强度等因素的影响，研究光伏功率预测技术；研究光伏、纳米碳氢燃料机组多源互补协同控制技术。

11.1.1　光伏发电建模和出力特性分析

准格尔地区光照资源十分充足，十分适合发展光伏发电项目，在矿区改造的农田上新建光伏发电项目，是促进新能源发电和生态修复的重要举措。根据 NASA 数据，以 2022 全年为例，准能集团的黑岱沟露天煤矿和哈尔乌素露天煤矿区域每月太阳辐射月均值如图 11-1 所示，年平均为 180. 865(kW · h)/m^2，光伏容量系数如图 11-2 所示，年发电小时数为 3519 h，拥有丰富的光照资源。

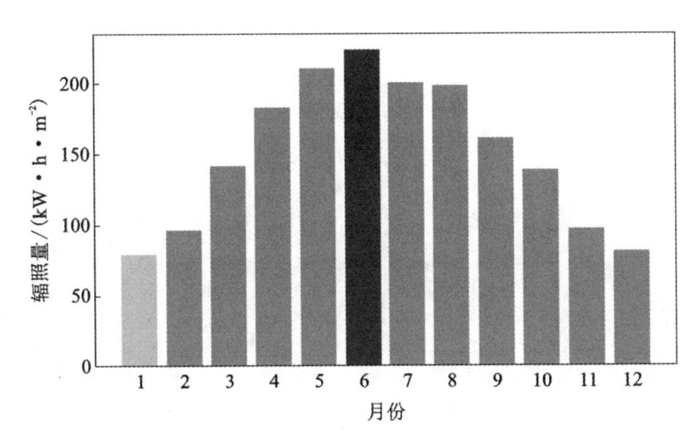

图 11-1　NASA 总辐射量月均值的柱状图

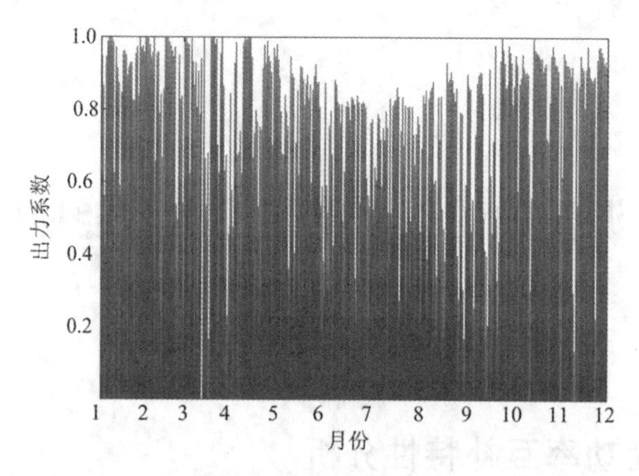

图 11-2　2022 年光伏容量系数时间序列图

本研究拟基于美国国家航天航空局(NASA)气象数据进行光伏全年出力特性分析。NASA 气象数据来源于美国国家航天航空局，是一套长时间序列的在分析数据集，包括各种气象变量，比如净辐射、温度、相对湿度、风速等。NASA 气象数据覆盖全球，时间分辨率为 1 h。根据 2021 全年历史光照辐射数据，结合光伏发电模块自身的性质，可以模拟出准能集团拟建 100 MW 光伏的全年出力特性，包括年出力特性、不同季度出力特性、不同季度出力概率分布、全年发电量等。

图 11-3 为 2022 年光伏出力模拟曲线，由结果分析可知，矿区拟建设的光伏全年绝大多数时间，都处于积极出力阶段，且出力水平较高，多数时间最大出力系数都在 80%以上。经统计，全年发电小时数可以达到 3519 h，累计发电量可达 196600 MW·h，平均日发电量可达 538 MW·h，即日光伏的最大功率平均利用小时数为 5. 38 h。

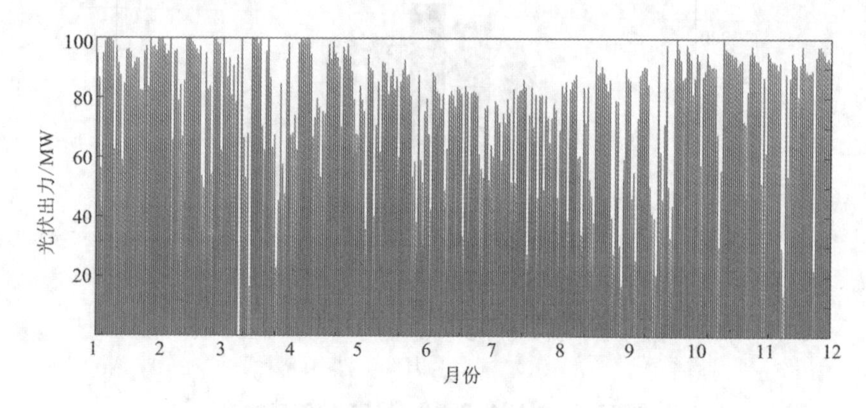

图 11-3　2022 年光伏出力模拟曲线

图 11-4 为 2022 年不同季节光伏日出力曲线，分为春夏秋冬四季，不同季节光伏的出力特性各不相同，但基本符合光伏出力特点，即早晨和傍晚光照强度稍低，光伏出力程度较浅，中午光照充足，光伏接近满发，夜间光伏机组停机。由于准格尔地区每年 6—8 月为多雨季节，因此图 11-4 中所示的秋季光伏出力特性几乎没有接近满发的情况，这是由当地气候条件决定的。

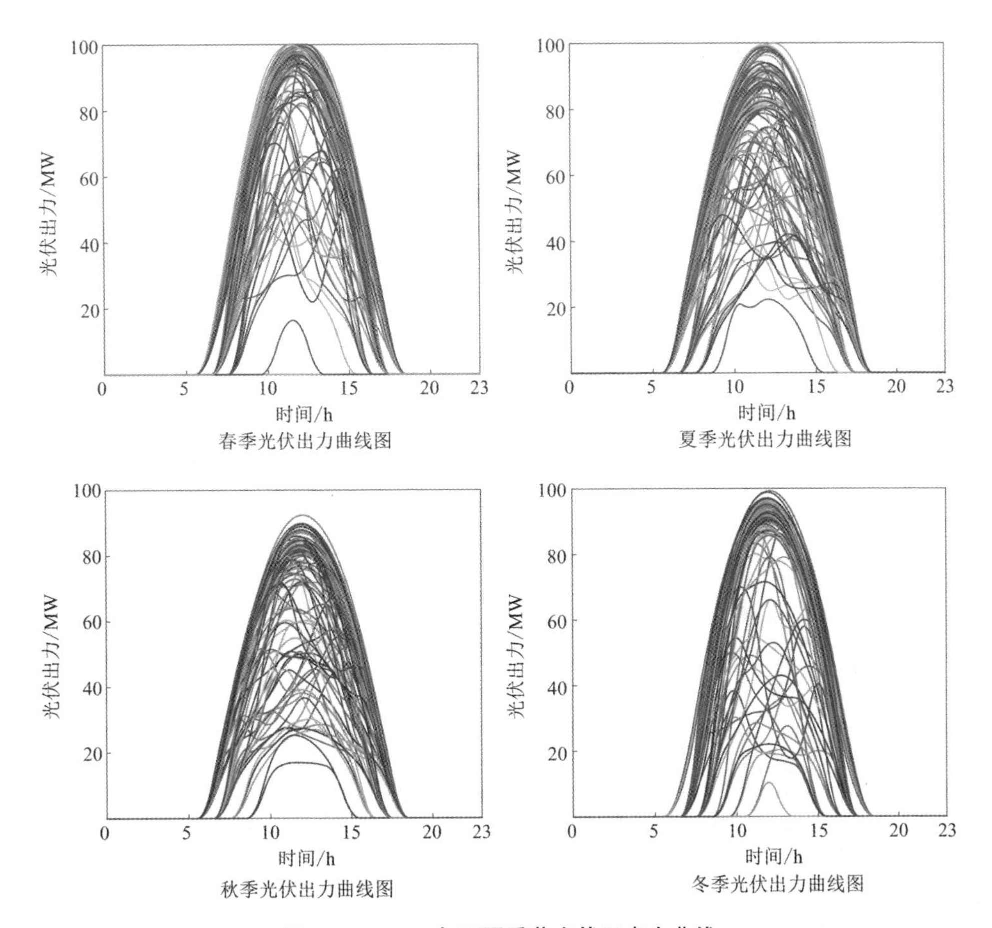

图 11-4　2022 年不同季节光伏日出力曲线

图 11-5 为 2022 年不同季节光伏容量系数概率分布。经分析可知，春冬两季光伏出力水平较高，容量系数大于 0.5 的出力所占比重较大，夏秋两季稍次，但整体出力系数分布仍较为可观。

图 11-6 为 2022 年全年光伏日出力发电量变化图。由此可见，多数时间光伏日发电量都在 400 MW·h 以上，具有非常好的光伏发电潜力。

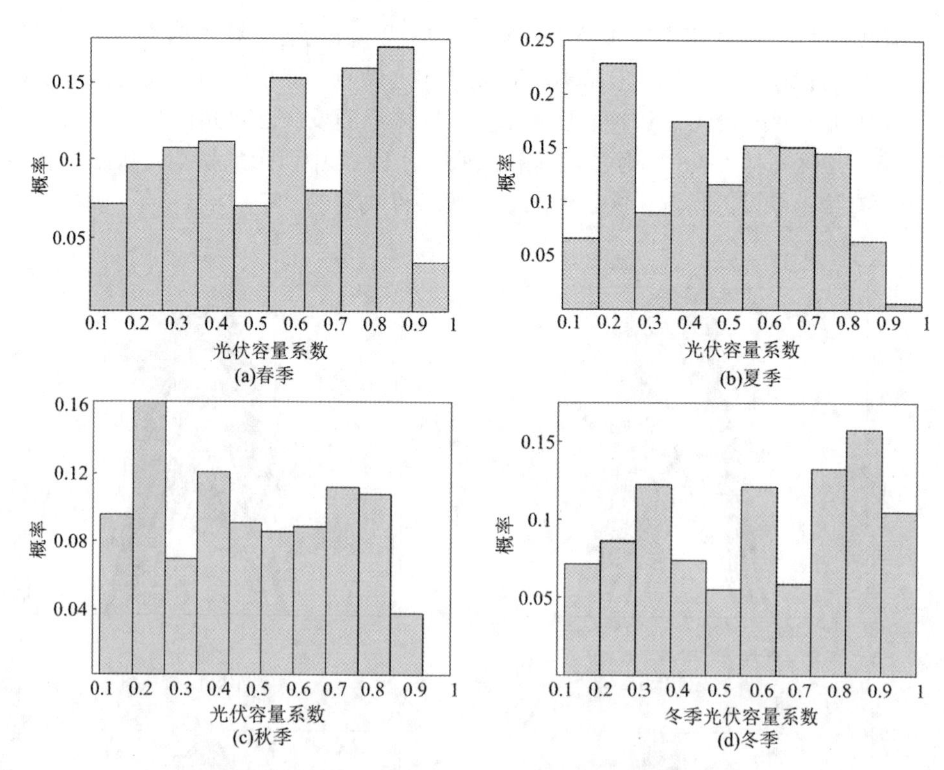

图 11-5　2022 年不同季节光伏容量系数概率分布

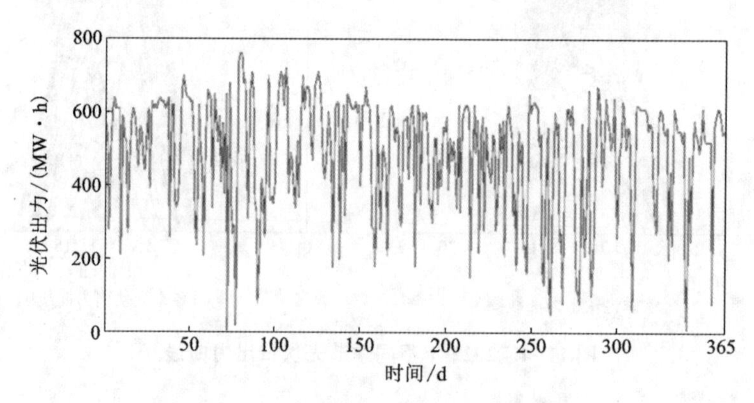

图 11-6　2022 年光伏日出力发电量变化图

11.1.1.1　光伏发电建模

1. 太阳位置模型

太阳作为光伏发电的能量来源，其位置是输入端的重要影响因素，通常要考虑以下几个参数：天顶角 θ_z、高度角 θ_e（$\theta_e = 90° - \theta_z$）、位置角 θ_A。各参数的实际含义如图 11-7 所示。

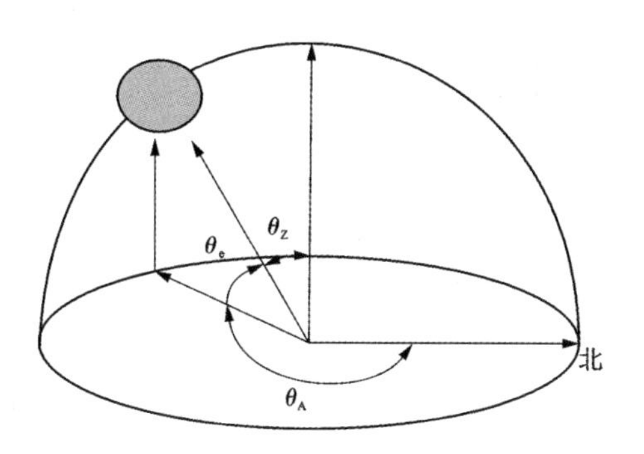

图 11-7　太阳位置图

如果想要在一年中的任意时刻确定出某一地面位置所对应的太阳位置模型，还需要使用以下几个参数：赤纬角 δ、时角 θ_{hr}。此时，天顶角和方位角计算公式如式(11-1)、(11-2)所示，其中 φ 是当地纬度。

$$\cos\theta_z=\cos\delta\cos\varphi\cos\theta_{hr}+\sin\delta\sin\varphi \tag{11-1}$$

$$\cos\theta_A=\frac{\cos\theta_z\sin\varphi-\sin\delta}{\sin\theta_z\cos\varphi} \tag{11-2}$$

2. 光伏阵列表面接收辐射量模型

由 GHI、DHI 和 DIF 可以计算得到，光伏阵列表面接收的辐照量(GTI)包括直射辐射、散射辐射及反射辐射，计算模型如式(11-3)所示。其中 aoi 为入射角，计算公式如式(11-4)所示，由太阳位置以及光伏阵列安装位置决定。f_{albedo} 是地表反射率，由光伏阵列安装处的地表环境决定，一般为 0.2，可以在光伏计算的模块通过设置地表环境来改变参数。β 为光伏阵列的倾角，范围在[0°，90°]，γ 为光伏阵列方位角，正北为 0°，顺时针旋转，正南为 180°。

$$\mathrm{GTI}=\mathrm{DNI}\cos(aoi)+\mathrm{GHI}\times f_{albedo}\times\frac{1-\cos\beta}{2}+\mathrm{DHI}\,\frac{1+\cos\beta}{2} \tag{11-3}$$

$$aoi=\cos\beta\cos\theta_z+\sin\beta\sin\theta_z\cos\theta_A-\lambda \tag{11-4}$$

水平辐射总量(GHI)由具体数据提供。根据水平辐射总量(GHI)，可对直接辐射量(DIF)和散射辐射量(DHI)进行估计。

$$\mathrm{GHI}=\mathrm{DHI}+\mathrm{DIF}=\mathrm{DHI}+\mathrm{DNI}\cos\theta_z \tag{11-5}$$

法向直接辐射量(DNI)可采用 direct insolation simulation code(DISC)模型进行估计，DISC 通过直接清晰度指数将水平辐射量转换为法向直接辐射量。DISC 模型的流程图，如图 11-8 所示。

3. 光伏发电量模型

光伏发电量计算模型如式(11-6)所示，该计算模型利用降额因子和温度修

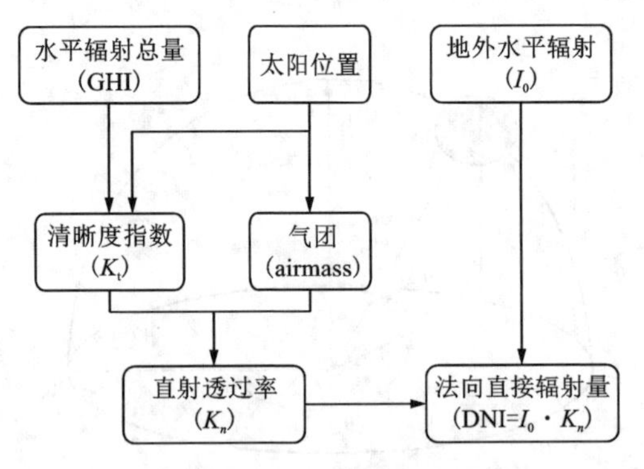

图 11-8　DISC 模型流程图

正系数来修正发电量。降额因子 f_{PV} 是一个比例因子，取值范围为[0, 1]，其考虑了线路的损耗、阴影，面板上的污损、老化等情况。用户可以在损耗参数中输入损耗来估计发电量，系统默认 f_{PV} 为 0.9。模型中各个参数的含义为：Y_{PV} 为光伏阵列在标准测试情况下的额定容量；f_{PV} 为光伏降额因子；GTI 为当前光伏阵列接收的太阳光辐射强度(kW/m²)；$G_{T, STC}$ 为标准测试状况下的入射光照强度，单位为 kW/m²；T_C 为当前光伏电池的温度(℃)；$T_{C, STC}$ 为标准测试情况下的光伏阵列表面温度(℃)；α_p 为温度修正系数，与光伏阵列的材料相关。

$$P_{PV}=Y_{PV}f_{PV}\left(\frac{GTI}{G_{T, STC}}\right)\left[1+\alpha_p(T_C-T_{C, STC})\right] \tag{11-6}$$

11.1.1.2　光伏出力特性分析

光伏发电出力水平与地面接收太阳辐射的变化密切相关。光伏发电系统出力水平随着太阳辐射的变化呈现先增后减的特点，中午时分达到出力峰值，总体呈现“半包络”形状。半包络线的宽度与日照时间有关，半包络线的高度与季节、气象条件有关。因此本节提出以光伏出力评价指标体系来表述光伏出力的主要特征。

光伏出力特征的指标设计需要能够反映光伏发电受气象条件和受季节性的影响情况。因此，采用光伏电站的日平均出力、光伏电站的日最大出力、光伏出力季节属性作为光伏出力特性指标。

1. 光伏出力季节属性

光伏发电的可出力时段受季节的影响较大，在计算评估指标时应当考虑季节因素。采用光伏出力季节属性，来表征光伏可出力时段受季节的影响。为获得出力的季节性特征，统计分析周期分为年、季(春季为 3—5 月、夏季为 6—8 月、秋季为 9—11 月、冬季为 12—次年 2 月)。如果已有了光伏出力历史数据或者已经明确了要计算的日期，在分析时可以直接给定季节属性指标，按照“春季”“夏季”“秋季”“冬季”4 种类别分别考虑。

2. 光伏最大出力

光伏最大出力是指在光伏可发电时段内的光伏出力最大值，可以用公式表示为：

$$P_{\max} = \max_{t \in T_0} P_t \tag{11-7}$$

式中：T_0 为光伏电站的可发电时段；P_t 为第 t 时刻的光伏出力数值。

指标“光伏最大出力”反映了光伏电站的极限出力情况。

3. 光伏平均出力

光伏平均出力是指在光伏可发电时段内的光伏出力平均值。指标“光伏平均出力”属于平均值范畴。实际光伏出力统计数据表明，光伏出力主要服从对称型分布，此时使用平均值更加简便，可以用公式表示为：

$$\overline{P} = \frac{1}{N_{T_0}} \sum_{t \in T_0} P_t \tag{11-8}$$

式中：T_0 为光伏电站的可发电时段；N_{T_0} 为可发电时段的总长度。

光伏平均出力直接反映了当天的气象状况。

1) 光伏月最大出力和平均出力曲线

鄂尔多斯准格尔地区属于典型温带大陆性气候，年平均气温 6~8 ℃，年均降水量 150~500 mm，集中于 7—9 月，降水变化率大，春季和冬季光照资源充足。考虑区域气候特征，光伏月最大出力和平均出力曲线图如图 11-9、图 11-10 所示。光伏出力具有一定的季节性，地区光伏出力较高的月份是 11—2 月份，出力较小的月份是 7—9 月份。

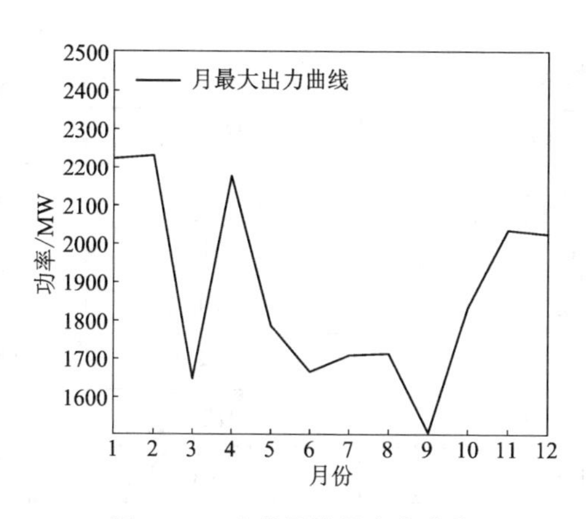

图 11-9　光伏累计月出力曲线

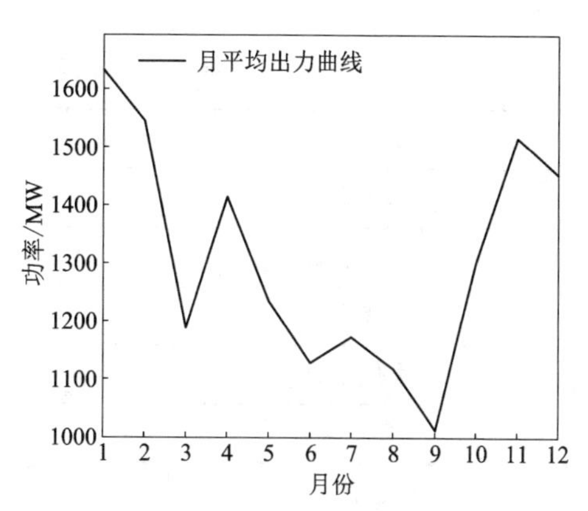

图 11-10　光伏累计月出力曲线

2)光伏季度出力特性曲线

光伏电站出力特性既具有差异性，又具有相似性。由于日照强度和时间变化的周期性，四季典型日之间出力峰值有一定的差异性，夏季为准格尔地区雨季，因此出力峰值最小。光伏出力时段受到日出时刻和日落时刻的限制，春夏发电时段大于秋冬两季，且发电起始时间早于秋冬两季。但是均有相似的昼夜变化特性和峰值时段，各月出力高峰时段均在上午 11 点到中午 1 点，如图 11-11 所示。

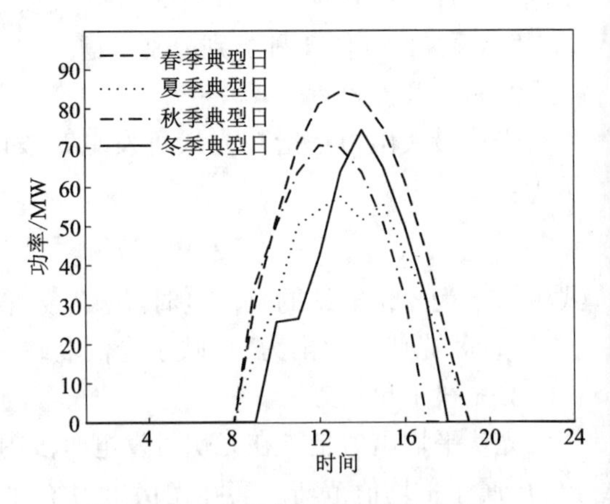

图 11-11 光伏典型季节出力曲线

可用表 11-1 数据分析各个季节代表日的光伏出力特性。由于春季回暖快，气温变化剧烈，太阳辐照强度较高，天气较为晴朗，春季代表日光伏平均出力、最大出力最大；而夏季虽炎热，但较为短促、降雨集中，太阳辐照强度较低，故夏季代表日光伏平均出力、最大出力最小；然后以“季”为单位，分析各个季度的光伏出力特性，由于同一季节不同气候条件光伏出力特性不同，各季节的代表日和各个季节的平均出力与最大出力会有所差别，其中冬季平均出力最大，夏季平均出力最小，春秋两季平均出力较为接近；冬季最大出力最大，夏季最大出力最小，春夏两季最大出力接近。因此，夏季电网需要安排更多的常规机组以替代光伏电站出力，春季和冬季光伏电站能够为电网提供更加充裕的电源支撑。

表 11-1 鄂尔多斯光伏出力特性指标 单位：MW

时段	平均出力	最大出力
春季代表日	60.08	84.3
夏季代表日	40.74	57.56
秋季代表日	54.37	70.55
冬季代表日	47.25	74.33
春季	1278.73	1870.73
夏季	1139.26	1696.61
秋季	1276.36	1260
冬季	1543.47	2160.16

11.1.1.3　主要聚类方法对比

聚类方法是数据挖掘、模式识别和人工智能领域中的一类重要方法，它可以对一定数目的光伏历史功率曲线进行分类。聚类是一个无监督学习过程，即在没有任何先验知识的前提下，对大量不具有类标签的样本对象进行分组划分。为了识别不同气象条件下光伏的功率特性，并支持基于天气分类的光伏功率预测等电力系统决策，研究需要利用聚类算法对电力系统中量测设备采集到的光伏历史曲线数据进行分类，生成合理可靠的可再生能源典型场景，从而为考虑可再生能源并网的电网规划运行优化问题提供基础的源数据和参考信息。

根据聚类步骤，现有的聚类算法大致可分为基于划分、基于层次、基于密度、基于模型、基于网格 5 类。

1. 基于划分的聚类算法

基于划分的聚类的主要思路是将数据对象划分为几个大簇，属于同一个簇的对象即属于同一个类。基于划分的聚类算法还可细分为硬划分算法和模糊划分算法，常见硬划分算法有 k 均值算法(k-means)、k 质心算法(k-mediod)、质心划分算法(partitioning around mediods，PAM)、基于随机选择的聚类算法(clustering large applications based on randomized search，CLARANS)等。而模糊算法主要有模糊 c 均值算法(fuzzy c-means，FCM)等。

2. 基于层次的聚类算法

层次聚类算法的思路为：首先生成一系列树，初始时每个待聚类的对象位于树的最底层，而根节点则位于树的顶层，所有的根节点包含所有数据对象，而最终将待聚类对象分为根节点对应的几类。层次聚类算法包括自下而上算法与自上而下算法两种。自下而上算法先将每个待聚类对象视为一个类，之后递归合并为多个合适的类，绝大多数层次聚类算法都是自下而上的；而自上而下型聚类则先将整个数据对象视为一个类，然后逐渐分裂为多个合适的类。

3. 基于密度的聚类算法

基于密度的聚类算法通常依据待聚类对象的分布密度、连通性及分布区域的边界来划分对象，该方法聚类所得的类均由相互连通的高密度对象构成。常用的该类算法有：DBSCAN 算法(density-based spatial clustering of applications with noise)、OPTICS 算法(ordering points to identify the clustering structure)、DBCLASD 算法(distribution based clustering of large spational database)等，基于密度的聚类算法能自行划定并除外离群点，并可以形成任意形状的类。

4. 基于模型的聚类算法

基于模型的聚类算法实际上是将假设待聚类对象符合已知的一种分布模型，并将该分布模型进行分解以获取聚类结果的一种方法。该类方法的优势在于能自动地确定聚类数，并能自行划定并除外离群点，因此该类方法的鲁棒性较强。现阶段应用较多的基于模型的聚类算法为期望最大值算法(expectation maximization, EM)和自组织映射神经网络聚类算法(self organizing maps, SOM)。

5. 基于网格的聚类算法

基于网格的聚类算法以网格数据结构为基础进行聚类，该类算法可以将空间量化为一定数目的单元，并形成网格结构，之后以网格为单位对数据进行聚类。因此网格的数据压缩质量决定了该类算法的聚类准确性。

在此类算法中，网格的数量是事先确定的，因此网格数量与数据对象的数目无关，且对数据的输入顺序不敏感。由于网格数量不变，因此算法聚类速度与数据集的大小无关，这些优点使其特别适用于对大数据进行聚类，但这也牺牲了聚类划分结果的准确度。传统网格聚类算法包括 Wavecluster 算法、CLIQUE (clustering in quest)算法、STING(statistical information grid)算法等。

针对规模化分布式光伏的地区光伏出力，基于划分的 K-means 聚类算法能够有效提取不同天气类型下地区光伏出力的典型场景。

11.1.1.4 基于 K-means 聚类的典型日分析

K-means 算法采用欧式距离来衡量样本之间的相似性，能将样本集划分成 K 个簇，且该 K 个质心使得平方误差最小化，平方误差 E 越小，则表明簇内样本的相似度越高。其算法流程如下：

(1)初始化参数。对于一组样本$\{x_1, x_2, \cdots, x_n\}$，$\boldsymbol{x}_1$ 至 $\boldsymbol{x}_n$ 均为包含 m 个特征的列向量，确定要划分的类别数 K，最大迭代次数 T。

(2)从样本中随机选择 K 个向量$\{y_1, y_2, \cdots, y_k\}$作为初始类中心。

(3)对每个数据样本，计算其到各个类别中心的距离，并将其划分到距离最近的类别 C。对所有样本完成分类后，计算每个类别中所有样本的均值向量 $\boldsymbol{y}_j = \frac{1}{|C_i|}\sum_{x \in C_i} x$，作为新的聚类中心。

(4)比较新的聚类中心与老的聚类中心之间的距离，K-means 算法采用样本函数的最小化准则，常用的目标函数为 $E = \sum_{j=1}^{c}\sum_{x_i \in C_j} \| x_i - y_j \|^2$，直至达到最大迭代次数或满足设定的阈值要求。

为划分晴天、多云、阴天、雨天四种不同天气类型，本研究选取$\boldsymbol{X}_i = [x_{i,1}, x_{i,2}, x_{i,3}, x_{i,4}, x_{i,5}]$表示每天的特征向量，式中 $x_{i,1}$、$x_{i,2}$、$x_{i,3}$、$x_{i,4}$、$x_{i,5}$ 分别为辐照度最大值、辐照度平均值、温度最大值、温度平均值、风速最大值。通过 K-means 聚类能够得到四种典型天气的特征向量，分析统计并拟合得到各天气下的光伏出力典型日曲线，如图 11-12 所示。

由于电站所在地太阳辐射强，在有云层的情况下仍有可观的发电量，因而晴天和多云的光伏出力曲线较为接近。阴天和雨天光伏发电功率曲线随机波动大，

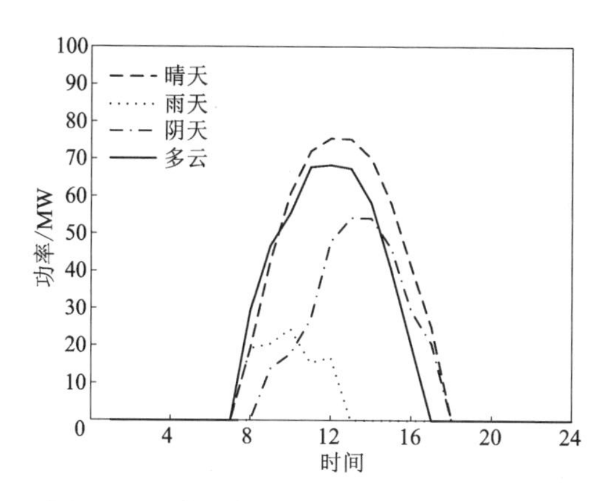

图 11-12　各天气下的光伏出力典型日曲线

幅值小于晴天和多云天气，曲线不够平滑。

11.1.2　电解铝厂负荷建模和用电特性分析

在电解铝生产过程中，负荷功率通常不发生变化，功率曲线呈“直线”状。当在电解槽内发生化学反应时，其等效电阻相应发生改变，这会使得功率曲线发生细小的波动，但就整个生产过程负荷功率水平而言影响较小，可忽略其带来的影响。电解槽控制系统通过调整电解槽生产电流来达到调节负荷功率的目的。但调节过程受调节次数和调节时长的约束，超额运行允许时间间隔不超过 8 h，降额运行时间间隔无限制。电解铝企业生产参数如表 11-2 所示。

表 11-2　电解铝企业生产参数

额定容量	超额运行功率	降额运行功率	超额允许时间间隔	降额允许时间间隔	最低停留时间	爬坡率
100 MW	120 MW	80 MW	8 h	—	4 h	±10 MW/min

根据电解铝的调节特性，抽象得到电解铝的调节模型，如图 11-13 所示，图 11-13(a)为电解铝负荷上调节曲线，图 11-13(b)为电解铝负荷下调节曲线。

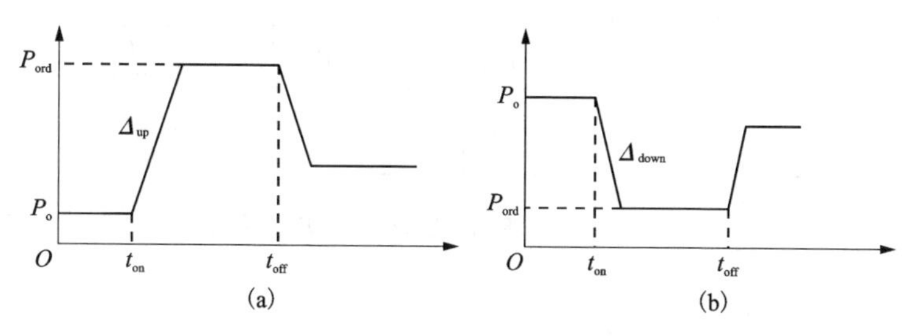

图 11-13　电解铝负荷调节特性

负荷上调的负荷调节特性：

$$P=\begin{cases}P_o & t\leqslant t_{on}\\ P_o+(t-t_{on})\Delta_{up} & t_{on}<t\leqslant t_{on}+(P_{ord}-P_o)/\Delta_{up}\\ P_{ord} & t_{on}+(P_{ord}-P_o)/\Delta_{up}<t\leqslant t_{off}\\ P_{ord}-(t-t_{on})\Delta_{down} & t_{off}<t\leqslant t_{off}+(P_{ord}-P_o)/\Delta_{down}\\ P_o & t>t_{off}+(P_{ord}-P_o)/\Delta_{down}\end{cases}\tag{11-9}$$

负荷下调的负荷调节特性：

$$P=\begin{cases}P_o & t\leqslant t_{on}\\ P_o+(t-t_{on})\Delta_{down} & t_{on}<t\leqslant t_{on}+(P_o-P_{ord})/\Delta_{down}\\ P_{ord} & t_{on}+(P_o-P_{ord})/\Delta_{down}<t\leqslant t_{off}\\ P_{ord}-(t-t_{off})\Delta_{up} & t_{off}<t\leqslant t_{off}+(P_{ord}-P_o)/\Delta_{up}\\ P_o & t>t_{off}+(P_{ord}-P_o)/\Delta_{up}\end{cases}\tag{11-10}$$

通常情形下，电解铝具备90%~110%的连续电力调节能力，这种调节仅影响产量，而不影响产品质量和设备安全。电解铝负荷可调节范围内可以承受一定的爬坡率，但不能频繁调节，在一次爬坡之后，应当稳定生产。对于电解铝生产，当应用到其可调节特性时，可以分为如下 3 种情况：

(1) 铝电解负荷还未参与调节，在需要的情况下能够调节。

(2) 铝电解负荷已经参与调节，无法承担其他调节任务。

(3) 铝电解负荷虽在额定负荷状态，但因为刚调节过，或经历了某个过程不宜参与调节。

11.1.2.1 厂用电负荷建模

厂用电在整体负荷中所占比例不大，且其中包括许多由异步电机驱动的生产设备，故在系统建模分析时可将这部分负荷简化为一台异步电机，建模时可以将矿区负荷直接简化为一台异步电动机，其等值电路图如图 11-14 所示。

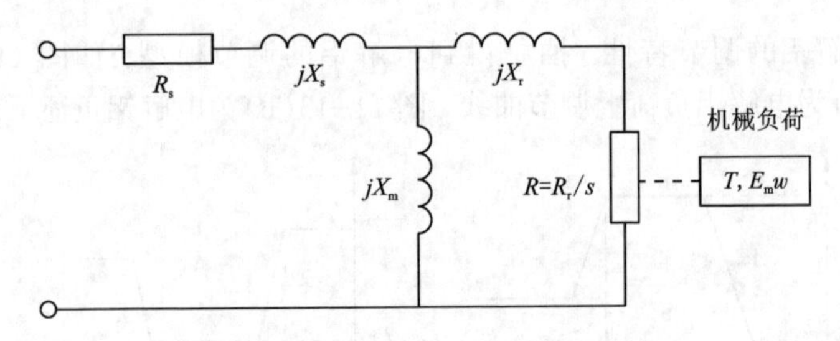

图 11-14 感应电机负荷等效电路图

根据异步电机电压频率特性，构建一个模拟异步电机的静态负荷模型，负荷静态模型的形式主要为多项式形式与幂函数形式。对于幂函数模型，只需要确定较少的参数，不管是计算无功功率，还是计算负荷功率，均能使用幂函数模型，并具有较高的精度；虽然多项式模型需要确定较多的参数，但是其模型具有较高的使用性。

考虑实际中的电网频率只有很小的波动，所以本节在研究静态模型时，并未考虑电网侧频率与静态性能间的影响关系。在只考虑电压特性时，其对应的多项式静态模型表达式为：

$$P=P_0\left[a_{\mathrm{p}}\left(\frac{U}{U_0}\right)^2+b_{\mathrm{p}}\left(\frac{U}{U_0}\right)+c_{\mathrm{p}}\right] \tag{11-11}$$

将频率变化影响忽略后，幂函数静态模型对应的表达式为：

$$Q=Q_0\left[a_{\mathrm{q}}\left(\frac{U}{U_0}\right)^2+b_{\mathrm{q}}\left(\frac{U}{U_0}\right)+c_{\mathrm{q}}\right] \tag{11-12}$$

$$P=P_0\left(\frac{U}{U_0}\right)^{p_{\mathrm{u}}} \tag{11-13}$$

$$Q=Q_0\left(\frac{U}{U_0}\right)^{q_{\mathrm{u}}} \tag{11-14}$$

对于负荷模型中的参数，主要的参数辨识方法为准则和算法，常见参数辨识使用的是一种最小二乘准则与最小二乘法，使用该准则就能得到对应的准则函数最优解，本节在此不进行赘述。

然而，在对整个系统进行分析时，比较强调负荷的输入输出特性，故可将感应电机看作一阶惯性环节，其动态特性可由传递函数表示为：

$$G(s)=\frac{K_{\mathrm{m}}}{T_{\mathrm{s}}s+1} \tag{11-15}$$

式中：$K_{\mathrm{m}}=\dfrac{\pi(n_1-n)}{15U_1}$，为前向增益系数；$T_{\mathrm{s}}=\dfrac{GD^2n_1^2r_2}{3577p^2U_1^2}$，为惯性系数。

11.1.2.2　电解铝负荷建模

就生产工艺而言，电解铝生产采用冰晶石-氧化铝熔盐电解法，以熔融冰晶石作为溶剂，氧化铝作为溶质溶解于其中，以碳素体作为阴阳两极，通入数百至数千安培的直流电，在两极间产生电化学反应，阴极上的产物为电解铝液，阳极的产物为二氧化碳等气体。通入直流电的目的一方面是利用其热能将冰晶石熔化至熔融状态，并保持其恒定的电解温度，另一方面是要实现电化学反应。电解铝生产工艺如图 11-15 所示。

热平衡对于电解铝的生产十分重要。电解铝的生产需要维持电解槽在 950~970 ℃高温下，通过控制通入电解槽的直流电来控制温度，电解槽具有很大的热

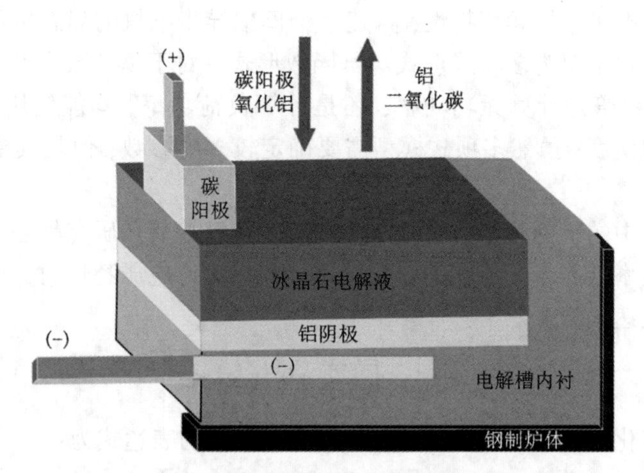

图 11-15　电解铝生产工艺剖面示意图

惯量，热时间常数高达数小时。因此，瞬间的供电功率变化不会对电解槽的热平衡产生很大的影响。由于电解槽本身由碳制成，熔融状态的冰晶石具有腐蚀性，因此电解槽必须保持热平衡以使冰晶石在中心保持液态且在罐壁处冻结，冻结的冰晶石保护罐壁免受腐蚀性熔融液体冰晶石的影响。电解槽以高温保持铝为熔融状态，一旦开始生产，需要保持连续操作以防止长期的断电造成冰晶石在电解槽中固化；电解槽断电在几分钟到 3 个小时范围内，不会造成冰晶石固化，但此过程会影响电解铝负荷的产量。

通过电解槽的电流为直流电。通过有载调压变压器和整流变压器，利用二极管的单向导通性，能将交流电整流为直流电，以满足电解铝的直流电需求。电解槽采用低电压高电流的形式，通过电解槽的直流电为数百至数千安培，通常采用多组整流桥整流后汇集成百千安培直流电汇集至直流母线，电解槽的供电系统拓扑结构如图 11-16 所示。整流桥的每一个并联分支包括一个有载调压变压器、两个整流变压器、两组饱和电抗器和两组整流桥，通过多组整流桥臂整流可以形成 72 脉动的直流电压，作为电解铝负荷的电解电源。电解槽直流母线电压通常在一千伏特左右。

电解槽的直流母线压降 V_B 由电解槽压降、电解槽反电势 E'、阳极过电压 U_{an} 和阳极过电压 U_{ca} 四部分组成，其关系式为

$$V_B = I_d R + E' + U_{an} + U_{ca} \tag{11-16}$$

式中：I_d 为电解槽的系列电流；R 为串联电解槽的等效电阻。

其中 R 和 E' 与电解质成分、电解槽温度和电极极距有关。对于任意确定的电解槽，可认为 R 和 E' 是保持不变的。正常情况下，阳极过电压 U_{an} 和阴极过电压 U_{ca} 主要与电解过程中的浓差极化和极化面积有关，工程上可近似认为常数，

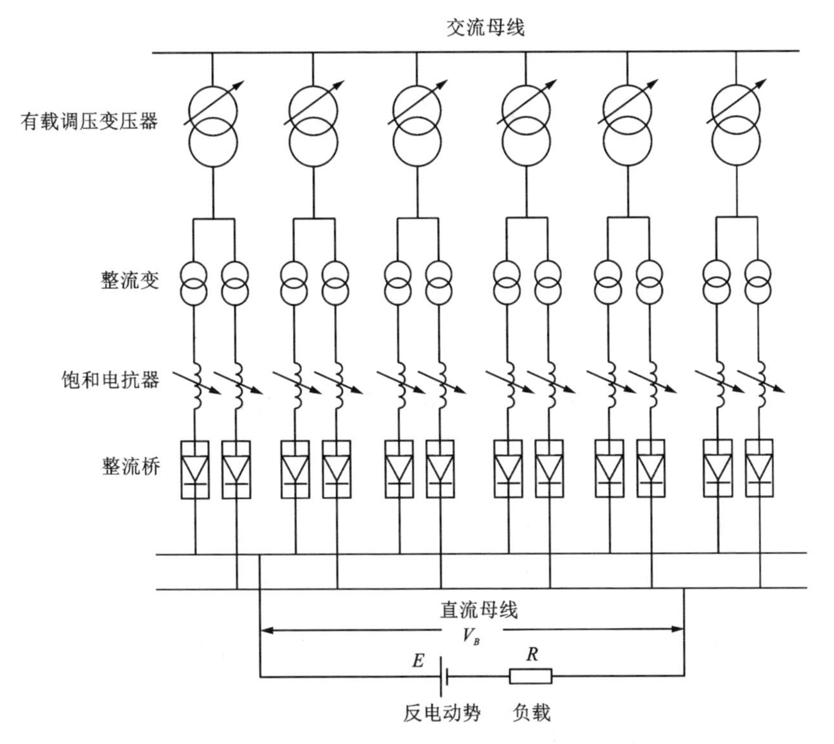

图 11-16　电解铝负荷拓扑结构

因此式(11-16)可以进一步等效为式(11-17)。

$$V_B = I_d R + E \tag{11-17}$$

基于以上分析，电解铝具备以下的基本电气特性。

首先，电解铝为热蓄能负荷，即依靠低电压大电流通过电解质实现其生产。热蓄能负荷的惯性时间常数大，短时间降低供电功率并不会对温度产生明显影响，该性质是电解铝负荷短时间调整自身功率、参与孤立电网调频的主要支撑。

其次，电解铝负荷为串联型负荷，大电流需流过每个串入的电解槽，以实现其电解生产。从负荷的容量层级角度看，该性质给孤立电网的稳定运行带来了很大的难题：负荷颗粒太大没有负荷级差，当电源故障跳闸时，安全稳定控制可能没有与损失电源的功率相匹配的负荷可供切除。

基于上述对电解铝负荷的电气特性分析，电解铝的生产是将所有的电解槽串联电解，整流部分为所有整流机组并联整流，电解槽可以等效为一个系列电阻 R 和一个反电动势 E。因此，电解铝负荷的等效电路模型如图 11-17 所示。其中，V_{AH} 为负荷母线的高压侧电压，V_{AL} 为负荷母线的低压侧电压，k 为铝厂降压变压器的变比，L_{SR} 为饱和电抗器的电感值。

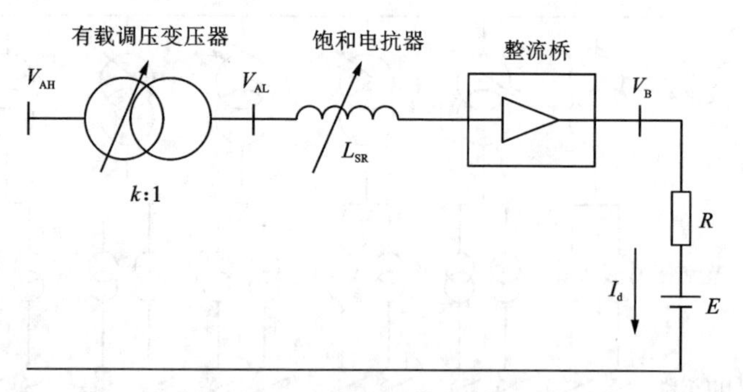

图 11-17　电解铝负荷等效电路图

等效电阻 R 和反电动势 E 对于电解铝负荷有功控制十分重要。为了得到这些参数，对电解铝负荷进行了现场测试。式(11-18)表征了电解槽的直流电压 V_B 与直流电流 I_d 的线性关系，通过该式的变形可以得到：

$$E=V_B-I_dR \tag{11-18}$$

式中：E 和 R 为待辨识参数；V_B和 I_d为可测量数据，能够在铝厂的监测主站中直接读出。

通过调整有载调压变压器分接头可改变变压器的变比 k，能够改变直流侧母线电压 V_B，并监测相应直流电流 I_d。为了避免饱和电抗器的影响，饱和电抗器的稳流控制在试验中退出。通过此方法，可以得到多组直流侧母线电压和直流电流值。基于式(11-18)，可采用最小二乘法辨识出该电解铝负荷的等效阻抗和反电动势的参数。辨识得到等效电阻 $R=2.016\ \text{m}\Omega$，反电动势 $E=354.6\ \text{V}$。根据图 11-17 的等效电路，电解铝的负荷有功功率可表示为：

$$P_{Load}=V_BI_d=\frac{V_B(V_B-E)}{R}=\frac{V_B(V_B-354.6)}{2.016}\times10^{-3}(\text{MW}) \tag{11-19}$$

式中：P_{Load} 为电解铝负荷的有功功率。R 和 E 与电解质成分、电解槽温度和电极极距有关，对于任意确定的电解槽，R 和 E 可认为保持不变。由式(11-19)可知，电解铝负荷有功功率 P_{Load} 与直流电压 V_B 具有强耦合关系。

11.1.2.3　电解铝厂用电特性分析

从电网侧看，在正常生产过程中，电解铝负荷的功率保持不变，并且对交流侧的电压荷频率不敏感，但针对有限的光伏和火电出力能力，在必要的时候需对电解铝采用降负荷的措施，以保证源荷功率平衡；厂用电负荷因具有不可调节的动力等一级负荷和小部分可中断的其他负荷，因此负荷功率也保持在相对稳定状态。具体源荷不同单元调节能力分析如表 11-3 所示。

表 11-3　源荷不同单元调节能力分析

组成单元	调节能力	调节范围
纳米碳氢机组(100 MW)	30%~100%	30~100 MW
光伏发电机组(100 MW)	0%~100%	0~100 MW
电解铝可调负荷(100 MW)	80%~120%	80~120 MW
动力等一级负荷(18.6 MW)	不可调	18.6 MW
其他负荷(4.93 MW)	可中断	0~4.93 MW

对于不同的气候条件，光伏发电机组的出力不同，为保证源荷功率平衡，下面基于电解铝用电的历史数据及表 11-3 源荷不同单元调节能力，取 100 MW 为基准值，统计拟合不同气候条件下正常生产运行的负荷曲线，如图 11-18 所示。

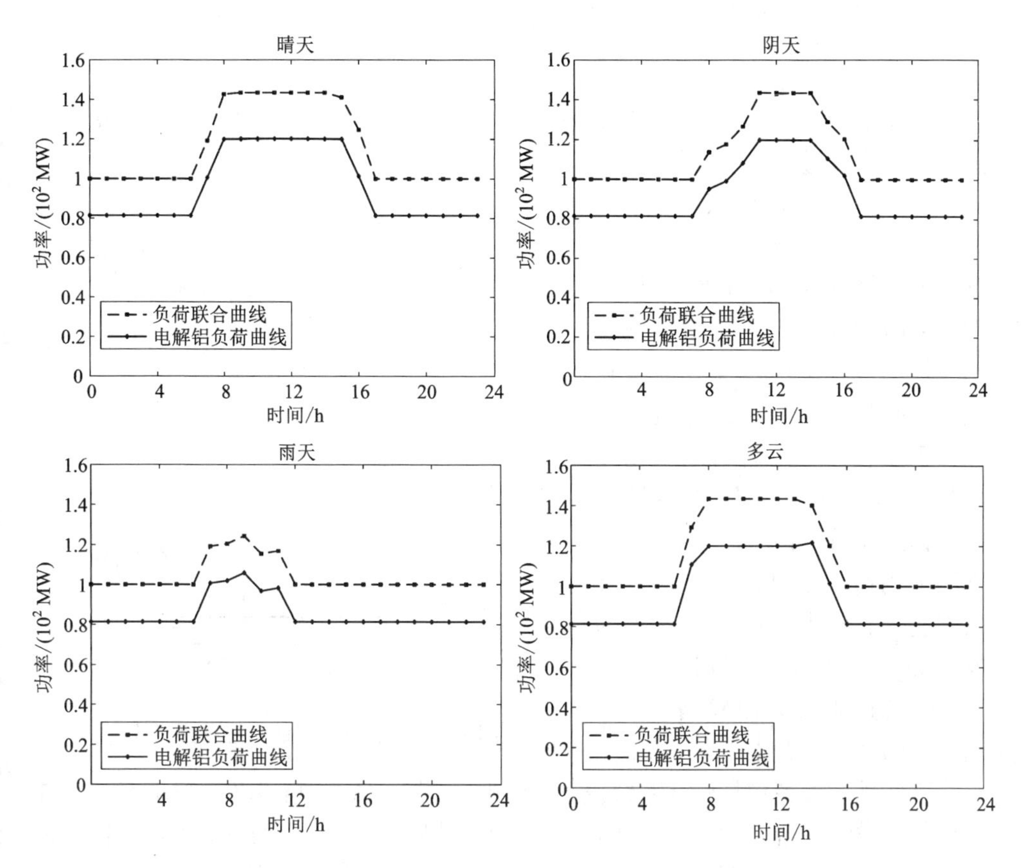

图 11-18　电解铝正常生产状态下日负荷曲线

电解铝负荷的日内平均功率为 80~120 MW，波动范围为±20%，可见为实现功率平衡，电解铝负荷需要进行实时调节以满足需求，曲线相对波动较大。

因此通过对电解铝负荷模型、电气特性及设计目标的分析，可知电解铝厂负荷具备以下用电特性。

首先，在正常生产中，由于其一级负荷的性质及惯性时间常数大等特性，电解铝日负荷波动小，对供电可靠性要求高。且由于通过电解槽的电流是直流电，因此对交流侧的电压和频率不敏感。但由于设计要求的限制，需要通过调节电解铝负荷进行调峰调频，本研究中电解铝功率的调节范围预期为其额定功率的±20%，具备较大的功率调节容量。

其次，维修部分、生活办公用电等其他负荷日最大功率约为 4.93 MW，在发电量不足时，为保证电解铝生产正常稳定运行，可以选择断掉此部分负荷，维持源荷平衡。

11.1.3 矿区负荷建模和用电特性分析

11.1.3.1 矿区负荷建模

准能集团公司有黑岱沟露天矿和哈尔乌素露天矿 2 个生产矿区，现以黑岱沟露天矿区为例进行建模分析。

由于地质条件所限，黑岱沟露天煤矿采用了综合开采工艺，其轮斗开采的系统布置现状如图 11-19 所示。其中上部黄土层的平均厚度为 49 m，采用轮斗挖掘机—胶带输送机—排土机的连续开采工艺；中部岩石的平均厚度为 56 m，上层采用单斗挖掘机—自卸卡车的间断开采工艺，下层采用抛掷爆破吊斗铲倒堆开采工艺；下部煤层的平均厚度为 28.8 m，采用单斗挖掘机—自卸卡车—坑边半移动破碎站—胶带输送机的半连续开采工艺。

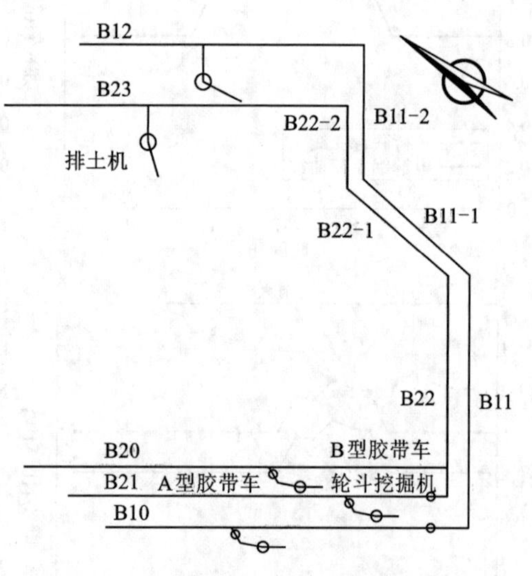

图 11-19 轮斗开采的系统布置现状

主要采矿设备包括轮斗系统设备、钻机、电铲、吊斗铲、卡车、供电系统、辅助设备等 400 多台(套)，90%以上设备靠电能提供动力，所以矿采设备用电占据了矿区大部分的用电量。为了简化模型，可以忽略矿区居民生活用电和照明用电。由于矿采设备基本都是采用异步电动机驱动，建模时可以将矿区负荷直接简化为一台异步电动机。对于具体建模过程，本节将不再赘述。

11.1.3.2　矿区用电特性分析

矿区生产工艺以及倒班作业情况，矿区大功率设备系统启停和运行状态变化会导致负荷波动，一天内不同时段用电负荷较不均衡。基于黑岱沟露天煤矿和哈尔乌素露天煤矿用电的历史数据，取 100 MW 为基准值，可统计拟合得出正常运行状态下矿区典型日负荷曲线，如图 11-20 所示。

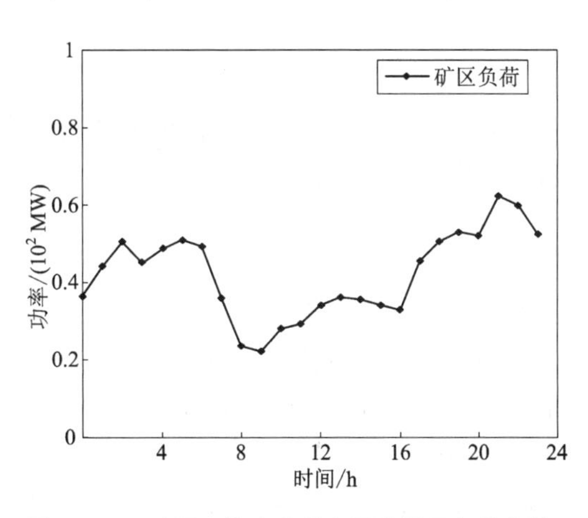

图 11-20　矿区正常生产状态下典型日负荷曲线

矿区负荷用电大致可以分为三个时间段：0—8 时和 16—24 时为用电高峰，平均功率约为 45 MW、51 MW，峰值约为 62 MW；8—16 时为用电低谷，平均功率约为 30 MW，谷值约为 22 MW。两矿区总体日平均负荷约为 42 MW，方差约为 118，峰谷差约为 40 MW。可见，矿区负荷波动较大，这样的峰谷差对电网会产生较大冲击，对供电侧也提出了更高的要求。

11.1.4　火电机组建模和出力特性分析

为有效盘活矸电闲置机组，降低煤耗，减少污染物排放，准能集团采用先进的纳米碳氢燃料技术和第四代循环流化床锅炉技术，对矸电公司已停用的一期 150 MW 机组进行重大科技攻关，将之升级为纳米碳氢燃料机组，改造后机组装机容量为 100 MW。

11.1.4.1　火电机组建模

锅炉、汽轮机、发电机是火电厂的三大主设备。火电机组的锅炉部分作为燃料燃烧的场所，将其所蕴含能量转换为高温高压蒸汽所蕴含的热能。汽轮机作为热能转化为机械能的场所，可利用蒸汽膨胀做功将热能转化为推动汽轮机转动的机械能。汽轮机转子带动发电机转子旋转，利用发电机将汽轮机的转动机械能转化为电能。

汽轮机按照高温高压蒸汽做功的场所，可将其分为高、中、低三段，由静止部件和转动部件构成。随着汽轮机技术的发展，以及提升能量转换效率的需要，高容量汽轮机大多采用中间再热式结构。锅炉燃烧产生的高温蒸汽先在高压缸中做功，然后将做完功后温度压力降低的蒸汽导入再热器吸收热量；接着将升高温度后的再热蒸汽送入中压缸推动汽轮机转子做功，提升机组能量转换效率；中压缸中做完功的蒸汽导入低压缸推动转子转动做功，最后将做完功的蒸汽排入凝汽器凝结成水。汽轮机一般可以用一个一阶惯性环节来表示：

$$G_t(s)=\frac{K_t}{1+sT_t} \tag{11-20}$$

对于再热式机组，则应将机组再热段的做功过程考虑进去，此时再热机组的汽轮机模型则变为：

$$G_t(s)=\frac{K_t(1+sK_hT_h)}{(1+sT_t)(1+sT_h)} \tag{11-21}$$

式中：T_t 为气容时间常数；K_t 为汽轮机增益；K_h 为再热系数；T_h 为再热时间常数。

调速系统是通过控制进入汽轮机蒸汽量或进入水轮机水流量而调节发电机功率的系统。火电机组中，调速器通过开大或关小主蒸汽调门开度而改变进入汽轮机的高温高压蒸汽量，进一步改变发电机组的功率输出。汽轮机调速器作为一个控制汽轮机进汽量的调节装置，主要由测量、放大、执行三个环节组成。测量环节对系统的角速度进行测量，然后与设定值进行比较，得到的差值送入放大环节，放大后的差值送入执行环节，控制汽轮机的阀门开度。调速器是自动发电控制不可或缺的重要控制单元，是使机组跟踪电网 AGC 指令的关键设备。通过简化，可将非线性的调速系统表示为一个一阶惯性系统，其表达式为：

$$G_t(s)=\frac{K_t(1+sK_hT_h)}{(1+sT_t)(1+sT_h)} \tag{11-22}$$

式中：T_z 为调速系统时间常数；K_z 为调速系统增益系数。

发电机为同步电机，在分析时也可看作一个一阶惯性系统：

$$G_g(s)=\frac{K_g}{1+sT_g} \tag{11-23}$$

式中：T_g 为发电机时间常数；K_g 为发电机增益系数。

11.1.4.2 火电出力特性分析

由于光伏出力受天气等环境因素的影响而存在较大波动，要想满足电解铝厂的负荷需求，还需要火电机组的共同出力，弥补光伏发电功率与负荷需求之间的差额，使得源荷协调，维持系统功率平衡稳定，具体表达式为：

$$\sum_{i=1}^{N_t} u_{it}P_{Git}+P_{Pt}=P_{Dt} \tag{11-24}$$

式中：u_{it} 为火电机组 i 在 t 时段的开停机状态；1 表示开机；0 表示停机；N_t 为火电机组总数；P_{Git} 为火电机组 i 在 t 时段的输出功率；P_{Pt} 为 t 时段光伏发电功率，P_{Dt} 为 t 时段的负荷值。

基于光伏出力和负荷需求数据，可初步得到火电机组的出力需求，如图 11-21 所示。

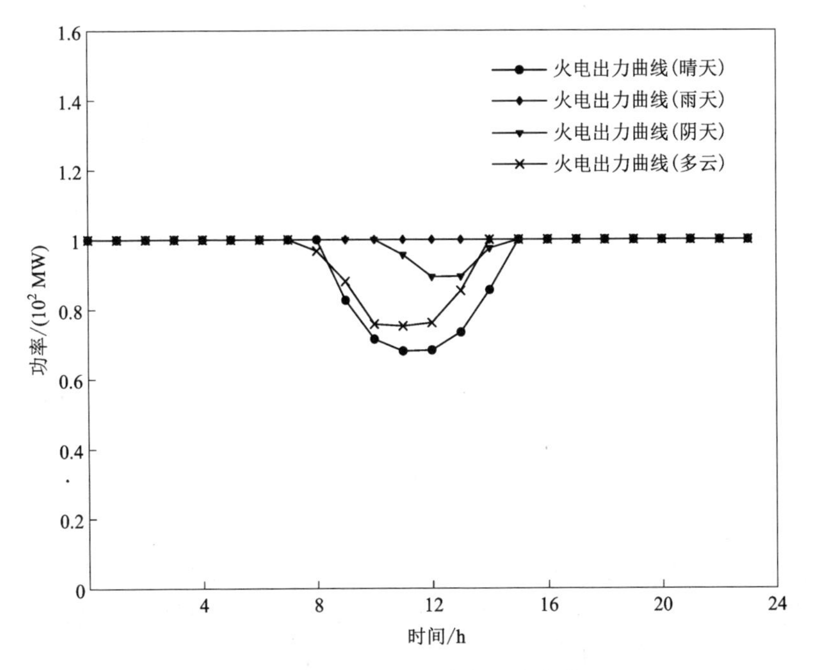

图 11-21　火电机组出力需求曲线

由图 11-21 可见，在 8：00—19：00，由于光伏出力较多，对火电机组的需求不大；而在 19：00—次日 8：00，光伏出力基本为零，系统负荷全部由火电机组供电；出力需求的峰谷差较大，这样大幅度的波动将对火电机组的调节产生较大的压力。

在实际运行情况下，面对光伏出力和负荷需求的波动，为维持系统电压和频率稳定，火电机组要承担主动调峰调频的任务。基于光伏预测和负荷数据，采用一定的自动发电控制策略，对机组出力进行调节与控制，在此过程中要考虑诸多问题。

(1) 火电机组需要有一定的备用容量，以满足光伏和负荷的随机波动，可以表示为：

$$\sum_{i=1}^{N_t} u_{it}(P_{\mathrm{Gmax}i}-P_{\mathrm{G}it}) \geqslant k_{\mathrm{d}}P_{\mathrm{D}t}+k_{\mathrm{p}}P_{\mathrm{P}t} \tag{11-25}$$

式中：$P_{\mathrm{Gmax}i}$ 为火电机组 i 的最大输出功率；k_{d} 为负荷波动系数；k_{p} 为光伏波动系数。

(2) 机组出力不能无限调节，存在一定的上下限

$$P_{\mathrm{Gmin}i} \leqslant P_{\mathrm{G}it} \leqslant P_{\mathrm{Gmax}i} \tag{11-26}$$

式中：$P_{\mathrm{Gmin}i}$ 为火电机组 i 的出力下限。

(3)机组加载减载时存在爬坡速率限值

$$-r_{di}\Delta t \leqslant P_{Git}-P_{Gi(t-1)} \leqslant r_{ui}\Delta t \tag{11-27}$$

式中：r_{di} 为调度时段 t 内机组 i 减载；r_{ui} 为调度时段 t 内加载的速率限制。

(4)此外，还要根据各机组负载状态等条件，考虑将厂级出力需求在火电机组之间进行合理分配等问题。

总之，应基于源荷数据分析，考虑实际运行条件，采取一定的优化策略协调好光伏与火电机组的出力分配，才能使系统满足多能互补、源荷协调、运行稳定的要求。

11.1.5 源荷功率互补特性分析

本项目通过多能互补、智能协同控制等技术，构建局域电网，将纳米碳氢燃料机组和光伏作为电源侧，将电解铝厂作为负荷侧，基于对负荷用电特性和光伏出力特性的联合分析，形成光伏、纳米碳氢燃料机组多源互补协同控制策略，使得负荷曲线与电源侧出力曲线相似，即实现电力系统源荷协调运行。

因此，本节同时考虑负荷需求和光伏发电状况，使用一种度量两者相似性的方法，将光伏出力和用电负荷曲线的负荷特性指标拓展为可表达其相互关系的源-荷特性指标，从而更加合理有效地描述和分析新能源高渗透率电力系统源-荷互补特性，实现源-荷功率平衡的目标。

11.1.5.1 源荷互补特性分析方法

1.时间序列相似度及其度量

相似度常以距离作为其外在表现形式，任意两条时间序列可通过距离来衡量其相互关系，距离越小，两条序列就越相似；反之，则越不相似。目前，基于距离的时间序列相似度度量中，欧氏(Euclidean)距离和动态时间弯曲(DTW)距离使用较为广泛。

1)欧氏距离

给定两条时间序列 $\boldsymbol{X}=(x_1, x_2, \cdots, x_n)$ 和 $\boldsymbol{Y}=(y_1, y_2, \cdots, y_n)$，若用 Minkowski 距离来度量，则有：

$$D_{\omega}(\boldsymbol{X}, \boldsymbol{Y})=\sqrt[\omega]{\sum_{t=1}^{n}(x_t-y_t)^{\omega}} \tag{11-28}$$

式(11-28)可以被看成一系列距离度量方法的通用形式，根据 ω 的取值不同，它可以表示不同的距离度量方式。当 $\omega=1$ 时，为曼哈顿距离；当 $\omega=\infty$，为 L_{∞} 范数且 $D_{\infty}(\boldsymbol{X}, \boldsymbol{Y})=\max_{t}|x_t-y_t|$；当 $\omega=2$ 时，即为欧氏距离。

2)动态时间弯曲距离

动态时间弯曲运用动态规划思想来调整时间序列不同时间点对应元素之间的关系来获取一条最优弯曲路径，使沿该路径时间序列间的距离最小，使其能很好地度量时间序列之间的关系，如图 11-22 所示。

给定两条时间序列 $\boldsymbol{X}=(x_1, x_2, \cdots, x_n)$ 和 $\boldsymbol{Y}=(y_1, y_2, \cdots, y_n)$，构建 $n\times m$ 的距离矩阵 $\boldsymbol{D}_{n\times m}$，其中：

$$\boldsymbol{D}(i, j)=\sqrt{(x_i-y_j)^2}, \quad 1\leqslant i\leqslant n, 1\leqslant j\leqslant m \tag{11-29}$$

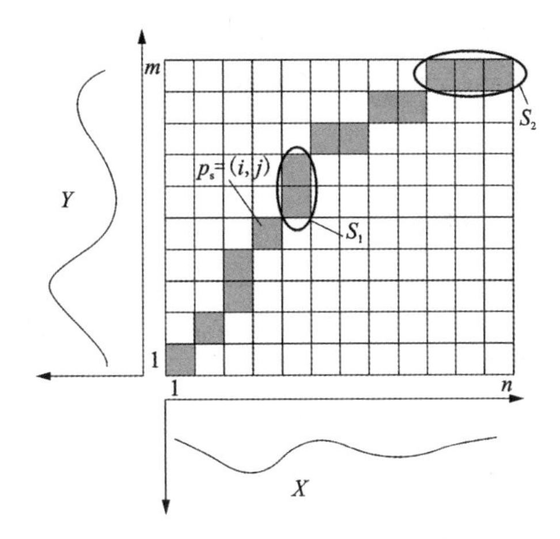

图 11-22　动态时间弯曲路径示意图

式(11-29)表示两个时间序列点 x_i 和 y_j 时间的欧氏距离。在矩阵 D 中，把每一组相邻元素组成的集合称为弯曲路径，且需满足边界性、连续性和单调性的约束，记为 $P=\{p_1, p_2, \cdots, p_s, \cdots, p_k\}$，其中 k 表示路径中元素(图 11-22 中灰色方块)的总个数，元素 p_s 是路径上第 S 个点的坐标，即 $p_s=(i, j)$。

上述的路径有多条，DTW 的目的在于找到一条最优弯曲路径，使得序列 $\boldsymbol{X}$ 和 $\boldsymbol{Y}$ 的弯曲总代价最小，即

$$\mathrm{DTW}(\boldsymbol{X}, \boldsymbol{Y})=\min_{p}\sum_{s=1}^{k}\boldsymbol{D}(p_s) \tag{11-30}$$

为了求解式(11-30)，通过动态规划方法来构造一个累积代价矩阵 $\boldsymbol{L}$，即 P

$$\boldsymbol{L}(i, j)=\boldsymbol{D}(i, j)+\min\begin{cases}\boldsymbol{L}(i-1, j-1)\\ \boldsymbol{L}(i, j-1)\\ \boldsymbol{L}(i-1, j)\end{cases} \tag{11-31}$$

式中：$i=1, 2, \cdots, n$；$j=1, 2, \cdots, m$；$\boldsymbol{L}(0, 0)=0$；$\boldsymbol{L}(i, 0)=\boldsymbol{L}(0, j)=+\infty$。可知，时间序列 $\boldsymbol{X}$ 和 $\boldsymbol{Y}$ 的动态时间弯曲距离 $\mathrm{DTW}(\boldsymbol{X}, \boldsymbol{Y})=\boldsymbol{L}(n, m)$。

2. 改进的相似性度量方法

时间序列的相似性包括数值与形态上的相似性这两部分，目前大多数时间序列相似性研究没能很好地兼顾时间序列的形态特征与统计特性，度量效果不佳。新能源高渗透率下，系统进行源荷协调运行，使得常规发电机计划出力曲线、负荷曲线、新能源发电曲线三者共同协调、相互跟随调整，进而实现发电曲线与用电曲线相互跟随。因此在使用时间序列对不同电力曲线进行相似性度量时，需同时考虑两曲线的数据分布特性与形态波动特征。本节参照时间序列的相似性度量方法，提出一种改进后适合度量电力曲线相似程度的方法。

在利用欧氏距离来反映时间序列具体数值之间差异和全局波动信息的基础上，为了简单而准确地刻画曲线在各个时间段的上升、下降、平稳等形态特征，运用直线的斜率来表示该时段的形态特征。这样，对于长度为 n 的时间序列 $\boldsymbol{X}=$

$(x_1, x_2, \cdots, x_n)$被转化成一组长度为$(n-1)$的形态序列$\boldsymbol{X}'=(x_1', x_2', \cdots, x_{n-1}')$。$\boldsymbol{X}'$形态序列中的元素值$x_i'$满足：

$$x_i'=\frac{x_{i+1}-x_i}{\Delta t}, \ i=1, 2, \cdots, n-1 \tag{11-32}$$

通过式(11-32)得到的形态序列的数值，可以充分反映各时间段的趋势信息。

在欧氏距离度量的基础上引入形态序列，可以克服仅依靠各时间点数值而忽略重要形态特征的缺陷，但其度量效果还依赖于距离函数的选择。因此，对形态序列的度量采用精确的度量方法 DTW。该方法可以弯曲时间轴来匹配点与点，根据形态来精确地度量时间序列，满足度量要求，因此利用 DTW 来度量形态序列。

同时，在寻找 DTW 弯曲路径 P 时，将弯曲方向为垂直方向或水平方向称为连续弯曲，如图 11-22 所示，S_1 区域的连续弯曲数 $r=2$，S_2 区域的连续弯曲数 $r=3$。当连续弯曲积累到一定次数时，会造成过度弯曲。为了避免时间弯曲路径出现过度弯曲的现象，提出在原有的边界性、连续性和单调性这三个约束的基础上，增加对连续弯曲数 r 的约束，即

$$r_x \leqslant r_{\max}, \ r_y \leqslant r_{\max} \tag{11-33}$$

式中：r_x 为水平方向的连续弯曲数；r_y 为水平方向与垂直方向的连续弯曲数；$r_{\max}$ 为所允许的最大连续弯曲数。

由此，式(11-31)的累积代价矩阵 $\boldsymbol{L}$ 变成如式(11-34)所示的形式：

$$\boldsymbol{L}'(i, j)=\boldsymbol{D}(i, j)+\begin{cases}\min\{\boldsymbol{L}(i-1, j-1), \boldsymbol{L}(i-1, j), \boldsymbol{L}(i, j-1)\} \\ \quad (r_x \leqslant r_{\max}, r_y \leqslant r_{\max}) \\ \min\{\boldsymbol{L}(i-1, j-1), \boldsymbol{L}(i, j-1)\} \\ \quad (r_x \leqslant r_{\max}, r_y > r_{\max}) \\ \min\{\boldsymbol{L}(i-1, j-1), \boldsymbol{L}(i-1, j)\} \\ \quad (r_x > r_{\max}, r_y \leqslant r_{\max}) \\ \boldsymbol{L}(i-1, j-1) \\ \quad (r_x > r_{\max}, r_y > r_{\max})\end{cases} \tag{11-34}$$

则改进的动态时间弯曲距离为：

$$\mathrm{DTW}'(\boldsymbol{X}, \boldsymbol{Y})=\boldsymbol{L}'(n, m) \tag{11-35}$$

假设有两条时间序列 $\boldsymbol{X}=(x_1, x_2, \cdots, x_n)$ 和 $Y=(y_1, y_2, \cdots, y_n)$，利用式(11-35)分别求解各自的形态序列 $\boldsymbol{X}'$ 和与 Y'，则能同时反映数据分布特性与形态波动特征的相似性度量方法的距离度可表示为：

$$D_{\text{whole}}(\boldsymbol{X}, \boldsymbol{Y})=\sqrt{\alpha D_2(\boldsymbol{X}, \boldsymbol{Y})+\lambda \mathrm{DTW}'(\boldsymbol{X}', \boldsymbol{Y}')} \tag{11-36}$$

因此该指标在应用到源-荷互补特性分析时，既能够对新能源出力曲线与电力负荷曲线的数值进行比较，又能够对两曲线的形态特征进行很好的体现。

11.1.5.2　源-荷功率互补特性分析

1. 源-荷曲线功率差异的描述

基于电解铝厂负荷相关数据，得到日负荷曲线；基于历史光照数据，可得到不同气象条件下的光伏出力预测曲线；取 100 MW 为基准值，将各功率值化为标幺值，可作出各季节、各天气条件下的源-荷特性曲线。

对负荷曲线和光伏出力曲线进行联合分析，把每条曲线表示成一个时间序列，负荷曲线$\boldsymbol{P}_{\mathrm{d}}=(p_{\mathrm{d}(1)},p_{\mathrm{d}(2)},\cdots,p_{\mathrm{d}(n)})$，光伏发电曲线$\boldsymbol{P}_{\mathrm{w}}=(p_{\mathrm{w}(1)},p_{\mathrm{w}(2)},\cdots,p_{\mathrm{w}(n)})$。由此，基于时间序列相似性度量方法来刻画序列$\boldsymbol{P}_{\mathrm{d}}$与序列$\boldsymbol{P}_{\mathrm{w}}$的相似程度。图 11-23 为不同天气条件下光伏-负荷典型日曲线。

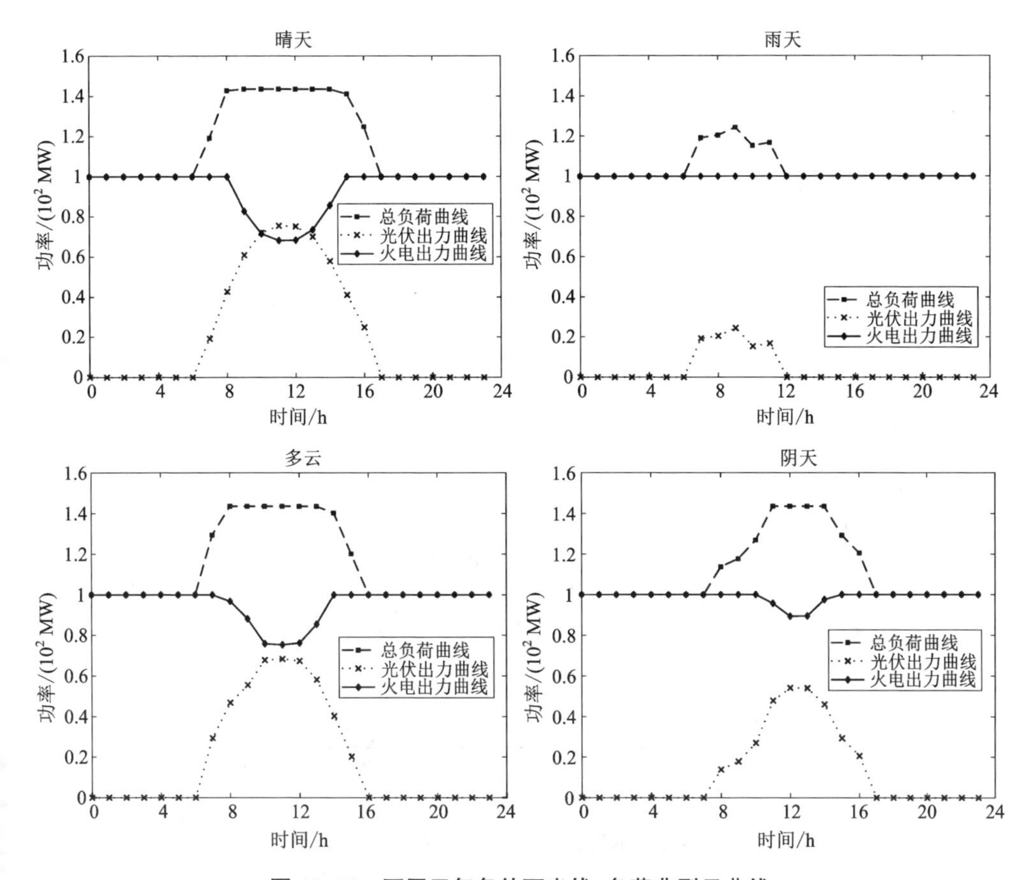

图 11-23　不同天气条件下光伏-负荷典型日曲线

如图 11-23 所示，采用欧氏距离对序列$\boldsymbol{P}_{\mathrm{d}}$ 与序列$\boldsymbol{P}_{\mathrm{w}}$ 功率数值上的差异进行刻画，即

$$D_2(\boldsymbol{P}_{\mathrm{d}}, \boldsymbol{P}_{\mathrm{w}}) = \sqrt{\sum_{i=1}^{n} [p_{\mathrm{d}(i)} - p_{\mathrm{w}(i)}]^2} \tag{11-37}$$

式中：$P_{\mathrm{d}(i)}$ 与 $P_{\mathrm{w}(i)}$ 分别为序列$\boldsymbol{P}_{\mathrm{d}}$ 与序列$\boldsymbol{P}_{\mathrm{w}}$ 的第 i 维；n 为两序列的维数。经过计算，用于刻画源-荷曲线功率差异的欧氏距离如表 11-4 所示。

表 11-4　源-荷曲线功率差异的欧氏距离

天气条件	$D_2(\boldsymbol{P}_{\mathrm{d}}, \boldsymbol{P}_{\mathrm{w}})$	天气条件	$D_2(\boldsymbol{P}_{\mathrm{d}}, \boldsymbol{P}_{\mathrm{w}})$
晴天	4. 63	阴天	4. 84
雨天	4. 90	多云	4. 71

考虑季节对光伏预测出力的影响，采用同样的方法进行相似程度的描述，如图 11-24 所示，计算结果见表 11-5，在此不过多赘述。

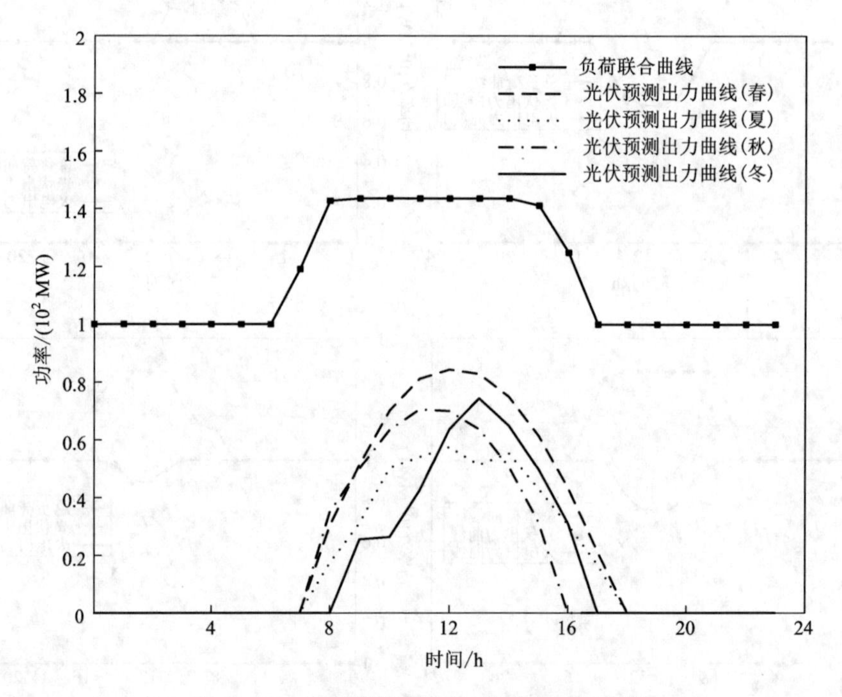

图 11-24　不同季节下光伏-负荷典型日曲线

表 11-5　不同季节的欧氏距离

季节	$D_2(\boldsymbol{P}_d, \boldsymbol{P}_w)$	季节	$D_2(\boldsymbol{P}_d, \boldsymbol{P}_w)$
春季	4. 67	秋季	4. 48
夏季	5. 20	冬季	4. 96

2. 源-荷曲线形态差异的描述

在对序列$\boldsymbol{P}_d$与序列$\boldsymbol{P}_w$电力负荷数值之间差异进行刻画的基础上，还需对两序列的形态特征进行刻画，即电力负荷变化的趋势。首先，根据式(11-34)对序列$\boldsymbol{P}_d$与序列$\boldsymbol{P}_w$的形态特征进行刻画，分别得到形态$\boldsymbol{P}'_d=(p'_{d(1)}, p'_{d(2)}, \cdots, p'_{d(n-1)})$和$\boldsymbol{P}'_w=(p'_{w(1)}, p'_{w(2)}, \cdots, p'_{w(n-1)})$，其描绘的曲线如图 11-25 所示。

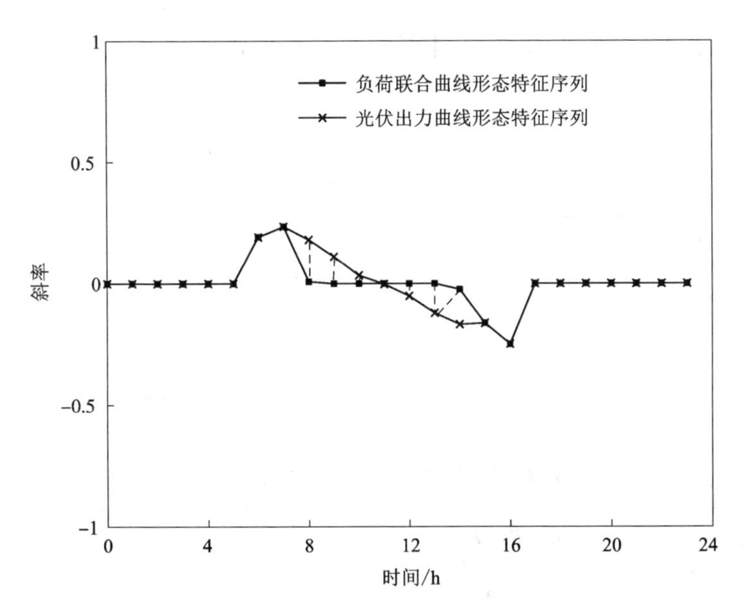

图 11-25　基于改进 DTW 的形态距离示意图

采用改进 DTW 方法来度量两形态序列间的距离，即

$$\mathrm{DTW}'(\boldsymbol{P}'_d, \boldsymbol{P}'_w)=\boldsymbol{L}'(n, m) \tag{11-38}$$

经计算，结果为：

$$\mathrm{DTW}'(\boldsymbol{P}'_d, \boldsymbol{P}'_w)=0.8 \tag{11-39}$$

图 11-25 是基于典型的夏季晴天气候情况下描述电力负荷曲线与光伏预测

出力曲线形态变化趋势之间的差异，其他气候条件下源荷曲线形态相似性描述方法相同，不再赘述。

3. 源荷相似性距离及特性分析

综合考虑两曲线的功率数值与功率变化趋势两个因素，选择序列$\boldsymbol{P}_{\mathrm{w}}$与序列$\boldsymbol{P}_{\mathrm{d}}$的相似性距离作为新能源-负荷特性指标，并定义为源荷相似性距离，即

$$D_{\mathrm{w}}(\boldsymbol{P}_{\mathrm{d}}, \boldsymbol{P}_{\mathrm{w}})=\sqrt{\alpha D_{2}(\boldsymbol{P}_{\mathrm{d}}, \boldsymbol{P}_{\mathrm{w}})+\lambda \mathrm{DTW}'(\boldsymbol{P}_{\mathrm{d}}', \boldsymbol{P}_{\mathrm{w}}')} \tag{11-40}$$

式中：第一部分为两序列的欧氏距离；第二部分为两序列的形态距离；α 和 λ 分别为欧氏距离权重与形态距离权重。

基于以上的源荷相似性距离的计算，取$\alpha=5$，$\lambda=1$，便可构建源-荷联合用电曲线关于季节、日内时间的模型（以典型夏季晴天气候为例），联立表(11-5)和式(11-39)、式(11-40)可得：

$$D_{\mathrm{W}}(\boldsymbol{P}_{\mathrm{d}}, \boldsymbol{P}_{\mathrm{w}})=\sqrt{5\times4.63+1\times0.8}\approx4.89 \tag{11-41}$$

同理，计算可得其他天气条件下的源荷相似性距离，结果如表 11-6、表 11-7 所示。

表 11-6　不同天气条件下源荷相似性距离

天气条件	$D_{\mathrm{w}}(\boldsymbol{P}_{\mathrm{d}}, \boldsymbol{P}_{\mathrm{w}})$	天气条件	$D_{\mathrm{w}}(\boldsymbol{P}_{\mathrm{d}}, \boldsymbol{P}_{\mathrm{w}})$
晴天	0.8	阴天	0.6
雨天	0.4	多云	0.5

表 11-7　不同季节的源荷相似性距离

季节	$D_{\mathrm{w}}(\boldsymbol{P}_{\mathrm{d}}, \boldsymbol{P}_{\mathrm{w}})$	季节	$D_{\mathrm{w}}(\boldsymbol{P}_{\mathrm{d}}, \boldsymbol{P}_{\mathrm{w}})$
春季	0.9	秋季	0.5
夏季	0.8	冬季	0.7

综上所述，使用该方法可以从定性和定量两个角度分析源荷功率互补特性，分析如下。

首先，上述各指标表征了时间序列之间的差异，即反映了光伏出力和负荷需求之间的互补特性。由上述计算可知，四种天气之中，晴天光照持久而充足，光

伏发电量较为丰富，与负荷需求差异相对最小；而雨天光伏出力与负荷需求差异相对最大，需要火电机组出力进行较多的弥补。对于四种气候，春季光伏出力与负荷需求互补特性相对最好，冬季光伏出力与负荷需求互补特性相对最差。

其次，由于新能源光伏发电的局限性，只能在白天出力，且受气候条件影响较大，因此光伏出力的功率波动大，且受本项目设计要求的限制，不仅需要火电机组协同发电，还要对电解铝负荷进行调节，才能实现源荷功率平衡。

最后，新能源光伏发电功率受环境因素影响，出力不稳定，而火电机组和电解铝负荷相对惯性较大，源荷特性各异，要想达到多能互补、源荷协调的要求，就需要提供足够精准的光伏预测和动态性能佳的自动发电控制策略。

11.2　光伏功率预测技术

有效的光伏发电功率预测方法，一方面有助于电站的前期选址及设计规划，另一方面有助于判断电站的发电功率变化趋势，便于电网计划调度，提高电力系统运行的安全性和可靠性。

11.2.1　发电功率的影响因素

光伏电站的发电量取决于很多因素，主要包括以下几类。

(1)气象因素：主要包括辐照度、温度、风速、压强、湿度等。光伏发电的原理是将光能转化成电能，电站所在地的日照时间越长、太阳辐照度越高，其发电量往往也越高。光伏电池的光电转化效率主要取决于电池温度，而电池温度一方面与环境温度有关，另一方面也取决于电池本身的散热性。电池的散热性会受到风速、湿度、压强的影响，散热性好的电池，即便在相对炎热的环境下，也能保持良好的转换效率。

(2)地理条件：主要包括电站所在地的经纬度、地形、周边环境等。光伏电站的地理条件决定了光伏电池的日均峰值日照数。在前期选址时，应选择空旷无遮挡、太阳能资源丰富、全年日照时间长、无灾害性天气的地区建设光伏电站。

(3)电气效率：主要包括光伏电池、逆变器、变压器、电缆等部件的工作效率。设备运行状况良好，是光伏电站稳定高效运行的基础，为此必须对电站设备进行定期维护与检修，降低部件的损耗，提高电气效率。特别是对室外的光伏组件，由于其故障率较高、易老化，应对其运行状况重点监测。

(4)人为因素：包括电站的调度约束、运营维护、清洁频率、弃光率等。

光伏发电功率的影响因素可以用图 11-26 表示。

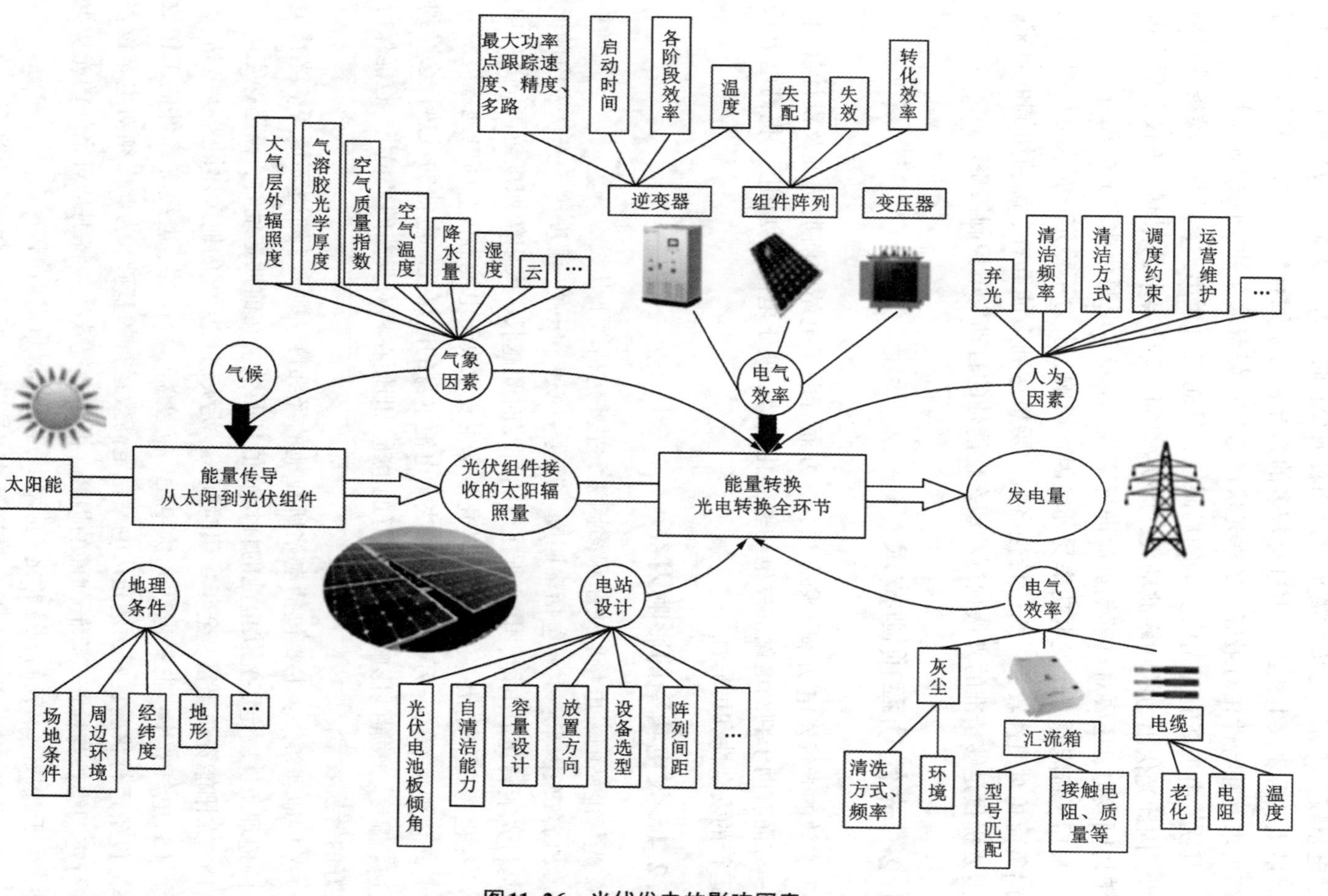

图11-26　光伏发电的影响因素

11.2.2　功率预测模型分类

从预测的时间跨度上分，光伏功率预测可分为中长期预测、短期预测和超短期预测三类。中长期预测是指预测光伏电站在几个月到一两年内的发电量，一般用于光伏电站的规划设计；短期预测是指预测光伏电站在几天内的发电量；而超短期预测是指预测光伏电站在几小时内的发电量。短期和超短期功率预测对电站的实时调度和储能规划起到了重要的作用。

从预测方式上分，光伏功率预测可分为直接预测和间接预测两类。直接预测是指利用光伏电站的历史发电功率曲线来预测光伏电站未来的发电功率；间接预测是指先预测未来的天气数据，然后根据天气数据计算光伏电站的发电功率。直接预测一般用于电站功率的中长期预测，精度相对较低；间接预测多用于电站功率的短期和超短期预测，预测精度相对较高。

从预测方法上分，光伏功率预测主要分为统计方法和物理方法。统计方法是基于数据的预测方法，通过一些统计学习或深度学习的方法，对光伏电站的历史数据进行分析，挖掘其内在规律并应用于未来的功率预测；物理方法是指建立光伏电池的光电转换模型，然后基于太阳辐照度和电站的拓扑结构，预测对应的发电功率。由于物理方法需考虑的物理量太多，当电站结构复杂时，模型分析较困难，且不同电站的结构不同，方法的迁移效果较差，因此当前主要用统计方法来预测光伏电站的发电功率。

11.2.3　功率预测方法介绍

光伏电站的中长期功率预测，一般用直接预测法。采集电站在过去几个月或几年内的历史发电功率数据，将其绘制成功率曲线，然后应用各类时间序列的回归方法，即可得到光伏电站在未来一段时间内的发电功率曲线。常见的时间序列回归方法包括 ARIMA 模型和 LSTM 模型等。

相对而言，光伏电站的中长期预测精度要求低，预测难度小。因此，对光伏电站的功率预测方法研究主要集中在光伏电站的短期功率预测。

光伏电站的短期功率预测一般采用间接预测法，首先需要进行数值天气预测。数值天气预测是指利用流体力学和热力学原理进行分析，在确定大气初始状态后进行迭代计算，最终得到某个时刻的太阳辐照度、温度、风速等大气物理量。

目前主流的全球数值天气预测模型主要包括 GFS 模型和 ECMWF 模型，可以预测 15 天内的气象数据。这类模型的空间分辨率为 16~50 km，时间分辨率为 3~6 h，由于分辨率较低，往往无法直接应用。

更小尺度的数值天气预测模型为 WRF 模型，这是一种在 20 世纪 90 年代由美国科研机构开发的天气预测模型，空间分辨率可达 1 km，时间分辨率可达 1 h，基本能够满足中型电站的预测要求。对于更高要求的气象预测，往往需借助卫星云图，结合云的移动轨迹和变化趋势，得到更为精确的天气预测数据。

11.2.4 基于天气聚类和自适应参数调整的光伏功率预测方法

1. 搭建数据采集系统

在光伏电站功率预测中，采集的天气特征越多，预测的精度往往也越高，但安装过多传感器会引入成本问题。因此，本算法只采集影响发电功率最主要的两个特征：太阳辐照度和光伏背板温度。

获取电站所在地区的历史太阳辐照数据 S、历史温度数据 T 和相应的光伏电站发电数据 P。其中光伏组件背板温度选用 PT100 铂热电阻测量，辐照度数据通过 EKO MS-602 辐照度计采集。

2. 基于 K-means 对采集的样本进行分类

K-means 是用于一种基于无监督学习的自适应数据分类方法。其算法流程如下：

(1)确定要划分的类别数。

(2)为每个类别随机选择初始类中心。

(3)对每个数据样本，计算其到各个类别中心的距离，并将其划分到距离最近的类别。距离一般用欧式距离，其计算公式见式(11-42)。对所有样本进行分类后，用类别中所有样本的平均值更新每个类别的类中心。

$$\mathrm{dist}(X, Y)=\sqrt{\sum_{1}^{n}(x_i-y_i)^2} \tag{11-42}$$

(4)对上一步反复迭代，直到每个类别的类中心停止变化。

对分类后的数据，进行最大最小归一化。

3. 构造神经网络模型

设置神经网络的层数为五层，第一层为输入层，包含 2 个神经元，用于两维气象数据的输入；第二、三、四层为隐藏层，各包含 8 个神经元；第五层为输出层，包含 1 个神经元，用于预测功率的输出。采用的激活函数为 Relu 函数，与其他激活函数相比，Relu 具有梯度恒定的优点，便于模型参数在训练过程中快速收敛。

4. 选择均方根误差(RMSE)作为损失函数，用梯度下降法对神经网络参数进行训练，直到网络参数不再发生变化

RMSE 计算公式见式(11-43)，其中 n 为样本数，K 为第 i 个样本的模型输出，K 为第 i 个样本的实际输出。

$$\text{RMSE}=\sqrt{\frac{1}{n}\sum_{1}^{n}(x_i-y_i)^2} \tag{11-43}$$

5. 对神经网络参数进行启发式搜索及自适应调整

参数搜索的具体步骤如下。

(1)将存储模型参数 $L=[W^{(1)}, W^{(2)}, W^{(3)}, W^{(4)}, b^{(1)}, b^{(2)}, b^{(3)}, b^{(4)}]$ 作为目前的最优参数。同时，记录该组参数下的模型的损失 R。

(2)若迭代次数大于设定值，结束搜索，将 L 中存储的参数作为最后的模型参数。否则，对模型的各个参数值，以当前存储的最优参数为中心，产生一个高斯随机数。以参数 $W_{12}^{(1)}$ 为例，对应的随机数 $W_{12}^{(1)'}$ 可由公式(11-44)中 $f(x)$ 代表的高斯分布产生，其中 $W_{12}^{(1)^L}$ 代表 L 中存储的 $W_{12}^{(1)}$，R 代表当前的最小损失。

$$f(x)=\frac{1}{\sigma\sqrt{2\pi}}\mathrm{e}^{-\frac{(x-\mu)^2}{2\sigma^2}} \tag{11-44}$$

$$\mu=W_{12}^{(1)^L} \tag{11-45}$$

$$\sigma=\frac{1}{1+\mathrm{e}^{-R}} \tag{11-46}$$

(3)对步骤(2)中随机产生的参数组 L'，计算训练样本在该参数组上的损失 R'，若 R' 小于当前存储的 R，则令：

$$R=R' \tag{11-47}$$

$$L=L' \tag{11-48}$$

将迭代次数加一后，返回步骤(2)。

6. 功率预测

当对光伏电站的发电功率进行预测时，首先进行数值天气预测，然后根据归一化后的天气数据将其分到某个样本类，最后用该样本类对应的训练好的神经网络模型输出预测结果。

11.3　光伏-纳米碳氢燃料机组互补协同控制

11.3.1　光伏-纳米碳氢燃料互补运行指标分析

内蒙古自治区是我国光伏发电、光伏资源禀赋最优质的地区之一，应积极推

进以沙漠、戈壁、荒漠区域为主的大型光伏发电、光伏基地规模化、集约化建设。根据全年运行模拟可得到全年光伏发电情况，在考虑光伏资源得到充分利用的情况下，全年总的光伏发电量为 1.966 亿 kW·h，全年发电时间小时数为 3519 h，最大功率利用小时数为 1966 h，平均日发电量可达 538 MW·h，即日光伏的最大功率平均利用小时数为 5.38 h。考虑最大负荷的用电需求，通过优化建设方案，配置适当容量的储能，不仅能够维持源荷极端场景下的供需平衡，而且有利于增强光伏资源的消纳能力，极大地降低弃光现象发生的概率。

基于负荷用电数据以及全年光伏出力模拟，可以对光伏发电量占比进行粗估。通过计算，规划设计的源网荷储一体化项目总负荷为 10.08 亿 kW·h，其中，光伏发电量为 1.966 亿 kW·h，占比为 18.47%；纳米碳氢燃料机组发电量为 8.12 亿 kW·h，占比为 81.53%，如图 11-27 所示。

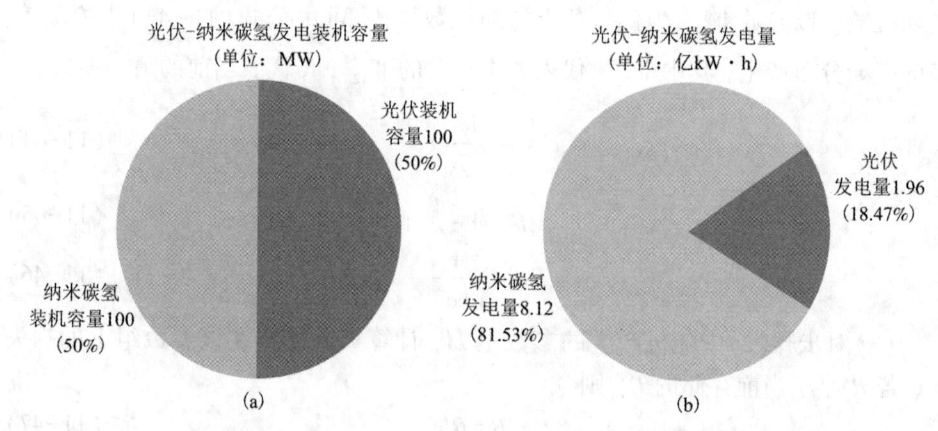

图 11-27　光伏-纳米碳氢发电机组发电量对比

如图 11-28 所示，通过计算，不含储能的模拟运行中，光伏年发电量为 1.966 亿 kW·h，占比为 22.95%，纳米碳氢发电机组发电量为 6.597 亿 kW·h，占比为 77.05%，弃光率为 0。含储能的模拟运行中，光伏年发电量为 1.966 亿 kW·h，占比为 22.89%，纳米碳氢发电机组发电量为 6.604 亿 kW·h，占比为 77.11%，弃光率为 0。两种情况下光伏发电量占比变化不大，但是在对于弃光率的考量中，带储能的模拟运行结果具有更小的弃光率。因此，配置储能不仅能够满足极端情况下的源荷供需平衡，还能够有效降低弃光率。

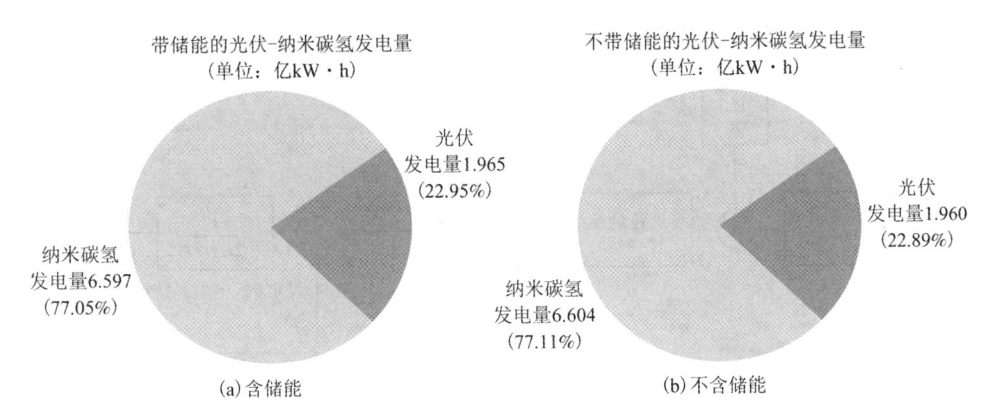

图 11-28　含储能与不含储能的光伏-纳米碳氢发电装机发电量对比

11.3.2　纳米碳氢燃料机组 AGC 控制

11.3.2.1　AGC 的基本概念

当电网某种故障导致大容量发电机组退出运行或者是大负荷突然断开，造成系统的频率出现较大的偏离时，各调频机组的立即动作，迅速地增加或者减少发电出力，使电网频率值尽快恢复到正常状态，这个过程就是发电机机组的一次调频，实现一次调频功能的自动控制系统被称为自动发电控制系统(automatic generation control，AGC)。

作为一项先进的控制技术，AGC 是能量管理系统(energy manage system，简称 EMS)中最重要的控制功能之一。电力发达国家已经广泛应用，国内许多省份也已投入使用，并取得了良好的经济效益。它已经成为衡量一个电网自动化水平高低的重要标志。AGC 有四项基本目标：

(1)使互联系统发电功率与负荷功率相平衡。

(2)调整各控制区域发电出力，使联络线功率偏差为零。

(3)保证电力网频率偏差在规定范围，并使均值为零。

(4)控制本区域内负荷分配，使发电成本最为经济。

11.3.2.2　AGC 的基本结构

图 11-29 是一个典型的、完整的 AGC 系统示意图。整个系统可以简单地分为两大部分，即电网的 AGC(决策控制层)和发电机组的 AGC(指令执行层)。

在互联的电力系统中，各分区域承担各自的负荷，与外区域按合同买卖电力。各区域的调度中心既要维持电力系统频率，又要维持区域净交换功率计划值，并希望区域运行最经济。自动发电控制就是要满足以上要求的闭环控制系

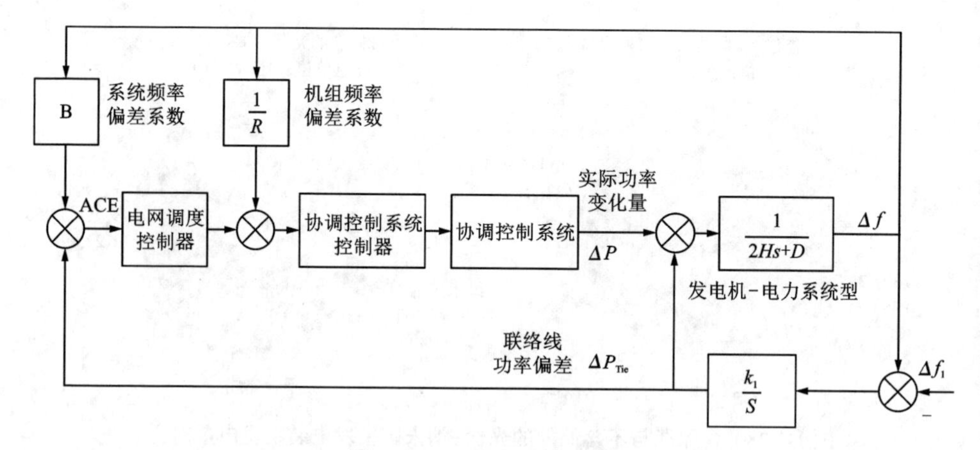

图 11-29　AGC 系统示意图

统，此闭环系统的总体结构如图 11-30 所示。

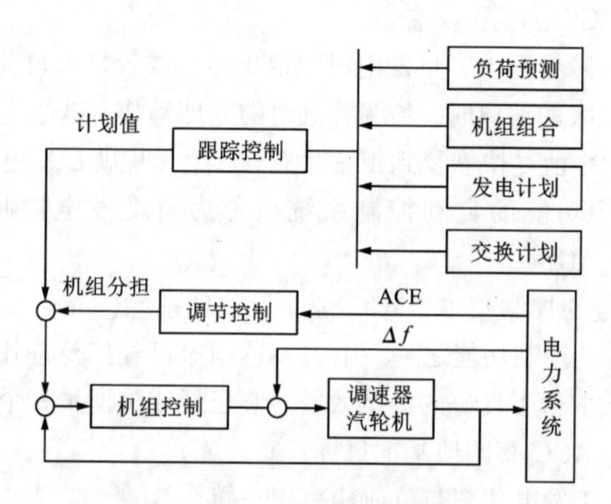

图 11-30　AGC 闭环系统总体结构

AGC 总体结构中主要有三个控制环：

(1)计划跟踪控制环。计划跟踪控制的目的是按照发电计划，提供发电的基本功率。它与负荷预测、机组经济组合、发电计划和交换功率计划有关，主要承担调峰任务。如果没有上述计划软件，全部应由人工填写。

(2)区域调节控制。区域调节控制的目的是使区域控制偏差(area control error，简称 ACE)调整到零，这是 AGC 系统的核心功能。AGC 系统计算出各发电机组为消除 ACE 偏差所需增、减的调节功率，将这一调节分量加到机组计划跟踪的基点功率上，得到的控制目标值送至电厂控制器。

(3)机组控制。机组控制是由基本控制回路将机组控制偏差调节到零。这就要求参与 AGC 控制的机组快速响应电网负荷侧需求的变化，实时自动调整发电机出力，维持电网频率与供电电压合格。

11.3.2.3　AGC 算法研究

AGC 主站算法流程如图 11-31 所示。

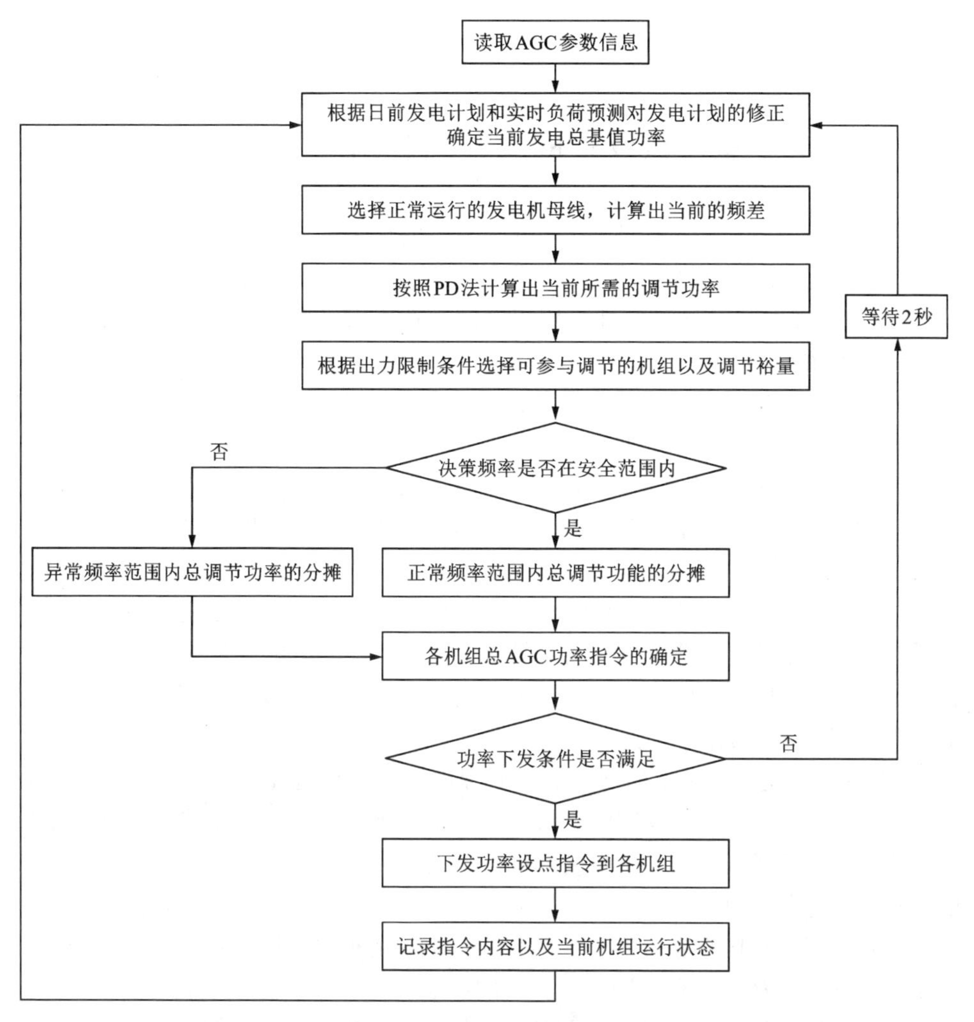

图 11-31　AGC 主站算法流程

第 12 章 基于“虚拟电池”的孤立电网安全稳定控制

12.1 光伏波动对孤立电网频率的影响

光伏电源发电功率波动性对系统的经济、安全和可靠运行产生的负面影响也日渐突出，这也使得对光伏出力波动性的研究变得尤为重要。孤立电网网架薄弱，易受扰动影响，其频率特性与传统电网存在较大区别，正常运行时允许的频率波动范围较大。

光伏的波动性是影响光伏发展的一个重要原因，并网光伏发电的出力波动对电网的影响主要体现在以下几个方面：

(1)对电能质量的影响。光伏出力波动达到一定程度时，会造成明显的电网电压波动，对电网的频率也会产生一定影响，光伏出力变小时，并网逆变器输出轻载，电流谐波增大。

(2)对电网规划的影响。光伏出力具有波动性，且其波动是随机的，无法满足电网对供电稳定性、连续性和可靠性的要求，需要电网留有足够的旋转备用进行调节；同时光伏出力的波动性会造成一定程度的输配电设备容量浪费，给电网的合理规划带来了挑战。

(3)对电网运行、调度的影响。为确保电网运行的稳定性和电能质量，需要抑制光伏出力波动，这对电网的运行控制提出了更高的要求。光伏出力波动给负荷预测造成一定困难，加大了电网的调度难度。为减少光伏出力波动对电网的影响，要对并网光伏功率波动设定严格的要求。

针对内蒙古地区存在一些含大容量光伏电源的孤立电网，研究运行过程中大容量光伏电源波动对孤立电网频率特性的影响。

光伏电站的机电暂态仿真采用基于外特性的光伏电池数学模型，根据电池的外特性拟合出相应的电压和电流关系曲线。虽然忽略电池的内部特性，但建模简单，同时可较好地模拟光伏电源的输出特性。工程用光伏电池模型通常仅采用供应商提供的几个重要技术参数，就能在一定的精度下复现阵列的特性，便于计算机分析。据此建立光伏电池的实用外特性模型，其表达式为：

$$\begin{cases} I=I_{sc}\left[1-C_1\left(e^{\frac{U}{C_2U_{oc}}}-1\right)\right] \\ C_1=(1-I_m/I_{sc})e^{-\frac{U}{C_2U_{oc}}} \\ C_2=(U_m/U_{oc}-1)\left[\ln(1-I_m/I_{sc})\right]^{-1} \end{cases} \tag{12-1}$$

式中：I_{sc}、U_{oc}、I_m、U_m 分别为光伏电池的短路电流、开路电压、最大功率点电流、最大功率点电压。

为了解日照和温度的变化，需对上述 4 个值进行修正，其关系为

$$\begin{cases} \Delta S=\frac{S}{1000}-1 \\ \Delta T=T-25 \\ I_{scc}=I_{sc}\times\frac{S}{1000}\times(1+0.0025)\Delta T \\ I_{mm}=I_m\times\frac{S}{1000}\times(1+0.0025)\Delta T \\ U_{occ}=U_{oc}\times(1-0.00288\Delta T)\times\ln(e+0.5\Delta S) \\ U_{mm}=U_m\times(1-0.00288\Delta T)\times\ln(e+0.5\Delta S) \end{cases} \tag{12-2}$$

式中：S 为实际日照强度；T 为实际温度；I_{scc}、U_{occ}、I_{mm}、U_{mm} 分别为修正后的短路电流、开路电压、最大功率点电流、最大功率点电压。

根据上述光伏输出电压和电流表达式[式(12-1)和式(12-2)]，相乘后即得光伏阵列输出功率：

$$P=IU=I_{scc}\left\{1-C_1e^{\frac{U}{C_2U_{oc}}}-1\right\}U \tag{12-3}$$

由此可知，光伏阵列的输出功率特性是非线性的，受光照强度、环境温度和负载的影响。在一定的光照强度和环境温度下，光伏电池可以有不同的输出电压，但只有在某一输出电压时，光伏电池的输出功率才能达到最大功率点(maximum power point，简称 MPP)。因此为了最大限度地利用太阳能，提高光伏电站的利用效率，应使光伏电池的输出始终稳定在最大功率点附近。这一过程称为最大功率点跟踪(maximum power point tricking，简称 MPPT)。

光伏逆变器大多采用电流内环、电压外环的双环控制方式。对于机电暂态仿真，逆变器本身的模型可采用惯性环节模拟。PWM 逆变器由于采用了较高频率的调制波，惯性延迟的时间常数很小，可将逆变器进一步转化成纯比例环节，其比例系数为逆变器的固定增益。电压调节器采用惯性环节模拟。电流调节器采用 PI 调节模拟。

光伏电源在强烈的光照下突然投入和退出运行将给系统带来巨大的冲击，基

于以上建立的大容量光伏电源的孤立电网，利用 Matlab Simulink，研究运行过程中大容量光伏电源波动对高原孤立电网频率特性的影响，为孤立电网的频率控制策略提供依据。

12.2 电解铝自动响应系统频率偏差控制

12.2.1 电解铝负荷有功-电压外特性建模

通过电解槽的电流为直流电。通过有载调压变压器和整流变压器，利用二极管的单向导通性，能将交流电整流为直流电，以满足电解铝直流电需求。电解槽采用低电压高电流的形式，通过电解槽的直流电高达数百千安，通常采用多组整流桥整流后汇集成百千安培直流电汇集至直流母线，电解槽的供电系统拓扑结构如图 12-1 所示，整流桥的每一个并联分支包括一个有载调压变压器、两个整流变压器、两组饱和电抗器和两组整流桥，通过多组整流桥臂整流可以形成 72 脉动的直流电压。电解槽直流母线电压通常在一千伏特左右。

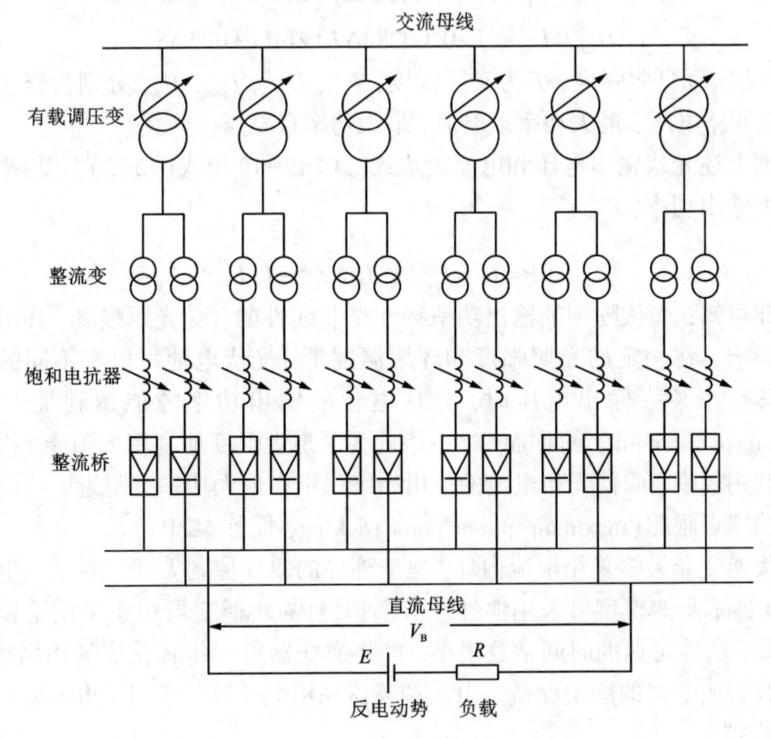

图 12-1 电解铝负荷拓扑结构

电解铝负荷电解槽可以等效为一个系列电阻 R 和一个反电动势 E，电解槽直流母线压降表达式为：

$$V_B = I_d R + E \tag{12-4}$$

式中：I_d 为电解槽的直流电压；R 为电解槽串联的等效电阻。其中 R 和 E 与电解质成分、电解槽温度和电极极距有关。

电解铝的等效电路模型如图 12-2 所示。其中，V_{AH} 为负荷母线的高压侧电压，V_{AL} 为负荷母线的低压侧电压，k 为铝厂降压变压器的变比，L_{SR} 为饱和电抗器的电感值。等效电阻 R 和反电动势 E 对于电解铝的负荷有功控制十分重要。为了得到这些参数，通过现场实测数据，通过最小二乘法能够辨识出该电解铝负荷的等效阻抗和反电动势的参数，等效电阻 $R = 2.016\ \text{m}\Omega$，反电动势 $E = 354.6\ \text{V}$。

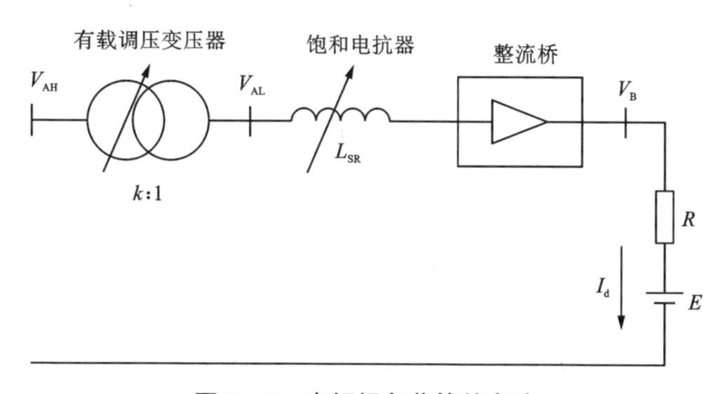

图 12-2　电解铝负荷等效电路

由于等效电阻 R 以及等效反电动势 E 仅与电解槽电解质成分、电解槽温度以及电极极距有关，因此对于同一电解槽，通常情况下可以认为 R 和 E 保持不变。结合图 12-2 等效电路以及式(12-4)，可将电解铝负荷有功功率 P_{ASL} 表达为：

$$P_{ASL} = V_B I_d = V_B \frac{(V_B - E)}{R} = V_B \frac{(V_B - 354.6)}{2.016} \times 10^{-3} (\text{MW}) \tag{12-5}$$

式中：P_{ASL}为电解铝负荷的有功功率。从式(12-5)可知，电解铝负荷有功功率 P_{ASL} 与其直流电压 V_B 具有强耦合关系。

12.2.2　定量调节负荷有功功率的发电机机端电压控制方法

电解铝负荷运行的功率水平与其直流侧电压直接相关，其运行调控方法有三种，分别是基于交流侧电压调节、基于有载调压变压器调节以及基于饱和电抗器调节，如图 12-3 所示。本节主要研究发电机机端电压控制方法。

直流电压的 V_B 与高压侧母线电压 V_{AH} 的定量关系式为：

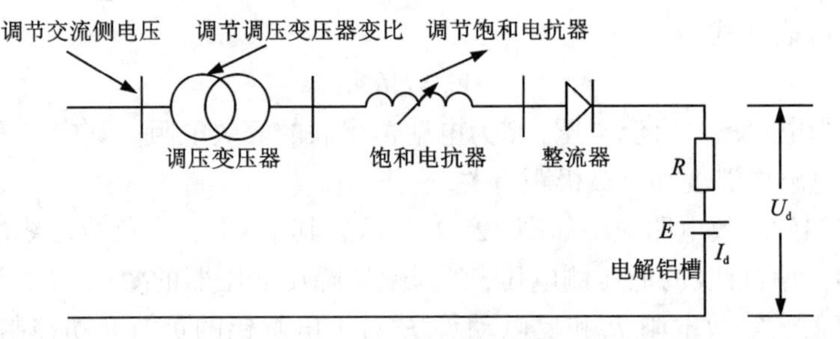

图 12-3　电解铝负荷运行调控方式

$$V_B=\left(\frac{1.35V_{AH}}{k}+\frac{3\omega}{2\pi}\frac{L_{SR}}{R}\cdot E\right)\Big/\left(1+\frac{3\omega}{2\pi}\frac{L_{SR}}{R}\right) \tag{12-6}$$

式中：ω 为系统的角频率，在频率过程中系统的频率变化很小，因此在式(12-6)中忽略其变化。控制过程中考虑饱和电抗器退出稳流控制，饱和电抗器电感值考虑为常数。将式(12-6)采用泰勒展开方法线性化后，可得，

$$\Delta V_B=\frac{2.7\pi R}{2k\pi R+3\omega L_{SR}}\Delta V_{AH}=K_{L2}\Delta V_{AH} \tag{12-7}$$

通过式(12-7)可以得到发电机端电压变化量与负荷有功功率变化量的对应关系。

$$\Delta P_{ASL}=K_{L1}\Delta V_B=K_{L1}K_{L2}\Delta V_{AH} \tag{12-8}$$

由式(12-8)可知，通过调节交流侧电压可以实现电解铝负荷有功功率的调节。对于大电网，交流侧电压难以进行调节。对于离网型电网，可以通过调节发电机励磁电压来控制负荷交流侧电压，以实现对电解铝负荷功率的调节。

由于离网型孤立电网各母线电气距离小，可以通过改变发电机端电压的方法来改变负荷交流母线高压侧电压。根据电压灵敏度方法，可以得到发电机端电压改变量与负荷交流母线高压侧电压关系，即

$$\Delta V_{AH}=K_{sens}\cdot\Delta V_G \tag{12-9}$$

式中：K_{sens} 为母线 i 对母线 j 的电压灵敏度系数。

通过式(12-8)和式(12-9)，可以得到发电机端电压变化量与负荷有功功率变化量的对应关系。

$$\Delta P_{ASL}=K_{L1}K_{L2}K_{sens}\cdot\Delta V_G=K_{ASL}\cdot\Delta V_G \tag{12-10}$$

式中：K_{ASL} 为负荷综合比例系数。

12.2.3　系统频率变化量与负荷有功功率变化量的定量控制模型

高耗能电解铝负荷长期频繁参与系统频率调节，将对高耗能电解铝负荷生产

效率产生一定影响，因此需要对高耗能电解铝负荷的控制范围进行限制。此外，高耗能电解铝负荷动态响应速度显著高于纳米碳氢机组一次调频速度，在频率调节的暂态过程中应提供更多的功率支撑。根据高耗能电解铝负荷的动态特性，本节拟设计高耗能电解铝负荷控制器，该闭环控制系统在常规的广域测量系统(wide area masurement system, WAMS)包括同步相量测量单元(phasor masurement unit, PMU)、上行通道以及 WAMS 主站的基础上，附加 WAMS 控制主站、下行通道以及网络控制单元(network control unit, NCU)，系统构架图如图 12-4 所示。高耗能电解铝负荷控制器包括比例放大环节、隔直环节以及死区和限幅环节。

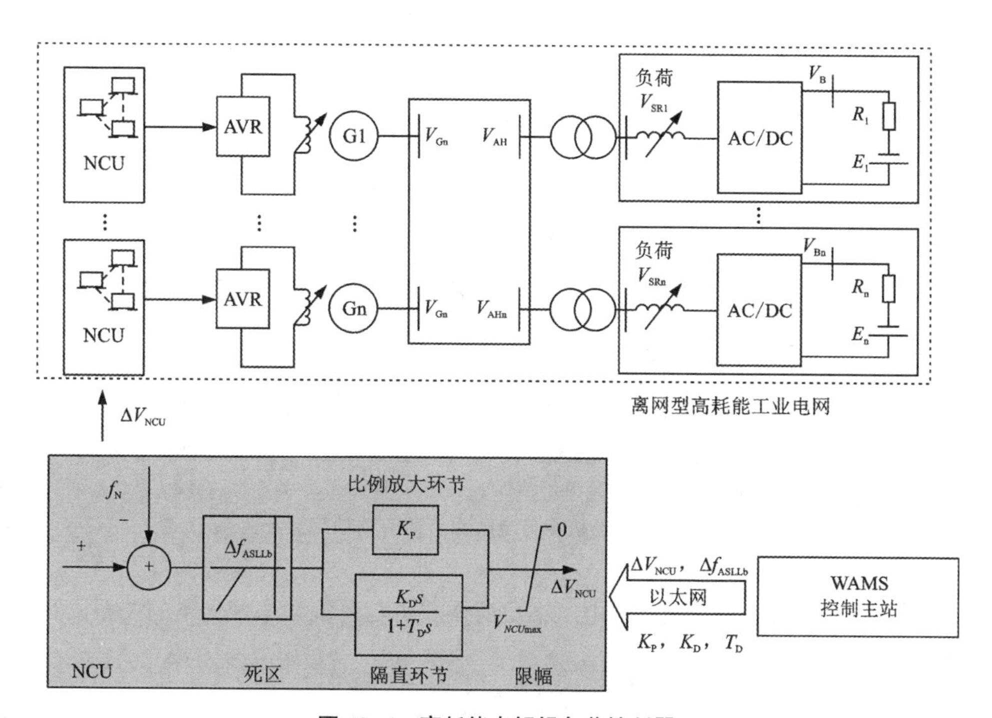

图 12-4　高耗能电解铝负荷控制器

死区环节实现对负荷控制器的闭锁，当系统处于正常运行情况时，系统频率偏差较小，死区环节闭锁负荷控制器仅由纳米碳氢机组一次调频进行调节。隔直环节呈现高通滤波特性，仅当系统出现紧急情况，导致频率剧烈变化时，提供暂态功率支撑。当频率恢复平稳时，隔直环节作用减弱。通过隔直环节控制参数 K_D，可以降低系统频率最大变化量，防止系统频率下降过低。比例放大环节的功能类似于纳米碳氢机组一次调频系数，与纳米碳氢机组一次调频共同为系统提供稳态功率支撑。通过负荷控制比例放大环节，可以提高系统一次调频备用容量。

12.2.4 高耗能电解铝负荷控制器参数设计

12.2.4.1 比例放大环节设计

比例放大环节为系统提供稳态功率支撑。系统产生的功率扰动量 ΔP_L 由负荷调节 ΔP_{ASLreg} 和纳米碳氢机组一次调节 ΔP_{Greg} 共同承担。图 12-5 为纳米碳氢机组与电解铝负荷有功功率分配关系，从图 12-5 左边曲线可知，纳米碳氢机组一次调节量与系统频率变化量满足：

$$\Delta f_{reg}=f_N-\Delta f_{reg}=R_G\Delta P_{Greg}\cdot\frac{f_N}{P_{GN}} \tag{12-11}$$

式中：f_N 为额定频率；f_{reg} 为一次调频后系统频率稳态值；P_{GN} 为发电机组额定功率；R_G 为纳米碳氢机组调差系数。

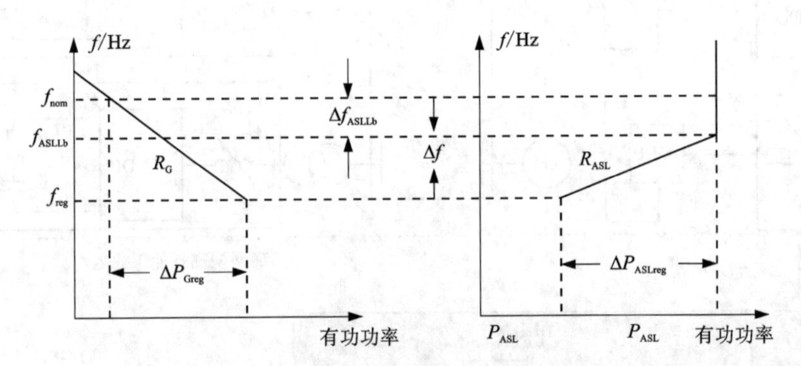

图 12-5 纳米碳氢机组与电解铝负荷有功功率分配关系

从图 12-5 右边曲线可知，电解铝负荷调节量与系统频率变化量的关系满足：

$$\Delta f_{SAL}=f_N-\Delta f_{ASLLb}-f_{reg}=R_{ASL}\Delta P_{ASLreg}\cdot\frac{f_N}{P_{ASLN}} \tag{12-12}$$

式中：Δf_{ASLLb} 为负荷控制器死区范围；P_{ASLN} 为电解铝负荷额定功率；R_{ASL} 为电解铝负荷等效调差系数。

电解铝负荷承担的功率调节量为：

$$\Delta P_{ASLreg}=\Delta P_L-\Delta P_{Greg} \tag{12-13a}$$

系统功率扰动量 ΔP_L 分为两种情况计算。

(1)瞬间功率扰动下，利用 PMU 实时监测系统可以监测系统产生的功率扰动，直接得到系统功率扰动量 ΔP_L，该情况下系统功率扰动量记为 ΔP_S，则有

$$\Delta P=\Delta P_S \tag{12-13b}$$

(2)光伏发电功率连续波动下，光伏发电功率波动量难以实时测算，本节以光伏发电功率历史变化数据为依据，统计一段时间光伏发电功率最大波动量

$\Delta P_{\text{windmax}}$。将该波动量作为系统功率扰动量 ΔP，计算放大系数 K_P，则有

$$\Delta P=\Delta P_{\text{windmax}} \tag{12-14}$$

由式(12-13b)~式(12-14)求电解铝负荷等效调差系数：

$$R_{\text{SAL}}=\frac{P_{\text{ASLN}}R_{\text{G}}\Delta P_{\text{Greg}}f_{\text{N}}-P_{\text{ASLN}}\Delta f_{\text{ASLLb}}P_{\text{GN}}}{\Delta PP_{\text{ASLN}}P_{\text{GN}}-\Delta P_{\text{Greg}}P_{\text{GN}}f_{\text{N}}} \tag{12-15}$$

对于作用于发电机励磁系统的电解铝负荷控制器，满足

$$\Delta f_{\text{ASL}}=\frac{\Delta V_{\text{Greg}}}{K_{\text{P}}}=P_{\text{ASLreg}}R_{\text{SAL}}\frac{f_{\text{N}}}{P_{\text{ASLN}}} \tag{12-16}$$

当电解铝负荷有功功率变化量为 ΔP_{ASLreg} 时，纳米碳氢机组端电压的变化量为：

$$\Delta V_{\text{Greg}}=\frac{\Delta P_{\text{ASLreg}}}{K_{\text{ASL}}}=\frac{\Delta P-\Delta P_{\text{Greg}}}{K_{\text{ASL}}} \tag{12-17}$$

得到比例放大系数 K_{P}：

$$K_{\text{P}}=\frac{P_{\text{ASLN}}}{R_{\text{SAL}}f_{\text{N}}K_{\text{ASL}}} \tag{12-18}$$

12.2.4.2　隔直环节设计

隔直环节在系统频率变化迅速时提供暂态功率支撑，从而减小电力系统最大频率偏移量。隔直环节参数通过高耗能电力系统频率响应模型进行计算。当负荷控制器参与离网型孤立电网一次调频时，系统频率响应模型结构如图 12-6 所示。其中 $G_{\text{ASL}}(s)$ 为高耗能电解铝负荷动态响应，根据第 2 章现场测试数据拟合得到，$C(s)$ 为所提出的负荷控制器。隔直环节参数 T_{D} 起高通滤波作用，根据工程经验，其值通常选取为 6~7 s。

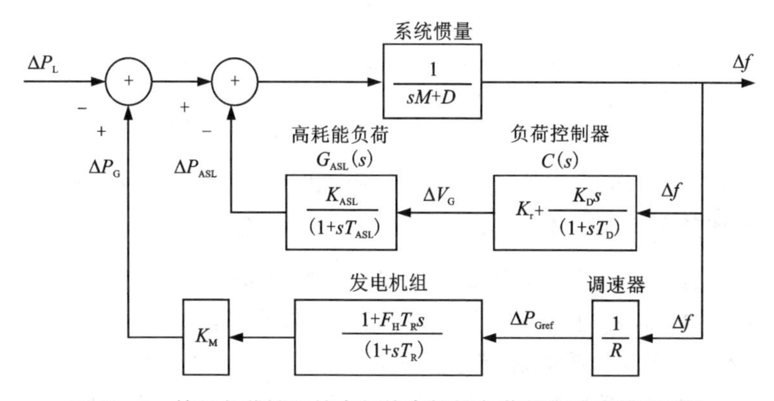

图 12-6　基于负荷控制的高耗能电解铝负荷频率响应模型结构

系统频率 $\Delta f(s)$ 与系统扰动 $\Delta P_{\mathrm{L}}(s)$ 的关系为：

$$H(s)=\frac{\Delta f(s)}{\Delta P_{\mathrm{L}}(s)}=\frac{-1}{(sM+D)+l_1(s)-l_2(s)} \tag{12-19}$$

其中：

$$l_1(s)=\frac{K_{\mathrm{ASL}}}{1+T_{\mathrm{ASL}}S}\cdot\frac{K_{\mathrm{P}}+(K_{\mathrm{P}}T_{\mathrm{D}}+K_{\mathrm{D}})s}{1+T_{\mathrm{D}}s} \tag{12-20}$$

$$l_2(s)=\frac{K_M(1+F_H T_{\mathrm{R}}s)}{R(1+sT_{\mathrm{R}})} \tag{12-21}$$

由于该系统存在远离虚轴的零极点，忽略远离虚轴的零极点，可将式(12-19)简化为：

$$H(s)=\frac{K_1(s-z_2)}{(s+\xi\omega_n)^2+\omega_{\mathrm{d}}^2} \tag{12-22}$$

由式(12-21)求得在单位阶跃函数作用下SFR模型输出信号的拉氏变换：

$$\Delta f(s)=K_1\Delta P_{\mathrm{L}}\left(\frac{A_0}{s}-\frac{B_0(s+\zeta\omega_{\mathrm{K}})+C_0\omega_{\mathrm{d}}}{(s+\zeta\omega_{\mathrm{K}})^2+\omega_{\mathrm{d}}^2}\right) \tag{12-23}$$

其中：

$$A_0=B_0=\frac{-1}{T_{\mathrm{R}}(\zeta^2\omega_n^2+\omega_{\mathrm{d}}^2)},\ C_0=\frac{(\zeta^2\omega_n^2+\omega_{\mathrm{d}}^2)-\zeta\omega_n}{T_{\mathrm{R}}\omega_{\mathrm{d}}(\zeta_n^2+\omega_{\mathrm{d}}^2)} \tag{12-24}$$

对式(12-23)进行反拉氏变换，得：

$$\Delta f(t)=K_1\Delta P(A_0-B_1\mathrm{e}^{-\zeta\omega_n t})\sin(\omega_{\mathrm{d}}t+\varphi) \tag{12-25}$$

其中：

$$B_1=\sqrt{B_0^2+C_0^2},\ \varphi=\arctan\frac{B_0}{C_0} \tag{12-26}$$

假定 t_z 时刻，系统频率偏移量最大，此时频率变化量的斜率为零，可得：

$$\frac{\mathrm{d}f}{\mathrm{d}t}=K_1A_1\Delta P_{\mathrm{L}}\omega_n[\mathrm{e}^{-\zeta\omega_n t_z}\sin(\omega_{\mathrm{d}}t_z+\varphi_k)]=0 \tag{12-27}$$

通过式(12-27)可求得系统频率最大偏移出现时间 t_z，通过调整隔直环节 K_{D} 参数，使系统最大频率偏移量 $\Delta f_{\mathrm{devmax}}$ 维持在 $\Delta f_{\max}$ 以内，因此可得：

$$\Delta f_{\mathrm{devmax}}=\Delta f(t_z)=K_1\Delta P[A_0-A_k\mathrm{e}^{-\zeta\omega_n t_z}\sin(\omega_{\mathrm{d}}t_z+\varphi)]\leqslant\Delta f_{\max} \tag{12-28}$$

由式(12-27)~式(12-28)可以求得隔直环节系数 K_{D}。

12.2.4.3 死区及限幅环节设计

对于孤立电网，系统频率偏差的允许范围为±0.2 Hz，因此将负荷控制的死区范围设置为0.2 Hz。当系统频率偏差超出此范围后，频率偏差信号通过比例放大环节和隔直环节叠加作用至发电机组励磁系统。限幅环节限制负荷控制器的输出大小，正常情况下电解铝负荷运行于额定功率附近。由于整流桥容量限制，不考虑电解铝负荷的向上调节能力，因此限幅环节向上最大输出为零。由于负荷控制器作用在发电机励磁电压，因此需要考虑发电厂内厂用电设备以及负荷辅机的最低电压允许值。

12.3　面向新能源不确定性的发电机-电解铝协同调频

孤立电网中大规模新能源的接入，光伏出力不确定性会给系统产生较大扰动，引起功率波动，给系统的安全稳定运行带来压力。电解铝负荷具有容量大、集中性高、响应速度快等特点，并且作为蓄热型负荷，短时间内降低有功功率对生产影响小，因此考虑使其参与孤立电网调节具备可行性。因此本节拟结合纳米碳氢燃料机组特性和电解铝自动频率响应特性，建立纳米碳氢机组-电解铝协同频率调节控制方法，实现纳米碳氢机组-电解铝负荷的有功功率协同平衡，平抑系统频率波动。

12.3.1　电解铝孤立电网平抑光伏发电波动控制

纳米碳氢机组-电解铝协同频率调节控制模型如图 12-7 所示。图中下标 i 和 j 分别表示第 i 台纳米碳氢机组和第 j 个电解铝负荷；纳米碳氢机组模型包括调速器、汽轮机及限幅环节；M_1 为电解铝孤立电网的惯性常数；R_{1i} 为机组下垂系数；T_{Gi} 和 T_{Ti} 分别为调速器和汽轮机的时间常数；ΔX_{Gi} 和 ΔP_{Gi} 分别为汽门开度增量和机械功率增量；$\Delta X_{Gi\max}$ 和 $\Delta X_{Gi\min}$ 分别为汽门开度增量上、下限；$\Delta P_{Gi\max}$ 和 $\Delta P_{Gi\min}$ 分别为机械功率增量上、下限；ΔP_{Grefi} 为纳米碳氢机组的控制增量；ΔP_{ALrefj}、ΔP_{ALj} 分别为电解铝负荷控制增量和有功功率增量；$\Delta P_{ALj\max}$ 和 $\Delta P_{ALj\min}$ 分

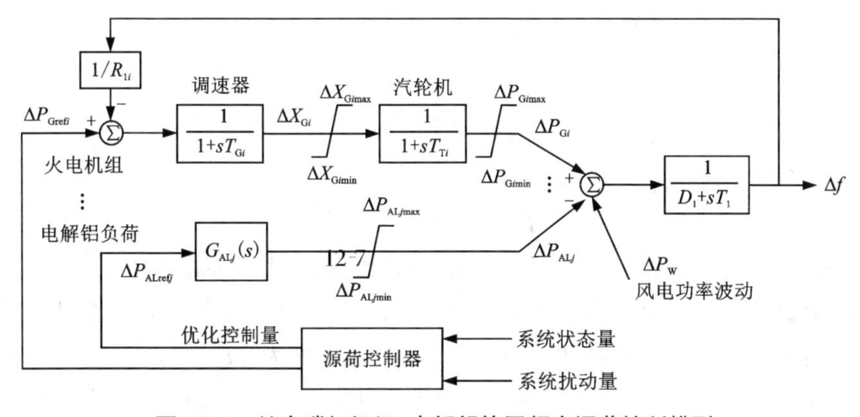

图 12-7　纳米碳氢机组-电解铝协同频率调节控制模型

别为电解铝有功功率增量上、下限。

电解铝负荷可在数秒内实现上调5%的额定功率和下调10%的额定功率。通常情况下，纳米碳氢机组的爬坡速率为每分钟2%~5%，即每分钟机组功率调节额定容量的2%~5%，具体可调节量由装机容量决定。因此，纳米碳氢机组调节速率较慢，但可调容量较大，而电解铝负荷调节速率较快，可调容量相对较小。本节优先利用电解铝负荷的快速响应能力平抑电解铝孤立电网内部快速的光伏发电功率波动。电解铝负荷调节量由源荷控制器优化得到，当负荷调节量不足以平抑光伏发电功率波动时，纳米碳氢机组参与调节，共同平抑光伏发电功率波动。

控制目标是设计源荷控制器，通过引入系统状态量以及扰动量，经过控制器后，得到优化的控制量，用于调节纳米碳氢机组和电解铝负荷有功功率控制增量$\Delta P_{\mathrm{Gref}i}$和$\Delta P_{\mathrm{ALref}j}$。本研究的控制策略是挖掘高耗能电解铝负荷调控能力，与电解铝孤立电网内部纳米碳氢机组二次调频协同运行，共同平抑光伏发电功率波动ΔP_{PV}。本节主要分析电解铝孤立电网内部纳米碳氢机组和电解铝负荷的控制模型。本研究通过控制电解铝孤立电网中的纳米碳氢机组和电解铝负荷，实现孤立电网内部光伏发电功率波动平抑。假设系统中有m台纳米碳氢机组、n个电解铝负荷，以第i台纳米碳氢机组和第j个电解铝负荷为例，电解铝孤立电网平抑光伏发电功率波动的控制模型如式(12-29)所示。

$$\begin{cases}\Delta\dot{f}=-\dfrac{D_1}{M_1}\Delta f+\dfrac{1}{M_1}\Delta P_{\mathrm{G}i}-\dfrac{1}{M_1}\Delta P_{\mathrm{AL}j}+\dfrac{1}{M_1}\Delta P_{\mathrm{PV}}\\ \Delta\dot{P}_{\mathrm{G}i}=-\dfrac{1}{T_{\mathrm{T}i}}\Delta P_{\mathrm{G}i}+\dfrac{1}{T_{\mathrm{T}i}}\Delta X_{\mathrm{G}i}\\ \Delta\dot{X}_{\mathrm{G}i}=-\dfrac{1}{R_{1i}T_{\mathrm{G}i}}-\dfrac{1}{T_{\mathrm{G}i}}\Delta X_{\mathrm{G}i}+\dfrac{1}{T_{\mathrm{G}i}}\Delta P_{\mathrm{Gref}i}\\ \Delta\dot{I}_{\mathrm{d}j}=-\dfrac{1}{T_{\mathrm{ES}j}}\Delta I_{\mathrm{d}j}+\dfrac{1}{T_{\mathrm{ES}j}K_{\mathrm{P-I}j}}\Delta P_{\mathrm{ALref}i}\\ \Delta\dot{I}_{\mathrm{dcon}j}=\left(K_{\mathrm{I}j}-\dfrac{K_{\mathrm{P}j}}{T_{\mathrm{ES}j}}\right)\Delta I_{\mathrm{d}j}+\dfrac{K_{\mathrm{P}j}}{T_{\mathrm{ES}j}K_{\mathrm{P-I}j}}\Delta P_{\mathrm{ALref}i}\\ \Delta\dot{P}_{\mathrm{AL}j}=\dfrac{K_{\mathrm{P-V}j}K_{\mathrm{SR}j}}{T_{\mathrm{SR}j}}\Delta I_{\mathrm{dcon}j}-\dfrac{1}{T_{\mathrm{SR}j}}\Delta P_{\mathrm{AL}j}\end{cases}\tag{12-29}$$

式中：$K_{\mathrm{P}j}$、$K_{\mathrm{I}j}$分别为第j个电解铝负荷SR稳流系统PI控制器参数；$T_{\mathrm{ES}j}$为第j个电解铝负荷电解槽动态过程时间常数；$K_{\mathrm{SR}j}$、$T_{\mathrm{SR}j}$分别为第j个电解铝负荷SR内部控制系统比例系数和时间常数；$K_{\mathrm{P-V}j}$、$K_{\mathrm{P-I}j}$分别为$\Delta P_{\mathrm{AL}j}$与$\Delta V_{\mathrm{SR}j}$、$\Delta I_{\mathrm{d}j}$的比例关系系数；$\Delta T_{\mathrm{G}i}$、$\Delta T_{\mathrm{T}i}$分别为第i台纳米碳氢机组调速器、汽轮机时间常数。

式(12-29)可以写为：

$$\begin{cases} x = \boldsymbol{A}x+\boldsymbol{B}u+\boldsymbol{P}d \\ y = \boldsymbol{C}x \end{cases} \tag{12-30}$$

$$\begin{cases} x = [\Delta f,\ \Delta P_{Gi},\ \Delta X_{Gi},\ \Delta I_{dj},\ \Delta I_{dconj},\ \Delta P_{ALj}]^{T} \\ u = [\Delta P_{Grefi},\ \Delta P_{ALrefj}]^{T} \\ d = \Delta P_{PV} \\ y = \Delta P_{con} \end{cases} \tag{12-31}$$

式中：x 为控制系统状态变量；u 为控制系统控制变量，包括机组二次调频出力偏差量和电解铝负荷有功功率控制参考值偏差量；y 为控制系统输出变量，包括联络线功率变化量和频率偏差；d 为扰动量，指将光伏发电功率波动作为可观测扰动输入控制系统中；矩阵 $\boldsymbol{A}$、$\boldsymbol{B}$、$\boldsymbol{C}$ 和 $\boldsymbol{P}$ 可以根据式(12-29)得到。

12.3.2　基于 MPC 的源荷控制器设计

MPC 是一种基于模型的闭环优化控制策略，其基本思想是在当前控制时刻 k，利用系统预测模型得到预测时域 N_p 内系统动态预测值，选取某个性能指标作为优化目标，求解优化问题，得到 k 时刻的最优控制序列，将该控制序列的第 1 个控制量用于系统中，对下一个控制时刻 $k+1$ 进行滚动优化计算，并利用预测误差进行反馈校正，如此重复循环。本节提出基于 MPC 的电解铝孤立电网平抑光伏发电功率波动控制策略。由于式(12-29)和式(12-30)所示的电解铝孤立电网平抑光伏发电功率波动的控制模型是连续系统模型，而 MPC 中采用的预测模型为离散系统模型。因此，需要先将式(12-30)离散化(离散系统的采样周期为 T_s)，得到控制模型离散形式如下：

$$\begin{cases} x(k+1) = \boldsymbol{A}_d x(k) + \boldsymbol{B}_d u(k) + \boldsymbol{P}_d d(k) \\ y(k+1) = \boldsymbol{C}_d x(k) \end{cases} \tag{12-32}$$

式中：$\boldsymbol{A}_d$、$\boldsymbol{B}_d$、$\boldsymbol{C}_d$ 和 $\boldsymbol{P}_d$ 为离散化的控制系统矩阵。

通过协调控制孤立电网内部火电机组与电解铝负荷，可平抑光伏发电功率波动。因此 MPC 模型中的参考值 $r(k)$ 为光伏发电功率波动 ΔP_{PV}，表示火电机组和电解铝负荷功率调节应实现对光伏发电功率波动跟踪，其误差信号为：

$$e(k) = y(k) - r(k) \tag{12-33}$$

因此，得到的 MPC 优化问题为：

$$\begin{cases} \min\limits_{U} J[U,\ x(k)] = \sum\limits_{i=1}^{N_p} [e(k+i)]^{T} \boldsymbol{Q} e(k+i) + \sum\limits_{i=0}^{N_u-1} [u(k+i)]^{T} \boldsymbol{R} u(k+i) \\ \text{s. t.} \begin{cases} x(k+i+1 \mid k) = \boldsymbol{A}_d x(k+i+1 \mid k) + \boldsymbol{B}_d u(k+i+1 \mid k) + \boldsymbol{P}_d d(k+i+1 \mid k),\ i \geqslant 0 \\ x(k \mid k) = x_k \\ y(k+i \mid k) = \boldsymbol{C}_d x(k+i \mid k),\ i \geqslant 0 \end{cases} \end{cases} \tag{12-34}$$

式中：$U=[u(k), \cdots, u(k+N_u-1)]$ 为最优控制量；$\boldsymbol{Q}$ 和 $\boldsymbol{R}$ 分别为代价函数 $J[U, x(k)]$ 的权重系数矩阵；$x(k+t \mid k)$，$y(k+t \mid k)$ 分别为在 $k+t$ 时刻的预测状态量和输出量；N_P 和 N_u 分别为预测步长和控制步长。约束条件包括火电机组二次调频出力上下限、调频速率限制、电解铝负荷调节能力上下限。式(12-34)中关于火电机组和电解铝负荷控制量部分的表达式可以写为：

$$\begin{aligned} U &= \sum_{i=0}^{N_u-1} [\boldsymbol{u}(k+i)]^{\mathrm{T}} \boldsymbol{R} u(k+i) \\ &= \sum_{i=0}^{N_u-1} [\boldsymbol{u}_{\mathrm{G}}(k+i)]^{\mathrm{T}} \boldsymbol{R}_{\mathrm{G}} \boldsymbol{u}_{\mathrm{G}}(k+i) + \sum_{i=0}^{N_u-1} [\boldsymbol{u}_{\mathrm{AL}}(k+i)]^{\mathrm{T}} \boldsymbol{R}_{\mathrm{AL}} \boldsymbol{u}_{\mathrm{AL}}(k+i) \end{aligned} \tag{12-35}$$

式中：$\boldsymbol{u}_{\mathrm{G}}$ 和 $\boldsymbol{u}_{\mathrm{AL}}$ 分别为火电机组和电解铝负荷的控制向量；$\boldsymbol{R}_{\mathrm{G}}$ 和 $\boldsymbol{R}_{\mathrm{AL}}$ 分别为火电机组和电解铝负荷的控制量权重矩阵。为了方便分析，假设系统中火电机组和电解铝负荷数量都为 1 个，则式(12-35)可以简化为：

$$U=\sum_{i=0}^{N_u-1} R_{\mathrm{G}} u_{\mathrm{G}}^2(k+i) + \sum_{i=0}^{N_u-1} R_{\mathrm{AL}} u_{\mathrm{AL}}^2(k+i) \tag{12-36}$$

式中：R_{G} 和 R_{AL} 分别为单台火电机组和单个电解铝负荷的权重系数，其决定了在控制时域内两者的调节量占比，两者的比值关系 $R_{\mathrm{G}}/R_{\mathrm{AL}}$ 越大，则电解铝负荷调节量占比越高。同理，当系统内有多台火电机组和电解铝负荷时，其调节量占比仍然由控制量权重 R_{G} 和 R_{AL} 的系数决定。由于电解铝负荷具有快速响应特性，当电解铝负荷调节量占比较高时，源荷控制器对快速光伏发电功率波动的平抑效果较好。

在 k 时刻下的状态变量 $x(k \mid k)$ 初始值为 x_k，扰动变量 $d(k \mid k)$ 初始值为 d_k，令：

$$\begin{cases} X(k)=[x(k \mid k), x(k+1 \mid k), \cdots, x(k+N_P-1 \mid k)]^{\mathrm{T}} \\ U(k)=[u(k \mid k), u(k+1 \mid k), \cdots, u(k+N_P-1 \mid k)]^{\mathrm{T}} \\ E(k)=[e(k \mid k), e(k+1 \mid k), \cdots, e(k+N_P-1 \mid k)]^{\mathrm{T}} \end{cases} \tag{12-37}$$

式中：$X(k)$、$E(k)$ 和 $U(k)$ 分别为 k 时刻下预测步长 N_P 内的状态量序列、误差量序列及控制步长 N_u 内的最优控制序列。根据式(12-32)对 $X(k)$、$E(k)$ 中的元素进行推导，可以得到 k 时刻下 $X(k)$、$E(k)$ 的表达式为：

$$\begin{cases} X(k)=\overline{A}_{\mathrm{d}} x_k + \overline{B}_{\mathrm{d}} U(k) + \overline{P}_{\mathrm{d}} d_k \\ E(k)=M_{\mathrm{d}} x_k + N_{\mathrm{d}} U(k) + L_{\mathrm{d}} d_k \end{cases} \tag{12-38}$$

式(12-38)中 $X(k)$、$E(k)$ 由 k 时刻下态变量初始值 x_k、扰动变量初始值 d_k 以及最优控制序列 $U(k)$ 组成。将式(12-38)代入式(12-34)中，得到：

$$J[U, x(k)]=U^{\mathrm{T}}(k)\overline{R}U(k)+2(x_k^{\mathrm{T}}G_1+d_k^{\mathrm{T}}G_2)U(k)+2x_k^{\mathrm{T}}G_3 d_k+x_k^{\mathrm{T}}\overline{Q}x_k+d_k^{\mathrm{T}}Nd_k \tag{12-39}$$

将式(12-39)中的代价函数代入到式(12-34)，MPC优化问题转变为一个二次规划问题，便于求解计算。求解MPC优化问题可以有效地挖掘高耗能电解铝负荷调控能力，与电解铝孤立电网内部纳米碳氢机组二次调频协同运行，可共同平抑光伏发电功率波动。

第13章 面向新能源消纳的柔性铝电解技术

13.1 面向新能源消纳的铝电解能量平衡及仿真

13.1.1 能量输入波动场景下的铝电解熔盐结构微观仿真

采用第一性原理和分子动力学的方法，构建复杂电解质体系的微观第一性原理分子动力学模型，针对大范围能量输入波动与新型氧化铝使用场景，对电解质熔盐的输运性质及其对氧化铝溶解性质的影响进行微观解析，为电解质体系优化提供理论支撑。

由于电解槽电流波动有限，过大的电流波动对电解槽有着致命的危险，因此电解槽电流波动幅度亦将严格控制。本章假定电流在±20%内波动，则存在6种波动情况，即+20%、+10%、+5%、-5%、-10%和-20%。6种波动情况下的影响主要为能量输入变化和电场大小的变化，如+20%电流情况下意味着更多的能量输入电解槽中，引起电解槽温度上行，从而导致一系列的影响，如炉帮变薄、电解质黏度减小和电解质电导率变大等。

为了较好地研究6种工况下的电解质的性质，本研究构建了6个模型对应这6种工况进行微观模拟，如图13-1～图13-6所示。模拟计算基于CP2K平台，主要方法为第一性原理分子动力学的BOMD(波恩-欧本海默分子动力学)和SGCPMD(第二代卡尔-帕瑞拉分子动力学)方法，采用相同的组分在不同的电解温度和电场强度下进行研究。需要说明的是，本节旨在研究熔体在电流输入变化情况下的性质变化趋势和微观构型变化现象，侧重于微观规律性的探究，获得底层规律，从而对后续的有限元仿真和试验探究等进行方向性的指导。

从图13-1～图13-6，可以看出熔体中的微观结构变化并不明显，盒子内部阴阳离子分布均匀，没有明显的团聚现象出现。Na^+均匀分散在盒子内部，而F^-大多聚集在Al^{3+}周围形成络合物。理想的$[AlF_4]^-$络合离子为正四面体，拥有6个109.5°的F—Al—F键角。理想的$[AlF_5]^{2-}$络合离子为三角双锥体，拥有6个90°，3个120°和1个180°的F—Al—F键角。

图 13-1　电流波动为-20%时熔体的模拟稳定结构

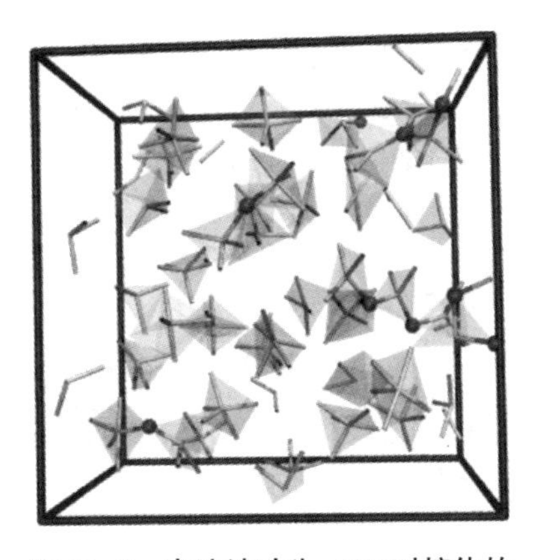

图 13-2　电流波动为-10%时熔体的模拟稳定结构

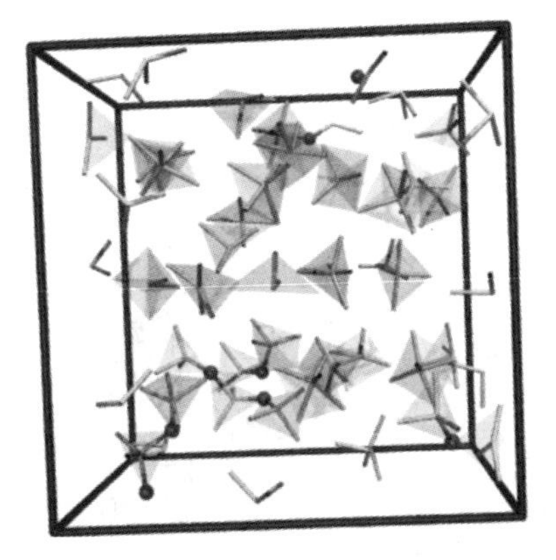

图 13-3　电流波动为-5%时熔体的模拟稳定结构

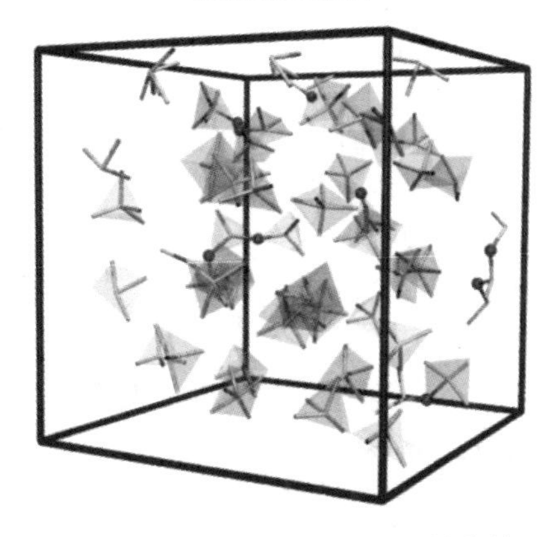

图 13-4　电流波动为+5%时熔体的模拟稳定结构

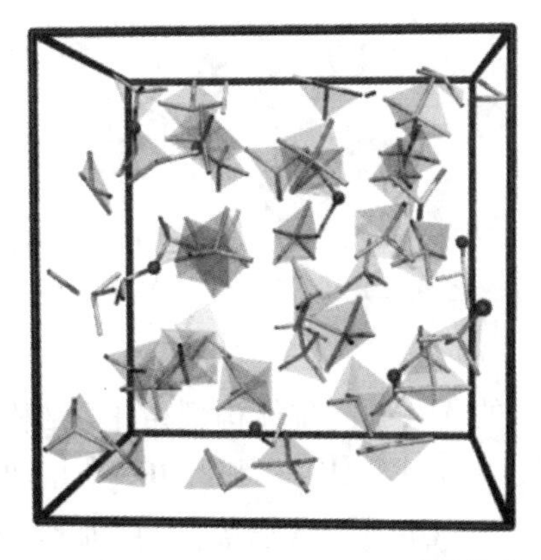

图 13-5　电流波动为+10%时熔体的模拟稳定结构

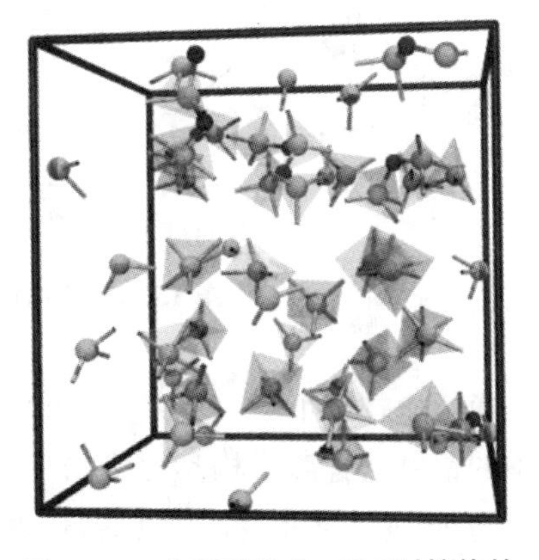

图 13-6　电流波动为+20%时熔体的模拟稳定结构

理想的[AlF_6]$^{3-}$络合离子为八面体构型，拥有 8 个 90°和 3 个 180°的 F—Al—F 键角，理想情况下三种配位体的构型如图 13-7 所示。将结构快照中典型的络合离子构型单独提取出来，如图 13-8 所示。

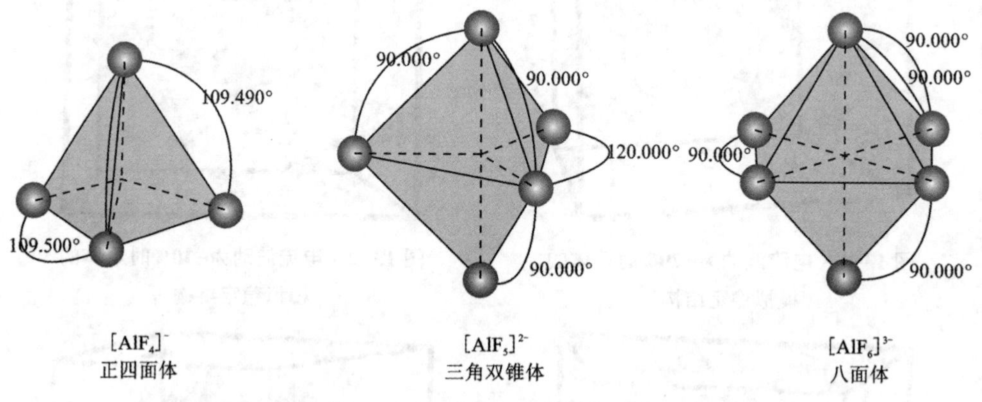

图 13-7 理想的[AlF_4]$^-$，[AlF_5]$^{2-}$和[AlF_6]$^{3-}$络合离子构型

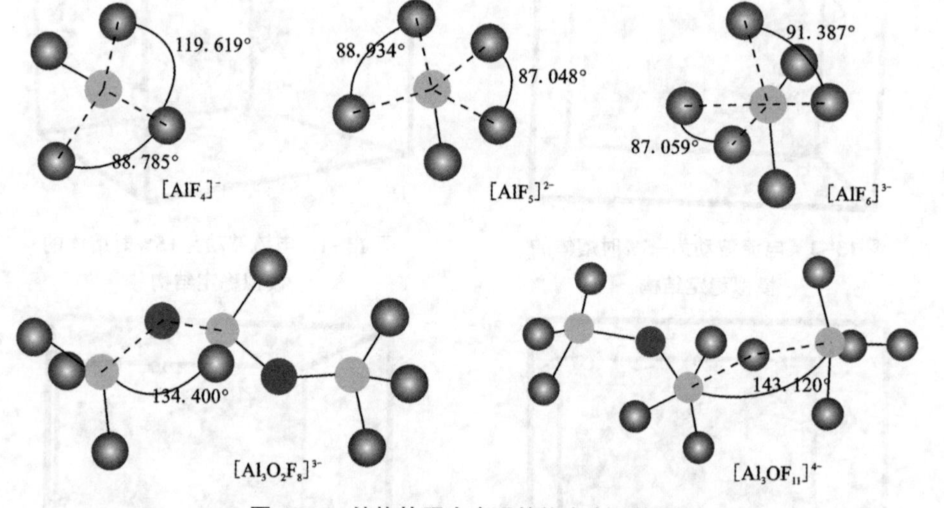

图 13-8 结构快照中出现的络合离子构型

通过比较图 13-7 与图 13-8 可知，与理想的 Al—F 配位体构型相比，结构快照中的铝氟络合离子构型多数有明显的变形，盒子中[AlF_4]$^-$和[AlF_5]$^{2-}$扭曲程度更为明显。而且可以观察到结构快照中[AlF_5]$^{2-}$络合离子更加常见，[AlF_6]$^{3-}$与[AlF_4]$^-$分布较少，除了 Al—F 配离子，还能观察到大型的 Al—O—F 配离子，如[$Al_3O_2F_8$]$^{3-}$和[Al_3OF_{11}]$^{4-}$等复杂的络合离子集团。总体而言，不同电流强度(等效为温度和电场)下的熔盐的局域离子结构保持着远程无序，但近程有序的状态，没有明显的较大程度的波动。熔盐体系不同离子对的径向分布函数(RDF)如图 13-9 所示。

通常来说，Al—Al 离子对的 RDF 曲线可以反映熔盐结构的聚合程度，因为熔盐中的 O、F 离子可能以桥离子的形式连接两个 Al 离子，如 Al—O—Al 和 Al—F—Al 结构，从而形成更加复杂的空间构型。从图 13-9 可知，Al—Al 离子对的径向分布函数主要有两个明显的峰值，分别位于 0.32 nm 和 0.58 nm 处，后者为主峰。为了分析这两个峰值的代表意义，将结构快照中出现的两种复杂铝氧氟配离子单独提取出来分析，离子结构如图 13-10 的(a)和(b)所示。

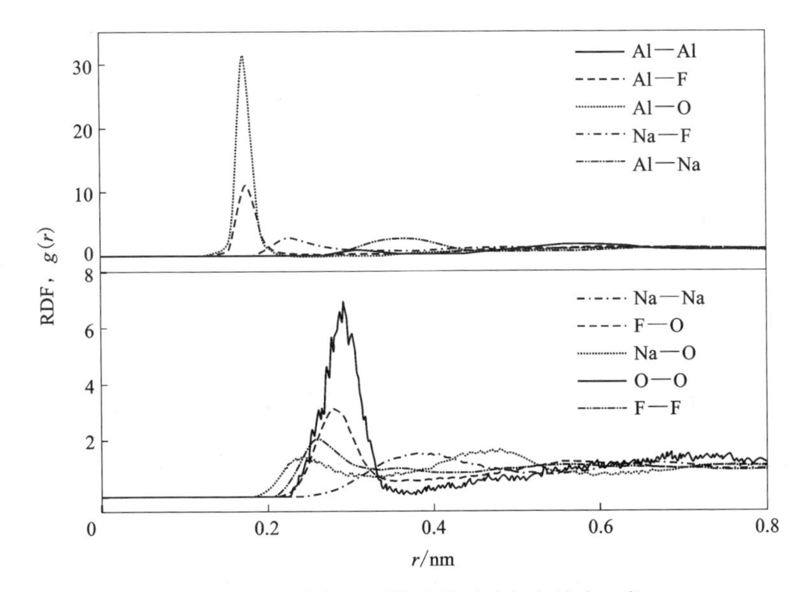

图 13-9 熔盐体系不同离子对的径向分布函数

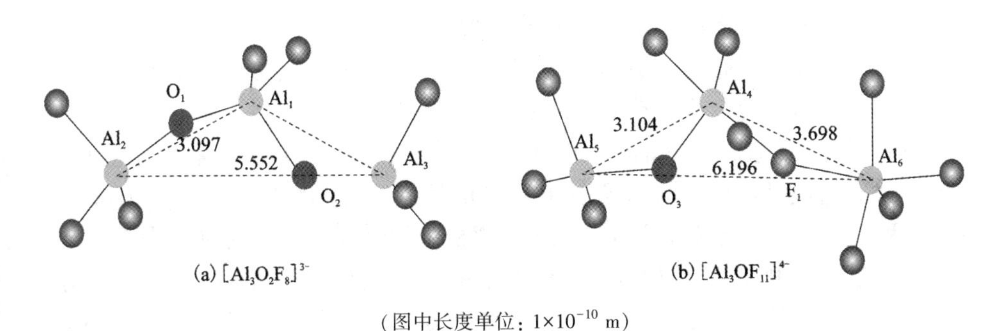

(图中长度单位：1×10^{-10} m)

图 13-10 复杂络合离子的 Al—Al 键长

图 13-10(a)为$[Al_3O_2F_8]^{3-}$络合离子，包含 2 个 Al—O—Al 桥式结构，其中 Al_1 分别与 O_1、O_2 相连，Al_1—Al_2、Al_1—Al_3、Al_2—Al_3 之间的键长分别为 0.31 nm、0.30 nm 和 0.55 nm。图 13-10(b)为$[Al_3OF_{11}]^{4-}$络合离子，包含 1 个 Al—O—Al 和 1 个 Al—F—Al 桥式结构，其中 Al_4 分别与 O_3、F_1 相连，Al_4—Al_5、Al_4—Al_6、Al_5—Al_6 之间的距离分别为 0.31 nm、0.37 nm 和 0.62 nm。图 13-10 中络合离子中两个 Al 原子之间的距离正好与 Al—Al 离子对的两个峰值对应的半径相吻合，即第一个峰代表复杂络合离子中 Al—O—Al 或 Al—F—Al 桥式结构中 Al—Al 之间的距离，平均值为 0.32 nm，第二个主峰为复杂络合离子中两个相聚较远的 Al 原子之间的距离，平均值为 0.58 nm。因此在氧化铝质量分数为 3.62% 的 2.2NaF-AlF_3-Al_2O_3 熔盐体系中，不仅存在简单的铝氟络合离子，同时由于桥氧和桥氟离子的存在，会形成结构更为复杂，体积更为庞大的离子构型。

对比变电流条件下的体系微观结构，我们发现其微观组成变化不大。需要特别说明的是，宏观温度的变化并不会明显导致熔体构型发生变化，而电场强度可能会。据上述研究表明，上下波动 20%的电场强度的情况下，熔体微观结构变化并不明显。因此，电流波动 20%以内的情况下，熔体的微观结构变化并没有质的变化，主要影响熔体的输运性能(和温度有关)，而这主要是电解槽的热场变化导致的，以下将主要介绍采取有限元模拟的方法对电解槽的热场与电磁流场的变化规律。

13.1.2 大范围能量输入波动场景下的铝电解槽电热平衡仿真

本部分采用多物理场仿真方法，开展电解槽动态热平衡计算，计算并分析电解槽在不同能量输入波动场景、不同保温结构与条件等场景下的动态热平衡及炉帮行为，为面向新能源消纳与新型氧化铝使用的铝电解槽内衬优化设计、侧部可控散热结构设计、工艺技术条件与工艺制度优化设计以及智能控制技术的开发提供理论支撑。

(1)电流波动下瞬态电-热场强耦合建模

本节主要介绍瞬态电-热场强耦合模型的计算原理、控制方程、物理模型、边界条件以及如何实现电流波动下该模型电流的加载和计算。

电-热场的瞬态耦合计算在软件 ANSYS 平台上进行，基于有限元分析原理。在电-热场耦合求解过程中，主要是对电场的控制方程和温度场的控制方程进行求解，两者之间的耦合关系主要来源于电解槽中导电部分所产生的焦耳热。

电解槽中导电部分主要有：阳极导杆、钢爪、阳极炭块、电解质、铝液、阴极炭块、阴极钢棒糊和阴极钢棒，其电场的基本方程主要有欧姆定律[式(13-1)]、基尔霍夫定律[式(13-2)]和高斯定律[式(13-3)]：

$$J=\sigma E \tag{13-1}$$

$$\frac{\partial\rho_0}{\partial t}+\nabla J=0 \tag{13-2}$$

$$E=-\nabla V \tag{13-3}$$

上述三个方程中，J 为电流密度，$A\cdot m^{-2}$；σ 为导电体的电导率，$S\cdot m^{-1}$；E 为电场强度，$V\cdot m^{-1}$；ρ_0 为电荷密度，$C\cdot m^{-1}$；t 为时间，s；V 为标量电位，V。

由于在该模型中，各节点的静电荷为零，可得：

$$\nabla(\sigma\nabla V)=0 \tag{13-4}$$

将式 13-4 展开成三维导电微分控制方程的形式为：

$$\frac{\partial}{\partial x}\left(\sigma_x\frac{\partial V}{\partial x}\right)+\frac{\partial}{\partial y}\left(\sigma_y\frac{\partial V}{\partial y}\right)+\frac{\partial}{\partial z}\left(\sigma_z\frac{\partial V}{\partial z}\right)=0 \tag{13-5}$$

式中：σ_x、σ_y、σ_z 分别为在 X、Y、Z 三个方向的电导率，其值大小随温度变化而变化。

另外，由于在电场计算过程中，两导电体之间存在接触压降，所以在求解过程中需引入描述接触电压降的方程：

$$J_c=\sigma_c(\varphi_1-\varphi_2) \tag{13-6}$$

式中：J_c 为接触面的电流密度，$A\cdot m^{-2}$；σ_c 为接触电导率，105 $S\cdot m^{-1}$；φ_1 和 φ_2 分别为两接触面的电位，V。

对于温度场的计算，主要根据非稳态热平衡控制方程和焦耳定律：

$$\rho C_p\frac{\partial T}{\partial t}=\nabla(\lambda\nabla T)+Q_s \tag{13-7}$$

$$Q_s=JE \tag{13-8}$$

式中：ρ 为密度，$kg\cdot m^{-3}$；C_p 为常压比热容，$J\cdot kg^{-1}\cdot K^{-1}$；$T$ 为温度，K；λ 为热导系数，$W\cdot m^{-1}\cdot k^{-1}$；$Q_s$ 为单位体积生热率，$W\cdot m^{-3}$。式(13-7)可展开为三维非稳态热平衡控制方程的微分形式：

$$\rho C_P\frac{\partial T}{\partial t}=\frac{\partial}{\partial x}\left(\lambda_x\frac{\partial T}{\partial x}\right)+\frac{\partial}{\partial y}\left(\lambda_y\frac{\partial T}{\partial y}\right)+\frac{\partial}{\partial z}\left(\lambda_z\frac{\partial T}{\partial z}\right)+Q_s \tag{13-9}$$

式中：λ_x、λ_y、λ_z 分别为 x、y、z 三个方向的导热系数。

在铝电解实际生产过程中，由于还存在电化学反应吸热、加热物料吸热等两个吸热源和反应压降放热、气泡压降放热等两个放热源，要使该模型计算的温度场分布更加准确，需把这些热源按如下方程引入到此模型中，具体为：

$$Q_a=(2.124\eta-E_r-E_g)I \tag{13-10}$$

式中：Q_a 为吸热率，W；η 为电流效率；E_r 为反应压降，V；E_g 为气泡层压降，V；I 为电流，A。

(2)电流波动下瞬态电热槽物理模型及边界条件

由于铝电解槽有很多结构重复，在进行电–热场耦合求解时，很多学者认为铝电解槽切片模型在进行电-热耦合计算时不仅能保证一定程度的准确性，也可以保证求解时间较短，具有一定的工业研究应用价值。本部分以某铝电解槽为研究对象，其切片物理模型如图 13-11 所示。该电解槽的主要结构和工艺参数如表 13-1 所示。

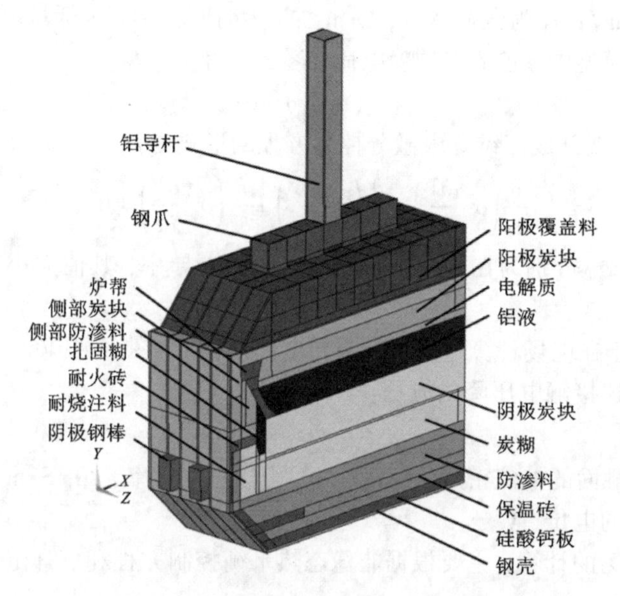

图 13-11　某铝电解槽切片物理模型

表 13-1　某铝电解槽主要结构和工艺参数

参数	值
电流/kA	420
阳极数量	48
电流效率/%	94
电解质初晶温度/ ℃	943
阳极炭块尺寸/(mm×mm×mm)	1700×665×635
阴极炭块尺寸/(mm×mm×mm)	3680×665×470
阴极钢棒尺寸/(mm×mm×mm)	2200×100×200
铝液层厚度/mm	220
电解质层厚度/mm	180
极距/mm	45
阳极覆盖料厚度/mm	150

在该模型各部分材料属性的设置方面，所有材料不仅定义了导热系数，还定义了密度和比热容；对于导电部分，在此基础上增加了电阻率的定义。由于槽帮在计算电流波动的过程中会发生融化，因此将其定义成一种相变材料，即当温度高于初晶温度线时，其材料属性为电解质的材料属性，当温度低于初晶温度线时，其材料属性为槽帮的材料属性，同时在槽帮中加入了相变热焓。

该模型的边界条件主要包括两大类：温度场边界条件和电场边界条件。其中温度场边界条件条件主要设置电解槽槽壳及上部结构与外界环境的换热系数，换热主要有对流换热和热辐射换热两种方式，为了在计算分析中便于边界条件的输入和设置，将热辐射换热系数转换为对流换热系数，形成综合等效对流换热系数输入到模型中。另外，需设置槽周围的温度大小，经现场测试，设置电解槽上部烟气温度为 160 ℃、电解槽侧部槽壳车间环境温度为 40 ℃、电解槽底部槽壳环境温度为 38 ℃。对于电场边界条件，在阴极钢棒表面设置电势为 0，在阳极导杆表面节点加载电流，在电流波动时加载的电流随时间变化而变化，电流随时间的具体变化情况可根据实际情况获得。

(3)电流波动下瞬态电热场强耦合结果分析

①瞬-态电热场强耦合模型的准确性验证。

相比于以往所建立的稳态强耦合模型，本部分所建立的瞬态电-热场强耦合模型中增加了密度和比热容，考虑槽帮在电流波动过程中会发生融化，因此对槽帮的材料属性进行了优化设置，即以初晶温度线为界限将其设置成由槽帮属性到电解质属性随时间的渐变数值。为了确定该模型的准确性，本小节在电流稳态增大 10%时，分别运用传统循环迭代方法和本模型计算了槽帮的形状和温度分布，如图 13-12 所示。

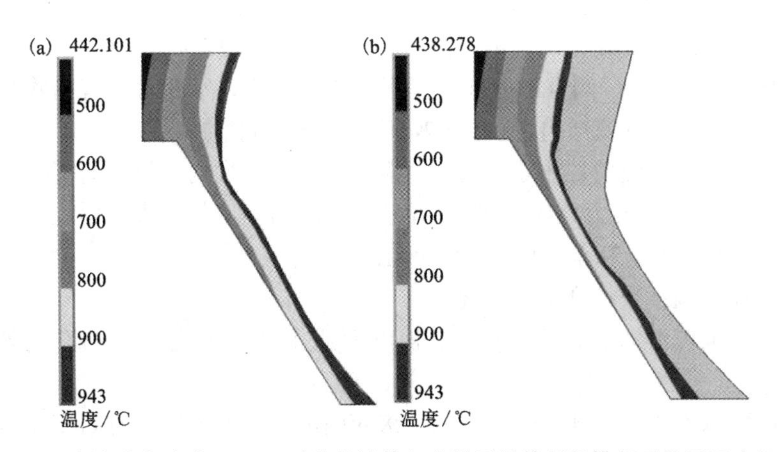

图 13-12　电流稳态波动至 1.1*I* 时迭代计算与本模型计算所得槽帮形状及温度场对比

从图 3-13 中可以看出，本模型与循环迭代计算的槽帮温度分布基本相同，槽帮的形状也基本相似。为了更清晰地比较槽帮的形状和尺寸，将两种方法计算所得槽帮表面 4 个节点的坐标进行了对比，对比结果如图 13-13 所示。从图 13-13 中可看出，两种方法计算所得的槽帮顶部和底部节点的坐标基本完全重合，中间两节点的坐标相差很小，最大差别只有 7 mm。由此可以看出，本模型在计算槽帮以及电解槽温度场时是可靠的，后续电流波动下电解槽炉帮、温度场和散热的变化情况在此基础上得以展开。

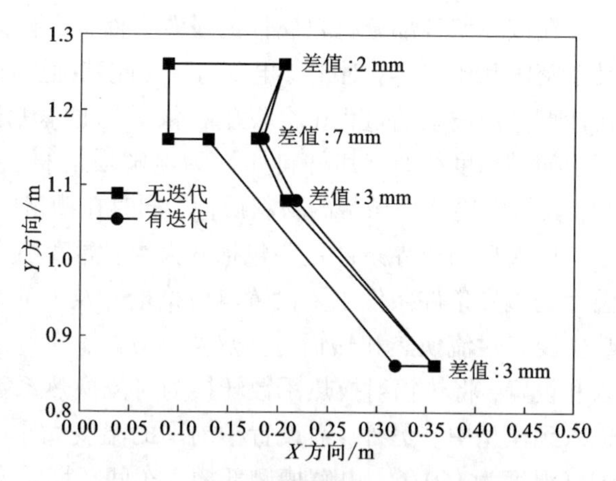

图 13-13　电流稳态波动至 1.1*I* 时迭代计算与本模型计算所得槽帮表面坐标对比

②电流波动下电解槽的电热场变化情况。

当电流增大幅度大于 20%时，电解槽的垂直磁场和电解质铝液界面形状变化很大，对电解槽的磁流体稳定性带来了很大的挑战，因此在无特殊处理下基本难以实现。此外，对于铝电解来说，最大的挑战在于电流增大时槽帮形状，需要防止槽帮完全融化。

鉴于此，本部分重点研究在电热瞬态波动中，针对电流增大幅度在不超过 20%的情况下电解槽槽帮、温度场和散热变化的情况。在前述验证了瞬态电-热场强耦合模型的基础之上，运用该模型计算并分析了电流分别增大至 1.05I、1.10I、1.15I 和 1.20I(分别表示电流增大 5%、10%、15%和 20%)。值得说明的是，在此阶段研究中，侧重于方法与模型的构建，并基于此对电解槽物理场的分析，暂未考虑对电解槽结构(侧部散热等)及工艺条件(如覆盖料厚度等)的优化，此部分内容将在后续阶段中予以开展，但所采用的模型均为目前的模型。

因此，在本节中，暂定研究四种情况下电解槽温度场、槽帮形状和散热的变化情况，波动时间计算至 8 h，且结构和工艺未做优化。

③熔体区温度及槽帮变化情况。

通过对电流波动 8 h 的计算，取得电解质中部温度随时间的变化如图 13-14 所示。

由此可以看出，当电流增大 5%时，8 h 内电解质的温度随时间变化呈直线上升的趋势；当电流增大 5%、15%和 20%时，电解质的温度在电流波动开始后一段时间内随时间直线上升，但到达某个时间点(分别约为 5.7 h、3.2 h 和 2.3 h)后，温度增加速度开始变缓，温度变化出现波动的情况。出现上述现象的原因分析如下：当电流增加 5%时，8 h 内电解槽的槽帮基本上未发生变化，由于散热状态基本不变，电解槽熔体区域温度由于焦耳热收入的增加变化逐渐平缓上升；当电流分别增大 5%、15%和 20%时，槽帮在 5.7 h、3.2 h 和 2.3 h 时间点发生了明显的融化，由于槽帮对于电解槽的保温起到关键性作用，槽帮变薄必定会导致电解槽散热增加，由此电解槽溶体区域虽然由于焦耳热收入会促使温度升高，但由于电解槽侧部保温性能由于槽帮的融化保温性能也逐渐变差，所以电解质温度的增大速度会出现变缓和波动。

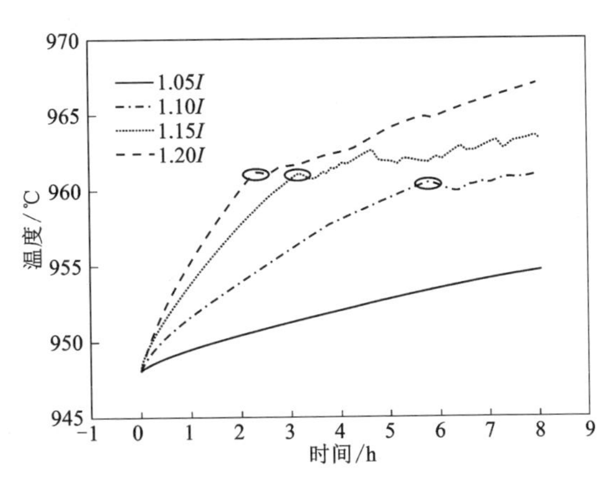

图 13-14　电解质中部温度随时间的变化情况

为了确切地得知在电流波动过程中槽帮开始融化的时间点，本部分做了一个对比研究：将该模型中槽帮材料属性只设定为初晶温度线以下的数值，进行电流增加 10%并持续 8 h 的计算，然后提取电解质中部的温度变化情况，并与图 13-14 中电流增加 10%时的变化曲线进行对比，如图 13-15 所示。从图中曲线可以看出，如果设置槽帮的材料属性为初晶温度线以下的数值，则在电流发生波动时电解质温度几乎随时间的变化呈直线上升，这与实际情况一定不符；现对于虚线的曲线，实线的曲线温度变化与现实情况更加符合。两条曲线在约 3.8 h 之前处于重合状态，3.8 h 后两条曲线分离，这表明此时槽帮开始慢慢融化。

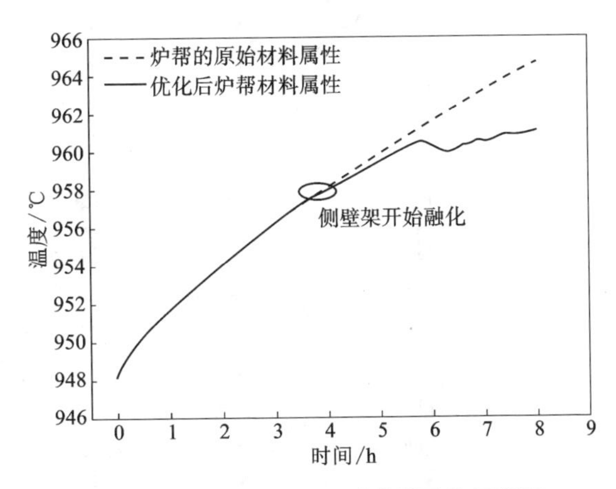

图 13-15　电流增加 10%时炉帮融化示意图

为了更清晰地得知槽帮随时间的变化情况，以初晶温度线为界限，得到不同电流波动下槽帮形状随时间的变化，如图 13-16~图 13-19 所示，图中浅色区域表示槽帮的形状，深色区域表示已经发生融化的槽帮区域。

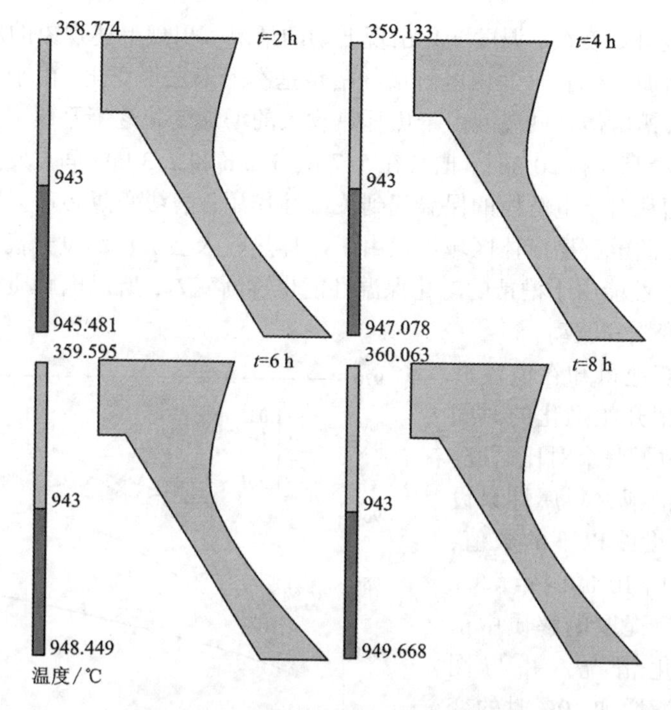

图 13-16　电流增加 5%时槽帮变化情况

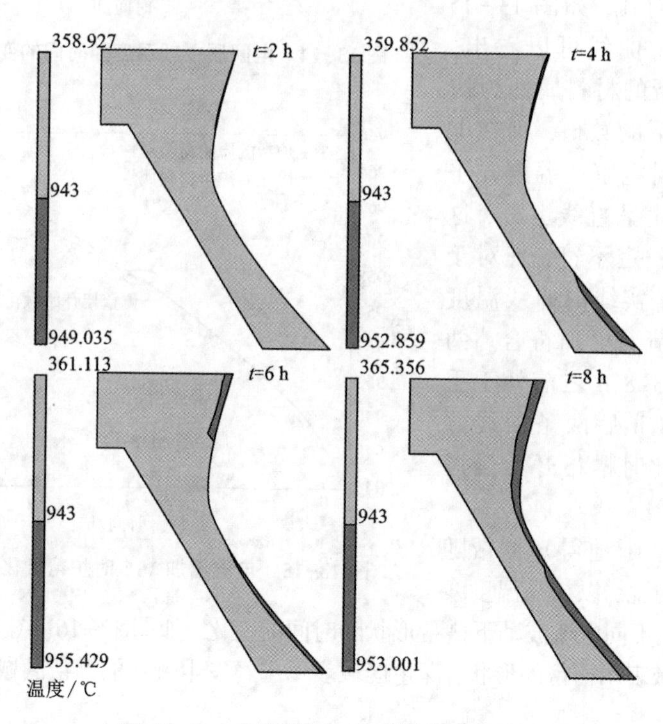

图 13-17　电流增加 10%时槽帮变化情况

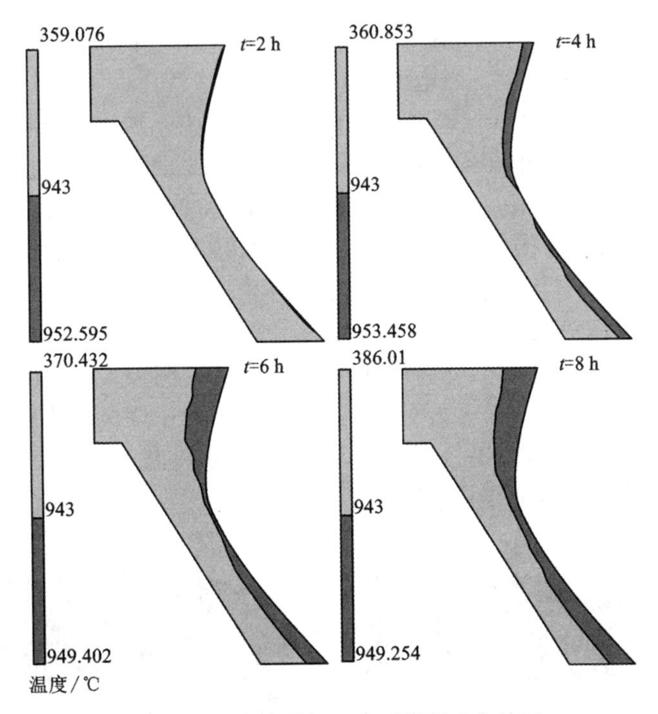

图 13-18　电流增加 15%时槽帮变化情况

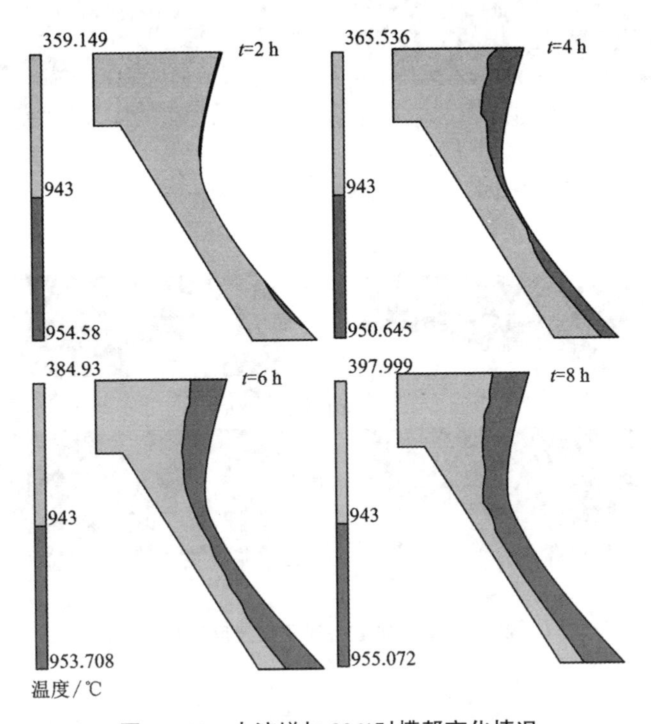

图 13-19　电流增加 20%时槽帮变化情况

由此可以看出，当电流增大5%波动8 h的过程中，槽帮几乎没发生融化，这与图13-14中实线相对应。当电流增大10%时，槽帮在第4 h时已经完成融化，但融化面积很小；在第6 h，槽帮已经有较大面积融化，说明此时将对电解槽的热平衡产生较大的影响，电解质区域的温度不会再以之前的增加速度继续上升，这与图13-14中说明的现象一致。当电流增大15%和20%时，在2 h内槽帮基本未发生变化，但在4 h时槽帮都发生了非常明显的融化；当电流增大20%至6 h时，槽帮融化面积接近一半，这对于铝电解的实际生产将造成很大的挑战。

④阴极区温度变化情况。

作为既起到导电，又起到电解槽内衬保护作用的阴极炭块，它是电解槽生产过程中的关键部分。本小节主要分析了电流波动过程中阴极炭块温度随时间的变化情况。图13-20～图13-23分别是电流增加5%、10%、15%和20%四种情况下该电解槽阴极炭块温度的变化情况。

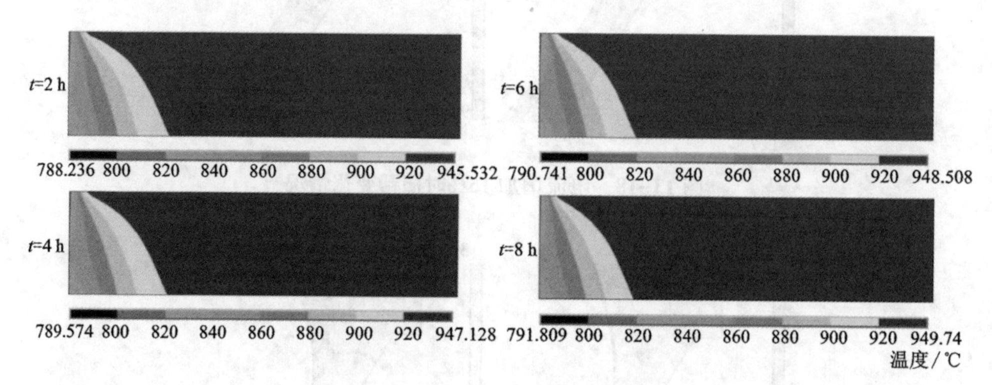

图13-20 电流增加5%时阴极温度分布变化情况

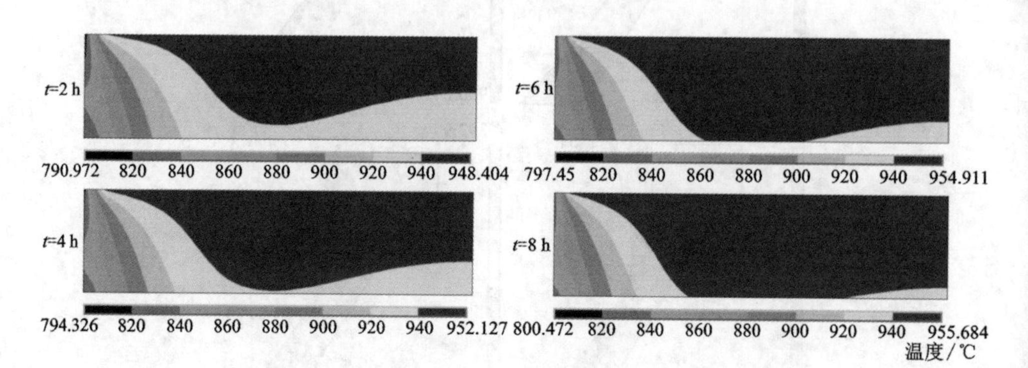

图13-21 电流增加10%时阴极温度分布变化情况

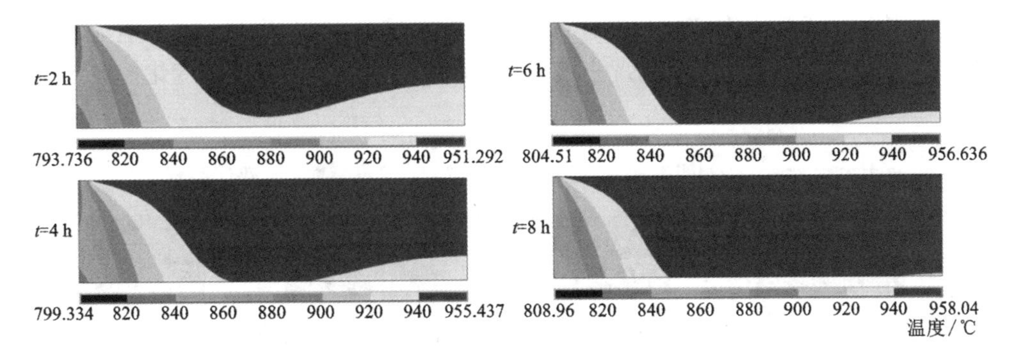

图 13-22　电流增加 15%时阴极温度分布变化情况

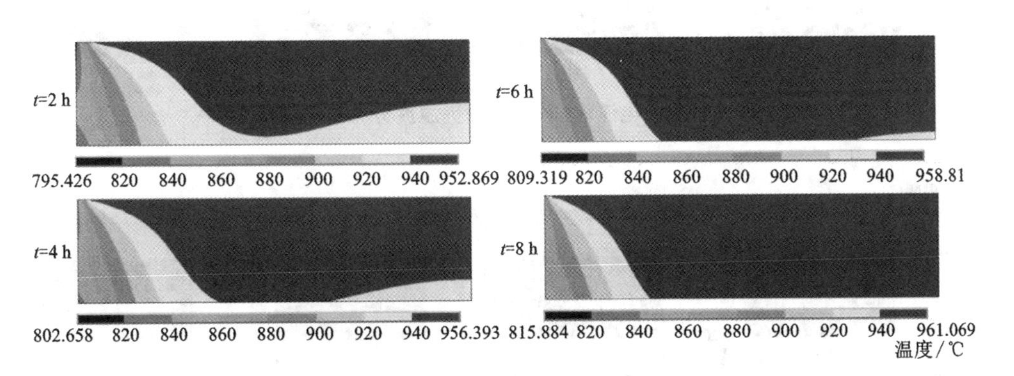

图 13-23　电流增加 20%时阴极温度分布变化情况

从图 13-20 中可以看出，电流增加 5%、波动持续 8 h 内，阴极炭块的温度分布未发生明显的变化，波动时间持续至 8 h 时，最高温度仅增加了 5 ℃。

从图 13-21 中可以看出，当电流增大 10%时，随着时间的变化，阴极炭块高温区域(≥940 ℃)逐渐往阴极底部延伸；电流波动至 8 h 时，940 ℃温度线已延伸到阴极炭块底部，同时阴极炭块最高温度上升至 955. 7 ℃，比正常电流时增加了 11 ℃。

从图 13-22 中可以看出，当电流增大 15%时，阴极炭块的最高温度增加到了 958 ℃，比正常电流时增加了 14 ℃，同时随着时间的变化，高温区域的面积越来越大。

从图 13-23 中可以看出，当电流增大 20%时，电流波动 8 h 时，最高温度值高达 961 ℃，而且此时除了靠近槽壳的部分区域外，940 ℃温度线已完全延伸到阴极炭块底部，阴极炭块约有 80%的区域为高温区域。

⑤槽壳温度变化情况。

铝电解槽槽壳的温度分布情况可直接反映电解槽的热平衡状态。本节对电流波动下槽壳的温度分布变化情况进行深入分析。图 13-24～图 13-27 为电流增加 5%、10%、15%和 20%四种情况下该电解槽阴极炭块温度随时间的变化情况。

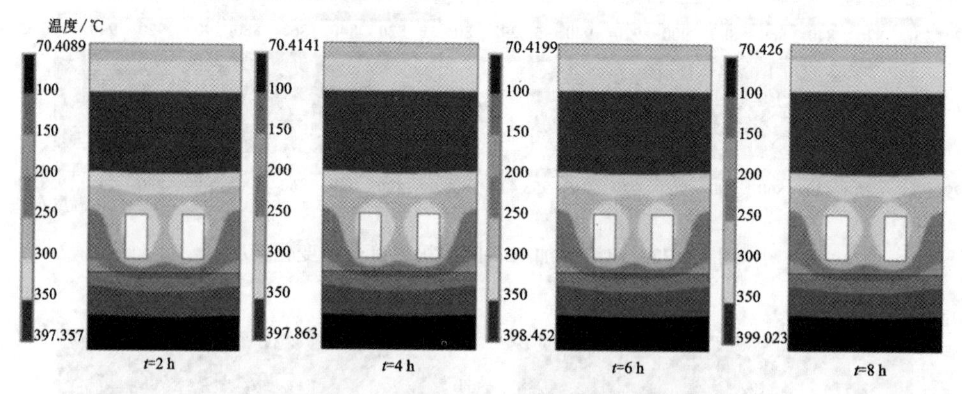

图 13-24　电流增加 5%时槽壳温度分布变化情况

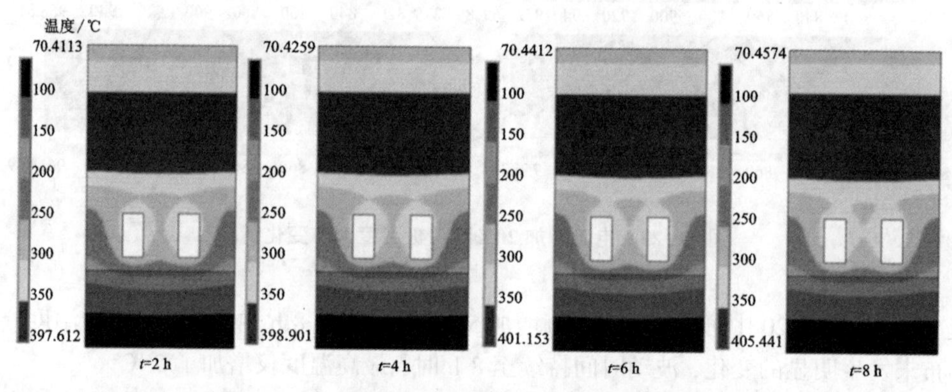

图 13-25　电流增加 10%时槽壳温度分布变化情况

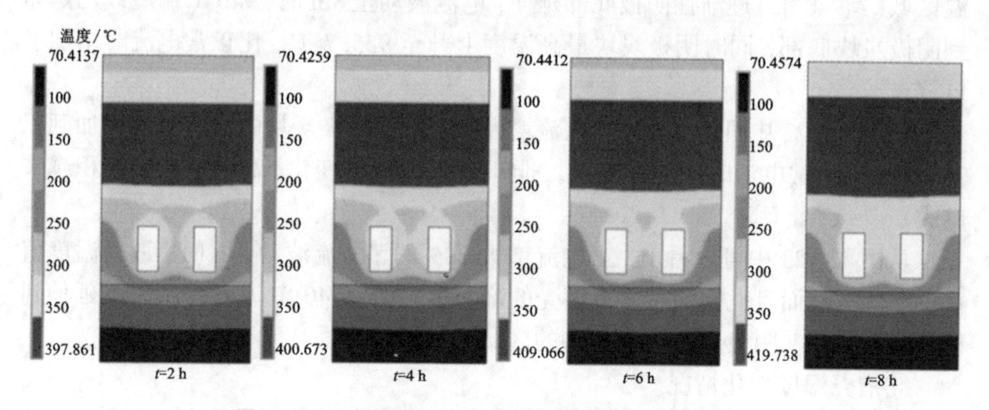

图 13-26　电流增加 15%时槽壳温度分布变化情况

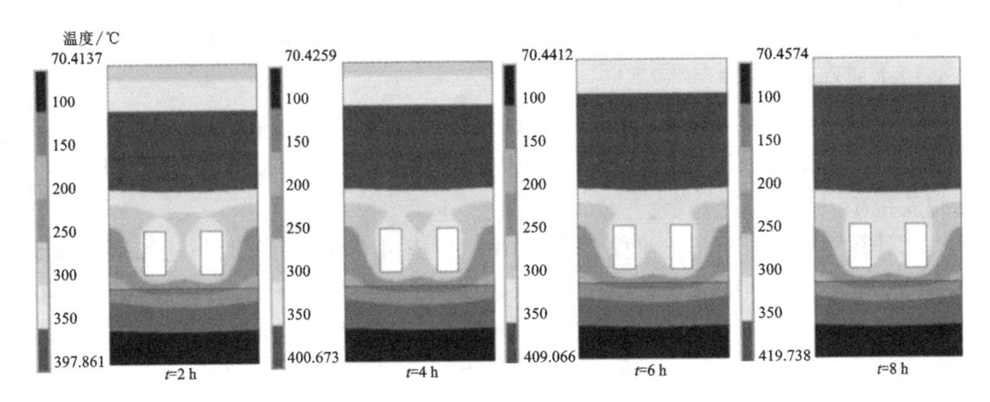

图 13-27　电流增加 20%时槽壳温度分布变化情况

从图 13-24 可以看出，当电流增加 5%时，槽壳的温度分布基本未发生变化，熔体区域槽壳的温度仅增加了 2 ℃。从图 13-25 可以看出，当电流增加 10%时，槽壳底部和熔体区以上的温度分布基本未发生改变，钢棒周围的温度逐渐增大，而且可以较为明显地发现，随着时间的变化，最高温度的变化越来越大：当 t 从 0 变化至 2 h 时，最高温度基本未变；t 从 2 h 变化至 4 h 时，最高温度升高了 1.3 ℃；t 从 4 h 变化至 6 h 时，最高温度升高了 3 ℃；t 从 6 h 变化至 8 h 时，最高温度升高了 4 ℃。

从图 13-26 和图 13-27 可以看出，当电流分别增加 15%和 20%时，槽壳的温度随时间的推移发生了较为明显的变化，高温区的面积越来越大，当电流分别增加 15%和 20%时，波动持续 8 h 时，槽壳最高温度分别增大至 419.7 ℃、438.9 ℃，分别比正常电流时的最大温度高 22.5 ℃、41.5 ℃；而且可以明显地观察到，随着时间的变化，最高温度的变化越来越大，例如当电流增大 20%时，当 t 从 0 变化至 2 h 时，最高温度基本未变；t 从 2 h 变化至 4 h 时，最高温度升高了 5.6 ℃；t 从 4 h 变化至 6 h 时，最高温度升高了 16.9 ℃；t 从 6 h 变化至 8 h 时，最高温度升高了 18.4 ℃。出现上述槽壳最高温度变化越来越大的原因是：在电流刚开始发生波动的 2 h 内，电解槽的槽帮几乎未发生融化，所以在这个时间段，槽壳的温度分布基本未发生变化；然而随着时间的推移，当槽帮逐渐发生融化后，电解槽熔体区域的保温性能逐渐下降，由熔体区域专递至槽壳的热通量增大，所以槽壳的温度变化增大。电流增加幅度越大，这种现象就越明显。

(4) 电流波动输入下热场仿真小结

以 400 kA 级铝电解槽为研究对象，建立起瞬态电-热场强耦合模型，首先以电流波动下的稳态计算作为计算目标，将所建模型计算所得到的槽帮与传统循环迭代所得的槽帮形状和温度分布进行对比分析，考察了该模型计算的准确性。在此基础之上，对不同电流波动幅度下电解槽温度、槽帮形状、阴极炭块温度分布、槽壳温度分布和散热等的变化情况，提出工艺调整措施并进行仿真计算验证。本章所得主要结论如下：

①正常电流下某 400 kA 铝电解槽重要区域温度场的分布情况、槽帮的形状以及电解槽的散热情况均在合理范围之内，计算所得槽帮厚度与实际测试所得数据相差很小。

②计算并对比分析了电流稳态增大 10%时，运用传统循环迭代方法和本模型计算所得槽帮形状和温度分布的差异，结果表明：本模型与循环迭代计算的槽帮温度分布基本相同，槽帮形状也基本相似且两种计算所得的槽帮表面节点的坐标也基本重合，从而验证了本部分所建立的瞬态电热强耦合模型的可靠性和准确性。

③运用所建立的瞬态电-热场强耦合模型，计算并分析了电流增加 5%、10%、15%和 20%四种情况下电解槽电解质温度、槽帮形状、阴极炭块温度和槽壳温度等的变化情况。计算结果表明：当电流增加 5%持续 8 h 时，电解槽的电解质温度随时间稳步增加，温度增加速度较慢；槽帮基本未发生融化；阴极炭块温度和槽壳温度的分布变化非常小。当电流增加 10%、15%或 20%时，随着时间的推移，槽帮在 8 h 内某时刻便会融化，因此电解质区域温度在稳步增大到某时刻后，其上升速度会变缓，在槽帮发生融化后，槽壳温度分布的变化将会越加明显；对于电解槽阴极炭块，其高温区域面积会随着时间的推移逐渐增大。

④计算并分析了电流波动过程中电解槽的槽周围各区域散热的变化情况，计算和分析结果表明：当电流增大 5%时，槽周围各区域的散热速率变化均很小；当电流增加 10%、15%或 20%时，随着时间的推移，靠近熔体区的槽壳散热速率变化越来越大，其次变化较大的分别是阴极区域槽壳、阳极覆盖料、阳极钢爪和导杆等区域，槽底散热变化最小。

13.1.3 大范围能量输入波动场景下的铝电解槽磁流体仿真

面向大范围能量输入波动与新型氧化铝使用场景建立铝电解槽电-磁-流-浓度多相多场模型，以不同的能量输入波动为输入对象，对电解槽的磁流体进行计算与评估，构建能量波动柔性消纳的评估方法；基于此方法，还对电解槽的磁流体稳定性进行全面深入计算，特别是针对不同的能量输入波动场景进行磁流体稳定性计算，以评估电解槽的磁流体稳定性，从而为母线结构及电解工艺技术条件的优化设计、磁流体稳定性及极距调控策略的研究等提供理论支撑。

(1) 大范围能量输入波动下铝电解槽磁流模型

与瞬态电-热场强耦合计算研究对象相同，本部分研究的对象为某大型预焙铝电解槽。关于该电解槽的各重要结构和工艺参数，本节将不再重述。本模型涉及的计算对象是铝电解槽中的全部电解质区域，如图 13-28 所示，该模型主要包括中缝、间缝和下料点等几个部分，其下料方式为六点式。该电解槽总共有 48 块阳极，分别位于电解槽进电和出电两侧。

为了便于计算结果的分析，将阳极从出电端到烟道端进行编号，并且在电解槽中设定了 12 个观察点，用于观察下料过程中这些局部位置氧化铝浓度随时间的变化情况，同时也对 6 个下料点进行了编号，如图 13-29 所示。该模型中，将尺寸和体积分数较小的气泡视为离散相，电解质视为连续相进行求解设置，并设置相关的材料属性和边界条件，具体见表 13-2 和表 13-3。

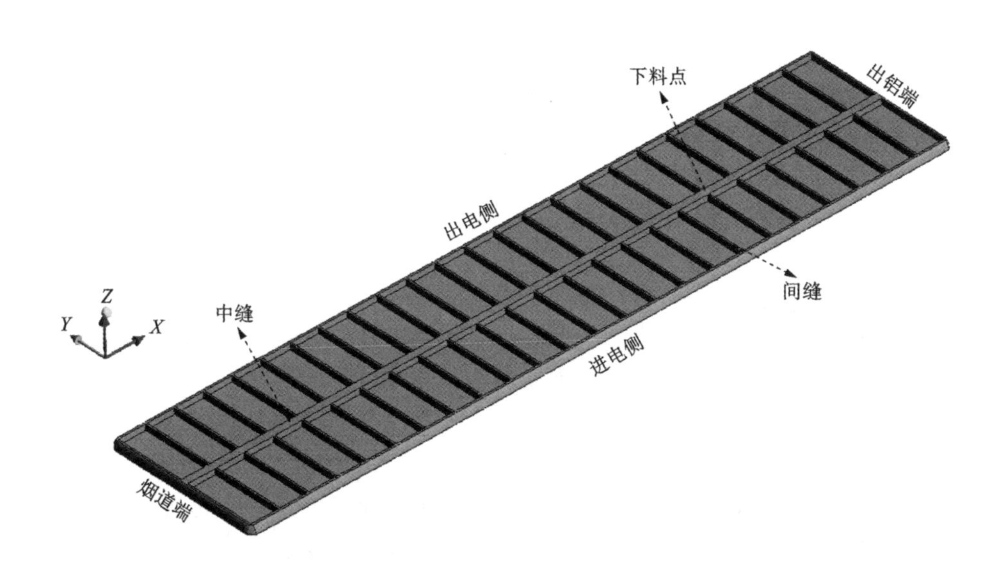

图 13-28　某铝电解槽电解质区域结构示意图

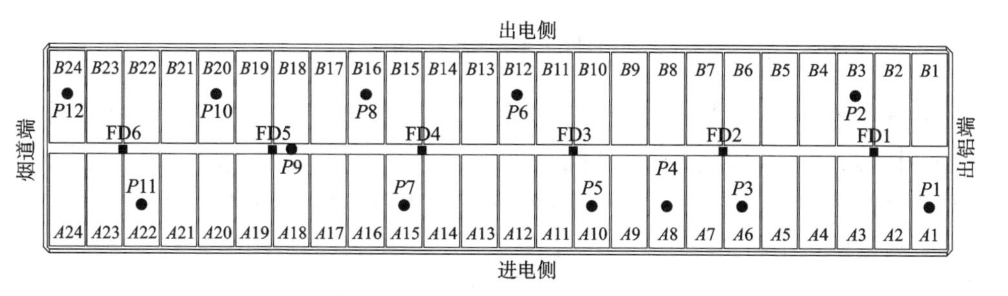

FD—下料点；*P*—观察点；*A*、*B*—分别指在进电和出电侧的阳极炭块。

图 13-29　某 400 kA 铝电解槽阳极炭块、下料点、观察点位置及编号

表 13-2　流体模型及材料属性

物相	流体类型	湍流模型	密度/($kg\cdot m^{-3}$)	黏度/($kg\cdot m^{-2}\cdot s^{-2}$)
电解质	连续流体	$k-\varepsilon$	2130	2.513×10^{-3}
气泡	离散流体	零次方程	0.398	5.005×10^{-5}

表 13-3　边界条件

位置	边界条件	状态
FD1~FD6	源相	Al_2O_3添加
电解质底部	源相	Al_2O_3消耗
阳极底部与侧部	气体入口	非滑移界面
电解质表面	气体出口	气体逃逸
其他面	壁面	非滑移

上述边界条件中，除了滑移壁面和材料属性的设置外，最重要的是如何设置氧化铝下料、氧化铝消耗及阳极气泡入口等边界条件，这三种边界的设置原理和相关方程描述如下。

(a)氧化铝下料

在铝电解生产过程中，氧化铝加入电解质中是通过控制系统周期性地指导打壳装置，并通过控制定容器进行下料，在下料过程中由于定容器大小固定，因此每次下料的氧化铝量恒定。由于下料过程是周期性地下料，可把氧化铝加入电解质的量与时间编写成相应的控制函数：

$$f(t)=\frac{m_0}{\delta}\cdot\text{step}\left\{\sin\left[\frac{2\pi}{T_0}\left(t-\frac{T_0}{n}+\frac{T_0-2\delta}{4}-\tau\right)\right]-\sin\left(\frac{\pi(T_0-2\delta)}{2T_0}\right)\right\}\quad(13-11)$$

式中：m_0 为下料定容器的容量，kg；δ 为 Al_2O_3 从下料开始溶解到进入电解质过程的时间，s；T_0 为两次下料的间隔时间，s，正常情况下为固定值，如遇异常情况也可进行调整；t 为时间，s；n 为下料器分组的数目，可将下料器分成不同的组数按需下料；τ 为下料整套动作的执行时间，s。step 函数的具体含义为：

$$\text{step}(x)=\begin{cases}1,\ x\geqslant0\\0,\ x<0\end{cases}\quad(13-12)$$

(b)氧化铝消耗

实际铝电解生产中，氧化铝通过电化学反应生成铝的过程非常复杂，反应发生的机理尚未探明，但该电化学反应的总化学方程式是确定的：

$$Al_2O_3+\frac{3}{2}C = 2Al+\frac{3}{2}CO_2 \tag{13-13}$$

本模型中假设氧化铝反应生成铝的过程均发生在电解质底部，根据法拉第电解定律，氧化铝的消耗速率与局部电流密度的大小密切相关，因此电解质底部氧化铝的消耗速率可表示为：

$$m_{loc} = 1.761 J_b \eta \tag{13-14}$$

式中：m_{loc} 为电解质底部单位面积 Al_2O_3 消耗速率，$kg \cdot s^{-1} \cdot m^{-2}$；$J_b$ 表示电解质底面局部电流密度，$A \cdot m^2$；η 为该电解槽生产过程的电流效率。

（c）气泡入口流速

根据铝电解槽的电化学反应可知，使用碳阳极时在阳极与电解质接触的区域会发生氧化反应，主要生成 CO_2 和 CO 两种气体，因此阳极底部和侧部表面需设置成上述两种气体的入口，在该模型中以质量流量的形式输入：

$$M_g = \frac{J_a S}{10^3 F} \cdot \frac{22+14b}{2a+b} \tag{13-15}$$

式中：M_g 为 CO_2、CO 混合气体的质量流量，$kg \cdot s^{-1}$；J_a 为与电解质接触的阳极表面的电流密度，$A \cdot m^{-2}$；S 为与电解质接触的阳极表面面积，m^2；a 为混合气体中 CO_2 的体积分数；b 为混合气体中 CO 的体积分数。

该模型中氧化铝主要靠电解质的流动进行运输，而电解质的流动主要取决于电磁力和阳极气泡的驱动。因此，为了确保该模型计算的收敛性，在进行瞬态计算氧化铝下料传输之前，对电磁力和气泡力驱动下电解质的流场进行稳态求解。另外，电流波动时，电流的变化会影响电磁力分布、气泡的产生速度以及电解质底部氧化铝的消耗速度，因此在进行电流波动条件下氧化铝下料及浓度分布的计算时，需要进行相关设置和计算调整。本部分研究的技术路线如图 13-30 所示，具体包括以下几个步骤：

（a）在 ANSYS 软件平台上建立铝电解全槽电-磁场耦合模型，计算并提取电解质区域电磁力分布数据（FEM）和电解质底部电流密度分布（J_b）数据，并导出后续计算电解质流场和氧化铝浓度分布的电解质区域网格，其部分网格如图 13-31 所示。

（b）将电解质区域网格导入 CFX 软件平台，设置各部分材料属性，设置流场计算边界条件：插入电磁力数据、设置气体进出口以及壁面类型，进行电解质区域稳态流场的求解，在该求解过程中，将电解质区域 Al_2O_3 的质量分数设置成固定值 2.5%。

（c）将求解切换成瞬态计算，进行氧化铝下料求解。在模型中设置氧化铝的添加函数表达式 $f(t)$，将提取的电流密度数据转换成氧化铝的消耗速率，按对应坐标插值到电解质底部。计算完成后对结果进行分析。

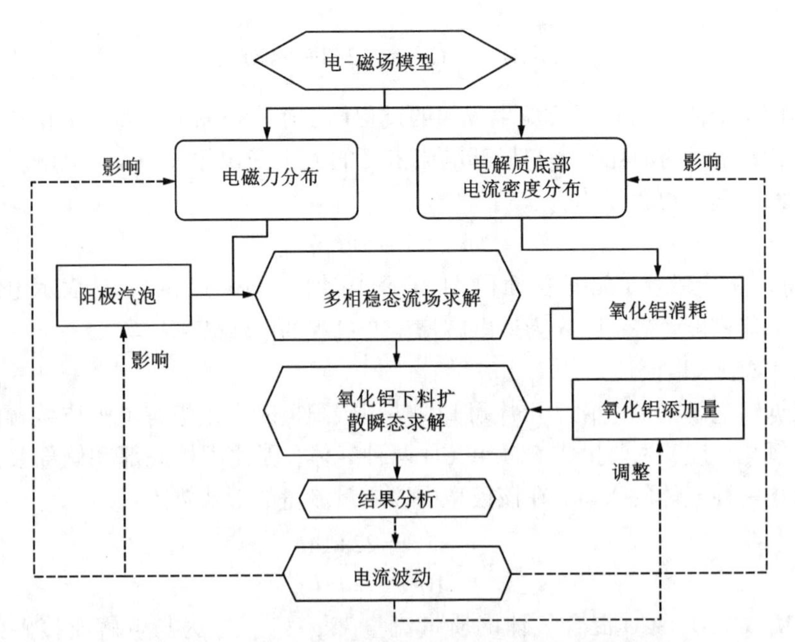

图 13-30　电流波动时氧化铝下料及浓度分布计算技术路线

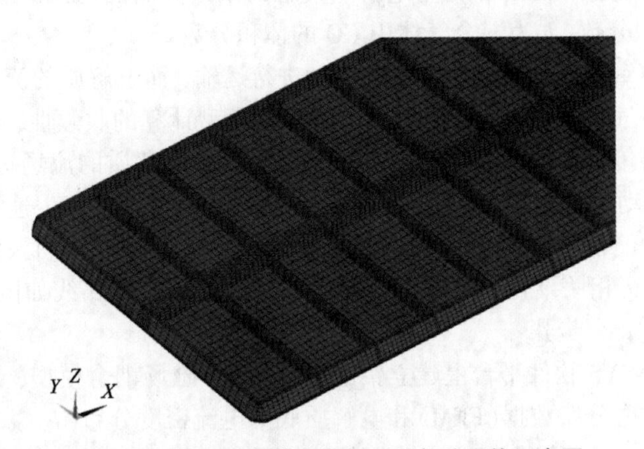

图 13-31　某铝电解槽电解质区域部分网格示意图

(d)根据电流波动数值的大小，重新计算电磁力分布 FEM、电解质底部消耗速率 J_b 和阳极气体质量流量 M_g，然后再进行上述第(b)、(c)步骤。这里需进行上述三个物理量的重新计算是因为电流的波动会直接影响三个量的大小，进而影响下料过程中氧化铝的运输和分布。

(e)观察并分析在电流波动过程中氧化铝浓度分布的变化情况，然后根据控制氧化铝下料的函数 $f(t)$ 提出下料策略调整，最后进行计算验证调整策略的可行性。

(2)波动范围下的磁场与流场结果分析

铝电解生产过程依靠电网与整流所不断供给的直流电能，实际生产要求电流维持稳定状态，一旦电流发生较大幅度的波动，将会显著影响电解槽运行状态，尤其是热平衡与磁流体稳定性，并干扰铝电解的自动化控制，从供电角度出发，电解槽的供电属于一级负荷。但实际生产中，由于各种因素叠加，电流的波动将不可避免，而电流又为槽内所有物理场的产生根源，电流波动会对各物理场造成直接的影响。

因此，为探究电流波动对槽内各物理场的影响规律，本章将在上述基础上，对某 400 kA 电解槽在发生电流正负波动时，建立其稳态电磁流场模型，通过数值计算与结果分析，归纳总结物理场与电流波动的联系。

在分析过程中，所建立的 400 kA 铝电解槽电磁流场模型为稳态模型，所考虑的电流波动情况仅在标准电流值(400 kA)的固定波动幅度下进行。由于电解槽电流波动有限，过大的电流波动对电解槽有着致命的危险，因此电解槽电流波动幅度亦将严格控制，故本章假定电流在±20%内波动，并分别选取+20%、+10%、+5%、-5%、-10%和-20%六种情况，在 ANSYS 软件平台上对此时槽内的电磁流场进行计算，并对结果进行后处理与分析。

1)电流波动对电场的影响研究

本节通过研究电流变化时铝液层水平电流密度分布和钢棒电流分布的影响来分析电流变化对铝电解槽电场的具体影响。

图 13-32 分别是电流变化+20%、+10%、+5%、-5%、-10%、-20%下铝液层 X、Y 方向水平电流密度的分布情况。

电解槽各部分的欧姆压降以及铝液平均水平电流变化情况见表 13-4。

表 13-4　各部分压降和铝液水平电流对比

电流变化	全槽欧姆压降/mV	阳极欧姆压降/mV	电解质压降/mV	铝液欧姆压降/mV	槽底欧姆压降/mV	母线欧姆压降/mV	X 方向铝液平均水平电流密度/(A·m^{-2})	Y 方向铝液平均水平电流密度/(A·m^{-2})
+20%	2336	362	1967	9	278	305	1491	4826
+10%	2235	346	1881	9	262	292	1427	4616
+5%	2133	330	1796	8	250	279	1362	4406
-5%	1930	299	1625	7	226	252	1232	3987
-10%	1815	283	1536	7	214	239	1167	3777
-20%	1727	267	1454	7	203	225	1102	3567

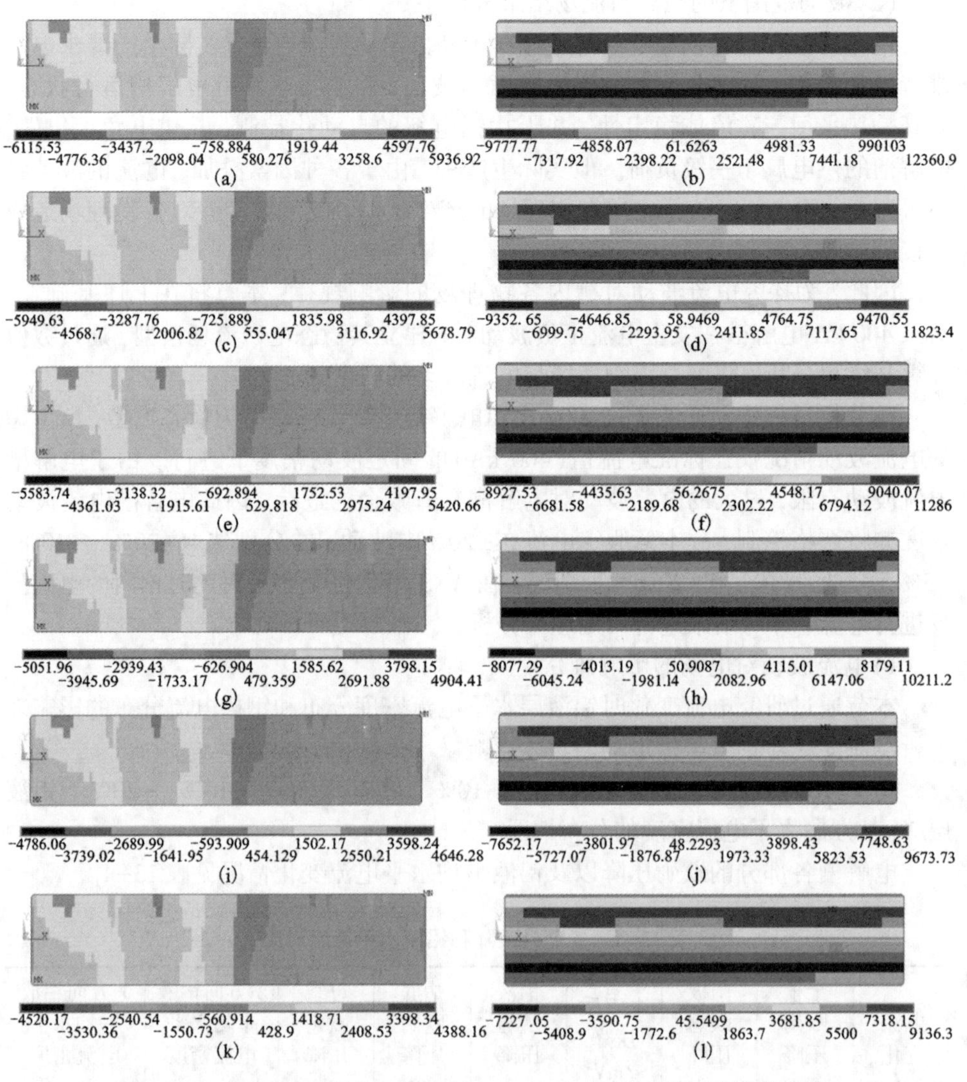

图 13-32　不同电流变化下铝液层 *X*、*Y* 方向水平电流密度的分布情况

通过对比图 13-32 和表 13-4 可知：

随着电流波动的发生，电解槽铝液层水平电流密度亦随之发生变化，其变化幅度与输入电流的变化幅度保持一致；在理想情况下，随着电流变化的发生，铝液层水平电流密度的分布规律与形态并未发生改变，与设计电流时基本相同。从欧姆压降的变化情况来看，电解质部分欧姆压降随电流波动的变化幅度最大，电流每变化 5%，电解质部分的欧姆压降会变化 85 mV 左右；而铝液部分欧姆压降的变化幅度最小，基本无变化。出现这个现象的主要原因是在电解槽中，电解质部分的电阻率最大，其产生的焦耳热是电解槽的主要热量来源；而铝液的电阻率相对电解槽其他部分很小，所以在其区域内产生的欧姆压降以及欧姆压降的变化都很小。从铝液平均水平电流的变化情况来看，电流波动的时候，Y 方向的水平电流变化更大，电流每变化 5%，Y 方向铝液平均水平电流密度会变化 201A/m^2 左右，X 方向铝液平均水平电流密度会变化 65 A/m^2 左右。

图 13-33 分别是电流变化+20%、+10%、+5%、-5%、-10%、-20%下阴极钢棒电流分布情况。通过图 13-33 可知：随着电流变化的发生，阴极钢棒出点端的电流也相应变化，输入电流变化幅度越大，阴极钢棒出点端的电流变化幅度也越大。在理想情况下，随着电流变化的发生，阴极钢棒出点端的电流变化分布情况变化不大，基本保持不变。

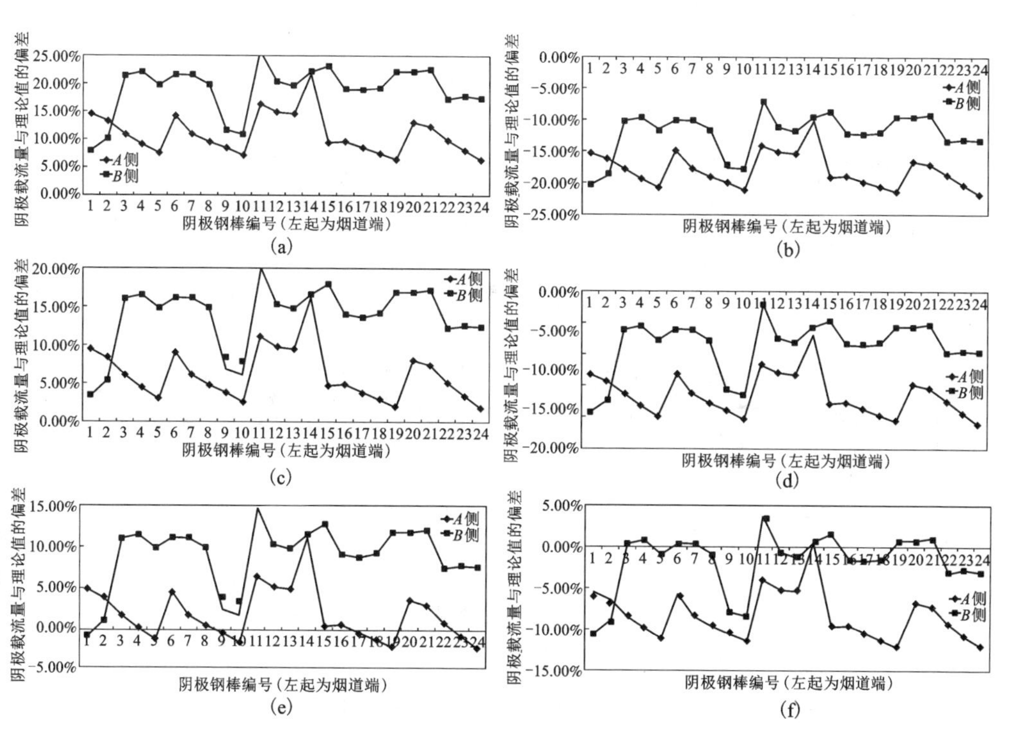

图 13-33　不同电流变化下阴极钢棒电流分布情况

2）电流波动对磁场的影响

电流是铝电解槽内能量的根本，电场是槽内各物理场的基础，电流的变化明显会影响磁场的变化，本节主要研究电流变化对铝电解槽内磁场的影响。

图 13-34 为电流变化时铝液层垂直磁场分布图。本节中，同样忽略铝液层水平磁场的分布。

可以看出：电流发生波动时候，电解槽内铝液磁场的分布规律基本和设计电流保持一致，各极值点出现区域相同；但同时，随着系列电流的波动，铝液层垂直磁场 B_z 的具体数值也不断变化，可见铝液层磁场的变化电流起决定性作用；此外，基本可以看出同时垂直磁场 B_z 的最大值所在区域及其临近的区域面积非常小，依然位于进电侧靠近烟道端和出铝端部分极小的区域，且处于阳极投影区域外，这对铝电解槽的正常运行影响较小。这说明在当前幅度波动，电解槽的磁场分布是较为合理的。

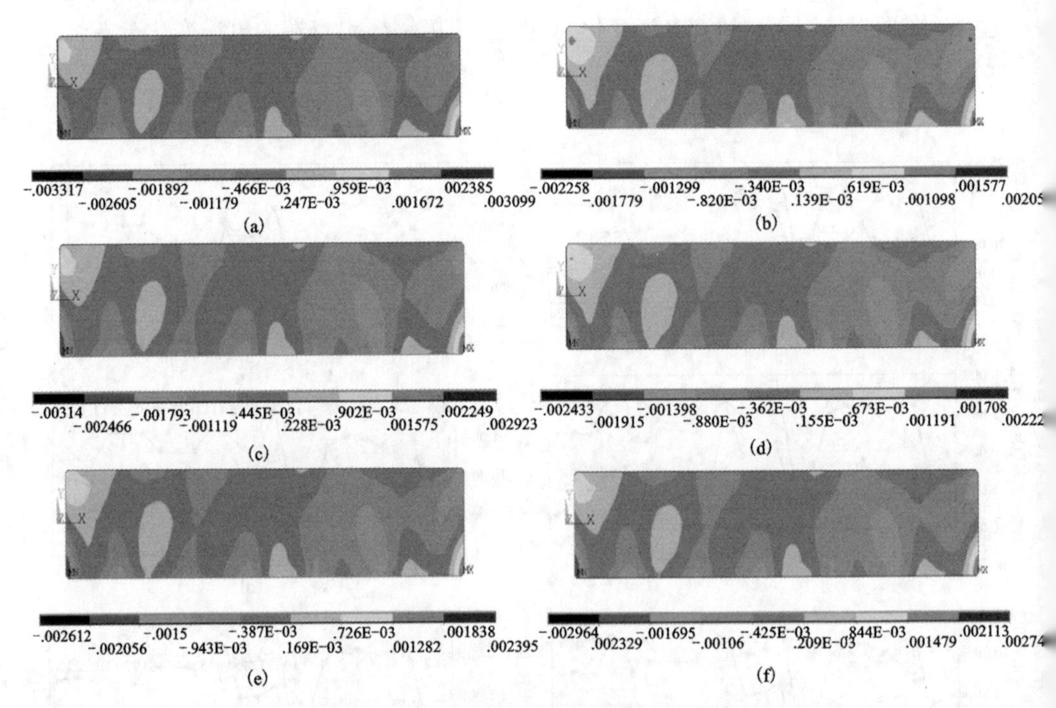

图 13-34 电流变化时铝液层垂直磁场分布图

将计算得到的 $|B_z|$ 的最大值、平均值、四个象限平均值及 $|B_z|$ 的分布区域所占比列汇总于表 13-5 中。

通过表 13-5 可知：

①根据垂直磁场 $|B_z|$ 的平均值分析，电流发生波动时，中垂直磁场的绝对值的平均值变化范围为 3.98~5.37 Gs，以正常槽况下的铝液层垂直磁场平均值 4.65 Gs 为中心随电流变化而相应变化，且变化幅度与电流的波动幅度一致，再次验证了电流对槽内磁场变化的决定性作用。

②由磁场四个象限的均值可以看出，象限垂直磁场 $|B_z|$ 平均值的变化范围为

第一、二、三、四象限的均值。

表 13-5　电流变化过程铝液层垂直磁场 B_z 磁场的计算结果

类型	磁场分布值/Gs						$\|B_z\|$分布区域面积占比统计/%				
	MAX	AVG	Q_1	Q_2	Q_3	Q_4	<20 Gs	<15 Gs	<10 Gs	<5 Gs	低于平均
正常槽况	25.71	4.65	3.68	4.55	4.66	5.49	99.29	98.53	92.59	62.6	59.36
+20%	30.98	5.37	4.38	4.90	6.82	6.33	99.10	98.48	91.25	60.41	59.22
+10%	29.23	5.13	4.14	4.77	6.41	6.04	99.00	98.24	89.83	57.79	59.46
+5%	27.48	4.89	3.91	4.66	5.04	5.76	98.86	97.86	87.98	55.85	59.03
-5%	23.95	4.43	3.45	4.45	4.27	5.23	99.57	98.91	93.77	64.16	59.94
-10%	22.26	4.20	3.23	4.35	3.91	4.97	99.81	99.05	95.39	65.86	58.65
-20%	20.57	3.98	3.03	4.23	3.58	4.71	100.00	99.24	97.10	67.82	58.27

注：1 Gs = 10^{-4} T。

③从铝液层垂直磁场$|B_z|$的分布区域分析，换极中铝液垂直磁场$|B_z|<$20 Gs 的区域均超过 99%的区域，$|B_z|<$10 Gs 的区域皆达到 92%左右，$|B_z|<$5 Gs 和平均值的区域也都达到 61%，表明铝液中绝大部分磁场的值都小于 10 Gs，大部分小于 5 Gs 和平均值。

④通过磁场计算，可知电解槽的系列电流在正向波动时，槽内磁场分布在恶化，负向波动时，磁场分布趋于理想。就 20%的波动区间来看，电解槽基本仍然可以维持稳定的状态，磁场未发生本质的变化。

3) 电流波动对流场的影响

图 13-35 是不同电流变化情况下铝液水平流场、电解质水平流场分布图。

通过对比图 13-35 和图 13-36 可知：电流发生波动时铝液水平流场、电解质水平流场的整体趋势与正常槽况下保持一致，都呈现两个相对较大漩涡，且漩涡的形状及位置未随着电流的波动而发生变形或偏移；铝液和电解质流速最大值随着电流变化而变化，输入电流增大，其流速相应变大，这一点与前述所计算的电流密度及磁场的结果吻合，主要原因为电流增大导致电流密度及磁场增大，即铝液层的电磁力同样增大，因此槽内熔体的流速值会出现增大趋势；随着输入电流的波动，铝液-电解质界面会出现一定幅度的波动，但是界面总体形状基本保持一致。

电流变化过程中流场统计结果（最大流速、平均流速、界面变形、界面变形量

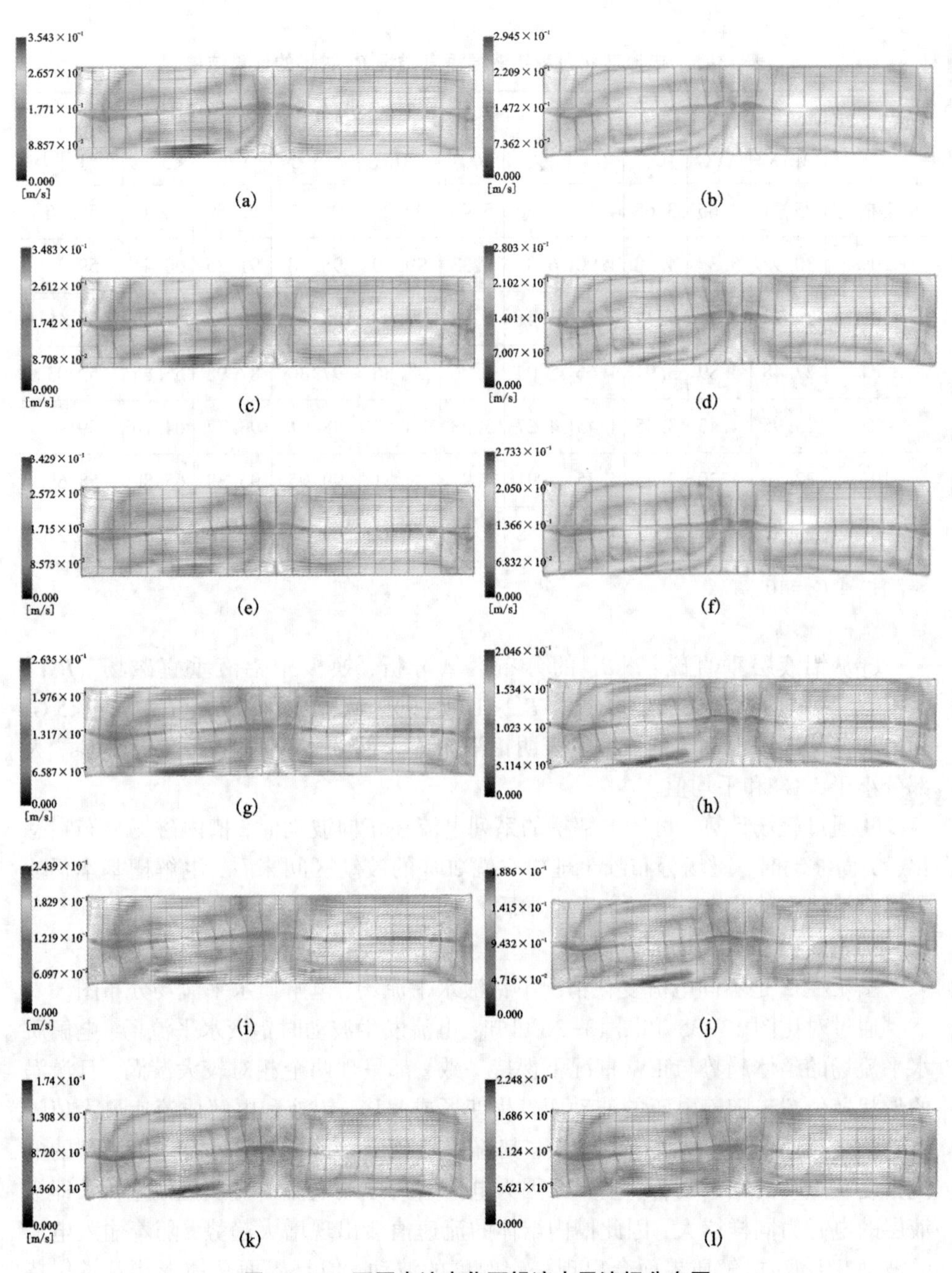

图 13-35　不同电流变化下铝液水平流场分布图

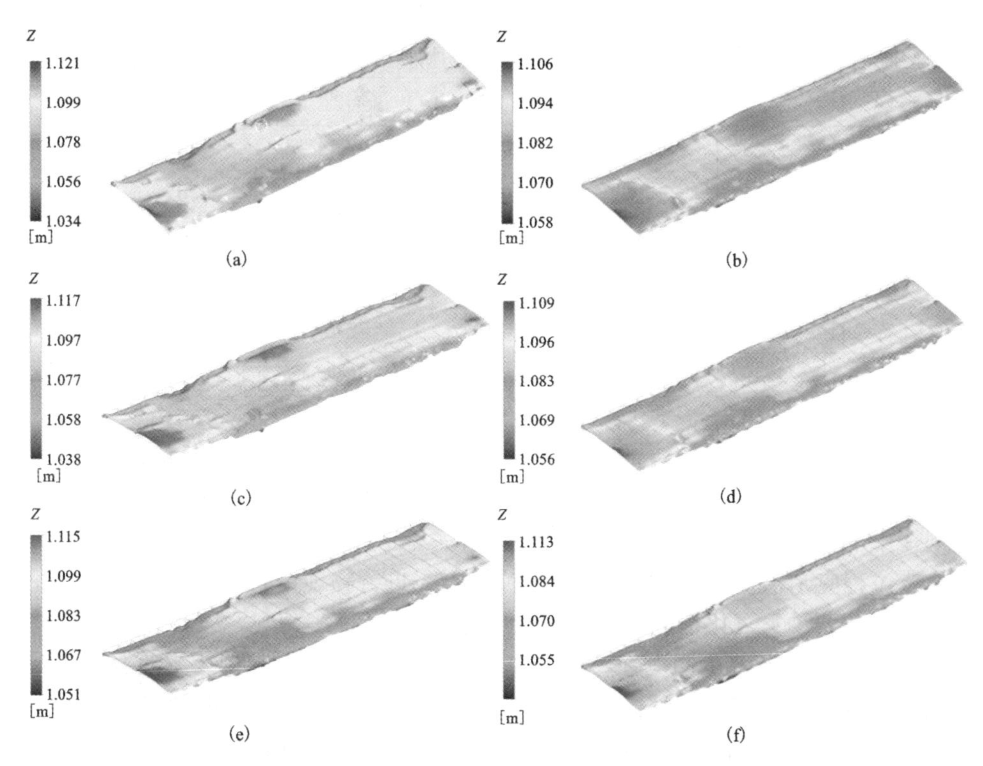

图 13-36　不同电流变化下铝液-电解质界面变形

的区域分布等)如表 13-6 所示。

结合表 13-6，我们可以发现：随着电解槽系列电流分别降低+20%、+10%、+5%、-5%、-10%、-20%，铝液流速和电解质流速的最大值和平均值均呈现相应地降低，但正常槽况和+5%的情况下比较接近。这说明在设计过程中，所选择的理想工作电流(400 kA)为一种流速场在电流尽可能大的前提下，平均流速的最佳状况；铝液-电解质的界面变形量和上凸量也随着输入电流的提高而呈现增大的趋势，其界面上凸最高点随着电流的增大而不断升高，其中，电流增大 20%时，界面上凸变形比普通情况要高 0.8 cm，平均流速约高 0.5 cm/s，此时电解槽稳定性将受到极大的挑战，甚至可能会出现不稳定性现象。单根据磁场分布、稳态界面变的趋势等，可以判断电解槽在当前电流波动下，基本可以维持正常的磁流体稳定性；电流的降低对于维持界面稳定和流速的降低有利，其基本分布形态依然未发生大幅度的改变，但此时流速较低，尤其是当电流减小 20%时，电解质平均流速相比+20%减小将近一半，只有 6.54 cm/s，此时流场对于氧化铝的传输是十分不利的。

表 13-6　电流变化过程中流场计算结果

类型	铝液流速/(cm·s^{-1})		电解质流速/(cm·s^{-1})		界面变形量/cm	
	最大	均值	最大	均值	变形	上凸
正常	33.68	11.76	27.17	10.42	5.80	1.60
20%	35.43	12.22	29.45	11.71	8.70	2.40
10%	34.83	11.99	28.03	11.02	7.70	2.00
5%	34.29	11.86	27.33	10.95	6.40	1.80
-5%	26.35	9.15	20.46	7.78	5.70	1.60
-10%	24.39	8.37	18.86	7.13	5.30	1.20
-20%	22.48	7.68	17.44	6.54	4.80	0.90

综上，熔体流场以及界面受电流波动的影响较为显著，尽管其分布形态与基本规律未发生本质改变，但其具体数值已有大幅的变化，因此对于电流的波动，在生产过程应予以重视，并要求在电流波动前先进行物理场的计算与评估。

4）电流波动下氧化铝浓度分布变化情况

本部分主要计算正常电流下料 5 周期末电流增大 10%，并持续波动 5 周期后氧化铝浓度分布的变化情况。图 13-37 为电流增大后氧化铝高浓度区域面积变化情况，从图中可以看出随着时间的推移，高浓度区域面积呈周期性下降。

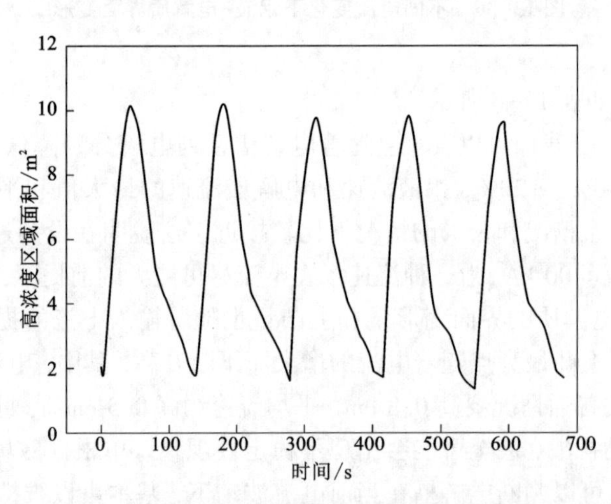

图 13-37　电流增大 10%后继续下料 5 周期内高浓度区域面积随时间变化情况

经过 5 个周期的电流波动后，电解质水平截面的氧化铝浓度分布如图 13-38 所示。由此可以看出，氧化铝的浓度分布整体趋势基本未发生变化，但很明显地出现了新的三个低浓度区域，如图 13-38 中 A、B、C 所示，从而更大程度地影响了氧化铝分布的均匀性。为了更清楚地得知电流增大 10%后下料 5 周期氧化铝浓度分布的变化情况，将电解槽按 6 个下料点从右至左分为 6 个区，如图 13-39 所示，将每个区氧化铝的平均浓度进行统计计算，并与电流波动初期的值进行比较，如表 13-7 所示。

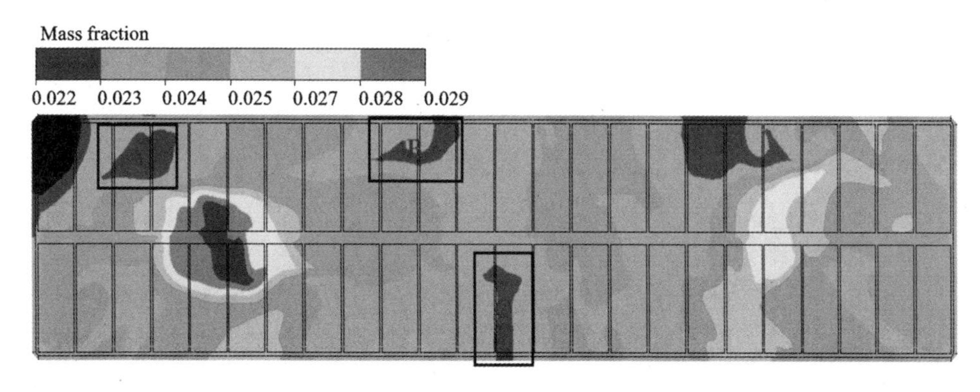

图 13-38　电流增大 10%后下料第 5 周期末氧化铝浓度分布

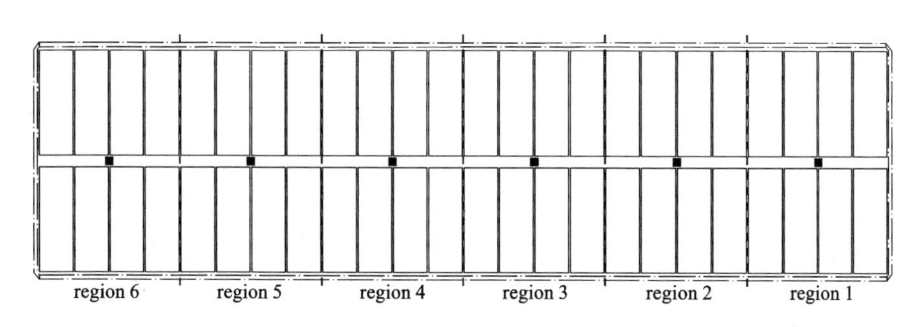

图 13-39　6 个区域划分情况

表 13-7　电流增大 10%下料第 5 周期末 6 个区域氧化铝浓度变化情况

区域编号	Al_2O_3 平均质量分数		减少比例/%
	电流(I)	电流波动(1.1I)	
1	0.025347	0.0244592	3.5
2	0.0251931	0.0244416	3.0
3	0.02453	0.0236885	3.4
4	0.0245733	0.0235204	4.3
5	0.0261608	0.0252152	3.6
6	0.0248865	0.0238094	4.3

从表 13-7 中可以看出，由于电流的增大，导致电解质底部氧化铝消耗速率大于氧化铝下料的速率，因此各区域都出现了氧化铝浓度下降。其中，氧化铝浓度降低幅度相对较大的区域是第 4 和第 6 区域，从图可以看出，这两个区域的氧化铝浓度在正常电流下分布也是处于较小的状态，而且第 6 区域还出现氧化铝局部浓度偏低的区。

由此可见，当电流增大时，氧化铝浓度较低的区域浓度下降的幅度较小，这会增大电解槽中氧化铝浓度分布均匀性，从而影响电解槽生产的稳定性。

(3) 电流波动输入下磁流体仿真小结

本章利用前面建立的 400 kA 铝电解槽仿真模型为基础，研究了铝电解槽工作电流发生±5%、±10%、±20%波动时，槽内电-磁-流场的变化情况，并加以分析，得到了以下结论：

①电解槽铝液层水平电流密度和阴极钢棒出点端的电流随着输入电流的变化而变化，变化幅度与输入电流的变化幅度保持一致；铝液层水平电流密度的分布情况变化不大，基本保持不变。

②随着铝电解槽输入电流的不断变化，铝液层垂直磁场 B_z 也在不断变化，且两者的变化呈正比，在电流变化稳定的情况下，电解槽磁场维持在稳定状态。

③熔体流场以及界面受电流波动的影响较为显著，尽管其分布形态与基本规律未发生本质改变，即不同电流变化下铝液水平流场、电解质水平流场依然整体呈现两个相对较大漩涡，且不随电流变化的变化而出现漩涡的变形或偏移；但其具体数值已有大幅的变化，铝液和电解质流速最大值与电流大小呈正比例变化，输入电流增大，其流速相应变大；铝液-电解质界面随着输入电流的增大或减小出现振幅的变化，但是其截面形状基本保持一致；因此对于电流的波动，在生产过程应予以重视，并要求在电流波动前先进行物理场的计算与评估。

13.2 面向新能源向消纳的槽帮预测与槽寿命优化

13.2.1 面向新能源波动的铝电解三维槽帮建模

针对面向新能源向消纳后导致电解槽内槽帮动态平衡发生破坏，进而影响槽寿命的难题，建立柔性波动条件下的铝电解槽槽帮预测模型，获得铝电解槽槽帮的动态行为。在仿真软件平台上，基于有限元方法建立起可计算电流瞬态波动下的铝电解槽切片电-热瞬态强耦合模型，并提出一种不同电流瞬态波动情况的加载方法。以新型氧化铝电解槽为研究对象，对槽内受瞬时电流波动影响的电场变化、温度分布变化和槽帮行为进行数值解析，分析各种槽在电流波动情况下，槽帮形状、温度分布、电解槽散热的变化情况，在此基础之上，对电解槽的运行状态进行评估。

在电-热耦合计算槽帮的模型中，本节设计的电流波动曲线如图 13-40 所示。图中 I_0 表示电解槽正常运行条件下的电流大小，kI_0 表示电流波动时的电流大小；t_1～t_2 这段时间表示电解槽处于正常电流时的运行状态；t_2～t_3 这段时间表示电流波动的持续时间；t_3～t_4 这段时间表示电流恢复到正常电流值的时间。值得说明的是，在实际运行中，将会严格根据实际的电流波动曲线，作为槽帮热场的输入条件，图 13-40 的曲线仅为一个示例。

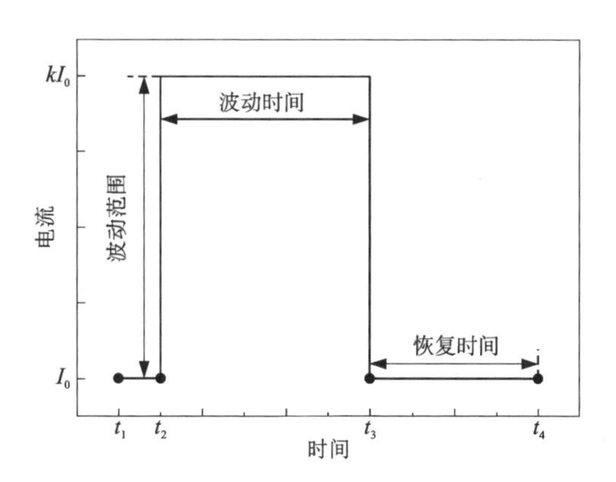

图 13-40　某瞬态电流波动加载示意图

在建立完模型、确定了材料属性和边界条件的加载方式后，需设置单元类型并进行网格的划分，该模型中导电材料采用 solid69 电-热实体单元，非导电部分采用 solid70 热实体单元。划分网格后所得到的有限元模型如图 13-41(a)所示，对于该模型中的槽帮部分，由于电流增大导致热收入增加，槽帮可能会发生融化，为了更准确地反映槽帮在电流波动期间的变化，将其网格进行了加密优化处理，如图 13-41(b)所示。在划分网格的过程中，绝大部分按照六面体网格进行划分，只有在不规则的角部区域采用四面体网格划分，以最大程度上保证求解结果的准确性。

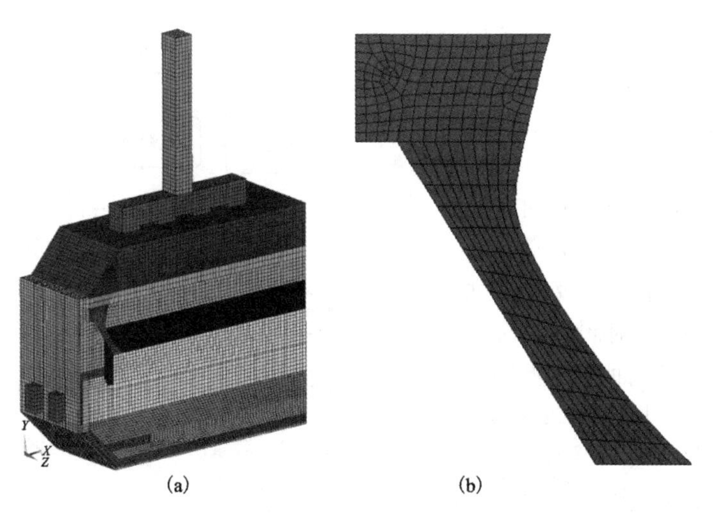

图 13-41　某铝电解槽切片模型网格示意图

本研究的技术路线具体分为以下几个步骤：

(1)以预设槽帮在 ANSYS 软件平台建立起稳态电热场强耦合模型，然后进行槽帮表面坐标的反复迭代计算，从而获得正常电流下的槽帮形状和电解槽温度场分布。

(2)在 ANSYS 中导入第(1)步经槽帮迭代后所建立好的有限元模型，然后输入瞬态求解的 APDL，输入 3 个瞬态电流加载求解时段：$t_1 \sim t_2$ 时段，关闭时间积分(timint, off)，将该时段设置为很小的一段时间 0.001 s，这意味着在这段时间内，对该模型的求解处于一个稳态求解过程，这段时间内可求得电解槽正常电流运行下的温度场分布；以 $t_1 \sim t_2$ 时段求得的温度场为初始值，然后在 t_2 时刻打开时间积分(timint, on)，并设定在 $t_1 \sim t_2$ 时段波动电流的大小和电流波动持续的时间；最后保持时间积分为打开状态，在 $t_1 \sim t_2$ 时段设置成正常电流大小，并设置电流正常后计算的时间。

(3)进行电流波动时的瞬态电-热场强耦合求解，并分析电解槽各部分的温度场、槽帮形状、电解槽散热情况随时间的变化情况，对电解槽的热平衡状态，特别是槽帮行为进行分析和判定。

13.2.2　面向新能源波动的铝电解槽寿命预测模型

以槽帮和阴极行为为关键因素，融合新型氧化铝场景下的其他影响因素，构建铝电解槽寿命预测模型。即，基于整合及数据挖掘得到的数据模型，对重要参数的影响因子进行分析调整，并根据验证结果进行优化，获得炭素阴极制备过程中的重要理化数据及工艺参数与阴极成品服役周期的关系数据，构建合理的生命周期分析模型，根据生产及服役过程中的理化数据对阴极生命周期进行预测，对面向新能源波动下的槽寿命提出建议方案，并根据试验数据不断优化模型。拟采取的数据处理技术路线如图 13-42 所示。

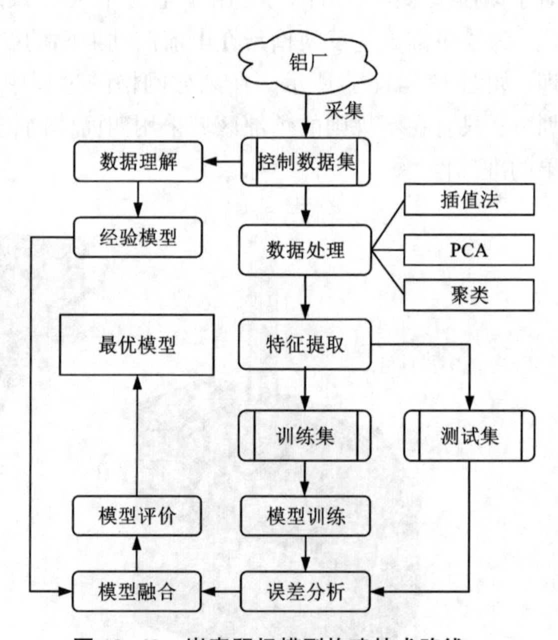

图 13-42　炭素阴极模型构建技术路线

13.3　面向新能源消纳的槽结构优化及散热结构设计

13.3.1　铝电解槽内衬保温结构优化设计

基于大范围能量输入波动和新型氧化铝使用场景下的铝电解槽热平衡仿真模型，对电解槽的内衬结构、上部保温料的厚度及材质等，进行系统的计算与优化，获得电解槽在大范围能量输入波动和新型氧化铝使用场景下能实现动态热平衡的最优化保温结构设计。

当电流增大时，各区域的温度都发生了变化，虽然变化不尽相同，但是都表现出了一定的规律性。电流的增大必定会导致焦耳热的增加，特别是电解质区域(电阻率最大)，从而导致电解槽的热收入的增大。那么当热收入增加的同时电解槽的散热是否也会增加，电解槽侧部的散热速率会不会也随着槽壳温度的增加而增大，都需要给出一个确切的答案。

因此针对内衬结构的优化，首先根据电流波动下瞬态电-热强耦合模型的计算结果，对槽周各区域散热的变化情况进行统计分析，进而提出散热的工艺调整措施并进行相应的仿真计算验证，最终获得最优化的内衬保温结构。

案例分析：如当电流分别增大 2%、5%、8%和 10%四种情况下该电解槽各散热区域散热速率随时间的变化情况，如表 13-8~表 13-11 所示。当电流增大 2%时，电解槽各区域散热速率基本未发生变化，当电流分别增大 25%、8%和 10%时，随着时间的推移，熔体区域槽壳散热速率变化最大，其次是阴极区域槽壳、阳极覆盖料、阳极钢爪和导杆等区域。散热速率变化最小的区域是电解槽底部，基本未发生任何变化。为了更清晰地观察散热速率变化较大的溶体和阴极槽壳散热速率在不同电流波动幅度下随时间的变化情况，将熔体和阴极区槽壳 4 个时段(0~2 h、2~4 h、4~6 h、6~8 h)的散热速率变化量作图，如图 13-43 所示。

由此可以看出，在 0~2 h 时段无论电流波动幅度多大，槽壳的散热速率变化量都很小，但是随着时间的增加以及电流波动幅度的增大，槽壳的散热速率均发生了巨大变化，特别是在 4 h 之后。对比前述槽帮形状的变化以及槽壳温度的变化情况可知，当电流增大幅度大于 5%并持续 4 h 后，电解槽槽帮已经开始融化，从而导致槽帮厚度变薄，因此将从侧部槽壳散失更多的热量，特别是熔体区附近的槽壳，散热速率变化最大。底部槽壳的散热速率基本不变，这是因为电解槽这个方向的保温性能很好，中间很多属于保温材料，因此电流波动对底部槽壳温度分布的影响非常小，对其散热速率的影响也微乎其微。

总体来看，当电流增加时，虽然随着电流波动幅度的增加以及时间的推移，炉帮会发生融化，从而使部分过多的热量得以从电解槽侧部快速散失，由此电解槽侧部散热速率的变化也最大，电解槽想通过“自平衡”调节达到一个新的热平衡状态，但是从变化的数量上来看，散热速率的增加量变化很小。

表 13-8　电流增加 2%时散热变化情况

时间/h	散热量/kW						
	阳极钢爪和导杆	覆盖料	熔体区槽壳	阴极区槽壳	钢棒	底部	出铝和烟道端槽壳
2	4.116	3.316	2.469	1.684	0.687	0.568	0.555
4	4.123	3.319	2.474	1.688	0.688	0.568	0.556
6	4.130	3.324	2.480	1.691	0.690	0.568	0.556
8	4.136	3.329	2.485	1.694	0.691	0.568	0.557

表 13-9　电流增加 5%时散热变化情况

时间/h	散热量/kW						
	阳极钢爪和导杆	覆盖料	熔体区槽壳	阴极区槽壳	钢棒	底部	出铝和烟道端槽壳
2	4.133	3.318	2.471	1.688	0.691	0.567	0.556
4	4.151	3.325	2.483	1.696	0.696	0.567	0.558
6	4.169	3.337	2.503	1.708	0.699	0.567	0.560
8	4.185	3.356	2.549	1.726	0.703	0.568	0.562

表 13-10　电流增加 8%时散热变化情况

时间/h	散热量/kW						
	阳极钢爪和导杆	覆盖料	熔体区槽壳	阴极区槽壳	钢棒	底部	出铝和烟道端槽壳
2	4.151	3.319	2.472	1.691	0.696	0.567	0.557
4	4.181	3.332	2.497	1.707	0.703	0.567	0.561
6	4.208	3.361	2.589	1.742	0.710	0.568	0.564
8	4.229	3.412	2.727	1.786	0.717	0.568	0.568

表 13-11　电流增加 10%时散热变化情况

时间/h	散热量/kW						
	阳极钢爪和导杆	覆盖料	熔体区槽壳	阴极区槽壳	钢棒	底部	出铝和烟道端槽壳
2	4.162	3.320	2.473	1.693	0.699	0.567	0.558
4	4.201	3.340	2.531	1.718	0.708	0.567	0.563
6	4.234	3.397	2.727	1.784	0.718	0.568	0.568
8	4.260	3.450	2.923	1.868	0.729	0.569	0.573

当电流增大 8%并持续 8 h 时，电解槽靠近熔体区侧部槽壳的散热速率虽然约为正常电流下其散热速率的 1.18 倍，但其散热速率增大量只有 0.196 kW，而且其他区域的散热变化很少。因此，可以认为随着电流波动幅度的增大和波动时间的推移，电解槽的热收入与热损失之间的差距越来越大，电解槽的热平衡被打破得越来越严重，因此电解槽的运行稳定性将会受到越来越大的考验。

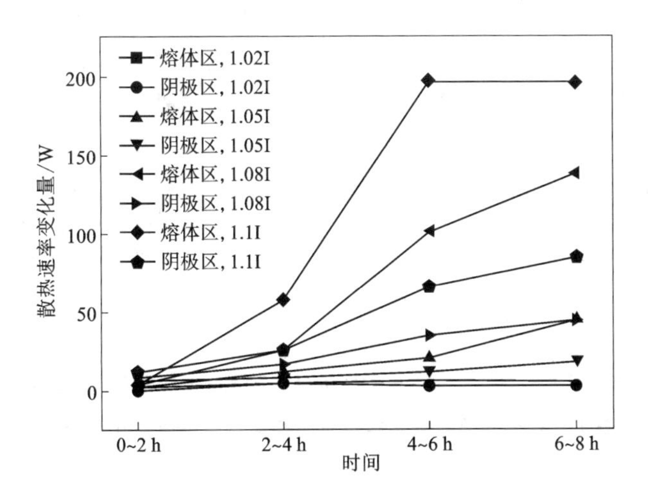

图 13-43　熔体和阴极区槽壳温度散热变化情况

总体来看，当电流波动时，增加电解槽侧部和上部散热，对维持槽热平衡效果最好，在工艺调整上也比较容易实施。对比图中曲线可知，当对流换热系数增加相同的倍数时，在电解槽侧部增强散热对维持电解槽的热平衡效果更佳。

13.3.2 铝电解槽侧部可控散热结构设计

为有利于铝电解在大范围能量输入波动和新型氧化铝使用场景下实现动态热平衡，本节将目前电解槽侧部散热不可控改造为可控的技术方案，并建立用于可控散热结构设计的热平衡技术模型，对可控散热的整体、装置、材料及运行条件等进行仿真优化计算，结合槽内热平衡及炉帮形状的共同评估，获得最佳结果。

同样采用前述方法，对电解槽的电热场模型进行计算，并对侧部的散热结构进行优化，设计一种可控的侧部换热结构。以下为一个初步探索的案例。

针对电流波动后电解槽热平衡受破坏无法短时间建立新的热平衡问题，设计了电解槽侧部散热装置，并通过烟气流量控制模块进行铝电解槽的热平衡调节，以及覆盖料厚度的动态工艺调整。通过上述工艺调整，使电解质的温度可以在短时间内快速恢复至正常电流状态，进而实现电解槽热平衡的快速调节，验证了本部分热平衡调节方案的可行性，如图 13-44 所示。

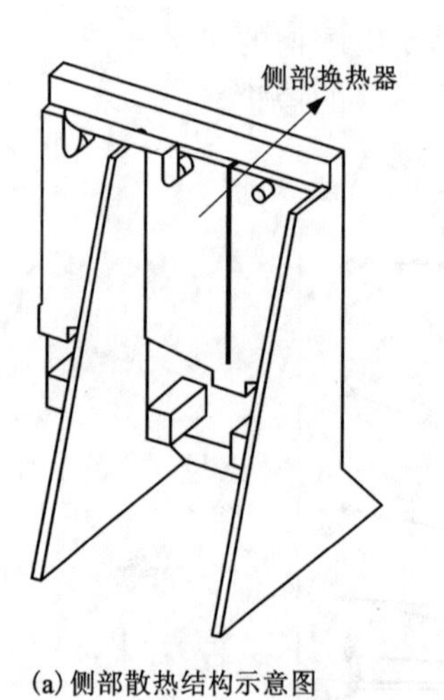

(a) 侧部散热结构示意图

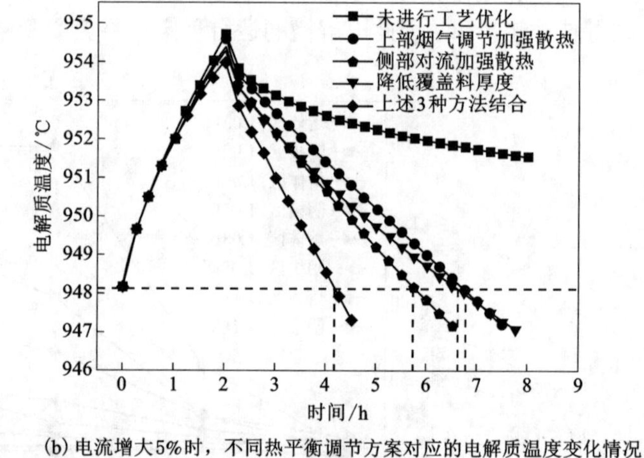

(b) 电流增大5%时，不同热平衡调节方案对应的电解质温度变化情况

图 13-44　侧部散热结构示意图和电解质温度变化情况图

13.3.3 铝电解槽母线结构优化设计

基于大范围能量输入波动和新型氧化铝使用场景下的铝电解槽磁流体仿真模型，对电解槽母线结构进行深入优化，特别是在对母线自身温度及安全性、熔体流速场及铝液-电解质界面波动等进行评估下，实现电解槽在大范围电流波动下的磁流体动态平衡，并保证一定的波动预留空间。

如前所述，槽结构确定后，槽内导体及槽壳所产生的磁场已基本固定，所以母线部分的设计对整个电解槽的磁场平衡尤为重要，母线部分的设计也变得越来越复杂，按其对电解槽磁场的作用，可以分为槽底回流母线、端部回流母线、阳极立柱母线、阳极横梁母线等。要对超大型电解槽进行母线部分的设计，就需要对其各个组成部分的作用进行初步分析。以下的计算分析中槽内导体中未施加电流，结果仅为母线所产生的磁场。

端部回流是指从阴极钢棒流出的电流经电解槽两端流过电解槽而导入阳极立柱母线。图 13-45～图 13-47 是一根阴极钢棒流出的电流，理想状况即 10 kA 大小的电流在一定的高度由出铝端流过电解槽所得到的磁场分布情况。

图 13-45　端部回流母线产生的 x 方向水平磁场特征图

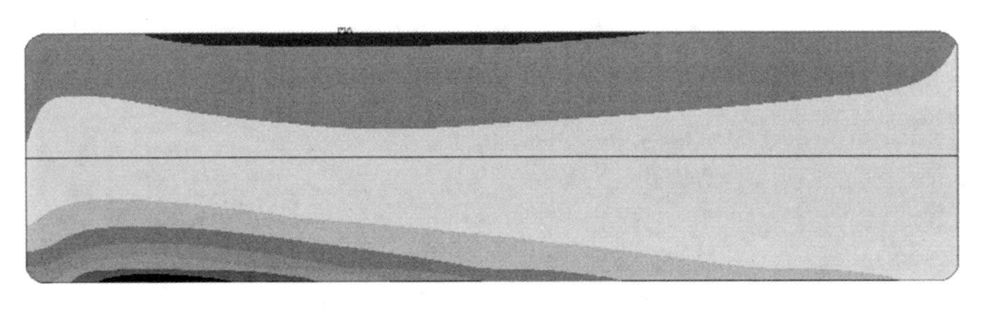

图 13-46　端部回流母线产生的 y 方向水平磁场特征图

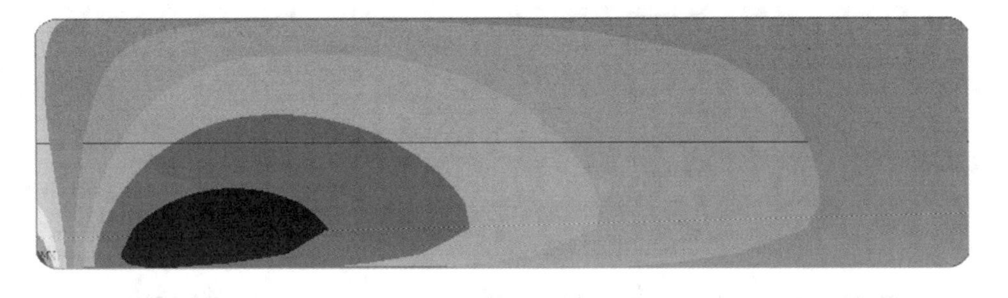

图 13-47　端部回流母线产生的垂直磁场特征图

如图 13-45~图 13-47 所示，由于该部分母线基本都是水平的，它产生的水平磁场基本是可以忽略的。但正是由于这样，使得它在端部，特别是角部位置产生了很强的负方向垂直磁场。

槽底回流是指从阴极钢棒流出的电流经电解槽底部流过电解槽而导入立柱母线。图 13-48~图 13-50 是一根阴极钢棒流出的电流，理想状况即 10 kA 大小的电流在 x 轴中心处由槽底端流过电解槽所得到的磁场分布情况。

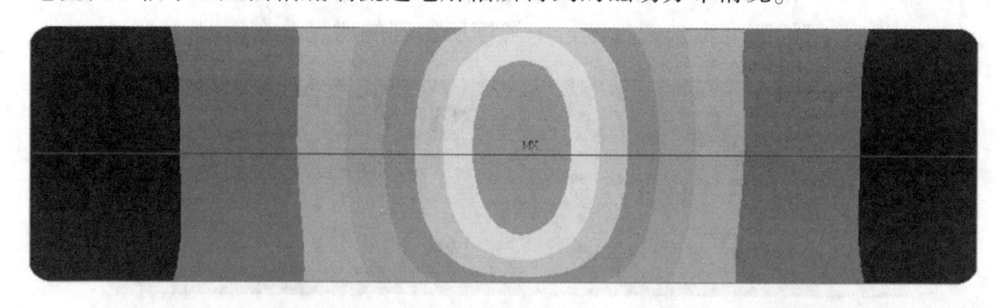

图 13-48　槽底回流母线产生的 x 方向水平磁场特征图

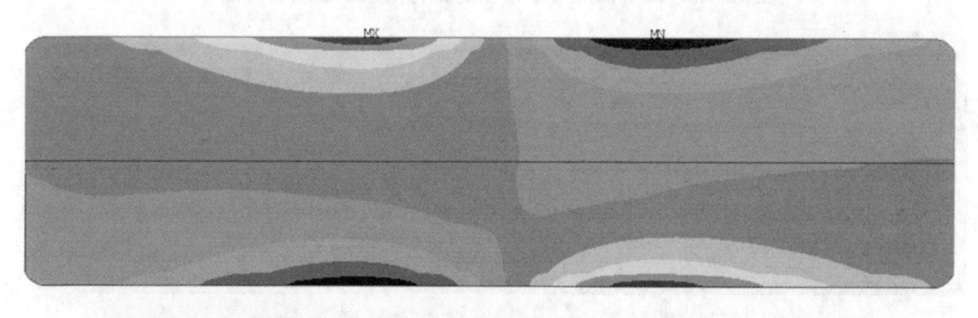

图 13-49　槽底回流母线产生的 y 方向水平磁场特征图

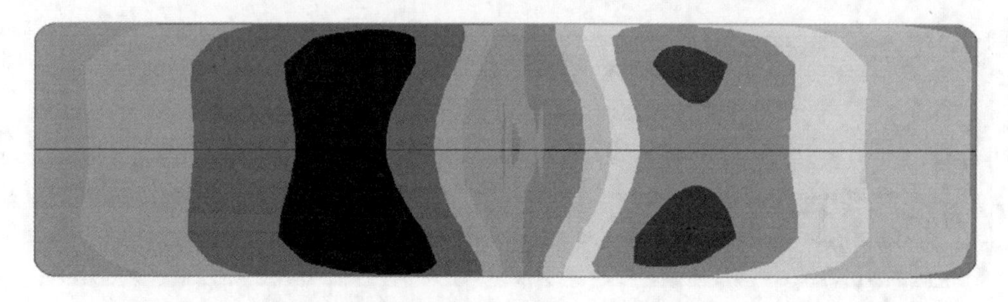

图 13-50　槽底回流母线产生的 z 方向水平磁场特征图

由此可以看出，与以上其他部分所产生的水平磁场相比，槽底回流母线产生的水平磁场相对较小；而对于垂直方向的磁场，虽然其数值也不大，但和其他部分产生的垂直磁场相比，它是不能忽略的，且由于槽底回流母线的位置、回流电流量可以较为方便的调节，我们可以利用该垂直磁场的分布特点对整个电解槽的磁场作较为细致的调节。另外，由于槽底回流母线和端部回流母线电流方向相同且并行，使得它们中间间隔的区域磁场方向相反，所以如果端部回流母线产生的磁场过大时，也可以用槽底回流母线将其减弱。

阳极立柱母线的主要作用是汇集由上一台电解槽流过来的电流，并将其较为均匀地导入本槽，所以立柱母线上通常有较大的电流量。图 13-51～图 13-53 是有 8 根阴极钢棒流出的电流量(理想状况即 80 kA 的电流)的一根立柱母线在 x 轴原点处所产生的磁场分布情况。

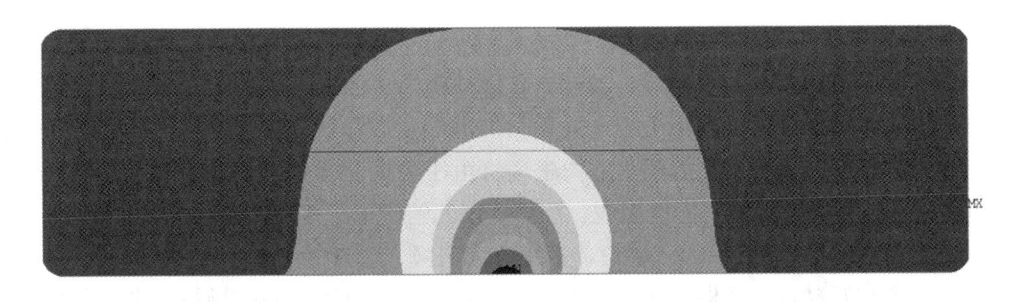

图 13-51　阳极立柱母线产生的 x 方向水平磁场特征图

图 13-52　阳极立柱母线产生的 y 方向水平磁场特征图

由此可以看出，在立柱母线附近区域产生较为密集的磁场，特别是产生了高达 4×10^{-3} T 的垂直方向磁场，这显然将在局部产生很强的磁场波动。根据图

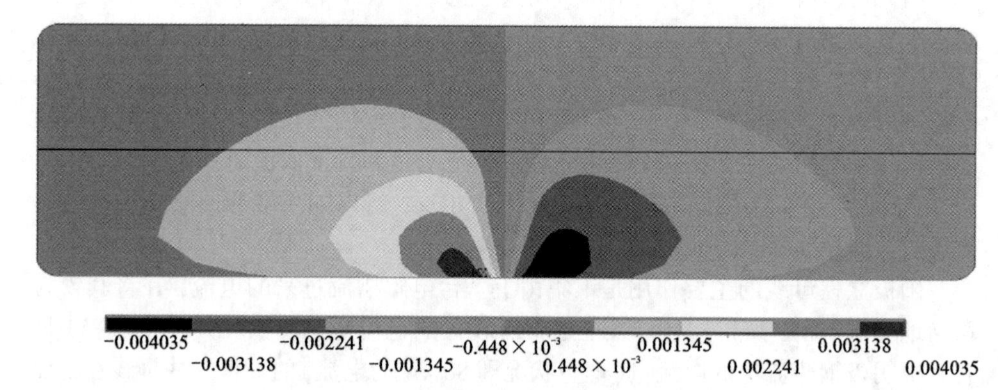

图 13-53　阳极立柱母线产生的垂直磁场特征图

13-51~图 13-53 所示，可以推断当多根立柱大面进电时，将在每根立柱位置产生很强的负方向的 x 方向磁场分量，而且这与槽内导体部分在该方向上所产生的磁场方向相同，显然这将很大程度地加强进电侧 x 方向的磁场；多根立柱母线大面进电的情况，各根立柱间的 y 方向磁场将由于方向相反而减弱，而对于两个端部，特别是角部，由于不能被减弱，将产生较大的磁场，其中进电侧-出铝端角部为负方向磁场，进电侧-烟道端角部为正方向磁场，这与槽内导体在两端产生的 y 方向磁场相互减弱；多根立柱母线大面进电时在 z 方向产生的磁场与 y 方向的磁场类似，只不过是方向正好相反，即它将会在进电侧-出铝端产生很强的正方向垂直磁场，在进电侧-烟道端角部产生很强的负方向垂直磁场，与槽内导体以及端部回流母线在角部产生的垂直磁场相比，方向正好相反，使得进电侧两个角部的垂直磁场能够平衡。

对于一种确定的槽结构和立柱母线配置，横梁母线部分的电场和磁场基本就可以确定下来。图 13-54~图 13-56 为上述确定的槽结构、立柱母线等条件下，横梁母线部分所产生磁场的分布情况。还有其他部分的母线，如钢爪、软母线和焊接部分等，由于其产生的磁场较小或相互之间基本抵消，所以整体设计时不作为主要因素考虑。

由此可以看出，横梁母线部分产生了一定的负 x 方向的水平磁场；y 方向的水平磁场的最值出现在四个角部，会与槽内导体部分产生的 y 方向的磁场叠加，从而使得出电侧-出铝端角部的负方向磁场和出电侧-烟道端角部的正方向磁场减弱，而另两个角部的磁场被增强。因此，其基本分布规律和槽内导体部分产生的分布规律类似。值得注意的是，横梁母线在出铝端产生了正方向的 2.3×10^{-3} T 的垂直磁场，烟道端产生同等大小的负方向垂直磁场，可以估计，该磁场能够一定程度地减弱端部回流母线所产生的垂直磁场。

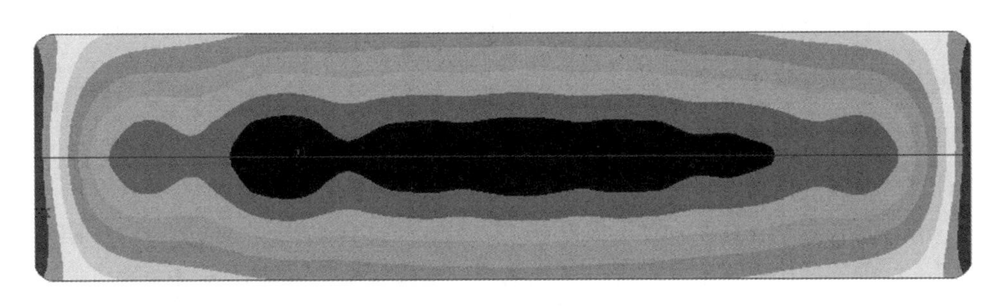

图 13-54　阳极横梁母线产生的 *x* 方向水平磁场特征图

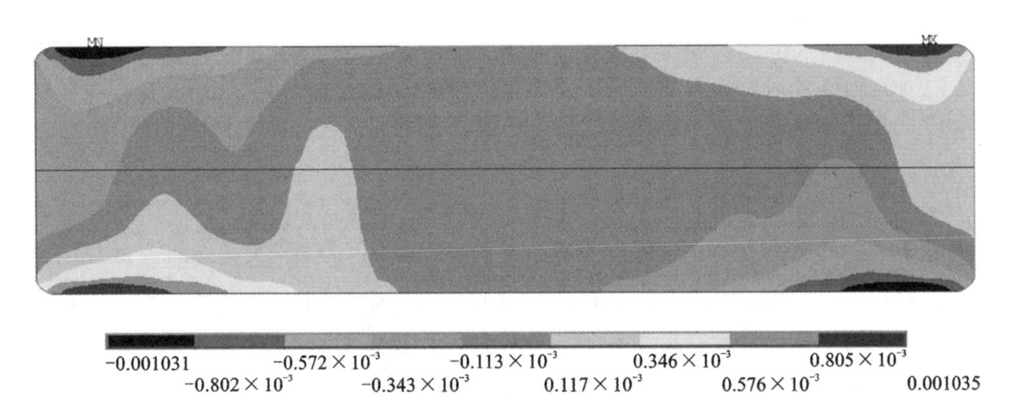

图 13-55　阳极横梁母线产生的 *y* 方向水平磁场特征图

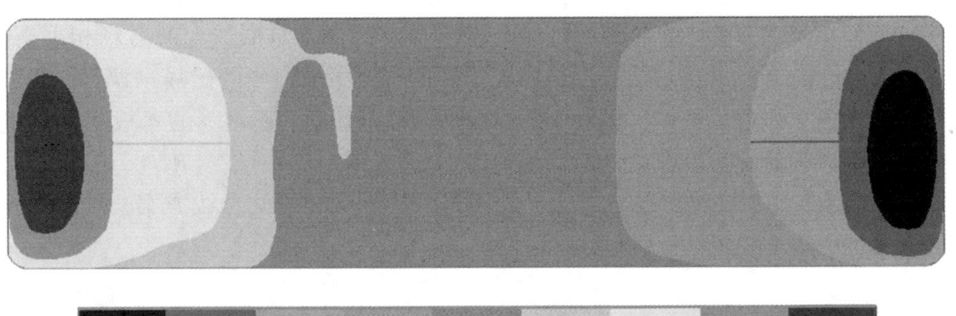

图 13-56　阳极横梁母线产生的垂直磁场特征图

以上是将铝电解槽分解至各个组成部分，对各部分所产生的磁场特征进行的试验分析。反过来思考，我们便可以利用这些特征，以磁场平衡为导向，对各个部分进行有效的调节和组合，以便很快地得到有较好磁场分布的铝电解槽。以下将介绍采用该思路进行的铝电解槽的磁场设计。

第一步，确定槽结构，对槽内实体及槽壳部分的磁场进行计算。

第二步，考虑相邻电解槽的影响。由第 3 章的论述可知，同厂房中相邻电解槽对本槽的磁场有较大的影响，350 kA 系列电解槽在考虑上下游各三台电解槽时，其计算结果较为准确。对于本电解槽系列，经过计算比较，在上下游各四台电解槽情况下，其磁场才可以认为是准确的。所以接下来必须在考虑相邻电解槽情况下进行磁场设计，才能使得得到的磁场是可用的。

第三步，确定立柱母线的配置方案。立柱母线可以调节的主要参数包括立柱根数、各根的位置、各根的电流量等。

首先，确定立柱的根数。对于超大型电解槽系列，由于电流过于强大，如果立柱根数较少，可能会使得电解槽中电流分布不均，而选用立柱根数太多，则会使得电解槽结构的复杂性和成本增加。根据经验，确定立柱根数在6~8 根时较为可行，所以需要对 6 根、7 根、8 根立柱母线的情况分别进行计算分析，以下以 7 根立柱为例进行分析说明。

之后，确定每根立柱母线的位置。如前所述，立柱母线的主要作用是将电流较为均匀地导入电解槽中，这即是说，我们可以尽量均匀地排列各根立柱。但对于确定的阳极数目，由于与横梁母线的连接问题，阳极钢爪的位置也可能会影响立柱母线的位置。根据这两条限制，立柱母线的位置就较容易确定了。对于 7 根立柱的情况，我们可以采用沿 x 轴原点完全对称的分布。

最后为各根立柱母线电流量的确定。前面研究立柱母线的磁场分布特点时，我们得出阳极立柱母线会在进电侧两个角部产生较大的垂直磁场，而这个磁场需要与其他部分，特别是端部回流母线和槽内导体部分在角部产生的磁场相平衡，所以各立柱的电流量需要结合端部回流母线的电流量所产生的磁场来调节，这里初步假设各立柱电流平均，都为 8 根阴极钢棒的电流量，还剩下的 4 根阴极钢棒电流先不进行分配。

第四步，添加横梁母线。对于已经确定的槽结构和立柱母线方案，横梁母线的结构也已基本确定。

第 14 章
多能耦合系统多时间尺度协同的综合能量管理

14.1　多能耦合系统异质能量转换建模方法

多能耦合系统中包含冷、热、电、气等多个领域的能量，通过冷热电联产装置(CCHP)、分布式能源发电机组、储能装置、能量管理装置等一系列设备实现不同能量之间的转换、消耗与传递。在建立区域优化模型前，对这些设备进行数学描述，并介绍其原理与运行参数，能够更好地分析系统在生产、运输、存储以及使用过程中不同设备之间的耦合关系，实现异质化能源的梯级利用与多能互补。

14.1.1　分布式光伏发电模型

目前，光伏发电是一项市场上技术较为成熟的太阳能利用模式，推广光电技术能够有效改善当地能源结构，并促进“碳中和”行动的进行。分布式光伏发电单元组件有：光伏发电电池板、蓄电池、并网逆变装置、充电控制装置与超级电容适配器。利用分布式光伏发电设备将可收集的太阳能转化为用户需要的电能，并鼓励用户在满足自身使用的基础上，将自身使用后的多余电量传输入网，对当地太阳能进行高效利用。相比于传统光伏电站，分布式光伏发电设备不仅能够有效提高能源利用效率，且能减少电力在升压及运输途中的消耗，具有清洁可靠、使用寿命较长等优势。然而，光伏发电具有间歇性与波动性，故带来了发电具有不确定性的问题；但整体而言，其接近用户侧，在园区综合能源系统中能够很好地满足用户的电负荷需求，发挥削峰填谷的作用，有效降低园区的用能成本。

分布式光伏发电系统进行光电转换的主要原理为光生伏特效应：当光伏电池受到太阳光直射后，光伏电池吸收了部分辐射能，并产生了空穴-电子对。空穴与电子在内部电场作用下分别向 P 区、N 区移动，使得 P 区、N 区分别带正负电荷，由此在 PN 结附近产生一个与内部电厂方向相反的电压。此时，将 P 区、N 区同时接上导线连上负载，则会有电流通过。而此时产生的电流为直流电，且电压与功率太小，无法直接参与电网的调度运行，需要将大量光伏电池串并联组成光伏阵列，并通过并网逆变装置等电子装置来对其进行交直流转换。换流器可以实现光伏阵列的交直流转换与离并网状态的切换。由于光照强度等气候的不确定性导致光伏阵列的输出电压与功率表现为非线性状态，因此必定存在一个输出功率最大化的功率输出点(MPP)。为了尽可能地在相同光照与电池结温条件下输出更大地功率，通常光伏发电电池处于照最大功率点跟踪模式(MGCC)下运行出力，其功率表达式为：

$$P^{PV}=f^{PV\_R}\cdot\frac{1}{I^{STC}}\cdot[1+\beta\cdot(T^{PV}-T^{PV\_R})] \tag{14-1}$$

式中：P^{PV} 为光电设备输出功率；f^{PV} 为光伏发电系统降额因数，代表光伏电池受外界磨损或污渍影响所带来的物理性能衰退影响；I 为电池所接收到的即时辐射度；I^{STC} 为电池在标准测试下所接受的辐射度；p^{PV_R} 为光伏发电系统所发出的额定功率；β 用来表述系统内部温度对电池输出功率的影响，为光伏电池效率温度系数；T^{PV} 为电池运行时系统即时温度；T^{PV_R} 为电池运行时系统额定温度，此处取 25 ℃。由公式可以看出分布式光伏发电系统的出力与外界的辐射度与温度等因素有关。

14.1.2 冷热电联产装置模型

CCHP(combined cooling heating and power)装置因能源效率高而在综合能源系统中被广泛使用，其通常由燃料发电动力设备、锅炉、换热装置、吸收式制冷设备共同构成。系统通过燃烧外部燃料网络所运输进入的煤炭以产生高品位热能，产生的热气带动发电机运作产生电能与中品味级别热能。同时这些中品味热能可以通过吸收式制冷机进行制冷，从而完成冷热电联供。CCHP 装置运行过程中既能够利用高品位热能生产优质电能，又能够充分利用低品位热能完成对热网的供能，是一种同时承担着电能与热能输出，并充分考虑能量梯级利用概念的综合能源设备。

CCHP 装置的动力发电设备一般有微燃机、内燃机与燃气轮机。通过消耗燃料产生热气，从而推动设备内部叶轮做功发电。区域综合能源系统中所使用大部分动力发电装置为微燃机。其多采用回热循环模式，对比传统燃煤纳米碳氢机组，它具有产生有害物质少、体积小、控制方便等优势。微燃机单独发电效率在30%左右，其 200~300 ℃的高温尾气经过余热回收装置处理后可对热网进行供能，使得其总的能源利用率达到 75%~90%。微燃机所产生的发电功率和发热功率与其所输入的天然气之间的对应关系的表达式为：

$$P_{MT}(t)=\eta_{MT}L_{NG}V_{MT}(t) \tag{14-2}$$

$$H_{MT}(t)=\frac{P_{MT}(t)(1-\eta_{MT})}{\eta_{MT}}C_{MT} \tag{14-3}$$

式中：$P_{MT}(t)$为微燃机所输出电功率；$V_{MT}(t)$为 t 时刻微燃机的单位时间所消耗天然气的量；L_{NG} 为天然气低热值，取 9.7 (kW·h)/m³；$H_{MT}(t)$为烟气余热功率；η_{MT} 为微燃机发电效率，取值为 0.3；C_{MT} 为余热回收系数，取值为 0.8。

CCHP 系统在烟气的回收处理上具有以下三种模式：①对于需要蒸汽的建筑类型(如医院需要蒸汽消毒)，余热锅炉回收发电设备所生产的高温烟气转换产生为蒸汽，在冬、夏季分别供给热交换器与吸收式制冷机；②将发电设备所产生的排气直接输送给排气再燃型与排气直热型吸收式制冷机来满足用户的冷热负荷；③由于燃烧煤炭后烟气中具有大量冷凝余热，吸收式装置直接使用生产过程中的经高温水回收利用后的烟气，在冬、夏季分别作双效制冷剂与单效吸收式热泵使用。在热电联供装置与储热设备不能够满足用户热负荷需求时，需要通过锅炉设备出力来满足这部分热负荷需求。

一般区域系统中利用电制冷设备与 LiBr 吸收式制冷设备作为余热回收装置。溴化锂吸收式制冷机组由蒸发装置、吸收装置、发生装置与冷凝装置等部件构成。吸收式制冷机将溴化锂与液态水分别作为吸收剂与制冷剂，通过利用液态水在真空下蒸发为水蒸气，改变水的状态完成吸热来实现制冷。在吸收器中溴化锂溶液吸收液态水蒸发后所形成的冷剂蒸汽完成了稀释；后在发生装置中通过热能将溶液加热，使水分离，将溶液完成了浓缩；在冷凝装置中，使蒸汽再次凝结成液态后输送至蒸发器进行新的循环，从而实现持续循环制冷。电制冷机所做功出力能力与单机容量、冷却水温度有关。可根据实际情况合理配置电制冷机与 LiBr 吸收式制冷机，其在系统中的数学模型如下：

$$C_{EC}(t)=P_{BC}(t)R_{EC} \tag{14-4}$$

$$C_{LiBr}(t)=H_{BC}(t)\eta_{BC} \tag{14-5}$$

式中：$C_{EC}(t)$ 与 $C_{LiBr}(t)$分别为电制冷设备与 LiBr 吸收式制冷设备的制冷功率；$P_{EC}(t)$为 t 时刻电制冷设备消耗的电功率值；$H_{EC}(t)$为 t 时刻 LiBr 吸收式制冷设备消耗热功率数值；R_{EC} 为制冷机能效比；η_{AC}为制冷系数。

CCHP 系统通常具有电定热 (following the electric load, FEL) 与热定电 (following the thermal load, FTL)这两种不同的工作方式。热定电模式下以热负荷需求确定 CCHP 系统的燃气需求量；电定热模式下则由电负荷需求来计算 CCHP 系统的燃气需求量。CCHP 系统优势在于：具有较高的能源利用率与节能率，能够更好地实现能源的梯级利用；无须架设配套配电站，且传输损耗小，具有较低的建设成本；能够针对区域用户用能情况削峰填谷，在用电峰期多利用天然气，在用电谷期多利用电能；具有良好的智能化信息管理与控制单元，为实现网络互连的区域综合能源站打下基础。

14.1.3　锅炉模型

在园区综合能源系统中，按输入能源种类的不同，锅炉类型可划分为电锅炉、燃气锅炉与余热锅炉。余热锅炉通过中品味热能产生热能，能够更好地利用资源；燃气锅炉通过消耗燃气产生热能，相较于传统锅炉，具有更加环保的特点；电锅炉通过消耗电能来产生热能，相较于传统锅炉，具有方便启停的特点，同时由于其相较于其他锅炉没有燃烧热损失的缘故，使得其电热转换效率可以达到90%~95%，具有更高的能源转换效率。燃气锅炉本体散热损失小于1%，其中绝大部分散热损失来自排烟损失，其热效率在排烟温度达到 150 ℃时可达到 0.9。这两种锅炉在园区内可以依据不同场景需求相互协调使用。其中燃气锅炉在能源系统中的数学模型为：

$$H_{GB}(t)=V_{GB}(t)L_{NG}\eta_{GB} \tag{14-6}$$

式中：$H_{GB}(t)$为 t 时刻燃气锅炉所输出的热功率；$V_{GB}(t)$为 t 时刻燃气锅炉消耗天然气的量；L_{NG}为天然气热值；η_{GB} 为燃气锅炉发热效率。

14.1.4 多能耦合系统建模

在能源互联网背景下，能源集线器 EH(energy hub)的概念应运而生，它将电、冷、热等多种能源有机耦合，实现能源间的梯级利用，是对综合能源单元与综合能源网络相互统一建模的尝试。从外部大电网与气网所输入的电能和天然气通过能源集线器中的不同装置来进行转换，以满足负荷侧的电力和热负荷需求。其中，用电负荷可直接通过大电网供能，也可全部或部分利用热电联产机组所产生的电能；热负荷可单独利用热电联产机组、电锅炉或燃气锅炉的一台设备供热，也可同时利用两种或三种设备供热。能源集线器能够实现多种异质化能源的互相转换，使得调度系数可以根据多种能源的成本、负荷需求和设备运行状况灵活选择，实现了多种能源流的优化分配，提高了能源供应的经济性。

能源集线器具有转换、分配、存储三个部分，能够更好地分析异质化能源地耦合关系，实现电、冷、热之间的相互转换分配与储存。其各部分模型如下：

①转换模型。转换模型无须考虑其内部能量转换具体形式，可以将其视作黑箱运行。在综合能源系统中一般是多输入多输出模式。输入变量通过矩阵 $W=[W_\alpha, W_\beta, \cdots, W_\omega]$来表示电网、热网输入功率与分布式电源发电的功率；输出变量通过矩阵 $L=[L_\alpha, L_\beta, \cdots, L_\omega]^T$ 来表示，可表示为能量转换器所接负荷向量，如冷热负荷；其通用能量转换耦合矩阵为

$$L=CW \tag{14-7}$$

$$C=\begin{bmatrix} C_{\alpha\alpha} & C_{\beta\alpha} & \cdots & C_{\omega\alpha} \\ C_{\alpha\beta} & C_{\beta\beta} & \cdots & C_{\omega\alpha} \\ \vdots & \vdots & \ddots & \vdots \\ C_{\alpha\omega} & C_{\beta\omega} & \cdots & C_{\omega\omega} \end{bmatrix} \tag{14-8}$$

式中：C 为转换耦合矩阵；$C_{\alpha\beta}$ 为 β 能源通过转换设备后变为 α 能源的耦合系数，表示着特定的输入与输出之间的耦合关系。

②分配模型。因为在综合能源系统中存在某一能源流，在某一个节点同时能够为几个设备出力供能的现象。在多输入输出的状况下需要引入调度因子来表述在该节点转换该能源所有输入的分配系数。输入功率在一个输入节点处的分配如图 14-1 所示。

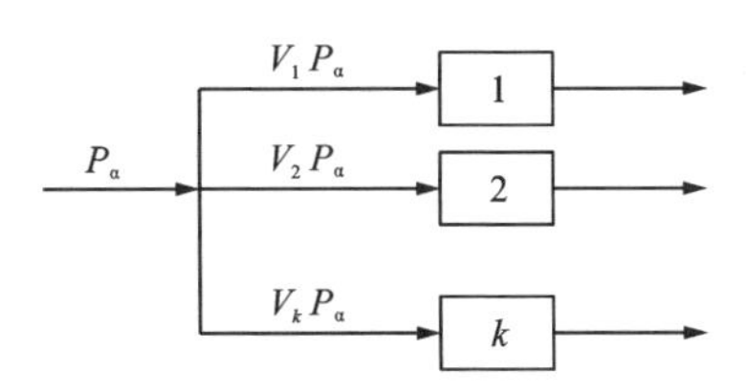

P_α 表示 N_α 个转换器的输入功率之和；$P_{\alpha k}$ 表示为第 k 个转换器的输入功率值，通过公式 $P_{\alpha k}=P_\alpha v_{\alpha k}$，$k=1, 2, \cdots, N_\alpha$ 计算获得。$v_{\alpha k}$ 为调度因子，是 P_α 分配传输给第 k 个转换器的百分比值，其中在一个节点的所有调度因子的和应为 1。

图 14-1　能源集线器分配模型示意图

③存储模型。在储能设备的通用模型中，储能设备通过一个存储端口以及一个理想储能元件构成。存储接口能够将储能装置的交换能量转换成其他形式的能量并进行存储。存储接口模型中稳态输出和输出功率满足：

$$\tilde{Q}_\alpha=k_\alpha Q_\alpha \tag{14-9}$$

$$k_\alpha=\begin{cases}k_\alpha^+ & Q_\alpha\geqslant 0\\ \dfrac{1}{k_\alpha^-} & Q_\alpha<0\end{cases} \tag{14-10}$$

式中：k_α 为系统交换功率对储能的影响系数，由功率方向影响；k_α^+ 和 k_α^- 分别为系统充、放能时的效率。

14.2　面向“端边云”三位一体的信息-物理接口分析

传统的云计算技术，将工作流中的所有子任务均上传到云数据中心去处理，不仅仅增加了网络带宽负载，加大了任务数据传输时间，同时还给自身续航能力有限的智能终端带来了巨大的挑战。为解决智能终端计算、存储、续航等能力不足的问题，边缘计算(edge computing，EC)，作为一种新型的计算模式，通过充分利用靠近设备终端的网络、计算、存储等资源来提供就近服务。它支持将各类计算任务就近卸载到边缘服务器去执行，有效解决将任务直接上传到云数据中心带来的高延时问题，提升任务处理实时性，缓解网络带宽的压力。在工作流执行过程中，对数据处理效率、网络服务质量等提出了更高的要求，需要端边云三层异构资源进行有效协同，才能弥补智能终端自身续航、计算能力和存储能力等方面的不足。

14.2.1 孤岛微电网 SCADA 系统与通信网络

SCADA 系统是数据采集与监视控制系统，是以计算机为基础的生产过程控制与调度自动化系统，它是 EMS 的一个最主要的子系统之一，在电网调度中发挥着重要的作用。它可以对现场的一次设备进行监视和控制，实现数据采集与显示、设备控制、参数调节以及各类信号报警等各项功能。

本节的孤岛微电网 SCADA 系统可以通过通信网络收集纳米碳氢热电联产火电厂、光伏发电站、电解铝厂和输电线路的本地监控系统采集的数据，并在人机交互界面上通过表格、图像等方式显示出来，供工作人员监视和操作，改变孤岛微电网系统终端设备运行方式，实现远程监控。

14.2.1.1 通信网络

SCADA 系统采集全网数据离不开通信网络的支持，针对不同系统的位置、环境条件、运行要求等特点可以选择采用不同的通信方式和通信协议。由于本节的孤岛微电网系统建设在内蒙古自治区鄂尔多斯市，具有环境条件复杂、设备维护困难等特点，对通信网络有以下几点要求：

高经济性。选用通信方式时，在保证孤岛微电网系统的安全稳定运行的前提下，要重视通信网络的经济性，综合考虑通信介质材料、通信接口转换设备、通信网络维护等各方面的成本，保证孤岛微电网通信网络投入的经济性。

高综合性。孤岛微电网系统组成复杂，主要包括纳米碳氢燃料机组、光伏发电站、电解铝厂和输电线路，系统中有电-热(汽)耦合，其信息种类复杂，包括断路器等开关状态量、传感器测量数据、控制命令等，因此，需要通信网络具有较强的信息综合能力，能够融合不同的数据类型，保证复杂的信息流可靠传输。

高灵活性。一方面孤岛微电网终端物理设备类型众多，来自不同的生产厂家，支持不同的通信接口和协议，需要到许多通信接口转换设备，所以，通信网络应能够灵活进行不同的通信规约转换；另一方面，网络节点应能实现“即插即用”，网络拓扑结构变化灵活、扩展能力强的功能。

高可靠性。由于孤岛微电网所处环境较恶劣，设备维护困难、代价大，这就对通信的可靠性提出比较高的要求。比如通信网络要保证一定的冗余性，能够应对一般故障情况，具备快速恢复能力，且对系统发生故障也要求有一定的检测能力。

基于以上孤岛微电网系统对通信网络几点要求的考虑，提出了以下几种通信方式。

1. 通信方式

根据国际电工委员会(IEC)的定义：现场总线是连接现场智能设备和电网自动化系统的数字式、双向传输、多分支结构的通信网络。由于很多智能电表增加了通信接口(如 RS-458/232 等)，以数字通信方式代替了模拟信号传输，这些电表的通信标准只定义了物理层上的电气特性，而对于数据链路层和应用层等以上层次都没有统一的定义，致使不同仪表使用的通信协议有所不同。为了使通信标准得到统一，由现场总线组成了开放互联系统。但现场总线速度低，支持的应用有限，不便与 Internet 集成。于是，通信速度高、成本低且易与 Internet 连接的以太网开始在电网中得到广泛的应用。但以太网具有通信不确定性、不适用于恶劣的发电、输电、变电、用电现场环境等缺点，以太网一般用于监控系统站控层各工作站的连接，现场总线用于现场智能电子设备的互联，所以以太网与现场总线相结合的通信网络在电网智能控制领域得到了广泛的应用。

(1)CAN 现场总线

CAN 是控制器局域网，是国际上应用最广泛的现场总线之一。CAN 是支持分布式和实时控制的一种串行通信网络，其最大特点是废除了传统的站地址编码，而对通信数据块进行编码，通信实时性好、速度快，硬件简单，特别适合于电网监控设备的互联。它可以以双绞线、同轴电缆、光纤等作为传输介质，实现现场物理设备的连接。CAN 总线通信接口集成了 CAN 协议的物理层和数据链路层功能，可完成对通信数据的成帧处理，CAN 现场总线有很强的检错能力以及优先权和仲裁功能，能在高噪声强干扰的环境中使用，它的最高通信速率可达 1 Mbps，但此时通信距离只有 40 m，最远通信距离可达 10 km，可应用于发电厂、变电站、电解铝厂等环境条件恶劣的现场中。

CAN 为多主多从工作方式，网络上任意节点都可以主动地向其他节点传输信息，不区分主从节点，通信方式灵活，无须站地址等节点信息。另外，网络上的节点信息区分了优先级，可以满足实时性要求。CAN 只需通过报文滤波，即可实现点对点、一点对多点及全局广播等几种方式传播接收数据，无须专门的“调度”。其网络结构图如图 14-2 所示。

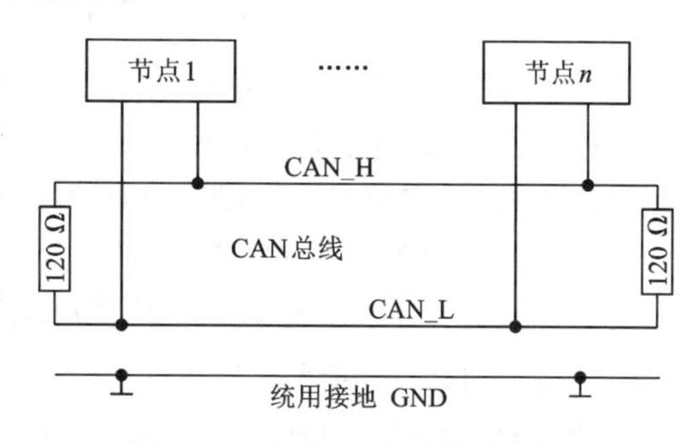

图 14-2　CAN 总线网络结构图

(2)PROFIBUS 总线

PROFIBUS 是生产过程现场总线标准规范。PROFIBUS 总线是一种不依赖厂家的、开放式的现场总线技术，各种 IED 设备可通过同样的接口交换信息。

PROFIBUS 根据应用特点，又可分为 PROFIBUS－DP、PROFIBUS－PA、PROFIBUS-FMS 3 个兼容版，PROFIBUS-DP 总线特别适用于电网系统可编程控制器与现场级分散 I/O 设备之间的通信。PROFIBUS-PA 总线是专门为过程自动化设计的。PROFIBUS-FMS 总线是为解决车间级通用性通信任务、提供大量通信服务、完成中等传输速率的循环与非循环通信任务而设计的。PROFIBUS 物理层采用了 RS-485 通信标准规范，传输介质为双绞线，替代了传统的大量电缆。PROFIBUS-DP 总线可采用多主多从工作方式，总线上连有多个主站，它们与各自的从站构成相互独立的子系统。其体系结构如图 14-3 所示。

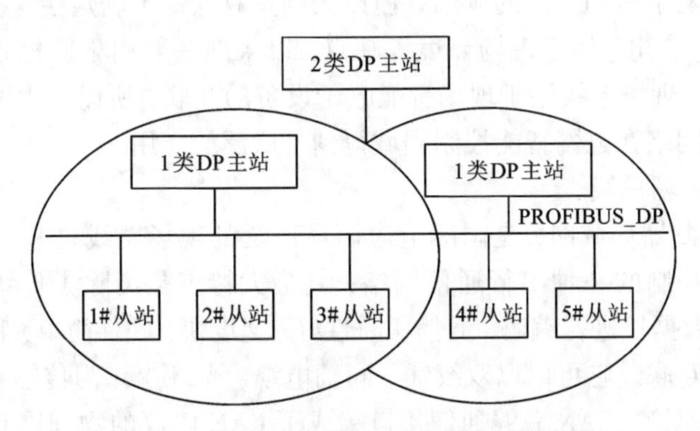

图 14-3 PROFIBUS-DP 总线体系结构图

(3) RS232 和 RS485 总线

一般的 PC 和嵌入式开发板串口都是 RS232 接口标准。该接口标准有如下特点：RS232 采用负逻辑，即用"-5 V～-15 V"电压表示逻辑"1"，"+5 V～+15 V"电压表示逻辑"0"；RS232 驱动器最大允许 2500 pF 的电容负载，因此 RS232 的最大通信距离仅为 15 m 左右；RS232 采用共地的单端信号传输方式，所以抗噪声干扰性弱；传输速率较低，在异步传输时波特率为 20 kb/s。

RS485 是由 RS232 发展而来的接口标准，能用于组建点到多点或者多点到多点的网络，解决了 RS232 接口标准的联网问题，并且各方面性能比 RS232 接口有较大的提高。因此，RS485 接口替代 RS232 接口广泛用于电网系统中。

在数据采集系统设计中，采用 JKW-106 型 485 接口转换器和工控机相联，实现点到多点的通信，其互连方式如图 14-4 所示。

RS485 采用平衡发送和差分接收方式实现通信：在发送端 TXD 将串行口的 TTL 电平信号转换成差分信号 A、B 两路输出，经传输后在接收端将差分信号还原成 TTL 电平信号。两条传输线通常使用屏蔽双绞线，又是差分传输，因此有极强的抗共模干扰能力，其接收灵敏度也相当高。同时，最大传输速度和最大传输

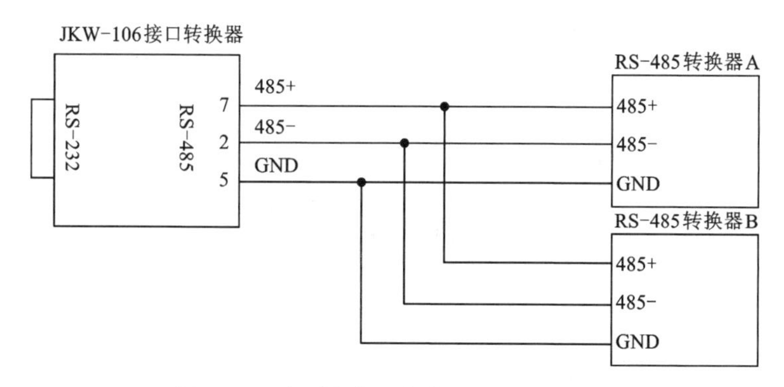

图 14-4　点到多点两线半双工通信连接图

距离也大大提高。如果以 110.2 kb/s 速率传输资料，传输距离可达 300 m，而用 57.6 kb/s 速率传输资料时，其传输距离可达 1.2 km。如果降低波特率，传输距离还可进一步提高。在 RS485 多点互联通信中，最多可达 32 台驱动器和 32 台接收器，便于多器件的连接。RS485 通信接口是基于串行异步通信协议标准的起止式异步通信协议。

RS485 总线简单可靠，组建成本低廉，在数据传输要求不太高、传输距离不太远的情况下，可得到广泛的应用，且可以容易地构建小型的监控系统通信网络。

(4)IO-Link

IO-Link 是通向执行器和传感器的最后一步，也被誉为电网信息采集的最后一米技术。IO-Link 技术是一种将智能传感器和执行器集成在电力系统中的低成本通信接口技术，是一种独立于现场总线的通信接口。一般来说，IO-Link 系统中，许多 IO-Link 设备、传感器、执行器或者它们的组合通过标准 3 线制传感器/执行器电缆连接到 IO-Link 主站设备上。IO-Link 系统的结构如图 14-5 所示。

IO-Link 是一种独立于现场总线、开放式的点到点的通信，是适用于电网控制中最底层的设备(如简单的传感器/执行器)的通信接口，使得设备可以集成到几乎任何现场总线或者是电网自动化系统中。IO-Link 作为一种传感器的接口形式，有效地解决了传感器设计中的散热、大小和电流驱动能力问题。

作为一种点对点通信链接，IO-Link 采用了标准的连接器、电缆和协议。该系统由许多 IO-Link 从站设备(具有 IO-Link 协议的传感器/执行器，具有 IO-Link 协议的集线器与普通的传感器/执行器组合)，通过标准电缆，连接到 IO-Link 主站上。在主设备端收发器上，亚德诺半导体(ADI)公司提供 MAX14819、MAX14819A 等产品；在设备端收发器上，也有 MAX22513、MAX22515 等产品，这两大产品线从电流限制、导通电阻和最高工作温度等核心指标上都做到了优异的性能。

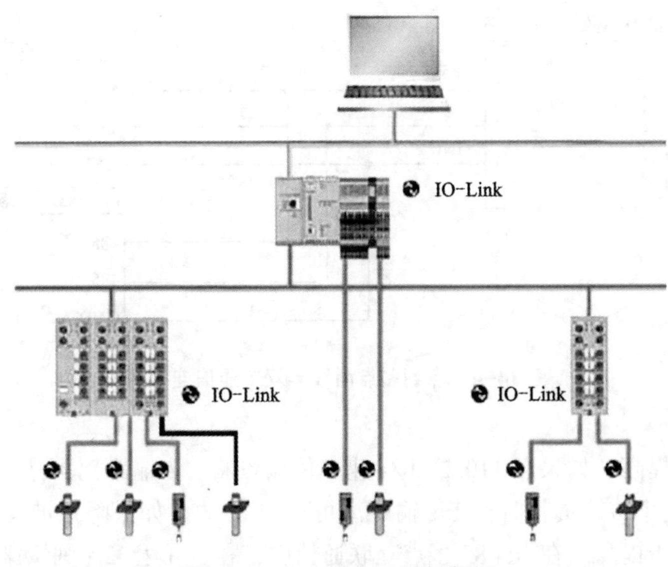

图 14-5　IO-Link 系统结构图

(5)以太网

以太网是现实世界中最普遍的一种计算机局域网，以太网的最基本特征是采用一种载波侦听多路访问/冲撞检测(CSMA/CD)共享访问方案，多个节点可以同时访问以太网，通信速率高。采用以太网交换机实现点到点的连接，各节点不再共用传输介质，减少了节点之间的冲突，提高了实时性。支持以太网的通信介质包括同轴电缆、双绞线、光纤等。将光纤、交换机、集线器等通信设备结合在系统内构成以太网局域网络，实现系统内服务器、打印机、故障录波器等设备的通信。通信网络采用现场总线与以太网相结合的方式，可以减少电缆数量，提高系统经济性。以太网标准只定义了物理层和数据链路层，在高层采用 TCP/IP 通信协议，于是以太网/TCP/IP 协议构成了完整的通信系统，在 Internet 得到了广泛的应用。以太网通信网络适用于电力系统中的各个本地监控系统站控层服务器或与远程监控中心的互联。

由于电网中许多 IED 来自许多不同的生产厂家，有些 IED 没有以太网接口，只有 RS485、RS232 和 CAN 等通信接口，以至于不能把所有的 IED 连接到系统内部网络的以太网上，在这种情况下，必须使用既有以太网接口，又有多种通信接口的网关设备，以实现不同通信规约的转换。这样，具有其他对外通信接口的几个 IED 就可以通过网关设备连接到一起，再通过网关的以太网接口作为一个以太网节点连接到以太网上。这样不仅可以通过接口转换来实现不同的 IED 硬件通信接口的通信，而且可以避免太多的 IED 直接连接到以太网上，造成接线复杂，资源浪费。总之，在间隔内设置一个具备以太网接口和多种其他通信接口的网关设备，间隔内的其他不同通信接口的 IED 可以通过网关设备实现通信，并通过以太网接口连接到以太网上，向网上传输数据。这种网关设备除了完成通信功能之外，还可以作为间隔控制单元完成本间隔单元的测量、控制等功能。

（6）无线传感器网络 ZigBee

ZigBee 是一项新型的无线通信技术，主要用于距离短、功耗低且传输速率不高的各种电子设备之间的数据传输以及典型的有周期性数据、间歇性数据和低反应时间数据传输的应用。ZigBee 无线通信技术可用于数以千计的微小传感器之间，依托专门的无线电标准达成相互协调通信。它具有低功耗、低成本、短时延、网络容量大等特点，ZigBee 协议在满足条件的情况下，协调器将会自动组网。一个 ZigBee 网络理论上最大节点数就是 2 的 16 次方，也就是 65536 个节点，远远超过蓝牙的 8 个和 WiFi 的 32 个。另外，网络中的任意节点之间都可进行数据通信，适用于光伏发电站内光伏组件多且密集的场合。

（7）无线传感器网络 SmartMesh

无线网络方面，ADI 提供 2.4GHz 频段的 SmartMesh IP 网络，实现了 99.999% 高可靠性 Mesh 网络，并且功耗极低（一节纽扣电池可以用 10 年）。同时，SmartMesh 还是一个时间同步网络，可以做到各个节点的时间精确同步，便于很多需要同步的场合。由于其高可靠性，非常适合于对网路传输可靠性要求很高且希望免维护使用的电网应用场合。

孤岛微电网系统规模相对于其他微电网或大电网而言较小，系统主要包括纳米碳氢热电联产火电厂、光伏发电站、电解铝厂和输电线路，各个系统间距离较短。在通信方式方面，可采用 CAN 总线、RS485 总线和以太网总线相结合的方式，但从经济上考虑，RS485 总线相对于 CAN 总线组网简单、成本低廉，所以，在孤岛微电网系统中可以采用 RS485 总线为主，CAN 总线为辅的通信方式。以太网传输速率高，故在孤岛微电网某些实时性要求高的场合通常采用以太网通信方式。

2. 通信介质

通信介质是网络通信的线路，可以把它理解为信息传输的介质。它可以分为有线通信介质和无线通信介质，常见的有线通信介质有双绞线、同轴电缆和光纤这三种。

（1）双绞线

双绞线是一种廉价而又广泛使用的通信介质，它由两根彼此绝缘的导线按照一定规则以螺旋状绞合在一起。这种结构能在一定程度上减弱来自外部的电磁干扰及相邻双绞线引起的串音干扰。但在传输距离、带宽和数据传输速率等方面，双绞线仍有一定的局限性。在实际应用中，通常将许多对双绞线捆扎在一起，用起保护作用的塑料外皮将其包裹起来制成电缆。采用上述方法制成的电缆就是非屏蔽双绞线电缆，非屏蔽双绞线电缆价格便宜、直径小、节省空间、使用方便灵活、易于安装，是目前最常用的通信介质之一。但非屏蔽双绞线易受干扰，缺乏安全性。采用金属包皮或金属网包裹以进行屏蔽，这种双绞线就是屏蔽双绞线。屏蔽双绞线抗干扰能力强，有较高的传输速率，100 m 内可达到 155 Mbps。但其价格相对较贵，需要配置相应的连接器，使用时不是很方便。

(2)同轴电缆

同轴电缆由内、外层两层导体组成。内层导体是由一层绝缘体包裹的单股实心线或绞合线(通常是铜制的)，位于外层导体的中轴上；外层导体是由绝缘层包裹的金属包皮或金属网组成。同轴电缆的最外层是能够起保护作用的塑料外皮。同轴电缆的外层导体不仅能够充当导体的一部分，而且还起到屏蔽作用。这种屏蔽一方面能防止外部环境造成的干扰，另一方面能阻止内层导体的辐射能量干扰其他导线。与双绞线相比，同轴电线抗干扰能力强，能够应用于频率更高、数据传输速率更快的情况。对其性能造成影响的主要因素来自衰损和热噪声，采用频分复用技术时还会受到交调噪声的影响。目前，虽然同轴电缆大量被光纤取代，但它仍广泛应用于某些局域网中。

(3)光纤

光纤是一种传输光信号的传输媒介，与一般的通信介质相比，光纤具有很多优点：光纤支持很宽的带宽，其范围为 $10^{14} \sim 10^{15}$ Hz，这个范围覆盖了红外线和可见光的频谱；具有很快的传输速率，当前限制其所能实现的传输速率的因素来自信号生成技术；光纤抗电磁干扰能力强，由于光纤中传输的是不受外界电磁干扰的光束，而光束本身又不向外辐射，因此它适用于长距离的信息传输及安全性要求较高的场合；光纤衰减较小，中继器的间距较大。采用光纤传输信号时，在较长距离内可以不设置信号放大设备，从而减少了整个系统中继器的数目。当然，光纤也存在一些缺点，如系统成本较高、不易安装与维护、质地脆易断裂等。所以，光纤一般用于传输距离远、安全性要求高的场合。

将多根光纤扎成束并裹以保护层可制成多芯光缆。常见的光缆是 OPGW 光缆，也称光纤复合架空地线。把光纤放置在架空高压输电线的地线中，用以构成输电线路上的光纤通信网，这种结构形式兼具地线与通信双重功能。由于光纤具有抗电磁干扰、质轻等特点，OPGW 具有较高的可靠性、优越的机械性能、成本也较低等显著特点，故这种技术在新铺设或更换现有地线时尤其合适。

在通信传输介质方面，同轴电缆具有价格便宜、铺设简单等优点(相对于光纤而言)，所以，一般在小范围的局域网中，由于传输距离比较近，外界因素影响较小，可以使用电缆作为通信传输介质。光纤传输距离远、速率高、宽带大、衰减小、抗干扰能力强，适合传输距离远、传输信息量大的场合。但光纤建设成本高，从经济上考虑，孤岛微电网系统采用同轴电缆更具有优势，但由于 OPGW 光缆可以安装在输电线路杆塔顶部，而不必考虑最佳架挂位置和电磁腐蚀等问题，在孤岛微电网较长的输电线路信息传输过程中可以采用 OPGW 作为传输媒介。

14.2.1.2　纳米碳氢燃料机组

纳米碳氢火电厂只有两台 100 MW 的纳米碳氢燃料机组。由于发电机组数量少、备用容量少、光伏发电不稳定、电解铝负荷波动大等原因，孤岛微电网运行稳定性极易受到光伏、电解铝负荷等因素的影响。因此，为使系统稳定运行，系统数据传输要保证可靠性和实时性，监控系统还要选择合适的控制方式，使控制指令能快速下发至系统终端设备(如断路器、隔离开关、水阀、保护装置等)，及时改变纳米碳氢燃料机组输出功率、备用电源投切等，减少各种扰动对系统的冲击。在孤岛微电网纳米碳氢热电联产火电厂中，采用新型的分散式控制系统(distributed control system，DCS)，可以很好地解决上述问题。

1. 分散式控制系统

DCS 系统就是在电网现场各处分布大量的现场监视控制单元，实现终端设备数据的分散采集与监视，并用现场总线等通信方式使各个分散的现场监控单元互联，实现数据交互。与传统的集中式控制系统相比，DCS 具有接线简单、抗干扰性强、灵活性高、扩展方便、成本低等特点。所以，在孤岛微电网纳米碳氢燃料机组监控系统中主要采用分散式控制的方式。

分散式控制系统 DCS 综合了计算机技术、控制技术和通信技术的发展成果，以计算机和网络系统为核心，为电力系统中电能的生产和管理的综合自动化提供了强有力的信号处理和传输手段。DCS 自出现以来，发展迅速，很多火电厂采用了 DCS，火电厂的机、炉、电(不包括升压站网络部分)已经全面进入了 DCS 系统。图 14-6 所示为纳米碳氢燃料电机组分级控制系统图。

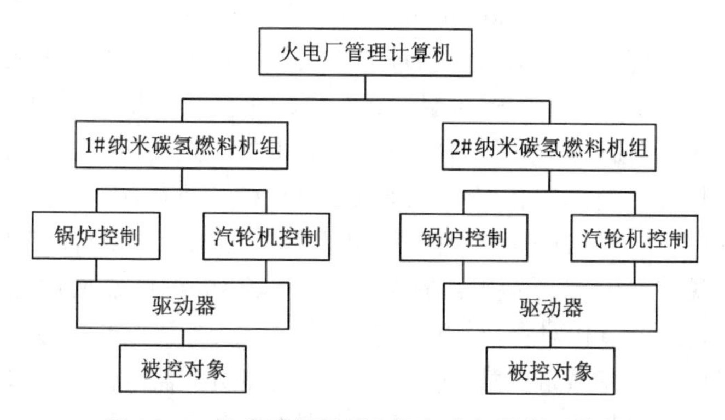

图 14-6　纳米碳氢燃料电机组分级控制系统图

图 14-6 所示是一个具有两台纳米碳氢燃料机组的火电厂实现全厂自动化的

分散控制系统，系统共分四级，第一级为厂级，它是系统管理级，采用大中型计算机或工作站，实时地监视和管理全厂的运行，且根据电网负荷要求和各机组的运行状态，协调管理全厂的生产运行，使全厂处于最佳运行状态；第二级为单元机组级，它是 DCS 的操作管理级，这一级根据厂级下达的指令，对本单元机组内各控制系统实现协调控制；第三级为功能控制级，即 DCS 的现场控制级，他们在单元机组级的协调下，独立地完成各种控制功能；第四级为现场执行器，主要完成设备的实际操作。

传统的 DCS 系统是采用模拟信号通信，这种模拟信号传输精度不高，易受外界干扰。于是，在 DCS 系统的基础上发展成了基于全数字化通信的现场总线控制系统(field control system，FCS)，FCS 是开放系统网络，又称为全分布控制系统。它作为智能设备的联系纽带，把连接在总线上、作为网络节点的智能设备连接为网络系统，并进一步构成电网自动化系统，实现基本控制、补偿计算、参数修改、报警、显示、监控、优化和控管一体化的综合自动化功能。这是一项以智能传感器、控制、计算机、数字通信和网络为主要内容的综合技术。FCS 其实就是把现场总线应用到 DCS、PLC 等控制系统中，将复杂的控制任务进行分解，分散到现场设备中，实现彻底的分散控制，但同层设备过于独立，设备间缺乏信息交互，对于纳米碳氢燃料机组，FCS 很难胜任其复杂的控制策略。

针对传统的 DCS 与 FCS 存在的优缺点，将传统的 DCS 与 FCS 相互结合，即 DCS 与现场总线、以太网结合，进行信息互联，构成大规模的综合控制系统，这种新型的 DCS 系统应该是目前纳米碳氢燃料机组的最佳选择。机组协调、机组自动启停等复杂控制是由 DCS 的控制器实现。对于单回路调节以及子功能组级、设备级的控制，可以考虑由现场智能设备实现。

2. 热电联产系统

热电联产(combine heat and power，CHP)是指火电厂在生产电能的同时，利用部分蒸汽生产热能的生产方式。目前，热电联产机组机型主要包括背压式、抽汽凝汽式、抽汽背压式。背压式机组的运行特点是汽轮机排汽压力不低于大气压力，这种类型的机组适用于某些需要中等蒸汽压力的热负荷；抽汽凝汽式机组的运行特点是可以在小范围内相对独立地改变电负荷和热负荷，且排汽压力低于大气压力；抽汽背压式机组则是上述两种机组类型的结合，既能实现中间抽汽供热，也可以实现排汽供热。其中，抽凝式热电联产机组可以同时生产电能和热能，且两者之间的调节相对背压式机组较为灵活，成为我国热电联产机组发展的重点，该机型将部分高温高压蒸汽抽出用于满足热负荷需求。目前我国采用的热电联产机组主要机型即为抽凝式，并已经实现大型化应用，抽凝式热电联产机组的热电解耦是火电厂灵活性改造的重要方向。用于增强传统热电联产机组的热电解耦能力的措施有：单独配置蓄热系统、配置电锅炉、采用汽轮机背高压改造技术、抽除低压缸或光轴改造技术等。

CPH 系统通过对能量的梯级利用，从而实现系统发电、供热一体化。系统锅炉通过燃烧外部燃料产生高品位热能，产生的蒸汽带动汽轮机转动产生电能与中低品位级别蒸汽，同时这些中低品位蒸汽可以经过低压加热器供给热负荷，或者经过给水泵和高压加热器回到锅炉，从而完成热电联供。CHP 系统运行过程中既能够利用高品位蒸汽生产优质电能，又能够充分利用中低品位蒸汽完成对热负荷的供能，是一种同时承担着电能与热能输出，并充分考虑能量梯级利用概念的综合能源系统。热电联产系统生产过程如图 14-7 所示。

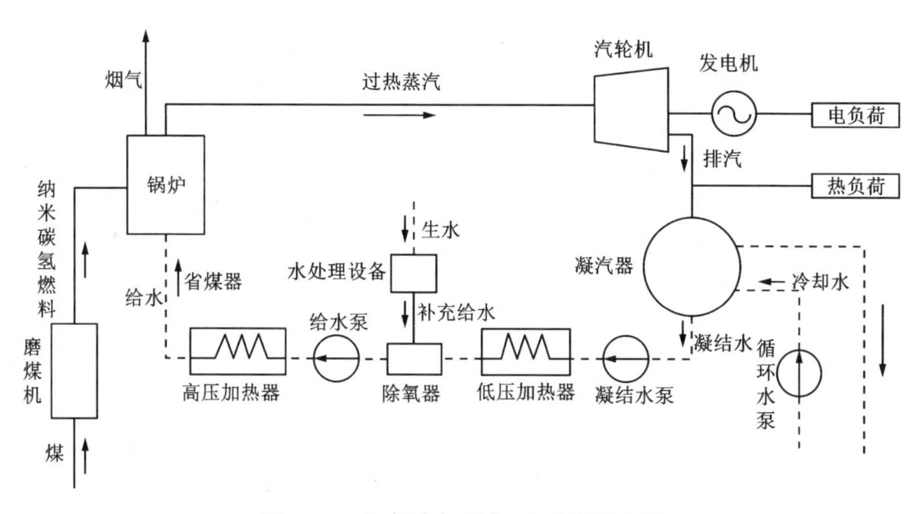

图 14-7　热电联产系统工作流程示意图

3. 纳米碳氢燃料机组监控系统

孤岛微电网纳米碳氢燃料机组中采用新型的 DCS 系统对机、炉、电进行协调控制与监控，新型的 DCS 系统与现场总结技术融合，简化了火电厂系统的二次接线，大大提高了机组运行的可靠性和经济性。有两种方案可以实现新型的 DCS 控制技术，一种是用现场总线将智能终端设备及电气专用装置的通信接口连接起来，通过通信管理装置连接至系统 DCS，组成一个分层分布式的电气自动化系统；另一种是采用远程 I/O 接入 DCS 的方案，将采集单元分散安装在各现场设备中，通过总线将分散的 I/O 连接后送至 DCS。第一种方案在技术上、经济性上都优于第二种方案，所以，在纳米碳氢燃料机组监控系统中采用第一种方案。

在纳米碳氢燃料机组监控系统中纳入 DCS，实现机、炉、电一体化控制，采用分层分布式结构，分为站控层、通信管理层和测控保护层，整个监控系统的结构如图 14-8 所示。

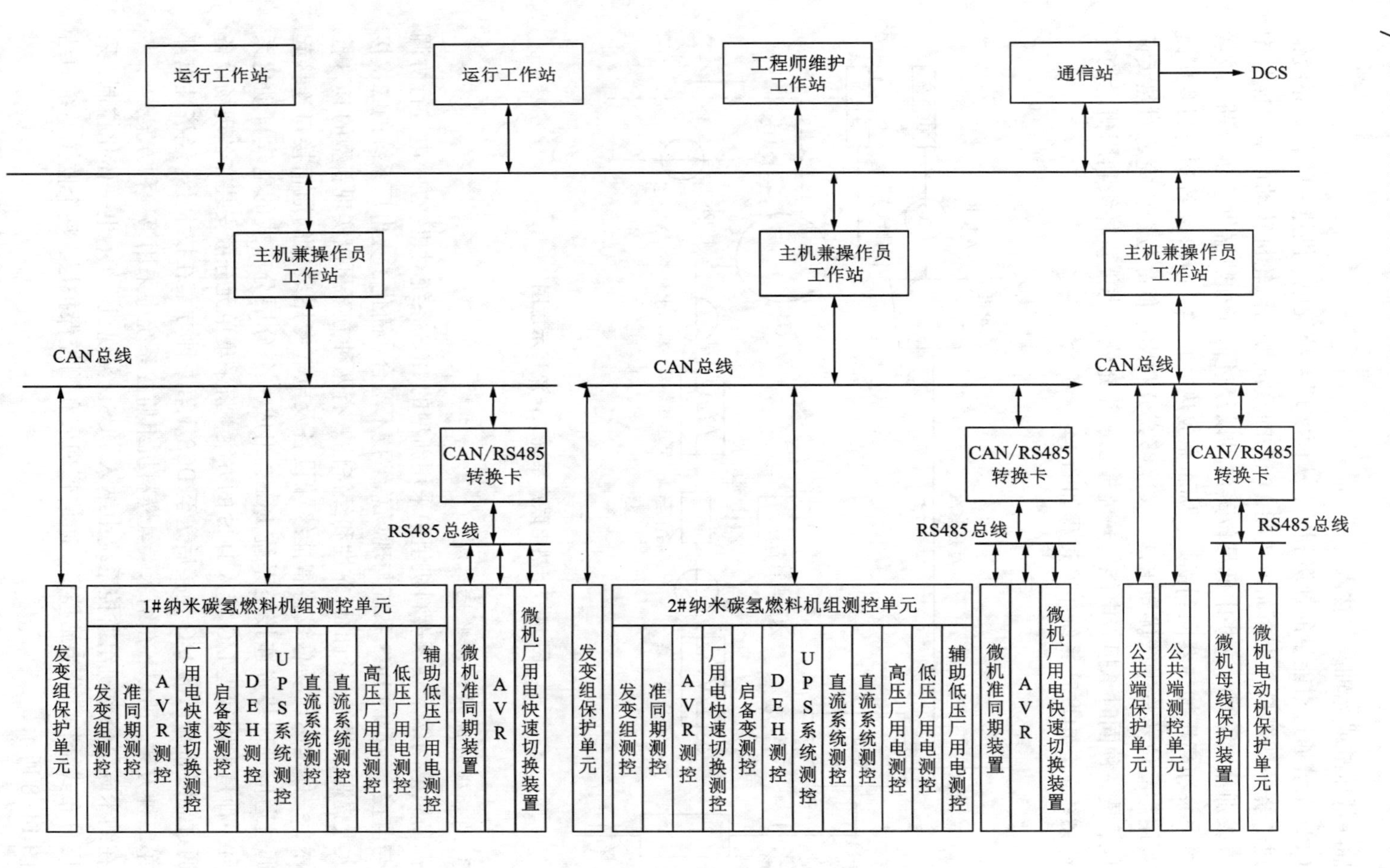

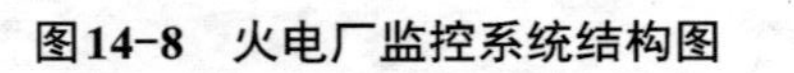
图14-8 火电厂监控系统结构图

现场测控保护层的发电机组子系统主要包括发变组保护单元、发变组测控单元、微机准同期测控单元、微机励磁调节器测控单元、厂用电快速切换测控单元、启备变测控单元、微机准同期控制器、微机厂用电快速切换装置和微机励磁调节器装置等。对于公共端子系统主要包括公共端保护单元、公共端测控单元、微机母线保护装置和电动机保护单元等。这些单元具有测量、控制、保护、通信等基本功能，可就地对现场设备进行监视和控制，利用它们的通信接口和现场总线技术，采用电缆或屏蔽双绞线连接至通信管理层和站控层，可实现这些单元的分散控制。

通信管理层将 DCS 系统或电气后台工作站将测控保护层的控制命令或发出的修改定值命令等下发至各有关装置，同时将各装置上送的信息送至 DCS 系统或电气后台工作站。通信管理层具有通信接收、发送、规约转换等功能。

站控层包括全站的监控主机等，主机之间和站控层与通信管理层之间的通信可以使用可靠性高和传输速率高的以太网通信网络实现。站控层的主要功能是完成对由通信管理层传输过来的信息量进行分析、处理和存储，并把生成的指令、数据等通过电缆或光纤传输给通信管理层，经通信管理层进行规约转换后将指令下发给纳米碳氢燃料机组子系统的各个测控单元，由测控单元实现对设备状态的控制作用。

纳米碳氢火电厂监控管理系统由主机兼操作员站、通信站、运行工作站(操作员站)、维护工程师站、远程工作站、打印机及网络设备组成。可实现实时数据采集、电气接线图画面显示、动作事件记录、故障录波、报表打印等功能。对于重要的工作站可配置双机，按主、备方式运行。它们之间通过以太网互联，系统可采用 100 M 双以太网通信方式，双网互为热备用，其中，有一网出现故障时，另一网迅速投入使用，实现无缝切换。

将纳米碳氢燃料机组监控系统采用 DCS 控制方式进行监控，实现机、炉、电一体化控制。该监控系统具有以下功能：控制发电机组启停、并网与解列、调节发电机励磁、切换高压厂用电、实时显示和记录等。监控系统通过控制纳米碳氢燃料机组的各种调节系统，并与各种安全自动装置进行信息交换，实时调整发电机出力大小和备用电源投切等，快速平衡孤岛微电网的潮流波动，大幅度提高电网抗干扰能力，从而保证电网的安全稳定运行。

4. 纳米碳氢燃料机组通信方式

火电厂可以采用以太网结合现场总线的通信模式，站控层和通信管理层采用双以太网通信方式，站控层中操作员站、工程师站、历史站、远程协助站等之间也通过以太网连接。

现场测控保护层内各个测控保护装置和通信管理层之间通过 CAN 现场总线相连。通信管理层中包含有通信处理机，用来完成现场总线到以太网的数据处理和规约转换，在该模式下，火电厂内的数字式综合保护、测量、控制单元一方面通过通信接口、总线网络、通信处理机与监控系统进行通信，进而与 DCS 系统完成数据交换，同时厂用电系统中与热工联系紧密的电动机等负载的数字式测量、控制单元，通过通信接口、总线网络、通信处理机，与 DCS 系统进行直接通信，省去了所有的测量变送器、控制电缆。

由于系统中很多设备来自不同的生产厂家，各个厂家使用的通信协议可能不同，有些设备没有 CAN 接口，如微机准同期装置等，而只具有 RS485 或 RS232 接口，因而需要在现场测控保护层中设置 CAN/RS485 转换卡和 CAN/RS232 转换卡，各单元装置通过 CAN 总线通信。

14.2.1.3 光伏发电站

在孤岛微电网光伏发电站中，光伏发电单元组件有光伏发电电池板、太阳能控制器、并网逆变装置、汇流箱，并与其相关的保护装置、测控装置、环境监测仪等辅助设备共同完成光伏电站的运行与管理。

本孤岛微电网 100 MW 光伏发电站系统拓扑结构如图 14-9 所示，其中每个光伏发电单元由一个 PV 面板与含 MPPT 的 buck/boost 电路组成；整个光伏阵列包含 M 个并联连接的光伏串，每个光伏串由 N 个发电单元串联构成；光伏阵列、短距离直流传输线与直流母线构成光伏电站直流侧发电系统。光伏电站直流侧发电系统通过 VSC 并网逆变系统进行 DC/AC 变换后于交直流公共耦合点(the point of common coupling，PCC)接入交流等值电网。整个系统模型主要包括 PV 面板、含 MPPT 的 buck/boost 控制系统、直流传输线及直流母线、光伏逆变器及其控制系统以及交流系统 5 个部分。监控系统是重要的控制组成部分，固化在逆变器的 DSP 芯片中，完成对整个光伏发电系统的运行参数的监测和实时控制。

因为光伏发电站分布范围广，环境条件恶劣，工作人员少。所以，为了能实时监控光伏发电站运行状态，有必要搭建光伏发电站监控系统。光伏发电站监控系统上位机通过以太网和通信设备与远程调度中心通信，向调度中心传输太阳能发电量、光照强度等重要数据，预测光伏发电功率大小，实现纳米碳氢燃料、太阳能、电解铝负荷多源协同控制。

光伏发电站内设备众多，不同设备之间的通信硬件接口与通信协议不尽相同，一定程度上制约了光伏发电站数据采集与监控系统的扩展性能。IEC61850 标准第 2 版纳入的 IEC 61850-7-420 标准对光伏发电站系统详细定义了相关的逻辑节点(LN)，提供了丰富的 IED 信息模型与数据通信服务，为构建扩展灵活、高互操作性的光伏发电站监控系统提供了新的思路。

1. 光伏发电站监控系统

根据 IEC 61850 标准，光伏发电站监控系统架构可以分为 3 个层次实现：设备层、间隔层、光伏电站层，每个层次负责各自的任务，如图 14-10 所示。

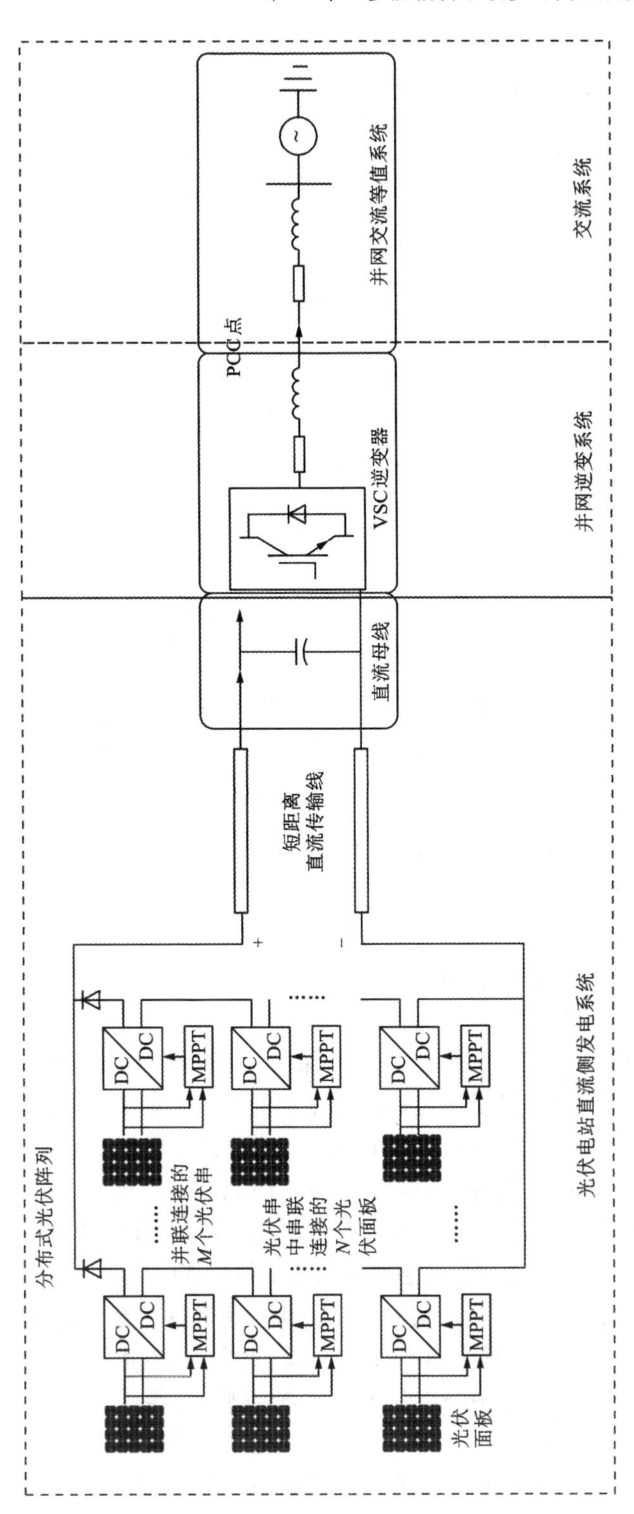

图 14-9　光伏发电系统结构图

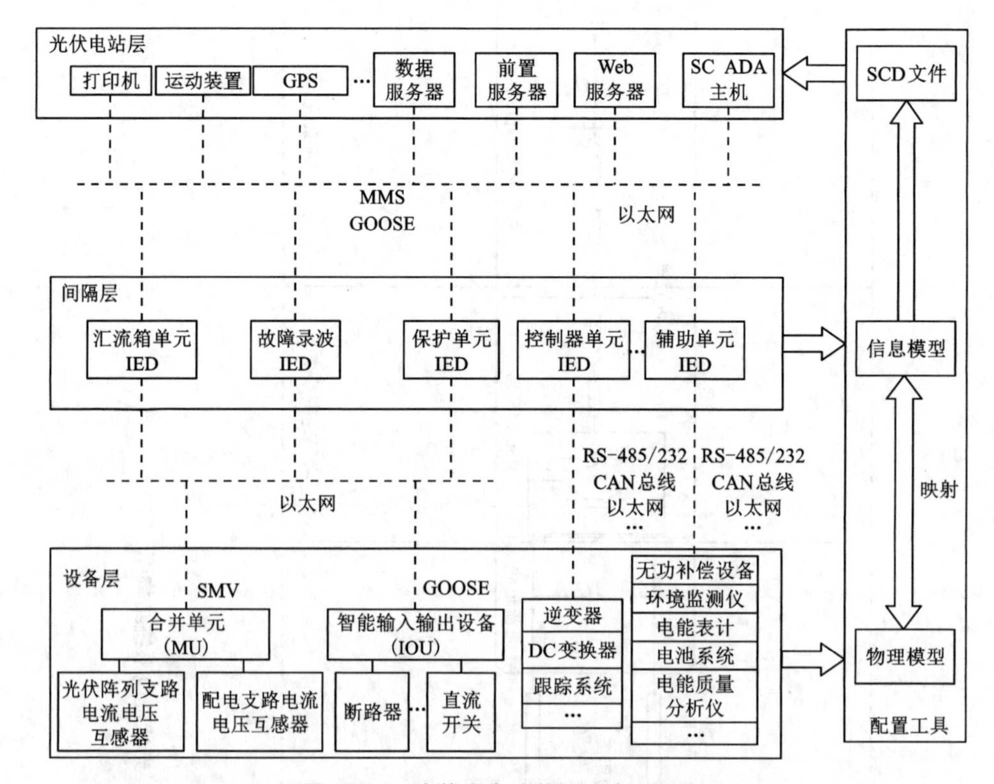

图 14-10　光伏发电站监控系统结构图

(1)设备层。设备层包括直接参与光伏发电的一次设备，如逆变器、汇流箱和光伏组件等，这些器件包括各类采集设备，如电压电流互感器、智能传感器等，它们通过通信接口与间隔层互联，简化了二次回路；

(2)间隔层。间隔层包含为一次设备提供保护、测控等功能的 IED，间隔层 IED 一方面可获取设备层各类型设备运行过程中的测量、计量值与状态信息，并上传至光伏电站层；而一方面可接收光伏电站层传输的各类型参数设置值与控制命令，在经解析处理后下达至设备层相对应设备。间隔层除提供测量、保护功能以及传输实时交互信息与控制信息外，还主要用来实现通信协议的转换；

(3)光伏电站层。光伏电站层包括各种服务器，如数据服务器、通信服务器、Web 服务器等。主要用来完成数据采集和监视光伏电站运行状态、发现系统故障并及时报警、利用历史发电数据及预报气象数据等预测光伏发电量、对重要运行参数进行分析和显示、接收调度中心指令实现自动控制等功能。

它们之间的工作配合以预测光伏发电功率为例，设备层采集基于晴天、阴天、多云、雨天等不同天气条件下的光伏出力数据，并将数据传输到间隔层的测控单元等装置中，经间隔层收集和转换后再传输到光伏电站层中，光伏电站层对应服务器分析气温、太阳光照强度、云量、地表太阳辐射等因素对光伏出力的相关性；遴选强相关性因素作为预测模型的输入指标，采用 BP 神经网络建立强相关性因素对光伏出力的预测模型。

2. 光伏发电站通信方式

光伏发电站监控系统需要采集各类数据，如逆变器采集交直流电压、电流和功率量、发电量和运行状态等数据；巡日系统采集高度角、方位角和运行状态等数据；光伏阵列采集温度数据，视频采集影像；气象监测仪采集高度角、方位角和运行状态等数据。这些数据可以通过 RS458、CAN 等总线传输到光伏发电站监控系统中，由于光伏电池板数目多且密集，所以，也可以使用 ZigBee 无线通信方式。即通过 ZigBee 网络实现各前端模块与现场监控中心互联，然后现场监控中心通过以太网与远程监控中心通信。多个光伏板组件接线盒传感器无线节点通过芯片 ADC 模块采集光伏板组件工作状态数据，将模拟量转换为可无线传输的数字量，数据信息利用串口传输至 ZigBee 模块，模块会自动采用无线的方式将数据信息传送出去。但是，本孤岛微电网光伏发电站主要采用 RS485 总线通信方式。

(1) 在设备层与间隔层之间，对于非遵循 IEC 61850 通信规约的传统设备（如电能监测仪、电能计量表、环境监测仪、直流防雷柜等）而言，由间隔层 IED 配置 RS-232/485、CAN 现场总线或以太网等通信接口，按照不同设备的通信序号及其通信协议与对应设备进行信息交互，即通过间隔层 IED 完成相应的规约转换。对于支持 IEC61850 标准的设备而言，可通过面向变电站事件的通用对象（GOOSE）报文传输状态信息和数字开关控制指令，通过采样值（SV）报文传输各电子式互感器的采样值。该通信网络主要完成快速报文（如闭锁指令、跳闸指令等）交互、原始数据报文（如汇流箱电压采样值、数字式电流传感器输出等）交互以及文件传输（如事件记录、配置设定等）。

(2) 在间隔层与光伏电站层之间，间隔层 IED 均采用支持 IEC61850 标准的数字化接口与光伏电站层进行互联，可采用制造报文规范（MMS）报文进行信息交互（IED 之间的联闭锁信息传输采用 GOOSE 报文）。该通信网络主要完成文件传输（如 AGC/AVC 控制事件、定值设置等）、中低速报文（如光伏阵列设备状态信息、逆变器运行数据等）交互以及时间同步报文交互。

(3) 光伏电站层与远程控制中心之间可采用光纤以太网进行互联，两者之间的底层数据传输协议通常采用 TCP/IP 协议，应用层协议通常采用 IEC 60870-5-104；光伏电站层可采用以太网获取气象信息或与远程客户端进行通信。

14.2.1.4　电解铝厂

孤岛微电网 220 kV 整流变电站中包括 4 套 44 MVA 整流机组和 2 套 25 MVA 动力变机组，其中，整流变压器输出 10 kV 的直流电供电解铝负荷使用，动力变压器输出 10.5 kV 的交流电供电力拖动设备使用。电解铝负荷可以参与电网的调峰调频，电解铝功率的调节范围预期可达到其额定功率的±20%，具备较大的功率调节容量。调节方式为：正常状态下，电解铝负荷保持额定状态运行，在纳米碳氢燃料机组和光伏发电深度协调后仍不能完全消纳光伏资源的情况下，电解铝增大负荷，以保证光伏资源的充分利用。当纳米碳氢燃料机组和光伏出力水平不能满足电解铝负荷以额定功率运行时，电解铝负荷降额运行，以满足源荷的供需平衡。为使电解铝负荷实时响应源侧，有必要构建一个电解铝整流监控系统，实时监测电解铝整流系统的运行状态，并接受调度中心下发的调度命令以控制电解铝负荷功率。

1. 电解铝整流监控系统

在孤岛微电网电解铝整流监控系统中，也可以采用分层分布式控制方式，根据 IEC 61850 标准，在逻辑上将电解铝整流监控系统通信体系结构分为总控制层、间隔层和设备层。总控制层包括操作员站、工程师站、历史站和远动协助站等，各工作站间通过以太网相互交换信息，它的功能是收集全站设备信息数据进行分析处理，并将处理后的数据由数据存储服务器发送给 SCADA/EMS 系统。总控制层可配置两台监控服务器，两台服务器之间通过以太网互相备份数据达到数据冗余备份的功能。厂区各部门可以直接通过工厂管理信息系统网访问数据备份服务器查看运行数据报表，也可通过安装监控软件的客户端工具直接从远方查看实时运行数据。

间隔层 IEC 61850 通信设备主要包括 220 kV 整流测控保护装置和 10 kV 测控保护装置，通信接口选用双冗余故障自切换光纤以太网口，接入光纤交换机环网后和总控制层通信。它的功能是利用本间隔的数据对本间隔的一次设备进行监视与控制，实现工作人员就地控制以及调度中心和后台主站能远程控制。

设备层包括各种智能开关、电压电流互感器、智能传感器等，设备层的主要功能是采集一次设备的数据，其中包括整流变、动力变及进线、母联等设备的交流量，温度、水压等非电量，整流器直流电压、电流量，开关、刀闸开关状态量等。设备层经过间隔层将测控信息和故障信息传输给总控制层，总控制层设备需要向整个设备层发送控制命令。

电解铝整流监控系统的网架结构如图 14-11 所示。

如图 14-11 所示，每一个电解槽都有一个独立的槽控机(下位机)，槽控机完成电解槽的信号采集、通信、数据显示、参数解析和一系列相关控制，采集的参数包括槽工作电压、槽工作电流、槽电阻、极矩、电解质温度、电解质成分、电解质水平和铝水平、阴极压降和效应系数等。槽控机通过通信网络与工控微机(上位机)建立起通信联系。上位机位于生产自动控制室，集总来自车间的各个槽控机的数据信息，最终完成整个生产系统的控制与管理。

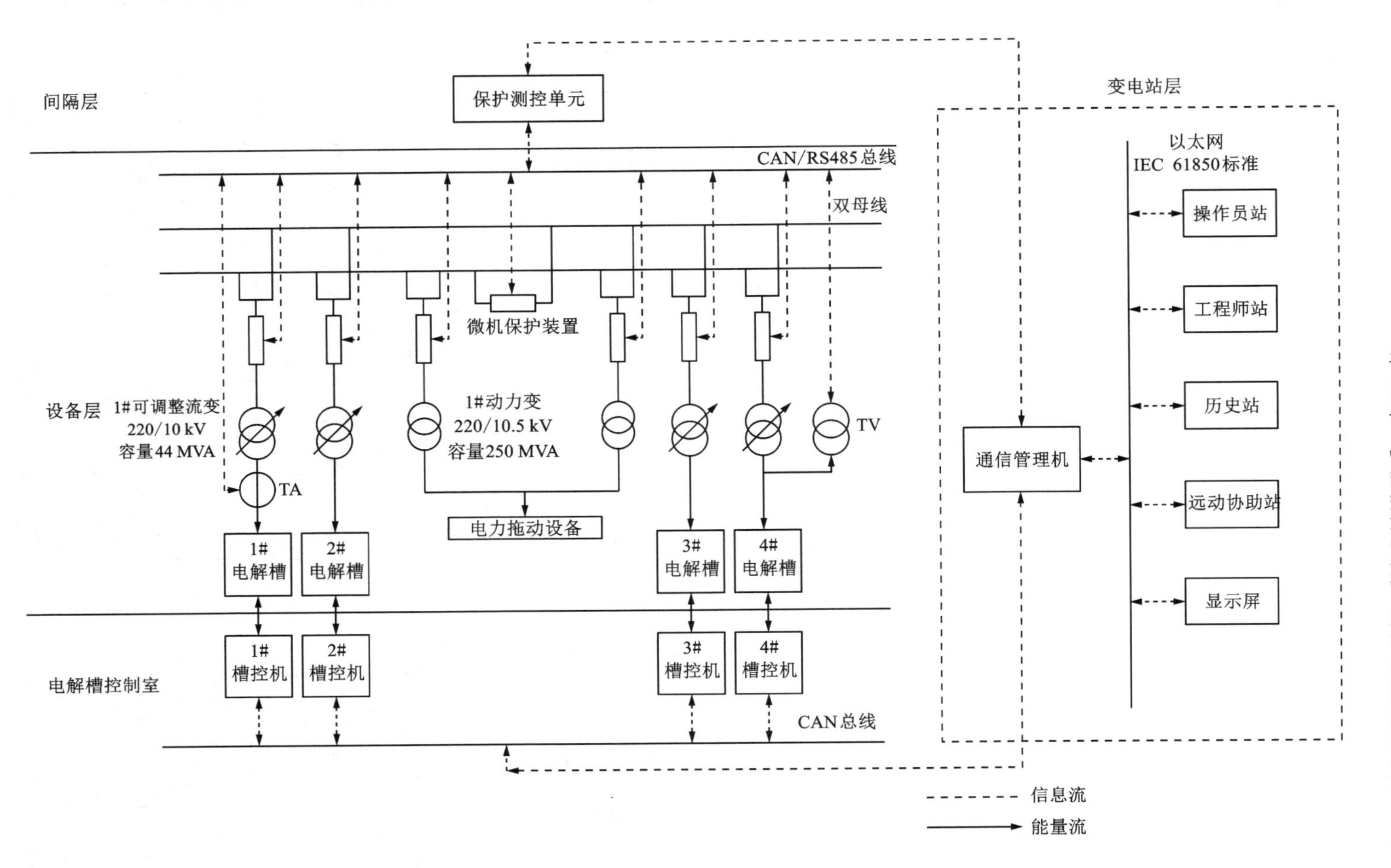

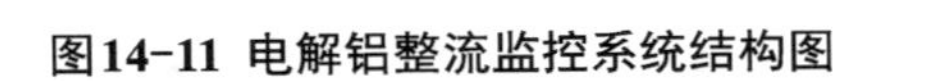
图14-11 电解铝整流监控系统结构图

铝电解槽控制系统的硬件配置采用如图 14-12 所示的两级分布式的结构形式，以实现高可靠性的分布式控制。每台电解槽配备模糊控制系统以实现对电解铝生产的控制，还有氧化铝存运和烟气净化自动控制系统，减少扩散到空气中的粉尘，改善生产环境。

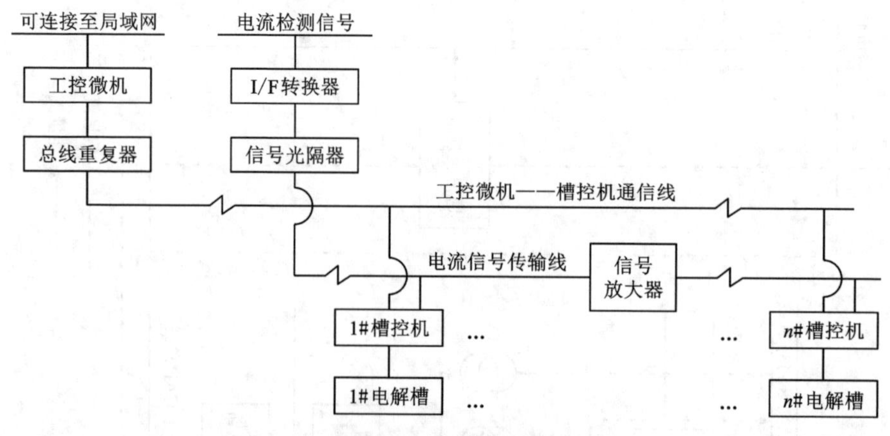

图 14-12　铝电解槽控制系统硬件配置图

2. 电解铝厂通信方式

由于电解铝生产过程中采用的直流电流大，电解车间内的直流杂散磁场源对电力监控系统设备产生的电磁干扰严重，这要求供电系统设备和通信网络具有良好的抗干扰性才能保证系统正常运行。

(1)总控制层。总控制层采用以太网通信方式，设计双通道冗余以太网。通信管理机将间隔层和站内其他智能装置的数据及信号传送至 SCADA 工作站，同时将主站的指令下发给各间隔层和其他智能设备，站内通信网络通过网关连接外部网络，网关用来实现规约转换和为两个网络提供物理接口。

(2)间隔层。间隔层包括母线、输电线路、整流变机组和动力变机组等的保护测控装置，测控装置负责采集终端智能设备的数据，采用 RS485/CAN 总线通信方式，通过通信管理机将一次设备的工作状态信息收集然后传输到总控制层。总控制层再将控制信号通过测控装置下发给各个设备，并通过以太网交换机实现现场总线与以太网的联网。

(3)设备层。设备层包括网络边缘的各种智能电子设备，智能电子设备将采集到的数据通过 RS485/CAN 总线方式传输到间隔层测控装置中，采集的数据包括每一回路或设备的交流电压、交流电流、有功、无功、功率因数、频率、谐波量等实时数据；每一回路断路器和隔离刀闸开关状态、保护信号和接点状态、变压器分接头位置等状态量；系列的直流电压、直流电流、控制电流、偏移电流、整流机组、水冷却器、油风冷却器运行状态等各种信号通过 PLC 采集数据；智能电度表采用 RS485 串行口，直接与上位机通信。

整流所最重要的整流过程的控制是通过 PLC 来实现的，PLC 通过变送器来采集直流电压、直流电流、控制电流以及整流器、整流机组水冷却器运行参数和状态等，根据工艺过程的要求，保持输出直流的稳定，同时完成电解铝负荷分配任务。总调可编程控制器与四台整流机组的各自的整流控制 PLC 构成网络。通过 CAN 总线实现，组成所谓的“大闭环”稳流系统，总调 PLC 通过电缆实现与通信总控装置的通信，如图 14-13 所示。

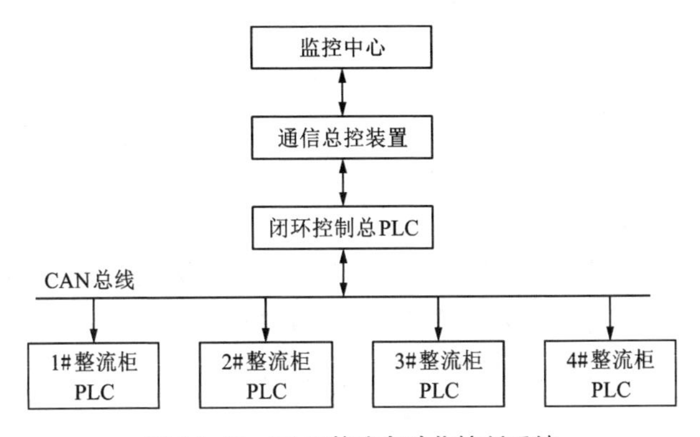

图 14-13　PLC 整流自动化控制系统

14.2.1.5　输电线路

输电线路的状态信息传输主要由输电线路在线监测系统完成，对系统输电线的安全运行至关重要，输电线路在线监测系统就是指能够利用安装在输电线路的设备，可以对设备状态进行测量、传输和诊断的一种监测系统。它是实施输电线路在线检修的一种重要手段，并根据所检测到的状态参数，及时分析出线路所出的故障，提出预警方案，从而有效地预防并减少了输电线路故障的发生，减少不必要的人力物力支出，提高输电线路检修工作的效率。另外，对于数据接口、通信协议以及信息终端的应用，其有效实现了在线监测系统的可靠性和安全性。

1. 输电线路的状态参数

输电线路的状态参数主要有实时数据、离线检测数据和试验数据三种，具体分为以下几类：

（1）电线类：包括导线、地线、架空地线复合光缆，主要的状态量有导线温度、张力、微风振动、舞动、覆冰、弧垂、风偏等。

（2）金具类：连接金具、接续金具、防护金具。主要的状态量有金具温度、微风振动等。

(3)杆塔类：包括钢管塔、组合角钢塔，主要的状态量有杆塔倾斜、杆塔应力、杆塔振动等。

(4)外部环境类：包括气象条件、大气环境、通道环境，主要的状态量有风速、风向、气温、湿度、光辐射、降雨量、气压、大气污染物、通道环境状况等。

(5)绝缘子串类：主要的状态量有盐密灰密、泄漏电流、风偏角等。

2. 输电线路监测系统

输电线路在线监测的主要对象包括以下三个方面：一方面是因导线、杆塔，以及绝缘子等主要设备自身的老化、短路、破损等发生的故障；另一方面则是由雷电、雪灾、洪水等自然灾害对输电设备所造成的损坏；第三方面则是由于人为因素，如吊车碰线、恶意盗取等所造成的破坏。无论上述哪一方面，都需要借助各样先进的在线监测平台以及事故抢修手段，以避免破坏的产生及扩大。

根据输电线路状态监测对象种类多、数量大、设备分散等特点，在线监测系统一般采用总线式的分层分布式结构，这种结构有良好的抗干扰性、可扩展性和整体性能。主要由检测单元(导线振动监测仪、弧垂温度监测仪、风偏角监测仪、覆冰监测仪、导线舞动监测仪等)、通信控制单元(以太网交换机、4G 模块、WiFi 模块等)和主站单元(监控中心)组成，系统结构图如图 14-14 所示，实现在线监测状态数据的采集、传输、后处理及存储管理功能。

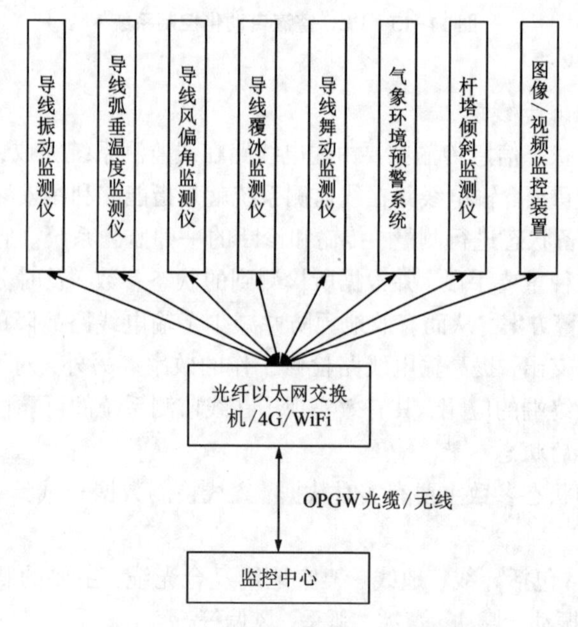

图 14-14　输电线路监测系统结构图

可以采用单片机、数字图像的采集与处理、传感器、无线通信、数据库等技术，完成输电线路监控系统的设计和开发，现场监控装置通过有线/无线通信网络与输电线路监控系统通信，将实况视频图像、音频、现场监测数据以及预警报警信息传送到监控中心。输电线路监控系统平台包括各种服务器，比如数据库服务器、故障处理服务器、GIS 应用服务器、接口服务器、数据视频服务器、线路在线监测服务器等，还有大屏幕显示等工作站，监控系统通过这些服务器完成现场监控数据的分析处理，监控中心运行人员及时掌握输电线路的运行状态，及时发现输电线路安全隐患或故障情况。监控系统还可以通过通信接口服务器和网络交换机与 SCADA/EMS 系统通信，SCADA/EMS 系统可以完成输电线路潮流计算、短路分析等任务，必要时，由 SCADA/EMS 系统对输电线路的投切进行远端控制。

3. 输电线路通信方式

输电线在线监测系统是一种基于输电线路上的监测系统，输电线路在线监测到的数据的数量取决于信息传送线路监视装置设备本身的参数和技术参数。在这个过程里，信息通信网络起到传递的作用，以确保每个在线监视子系统能随时将数据传递到主站，主站起到传输、接收和处理网络的信息的作用。如果数据传输出现中断或者不能及时传递，就会对在线监测系统的正常运行和对线路的监测产生非常大的影响。输电线路的信息通信网络分为有线通信方式和无线通信方式，有线通信方式有光纤通信，有线传输广泛使用的是 OPGW；无线通信方式包括无线公共网络通信(4G)、WiFi 通信等。

(1)光纤通信

光纤通信是一种先进的信息传送方式，它利用光纤作为媒介进行通信，光纤相当于信息的载体可以对信息进行传递。光纤通信具有宽频带、相对较高的传输速率、承载量大、信息传送损耗低、防干扰能力很强等优点。它可以对语音通话和视频图像进行实时传递。在现有的输电线路在线监测系统设备中，最为常见的有线传输是利用一些光缆输电线路，通过安装输电线路接续盒、光纤通信系统的结构完成数据的远距离传输。但是，光纤通信投资成本大，所以现在很多对光纤的应用是在主要传输系统中的应用，并未大范围地应用到子系统中。

(2)无线公共网络通信(4G)

4G 无线公共网络是利用现有的公网资源，它不用重新搭建网络，就能够传递数据、节省成本，在智能通信设备中应用 4G 通信技术速度可以高达 100 Mbps，传输速率高。但其保密性差，对数据传输保密性有很高要求的场合不能使用，4G 公网无线通信不能满足输电线路的信息传输安全要求，在线监测系统的可靠性也不高，且 4G 公共无线网络覆盖面积有限，在偏僻地区的信号强度差，输电线路架设在偏远的地方，4G 公共无线网络容易接收不到，提供交付信息的服务存在困难。

(3) WiFi 通信

WiFi 通信具有产品数量众多、实用性高、经济消耗低、可靠性强等优点，并且组网方式简单，成本相对不高。有效通信覆盖范围可以达到半径 100 m，通常应用在架设输电线路的铁塔上，作为一个地区的通信中心。在 IEEE 802.11 标准中拥有最高的带宽，数据传输速率能够达到 20 Mb/s 以上，并且其能自动改变的带宽范围为 1~5.5 Mb/s(当信号变强或减弱，或者干扰变强或者减弱，其都能变化带宽范围)，能够确保稳定持续的通信。但 WiFi 通信信号穿透能力差、传输速率不够快。

光纤通信成本较高，但传输带宽和安全性高；无线通信的应用能够在较短时间内建设无线公网，但是其相应的安全系数也较低。一个合理的方案是由光纤传输和无线传输相结合的混合传输方案。在这种方案中，信息远距离传输部分，如数百千米的部分传输，主要使用光纤通信传输方案。在近距离传输过程中，在监测热点上利用无线电中继各终端进行监测，并将监测到的数据传送到系统终端，再利用分析统计手段，解决出现的各种问题，比如无线 WiFi+光纤以太网交换机混合组网通信方式。

14.2.1.6 SCADA 系统体系结构

SCADA 系统主要由监控计算机、远程终端单元(RTU)、可编程逻辑控制器(PLC)、通信基础设施和人机界面(HMI)组成。其中，监控计算机是 SCADA 系统的核心，它的主要工作是收集数据并向现场连接控制器发送控制命令，这些现场连接控制器是 RTU 和 PLC；远程终端单元(RTU)连接终端传感器和执行器，并通过通信接口与监控计算机联网；可编程逻辑控制器(PLC)与 RTU 一样，但它具有更复杂的嵌入式控制功能，并且更经济灵活，常代替 RTU 作为现场设备；通信基础设施包括各种通信设备和通信网络，通信设备有网关、路由器、交换机、网桥等，通信网络分为无线通信网络和有线通信网络，它们负责将监控计算机系统与远程终端单元互联；人机界面(HMI)是监控系统的操作员窗口，它以直观的方式向操作人员提供工厂信息，实现人机交互。

SCADA 系统主站实时采集下层监控系统数据，包括纳米碳氢燃料机组监控系统、光伏发电站监控系统、电解铝整流监控系统和输电线路监控系统。利用多台服务器实现全网系统监视与控制。孤岛微电网 SCADA 系统体系结构如图 14-15 所示。

SCADA 系统负责整个孤岛微电网运行状态的数据采集和监控，对孤岛微电网的安全运行至关重要。为防止 SCADA 系统出现故障而使电网某些系统或整个系统失去控制的情况，SCADA 系统的多台服务器，如报警服务器、记录服务器、历史服务器等，应该配置成双冗余或热备用形式，以便在服务器出现故障情况下提供持续的控制与监视，主站也采用双冗余以太网通信方式。

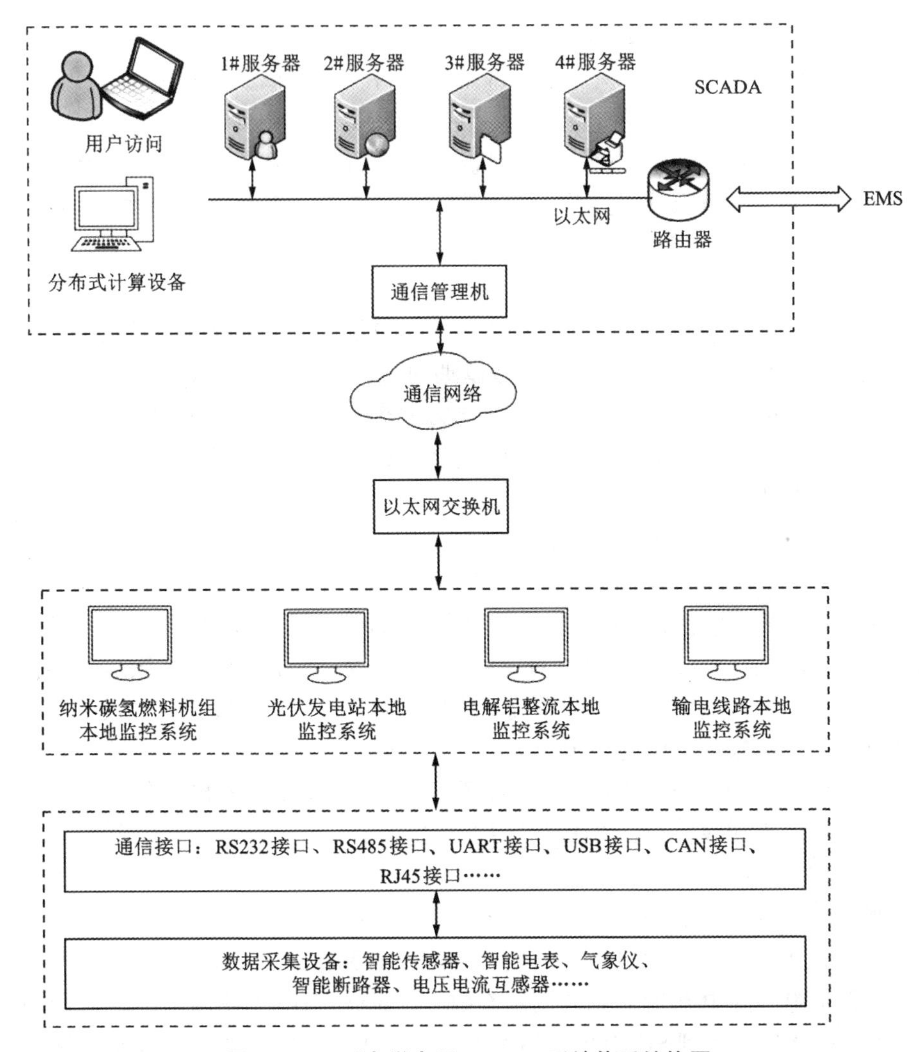

图 14-15　孤岛微电网 SCADA 系统体系结构图

14.2.2　孤岛微电网能量管理系统

EMS 是孤岛微电网供电系统的大脑，它负责系统的安全经济运行，它的主要功能是监测纳米碳氢燃料电机组运行状态、设备缺陷信息和检修情况、生产安全情况、故障预警和机组启停跟踪；监测光伏发电机组运行状态、预测光伏系统出力、制定发电计划；监测电解铝整流机组运行状态、合理分配整流机组负荷、调控电解铝负荷功率；监测输电线路运行状态、进行潮流计算和分析；多能量多时间尺度调度管理、负荷分配，电网安全性、运行维护、健康指数评估，孤岛微电网经济性分析以及综合能源电网考核管理评价。

14.2.2.1 EMS管理对象

(1)纳米碳氢燃料机组孤岛微电网中有两台100 MW纳米碳氢燃料机组，主要用来供电给电解铝负荷和矿区负荷。机组实际出力受调度中心控制，属于可调电源。为节约煤成本，纳米碳氢燃料机组应与光伏发电以及电解铝负荷密切配合，接收EMS系统下发的发电计划，按照该发电计划调整机组输出功率，提高能源利用率。

(2)光伏发电站

光伏电池发电受昼夜变化、季节变化等影响很大，导致发电随机性和波动性大，属于不可调电源。但EMS系统可以通过SCADA系统获取光伏历史发电数据、历史和预报气象数据等预测其发电出力大小，并根据预测出力的大小、电解铝负荷需求、热负荷需求等制定纳米碳氢燃料机组的发电计划。

(3)电解铝厂

在孤岛微电网中的主要负荷是电解铝负荷，它属于可控负荷，具有较强的负荷调节能力，电解槽更是能够以虚拟电池的性质参与系统调峰调频。本节中电解铝功率的调节范围预期可达到其额定功率的±20%，具备较大的功率调节容量，即100 MW的额定容量，±20 MW的调节容量。EMS系统根据纳米碳氢燃料机组和光伏出力情况向电解铝厂控制系统下发控制命令，系统通过调节有载调压变压器和饱和电抗器来调整电解槽生产电流，达到调节负荷功率的目的，减小光伏对孤岛微电网频率的冲击，自动响应系统频率偏差。必要时，EMS系统远程控制整流机组的启停来切除负荷，快速维持系统稳定。

(4)输电网络

孤岛微电网中主要是220 kV输电线路，其中包含有大量的断路器、隔离开关、电压电流互感器、微机保护装置、传感器、视频监控仪、摄像仪等，这些设备用来采集输电线路电气量或非电气量参数，并通过有线/无线通信网络与控制中心联网，把数据上传到SCADA/EMS系统，使工作人员能实时监测输电线路工作状态，EMS系统可以对输电线路进行潮流计算、短路计算和稳定性分析等，及时发现并切除线路故障，必要时输电线路监控系统接受EMS系统下发的控制命令，进行输电线路投切、解列等控制。

14.2.2.2 EMS基本功能

微电网EMS系统主要有4个功能模块：人机交流模块、数据分析模块、预测模块、决策优化模块。

(1)人机交流模块。人机交流模块主要负责人与能量管理系统的交流，其采用可视化人机接口，并提供一个统一的图形平台。通过人机界面可以查看微电网的拓扑结构和所有电气元件的接入情况，并能实时改变开关与刀闸的状态，控制微电网的工作方式。纳米碳氢热电联产火电厂、光伏发电站、电解铝厂和输电线路的监控系统所采集的电压、电流、有功、无功、温度等实时数据将在图形系统中显示。通过对人机界面的监视，工作人员可以实时了解微电网物理系统和通信系统的运行工况。

(2)数据分析模块。数据分析模块将系统采集的实时数据、各种操作日志以及预测数据存储到系统的数据库当中。其历史服务器按照不同的存储周期和预先设定的存储策略将实时数据写入数据库中，并负责日、月、年统计量的统计工作。报表分析功能将历史数据和预测数据灵活地组织到表格中，形成实时、日、月、年等历史统计报表和预测误差统计报表，可统计最大值、最小值、平均值等，同时具有打印和表格编辑功能。

(3)预测模块。预测模块是微电网能量管理系统的一个重要模块。为了优化纳米碳氢燃料机组的发电调度，需要对未来某段时间内的光伏、电负荷、热负荷需求进行预测，制定可调度机组的调度计划。根据调度计划的时间尺度不同，通常有短期预测和超短期预测。短期预测可以采用离线的方式，而超短期预测通常需要在线预测并实时滚动。预测所需要的基础数据主要为系统采集的历史数据，预测结果每隔一定的时间段传送回微电网能量管理系统中。

(4)决策优化。决策优化是孤岛微电网能量管理系统的核心模块。该优化系统根据光伏的预测值、用户电热负荷需求、调度规则、市场铝价等信息决策可调机组的发电出力、电解铝负荷的安排。该决策需要满足一系列约束条件以及控制目标，如满足系统中的热电负荷需求，尽可能使能源消耗与系统运行经济成本最小，使电源的运行效率最高。微电网的能量管理包含短期和长期的能量管理。短期的能量管理包括：为分布式电源提供功率设定值，使系统满足电能平衡、电压稳定；为微电网电压和频率的恢复和稳定提供快速的动态响应。长期的能量管理包括：以最小化系统网损、运行费用，最大化可再生能源利用等为目标安排分布式电源的出力；为系统提供需求侧管理，包括切负荷和负荷恢复策略；配置适当的备用容量，满足系统的供电可靠性要求。

14.2.2.3　EMS 结构体系框架

微电网能量管理系统通过工控机、I/O 模块、以太网交换机、算法服务器、通信服务器、数据服务器等硬件设备与微电网各单元相连。为了更好地进行调度、管理与控制，微电网能量管理系统将遵循分层控制、统一调度的原则。因此，其运行调度管理与控制可分为三层：设备层、监控层、能量管理层，其能量管理系统体系架构如图 14-16 所示。

能量管理层：主要实现微电网系统运行控制、能量优化管理、光伏发电预测与负荷预测以及黑启动控制等功能，保证微电网系统稳定、可靠、高效、经济运行。

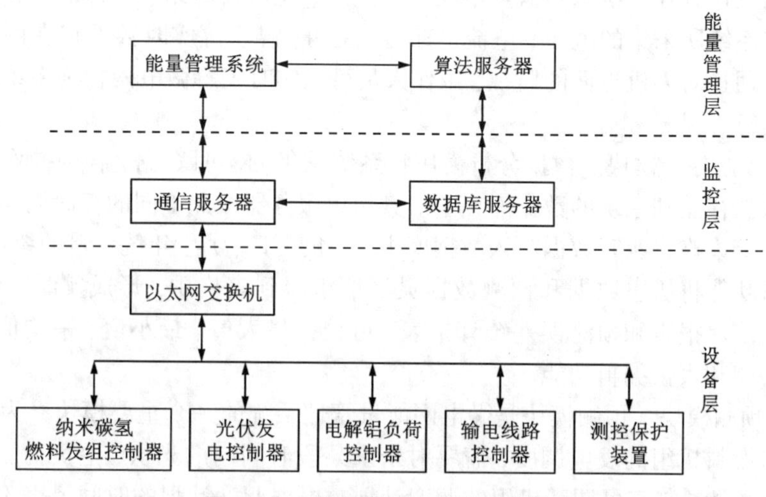

图 14-16　能量管理系统体系结构图

监控层：主要完成微电网系统的监视控制功能。实现微电网系统的实时监视、实时处理、事件告警、历史数据、报表及权限管理。

设备层：主要包括纳米碳氢燃料发电机组控制器、光伏发电控制器、电解铝负荷控制器、输电线路控制器、测控装置等。各设备控制器直接采集所属设备各项参数，并通过监控层向能量管理层发送数据，同时接受能量管理层下达的控制指令，是整套能量管理系统控制策略的执行单元。

14.2.2.4　EMS 控制方式

一般微电网 EMS 控制结构可分为集中式控制和分散式控制。

集中式控制一般由中央控制器和局部控制器构成，其中，中央控制器位于微电网供电系统控制中心，具有强大计算和全局控制的能力，局部控制器分散于现场终端设备中，具有一定的简单计算和自动控制的能力。中央控制器通过优化计算后向局部控制器发出调度指令，下层局部控制器执行该指令控制被控对象。其控制结构如图 14-17 所示。

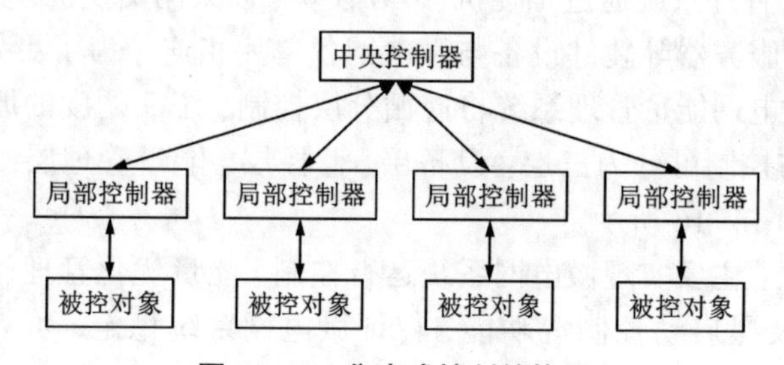

图 14-17　集中式控制结构图

在分散式控制中，电网中的每个元件都由局部控制器控制，每一个局部控制器监测设备的运行状况，并通过通信网络与其他的局部控制器交流。局部控制器不需要接收中央控制器的控制指令，有自主决定所控被控对象运行状况的权力。中央控制器在分散式控制结构中主要负责接收下层局部控制器上传的数据，并利用其强大的计算能力对系统做全局优化，必要时从系统层面上操控局部控制器，适用于大规模、复杂的分布式系统。其控制结构如图 14-18 所示。

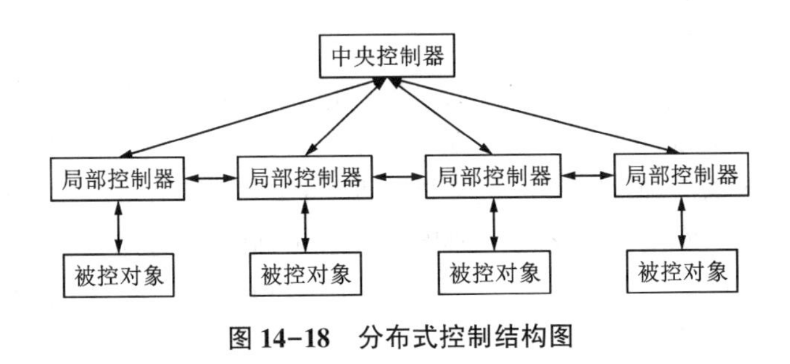

图 14-18　分布式控制结构图

集中式控制有明确的分工，较容易执行和维护，具有较低的设备成本，能控制整个系统，目前使用得比较广泛，技术上更加成熟，但其对中央控制器计算能力和通信网络要求较高。分散式控制由于局部控制器仅需要与邻近的设备通信交流，其信息传输量比集中式控制要少，其计算量也分担到各个局部控制器当中，降低了中央控制器的工作负担。但由于局部控制器有较大的自主权，其存在安全方面的隐患，较难及时检测和维修。而且，局部控制器决策问题依赖于与其他控制器的信息交互，所以内部通信网络复杂。

相对于大电网来讲，本节的孤岛微电网供电系统的网络终端接入设备较少，只有两台 100 MW 的纳米碳氢燃料机组和 100 MW 光伏发电机组，95%的负荷为电解铝负荷，负荷类型单一，控制系统简单。所以，孤岛微电网供电系统网络拓扑结构较简单，即使采用集中式控制方式，其中央控制器的负担也不大。所以，孤岛微电网 EMS 系统可以采用集中式控制方式。

14.2.2.5　SCADA/EMS 体系

本节孤岛微电网供电系统是一个特殊的微网，光伏发电比重高，电解铝负荷对电网波动大，导致孤岛微电网运行的不确定很大。而且，孤岛微电网自发自用，消纳新能源，以孤岛方式运行，不与大电网连接。所以，需要设计一个适应于孤岛微电网供电系统的 SCADA/EMS 系统体系来保证供电可靠。SCADA/EMS 系统的主要功能是实现电力系统实时数据的采集和处理、实时运行状况监视与控制，并提供自动发电控制、经济调度等高级应用功能。

由于孤岛微电网光伏发电所占比重高，发电受光照强度等环境因素影响大，光伏出力不稳定，所以，SCADA 系统的数据采样周期尽可能缩短，提高 EMS 系统光伏出力预测的准确性，使纳米碳氢燃料机组与光伏发电更好地配合。SCADA 系统应结合更多的其他系统（如状态监测系统），采集更多种类的数据，使 SCADA/EMS 系统尽可能监测到全电网各方面的运行状态，实现远程准确控制终端设备的目的。

根据孤岛微电网供电系统的特性，SCADA/EMS 的体系架构可设计成为 4 个层次：智能监控和能量管理层、通信管理层、间隔层和设备层，如图 14-19 所示。

(1)智能监控和能量管理层

智能监控和能量管理层是孤岛微电网供电系统的核心部分，它由 SCADA 和 EMS 系统各种工作站组成，SCADA 服务器负责搜集和汇总包括纳米碳氢燃料、光伏发电站、电解铝厂和输电线路的实时数据，EMS 是孤岛微电网供电系统的大脑，它负责系统的安全经济运行。EMS 的主要功能包括短期负荷和光伏发电预测、在线经济调度、紧急事件分析、潮流分析、发电计划以及预防控制等。

(2)通信管理层

通信管理层是孤岛微电网供电系统的信息通道。它负责上传已收集的运行状态信息以实现智能监控和能量管理。为了更好地收集全部电量和非电量数据，每一个系统都安装了通信管理机，考虑 SCADA 系统采集的数据多，通信管理机需要具备比较大的容量储存数据，并且有能力适应各种严峻的运行环境。

(3)间隔层

间隔层主要负责全电网的设备监测，包括变压器、发电设备等，考虑孤岛微电网的规模，间隔层宜采用小型化硬件平台，保证安装使用方便。孤岛微电网供电系统的运行环境也要求间隔层设备在满足国家标准要求的抗干扰能力的基础上，具备承受恶劣环境的能力。

(4)设备层

设备层主要是电网系统的一次设备，包括断路器、变压器、逆变器、光伏电板等，它们是数据产生的源头，通过间隔层的测控单元装置采集它们的数据并实时监控它们的运行状态，对一些实时性要求很高的操作，本地测控装置可以直接向一次设备发送操作指令。

在 SCADA/EMS 中，各个工作站之间的互联主要采用双网配置的以太网通信网络，下层各个电站的本地监控系统也通过各自的通信管理机和光纤以太网交换机与上层监控系统通信。由于不同的监控系统所采用的通信方式不一样，支持的通信协议也不同，通信规约大多是 Modbus、RS485、IEC60870-5-103 等，通信协议的多样化使孤岛微电网系统间系统信息交互存在困难。所以，上层 SCADA/EMS 系统中可以采用统一的国际标准 IEC61850 协议，即国际标准 IEC61850 作为统一标准应用在孤岛微电网监控系统当中。因此，在上、下层监控系统通信过程

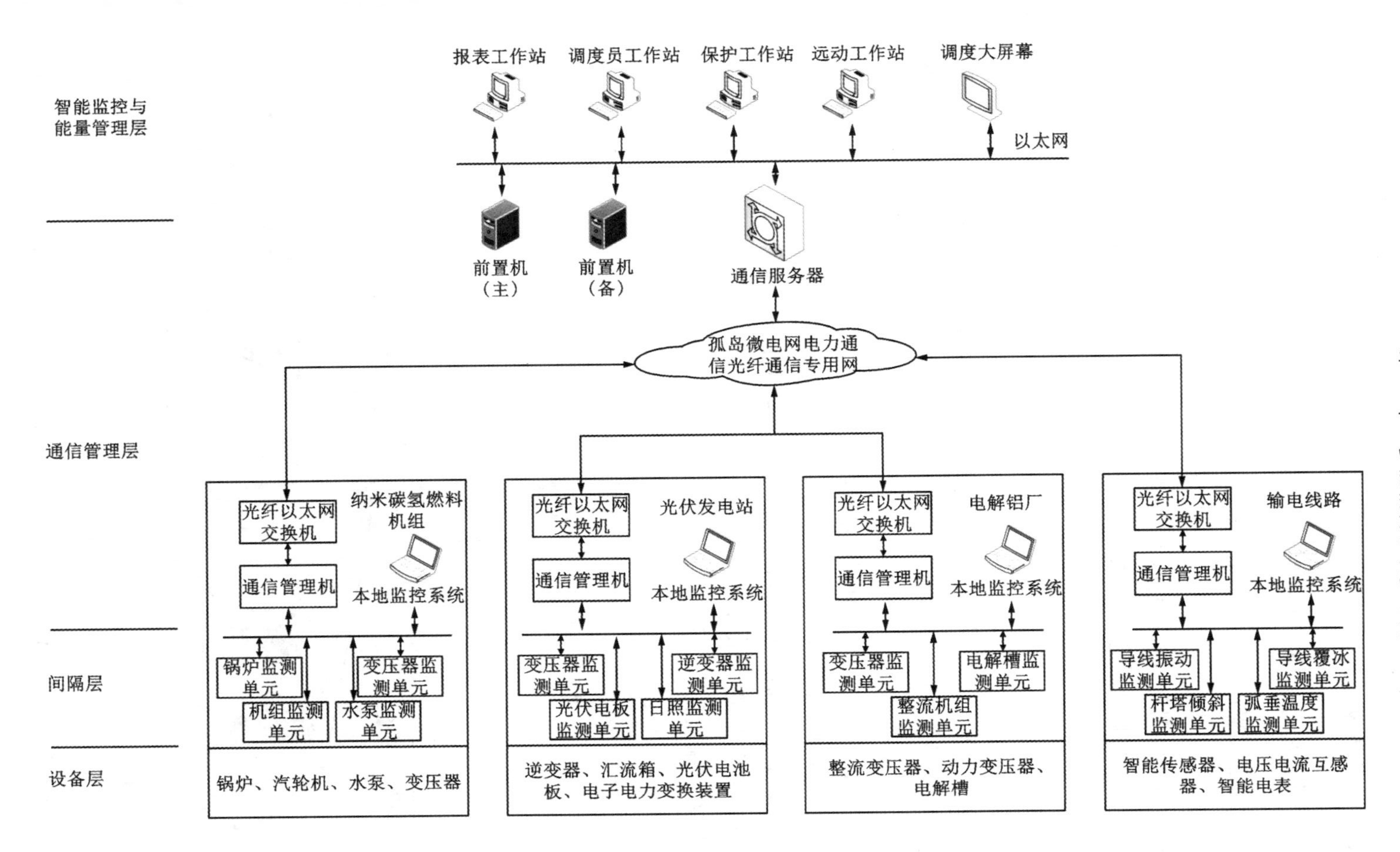

图14-19　SCADA/EMS的体系架构图

中需要将各种协议转换成 IEC61850 协议的格式。

14.2.3 端边云三位一体的信息物理系统

为实现孤岛微电网源-网-荷-储协调互动、跨系统的多能协调互补、跨区域的资源优化分配和跨时间的能源分配，在满足电网节点数据大范围、快速、可靠和安全传输与实时计算和优化控制的物理系统下，还可以基于端边云三位一体技术，建设信息与物理融通融合系统，促进孤岛微电网系统更加经济、稳定、安全运行。

14.2.3.1 电网终端

1. 电网终端概念

电网“端-边-云”中的“端”指的是电网终端，是孤岛微电网中的感知层和执行层，是电网数据产生的源头，包括各种智能传感设备、摄像头、智能电表、智能开关等，具有环境感知、电气监测、电能采集等功能，用于采集纳米碳氢燃料机组、光伏电站、铝电解厂、输电线路侧数据，并通过其通信接口将数据传输到边缘服务器中处理，负责向“边”或“云”提供孤岛微电网的运行状态、设备状态、环境状态以及其他辅助信息等基础数据，执行控制中心的决策命令，边缘设备将实时数据和相关历史数据作为输入，通过搭载基于边缘计算的应用分析软件进行分析预测，对终端设备进行调控，同时将数据反馈至云侧，其过程如图 14-20 所示。

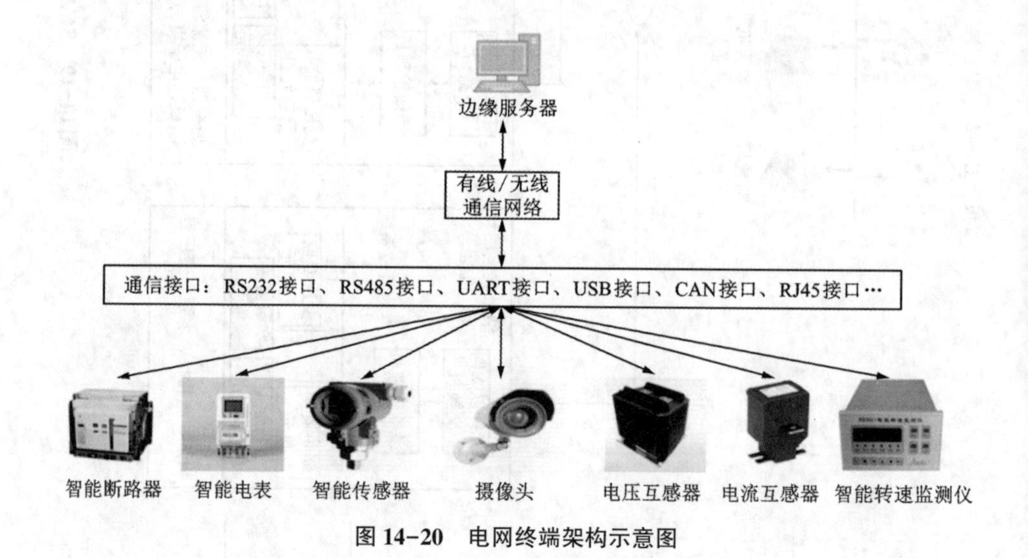

图 14-20 电网终端架构示意图

2. 电网终端技术

数据的采集、传输、存储是一切业务实现的基础，用户端作为数据源头应当装备集计量、通信、采集、控制等功能于一体的智能终端设备，包括新型智能传感器/控制器、智能网关、智能路由器/交换机等。它作为整个电网的基础，在边端交互中，实时传输海量数据离不开高容量、高可靠性、低时延的通信通道，来完成对终端侧数据上传和对边缘侧下发的决策命令快速执行，可以采用现场总线技术、以太网技术、无线通信技术等实现。除此之外，还需要智能传感技术、即插即用技术、一二次设备融合技术、拓扑识别技术等支持。

14.2.3.2　边缘计算

1. 边缘计算概念

电网“端-边-云”中的“边”指的是边缘计算。边缘计算是指靠近电网终端设备或数据源头的一侧，采用网络、计算、存储、应用核心能力为一体的开放平台，提供最近端服务。边缘计算的边缘是指从数据源到云计算中心路径之间的任意计算和网络资源。纳米碳氢燃料机组厂、光伏发电站、电解铝厂、输电线路系统数据在边缘云上进行存储计算分析处理，利用边缘计算进行局部的优化决策，将处理结果和相关必要数据上传到云平台，云平台通过相应的应用对区域内的数据进行汇总处理分析预测，结合预设的调度计划对全网能源进行调度，将分析结果和调度计划下放至各边缘设备，由边缘设备相应调整各自调度计划。其过程如图 14-21 所示。

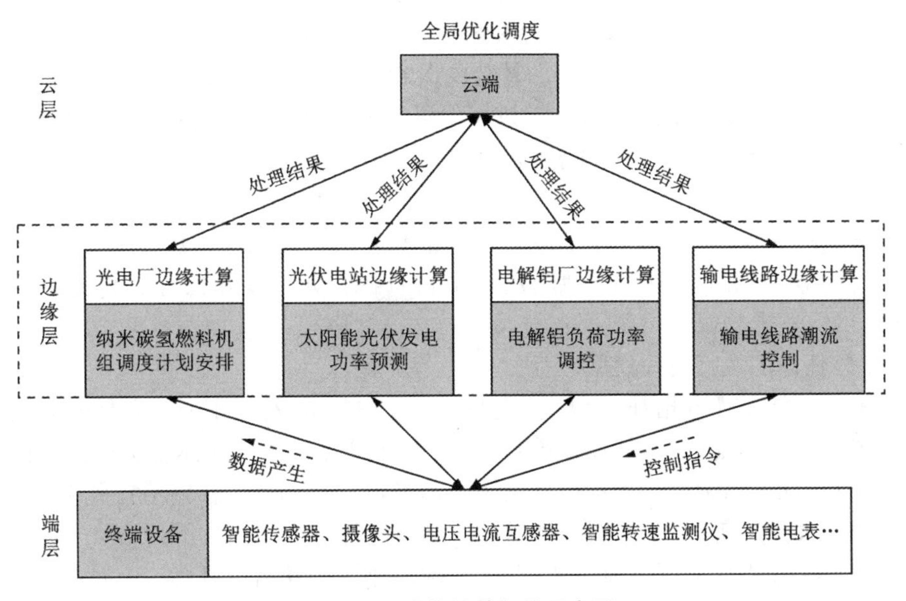

图 14-21　边缘计算架构示意图

在孤岛微电网中，含有大量的终端智能设备，如何高效处理网络节点产生的海量数据是孤岛微电网稳定运行的一个新挑战。以云计算为中心的集中式大数据处理模式，需要将大量网络节点数据输送到云端，经处理后再送出云端，这样不仅使网络流量堵塞，降低数据传输实时性，还会增大云计算中心压力。而边缘计算可以有效缓解云端压力，边缘侧具有大量的计算资源和存储资源，能在网络边缘实现数据处理，有效减轻海量数据传输带来的宽带压力和负载过重问题。

在物理与信息交互过程中需要大量的计算，传统的以云计算为中心的集中式大数据处理模式已经不能满足要求，这时候需要边缘计算平台分担云计算压力，而边缘计算是靠近数据源头的本地计算模式，通过分散在终端设备的多个边缘计算平台可以就近对本地数据实时采集与分析计算，但毕竟边缘计算的计算资源和存储资源有限，对于一些复杂计算还须上传到云中心进行分析处理和存储，然后再把处理结果下发到边缘计算服务器。

2. 边缘计算技术

边缘计算技术包括虚拟化计算技术、分布式存储管理技术。这两项技术可以提高物理机计算资源和服务器存储资源的利用率。但如何解决某一时刻或某时间段内将资源如何分配给不同的任务需求是边缘计算的一个重要问题，这涉及资源的调度。调度的优化目标可以根据任务内容而有所不同，可以是任务完成时间、能耗、成本等诸多要求中的一个或者多个。

在电力系统计算中，最重要的问题是任务执行时间，任务执行时间的长短只取决于任务的复杂程度以及任务所映射的虚拟机性能的强弱，任务的复杂度直接决定了任务的执行时间，而任务的复杂度在PC机上是由其任务的指令长度决定，任务的指令长度是指机器指令中二进制代码的总位数，指令字长取决于从操作码的长度、操作数地址的长度和操作数地址的个数。不同指令的字长是不同的，其计算公式为：指令长度=操作码长度+操作数地址×操作数地址个数。任务指令长度数量级的等级越高，该任务就映射到性能越好的虚拟机中，通过这一操作，能够在配置虚拟机时最大限度地利用虚拟机资源，进一步降低计算任务的执行时间。

(1)任务的执行时间模型

图14-22是任务拓扑模型，用有向图 $G=(V, A)$ 表示几个独立任务间的关系。图中每个顶点 $v \in V$ 表示各个任务；图中有向弧 $a_{uv} \in A$ 表示任务间转移的数据(单位：bits)，例如 a_{ij} 表示执行完任务 i 后会将 a_{ij} 的数据传输给任务 j，任务 j 只有接受执行完任务 i 后传过来的数据才会开始执行。

图14-22中任务可分为两种：第一种是必须本地执行的任务，比如负荷过载造成的跳闸等需要及时处理的情况，表示为实心节点；另一种是可迁移的任务，表示为空心节点。

定义二进制量 $J_{uv} \in \{0, 1\}$，表示任务间执行的先后关系：

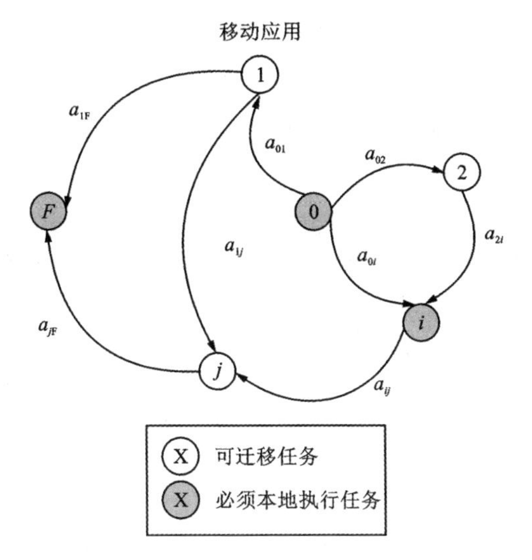

图 14-22　任务拓扑模型

$$J_{uv}=\begin{cases}1, \text{如果任务 } v \text{ 在 } u \text{ 之后被调度}\\0, \text{其他}\end{cases} \tag{14-11}$$

式(14-11)表示若必须执行完任务 u 后，任务 v 才能执行(称任务 u 为任务 v 的前置任务)，那么 $J_{uv}=1$，否则值为 0。当某任务的前置任务有两个或两个以上时，就需要其前置任务全部执行完，该任务才可以执行。

为了最优化任务的计算效率，需要对任务耗时建立相对应的时间模型。任务的执行耗时是与在本地执行还是被迁移执行有关，因此定义二进制量 $I_v\in\{0, 1\}$ 作为任务迁移与否的决策量：

$$I_v=\begin{cases}1, \text{如果任务 } v \text{ 在本地设备执行}\\0, \text{如果任务 } v \text{ 在非本地设备执行}\end{cases} \tag{14-12}$$

式(14-12)表示若任务 v 在本地执行，那么 $I_v=1$；否则，$I_v=0$。本地执行的任务只能在本地完成。

当任务 v 在本地执行即 $I_v=1$ 时，其耗时为：

$$T_v^l=a_v f_l^{-1} \tag{14-13}$$

式(14-13)中，a_v 表示任务 v 的计算量(单位：CPU 周期)，与计算的任务规模成正比；f_l 为本地 CPU 的执行速率(单位：CPU 周期/秒)。

当任务 v 迁移后即 $I_v=0$ 时，其执行时间为：

$$T_v^c=a_v f_c^{-1} \tag{14-14}$$

在式(14-14)中，f_c 是任务 v 迁移到的 CPU 的执行速率(单位：CPU 周期/秒)。

数据传输耗时：

$$T_{uv}=\begin{cases}a_{uv}R_{\mathrm{s}}^{-1}+T_{\mathrm{link}} & \text{当 } I_u=1\ \&\ I_v=0\text{，即上传数据时}\\ a_{uv}R_{\mathrm{r}}^{-1}+T_{\mathrm{link}} & \text{当 } I_u=0\ \&\ I_v=1\text{，即上传数据时}\end{cases} \tag{14-15}$$

式(14-15)中，R_{s} 和 R_{r} 分别表示数据上传的信道速率和数据下传的信道速率(单位：bits/s)；T_{link} 为链路时延，表示由物理机发出单个数据包经过各级交换机传输最后到达另一个物理机所耗费的时间，与经过的交换机数目及链路状态有关。其中，任务迁移的传输耗时要远远大于迁移后的执行耗时。

可得到考虑任务迁移情况下的任务执行时间：

$$T(I)=\sum_{v\in V}\left[I_vT_v^l+(1-I_v)T_v^c\right]+\sum_{(u,\ v)\in A}\max J_{uv}\left|I_u-I_v\right|T_{uv} \tag{14-16}$$

$$\text{s.t. } I=\left[I_1,\ I_2,\ \cdots,\ I_v,\ \cdots,\ I_{N+M}\right] \tag{14-17}$$

$$I_v\in\{0,\ 1\} \tag{14-18}$$

式(14-16)中，等式右边第一项表示全部任务的执行时间，分为本地执行和迁移到其他区域执行两种情况；等式右边第二项表示数据传输耗时。其中 J_{uv} 为乘法因子，表示只有前置任务 u 完成才会开始任务 v 的计算。式(14-17)中，N 为迁移任务数量；M 为必须本地执行的任务数量；I 表示每个任务的执行位置。

最后考虑虚拟机迁移情况下的时间模型为：

$$\min T(I) \tag{14-19}$$

$$\text{s.t. } \sum_{i=1}^{N+M}V_{ik}w_k\leqslant W_k \tag{14-20}$$

$$\sum_{k=1}X_{kq}=1 \tag{14-21}$$

$$I=\left[I_1,\ I_2,\ \cdots,\ I_v,\ \cdots,\ I_{N+M}\right] \tag{14-22}$$

$$I_v\in\{0,\ 1\} \tag{14-23}$$

$$I_v=1,\ \forall v=V_{un} \tag{14-24}$$

式(14-19)为目标函数，期望任务计算耗时最小。式(14-20)表示虚拟机 k 所需要的带宽资源要小于其所在物理机的剩余资源，其中 w_k 表示虚拟机 k 与每个任务链接所需的带宽资源；W_k 表示虚拟机 k 所在的物理机的带宽能力；二进制量 $V_{ik}\in\{0,\ 1\}$ 是判断虚拟机 k 和任务 i 是否进行传输的判据，$V_{ik}=1$ 表示进行传输，否则为 0。式(14-21)表示任一虚拟机只能放在一台物理机上，其中二进制 $X_{kq}\in\{0,\ 1\}$ 是判断虚拟机 k 放置在物理机 q 上与否的判据，$X_{kq}=1$ 表示放置，否则为 0。

(2)虚拟机配置优化

采用分布式并行计算可以满足孤岛微电网系统实时性电气计算需求。优化虚拟机配置，实现计算资源合理分配，可以提高边缘计算的计算处理能力。但在分布计算的基础上，如何有效地配置边缘站点虚拟机以达到快速完成孤岛微电网系统计算任务的要求是一个重要的问题。文献提出了一种新的二段启发式算法求解该问题，旨在减少系统间流量交互约束条件下，以计算时长最小化为总目标，完成虚拟机配置。其实验表明，二段启发式虚拟机配置算法在计算时间、能耗、流量方面有很大的优异性。文献提出了资源预留整合(MRC)算法，用于改进已有的虚拟机整合算法，算法模拟实验结果表明 MRC 算法明显降低了服务器资源溢出概率。

14.2.3.3　调度云平台

1. 云计算概念

电网“端-边-云”中的“云”指的是调度云平台或云计算。云计算是一种利用互联网实现灵活、弹性地访问共享资源池(如计算设施、存储设备、应用程序等)的计算模式。计算机资源服务化是云计算重要的表现形式，它为用户屏蔽了数据中心管理、大规模数据处理、应用程序部署等问题。通过云计算，用户可以根据其业务负载快速申请或释放资源，并以按需支付的方式对所使用的资源付费，在提高服务质量的同时降低运维成本。而云计算服务就是厂商把自己的数据中心的资源按需租用给客户并协助他们在云端进行计算、处理的一种服务。云计算平台也称为云平台，是基于硬件资源和软件资源的服务，提供计算、网络和存储功能。

根据云计算使用的资源划分，云计算可以分为公有云、私有云和混合云。公有云通常指第三方提供的云，一般可通过因特网使用。私有云是用户单独使用而构建的云，所有资源只能由该用户使用。混合云是公有云和私有云两种方式的结合形式。一般来说，企业出于安全性和可靠性的需求，建设私有云来处理核心数据和核心业务，而对于一般的数据和业务，则使用公有云进行存储和处理。孤岛微电网云调度平台的建设可以采用混合云的方式，对内业务采用私有云，对外业务采用公有云。

随着越来越多的终端设备联网，传统的云计算的缺点逐渐暴露了出来，如数据传输距离远、实时性不够、宽带不足、传输能耗大、数据安全和隐私无法得到充分保障。而且，云计算平台计算、存储能力有限，将全部数据都上传到云数据中心会给网络带宽带来很大的压力，难以满足客户实时性、安全性、准确性的需求。

2. 云计算与边缘计算的差异

边缘计算与云计算不同，云计算是将弹性的物理资源和虚拟资源以共享的方式进行服务供应与管理，而边缘计算是在网络的边缘节点以分布式处理和存储提供基于数据的服务。边缘计算大量分布在网络边缘，更靠近终端设备或数据源头。边缘计算的计算资源和存储资源有限，计算能力远小于云计算，但边缘计算以量计算，强调数量。而云计算则强调整体计算能力，一般是将大量的高性能计算服务器集中到一起完成计算。所以，边缘计算只是云计算扩大了的网络计算模式，将网络计算从网络中心扩展到网络边缘，不能取代云计算。

采用端边云协同模式，工作流任务可以在本地端进行处理，可以卸载至边缘端执行，也可以卸载至云端进行处理，通过本地的通信模块将任务发送至其他位置。通过计算本地执行、边缘服务器执行、云端执行所需的时间和能耗和采用端边云资源模型、工作流调度模型、能耗感知的工作流任务调度算法来给各个任务分配最优计算资源。

3. 云平台技术

云计算平台是指基于硬件资源和软件资源的服务，提供计算、网络和存储能力，利用虚拟化技术提供各种服务功能，实现软硬件解耦。虚拟化技术就是将硬件资源包括计算、存储、网络虚拟化，云计算虚拟化分为硬件虚拟化和应用虚拟化。

(1)硬件虚拟化，可理解为增加一个抽象的虚拟化层，将物理硬件与操作系统隔离，操作系统作为文件运行于虚拟化层上，以此提高计算资源利用率和灵活性，同时减少维护工作量。通过硬件虚拟化，可将1台服务器变为多台虚拟机，每个虚拟机独立运行自己的操作系统和应用软件，且虚拟机之间的负载实时互补，在提高资源利用率的同时保证了各应用的性能，从而达到节约运行及管理成本的目的。

(2)应用虚拟化，是将服务器上的应用程序虚拟至本地客户端的一种技术，管理员不再需要向每台电脑安装应用程序，只需要在1台“承载服务器”上安装所有应用，然后通过虚拟应用技术将“承载服务器”相应应用程序的人机界面推送到客户端、工作站、智能移动终端等设备上使用。

云平台具有三种服务类型：基础设施级服务(Iaas)、平台级服务(Paas)和软件级服务(Saas)，每一层服务既可以对上一层次提供服务，也可以为用户提供信息服务。云调度平台在IP网络的基础上提供各种业务资源的统一管理和动态分配而实现云计算，并利用面向服务架构(SOA)为用户提供安全、可靠、便捷的应用和服务，用户可以在任何时间、地点，用任意可以连接到网络的终端设备访问这些服务。

整个云平台系统架构如图14-23所示。

14.2.3.4 端边云三位一体的信息物理系统

由于孤岛微电网中光伏发电占比高，其发电间歇性特性使孤岛微电网的拓扑结构和动态特性变得十分复杂，对供电系统稳定性的影响较大。基于端边云三位一体技术和端边云信息交互过程以及所涉及的通信接口研究端边云三位一体的信息物理系统(cyber-physical system, CPS)的架构，分析孤岛微电网系统信息层与物理层的耦合关系具有重要意义。

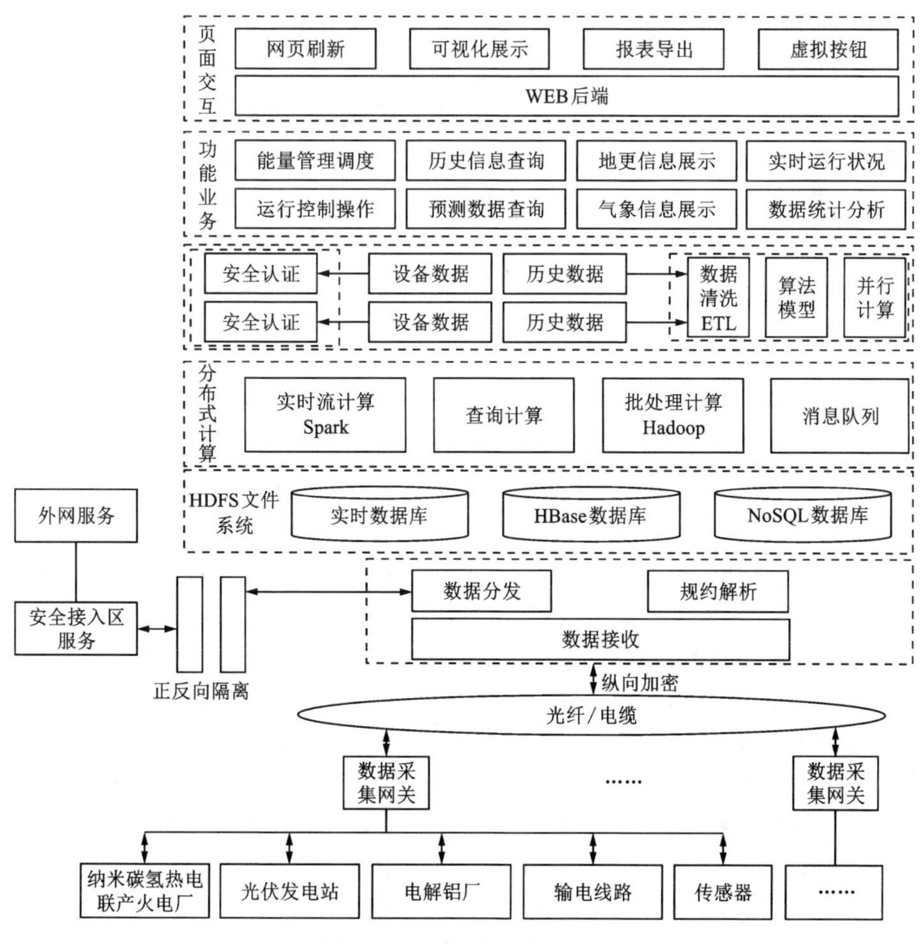

图 14-23　云平台系统架构图

1. 端边云信息交互

孤岛微电网分布式电源、监控、测量以及保护等装置的生产厂家多数自定义设备的信息规范，且通信接口类型各异，使得微电网在信息集成、运行控制以及调度管理等方面受到诸多制约。为解决孤岛微电网终端海量数据在网络中的传输问题，本节提出了采用 IEC 61850 系列标准，利用其面向对象建模、抽象通信服务接口、特定通信服务映射等技术，促使设备之间的通信标准化，使端-边之间各边-云之间信息交互得到规范，实现端-边-云信息高效交互。

1998 年，为了使不同厂家的不同设备能够进行互操作，使变电站内 IED 之间的通信行为变得规范，国际电工委员会第 57 技术委员会（IEC TC57）开始制订 IEC 61850 标准。在 2003 年发布了 IEC61850 第 1 版，在 2009 年底发布了

IEC61850 第 2 版，在该版本中，全称由《变电站通信网络和系统》更名为《电力企业自动化的通信网络和系统》。第 2 版中明确了将 IEC 61850 标准覆盖范围延伸至变电站以外的所有公用电力应用领域(如水电厂、分布式风力发电、光伏发电等领域)，涵盖了电力公用事业自动化的各个方面，可以为微电网实现其设备集成的即插即用、信息模型的灵活扩展与互操作等重要功能提供行之有效的技术手段，进一步降低系统通信与控制接口标准化工作的难度及成本。

在孤岛微电网内有许多来自不同厂商的 IED，其功能结构和运行机制有所不同，难以实现互操作性。IEC 61850 的目标就是通过采用面向对象建模、抽象通信服务接口、特定通信服务映射等技术约定 IED 功能的语义和服务模型，规划各类功能服务，以实现不同厂商的多个 IED 所完成的功能之间具有互操作性的目的。IEC 61850 不应简单理解为通信协议，因为它未着眼于给出通信报文的组织规范，而是通过分类和抽象系统中的各类功能，从规范功能服务入手去实现标准目标，同时通过强制约束的结构化信息模型来标准化地承载自动化变电站的所有信息。

目前，IEC61850 标准在变电站、发电厂、光伏电站等领域都得到了广泛的应用。IEC 61850 标准在系统中的应用主要是利用里面的面向对象建模等技术为系统提供一个统一的通信体系标准。比如，在变电站系统中应用 IEC61850 标准实现本地监控系统与控制中心之间信息交互时，首先要根据 IEC61850 标准完成变电站系统建模(即采用面向对象技术描述变电站组成结构、设备功能及其电气连接拓扑等信息)与 IED 信息建模(描述与变电站相关的装置对象及其配置等信息)，进一步利用数据类型模板定义逻辑节点(LN)及其包含的数据对象与数据属性。在此基础上，通过 IEC 61850 标准提供的抽象通信服务接口、特定通信服务映射等技术实现各层不同通信协议之间的信息交互。

其中，信息模型不是数据集合，而是数据与功能服务的聚合，是一个面向对象的模型，模型中的数据和功能服务相互对应，数据的交换必须通过对应的功能服务来实现。数据与功能服务的紧密结合使模型具备了良好的稳定性、可重构性和易维护性。IEC61850 采用统一建模语言(unified medeling language, UML)描述信息模型。一方面 UML 是面向对象设计和分析的国际标准；另一方面，UML 采用可视化建模方法，与编程语言和实现平台无关，使用简单但能够准确地表达各种复杂的关联，并具有良好的系统性和扩展性，也适合用于设计和记录信息模型。

参照 IEC 61850 系列标准，采用面向对象的建模方法为：首先，定义若干语义模型类以规范系统涉及的数据、结构、操作以及广义的 SCADA 语义；接着对照语义模型类，将 IED 的自动化功能和相关信息抽象、分解，并通过对语义模型类的继承、重载或直接引用生成特定的应用实例；最后，将这些实例按照“类”的形式层次化地构成具有一致性和确定性的信息模型(即服务器)。信息模型的属性包含逻辑设备 LD、逻辑节点 LN、数据对象 DO 和数据属性 DA 这 4 个层次。

在孤岛微电网端-边-云系统架构中，信息交互模型主要包含“端边”交互模型与“边云”交互模型。

(1)“端边”交互模型

“端边”交互模型主要包括基础数据、“端”的配置参数、实时/准实时数据和历史数据这 4 类。其中，基础数据包括基本信息(厂家、类型、型号、ID 等)、资产信息和其他描述等；“端”的配置参数包括保护功能配置、通信功能配置和其他配置等；实时/准实时数据包括遥测、遥控、遥信、遥调、累积值、波形、采样和事件等；历史数据包括遥测、遥控、遥信、遥调、累计值、波形、采样、事件和文件等。

(2)“边云”交互模型

“边云”交互模型主要包括边缘计算结果、间接采集数据、拓扑模型和自身数据这 4 类。其中，边缘计算结果是通过边缘计算 APP 计算分析所生成的数据；间接采集类数据即“端边”交互数据；拓扑模型由“边云”协同生成；自身数据主要包括基础数据、“边”的配置参数、实时/准实时数据和历史数据等。

2. 信息物理通信接口和接口标准

通信网与终端间之间是通过终端的数据接口和通信设备接口连接的，接口需遵循统一的协议，协议是通信系统运行和操作的一组规则和约定，它规定了通信系统应该完成的任务和完成任务时通信双方应该统一遵守的标准。

(1)数据通信接口协议

通信协议体系结构广泛采用国际上的 ISO 七层结构，每一层都有明确的定义，层与层之间通过接口连接。这七层分别是物理层、数据链路层、网络层、传送层、会话层、表示层和应用层。其中物理层是最基本的协议层，它规定了数据终端设备(DTE)和数据传输设备(DCE)之间的物理连结标准，提供接口的机械、电气、功能和过程四个特性，从而可以启动、维持和解除数据链路实体间的比特位传输。

机械特性。机械特性指明接口所用接线器的形状和尺寸、引线数目和排列、固定和锁定装置等。

电气特性。电气特性物理层的电气特性规定了在物理连接上传输二进制位时线路上信号电压高低、阻抗匹配情况、传输速率和距离的限制等。电力系统经常用到 CCITT(国际电报电话咨询委员会)规定的常用接口有 V. 11/X. 27、V. 28、V. 35。

功能特性。功能特性规定了接口信号的来源、作用以及其他信号之间的关系。即物理接口上各条信号线的功能分配和确切定义。物理接口信号一般分为数据线、控制线、定时线和地线。

规程特性。规程特性定义了在信号线上进行二进制比特流传输的一组操作过程，包括各信号线的工作顺序和时序，使得比特流传输得以完成。

按照物理层规定的 4 个特性，制定统一的 DTE 和 DCE 之间的接口规范，就可以形成一套 DTE/DCE 的接口标准(或称接口协议)，使不同厂家生产的各种类型数据终端都能够互连互通。

目前国际上流行的 DTE/DCE 接口标准有 3 种类型：

EIA(美国电子工业协会)提出的使用串行二进制方式交换数据的 DTE/DCE 接口标准，以字母 RS 开头，其中 RS-232 是该组织最早提出的标准。随着技术的发展，在电气性能上逐步改进，陆续提出了 RS-422、RS-449、RS-485 等标准，与 RS-232 在功能上兼容，在性能上有所提高。

CCITT(国际电报电话咨询委员会)颁布的数据通信接口分两类。一是有关模拟电话网上的数据通信标准，以 V 系列建议形式发表，它与 EIA 的 RS-232 标准很接近。二是用于公用数据网的数据通信标准，成为 X 系列建议。

ISO(国际标准化组织)负责制定的数据通信方面的标准，以“ISOXXXX(序号)”作为标准的名称发表。

(2)通信设备的数据接口类型

通信设备的数据接口种类丰富，完全可满足电力系统多业务数据通信的要求，如表 14-1 所示。

表 14-1　通信设备的数据接口种类

序号	接口类型	数据接口电气标准	传输速率
1	STM-1(光电)		1555.520 Mb/s
2	E3	G.703	34.368 Mb/s
3	E2	G.703	8 Mb/s
4	E1	G.703	2 Mb/s
5	64 K(同向/反向)	G.703	64 kb/s
7	同步串口	V.24/RS-232	1200 b/s~64 kb/s 可调
	异步串口		50~384000 b/s 可调
8	ISDN(U/ST 口)	G.960	2B+D
9	10 BaseT	IEEE 802.3	64 kb/s~2 Mb/s 可调

在实际应用中，一种情况是用户终端设备(DTE)的数据接口在物理层、数据链路层与通信传输设备(DCE)的数据接口不相同，需经过协议转换后接入。例如，路由器的通信接口电气标准为 V.35，而光传输设备的 E1 接口的电气标准为

G. 703，所以在它们中间需加协议转换器，以完成 G. 730 与 V. 35 的转换，即它们之间加入了协议转换，解决了接口间协议不统一的问题。但是增加了一个环节，也就是增加了一个故障点，降低了网络运行的安全性。另一种情况是用户终端设备(DTE)的数据接口在物理层、数据链路层与通信传输设备(DCE)的数据接口相同，可直接接入。这就减少了协议转换，并且可将多个网段合为一个网段。既节省了资金，也减少了中间故障点。

常见的物理接口有以下几种类型：

RS232 接口，该接口是计算机上的通信接口之一，由 EIA 所制定的异步传输标准接口，通常 RS232 接口以 9 个引脚(DB-9)或 25 个引角(DB-25)的形态出现。

RS485 接口，该接口是 EIA 针对 RS232 的不足而改进的新的接口标准，RS485 的数据最高传输速率为 10 Mbps，是采用平衡驱动器和差分接收器的组合，具有良好的抗噪声干扰性。

USB 接口，该接口作为最常用的接口，USB 只有 4 根线，两根电源两根信号，信号是串行传输的，因此 USB 接口也称为串行口，接口的输出电压和电流是+5 V 和 500 mA(实际上有误差)，最大不能超过+/-0.2 V 也就是 4.8~5.2 V。USB 接口用于规范电脑与外部设备的连接与通信，支持设备的即插即用和热插拔功能。

以太网接口，该接口本身的作用主要是连接路由器与局域网。但是，局域网类型是多种多样的，所以这也就决定了路由器的局域网接口类型也可能是多样的。不同的网络有不同的接口类型，常见的以太网接口主要有 AUI、BNC 和 RJ-45 接口，其中 RJ45 接口是以太网最为常用的接口，RJ45 是一个常用名称，指的是由 IEC (60)603-7 标准化，使用由国际性的接插件标准定义的 8 个位置(8 针)的模块化插孔或者插头。

常见的光纤接口类型有卡接式圆形光纤接头(ST)、带螺纹的圆形光纤接头(FC)、由日本 NTT 研制的一种矩形光纤接头(SC)和由 LUCENT 开发的一种 Mini 型的连接器。

3. 端边云三位一体的信息物理架构

有研究者提出信息物理系统是一个将感知传输、计算处理、决策控制等信息与控制技术深度融合到物理实体系统中，通过计算过程对物理过程进行感知和控制，实现信息空间与物理世界无缝结合的工程系统。信息物理系统是物理系统在受通信网络、计算网络监控的同时，三者紧密融合、协调控制的整合系统。信息物理系统在电力系统领域中得到了广泛的应用，这对研究信息物理系统中的信息-物理交互机制具有重要的意义。

在已有的信息物理结合系统的基础上，CPS 作为一种针对系统的建模、分析、控制手段，通过加强网络连接(包括传感器网络、通信网络)进而对系统内的信息进行了再次抽象。通过物理系统和信息系统的深度融合，从而实现更整体、更全面的优化建模、分析和控制。

电力 CPS 的重要功能在以下几个方面：

(1) CPS 借助传感器网络和通信网络获得全面而详细的系统信息。对于传统电力网络中的组成部分，设计者往往省略对模型内部过程的关注，而仅仅注重模型的输入和输出，以及相连的模型之间的关系。CPS 对物理数据的采集不仅更加细化到原来封装模块的内部，范围也更加广泛，而且将物理系统和信息系统作为一个整体进行综合分析和仿真。

(2) 信息集成、共享和协同。CPS 中，传感器网络不断地采集数据并汇集到控制中心。CPS 既让参与者及时地获得需要的信息，又确保他们只能严格地按照其权限获取信息。随着系统规模变大，数据流也越庞大。海量数据的传输、集成和存储同时对电力 CPS 的发展提出挑战。

(3) 大规模实体控制、系统全局优化和局部控制的协调。CPS 增强对物理系统的控制能力。随着计算能力的增加，把以前分散式进行控制的对象纳入整体分析考虑，可以提高系统整体运行的效率和控制的灵活性。从信息物理交互角度看，孤岛微电网 CPS 分为两层：信息层和物理层。

信息层由传感设备、分布式计算设备、控制决策设备等信息设备以及连接这些信息设备的通信网络构成。该层级主要负责整个电力 CPS 的数据监测、优化决策以及对物理层上传的信息进行分析并产生相应的控制指令。

物理层由电网中的纳米碳氢燃料机组、光伏发电站、电解铝厂和输电线路的物理设备以及连接这些物理设备的输电网络组成，用于实现电能的变换与控制。物理层中的电气物理设备都嵌入了传感器和执行器，负责实现系统信息感知和控制指令执行。

信息层和物理层通过信息流和能量流紧密耦合实现孤岛微电网的能量管理。信息-物理的交互过程表现为信息层通过传感器等设备感知物理层中设备的运行状态，将能量流转换为信息流，通过通信网传输到信息层中，经信息处理单元处理后作为调度中心决策控制单元的输入，由此制定纳米碳氢燃料机组发电计划、预测光伏输出功率、对输电线路进行潮流计算分析和调控电解铝负荷功率等，最后决策单元将控制指令下发给物理层中的物理设备，控制物理设备的运行。可以看出，信息层做出决策的信息输入来源于物理层中设备的运行状态，而物理层设备的运行状态又取决于信息层下发的控制指令，表明孤岛微电网 CPS 中的信息层和物理层是紧密耦合的。

从端边云信息交互角度看，孤岛微电网 CPS 可以分为三层：云控制平台层、边缘控制层和终端设备层。

(1) 终端设备层。终端设备主要监测孤岛微电网运行状态，包括电量参数采集装置、各种传感器、摄像头、智能断路器等，用于采集纳米碳氢热电联产火电厂、光伏发电站、电解厂铝、输电线路侧物理设备的数据。在云控制系统中，终端设备与控制柜(间隔层测控单元)相连，进行信号的采集和处理，通过电缆、双绞线、光纤等便利的通信方式连接、集成到边缘控制层上。

(2)边缘控制层。边缘控制层(包括纳米碳氢燃料机组、光伏发电站监控中心、电解铝厂监控中心和输电线路监控中心)设有边缘智能控制器，边缘智能控制器通过冗余的实时以太网向上与云控制平台层连接，向下通过冗余的现场网络和各测控装置相连，承担数据运算、存储、转发的核心作用，执行各类数据采集、主要设备保护联锁、部分模拟调节等功能。利用边缘计算部署在终端设备附近、实时性好和可靠性高的特点，可以对终端设备进行监测以及精准、稳定地实时管控。边缘控制层获取到终端设备的原始数据后，根据任务类型，对数据进行分类和预处理。

(3)云控制平台层。云控制平台层包括 SCADA/EMS 系统和云调度平台，云调度平台主要利用的是云计算的虚拟化技术实现硬件与软件解耦，系统各模块以虚拟机文件的形式进行封装，使系统能以文件的形式进行管理。边缘控制层将预处理后的数据上传到云调度平台，云调度平台通过 SCADA 服务器获取全电网数据，并利用云计算中心本身的强大计算能力、存储空间、多种智能算法等来实现制定纳米碳氢燃料机组调度计划、光伏发电功率预测、电解铝负荷调控和输电线路潮流计算等功能。云调度平台将优化的调度方案、指令发给边缘控制层，再由边缘控制层下发至终端设备。边缘控制层在上层指令的指导与约束下，对终端设备完成边缘控制，经由端-边-云三个层面协作互补，形成对整个云控制系统的统一优化、管理、调度和控制。

云调度平台与纳米碳氢燃料机组监控系统、光伏发电站监控系统、电解铝厂监控系统和输电线路监控系统之间的信息交互可以采用通信运营商提供的数据专线业务，通过租用光纤通道接入通信传输网，并在此基础上构建虚拟专用网络(VPN)，建立电力调度数据网(SGDnet)，实现各系统之间的信息交互。调度中心的 SCADA 服务器与各监控系统边缘智能控制器都是网络中的一个节点，并按“点对多点”连接，通过 VPN 实现调度通信。基于 VPN 的调度数据网传输稳定，安全可靠，且利用 VPN 的身份认证及数据加密等安全机制，保证数据安全传输，达到系统安全防护要求。

孤岛微电网 CPS 旨在充分反映电网运行的物理与信息交互过程，通过两者的深度融合，实现电力系统的全局优化。整个系统架构如图 14-24 所示。

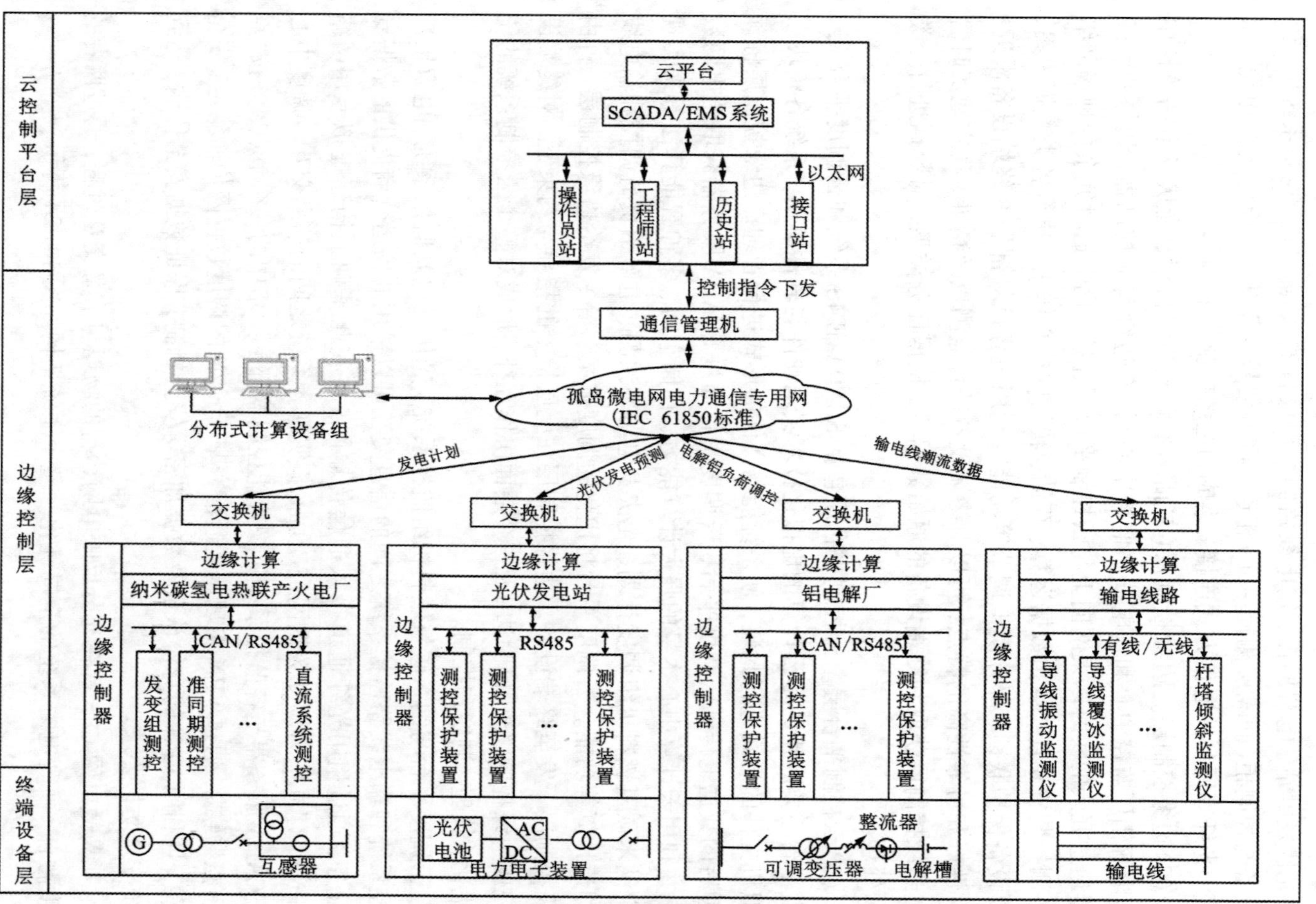

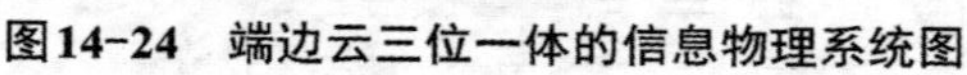

图14-24 端边云三位一体的信息物理系统图

14.3　面向多时间尺度协同的综合能量管理方法

跨区互联结构、大规模间歇性光伏发电以及负荷侧参与调度能力的提升对孤立电网调度提出了新的挑战，因此本节拟研究源荷双侧不确定和可调度情况下跨区互联孤立电网的协同调度问题。考虑不确定性因素对系统约束条件和调度目标的影响，基于随机机会约束规划建立了该调度问题的基础优化模型。

14.3.1　源网荷协同调度框架

根据孤岛源网荷储系统对接入点电压的影响情况，确定孤岛源网荷储系统的优化步长、调度周期和启动信号，根据预测误差进行调度优化。针对预测误差，基于预测精度与时间跨度成反比的原理，在调度周期为 1 h 的计划基础上加入调度周期为 15 min 的调整计划，以动态修正日前计划中微电源的发电计划，从而达到孤岛源网荷储系统功率的实时平衡，并逐级平抑因预测型误差而产生的 PCC 功率波动。

源网荷协同调度框架如图 14-25 所示。

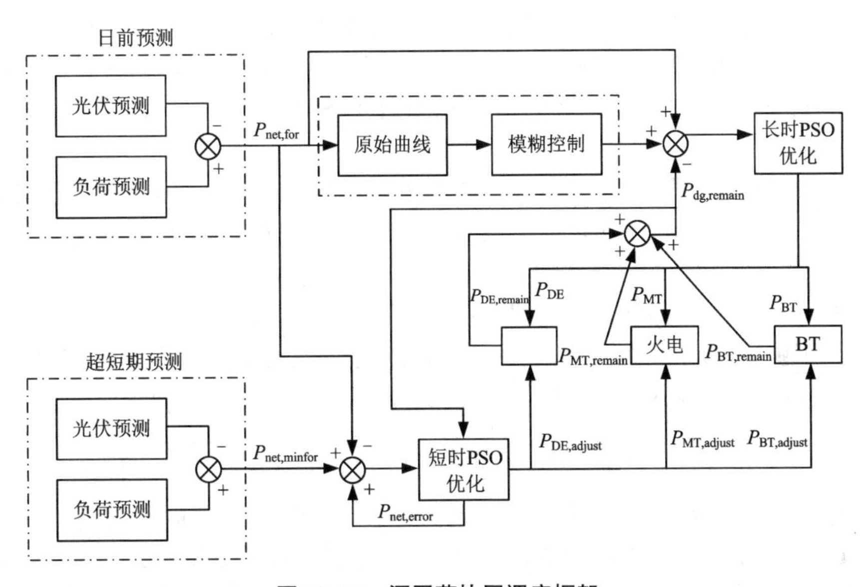

图 14-25　源网荷协同调度框架

图 14-25 中，时计划以与孤立电网相协调制定的预设交换功率为控制目标，通过小时粒子群算法得到每种微电源的输出功率计划，其调度周期为 1 h。调整计划以提前 30 min 的超短期预测所获得的预测误差为控制目标，对时计划发布的

发电计划进行修正，减小短时波动对交换功率的影响，其调度周期为 15 min。实时计划以实时采样的净负荷随机波动为控制目标，利用发电机组跟随波动，其调度周期为 1 min。

14.3.2 含机会约束的时计划模型

若供电不足，采用负荷竞价策略，逐级切除负荷，保障重要负荷的供电。

时计划模型的目标函数为：

$$\min F=\sum_{t=1}^{n} C_{\mathrm{Mi}}^{t}+C_{\mathrm{Ei}}^{t}+C_{\mathrm{Si}}^{t} \tag{14-25}$$

式中：C_{Si}^{t} 为机组启停成本；C_{Mi}^{t} 为运行维护成本；C_{Ei}^{t} 为环境成本。

定义孤岛源网荷储系统的运行维护成本包括燃料成本、设备维护成本和有功无功网损费用及蓄电池充放电惩罚成本：

$$C_{\mathrm{Mi}}^{t}=\sum_{k=1}^{n}\left(C_{\mathrm{fuel},\,k}+C_{\mathrm{om},\,k}\right)+C_{\mathrm{loss}}+C_{\mathrm{bat}} \tag{14-26}$$

式中：n 为孤岛源网荷储系统内的分布式发电单元个数；$C_{\mathrm{fuel},\,k}$ 为第 k 台分布式单元的燃料成本，可再生能源发电单元无燃料成本；$C_{\mathrm{om},\,k}$ 为第 k 台分布式单元的设备维护成本；C_{loss} 为孤岛源网荷储系统内有功无功网损费用，孤岛源网荷储系统传输线路、运行设备等中由于阻抗造成的网络损耗。C_{bat} 为蓄电池的充放电惩罚成本，当处于用电峰时或谷时，蓄电池依据控制策略运行，其输出功率受到约束条件约束；处于用电谷时，蓄电池依据所处的 SOC 区间，设置相应的充放电惩罚。

孤岛源网荷储系统运行中，通过燃料燃烧发电的机组，如微型燃气轮机、燃料电池等在运行过程中，会产生污染性气体或是温室气体，对环境造成影响。这些会对环境产生影响的气体主要有碳化物、硫化物、氮化物等，应根据各类气体排放量，拟定合适的气体排放治理费用，以约束由于上述机组出力过多，而导致的环境问题。该项成本的计算，是根据相关机组的出力情况，得出各类气体的排放量，再计算出相应的治理费用：

$$C_{\mathrm{Ei}}^{t}=\sum_{k=1}^{n}\sum_{j=1}^{m}\left(\alpha_{kj}P_{\mathrm{DG},\,k}+\beta_{kj}P_{\mathrm{DG},\,k}^{2}\right)f_{j} \tag{14-27}$$

式(14-27)中统计在系统运行时刻内，总计 n 台排放的 m 种气体的治理费用，其中 α_{kj} 和 β_{kj} 为第 k 台分布式发电单元第 j 种气体排放量系数，认为气体排放量与分布式电源的输出功率成二次关系，f_j 为第 j 种气体的治理费用系数。

考虑以下约束条件：

(1)功率平衡约束

$$P_{\mathrm{r}}\left\{\left|\sum_{i=0}^{n}P_{\mathrm{DG}i}^{t}+P_{\mathrm{Renew}}^{t}-P_{\mathrm{Load}}^{t}\right|\leqslant\Delta P\right\}\geqslant\gamma_{1}\lambda_{0} \tag{14-28}$$

式中：λ_0 为孤岛源网荷储系统供需功率不平衡量处于区间$[-\Delta P, \Delta P]$内的置信水平，一般取 95%；γ_1 为一个与当前调度时刻 σ_T 和前一时刻可控微电源剩余容量 P_{remain}^{t-1} 有关的动态调整系数，其表达式为：

$$\gamma_1=\frac{\overline{\omega}_1\sqrt{(P_{\text{Remain}}^{t-1}-P_{\text{dg}}^{\min})(P_{\text{renew}}-\sigma_{\text{T}})}}{P_{\text{dg}}} \tag{14-29}$$

式中：$\overline{\omega}_1$ 为权重系数；P_{renew} 为可再生能源装机容量。当预测误差水平较大或前一时段可控微电源剩余容量较小时，γ_1 变小，使该约束更宽松，这减小了时计划调度的功率调整量，从而利于提高经济性。反之，γ_1 变小使该约束更严格，从而增加了该时段的安全性和稳定性。

(2)旋转备用容量约束

在孤岛源网荷储系统运行时，需要一定的旋转备用容量。但是，过多的旋转备用容量会影响孤岛源网荷储系统的经济性，而过少的旋转备用容量又会使机组运行可靠性下降。

$$\begin{cases}r_i^{\text{up}}\leqslant\min\{\eta_i^{\text{up}},\ P_i^{\max}-P_i^t\}\\ r_i^{\text{down}}\leqslant\min\{\eta_i^{\text{down}},\ P_i^t-P_i^{\min}\}\end{cases} \tag{14-30}$$

$$\begin{cases}\sum\limits_{i=0}^{n}(P_i^t+\beta_i^t r_{i,t}^{\text{up}})r_i^{\text{up}}\geqslant P_{\text{Load}}^t+R_{\text{up}}^t\\ \sum\limits_{i=0}^{n}(P_i^t+\beta_i^t r_{i,t}^{\text{down}})r_i^{\text{up}}\geqslant P_{\text{Load}}^t-R_{\text{up}}^t\end{cases} \tag{14-31}$$

式中：r_i^{up} 和 r_i^{down} 为机组 i 提供的上下旋转备用容量，η_i^{up} 和 η_i^{down} 为机组爬坡率；R_{up}^t 和 R_{down}^t 为 t 时刻孤岛源网荷储系统所需的旋转备用容量；β_i^t 为机组的供电状态。

(3)可控微电源输出功率约束

$$P_{\text{dgmin},\ i}\leqslant P_i^t\leqslant P_{\text{dgmax},\ i} \tag{14-32}$$

(4)备用容量约束

为了让下一层的调整计划有足够的发电容量，需要让时计划中的可控微电源留有一定的备用容量：

$$\sum_{i=0}^{n}P_i^t\leqslant 0.8\sum_{i=0}^{n}P_{\text{dgmax},\ j} \tag{14-33}$$

14.3.3　含机会约束的调整计划模型

在小时时间尺度中，我们需要提高孤岛源网荷储系统的经济性。而对于分钟时间尺度，应适当加强对系统功率平衡的要求，以减少秒时间尺度的功率调整量。所以，分钟时间尺度的调度思路是在保证可再生能源出力满足一定可信度的前提下，追求总调度成本最低。

调整计划只注重微电源的发电情况，而不关注与主电网的交换功率值。所以目标函数如下：

$$\min F = \sum_{i=0}^{n} C_{\mathrm{Fi}}^{t} + C_{\mathrm{Mi}}^{t} + C_{\mathrm{Ei}}^{t} + C_{\mathrm{Si}}^{t} + C_{\mathrm{Error,\ Penalty}}^{t} \tag{12-34}$$

式中：$C_{\mathrm{Error,\ Penalty}}^{t}$ 为人为构造的期望失电成本罚函数。其目的是减少预测误差的影响。其表达式为：

$$C_{\mathrm{Error,\ Penalty}}^{t} = \overline{\omega}_2 \left| P_{\mathrm{Error,\ pre}}^{t} - P_{\mathrm{dg,\ adjust}}^{t} \right| \tag{12-35}$$

式中：$\overline{\omega}_2$ 为罚函数系数；$P_{\mathrm{Error,\ pre}}^{t}$ 为预期预测误差值；$P_{\mathrm{dg,\ adjust}}^{t}$ 为可控微电源调整功率值。当这两个值相差越大时；$\overline{\omega}_2$ 也越大。

调整计划的大部分约束条件与时计划相同，但调整计划中不需要备用约束，其他主要的约束如下：

(1)功率平衡约束和旋转备用容量约束

与时计划中的功率平衡约束相同，调整计划会根据所处调度等级的预测误差水平和前一时段可控微电源剩余容量进行动态调整。

(2)爬坡率约束

由于调整计划的调度周期较短，为了不让发电机爬坡能力较差的机组因为反应慢而使调度指令滞后，导致系统不稳定，同时，为了让调整的功率匹配误差功率，爬坡率约束如下：

$$\eta_i^t = \min\left\{ \frac{P_{\mathrm{remain,\ fast}}^{t-1} \cdot (P_{\mathrm{slow}}^{\max} - P_{\mathrm{slow}}^{\min})}{P_{\mathrm{fast}}^{\min}} + P_{\mathrm{slow}}^{\min},\ \eta_i^{\max} \right\} \tag{12-36}$$

$$P_{\mathrm{r}}\left\{ \left| \sum_{i=0}^{n} \beta_i^t \eta_i^t - P_{\mathrm{Error}}^{t} \right| \leqslant \Delta P \right\} \geqslant \lambda_0 \tag{12-37}$$

(3)修正量约束

整计划是一个不断滚动，不断调整的过程，因此并不追求一次性将时计划的误差消除，过度调节可能引起控制出现震荡。

$$P_{\mathrm{adjust,\ min}} \leqslant P_{\mathrm{adjust}} \leqslant P_{\mathrm{adjust,\ max}} \tag{12-38}$$

式中：$P_{\mathrm{adjust,\ min}}$ 和 $P_{\mathrm{adjust,\ max}}$ 分别为调整功率值的上下限。

12.3.4 实时调度

时计划和调整计划都是基于预测的优化，然而不管是短期预测还是超短期预测，都只能得到富有规律性的波动预测结果，对随机性且变化频率很快的波动却不能进行准确预测。在这些随机性波动中，有些波动幅度并不大(不超过联络线最大功率的5%)，主电网本身可以吸收掉。但是也有幅度较大的波动，如果不平抑掉，可能会引起联络线的波动并产生长期的波动趋势。由实时采集的负荷数据和可再生能源发电数据，可得到经过时计划和调整计划后的实时的净负荷功率数据。该数据为短时间波动叠加上长时间波动，所以需要将它们分开，其中短时间随机波动可由超级电容跟踪平抑，而长时间随化性波动则需要由发电机组跟踪消除。

含有机会约束的多时间尺度优化模型涉及了随机变量的概率分布问题，无法用普通方法求解。目前主要的求解方法有两种：第一种是将机会约束条件转化成其等价的确定性约束条件，然后只需求解其等价约束条件即可，该方法使用范围较小；第二种是函数逼近法，利用随机模拟与智能算法(如粒子群算法等)相结合的混合算法求解。但是，此种方法中随机模拟机会约束中随机变量的计算量很大，所以本节拟采用随机模拟、粒子群算法和神经网络相结合的混合智能算法求解该模型，其算法流程图如图 14-26 所示。

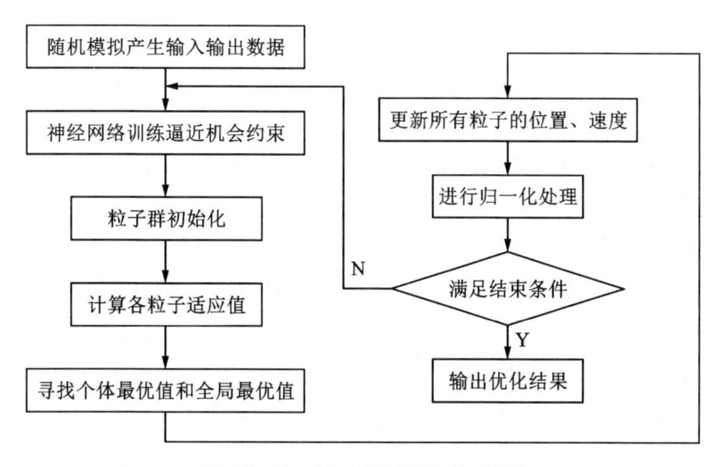

图 14-26　混合智能算法流程图

第 15 章
实时数字仿真

15.1 孤立电网的实时数字仿真模型

15.1.1 实时数字仿真平台

RT-LAB 是为实现实时电力系统电磁暂态仿真的系统，该系统是由加拿大的 Opal-RT 公司推出的一款基于模型工程的设计和测试平台，它主要由主机、目标机、硬件系统组成，其中主机就是上位机，是一台具有 windows 系统的电脑，上位机装有 MATLAB 和 RT-LAB 软件，利用 MATLAB 进行模型的建立，RT-LAB 的主要任务是重新封装模型，并将模型下装到目标机中，同时承担控制启停、监控和在线调试的任务。目标机是运行于 Redhat 的仿真器，担任实时仿真的任务，它是具有多个核的处理器，可以同时运行，且运行速度非常快。主机和目标机之间是通过 TCP/IP 通信协议连接的，使得人机交互变得十分简单。RT-LAB 库里有几百种 I/O 板卡驱动模块，只要对其进行简单的参数配置，就可以利用数字和模拟 I/O 口与其他设备进行连接、通信，这些板卡驱动模块主要由 Opal-RT 公司提供的，但其他第三方公司也提供一些 PCI/ISA 硬件板卡驱动模块，用户可以根据自身的设备选择相应的板卡，因此使用起来十分方便。

RT-LAB 仿真软件具有 MATLAB 中 Simulink 的各种功能，同时也具有自己独特的模块，如 RTLAB I/O、ARTRMIS、RT-EVENTS 等。在 RT-LAB 上建立实时运行的电力系统模型时，具有更高的准确性、高效性和提供更小采样步长的优势。RT-LAB 实时仿真软件在特性上有以下几个特点：①RT-LAB 模型的子系统并行运行时，能同时接受同步控制信号，以此达到实时通信的目的，这样的仿真实时性较强、实验结果准确性高。②RT-LAB 支持半实物仿真，通过数字、模拟 I/O 板卡易于与外界硬件相互通信，可以同步对目标节点和 I/O 板卡进行管理。③RT-LAB 的 XHP(超高性能)模式使得实时仿真的通信速度加快，在分布式处理器上，可以采用 10 μs 的仿真步长仿真十分复杂的模型。RT-LAB 整体结构框架如图 15-1 所示。

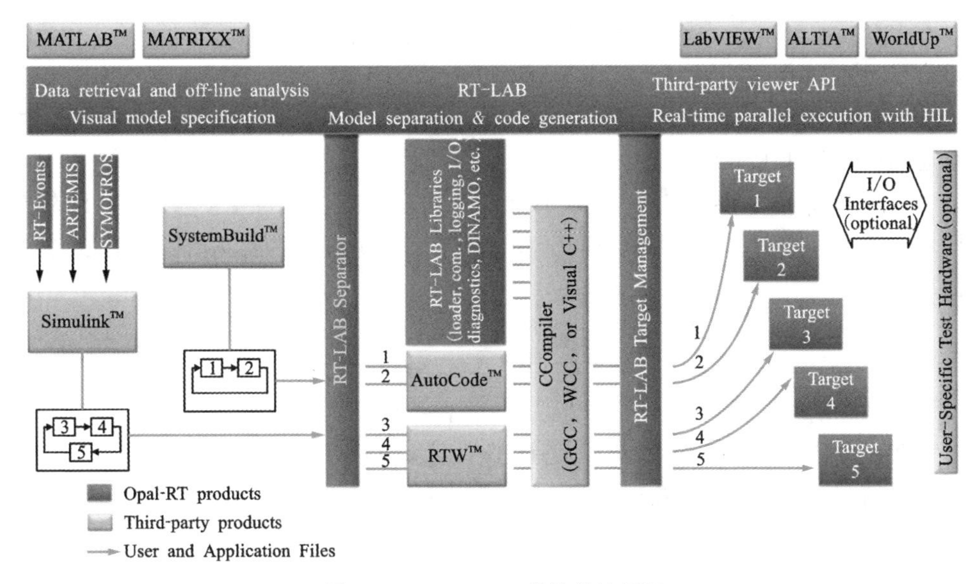

图 15-1 RT-LAB 整体结构框架

15.1.1.1 功能

模型开发环境支持：支持 MATLAB/Simulink/SimScape 模型开发。所有的模型都是在 MATLAB/Simulink 开发环境中实现。RT-LAB 能将 Simulink 模型通过 RTW/Coder 生成 C 代码，并编译成为仿真下位机上的可执行程序。除了 MATLAB/Simulink 以外，RT-LAB 也支持 AMEsim、AVL、Carsim、Modelica 以及手写 C/C++代码编写的模型，并将它们集成到 RT-LAB 实时模型中。

仿真运行控制：在 RT-LAB 的 eclipse 风格图形界面上能实现模型编译、下载、运行、暂停、快照、高速率运行、实时运行、在线参数调整等多种功能，并支持通过 API 等扩展方式与自动化测试软件、试验管理软件、视景仿真软件、数据库等软件集成。

半实物仿真测试：在仿真下位机实时运行的仿真模型能够通过下位机上的 I/O 与数据通信接口和被测对象物或者试验装置上的传感器、执行器、控制器、仪表等设备互联，组成硬件在环测试系统，实现对复杂系统的半实物一体化测试。

15.1.1.2 系统运行特性

RT-LAB 软件界面如图 15-2 所示。OPAL-RT 提供了实时在环系统兼容工业模型软件包，主要具有以下作用：

①提供 2 种运行平台：高性能多核 CPU 结合实时操作系统(Linux)，以及 FPGA 结合多核 CPU 模式，为复杂的模型仿真提供运算能力保障；

②支持多速率并行运行：模型运算可在 FPGA 上、CPU 的多个内核之间，或

者在多台仿真计算机之间分布式并行运行，且可配置不同的运算步长，在 CPU 上运行步长达到 10 μs，在 FPGA 上可达 0.25 μs。

③分布式模型同步数据通过 CPU 高速缓存、IEEE 1394、PCI-E 或者反射内存通信，速率可达 5GB。

④仿真性能监控：在软件界面中有专门的窗口提供对每个 CPU 内核上的模型运行的统计数据，包括运算时间、通信时间，CPU 的计算资源裕度等这些时间信息。

⑤为用户了解模型的复杂程度，模型分配的合理性等提供了有价值的信息；

⑥TestDRIVE GUI：可扩展的虚拟仪器风格监控与测试界面；

⑦动态信号跟踪：运行时可以动态选择监控任意模型变量；

⑧在线调参：可以在运行时动态调整模型参数；

⑨高速 I/O：基于 FPGA 的数字与模拟 I/O；

⑩广泛 I/O 硬件支持：支持多种 I/O 和通信设备。

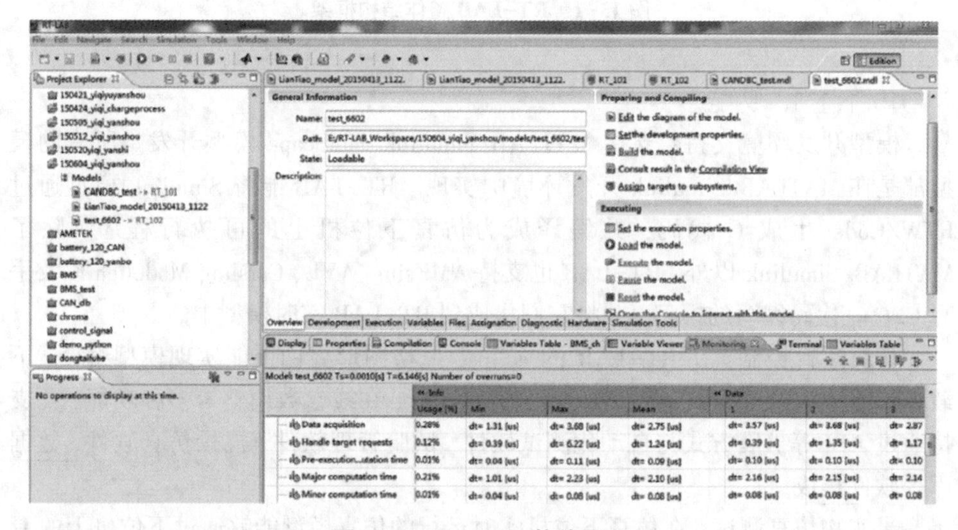

图 15-2 RT-LAB 软件界面

15.1.2 详细模型搭建

15.1.2.1 光伏发电系统建模

光伏阵列可以等效为一个直流电源，等效电路图如图 15-3 所示。

光伏阵列的等效电路中，串联电阻 R_s 阻值很小，一般小于 1，而分流电阻 R_{sh} 阻值很大，数量级为 103 Ω。光伏电池的输出特性为：

$$I_{PV}=I_L-I_D-I_{sh}=I_L-I_o\left\{\exp\left[\frac{q(U_{PV}+I_{PV}R_s)}{QTK}\right]-1\right\}-\frac{U_{PV}+I_{PV}R_s}{R_{sh}} \tag{15-1}$$

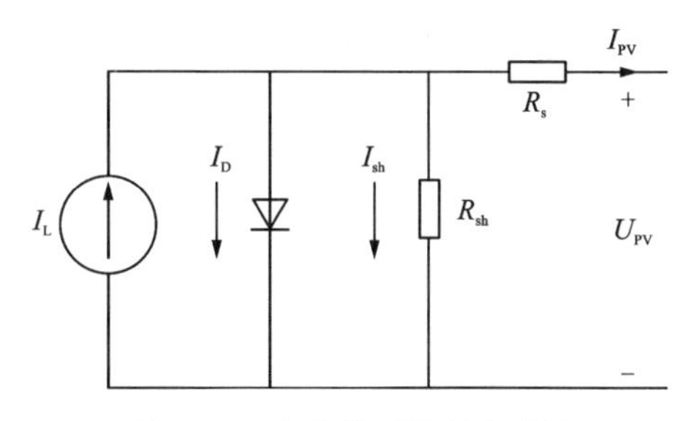

图 15-3　光伏阵列等效电路图

式中：I_{PV} 为光伏阵列输出电流；U_{PV} 为光伏电池输出电压；I_L 为光生电流；I_D 为二极管正向导通电流；I_O 为二极管反向饱和电流；q 为电子电荷；Q 为二极管品质因数；T 为绝对温度；K 为玻尔兹曼系数（1.38×10^{-23} J/K）。

光伏阵列的输出受温度和光照强度的影响。光伏阵列在不同温度条件下的 I–V 和 P–V 曲线图如图 15-4、图 15-5 所示。

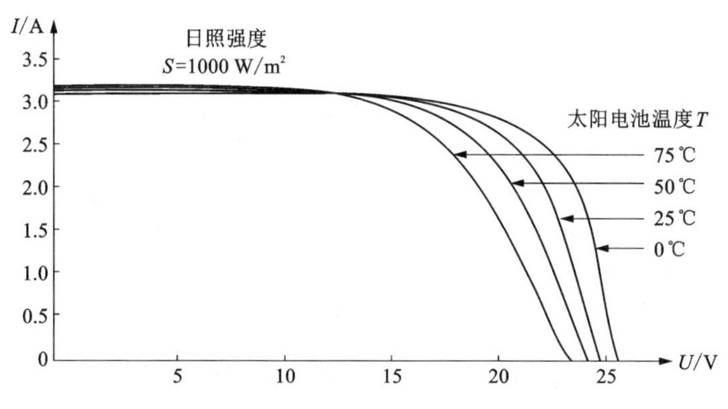

图 15-4　不同温度下 I–V 曲线图

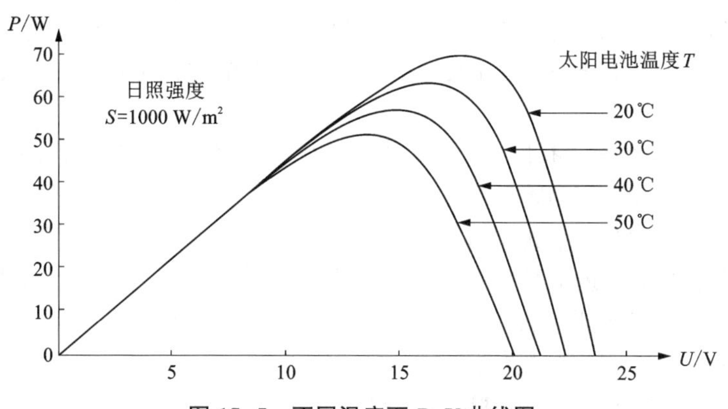

图 15-5　不同温度下 P–V 曲线图

光伏阵列在不同光照强度下的 *I*-*V* 和 *P*-*V* 曲线图如图 15-6、图 15-7 所示。

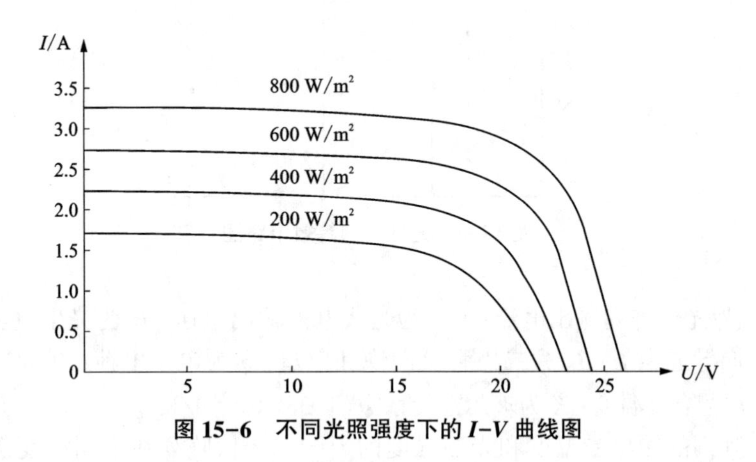

图 15-6　不同光照强度下的 *I*-*V* 曲线图

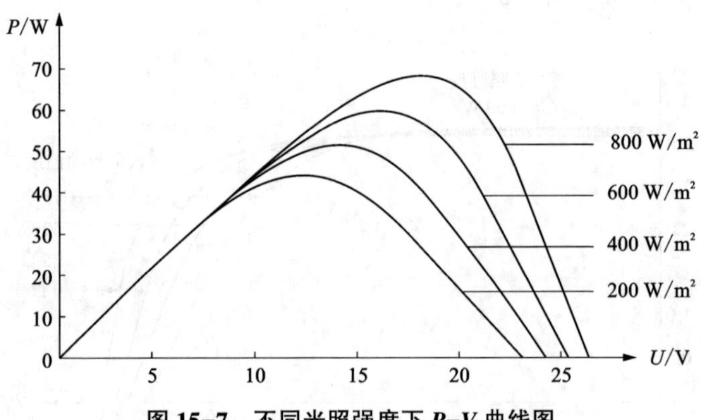

图 15-7　不同光照强度下 *P*-*V* 曲线图

从图 15-5 和图 15-7 可以看出，在同一光照强度和温度条件下，有一个电压值对应的功率为最大功率，为了提高能源利用率，需要在外界环境的温度和光照强度变化后及时调整光伏阵列的运行电压，保证其输出最大的功率，即进行最大功率点追踪(MPPT)。

常用的 MPPT 方法有恒定电压跟踪法、扰动观察法和电导增量法等。恒定电压跟踪法算法简单，容易控制且稳定性较好，但适应性较差，不能及时根据外界环境变化来调整电压值；扰动观察法适应性较强，但由于扰动的存在，使光伏阵列的输出存在振荡，造成功率损失；电导增量法稳定性好，跟踪效果理想，但对算法复杂，对系统硬件要求较高。本节采用双馈式风力发电系统最大风能追踪采用的方法——基于滑模的极值搜索控制(SM-ESC)。

在 dq 坐标系下，采用电网电压定向的矢量控制方法，令 $u_q=0$、$u_d=u_s$，u_s 为电网电压幅值。光伏发电系统输出的有功功率和无功功率为：

$$\begin{cases} P = u_d i_d + u_q i_q = u_s i_d \\ Q = u_q i_d - u_d i_q = -u_s i_q \end{cases} \tag{15-2}$$

可以看出，有功、无功功率由电流的 d、q 轴分量决定。光伏发电系统输电压与电流数学关系为：

$$\begin{cases} u_d = L\dfrac{di_d}{dt} - \omega_1 L i_q + u_s \\ u_q = L\dfrac{di_q}{dt} + \omega_1 L i_d \end{cases} \tag{15-3}$$

由此可以看出，在加入前馈解耦项后，就可以实现 d 轴 q 轴解耦，进而实现有功和无功的解耦控制。控制结构图如图 15-8 所示。

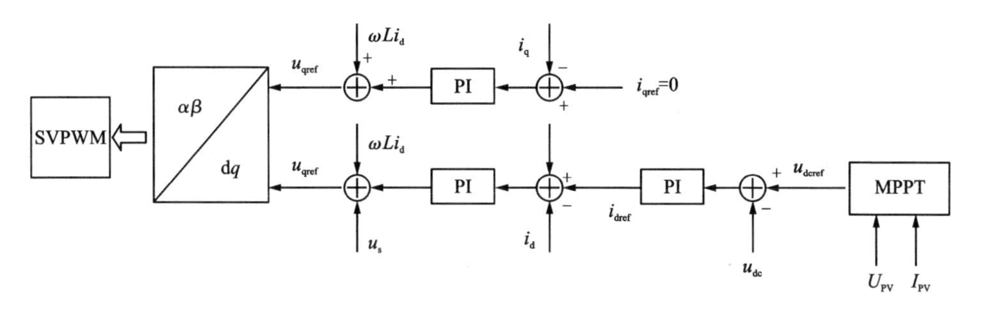

图 15-8　光伏发电系统逆变器控制框图

该控制策略采用双环控制，外环电压环控制直流电容电压恒定，内环电流环通过设定电流 q 轴分量的参考值 $i_{qref}=0$ 实现输出的功率因数为 1，电流 d 轴、q 轴分量的参考值 i_{dref}、i_{qref} 与实际值做差，经 PI 调节，再加上前馈解耦项就得到参考电压量，再经过 SVPWM 调制得到双向变流器的驱动信号，从而实现电容电压恒定与 PQ 解耦控制。

15.1.2.2　纳米碳氢燃料机组建模

汽轮机种类很多，按照高温高压蒸汽做功的场所可将其分为高、中、低三段，由静止部件和转动部件构成。随着汽轮机技术的发展，以及提升能量转换效率的需要，高容量汽轮机大多采用中间再热式结构。锅炉燃烧产生的高温蒸汽先在高压缸中做功，然后将做完功后温度压力降低的蒸汽导入再热器吸收热量；接着将升高温度后的再热蒸汽送入中压缸推动汽轮机转子做功，提升机组能量转换效率；将中压缸中做完功的蒸汽导入低压缸以推动转子转动做功，最后将做完功的蒸汽排入凝汽器凝结成水。汽轮机一般可以用一个一阶惯性环节来表示。

$$G_t(s)=\frac{K_t}{1+T_t s} \tag{15-4}$$

对于再热式机组，则应将机组再热段的做功过程考虑进去，此时再热机组的汽轮机模型则变为式(15-5)的形式。

$$G_t(s)=\frac{K_t(1+sT_hT_h)}{(1+T_ts)(1+sT_h)} \tag{15-5}$$

式中：T_t 为汽容时间常数；K_t 为汽轮机增益；T_t 为再热系数；T_t 为再热时间常数。

调速系统是通过控制进入汽轮机蒸汽量或进入水轮机水流量而调节发电机功率的系统。纳米碳氢燃料机组中，调速器通过开大或关小主蒸汽调门开度而改变进入机组的高温高压蒸量，进一步改变发电机组的功率输出。纳米碳氢燃料机组调速器作为一个控制燃料机进汽量的调节装置，主要由测量、放大、执行三个环节组成，测量环节对系统的角速度进行测量，然后与设定值进行比较，得到的差值送入放大环节，放大后的差值送入执行环节，控制燃料机的阀门开度。调速器是自动发电控制不可或缺的重要控制单元，是使机组跟踪电网 AGC 指令的关键设备。通过简化，可将非线性的调速系统表示为一个一阶惯性系统，其表达式如下。

$$G_z(s)=\frac{K_z}{(1+T_z s)} \tag{15-6}$$

纳米碳氢燃料发电机组的调速系统的调节过程可用如下等式表达。

$$\Delta Y_z(s)=\frac{K_z}{1+sT_z}\left[\Delta P_a(s)-\frac{1}{R}\Delta f(s)\right] \tag{15-7}$$

式中：$\Delta Y_z(s)$ 为汽轮机阀门开度变化量；K_z 为调速系统增益系数；T_z 为调速系统时间常数；$\Delta P_a(s)$ 为发电系统负荷控制信号；R 为调速系统的调差系数；$\Delta f(s)$ 为机组的频率偏差。

纳米碳氢燃料机组一次调频原理图如图 15-9 所示。

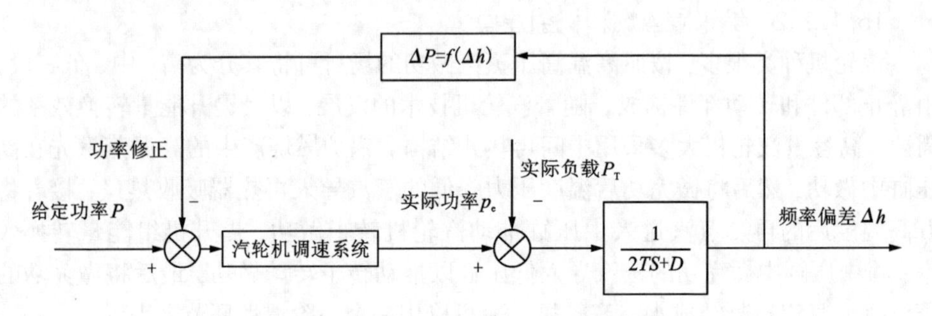

图 15-9　纳米碳氢燃料机组一次调频原理图

15.2　孤立电网安全稳定性

电网安全稳定性可以从系统功角稳定性、电压稳定性、频率稳定性三方面进行讨论。

1. 功角稳定性

在研究暂态稳定计算和动态稳定计算的机组间相对角度的摇摆曲线时，功角稳定性根据机组间的相位差进行判定。

2. 电压稳定性

暂态电压稳定性可以通过实用判据来分析，如果系统电压中枢点的母线电压值持续下降(大于 1 s)且低于限定值(0.75 倍额定电压)，则判定为系统电压不稳定。实际上，大多数情况下，很难轻易地判断电力系统电压失稳现象是由功角失稳造成的还是由电压失稳引起的，通常情况下电力系统电压失稳时发电机功角的持续摆开往往伴随着电压的持续下跌。到底是电压崩溃引起系统失步，还是机组失步引起电压崩溃，只有通过对故障录波记录的波形进行详细分析以后才可以得出正确的结论。纯粹的功角失稳只可能出现在单机无穷大母线的系统，而纯粹的电压失稳只可能出现在单机单负荷的系统。电压稳定性研究与功角稳定性研究的区别在于两者的研究重点不同，电压稳定性侧重于分析负荷以及电压的性质，而功角稳定性侧重于分析发电机组及其功角。另外，电压失稳研究还要考虑时间常数很大的动态元件(包括离散变量和连续变量的元件)。

3. 频率稳定性

频率稳定性的判据概括为系统的频率能够迅速恢复到额定频率值附近，不出现频率崩溃现象，也不出现系统的频率长期高于或者低于某一数值而继续运行。

15.2.1　高频切机及过速保护控制的设置

当局部电网因故障与主网解列，造成孤网运行时，如果局部电网内部有功功率供大于求就会造成系统的频率升高，诱发一系列的联锁故障，有可能导致局部电网失去全部负荷。因此，必须对发电机的高频保护和汽轮机超速保护的参数进行优化配置，使系统能够协调运行。

目前，我国电力系统仍然以纳米碳氢机组为主，本节将主要以纳米碳氢机组为研究对象进行研究。如果高频切机保护和汽轮机的超速保护两者的参数设置不合理，就会造成停电事故。

随着火电厂机组装机容量的不断增大以及计算机控制技术在电力系统的广泛应用，数字式电液调速系统(digital hydraulic control, DEH)中具有超速保护控制(over-speed protection control, OPC)，其功能主要是为了防止机组和电网解列运行时转速飞升。

15.2.2 发电机组励磁系统及自动发电控制设置

同步发电机由于其独特的结构在电力系统中得到了广泛应用，它将机械能转换为电磁功率。为实现功率转换，需要外界提供直流电建立一个直流磁场，外界提供的用来构建磁场的直流电流就是同步发电机的励磁电流，也被叫作转子电流。给同步发电机提供励磁电流的相关设备，构成了同步发电机励磁系统。一般地，同步发电机励磁系统包括两个主要组成部分：一方面，是专门输出励磁功率的部分，也叫作功率单元，主要用来提供直流电流给同步发电机的励磁绕组，构建直流磁场；另一方面，是励磁系统控制部分，又被称为控制单元或者统称为发电机组励磁调节器，主要用来调节励磁电流，使机组满足运行要求。

国内外对同步发电机的自动励磁调节器的研究，大致经历了从小型化到大中型化、从不可控型到可控型、从分立式器件到集成化、数字化模块方式、从低水平常规化控制到智能化自适应控制方向发展的过程。由于汽轮发电机的自动调速系统通过调节原动机——汽轮机的运行，将火电厂的汽(蒸汽)、机、电紧密地联系在一起，构成一个汽轮机调速器闭环控制系统，保证了火电厂机组稳定、安全、经济运行。调速器性能稳定性以及运行的可靠性直接决定了汽轮发电机机组甚至是整个电力系统的电能质量和经济、安全、可靠运行。电力系统的有功功率平衡决定了系统的频率稳定性，由于电力系统的负荷具有随机性，随着时间的推进而不断发生着变化，其幅度可达系统总容量的2%~5%(在一些特殊系统中，例如小系统或者是孤网中，负荷变化的幅度可能更大)，汽轮机调速器就依据负荷的变化。

15.2.3 低频解列装置的设置

区域互联电力系统之间的联络线的自动低频解列方案，应由互联的各方根据系统的实际情况，协商制定合理的方案，联网协议中应该明确各互联方对低频解列装置运行管理控制的职责范围。各并网发电厂的自动低频解列方案，除了保厂用电以外，在有条件的情况下，还应兼顾对附近重要用户的供电。

设定低频解列方案是考虑电力系统中各轮次的低频减载动作以后系统的频率值仍然不能够上升到正常值，而采取的一种保证发电机组设备安全的保护措施。其整定方案遵循以下原则：

(1)发电机组应该按照事前制定的顺序进行解列，应该尽量避免在同一时刻一次解列过多的发电机组，从而对电网和发电机组造成过大的冲击；

(2)以各区电网中低频减载装置最低一轮的频率值为限值，所有发电机组的低频解列装置的频率定值均应该小于上述限值；

(3)对于容量在 600 MW 以上的大型机组，频率设定值应该在 47.0 Hz 及以上，防止汽轮机的叶片由于低频振动时间过长，使叶片断裂；

(4)根据各类型机组的运行特性，设置解列频率时，燃机的设定值应该比汽轮机的设定值低，确保汽轮机先于燃机解列；

(5)为避开电力系统的功率波动和回路中谐波干扰作用，低频解列的动作时延必须大于秒。

综上所述，本节在搭建的 RTDS 仿真模型中设置孤立电网可能出现的短路故障、频率失稳、电压跌落等紧急情况，研究了电网的抗干扰能力，其内容包含：①根据孤岛源网荷储系统可能出现的故障表现执行低频减载低压减载等保护方案，验证安全保护措施和应急预案的可行性；②当光伏功率波动时，分析短时间尺度内电解铝和发电机一次调频相配合的功率波动平抑能力，验证孤立电网负荷-频率控制策略；③当光伏功率增加或者减少时，分析长时间尺度内光伏、纳米碳氢燃料机组功率的互补能力，验证所提 AGC 控制策略的有效性。

15.3　孤立电网调频和多源互补协同控制策略验证

15.3.1　硬件在环仿真系统(HILS)

硬件在环仿真(hardware-in-the-loop simulation，HILS)是一种采用实际物理模型+虚拟数字模型构建硬件在回路仿真系统的半实物仿真，又称为数字物理混合仿真或数模混合仿真。利用实时数字仿真软件接入装置实物的 HILS，结合了实时数字仿真和动态物理模拟仿真的优点，既能对大规模复杂电网进行实时数字仿真，也能对复杂物理设备进行精确模拟，可大大提高仿真的效率与性能，为探索与研究当下电网特征的新问题、新机理提供有效手段。

HILS 系统组成构架如图 15-10 所示，主要用来测试所接入的硬件(实际控制器、装置或系统)。

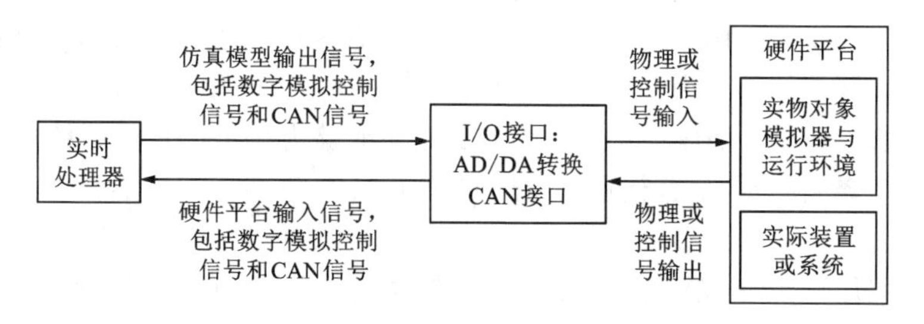

图 15-10　HILS 系统组成构架

图 15-10 中的硬件平台，从平台构成看，可以是实物装置或系统，也可以是实物对象的模拟器或其模拟运行环境的总成；具体到电力系统方向，可以是某设备的一次或/和二次部分。若仅为某设备的一次或二次部分，则其二次或一次部分可通过实时处理器仿真模拟或被简化处理，甚至忽略。由于 HILS 系统可以详细、灵活地模拟所接入硬件(装置或系统）的运行环境(包括运行方式、故障扰动等)，因而可以支持对所接入硬件的功能和性能进行全面测试验证，甚至可以通过进行大量的压力测试或构建随机测试场景，发现所接入硬件的隐性缺陷和多设备协调上的隐性不足，提高整个对象系统实时仿真结果的置信度。

在电力系统领域，通常采用实时数字仿真系统(RT-LAB)模拟电力一次系统及控制结构相对固化或简单的电力二次系统，利用物理实物来模拟被测对象或逻辑结构复杂、参数难以准确表征的局部系统(电力一次/二次部分）。电力系统 HILS 平台各组成部分间存在实时交互的信息关系：实时处理器将一次电网运行状态(模拟量信号或/和控制信号）实时输出至实际物理模型系统(电网一次设备及其控制系统，或电网二次保护控制系统)；实际物理模型系统根据电网模拟参量或控制信号经过其控制逻辑响应，将电气量响应参量或控制信号经公共节点反馈至电网一次系统。

HILS 设计结合了物理模拟和数字仿真的优点，是仿真发展的新思路。

电力系统中的物理仿真是将实际电力系统经过等值折算后，采用实际元件对系统进行模拟，不需要确定设备的数学模型，但它存在建设投资巨大、参数更改困难、模拟规模有限等缺点。数字仿真是用数学模型来研究电力系统的物理过程的，该方法可实现大规模电网的仿真和计算，但仿真结果受模型、参数、算法的影响较大，建模的好坏直接影响结果的精度和可信度。在新能源接入电网的仿真研究中，采用物理数字混合仿真能够兼顾上述 2 种仿真方法的优点。用物理装置模拟建模效果不理想或模型未知的元件，用数字仿真模拟大规模电力系统，在实际的仿真研究中取得了理想的效果。

从数学原理上看，数字仿真系统为时间离散的数学差分方程。它是从描述实际系统行为的微分—代数方程组出发，实时求解这组微分—代数方程；而物理仿真系统的行为也可以用一组微分—代数方程来描述。因此，物理仿真和数字仿真都再现了实际系统的行为，它们具有很好的统一性，统一到了描述系统行为的微分—代数方程组这个数学模型上。所以，如果能够为 2 个仿真子系统形成统一、协调的接口条件，那么完全可以利用物理方法和数字方法联合模拟一个真实系统。

从电路原理来看，物理和数字模型可相互把对方端口网络视为自己的一个元件支路。实现模型互联的关键在于如何使互联端口的电压变量和电流变量同时分别满足数字模型和物理模型的电路定理。依据替代定理：如果将电路的某一部分以单端口网络的形式从电路中取出，并且同时已知其端口电流或电压，则被取出的部分可以用相应的电流源或电压源来替代，而并不改变电路其余部分的状态。因此，只要将一种模型的端口电流变量或电压变量取出，通过信号传递的方式在另一种模型中以动态刷新的电流源支路或电压源支路替代，混合模型就可由拓扑分离的物理模型和数字模型组合而成。

15.3.2　延时分析

15.3.2.1　控制器延时

HILS 系统信号传输示意图如图 15-11 所示。控制器延时主要由以下部分组成：数据传输造成的延时，电气量信号采样与 A/D 转换器引起的延时；数字信号处理造成的延时，控制算法计算所需要的时间与硬件处理器的性能和算法的复杂程度相关；数字化控制器控制信号的离散化产生的延时。如图 15-11 所示，RTDS 输出的模拟电压、电流信号，经过接口进行数据采样，控制指令每隔周期 T_s 更新一次，经零阶保持器(ZOH)后，进行数据处理。系统的采样周期与控制指令的更新周期不同步，造成了数字化控制器引入延时，延时时间约为 140 行数。

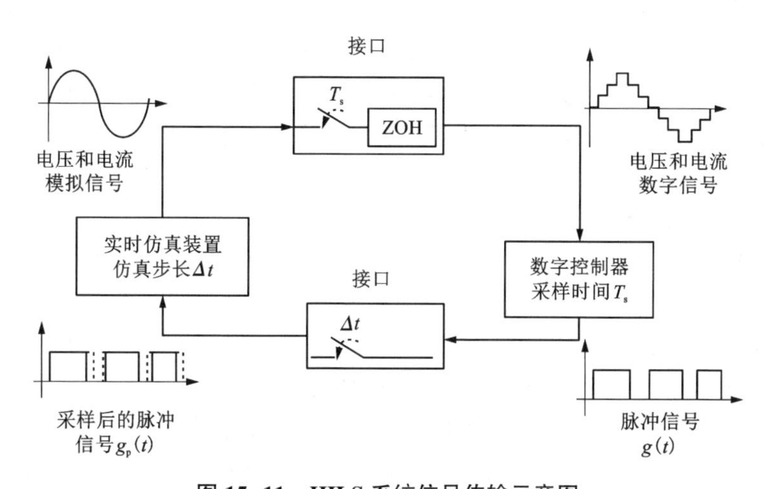

图 15-11　HILS 系统信号传输示意图

综上所述，信号的传输、转换与处理延时以及开关延迟动作等因素是影响系统性能的主要原因，延时的存在不但降低了 HILS 的仿真精度，还影响了系统的稳定性，总之系统的延时越大，则其对仿真的消极影响越明显。因此，充分考虑控制时延的影响，应对控制策略、控制设备进行更为充分和有效的验证。

第 16 章 “源网荷储一体化”工程示范

16.1 源网荷储一体化综合管控平台

16.1.1 总体控制原则

针对电解铝企业电网运行实际情况，自备机组数量少、“大机小网”特性明显，若出现稳定破坏事故，会影响安全生产，并造成严重的经济损失。为充分发挥纳米碳氢机组、光伏、电解铝快速功率控制能力，需充分利用机组、光伏及负荷的多时间尺度协调优化和快速协调控制，保证电网安全稳定经济运行。安全可靠运行方案需适应电解铝孤网灵活多变的运行方式、毫秒级的故障判定及隔离恢复、三道防线及源网荷储协调控制，确保企业安全、稳定供电和高效用电，其总体控制如图 16-1 所示。

(1)慢速功率变化：通过一体化协调控制系统稳态优化控制来实现分配各机组有功出力和各机组励磁无功出力，同时协调管理电解铝负荷侧/光伏侧功率，维护孤网频率、电压稳定，同时提高功率因数、有效抑制负序和谐波。

(2)快速冲击：在冲击扰动情况下，一体化协调控制系统快速协调控制及紧急控制利用机组旋转惯量储存的动能和锅炉所具备的热力势能来实施快速一次调频，同时配合快速调/切负荷来进行总体系统快速调频调压，从而使得整个系统维持运行在安全稳定水平内。

(3)故障发生：发生电气和热工故障时，会有快速、可靠地保护装置进行故障隔离，其目的是保证故障不扩散(故障设备切除/锅炉主蒸汽压力过高 PCV 保护动作/汽轮机功率过剩 OPC 保护动作/旁路系统减温减压控制)，使得其他设备仍挂在系统中。针对故障本身和保护动作引起的冲击情况，一体化协调控制系统紧急控制会快速判别故障类型和故障程度，通过基于稳控策略表的快速电压/频率调节手段来重建发电和用电平衡，保证频率和电压快速恢复平稳。

(4)电压/频率失稳：如果发生大冲击扰动或者未考虑到的事故工况，在频率

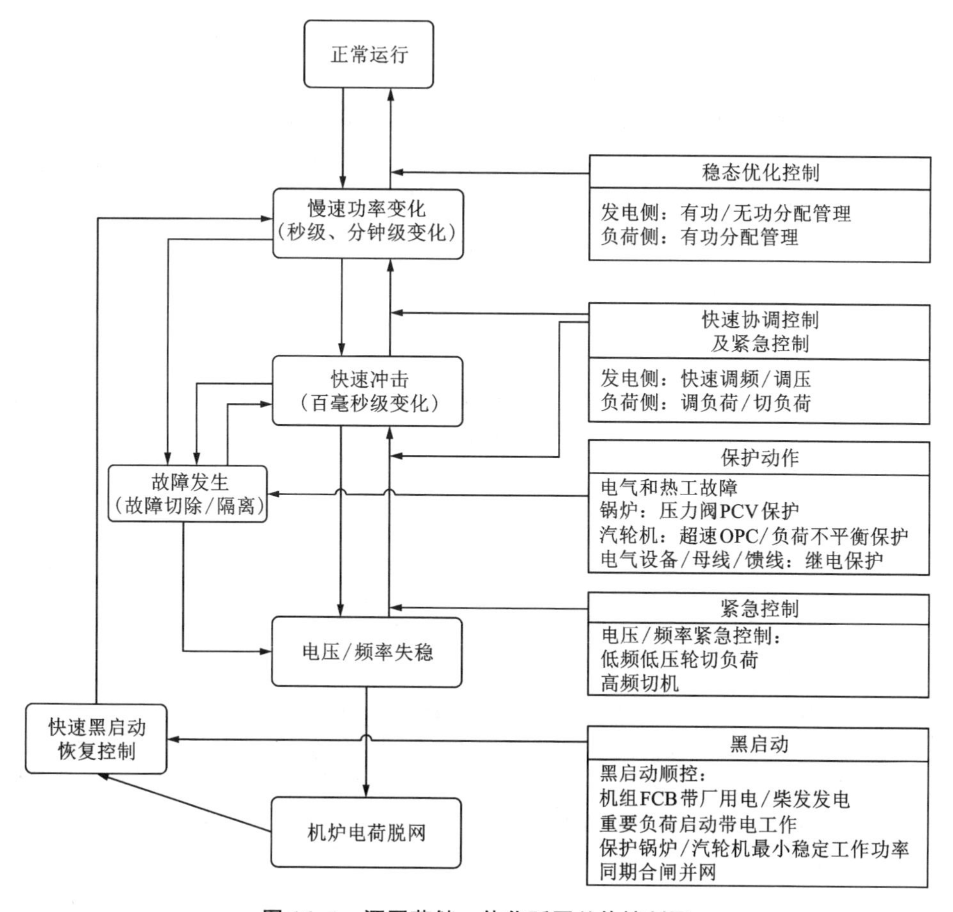

图 16-1 源网荷储一体化孤网总体控制图

和电压出现大幅度偏差情况下即失稳，一体化协调控制系统紧急控制采取电压/频率紧急控制措施，进行高周切机（具备 FCB 功能，即机组甩负荷带厂用电）/低频低压轮切负荷操作，同时结合快速调频调压特性力争重建发电和用电平衡；如果在此状态还是无法维持电压/频率稳定，将造成孤网崩溃，导致机炉电荷脱网，机组要 FCB 甩负荷带厂用电，或者在此情况下尽快完成黑启动电源切换，启动润滑油泵等安保设备，使得孤网机网安全停机。

（5）系统恢复：具有 FCB 功能的机组在孤网崩溃时会带厂用电进行单机运行，在系统启动恢复时将很快同期并网，并带动其他机组恢复以达到逐渐扩大系统供电，最终实现整个系统的供电恢复的目的。

16.1.2 总体控制架构

源网荷储一体化协调控制系统是主站、子站及控制终端组成，其中源网荷储一体化协调控制主站是由紧急态稳控主站、快速协调控制主站及源网荷储一体化调控平台系统的稳态协调优化调度模块共同组成；源网荷储一体化协调控制子站是由风电、光伏等电源、负荷、储能并网侧的紧急态稳定子站及统一协调控制器组成。源网荷储一体化协调控制终端是由位于各变电站侧紧急态稳定执行站及新能源侧的快速功率控制终端组成。整个系统分成三个层次的控制，如图 16-2 所示。

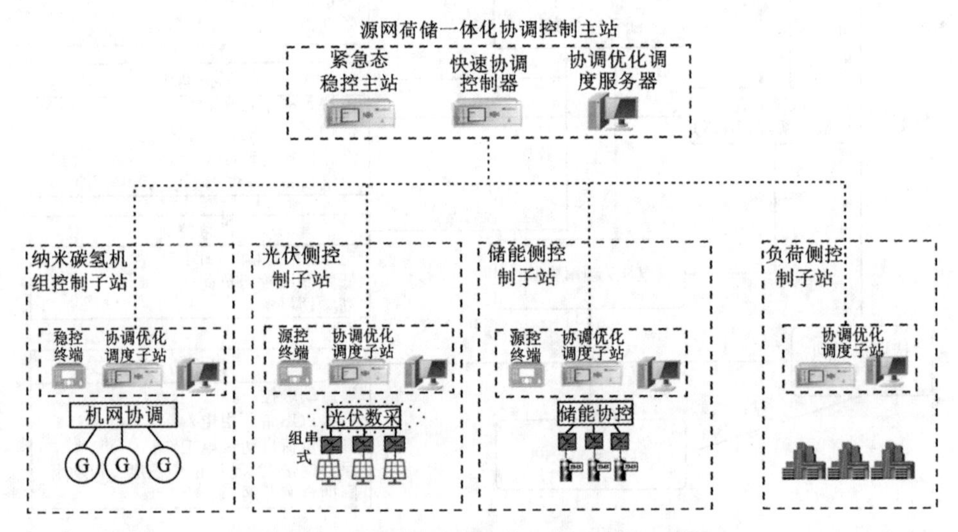

图 16-2 源网荷储一体化机网协调架构示意图

1. 源网荷储一体化协调控制主站层

源网荷储协调控制主站布置于园区总降站，具备功率预测、经济优化调度、紧急态稳定控制、快速协调控制、宽频振荡监测等功能，实现并网运行联络线功率控制、离网运行控制、并转离切换总体控制功能、多时间尺度的功率协调控制，主要用于并网、离网暂稳态运行时对风光储资源的经济优化调度及快速协调控制，接收上级调度指令、下发紧急控制指令、统一协调风光火储，下发快速调节指令。

2. 源网荷储一体化协调控制子站层

源网荷储协调控制子站分别安装于光伏侧、风电侧、储能侧及负荷侧，负责风、光、荷、储及大电网联络断面等资源信息接入与上级指令的分解下发。对下完成光伏逆变器的信息接入与统计处理并上送至源网荷储协调控制装置，对上接收源网荷储协调控制主站的功率指令并完成分解下发，实现对光伏逆变器的快速功率控制。储能协调控制装置可就近安装于储能集装箱内，主要用于实现储能变流器的信息接入与协调管控，响应源网荷储协调控制器的控制指令并分解下发至储能变流器执行端，实现对储能系统的快速协调控制。风机能量管理平台对风机进行协同控制，上送风力发电的状态信息，响应源网荷储的控制指令，实现对风力发电的快速协调控制。接收上级协调控制主站指令，接收上级稳态优化控制主站或人工的远方指令，下发切除或调节指令给控制终端装置；具备就地频率电压控制功能。

3. 源网荷储一体化源控终端层

(1)源控终端快速采集和识别发电单元运行工况，将毫秒级紧急控制所需的发电单元运行信息上送至紧急态监控装置；

(2)监测自身的运行状态，将运行状态信息上送至紧急态监控装置；

(3)采集发电单元(风机端口、光伏逆变器交流侧)的三相电压、三相电流，采样频率不小于 1200 Hz；

(4)接收紧急态监控装置下发的切机命令或功率调节命令，并快速下发；

(5)具备快速通信协议转换功能，具备串口、以太网口通信接口，支持 Modbus、GOOSE、IEC104 等通信协议。

16.1.3 总体控制功能

按照集协调优化调度、快速协调控制、紧急态稳定控制、光伏及电解铝功率就地控制、高周、低频等于一体的源网荷储一体化综合管控中心来考虑，需建立统一协调控制系统，建立不同时间尺度下的新能源波动的平抑机制和控制策略；采用分层调控，实现稳态优化和控制(AGC、AVC)、暂态快速调节及稳定控制，统一协调控制器各层信息，实现对机组、光伏及负荷的系统级多时间尺度协调优化和快速协调控制，保证电网安全稳定经济运行。源网荷储一体化协调控制系统如图 16-3 所示。

为确保电解铝孤网在不同运行方式下电网频率电压稳定、生产系列工艺稳定运行，控制系统设计功能如下：

(1)保证系统能承受负荷连续波动、大电机启停等扰动；

(2)保证系统能承受机组跳闸、锅炉跳闸、负荷跳闸等大扰动；

(3)负荷波动时，快速调节机组出力，保持系统的电平衡；负荷丢失，快速切除光伏及快速下调机组出力，系统稳定后再逐步平滑退出；

(4)在故障时，机组快速调压作为动态无功补偿维持电压稳定；

(5)对机组进行综合管理，包括自动发电控制(AGC)、自动电压控制(AVC)，并会根据锅炉和汽轮机状态确定的机组可上调量和可下调量而实时分配机组有功

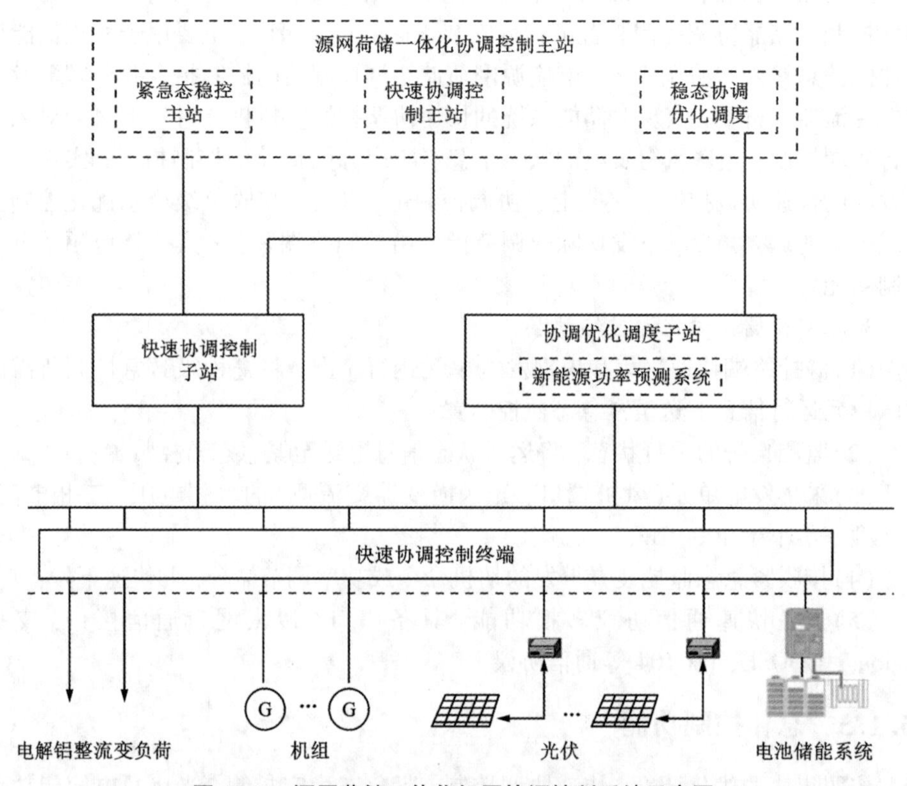

图 16-3　源网荷储一体化机网协调控制系统示意图

出力，也根据实时状态给电子负荷发送有功指令；同时对负荷侧进行管理，采集生产线相关数据，发出增减运行和迫降指令；根据电网电压和功率因数情况，给机组励磁发送无功指令；

(6)机组快速调频，快速调频单元采用孤网专用卡件和 DPU，缩短汽轮机调速装置的响应速度；对系统频率变化进行快速伺服阀位调节，实现系统频率稳定；

(7)设计甩负荷工况下负荷前馈功能，甩负荷工况下，引入机组实际负荷做转速控制前馈，实现调门快速动作。当机组甩负荷时，根据负荷与调门阀位之间对应曲线关系，实现快速动作调门；

(8)修正 DEH 甩负荷工况下转速控制调节参数。设计修改转速调节 PID 参数，加快汽机调门动作，从而使得转速控制尽快达到设定值，避免对汽机造成大的冲击；

(9)自动发电 AGC 控制，合理安排机组出力，能够在一定程度上提高机组的经济运行指标。

厂级发电控制模式时，可以根据设定的负荷分配策略(快速性或经济性)进行多台机组的优化负荷分配，在兼顾电网的安全、稳定的同时，实现电厂的经济运行。

完成机组发电控制数据的采集、上送以及机组负荷指令的下发；根据电网调度需求自动实现不同的发电控制模式；在厂级 AGC 模式下根据机组调节及煤耗特性对各机组负荷进行优化分配；在机组出现异常时，可通过负荷转移功能或者遥控电子负荷控制目标值，避免对电网产生冲击。

(10)自动电压 AVC 控制，调节机端无功、电压(可以根据电网调度命令或值班员要求进行调节)，实现无功调度自动化；合理选取分配策略，实现各机组的系统控制；同时统筹全厂无功源(例如 SVC 成套设备)进行优化控制。

16.1.4 总体控制策略

(1)源网荷储一体化综合管控系统根据调度指令、功率预测、电量管理等约束条件，实现系统内机组、光伏及电解铝负荷的协调控制。源网荷储协调控制装置采集机组、新能源汇集站出线、电解铝整流变及电网线路(主变)的电压、电流，根据频率变化进行机组、新能源及电解铝整流变的一次调频控制，一次调频功能启动时同步闭锁一体化综合管控系统的控制功能，可实现秒级的一次调频控制，待频率恢复后退出一次调频功能，解除闭锁，系统恢复至正常运行状态；

(2)机组作为系统的主电源，维持孤网系统的频率、电压稳定，光伏作为系统的补充电源，运行于功率源模式。源网荷储协调控制系统可实现二次调频控制，并根据机组、光伏、电解铝储备容量、功率等状态，对光伏、机组及电解铝进行协调控制，在确保孤网系统稳定的前提下最大化就地消纳新能源发电；

(3)一体化协调控制系统转为频率控制，通过频率闭环进行有功分配；控制机组励磁，维持孤网电压，对网内多台机组实时分配有功和无功负荷，自动维持孤网频率、电压、功角等主要参数的稳定；

(4)锅炉跳闸或锅炉非停，由一体化协调控制系统指导控制其他锅炉快速增加出力，降低发电机组出力，保证热负荷平衡，根据各锅炉 DCS 系统上送锅炉蒸汽或锅炉压力的变化量，按一定规则计算出需切负荷量，并结合孤网频率切除下游负荷，实现维持孤网热平衡和电平衡；

(5)机组跳闸或热负荷跳闸，由一体化协调控制系统指导控制锅炉快速减少出力；针对机组跳闸的情况，协调网内发电机组的快速变负荷能力，有必要时稳控需切除部分电负荷，低频减载作为第三道防线，控制电网电压及机组出力满足下游负荷生产的需求，保证孤网运行稳定；

(6)电负荷跳闸，一体化协调控制系统需结合电网高频辅助判据，根据情况采取快速下压机组出力来维持孤网稳定运行。

16.1.5 统一应用支撑平台

统一应用支撑平台提供一套强大的、通用的服务，提供了统一的数据管理，高性能实时数据访问，协调的人机交互界面、网络消息传递、进程间通信、系统管理、报警与事件、数据转发等服务。电网运行系统的各个应用构建在统一的数据平台、基于 Internet/Intranet 的通信管理子系统、全图形化的基于 WEB 的用户界面子系统、系统管理子系统、报警子系统等支撑子系统之上。

统一应用支撑平台可以构建在各类广为接受的计算机标准和应用接口基础上。它可以移植和分布到各种硬件体系结构上，具有完整的功能模块系列。构建在统一应用支撑平台基础之上的各个应用功能就像搭积木一样，可将所有功能有机地集成为一个整体，但也可以分开实现，单独使用。系统可以很容易与其他应用系统集成，以保护用户已有的投资，并将内部的信息和功能冗余降低到最小。

基于统一应用支撑平台构建的全系列应用可以提高电力系统的管理水平。其模块化功能可以被裁剪，以适应每一个电力公司的需求，从小型配电网公司到大型电力公司。此外，它还提供了很好的扩展性，以便在需要时增加新的应用，以满足未来的需要。统一应用支撑平台使得从单个工作站组成的微型配置系统，到由多组高端服务器组成的省网 EMS 系统的可伸缩性和可扩展性成为可能。利用标准的功能和工具集合，可以不断地对已经存在的系统进行升级。

统一应用支撑平台的设计遵从开放性原则。在系统设计和功能性各方面都做了充分考虑，以保证系统的可移植性、可伸缩性、互用性、连通性，从而保证系统的开放性。统一应用支撑平台遵从操作系统、数据库、图形用户界面和网络通信协议的相关国际和工业标准，这样可以保证系统随时紧跟最新技术的发展。作为一个真正开放的系统，可以发布在多种硬件平台和操作系统，以满足特定的用户需求。系统所有的应用将可以充分利用开放的统一应用支撑平台的支撑功能。

统一应用支撑平台的设计遵从分布式原则。每一个应用模块可以在分布式环境下运行，可以对其进行维护或进一步的开发。各个应用模块的功能分布全部由应用平台来处理。数据库的分布和消息的传递对用户是透明的，所以，应用程序可以在服务器上移动，而无须修改程序。

16.1.6 源网荷储协同优化

源网荷储协同优化包括新能源功率预测、日前发电计划、日内滚动优化、自动发电控制、自动电压控制、风光储协调控制。

16.1.6.1 新能源功率预测管理

(1)功率预测数据获得

为了实现集中功率预测服务，管控平台需要接收子站项目前期的历史数据，通过 sftp、104 等方式接收新能源电站的实时数据和预测数据，以及接收数值预报机构提供的地区风光资源天气和气候预报数据，在风光火储一体化协同管控平台进行统一接收、解析和存储。

（2）状态监视

分析新能源电站接入实时数据，监视气象测量设备、数据传输通道和电站发电是否受限的状态，通过告警等形式进行展示，实现对关键测量设备和数据传输通道的统一监视和管理。

（3）统计指标

结合新能源功率预测系统支持，按照用户任意选定的时间范围进行指标统计和计算，提供平均值、最大值和最小值指标，支持选择日、月、年类型，查询、导出和打印统计指标。功率预测统计指标分为电站运行参数、气象实测统计、预测误差指标、理论功率指标、子站上报统计和数据分布统计六个方面。在统计指标分析界面，系统提供饼图、柱形图、表格等多种数据可视化展示手段，方便用户掌握新能源电站运行指标。

16.1.6.2 自动发电控制

自动发电控制（AGC）功能模块通过控制调度区域内发电机组的有功功率，使本区域机组发电出力跟踪负荷的变化，以满足电力供需的实时平衡。AGC 主要实现下列目标：维持系统频率与额定值的偏差在允许的范围内；维持对外联络线净交换功率与计划值的偏差在允许的范围内；实现 AGC 性能监视、机组性能监视和机组响应测试等功能，实现多类型电源自动发电协调控制。

（1）实时数据处理：数据处理任务在每个 AGC 数据采集周期内被调用，接收和处理从 SACDA 来的数据；

（2）区域运行状态：AGC 运行状态、AGC 执行周期、AGC 控制模式和 ACE 计算、时差校正和电量偿还、区域调节功率、多目标控制、多控制区模型、特高压控制、机组控制功能、AGC 性能监视、机组响应测试。

16.1.6.3 自动电压控制

AVC 的基本原则是无功的“分层分区，就地平衡”，它基于采集的电网实时运行数据，对发电机无功、有载调压变压器分接头（OLTC）、可投切无功补偿装置、静止无功发生器（SVC）等无功电压设备进行在线优化闭环控制，确保电网安全稳定运行，保证电网电压质量合格，实现无功分层分区平衡，降低网损。变电站可投切无功补偿装置、有载调压变压器分接头（OLTC）等的监视和控制。新能源电站风机无功出力、逆变器无功出力、动态无功补偿装置、有载调压变压器分接头（OLTC）等的监视和控制。

16.1.6.4 发电计划编制

发电计划主要在考虑区域电网运行特性的基础上，以最大化新能源消纳为目标，兼顾电网安全稳定以及经济性，实现火电机组发电、新能源机组发电、铝负荷用电计划的制定。功能内容主要包括日前发电计划、日内滚动优化、计划编制管理与计划安全校核等，功能架构如图 16-4 所示，发电计划输入数据如表 16-1 所示。

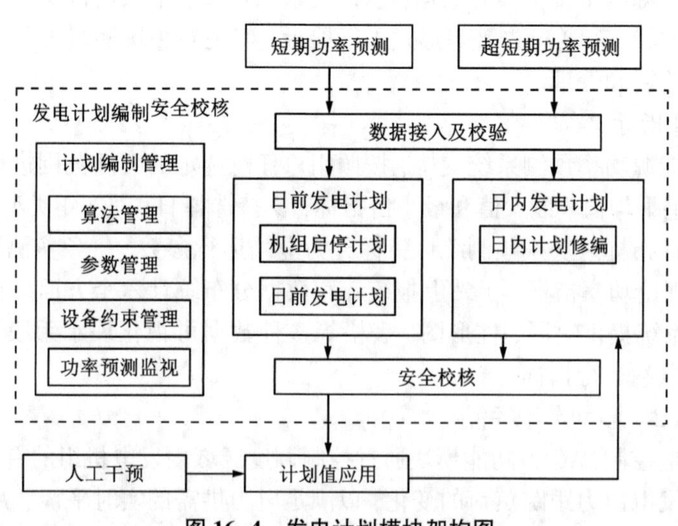

图 16-4　发电计划模块架构图

表 16-1　发电计划输入数据

序号	数据分析	数据类型	说明
1	电网模型	电网模型	网络拓扑、设备参数、实时数据等
2	预测信息	系统负荷预测	短期、超短期
		新能源功率预测	短期、超短期
3	安全校核信息	安全校核	设备限值(线路、变压器设备容量)
4	机组信息	机组参数	出力上、下限、升降速率、厂用电率、发电优先级、调峰比例、调频备用容量等
		运行状态	启停状态、固定出力状态、固定出力时间等
5	检修信息	机组检修计划	检修计划的文件格式，是否有相应的系统制定检修计划

算法基于数据交互规范正确输出优化结果，包括火力发电计划(扣除厂用电前)、新能源减载计划以及铝负荷计划等。

16.1.7 源网荷储一体化调控平台系统接口

16.1.7.1 数据采集

(1)与厂站端远动系统接口

子站远动接入源网荷储一体化调控平台系统的电力数据全部统一采用104规约，如果子站不满足，则由甲方负责协调解决，主站不提供子站数据接入设备。

(2)与新能源场站接口

在新能源场站部署配置数据采集网关机，并按照分区原则采集相关数据，采集规约根据采集数据的不同来设定，具体根据子站情况确定。

(3)与火电机组DCS或SIS接口

与火电机组DCS或SIS接口采用modbus-TCP进行通信，并增加系统之间的防火墙进行隔离。

(4)与电解铝生产系统的接口

根据电解铝生产控制系统的具体要求，建议采用工业采集网关汇总后，统一上送源网荷储一体化调控平台系统。

16.1.7.2 数据转发

(1)与集团系统的接口

将数据汇总后，按照集团系统的要求，通过104规约转发给相关系统，包括电力调度、电能计量、保护故障告警、新能源发电等数据。

(2)其他系统的接口

全部统一采用104规约进行转发上送，如果有不同接口要求，第三方厂家提供接口规范，协商进行开发。

16.2 机网协调控制与特性分析

采用“三层两网”的分层控制架构，独立的控制网络保障控制指令的准确下发，多层级、多时间尺度控制协调配合，实现一体化协调控制系统并离网状态下的稳定运行。一体化协调控制系统的控制功能根据不同的运行状态，通常包括并网运行控制、离网运行控制及并离网无缝切换控制等。

离网运行时，机组作为一体化协调控制系统的主电源，保障母线的电压、频率稳定，光伏按照一体化协调控制系统的功率指令运行，实现离网稳定运行控制。

16.2.1 频率分区控制

根据扰动引起的频率偏差值进行频率分区(图 16-5),不同区间不同调频手段相互协调配合:机组调频(一级)+快速调频(二级)+电压频率紧急控制(三级)。不同偏差、不同时间尺度协调控制,保障系统频率稳定。

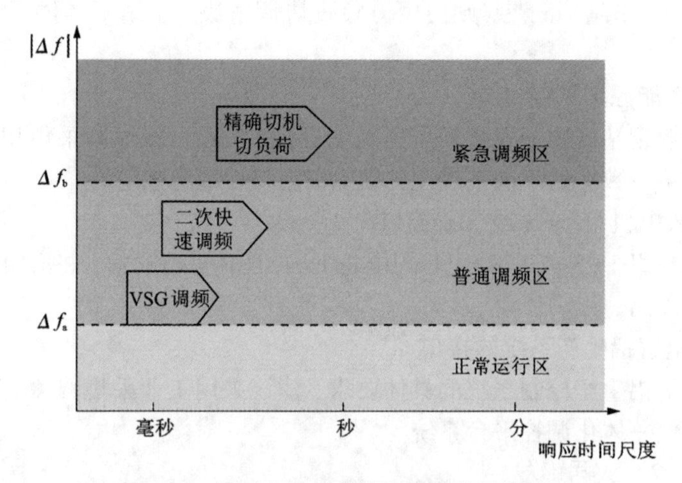

图 16-5 源网荷储快速协调频率分区控制图

16.2.2 快速功率控制

采用 IEC61850 GOOSE 协议与机组/光/储变流器通信(<5 ms),基于当前系统频率和运行状态,快速调节机组/风/光功率,使得功率快速平衡。整体响应速度小于 80 ms,如图 16-6 所示。

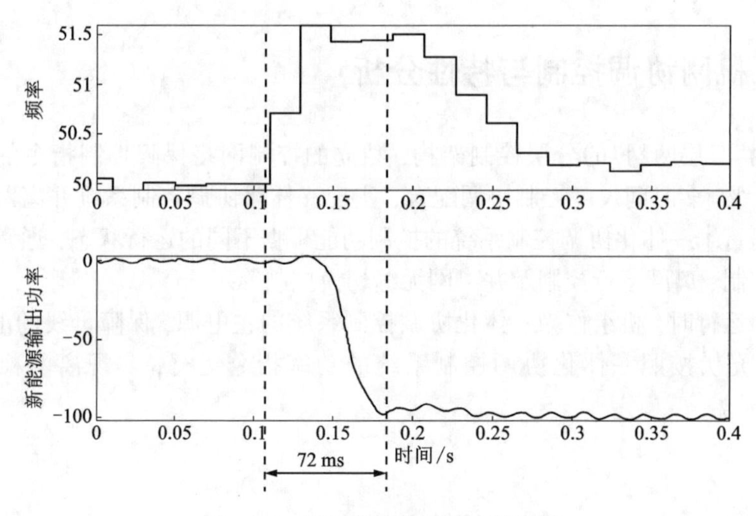

图 16-6 源网荷储快速功率控制图

16.2.3 紧急控制原则

紧急态稳定控制系统采集各机组、光伏、负荷、系统联络线、主变、站内集电线电流、电压，实时计算功率和系统频率，统计机组、光伏、电解铝整流变负荷总可切、可调量，如图 16-7 所示。

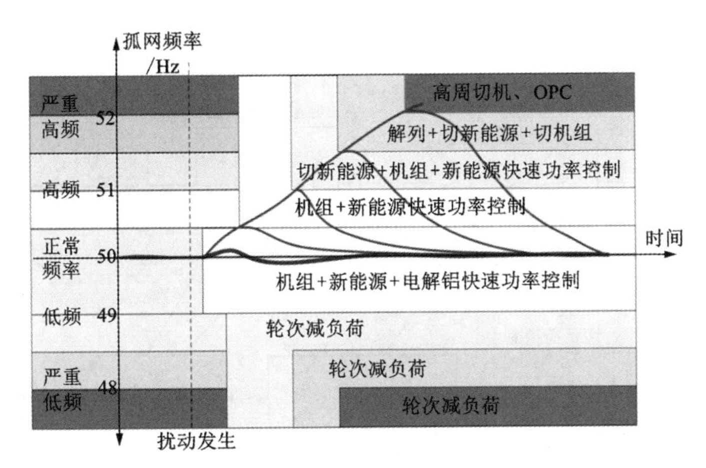

图 16-7 源网荷储一体化紧急稳定控制图

实时判别系统运行方式，检测线路、主变、负荷、机组、光伏的运行状态，当系统发生故障时，实时计算功率损失量，并根据可控可调量实时计算控制量，下发切除或调节基机组、光伏、储能、负荷的控制命令，并由各控制单元执行。

实时检测系统的频率和电压，并能够根据母线频率和电压，实现本地一次调频和快速调压功能。当频率越限时，根据调度下发一次调频定值，控制新能源厂站有功出力。一次调频功能包含频率死区定值、调差率、调幅限制等定值，根据调度部门下发一次调频定值进行整定。

能够与机组协调控制器、光伏逆变器控制器、电解铝整流变 PLC 控制器、快速协调控制子 4647 站及稳态优化控制子站等进行直接通信，控制机组、光伏电站、电解铝快速升降功率或直接切除，把功率调节指令分解后快速下发至各逆变器(数据采集器)，实现功率的快速控制。

具备与逆变器(数据集中器或通信管理机)的高速通信能力，接收其上送的逆变器有功功率、无功功率、机端电压以及运行状态(并网、待机、脱网、低穿、高穿等)，实现对新能源厂站的全景监测。

能够根据相关控制策略，将需调制量分解至各个逆变器并快速下发，实现功率的快速调节。要求支持标准 103、104、61850 协议，支持过程层 GOOSE。其中统一协调控制器同时具备接收主站稳态协调优化调度、暂态快速协调控制命令、紧急态稳定控制命令及就地频率电压调节等功能，新能源侧的统一协调控制器支持“以调代切”和“升降双向”，对接快速有功控制，百毫秒响应能力；源网荷储一体化协调控制系统的统一协调控制器能实现与逆变器高速通信，实现整站响应时间小于 60 ms，系统级响应时间小于 100 ms，兼容切机切负荷时间(300 ms 内)，并快速下发给各控制终端，其控制示意图如图 16-8 所示。

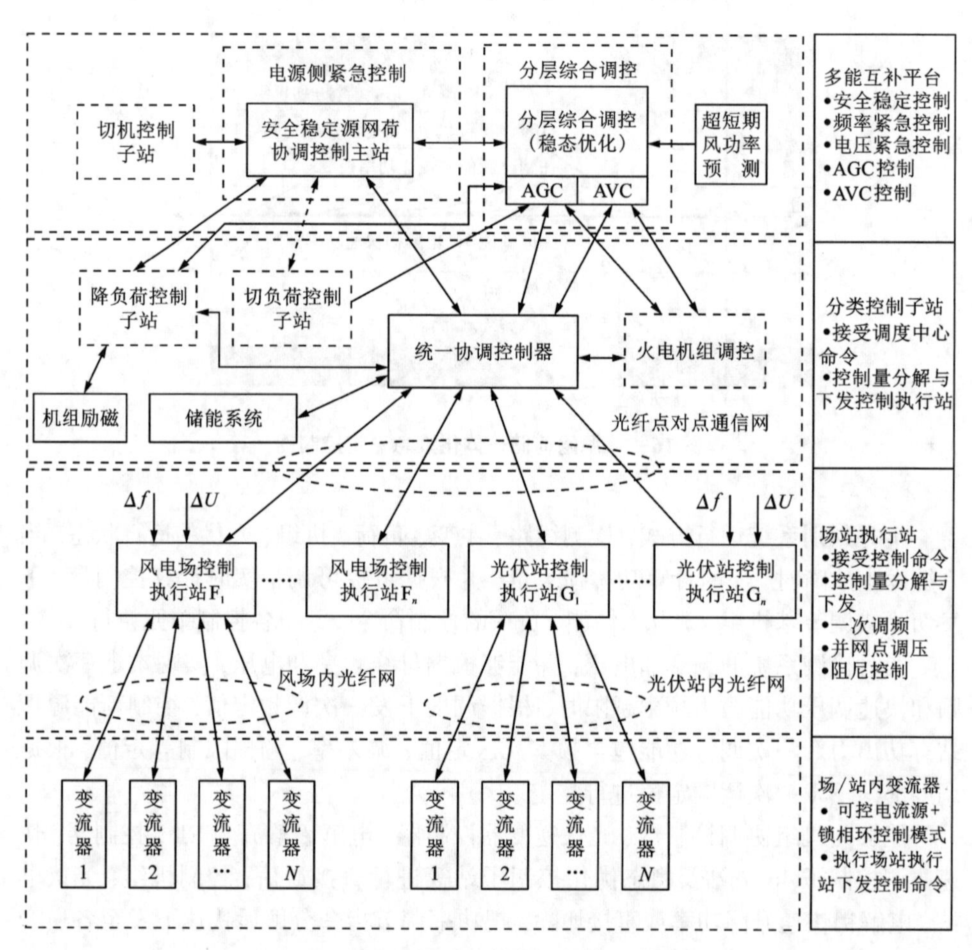

图 16-8 源网荷储一体化协调控制示意图

16.2.4 紧急控制架构

稳控单元通过点对点光纤组网，实现电网拓扑识别及精准调节机组、切机、调节电解铝负荷及切负荷，同时快速计算孤网功率变化量；该变化量会发送给机组快速调频单元和电解铝负荷功率调节单元。

对于本书中电网，建议采用主站-子站稳定控制结构，如图 16-9 所示。

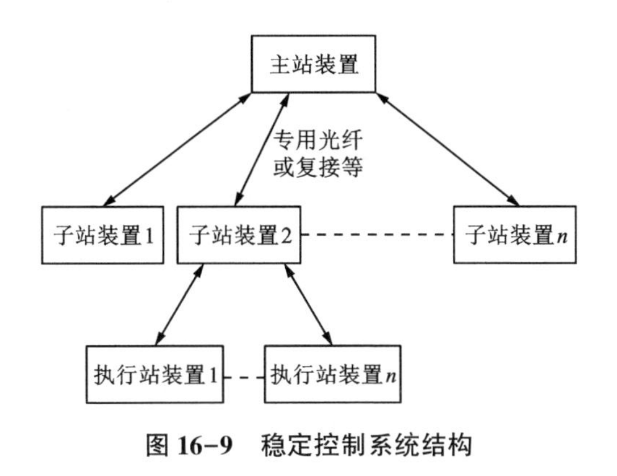

图 16-9 稳定控制系统结构

稳控系统采用主站、子站双套配置，逻辑判断相互独立，采用主辅运行模式，具备完善的防误措施，主站与各子站之间通过光纤通道相联，采用双通道设计。

稳控由布置在多个厂站的装置组成，各厂站的装置通过光纤通道互相通信，彼此交换信息。其中，一个厂站的装置实现系统的大部分控制策略，作为稳控主站。其余厂站的装置作为稳控子站或执行站。

稳控装置对输入的交流电压、电流进行采样，一个工频周期采样 24 点(频率为 50 Hz 时，即 0.833 ms 采集一个点)，经数字滤波后按以下算法计算出电压、电流有效值，有功功率、无功功率等。

16.2.5 紧急稳控功能

紧急稳控功能包含以下内容：

(1)检测发电厂或变电站出线、主变(或机组)的运行工况，并把本站的设备状态送往有关站，根据本站设备的投停状态和电网内其他厂站传来的设备投停信息，自动识别电网当前的运行方式；

(2)判断本厂站出线、主变、母线的故障类型，如单相瞬时、单相永久、两相短路、三相短路、无故障跳闸、多回线同时跳闸、失灵等；

(3)当系统故障时，根据判断出的故障类型(包括远方送来的故障信息)、事故前电网的运行方式及主要送电断面的潮流，查找存放在装置内的预先经离线稳定分析制定的控制策略表，确定应采取的控制措施及控制量，如切机、切负荷、解列、快减机组出力等；

(4)当系统发生频率稳定、电压稳定、设备过载等事故时，根据预定的处理逻辑，实时地采取控制措施；

(5)如果被控对象是本厂的发电机组时，按照预定的具体要求(如出力大小)，对运行中的发电机组进行排队，最合理地选择被切机组(按容量或台数)；如果被控对象是电力负荷，按照预定要求，可对负荷进行排队，在满足切负荷量要求的前提下，合理地选择被切负荷；

(6)如果需在其他厂站采取措施，则经光纤、微波或载波通道，把控制命令、控制量等直接发送到执行站或经其他站转发到执行站；

(7)从通道接收主站或其他站发来的控制命令，经当地判别确认后执行远方控制命令；

(8)进行事件记录与事故过程中的数据记录(录波)；

(9)具有回路自检、异常报警、自动显示、打印等功能；

(10)在调度中心实现对稳控装置的远方监视、进行远方修改定值及控制策略表的内容；具有在线修改控制策略的软硬件接口。

16.2.6 电解铝功率调节

电解铝 PLC 控制器以上位机发送的控制命令为运行参考值，以电解铝调频装置发送的功率为偏差值进行控制。正常运行时不涉及命令切换；电解铝调频装置采用 4~20 mA 开关量作为调频装置与电解铝 PLC 进行通信；电解铝调频装置接收源网荷储一体化紧急控制装置的调节指令，调节控制如图 16-10 所示。

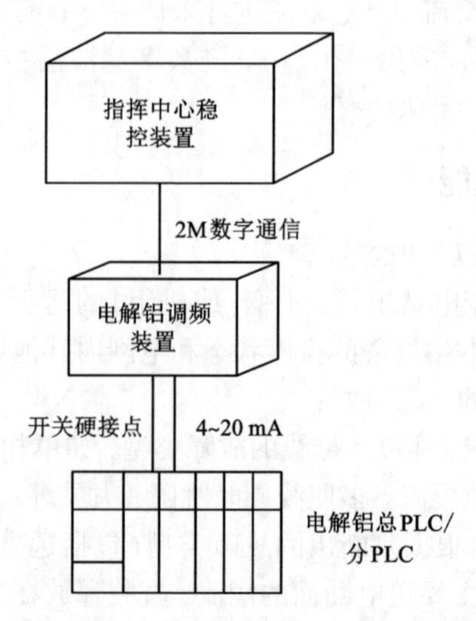

图 16-10 电解铝功率调节控制示意图

16.2.7 发电机组特性分析

16.2.7.1 发电机有功调节特性分析

锅炉将燃料的化学能转换为蒸汽热能，汽轮机将热能转换发电机组的动能，发电机将动能转换为电能，提供给用电侧使用。用电侧出现负荷波动，必然会影响整个能量的转换过程。以15%的负荷波动为例，15%的用电负荷增加，瞬间拉低电网的频率和电压。汽轮机调速系统根据频率的降低，增加进汽量以增加发电量，同时拉低了机前压力。锅炉调节系统根据机前压力的降低，增加燃料量，提高燃烧率。在此过程中，如果频率、机前压力的波动范围满足要求，同时能够尽快使得频率和机前压力恢复到定值，则我们认为发电系统的可控性满足工业负荷的控制要求。若汽轮机采用高性能的液压调速系统，DEH的控制周期缩短到20~50 ms，油动机的全关时间缩短到150 ms以内。这样汽轮机响应15%的负荷冲击，转速波动约在30转以内，对应于频率在0.5 Hz以内；而对于锅炉及其控制系统，应要求加快燃料系统的响应速度，优化锅炉燃烧控制策略，尽可能地提高负荷响应速度。以上是对于单台机组的控制要求。对于本项目的2×100 MW循环流化床机组，如果只有一台机组响应负荷冲击，将会造成变负荷能力成比例下降，同时造成孤网频率稳定值的下降，对15%的负荷冲击，频率稳定值将下降0.5 Hz，要求人为干预才能恢复正常。因此需要装设快速二次调频装置，快速协调分配各台机组的负荷，以共同响应用电侧的负荷需求，更好地保证系统频率的稳定。

16.2.7.1 发电机无功调节特性分析

电网的电压水平与无功平衡有关，在负荷特性确定的情况下，发电机组的无功调整能力决定了孤网的电压稳定水平。孤网的无功储备不足，短路容量较小。如果发电机的励磁系统出现故障，可能导致发电机依靠孤网提供无功，进入进相运行状态，对电压稳定造成风险。另外，孤网中网架结构简单，一般情况下暂态稳定水平较高，功角稳定。但是如果负荷无功补偿过高，造成发电机组无功过低，功角过高，在大负荷冲击下就有可能造成发电机组失步。在孤网中为了提高频率稳定水平，会将调速系统的迟缓率和转速不等率调小，如果多台机组之间的有功调节时间特性有较大差异，就会造成调节速度最快的机组抢负荷，进而造成机组功角振荡。这两种情况都会导致发电机组有功和无功剧烈波动，严重影响孤网运行的安全稳定性。为了提高发电机组的暂态稳定水平，应选择性能优良的励磁系统，充分利用发电机及其励磁系统的无功调节能力，在各台发电机组之间设置快速二次调压装置，快速分配(平衡)各台机组的无功，更好地保证系统电压的稳定。

16.2.8 机组协调系统功能

基于上述特性分析，为了保证机组在纯孤网状态下安全稳定运行，机组协调系统主要功能包含：快速调频、快速调压、多机组有功/无功快速分配(AGC/AVC)、功角调平、供热管理、甩负荷带厂用电(FCB)功能。上述功能的实现，主要通过如下方式：

(1)与 DCS 和 DEH 交互，快速分配有功功率，在孤网时维持频率在 50 Hz，称为快速二次调频。

(2)与励磁系统交互，分配无功功率，在孤网时维持孤网电压。调平发电机组功率因数，提高暂态稳定，称为快速二次调压。

(3)合理控制各发电机有功负荷与相关锅炉负荷的平衡，通过热电解耦的方式合理控制机组供热和发电的动态平衡，在甩负荷时避免锅炉超压。机组协调各功能详细说明如下。

16.2.8.1 快速二次调频

在孤网工况下，快速二次调频功能的基本要求包括：通过频率闭环进行有功分配，维持系统母线频率在给定值、对电力系统旋转备用容量进行计算和监视，当实际旋转备用容量小于要求值时应发出报警信号。在异常情况下，应能自动停止自动发电控制，并发出报警信号。系统母线频率控制的约束条件包括电源点传输功率约束，旋转备用裕量约束，下游启动大功率负荷冲击约束等。快速调频单元采用孤网专用卡件和 DPU，缩短汽轮机调速装置的响应速度；对系统频率变化进行快速伺服阀位调节，实现系统频率稳定。快速调频运算周期小于 20 ms，转速采样周期小于 10 ms，整个回路的控制周期小于 50 ms。快速调频的任务可以归纳为：

(1)维持系统频率在设定值，在正常稳态运行工况下，其允许频率偏差在 ±0.1 Hz。

(2)在满足系统安全性约束条件下，对发电量实行负荷分配功能。本书中，通过采集机组的三路转速信号，转速信号三取中后再与母线频率信号优选，最终得到母线频率优选值。母线频率目标值可通过机组协控系统自动控制，或切换为手动模式，根据运行人员在机组协调系统运行画面手动设定(微调)。系统通过调整机组出力，维持频率在额定范围。

16.2.8.2 快速二次调压

在孤网工况下，快速二次调压功能的基本要求包括：控制机组励磁，维持系统母线电压在给定值。母线电压控制约束条件包括母线及发电机机端电压约束、有载调压变压器分接头挡位约束、补偿电容器组投切容量约束。自动电压控制作为电压分级控制的实现手段，针对负荷波动或偶然事故造成的电压变化迅速动作来调节发电机励磁系统，保证向电网输送合格的电压以及满足系统无功的需求。

(1)母线电压优选。采集单元采集母线线路上 PT 信号，得到母线电压优选值。

(2)母线电压设定值。母线电压设定值在机组协调运行界面上由运行人员手动设定。本书中，通过采集母线线路上的 PT 信号得到系统电压值，母线电压标值可通过机组协调系统自动控制，或切换为手动模式，根据运行人员在机组协调系统运行画面手动设定(微调)。系统通过无功分配单元完成各机组励磁系统电压调节分配，输出各机组增励减励脉冲信号，调整机组无功出力，维持电压在额定范围。

16.2.8.3 供热管理功能

在同时有热负荷和电负荷的孤网中，发电机组不仅要满足孤网的用电需求，而且还要满足供热 需求。供热管理主要需要保证供热蒸汽品质，以供热压力为被调量，通过调节各台机组抽气调门开度，满足供热压力为设定值。在发生锅炉故障或机组跳闸等工况时，应“前馈”动作协调各台机组调门开度。

当发生锅炉故障时，根据特殊控制功能计算锅炉跳闸缺损蒸汽量，联锁开大各台机组抽气调门开度及调门开度。当发生汽轮机组跳闸故障时，快关故障机组抽气调门开度，联锁快开其他运行机组抽气调门开度，共同保证供热压力稳定。同时，进汽调门和抽汽主调门存在密切的耦合关系，因此，有功调节和抽汽调节回路之间应进行解耦控制，以同时满足用电量和用汽量的需求。

16.2.8.4 机组 FCB 功能

机组网协调系统可以直接控制 OPC 电磁阀，通过机组转速、转速加速度等有关信息，控制机组的 OPC 阀动作，避免发电机组超速停机，实现发电机组甩负荷带厂用电运行(FCB 功能)。FCB 功能需要锅炉及辅机本身满足 FCB 条件，应配置可频繁快速动作的高压向空排气装置(PCV)，PCV 阀的数量尽量多于 1 只，以便于分级控制。

16.2.9 机组协调相关策略

在孤网状态下，机组协调系统采用频率闭环控制，即通过频率闭环进行有功分配；控制机组励磁，维持孤网电压，对网内多台机组实时分配有功和无功负荷，自动维持孤网频率、电压、功角等主要参数的稳定；锅炉跳闸或锅炉非停，由机组协调系统指导控制其他锅炉快速增加出力，降低发电机组出力，保证热负荷平衡，根据各锅炉 DCS 系统上送锅炉蒸汽或锅炉压力的变化量，按一定规则计算出需切负荷量，并结合孤网频率切除下游负荷，实现维持孤网热平衡和电平衡；机组跳闸或热负荷跳闸，由机组协调系统指导控制锅炉快速减少出力；针对机组跳闸的情况，协调企业电网内多台发电机组的快速变负荷能力，有必要时稳控需切除部分电负荷，低频减载作为第三道防线，控制电网电压及机组出力满足下游负荷生产的需求，保证孤网运行稳定；电负荷跳闸，机组协调控制系统需结合电网高频辅助判据，根据情况采取快速下压机组出力来维持孤网稳定运行。

参考文献

[1] 马双忱.从粉煤灰中回收铝的实验研究[J].电力情报，1997，(02)：48-51.

[2] 方兆衍.浸出[M].北京：冶金工业出版社，2007.

[3] 高峰，赵增立，崔洪，等.煤系高岭土热化学反应动力学[J].燃料化学学报，1998，26(2)：135-139.

[4] 李庆繁.粉煤灰烧结砖节能效应的机理研究与实践(一)[J].新型墙材，2007，(3)：27-29.

[5] DEAN J A.兰氏化学手册[M]. 15版.魏俊发译.北京：科学出版社，2003.

[6] 林传仙.矿物及有关化合物热力学数据手册[M].北京：科学出版社，1985.

[7] 李大庆，张军，董建锋.粉煤灰转子定量给料机计量控制系统的设计与安装调试[J].水泥，2011，(09)：53-54.

[8] 陈慈明，吴守升，谭宏业.转子秤控制装置的开发研制[J].水泥工程，2005，(1)：71-72.

[9] 卢继祥.液动隔膜泵控制系统研发[D].沈阳：沈阳大学，2014.

[10] 华莹珂.贵溪冶炼厂卧式反应釜自动控制方法的研究[J].铜业工程，2021，(1)：105-108.

[11] 耿亚梅.新型动态扫流板框压滤机过滤过程研究[D].天津：天津大学，2013.

[12] 刘中卫.两性聚丙烯酰胺的制备及其絮凝性能研究[D].北京：北京化工大学，2008.

[13] 舒型武，郑怀礼.阳离子型有机絮凝剂研究进展[J].现代化工，2001，21(10)：13-16.

[14] 景红霞，李巧玲，王亚昆，等.从粉煤灰中制备聚硅酸铝铁絮凝剂及应用[J].化学工程师，2006，124(1)：9-11.

[15] 王强林，李旭祥，吕飞.有机高分子絮凝剂的研究现状(一)[J].精细与专用化学品，2003，(20)：16-17.

[16] 朱晓江，尹双凤，桑军强.微生物絮凝剂的研究和应用[J].中国给水排水，2001，17(6)：19-20.

[17] 胡勇.微生物絮凝剂的研究应用[J].进展环境科学进展，1999，7(4)：24-29.

[18] 徐青林.改性聚丙烯酰胺的制备、应用及相关机理的研究[D].天津：天津轻工业学院，2001.

[19] 卢红霞，刘福胜，于世涛，等.阳离子聚丙烯酰胺的制备及其絮凝性能[J].应用化学，2008，25，(1)：101-105.

[20] 刘洋. 离子型聚丙烯酰胺的制备与应用[D]. 北京: 中国地质大学, 2011.
[21] 刘中卫, 熊蓉春, 魏刚. 两性聚丙烯酰胺的制备及其絮凝性能研究[J]. 北京化工大学学报, 2008, 35(6): 45-48.
[22] 熊玉宝. 聚丙烯酰胺、阳离子聚丙烯酰胺、改性聚丙烯酰胺的制备及应用[D]. 西安: 长安大学, 2008.
[23] 李英昌, 周志鸿. 板框式压滤机技术发展概况[J]. 冶金设备, 2007, (4): 43-45.
[24] 孙体昌. 固液分离[M]. 长沙: 中南大学出版社, 2011.
[25] 王旭, 缪天宇, 王庆凯. 浓缩生产过程优化控制系统的研究与应用[J]. 有色金属(选矿部分), 2012, (6): 70-74.
[26] 王旭. 浓缩过程的建模与优化控制[J]. 冶金自动化, 2015, (S2): 398-399.
[27] 罗涛. 立式全自动压滤机在矿业的应用[J]. 世界有色金属, 2011, (3): 48-49.
[28] 钱庭宝. 离子交换树脂[J]. 高分子通报, 1989, (1): 51-56.
[29] LUCA C, MARUTA C, BUNIA I, et al. Acrylic weak-base anion exchangers and their behaviors in the retention process of some heavy-metalcations[J]. Journal of Applied Polymer Science, 2005, 97(3): 930-938.
[30] WO OWICZ A, HUBICKI Z. Effect of matrix and structure types of ion exchangers on palladium (II) sorption from acidicmedium[J]. Chemical Engineering Journal, 2010, 160(2): 660-670.
[31] MERRIFIELD R B. Solid phase peptide synthesis. I. The synthesis of atetrapeptide[J]. Journal of the American Chemical Society, 1963, 85(14): 2149-2154.
[32] NEAGU V, AVRAM E, LISA G. N-methylimidazolium functionalized strongly basic anion exchanger: Synthesis, chemical and thermal stability. Reactive & Functional Polymers[J], 2010, 70(2): 89-97.
[33] 罗大忠. 超声波—阳离子交换树脂法提取污泥胞外聚合物的研究[D]. 重庆: 重庆大学, 2008.
[34] 柴丽敏. 大孔弱碱性阴离子交换树脂 D301R 处理 DSD 酸还原废水的研究[D]. 天津: 天津大学, 2005.
[35] 邱朝辉. 钼、铼的萃取与离子交换分离研究[D]. 长沙: 中南大学, 2010.
[36] 慈云祥, 周天泽. 分析化学中的配位化合物[M]. 北京: 北京大学出版社, 1986.
[37] 贾敏. 新型离子交换树脂对铼、钼以及砷吸附与分离的研究[D]. 长春: 吉林大学, 2012.
[38] MAXIM S, FLONDOR A, BUNEA I, et al. Acrylic three-dimensional networks. Ⅱ. Behavior of different acrylic ion exchangers in the retention and elution processes of some metalcations[J]. Journal of Applied Polymer Science, 1999, 72(11): 1389-1394.
[39] PRABHAKARAN D, SUBRAMANIAN M S. A new chelating sorbent for metal ion extraction under high salineconditions[J]. Talanta, 2003, 59(6): 1229-1236.
[40] ATIA AA, DONIA A M, ABOU-EL-ENEIN S A, et al. Studies on uptake behaviour of copper (Ⅱ) and lead (Ⅱ) by amine chelating resins with different textural properties

[J]. Separation and Purification Technology, 2003, 33(3): 295-301.

[41] CHEN C Y, CHIANG C L, HUANG PC. Adsorptions of heavy metal ions by a magnetic chelating resin containing hydroxy and iminodiacetate groups[J]. Separation and Purification Technology, 2006, 50(1): 15-21.

[42] MIYAZAKI Y, QU H, KONAKAJ. Ion exchange and protonation equilibria of an amphoteric ion-exchange resin in the presence of simple salt[J]. Analytical Sciences, 2008, 24(9): 1123-1127.

[43] SAMCZYNSKI Z, DYBCZYNSKI R. The use ofRetardion 11A8 amphoteric ion exchange resin for the separation and determination of cadmium and zinc in geological and environmental materials by neutron activation analysis[J]. Journal of Radioanalytical and Nuclear Chemistry, 2002, 254(2): 335-341.

[44] SHAO W J, LI X M, CAO Q L, et al. Adsorption of arsenateandarsenite anions from aqueous medium by using metal(Ⅲ)-loaded amberlite resins[J]. Hydrometallurgy, 2008, 91(1-4): 139-143.

[45] OSHIMA T, TACHIYAMA H, KANEMARU K, et al. Adsorption and concentration ofhistidine-containing dipeptides using divalent transition metals immobilized on a chelating resin[J]. Separation and Purification Technology, 2009, 70(1): 79-86.

[46] YOSHIDA I, UENO K, KOBAYASHIH. Selective Separation of Arsenic(Ⅲ) and Arsenic (V)Ions with Ferric Complex of Chelating Ion-Exchange Resin[J]. Separation Science and Technology, 1978, 13(2): 173-184.

[47] SAMATYA S, MIZUKI H, ITO Y, etal. The effect of polystyrene as aporogen on the fluoride ion adsorption of Zr(Ⅳ) surface-immobilized resi[J]. Reactive & Functional Polymers, 2010, 70(1): 63-68.

[48] ZHU Z L, MA H M, ZHANG R H, etal. Removal of cadmium using MnO_2 loaded D301 resin [J]. Journal of Environmental Sciences-China, 2007, 19(6): 652-656.

[49] WANG Z T, WANG S C, XU L W. Polymer-supported ionic-liquid-catalyzed synthesis of 1, 2, 3, 4-tetrahydro-2-oxopyrimidine- 5-carboxylatesviabiginelli reaction[J]. Helvetica Chimica Acta, 2005, 88(5): 986-989.

[50] Hauduc H, Takács I, Smith S, et al. A dynamic physicochemical model for chemical phosphorus removal[J]. Water Research, 2015, (73): 157-170.

[51] 林丽丹, 王哲, 顾伟, 等. 沸石/水合氧化锆吸附水中的磷[J]. 环境工程学报, 2017, 11(02): 702-708.

[52] ZOU H M, WANGY. Phosphorus removal and recovery from domestic wastewater in a novel process of enhanced biological phosphorus removal coupled with crystallization[J]. Bioresource Technology, 2016, (211): 87-92.

[53] 雷国元, 等. 多孔粒状陶瓷负载水合氧化锆吸磷材料的制备及其性能研究[J]. 现代化工, 2012, 32(01): 61-65.

[54] 杨永珠, 江映翔, 赵李丽, 等. 铁-镧系合金氧化物污水除磷及再生[J]. 环境工程学报,

2014, 8(1): 236-241

[55] 王星星, 林建伟, 詹艳慧, 等. 不同沉淀 pH 条件下制备的水合氧化锆对水中磷酸盐的吸附作用[J]. 环境科学, 2017, 38(05): 1936-1946.

[56] 朱格仙, 张建民, 王蓓. 活性炭负载氧化锆制备除磷吸附剂的最佳条件研究[J]. 中国给水排水, 2008(03): 79-81.

[57] 穆凯艳, 赵田甜, 张樱美, 等. 膨润土载锆除磷复合材料的研究[J]. 环境工程, 2014, 32(3): 60-64.

[58] STAEHELIN J, HOIGNJ. Decomposition of ozone in water: rate of initiation by hydroxideions and hydrogen peroxide[J]. Environ Sci Technol, 1982, 16(10): 677-681.

[59] NEMES A, FABIAN I, GORDONG. Experimental aspects of mechanistic studies on aqueous ozone decomposition in alkaline solution[J]. Ozone Sci Eng, 2000, 22(3): 287-304.

[60] HOIGEN J. Chemistry of aqueous ozone and transformation pollutants byozonation and advanced oxidation processes[J]. In The Handbook of Environmental Chenistry, 1998, 21(8): 83-141.

[61] TRIVEDI H C, PATEL V M, PATEL RD. Adsorption of Cellulose Triacetate on Calcium Silicate[J]. European Polymer Journal, 1973(9): 525-531.

[62] HO Y S , G. MCKAY. Pseudo - second order model for sorption processes[J]. process Biochem. 1999, (34): 451-465.

[63] 王文娟. 锆化磁性复合材料的合成及其对磷酸盐的吸附研究[D]. 南京: 南京大学, 2015.

[64] CHITRAKAR R, TEZUKA S, SONODA A, et al. Selective adsorption of phosphate from seawater and wastewater by amorphous zirconiumhydroxide[J]. Journal of Colloid and Interface Science, 2006, (297): 426-433.

[65] LIU H L, SUN X F, YIN C G, et al. Removal of phosphate bymesoporous ZrO_2[J]. Journal of Hazardous Materials, 2008, (151): 616-622.

[66] SABERMAHANI FATEMEH, MOHAMMAD ALI TAHER. Application of a new water - solublepolyethylenimine polymersorbent for simultaneous separation and preconcentrationof trace amounts of copper and manganese and their determination by atomic absorption spectrophotometry [J]. Analytica Chimica Acta, 2006, 565(2): 152-156.

[67] 陈国珍, 黄贤智. 紫外: 可见光分光光度法[M]. 北京: 原子能出版社, 1987.

[68] FONSECA A, RAIMUNDO I M JR. A simple method for water discrimination based on light emitting diode (LED)photometer[J]. Analytica Chimica Acta, 2007, 596(1): 66-72.

[69] 陈国杰, 曹辉. 高性能微电流集成放大器的设计[J]. 核电子学与探测技术, 2005, 25(3): 243-245.

[70] 刘文涛. 单片机应用开发实例[M]. 北京: 清华大学出版社, 2005.

[71] 时宇豪. 树脂除杂温度控制系统的优化[D]. 呼和浩特: 内蒙古大学, 2019.

[72] 贾冰, 曾鹏飞, 郝永平. 基于 PLC 和 MCGS 的实时生产数据采集系统[J]. 组合机床与自动化加工技术, 2016, (12): 6-8.

[73] 郝源. 基于人工神经网络的建筑热负荷预测及控制[D]. 大连：大连海事大学，2015.

[74] SWATIMOHANTY. Artificial neuralnetwork based system identification and model predictive control of a flotation column [J]. Journal of Process Control，2009，(19)：991-999.

[75] 郑平友，余劲松，张淑萍，等. 蒸发结晶系统传热传质规律的研究[J]. 科学技术与工程，2006，6(8)：1002-1006.

[76] 武首香. 工业结晶过程的多相流与粒数衡算的 CFD 耦合求解[J]. 化工学报，2009，60(3)：593-601.

[77] 丁绪淮，谈道. 工业结晶[M]. 北京：化学工业出版社，1985.

[78] 曹祥瑞，包宗宏. DW-DTB 结晶器在硫铵装置的应用[J]. 现代化工，2010，30(7)：75-78.

[79] 范云龙. PLC 与变频器实现传送带同步控制[J]. 新型工业化，2017，7(2)：77-80.

[80] 张文钲. 钼酸铵研发进展[J]. 中国钼业，2005，29(2)：29-32.

[81] 徐双，周文敏，冷怀恩等. 一种 β 型四钼酸铵的生产方法与生产系统. 中国，CN201110360531. 8[P]. 2012-06-20.

[82] 李洲，徐流杰. 水热法制备 ZrO_2 掺杂钨合金粉末的工艺研究及表征[J]. 稀有金属与硬质合金，2017，45(1)：31-35.

[83] 黎先财. 仲钨酸铵水热法制备 WO_3 及其表征[J]. 应用化学，2005，22(8)：883-886.

[84] 蒋坤. 连续搅拌反应釜的广义预测控制[D]. 桂林：桂林理工大学，2022.

[85] 官星辰. 连续搅拌反应釜的建模与控制研究[D]. 青岛：中国石油大学，2017.

[86] 高志娟. 酸法提取氧化铝工艺技术研究进展[J]. 当代化工研究，2017，(8)：79-81.

[87] 许立军，王永旺，陈东等. 粉煤灰酸法提取氧化铝工艺综述[J]. 无机盐工业，2019，51(4)：10-13.

[88] 蒋爱丽，陈烨璞，华明. 臭氧发生器研究进展[J]. 高电压技术，2005，31(6)：52-54，68.

[89] 尹德明，闫勇杰，付义东. 3500t/d 氢氧化铝气态悬浮焙烧炉的研发与实践. 轻金属，2017，(2)：17-24.

[90] 冯文洁，白永民，樊俊钊. 流态化焙烧技术与国内发展情况. 山西冶金，2004，(2)：65-67.

[91] 国家发展和改革委会能源研究所. 2019 年度全国可再生能源电力发展监测评价报告[R]. 北京：国家能源局，2020.

[92] 康重庆，姚良忠. 高比例可再生能源电力系统的关键科学问题与理论研究框架[J]. 电力系统自动化，2017，41(09)：2-11.

[93] CHEN Yan，WENJinyu，CHENG Shijie. Probabilistic load flow method based on Nataf transformation and Latin hypercube sampling[J]. IEEE Transactions on Sustainable Energy，2013，4(2)：294-301.

[94] 王开艳，罗先觉，吴玲，等. 清洁能源优先的风 - 水 - 火电力系统联合优化调度[J]. 中国电机工程学报，2013，33(13)：27-35.

[95] 何青波. 基于源网荷状态的火电机组优化控制研究[D]. 北京：华北电力大学(北京), 2021.

[96] 鲍益. 高耗能电解铝负荷参与电力系统调频及辅助服务策略研究[D]. 武汉：武汉大学, 2019.

[97] 廖思阳. 高耗能负荷参与高渗透率风电孤立电网频率控制方法研究[D]. 武汉：武汉大学, 2016.

[98] 石亮缘, 周任军, 李娟, 王昱, 许福鹿, 王仰之. 基于时间序列相似性度量的新能源-负荷特性指标[J]. 电力自动化设备, 2019, 39(05)：75-81.

[99] 黄欢. 基于 CAN 总线网络监控系统研究与开发[D]. 成都：成都理工大学, 2009.

[100] 陈月婷, 何芳. PROFIBUS 现场总线技术及发展分析[J]. 济南大学学报(自然科学版), 2007, (03)：226-230.

[101] 冯子陵, 俞建新. RS485 总线通信协议的设计与实现[J]. 计算机工程, 2012, 38(20)：215-218.

[102] 高朝中. IO-Link 技术及实现方法[J]. 自动化博览, 2011, 28(10)：96-98.

[103] 陈磊. 从现场总线到工业以太网的实时性问题研究[D]. 杭州：浙江大学, 2004.

[104] 张海燕. 火电厂厂用电监控系统及纳入 DCS 应用的研究[D]. 北京：华北电力大学, 2003.

[105] 张雷. DCS 在火力发电机组电气控制系统中的应用[D]. 济南：山东大学, 2006.

[106] 王晓露. 火电厂热电联产机组与压缩空气储能系统热力学耦合研究[D]. 北京：中国科学院大学, 2021.

[107] 王东. 火电厂直接空冷系统优化应用[J]. 发电设备, 2017, 31(06)：453-455.

[108] 吴烽. 发电厂电气综合自动化系统的研究[D]. 保定：华北电力大学, 2005.

[109] 付文辉. 太阳能光伏发电监控系统的设计与实现[D]. 成都：电子科技大学, 2008.

[110] 苗慧鹏. 基于 IEC 61850 的光伏监控系统设计[D]. 北京：华北电力大学, 2015.

[111] 叶琼茹. 光伏并网远程监控系统的研究与设计[D]. 泉州：华侨大学, 2012.

[112] 李兰欣. 基于 IEC 61850 的变电站自动化系统通信体系的研究[D]. 北京：中国电力科学研究院, 2003.

[113] 王燕. 电解铝生产过程远程监测系统的研究[D]. 北京：清华大学, 2004.

[114] 张海平, 秦志国. IEC61850 变电站自动化系统在供电整流系统中的应用与分析[J]. 电力系统保护与控制, 2008(12)：78-82.

[115] 杨继业. 铝电解厂配电整流自动化系统研究[D]. 阜新：辽宁工程技术大学, 2004.

[116] 杨勐峣. 高压输电线路在线监测系统的设计与研究[D]. 北京：北京交通大学, 2011.

[117] 高超. 输电线路在线监测的建设与应用[D]. 北京：华北电力大学, 2013.

[118] 王彬. 输电线路在线监测信息传输关键技术研究[D]. 大连：大连理工大学, 2016.

[119] 施巍松, 孙辉, 曹杰, 等. 边缘计算：万物互联时代新型计算模型[J]. 计算机研究与发展, 2017, 54(05)：907-924.

[120] 应俊, 蔡月明, 刘明祥, 等. 适用于配电物联网的低压智能终端自适应接入方法[J]. 电力系统自动化, 2020, 44(02)：22-27.

[121] 姚启俊，马先勇，勾畅. 数据通信接口在电力系统多业务中的应用[J]. 电力系统通信，2002(10)：20-23，29.

[122] 刘林，张运洲，王雪，等. 能源互联网目标下电力信息物理系统深度融合发展研究[J]. 中国电力，2019，52(01)：2-9.

[123] 曾倬颖. 电力物理信息融合系统建模平台研究[D]. 上海：上海交通大学，2013.

[124] 杨义，杨苹. 面向集中式控制的微电网信息物理系统分层建模方法[J]. 中国电机工程学报，2022，42(19)：7088-7102.

[125] 潘原离，李泉. 基于云计算技术的电力调度自动化系统架构分析[J]. 河北电力技术，2016，35(01)：4-7.

[126] TAYLOR M P，ETZION R，LAVOIE P，et al. Energy balance regulation and flexible production：A new frontier for aluminum smelting[J]. Metallurgical & Materials Transactions E，2014，1(4)：292-302.

[127] 李景江，邱贤竹. 铝电解槽槽帮结壳形状的计算机模拟[J]. 东北大学学报(自然科学版)，1989，(3)：232-237.

[128] 李景江，邱竹贤. 铝电解槽阴极电场的计算机仿真[J]. 东北工学院学报，1989，10(6)：591-597.

[129] ZHAN S，Li M，ZHOU J，et al. CFD simulation of effect of anode configuration on gas - liquid flow and alumina transport process in an aluminum reductioncell[J]. Journal of Central South University，2015，22(7)：2482-2492.

[130] 宗传鑫. 大型预焙铝电解槽异常槽况下的物理场特性研究[D]. 长沙：中南大学，2016.

[131] 张钦菘. 160kA 预焙铝电解槽焦粒焙烧过程电-热-应力场计算机仿真研究[D]. 长沙：中南大学，2005.

[132] 刘业翔，梁学民，李劼. 底部出点型铝电解槽母线结构与电磁流场仿真优化[J]. 中国有色金属学报，2011，(07)：1687-1695.

[133] LIUYexiang，LIANG Xuemin，LI Jie，ZHANG Hongliang，XU Yujie，DING Fengqi，ZOU Zhong. Simulation and optimization of bus structure and electro - magneto - flow field of aluminum reduction cells with vertical bottom bars [J]. The Chinese Journal of Nonferrous Metals，2011，21(7)：1688-1695.

[134] 徐宇杰，李劼，张红亮，等. 基于非线性浅水模型的铝电解磁流体动力学计算[J]. 中国有色金属学报，2011，21(1)：191-197.

[135] XUYujie，LI Jie，ZHANG Hongliang，et al. MHD calculation for aluminium electrolysis based on nonlinear shallow water model[J]. The Chinese Journal of Nonferrous Metals，2011，21(1)：191-197.

[136] LIJie，ZHANG Hehui，ZHANG Hongliang，et al. Numerical simulation on vortical structures of electrolyte now field in large aluminium reduction cells[J]. The Chinese Journal of Nonferrous Metals，2012，22(7)：2082-2089.

[137] 姜昌伟，梅炽，周乃君，等. 用标量电位法与双标量磁位法计算铝电解槽三维磁场[J]. 中国有色金属学报，2003，13(4)：1021-1025

[138] 杨帅, 张红亮, 吕晓军, 等. 铝电解槽电-热场强耦合建模计算方法[J]. 中国有色金属学报, 2014, 20(1): 239-244.
[139] 李劼, 张翮辉, 张红亮, 等. 大型铝电解槽电解质流场涡结构的数值模拟[J]. 中南大学学报(自然科学版), 2012, 22(7): 2082-2089.

图书在版编目(CIP)数据

粉煤灰提铝智能优化制造关键技术与装备 / 杜善周编著. —长沙：中南大学出版社，2023.7

ISBN 978-7-5487-5386-5

Ⅰ. ①粉… Ⅱ. ①杜… Ⅲ. ①粉煤灰—提取冶金—铝—生产技术 Ⅳ. ①TF821

中国国家版本馆 CIP 数据核字(2023)第 094635 号

粉煤灰提铝智能优化制造关键技术与装备

FENMEIHUI TILÜ ZHINENG YOUHUA ZHIZAO GUANJIAN JISHU YU ZHUANGBEI

杜善周　编著

□**出 版 人**　吴湘华
□**责任编辑**　胡　炜
□**责任印制**　唐　曦
□**出版发行**　中南大学出版社
社址：长沙市麓山南路　　邮编：410083
发行科电话：0731-88876770　　传真：0731-88710482
□**印　　装**　湖南省众鑫印务有限公司

□**开　　本**　710 mm×1000 mm　1/16　□**印张** 39.5　□**字数** 794 千字
□**版　　次**　2023 年 7 月第 1 版　□**印次** 2023 年 7 月第 1 次印刷
□**书　　号**　ISBN 978-7-5487-5386-5
□**定　　价**　268.00 元